W0261827

Das

Buch der Erfindungen, Gewerbe
und
Industrien.

V.

Achte neugestaltete Auflage.

Pracht-Ausgabe.

Das

Buch der Erfindungen, Gewerbe

und

Industrien.

Rundschau auf allen Gebieten der gewerblichen Arbeit.

In Verbindung mit

Pr.=Doz. Dr. G. Baumert, Professor Dr. C. Birnbaum, Ingenieur Sz. Flemming, Professor G. Gayer, Dr. Fr. Heincke, Dr. G. Heppe, Professor Dr. A. Kirchhoff, Oberlehrer E. Krause, Carl Lorck, Fr. Luckenbacher, Baurath Dr. O. Mothes, Professor Dr. H. Nitsche, Dr. K. Persecke, Emil Schallopp, Hermann Schnauß, Ingenieur Th. Schwartze, Redakteur Dr. Franz Stolze, A. Werner, Ulr. Wilcke, Professor Dr. Moritz Willkomm, Jul. Böllner u. a.

herausgegeben von

Professor F. Reuleaux.

Fünfter Band.

Die Chemie des täglichen Lebens.

Achte umgearbeitete und stark vermehrte Auflage.

Mit vielen Ton- und Titelbildern, nebst mehreren Tausend Text-Illustrationen.

Nach Originalzeichnungen
von L. Burger, O. Mothes, G. Rehlender, Albert Richter u. a.

Springer-Verlag Berlin Heidelberg GmbH

1886.

Das Buch der Erfindungen. 8. Aufl. V. Bd.   Leipzig: Verlag von Otto Spamer.

Die

Chemie des täglichen Lebens.

Inhalt:

Einleitung in die Nahrungsmittellehre.

Mahlen und Backen. Der Zucker. Die Aufgußgetränke. Tabak und Narkotika.

Gegorene Getränke. Branntwein und Sprit. Wein. Bier. Droguen.

Das Fleisch und seine Benutzung. Seifensiederei und Kerzenfabrikation. Parfumerie.

Beleuchtung, mit besonderer Berücksichtigung der Gasbeleuchtung. Heizung und Lüftung.

Harze und Lacke. Kautschuk. Guttapercha. Gerberei und Leimfabrikation.

Bleicherei. Färberei. Zeugdruckerei. Tapeten- und Wachstuchfabrikation.

Die Verfälschung von Nahrungsmitteln und Gebrauchsartikeln.

Achte umgearbeitete und bedeutend erweiterte Auflage.

Unter Mitwirkung von Dr. Gustav Heppe, Th. Schwartze, Jul. Böllner

herausgegeben von

Professor F. Reuleaux.

Mit zwei Tonbildern, 500 in den Text gedruckten Illustrationen sowie einem Titelbilde.

Anfangs- und Abteilungsbilder gezeichnet von Ludwig Burger.

Springer-Verlag Berlin Heidelberg GmbH

1886.

Softcover reprint of the hardcover 1st edition 1886

ISBN 978-3-662-33694-6   ISBN 978-3-662-34092-9 (ebook)
DOI 10.1007/978-3-662-34092-9

Inhaltsverzeichnis

zu dem

Buch der Erfindungen, Gewerbe und Industrien.

Achte Auflage.

Fünfter Band.

Die Seifensiederei und Kerzenfabrikation.

Ätherische Öle und Parfümerie.

Die Beleuchtung, insbesondere die Gasbeleuchtung und die damit zusammenhängenden Industriezweige.

Heizung und Lüftung.

Gummi, Harze, Firnisse und Lacke.

Kautschuk und Guttapercha.

Gerberei und Leimfabrikation.

Die Bleicherei.

Die Färberei und Zeugdruckerei.

Tapeten- und Wachstuchfabrikation.

Die Verfälschung von Nahrungsmitteln und Gebrauchsartikeln.

Tonbilder,

welche an den nachstehend bezeichneten Stellen in den Text einzuheften sind.

Chemie
des
täglichen
LEBENS

Alles ist im Keim enthalten,
Alles Wachstum und Entfalten,
Leises Auseinanderrücken,
Daß sich einzeln könne schmücken,
Was zusammen war geschoben;
Wie am Stengel stets nach oben
Blüt' um Blüte rücket weiter,
Sieh' es an und lern', so heiter
Zu entwickeln, zu entfalten,
Was im Herzen ist enthalten.

Rückert.

Einleitung.

Du trittst in einen blühenden Garten. Ein Gewitter hat die schwülen Lüfte gekühlt, die letzten Tropfen schwanken noch an den Grashalmen und brechen in blitzendem Feuer die Strahlen der verschwindenden Sonne dir zu. Durch die ganze Natur geht ein tiefer Atemzug. Jede Knospe drängt es, sich zu entfalten, und mit der ruhig sich lagernden Luft mischen wollüstig die Blumen ihre Düfte. Wann hatte die Rose glühendere Farben? Sah jemals der Jasmin verlangender und verheißender aus dem dunklen Blätter= gewirr? Empfindung und Leben, vom heißen Tage niedergehalten, durchbebt mit leise zitternden Pulsen die nächtliche Natur. Aus dem feuchten Grase erhebt sich der Glühkäfer, und das klagende Lied der Nachtigall weckt in deiner Seele wehmütige Sehnsucht. Die Fäden deiner vibrierenden Em= pfindung, sie heften sich an das welke Blatt, welches vom Zweige sich löst, mit Innigkeit, während sie an dem prachtvollsten Edelstein, an dem klarsten Kristall keinen Halt finden. Warum? Der Kristall empfindet selbst nicht — aber die abgestorbene Pflanzensubstanz auch nicht. Gewiß nicht, wir sind aber mit ihr verwandt und sie spricht als Lebendes zu uns, bis die Wände der letzten ihrer Zellen zerfallen und ihre Substanz dem Unorganischen wieder zurückgegeben ist.

Das ist der große Spalt in der Natur, die Kluft, welche unser Wissen nie überschreiten wird, wenn auch noch so viele Gründe der Wahrscheinlichkeit beigebracht werden; die Grenze zwischen Organischem und Unorganischem, welche wie eine Wasserscheide, um die Schärfe eines Rasiermessers, Geist und Materie voneinander trennt, wenngleich das große Meer des Lebens nur durch die schöne Vereinigung beider besteht. Aber noch ist das Glas nicht geschliffen, mit dem man das Regen der geheimnisvollen Urquelle beobachten kann, und es wird niemals geschliffen werden können.

Kristall und Zelle, das sind die Elementarformen der unorganischen und der organischen Welt. Wir müssen uns mit ihrer Erscheinung begnügen, denn ihr Entstehen aus der formlosen Materie, die bedingenden, wirkenden und frei werdenden Kräfte zu beobachten und zu messen, welche bei der Formenbildung im Spiele sind, ist noch nicht gelungen. Wenn wir der Zelle den Kristall entgegengesetzt haben, so ist damit nicht das in der Natur vorkommende oder in den Laboratorien darstellbare Produkt gemeint, welches schon durch allmähliche Vergrößerung entstanden ist, vielmehr kann unter diesem Begriff nur die uranfängliche Atomengruppierung verstanden werden, an welche sich der gleichartige Stoff anschließt, das mineralogische Individuum bildend. Ein Alaunkristall z. B., wie wir ihn in die Hand nehmen, repräsentiert zwar noch dasselbe Gesetz, in ihm wirkt noch dieselbe Kraft, es ist aber ein fertiges Gebilde, welches, wenn es sich auch fort und fort durch Wachsen noch vergrößert, doch keine neuen Eigenschaften mehr produzieren kann, die nicht in dem kleinsten molekularen Alaunoktaeder schon ausgesprochen wären.

Schon insofern unterscheidet sich die Zelle wesentlich von dem Kristall. Durch eigentümliche Anziehung bewirkt sie zwar auch die Bildung und Anlagerung gleichgearteten Stoffes, aber das Gebäude, welches sich aus demselben auf diese Weise aufbaut, hat einen eigentümlichen Sinn. Es wächst und vergrößert sich und verändert sich ebenfalls, aber es bleibt nicht Zelle, die lediglich ihre Größenverhältnisse ändert; die Zelle ist nur ein Baustein, und durch das Aneinanderfügen von immer Neuem wird es fortwährend ein andres, bis es einen Höhepunkt erreicht hat, auf welchem es den obwaltenden Verhältnissen angemessen seine Idee am vollkommensten ausspricht. Der Kristall hat keine Grenze seines Wachstums. Es gibt Bergkristalle, so klein, daß wir sie nur mit bewaffnetem Auge zu erkennen vermögen, und es gibt solche von Tausenden von Pfunden Gewicht, ja in der Beschaffenheit des Stoffes ist nirgends die Unmöglichkeit ausgesprochen, daß unter Umständen sich der ganze Kieselsäuregehalt der Erde zu einer einzigen Doppelpyramide vereinigen könnte, welche in ihren Dimensionen den Mond vielmal übertreffen würde. Der größte Kristall aber sagt uns nicht mehr als der kleinste, er ist durchaus um nichts vollkommener oder entwickelter, während vom Keim bis zur Blüte und Frucht die organischen Gebilde in steter Weise veredelnde Phasen durchlaufen. Und wie der Kristall keine Wandlung erfährt, so ist seine Dauer auch an keine Zeit gebunden. In ihm sind die physikalischen und chemischen Kräfte ausgeglichen und zur Ruhe gebracht. Er kann Millionen Jahre in demselben Zustande verharren, wenn anders auf ihn keine zerstörenden Einflüsse von außen wirken. In der Zelle dagegen wirken jene Kräfte unausgesetzt, und bedingt, gefördert und gehemmt durch Licht und Wärme, Elektrizität und chemische Verwandtschaft, bewegt sich der Stoff in einem Kreislauf, der der einzelnen körperlichen Kreatur zwar ein Ziel setzt, der aber durch die Fortpflanzung der Art diese erhält und in ihr die Idee ihren höchsten Zielen zuführt.

Die Elemente der organischen Welt. Wunderbar erscheint es uns, wenn wir die unendlich mannigfaltige organische Welt mit ihrem nicht zu erschöpfenden Formenreichtum den unorganischen Gebilden gegenüberstellen und auf rein analytisch=chemischem Wege nach den letzten Elementen forschen, auf die sich beide zurückführen lassen, daß die belebte Natur nicht mehr als etwa sechs jener Grundstoffe zu ihrem Aufbau verwendet hat, während sich die ganze Reihe von einigen sechzig Elementen, also die bei weitem größte Zahl der Gesamtheit, ausschließlich in der leblosen Welt der Gesteine vorfindet.

Kohlenstoff, Wasserstoff, Sauerstoff, Stickstoff, Schwefel und Phosphor — sie finden sich oft zusammen, öfter aber nur einige von ihnen miteinander vereinigt in allen tierischen und pflanzlichen Produkten. Daneben treten noch einzelne Alkalien, Säuren, Metalloxyde und Erden mit auf, welche aber, obwohl notwendig zur Entwickelung, doch nur zum Teil in die organischen Verbindungen selbst mit eintreten. Sie befördern die Bildung und sind mehr Künstler als Kunstwerk. Man könnte wohl leicht auf die Vermutung kommen, daß eine viel größere Zahl derjenigen Elemente, die man unorganische zu nennen pflegt, an dem organischen Leben auf diese Art sich beteiligt, als wir gewöhnlich annehmen. Genaue Untersuchungen der Pflanzenasche haben indes dargethan, daß dies nur in beschränktem Maße der Fall ist. Wenn man gefunden hat, daß Kieselsäure, das Chlor des Kochsalzes, und Jod für ganz bestimmte Pflanzen unentbehrlich sind und Eisen, Kalk, Magnesia und Kali neben Phosphorsäure und Schwefelsäure für alle Pflanzen notwendige Nährstoffe sind, warum sollen da nicht auch andre, ebenfalls viel verbreitete Elemente in die Pflanzen mit übergehen und für gewisse Formen maßgebend sein? In der That hat man noch einige andre Elemente in gewissen Pflanzen gefunden, so Mangan, Kupfer, Lithion, Cäsium und Rubidium, wenn auch nur in sehr geringen Mengen. Es läßt sich aber wohl annehmen, daß mit der Auffindung dieser Elemente die Zahl derselben als Pflanzenbestandteile ziemlich erschöpft sein wird.

Wenn aber auch alle Elemente sich im Pflanzensafte oder im tierischen Blute nachweisen ließen, so würden doch die oben genannten sechs immer als die eigentlichen Bildner der organischen Natur angesehen werden müssen, denn ohne sie ist das Leben nicht denkbar, während ohne die übrigen im wesentlichen das Organische sehr wohl, wenn auch bedingt, fortbestehen könnte.

Wasser, Kohlensäure und Ammoniak, beziehentlich Salpetersäure, dazu Phosphorsäure und Schwefelsäure, sind die unorganischen Lieferanten, aus denen die einzelnen Bestandteile in den belebten Kreislauf durch freilich noch unerkannte Bewegungen herübergenommen, organisiert werden.

Die Kohlensäure besteht bekanntlich aus Kohlenstoff und Sauerstoff, und zwar so, daß auf 1 Atom Kohlenstoff 2 Atome Sauerstoff in ihr enthalten sind. Diese durch die chemische Formel CO_2 ausgedrückte Verbindung ist diejenige, in welcher der Kohlenstoff mit der größtmöglichen Menge Sauerstoff verbunden ist. Sie entsteht, wie wir schon zum öfteren Gelegenheit hatten zu bemerken, infolge der Verbrennung von Kohlenstoff oder kohlenstoffhaltigen Verbindungen, und wenn wir sie daher in den Gärungsprodukten des Zuckers und in der Luft nachweisen können, welche die Lunge beim Atmen ausstößt, so werden wir Grund haben anzunehmen, daß das Wesen der Gärung und die Umwandlung des Blutes in den Lungen durch die eingeatmete Luft mit der offenbaren Verbrennung kohlenstoffhaltiger Körper eine gewisse chemische Übereinstimmung besitzt. In der That beruhen alle die genannten Vorgänge auf einer Sauerstoffaufnahme aus der atmosphärischen Luft. Und wenn sich in einem Falle unter Flammenerscheinung sehr beträchtliche Wärmemengen entwickeln, während in dem andern nur geringe Temperaturerhöhungen eintreten, deren Wahrnehmung einer oberflächlichen Beobachtung leicht entgehen kann, so beweist dies nur, daß dieselbe chemische Aktion in sehr verschiedener Intensität auftreten kann. Dieselbe Menge Kohlenstoff wird, wenn sie sich mit Sauerstoff verbindet, sei es auf die eine oder die andre Weise, genau dieselbe Wärmemenge oder, was dasselbe ist, dieselbe Kraftleistung entwickeln, der Unterschied liegt nur in der zur Oxydation aufgewendeten Zeit.

Eine sauerstoffreichere Verbindung des Kohlenstoffs als die Kohlensäure gibt es nicht, auch gibt es keine andre Kohlenstoffverbindung, welche überall und immer in so gleichbleibender Menge, wie jene in der Natur für die Entstehung der grünenden Pflanzendecke geboten wäre, an der sich unser Auge bis zur Grenze des ewigen Schnees ergötzt. Aus der Kohlensäure müssen daher sämtliche organische Verbindungen entstehen, in denen Kohlenstoff enthalten ist, und zwar kann dies nur durch Sauerstoffabgabe (Desoxydation) geschehen. Mag nun in dem zunächst entstehenden organischen Körper der Kohlenstoff eine Verbindung bilden, welche er immer wolle, sie muß auf dieselbe Menge Kohlenstoff stets weniger Sauerstoff enthalten als die Kohlensäure. Während der Kohlenstoff sich in den Organen der Pflanze fixiert, muß ein Teil des abgeschiedenen Sauerstoffs entweichen. Den Beweis dafür können wir leicht in dem Verhalten der Pflanzen finden. Durch zahlreiche mikroskopische Organe, die sogenannten Spaltöffnungen, welche sich an der Oberfläche aller grünen Teile der Pflanzen finden, wird, gleichwie bei dem Atmungsprozeß der Tierwelt, der Gasaustausch des Innern der Pflanze mit der Atmosphäre bewirkt. Von der eingetretenen Luft behalten die Pflanzen die Kohlensäure als wertvolles Material zum Aufbau ihres Körpers zurück, während sie dafür Sauerstoff nebst Wasserdampf und den mit eingedrungenen Stickstoff, der in dieser Form eine unverdauliche Speise für die Pflanze ist, wieder an die Luft abgeben. Diese Aufnahme von Kohlensäure und Abgabe von Sauerstoff an die Luft findet bei Tage, am stärksten im Sonnenlicht statt; bei Nacht dagegen tritt der umgekehrte Fall ein, d. h. es wird Sauerstoff aufgenommen und Kohlensäure ausgehaucht, allerdings nur in geringerem Grade. Um die Abgabe von Sauerstoff seitens der Pflanze zu zeigen, brauchen wir nur eine Hand= voll Gras unter eine in Wasser stehende und mit Wasser angefüllte Glasglocke zu bringen und den Strahlen der Sonne auszusetzen. In kurzer Zeit steigen Bläschen aus den ein= zelnen Halmen empor und füllen den oberen Teil der Glocke allmählich mit einer Luftart, die sich durch ihr Verhalten brennenden Körpern gegenüber und durch ihre anderweitigen Reaktionen als reiner Sauerstoff zu erkennen gibt.

Diese Kohlensäureaufnahme aus der Luft geht so lange von statten, als die Pflanze lebt, und die Menge des einen, der Atmosphäre auf diese Weise entzogenen Bestandteils läßt sich berechnen, wenn man bedenkt, daß die Kohlenstoffmenge, welche eine Hektare mit Pflanzen bewachsener Boden im Durchschnitt jährlich erzeugt, gleichviel ob Gras oder Ge= treide oder Holz darauf wächst, etwa 2000 kg beträgt. Diese 40 Zentner Kohlenstoff waren vordem als Kohlensäure in der Atmosphäre enthalten, und es muß notwendig der Luftkreis eine derartige Beschaffenheit haben, daß durch eine solche Entziehung die Zusammensetzung des Elements, in welchem wir leben, keine wesentliche Änderung erfährt. Befürchtungen in dieser Hinsicht würden aber ganz ungerechtfertigt sein, denn nicht nur, daß die über einem Morgen Landes lagernde Luftmasse das Dreifache desjenigen Quantums Kohlenstoff herzugeben im stande wäre, welcher im Laufe eines Jahres sich in pflanzliche Gebilde um= wandelt, so tritt auch durch die bereits erwähnte ununterbrochene Kohlensäureerzeugung infolge der Oxydation kohlenstoffhaltiger Körper in genau äquilibrierender Weise jener Ent= nahme gegenüber eine Zufuhr ein. Atmung von Menschen und Tieren, Fäulnis, Gärung und Verbrennung organischer Körper sind Prozesse, welche in der Verbindung von Kohlen= stoff und Sauerstoff bestehen und der Atmosphäre ununterbrochen Kohlensäure zuführen.

Die unterirdisch vergrabenen fossilen Kohlen, Überreste ehemaliger Vegetationsperioden, lassen die Annahme zu, daß früher der Kohlensäuregehalt der Atmosphäre ein größerer ge= wesen sei als jetzt, weil ja aller Kohlenstoff, den wir jetzt als Torf, Braunkohle, Stein= kohle u. s. w. heraufholen und dem Kreislauf des organischen Lebens wieder zuführen, früher auch in gasförmiger Gestalt als Kohlensäure in der Luft geschwebt haben muß; allein es ist nicht notwendig, aus dieser Thatsache auf eine sehr abweichende Zusammensetzung der heutigen Atmosphäre zu schließen, da es außer den genannten Kohlensäurequellen noch ganz andre, ungleich mächtigere gibt in der Umwandlung kohlensaurer Kalke, wie sie durch vulkanische Prozesse im Innern der Erde ohne Zweifel vorgekommen sind und vorkommen können. Es kann daher keineswegs — wie es wohl geschieht — behauptet werden, daß mit dem Erscheinen des Menschen auf der Erde die Unveränderlichkeit des Sauerstoff= und des Kohlensäuregehalts der Atmospähre für immer festgesetzt sei. Wenn aber auch dergleichen Änderungen in den Fundamentalbedingungen des organischen Lebens also nicht geradezu in das Bereich der Unmöglichkeit gehören, so liegt doch nicht der geringste Grund vor, ihr Eintreten für die Zukunft zu erwarten; jedenfalls würden die bestehenden Zustände durch sie nicht in gewaltsamer Weise gestört werden.

Neben dem Kohlenstoff tritt als ein nie fehlender Bestandteil organischer Gebilde der Wasserstoff auf. Die Pflanze — denn mit dieser haben wir es, wenn wir die Organisierung des Stoffs betrachten wollen, zuerst zu thun — entnimmt ihn dem Wasser, wie sie den Kohlenstoff der Kohlensäure entzog. In welcher Weise nun die Zellen im Innern der Pflanze die Kohlensäure und das Wasser verarbeiten, welche Produkte zunächst entstehen, um durch weiteren Aufbau und Verkettung der Moleküle andre zusammengesetzte zu bilden, ist bis jetzt nicht ermittelt; eine Hypothese jedoch, die Baeyer aufstellte, hat durch neuere Untersuchungen von Mori sehr an Wahrscheinlichkeit gewonnen. Hiernach soll sich die aufgenommene Kohlen= säure bei Gegenwart von Wasser unter dem Einflusse des Lichts so zersetzen, daß sich Form= aldehyd und freier Sauerstoff bilden und zwar nach der Gleichung: $CO_2 + H_2O = OH_2O + O_2$.

Das Formaldehyd (CH_2O) würde also die erste aus Kohle, Wasserstoff und Sauerstoff bestehende Verbindung sein, aus der durch weitere Aneinanderlagerung und Umsetzung die übrigen Pflanzenbestandteile entstehen. In der That ist es Mori gelungen, in allen höheren und niederen Pflanzen, an denen er seine Versuche anstellte, sobald im Sonnenlichte die Kohlensäureassimilation stattfand, durch die bekannten Reaktionen (ammoniakalische Silberlösung oder schwefligsaures Rosanilin) die Gegenwart eines aldehydartigen Körpers nachzuweisen; dagegen mißlang dieser Nachweis, sowie die Pflanzen längere Zeit im Dunkeln gehalten wurden.

Wenn die Kohlensäure den Kohlenstoff, das Wasser durch seine Zersetzung den Wasserstoff lieferte, der Sauerstoff ebenfalls in den beiden Nahrungsmitteln der Pflanze zur Genüge enthalten ist, so fragt sich noch: woher kommt der Stickstoff, jenes vierte organische Element, ohne welches ein Gedeihen der Pflanze nicht möglich ist? Es ist zwar in der Atmosphäre scheinbar eine genügende Stickstoffquelle geboten, denn die Luft besteht bekanntlich zu vier Fünfteilen aus jenem Elemente, allein für das organische Leben ist dieser Stickstoff nichts Besseres als was die gemalten Früchte für den Hungernden sind. In seiner isolierten Form mit nur sehr geringer Verwandtschaft zu andern Elementen begabt, assimiliert er sich ohne weiteres weder dem Kohlenstoff, noch irgend einem der beiden andern organischen Elemente. Nichts Geringeres als der Blitz gehört dazu, um den Stickstoff mit Sauerstoff zu Salpetersäure zu verbinden, die sich denn auch wirklich auf diese Art im Luftkreise erzeugt, so daß wir sie in jedem Gewitterregen, wenn auch nur in geringer Quantität, nachweisen können. Ist auf solche Weise der Stickstoff einmal in Verbindung mit einem andern Element getreten, so ist er damit fähig geworden, an dem großen Kreislaufe teil zu nehmen. Er ist zugänglich geworden, bildsam. Die ausgezeichnete Wirksamkeit, welche Salpeter, salpetersaurer Kalk und ähnlich zusammengesetzte Körper, dem Düngemittel zugesetzt, auf die Entwickelung der Pflanze ausüben, beweisen das Gesagte.

Wenn nun aber auch die Salpetersäure, da sie fortwährend neu in der Atmosphäre erzeugt wird, in irgend welcher Weise der uns umgebenden Luft und dem Wasser, in welchem sie sich auflöst, wieder entzogen werden muß, und dies höchst wahrscheinlich allein durch die Pflanzen geschieht, so verdankt doch der gesamte Stickstoff, wie er in den Samen, Blüten und in mancherlei pflanzlichen Produkten vorkommt, nicht lediglich der Aufnahme und Zersetzung von Salpetersäure seinen Ursprung. In bei weitem bedeutungsvollerem Grade als die Salpetersäure tritt eine andre Verbindung als Stickstofflieferant auf, das Ammoniak (1 Atom Stickstoff und 3 Atome Wasserstoff), welches aber erst aus stickstoffhaltigen organischen Stoffen entstehen kann.

Das Ammoniak kommt ebenfalls, sowohl im freien Zustande als auch mit Kohlensäure verbunden, in der Luft vor und geht aus dieser durch die wässerigen Niederschläge in den Boden über. Es durchläuft einen ganz entsprechenden Cyklus wie die Kohlensäure; denn nachdem durch mannigfache Verbindung, Zersetzung und Umbildung in den Pflanzen sich sein Stickstoff an der Zusammensetzung eigentümlicher und notwendiger Stoffe beteiligt hat, geht derselbe entweder als ein Bestandteil der wichtigsten Nahrungsmittel (Kleber, vegetabilisches Eiweiß, Kasein u. s. w.) in den animalischen Stoffwechsel über, oder die Pflanzenteile verfallen ohne weiteres der Fäulnis. In ersterem Falle wird der Stickstoff zur Bildung von Blut, Muskelsubstanz, Sehnen, Bändern 2c. verwendet. Wie sich der animalische Körper aber immer erneuert, so scheiden seine Bestandteile auch in entsprechender Menge verbraucht aus, wie sie in der Nahrung neu eingeführt werden. Hornsubstanz, Haar, Huf u. s. w. sind reich an Stickstoff, der Urin enthält viel Harnsäure, deren wichtigster Bestandteil ebenfalls der Stickstoff ist. Verfallen diese stickstoffhaltigen Körper der Fäulnis, so zeigt der bekannte stechende Geruch, welcher vom Ammoniak herrührt, daß sie sich in denselben Körper wieder verwandeln und in derselben Form wieder der Luft beimischen, in welcher sie von der Pflanze aufgenommen worden sind. Ammoniak, Kohlensäure und Wasser, diese drei unorganischen Bausteine für das organische Leben, treten demnach schließlich alle wieder aus den von ihnen gebildeten Produkten bei deren Zerfallen heraus.

Nicht minder wichtig, wenn auch weniger hervortretend, sind neben den Elementen, welche die größte Zahl der organischen Verbindungen bilden, wie schon erwähnt, zwei andre, Schwefel und Phosphor, für welche wir in entsprechender Weise Ursprung und Lebenslauf nachweisen können. Gelangt der eine, wahrscheinlich als schwefelsaures Ammoniak, zunächst

in den Pflanzensaft, um hier die Grundsubstanz alles organischen Lebens, das Eiweiß,
bilden zu helfen, aus welchem wieder zahlreiche andre Verbindungen entstehen, so wird der
andre, der Phosphor, mit dem sauren phosphorsauren Kalk aufgenommen, und seine Ein=
verleibung in den organischen Kreislauf ist ebenfalls von einer Sauerstoffabscheidung begleitet.
Zerfallen ihre Verbindungen wieder, so scheiden diese Elemente entweder als schweflige, phos=
phorige oder Phosphorsäure, oder aber, wie bei der Fäulnis, in Verbindung mit Wasserstoff,
als Schwefel= und Phosphorwasserstoff aus.   Sie nehmen nicht direkt ihre ursprünglichen
Formen wieder an, wenn sie das buntbewegte Leben verlassen, und unterscheiden sich in
diesem Verhalten von Wasser, Kohlensäure und Ammoniak.   Diese letzteren drei sind die
eigentlichen Schwellen von Leben und Tod, zwischen ihnen liegt eine kurze Zeit wechselnden
Werdens, welche doch alles Glück, allen Schmerz, jegliche Täuschung wie alle Erkenntnis
und Wissenschaft umfaßt.

Ursachen der Organisierung des Stoffs.   Fragen wir nun: welche Kraft bewirkt
diese merkwürdige und so höchst wundervolle Umwandlung von Stoffen, welche uns in ihrer
einen Gestalt als gewöhnliche luftförmige Körper, die mit Kalk oder Salzsäure zusammen
den gewöhnlichen Kalkstein oder Salmiak bilden und sich in bezug auf ihre physikalischen
und chemischen Qualitäten vor andern Bedingungen durchaus keiner bevorzugten Stellung
rühmen können; — in der andern aber belebt, von Empfindung und Leidenschaft erfüllt,
gegenübertreten, den gewaltigen Kräften einen Willen entgegenzusetzen und durchzuführen
scheinen, Bewegung von außen nicht empfangend, sondern von innen heraus und deshalb
überraschend und immer reizend erteilen, über Zeit und Raum hinweg in gegenseitigen Bezug
tretend und einwirkend auf andre Art, als durch die direkte Anziehung und Abstoßung der
Materie, welche allenfalls einen Stern um den andern treiben, oder eine Säure mit einer
Basis verbinden kann, aber für sich nicht zur Berechnung der Umlaufszeiten oder zu Schluß=
folgerungen aus den chemischen Prozessen, mit einem Worte nicht zum Bewußtsein sich er=
heben kann? Fragen wir uns nach der Ursache der Organisierung der Materie, so stehen
wir an der ersten Pforte jenes unerforschlichen Gebietes, welches Geist und Körper scheidet.
Wie viel auch gethan worden ist, den Weg über diese Grenze der Erkenntnis zu bahnen,
es ist noch nicht gelungen, anders als mittels Spekulation die Kluft zu überbrücken.   Ein
solches Verfahren mochte früher genügen, und die Gemüter haben sich in der That bis
auf die neueste Zeit gern damit beruhigt, kurzweg eine „Lebenskraft" anzunehmen, der
sie alles in die Schuhe schieben konnten, was ihnen hier unerklärlich war.   Niemand sah
oder wollte sehen, daß diese Lebenskraft weiter nichts als ein bloßes Wort, ein leerer Schein
war; nach einer Bestimmung und Begrenzung des Begriffs fragte man nicht viel, sie war
auch auf keine Weise möglich.   Mit einem Namen allein drückt sich aber nie das Wesen,
sein Wie und Warum aus.   In diesem Falle war es jedoch zu bequem, mit einem Worte,
dem jeder Begriff fehlte, lästige Fragen zu beseitigen, als daß man sich desselben gern hätte
begeben sollen, zumal man nichts andres, wenigstens nichts Besseres, am allerwenigsten That=
sachen und Beweise, an seine Stelle setzen konnte, und deshalb blieb die Lebenskraft für
ganze Generationen unbestritten auf ihrem Throne.

Heute wissen wir freilich, daß ein solches ganz besonderes Agens in dem Sinne, wie
die Physik den Begriff Kraft auffaßt, nicht existieren kann.   Denn ist der Zusammenhang
der Erscheinungen in der unorganischen Welt schon nur erklärbar und begreiflich, wenn eine
innige Verwandtschaft, ja eine vollständige Übereinstimmung in der Grundnatur der Be=
wegungsursachen, der Kräfte, angenommen wird, und ist eine solche Identität jener ge=
staltenden und zerstörenden Veränderungsmotive für das Reich des Unbelebten teils auf das
Thatsächlichste nachgewiesen, teils durch das voraussehende „Auge des Gesetzes", durch die
mathematische Berechnung bereits begründet, so dürfen wir auch für die Zeit, während
welcher Kräfte und Stoffe zu organisierten Gebilden zusammengefügt sind, eine Ausnahme
von der universalen Regel nicht in Anspruch nehmen.

Nach ewigen, ehernen
Großen Gesetzen
Müssen wir alle
Unseres Daseins
Kreise vollenden.

Dieselben Gesetze, dieselben Kräfte, Anziehungen und Motive, welche die chaotische Materie zu Gestirnen formen, die in dem geheimnisvollen Nordlicht, das wie eine Empfindung den ganzen Erdkörper durchzuckt, sich aussprechen, welche Monde an Planeten, Planeten an Sonnen fesseln, durch die Wellenbewegung des Lichts uns mit den Plejaden und dem Heere der Sterne in der Milchstraße in Verbindung bringen, welche alles Bestehende nur als einen großartig gestörten Gleichgewichtszustand erkennen lassen, dessen allmählicher Ausgleich sich vorbereitet durch die unaufhaltsam fortschreitende Wärmeausgleichung in dem unermeßlichen Weltraume, der, wenn er vollendet alle Gegensätze vermittelt, alle Bedingungen der Veränderung gelöst hat, endlich dem Stoffe Ruhe und den Kräften Frieden gegeben — jene Ursachen dürften wohl auch dem dünkelvollsten Menschen genügen, daß er ihnen seine Existenz verdanken lerne.

Wenn es daher auch noch nicht gelungen ist, mit Wage und Gewicht nachzuweisen, zu welchen Teilen die physikalischen Kräfte, als deren allgemeinen Ausdruck wir die Wärme ansehen können, an der Organisierung des Stoffs thätig sind, so könnten wir doch, wenn wir die Gesamtmenge der im Lebensprozeß einer Pflanze verbrauchten Kraft, die teils als Licht, teils als Wärme, teils in chemischen Umsetzungen den Aufbau der verschiedenen Organe, die Bildung des Zellstoffs, des Stärkemehls, des Zuckers, der Säuren u. s. w. bewirkt haben, wenn wir diese Kräfte alle zusammen messen wollten und ihre Quantität schließlich vergleichen mit derjenigen Wärmemenge, welche die fertige Pflanze bei ihrer Verbrennung zu Kohlensäure, Wasser und Ammoniak zu entwickeln vermag, so würden wir damit das Resultat bestätigen, daß die Summe der für die Bildung der Pflanze aus ihren unorganischen Bestandteilen aufgebrauchten Kraft genau gleich ist dem Quantum derjenigen Kraft, die wir bei der Verbrennung als Wärme wieder gewinnen können. Nach dem Gesetz von der Umsetzung der Kräfte, welchem wir bereits im II. Bande einige erläuternde Betrachtungen gewidmet haben, lassen sich so die verschiedenen Formen der Kraft, Licht, Elektrizität, Magnetismus u. s. w., wie sie sich ineinander qualitativ verwandeln lassen, so auch quantitativ durcheinander messen, wobei für die experimentierende und rechnende Physik die Meßbarkeit der Wärmewirkungen zu dem bequemsten Maßstabe geführt hat.

Diese Übereinstimmung der Resultate unter Bezug auf das Gesetz von der Erhaltung der Kraft dürfte also wohl zu dem Schlusse führen, daß dasjenige, was als Lebenskraft früher bezeichnet wurde, nichts andres ist als eine Modalität, in welcher die in der Natur überhaupt wirkende Kraft auftritt, und die, wenn sie mit einer jener bekannten Erscheinungsweisen, wie Licht und Wärme oder dergleichen, nicht zusammenfällt, doch ebenso in alle jene Modifikationen übergehen kann, in denen die physikalische Kraft unsern Sinnen bemerkbar wird. Die Chemie wird uns in vielleicht nicht allzulanger Zeit dafür die Bestätigung geben.

Für denjenigen, der sich an eine solche mathematische Auffassung der Dinge, welche doch mehr als jede andre gemüt- und poesievolle Deutung die erhabene Gesetzmäßigkeit des Weltenlaufs zur Klarheit bringt, nicht so ohne weiteres gewöhnen kann, liegt die Frage nahe: wenn die Naturforschung zu Resultaten gekommen ist, aus denen sie sich berechtigt fühlt, das Geheimnis der Entstehung organischer Gebilde den ihr bekannten und ihrer Untersuchung und Messung unterwerfbaren Kräften zuzuschreiben, ist sie dann nicht auch im stande, selbst Organismen hervorzubringen durch die Behandlung jener ihr dienstbaren Kräfte?

Diese Frage ist aber eine müßige, obwohl sie von der Zeit oft aufgeworfen und zu lösen versucht worden ist. Wer die Klänge der Musik analysiert und uns auseinander legt, warum dieser Akkord wohllautend ist und ein andrer mißtönt, oder selbst, wenn er zu erklären unternimmt, auf welche Art eine Melodie unsre Empfindung zu Wandlungen von ganz bestimmter und mit dem Wesen jener Melodie verknüpfter Natur veranlaßt, weswegen uns die eine Symphonie in lebhafte Begeisterung versetzt, eine andre in elegische Stimmung bringt — wird man mit Recht von ihm verlangen können, daß er deswegen nun auch ein vollendetes Tongemälde von bestimmter Wirkung selbst hervorbringe? Gewiß nicht. Die Kenntnis der Mittel ist noch nicht die Fähigkeit, sie in vollendeter Weise zu den höchstmöglichen Zwecken zu verwenden. Hier ist die Grenze.

Es ist den Chemikern bei ihren Methoden allerdings gelungen, aus den unorganisierten Grundstoffen Verbindungen herzustellen, wie sie die organische Thätigkeit des Tier= und Pflanzenkörpers bildet. Welches Aufsehen erregte es damals in der chemischen Welt, als es Liebig und Wöhler gelungen war, eine Substanz, die bisher nur als Ausscheidungs= produkt des tierischen und menschlichen Körpers bekannt gewesen, nämlich den Harnstoff, künstlich herzustellen! Und bald lernte man andre Körper des Tier= und Pflanzenreichs ebenfalls künstlich darstellen; man denke nur an die Ameisensäure, die Oxalsäure, die Benzoe= säure, Zimtsäure, den künstlichen Indigo, das künstliche Alizarin und Purpurin, das giftige, im Fliegenpilz enthaltene Muskarin. Ähnliche Beispiele lassen sich mehr finden, aber wenn wir auf solche Art auch organische Verbindungen nach unserm Belieben erzeugen können, so ist es doch menschlicher Kunst und Kraft allein noch nie gelungen, unmittelbar aus ele= mentaren Stoffen und Kräften organische Individuen zu gestalten.

Die Naturforschung kann es daher auch zunächst nur mit der Untersuchung einmal der Stoffe und Verbindungen zu thun haben, welche sich während der Entwickelung oder des Vergehens der Pflanze und des Tieres, also während des Lebens, bilden, und das andre Mal mit der Untersuchung der Bedingungen, unter welchen jene Bildungen und Umbildungen vor sich gehen. Und wir werden in dieser unsrer kurzen Einleitung daher auch den wich= tigsten der angedeuteten Gegenstände noch einige Aufmerksamkeit zu schenken haben.

Organische Verbindungen. Wir haben weiter oben gesehen, daß die Hauptnahrungs= mittel der Pflanze in Wasser, Kohlensäure und Ammoniak, ebenso auch Salpetersäure be= stehen, denen sich als Lieferanten der notwendigen unorganischen Bestandteile einige und je nach der eigentümlichen Natur der Pflanze verschiedene mineralische Stoffe zugesellen. Namentlich erhalten unter diesen diejenigen, welche den Schwefel und den Phosphor zu= führen, eine ganz besondere Wichtigkeit.

Der eigentliche Leib der Pflanze besteht vorzugsweise aus einem Körper, der mit ver= schiedenen Namen, Zellstoff, Holzfaser, Cellulose, benannt worden ist. Ausgekochte und von ihren löslichen Bestandteilen befreite Baumwolle, Leinen oder Hanffaser stellen ihn in ziemlich reinem Zustande dar. Dieser Körper enthält nur Kohlenstoff, Wasserstoff und Sauerstoff, und die Pflanze kann seine Bildung lediglich durch Verarbeitung derjenigen Bestandteile bewerkstelligen, aus welchen die Kohlensäure und das Wasser zusammengesetzt ist. So wichtig nun in praktischer Hinsicht die Pflanzenfaser für uns wird, indem sie bald als Holz, bald als Stroh, Laub= und Gespinstfaser zu unzähligen Zwecken Verwendung findet, so interessant ist sie auch in wissenschaftlicher Beziehung. Denn sie bildet eines der hervorragendsten Beispiele der Isomerie, indem sie zeigt, wie dieselben chemischen Urbestand= teile in genau denselben Mengenverhältnissen sich miteinander verbinden und doch ganz ver= schieden voneinander geeigenschaftete Produkte ergeben können. Im lufttrockenen Zustande enthält die Pflanzenfaser auf 12 Atome Kohlenstoff 20 Atome Wasserstoff und 10 Atome Sauerstoff, in denselben Verhältnissen sind auch das Stärkemehl und das Pflanzen= gummi zusammengesetzt. Die letzteren Stoffe aber sind durch ihre Löslichkeit im Wasser ganz besonders fähig für Umbildung in andre Verbindungen, und es ist sehr wahrscheinlich, daß die Pflanze den zu ihrer Gestaltung notwendigen Faserstoff erst zu bilden vermag, nachdem sie seine Bestandteile in die fügsamere Form des löslichen Zuckers umgewandelt hat, der sich vom Stärkemehl nur durch einen Mehrgehalt der Elemente des Wassers unterscheidet.

Zellsubstanz findet sich in allen Teilen der Pflanze, Stärkemehl, Gummi und Zucker in der bei weitem größten Zahl derselben, oft wieder in voneinander abweichenden Formen auftretend; so unterscheiden sich denn z. B. das arabische Gummi und das Stärkegummi oder Dextrin, der kristallisierbare Zucker, wie er aus dem Zuckerrohr und den Zuckerrüben dargestellt wird, und der Schleimzucker, welcher sich neben jenem in den Pflanzen fertig gebildet vorfindet, aber auch aus dem kristallisierbaren Zucker durch Behandeln mit Säuren erhalten werden kann, in einzelnen Eigenschaften voneinander ganz wesentlich.

Wenn nun schon durch das mehr oder weniger reichliche Ausscheiden eines Elements, ja selbst durch die nur veränderte Lagerung der Atome bei gleicher chemischer Zusammen= setzung, so vielfach voneinander verschiedene Verbindungen entstehen können, so wird es einleuchtend erscheinen, daß sich die Zahl der organischen Körper noch in das Ungemessene vermehren kann, wenn außer den vier Elementen Sauerstoff, Wasserstoff, Stickstoff und

Kohlenstoff noch andre neu eintretende Elemente sich an der Bildung beteiligen. Und solcher sind uns ja schon einige im Schwefel und Phosphor bekannt. Es gibt aber deren noch eine große Zahl, die, wenn sie auch in der Natur nicht zu den Lebenszwecken von Pflanzen und Tieren mit verarbeitet werden, doch durch die Methoden der Chemie in organischen Körpern entsprechende Verbindungen einführen lassen. Namentlich fallen uns in dieser Beziehung Chlor, Jod und Brom durch ihre große Gefügigkeit auf. Da nun, wenn wir die Produkte pflanzlicher und tierischer Lebensthätigkeit und die denselben analog zusammengesetzten, welche der Chemiker darzustellen vermag, im großen ganzen als von einem besonderen Gesichtspunkte aus zu beurteilende ansehen wollen, es uns als ganz charakteristisch erscheint, daß sich hier nicht wie in der Chemie der unorganischen Welt die Elemente nur zu 2, 3, höchstens 5 oder 7 Atomen miteinander verbinden, sondern die Atomzahlen der chemischen Elemente in den Formeln oft in die dreißig und mehr hinaufsteigen, so werden wir über den Reichtum der organischen Natur zwar staunen, er wird uns aber in der Mannigfaltigkeit seiner Erzeugnisse nicht unbegreiflich bleiben. Auf den 64 Feldern eines Schachbretts lassen sich mit Bauern, Läufern, Springern, Türmen, Königin und König eine unendlich groß erscheinende Anzahl voneinander abweichender Spiele ausführen, und so kann auch eine geringe Zahl von Elementen allein durch die Verschiedenheit der Atomverhältnisse, in denen sie sich miteinander vereinigen und die verschiedene Gruppierung der Atome unendlich zahlreiche Produkte ergeben.

Wir haben angenommen, daß diese Produkte anders zu beurteilen seien als die unorganischen Körper, und die Wissenschaft ist bisher demselben Gesichtspunkte gefolgt, insofern sie eine organische und eine unorganische Chemie annimmt. Allein wie in der großen Natur überhaupt, so scheinen auch hier die trennenden Grenzen sich mehr und mehr zu verwischen, je weiter man in der Erkenntnis der bewegenden Ursachen und ihrer Zusammenhänge fortschreitet. Ob sich Eisen mit Sauerstoff oder Kohlenstoff mit Wasserstoff verbindet, muß schließlich für den Chemiker ein ganz analoger Prozeß sein, für welchen die Bezeichnung „unorganisch" oder „organisch" ohne alle Bedeutung wird. Die willkürliche Erzeugung sogenannter organischer Verbindungen aus entschieden unorganischen Elementarverbindungen ist der beste Beweis dafür, und derartige Erfahrungen lassen uns mit Befriedigung erkennen, daß die Zweige der Naturwissenschaft, jetzt noch getrennt in einzelne Zweige und Disziplinen, dem schönen Ziele einer einzigen Wissenschaft, einer umfassenden Naturerkenntnis, näher und näher rücken.

Es wird uns daher auch nicht überraschend erscheinen, wenn wir in dem gegenseitigen Verhalten der chemischen Verbindungen, welche das Pflanzen und Tierreich hervorbringt, oder welche unter künstlich gebotenen Bedingungen aus organischen Produkten in den Laboratorien erzeugt werden können, ganz denselben Zügen wieder begegnen, die wir unter dem Gesamtnamen „chemische Verwandtschaft" begriffen haben. Wir stoßen auf Stoffe mit basischen, auf andre mit sauren Eigenschaften und sehen nicht nur, daß sich diese miteinander zu salzartigen Körpern vereinigen, sondern daß sie auch mit entsprechenden Stoffen aus dem Mineralreich Verbindungen eingehen können und daß ein gegenseitiger Ersatz stattfinden kann. Anderseits gibt es wieder Substanzen, welche sich andern gegenüber in bezug auf die Fähigkeit, mit ihnen zu neuen Verbindungen zusammenzutreten, ganz indifferent verhalten, und die uns besonders durch ihre Umwandlungsprodukte interessant werden. Sie sind hauptsächlich das Material, welches den wundervollen Stoffwechsel unterhält, und wir werden Gelegenheit finden, uns mit einigen derselben, welche in der Nahrungsmittellehre eine bedeutsame Rolle spielen, ausführlicher zu beschäftigen; zuvor aber wollen wir für eine kurze Zeit unsre Aufmerksamkeit noch den organischen Säuren und den organischen Basen zuwenden.

Die organischen Säuren verraten sich in vielen Pflanzenstoffen schon durch den Geschmack. Wenn man die Blätter des Sauerklees (Oxalis acetosella) kaut, oder den Saft von frisch gepreßten Zitronen, von Sauerampfer, Berberitzen u. s. w. versucht, so wird man einen entschieden sauren Geschmack auf der Zunge wahrnehmen. In den Fässern, in welchen junger Wein zur Ablagerung kommt, schlägt sich ein Bodensatz nieder, der sogenannte Weinstein, aus dem sich, wenn man ihn mit Schwefelsäure behandelt, ein ganz eigentümlicher, sauer schmeckender und kristallisierbarer Körper abscheiden läßt, der in allen seinen

Eigenschaften sich als eine Säure zu erkennen gibt. Man hat ihm den Namen Weinstein=
säure gegeben und sie bildet in dem Weinstein mit dem Kali ein saures Salz, das saure
weinsteinsaure Kali.

Wie wir die Weinsteinsäure darstellen können, so lassen sich auf geeignete Weise aus
dem Safte verschiedener Pflanzenteile, namentlich der Früchte, auch andre organische Säuren
abscheiden (aus dem Sauerklee die Oxalsäure, aus den Zitronen die Zitronensäure u. s. w.);
andre bilden sich erst bei den chemischen Zersetzungen und es erfordert ihre Bereitung dann
oft sehr komplizierte Verfahrungsarten.

In der Regel sind die organischen Säuren in Wasser auflöslich und, wenn sie aus
demselben sich absetzen, fähig, in Kristallen, welche gewöhnlich farblos sind, anzuschießen.
Viele sind auch flüchtig. Sie röten Lackmuspapier, und obwohl sie an Stärke den
unorganischen Säuren im großen ganzen nachstehen, so gibt es unter ihnen doch einige,
welche sogar schwächere unorganische Säuren aus ihren Verbindungen austreiben können.
Die größte Zahl ist aus Kohlenstoff, Wasserstoff und Sauerstoff zusammengesetzt. Die
Oxalsäure besteht nur aus Kohlenstoff und Sauerstoff und ist dadurch der unorganischen
Kohlensäure am nächsten verwandt, in andern dagegen treten auch andre Bestandteile, wie
Stickstoff, Schwefel u. s. w., auf.

Von den natürlich vorkommenden organischen Säuren sind die wichtigsten die folgenden:
Die Oxalsäure, welche, wie schon erwähnt, ihren Namen von der Pflanze erhalten
hat, in deren Safte sie besonders reichlich enthalten ist, findet sich ziemlich verbreitet. Sie
wird jedoch schon längst nicht mehr aus dem Safte des Sauerklees bereitet; auch ist die
später entdeckte Darstellungsweise durch Behandlung von Zucker mit Salpetersäure, weshalb
sie auch den technischen Namen Zuckersäure erhalten hatte, schon längst verlassen. Jetzt wird
die Oxalsäure lediglich durch Behandlung von Holzmehl oder Sägespänen mit schmelzendem
Ätznatron gewonnen. Die reine Oxalsäure, im freien Zustande stets mit Wasser chemisch
verbunden, bildet farblose Kristalle, in Wasser von gewöhnlicher Temperatur ungefähr zum
achten Teile löslich; sie schmeckt sehr sauer und hat giftige Eigenschaften. Ihre Bestand=
teile im wasserfreien Zustande sind, wie schon erwähnt, bloß Kohlenstoff und Sauerstoff,
und zwar sind diese beiden Elemente in dem Verhältnis von 2 zu 3 Atomen in ihr mit=
einander verbunden. In den Pflanzen kommt die Oxalsäure nicht in freiem Zustande, sondern
entweder an Kali, als sogenanntes Sauerkleesalz, oder, wie in vielen Borkenflechten, an
Kalk gebunden vor. Sie hat in der Technik eine ziemlich bedeutende Verwendung gefunden,
und zwar infolge ihrer Fähigkeit, Eisenoxyd aufzulösen und damit farblose oder sehr wenig
gefärbte Salze zu bilden. Sowohl das Sauerkleesalz als auch die freie Oxalsäure wird
deshalb zur Entfernung von Rost= und Tintenflecken sowie in der Kattundruckerei gebraucht,
um auf die mit Eisenbeize behandelten Gewebe Muster aufzudrucken, welche bei dem nach=
herigen Ausfärben keinen Farbstoff annehmen, sondern weiß bleiben sollen.

Die Weinsteinsäure, welche als saures Kalisalz im Safte der Weintrauben, Maul=
beeren, des Sauerampfers u. s. w. vorkommt, enthält wie die übrigen organischen Säuren,
unter ihren Bestandteilen auch Wasserstoff. Ihre Reindarstellung haben wir schon erwähnt,
von ihren Eigenschaften kann sich jeder überzeugen, der die Bestandteile des Brausepulvers
gesondert betrachten will. Das sehr sauer schmeckende weiße, in Wasser leicht auflösliche
Pulver ist Weinsteinsäure, welche zu vielen Zwecken der Färberei und Druckerei, namentlich
als Schönungsmittel für rote Farben u. s. w., und zur Bereitung mancher chemischer Prä=
parate gebraucht wird und deren Gewinnung deshalb einen wichtigen Nebenteil der Wein=
produktion ausmacht.

Die chemische Zusammensetzung der Weinsteinsäure ist durch die Formel $C_4H_6O_6$ aus=
gedrückt und sie stimmt genau mit der Traubensäure überein, welche bisweilen im Safte
der Weinbeeren vorkommt und auch in ihrem sonstigen Verhalten sehr viel der Weinstein=
säure Analoges zeigt. Die Traubensäure unterscheidet sich aber von der Weinsteinsäure
durch ihr optisches Verhalten und auch dadurch, daß sie sich in zwei Arten von Weinsäure
spalten läßt, welche unter passenden Umständen wieder zu Traubensäure vereinigt werden
können. Diese beiden Arten von Weinsäure werden Rechts= und Linksweinsäure ge=
nannt; erstere ist die gewöhnliche Weinsäure des Handels. Die Namen beziehen sich auf
ihr Verhalten gegenüber dem polarisierten Lichte (die eine dreht die Schwingungsebene nach

rechts, die andre nach links), und auf ihre Kristallformen, die einander symmetrisch ent=
sprechen wie die rechte Hand der linken.

Die Zitronensäure ist in freiem Zustande sehr reichlich im Safte der Zitronen ent=
halten und kommt auch in vielen andern Früchten, wie Preißelbeeren, Kirschen, Erdbeeren,
Himbeeren u. s. w., hier aber gewöhnlich in Gemeinschaft mit Äpfelsäure vor. Ihre Ver=
wendung, welche in der Druckerei, der Medizin, Kochkunst u. s. w. eine sehr ausgedehnte ist,
hat eine fabrikmäßige Darstellung der Säure ins Leben gerufen, die namentlich in England
aus importiertem Safte betrieben wird. Die Äpfelsäure dagegen hat nur eine wissen=
schaftliche Bedeutung. In gleichem Sinne hätten wir einer großen Anzahl andrer Säuren,
wie der Bernsteinsäure, der Benzoesäure, Chinasäure (aus der Chinarinde),
Meconsäure (aus dem Mohn) u. s. w., Erwähnung zu thun; einer eingehenden Be=
sprechung derselben dürfen wir uns aber enthalten. Von größerem praktischen Interesse ist
die Essigsäure, welche, obwohl sie sich auch in geringer Menge im Pflanzenreich frei oder
gebunden in Salzen vorfindet, doch vorwiegend auf künstlichem Wege dargestellt wird. Sie
kann sich unter verschiedenen Verhältnissen bilden und wir werden darüber später noch aus=
führlicher berichten. Sie ist eine ziemlich starke Säure, vermag aber nicht wie die meisten
andern in gewöhnlicher Temperatur aus wässerigen Lösungen sich in Kristallen abzusetzen,
da sie sehr flüchtig ist und entweicht, bevor ihre Auflösungen den nötigen Konzentrations=
grad erhalten. Dagegen kann man durch geeignete Methoden sie auch in Kristallen dar=
stellen (Eisessig), welche bei 16º C. zu einer farblosen Flüssigkeit von dem bekannten
Geruch und sehr scharf saurem Geschmack schmelzen. Ihre Anwendung ist zum Teil, wie
zur Fabrikation von Grünspan und Bleiweiß, schon früher besprochen worden, zum Teil
werden wir aber später noch darauf zurückkommen. Eisessig wird in der Photographie und
in der Teerfarbenindustrie verwendet.

In der Gerberei, Färberei und Druckerei, zur Fabrikation der Tinte und zu andern
Zwecken noch finden einige Säuren wichtige Anwendung, welche in der Rinde, den
Blättern und Zweigen vieler Bäume enthalten sind und die miteinander viel Überein=
stimmendes haben. Es sind dies die verschiedenen Arten von Gerbsäure (Tannin), wegen
deren Vorkommen die Eichenrinde, Galläpfel, Knoppern, der Sumach, das Katechu und
ähnliche Pflanzenprodukte geschätzt sind. Aus der Gerbsäure werden Gallussäure und
Pyrogallussäure dargestellt.

In dem tierischen Organismus werden ebenfalls Säuren erzeugt, wie wir uns leicht
überzeugen können, wenn wir einen belebten Ameisenhaufen mit einem Stocke auseinander
stören. Unsre Augen werden durch einen scharfen Dunst zum Thränen gereizt und unsre
Nase empfindet einen eigentümlich sauren Geruch; die Ursache davon ist die Ameisen=
säure, welche früher durch Destillation der Waldameisen mit Wasser gewonnen wurde, jetzt
aber nur noch künstlich bereitet wird, und zwar meist durch Destillation von Zucker oder
Stärkemehl mit Braunstein und verdünnter Schwefelsäure. Sie hat aber ebensowenig eine
besondere technische Berücksichtigung erfahren können wie die Milchsäure, die sowohl bei
der Gärung der Milch als bei der Gärung mancher Pflanzenteile sich bildet, und die wir
in den Sauergurken, dem Sauerkraut und ähnlichen Nahrungsmitteln mit Absicht entstehen
lassen, nur medizinisch werden beide verwendet.

Andre pflanzliche und tierische Produkte, wie z. B. die Fette, geben bei ihrer Zer=
setzung oder wenn sie den geeigneten chemischen Verhandlungen unterworfen werden, eben=
falls zur Bildung von Säuren Veranlassung. Diese Fettsäuren — es lassen sich eine
große Zahl derselben anführen — sind wichtig, weil sie die Grundlage der Seifensiederei
ausmachen. Die Buttersäure, aus der ranzigen Butter darstellbar, erinnert im Butter=
säureäther durchaus nicht mehr an diesen übelriechenden Ursprung; sie würde sich sonst kaum
dazu eignen, dem künstlichen Rum den aromatischen Duft des echten, in Jamaika fabrizierten
Getränkes zu verleihen, wozu die genannte Verbindung verwendet wird.

Besonderes Interesse nimmt noch die Salicylsäure in Anspruch, die zwar auch in
der Natur vorkommt (in dem Öle der Gaultheria procumbens), für den Handel aber stets
künstlich dargestellt wird, nämlich durch Behandlung von Phenolnatrium mit trockener
Kohlensäure; die Salicylsäure ist bekanntlich eines der besten Mittel gegen Fäulnisbildung
und wird auch medizinisch verwendet.

Wir könnten noch eine ungemein große Menge von organischen Säuren namhaft machen, ohne ihre Zahl zu erschöpfen, denn es scheint fast in dem freien Willen des Chemikers zu liegen, auf künstlichem Wege immer neue Stoffe zu erzeugen, Verbindungen und Zersetzungen in immer wechselnder Weise einzuleiten, deren Produkte durch bestimmte Verwandtschafts=eigentümlichkeiten der einen oder der andern Klasse chemisch aufeinander wirkender Körper zugerechnet werden können. Die Pikrinsäure, jenen schönen gelben Farbstoff, den man früher nur aus dem Indigo darzustellen vermochte und der des hohen Preises wegen nur in der Seidenfärberei Anwendung finden konnte, erhält man jetzt aus dem Teer, den schmutzigen Rückständen in den Retorten und Vorlagen der Gasanstalten, aus welchen ja auch die pracht=vollen roten und blauen Farbstoffe dargestellt werden, die einen förmlichen Umschwung in der Färberei bewirkt haben. Ja, viele organische Körper, welche den gewöhnlichen Re=aktionen gegenüber sich ganz teilnahmlos verhalten und deswegen als indifferente Stoffe angesehen werden, erhalten einen bestimmten Charakter, und namentlich erweisen sich manche als Säuren, wenn sie mit entschiedenen Alkalien zusammengebracht werden. So gibt der Zucker mit Kalk eine Verbindung, in welcher seine Eigenschaften vollständig andre geworden sind; er verhält sich darin wie eine schwache Säure, und wenn wir in dieser Hinsicht die organischen Körper durchmustern wollten, so dürfte es uns schwer werden, eine Grenze zu finden, innerhalb derer sie einen festen Charakter unverrückbar bewahren.

Es sind ja überhaupt die Unterscheidungen, welche die Chemie macht, sehr oft nur Hilfsmittel der Übersichtlichkeit, und wir dürfen uns bei der Beurteilung der chemischen Verwandtschaft durchaus nicht von dem Gedanken leiten lassen, daß es das einzige Bestreben der stoffwandelnden Natur sei, aus Basen und Säuren Salze zu bilden, und daß demgemäß ihre einfacheren Erzeugnisse notwendig einer oder der andern dieser Kategorien angehören müssen. Im Gegenteil, gerade in der organischen Chemie haben wir Gelegenheit, zu be=obachten, wie dieser Gegensatz, basisch und sauer, immer mehr und mehr verschwindet, je weiter man mit neuen Entdeckungen auf diesem Gebiete vordringt. Aus den vielen Tau=senden verschiedener Stoffe, die man im Laufe der Zeit darzustellen gelernt hat und die weder basisch noch sauer waren, lassen sich jetzt wohl charakterisierte Gruppen und Reihen absondern, die jedoch keineswegs scharf begrenzt sind, sondern häufig mit ihren Endgliedern ineinander übergehen. Wir erinnern nur an die großen Reihen der Alkohole, Aldehyde, Ketone, an die Gruppen der Chinone, der Hydrazine und Azoverbindungen, an die Phenole, die sowohl den Charakter von Säuren, zugleich aber auch die Eigenschaften der Alkohole besitzen.

Die organischen Basen sind deswegen ebensowenig in ihrer Gesamtheit scharf ab=zuscheiden von den andern organischen Körpern; indessen hat allerdings eine große Anzahl von Stoffen so übereinstimmende und in ihrem Verhalten Säuren gegenüber ganz analoge Eigenschaften, wie sie die unorganischen basischen Oxyde zeigen, daß wir ein Zusammen=fassen unter die vorangestellte Begriffsbezeichnung im Gegensatz zu den organischen Säuren wohl gerechtfertigt finden dürfen.

Sehr merkwürdig ist der heftige Einfluß, den fast alle hier in Frage stehenden Körper auf den menschlichen oder tierischen Organismus ausüben, wenn sie in den Stoffwechsel desselben eingeführt werden. Bei einigen steigert sich derselbe so weit, daß sie als die hef=tigsten Gifte wirken, welche, selbst in geringen Dosen genommen, unfehlbaren Tod zur Folge haben; wir erinnern nur an das Strychnin; bei andern dagegen erweist sich die Wirkung, sofern die genossene Menge nicht bedeutend war, als eine sehr angenehme, und wir sehen in dem Genuß des Kaffees, Thees, des Kakaos, Tabaks u. s. w. Belege dafür zur Genüge. Dieser ihrer kräftig wirkenden Eigenschaften wegen finden die Pflanzenbasen oder Alkaloide ihre heilsamste Anwendung in der Medizin; eine andre, ausgedehntere haben sie in den genannten Genußmitteln, denen sich noch viele anreihen lassen würden, da ihr Verbrauch ein ganz allgemeiner, über die ganze Erde verbreiteter genannt werden muß. Das Vor=kommen der organischen Basen in den Pflanzen ist wie das der organischen Säuren ein sehr verbreitetes, aber ebensowenig begrenzt dasselbe ihre Zahl im allgemeinen, denn zu den freiwillig von der Natur erzeugten gesellt sich als ein Ergebnis der experimentierenden Chemie noch eine viel größere Menge andrer, künstlich darstellbarer.

Die organischen Basen sind im allgemeinen durch einen Gehalt an Stickstoff aus=gezeichnet. Sie sind in Wasser weniger löslich als in Alkohol und Äther und die meisten kristallisieren aus den letzteren Auflösungen als feste Körper von bitterem Geschmack, von denen einige sich in höherer Temperatur leicht, andre nur mit Zersetzung verflüchtigen lassen. Ihr Charakter als Base ist von geringer Energie, sie bilden zwar mit organischen und unorganischen Säuren Salze, allein dieselben haben der Einwirkung unorganischer Alkalien gegenüber nur eine geringe Beständigkeit. Überhaupt sind bei dieser Klasse von Stoffen die Reaktionen, welche der animalische Körper ausübt, oft von einer weit größeren Empfindlichkeit als diejenigen, welche der experimentierenden Chemie bisher gelungen ist aufzufinden. Bei der großen Anzahl neuer Körper, mit denen die Forschung in den letzten Jahren uns bekannt gemacht, ist es zudem nicht immer möglich gewesen, die Bekanntschaft auch gleich so vollständig zu machen, daß wir mit allen Eigentümlichkeiten des Neuen so vertraut geworden wären, um dasselbe rasch und mit voller Sicherheit von Ähnlichem zu unterscheiden. Und ganze Gruppen, wie die ätherischen Öle und eben auch die organischen Basen, zeigen in ihren einzelnen Gliedern oft so geringe Unterschiede, so feine Abweichungen voneinander, daß eine sehr gründliche Beschäftigung mit ihnen dazu gehört, um die Mittel auszufinden, durch welche jene Merkmale, in denen sie voneinander abweichen, auf handgreifliche und unzweifelhafte Weise sichtbar gemacht werden können. Daher kommt es, daß unsre Geschmacks- und Geruchsnerven uns oft zu sichereren Führern werden als die Reaktionen, die wir durch chemische Zusätze hervorzurufen uns bemühen.

Es sind in der letzten Zeit ganze Herden von Planetoiden entdeckt worden, und doch, so wichtig dies auch für die Kenntnis unsres Sonnensystems sein würde, ist es noch nicht gelungen, auch nur den kleinsten Teil derselben in seinen Bahnen zu bestimmen. Nicht aber, als ob die rechnende Astronomie das überhaupt nicht vermöchte, es hat bei der raschen Aufeinanderfolge der Entdeckungen thatsächlich an Zeit gefehlt, jede derselben in wünschenswerter Weise auszunutzen. Und so liegt auch in der organischen Chemie ein überreiches Material noch vor, dessen Verwendung mit seiner Erwerbung nicht immer Schritt zu halten vermocht hat, so daß wir in manchen Fällen noch nicht im stande sind, mit Sicherheit die Gegenwart z. B. gewisser Giftstoffe des Pflanzenreichs nachzuweisen. Dürfen wir aber darum der Forschung zürnen, daß sie in dem ungezählten Reichtum ihrer Gaben Tödliches und Zerstörendes uns mit in den Schoß warf, daß sie uns mit Stoffen bekannt machte, ehe sie uns die Mittel an die Hand gab, uns vor der mit ihnen verbundenen Gefahr zu schützen? Unrecht verwendet kann auch das sonst Segensreiche Unheil im Gefolge haben.

Wir wollen bei dem Gegenstande, dessen ausführliche Besprechung eine gründliche Kenntnis der organischen Chemie voraussetzen würde, nicht länger verweilen, da wir späterhin von den wichtigsten Pflanzenbasen gesondert zu sprechen Gelegenheit bekommen.

Die beiden Klassen organischer Stoffe, welche einander gewissermaßen mit geschlechtlichem Charakter gegenüberstehen, Säuren und Basen, begreifen aber in sich nur eine verhältnismäßig sehr geringe Zahl der im organischen Reiche überhaupt entstehenden chemischen Körper. Es gibt noch sehr zahlreiche andre, welche so entschiedene Parteistellung nicht einnehmen, die aber für die Entwickelung der körperlichen Organismen und eben auch für die chemische Betrachtung eine große Bedeutung haben. Wir wollen sie mit dem freilich sehr wenig sagenden, aber viel in Gebrauch gehaltenen Namen indifferente Stoffe bezeichnen.

Der neuen Chemie ist es gelungen, für eine große Zahl derselben den inneren chemischen Charakter in ein ganz besonderes Licht zu stellen. Sie sind danach nicht einfache Verbindungen, etwa wie das Wasser, sondern Verkettungen einer meist sehr großen Anzahl verschiedener Moleküle, die sich durch chemische Einflüsse abtrennen und durch andre ersetzen, aber auch wieder in den Verband einfügen lassen, so daß die Zahl der Zersetzungs- und Umwandlungsprodukte der organischen Verbindungen eine ganz erstaunlich große, noch gar nicht zu übersehende ist; es hat sich aus der Beobachtung langer Reihen derartiger, miteinander verwandter, auseinander entstehender und ineinander übergehender Produkte ergeben, daß die chemischen Formeln der einzelnen Glieder solcher Sippen bestimmte Atomverbindungen gemeinsam haben, welche darin eine elementare Rolle spielen, insofern sie in einfacher Weise mit Sauerstoff, Wasserstoff, Schwefel, Chlor u. s. w. zusammentreten können und dann eben jene Reihen von indifferenten Körpern bilden, welche in mancher Beziehung Salzen vergleichbar werden. Es ist schon in der Einleitung zum IV. Bande dieses Werkes erwähnt worden, daß jene elementaren Verbindungen Radikale genannt worden sind.

Ihre isolierte Darstellung gelingt nur in wenigen Fällen, und da das Interesse daran ein ausschließlich wissenschaftliches ist, so können wir an dieser Stelle von einem weiteren Eingehen auf diesen Gegenstand absehen, um uns denjenigen Körpern noch mit einigen Betrachtungen zuzuwenden, welche die Thätigkeit der Natur uns fertig schafft und die für das Wachstum und Gedeihen der Organismen gegenseitig einen hohen Einfluß ausüben.

Wenn wir aus der großen Zahl der hier in Rede stehenden Stoffe nur die Namen Eiweiß, Pflanzenfaser, Muskelsubstanz, Fett, Stärkemehl, Kleber, Zucker und Alkohol nennen, so ergibt sich hieraus schon, daß eine Betrachtung derselben mit dem Kapitel von der Ernährung und Entwickelung organisierter Wesen sich eng verbinden muß. Außerdem aber würden uns, wenn wir das ganze Gebiet jetzt zu durchwandern uns vorgenommen hätten, auch noch zahlreiche Familien andrer Körper auffallen, welche, wie die Farbstoffe, ätherischen Öle u. s. w., neben dem großen wissenschaftlichen Interesse auch eine vorwiegend technische Wichtigkeit in sich tragen.. Von diesen im einzelnen zu sprechen, finden wir aber später noch genügend Gelegenheit, und wir wollen uns daher für jetzt den Blick dadurch von der begrenzten Richtung, die wir vorhin angedeutet haben, nicht ablenken lassen, zumal da an diese kurzen Erörterungen eine detailliertere Betrachtung der Genußmittel des Menschen zunächst sich anschließt.

Nahrungsstoffe. Von den unorganischen Bestandteilen Wasser, Kohlensäure und Ammoniak, vermag, wie es scheint, nur die Pflanze zu leben. Zwar sind auf den niedrigsten Stufen der organischen Welt die Unterschiede zwischen Pflanze und Tier so geringe, daß es zahlreiche Formen gibt, bei denen man in Zweifel ist, welchem der beiden Reiche sie zuzuzählen sein dürften; indessen ist die Organisierung des Stoffs vielleicht doch eine ausschließliche Arbeit der Pflanze, und es benutzt das Tier zu seiner Entwickelung erst die von jener unter irgend einer Form ihm bereiteten Präparate.

Wie verschiedenartig nun auch deren Natur ist — denn man wird nicht in Abrede stellen, daß die Auster auf andre Weise sich nährt als der Adler, und die Biene anders als der Mensch, ja wir können die Nahrungsweise des gebildeten Europäers mit der des Eskimos oder der Indianer im Innern des südlichen Amerikas nicht vergleichen, ohne über die große Verschiedenheit der Mittel, die auf beiden Seiten zu demselben Zwecke verwendet werden, billig zu erstaunen — und wie bedeutend auch diese Unterschiede erscheinen, so bestehen dieselben doch mehr in der äußeren Form des Genossenen als in dessen chemischem Wesen.

Ein gotischer Dom hat die Vollendung seiner Form, die Zierlichkeit seiner Ornamentik, das Leichtstrebende seiner Türme dem bequem zu verarbeitenden Materiale mit zu verdanken, welches Baumeister und Steinmetzen zu Gebote stand — und es ist leicht zu beobachten, wie die Grenze derjenigen Gebiete, auf denen die gotische Baukunst ihre schönsten Werke errichtet hat, mit derjenigen Grenze auf den geognostischen Karten fast streng zusammenfällt, wo jene Gesteine aufhören und an ihrer Stelle starre, ungefüge Felsarten, wie Granit, Schiefer, Basalt u. s. w., auftreten. Umgekehrt schlug solch widerstrebendes Material die Phantasie der alten Ägypter in unzerbrechbare Fesseln und bedingte mit die ganz bestimmten Richtungen der sich hier entwickelnden Architektur. — Unterwerfen wir aber Sandgesteine und Urgesteine im Bausch und Bogen der chemischen Analyse, so finden wir immer dieselben Urstoffe darin enthalten, und so verschiedenartig die Bauwerke erscheinen, so gleichartig sind ihre elementaren Bestandteile. Ähnlich, nur in noch viel mannigfacherer Weise, ist es mit den Formen des Tierreichs, und bei der Frage nach dem Material, das seine verschiedenen Gestaltungen bilden hilft, begegnen wir schließlich auch einer merkwürdigen Übereinstimmung in dessen chemischer Natur, wenn dieselbe selbstverständlich auch nicht so überaus einfach sich darstellen kann, wie in den Ernährungsmitteln der Pflanze.

Wenn wir Muskeln, Sehnen, Blut, Knochen und die andern Bestandteile des tierischen Körpers untersuchen, so finden wir, daß an ihrer Zusammensetzung der Stickstoff einen ganz wesentlichen Anteil hat. Es geht daraus hervor, daß die Nahrungsmittel, welche die Bestimmung haben, sowohl die dem Körper zur Lebensthätigkeit nötige Wärme zu erzeugen als auch die verbrauchten Stoffe zu ersetzen, infolgedessen die einzelnen Organe einer fortwährenden Umbildung und Erneuerung ausgesetzt sind, daß jene Ersatzmittel nicht bloß aus Kohlenstoff, Wasserstoff und Sauerstoff bestehen dürfen, wie etwa das Stärkemehl und der Zucker, sondern daß daneben auch stickstoffhaltige Nahrung dem Körper zugeführt werden muß.

Außerdem auch ist für einen Ersatz der notwendigen mineralischen Stoffe, wie phosphor=
saurer Kalk, der zu Knochen, Zähnen u. s. w. verbraucht wird, Kochsalz, das unter anderm
zur Bildung der Blutflüssigkeit und des Speichels notwendig ist u. s. w., zu sorgen.

Sind nun für die Neubildung die stickstoffhaltigen Nahrungsmittel unumgänglich not=
wendig, so dienen die stickstofffreien zur Reizung der körperlichen Maschine, indem sie, durch
die Verdauung löslich gemacht, in das Blut übergehen und damit in den Lungen durch den
Sauerstoff der eingeatmeten Luft eine Verbrennung, freilich ohne Flammenerscheinung, er=
leiden, wofür uns den besten Beweis das reichliche Auftreten der Kohlensäure liefert, die
in der ausgeatmeten Luft gerade wie in der abziehenden Ofenluft enthalten ist. Die Er=
haltung der Eigentemperatur ist eine Folge dieser Oxydation der an Kohlenstoff überreichen
Blutbestandteile. An dieser Verbrennung nehmen übrigens auch die kohlenstoffhaltigen Be=
standteile stickstoffhaltiger Nahrungsmittel teil, wie ja überhaupt zu denken ist, daß mit der
erfolgten Verdauung jeder Ursprungsunterschied verschwindet. Es soll nur gesagt werden,
daß der Stickstoff der Nahrungsmittel durch die Lungen nicht ausgeschieden wird.

Wenn sonach stickstoffhaltige Nahrungsstoffe, weil in ihnen die übrigen drei organischen
Elemente sich auch immer vorfinden, sehr wohl das Atmen und damit die Lebensthätigkeit
des Körpers für sich unterhalten können, so ist dies von stickstofffreien Nahrungsmitteln
allein nicht zu sagen. Wir können also von Zucker allein nicht leben, ebensowenig von
Stärkemehl oder Alkohol, und wenn mit Recht zwar behauptet wird, daß für den in kalter
Winterluft thätigen Handarbeiter der Alkohol ein billiger Ersatz des Fleisches ist, so ist dies
nur dahin zu deuten, daß es manchmal für den Körper von größerer Wichtigkeit sein kann,
ihm die durch Ausstrahlung unausgesetzt verloren gehende Wärme wieder zu ersetzen, als
gerade für die Erneuerung seiner Muskeln und Bänder zu sorgen. Und dies thun die leicht
oxydierbaren Bestandteile des Alkohols in ganz besonders energischer Weise. Auf die Länge
der Zeit aber fortgesetzt, würde eine derartige Bewirtschaftung sich empfindlich rächen. Um=
gekehrt sollte man glauben, Fleischnahrung müsse infolge ihrer chemischen Zusammensetzung
ein vollkommener Ersatz für die von unserm Körper ausgeschiedenen Stoffe sein, und als
ein solcher sich als das beste Nahrungsmittel empfehlen. Indessen ist diese Annahme nicht
weniger falsch, denn es wird quantitativ eine viel geringere Stoffmenge zur Neubildung von
Organen verwendet als zur Wärmeerzeugung. Und wenn auch bei jener Neubildung eben=
falls Wärme infolge der chemischen Prozesse sich entwickelt, so ist die durch die Umwandlung
des Blutes in den Lungen erzeugte bei weitem intensiver. Das Fleisch also würde zwar
dem einen Zwecke vollständig genügen können, dem andern aber nur teilweise, und demnach
für sich allein ebenfalls ein unvollkommenes Nahrungsmittel sein. Wir empfinden die Wahr=
heit davon, wenn wir versuchen, uns eine Zeitlang in einer der genannten Arten einseitig
zu ernähren. Es widersteht dem Körper sehr bald die gebotene Nahrung und er verlangt
durch ganz entschieden ausgeprägten Hunger nach gewissen Nahrungsmitteln das ihm zu
wenig Gebotene. Eine verständige Mischung der Nahrung aus stickstofffreien und stick=
stoffhaltigen Stoffen ist das Notwendige, wenn der Körper eine normale Entwickelung
nehmen soll.

Jeder Überschuß in der einen oder der andern Richtung verursacht Unbequemlichkeiten,
entweder durch seine Ausscheidung oder durch seine Ablagerung im Körper selbst. Starke
Fettanhäufungen z. B. können häufig als Folge von zu reichlicher stickstofffreier Nahrung
auftreten; denn da durch die Atmung nur ein bestimmtes Quantum verbrannt, das übrige
aber, in leicht umsetzbarer Form aufgenommen, nicht ohne weiteres wieder ausgeschieden
wird, so kann es sich nur in eine ziemlich nutzlose Fettablagerung verwandeln, welche bei
dem Menschen nicht wie bei dem Dachs oder dem Bären durch Absaugung während des
Winterschlafs als Wärmeerzeuger dienen kann.

Die aus England herübergekommene und in den letzten Jahrzehnten bei uns oft mit
großer Energie und nicht wegzuleugnendem Erfolge unternommene Bantingkur beruht in der
Hauptsache darauf, dem Körper nur die muskelbildenden Nahrungsmittel, namentlich mageres
Fleisch, in hinreichender Menge darzubieten; die fettbildenden aber, wie Zucker, Stärkemehl
(Kartoffeln), Fette (Milch u. s. w.), möglichst zu entziehen, damit er gezwungen werde, den
überlästig in sich selbst aufgespeicherten Fettvorrat zu verbrauchen.

Sehen wir uns die von der Natur fertig gebotenen Nahrungsmittel etwas genauer an, so finden wir in denjenigen, welche an sich geeignet sind, dem Lebensprozeß vollen Vorschub zu leisten, eine überraschende Übereinstimmung.

Die Milch ist das Elementarnahrungsmittel und ihre Zusammensetzung wird uns daher einen Anhalt geben können, welche Stoffe hauptsächlich wichtig für Atmung und Wachstum sind. Die Kuhmilch enthält in 100 Teilen gegen 86 Teile Wasser, 4—5 Teile Käsestoff (Kasein), 3 Teile Butter (Fett), 4—5 Teile Zucker (Milchzucker) und etwa 1 Teil unorganische Stoffe, Salze, phosphorsaure Verbindungen u. s. w., welche beim Verbrennen als Asche zurückbleiben. Das Kasein darin ist stickstoffhaltig. Vergleichen wir mit dieser Zusammensetzung die des Eies, etwa des Hühnereies, so finden wir, daß das letztere, Weißes und Dotter zusammengenommen, 75 Prozent Wasser, 14 Prozent Albumin (Eiweiß), $10\frac{1}{2}$ Prozent Fett und $1\frac{1}{2}$ Prozent Asche enthält, daß darin ebenfalls stickstoffhaltige Nahrung (das Eiweiß) mit stickstofffreier (Fett, in der Milch auch noch Zucker) gemengt enthalten ist. In dem Fleische — der Muskelsubstanz — ist der Stickstoff in dem sogenannten Fibrin enthalten, außerdem aber spielt in dem Körper auch das Eiweiß als ein wesentlicher Bestandteil der Blutflüssigkeit eine wichtige Rolle. In dieser flüssigen Form ist das letztere gewissermaßen der Stickstoffspediteur, und ebenso der des Schwefels.

Das Fibrin hat in bezug auf seine chemische Zusammensetzung sehr große Ähnlichkeit mit dem Kleber, demjenigen Körper, in welchem der Stickstoffgehalt der Getreidekörner aufgespeichert ist, und in bezug auf ihre Wirkung als Nahrungsmittel stehen sich beide auch ziemlich gleich.

Der Kleber hat seinen Namen von seiner zähen, dem Vogelleim ähnlichen Beschaffenheit. Man kann ihn aus feinem Mehl abscheiden, wenn man dasselbe mit Wasser zu einem zähen, gleichmäßigen Teig anrührt, den man so lange mit einem Strome reinen Wassers auf einem feinen Tuch unter Kneten auswäscht, als das abfließende Wasser noch eine milchige Trübung zeigt. Das Wasser spült die weißen Stärkemehlkörner mit fort und läßt den Kleber zurück. Die Stärke setzt sich allmählich aus der trüben Flüssigkeit zu Boden und bildet jenen im Handel vorkommenden bekannten Körper, über dessen chemische Eigentümlichkeit zu sprechen wir schon öfters Gelegenheit hatten. In 50 kg gutem Weizenmehl sind ungefähr 5 kg Kleber und 35 kg Stärke enthalten.

Das Fibrin, der Grundbestandteil des Fleisches, kann durch ähnliche Auswaschungen aus den mageren Muskelfasern erhalten werden. Die Menge, in welcher es hier auftritt, ist freilich viel größer als der Klebergehalt des Mehls; denn trockenes Fleisch enthält bis zu 84 Prozent Fibrin, gegen 7 Prozent Fett und den Rest von 9 Prozent Blut und Salze. Für gewöhnlich ist aber mit diesen Stoffen eine beträchtliche Quantität Wasser verbunden, so daß dann mageres Fleisch an Fibrin, Fett und Salzen oft nur bis 20 Prozent enthält.

Das Wasser ist überhaupt eine unumgänglich notwendige Beigabe aller Nahrungsmittel, und wenn wir erfahren, daß gut ausgebackenes Weizenbrot — und altbackenes fast genau so viel wie ganz frisches — zu $\frac{2}{5}$ aus Wasser besteht, so müssen wir für das wichtigste aller Nahrungsmittel, dessen Betrachtung uns im nächsten Kapitel beschäftigt, dem Ausspruche: Brot ist Speise und Trank zu gleicher Zeit, vollständig beipflichten.

Eine Mühle seh' ich blinken
Aus den Erlen heraus,
Durch Rauschen mit Singen
Bricht Rädergebraus:
Ei, willkommen, süßer Mühlengesang!

W. Müller.

Mahlen und Backen.

Geschichtliches über das Mahlen. Mörserartige Getreidezerreibungsapparate. Mühlen bei den Ägyptern, in Griechenland und Rom. Handmühlen. Wasser- und Windmühlen. Dieselben erfahren in Deutschland Verbesserungen. Einrichtung der Getreidemühlen. Gänge. Die Mühlsteine. Schärfen derselben und ihre Wirkungsweise. Walzmühlen. Kunstmühlensystem. Grieß und Graupen. — Das Backen. Brot bei den verschiedenen Völkern. Mehl und Brot in chemischer Beziehung. Das Liebigsche Kleienbrot. Schädliche Zusätze. Das Brotbacken. Anmachen. Sauerteig. Künstliche Austreibemittel. Backpulver. Einkneten. Hefengebäck. Der Backofen. Backöfen mit kontinuierlichem Betriebe. Knetvorrichtungen.

Die volle Garbe, das freundliche Sinnbild der Kultur, des Friedens und des Segens, trägt wohl die Bedingungen einer ausgiebigen Ernährung in sich, ohne jedoch direkt eine mundende Speise gewähren zu können. Die Getreidekörner bedürfen hierzu vielmehr einer Vorbereitung; sie müssen wenigstens erst enthülst werden, um als Graupen gekocht, oder zugleich enthülst und gemahlen, um durch Verbacken zu Brot mundgerecht zu werden. Dies wußten und benutzten auch zugleich die ältesten Völker; das

3*

Brotbacken ist, kann man sagen, so alt wie die Anfänge der Kultur, denn die Kultur fand ja eben durch den Getreidebau, der das unstäte Nomadenleben ausschließt, erst einen festen Anhalt.

Mahlen und Backen war in den ältesten Zeiten ein Gegenstand der Hauswirtschaft, wie alle technischen Thätigkeiten, die einem ersten Lebensbedürfnis abzuhelfen bestimmt sind. Es gab demnach weit eher Mehl und Brot als professionsmäßige Müller und Bäcker. Erst mit der Ausbildung eines Lebens in Städten mögen sich die Leute gefunden haben, die es sich zum Beruf machten, das Getreide in Brot zu verwandeln. In Griechenland und Rom war das Bäckerhandwerk schon so zahlreich vertreten, wie heute bei uns; aber Müller gab es darum noch nicht; jede Bäckerwerkstatt hatte auch ihre eigne Handmühle, gewöhnlicher noch eine Tiermühle, und das Mahlen bildete sonach den ersten und keineswegs leichtesten Teil der Bäckerei. Erst im Laufe späterer Zeiten trennte sich allmählich der Mahlbäcker in zwei bestimmt unterschiedene, oft miteinander in Konflikt geratende Persönlichkeiten.

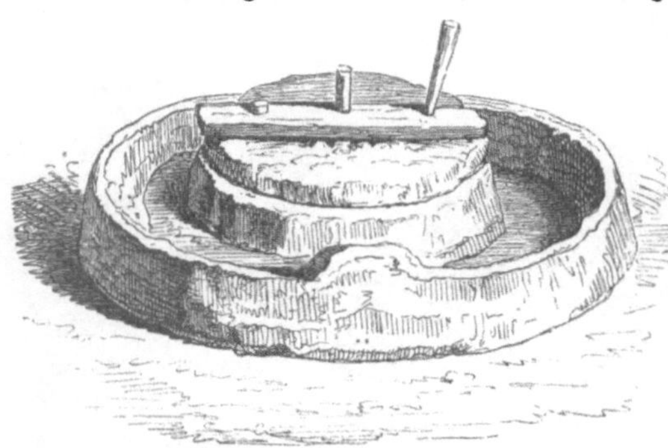

Fig. 4. Getreidezerreibungsapparat aus den Pfahlbauten.

Das Mahlen. Geschichtliches. Betrachten wir zunächst den rein mechanischen Teil der Sache, das Mahlen. Wenn wir von alten Völkern lesen: sie zerrieben ihre Getreidekörner zwischen Steinen, so fällt uns vielleicht gar nicht sofort bei, daß wir ja im Grunde ganz das Nämliche thun; aber freilich, welcher Unterschied und Abstand bleibt dennoch zwischen einer modernen, mit allen mechanischen Vorteilen ausgestatteten Kunstmühle und jenen einfachen Handhilfsmitteln, mit denen man ehemals den Brotstoff zu bereiten genötigt war! Sind wir auch über die technischen Einzelheiten dabei nur spärlich unterrichtet, eine mühselige, unausgiebige und unvollkommene Arbeit war es sicherlich. Eines der ältesten Auskunftsmittel scheint es gewesen zu sein, das Getreide zu rösten; solche Körner konnten dann durch Stampfen leicht pulverisiert werden, aber ein Brot in unserm Sinne konnte daraus nicht hergestellt werden. Als man daher Brot aus gegorenem Teig vorzuziehen gelernt hatte, mußte man sich an frische Körner halten, die wegen ihrer Zähigkeit

Fig. 5. Altrömische Mühle.

zerrieben werden mußten. Hierzu benutzte man Handmühlen, von denen schon in der Odyssee wie in der Bibel die Rede ist. Die wahrscheinlich älteste Form dieser Werkzeuge erinnert noch sehr an Mörser und Keule: in einem schalen- oder kesselförmig gehöhlten Unterstein stand ein dazu passender Oberstein mit halbkugeliger Unterfläche; an einem durchgesteckten Querarm drehte der Arbeiter den letzteren, indem er um die Mühle herumging; wollte man das Mahlgut herausnehmen, so mußte freilich der Oberstein gehoben werden. Ähnlich sind die Mahlapparate, welche man in den Pfahlbauten gefunden hat und von denen Fig. 4 eine Vorstellung gibt. Bequemere Einrichtungen wurden durch erhöhten Bedarf notwendig und mit der Zeit auch gefunden. So sehen wir bei den Römern, die in allen technischen Dingen nur Nachahmer der östlichen Völker waren, den Bodenstein in Gestalt eines abgestumpften Kegels, also mit einer oberen Kreis= und einer schiefen Ringfläche, während der Oberstein mit einer entsprechenden Fläche darauf paßte und oben eine trichter= förmige Verlängerung hatte, so daß die Körner oben eingefüllt wurden und das Schrot unten ringsum von selbst herauskam. Die Methode des Mahlens zwischen zwei ebenen Steinflächen kam erst in späteren Zeiten auf. Bei Ausgrabung einer Bäckerwerkstatt in Pompeji hat man übrigens die eben beschriebenen Mahlwerke, welche in ihrer Einrich= tung unsern Kaffeemühlen gleichen, in fast noch brauchbarem Zustande gefunden. Mechanische Beutelwerke kannte man im Altertume gar nicht, und man kann sich vorstellen, welche Anzahl Bäckerknechte täglich sich mit Handarbeit anstrengen mußte, das Mehl abzusieben, das zur Brotversorgung einer Stadt wie Rom erforderlich war.

Fig. 6 und 7. Römische Bäckerei (unten links Backofen, rechts Mühle).

Schon frühzeitig scheint man die Kraft der Zugtiere zum Umtreiben der Mühlen benutzt zu haben (s. Fig. 5), bis endlich auch die wohlfeilere Wasserkraft hierzu in Dienst genommen wurde. Ungefähr zu Anfang unsrer Zeitrechnung, unter Kaiser Augustus, wurde zu Rom die erste Wassermühle angelegt und als große Merkwürdigkeit betrachtet. Die Sache war aber zu Plinius' Zeiten, der 60 Jahre später schrieb, noch immer eine bloße Kuriosität, und die Wassermühlen wurden erst im 4. Jahrhundert unsrer Zeitrechnung in der Umgebung von Rom eine gewöhnliche Erscheinung. Windmühlen scheinen zu den Römerzeiten noch unbekannt gewesen zu sein, da sonst Vitruvius oder Plinius sicher davon gesprochen hätten; sie traten erst gegen die Mitte des 11. Jahrhunderts in Europa auf (s. Bd. II, S. 52 und vorhergehende). Den Übergang von der Handmühle zur Wasser= mühle schildert uns ein spätgriechisches Gedichtchen, wahrscheinlich aus dem 5. Jahrhundert; es ist so lieblich und so frisch gehalten, daß wir uns um so weniger versagen können, das= selbe (in Herders Übertragung) hierher zu setzen, als es uns den höheren Wert menschlicher Erfindung überhaupt versinnlicht; wir meinen die Erfindung als Fortschritt zu höherer Zivilisation und zur allmählichen, wenn auch nie ganz erreichbaren Rückkehr in das freilich nur ideal zu denkende goldene Zeitalter.

Die Erfindung der Wassermühle.

Lasset die Hände nun ruh'n, ihr mahlenden Mädchen, und schlafet
Lange, der Morgenhahn störe den Schlummer euch nicht.
Ceres hat eure Mühe den Nymphen künftig empfohlen,
Hüpfend stürzen sie sich über das rollende Rad,
Das, mit vielen Speichen um seine Achse sich wälzend,
Mahlender Steine vier, schwere, zermalmende treibt.
Jetzt genießen wir wieder der alten goldenen Zeiten,
Essen der Göttin Frucht ohne belastende Müh'.

Hand- und Tiermühlen erhielten sich übrigens noch Jahrhunderte nach dem Auftreten der Wassermühlen, die selbst im Mittelalter noch ziemlich vereinzelt vorkamen und deren Anlage als ein großes und schwieriges Unternehmen erscheinen mußte, wie schon die bis in neuere Zeiten fortgeerbten Mahlmonopole — Mühlbanne — erkennen lassen. Im Morgenlande, Arabien, Ägypten, sind noch heute zahlreiche Handmühlen und viele Tiermühlen im Gebrauch.

In einem 300 Jahre alten französischen Kupferwerke finden sich recht anschauliche Darstellungen ehemals gebräuchlicher Mahlwerke. Aus einem von dort entlehnten Bilde ersehen wir (s. Fig. 9), daß man selbst Handmühlen ins Große und nach dem Stockwerksystem baute, welches jetzt bei den Mühlen der modernsten Art in Anwendung ist. Eben um jene Zeit aber, seit etwa 1550, erhielten die Mühlwerke eine wesentlich andre Gestalt durch Hinzufügung des Beutelwerks mit seinem geräumigen Kasten. Merkwürdigerweise war man bis dahin über die Handsieberei noch nicht hinausgekommen; da erfand jemand in Deutschland die klappernde Vorrichtung, wie sie jede ordinäre Mühle noch heute zeigt und hören läßt. Die Erfindung wurde als überaus vorteilhaft begrüßt und belobt und verbreitete sich rasch in die Nachbarländer. Der alte französische Autor erzählt, der Deutsche habe mit seiner schönen Erfindung auch ein schönes Vermögen erworben, indem er, geschützt durch ein kaiserliches Privilegium, den Gebrauch seines Apparats an Bäcker, Klöster und Grundherren gut verkaufte. Somit hatte dieser deutsche Erfinder, glücklicher als mancher andre, ja sogar im großen Gegensatz zu den allermeisten, doch seinen materiellen Lohn, wenn auch die Welt so undankbar war, nicht einmal seinen Namen zu notieren.

Durch geraume Zeiten blieb die so weit verbesserte deutsche Mühle wie sie war, und diente als Wasser- und Windmühle dem Zwecke, für ihre Nachbarschaft das Mehl zu bereiten, aufs beste, nämlich insofern man keine Ahnung davon hatte, daß das Mühlwesen überhaupt noch einer Verbesserung fähig sei. Indes schon seit mehr

Fig. 8. Windmühle aus dem 16. Jahrhundert.

als fünfzig Jahren ist das alte System in seiner Existenz mehr und mehr bedroht und zur Reform genötigt durch das neue, weit leistungsfähigere Geschlecht der Kunstmühlen, und nur die Macht der Gewohnheit hat das Veraltete vor jähem Sturze bewahrt. Es konnte nicht fehlen, daß die großen Fortschritte in der Naturwissenschaft wie in allen Zweigen der Technik und die überall nach neuen Vorteilen ausschauende Spekulation auch das Mühlwesen in ihr Bereich ziehen mußten. Einen Hauptanstoß in der neuen Richtung gab Nordamerika, das, um die Fülle seines Weizenprodukts mit Vorteil zu verwerten, gar nicht umhin konnte, ein verbessertes Mahlsystem zu erstreben, welches bei massenhafterer Erzeugung zugleich ein dauerhafteres, für den Seehandel geeigneteres Mahlprodukt liefert. Auch die Engländer beschäftigten sich eingehend mit Verbesserung der Mühlen und setzten namentlich an die Stelle der hölzernen Mechanismen soviel als möglich das Eisen. Sie modifizierten das System der Amerikaner, und man pflegt daher die verbesserten Maschinenmühlen allgemein englisch-amerikanische zu nennen. Doch haben auch Franzosen und Deutsche sich in dieser Richtung verdient gemacht und überhaupt ist das einmal rege gewordene Streben, den Mühlen eine möglichst vorteilhafte Einrichtung zu geben, bis in die jüngste Zeit erfolgreich thätig gewesen.

Einrichtung der Getreidemühlen. Bei der Herstellung von Mehl kommt es darauf an, eine möglichst vollkommene Trennung der Schale von dem mehligen Kerne, also ein möglichst kleiefreies Mehl und eine mehlfreie Kleie zu erzeugen. Kommen nämlich Kleieteilchen in das Mehl, so erhält dasselbe eine dunklere Farbe und verliert hierdurch an Verkaufswert, da das Publikum sich nun einmal daran gewöhnt hat, ein weißeres Mehl für besser zu halten.

Fig. 9. Inneres einer Handmühle aus dem 16. Jahrhundert.

Andernteils ist es aber auch wieder wünschenswert, soviel als möglich von den der Schale zunächst liegenden Teilen des Korns mit in das Mehl zu bringen, da diese Teile infolge eines größeren Gehalts an stickstoffhaltigen Stoffen (Kleber, Eiweiß) einen höheren Nährwert besitzen als die inneren stickstoffärmeren Teile des Korns. Die neueren Mühlen sind nun derart eingerichtet, daß sie beiden Anforderungen möglichst gerecht zu werden suchen. Die Unterschiede und Vorteile der modernen Mühlen gegen die alten deutschen zeigen sich hauptsächlich in folgenden Punkten. Zufolge der verfeinerten Konstruktion in Eisen gehen die neuen Werke glatter und leichter, so daß mit einer gegebenen mechanischen Kraft weit mehr als sonst bewirkt werden kann. Durch die besonders ausgewählten und rationell zusammengesetzten scharfen Mühlsteine erfahren die Körner einen vollkommeneren Angriff: sie werden geschält und sogleich beim ersten Durchgang Hülsen und Inhalt geschieden. Die gewöhnlichen weichen Sandsteine der alten Müllerei wirkten mehr zermalmend; man konnte dieselbe Getreidepost nur bei drei=, vier= und mehrmaligem Aufschütten, unter immer engerer Stellung der Steine, fertig mahlen.

Überdies mußte man, damit die Kleie nicht förmlich zu Staub wurde und im Mehle blieb, das Getreide vorher befeuchten. Die Kunstmühlen dagegen arbeiten trocken und liefern daher ein haltbareres Produkt, das beliebte Dauermehl; auch mahlen sie das Getreide bei einmaligem Durchgange stets vollständig aus, geben also nicht bloß bessere, sondern in gleichen Zeiten auch viel mehr Ware.

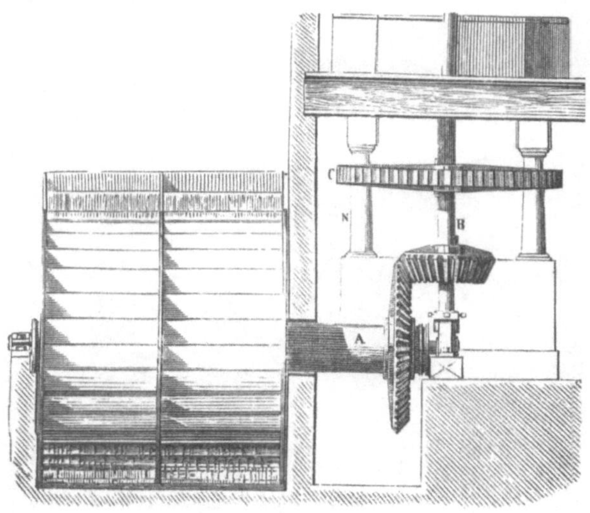

Fig. 10. Verbesserte zweigängige Mühle.

Das alte Beutelwerk ist bei den modernen Mühlen durch Beutelcylinder mit Vorteil ersetzt, womit zugleich das alte Mühlgeklapper in Wegfall gebracht ist. Durch verschiedene Mechanismen endlich ist das ganze Werk zu einem mehr selbstthätigen, sich selbst bedienenden gemacht worden, wodurch eine Menge Handarbeit erspart wird. Übrigens geht der Kunstmüller gleich von vornherein anders zu Werke, indem er seine Körner einem höchst eingreifenden Reinigungsprozeß unterwirft und dafür durch ein weit weißeres, schöner in die Augen fallendes Mehl belohnt wird. Die alten Müller verließen sich meist auf die gewöhnliche Kornfege, höchstens wurde das Getreide noch gespitzt, d. h. es wurde durch einen weitgestellten Mahlgang gelassen, der nur die Spitzen der Körner wegnahm. Die neuen Reinigungsmaschinen sind jedoch komplizierte Werke, auf welchen auch der in der Keimritze des Korns und sonst an dessen Körper festsitzende Schmutz kräftig abgearbeitet wird und eine Aussonderung beigemengter fremder Samen, Stein=

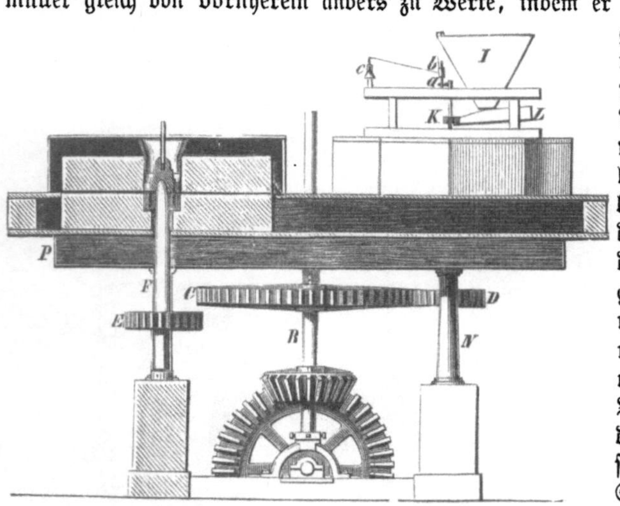

Fig. 11. Verbesserte zweigängige Mühle im Durchschnitt.

chen u. s. w. stattfindet. Bei Betrachtung einer solchen Kunstmühle finden wir in der Regel, von oben anfangend, zuerst ein Siebwerk, das die fremden groben Körper zurückhält, die feineren durchfallen läßt, die Körner aber an einen Spitzgang abgibt, der sie wieder einem Bürstenwerk überliefert, auf welchem sie mittels steifer Bürsten, die an der Unterseite einer umlaufenden Scheibe sitzen, auf einer reibeisenartig gestalteten Metallfläche tüchtig herumgefegt werden, bis ein Blasewerk (Ventilator) Körner und Gestiebe voneinander trennt.

Durch welche Kraft ein Mühlrad gedreht wird, ist natürlich für den Mahlmechanis=
mus gleichgültig und ändert ihn nicht ab, nur etwa bei Windmühlen insofern, daß hier
die Kraftwelle über dem Mühlwerk liegt, und die Mühlspindel, die den Läuferstein dreht,
im Gegensatz zu den andern Mühlen, von oben herab wirkt. Zu den alten Mühlmotoren
Wasser und Wind hat sich in neueren Zeiten noch der Dampf gesellt, was gar nicht aus=
bleiben konnte, nachdem sich neben der alten Lohnmüllerei eine Handelsmüllerei mit fabrik=
mäßigem Betriebe auszubilden begann. Die von Wind und Wetter unabhängige Dampf=
mühle mit ihrer Massenproduktion ist recht eigentlich eine Mehlfabrik; aber noch besser
gestellt erscheinen solche große, am Wasser gehende Werke, welche bei voller Ausnutzung
ihrer Wasserkraft eine Dampfmaschine in Reserve halten, die ihnen nur über die Perioden
des Wassermangels hinwegzuhelfen hat. Die Windmühle dagegen, von der Gunst des
Augenblicks abhängig, erscheint als der Proletarier unter den Mühlen, zumal in Gegenden,
in welchen ihrer so viele beisammen stehen, daß es oft den Anschein hat, als gönnten sie
einander nicht einmal das bißchen Luft. Doch ist auch die Windmühle würdig und fähig
befunden worden, in die höhere Gesellschaft aufzurücken. Es gibt hier und da schöne und
stattliche Werke von großer Leistungsfähigkeit, ausgestattet mit allen Feinheiten der Kunst=
mühlen. Sie sind nach holländischer Art gebaut, d. h. ihr Haus ist ein gemauerter Turm,
und nur der Dachaufsatz mit den Flügeln ist drehbar. Das Drehen nach dem Winde besorgt
aber dieser selbst, vermöge eines besonderen, nach hinten gestellten Windrades und des
damit verbundenen Mechanismus. Die Zahl der Flügel ist gewöhnlich sechs, sie sind mit
Blech getäfelt und nach einer gewissen mathematischen Kurve gekrümmt.
Hierdurch ist die Empfindlichkeit gegen den Wind so gesteigert, daß
die Mühle auch bei schwachem Luftzuge noch arbeitet und gar nicht
ausschließlich auf freie Höhen angewiesen ist, sondern auch in einem
zugigen Thale, am Fuße eines Abhangs 2c. ihre Arbeit verrichtet.

Gehen wir zur Betrachtung einer zweigängigen Mühle (Wasser=
mühle) nach älterem, aber verbessertem System über und legen wir
derselben die Fig. 10 und 11 zu Grunde, so sehen wir, wie die
Wasserradwelle A ins Innere der Mühle tritt und ihre Kraft an
eine stehende Welle B abgibt. Das hierzu dienende, schräg ge=
formte Räderpaar läßt uns sogleich erkennen, daß wir eiserne
Maschinerie vor uns haben. Sogenannte Winkelräder oder konische
Räder sind es, welche die vorteilhafteste Fortleitung der Kraft in ge=
brochenen Richtungen gestatten und deshalb in der Mechanik vielfach

Fig. 12.   Die Laterne.

angewendet werden. Die Welle B trägt ein größeres horizontales Zahnrad (ein sogenanntes
Stirnrad), welches in die beiden seitwärts stehenden Getriebe D und E (Fig. 11) eingreift
und hierdurch die Mühlspindeln F und N in raschen Umtrieb setzt. Bei den alten hölzernen
(schon den römischen) Mühlen endet in dem vorliegenden Falle die Kraftwelle A mit einem
hölzernen Stirnrad, das in zwei gleiche Räder seitwärts eingreift; die Wellen der letzteren
reichen bis unter die Mahlgänge, und die Emporleitung der Kraft erfolgt durch ein seitwärts
gezahntes Rad (Kammrad) und einen aus Holz gezimmerten Trilling, die Laterne, der auf
der Mühlspindel befestigt ist. Dieser Mechanismus, den Fig. 12 versinnlicht, verursacht jedoch
sehr viel Kraftverlust. Hier ist an der alten Mühle auch der Entstehungsort des Mühl=
geklappers, denn es befinden sich an der Laterne der alten deutschen Mühlen nach unten
einige Vorsprünge, welche während des Ganges beständig einen durch ein gewirteltes Seil
immer zurückkehrenden hölzernen Hebel zur Seite schlagen. Die hierdurch erzeugte Vibra=
tion überträgt sich durch Zwischenstücke auf den Mühlbeutel und dient zu dessen fortwähren=
der Schüttelung. Wieder auf Fig. 11 zurückkommend, sehen wir, daß die Getriebe DE
auf ihren Spindeln verschiebbar sind, damit einer oder beide Mahlgänge beliebig in Still=
stand und wieder in Gang gesetzt werden können. So erscheint auf unserm Bilde der linke
Mahlgang ausgerückt, d. h. das Getriebe E ist durch Herunterrücken außer Eingriff mit der
Triebscheibe C gesetzt.

In großen, namentlich in den von Dampf getriebenen Werken, in welchen von einer
Kraftquelle eine ganze Anzahl Mahlgänge bewegt wird, treibt eine lange Grundwelle
mehrere stehende, welche ihrerseits die Kraft auf die einzelnen Mahlgänge verteilen,

entweder wie in der Ansicht durch Zahngetriebe oder öfter auch mittels glatter Scheiben und Laufriemen. In welcher Weise bei den Windmühlen die Kraft des Windes zur Umdrehung der Steine benutzt wird, zeigt die Fig. 13, in welcher ein solcher Apparat im Durchschnitt dargestellt ist. Anstatt der vertikalen Wasserräder findet man jetzt vielfach horizontale, sogenannte Turbinen.

Die nächste Aufgabe der Mühlkraft besteht also in der Umdrehung der Mühlspindeln und folglich der mit denselben in Verbindung stehenden oberen Mühlsteine. Wir erinnern uns nämlich, daß immer zwei Steine vorhanden sein müssen, wie in den ältesten Reib= mühlen schon, von denen der eine (der unterste oder Bodenstein) fest liegt, während der oberste (der Läufer) sich auf demselben dreht. Über den Zusammenhang zwi= schen Spindel und Läufer belehrt ein Blick auf Fig. 11. Dort ist der linke Mahl= gang in Durchschnittsansicht gegeben, während der rechte die gewöhnliche Ansicht gibt, bei welcher die Steine durch eine hölzerne Ummante= lung, die Zarge, verdeckt werden. Die Spindel geht in dem ruhenden Bodenstein durch ein Loch hindurch, das zur Herstellung eines mög= lichst dichten Anschlusses ein Futter (Buchse) hat, bei den alten Mühlen in Holz, bei den neuen in Metall höchst exakt gearbeitet und mit einem innern Schmierappa= rat versehen. Die solcher= gestalt durch die Buchse möglichst vor Schwankungen gesicherte Spindel trägt auf ihrem oberen Ende den Läuferstein und bildet dessen einzige Stütze. Eine solche muß aber ihre Last be= greiflicherweise gerade im Zentrum fassen, wo der Läufer eben sein Auge hat, nämlich die Durchbrechung, durch welche die Körner einlaufen. In diesem Auge

Fig. 13.　Durchschnitt einer Bockwindmühle.

sind daher die eisernen Teile, welche zur Verbindung mit der Spindel dienen, so eingesetzt, daß für die Körner noch Raum zum Durchfallen bleibt. Dieser Einsatz heißt die Haue. Bei deutschen Mühlen besteht sie in einem eisernen Steg mit einem viereckigen Loch in der Mitte, und der Kopf der Spindel ist dem entsprechend ebenfalls viereckig und etwas ins Pyramidenförmige verlaufend gearbeitet. Hier wird also der Stein aufgesetzt oder vielmehr aufgesteckt, und beide Teile werden bald durch das Laufen selbst so fest verbunden, daß Stein und Spindel sich wie ein Stück verhalten. Schwankt oder hängt also die Spindel nur ein wenig, so thut dies der Stein schon bedeutend. Um diesen Übelstand zu beseitigen, haben die neueren Mühlen statt solcher festen Hauen schwebende angenommen, bei welchen der Stein die Freiheit hat, sich auch bei schiefem Stande der Spindel noch horizontal zu halten.

In unsrer Abbildung ist ersichtlich, wie die Haue pfannenförmig auf dem entsprechend ge=
rundeten Spindelkopfe ruht; hierzu gehören aber selbstverständlich, um eine Kraftübertragung
zu ermöglichen, noch ein paar Treiber oder Mitnehmer, nämlich Vorsprünge am Spindel=
kopfe, welche sich an den Bügel der Haue anlegen und die Drehung bewirken. Weit vorteil=
hafter noch ist die Kompaßaufhängung, nämlich zwischen zwei ins Kreuz gestellten Zapfen=
paaren; sie gibt dem Stein eine solche Freiheit, daß er stets wieder in die wagerechte Stel=
lung zurückkehrt, wenn man ihn an einem beliebigen Punkte des Umfangs niedergedrückt hatte.
Eine Abbildung dieses sogenannten Cardanischen Ringes s. Band II, S. 423, Fig. 454.

Den wichtigsten Raum in der ganzen Mühle bildet unstreitig der kleine Abstand
zwischen Bodenstein und Läufer, in welchem die Mahlarbeit sich vollzieht (s. Fig. 14).
Dieser Spalt muß überall gleichweit sein und auch während des Ganges so bleiben, was
nur unter Voraussetzung der vollkommen richtigen Bearbeitung der Mahlflächen, ganz hori=
zontaler Lage der beiden Steine und allseitigem Gleichgewicht des Läufers der Fall sein wird.
Es muß aber dieser enge Zwischenraum auch noch um ganz kleine Dimensionen verengt
und erweitert werden können, wie es die Größe der Körner und die speziellen Absichten
beim Mahlen erfordern, und zwar selbst während des Ganges der Mühle. Hierzu dient
die Hebung und Senkung des Läufersteins oder vielmehr der Unterlage, in welcher die
Pfanne für den Zapfen der Mühlspindel angebracht ist. Während dies bei den alten
Werken einfach durch einen Hebel oder eine Schraube geschieht, haben die Kunstmühlen
in dem sogenannten Lichtewerk feinere Verbindungen von Schrauben, Schneckenrädern
u. dergl., welche zum Schutz gegen Staub gewöhnlich verdeckt liegen.

Mühlsteine. Von allergrößtem Belang für die Müllerei sind die Mühlsteine,
sowohl hinsichtlich des Materials wie der Bearbeitung. Die gewöhnlichen, aus Sandstein
gefertigten Mühlsteine sind die schlechtesten, da sie wegen
ihrer Weichheit sich rasch abnutzen und das Mehl mit
Sand verunreinigen. Nur wenige Sandsteine sind hin=
reichend hart, um diesen Übelstand nicht bemerken zu
lassen. Viel geeigneter ist der schlackige Basalt, wie er
besonders ausgezeichnet am Mittelrhein vorkommt und
die sehr geschätzten rheinischen Mühlsteine gibt. Dieses

Fig. 14.
Wirkungsweise der Mühlsteine beim Mahlen.

Mineral ist von unzähligen größeren und kleineren Höhlungen erfüllt, deren sich bei fort=
schreitender Abnutzung stets neue öffnen, wodurch fortwährend neue scharfe Kanten entstehen.
Der Stein schärft sich also gewissermaßen selbst; übrigens wird das künstliche Scharfhauen
dadurch nicht entbehrlich. Noch vorzüglicher, aber für gewöhnliche Zwecke zu teuer, sind die
Pariser Mühlsteine aus der Umgegend von La Ferté sous Jouarre. Sie bestehen aus
einem Süßwasserquarz von so großer Zähigkeit, daß solche Steine viele Jahre brauchbar
bleiben. Dieselben brechen keineswegs im ganzen, sondern müssen aus Stücken zusammen=
gesetzt werden, die man durch eiserne Reifen und einen Zwischenguß von Gips vereinigt.
Man vergleiche übrigens über das Mühlsteinmaterial dasjenige, was davon am Schlusse
des Kapitels „Steinbrecher und die Gewinnung der nutzbaren Gesteine“ gesagt ist.

Der um die Spindelspitze laufende Mühlstein hat offenbar etwas vom Kreisel und
Schwungrad an sich, und· es leuchtet ein, daß dazu eine gewisse Schwere gehört. Ist daher
ein guter Stein in seinem Dienste durch Ablaufen und Aufhauen endlich zu leicht geworden,
so macht ihn zum Bodenstein, und so kann er noch weiter dienen.

Um den Stein brauchbar zu erhalten, muß seine Oberfläche von Zeit zu Zeit ge=
schärft, d. h. durch Einhauen und erforderlichen Falls durch Nachhauen mit gewissen Rillen
auf beiden Mahlflächen versehen werden. Gewöhnlich geschieht dieses Schärfen durch die
Hand, jedoch benutzt man in neuester Zeit mit Vorteil, besonders in größeren Mühlen,
Schärfmaschinen, deren Wirkungsweise meistens auf Anwendung eines äußerst schnell
rotierenden Diamantsplitters beruht. Diese Maschinen arbeiten selbstthätig und mit großer
Genauigkeit. Fig. 15 veranschaulicht die Millotsche Schärfmaschine. Die Diamantsplitter
werden in einer Fassung, in der aus Fig. 16 ersichtlichen Weise, gehalten, indem der
Diamant a durch den Messingkonus b mittels der Schraube e in der Hülse f befestigt wird.

Der etwas vorstehende Diamant wird zu einer Spitze ausgeschliffen, und die Diamant=
hülse in einer kleineren Welle (Fig. 17) eingespannt, welche in einem drehbaren Arm

4*

gelagert ist und durch Schnurtrieb, wie dies aus Fig. 15 ersichtlich ist, in sehr schnelle
Rotation versetzt wird. Während sich der Diamant mit einer Geschwindigkeit von 12000
Umdrehungen in der Minute dreht, wird der seine Welle tragende Arm in der Richtung der
zu schärfenden Furchen über den Stein hinweg bewegt, wobei der rotierende Diamant die
Schärfung hervorbringt. Zu dieser Arbeit wird die Schärfmaschine auf den zu schärfenden Mühlstein gesetzt, wie dies Fig. 15 veranschaulicht. Der Support der Maschine wird automatisch hin und her und seitwärts verschoben und dreht sich die ganze Maschine selbstthätig um den röhrenförmigen Sockel, so daß also die drei Füße der Maschine langsam über den Stein hinweggleiten. Derartige automatische Steinschärfmaschinen sind bereits vielfach in Gebrauch; sie bewirken die Schärfung eines Mahlsteins ungefähr in einer Stunde. Man hat für jene Rillen oder sogenannten Hauschläge, wie Fig. 14, 18 und 19 zeigen, verschiedene Anordnungen, sowohl geradlinige als gekrümmte: die ersteren sind die gebräuchlichsten. Feste Bedingung ist bei allen, daß die Hauschläge exzentrisch seien, d. h. nicht auf den Steinmittelpunkt zulaufen. Bei dieser Lage werden sich die Systeme

Fig. 15. Millots Mühlsteinschärfmaschine.

beider Mahlflächen überall unter spitzen Winkeln kreuzen und die Kreuzungspunkte werden
bei der Drehung alle von innen nach außen fortrücken. Hiernach wird der doppelte Zweck
der Hauschläge ersichtlich: sie sollen erstlich auf die Körner scherenartig schneidend und zugleich auch forttreibend wirken, damit das Mahlgut in verhältnismäßig kurzer Zeit die
Steine passiere und an ihrem Umfange wieder herausfalle.

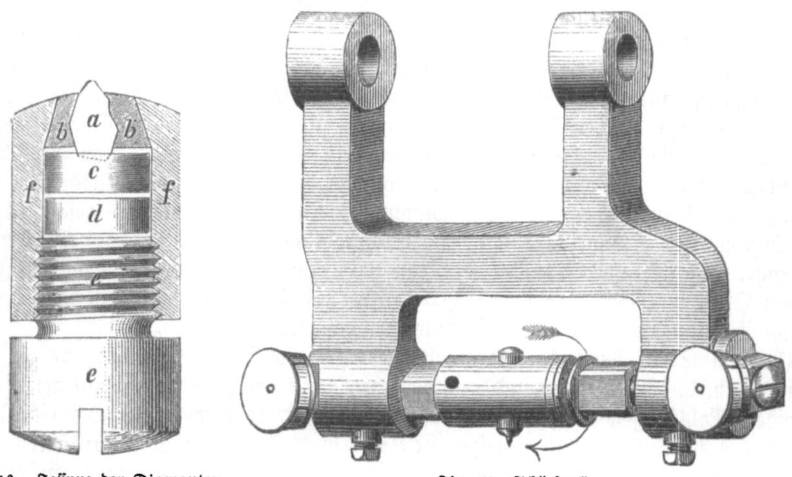

Fig. 16. Fassung der Diamanten.   Fig. 17. Schärfwelle.

Außerdem sind aber auch die Rillen im ganzen gegen das Zentrum am tiefsten und
verlaufen gegen den Umfang allmählich flacher, und der Zweck und Erfolg hiervon ist wieder
der, daß im inneren Drittel des Kreises wenig oder gar nicht gemahlen, sondern nur hereingezogen — geschluckt — wird und die eigentliche Mahlarbeit erst auf den äußeren Zweibritteln der Mahlflächen, und zwar allmählich immer feiner werdend, vor sich geht.

Mahlverfahren. Das gebräuchlichste Mahlverfahren der gewöhnlichen Müllerei heißt die Weißmüllerei und besteht in drei=, vier= oder mehrmaligem Aufschütten derselben Mahlpost unter jedesmaliger Verengung der Steinstellung. Der erstmalige Durchgang gibt bei jeder Getreidesorte Schrot und es wird dabei nur ein mittleres Mehl abgebeutelt.

Beim Weizen hat sich in der Regel durch das Schroten die Hülse schon größtenteils vom Korn gelöst, so daß sie abgesiebt werden kann und man es weiterhin nur noch mit den Bruchstücken des Korns, dem sogenannten Grieß, zu thun hat. Diejenigen Teilchen, welche kleiner als Schrot und größer als Grieß sind, werden Auflösungen, diejenigen dagegen, welche hinsichtlich ihrer Größe zwischen Mehl und Grieß stehen, Dunst genannt. Beim Roggen hängen Korn und Hülse viel fester zusammen als beim Weizen, und letztere kann nur durch das fernere Ausmahlen beseitigt werden. Die zweite Aufschüttung gibt unter allen Umständen das beste Mehl, das sogenannte Kernmehl; die folgenden Durchgänge geringeres und schwärzeres, bis endlich beim Roggen die Kleie, beim Weizen als Rück= stand des Grießes ein Schwarz= oder Aftermehl übrig bleibt.

Das ohne Zweifel älteste Mahlverfahren, gegen welches die Weißmüllerei schon als Fortschritt erscheint, ist die sogenannte Grobmüllerei, welche eigentlich ganz so zu Werke geht wie die moderne Kunstmüllerei, indem sie das Getreide bei nur einem Durchgange pulverisiert. Aber der Unterschied in beiden Fällen ist ein beträchtlicher. Denn während bei der Grobmüllerei die Sandsteine das Getreide so zermalmten, daß auch viel Hülse mehlartig zerkleinert wurde, konnte aus solchem Mahlgut nur schwarzes Mehl ausge= beutelt werden. Dagegen werden durch die scharfen Steine der Kunstmühle die Körner thatsächlich wie mit feinen Messern ge= schält und das Produkt ist nicht ein dunkles Pul= ver, sondern ein Gemisch von leeren Hülsen, Weiß= mehl und Grieß, d. h. entschälte und in Stücke gebrochene, noch nicht in

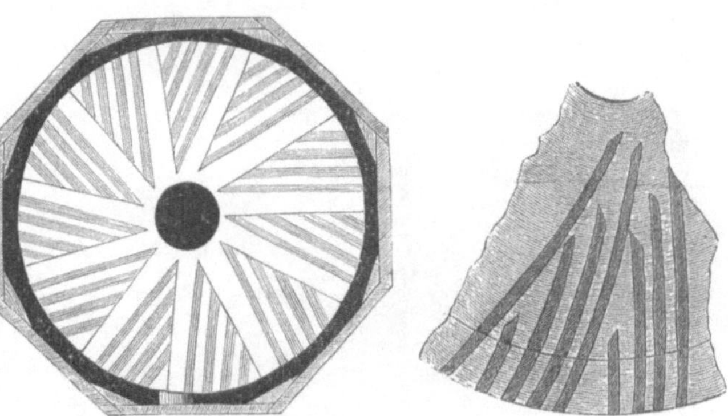

Fig. 18 und 19. Schärfung der Mühlsteine.

Mehl verwandelte Körner, drei Dinge, die sich leicht trennen lassen, worauf nur der Grieß noch weiter zu pulverisieren ist, sofern derselbe nicht, wie beim Weizen in großem Umfange geschieht, als schon fertige Ware verkauft wird, um in der Küche seine Verwendung zu finden. Bei der modernen Kunstmüllerei unterscheidet man auch wieder zwei Mahlverfahren, die Hochmüllerei und die Flachmüllerei; bei ersterer, auch Grießmüllerei genannt, wird das Getreide, wie schon oben erwähnt, erst einer entsprechenden Schrotung unterworfen und dann der entstandene Grieß auf enger gestellten Steinen oder auch auf Walzenstühlen feingemahlen, während bei der Flachmüllerei das Getreidekorn unmittelbar zur Mehl= gewinnung verwendet wird. Welche von beiden Mahlmethoden man anzuwenden hat, hängt von der Beschaffenheit des Getreides ab; so eignet sich die Hochmüllerei hauptsächlich nur für harten glasigen Weizen, wie z. B. der ungarische, während der milde Weizen mehr für die Flachmüllerei geeignet ist. Man kann zwar auch den mildesten Weizen zu Grießen zer= kleinern, thut dies aber für gewöhnlich deshalb nicht, weil die Mehlgewinnung aus diesen weichen Grießen schwieriger ist als aus dem Getreide unmittelbar; auf Walzengängen jedoch lassen sich diese Grieße gut verarbeiten.

Fassen wir nun die eigentliche Kunstmühle, eine Anstalt, in welcher die sogenannte Fabrik= oder Proviantmüllerei betrieben wird, näher ins Auge, so finden wir, daß die ganze Erscheinung derselben dem gewohnten Bilde einer Mühle wenig gleicht. Bei dem französischen System erheben sich für die verschiedenen Apparate mehrere Etagen übereinander, damit das Getreide in einem Herabgange und ohne wiederholt aufgezogen werden zu müssen, als Mehl unten anlange. Zu oberst stehen die Reinigungsmaschinen, welche das Korn an die

Mahlgänge unter sich abgeben; diese übergeben das Mahlgut an die Abkühler, diese wieder an die Beutelmaschinen, und dann läuft das Mehl vielleicht noch einmal hernieder gleich in die Säcke. Die Bedienung der Mühle geschieht möglichst maschinenmäßig. Da gibt es zum Heben großer Massen Aufzüge, die mit der Maschinerie in Eingriff gesetzt werden können, gewöhnlich mit Fahrstuhl zum Mitnehmen eines Arbeiters. Zum horizontalen Fortschaffen von Lasten sind Laufkarren vorhanden. Um geringere Massen kontinuierlich emporzuschaffen, arbeiten unter dem Titel „Elevatoren" Paternosterwerke, d. h. endlose Riemen mit angehängten Blechkästchen, und zur seitlichen Fortleitung dienen Mehlschrauben, nämlich Rinnen, in denen sich eine archimedische Schraube dreht. Das ganze Mühlgerüste ist soviel wie möglich aus Eisen konstruiert, wodurch nicht allein an Raum gespart und größere Stabilität und Dauerhaftigkeit, sondern auch ein glatterer und leichterer Gang erzielt wird.

Die in Fig. 20 gegebene Ansicht zeigt eine Mühle nach englischer Einrichtung und kann als Probeabschnitt einer Fabrikmühle dienen, denn in einer solchen befinden sich viel mehr Mahlgänge, entweder in eine einfache oder Doppelreihe geordnet oder gruppenweise in Vierecke oder Kreise gestellt. Wir sehen im Bilde links bei 8 die treibende Dampfmaschine; ihr Schwungrad 9 ist am Umfange verzahnt und setzt das Getriebe 10 und damit die Hauptwelle 11 in rasche Umdrehung. Von der Hauptwelle geht die Drehung mittels konischer Räder auf die Mühleisen über. In den geschlossenen Gehäusen 13 (den sogenannten Zargen) laufen die Steine; die Körner gelangen von obenher aus der Reinigungsmaschine in den Kanal der Schraube 14, welche sie an die verschiedenen Rumpfe 15 verteilt. Die Regulierung des Zuflusses zu den Steinen geschieht wie Fig. 21

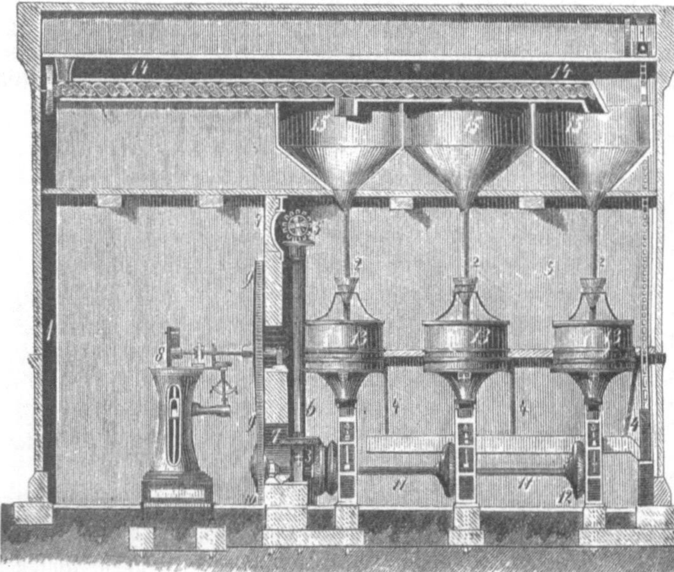

Fig. 20.   Kunstmühlen.

zeigt. Das Getreide fällt durch das vertikale Rohr r, dessen unteres Ende in das Auge des Läufers g hineinragt, auf den horizontalen Teller t; derselbe rotiert zugleich mit dem Läufer, wodurch das auf den Teller fallende Getreide gezwungen wird, an der Rotation teilzunehmen und hierdurch zwischen die Mahlflächen der beiden Steine g und h gelangt. Die Mündung des Zuführungsrohres r, welches sich durch ein verschiebbar aufgestecktes Rohrstück verlängern oder verkürzen läßt, befindet sich unmittelbar oberhalb des Tellers t; man hat es daher in der Gewalt, mehr oder weniger Getreide in einer bestimmten Zeit den Steinen zuzuführen, je nachdem das verschiebbare Endstück mehr oder weniger weit von dem Teller entfernt wird.

Durch die Rohre 4 (Fig. 20) verläßt das Mahlgut die Steinzargen, um in einen liegenden geschlossenen Kanal hinabzugleiten, in welchem es seitwärts fortgeschraubt wird und nunmehr zu den Beutelcylindern oder erst in einen besonderen Kühlraum gelangt. Es bringt nämlich bei den Kunstmühlen das trockene Vermahlen, der scharfe Angriff der Steine und ihr beschleunigter Gang mit sich, daß das Mahlgut mehr oder weniger heiß wird. Da dies ein Übelstand ist, der bei höherem Grade zum Verderben des Mehls führen kann, so haben verschiedene Mühlenbauer ihren Scharfsinn angestrengt, um durch Einführung wechselnder Luft zwischen die Steine ein kaltes Mahlen zu ermöglichen. Die hierzu vorhandene Vorrichtung ist ein sehr einfaches Ding, welches die Aufgabe hat, das Mahlgut

auf einer Ebene auseinander zu harken. Auf die Mitte einer großen runden Tafel mit
Randleiste reicht ein Wellbaum herab, an dessen unterem Ende ein mit Zähnen besetztes
Querstück sitzt. Indem die Welle sich langsam dreht, durchschneidet die Harke den Kreis,
faßt das Mahlgut, wie es an einem Punkte des Umfangs einrinnt, und streicht es nicht
nur aus, sondern zieht es auch, da die Zähne aus schräg gestellten Brettchen bestehen, allmählich und in Spirallinien gegen den Mittelpunkt des Kreises, wo es in ein paar Löcher
verschwindet, um nun gleich auf die Beutelcylinder geführt zu werden. Auf der Kühl=
scheibe hat nun das Mehl seine Wärme und zugleich seine feuchten Dünste verloren, welche
von dem Wasser herrühren, das auch im trockensten Getreide noch verborgen steckt. Wenn
Dauermehl erzeugt werden soll, ist diese Kühlung und Trocknung ganz unerläßlich.
Weit praktischer wird sie bewirkt durch die auf Fig. 21 mit abgebildete Vorrichtung.
Man bildet zunächst durch den Cylinder a ein Rohr für den Eintritt der Luft in das
Läuferauge; die von einem Exhaustor angesaugte Luft nimmt dann den durch die Pfeile
angedeuteten Weg, indem sie den Mahlgang am Deckel der Zarge verläßt und durch das
Rohr f nach dem Exhaustor gelangt. Damit nun das Mehl nicht mit in den Exhaustor
gerissen wird und hierdurch Verluste entstehen, ist in dem oberen Teile des Mahlgangs inner=
halb der Zarge ein aus Flanell bestehender Filter b angebracht, der durch ein Drahtgerippe
getragen wird und der Luft, nicht
aber dem Mehle den Durchgang
gestattet. Durch einen sinnreichen
Mechanismus wird alle Viertel=
stunden das auf dem Filter sich
ansammelnde Mehl abgeklopft, so
daß es auf den Läufer fällt und
von diesem zur Seite geschleudert
wird; es ist dies nötig, damit die
Mehlschicht auf dem Filter nicht
zu dick wird und den Durchgang
der Luft hindert.

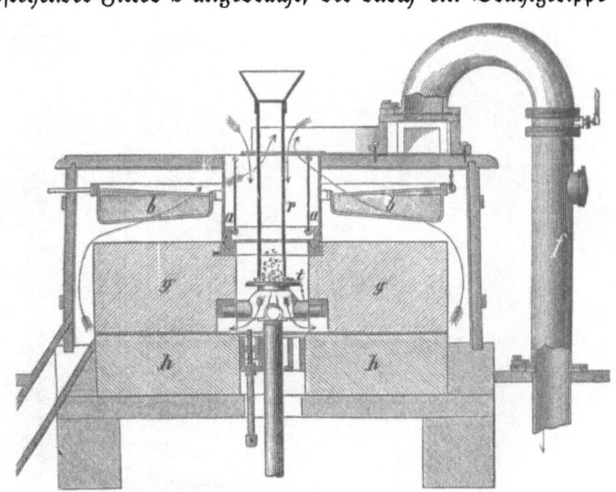
Fig. 21. Ventilation eines Mahlgangs.

Mit Rücksicht auf den letz=
teren Umstand sind in neuester Zeit
ganz besondere Einrichtungen ein=
geführt, welche dem Zwecke der
Aspiration dienen sollen. Hier=
durch wird es nicht nur möglich,
die Filter jederzeit abzuklopfen und das abgeklopfte Mehl jemalig der zugehörigen Sorte
zuzuführen, sondern es wird auch gleichzeitig die ganze Luft in den Mühlen fortwährend
entfeuchtet und dadurch alles Schwitzen sowie jede Kleisterbildung verhindert. Eine der
besten Ausführungen der Aspiration ist von Jacks & Behrens erfunden, welche jede einzelne
Maschine, die aspiriert werden soll, mit einer eignen Staubkammer, d. h. mit einem Filter
aus langhaarigen Wollenflanell, ausrüsten und demselben durch Fächerform eine möglichst
große Fläche geben; darüber befindet sich ein abgeschlossener Raum, aus welchem mittels
eines Rohrs ein Exhaustor die Luft saugt. Noch andre wichtige Neuerungen sind während
der letzten Jahre in dem Verfahren des sogenannten Abbeutelns oder Sichtens mit Erfolg
eingeführt worden. Wir bemerken zunächst, daß die bisher üblichen Beutelcylinder eigentlich
eine sechseckig prismatische Form haben. Sie bestehen aus einer durchgehenden Welle, auf
welcher ein leichtes Gerippe angebracht ist, das sechs Längslatten enthält; über das Ganze
ist eine feine Seidengaze gezogen, welche in verschiedenen Nummern der Dichtheit und Durch=
lässigkeit gebraucht wird. In England kommt auch Drahtgewebe in Anwendung. Die
Cylinder bilden sonach hohle, an beiden Enden offene Röhren von 6—7 m Länge bei
80—100 cm Durchmesser, welche in den Beutelkasten schräg, mit dem einen Zapfen tiefer
liegen als mit dem andern. Am oberen Ende läuft das Mahlgut durch einen Trichter ein,
und indem sich der Cylinder 25—30mal in der Minute dreht und ein mechanischer Klopfer
ihn dabei durch Schläge erschüttert, passiert das Mahlgut die schiefe Fläche hinab; was für
die Maschen des Gewebes nicht zu groß ist, fällt durch, während das übrige am unteren

Ende den Cylinder verläßt. Gewöhnlich hat man vier Cylinder von verschiedenen Feinheits=
graden nebeneinander, welche das Mahlgut nacheinander zu passieren hat. Man bringt auch
verschiedene, meistens 2—3 Grade auf demselben Cylinder an, die feinste Nummer dann
zu oberst, und erhält so verschiedene Mehlsorten bei einmaligem Durchgang. Der Sammel=
kasten für das Mehl ist in diesem Falle durch Zwischenwände in ebenso viele Fächer ge=
schieden. Zum Verfeinern des Abgebeutelten verhilft 1) Verstärkung des Zuflusses;
2) Steilerlegen des Cylinders, damit das Mahlgut ihn rascher verläßt; 3) Mäßigung der
Erschütterungen durch Schwächung des Klopfers und Verlangsamung der Cylinderdrehung.
Durch die gegenteiligen Maßnahmen fällt natürlich das Abgebeutelte gröber und der Ab=
gang am Cylinderende wird weniger. An den meisten Cylindern finden sich diejenigen Vor=
richtungen, durch welche der Gang in der angedeuteten Art verändert werden kann. Eine
Maschine neuerer Konstruktion für die Arbeit der Sichtung des Mahlgutes ist die Universal=
sichtmaschine von Heinrich Seck & Co. in Frankfurt a. M., welche Fig. 22 ver=
anschaulicht. Auf einer liegenden Welle sitzen zwei durch einen Boden voneinander getrennte
Flügelwerke und ist die Maschine somit in zwei Abteilungen geteilt. Die erste Abteilung
des Mantels ist mit feingelochtem Zinkblech, die zweite dagegen mit Seidengaze überspannt.
Erstere bewirkt die Vorsichtung, letztere die eigentliche Sichtung des Mahlgutes. Dasselbe
gelangt bei A in die Maschine, wird durch eine Schnecke bis an das Ende der ersten Ab=
teilung gebracht und fällt dort in das erste aus der Figur sichtbare Flügelwerk, welches
Mehl und Dunst durch den gelochten Blechmantel ab= sichtet, während Schalen und
Grieß vermöge der Stellung der einzelnen Flügel wieder nach der Richtung des Ein=
laufs zurückgebracht werden und die Maschine durch den Auslauf B verlassen.

Mehl und Dunst da= gegen treten in einen zweiten abgeschlossenen Blechmantel
und werden vermittelst eines

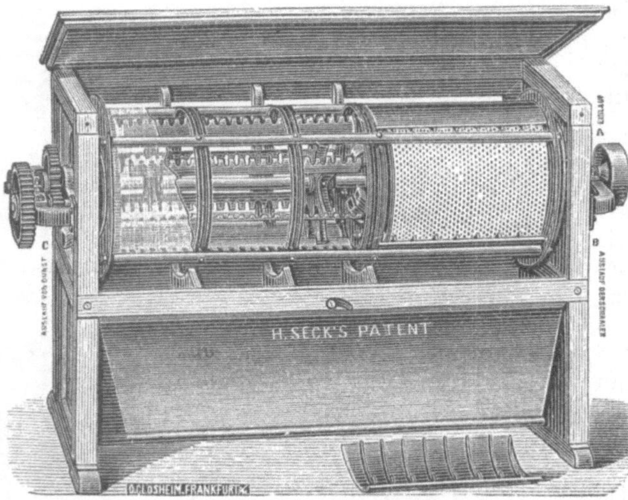

Fig. 22.   Secks Universalsichtmaschine.

in demselben angebrachten Schneckenganges, der an der Innenseite des Mantels befestigt ist,
direkt in die Sichtmaschine befördert und dort von dem zweiten Flügelwerk erfaßt. Hier
werden Mehl und feiner Dunst durch die Seidengaze abgesichtet, während der gröbere Dunst
am hinteren Ende durch den Auslauf C entweicht.

Vor einiger Zeit ist aus Amerika eine höchst originelle Sichtmaschine zu uns gekommen,
welche auf Anwendung von Reibungselektrizität beruht. Reibt man eine Walze aus Hart=
gummi, so wird ihre Oberfläche bekanntlich elektrisch, und wird eine solche Walze in diesem
Zustande über das Sichtgut gebracht, so wird sie die leichteren Teile desselben, d. h. die
Schale, eher anziehen als die schweren Mehlpartikelchen, so daß bei genügendem Abstand
der Walze von dem Sichtgut die Schalenteilchen von ihr mitgenommen werden, während
Mehl und Grieß ruhig liegen bleiben. Auf dieser Eigenschaft beruht Smith & Osbornes
elektrischer Mehlreiniger, welcher in Fig. 23 dargestellt ist. Das Sichtgut gelangt auf ein
horizontales hin und her bewegtes Schüttelsieb, dessen erste Hälfte feiner ist als die zweite,
und wandert infolge der Bewegung des Siebes allmählich nach dem andern Ende desselben,
wobei zunächst die feinen, dann die gröberen Mehlteile hindurchfallen können. Über dem
Schüttelsiebe liegt eine Anzahl Hartgummiwalzen, welche bei ihrer Drehung an den über
ihnen angebrachten Bürsten von Tierhaaren oder dergleichen Reibungselektrizität erzeugen.
Die Schalen der Körner, die viel leichter als die Mehlteilchen sind und eine größere Ober=
fläche haben, gehen nicht durch die Siebe hindurch, sondern legen sich durch das Schütteln

immer obenauf und werden von den mit Reibungselektrizität geladenen Hartgummiwalzen nach und nach aufgehoben und so von den schweren Mehlteilchen getrennt. Die an den Walzen anhaftenden Schalen sammeln sich vor den Bürsten an und fallen schließlich in eine vor der Walze liegende Rinne. Die Entleerung dieser Rinne wird durch einen Putzer bewerkstelligt, der an einer über zwei Rollen geführten Schnur befestigt ist und die Schalen in eine zweite Rinne fegt, welche seitlich an der Maschine angebracht ist. In der zweiten Rinne liegt eine Förderschraube, welche die Hülsen nach der einen Seite hinausschiebt, wo sie sich schließlich ansammeln, während das abgesiebte Mehl durch eine Schraube nach dem andern Ende befördert wird. Obschon diese Maschine auf der Pariser Ausstellung 1881 im Gange gewesen sein soll, so können Zweifel über die Brauchbarkeit derselben hier doch nicht unterdrückt werden.

Dagegen scheint in neuester Zeit die von Nagel & Kämp in Hamburg nach dem Gedanken des Dresdener Mühlenbauers Lukas hergestellte Zentrifugal-Sichtmaschine sich praktischer zu bewähren. Die Sichtung wird hier dadurch bewirkt, daß ein schnell umlaufendes Flügelwerk in einen Gazecylinder das Mahlgut mittels der schraubenförmig gewundenen Flügel aufnimmt und dann durch Zentrifugalkraft gegen die Gaze schleudert. Ihren eigentlichen Effekt erzielen diese Sichtmaschinen, welche allerdings durch Mißverständnis mehrfach unrichtig angewendet worden, mehr infolge der Reibung des Sichtgutes durch die Flügel gegen die Gaze und durch das Mitreißen der Mehlteilchen durch die Luft.

Walzmühlen. Als eine interessante neuere Erscheinung auf dem Gebiete des Mühlenwesens sind noch in Erwähnung zu bringen die zuerst vom Mechaniker Sulzberger in der Schweiz konstruierten Walzmühlen. Diese bilden gleichsam ein ganz neues Geschlecht von Mühlen, das weder im Prinzip noch im Äußeren etwas mit den alten gemein hat. Statt der seit uralten Zeiten gebräuchlichen Steine haben diese Mühlen Walzenpaare, und ihre ganze einfache Einrichtung läßt sich mit Hinweis auf die kleine bildliche Andeutung Fig. 24

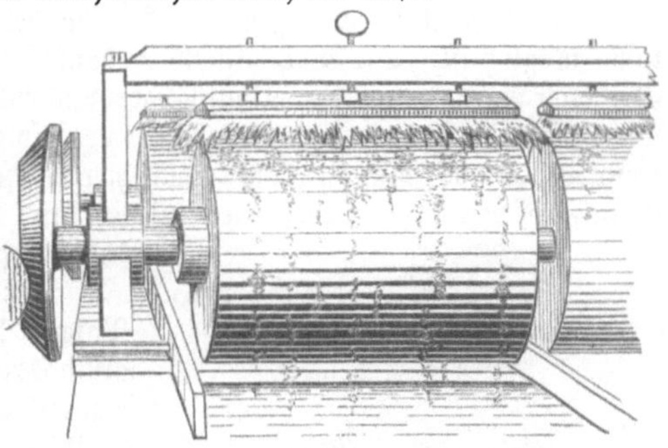

Fig. 23. Smith & Osbornes elektrischer Mehlreiniger.

leicht beschreiben. In einem eisernen Gerüst liegen drei Walzenpaare übereinander, je von 40 cm Länge und ebensoviel Durchmesser. Unter jedem Paare liegt ein keilförmiger Körper, in dessen hohlrunden Flächen die Walzen sich drehen, wie ein Wasserrad in einem Kropfgerinne. Je zwei solcher Gerüste oder Stühle, mithin sechs Walzenpaare, gehören zu einem System, dessen erste Abteilung schrotet, indes die andre Mehl macht. Die Walzen des Schrotganges sind bei den Sulzbergerschen Maschinen aus gehärtetem Eisen gefertigt und in zunehmenden Feinheitsgraden der Länge nach scharf geriffelt, und zwar sind die Schärfen so seitlich geneigt, daß ein Walzendurchschnitt aussieht, wie das Steigrad einer Uhr. Am Mehlgange ist nur ein Walzenpaar schwach geriffelt, die andern beiden sind völlig glatt. Dagegen sind sämtliche Auskehlungen der Unterlagen raspelartig aufgehauen. Drehen sich nun die Walzen gegeneinander, während aus einem Rumpfe Getreidekörner zwischen sie laufen, so werden diese zunächst von den Walzenkörnern direkt erfaßt und gebrochen, und gelangen sodann auf einer oder der andern Seite in die noch engeren Räume zwischen den Walzen und deren Unterlagen, wo die Zerkleinerung noch weiter fortgesetzt wird. Das, was durch ein Walzenpaar gegangen ist, wird von einem Rumpfe aufgefangen und zugleich zwischen das folgende Paar geleitet, dessen Zwischenräume begreiflicherweise wieder etwas enger gestellt werden, wozu überall Stellschrauben vorhanden sind. Der Gang der Walzen hat noch das Eigentümliche, daß die eine der andern etwas voreilt, also die Wirkung der scharfen Kanten nicht eine bloß zerschneidende, sondern auch eine zerrende, zerreißende ist. Zu diesem Zwecke hat die Walze, welche die Triebkraft von der Maschine empfängt, ein Getriebe mit 16 Zähnen, die andre ein solches mit 17 Zähnen. Indem nun durch diese Getriebe die Bewegung der einen Walze auf die andre übergeht, beendet die erstere ihren Umlauf etwas früher und macht bei der gewöhnlichen Betriebsgeschwindigkeit 229¹/₂ Umläufe in der

Minute, die zweite dagegen nur 216. — Ist das Mahlgut bei einmaligem Durchgange durch den ersten Walzenstuhl geschroten, so wird dasselbe durch Siebe und Cylinderbeutel in Hülsen, Mehl und Grieß gesondert und letzterer auf dem zweiten Stuhle vollends in Mehl verwandelt. Die Mühle mahlt übrigens nur Weizen, da beim Roggen der Zusammenhang zwischen Kern und Schale für sie zu fest ist. Doch kann der erste Gang den Roggen wenigstens sehr gut schroten. Das Weizenmehl der Walzmühlen aber übertrifft an Feinheit jedes andre und eignet sich darum vorzüglich zu dem feinsten Backwerk, und ebenso auch sehr gut zum Ver= senden und Lagern, da der Weizen ganz trocken vermahlen wird. Die Walzen der Firma

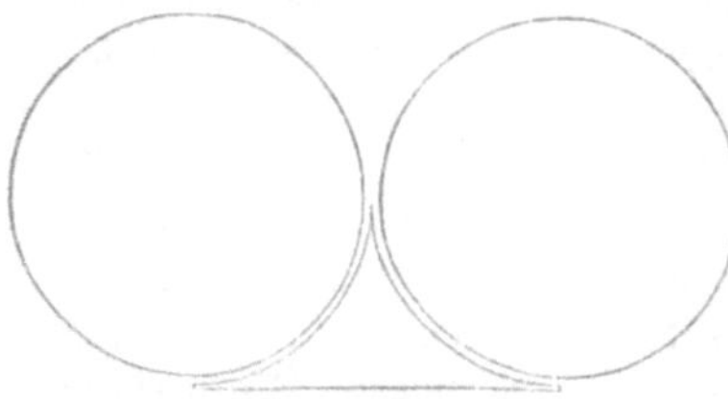

Fig. 24. Walzmühlen.

Ganz & Co. in Budapest bestehen aus vorzüglichem Hartguß; sie sind ebenfalls schräg, d. h. parallel zur Achse geriffelt, und erscheinen auf dem Querschnitt sägenartig. Die Zähne beider Walzen sind entgegen= gesetzt gerichtet und bewegt sich die eine doppelt bis dreimal so schnell als die andre. In den letzten Jahren sind nun verschiedene Veränderungen und Verbesserun= gen in der Konstruktion der Walzenmühlen eingeführt worden, zu denen namentlich auch die Einführung der

Porzellanwalzen (aus sogenanntem Biskuit, unglasiertem Porzellan, gefertigt) durch Fr. Wegmann in Zürich gehören; man ist mit diesen Walzen im stande, ein sehr feines und weißes Mehl zu erzeugen, wie dies in der Weise mit Walzen aus anderem Material kaum möglich ist. Die Walzenstühle verdanken aber Wegmann noch eine zweite sehr wichtige Verbesserung, nämlich den selbstthätigen Andruck der einen Walze jeden Paares durch Ge= wichte und Federn. Fig. 25 zeigt einen solchen Porzellanwalzenstuhl nach Wegmanns Konstruktion; die Walzen haben auch hier Differentialgeschwindigkeit. Die vordere Walze ist in zwei vertikalen Hebelarmen gelagert und kann mittels der beiden im oberen Teile der Abbildung sichtbaren Federn angespannt werden.

Fig. 25. Wegmanns Porzellanwalzenstuhl.

Der bereits erwähnte Walzenstuhl von Ganz & Co. (Patent Mechwart) mit Hartgußwalzen und Ent= lastungsringen zur Verminderung der Reibung ist in Fig. 26 abgebildet. Übrigens sei hier bemerkt, daß die Wegmannschen Porzellanstühle jetzt auch mit ent= lasteten Lagern gebaut werden.

Man hat auch versucht, den Carrschen Desinte= grator, der sich für die Zerkleinerung von Erzen recht gut bewährt hat, in die Mühlenindustrie einzuführen; er scheint sich jedoch wenig Freunde erworben zu haben.

Anderseits hat, wie es scheint, die Einführung von sogenannten Schlagstiftenmaschinen besseren An= klang gefunden. Diese Maschinen, durch welche die Mühlsteine entbehrlich werden, vollenden das, was die Walzen nicht ganz, wenigstens nicht in betreff des Roggens leisten können, nämlich die vollkommene Aus= mahlung der Schalen. In der Hauptsache handelt es sich hierbei um zwei mit Stiften besetzte Scheiben, welche so eingerichtet sind, daß die Stifte der einen

Scheibe in den Lücken der andern kreisen. Man kann beide Scheiben gegeneinander laufen lassen; praktischer aber ist es, wenn die eine Scheibe fest steht und nur die andre umläuft. Allerdings leidet diese Vorrichtung an dem Mangel, daß sie minder gut zu regulieren ist; indessen läßt sich diesem Mangel vielleicht durch weitere Verbesserungen noch abhelfen.

In bezug auf Massenhaftigkeit der Mehlerzeugung lassen die neueren Mühlapparate, welche weder von der unzulänglichen Menschenkraft oder der der Tiere, noch von der zu= fälligen Wirkung des Windes und Wassers abhängig zu sein brauchen, nichts zu wünschen übrig. In den großartigen Mühlenanlagen von Meaux bei Paris, welche viele unsrer Leser bei ihrem siegreichen Durchzuge werden staunend betrachtet haben, kann jeden Tag das Getreide für 100 000 Soldaten von 20 Arbeitern gemahlen werden — eine Person also deckt darin den Verbrauch für 5000 Konsumenten. Dagegen bedenke man, daß, wie uns Homer erzählt, Penelope, während der Abwesenheit ihres Gatten Ulysses, zwölf Sklavinnen nötig hatte, welche Tag und Nacht beschäftigt waren, das Korn für den durch die zudringlichen Freier vergrößerten Hausstand zu mahlen. So weit wir auch in unsrer Schätzung gehen wollen, wir werden doch kaum annehmen dürfen, daß mehr als 300 Gäste täglich an den Tischen saßen — daraus folgt aber, daß bei dem Mahlverfahren der homerischen Griechen von 25 Menschen mindestens einer ausschließlich damit beschäftigt war, die Getreidekörner für die übrigen in Mehl zu verwandeln.

Will man zum Schluß sich eine Vorstellung von dem wirtschaftlichen Vorteile machen, den die neuen Erfindungen und Verbesserungen im Mahlverfahren und somit im Müllereigewerbe überhaupt gebracht haben, so muß man sich vergegenwärtigen, welche Bedeutung die größere Reinheit des Mehls für den Ernährungsprozeß überhaupt hat. Gewisse Stoffe, welche früher im Mehle verblieben, wurden nämlich vom menschlichen Magen nicht verarbeitet und unverdaut wieder abgegeben. Dieser Verlust an unverdauten Stoffen erreichte früher etwa 20 Prozent. Insofern nun die neueren Einrichtungen durch bessere Ausscheidung beziehentlich Verwertung der Stoffe jeden Verlust vermeiden, so bringen sie dem Nationalvermögen eine beträchtliche Summe ein. Letzteres stellt sich für Deutschland gegenwärtig auf etwa 43 Millionen Mark für das Jahr. Die durch das neuere Mahlverfahren ausgeschiedenen, unverdaulichen Stoffe können aber immer noch als Nahrung für das Zuchtvieh dienen und durch das letztere dann wieder dem Menschen als Nutzfleisch zugeführt werden. So wirkt der rationell arbeitende Erfindungsgeist durch die Verbesserung der Mehlfabrikation an Lösung der großen Aufgabe mit, den wirtschaftlichen Segen eines Landes zu vermehren.

Grieß und Graupen. Der beim Vermahlen des Weizens zunächst immer mit entstehende Grieß bildet an sich schon eine beliebte Kaufware, und so geschieht es nicht selten, daß ein Müller eben dieses Produkt zur Hauptsache macht und die Mühle so stellt, daß

Fig. 26. Mechwarts Ringstuhl.

davon möglichst viel erschroten wird. Die weitere Bearbeitung besteht dann in der Absonderung des Mehls und der Hülsen vom Grieß und in der Sortierung des letzteren nach verschiedenen Feinheitsnummern. Auch für diese Arbeit hat man besondere Maschinen; eine der besten dieser Art ist die Grießputzmaschine von A. Millot in Zürich, deren Einrichtung durch die Querschnittszeichnungen Fig. 27 und 28 erklärlich wird. Der zu putzende Grieß fällt aus dem Einlauftrichter F auf die Siebe X, welche eine rüttelnde Bewegung erhalten; zugleich wird durch deren Löcher ein Luftstrom in der Richtung der Pfeile von oben nach unten getrieben. Das Sieb mit dem darauf lagernden Grieß bewegt sich hin und her und letzterer läuft nach dem Ende desselben. Der vom Ventilator Q durch die Windleitung W unter das Sieb gelangende Windstrom hebt die mit dem Grieße vermengten Kleienteilchen dieser Art, daß man sie fortwährend auf der Oberfläche der Grieße tanzen sieht; sobald nun der Grieß diejenige Fläche des Siebes berührt, die für die Größe seiner Körnung die entsprechende Löchergröße bietet, so fällt er vermöge seiner Schwere durch, während die Kleie immer schwebend gehalten wird, um schließlich über das Sieb hinwegzuhüpfen und am Ende desselben durch die Gosse Y abgeführt zu werden. Der untere Teil besitzt den beiden Sieben entsprechend zwei symmetrische Abteilungen, welche durch den

5*

Ventilator Q voneinander getrennt sind. Der Grieß gelangt bei H in diese Abteilung, fällt durch einen Schlitz und wird an der Mündung desselben von einem Luftstrom gefaßt, welcher die Kleie nach L führt. Die schweren Teile fallen auf und durch das Sieb K, während die leichten Teile, über das Sieb abgleitend, dem nächsten Luftstrom ausgesetzt werden.

Im ganzen passiert der Grieß sechsmal den Wind, welcher bei M in die Maschine eintritt, den Überschlag nach T, die Kleie aber nach V und aus der Maschine herausführt. Die Stärke des Windes wird hierbei durch die Kulisse NN, das Ventil O und den Drehschieber P reguliert. Z sind durch Glasscheiben verschlossene Schaulöcher, welche es gestatten, die Funktionen der Maschine zu überwachen.

In ähnlichem Verhältnis, wie zum Weizen der Grieß, steht zur Gerste die Graupe; sie besteht ebenfalls aus dem enthülsten Korn oder aus Bruchstücken desselben, hat aber durch besondere Bearbeitung eine mehr oder weniger vollkommene Rundung erhalten.

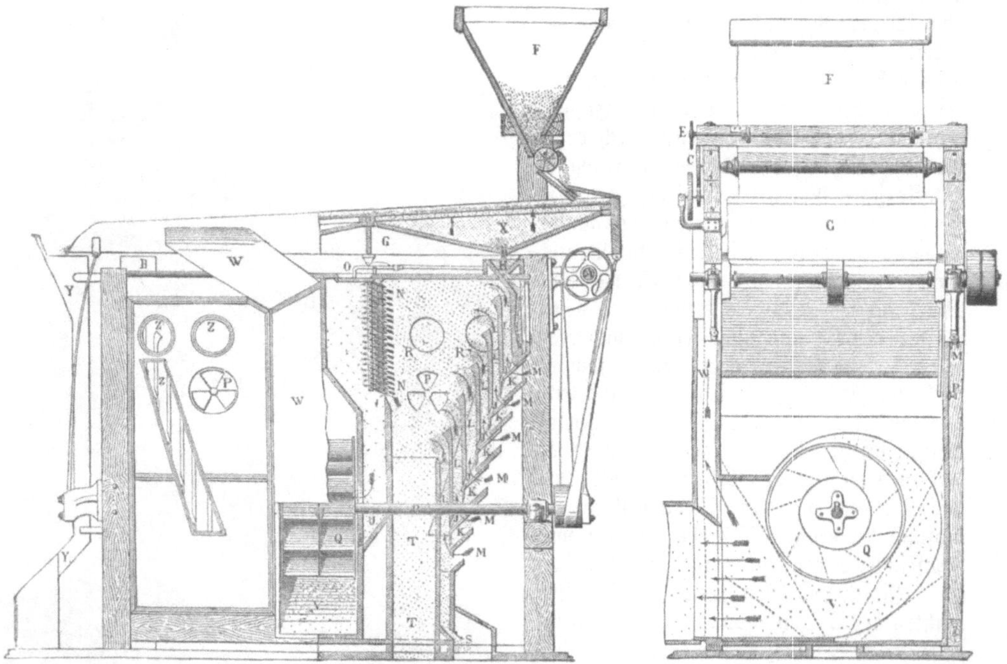

Fig. 27 und 28. Mullots Grießputzmaschine (Längsschnitt und Vertikalschnitt).

Das Graupenmachen ist eine deutsche Erfindung des 17. Jahrhunderts und mag sich zunächst auf die Erzeugung der gröbsten Sorten beschränkt haben, bei der jedes Korn eine Graupe liefert, die in der Keimritze noch einen Rest der Schale bemerken läßt. Handelt es sich um feinere Graupensorten, so wird das Korn erst gebrochen, also Grieß erzeugt, und dieser zu Graupen gerundet. Die Bearbeitung des Korns besteht demnach in einem Abspitzen, Enthülsen und beziehentlich Brechen, und schließlich in Abrunden und den Scheidungsarbeiten. Es gehört dazu der besonders eingerichtete Graupengang, der früher die ganze Arbeit that, während man jetzt für die feineren Graupensorten das Spalten oder Brechen und teilweise Enthülsen durch scharf geriffelte Walzwerke besorgen läßt und deren grießartiges Produkt dann dem Graupengange übergibt. Diese eigentliche Graupenmühle weicht in verschiedener Hinsicht von einem gewöhnlichen Mahlgange ab. In der Zarge läuft nur ein einzelner Stein, ein Bodenstein ist unnütz, da der Läufer gar nicht mit seiner unteren Fläche, sondern wie ein gewöhnlicher Schleifstein mit seiner Mantel- oder Stirnfläche zu arbeiten bestimmt ist. Dieser gibt man in der Regel gar keine Hauschläge, aber es muß das Gefüge des Steins ein solches sein, daß die eben gearbeitete Fläche eine gewisse scharfe Rauhigkeit hat und beibehält; der Stein darf sich also nicht glatt laufen. Die den Stein in nahem Abstande umgebende Zarge ist an ihrer Innenseite mit Blech belegt, das ganz in Form eines Reibeisens scharf durchlöchert ist. So ist ein von zwei rauhen Flächen begrenzter ringförmiger Spalt gebildet, in welchem die Arbeit vor sich geht. Ist die Mühle im Gange, so fließt die Körnermasse auf die Mitte des Steins, der sich noch etwas schneller als ein gewöhnlicher Mühlstein dreht. Aber derselbe hat kein Läuferauge, ist vielmehr an seiner oberen Fläche etwas linsenförmig gewölbt, und so gelangt die Masse rasch nach allen Seiten über seinen Rand in den Spalt, wo sie so herumgerissen und gescheuert wird, daß die einzelnen Körner bald ihre Ecken und Hülsen verlieren und der Kugelform sich nähern. Durch ein Loch in der Zarge läuft die aus Graupen, Mehl und Hülsen bestehende Masse auf ein Säuberwerk, das verschiedene beständig gerüttelte Drahtsiebe, vielleicht überdies eine Welle mit Windflügeln hat. Nach dem hier erfolgenden Scheidungsprozeß kommen feinere Graupen gewöhnlich noch auf ein besonderes Sortierwerk, ebenfalls ein Satz Rüttelsiebe, die aber Böden aus Pergament oder Blech mit sauber durchgeschlagenen runden Löchern haben, jedes Sieb natürlich in einer besonderen Dimension.

Das Backen.

Soweit wir uns in der Vergangenheit und Gegenwart umsehen, treffen wir auf kein so tief stehendes Volk, das sich nicht zur Bereitung seiner Nahrung des Feuers bediente. Dies kann wieder geschehen mit oder ohne Zuhilfenahme von Wasser, also auf einem nassen oder auf einem mehr trockenen Wege, und hiermit gelangt der Fleisch essende Mensch zu Kochfleisch oder Braten, der von Körnern lebende durch die ganz gleichen Mittel zu Brei oder Brot. Aber um Brot in unserm Sinne zu erhalten, genügt es nicht, einen Mehlteig ohne weiteres der Hitze auszusetzen, denn dies gäbe nur eine kompakte, hornige, schwer verdauliche Masse ohne allen Wohlgeschmack, sondern der Teig muß vielmehr einer entsprechenden Auflockerung unterworfen werden. Gleichwohl kann in den ältesten Zeiten die Beschaffenheit des Brotes nicht viel anders gewesen sein, und noch heute behelfen sich Menschen mit solchen mangelhaften Produkten, wovon das Brot der Indier, der afrikanischen Karawanen wie das Kneckebrot der Schweden Beispiele geben; früher war selbst der gewöhnliche Schiffszwieback nichts andres. Damit das Brot eine wohlschmeckende, leicht verdauliche und nahrhafte Speise werde, muß, wie bekannt, der Teig vor dem Verbacken eine wohlgeleitete Gärung durchmachen, bei welcher die sich entwickelnde Kohlensäure die Teigmasse aufschwellt, sie porös und dadurch für das Ausbacken sowohl als für die Verdauung geeigneter macht. Dies wußte man auch im Altertum; denn schon die Juden zu Mosis Zeiten aßen in der Regel gesäuertes, d. h. gegorenes Brot, und den Sauerteig mit seinen ansteckenden Eigenschaften finden wir in der Bibel zu einem treffenden Gleichnis benutzt. Nehmen wir hinzu, daß die ältesten Backöfen, die in ägyptischen und andern Ruinen aufgefunden wurden, ganz dieselbe Beschaffenheit haben, wie wir sie noch heute auf jedem Dorfe sehen, so dürfen wir wohl annehmen, daß auch das Brot im Altertume dem unsrigen ähnlich gewesen sei. Allerdings benutzte man vor alters nur Weizen und Gerste und kannte also die Annehmlichkeit unsres kräftigen Roggenbrotes nicht; aber Schwarzbrot aß man dennoch, so oft man mit Sauerteig arbeitete, denn die bräunliche Farbe ist Folge dieses Verfahrens und nicht eine Eigentümlichkeit des Roggens; man kann ebensowohl aus Weizenmehl Schwarzbrot backen.

Schon im Altertume buk man nicht allein Brot gegen den Hunger, sondern auch feinere Waren. In dem Zeitalter des Wohllebens zu Rom lieferten die Bäcker allerlei Kuchen, Pasteten und andres Luxusgebäck. Dagegen waren die Italiener des Mittelalters so unbehilflich geworden, daß sie sich selbst das tägliche Brot von Ausländern bereiten lassen mußten. Dies besorgten die Deutschen, damals die besten Bäcker der Welt, die in Rom, Venedig und allen größeren Städten ihr Handwerk ausübten, nachdem sie im 12. Jahrhundert zünftig geworden waren. Die Deutschen zeichneten sich auch besonders aus durch Erfindung von allerhand Backwerken, nicht selten von sonderbaren Formen und Benennungen.

So hat denn die Erzeugung des Brotes teils als häusliche Angelegenheit und dann vorzüglich ins weibliche Departement gehörig, teils als ehrsames Gewerbe seit Jahrhunderten und Jahrtausenden bestanden, ohne ihre Art und Weise wesentlich zu ändern. In unsern fortschrittslustigen Zeiten jedoch konnte es nicht fehlen, daß reformatorische Ideen auch auf diesem wichtigen Felde Eingang suchten und fanden. Man hat eine ganze

Anzahl neuer, zum Teil künstlich komplizierter Backöfen ersonnen, sei es, um an Brennstoff zu sparen oder wohlfeilere Brennstoffe, wie Steinkohlen u. dergl., verwenden zu können, oder um einen unausgesetzten Betrieb, eine Schnellbäckerei zu ermöglichen. Nicht minder zahlreich und verschiedenartig sind Maschinen aufgetreten, welche den Menschen von dem mühsamsten Teile der Backarbeit emanzipieren sollen. Alles eigentliche Maschinenmäßige will aber nur für größere Anstalten, wie Militär= und Aktienbäckereien, passen. Diese letzteren sind die echten Kinder des modernen, immer mehr Terrain suchenden Fabrikwesens; nachdem man Mehlfabriken mit Vorteil ins Werk gesetzt, wollte man auch Brotfabriken haben, zu deren gunsten sich natürlich alles anführen läßt, was für den Großbetrieb im allgemeinen spricht. Sie kamen in England auf und scheinen auf ihrem heimischen Boden auch noch am besten zu gedeihen.

Erfreulicherweise hat auch die Wissenschaft dem Backprozesse ihr Interesse zugewendet; die Bestandteile der Getreidekörner, die chemischen und physikalischen Vorgänge bei der Broterzeugung, sind eingehend studiert worden und die althergebrachte Praxis hat die Genugthuung gehabt, als das richtige und sachgemäße Verfahren approbiert zu werden, natürlich unter der Bedingung, daß es fehlerfrei geübt werde. Indem aber die Theorie darüber aufklärt, worauf es eigentlich ankommt, lehrt sie Fehler vermeiden, und wäre der Praktiker im allgemeinen für die Theorie nicht so unempfänglich, so müßten wir eigentlich schon lange lauter gutes Brot essen, und die schicksalsgläubige Entschuldigung: „Brauen und Backen gerät nicht immer" dürfte nicht mehr gehört werden.

Mehl und Brot in chemischer Beziehung. Betrachten wir nun, um den Backprozeß genauer zu studieren, zunächst das Getreidekorn, so finden wir, daß dasselbe deshalb zur Ernährung ganz vorzüglich geeignet ist, weil es in gutem Verhältnis sowohl stickstoffhaltige (Kleber und Pflanzeneiweiß) als stickstofffreie (Stärkemehl) Bestandteile enthält. Daneben besitzt es einen reichlichen Gehalt phosphorsaurer Erden, die dem Organismus zur Instand= haltung des Knochenbaues ebenfalls unentbehrlich sind. In einem gewöhnlichen guten Mehle finden sich etwa 10—15 Prozent Kleber, 2—3 Prozent Eiweiß, 60—65 Prozent Stärke und etwas Stärkezucker. Kleber und Eiweiß sind zugleich diejenigen Stoffe, welche bewirken, daß das Mehl mit Wasser einen Teig bilden kann, was mit bloßer Stärke bekanntlich nicht thunlich ist. Der Kleber ist der kostbarste Bestandteil des Mehls, das Stärkemehl ist von geringerem Werte, weil viel leichter durch andre Nahrungsmittel zu ersetzen. In richtigem Verhältnis für die menschliche Ernährung gemischt sind beide im Weizenkorn, welches nur gegen 2 Prozent unverdauliche Holzsubstanz enthält. Alles übrige sollte von einer guten Mühle als verbackbares Mehl herausgezogen werden. Das wird jedoch lange nicht erreicht, denn selbst bei den besten Mühlen beträgt die Kleie dem Gewicht nach 12—20 Prozent (10 Teile grobe, 7 Teile feine Kleie und 3 Teile Kleienmehl), bei gewöhnlichen Mühlen sogar bis 20 Prozent, welche 60—70 Prozent des nahrhaftesten Bestandteils des Mehls enthalten.

„Es ist einleuchtend (sagt Liebig in seinen chemischen Briefen), daß mit dem Verbacken des ungebeutelten Mehls die Brotmasse mindestens um $\frac{1}{6}$—$\frac{1}{5}$ vergrößert und der Preis des Brotes um den Unterschied des Preises der Kleie (als Viehfutter) und des Mehls er= niedrigt werden kann. Als Zusatz zum Mehle hat die Kleie in Zeiten des Mangels einen weit höheren Wert und ist durch keinen andern Ernährungsstoff ersetzbar. Die Absonderung der Kleie vom Mehle ist eine Sache des Luxus und für den Ernährungszweck eher schädlich als nützlich. Im Altertume, bis zur Kaiserzeit, kannte man kein gebeuteltes Mehl. In Deutschland wird in vielen Gegenden, namentlich in Westfalen, die Kleie mit dem Mehle zu dem sogenannten Pumpernickel verbacken, und es gibt kein Land, in welchem die Ver= dauungswerkzeuge der Menschen sich in besserem Zustande befinden. Die Grenzen des Niederrheins und Westfalens lassen sich an der ganz besonderen Größe der Überreste ge= nossener Mahlzeiten erkennen, welche Vorübergehende an Hecken und Zäunen hinterlassen, und es sind dies ausgezeichnete Dokumente des Verdauungswertes, welche den Ärzten in England vielleicht die Idee eingeflößt haben, den englischen Großen aus ungebeuteltem Mehle gebackenes Brot zu empfehlen, welches dann einen Bestandteil des Frühstücks ausmacht."

Rührt man Mehl mit warmem Wasser zusammen, so beginnt bald eine chemische Wirkung zwischen den verschiedenen Stoffen. Die stickstoffhaltigen verwandeln einen Teil des Stärkemehls erst in einen gummiartigen Körper (Dextrin), dann in Zucker, der unter der fortgehenden Erregung durch Kleber und Eiweiß in geistige Gärung tritt und dabei in Alkohol und Kohlensäure zersetzt wird. Bei zu hoher Temperatur oder zu langer Gärung geht der Alkohol in Essigsäure über. Beim Backen mit Sauerteig tritt die Essigbildung bald auf, darf aber nicht zu viel Spielraum erhalten, da sonst das Brot zu sauer wird. Außerdem wird bei der Gärung auch etwas Zucker in Milchsäure verwandelt.

Nach Vorstehendem muß also warm angemachtes Mehl mit der Zeit von selbst in Gärung kommen, worauf zu warten aber durchaus unpraktisch wäre; man setzt daher gleich beim Anmachen des Teiges einen Gärungserreger zu, beim Schwarzbrot Sauerteig, bei Weißgebäck Hefe. Sauerteig ist selbst nichts andres als in starker Gärung befindlicher, Milchsäure und etwas Essigsäure enthaltender Teig. Man kann ihn wegen seiner beständig weitergehenden Zersetzung nicht lange aufbewahren und höchstens durch Einkneten von frischem Mehl etwas länger konservieren.

Fig. 29. Leipziger Brotfabrik von Voigtländer & Kittler.

Ein für den Nährungswert maßgebender Bestandteil des Getreidemehls ist der Kleber, weil er den Stickstoff enthält. Er ist zugleich das plastische Element, welches die einzelnen Körner des Stärkemehls in dem Teige zusammenhängend macht. Dieser Stoff ist an sich in Wasser unlöslich, wird aber durch gewisse Einwirkungen löslich und verliert dann seine bindende Kraft; das Brot, aus Mehl gebacken, dessen Kleber verändert ist, erhält nicht jenes fein poröse, gleichmäßige Gefüge, das wir von einem gut verdaulichen Gebäck erwarten. Der Teig schon ist schmierig und das Brot wird schwer, schliffig und kluntschig. Der Grund aber zu solchem Schliffigwerden liegt schon in manchen Getreidekörnern, namentlich in aus= gewachsenem Korn, dessen Mehl deshalb auch nicht gern Käufer findet. Die Wissenschaft allerdings hat Mittel entdeckt, dem Kleber solchen schlechten Mehls die Unlöslichkeit wieder= zugeben, aber diese Mittel sind der Gesundheit schädlich. Nichtsdestoweniger hat der Eigen= nutz vieler Bäcker dieselben in Anwendung gebracht — wir nennen nur den Alaun, der besonders in Londoner Bäckereien vielfach dem Brotteige zugesetzt werden soll. Andre zu gleichem Zweck in Gebrauch gekommene Stoffe wollen wir lieber verschweigen, weil sie noch gefährlicher sind als der Alaun und wir der Gewissenlosigkeit nicht das Mittel an die Hand geben möchten, das notwendigste Lebensbedürfnis zu vergiften.

Das Brotbacken beginnt mit dem Anmachen, d. h. Einteigen des Mehls mit stark ge= wärmtem Wasser. Die Menge des letzteren richtet sich hauptsächlich nach der Qualität des Mehls; je reicher dasselbe an Kleber ist, desto mehr Wasser kann es vertragen und binden, gutes Mehl bis zu drei Viertel, schlechtes nur die Hälfte seines Gewichts. Gleich beim An= machen setzt man die bemessene Quantität Sauerteig, des Wohlgeschmacks wegen auch etwas Salz zu, und läßt dann die Masse zugedeckt an einem warmen Orte 4—6 Stunden stehen.

Infolge der teilweisen Umbildung, welche hierbei das Stärkemehl in Zucker erleidet, wird der Teig allmählich dünnflüssiger, die Gärung tritt ein und die entstehende Kohlensäure treibt ihn auf. Neben der geistigen Gärung hat sich aber durch Anregung des Sauerteigs auch die Milchsäuregärung und Essiggärung mit eingestellt; die ganze Einteigmasse ist in der That in Sauerteig verwandelt. Zum Verbacken ist dieselbe noch ungeeignet und es muß ihr erst noch mehr frisches Mehl einverleibt werden; meistens nimmt man doppelt so viel, als zum Anmachen gebraucht wurde. Das Einkneten die Mehls, die bekannte, so mühsame Bäckerarbeit, geschieht entweder auf einmal oder besser in mehreren Portionen, unter Zusatz des noch notwendigen Wassers. Die gleichmäßige Verteilung und Mischung der Ingredienzien ist unerläßliche Bedingung und Zweck des Knetens. Sie wäre nicht zu erreichen, wenn man alle Bestandteile auf einmal zusammenbringen wollte; auch wäre in diesem Falle das Gärmittel in der Masse zu sehr verteilt, um ein kräftiges Aufgehen bewirken zu können. Man befolgt daher ohne Ausnahme die Praxis des allmählichen Hinzuknetens und trägt somit die Gärung von einer kleineren Masse auf eine größere über. Hierdurch wird dieselbe zugleich verlangsamt, das Verhältnis der Säure zum Ganzen herabgesetzt und bei sonst richtigem Verfahren behält das Brot nur denjenigen Säuregrad, welcher dasselbe kräftig und wohlschmeckend macht.

Den gehörig durchkneteten Teig läßt man noch 1—2 Stunden zugedeckt in der Wärme stehen und weitergären. Sobald eine eingedrückte Vertiefung durch das Aufgehen der Masse rasch wieder verschwindet, schreitet man zum Auswirken, d. h. zum Formen der Brote, die man dann sogleich oder nach einiger Ruhe in den Ofen bringt.

Bei der letzten Periode der Teigbehandlung macht sich ein Alkoholgeruch bemerklich und dient als Fingerzeig; der Teig entwickelt, wie jede geistige Gärung, neben Kohlensäure Alkohol, und der Ofen hat somit etwas von der Natur einer Destillierblase; nur hat die Auffangung dieses Nebenprodukts niemals rentieren wollen.

Nachdem der jedermann bekannte gewöhnliche Backofen durch Herausnahme der Feuerung und durch Auskehren zur Aufnahme der Teigbrote fertig geworden, besitzt er eine Hitze von 250—300 Grad. Diese Hitze dringt von allen Seiten auf den Teig ein, ohne daß gleichwohl seine Masse sich höher als zum Siedepunkt des Wassers (100 Grad) erhitzt, weil auf diesem Punkte das Wasser sich in Dämpfe verwandelt, und solange diese frei abziehen können, eine Steigerung der Temperatur nicht erfolgt. Nur die äußere Schicht des Teiges ist der höheren Hitze ausgesetzt und nimmt daher als Rinde eine andre Beschaffenheit an. Durch die Erhitzung werden in dem Teige die Gärstoffe getödtet und damit alle weiteren chemischen Umsetzungen der Masse abgeschnitten.

Das Brot läßt sich demnach definieren als ein Mehlteig, der durch Kohlensäure schwammartig aufgetrieben und durch schnelle Erhitzung (Backen) von einem Teile des Wassers und dem durch die Gärung entstandenen Alkohol befreit, erhärtet und in seiner chemischen Beschaffenheit verändert worden ist. Denn der Zweck der Brotbereitung ist, das Mehl durch geeignete Veränderung seiner physikalischen Eigenschaften und chemischen Beschaffenheit in eine Form zu bringen, in welcher es schmackhaft, bequem genießbar, leicht verdaulich und haltbar wird.

Das Brotbacken erfordert zu seinem Gelingen eine volle und anhaltende Aufmerksamkeit, denn es kann nach verschiedenen Seiten hin zu viel oder zu wenig gethan werden in den Temperaturen, in der Zeit, in der Menge des Wassers, dem Gütegrade des Sauerteigs u. s. w. Nicht selten unterstützt man die Wirkung des Sauerteigs durch etwas Hefe, um eine raschere und kräftigere Gärung zu erhalten. Anstatt eines solchen Gemisches kann auch die saure Hefe gebraucht werden, welche man in dem jetzigen Betriebe der Spiritusbrennereien aus Schrot bereitet.

Hefengebäck. Bei reinem Hefengebäck verlaufen die Dinge im allgemeinen ganz in der beschriebenen Art. Da aber in der Hefe ein reiner, mit andern Dingen nicht vermischter Gärungsstoff gegeben ist, so wirkt sie auch rascher und kräftiger und die Herstellung des Hefenteigs unterliegt geringeren Schwierigkeiten als beim Schwarzbrot vorkommen. Man kann die Ingredienzien auf einmal mischen und doch einen gutgehenden Teig bekommen; indes ist auch hier, namentlich, wenn es sich um Brot handelt, das allmähliche Hinzukneten von Mehl das bessere Verfahren.

Das Hefenbrot besitzt einen mehr süßlichen und weichlichen Geschmack und bildet, aus Weizenmehl gebacken, die Nationalspeise der Engländer und Franzosen, während in Deutschland, Belgien, Rußland u. s. w. das gesäuerte Roggenbrot den Vorzug hat. Überhaupt schmecken bekanntlich Hefengebäcke nie säuerlich, weil die Hefe zunächst nur die reine geistige Gärung bewirkt, bei welcher bloß Kohlensäure und Alkohol gebildet werden und der Hefenteig zu rasch verbacken wird, als daß die saure Gärung hinzutreten könnte. Am schmackhaftesten und für einen gesunden Magen am zuträglichsten ist ganz entschieden reines Roggenbrot; man erhält es jedoch jetzt von den Bäckern fast gar nicht mehr, nur vereinzelt in weit ab-

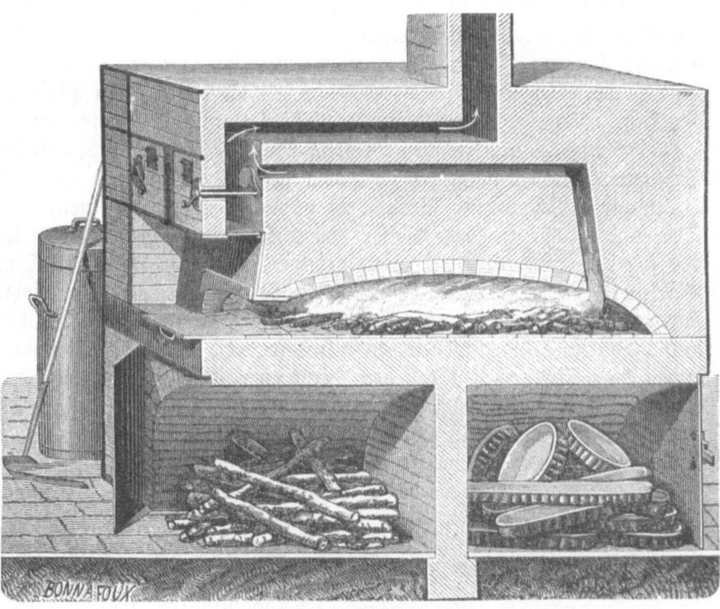
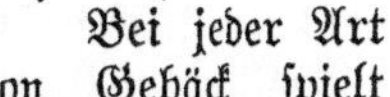

Fig. 80. Backofen.

gelegenen Dörfern, in welchen die Bauern ihren Roggen noch selbst in der Mühle vermahlen lassen und das Mehl selbst verbacken, trifft man noch zuweilen wirklich gutes Brot. Ein solches Brot ist, ohne sauer zu sein, selbst noch nach 8—12 Tagen ganz schmackhaft, so daß man es ohne Butter genießen kann, während Stadtbrot schon nach zwei Tagen völlig ungenießbar ist. Freilich sieht solches Brot nicht weiß aus, das Publikum ist aber von dem Wahn befangen, daß ein gutes Brot weiß aussehen müsse; dies läßt sich aber bei reinem Roggenbrot nicht erzielen und deshalb vermischt der Bäcker das Roggenmehl mit ordinären Weizenmehlen, geringwertigen Gerstenmehlen, Erbsenmehl u. s. w.

Bei jeder Art von Gebäck spielt

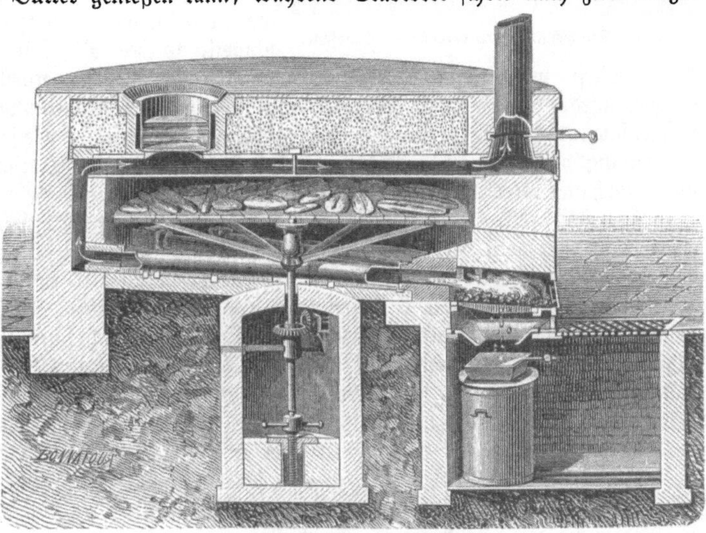

Fig. 81. Backofen mit Luftheizung.

demnach die Kohlensäure und neben ihr der Alkohol die gleiche Rolle. Die in der zähen Teigmasse entstehenden Dämpfe können aus derselben nur schwierig entweichen; indem sie sich in Form vieler Tausende von Bläschen ansammeln, bewirken sie das Auftreiben des Teiges; im Backofen selbst tritt noch die Siedehitze hinzu, welche die eingeschlossenen Gase ausdehnt und überdies auch das Wasser in Dämpfe verwandelt. Die Schwammigkeit des Brotes wird hierdurch noch bedeutend gesteigert, so daß die Laibe fast doppelt so groß aus dem Ofen kommen, als sie eingeschoben wurden. Diese zur Verdaulichkeit des Brotes ganz unerläßliche Porosität ist also das rein mechanische Werk von sich bildenden und ausdehnenden Dämpfen, und es liegt somit der Gedanke nahe, daß man hierzu wohl auch andre, dem Teige un= schädliche Stoffe müsse verwenden können, die Gas entwickeln oder sich in ein solches ver= wandeln können. In der That benutzt man bei Kuchen, Torten u. s. w. schon lange andre Mittel, wie kohlensaures Ammoniak, im gewöhnlichen Leben Hirschhornsalz genannt, das in der Hitze völlige Gasform annimmt, Spiritus (Rum), Butter, Eier u. s. w.

In Anwendung auf den Brotteig hat man sich schon des Kostenpunktes halber an die Erzeugung von Kohlensäure zu halten gehabt. Man hat es mit Brausepulver (doppelt= kohlensaures Natron mit Weinsäure) versucht, oder man knetete das erstere Salz in den Teig und mischte zu dem Wasser etwas Salzsäure, wobei neben kohlensaurem Gas gleich das für das Brot nötige Kochsalz gebildet wird; neuerdings auch mit andern sogenannten Backpulvern, von denen namentlich das auch von Liebig empfohlene aus doppeltkohlen= saurem Natron einer= und einem Gemenge von Phosphorsäure in Verbindung mit Kalk und Magnesia anderseits bestehende Horsfordsche Yeast-Powder am meisten Aufmerksamkeit erregt hat. Es haben sich jedoch dergleichen Mittel in der Regel deshalb als ungeeignet erwiesen, weil sie zu rasch und stürmisch wirken, daher ein unförmlich großlöcheriges Gebäck erzeugen. Ein Vorteil ist jedoch nicht zu verkennen und das ist der, daß man durch Gärung keinen Verlust der Brotmasse erleidet, der sich bei gewöhnlichem Verfahren in der Regel auf mindestens 10 Prozent der Nährkraft erstreckt. Man hat auch versucht, das Mehl gleich

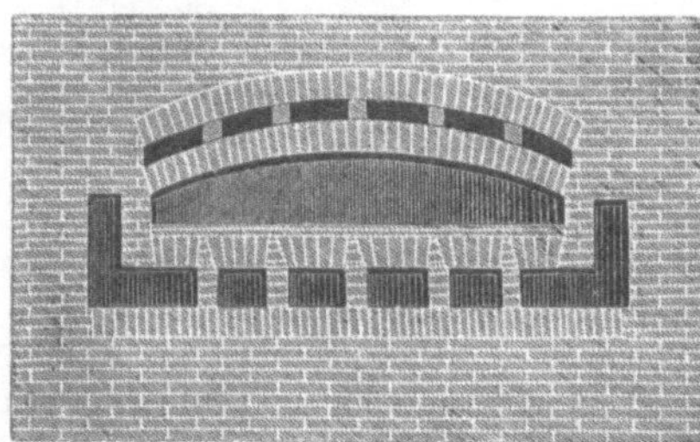

mit Wasser zu verarbeiten, das stark mit Kohlen= säure geschwängert ist. In England hat man dazu eine Maschine, sehr ähnlich denen zur Bereitung kohlensauren Wassers, bei welcher in einem ge= schlossenen Cylinder mittels einer Flügelwelle Wasser, Kohlensäure und Mehl zusammengearbeitet werden, bis ein dünner Teig entsteht, der portions= weise abgezapft und sogleich in den Ofen gebracht wird. In bezug auf Schnelligkeit wäre hiermit wohl das Höchste erreicht; aber wie versichert wird, schmeckt solches Maschinenbrot fade, und dieser

Fig. 32. Durchschnitt eines verbesserten Backofens.

Fehler dürfte wohl allem Brotgebäck anhängen, bei dessen Herstellung die Gärung um= gangen wird. Die Gärung hat offenbar noch eine weitere Bedeutung als die einer bloßen Kohlensäurequelle; sie bildet die Stoffe des Mehls in einer Weise um, daß dadurch der Verdauung vorgearbeitet wird, und je besser diese Vorarbeit verlaufen ist, desto schmack= und nahrhafter wird das Brot ausfallen.

Der Backofen. Läßt sich also die alte Backmethode im wesentlichen durch nichts Besseres ersetzen, so war doch der äußere Apparat verbesserungsfähig. Am augenscheinlichsten war dies beim Ofen, der in seiner hergebrachten Form (s. Fig. 30) ein so arger Holzverschwender ist, nichts andres als Holz brauchen kann und auch nur absatzweises Backen gestattet. Die Bemühungen um besser konstruierte Öfen haben denn auch schon im vorigen Jahrhundert begonnen, und den ersten dieser Art lieferte Graf Rumford. Seitdem sind noch so mancherlei Konstruktionen aufgetreten, daß große Anstalten für Massenbäckerei reichliche Auswahl haben. Bevorzugt scheinen die von dem Pariser Bäcker Rolland herrührenden kreisrunden Öfen, deren Sohle aus einer mit Ziegeln belegten eisernen Scheibe besteht, die, auf einem Zapfen ruhend, durch eine Kurbel drehbar ist. Die Bequemlichkeit, solcher= gestalt jeden Teil des Kreises vor das Mundloch versetzen zu können, muß in der That für die Bedienung des Ofens etwas sehr Willkommenes sein, um so mehr, als ein solcher Ofen einen kontinuierlichen Betrieb gestattet. Ein andres System verfolgte ein Engländer, Bertan, welcher in Brooklyn auf Long=Island einen Ofen von 6 m Länge, 5 m Breite und 10 m Höhe konstruiert hat, unter welchem sich die Feuerung befindet, deren Hitze mittels Röhren durch die Ofenwand aufwärts geführt wird. Im Innern kann die Wärme so reguliert werden, daß sie immer auf gleicher Höhe bleibt. Das Eigentümliche ist aber ein besonderer Apparat, eine endlose Kette, die sich um zwei fast in der ganzen Höhe des Ofens senkrecht

übereinander stehende Rollen bewegt. An dieser Kette sind in etwa 0,₆ m Entfernung von=
einander Stangen (32 Paare) befestigt, auf welche Platten gelegt werden, die ihrerseits das
zu backende Brot aufnehmen. Dasselbe wird also von der Kette, welche ihre Bewegung
von einer Dampfmaschine erhält, bei jedem Umlaufe zweimal durch die ganze Höhe des
Ofens, einmal von oben nach unten und darauf von unten nach oben, geführt. Die Brote
werden in großen, flachen Kästen, deren jeder 60 auf einmal aufnehmen kann, auf die
Platte der endlosen Kette durch eine sich automatisch öffnende und schließende Thür oben
auf der einen Seite des Ofens angebracht, machen ihren Umlauf, infolgedessen derselbe
Kasten nach ungefähr einer halben Stunde auf der andern Seite wieder erscheint und mit den
während dieser Zeit ausgebackenen Broten durch eine Thür rasch herausgezogen wird. Auf die
leer gewordene Platte wird alsbald ein neuer Karren mit Brotteig geschoben. Solchergestalt
können halbstündig 32mal 60 = 1920 Brote gebacken werden, und es leuchtet ein, daß
bei dem unausgesetzten Betriebe wesentliche Ersparungen an Arbeitskraft und Heizmaterial
sich machen lassen. Aber die Hauptvorteile der neueren Ofeneinrichtungen, die Feuerung
von außen und der dadurch ermöglichte fortlaufende Betrieb neben verringertem Aufwand
für Feuerungsmaterial an den Feuerungskosten, lassen sich auch schon bei einfachen, weniger
kostspieligen Konstruktionen erreichen, wie sie für den kleinen Bäcker passen und auch Ein=
gang gefunden haben. Solche Öfen, aus Ziegeln gebaut, werden dann mehr oder weniger
dem Durchschnittsbilde von Fig.
32 entsprechen: Der gewöhn=
liche, flachgewölbte Ofenraum
ist mit einem System von Heiz=
kanälen umzogen, in welchen
die Feuerluft gewöhnlich so zir=
kuliert, daß sie unterhalb der
Sohle nach hinten zieht, dann
oberhalb der Decke nach vorn
zurückkehrt und hernach in den
Schlot entweicht. Öfter sind
die umgebenden Hohlräume von
zweierlei Art, indem Zugkanäle
mit Räumen abwechseln, in de=
nen die erhitzte Luft stillsteht
und so die Wärme noch besser
abgeben kann. Schieber, um die

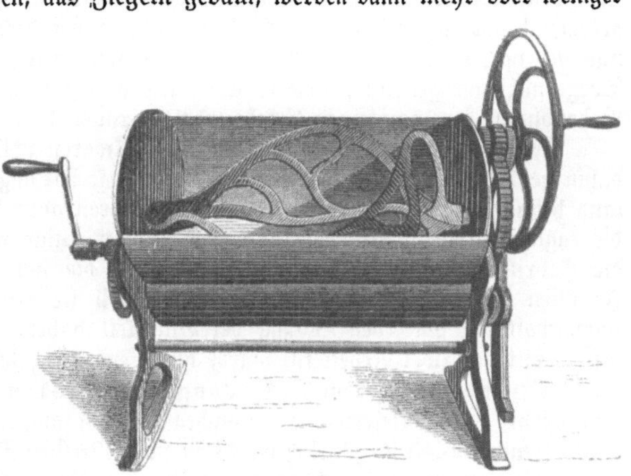

Fig. 33. Die Bolandsche Knetmaschine.

Hitze zu regeln und nach beliebigen Gegenden des Ofens zu dirigieren, finden sich an der=
gleichen Öfen immer.

Viele Großbäckereien halten sich an solche einfachere Backapparate, da die vorerwähnten
großen Kunstöfen immer mit Mängeln behaftet und öfters da, wo man sie hatte, wieder
abgeschafft worden sind. Recht beliebt geworden ist dagegen der in Hamburg erfundene
Wieghorstsche Ofen mit Wasserheizung. In dem Backraum desselben liegt eine Anzahl,
z. B. 60, starke schmiedeeiserne Röhren in zwei Schichten übereinander. Zwischen den
Schichten hat die eiserne Backstelle ihren Platz, die auf Rädern und Schienen ganz aus dem
Ofen gezogen werden kann, um belegt resp. abgeräumt zu werden. Die Röhren sind mit
Wasser gefüllt, an beiden Enden verschweißt und auf einen Druck von 400 Atmosphären
geprüft. Sie sind circa 4 m lang, gehen durch die Rückwand des Ofens und ragen auf
eine Länge von circa 30 cm in den hier befindlichen schmalen Feuerraum hinein. Die Hitze
verbreitet sich trotz dieser einseitigen Anfeuerung sehr gleichmäßig im Backraum, beträgt
anfänglich circa 200° R. und mindert sich schließlich bis auf 150°. Es können in sehr
reinlicher und bequemer Weise etwa 50 Brote auf einmal gebacken werden.

Einen Backofen mit Luftheizung zeigt ferner Fig. 31; die Feuerluft wird in eisernen
Röhren unter dem Backraum hin und über denselben hinweg geleitet, so daß die Backware
selbst mit der Feuerluft nicht in Berührung kommt. Außerdem enthält dieser Ofen, wie
der schon erwähnte Rollandsche, eine durch eine Kurbel drehbare eiserne Scheibe, auf welcher
die Backware während des Backens liegt.

6*

Knetmaschinen arbeiten jetzt wenigstens in allen Backanstalten, in denen ein Massenbetrieb stattfindet. Die große Anzahl von Konstruktionen, welche zu dem Zwecke des mechanischen Knetens ersonnen worden sind, scheinen nur zu beweisen, daß man lange Zeit nicht das Richtige finden konnte. In neuerer Zeit sind jedoch diese Maschinen mehrfach vervollkommnet worden und sie arbeiten zufriedenstellend, trotz dem alten Einwande: die Maschine kann nicht herausfühlen, wo genug und wo nicht hinreichend geknetet ist. Das Brot aus Maschinenteig zeigt sogar meistens eine gleichmäßigere Porosität, was stets das Zeichen einer guten Beschaffenheit des Teiges ist. Allerdings macht die Maschine immer nur einerlei Arbeit und läßt sich nicht auf verschiedenes Gebäck gleichgut anwenden; sie ist also besonders eine Brotmaschine. Als solche leistet sie bei größerer Reinlichkeit im Vergleich zur Handarbeit Bedeutendes, z. B. eine mit 3 Pferdestärken betriebene Maschine liefert wöchentlich 1200—1400 Zentner Teig, das ist die Arbeit von 48 kräftigen Handknetern.

Als Beispiel einer Knetmaschine bringen wir in Fig. 33 ein Bild der Bolandschen zur Anschauung, welche für eines der besten Systeme gilt. Unsre Abbildung zeigt die Maschine mit Handbetrieb, sie kann selbstverständlich auch für Dampfbetrieb eingerichtet werden.

Der eigentümlich geformte Körper, der sich im Innern des Troges dreht, ist aus gekrümmten Eisenschienen zusammengesetzt, die so gestellt sind, daß sie auf den Teig nicht schneidend, sondern mit ihren Flächen drückend wirken. Da aber die beiden Flügel spiralig gekrümmt und gegenläufig gestellt sind, so daß bei dem einen die Wirkung links beginnt und sich nach rechts fortsetzt, bei dem andern umgekehrt, so folgt daraus, daß der Teig im Troge nicht nur gedrückt, sondern abwechselnd beständig hin und her geschoben wird, eine Behandlung, der man einen Erfolg wohl zutrauen kann.

Bevor wir diesen Abschnitt über die Backwaren schließen, müssen wir noch über einen dahin gehörigen Industriezweig berichten, der erst seit ungefähr 15—20 Jahren in Deutschland heimisch geworden ist, in den letzten Jahren aber sich so weit entwickelt hat, daß er die englische Konkurrenz, eigentlich seine Mutter, nicht mehr zu fürchten hat. Es ist dies die Fabrikation der Biskuits oder Cakes, die sich jetzt selbst in weniger bemittelten Familien fast überall eingebürgert haben, weil sie neben ihrer unbegrenzten Haltbarkeit schmackhaft sind und den Vorzug der Billigkeit haben. Unter sehr bescheidenen Verhältnissen, mit nur zwei Arbeitern, wurde diese Industrie, die, wie gesagt, bisher nur in England betrieben wurde, von A. H. Langenese 1861 in Hamburg eingeführt; aber schon zehn Jahre später lieferte die inzwischen stattlich angewachsene Fabrik ein Quantum von 4300 Zentner Biskuits jährlich im Werte von 288000 Mark. Seitdem hat sich die Fabrik, jetzt in Eppendorf bei Hamburg, wesentlich vergrößert und ist dieser Fabrikationszweig auch in andern Städten Deutschlands eingeführt worden, so z. B. in Dresden, Köln am Rhein, Wurzen. Von dieser Ware hat man eine sehr große Anzahl von Sorten, sowohl hinsichtlich der äußeren Form als auch in betreff der Qualität, von den billigsten, fast nur aus Mehl und Wasser bereiteten, bis zu denjenigen, welchen durch Zusatz von Zucker, Milch, Butter, Eiern und Gewürzen ein feinerer Geschmack gegeben wird. Die Bereitung des Teiges erfolgt meist in Misch- und Knetmaschinen; das Formen desselben erfolgt in verschiedener Weise; Teig von mehr flüssiger Konsistenz gießt man in geprägte Metallformen, in denen er auch gebacken wird, bildsamerer Teig dagegen wird durch Walzwerke in breite dünne Streifen geformt, aus welchen durch sinnreich konstruierte Ausstechmaschinen mit auf- und niedergehendem Stempel die einzelnen Biskuits aus dem Teigbande ausgestochen und zugleich geformt werden. Je nach Bedürfnis können in der Minute 20—40 Niedergänge des Stempels erfolgen, wodurch 500—1000 Stück Biskuits geformt werden. Die Backöfen sind für den kontinuierlichen Betrieb eingerichtet, so daß auf der einen Seite die Bleche mit den zu backenden Biskuits, durch Maschinenkraft geschoben, fortwährend eintreten, während sie auf der andern Seite schon fertig gebacken wieder zum Austritt gelangen.

Der Zucker.

Die chemische Natur der verschiedenen Zuckerarten. Ihre Bedeutung als Konsumtionsartikel. Geschichtliches. Das Zuckerrohr in Westindien. Beschreibung des Zuckerrohrs in pflanzlicher Hinsicht. Gewinnung des Rohrzuckers. Auspressen. Klaren. Abdampfen. Rübenzucker. Seine Entdeckung durch Marggraf. Achards Versuche der praktischen Ausbeutung. Die Rübenzuckerfabrikation in Frankreich. Wiedereinzug derselben in Deutschland. Volkswirtschaftliche Bedeutung der Rübenzuckerfabrikation. Die Darstellung des Rübenzuckers. Gewinnung des Saftes. Verschiedene Verfahren dazu. Das Pressen. Das Diffusionsverfahren. Läuterung des Saftes durch Kalk. Klären und Entfärben durch Knochenkohle. Abdampfen. Die Vakuumpfanne. Rohzucker. Reinigen desselben durch Decken. Das Raffinieren. Gewinnung von kristallisierbarem Zucker aus der Melasse. Ahornzucker. Sorghumzucker. Palmenzucker.

Unsre Wanderung führt uns übers Meer, weit von unsrer Heimat hinweg. Die milde Luft unsrer Wiesen und Wälder ist es nicht mehr, die wir einatmen; ein tieferes Blau färbt den wolkenlosen Horizont, und eine Hitze, die uns beschwerlich fällt, erinnert uns, daß die Sonne der Tropen auf uns herabglüht. Sowie dieselbe hier die äußeren Gestalten des Gewächsreichs in den kräftigsten Gegensätzen ausarbeitet, kocht und destilliert ihr sengender Strahl auch die Säfte der Pflanzen: die furchtbarsten Gifte gedeihen neben den herrlichsten Gewürzen!

Hier ist das Vaterland des Zuckerrohrs.

Wenn auch der Zucker nicht gerade als notwendiges Lebensmittel gelten kann, so hat er sich doch in den verschiedensten Gestalten dem Geschmackssinne anzuschmeicheln gewußt und der Hang nach Süßigkeiten ist bei den Menschen so stark, daß die Befriedigung desselben ein wirkliches Bedürfnis geworden ist. Als daher Napoleon die Grenzen fast des gesamten

Europas gegen die Einfuhr des außereuropäischen Zuckers sperrte, wurde nachweislich in mancher Haushaltung weniger Fleisch gegessen, um mit den so gemachten Ersparnissen Zucker kaufen zu können, obwohl das Pfund damals mit einem Thaler und mehr bezahlt wurde, und dieses unabweisbare Zuckerbedürfnis reizte die Spekulation und den Unternehmungsgeist dergestalt, daß eine ganz neue Industrie, die Fabrikation von Zucker aus Runkelrüben, dadurch ins Leben gerufen wurde.

Was ist Zucker? Man bezeichnet mit dem Namen „Zucker" eine Anzahl Stoffe des Pflanzen= und Tierreichs, unter denen zwar eine gewisse chemische Verwandtschaft besteht, deren charakteristische Eigenschaft aber in dem vorwiegend süßen Geschmack liegt, durch welchen sich uns diese Verbindungen zum Bedürfnis gemacht haben. Das Mineralreich ist an der Zuckerproduktion nicht beteiligt.

Wenn wir sagten, das Tierreich produziere auch Zucker, so ist dies in ziemlich eingeschränktem Sinne zu verstehen; denn obwohl uns der Honig durch die Bienen zubereitet wird, so ist der darin enthaltene Zucker doch wesentlich pflanzlichen Ursprungs, und nur der in der Milch enthaltene süße Körper — der Milchzucker — und der im Fleische enthaltene Muskelzucker oder Inosit bleiben als Erzeugnisse des animalischen Organismus übrig. Der Urin von Menschen, die an der Zuckerharnruhr erkrankt sind, enthält reichliche Mengen Zucker, das ist aber eine Anomalie und die Umwandlung, infolge derer hier Zucker im Organismus gebildet wird, keine naturgemäße Produktion zu nennen.

In den Pflanzen finden wir Zucker sehr verbreitet, nicht nur in den Blüten und Früchten, sondern auch im Safte der Stengel und des Stammes.

Manche Pflanzen, wie einige Eschenarten — **Fraxinus ornus** und **Fraxinus rotundifolia** — schwitzen einen süßen, zuckerhaltigen Saft aus, der als Manna bekannt ist und eine ganz besondere Zuckerart (Mannit) enthält. In den Rosinen finden wir kleine weiße Krümel von besonderer Süße — sie sind fester Zucker, der früher im Safte der Weinbeeren gelöst war, sich aber, als die wässerigen Teile verdunsteten, in kristallinischer Form ausscheiden mußte.

Wir könnten auch unzählige Beispiele aufzählen, die uns als Belege des Vorkommens des Zuckers in aufgelöstem Zustande dienen würden. Der Saft fast aller Früchte verdankt seinen Wohlgeschmack zum großen Teile dem Zucker.

Der Zucker ist die eine Station, auf welcher der Stoff bei seinem Laufe durch den Organismus der Pflanze Halt macht. Aus Kohlensäure und Wasser vorzugsweise bilden sich im Innern der Pflanze der Zellstoff der Triebe, das Stärkemehl des Samens, das Pflanzengummi und der Zucker. Alle diese Körper bestehen, wie früher schon erwähnt worden ist, nur aus Kohlenstoff, Wasserstoff und Sauerstoff, und sind in ihrer chemischen Konstitution dadurch charakterisiert, daß in ihnen der Sauerstoff und der Wasserstoff immer in solchen Mischungsverhältnissen auftreten, wie sie zur Bildung von Wasser verlangt werden würden. Man könnte jene Körper also gewissermaßen als Verbindung von Kohlenstoff mit Wasser ansehen, wenn nicht andre Gründe gegen diese Ansicht sprächen; trotzdem pflegt man Cellulose, Stärke, Gummi, Dextrin und die meisten Zuckerarten, um einen bequemen gemeinschaftlichen Namen dafür zu haben, als **Kohlenhydrate** zu bezeichnen.

Der Zucker der Pflanzen ist jedoch nicht von einerlei Beschaffenheit, es gibt vielmehr ziemlich viele durch ihre chemischen und physikalischen Eigenschaften unterscheidbare Zuckerarten, von denen einige nur in ganz bestimmten Pflanzenarten, andre in vielen gemeinschaftlich angetroffen werden. Für das industrielle Leben haben bis jetzt jedoch nur einige wenige Arten von Zucker Interesse, unter denen der Rohrzucker oder die Saccharose, der Stärkezucker oder die Glykose und der Linksfruchtzucker oder die Levulose wieder besonders hervorzuheben sind.

Die Zuckerarten zerfallen von selbst in zwei Klassen, deren eine alle diejenigen umfaßt, welche der Gärung teils direkt, teils indirekt fähig sind, deren andre aber die gärungsunfähigen Zuckerarten in sich begreift. Uns interessieren besonders die letzteren, zu denen der Mannazucker und der Inosit gehören, weniger, da der erstere fast nur eine medizinische Bedeutung hat, der Inosit aber lediglich als Bestandteil des Fleisches und der grünen Schnittbohnen von Wichtigkeit ist; wir erlassen uns also ein näheres Eingehen hierauf, indem wir uns zu den weit wichtigeren, gärungsfähigen Zuckerarten wenden.

Der Rohrzucker, chemisch Saccharose genannt, hat die Zusammensetzung von 42,58 Teilen Kohlenstoff, 6,37 Teilen Wasserstoff und 51,05 Teilen Sauerstoff, und seine chemische Formel ist danach $C_{12}H_{22}O_{11}$, d. i. auf 12 Atome Kohlenstoff kommen 22 Atome Wasserstoff und 11 Atome Sauerstoff. Er ist ein farbloser Körper, der sich leicht in Wasser löst und aus dieser Auflösung in verschobenen vier- oder sechsseitigen (monoklinischen) Prismen kristallisiert (Kandis). Sein Geschmack ist stark süß. In heißem Wasser löst er sich in jeder beliebigen Menge; wird aber eine solche Lösung lange warm erhalten oder sehr stark erhitzt, so verliert der Zucker die Fähigkeit, sich daraus wieder in Kristallen ab= zusetzen. Er bildet dann einen Sirup, den man so weit einkochen kann, daß er zu einer glasigen Masse erstarrt; diese wird behufs der Darstellung gewisser Pasten und Bonbons absichtlich bereitet und ist meist von gelber oder brauner Farbe; wo es sich aber um die Darstellung von kristallisiertem Zucker handelt, ist ihr Auftreten nicht erwünscht. An der Luft kann man konzentrierte Lösungen von kristallisierbarem Zucker lange stehen lassen, ohne daß sich dieser zersetzt; in verdünnten Lösungen verliert er dagegen auch bald die Fähigkeit zu kristallisieren. Der Grund dieser Erscheinung liegt in einer Zersetzung des Zuckers: derselbe wird in sogenannten Invertzucker oder Interbertzucker umgewandelt, d. i. in eine Mischung von Rechtstraubenzucker (Glykose) und Linksfruchtzucker (Lebulose); die geringste Menge Säure ist im stande, diese Umwandlung einzuleiten, ebenso die Gegenwart von Proteinstoffen. Aus diesem Grunde hat der Zuckerfabrikant nichts mehr zu verhüten als die saure Beschaffenheit der zu verkochenden Zuckersäfte. Früher, ehe dieses Verhältnis aufgeklärt war, nannte man den so veränderten Zucker Schleimzucker. Der Ausdruck Rechts und Links bei den oben genannten beiden Zuckerarten bezieht sich auf ihr Verhalten gegen das polarisierte Licht (s. Bd. II, S. 204). Der kristallisierbare oder Rohrzucker schmilzt in der Hitze, bei höheren Temperaturen bräunt er sich; in diesem Zu= stande bildet er den sogenannten Karamel, ein durch brenzliche Zersetzungsprodukte mehr oder weniger braun gefärbter Zucker, dessen Lösung zum Färben der Liköre und der Biere vielfach angewandt wird. Noch weiter erhitzt zersetzt sich der Zucker endlich unter Ent= wickelung von Essigsäure und Ameisensäure, so daß nur ein schwarzer, kohliger Rückstand übrig bleibt. Der eigentümliche Geruch beim Brennen des Zuckers rührt von sich bildendem brenzlichen Öle her.

Das spezifische Gewicht der Zuckerkristalle ist 1,6065; beim Zerbrechen im Dunkeln leuchten sie auf eigentümliche Weise, sie phosphoreszieren. In Alkohol ist der Zucker nur wenig, in Äther und Ölen gar nicht löslich. Daß eine wässerige Zuckerlösung das Licht in besonderer Art polarisiert, haben wir schon im II. Bande dieses Werkes S. 204 gesehen. Mit Alkalien und alkalischen Erden, wie Kalk u. s. w., verbindet sich der Rohrzucker und verliert dabei seinen süßen Geschmack, ist aber in dieser Form den zersetzenden Einflüssen von Luft und Feuchtigkeit wenig unterworfen; aus den Auflösungen solcher Verbindungen läßt er sich durch Kohlensäure, die an seiner Stelle bei den Alkalien tritt, wieder frei machen und zum Kristallisieren bringen.

Der Traubenzucker, auch Krümel= und Stärkezucker, Dextrose oder Glykose genannt, zeigt ein etwas andres Verhalten. Er enthält 40,46 Prozent Kohlenstoff, 6,65 Wasserstoff und 52,89 Sauerstoff oder zwei Moleküle desselben enthalten die Elemente eines Moleküls Wasser mehr als der Rohrzucker, seine Formel ist daher $C_6H_{12}O_6$. Er vermag nicht, wie dieser, in großen Kristallen anzuschießen; wenn er sich in seinen Lösungen ausscheidet, so bildet er meist kleine, kugelförmige Aggregate von sehr feinen Nadeln, die alle einem Mittel= punkte zugerichtet sind, warzenartige Gebilde. Er löst sich auch schwieriger in Wasser und hat einen bei weitem weniger süßen, etwas mehligen Geschmack; denn man braucht, um denselben Grad von Süßigkeit hervorzubringen, den eine gewisse Quantität Rohrzucker erzeugt, $2\frac{1}{2}$ mal soviel Traubenzucker. Durch Alkalien wird der Traubenzucker gebräunt und zersetzt, und man hat in diesem Verhalten ein Mittel an der Hand, seine Gegenwart in damit verfälschtem Rohrzucker zu erkennen.

Man kann den Traubenzucker aus vielen Früchten herstellen, wenn man den Saft derselben, nachdem man ihn durch Zusatz von Kalk, Eiweiß oder Blut von den die Gärung befördernden Beimengungen befreit hat, bis zu dem Grade der Konzentration einkocht, bei welchem in der Kälte nicht aller Zucker gelöst bleiben kann. Das überschüssige Quantum scheidet sich in fester Form aus. Ein großer Teil bleibt aber doch in Lösung und läßt sich auch durch fortgesetztes Einkochen nicht in kristallinischer Form absondern. Auf solche Weise aus den Weintrauben oder Rosinen erhaltenen Sirup bringt man unter dem Namen Sirop de raisin in den Handel. In größerer Menge kann man den festen Zucker aus altem Honig durch Auspressen in Leinwandsäcken erhalten. Je älter der Honig wird, um so mehr verdunstet das darin enthaltene Wasser, und damit verändert sich die Lösungs=fähigkeit des zurückbleibenden Sirups. Von den verschiedenen Blumen, aus denen die Bienen die süßen Säfte zusammengetragen, bleibt dem Honigzucker ein aromatischer Geschmack; ja, es ist sogar möglich, daß, wenn vorzugsweise Pflanzen mit betäubenden oder giftigen Eigen=schaften von den Bienen besucht worden waren, auch der daraus gezogene Honig diese Wirkungen noch auszuüben vermag, und die Erzählung des Xenophon ist deshalb nicht unwahrscheinlich, daß seine Soldaten auf dem bekannten Rückzuge der Zehntausend einst nach dem Genusse von Honig ihrer Sinne nicht mehr mächtig gewesen seien.

Auf künstliche Weise kann der Traubenzucker, wie schon erwähnt, aus Stärkemehl oder Pflanzenfaser durch Behandlung mit Schwefelsäure bereitet werden, und es hat in neuerer Zeit dies Präparat, als Ersatz des Rohrzuckers, namentlich in der Bonbonfabrikation, wobei es auf vollkommene Weiße des Materials nicht ankommt, eine ziemliche Bedeutung erlangt. Eine Zeitlang wurde der Stärkezucker auch als teilweiser Ersatz des Malzes in der Bier=brauerei verwendet, seitdem derselbe aber gleich dem Malze versteuert werden muß, hat der Verbrauch zu diesem Zwecke so gut wie aufgehört; ebenso dürfte die Verwendung zum Gallisieren des Weines in fortwährender Abnahme begriffen sein, da gallisierte Weine von vielen Konsumenten jetzt zurückgewiesen werden. Immerhin ist die Produktion dieser Zuckerart nicht unbedeutend, denn die 43 Fabriken, die im Deutschen Reiche bestehen, produzieren jährlich circa 9 Millionen kg trockenen Stärkezucker und circa 19 Millionen kg Stärkesirup, von denen der größere Teil exportiert wird (1882: 20 650 500 kg Stärkezucker und Sirup).

Doch kehren wir für jetzt zum Rohrzucker zurück, dessen massenhafter Verbrauch auf Industrie und Landwirtschaft in vieler Beziehung so bestimmend eingewirkt hat, daß er zu einem bedeutungsvollen Kulturmoment geworden ist. Denn um nur eines zu erwähnen, dürfte es außer dem Getreide, der Baumwolle, dem Thee und vielleicht dem Tabak wohl kaum ein Erzeugnis des Pflanzenreichs geben, welches als Handelsgegenstand größere Summen in Bewegung setzte.

Der Zucker ist kein Luxus für den Menschen, er ist ihm zum Bedürfnis geworden, wie aus folgenden Zahlen hervorgeht, die dem französischen Journal der Zuckerfabrikanten (1875) entnommen sind. Der Verbrauch an Zucker überhaupt wird geschätzt in:

England	16 600 000	Zentner,	26,00	kg pro Kopf
Vereinigte Staaten	15 400 000	"	20,00	" " "
Holland	800 000	"	11,00	" " "
Belgien	1 000 000	"	10,00	" " "
Deutschland	6 120 000	"	7,50	" " "
Schweden	1 100 000	"	7,10	" " "
Frankreich	5 000 000	"	7,00	" " "
Österreich=Ungarn	3 400 000	"	4,75	" " "
Argentinische Republik	600 000	"	4,45	" " "
Schweiz	220 000	"	4,10	" " "
Portugal	300 000	"	3,75	" " "
Italien	2 000 000	"	3,70	" " "
Spanien	1 000 000	"	3,00	" " "
Rußland	3 000 000	"	2,72	" " "
Türkei	500 000	"	1,50	" " "

Wenn wir erfahren, daß zu Anfang des vorigen Jahrhunderts England 11 Millionen kg Zucker einführte, heute aber weit über 400 Millionen kg; daß 1736 in Europa die Ein=fuhr 2½ Mill. Zentner zu 50 kg betrug, während jetzt die Bevölkerung des Zollvereins allein über das Doppelte konsumiert; daß die Gesamtproduktion auf der ganzen Erde die unge=heure Ziffer von 70 Millionen Zentner jährlich wahrscheinlich noch übersteigt (1864 betrug die transatlantische Zuckerproduktion gegen 60 Millionen Zentner, die Frankreichs 1876 gegen 4½ Millionen, in Deutschland an 6½ Millionen, in Österreich über 1½ Million Zentner, in Rußland nicht ganz 1 Million, und ebensoviel in Polen, Belgien und Holland zuſammen) — ſo müſſen wir dem Zucker eine Weltbedeutung zuſchreiben, die ihn nicht bloß als Gegenſtand kaufmänniſcher Spekulation erſcheinen läßt.

Verfolgen wir die Geſchichte des Zuckers, ſo ſtoßen wir auf die merkwürdigſten Thatſachen, welche uns beweiſen, wie allmählich die Menſchheit oft und auf den größten Umwegen, nach Hinwegräumung der hemmendſten Hinderniſſe, durch angeſtrengte Thätigkeit ſich ihre Bedürfniſſe befriedigt, dieſelben vermehrt und dadurch, daß ſie den immer ſich ſteigernden Anſprüchen zu genügen lernt, immer höhere Stufen auf der Staffel allgemeinen Wohlbefindens einnimmt. Die „gute alte Zeit" hatte allerdings weniger Bedürfniſſe, konnte aber ſelbſt dieſe nur mangelhaft ſtillen; wir ſind bei weitem anſpruchsvoller, haben uns jedoch auch die Mittel verſchafft, unſre Bedürfniſſe zu befriedigen. Das Wohlbefinden beſteht nicht in der geringen Menge der Bedürfniſſe, ſondern in dem günſtigen Verhältniſſe, in welchem die Mittel, ſie zu befriedigen, zu jenen ſtehen.

Geſchichtliches. Die alten Griechen und Römer kannten unſern Zucker noch nicht, wenigſtens ſpielte ſein Gebrauch bei ihnen keine Rolle; ſie bedienten ſich ſtatt deſſen des Honigs, obſchon Theophraſt auch ein ſüßes Salz beſchreibt, welches ſich von ſelbſt aus einer rohrartigen Pflanze erzeuge, die viele für das Zuckerrohr halten wollen. Plinius nennt dieſes Erzeugnis aus dem Pflanzenreiche indiſches Salz (Sal indicum), und Gallus erwähnt ſchon den mediziniſchen Gebrauch, den man davon machte. Nichtsdeſtoweniger war dieſer Rohrzucker (und Rübenzucker gab es damals ſelbſtverſtändlich noch gar nicht) damals noch ſehr ſelten. Unter den Arabern dagegen ſcheint der Zucker frühzeitig und häufig verwendet worden zu ſein; man glaubt auch, daß ſie es waren, welche den Gebrauch desſelben zu Arzneien zuerſt eingeführt haben. Als der Kalif Maskadi-Benrittale im Jahre 807 n. Chr. Geb. ſich vermählte und die Prinzeſſin, ſeine zukünftige Gemahlin, in Bagdad einzog, wurden prachtvolle Feſtlichkeiten veranſtaltet. Bei dieſer Gelegenheit ſoll, wie Marigny in ſeiner „Geſchichte der Kalifen" erzählt, ein Tafelaufſatz vorhanden geweſen ſein, zu deſſen Bereitung allein 40 000 kg Zucker verwendet worden wären. Wenn auch das Übertriebene dieſer Angabe ſich durch ein einfaches Rechenexempel darthun ließe, ſo beweiſt ſie doch, daß die Araber den Zucker in Menge beſaßen. Die älteſten Nachrichten über den Gebrauch des Rohrzuckers bei uns finden ſich in der Geſchichte der Kreuzzüge. Nach dem Abendlande kam der Zucker aber immer nur in geringen Mengen, und er war hier noch zu Ende des 17. Jahrhunderts ſo teuer, daß man ſich in Deutſchland nur in den vornehmſten Haushaltungen desſelben bediente.

Das Zuckerrohr. Nur der heiße Himmelsſtrich, die Gegenden zwiſchen den Wendekreiſen, ſowohl der Neuen als der Alten Welt, hat ſich für den Zuckerrohrbau am geeignetſten erwieſen, und wegen dieſes Wärmebedürfniſſes liegen die reichſten Zuckerfelder im Tieflande, obwohl das Zuckerrohr keine Sumpfpflanze iſt, denn es wird auch in Hochländern der Anbau noch mit Vorteil betrieben, ſo in den Ebenen von Mexiko und auf der Hochfläche von Nepal in Indien. Das an den Ufern des Euphrat wildwachſende Zuckerrohr lieferte den im Altertume bekannten, damals mit Gold aufgewogenen Zucker. Aber nicht allein hier, ſondern auch in China und auf vielen Südſeeinſeln ſcheint die Kultur des Zuckerrohrs viel älter zu ſein als jede geſchichtliche Kunde. Das Zuckerrohr iſt ein Kind der Alten Welt und wahrſcheinlich im öſtlichen Aſien ſeine Heimat zu ſuchen. Humboldt hat nachgewieſen, daß es vor der Entdeckung von Amerika weder dort noch auf den benachbarten Inſeln vorgekommen iſt. Von Aſien kam es nach Cypern. Die Araber brachten im Anfange des 12. Jahrhunderts das Zuckerrohr nach Ägypten, Malta und Sizilien. Wilhelm II., König von Sizilien, ſchenkte 1166 dem Kloſter St. Benedikt eine Mühle zum Zerquetſchen des Zuckerrohrs, mit Privilegien, Arbeitern und Zubehör. Laſitan, der dies berichtet, iſt der Meinung, daß wir das Zuckerrohr durch die Kreuzzüge bekommen hätten. Daß die Kreuzfahrer im Gelobten Lande aus Mangel an andern Nahrungsmitteln Zuckerrohr gekaut hätten, ſagt uns auch der Mönch Albertus Aquenſis. Im 15. Jahrhundert kam es nach Madeira und den übrigen Kanariſchen Inſeln, welche vor der Entdeckung von Amerika ganz Europa mit Zucker verſorgten, und zwar ließ Don Heinrich die nützliche Pflanze 1420 nach dem damals neu entdeckten Madeira ſchaffen; von hier ſchreibt ſich der Name Kanarienzucker, mit welchem man die feinſten Sorten bezeichnete. Nach Amerika iſt es ſehr bald nach der Entdeckung dieſes Erdteils gekommen, und wie gut ihm das dortige Klima und die Beſchaffenheit des Bodens zugesagt haben müssen, beweist die Thatsache, daß Kolumbus auf seiner zweiten Reise 1495 dasselbe bereits sehr verbreitet auf Domingo vorfand.

Mitte des 17. Jahrhunderts wurde es von Brasilien nach Barbados verpflanzt und von hier verbreitete sich sein Anbau rasch über alle westindischen Besitzungen Englands, die spanischen Distrikte, Mexiko, Peru, Chile und endlich über die französischen, holländischen und dänischen Kolonien. Jetzt liefert Westindien das meiste Zuckerrohr. Man pflanzt es in den dortigen Zuckerplantagen vor der Regenzeit in einen leichten Boden, und es blüht im November und Dezember.

Fig. 85. Das Zuckerrohr.

Das Zuckerrohr (Saccharum officinarum) hat einen stattlichen Wuchs und erinnert in seiner Erscheinung an die Palmen; seiner Natur nach gehört es unter die Gräser. Die Blätter sind ähnlich wie Schilfblätter geformt, 1⅓ m lang, und entspringen aus Knoten des Rohrs, das sie ganz umgeben. In dem Maße, wie das Rohr wächst, fallen auch die unteren Blätter ab; nach den ersten 4—5 Monaten kommt wöchentlich ein neuer Knoten und ein neues Blatt, und im 12. Monat erhebt sich der meterhohe Blütenschaft, an dessen Spitze die Blüte erscheint. In den fruchtbarsten Gegenden wird das Zuckerrohr wohl 7 m hoch und der Stamm, welcher unten bis zu 6 cm dick wird, hat über 10 kg an Gewicht. Der reife Stamm ist das eigentlich Nutzbare der Pflanze; er enthält nur bis zu einer gewissen Höhe hinauf Zucker; Gipfel und Blätter enthalten zwar viel Saft, aber keinen süßen.

Die einfachste Benutzungsweise dieser schönen Naturgabe besteht darin, daß man das Rohr kaut und den Saft aussaugt, und in dieser Weise werden auch in den Ursprungsländern unglaubliche Mengen Rohr konsumiert. Ganze Schiffsladungen davon werden für diesen Zweck täglich auf die Märkte von Manila und Rio de Janeiro gebracht; auch in New Orleans wird es in Massen feilgeboten.

Auf vielen Inseln des Stillen Meeres hat jedes Kind ein Stück Zuckerrohr in Händen, und in den ostindischen Kolonien werden die Neger bei der Zuckerernte durch den häufigen Genuß desselben förmlich gemästet. Denn der Saft des Zuckerrohrs ist in der That nahrhaft, da er eine nicht unbeträchtliche Menge Pflanzeneiweiß enthält. Keine Pflanze enthält eine so große Menge Zucker als das Zuckerrohr, und dennoch erhält man bei der Verarbeitung desselben weniger Zucker als aus den Rüben. Der Grund dieser auffallenden Erscheinung liegt in der noch zu unvollkommenen Produktionsmethode, wie aus folgendem hervorgeht.

Das Zuckerrohr enthält durchschnittlich 90 Prozent Saft, welche 18—20 Prozent kristallisierbaren Zucker enthalten. Von diesem Zucker werden jedoch gewöhnlich nicht mehr als 6,₅—8 Prozent gewonnen, da nur 50—60 Prozent des Saftes ausgepreßt werden, demnach ein Drittel des Zuckers noch im Stroh bleibt, welches als Brennmaterial zum Einkochen des Saftes dient. Ein andrer Teil des Zuckers geht durch die Läuterung und das Abschäumen verloren und circa 3 Prozent bleiben in der Melasse. Erst in neuerer Zeit hat man angefangen, durch rationelleres Arbeiten diese bedeutenden Verluste zu vermindern und die Ausbeute an Zucker zu erhöhen.

Mit dem Weinstock und andern von alten Zeiten her kultivierten Gewächsen hat das Zuckerrohr das gemein, daß es eine große Menge Spielarten von ihm gibt, aus denen gewählt werden kann, was für ein bestimmtes Land und Klima eben am besten paßt.

Fig. 36. Ernte des Zuckerrohrs.

Der Same des Rohrs wird auch auf den günstigsten Standorten selten reif, ja, es hat nicht einmal die Blüte Zeit, sich zu entwickeln, wenn es auf Gewinnung des Zuckers abgesehen ist. Die Vermehrung geschieht daher allgemein durch Stecklinge, die aus den sonst unbrauchbaren Gipfeln geschnitten werden.

Die Arbeiten in den Zuckerpflanzungen, wenigstens der heißesten Länder, sowie die der Gewinnung des Zuckers, fallen hauptsächlich Negern zu, die sich noch am besten zu Feldarbeiten bei tropischer Hitze eignen. Am lebhaftesten geht es in der Ernte zu, bei welcher die Stämmchen abgehackt, nach Wegnahme der Blätter und Gipfel, die auf der Erde liegen bleiben, in Bunde gebracht und nach der Zuckermühle geschafft werden. Die weiter folgenden Arbeiten sind jedoch keine leichten, zumal da sie stets möglichst beeilt werden müssen und beim Versieden zu der natürlichen Hitze noch die des Feuers kommt. Die geernteten Stengel dürfen nicht lange liegen, sonst faulen sie; man teilt sie daher sofort in kürzere Stücke und gibt sie zum Auspressen auf die Zuckermühle.

7*

Die Zuckermühle ist ein aus drei gußeisernen geriesten Walzen bestehendes Quetsch=
werk, die Walzen sind in der Regel etwa 1 m lang und haben 60—70 cm im Durchmesser.
Sie stehen übereinander, und die erste und dritte sind mit der mittleren durch Getriebe und
Räder verbunden, welche von Menschen oder Tieren, oder durch Wind, Wasser oder Dampf=
kraft in Bewegung gesetzt werden. Unter dem Quetschwerke ist ein schräg liegendes Brett,
mit Blei überzogen und mit Rändern versehen, gelagert, welches den abtropfenden Saft
aufnimmt und zu dem Sammelbehälter führt. Eine Negerin gibt auf der einen Seite eine
Handvoll Stengel zwischen die erste und mittlere Walze; eine zweite, auf der entgegen=
gesetzten Seite stehend, nimmt die durch die Walzen gegangenen zerquetschten Stengel auf
und läßt sie zwischen der mittleren und unteren wieder nach vorn gehen. Zu diesem Ende
ist die letztere Walze gegen die mittlere enger gestellt als die erste. Die ausgepreßten
Stengel werden getrocknet und als Brennmaterial benutzt.

Da der ausgepreßte Saft schon nach 20 Minuten in Gärung übergeht, so schreitet
man sogleich zum Klären und Kochen, wäscht auch die Mühle öfters ab, um alle Stoffe zu
beseitigen, welche die Zersetzung einleiten
könnten.

Die Veranlassung zur Gärung liegt
in der Gegenwart stickstoffhaltiger Sub=
stanzen (sogenannter Eiweißkörper) in
dem ausgepreßten Safte, den stets in der
Luft vorhandenen Pilzsporen und in der
hohen Temperatur der Tropengegenden.
Je nach den Umständen kann entweder
die geistige Gärung oder die Milchsäure=
gärung eintreten; in beiden Fällen wird
der Zucker zersetzt. Gegen diese Zer=
setzungen wird nun ein Zusatz von Kalk
angewandt, der nicht nur die entstehende
Säure verschluckt und bindet, sondern auch
den Schleim mit sich zu Boden reißt.

Der solchergestalt geklärte und
mehrmals filtrierte Saft wird nun so
rasch als möglich eingekocht und dann
zum Verkühlen und Kristallisieren hin=
gestellt. Man braucht also Gefäße zum
Klären, zum Sieden und Kühlen. Sind
die Klärpfannen mit frisch ausgepreßtem
Zuckersaft gefüllt, so gibt man Feuer,

Fig. 87. Mühle zum Zerquetschen des Zuckerrohrs.

nachdem man den in Wasser abgelöschten Kalk zuvor zugesetzt hat. Sowie die Wärme des
Saftes zunimmt, bildet sich aus den fremdartigen Bestandteilen desselben, namentlich aus
den in kochendem Wasser gerinnenden Eiweißkörpern und dem Kalke, ein dunkelfarbiger
Schaum, welcher abgeschöpft wird. Der zurückbleibende helle und durchsichtige Zuckersaft
kommt in den Abdampfkessel, in welchem er ins Kochen gebracht und etwa um ein Drittel
eingedampft wird. In einem kleineren Kessel wird dann der jetzt wie Madeirawein aus=
sehende Zuckersaft weiter gekocht und, wenn es nötig ist, nochmals mit Kalk geläutert, dann
aber in einem dritten und vierten Kessel vollends eingekocht. Bei dieser Konzentrierung
wird der Saft immer dunkler und seine Farbe geht ins Braune über. Hat er endlich die
gehörige Konsistenz — was der Sieder untersucht, indem er etwas aus dem Kessel zwischen
Daumen und Zeigefinger nimmt, wobei das Herausgenommene beim Auseinanderziehen der
Finger einen Faden bilden muß — so bringt man ihn zum gleichmäßigen Abkühlen in den
Kühler; von hier aus wird dann die sirupartige Flüssigkeit in Formen aus Thon oder
Blech gefüllt, in denen dieselbe zu einer zusammenhängenden Masse kleiner Kristalle erstarrt.
Die Öffnungen in den Spitzen sind leicht verstopft. Diese Formen haben eine konische Form
und an der Spitze eine Öffnung, welche nach unten zu steht, wenn die Formen gefüllt werden.
Hier bleibt der körnige, kristallisierte Teil — der Rohzucker — zurück, während der

unkristallisierte Sirup — die Melasse — in untergesetzte Gefäße abtropft. Dieser Rohzucker, der nichts andres ist als der bei uns verkäufliche westindische Farinzucker, wird etwa in drei Wochen trocken, enthält aber auch dann immer noch einen Anteil von Sirup, welcher ihn gelb macht. Er ist um so besser und erscheint um so heller, je weniger Sirup darin geblieben und je trockener und härter er ist.

Die Kindheit der westindischen Zuckerfabrikation kannte kein andres Verfahren und keine andern Apparate als die vorstehend erwähnten. Seitdem jedoch in Europa die Zucker= fabrikation als Nebenbuhlerin der überseeischen aufgetreten ist und, gezwungen durch min= deren Gehalt ihres Rohmaterials (der Runkelrübe), in der technischen Ausbildung die ältere Schwester überholt hat, sind die Verhältnisse auch drüben andre geworden und Verbesse= rungen des Betriebes und der Apparate eingetreten, welche unabweislich waren, wollte Westindien ferner Zucker nach Europa liefern. Deutsche und französische Techniker sind in jene Zone gegangen und haben europäische Intelligenz in die indischen Zuckersiedereien über= tragen, so daß auch dort schon nach hiesiger Manier gearbeitet und gekocht wird. Man hat es für zweckmäßig gefunden, soviel wie möglich die Dampfmaschinen einzuführen, und die

durch die Benutzung wissenschaftlicher Re= sultate in die Höhe gegangene Rüben= zuckerfabrikation hat den westindischen Zuckersiedern man= chen wertvollen Wink an die Hand gegeben.

Früher wurde der Zucker in den Kolonien nicht wei= ter verarbeitet, son= dern kam in der Ge= stalt des Rohzuckers nach Europa, wo er dann raffiniert wurde. Dies ist zum großen Teil auch jetzt noch der Fall, indessen finden sich auch in den Kolonien schon

Fig. 38. Inneres einer Zuckerrohrquetschmühle.

Raffinerien. Die Melasse wird daselbst teils zur Rumfabrikation verwendet, teils geht sie nach Europa. — Das Raffinieren des Rohzuckers, wodurch derselbe die große Festigkeit und das helle, weiße, kristallinische Aussehen erhält, welches denselben auszeichnet, kommt mit dem des Rübenzuckers überein, von dem wir jetzt eben sprechen wollen.

Rübenzucker. Am 3. März 1845 waren es 100 Jahre, daß der erste Schritt dazu gethan wurde, Europa von dem bedeutenden und lästigen Tribut zu befreien, den dasselbe für seinen Zucker über das Meer senden mußte. An jenem Tage nämlich (1745) las der Apotheker und berühmte Chemiker Andreas Sigismund Marggraf (geb. zu Berlin 1709) in der Hauptsitzung der Akademie der Wissenschaften in Berlin einen Aufsatz vor, in welchem er darthat, daß in dem Safte vieler einheimischen Pflanzen, namentlich aber in der Runkel= rübe, ein Stoff sich vorfinde, der mit dem indischen Rohzucker vollkommen eins und dasselbe sei; er bewies durch vorgelegte Proben und umständliche Auseinandersetzung seiner Methode, daß die fabrikmäßige Darstellung eines Zuckers aus einheimischen Stoffen nicht allein mög= lich, sondern auch gewinnbringend sei. Wenn Marggrafs hochwichtige Entdeckung nicht schon damals ungeheures Aufsehen unter dem gewerbtreibenden Publikum machte, so dürfte dies seinen Grund in der Gleichgültigkeit finden, welche das deutsche Volk von jeher und noch heutigestags sowohl für alle streng wissenschaftlichen Arbeiten der eingebornen Ge= lehrten, wie überhaupt für alles an den Tag legt, was einheimisch ist; anderseits aber

bewirkte der Umstand, daß alle Verhandlungen der gelehrten Anstalten, mithin auch der
Berliner Akademie, damals in lateinischer Sprache geführt wurden, daß es für diejenigen
Personen, welchen Marggrafs Entdeckung von Wichtigkeit hätte sein können, nur zufällig
geschehen konnte, wenn sie dieselbe hätten kennen lernen sollen. Ja, die gelehrten Kollegen
Marggrafs, eifersüchtig auf seinen immer wachsenden Ruhm, suchten sogar die Meinung
auszubreiten, daß der vorgelegte Zucker nicht wirklich aus Runkelrüben u. s. w. erzeugt sei,
und daß, wenn auch dies in der That der Fall wäre, die Idee, den britischen Zucker durch
einheimischen ersetzen zu wollen, zu denjenigen gehöre, welche in der Ausführung unmög=
lich, also lächerlich wären.

    Als Marggraf 1783 gestorben war, schien seine segensreiche Entdeckung mit ihm zu
Grabe gegangen zu sein, und niemand sprach mehr davon, bis endlich Achard, ein Schüler
Marggrafs und nach ihm Direktor der Akademie, die oben erwähnte Abhandlung zu glück=

Fig. 39. Franz Karl Achard.

licher Stunde wieder in die Hände be=
kam, und trotz der damals, am Schlusse
des 18. Jahrhunderts, höchst ungün=
stigen Zeitumstände den Versuch be=
schloß, in Schlesien eine fabrikmäßige
Erzeugung des Rübenzuckers in Gang
zu bringen. So wurde Schlesien die
Wiege der neuen Industie, und durch
ein eigentümliches Zusammentreffen
stammt auch die beste, überall vorge=
zogene Sorte Zuckerrüben aus Schle=
sien. England führte damals aus
seinen von Negersklaven bevölkerten
und bearbeiteten Kolonien mit einem
sehr geringen Zoll den Zucker ein, der
also auch zu ziemlich billigen Preisen
verkauft wurde; die öffentliche Mei=
nung spottete der neuen Erfindung,
statt sich ihrer mit Eifer anzunehmen,
in dem Glauben, daß, sowenig die
Rübe jemals als Nebenbuhlerin der
Kaffeebohne auftreten könne, sie eben=
sowenig jemals einen, dem indischen
gleichkommenden, weißen Zucker geben
werde.

    Alle thörichten, spottenden, eng=
herzigen und kurzsichtigen Menschen
hatten aber nicht bewirken können, daß das durch Achard auf dem Gute Cunern in Schlesien
einmal gegebene Beispiel verloren ging. Der König von Preußen hatte die Bedeutung der
einheimischen Zuckererzeugung erkannt; er hatte Mittel gewährt, daß Achards Ideen überhaupt
ins Leben treten konnten; er begünstigte auch fernerhin den Versuch, den Zucker in seinen
Staaten aus dem eignen Bodenerzeugnis herzustellen, weil er den günstigen Einfluß dieser
Fabrikation auf die Bodenkultur voraus sah, und es war weder die Schuld der preußischen
Regierung, noch des Erfinders, daß das neue Gewerbe sich trotzdem nicht erhalten konnte.
In Mähren und Böhmen, wo man ähnliche Anstrengungen machte wie in Schlesien, hatten
dieselben kein besseres Schicksal; wegen zu niedriger Zuckerausbeute und sehr schwieriger
Arbeit mit unvollkommenen Apparaten, ferner wegen des mangelnden Beirats und Bei=
standes der Wissenschaft und Kunst, namentlich der Chemie und Mechanik, mußte diese
Fabrikation allerorten wieder eingestellt, oder konnte nur kläglich fortgesetzt werden. Da
nahm Frankreich die verirrte deutsche Waise auf, durch Achard selbst auf diese Erfindung
und ihre Wichtigkeit aufmerksam gemacht; das Machtwort Napoleons: „Der Kontinent ist
den englischen Waren unzugänglich!“ war es, was das unbeholfene Kind über die ersten
Jahre glücklich hinwegbrachte. Da Napoleon selbst einen Preis von einer Million Frank

für die gelungene Darstellung von Zucker aus inländischen Pflanzen gesetzt hatte, nahm man, durch doppelte Aussichten gereizt, die oft unterbrochenen Versuche wieder vor und, begünstigt durch den ungeheuren Eingangszoll, welcher den Rohrzucker ganz fabelhaft verteuerte, lernte man bei der verhältnismäßig geringen Ausbeute doch nach und nach Nutzen ziehen. Von wesentlichem Einfluß wurde die Entdeckung der günstigen Unterstützung, welche die Knochenkohle bei der Behandlung des Saftes auszuüben vermag. Die französische Regierung, selbst im Besitz von Kolonien, welche Rohrzucker erzeugen, kam freilich in Verlegenheit, ob sie hinsichtlich der Zuckerfabrikation die Kolonien gegen das Mutterland oder das Mutterland gegen die Kolonien schützen solle. Zuletzt aber behielt die Verpflichtung zum Schutze der Rübenzuckerindustrie die Oberhand, und diese hat ihr die Begünstigung auch reichlich vergolten.

Deutschland hatte mittlerweile auch seine früheren Witzeleien vergessen und Augen für ein Gewerbe bekommen, welches so nahe mit dem Landbau, dem es den höchsten Bodenertrag vermittelt, verwandt ist und daher nur zur Förderung des letzteren beitragen kann. Mit dem vierten Jahrzehnt unsres Jahrhunderts zog die stattliche Jungfrau über den Rhein und wieder in ihrer alten Heimat ein, wo Zier und Hanewald ihr die neue Bahn eröffneten und nach diesen eine ganze Reihe von Männern der Wissenschaft und Kunst, des Handels und Gewerbes, Schatten voran, zur Vervollkommnung dieses bedeutungsvollen Fabrikationszweigs beitrugen. Und heute sind Rübenzuckerfabriken fast über ganz Europa verbreitet. Vom Ural bis zum Gestade der Garonne tauchen immer neue großartige Etablissements auf, deren jetzt eine so große Menge mit so ausgedehntem Betriebe vorhanden ist, daß ein sehr wesentlicher Teil des Zuckerbedarfs der Welt aus Rüben erzeugt wird. Hat doch sogar England angefangen, Rübenzucker herzustellen, obwohl gerade dieses Land Ursache hätte, dem Kolonialzucker keine Konkurrenz zu machen. Seine Produktion ist jedoch noch eine sehr wenig ins Gewicht fallende. Die Hauptproduzenten von Rübenzucker sind Deutschland und Frankreich, dann kommen in zweiter Reihe, im Produktionsquantum ebenfalls einander ziemlich gleich, Österreich und Rußland. Im deutschen Zollverein allein verarbeiteten in der Kampagne vom 1. September 1882 bis 31. August 1883 358 Fabriken 87 471 537 Doppelzentner (zu 100 kg) Rüben, deren Zuckerausbeute 7 908 947 Doppelzentner Rohzucker aller Art betrug, neben 1 928 420 Doppelzentner Melasse. Zur Darstellung von 100 kg Zucker sind im Durchschnitt an Rüben erforderlich gewesen 10,47 Doppelzentner.

Von der gesamten deutschen Fabrikation entfallen für das Jahr 1883 auf

Preußen . .	280 Fabriken mit	70 673 641	Doppelzentner (zu 100 kg) Rübenverbrauch	
Bayern . .	2	„	„	364 185	„ „ „
Württemberg .	5	„	„	912 514	„ „ „
Baden . . .	1	„	„	305 165	„ „ „
Mecklenburg .	3	„	„	915 459	„ „ „
Thüringen . .	4	„	„	1 134 643	„ „ „
Braunschweig .	30	„	„	6 711 653	„ „ „
Anhalt . . .	31	„	„	5 897 514	„ „ „
Luxemburg .	2	„	„	150 644	„ „ „

Im Jahre 1884 hat sich die Zahl der Zuckerfabriken nicht unwesentlich vermehrt und hat infolge davon der Preis des Zuckers einen vorher nie gekannten Preisrückgang erfahren.

Nach J. Görz' „Handel und Statistik des Zuckers" soll sich die gesamte Zuckerproduktion Europas gegenwärtig belaufen auf rund 2 246 000 Tonnen (zu 1000 kg); hiervon sind 2 233 500 Tonnen Rübenzucker und 12 500 Tonnen Rohrzucker aus in Spanien angebautem und dort verarbeitetem Zuckerrohr. Die Konsumtion aller Staaten Europas betrug rund 2 664 000 Tonnen Zucker, überstieg also die erzeugte Menge um 418 000 Tonnen. Dieser Mehrbedarf wurde durch Einfuhr aus Amerika gedeckt. In den wichtigsten Produktionsländern zeigten sich folgende Verhältnisse. Es betrug in Tonnen zu 1000 kg

	die Produktion:	die Konsumtion:	der Überschuß zum Export:
Deutschland	925 000	378 270	546 730
Belgien	90 000	37 325	52 675
Frankreich	450 000	424 495	25 505
Österreich=Ungarn . .	435 000	227 260	207 740
Rußland	300 000	279 000	21 000
Zusammen	2 200 000	1 346 350	853 650

Außerdem erzeugten noch Dänemark 10 000 Tonnen, die Niederlande 21 000, Luxemburg 1400, Spanien 12 500 und Italien 1000, zusammen 45 900 Tonnen, während alle andern Staaten nur konsumieren. Das größte Konsumtionsland ist Großbritannien, welches 985 000 Tonnen Zucker verzehrt und voll einführen muß. Vergleicht man den Verbrauch der einzelnen Staaten Europas an Zucker mit ihrer Bevölkerung, so ergibt sich folgendes: Für die Gesamtbevölkerung Europas beläuft sich bei einem Konsum von 2664 Millionen kg der Verbrauch pro Kopf auf $8_{,1}$ kg. Von den einzelnen Ländern verbrauchen pro Kopf der Bevölkerung Großbritannien $27_{,8}$ kg, Dänemark $13_{,5}$ kg, Frankreich $11_{,2}$ kg, die Schweiz $9_{,9}$ kg, Holland $8_{,4}$ kg. In Deutschland beträgt der durchschnittliche Konsum an Zucker gerade $8_{,1}$ kg, während in Schweden $7_{,97}$, in Belgien $6_{,75}$ und in Österreich-Ungarn $5_{,9}$ kg verzehrt werden.

Man hat freilich, ja noch in letzter Zeit, der Rübenzuckerfabrikation den Einwurf entgegengestellt, daß zum Anbau der Rüben eine große Menge des besten Bodens verbraucht werde, der zum Getreidebau notwendiger sei, und dieser Einwand scheint allerdings wichtig, denn Brot ist nötiger als Zucker. Da nun der Zweck dieser Bände nächst der Belehrung auch dahin geht, dem Vorurteile gegenüberzutreten, so möge uns gestattet sein, für solche, welche sich für einen so wichtigen Zweig der vaterländischen Betriebsamkeit interessieren, einige Betrachtungen zur Widerlegung irrtümlicher Ansichten folgen zu lassen.

Aus den statistischen Aufstellungen ergibt sich, daß allerdings für die Erzeugung von über 18 Millionen Zentner Zucker, welche auf dem europäischen Kontinente aus Rüben gewonnen werden, ein Areal von ungefähr 360 000 ha in Anspruch genommen ist, welches zunächst der Getreidekultur entzogen wird. Das ist in runder Summe ein Flächenraum von etwa 66 Quadratmeilen und immerhin ein großes Stück Feld. Zieht man aber in Betracht, daß der davon auf Preußen, auf dasjenige Land, in welchem die Rübenzuckerfabrikation im Verhältnis zum Flächenraume die größte Ausdehnung gewonnen hat, entfallende Anteil kaum $^1/_2$ Prozent der gesamten, als Getreide und Gartenland der Kultur unterworfenen Bodenfläche ausmacht, so wird man alle wirtschaftlichen Bedenken, die sich an den Anbau der Zuckerrübe für diese industriellen Zwecke knüpfen, von sich weisen.

Jener große Flächenraum ist zwar alljährlich erforderlich, um den Bedarf an Zuckerrüben zu decken; daraus geht aber noch nicht einmal hervor, daß dadurch der Getreidebau auch wirklich um dasselbe für immer verkürzt wird. Denn da ja ein und dasselbe Ackerstück nicht alljährlich Zuckerrüben trägt, sondern diese mit Getreide und andern Früchten wechseln, so nutzt der Rübenbau dem Körnerbau in derselben Weise, wie jedes andre Gewächs, welches in der Fruchtfolge eingeschoben ist, einmal durch sein Dazwischentreten, überhaupt ganz besonders jedoch durch die für die Rüben unerläßliche tiefe Bodenkultur. Nicht nur das Beispiel einzelner Wirtschaften, sondern dasjenige ganzer Länder beweist thatsächlich, daß die Körnerproduktion mit dem Rübenbau zur Zuckerbereitung nicht ab-, sondern zunimmt. So ist es namentlich von Belgien notorisch, daß dieses Land jetzt bei seinem ausgedehnten Rübenbau bei weitem mehr Weizen erzeugt als früher, und wenn auch dies Plus nicht geradezu dem Anbau der Rüben zuzuschreiben ist, so hat derselbe mittelbar durch die Einführung seiner rationellen Kulturmethoden doch wesentlich dazu mit beigetragen. Faßt man nun noch die Fragen ins Auge: „Was bringt der Rübenbau ein?“ „Wobei verdient der Arbeiter mehr, beim Rüben- oder beim reinen Getreidebau in der Landwirtschaft?“ so ist der Vorteil offenbar auf Seiten der Rüben. Die Kulturkosten eines Morgens Rüben pflegt man mit 30—36 Mark zu berechnen; setzen wir aber auch nur 13 Mark für reinen Arbeitslohn an, so ergibt das ganz enorme Summen, welche lediglich den Tagelöhnern zufließen, und der größte Teil einer ähnlichen Summe verteilt sich an Handwerker, Schmiede, Stellmacher, Sattler, Seiler u. s. w., welche der Landmann nicht entbehren kann. Bis jetzt sind aber erst die Zuckerrüben erbaut und es soll nun der Wert in Zucker aus ihnen gewonnen werden. Dieser beträgt allein für Preußen, welches in der Kampagne 1882—83 allein nahe an 6 375 000 Doppelzentner (zu 100 kg) Zucker erzeugte, mindestens 388 Millionen Mark, wovon wieder mehr als die Hälfte für Arbeitslohn und allerhand Unkosten den Arbeitern und Gewerbtreibenden zu gute gehen. — Man hat diese Vorteile der Rübenzuckerfabrikation nicht anerkennen, es vielmehr als ein Unglück bezeichnen wollen, daß wir überhaupt Rübenzucker fabrizieren. Man spricht dann gern von Demoralisation der

Arbeiter, vom Nachteil der Staatskassen beim Schutzzoll für den Rübenzucker, vom Reich=
werden der Zuckerfabrikanten auf Kosten der Zuckerkonsumenten und von andern Erb= und
Todsünden dieser Industrie, welche der Staat erst an der eignen Brust gesäugt und mit
Prämien für die ersten Partien Rübenzucker in die Schranken gerufen hat. Aus der Rüben=
zuckerfabrikation nahmen die Zollvereinsstaaten bereits enorme Steuersummen ein, 1865:
11 971 421 Thaler, 1866: 10 519 699 Thaler, 1867: 10 739 984 Thaler; 1875 er=
reichten dieselben für das Deutsche Reich die Summe von 44 107 920 Mark und in der
Kampagne von 1882—83 die enorme Summe von 139 954 448 Mark.

Im Jahre 1851 noch gehörte der berühmte Chemiker Freiherr Justus v. Liebig
zu den entschiedensten Gegnern der Rübenzuckerindustrie, welche er mit einer üppig wuchern=
den Treibhauspflanze verglich, die nur auf Kosten des Ganzen mit bedeutenden Opfern
gepflegt werden könne; er hielt sie für eine Kalamität und sprach ihr alle Zukunft ab.

Fig. 40. Elektoralrübe.Fig. 41. Imperialrübe.

Als aber die Rübensteuer im Interesse des Staats wie der Konsumenten geregelt worden
war, hatte sich Liebig zu einer andern Meinung bekehrt, der er in seinen „Chemischen
Briefen" folgende Worte verlieh: „So (wie oben erwähnt) stellte sich vom wissenschaftlichen
und praktischen Standpunkte aus die Frage über das Bestehen und die Dauer der Zucker=
fabrikation in Europa; sie hat sich jetzt wesentlich geändert. Die Freigebung der Sklaven
in den britischen Kolonien hat seit dieser Zeit zur Folge gehabt, daß ein regelmäßiger Be=
trieb der Rohrzuckerfabrikation mit freien Negern kaum noch möglich ist. Außer in der
Zuckerernte, welche für die Neger mehr ein Fest als eine Arbeit ist, fehlt es den Pflanzern
an der ihnen unentbehrlichen Arbeitskraft, sie können über die zur Bebauung der Felder
nötigen Hände weder in der Zahl noch zur rechten Zeit verfügen, und es hat sich darum
die Fabrikation des Rohrzuckers trotz der so günstigen klimatischen und Bodenverhältnisse
in diesen Gegenden eher vermindert als dem Verbrauche entsprechend vermehrt; früher
blühende und reiche Zuckerplantagen sind verödet und von den Besitzern verlassen worden,
da sie selbst zu den niedrigsten Preisen nicht verwertet werden können. Man hat auf Cuba
und auf einigen britischen Kolonien in der Einfuhr freier Arbeiter aus China und Indien
eine Hilfe gesucht, und die Zukunft der europäischen Zuckerfabrikation wird von dem Erfolge
derselben abhängig sein, und wenn es sich herausstellen sollte, daß die Zuckerfabrikation in
den tropischen Gegenden und die Sklaverei in der Praxis nicht voneinander trennbar sind,

so ist das Aufkommen der Rübenzuckerfabrikation in Europa für das Menschengeschlecht ein Segen gewesen." Über den letzten Punkt hat der Ausgang des amerikanischen Krieges vor der Hand die lange mit Blut geführten Akten geschlossen.

Darstellung des Rübenzuckers. Der Konkurrent des Zuckerrohrs in Europa ist demnach jetzt die Zuckerrübe, eine durch fortgesetzte Kultur entstandene Abart der Runkelrübe, Beta maritima, welche ihre Heimat an den Gestaden des Mittelmeeres besitzt, sie ist eine zweijährige Pflanze, die durch Samen vermehrt wird. Vor etwa 70 Jahren lernte man ihren Zucker= wert besser würdigen und betrieb ihre Anpflanzung in der Landwirtschaft emsiger als vorher; ihre volle Wertschätzung aber erhielt die Pflanze erst, als sie für die Zwecke der Zucker= fabrikation angebaut wurde. Der Rübenarten, welche sich zur Zuckerbereitung eignen, gibt es nur eine geringe Anzahl, die gewöhnlichen Futterrüben sind ganz ausgeschlossen. Für Deutschland sind die wichtigsten Sorten: die weiße schlesische Rübe, wegen ihrer hell= grünen Blattrippen auch Grünrippe genannt, mit sehr großem Gewichtsertrag, wenn auch nicht sehr zuckerreichem Saft; die sibirische Rübe oder die Weißrippe, ebenfalls sehr groß, aber noch zuckerärmer als die vorige; die früh reifende Quedlinburger Rübe mit rosa Anflug, sehr zuckerreich; die französische Rübe, auch belgische Rübe genannt, von schlanker, birnförmiger Gestalt und wie die Imperialrübe von überaus hohem Zucker= gehalt. Man hat denselben bis auf 14 Prozent gesteigert gefunden.

Bei Betrachtung der Verarbeitung der Rüben zur eigentlichen Zuckerfabrikation muß vorausbemerkt werden, daß diese sowohl in der Art des Betriebes als auch in Beziehung auf das Endziel, die Form des zum Verkauf gelangenden Zuckers, eine verschiedenartige sein kann. Von der Rübe ist für uns zunächst nur der Saft wichtig, weil in diesem der zu gewinnende Zucker gelöst ist. Zwar ist der Gehalt des Rübensaftes an Zucker nicht so bedeutend wie der des Zuckerrohrs, immerhin aber groß genug, um bei rationeller Ver= arbeitung, trotz des hohen Arbeitslohnes, des hohen Bodenpreises, der bedeutenden Steuer, welcher die zur Zuckerfabrikation bestimmten Rüben unterworfen sind, einen guten Gewinn abzuwerfen. In Frankreich rechnet man als höchsten Gehalt 10 Prozent, in russischen Fabriken steigt er bis zu 14 Prozent, ja unter besonders günstigen Umständen hat man in norddeutschen Rüben schon 18 Prozent beobachtet. Dabei enthält freilich der Rübensaft eine große Quantität von Salzen, welche nicht nur das Ausscheiden des festen Zuckers sehr erschweren, sondern auch der Melasse einen schlechten Geschmack erteilen und daher der Ver= wertung dieses wichtigen Nebenprodukts sehr hindernd im Wege stehen. Als festen Zucker hat man denn auch von vornherein immer nur einen sehr geringen Teil des Gehalts zu gewinnen vermocht, und wenn die Rübenzuckerfabrikation es doch dahin gebracht hat, jetzt 8—8½ Prozent festen Zucker aus dem Safte der Rüben darzustellen, so hat an diesem Resultate gleicherweise die Hilfe, welche ihr Chemie, Physik und Mechanik geleistet haben, aber auch die ruhelose Steuererhöhung Anteil, welche zu immer vollkommeneren Verfahrungs= arten hintrieb. Außer den gewöhnlichen Pflanzenbestandteilen, dem Zucker und den Salzen, finden sich in der Rübe noch eine eigentümliche, in schönen Kristallen erhaltbare Pflanzen= base, das Betain, und ein andrer stickstoffhaltiger Körper, das Asparagin; endlich eine Gummiart, die Arabinsäure.

Der Saft kann aus den Rüben auf mehrfache Art herausgezogen werden, und dies ist bei der Anlage der Fabrik ganz besonders zu berücksichtigen. Man kann nämlich den Saft einfach durch Zerkleinern der Rübe auf der Reibmaschine und durch nachfolgendes Aus= pressen des feingeriebenen Breies gewinnen — und das ist das älteste Verfahren (Reib= und Preßverfahren). Oder man entzieht den Rüben den zuckerigen Saft durch Aufgüsse von Wasser (anstatt des Pressens); dies ist das Macerationsverfahren, welches zu= erst in Frankreich durch Dombasle (mit zerschnittenen Rüben und heißem Wasser), dann neuerdings durch Schützenbach (mit zu Brei zerriebenen Rüben und kaltem Wasser) aus= geführt wurde. Schützenbach hatte früher ein Macerationsverfahren für getrocknete Rüben= schnitte in Anwendung gebracht, welches hauptsächlich bezweckt, das an sich so sehr vergängliche Arbeitsmaterial durchs Trocknen aufbewahrungsfähig zu machen und somit die außer= dem nur auf den dritten Teil des Jahres beschränkte Verarbeitung der frischen Rüben in eine ununterbrochene Fabrikation zu verwandeln. Das oben erwähnte Verfahren von Dombasle wird jedoch in der Zuckerfabrikation nicht mehr angewendet, da durch das heiße

Wasser sogenannte schleimige Säfte und Zuckermassen entstehen; nur bei der Gewinnung von Spiritus aus Rüben, wobei die schleimige Beschaffenheit nicht störend wirkt, wird diese Methode noch hier und da in Anwendung gebracht. Die neueste Verbesserung dieses Verfahrens ist das von den Gebrüdern Robert zu Selowitz in Mähren eingeführte Diffusionsverfahren, nach welchem feine Rübenschnitte in einem Systeme geschlossener, miteinander in Verbindung stehender Gefäße mit Wasser von nur 64—66° R. ausgelaugt werden; dies ist das jetzt fast ganz allgemein gebräuchliche Verfahren, wie aus der unten folgenden Zusammenstellung hervorgeht. Endlich auch ist noch die Zentrifugalkraft zur Saftgewinnung benutzt worden, und vielerlei mechanische und chemische Unterstützungsmittel sind herbeigezogen worden, um den Effekt möglichst vollständig zu erreichen. Von den 358 im Jahre 1883 in Deutschland in Betrieb gewesenen Zuckerfabriken gewannen den Saft durch Pressen, Macerieren und Ausschleudern nur noch 15 Fabriken (1874 dagegen von 337 Fabriken 257), durch Diffusion 343 Fabriken (gegen 80 in 1874). Man sieht also hieraus, daß die alten Saftgewinnungsmethoden fast ganz verlassen sind und das Diffusionsverfahren sich bewährt hat.

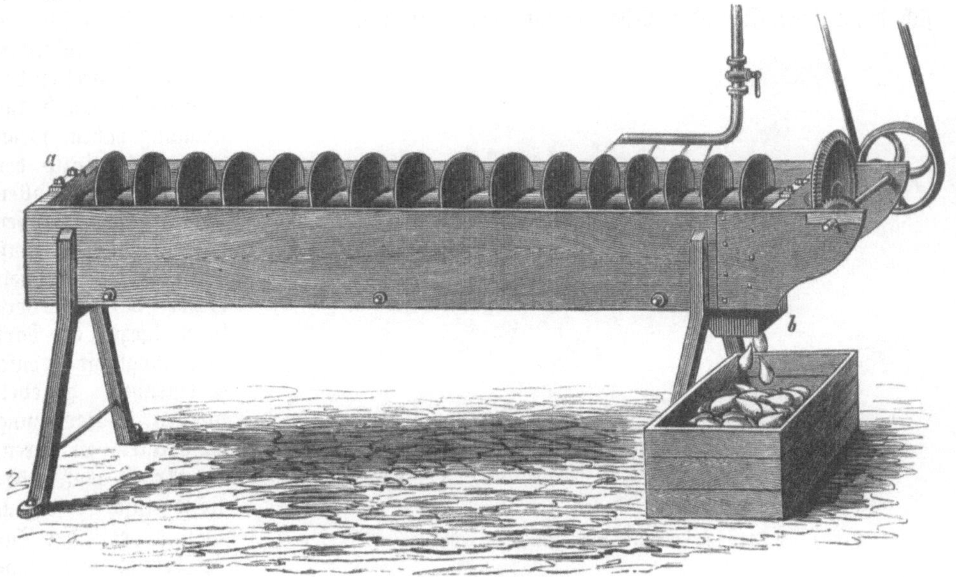

Fig. 42. Rübenwaschmaschine.

Verweilen wir nur einen Augenblick bei der früher gebräuchlichsten Art der Saftgewinnung, nämlich der durch Reiben, so sehen wir eine möglichst vollständige Reinigung der Rüben allen andern Operationen vorausgehen. Zu diesem Zwecke sind in den Fabriken große, durch Dampfkraft bewegte Waschmaschinen vorhanden, welche die gewaschenen Rüben an dem einen Ende des Cylinders wieder auswerfen. Wir bilden eine solche nach dem Prinzip der Archimedesschen Schraube konstruierte Waschmaschine in Fig. 42 ab. Bei a werden die Rüben aufgegeben, bei b ausgeworfen, nachdem sie von der durch die Riemscheibe bewegten Schraube nach aufwärts durch das Wasser gedrückt worden sind. Dann werden dieselben von Arbeitern mit Messern besonders geputzt; es werden nämlich alle schadhaften Stellen, in denen der Zuckergehalt eine nachteilige Veränderung erlitten haben könnte, sowie alle mit Sand (der die Zähne der Reibmaschine verwüsten würde) erfüllten Vertiefungen und der zuckerarme, aber salzreiche Kopf durch Ausschneiden entfernt. Hierauf werden die Rüben zum Zerkleinern in die Reibe geworfen. Der wesentlichste Teil der Reibmaschine ist die Trommel, ein mit seinen Achsenenden auf einem Gestell ruhender Cylinder, dessen äußere Fläche von scharfen Sägeblättern gebildet wird und welcher sich mit einer Geschwindigkeit von 800 Umdrehungen in der Minute bewegt. Durch besondere Vorrichtungen werden die eingeworfenen Rüben gegen die Trommel gepreßt und so in einen feinen Brei verwandelt, welcher sich in einem unter der Trommel stehenden Kasten sammelt (s. Fig. 43).

In unfrer Abbildung geschieht die Anpressung der Rüben gegen die Trommel A A, deren Zähne durch einen feinen Wasserstrahl aus der Röhre T bespült werden, um den Rübenbrei leichter in das Reservoir G abfallen zu lassen. Die Rüben werden in die Rinne D geworfen, deren geneigter Boden C sie auf den verschiebbaren Teil B leitet; bei jeder Umdrehung der Welle O geht der Hebel E, an dem der Schieber sitzt und der bei E durch das Gegengewicht F an das Exzentrik O angedrückt wird, von diesem letzteren bewegt, rasch nach links in die Lage B' und läßt den unteren, jetzt von B eingenommenen Teil des Kastens sich mit Rüben füllen, die der Hebel, wenn das Exzentrik anfängt wieder nach rechts zu treiben, mittels des Kolbens B gegen die Zähne der Trommel preßt, bis er wieder zurückgeht, um ein neues Rübenquantum vorzuschieben. Der solcherart hergestellte Rübenbrei wird hierauf in leinene oder wollene Tücher oder starke Säcke eingeschlagen und in die hydraulische Presse gebracht, wobei man Rücksicht zu nehmen hat, daß allemal zwischen zwei Säcke eine von Weiden geflochtene Hürde oder eine Blechplatte zu liegen kommt.

Die innere Einrichtung einer solchen hydraulischen Presse haben wir bereits im II. Bande dieses Werkes, S. 193, betrachtet und wir können deshalb an dieser Stelle den sich dafür interessierenden Leser darauf zurückverweisen; selbstverständlich werden für die hier in Rede stehenden Zwecke die Pressen besondere Form und Anordnung haben, wenn auch das Prinzip der Kraftwirkung bei allen hydraulischen Pressen dasselbe ist. Es muß der Saft aufgesammelt werden, daß nichts verloren geht; es darf ihm möglichst wenig Gelegenheit gegeben werden, in Zersetzung zu geraten, zu gären, die Arbeit muß möglichst rasch erfolgen, weil ohnehin der Fabrikbetrieb nur wäh-

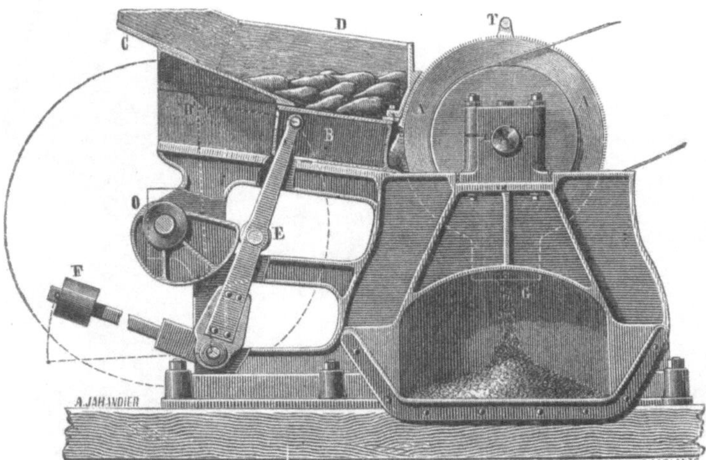

Fig. 43. Maschine zum Zerreißen der Rüben.

rend eines Teiles des Jahres im Gange ist; diese und andre Gesichtspunkte sind für die Apparate maßgebend. Die Pressen sind entweder auf einem eigens eingerichteten eisernen, feststehenden Packtische, oder auf einem beweglichen Gestell befestigt.

Gute hydraulische Pressen liefern im höchsten Falle 85 Prozent des Rübengewichts an Saft, auch wenn die Packung des Reibsels in Tüchern und Säcken nicht zu stark und der ganze Preßapparat gut im stande ist. Hiervon einesteils, andernteils von der Zahl der Pressungen hängt die Saftausbeute ab, die unter gewissen Umständen bis zu 70 Prozent herabsinken kann; um diese Ausbeute möglichst zu steigern, greift man nach Befinden zur Anwendung von Vor= und Nachpressen. Ob das Nachpressen besonders vorteilhaft sei oder nicht, ist eine Streitfrage. Jedenfalls veranlaßt es ein größeres Anlage= und Betriebskapital wegen mehr Apparate und Geräte, welche nötig sind, und wegen mehr Arbeitslohn und Abgang an Preßtüchern, und es fragt sich, ob die Mehrausbeute an Saft hiermit in einem günstigen Verhältnis steht. Auch bei einem sehr weitgehenden Drucke wird der Saft der Rüben nicht in vollem Umfange gewonnen werden können, namentlich dann nicht, wenn die Rüben sehr zuckerreich sind, oder wenn sie schon mehrere Monate in der Erde gelegen haben. Man läßt in solchen Fällen während der Rübenzerkleinerung einen schwachen Wasserstrahl auf die Reibe laufen, um den Saft dünnflüssiger zu machen und denselben bei der Pressung leichter abfließen zu lassen. Nach dem oben bereits kurz erwähnten Diffusionsverfahren von Robert werden die Rüben in Streifen geschnitten und in eine Reihe ganz geschlossener Metallcylinder gebracht, die durch Röhren so miteinander verbunden sind, daß die aus dem erſten Gefäße unten abgelaſſene Flüſſigkeit in das zweite Gefäß und dann von dieſem in das dritte u. ſ. w. geleitet wird. Die Rübenſchnitzel ruhen in den Gefäßen auf einem ſieb= artig durchlöcherten Boden und werden durch Zufließen von Waſſer, deſſen Temperatur 66° R. nicht überſchreiten darf, ſyſtematiſch ausgelaugt. Von 16 ſolcher Gefäße ſind acht ſtets ge= füllt, während die übrigen teils geleert, teils friſch gefüllt werden; binnen 24 Stunden laſſen ſich 30 friſche Füllungen oder Auslaugungen bewerkſtelligen, ſo daß täglich etwa 50 000 kg Rüben verarbeitet werden können.

Die kalte Diffuſion, von Schulz 1870 eingeführt, unterſcheidet ſich dadurch von dem urſprünglichen Robertſchen Verfahren, daß nur die friſchen Schnitzel einmal mit

warmem Waſſer, dann aber mit allmählich kälterem und ſchließlich ganz kaltem Waſſer behandelt werden. Der Schulzſche Apparat hat ferner den Vorzug vor dem Robert= ſchen, daß der Eintritt des Saftes in die Diffuſionsgefäße nicht von oben=, ſondern von untenher erfolgt, durch welche An= ordnung jede Schicht der Rübenſchnitzel gleichmäßiger durchdrungen und daher beſſer ausgelaugt wird. Von andern zahl= reichen Abänderungen der Diffuſionsappa= rate, die in den letzten Jahren aufgetaucht ſind, ſollen nur noch zwei erwähnt werden.

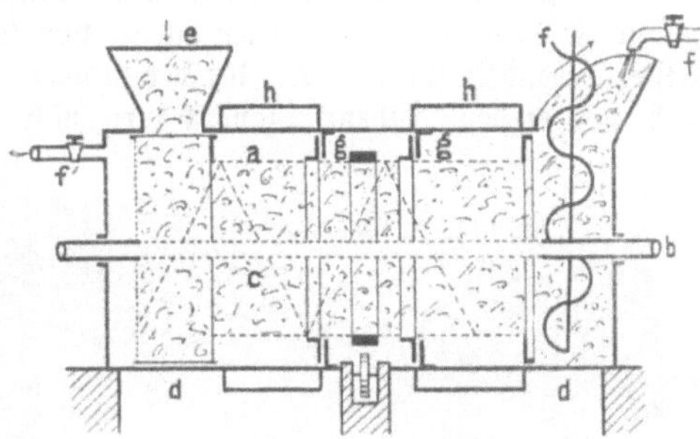

Fig. 44. Perrets Diffuſionsapparat.

Der Apparat von Perret in Roye beſteht aus einem durchbrochenen, drehbaren, langen Cylinder, der auf einer hohlen Welle befeſtigt iſt und eine durchlöcherte Schnecke enthält. Dieſer Cylinder iſt links (ſ. Fig. 44) durch eine durchbrochene Wand geſchloſſen, rechts offen; er bewegt ſich in einem äußeren Cylinder, und zwar laufen Verſtärkungsringe auf befeſtigten Rollen. Die Schnitzel werden bei e zugeführt und bei f durch eine Schnecke aus dem Apparat entfernt; das Auslaugewaſſer ſtrömt bei f zu und bei f' ab. Damit dasſelbe nicht den Raum zwiſchen a und d direkt der Länge nach durchſtrömen kann, ſind Scheidewände g angebracht. Durch Dampf in den Heizmänteln h und in der hohlen Welle b kann der Apparat erwärmt werden.

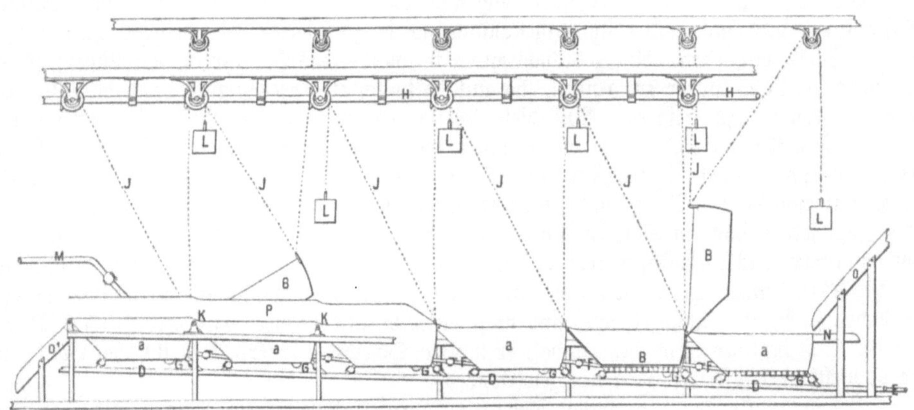

Fig. 45. Duchamps Diffuſionsapparat.

Bei dem Diffuſionsapparat von Duchamp (ſ. Fig. 45) beſteht die Batterie aus einer Reihe von ſtufenartig nebeneinander aufgeſtellten offenen Gefäßen, in welchen die Schnitzel innerhalb aus Drahtgeflecht hergeſtellter Körbe ſich befinden. Die friſchen Schnitzel fallen mittels einer Rinne in den zu unterſt ſtehenden Korb, während das Auslaugewaſſer, durch Überlauf von den höchſten Kaſten beginnend, den auszulaugenden Schnitzeln in ihrer auf= ſteigenden Wanderung entgegenfließt. Mittels einer Kette werden die drehbaren Drahtkörbe in die Höhe gehoben und ihr Inhalt in den nächſthöheren Korb geſchüttet.

Da der Saft der Rüben ebenso wie der des Zuckerrohrs sehr rasch in Gärung über=
geht, so muß er so schnell als möglich verarbeitet werden, und es ist am besten, ihn von der
Presse unmittelbar durch Röhren in den Läuterungskessel zu führen. Eine starke Bräunung
des Saftes erfolgt jedesmal bald nach dem Auspressen, daher neben der Läuterung auch
eine Entfärbung vorzunehmen ist. Pressen, Reiben, Säcke und Horden müssen täglich zwei=
mal mit Kalkwasser gewaschen und die letzteren sogar ausgekocht werden, um jede Spur von
Säuerung zu verhüten. In vielen Fabriken ist man von der Anwendung der Horden ab=
gegangen und gibt Preßblechen mit abgerichteten Rändern den Vorzug, weil bei den Horden
die Gefahr der Säurebildung zu groß ist.

Der Rückstand aus den Preßsäcken, ebenso der aus den Diffusionsapparaten, gibt ein
sehr gutes Viehfutter, das namentlich da von hohem Werte ist, wo die Rüben mit heißem
Wasser behandelt werden (wie bei der Maceration), weil dieses die Eiweißkörper unlöslich
macht und in den Rübenrückständen zurückhält.

Fig. 46. Riesenfilterpresse von 50 Kammern mit vollkommener Auslaugung.

Die Läuterung des Zuckersaftes, diejenige Operation, welche mit dem ausgepreßten
Safte zuerst und möglichst rasch vorgenommen wird, soll diesem die beigemischten fremd=
artigen Stoffe entziehen. Am gebräuchlichsten ist hierbei das Verfahren, den Rübensaft bis
zu einem gewissen Grade zu erhitzen, ihn mit Kalkmilch zu versetzen und dann die Hitze bis
zum Siedepunkte zu steigern. Auf diese Weise gerinnen die im Rübensaft enthaltenen
eiweißartigen Körper und hüllen alle fremden festen Substanzen ein, so daß auf der Ober=
fläche eine starke Decke schwärzlichgrauen Schaumes entsteht. Der Kalk seinerseits sättigt
die Pflanzensäuren des Saftes und benimmt diesen so die schädliche Wirkung auf den Zucker;
er zersetzt ferner das im Saft enthaltene Asparagin, ein eigentümlicher, auch im Spargel
vorkommender stickstoffhaltiger Körper, und spaltet es in Asparaginsäure und Ammoniak,
welches letztere entweicht, während die erstere sich mit dem Kalk verbindet. Andre Läuterungs=
methoden (z. B. mit Schwefelsäure) sind nicht mehr in Anwendung. Ein vortreffliches Mittel,
um den Saft haltbar zu machen, so daß er bis zur Scheidung unzersetzt bleibt, hat Melsens
im doppeltschwefligsauren Kalk nachgewiesen.

Bei der Läuterung (Scheidung, Defekation) durch Kalk findet ein äußerst wichtiges Ver=
halten zwischen Kalk und Zucker statt. Beide gehen nämlich eine unkristallisierbare, bitterlich
schmeckende Verbindung ein, in der die Eigenschaften des Zuckers vollständig verdeckt sind.
Erst durch die Beseitigung des Kalkes tritt der Zucker wieder kristallisierbar und mit süßem
Geschmack auf. Die Entfernung des Kalkes oder Entkalkung kann entweder auf physikalischem
Wege durch Knochenkohle geschehen, oder auf chemischem Wege durch Kohlensäure — ein
Strom von kohlensaurem Gas (in der Regel erzeugt durch Verbrennung von Koks und ge=
hörig gewaschen) wird durch den kalkigen Saft getrieben, welcher dadurch in der Weise
zersetzt wird, daß sich die Kohlensäure mit dem Kalk zu unlöslich niederfallendem kohlen=
sauren Kalk verbindet, während der freigewordene Zucker in Lösung bleibt, zugleich scheiden

sich hierbei eine Menge von Nichtzuckerstoffen ab. Der so erhaltene Kalkschlamm wird jetzt allgemein mit Filterpressen (s. Fig. 46), wie sie von Schütz & Hertel in Wurzen u. a. gebaut werden, behandelt, wodurch eine schnelle und vollständige Trennung des Saftes vom Schlamm erreicht wird. Letztere Art der Entkalkung macht aber die Behandlung mit Knochenkohle nicht überflüssig, weil letztere nicht bloß entkalkend, sondern auch reinigend wirkt; aber die Menge der Kohle läßt sich beträchtlich vermindern.

Filtrieren. Bei der zu dem Zwecke der Läuterung bis zum Sieden getriebenen Erhitzung gehen aber im Safte Veränderungen vor sich, infolge deren er stets braun gefärbt wird; diese braunen Substanzen erschweren das Kristallisieren des Zuckers und müssen deshalb entfernt werden, was man mittels einer Filtration durch Kohle sicher erreicht. Es wird also der geläuterte Saft, ehe er abgedampft wird, durch Knochenkohle filtriert, und dann erst der kondensierenden Wirkung der Hitze ausgesetzt. Da aber durch die Erhitzung sich aufs neue bräunende Stoffe ausscheiden, so wird es notwendig, die Filtration zu wiederholen. Man hat es daher praktisch gefunden, das Abdampfen nicht in einem Zuge zu Ende zu führen, sondern man teilt die Aufgabe in zwei Abteilungen, zwischen denen man den schon ziemlich eingedickten Saft nochmals durch Knochenkohle filtriert.

Die Knochenkohle, deren merkwürdige Wirkung sowohl in bezug auf die Kalksalze als auf die dem Safte beigemengten färbenden organischen Bestandteile dem Zuckerfabrikanten von der größten Wichtigkeit wird, ist ein sehr poröser Körper. Jedes einzelne Knochenkohlenstückchen enthält eine große Menge kleiner Hohlräume, deren Wandungen, wenn man sich dieselben zusammenhängend in einer Fläche denkt, einen bedeutend großen Raum einnehmen würden. Dem porösen Zustande der Knochenkohle schreibt man nun deren ganze Wirksamkeit zu, indem man — und wohl mit vollem Recht — der Ansicht huldigt, daß jede Zelle gewissermaßen ein Haarröhrchen ist, sich voll Flüssigkeit saugt und aus derselben die störenden Bestandteile scheidet und durch Flächenanziehung festhält. Je vollständiger diese Ausscheidung erfolgt, desto besser wird der Zucker. Es ist aber kein Körper der tierischen Kohle in Beziehung auf diese anziehende und reinigende Wirkung an die Seite zu stellen. Die Knochenkohle ist daher auch für die Rübenzuckerfabrikation ein unersetzliches Mittel. Neben einem reichen Saftgewinn und einer guten Läuterung ist die Behandlung der Knochenkohle in einer Zuckerfabrik die

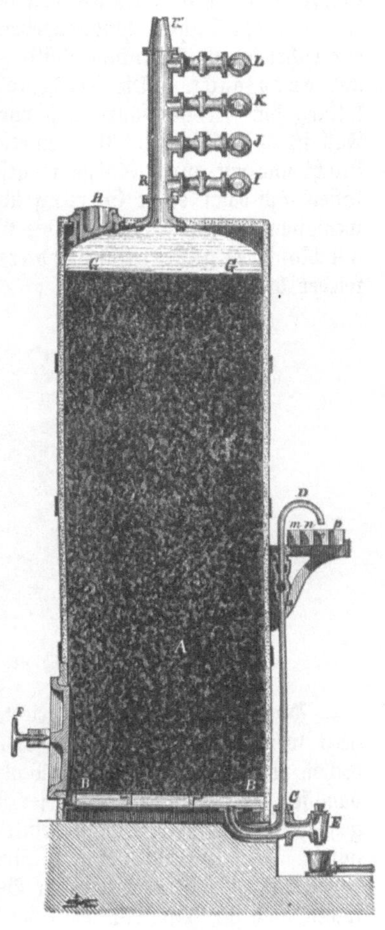

Fig. 47. Kohlenfilter.

wesentlichste Bedingung zum günstigen Erfolg des Geschäfts. Denn es ist dieser Artikel ein so wertvoller, daß der einmal angeschaffte Vorrat der Fabrik so lange wie möglich benutzt und erhalten werden muß. Nicht nur, daß die einmal mit Kohle gefüllten Filter einer entsprechend großen Menge von Saft zur Filtration dienen, es muß die Kohle, auch wenn sie den Saft nicht mehr entfärbt, einer Behandlung unterworfen werden, durch welche sie die verlorene Eigenschaft wieder erhält. Man nennt diese Behandlung die Wiederbelebung der Kohle.

Ein Kohlenfilter ist in Fig. 47 abgebildet: A ist der mit Kohle gefüllte innere Raum, H die Öffnung zum Einfüllen der Kohle, F die Öffnung zum Ausfüllen derselben; B B ist ein mit einem Tuche überdeckter Siebboden, auf dem die Kohle ruht; C ist das Abflußrohr des filtrierten Saftes, der je nach seiner Qualität entweder bei E abgelassen oder bei D wieder auf ein andres Filter geleitet wird, indem er in die im Querschnitte gezeichnete Rinne o fließt; m, n und p sind die Rinnen andrer daneben stehender Filter. R ist das Zuleitungsrohr des Saftes, G der Saft, I, J, K und L sind Zuleitungsrohre für Dampf, Wasser, Dünnsaft und Dicksaft.

Beim Filtrieren selbst findet etwa folgende Ordnung statt. Die 2,5—6 m hohen, etwa 1 m weiten eisernen Filter werden mit der in grobes Pulver zerbrochenen Kohle gefüllt und dampfdicht verschlossen. Darauf wird kaltes Wasser übergelassen und nach einer Weile entfernt, endlich strömen Wasserdämpfe aus dem Dampfkessel in das Filter, um die Kohle vollends zu reinigen und zu erwärmen. Die frische Kraft der Kohle benutzt man zum Filtrieren des Dicksaftes, von dem man ein gewisses Quantum das Filter passieren läßt, ehe man den leichter hindurchgehenden Dünnsaft darauf gibt. Ist auch der Dünnsaft in vorgeschriebenem Quantum abfiltriert, so wird das Filter mit warmem Wasser abgesüßt und ausgepackt. Die Knochenkohle ist jetzt schleimig, schmierig und — wenn die Entkalkung durch Kohlensäure nicht vorausgegangen war, wie es in manchen Fabriken noch der Fall ist — voll Kalk. Um denselben zu entfernen, wird die Kohle in hölzerne Bottiche gebracht und mit durch Salzsäure gesäuertem Wasser übergossen, eine Zeitlang so stehen gelassen und dann einer Gärung überlassen, welche die organischen Bestandteile zerstört oder wenigstens lockert. Ist auch die Gärung vorüber, so wird die Kohle mit der Hand oder mit Maschinen gewaschen, gedarrt und im Glühofen geglüht. Nun ist sie zum Filtrieren wieder brauchbar.

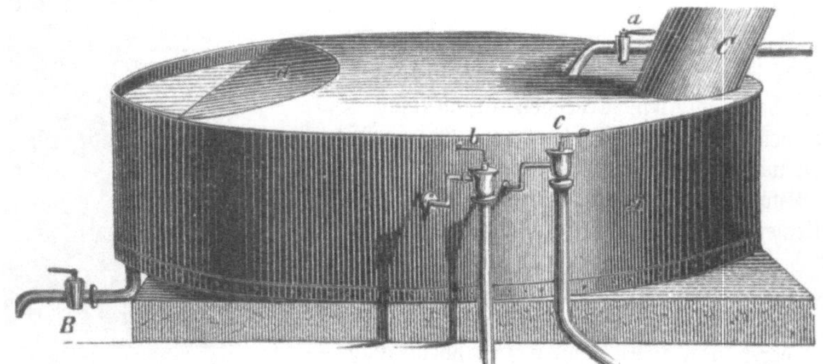

Fig. 48. Pfanne zum Verkochen des Saftes.

Das Abdampfen des filtrierten Saftes geschieht in Pfannen, welche durch Dampf geheizt werden, und wird, wie schon erwähnt, mit mehreren Unterbrechungen ausgeführt. Schon ehe der Saft das erste Mal filtriert wird, hat er eine gewisse Dichtigkeit durch Abdampfen erreicht (12° B.); dieser Dünnsaft kommt wieder in die Pfannen, die Erhitzung geht weiter, bis das Stadium eintritt, in welchem er als Dicksaft zum zweitenmal filtriert wird. Der zweimal filtrierte Sirup heißt Kochklärsel, aus ihm wird nun der Zucker dargestellt. Er ist von fremden Bestandteilen möglichst gereinigt und wird nur durch Garkochen noch für seine künftige erste Gestalt vorbereitet. In Fig. 48 ist einer der dabei angewandten Apparate abgebildet. Das Gefäß A wird mit dem Safte gefüllt, der, wenn er die genügende Konzentration erlangt hat, durch den Hahn B abgelassen werden kann. Zum Aufgießen sowohl wie zur Beobachtung der Oberfläche, deren Stand an den Schwimmern b und c abgelesen werden kann, dient die Öffnung d. Die Dämpfe entweichen durch das Rohr C. Während früher das filtrierte Klärsel entweder in Kippfannen über freiem Feuer oder in Dampfkochapparaten eingekocht wurde, wendet man jetzt ganz allgemein die Vakuumpfannen hierzu an, in denen es zu einer Dichtigkeit eingekocht wird, in welcher es sofort beim Erkalten kristallisiert. Die Anwendung der sogenannten Vakuumpfannen hat den Erfolg insofern noch bei weitem vollkommener und sicherer gemacht, als durch die Abdampfung im luftverdünnten Raume jeder Zersetzung des Saftes vorgebeugt ist. Jede Flüssigkeit kocht bekanntlich im luftverdünnten Raume in einer niedrigeren Temperatur, z. B. bei einem Barometerstande, wie er auf dem Brocken stattfindet, schon bei 98° C., auf den Hochebenen von Peru bei 90° C.; hier ist die Luft so dünn, daß man in gewöhnlicher Weise Eier nicht mehr hart und

Kartoffeln nicht mehr gar kochen kann, weil das Wasser infolge des verminderten Luftdruckes schon bei einer Temperatur zu sieden anfängt, in welcher jene Nahrungsmittel sich noch nicht in der verlangten Weise verändern. Siedendes Wasser aber nimmt über seinen Siedepunkt keine höhere Temperatur an, solange man es in offenen Gefäßen kocht. Es wird also, wenn man den über einer Flüssigkeitsoberfläche befindlichen Dampf durch Luftpumpen gleich wieder, wie er sich bildet, entfernt, der Druck bedeutend erniedrigt werden und die Flüssigkeit sich verflüchtigen können, ohne daß sie bis zu der gewöhnlich notwendigen hohen Temperatur erhitzt wird. Darauf hin sind die Vakuumpfannen eingerichtet. Es sind allseitig luftdicht geschlossene Gefäße, aus denen die beim Sieden entstehenden Wasserdämpfe, sofort wie sie sich bilden, durch eine Luftpumpe entfernt werden. Bei den solcherart erhaltenen niedrigen Temperaturen finden jene braunen Sirupe keine Gelegenheit sich zu bilden, und der Zuckersaft bleibt nicht nur weiß, sondern er gibt auch eine größere Ausbeute an kristallisierbarem Zucker, weil die Bildung des Invertzuckers vermindert wird. Der Vorteil der Vakuumpfanne besteht in der raschen Förderung bei niederem Hitzegrade, welcher durch Dampf, den man in einen Raum unter der Pfanne eintreten läßt, erzeugt wird. — Anstatt oder auch neben der Luftpumpe wird die Beseitigung der abgetriebenen Dämpfe häufig durch Kondensation bewirkt; man leitet dieselben durch ein weites Rohr aus der Kochpfanne in ein kleineres geschlossenes Metallgefäß, auf welches aus einer Brause ein fortwährender kalter Regen fällt. Die rasche Verdichtung bewirkt ebenfalls einen luftverdünnten Raum und hat daher ein

rasches Nachströmen der Dämpfe aus dem Vakuum zur Folge. Die Einführung der Vakuumapparate verdanken wir Howard (1812), und die Anwendung der wenn auch zusammengesetzten und teuren Geräte bezeichnet einen der bedeutendsten Fortschritte in der Rübenzuckerindustrie. Fig. 49 und 50 zeigen uns einen solchen Vakuumapparat von innen und außen; durch das Rohr d, welches direkt mit der Luftpumpe in Verbindung steht, entweichen die Luft und die Dämpfe des

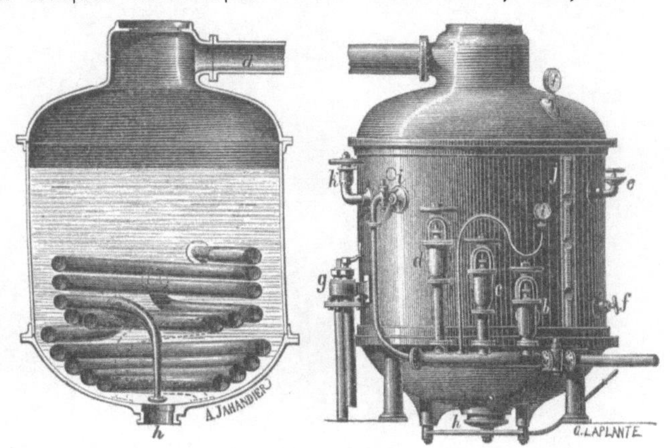

Fig. 49 und 50. Vakuumapparat von außen und im Durchschnitt.

Saftes. Letzterer tritt durch das Rohr und Ventil bei g in den Apparat; das Hebelventil h dient zum Entleeren desselben; b, c, d sind Ventile für den Dampf zur Dampfschlange und, wenn nötig, in das Innere des Apparates; f ist ein Mannloch, j ein Manometer.

Um die Wärme der aus dem Vakuumapparate entweichenden Dämpfe besser auszunutzen, sind zahlreiche Apparate konstruiert und vorgeschlagen worden. Rillieux in Amerika z. B. setzte mehrere, gewöhnlich drei, Vakuumpfannen miteinander derart in Verbindung, daß er die Dämpfe von der ersten (durch den Dampf der Betriebsmaschine geheizten) Pfanne zur Erhitzung des Saftes in der zweiten und dritten Pfanne benutzte, wodurch eine Ersparnis von 30—40 Prozent der nötigen Wärme erreicht wird. Die Tischbeinschen Apparate sind eine besondere Modifikation: die Pfannen stehen übereinander und die Dampfröhren durchstreichen innerhalb derselben in horizontalen Windungen den Saft, von einer zur andern die Dämpfe führend. Eine andre Form, bei welcher die Heizröhren (statt wagerecht) senkrecht stehen und der Saft in den Röhren steht, die von den erhitzenden Dämpfen umgeben sind, ist einfacher und gestattet eine leichtere Reinigung der Röhren (Robertsche Apparate).

Die Einrichtung derselben geht aus Fig. 52 hervor. A zeigt die erste Pfanne in der Seitenansicht, B und C sind Durchschnitte der zweiten und dritten Pfanne. Mehrere Hundert Heizröhren stehen hier aufrecht und sind mit ihren Enden in den entsprechenden Öffnungen der beiden Böden a und b, die den Dampfheizraum einschließen, befestigt. Der Maschinendampf tritt bei c ein und umgibt die Heizröhren, das kondensierte Wasser fließt bei d ab.

Unter dem Boden a und über dem Boden b sind Safträume, welche zwischen den Röhren
miteinander in Verbindung stehen; der Saft tritt durch das Trichterrohr e in den unteren
und von da durch die Röhren in den oberen Saftraum. Die in A aus dem kochenden Saft
entweichenden Dämpfe steigen durch das Rohr f nach dem Rohre g, von wo sie in den
Dampfheizraum der Pfanne B u. s. w. gelangen; das hier kondensierte Wasser fließt bei h ab.
Das Rohr g ist von einem Cylinder i umhüllt, damit die aus dem Saftraum mit fort=
gerissenen oder übergespritzten Zuckerteile nicht in das Rohr g gelangen können und so ver=
loren gehen; diese Tropfen sammeln sich nämlich in dem Zwischenraume zwischen g und i
an, um von da durch das Rohr k nach dem oberen Saftraum der folgenden Pfanne geleitet
zu werden. Die aus der dritten Pfanne C entweichenden Dämpfe dienen nicht weiter zum
Erhitzen, man benutzt sie auf folgende Art: dieselben treten durch das Verbindungsrohr in
den Kondensator 1; durch das aufrecht gebogene Rohr m wird nun kaltes Wasser eingespritzt,
wodurch der Dampf rasch verdichtet wird, so daß ein leerer Raum entsteht und das Sieden
in der dritten Pfanne bei einer bedeutend niedrigeren Temperatur (unter 60° C.) stattfindet.

Fig. 51. Vakuumpfannen.

   Diese Verminderung des Luftdrucks pflanzt sich nun auch auf die zweite und erste
Pfanne fort, allerdings in weit geringerem Maße, dafür aber sind die zur Heizung ver=
wandten Dämpfe in entsprechendem Maße heißer, je näher sie der ersten Pfanne sind. Aus
der ersten Pfanne entweichen Dämpfe von nur 100° C.; diese würden in der Pfanne B
kein Sieden hervorbringen können, wenn nicht die durch die Kondensation in 1 hervorgerufene
Verminderung des Drucks ihre Rückwirkung nach der zweiten Pfanne geltend machte und
dort den Siedepunkt auf 85° C. erniedrigte. Und die von da abziehenden 85° warmen
Dämpfe vermögen dann in der dritten Pfanne C selbst bei 60° C. schon die Verdampfung
ins Werk zu setzen. Da bei Beginn der Operation die Räume der Pfannen mit Luft gefüllt
und also ein Sieden in der zweiten und dritten Pfanne gar nicht möglich sein würde, so
muß zuerst durch Anwendung einer Luftpumpe diese Luft entfernt werden, die weitere Arbeit
des Kondensators sorgt dann nur für die Aufrechthaltung des leeren Raumes.
   Nachdem das Klärsel durch das Verkochen seine gehörige Konzentration erlangt hat,
kann man den Saft entweder sofort in die zur Kristallisation bestimmten Gefäße bringen,

oder auch in den Kühler schaffen, wo die Flüssigkeit — jetzt Füll= oder Zuckermasse — entweder nochmals angewärmt oder nur gehörig durchgeschlagen wird.

Je nach dem Aussehen, welches man von dem verkäuflichen Zucker verlangt, kocht man entweder blank, wenn nur Rohzucker fabriziert werden soll, der aus größeren Kristallen besteht und ungeformt in den Handel kommt. Hierbei wird das Kochklärsel so weit ein= gedickt, daß es als eine steife Flüssigkeit abläuft und keine Spur von Kristallen zeigt. Man füllt solche Zuckermasse sofort aus dem Kochgefäß in (sogenannte Schützenbachsche) Kasten oder in ähnliche Gefäße, in welchen dieselbe kristallisieren soll. Diese Kasten haben im Boden kleine Dillen, welche beim Füllen verstopft, aber nach längerem Stehen der Zucker= masse (12—24 Stunden) wieder geöffnet werden, damit der Sirup gehörig ablaufen kann (das Stechen der Kasten). In der Füllstube sind lange Leitungen, Stöllchen, auf= geschlagen, 30 cm über der Diele erhabene Stellagen mit Rinnen zum Auffangen des Sirups, auf welche die gefüllten Kasten gesetzt werden. Dergleichen Stöllchen sind auch auf den Zuckerböden, wohin die gestochenen Kasten kommen.

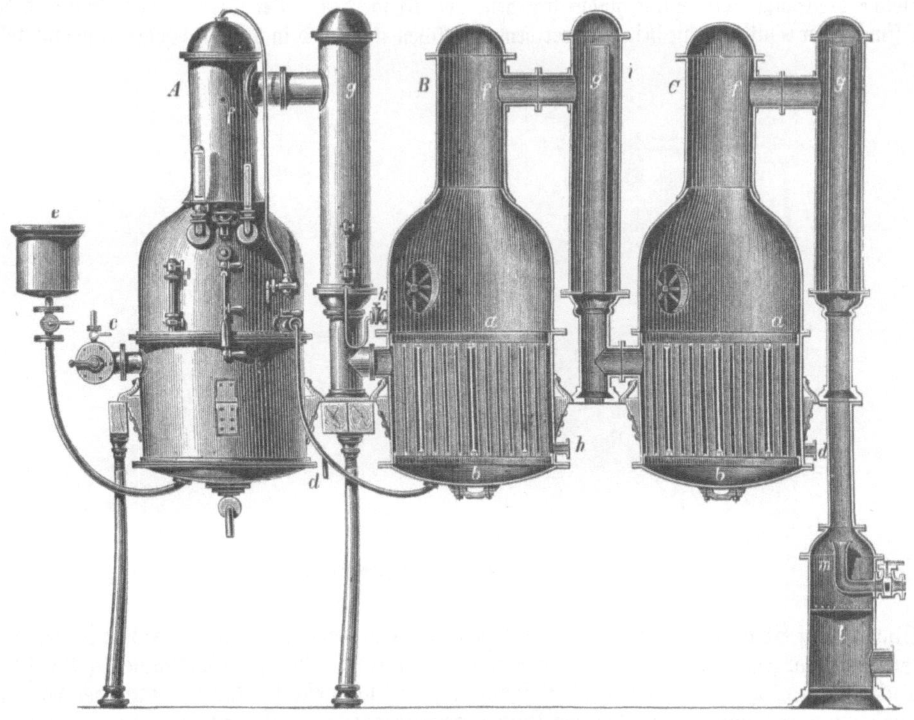

Fig. 52. Der Robertsche Vakuumapparat.

Oder man kocht auf Korn, um Melis, Saftmelis, zu fabrizieren, Farin zu machen oder auch Rohzucker darzustellen, wenn das Produkt zum Brotzucker nicht taugt. Hierbei wird nun so lange gekocht, bis die Masse im Kochgefäß schon Kristallform zeigt, und damit fortgefahren, bis diese Kristalle die gewünschte Größe und Schärfe haben. Das Aussehen der Kristalle, Form und Beschaffenheit des Zuckers hat der Siedemeister bis zu einem ge= wissen Grade in seiner Gewalt; er kann kleine und große, scharfe und matte, dichte und lose gefügte Kristalle (Korn), aber auch verschiedenes Korn in einem und demselben Sud kochen. Und daraus ist zu ersehen, daß das Zuckerkochen, wenn nicht eine Kunst, doch eine große, nur durch Erfahrung und Übung zu erlangende Fertigkeit ist.

Rohzucker. Ist der zu Brot=(Hut=)Zucker bestimmte Sud fertig, so wird derselbe aus dem Vakuum in den Kühler hinabgelassen, um dort noch angehitzt zu werden. Bei dem Kochen auf offenem Feuer wird die Füllmasse im Kühler wirklich gekühlt, bei dem Kochen im Vakuum aber muß sie noch besonders angehitzt werden, weil sie hier schon bei der Hälfte derjenigen Temperatur, welche bei offenem Feuer dazu erforderlich ist, gut

9*

herankochen kann, wie der Techniker sich ausdrückt, zum Auskristallisieren jedoch ein gewisser
Wärmegrad am vorteilhaftesten ist. Während des Anhitzens also wird die auf Korn gekochte
Zuckermasse beständig gerührt, um sie recht gleichmäßig zu machen. Hat sie nun ihren ge=
hörigen Wärmegrad erreicht, so wird die Masse angeschöpft und mit Füllbecken in die schon
zurecht gestellten Formen, je nachdem Melis=, Lompen= oder Basterformen, gefüllt. Die
Basterformen sind größer und werden zu den geringeren, schwierig kristallisierenden Zucker=
sorten genommen, die Melisformen dagegen dienen den feineren Sorten (Brotzucker, Saft=
melis) und sind kleiner. Im allgemeinen sind sie von Eisenblech, thönerne werden wenig
mehr gebraucht und entsprechen ganz der Gestalt eines Zuckerhuts. In der Spitze ist eine
Öffnung zum Abfließen des Sirups, welche beim Füllen natürlich gestopft und erst beim
Stechen wieder geöffnet wird. Haben die gefüllten Formen eine Zeitlang gestanden, so
werden sie mit einem langen flachen Holzstabe gerührt, damit sie gleichmäßig abkühlen, und
erst wenn sie vollständig erkaltet sind, kommen sie auf den Boden, wo sie entweder auf
thönerne (irdene) Potten, häufiger aber auf Stöllchen mit durchlöcherten Brettstücken, durch
welche die Spitzen ein Stück hindurchreichen, gestellt werden. Der Sirup läuft dann aus der
Öffnung der Spitze in die Rinne unter dem Stöllchen und wird in großen Gefäßen gesammelt.

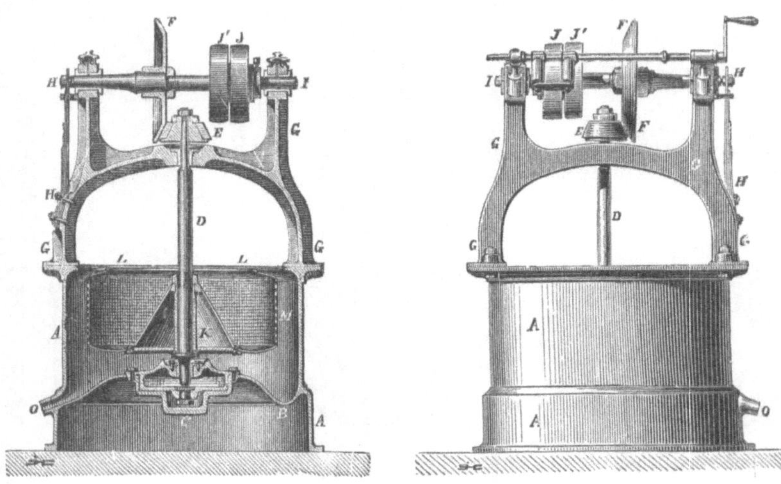

Fig. 53 und 54. Zentrifugalmaschine.

Binnen fünf bis acht Tagen ist der Sirup von den Formen und in zwei bis vier Tagen von
den Kasten abgelaufen, wenn man die Formen nicht rascher durch ein Saugwerk (Nutsche)
trocken legen will, was mittels einer Luftpumpe sehr leicht geschehen kann. Nach der völligen
Entfernung des Sirups werden die Kasten ausgestoßen, gelöscht und der zusammen=
hängende Klumpen Zucker mit Holzkeulen klar geschlagen oder auf der Zuckermühle gemahlen.
Das ist dann Rohzucker, welcher nach einiger Lagerung auf dem mit Dampfröhren ge=
heizten Zuckerboden in Fässer gestampft und so verkauft wird.

Der von den Broten und Kasten ablaufende Sirup wird wieder verkocht und hieraus
ein zweites Produkt gewonnen (der Rohzucker heißt erstes Produkt), dessen Kristalli=
sation freilich langsamer als diejenige des ersten Produkts vor sich geht, weil in der ge=
ringeren Menge Zuckerlösung der größte Anteil der Salze enthalten ist, Kalisalze und
Kochsalz, von Natur in den Rüben vorhandene Stoffe, welche die Kristallisation verzögern.
Vom Sirup des zweiten wird ein drittes Produkt gekocht, und so fort, bis eine völlig
unkristallisierbare Flüssigkeit, die Melasse, übrig bleibt.

Der in Formen kristallisierte, zu Melis oder weißem Farin bestimmte Zucker kann in
seiner jetzigen Farbe nicht bleiben, sondern muß ein schönes, schneeweißes Aussehen erhalten.
Zu diesem Ende wird mit ihm, solange er noch auf den Formen ist, eine Arbeit vor=
genommen, welche man das Decken nennt und die ein Verdrängen alles zwischen den
Kristallen sitzenden Sirups mittels einer hindurchsickernden Flüssigkeit bezweckt.

Fig. 55. Inneres einer Rübenzuckerfabrik.

Ursprünglich geschah das Decken mit feuchtem Thon, den man bis 3 cm stark oben auf den Zucker schlug und, nachdem er trocken geworden, mehrmals durch neue Schichten ersetzte. Gegenwärtig deckt man mit Sirup (grünem Sirup), mit Zuckerwasser oder mit Deckklärsel, welches letztere aus schon fertigem Zucker derart bereitet wird, daß man denselben in Wasser heiß auflöst, durch Pulver von Knochenkohle und Blut oder Eiweiß klärt und nochmals über gekörnter Knochenkohle filtriert. Der grüne Sirup oder das Zuckerwasser dringt in den Zucker und treibt beim Niedersinken die etwa noch vorhandenen färbenden und Sirupsteile vor sich her, bis sie mit in das untergesetzte Gefäß laufen. Daher ist auch der erste Decksirup schlechter als der sogenannte grüne Sirup, der freilich nicht grün, sondern braun ist. Zur Trennung des Sirups von dem Zucker benutzt man gewöhnlich Zentrifugalmaschinen oder „Schleudern" (s. Fig. 53 und 54); A ist ein Cylinder von Gußeisen, in welchem sich die Trommel L außerordentlich schnell um ihre Achse D dreht; der Umfang der Trommel ist, wie M zeigt, siebartig durchlöchert, damit der Sirup durch diese Löcher hinausgeschleudert werden kann; durch o fließt derselbe ab. C ist das Achsenlager, G ein gußeiserner Rahmen, K ein Blechkegel, welcher die Achse umgibt, wodurch die Bodenfläche verkleinert wird; E und F sind konische Friktionsscheiben, durch welche die horizontale Drehung der Welle H I in die vertikale verwandelt wird. J ist die Riemenscheibe, über welche der Treibriemen gespannt ist, mit der Vorrichtung zum Verrücken des Riemens auf die Scheibe J', wenn die Schleuder in Bewegung gesetzt werden soll.

Eine absolute Weiße des Zuckers ist aber auf diese Art doch nur schwer zu erreichen, da schon eine geringe Spur anhängenden Sirups dem Fabrikate einen Stich ins Gelbliche verleiht. Um diese Nüance wenigstens für das Auge noch zu entfernen, setzt man häufig etwas Ultramarin zu, welches mit dem Gelb einen blaßgrünen Ton hervorbringt, der dem Zucker ein sehr schönes, klares Aussehen gibt. In den Zeitungen wurde vor einigen Jahren dieser Ultramarinzusatz als ein gefährlicher Angriff auf die Gesundheit der Konsumenten verdammt, aber man ereiferte sich unnötigerweise, denn der beigefügte Stoff ist in der erstaunlich kleinen Menge, in welcher er verwendet wird (auf 50000 kg 1 kg Ultramarin), in seinem Verhalten gegen den menschlichen Körper durchaus unschädlich.

Gut gekochter Zucker muß mit drei, höchstens vier Decken, einer Sirupsdecke und zwei bis drei Decken von Zuckerwasser und Deckklärsel bis in die Spitze nett, d. h. vollkommen weiß werden; ist der Sirup abgetropft oder mit Zuhilfenahme der Luftpumpe abgenutscht, so wird das Brot gestürzt, in einem sehr warmen Lokal auf seine Basis gestellt und mit der Form oder einer Papierkappe überdeckt, damit sich alle in der Spitze noch etwa sitzende Zuckerflüssigkeit verziehen kann. Hierauf wird das Brot in der heißen Trockenstube getrocknet, Spitze und Boden davon abgedreht, einpapiert und als Melis verkauft. Soll Farin verkauft werden, so benutzt man dazu entweder ausgedecktes, nettes, erstes oder Nachprodukt, oder auch nicht ganz nett gewordenen Melis. Dieser feste weiße Zucker wird dann zerklopft und auf Farinmühlen fein zerkleinert. Gemahlene Raffinade wird in derselben Weise hergestellt.

Solange zuckerreiche, auf recht geeignetem Boden gewachsene Rüben frisch und gesund sind, läßt sich aus deren Safte unmittelbar Melis kochen, und es ist diese Fabrikation in der Regel die vorteilhafteste, weil sie auf einen Wurf das meiste und wertvollste Fabrikat liefert. Hat man jedoch nicht ganz gesunde, lange gelagerte Rüben, oder solche von weniger günstigem Boden zur Verarbeitung, so gelingt es nicht immer, direkt aus dem Safte Melis zu kochen. Man muß dann den sogenannten Einwurf geben, d. h. man muß den abzudampfenden Säften, dem Dicksaft namentlich, wenn dieselben die gehörige Konzentration ziemlich erreicht haben, schon fertigen Zucker zusetzen. Hierzu kann man auch unreinen Zucker wählen, Spitzen und Koppen, in denen noch viel Sirup sitzt, gedecktes oder nicht ganz ausgedecktes Nachprodukt und nicht ganz reinen Zucker aller Art.

Das Raffinieren des braunen Rohrzuckers hat mit der Melisherstellung aus Rübensaft viel Ähnlichkeit; nur beginnt hierbei die Arbeit natürlich mit dem Wiederauflösen des Rohstoffs in Wasser, das durch einströmenden Dampf erhitzt wird, worauf die Lösung filtriert, durch Tierkohle entfärbt und durch Kochen eingedickt wird u. s. w. Neben der hergebrachten konischen Form der Zuckerbrote kommt jetzt auch Raffinade in Form kleiner Würfel oder rektangulärer Stückchen in den Handel, die durch Zersägen der in Kästen eingegossenen Zuckermasse erhalten werden. Der Rohzucker, welcher zum Raffinieren in den

Zollverein kommt, um als Raffinade wieder ausgeführt zu werden, zahlt keine Steuer, wird aber der Sicherheit halber von seiten der Steuerbehörden denaturiert, d. h. durch Zumischung von Knochenkohle u. dergl. in einen Zustand versetzt, in welchem er unmittelbar, bevor er nicht raffiniert worden, nicht mehr zu gebrauchen ist.

Der bei der Zuckerfabrikation abfallende Rübensirup, die Rübenmelasse, war früher nur so zu verwerten, daß man Spiritus daraus herstellte; jetzt ist man im stande, den größten Teil des noch darin enthaltenen kristallisierbaren Zuckers daraus abzuscheiden und die Melasse auf diese Weise höher zu verwerten. Die für diesen Zweck gebräuchlichsten Methoden sind das Elutionsverfahren, das Osmoseverfahren und das Strontian= verfahren. Das Elutionsverfahren beruht darauf, daß man den noch kristallisierbaren Zucker der Melasse an Kalk bindet und den trockenen Zuckerkalk mit mäßig verdünntem Spiritus auswäscht, um die fremden Stoffe soviel wie möglich zu entfernen. Der Zucker= kalk wird dann zugleich mit dem Scheidekalk der Hauptfabrikation verarbeitet. Von diesem Verfahren sind nun wieder eine Menge Abänderungen vorgeschlagen und zum Teil auch in Ausführung gekommen. Nach dem Osmoseverfahren wird die Melasse mit Wasser ver= dünnt, mit etwas Kalk versetzt und in geeigneten Apparaten der Diffusion unterworfen. Der Zucker als Kristalloid geht hierbei durch das Pergamentpapier hindurch, während die schleimigen Teile zurückbleiben. Das Strontianverfahren, von Scheibler herrührend, besteht darin, daß man den Zucker der Melasse an Strontian bindet und das entstandene Strontiansaccharat ebenso mit Kohlensäure zersetzt wie das Kalksaccharat (Zuckerkalk). Der Strontian wird durch Glühen von Strontianit erhalten; das geglühte Mineral löscht man mit Wasser, mischt das entstandene Strontiumhydroxyd (Strontianhydrat) mit der ver= dünnten Melasse und leitet Dampf ein. Es scheidet sich dann das Strontiansaccharat als schweres sandiges Pulver ab, welches sich von der Nichtzuckerlösung besser trennen läßt als das entsprechende Kalksaccharat, weil letzteres eine schleimige, gallertartige Beschaffenheit hat. Darin besteht eben der Vorzug des Strontians vor dem Kalk. Die Trennung des Saccharats von der Mutterlauge muß noch im heißen Zustande geschehen, da beim Erkalten schon wieder eine teilweise Zersetzung eintritt; man kann daher einen Teil des Hydrats schon wieder= gewinnen, ohne daß man nötig hat, Kohlensäure einzuleiten; nur der Rest wird durch die Kohlensäure in Form unlöslichen Strontiumkarbonats entfernt. Die zahlreichen Abände= rungen der erwähnten Methoden zu besprechen, dürfte zu viel Raum beanspruchen; erwähnt soll nur werden, daß im Jahre 1883 von den im Deutschen Reiche in Betrieb gewesenen Zuckerfabriken 192, also etwa die Hälfte, neben der Rübenverarbeitung das Entzuckern der Melasse betrieben, und zwar 124 nach dem Osmoseverfahren, 50 durch Elution und die übrigen nach andern Methoden.

Außer aus dem Zuckerrohr und der Zuckerrübe hat man auch aus andern Pflanzen versucht, Zucker für den Gebrauch zu gewinnen, so aus dem Mais in Frankreich. Allein diese Unternehmungen haben eine zu geringe Bedeutung, um näher auf sie einzugehen; dagegen müssen wir einigen Zuckerarten uns noch auf einige Augenblicke zuwenden, weil dieselben in der That eine gewisse wirtschaftliche Wichtigkeit besitzen.

Ahornzucker. In Nordamerika, und zwar in Louisiana, hat man im vorigen Jahr= hundert schon angefangen, aus dem Safte des Zuckerahorns (Acer saccharinum) Zucker zu gewinnen, und in Europa liefern der Spitzahorn und Silberahorn ebenfalls Zuckersaft; es wird jedoch bei uns die Ausnutzung desselben auf Zucker, wenn überhaupt noch, so nur in verschwindendem Maße ausgeübt. Anders in Nordamerika. Man bohrt daselbst die Bäume gegen Ende Januar und Februar 30—46 cm von der Erde, an mehreren Stellen schräg aufwärts etwa 4 cm tief an, so daß der Splint völlig durchbohrt ist, und steckt in die 12 cm weiten Bohrlöcher Rohr= oder Holunderstäbchen, die den Saft in untergestellte Gefäße leiten. Der Ausfluß des Saftes dauert für jeden Stamm fünf Tage, im ganzen die Zeit, während welcher der Saft gewonnen werden kann, bis Mitte März, wo sich die Blätter entwickeln. Die Wunde vernarbt, und die Operation soll, nach vielen Versuchen, ohne Nachteil für die Bäume sein. Der so erhaltene Saft ist klar, fast wasserhell und — nach Maßgabe der Umstände — von verschiedener Dichtigkeit. In Ungarn lieferten 200 Bäume 39 kg sehr schönen Rohzucker und an Sirup einen Wert von etwa 12 kg Rohzucker. Man kann auf 20 kg Saft etwa 1 kg Rohzucker rechnen, und in Amerika gibt ein Baum etwa 2,5—3 kg Zucker. Im Jahre 1840 betrug die Ahornzuckerproduktion in den Vereinigten Staaten 17 500 000 kg, erreichte im Jahre 1850 aber nur die Höhe von 12 125 000 kg und ist seitdem immer mehr im Abnehmen. In Kanada beläuft sich die jährliche Produktion von Ahornzucker auf 3—3,5 Millionen kg. Die Zuckersieder rücken gewöhnlich zu zwei oder drei in die Ahornwälder, mit allem Gerät beladen, das sie zu ihrer rohen Fabrikationsweise brauchen. Einer besorgt das Saftkochen, der zweite bohrt die Bäume an und schafft immer frischen Saft herzu und der dritte hat mancherlei Handreichungen zu verrichten, außerdem aber auch die kleine Kompanie mit Lebensmitteln zu versehen. Nach zwei bis drei Monaten kehren sie wieder zurück, häufig mit einem Ergebnis von 750—1000 kg Zucker. Der Ahornzucker kann so schön weiß erhalten werden, daß er kaum vom Rohrzucker zu unterscheiden ist, und dazu mag man in Amerika den auf solche kunstlose Art gekochten braunen Ahornrohzucker viel lieber, denn er hat einen Beigeschmack, den man nach und nach hochschätzen lernt.

Sorghumzucker. Der Anbau einer andern Zuckerpflanze, des Sorghums oder chinesischen Zuckerrohrs (Sorghum vulgare, Holcus saccharatus), gewann in den nördlichen Staaten Nordamerikas eine Zeitlang vor dem Bürgerkriege eine politische Bedeutung. Man wollte nämlich dadurch dem das heißere Klima der Sklavenstaaten erheischenden gewöhnlichen Zuckerrohr Konkurrenz machen und damit der Sklaverei selbst einen Stoß versetzen. In der That wird das Sorghum häufig zur Herstellung eines vortrefflichen Sirups benutzt, wobei die Rückstände ein ausgezeichnetes Viehfutter bilden. Die Gewinnung eines kristallisierten Zuckers hingegen stößt auf Schwierigkeiten. Solange das Sorghum noch nicht ganz reif ist, enthält der süße Saft der Stengel nur unkristallisierbaren Zucker (Schleimzucker); erst nach vollendeter Reife der Samen kann man fast zwei Drittel des etwa 9 Prozent des Saftes betragenden Zuckergehalts in kristallisiertem Zustande gewinnen, allein dann ist der Stengel schon sehr verholzt und muß gebrüht werden, um als Futter dienen zu können. In neuester Zeit scheint man der Produktion von Sorghumzucker in Nordamerika wieder mehr Aufmerksamkeit schenken zu wollen; man hat schon einen Gehalt bis zu 17 Prozent Zucker erzielt. Das Sorghum gedeiht sehr gut auch in Deutschland und verdient wohl mehr Beachtung, als man ihm bisher hat angedeihen lassen. Man baut im nördlichsten Nordamerika auch noch eine Varietät dieser Pflanze unter dem Namen Imphee, die sich ganz besonders für Kulturversuche in Deutschland eignen würde, weil sie in kürzerer Zeit reift.

Der Palmenzucker, Jagre oder Jagarazucker, endlich ist vorzüglich für Ostindien, die Molukken, Philippinen und die Inseln der Südsee wichtig. Fast alle Palmen haben einen süßen Saft, der in großer Menge ausfließt, wenn sie an den aufschießenden Trieben verwundet werden. Die Bäume gewähren, wenn die Saftgewinnung nicht übertrieben wird, viele Jahre lang eine gute Ausbeute. Eine einzige Kokospalme liefert im Jahre mehr als 250 kg Palmensaft (Callon), der ein Fünfteil Zucker enthält. Der durch Verdampfen gewonnene Zucker wird in den Schalen der Kokosnüsse geformt und in solchen runden Broten in den Handel gebracht. Man gewinnt diesen Kokoszucker vorzugsweise auf den Molukken, den Malediven und der Koromandelküste, zum Teil auch in Ceylon. Nächst der Kokospalme ist die Dattelpalme die für die Zuckergewinnung geschätzteste Palmenart. Von der letzteren sollen jährlich allein gegen 65 Millionen kg Zucker gewonnen werden, von dem aber nur ein sehr geringes Quantum nach England ausgeführt wird; der meiste wird in Indien selbst konsumiert. Er ist sehr körnig und steht an Preiswürdigkeit dem aus Zuckerrohr gewonnenen mindestens gleich. Die Gesamtmasse des jährlich produzierten Palmenzuckers mag sich auf 2 Millionen Zentner belaufen, gewiß eine Menge, welche den bei uns fast gar nicht bekannten Artikel im Welthandel eine Rolle spielen läßt. Wenn wir damit vergleichen, was die Rübenzuckerfabrikation hervorbringt, noch mehr aber wenn man deren Ergebnisse in Vergleich setzt mit der Zuckererzeugung auf der Erde überhaupt, so wird man finden, daß für das Gesamte die europäische Zuckerfabrikation nicht von der überwiegenden Bedeutung ist, wie es auf den ersten Blick den Anschein haben könnte. Denn zu dem Konsum der Menschheit an kristallisiertem Zucker tragen bei

das Zuckerrohr	ca. 73,5 Proz.	verschiedene Palmenarten . . ca. 2,75 Proz.
die Zuckerrübe	„ 22,5 „	der Ahorn, Sorghum, Mais 2c. „ 1,25 „

Die Aufgußgetränke.

Kaffee, Thee und Kakao.

Physiologische Bedeutung der Aufgußgetränke und ihre chemische Übereinstimmung. Der Kaffee. Geschichtliches über das Kaffeetrinken. Die ersten Kaffeehäuser. Der Kaffeestrauch. Sein Anbau in Pflanzungen. Gewinnung der Bohnen. Trocknen und Enthülsen. Sorten. Der Kaffee als Handelsgegenstand. Wirkung auf den Organismus. Das Kaffein. Die Bereitung des Kaffeetranks. Rösten der Bohnen. Surrogate. Zichorie, die übelste aller Wurzeln. — Der Thee. Warme Aufgüsse auf Blüte und Blätter sehr verbreitet. Der chinesische Thee. Sage seiner Entstehung. Natur und Pflege des Theestrauchs. Gewinnung und Behandlung der Blätter. Grüner und schwarzer Thee. Verfälschung. Theesorten. Chemische Bestandteile. Bereitung des Getranks. Physiologische Wirkungen. Ersatzmittel des Thees in andern Ländern. Paraguaythee oder Maté, Kokathee, Kaffeebaumblätter ⁊c. — Kakao und Schokolade. Der Kakaobaum. Sein Anbau. Zubereitung der Bohnen. Das Theobromin. Kakaobutter. Die Schokolade, ihre Bereitung, Verfälschung und Genuß. Dodoaschokolade.

Die Entwickelung der Völker hat eine merkwürdige Übereinstimmung mit der Entwickelung der einzelnen Individuen. Kindheit, Ausbildung, erlangte Vollkommenheit und endliches Zurückgehen können wir bei den Nationen in ähnlicher Weise beobachten, wie bei jedem der darin verschwindenden Glieder. Und wenn diese Wahrnehmungen etwas Merkwürdiges haben, weil sich jene Stadien weit großartiger vollziehen, im langsamen Anschwellen und Zurückgehen gewaltigere Wogen erzeugen, die das ganze Leben formen und bestimmen, so dürften sie uns in ihren Grundursachen nicht so sehr überraschen, wen wir bedenken, daß das Ganze aus dem Einzelnen hervorgeht, und daß natürliche Regungen, wenn sie jeden Teil ergreifen, auch zu Erscheinungen an der großen Masse werden müssen.

Die Menschheit hat einen physiologischen Charakter, wie der einzelne Mensch einen solchen in bestimmter Weise hat. Sie muß sich nähren, ist Krankheiten unterworfen, freut sich und sucht Zerstreuung, nur stirbt sie nicht so leicht. Und manches, was wir gewohnt sind, bei den einzelnen ihrer Glieder als Zufälliges anzusehen, bekommt dadurch, daß es allgemein wird, den Charakter des Notwendigen, dem sich der einzelne nicht so leicht entziehen kann als man gewöhnlich glaubt. Man sagt, das Tabakrauchen sei eine schlechte Angewohnheit. Ganz mit nichten. Es ist durchaus nicht der freiwillige Akt des Individuums bloß, sondern wir können die allgemeine Regel beobachten, daß jedes Volk, sobald es über die Beschaffenheit der ersten Lebensbedürfnisse hinweg ist, anfängt, für seine Erheiterung nach Mitteln zu suchen, und, sobald ihm dies gelungen ist, bei ihm auch das Bedürfnis nach dem Genusse narkotischer Stoffe erwacht und Befriedigung sucht.

Ist dies schon ein höchst bemerkenswerter Umstand an sich, so erregt derselbe das Interesse jedes denkenden Menschen dadurch noch mehr, daß in der Natur der Mittel, die von den verschiedenen Völkern zur Befriedigung jener Bedürfnisse herangezogen werden, eine merkwürdige Übereinstimmung sich zeigt, insofern als die chemische Natur dieser Genußmittel, die zur notdürftigen Lebenserhaltung nicht absolut erforderlich sind, stets die gleiche ist.

Daß die Nahrungsmittel, durch die sich das Individuum erhält, allerorten dieselben Grundbestandteile enthalten, ist nicht so merkwürdig, denn an ihr Vorhandensein ist eben die Existenz der Menschheit gebunden, und die letztere hätte eingehen oder wenigstens eine wesentlich andre Entwickelung nehmen müssen, wenn jene unumgänglichen Lebensbedürfnisse ihr von der Natur nicht fernerhin in der alten Form geliefert worden wären. Der Mensch sucht in den Nahrungsmitteln Ersatz für die durch sein Wachstum, sein Leben, seine Arbeit aufgebrauchten Bestandteile, er empfindet einen Hunger gerade nach solchen Stoffen, die ihm entweder das Atmen ermöglichen oder zum Wiederaufbau der verbrauchten Muskelsubstanz beitragen. Hier verlangt also der Körper befehlerisch das Notwendige, und die Menschheit thut, was der Einzelne thun muß. Allein daß sie auch in der Auswahl des scheinbar Überflüssigen unter allen Himmelsstrichen ganz genau dieselben Stoffe aufzufinden vermag, die den physiologischen Effekt der Erheiterung, der Anregung oder der Beruhigung hervorbringen, und daß sie unbewußt um jener Stoffe willen ganz verschiedenartige Naturerzeugnisse in ihre Genußsphäre zieht, das ist jedenfalls überraschender.

Überall unter den verschiedensten klimatischen Verhältnissen greifen die Menschen, um ihr geistiges Wohlbefinden zu erhöhen, um sich in eine, wenn auch kurze Glückseligkeit zu versetzen, zu dem Alkohol; und der Champagner trinkende Kulturmensch steht mit dem Tataren, der sich in gegorener Stutenmilch berauscht, in dieser Beziehung durchaus auf gleicher Stufe. Anderseits ist es dann wiederum eine Klasse chemisch ganz besonders gearteter Stoffe, welche durch eine besondere Fähigkeit ausgezeichnet sind, die Lebhaftigkeit der Phantasie und die Thätigkeit des Nervensystems anzuregen; dieselben herauszufinden ist den Völkern durch einen wunderbaren Instinkt ebenfalls überall gelungen, in der Nähe der Pole so gut wie unter der brennenden Sonne des Äquators. Das sind die in den sogenannten Aufgußgetränken, Kaffee, Thee, Kakao u. s. w., wirksamen chemischen Stoffe. Und wenn wir endlich die Klasse der narkotischen Genußmittel auf ihre wesentlichen Bestandteile untersuchen, so finden wir auch bei ihnen einen durchgehenden, bestimmten, chemischen Charakter, der die Ursache geworden ist, daß die oft ganz verschiedenen Pflanzen oder Pflanzenteile in ganz gleichem Sinne zu allgemeinen Verbrauchsstoffen geworden sind.

Wenn wir Kaffee, Thee, Kakao und die in ähnlicher Weise hier und da zu Aufgußgetränken in Verwendung kommenden Pflanzenerzeugnisse, den Paraguaythee oder Maté sowie die Guarana in Südamerika und die Guru- oder Kolanuß im Sudan, nach ihrer chemischen Zusammensetzung betrachten, so finden wir in jedem derselben eine eigentümliche Pflanzenbase, ein sogenanntes Alkaloid, dem wir die besondere physiologische Wirkung zuzuschreiben haben, welche jene Genußmittel auszeichnet und durch die sie der richtig fühlende Instinkt der Menschheit unter den verschiedensten Formen herausfinden läßt.

In dem Thee und Kaffee ist sogar das Alkaloid ein und dasselbe, und sein verhältnismäßig reichliches Auftreten in den entsprechenden Pflanzen, sowie die ganz besonders angenehme Wirkungsweise, machen die Herrschaft erklärlich, welche jene sich unbestreitbar über den größten Teil der bewohnten Erde errungen haben.

Der Kaffee.

Die ursprüngliche Heimat des Kaffeestrauchs und der Ursitz des Kaffeetrinkens soll Abessinien sein; hier soll der Strauch in den Gebirgen von Enarea und Kaffa noch heutzutage stellenweise an steinigen Abhängen ähnlich wie Weidengebüsch wild vorkommen; er soll sich aber auch durch ganz Mittelafrika bis nach Guinea und Senegambien zerstreut vorfinden. An der Westküste kennt man ihn angebaut und verwildert in mehreren Formen. Freilich kann man aus dem Vorhandensein wilder Kaffeesträucher durchaus nicht mit Sicherheit auf die ursprüngliche Zugehörigkeit des Gewächses schließen. In Südasien und auf den Sundainseln weiß man z. B., daß zahlreiche Kaffeesträucher in den Waldungen von einem der Zibetkatze ähnlichen Tiere, der Viverra musanga, dadurch angesäet werden, daß selbiges die reifen Kaffeebeeren in den Plantagen verzehrt und die unverdauten Samenkerne derselben keimkräftig wieder von sich gibt.

Geschichtliches. Die frühste Jugend des Kaffeetrankes, die Geschichte der Entdeckung seiner schätzbaren Eigenschaften, verliert sich, wie bei allen hervorragenden historischen Erscheinungen, in die geheimnisvolle Sage. Es wird zwar weder eine Ceres noch ein Bacchus damit betraut, die Menschen auf dies Geschenk der Natur aufmerksam zu machen, wohl aber schreibt eine arabische Sage dies Verdienst einer Herde von Ziegen zu, die von den Bohnen und Blättern geschmaust und dann während der Nacht, statt zu schlafen, ihre Ziegen- und Bockssprünge gemacht hätten. Durch diese ausnehmend gesteigerte Lustigkeit der Tiere aufmerksam gemacht, hätten die Mönche der Ursache nachgeforscht, diese eben in dem Genusse der Früchte des Kaffeestrauchs entdeckt und, das Beispiel der Ziegen befolgend, auch bei sich die angenehme Wirkung verspürt. Wie das Rösten der Bohnen erfunden worden ist, das freilich verschweigt uns die Legende. Abessinische Christen bezeichnen den Prior eines Maronitenklosters als denjenigen, der zuerst den Kaffeetrank seinen Mönchen reichte, um sie bei den nächtlichen Gebeten munter zu erhalten; die Mohammedaner dagegen nehmen diese Ehre für einen ihrer Rechtgläubigen, den Mullah Chadelly, in Anspruch, der seine Derwische mit dem auf die neue Art bereiteten Getränk delektierte.

Von Abessinien aus scheint das Kaffeetrinken zuerst nach Persien gekommen zu sein. Es sind Nachrichten vorhanden, welche desselben schon ums Jahr 875 in Persien erwähnen. Der gelehrte Araber Schihab-eddin-Ben berichtet, ein Mufti von Aden, Gemaleddin mit Namen, habe den Gebrauch des schwarzen Trankes bei den Persern gesehen und denselben in seiner Heimat eingeführt, von wo aus diese Gewohnheit rasch durch Arabien und Ägypten sich verbreitet habe. Die Einführung in Arabien soll nach Scheich Abd-Alkades-Ebn-Mohammeds Behauptung (1566) gegen den Anfang des 16. Jahrhunderts stattgefunden haben. Schon 1511 war das Kaffeetrinken in Mekka gemein und hatte dort auch zuerst sein Märtyrertum zu bestehen. Einem neu eingesetzten Statthalter, Chair-Beg, dünkte die neue Sitte bedenklich; der Kaffee erschien ihm als aufregendes Getränk gegen die Satzungen des Korans, und er setzte deshalb einen feierlichen Gerichtshof ein, der über die Zulässigkeit seines Genusses entscheiden sollte. An der Spitze desselben präsidierten zwei grundgelehrte arabische Ärzte, die Gebrüder Hakimani, und diese erklärten, wie man sagt, nach damaliger Kunstsprache, den Kaffee für „kalt und trocken", deshalb verwerflich. Der Kaffee ward förmlich in den Bann gethan und prophezeit: „Die Gesichter aller Kaffeetrinker würden einst am Tage des Gerichts noch schwärzer erscheinen als der Kaffeetopf, aus dem sie das Gift getrunken." Die Kaffeegesellschaften der betenden Derwische und nichtbetenden sonstigen Muselmanen wurden aufgelöst, die Kaffeehäuser verriegelt, die Vorräte der Kaufleute den Flammen übergeben und jeder, der des heimlichen Kaffeetrinkens überführt werden würde, mit Bastonnade und einem Ritt durch die Stadt, verkehrt auf dem Esel, bedroht. Das scharfe Gesetz ward zur Sanktionierung nach Kairo an den Sultan Kansu-Algusi gesendet; dieser aber verweigerte die Bestätigung desselben, denn er sowie ganz Kairo waren bereits leidenschaftliche Kaffeetrinker. Schon 1530 war das neue Getränk selbst in Konstantinopel allgemein in den Familien in Gebrauch, und 1554 errichteten zwei Männer aus Aleppo und Damaskus unter Sultan Soliman daselbst die ersten öffentlichen Kaffeehäuser (Khawa-Khaneh) mit allem möglichen orientalischen Komfort. Dieselben erhielten bald im Munde des Volks den Namen „Schulen der Erkenntnis", wurden aber, da man in ihnen zu stark politisierte, unter Sultan Murad II. eine Zeitlang geschlossen.

Im Jahre 1573 traf der Augsburger Arzt Leonhardt Rauwolf schon in Aleppo Kaffee= häuser im Gange; 1580 lernte der Arzt und Botaniker Prosper Alpin aus Padua in dem Garten eines Türken in Kairo einen fruchttragenden Kaffeebaum kennen. Er nannte ihn Caova und die Frucht desselben Bon. Er veröffentlichte 1592 für die gelehrte Welt Europas die erste botanische Beschreibung und Abbildung; 1615 teilte Pietro della Valle brieflich von Konstantinopel ausführliche Nachrichten über das neue Getränk Kahue oder Kahwe mit, beschrieb es als von schwarzer Farbe, kühlend im Sommer und erwärmend im Winter. Ums Jahr 1632 gab es in Kairo schon mehr als 1000 öffentliche Kaffeehäuser; 1645 ward das Kaffeetrinken bereits in Italien eingeführt; 1652 errichtete Pasqua, ein Grieche, in London das erste Kaffeehaus, angeblich dasselbe, welches noch jetzt als Virginia coffee-house besteht; 1658 ließ in Frankreich Thevenot zum erstenmal nach dem Diner Kaffee herumreichen; 1671 entstand das erste Kaffeehaus in Marseille, 1672 durch einen Armenier das erste in Paris. Es kostete damals das Pfund Kaffee 140 Frank und die Tasse 2 Sous 5 Deniers, dafür kann das Getränk dann freilich nicht sehr stark gewesen sein.

Fig. 57. Kapitän Desclieux übersiedelt die Kaffeepflanze nach Martinique.

Auch in England trat jetzt eine Zeit der Anfechtung für das asiatische Getränk ein; 1674 reichten die Frauen (man bedenke!) in London eine Petition gegen den Kaffee ein, und 1675 ließ Karl II. die Kaffeehäuser als revolutionäre Institute polizeilich schließen. Englische Spottgedichte nennen den Kaffee einen „Kienrußsirup, schwarzes Türkenblut, ein Dekokt aus alten Schuhen und Stiefeln" u. s. w., vermochten aber mit allem Schimpfen nicht seinen weiteren Siegeslauf um die Welt aufzuhalten.

Deutschland (Leipzig) bezog damals seinen wenigen Kaffee nur in gebranntem Zu= stande von den Holländern. Diese verschafften sich 1690 frische Früchte aus Mokka und säeten selbige mit Erfolg auf Java aus. Schon 1710 konnte der indische Gouverneur in Batavia, van Hooren, 169 lebende Bäumchen nach Amsterdam an den Konsul Witson senden, der sie im botanischen Garten mit Erfolg pflegen ließ. Sie gediehen hier so gut, daß man 1714 im stande war, ein mit Früchten beladenes Bäumchen an Louis XIV. nach Paris zu senden. Im Garten von Marly ward letzteres durch Samen und Ableger vermehrt, und 1720 (nach andern Angaben 1717 oder 1723) übergab Anton Jussieu, Professor der Botanik am Jardin des Plantes zu Paris, dem Schiffskapitän Desclieux (oder Declieux,

de Clieux) drei junge kräftige Kaffeebäumchen, um sie nach Martinique (Westindien) überzusiedeln. Man erzählt, daß Desclieux eine schlimme Fahrt gehabt, viel von widrigen
Winden ausgestanden und mit seinen Leuten Mangel an Trinkwasser gelitten habe. Zwei
seiner Bäumchen gingen ein und das dritte erhielt er, wie die Geschichte meldet, nur dadurch, daß er sich den eignen Bedarf an Trinkwasser abdarbte, um seinen Pflegling damit
zu begießen. Von diesem einzigen Stämmchen sollen alle jene Millionen Kaffeepflanzen herstammen, welche gegenwärtig in Westindien grünen. Um 1718 ward der Kaffee auf der Insel
Bourbon angepflanzt; in demselben Jahre auch durch die Holländer in Surinam; 1719 waren
die Pflanzungen auf Java bereits so kräftig und ausgedehnt, daß die Holländer selbstgebaute
Bohnen in den Handel bringen konnten; 1725 pflanzte de la Motte-Aignan, Gouverneur
von Cayenne, in letzterem Lande die ersten Kaffeebäumchen, die er sich noch auf verstohlene
Weise verschaffen mußte; 1730 wurde die erste Plantage auf Guadeloupe und durch
Nicholas Lewes desgleichen auf Jamaika angelegt.
In Costarica ward die Kultur des Kaffeestrauchs
sogar erst 1832 durch den deutschen Kaufmann
Eduard Wallerstein eingeführt.

Der Kaffeestrauch (Coffea arabica), dessen Erzeugnis die Kaffeebohnen sind, gehört zu der tropischen Familie der Coffeaceen, die unter unsern einheimischen Gewächsen an den Färberröten (Rubiaceae)
die nächsten Verwandten besitzt. Jene Pflanzengruppe besitzt zahlreiche Arzneipflanzen und begreift
vorzüglich Sträucher und mäßige Bäume in sich.
Fig. 58 zeigt einen Zweig mit Blüten und unreifen
Früchten im Maßstab von einem Drittel der natürlichen Größe. Der ganze Baum hat im Gesamt-
ansehen etwas Ähnlichkeit mit einem Kirschbäumchen,
nur sind seine Blätter mehr lederartig fest, dabei
glänzend, und gleichen in etwas denen des Lorbeers.
Die fünf bis sieben in den Blattachseln stehenden
Blüten ähneln jenen des Jasmins an Größe, Gestalt
und Wohlgeruch; sie sehen weiß aus, sind vier- bis
fünfspaltig und mit einer gleichen Anzahl Staub-
gefäße versehen. Aus dem unterhalb des Kelches
stehenden Fruchtknoten entwickelt sich im Laufe mehrerer Monate eine kirschenähnliche längliche Beere,
die anfänglich grün, dann weiß und zuletzt rot aussieht. Innen enthält dieselbe, in weiches Fruchtfleisch
eingebettet, zwei Bohnen, jede noch von einer dünnen,
pergamentartigen Haut umschlossen. Das Ansehen
der Samenkerne, der sogenannten Kaffeebohnen, ist
bekannt, doch wechselt ihre Gestalt und Farbe etwas
nach dem Orte, an welchem sie gezogen werden.

Fig. 58. Zweig vom Kaffeestrauch.

So ist der berühmte Mokkakaffee aus
Arabien klein und dunkelgelb, die Bohnen aus Ostindien und Java sind größer und heller
gelb, jene dagegen von Ceylon, Brasilien und Westindien sind bläulich oder graugrün.

Sucht man im südlichen Abessinien die Heimat des Kaffeestrauchs, so verbreitet sich
derselbe, wie schon erwähnt, weit in das Innere Afrikas; Livingstone fand am südlichen
Ende des Nyassasees Kaffeesträucher mit Samen, die jenen des gewöhnlichen Kaffees glichen,
ebenso in den Wäldern von Angola, und Dr. Schweinfurth ist der Ansicht, daß der echte
Kaffeestrauch auch im südwestarabischen Hochlande ursprünglich heimisch und daselbst seit
Urzeiten kultiviert sei. Doch können leicht hierin Verwechselungen mit andern Arten der
Gattung Coffea vorkommen, die ja zum Teil ebenfalls mit genießbaren Samen auch in
andern Ländern der Alten und selbst der Neuen Welt gefunden werden. An der afrikanischen Westküste wächst die Coffea laurina und microcarpa, an der Ostküste die Coffea
mozambicana und zanguecaria, auf der Insel Reunion Coffea mauritiana u. s. w.

Kultiviert wird die Pflanze an der Ostküste in Sansibar, ferner in Port Natal; die Insel Reunion (Bourbon), deren Kaffeeproduktion in der letzten Zeit einen eminenten Aufschwung genommen hat, zieht nicht bloß den gewöhnlichen Kaffeestrauch, sondern bringt auch von einigen daselbst wild vorkommenden Arten die Samen als Café maron in den Handel, oder als Lorbeerkaffee (Coffea laurina), Café d'Eden (Coffea microcarpa) u. s. w. Vom Rio Nunez in Senegambien und von der Westküste in Oberguinea kommt ebenfalls Kaffee nach Europa, wichtiger aber ist die portugiesische Produktion auf der Insel St. Thomas, den Kapverdischen Inseln und in Angola. In Asien ist das alte Kaffeeland Jemen immer noch das Produktionsgebiet des echten Mokka, der jedoch über Vorderasien und Ägypten kaum hinauskommt; für den Weltmarkt in großem Stile arbeiten dagegen Java, Sumatra, Celebes, Madura, Bali, Timor, Borneo. Von Celebes kommt der vortreffliche Menado, nach dem Versendungsplatze genannt. Indien, wo die Kaffeekultur sehr in Zunahme begriffen ist, besonders in den „Blauen Bergen", den Nilgherries, bringt sein Erzeugnis als Madraskaffee in den Handel. Von den amerikanischen Kaffeeländern hat Westindien, im vorigen Jahrhundert eine wichtige Bezugsquelle, den Kaffeebau mehr und mehr aufgegeben, dagegen haben auf dem Festlande einige der kleineren Staaten, Venezuela, Costarica, Guatemala, denselben aufgenommen. Alle zusammen aber stehen mit ihrem Ertrage weit hinter Brasilien zurück, das allein die Hälfte alles Kaffees liefert, der in den Handel kommt. Hier wurde auf der Pflanzung Lavrinhos im Distrikte Cantagallo im Jahre 1812 der erste Kaffee gezogen. Cantagallo ist heute der bedeutendste Kaffeedistrikt, obwohl in Brasilien zwischen 18° nördl. Br. und 26° südl. Br. allenthalben Kaffeepflanzungen bestehen.

Kaffeepflanzungen. Der Kaffeestrauch gedeiht nur innerhalb der Tropen in Gegenden, deren mittlere Jahrestemperatur 20—22° C. beträgt und in denen im Winter das Thermometer nicht unter 12° C. sinkt. Von der Seeküste und den feuchten Niederungen zieht er sich nach den Seiten der Gebirge zurück. Die meisten Pflanzungen liegen zwischen 400—1300 m Meereshöhe. Der Kaffeestrauch meidet zwar sumpfigen Grund und eine zu nasse Atmosphäre, verlangt aber in der Zeit vor dem Beginn der stärkeren Fruchtentwickelung täglich früh und abends regelmäßige Bewässerung, sowie er auch vorzüglich während seiner Jugend Schutz vor dem unmittelbaren Sonnenstrahl bedarf. In der Umgebung von Mokka in Jemen liegen die Pflanzungen auf dem sogenannten Kaffeegebirge, 4—5 Meilen von der Küste entfernt. Die obersten Teile jener Gebirge sind kahl und ähneln darin den gegenüberliegenden abessinischen; die Abhänge sind terrassenförmig bearbeitet und außer mit Kaffee auch mit Wein, Pfirsichen und Aprikosen bepflanzt. Der Boden ist daselbst schwer, mehr trocken, die Lage östlich. An den Straßen, welche nach jenen berühmten Kaffeegärten führen, sind zahlreiche Kaffeehütten (Mokeijas) und Freigasthäuser errichtet. In letzteren erhalten die Reisenden an bestimmten Tagen unentgeltlich Kischer, warmes Brot aus Durra, Kamelmilch und Butter. Der erwähnte Kischer ist das in Jemen gebräuchliche Getränk aus dem getrockneten Fruchtfleisch der Kaffeebeeren, mit welchem sich die Ärmeren daselbst begnügen. Die Bohnen sind für die Ausfuhr (jährlich ca. 8000 Ballen, jeden zu 300 Pfund), die Reichen kauen Kat.

Die Kaffeepflanzungen Javas bedecken die Abhänge der vulkanischen Berge, sie sind sorgsam mit Wasserleitungen versehen, von regelmäßigen Wegen durchzogen und ähneln nicht selten hübschen Parkanlagen. Beim Einrichten junger Pflanzungen läßt man Schattenbäume stehen, welche wir in Fig. 59 bemerken können. Zum Beschatten der jungen Kaffeepflanzen ist vielfach der Korallenbaum (Erythrina lithosperma B.) in Gebrauch. Er hat jedoch das Übel, daß er, wenn er im Laube steht, zu viel Schatten gibt, und wenn er das Laub fallen läßt, gar keinen. In Brasilien setzt man anfänglich Mandioka zwischen die Kaffeepflanzen, später in Zwischenräumen von 15—20 m Bananen oder Orangenbäume. Auf Sumatra pflanzt man deshalb statt seiner eine Dadapart (Hypaphorus subumbrans Hsskl., Galele), die man auch auf Java vielfach angewendet findet. Man wählt gewöhnlich ein Stück sogenannten Urwaldes, das eine günstige Lage hat, hierzu aus. Ist Gelegenheit vorhanden, die besten Stämme als Bauholz verwerten zu können, so schlägt man diese zunächst heraus, das kleinere Gesträpp nimmt man weg und verbrennt es, die Asche dient als Düngemittel. Man teilt das Gebiet in regelmäßige Beete und pflanzt auf diesen die Bäumchen in Reihen von 1¼ m Abstand abwechselnd in Entfernungen von 2½ m, so daß

die Pflanzen der dritten Reihe jenen der ersten gegenüber stehen. Die frischen Samen werden
auf besondere Beete gesäet; nach vier Wochen gehen sie auf und sind nach acht Monaten
so kräftig, daß sie zum Verpflanzen taugen; sie haben dann eine Höhe von 0,5—0,7 m.
Sie werden gewöhnlich ohne sonderliche Sorgfalt herausgerissen, für jede ein Loch in den
Boden gehauen, die Pflanze so hineingesteckt, daß ihre Hauptwurzel senkrecht zu stehen kommt,
und die Erde mit dem Fuße festgetreten. Ist für Bewässerung hinreichend gesorgt, so
wachsen sie auch fröhlich weiter. Das Unkraut zwischen ihnen muß beseitigt werden. Im
zweiten Jahre haben sie bereits 1,5—2 m Höhe, beginnen zu blühen und einige Früchte
zu tragen, liefern aber erst vom dritten Jahre an eine reichlichere Ernte.

Es ist fast allgemein gebräuchlich, im dritten Jahre den Sträuchern den Mittelschoß
auszubrechen und ihnen auch die unfruchtbaren Sprossen zu nehmen, damit sie einen niederen,
buschigen Wuchs erhalten und die Ernte erleichtern. Diejenigen, welche eine solche Be=
handlung nicht vertragen können und eingehen, oder die den Angriffen der Insekten unter=
liegen, müssen durch neue Pflanzen ersetzt werden. Das Wegnehmen der Stammspitzen
geschieht mittels Ausknicpens durch den Fingernagel, also ohne Anwendung des Messers.

Fig. 69. Kaffeefaktorei von Gadoengan auf Java.

Dies soll den Vorteil haben, daß keine Wunde entsteht, durch welche ein Nachfaulen herbei=
geführt werden könnte. Neuere Beurteiler tadeln indes das ganze Verfahren des Abstutzens
und behaupten, es würde dadurch dem Gewächs vor der Zeit die Kraft geraubt und ein
frühzeitiges Altern desselben herbeigeführt. Blühen und Fruchttragen geht zwar von nun
an ununterbrochen fort, so daß während des ganzen Jahres stets Blüten und halbreife wie
ganzreife Beeren zu finden sind; es lassen sich aber zwei Haupternten unterscheiden, die
eine im Mai und Juni, die zweite im November und Dezember. Die erstere ist auf Java
die ergiebigere. — In Guayana macht man die Beete 10 m breit und gibt den Reihen
2,5—3 m Entfernung. Auf Martinique pflanzt man die Bäume in Abständen von fast 4 m.
Werden die Bäume zu dicht gestellt, so wird der Luft das Durchstreichen verwehrt, die
Büsche fangen an zu kränkeln und die Ernte wird ebenso beschwerlich wie dürftig. Die
reifen Beeren pflückt man vorsichtig in Säcke ab und muß mitunter während einer Ernte=
zeit dieselben Bäume bis achtmal ablesen, da die Beeren nur allmählich nachreifen. Der
Ertrag wird sehr verschieden angegeben. Schomburgk führt an, daß in Guayana ein Baum
auf eine Ernte etwa 0,7 kg liefere; in Costarica nimmt man den Jahresertrag auf 1,12 kg
Bohnen an; Junghuhn rechnet auf Java dagegen auf den Jahresertrag durchschnittlich 5 kg

(ob Beeren?). Die Bäume sollen bis zum 20., auch 25. Jahre tragbar bleiben, werden jedoch gewöhnlich nur bis zur Hälfte dieser Zeit benutzt und dann durch junge ersetzt, da ihre Produktivität bedeutend nachläßt. Nach etwa 40 Jahren ist der Boden ausgenutzt. Es wird die Anlage einer neuen Plantage notwendig, und das bisher bepflanzte Land bedarf einer längeren Zeit, ehe es sich so weit erholt, daß es im stande ist, neue Kaffee= pflanzen zu tragen.

Um die Bohnen von dem Fleische und der harten inneren Schale zu reinigen, sind auf den verschiedenen Pflanzungen abweichende Methoden gebräuchlich. Oft begnügt man sich einfach damit, die Beeren auf tennenartigen Plätzen in spannenhohen Lagen auszubreiten und sie täglich drei= bis viermal umzuwenden. Die Bohnen werden hierbei etwas rötlich und dienen meistens zum Selbstverbrauch. In Jemen und in Cayenne soll aller Kaffee auf diese Weise getrocknet werden. Andre Pflanzer werfen die Beeren entweder zerquetscht oder unzerquetscht 1—2 Tage lang in Wasser und dörren sie dann. So geschieht es mit dem Kaffee Croco auf Domingo. Auf Sumatra gräbt man Körbe, aus Rotang oder Bambus ge= flochten und mit Blättern der Gomutapalme überkleidet, in die Erde, so daß dieselbe rings= um dicht anschließt. In diese wirft man die frisch gepflückten Beeren und stampft sie so lange, bis die rote Schale sich abgelöst hat. Die Bohnen können ihrer Elastizität wegen nicht zerstoßen werden; dann wäscht und trocknet man die befreiten Bohnen auf Matten, die gewöhnlich auf Para=Paras oder Hürden 1 m über den Boden erhöht sind. In Guayana und vielen andern Kaffeeländern hat man zur Entfernung des Beerenfleisches eine besondere Kaffeemühle (Graga) eingerichtet. Diese besteht aus einem hochstehenden Kasten; durch eine Öffnung desselben schüttet man die Beeren auf eine Walze, die mit kupfernen Längsrippen beschlagen ist. Dieselbe bewegt sich im Innern eines Halbcylinders, der ebenfalls mit metallenen Längsstreifen versehen ist. Zwischen beiden wird das Fleisch ab= gequetscht und dann mit Hilfe der Hände im Wasser vollends entfernt. Die Bohnen werden mehrere Wochen lang in der Sonne getrocknet, abends auf Haufen geschaufelt und mit Bananenblättern gegen den Nachttau geschützt, zuletzt durch Walzen oder durch Stoßen die pergamentartige Hülle noch entfernt. In manchen Pflanzungen läßt man den Kaffee auch sortieren und lesen. Man betrachtet dabei die kleinen runden Körner, den sogenannten Perlkaffee, als die geschätzteste Sorte.

Die Sorten des Kaffees werden nach den Ländern benannt und geschätzt, aus welchen sie stammen. Als der beste gilt der Mokka und andre arabische Varietäten. Nach diesem schätzt man den ostindischen, vorzüglich jenen von Java und Celebes (Menado), dessen kleine ausgelesene Bohnen nicht selten als Mokka verkauft werden. Am schlechtesten sind die amerikanischen Sorten, vorzüglich die brasilischen, doch haben in dem letzten Jahrzehnt die Qualitäten sich auch hier verbessert. Der Kaffee hat das Eigentümliche, daß seine guten Eigenschaften sich in demselben Maße mehr entwickeln, je länger er liegt. Es ist dabei nur nötig, daß er trocken und luftig aufbewahrt wird. Selbst der arabische hat erst nach dreijährigem Liegen seine eigentliche Güte, und schlechter Brasilianer soll nach 12—14jährigem Lagern dem Mokka ziemlich gleich werden. Während des längeren Trans= ports zur See ziehen die Bohnen so ansehnliche Mengen Feuchtigkeit an, daß diese Gewichts= zunahme bei der Preisbeurteilung wohl zu beachten ist.

Die Gesamtproduktion der Erde an Kaffee ist schwer zu schätzen; die Ernten sind in ihrem Ertrage zu verschieden, so daß in einem Jahre das Doppelte von dem erzeugt werden kann, was in andern gewonnen wird. Man hat für gute Ernten die Gesamtmenge der jährlichen Erzeugung auf 12 Millionen Zentner angenommen; anderseits hat man schlechte Ernten nur zu einem Gesamtertrage von 6 Millionen Zentner gerechnet. Eine Produktion von 6 500 000 Zentner würde einen Wert von 450 Millionen Mark repräsentieren. Im Durchschnitt betrug in den letzten Jahren die Kaffeeausfuhr aus den Produktionsländern:

Brasilien: Rio	237 000	Tonnen (zu 20 Ztr.)
Santos	100 000	„
Bahia und Ceará	57 500	„
	394 500	Tonnen
Venezuela, Laguayra, Porto cabello und Maracaibo	40 000	„
Costarica	10 000	„
Guatemala	12 500	„

Nikaragua		2500 Tonnen (zu 20 Ztr.)
San Salvador		11006 "
Mexiko		3500 "
Portorico, Jamaika und Cuba		9000 "
San Domingo		3000 "
Java, von der Regierung	1000000 Säcke	
" von Privaten	300000 "	
Sumatra	150000 "	
Celebes	150000 "	
	1600000 Säcke	
	zu 60 kg	96000 "
Ceylon		25000 "
Indien, englische Besitzungen		18000 "
Manila		5000 " .
Afrika einschließlich Mokka		8500 "

Im ganzen beträgt der Kaffeeverbrauch

in den Verein. Staaten einschließlich Kanada und die Küsten des Stillen Ozeans	200000 Tonnen
Deutschland	106500 "
Frankreich	65000 "
Österreich-Ungarn	40000 "
Belgien und Niederlande	50000 "
Norwegen, Schweden und Dänemark	32500 "
Rußland und Polen	8750 "
Schweiz	9500 "
England	14750 "
Italien, Spanien und Portugal	20000 "
Türkei, Rumänien und die Levante	30000 "
Tunis und Nordafrika	10000 "
Kap Rio de la Plata und Ozeanien	15000 "

Der Kaffeeverbrauch ist in den verschiedenen Ländern ein verschiedener und seine Größe hängt besonders von dem Umstande ab, ob neben dem Kaffee in dem betreffenden Lande noch ein andres ähnliches Genußmittel verbraucht wird. Er hat übrigens in den letzten Jahrzehnten bedeutend zugenommen. Während z. B. 1827—37 im deutschen Zollvereine auf den Kopf ein Kaffeequantum von $2{,}09$ Pfund kam, war dasselbe 1858 auf $4{,}01$ und 1868 auf $4{,}03$ Pfund gestiegen; in Frankreich betrug der Konsum 1827—36 nur $0{,}54$ Pfund, 1858 dagegen $1{,}57$ und 1868 bereits $2{,}37$ Pfund; in Österreich 1831—40 durchschnitt= lich $0{,}20$ Pfund pro Kopf, 1851—60 bereits $0{,}97$ Pfund, 1868 aber $1{,}30$ Pfund und in Spanien stieg der Verbrauch von $0{,}13$ Pfund im Jahre 1860 auf $0{,}23$ Pfund im Jahre 1865, innerhalb von fünf Jahren also bis fast auf das Doppelte.

Im allgemeinen berechnet man den Kaffeeverbrauch gegenwärtig pro Kopf und Jahr in Belgien zu $8{,}82$ Zollpfund, Niederlande $7{,}03$, Schweiz $6{,}76$, Vereinigte Staaten $5{,}20$, Dänemark $4{,}83$, Zollverein $4{,}35$, Schweden $3{,}60$, Frankreich $3{,}20$, Österreich-Ungarn $1{,}46$, Italien $0{,}94$, Großbritannien $0{,}83$, Portugal $0{,}69$, Spanien $0{,}23$, Rußland $0{,}18$ Pfund. Dabei ist zu bemerken, daß in Spanien und Portugal die Schokolade, in Großbritannien und Rußland der Thee dem Kaffee mächtige Konkurrenz machen.

Die Wirkung des Kaffees unsern Lesern zu schildern, hieße Eulen nach Athen tragen. Jeder weiß, daß der schwarze Trank ein vortreffliches Mittel gegen Ermüdung ist, durch den ganzen Körper ein Gefühl des Behagens verbreitet, zwar etwas aufregend wirkt, dabei aber vorzüglich die Phantasie und in noch erhöhterem Grade den Verstand anregt, während er gleichzeitig den Stoffverlust im Körper vermindert und dadurch bis auf einen gewissen Grad als Nahrungsmittel gelten kann. Man legte ihm ehedem auch große Heilkräfte gegen Gicht und Steinbeschwerden bei; sicher wendet man ihn als Gegenmittel bei Opiaten sowie bei Rausch von Spirituosen an.

Die eigentümliche Weise seiner Wirkungen beruht hauptsächlich auf der Gegenwart zweier Stoffe: der erste derselben ist ein flüchtiges (empyreumatisches) Öl, das sich durch Rösten in den Bohnen entwickelt. Genießt man das abdestillierte Öl in Substanz, so entstehen Schweiß, Schlaflosigkeit und heftige Blutwallungen. In 50 kg gebrannter Bohnen ist ungefähr 1 g dieses Öles enthalten. Der zweite, wichtigere Bestandteil ist das Kaffein, in 50 kg Bohnen etwa zu 500 g enthalten; es ist dies jenes Alkaloid, welches gleiche Beschaffenheit hat wie das im Thee enthaltene Thein. In reiner Form eingenommen wirkt Kaffein als Gift, in starker Verdünnung dagegen angenehm aufregend. Das reine Kaffein bildet beim Kristallisieren lange schneeweiße Nadeln, welche seidenartig glänzen. Es zeigt keinen Geruch und einen nur schwach bitteren Geschmack. Es ist eine der stickstoffreichsten Pflanzenbasen, denn es besteht aus 16 Atomen Kohlenstoff, 10 Atomen Wasserstoff, 4 Atomen Stickstoff und 4 Atomen Sauerstoff; seine chemische Formel wird daher $C_{16} H_{10} O_4 N_4$ geschrieben. Ehedem, als man bei Beurteilung der Nahrungsmittel die Nahrhaftigkeit derselben fast ausschließlich nach ihrem Stickstoffgehalte bemessen wollte, erklärte man deshalb auch den Kaffee, Thee u. s. w. für höchst wichtige Nahrungsmittel. Das war jedoch eine irrige Anschauung, von der man auch zurückgekommen ist. Zu den genannten beiden Substanzen gesellen sich im Kaffee noch Kaffeesäure und eine Gerbsäure von besonderer Art, welche mit Eisenlösung einen grünlichen Niederschlag gibt, sowie Fett und Pflanzenschleim.

Fig. 60. Im „Großen Kaffee" zu Boghor auf Java.

Diese Bestandteile sind in den verschiedenen Kaffeesorten in verschiedenen Mengen enthalten, wie folgende Zusammenstellung zeigt, die auf chemische Analysen sich stützt.

	Kaffein	Fett	Schleim	Kaffeesäure u. Gerbsäure	Cellulose	Asche
	Prozent	Prozent	Prozent	Prozent	Prozent	Prozent
Feinster Pflanzer-Jamaika .	1,43	14,76	25,8	22,7	33,8	3,8
„ grüner Mokka . . .	0,64	21,79	22,6	23,1	29,9	4,1
Perl-Pflanzer-Ceylon . . .	1,58	14,87	23,8	20,9	36,0	4,0
Washed-Rio	1,14	15,95	27,4	20,9	32,5	4,5
Costarica	1,18	21,12	20,6	21,1	33,0	4,9
Malabar	0,88	18,80	25,8	20,7	31,9	4,8
Ostindienkaffee	1,01	17,00	24,4	19,5	36,4	?

Die Bereitung des Kaffeetrankes. Man kann die grünen Bohnen nicht ohne weiteres genießen, es ist dazu jene bekannte Operation, das Rösten, notwendig, in deren Folge sich das aromatische empyreumatische Öl bildet, welches unserm Geruchs- und Geschmackssinn so angenehm ist. Es gilt bei dem Rösten aber keineswegs der Grundsatz: Je mehr, desto besser! Kaffee, welcher nur braunrot geröstet ist, enthält mehr Aroma als solcher, der kastanienbraun oder gar schwarzbraun verkohlte. Je länger das Rösten fortgesetzt wird, desto mehr verlieren die Bohnen an Gewicht, dagegen nehmen sie an Größe zu. So verliert z. B. braunroter Kaffee 15 Prozent an Gewicht und nimmt 30 Prozent an Größe zu;

schwarzbraun gebrannter verliert dagegen 25 Prozent an Gewicht und gewinnt an Umfang 50 Prozent. Durch feines Zermahlen wird das Ausziehen der löslichen Stoffe mit kochendem Wasser erleichtert. Um einen gutschmeckenden Kaffee zu erzeugen, ist die größte Sauberkeit Haupterfordernis. Vor dem Rösten müssen alle schlechten Bohnen und ungehörige Beigemengteile ausgelesen werden. Der Gebrauch von Filtriersäcken aus Zeug sowie von Filtern aus Blech ist zu verwerfen, da durch das mit der Flüssigkeit in Berührung kommende Eisen der Geschmack sehr leicht verdorben wird; dagegen sind porzellanene Filtriermaschinen oder Filtrierpapier zu empfehlen. Feinschmecker mischen bestimmte Sorten von Kaffee miteinander. Alles Kochen des Kaffees im Wasser selbst muß vermieden werden, da hierbei gerade das feinste Aroma zerstört wird. Am besten ist es, auf den im Filter befindlichen gemahlenen Kaffee zunächst eine kleine Quantität siedendes Wasser zu schütten und etwas ziehen zu lassen. Eine größere Menge würde die Löcher des Filters

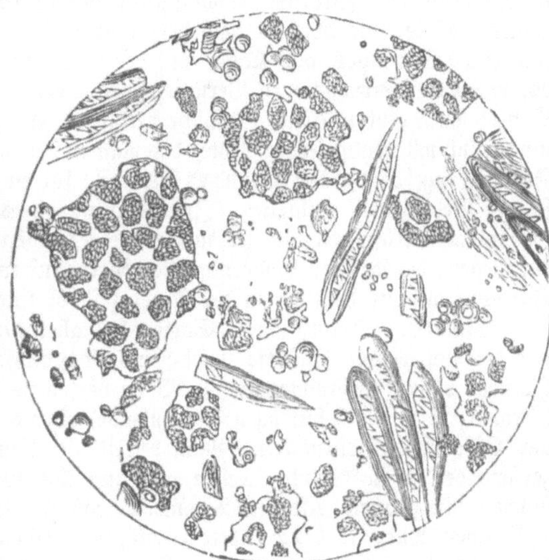

Fig. 61. Kaffeesatz von reinem Kaffee unter dem Mikroskop.

leicht verstopfen; nachher gießt man das übrige Wasser nach. Keineswegs gleichgültig ist hierbei die Beschaffenheit des letzteren. Die Stadt Prag hat den Ruf, welchen sie ihres guten Kaffees wegen genießt, vorzüglich der Beschaffenheit ihres Wassers zu verdanken; die Holländer verwenden gern Mineralwasser zum Kaffeekochen. Von Vorteil ist es, dem Wasser etwas Soda zuzusetzen, etwa 40 Gran völlig trockene oder 80 Gran kristallisierte auf 1 Pfund Kaffee; auf 1 Lot Kaffee ungefähr eine kleine Messerspitze voll. Das Versetzen des Kaffees mit Milch wird von den Physiologen getadelt, da die Gerbsäure desselben die Milch einesteils schwerer verdaulich macht, anderseits letztere die eigentümlichen, Verdauung befördernden Wirkungen des Kaffees beeinträchtigt.

Wir fügen schließlich noch einige Worte über die Kaffeesurrogate bei. Ihrer sind viele. Zunächst wären die Bohnen mehrerer dem Kaffeestrauch nahe verwandter Pflanzen zu nennen, die in Siam, Nepal, Mosambik, Sansibar, Mauritius u. s. w. wie der echte Kaffee kultiviert und benutzt werden. In Afrika, dem ursprünglichen Vaterlande des Kaffees, und

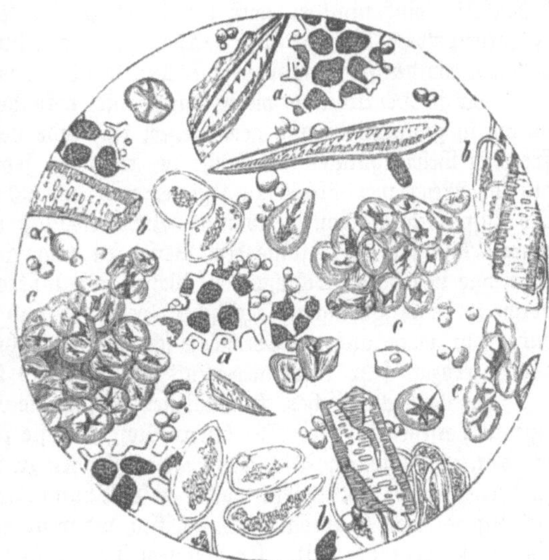

Fig. 62. Satz von Kaffee (a), verfälscht mit Zichorien (b) und Eichelpulver (c); 140mal vergrößert.

zwar besonders im westlichen Sudan, ist die Guru- oder Kolanuß allgemein statt der Kaffeebohne in Gebrauch. Man unterscheidet daselbst mehrere Sorten (rote, weiße u. s. w.), welche von zwei Arten Sterkulia (Sterculia acuminata und Sterculia macrocarpa) stammen. Sie bilden einen ansehnlichen Handelsartikel zwischen den Küstenländern und dem Innern, sind aber wohl noch nicht nach Europa verführt worden. Bei uns verwendet man namentlich die gerösteten Samen der Wasserschwertel, Eicheln, Gerste, Roggen, Erbsen, Besenpfriemen

11*

des Spargels, des Gumalie, dann die ebenfalls gerösteten Wurzeln der Möhren, Rüben, des Löwenzahns, der Erdmandeln und manches andre als Zusatz zum Kaffee, und es haben sich sogar förmliche Fabriken etabliert, welche das Publikum mit sogenanntem „Gesundheits= kaffee" beglücken. Zur Vergleichung geben wir in den Abbildungen vergrößerte Darstellungen reinen Kaffees, wie derselbe nach dem Kochen sich unter dem Mikroskop zeigt (s. Fig. 61), und eines Gemenges von Kaffee mit verschiedenen Surrogaten (s. Fig. 62). Schlimm ist es, wenn die Surrogate zu Verfälschungen werden, d. h. wenn man ihnen das Ansehen von Kaffeebohnen gibt und sie als solche verkauft. Es geschieht dies mit verschiedenen Stoffen, namentlich mit neubackenem Brote, das man in Formen preßt, nachdem ihm die entsprechende Färbung gegeben worden ist, und es sind Kaffeesorten untersucht worden, die bis zu 27 Prozent solcher Brotbohnen enthielten. Zur Prüfung eines Kaffees, dessen Echtheit man bezweifelt, braucht man denselben indessen nur einige Stunden vor dem Rösten in lauwarmes Wasser einzulegen; die falschen Bohnen quellen darin auf und geben an das Wasser einen grünlichen Farbstoff ab, mit dem sie in der Regel gefärbt sind.

Zichorie. Keiner dieser Samen hat aber die Wichtigkeit und Allgemeinheit erlangt, wie die Wurzel der Zichorie (Cichorium Intybus). Dieses bei uns wild wachsende, mit hübscher blauer, zusammengesetzter Blüte versehene Kraut baut man in mehreren Gegenden (Provinz Sachsen, Thüringen, Rheinlande) eigens an und zieht die Wurzeln aus, ehe sie den Blütenstengel entwickeln. Man befreit die Wurzeln von den Blättern, wäscht sie und zerschneidet sie in Stücke, welche man zunächst trocknet und dann, ganz wie die Kaffee= bohnen, in großen eisernen Trommeln röstet. Bei letzterer Prozedur pflegt man auf 1 Zentner Wurzeln 1 kg Speck zuzufügen. Gleich nach dem Rösten zermahlt man sie, denn nach längerem Liegen ziehen sie aus der Luft Feuchtigkeit an sich und werden zähe und klebrig. Sie schmecken süßlich, etwas dem Lakritzen ähnlich, zugleich auch bitterlich. Ihr längere Zeit fortgesetzter Genuß ist aber für den Körper keineswegs gleich angenehm wie der Kaffee, und wenn ein Witzling den Kaffee in gewisser Beziehung die Wurzel alles Übels genannt hat, so hat er in viel mehr Beziehung recht, wenn er die Zichorie die übelste aller Wurzeln nennt. Die Wurzeln der Möhre und der Runkelrübe werden ganz wie jene behandelt. Rübenpulver muß sogar bis zu 50 Prozent mitunter zur Verfälschung des Zichorienpulvers dienen, dem betrügerische Fabrikanten auch wohl noch Bolus und Ocker zusetzen, um den Farbenton herzustellen, welcher dem Zichorienhändler gerade angenehm ist.

Da in Deutschland vieler Kaffee und besonders die mit Surrogaten versetzten Prä= parate in gebranntem und gemahlenem Zustande verkauft werden, so ist es nicht leicht, die fremden Beimengungen als solche zu erkennen; jedenfalls hat es seine Schwierigkeiten, sie auf ihr Mengenverhältnis zu taxieren und daraus einen Schluß auf den wirklichen Wert der Kaffeesorte machen zu können. Zichorienzusatz oder geröstete Möhren oder Löwenzahn= wurzel läßt sich nach folgendem Verfahren ungefähr taxieren. Man bringt nämlich das Gemenge in dünnen Schichten auf Wasser und läßt es ruhig stehen. Das reine Kaffeepulver, vermöge seines geringen spezifischen Gewichts und der ihm anhängenden Fettteile, bleibt dabei sehr lange auf der Oberfläche schwimmend, ohne sich zu benetzen, während das Pulver des Surrogats sehr rasch niedersinkt und auch das kalte Wasser braun färbt.

In ihren chemischen Bestandteilen enthält die Zichorie nichts, wodurch sie den Kaffee eigentlich ersetzen könnte. Der bittere Stoff, den sie führt, ist noch nicht hinreichend untersucht worden, um wissenschaftlich die Frage entscheiden zu können, ob er als schädlich oder nützlich zu betrachten sei. Bis jetzt wollen unsre Physiologen, ebensowenig wie unsre Feinschmecker, von irgend einem Surrogat etwas wissen, während einer der ersteren (Moleschott) dem Kaffee eine große Lobrede hielt. Er sagt von ihm: „Der Kaffee wirkt zwar auch, wie der Thee, auf das Denkvermögen erregend, jedoch nicht ohne zugleich der Einbildungskraft eine viel größere Lebhaftigkeit zu erteilen. Die Empfänglichkeit für Sinneseindrücke wird durch den Kaffee erhöht, daher einerseits die Beobachtung gesteigert, auf der andern Seite aber auch die Urteilskraft geschärft, und die belebte Einbildungskraft läßt sinnliche Wahrnehmungen durch Schlußfolgerungen rascher bestimmte Gestalten annehmen. Es entsteht ein Drang zum Schaffen, ein Treiben der Gedanken und Vorstellungen, eine Beweglichkeit und eine Glut in den Wünschen und Idealen, welche mehr der Gestaltung bereits durchdachter Ideen, als der ruhigen Prüfung neu entstandener Gedanken günstig ist."

Der Thee.

Mit dem allgemeinen Namen „Thee" bezeichnet der gewöhnliche Sprachgebrauch mancherlei Aufgüsse auf Pflanzenblätter und Blüten, welche früher mehr als jetzt besonders in den unteren Ständen in Gebrauch waren. So wird Thee aus den Blüten des Flieders, der Linde und Kamille, aus den Blättern der Melisse, des Odermennigs, der Erdbeere, der Minze, des Salbeis u. s. w. bereitet und nicht bloß als Arznei, sondern als ein Genußmittel zur Erheiterung und Belebung getrunken. Alle diese Stoffe haben aber nicht die physiologischen Wirkungen, welche den chinesischen Thee auszeichnen, von welchem sie gleichwohl den Namen angenommen haben; näher kommen demselben jedoch einige Pflanzenprodukte, die wir auch in verschiedenen Erdteilen deswegen in entsprechender Verwendung finden. Südamerika ersetzt den chinesischen Thee durch seinen Paraguaythee, die nordamerikanischen Indianerstämme besitzen ihren Appalachithee, Oswegothee, Labradorthee ꝛc.

Der chinesische Thee. In China selbst bestand der Gebrauch des Theetrinkens schon in sehr frühen Zeiten, er soll schon im 3. Jahrhundert unsrer Zeitrechnung daselbst herrschend gewesen sein, obschon es wahrscheinlich ist, daß Theestrauch und Theetrinken von dem benachbarten Assam in das Reich der Mitte einwanderten. Chinesen und Japaner erklären den Gebrauch des Theetrinkens durch eine Sage, welche große Ähnlichkeit mit jener von der Erfindung des Kaffeetrinkens hat. Ein frommer Büßer hatte das Gelübde gethan, eine Zeitlang ununterbrochen Tag und Nacht hindurch zu beten. Als ihn der Schlaf hierbei überwältigte, schnitt er sich im heiligen Zorn die Augenlider ab und warf sie von sich. Es geschah ein Wunder. Aus den zur Erde fallenden Augenlidern sproßte ein Gewächs auf, dessen Blätter in ihrer Gestalt durch ihren Besatz mit Wimperhaaren die Form der Augenlider nachahmten und denen die Kraft innewohnte, den Schlaf zu vertreiben. Ums Jahr 810 war die Pflege des Theestrauchs bereits in Japan eingeführt. Die erste Nachricht von dem chinesischen Thee soll um 1550 durch einen persischen Kaufmann dem Geographen Ramusio in Venedig zu Ohren gekommen sein, aber erst 1610 erhielt die Holländisch-ostindische Handelsgesellschaft Theepäckchen gegen Salbeiblätter als Äquivalent. Im Jahre 1638 hatten russische Reisende den ersten chinesischen Thee gegen Zobel eingetauscht und in Moskau Beifall damit gefunden, so daß ziemlich um dieselbe Zeit das berühmte Blatt auf dem Landwege und zur See gegen Europa vorrückte und seinen Eroberungszug begann. Noch im Jahre 1664 war dieser Thee in Europa etwas so Seltenes, daß die Englisch-ostindische Handelsgesellschaft ihrer Königin ein sehr kostbares Geschenk mit 2 Pfund Thee zu machen glaubte. Am stärksten fand er Beifall unter den Völkern der nördlichen Gebiete unsres Erdteils, an den Gestaden der Ost- und Nordsee, in England, dann auch in Nordamerika. Engländer, Holländer und Russen verbrauchen in Europa den meisten Thee. Das Monopol der Englisch-ostindischen Kompanie hemmte lange die weitere Verbreitung und den höheren Konsum durch die unverhältnismäßig gesteigerten Preise. Die Kompanie schlug ihrerseits allein 100 Prozent auf den Thee, und der Staat verdoppelte diesen Preis noch einmal durch den Eingangszoll, so daß dem Engländer sein Lieblingstrank viermal so hoch zu stehen kam wie dem benachbarten Holländer. Die Hartnäckigkeit, mit welcher Altengland dasselbe Prinzip auch in den amerikanischen Kolonialländern durchführen wollte, war eine der wichtigsten Veranlassungen zum Bruch zwischen beiden und zur Bildung der Vereinigten Staaten, so daß der Thee nicht nur eine höchst wichtige merkantile, sondern auch eine weltgeschichtliche Bedeutung hat.

Natur und Pflege des Theestrauchs. Der chinesische Thee ist das Blatt vom Theestrauch; diesen betrachten manche Botaniker als eine einzige Art und nennen ihn dann chinesischen Thee (Thea chinensis), oder sie unterscheiden drei Hauptarten, den grünen (Th. viridis), den braunen (Th. bohea) und den auf den Gebirgen von Assam gefundenen wilden Thee (Th. assamica). Alle drei Sorten zeigen so zahlreiche und unmerkliche Übergänge ineinander, daß es mehr als wahrscheinlich ist, sie seien durch lang fortgesetzte Kultur auseinander entstanden. Ehedem glaubte man, daß der grüne Thee des Handels von der erstgenannten Pflanzenart käme, der schwarze von der zweiten; neuere Untersuchungen, besonders diejenigen des Engländers Fortune, haben aber dargethan, daß je nach der abweichenden Behandlung, die man den eingesammelten Blättern zu teil werden läßt, von beiden Straucharten die eine wie die andre Theesorte gewonnen werden kann.

Der Theestrauch ist der bekannten Kamelie nahe verwandt und wird mit ihr zu der natürlichen Familie der Ternströmiaceen gerechnet, welche in China und Japan ihre meisten Glieder besitzt. Sein Kulturdistrikt ist viel beschränkter als jener des Kaffeestrauchs. In China liegt derselbe zwischen dem 22. und 39. Grade nördl. Breite; die besten Sorten gedeihen in der Nähe des 27. Grades. An den Grenzpunkten reduziert sich die anderwärts viermalige Jahresernte auf eine zweimalige; weiterhin lohnt sie nicht mehr, da sie kein genießbares Produkt mehr ergibt. Im großen für den Handel findet die Theekultur zwischen dem 22. und 32. Grade nördl. Breite ihren Distrikt; zur Ausfuhr produzieren besonders die südöstlichen Küstenprovinzen Fukien, Kuantung und Tsekiang sowie die südlichen Binnenprovinzen Chubei und Kiangsi, die übrigen Provinzen erbauen nur den eignen Bedarf.

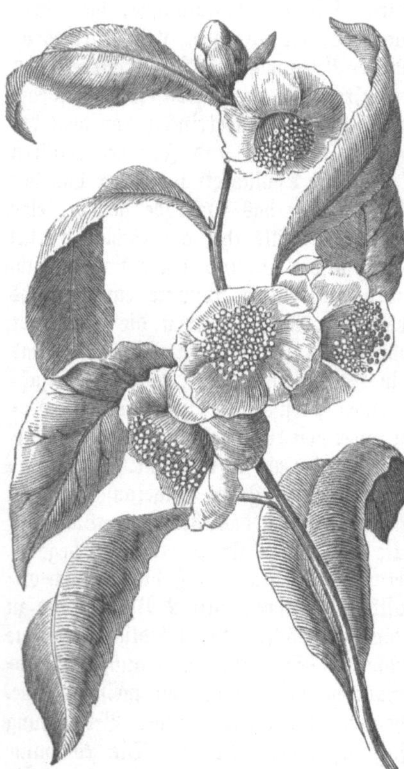

Fig. 68. Zweig vom Theestrauch (1/2 natürl. Größe).

In Japan gedeiht der Theestrauch ebenfalls; namentlich wird in den Landschaften an den Küsten des inneren Meeres sein Anbau betrieben und das Erzeugnis besonders nach Nordamerika ausgeführt. Dann ist die Insel Java zu nennen, wo seit dem Jahre 1828 zuerst als Monopol der Regierung Theepflanzungen angelegt wurden; Mitte der sechziger Jahre wurde die Kultur freigegeben und hat sich seitdem über zahlreiche Bezirke ausgedehnt. Holland ist wohl der stärkste Abnehmer des Javathees, auf dessen Pflege am Produktionsorte große Aufmerksamkeit verwendet wird. Nicht viel älter als in Java ist der systematische Anbau des Theestrauchs in Indien, obwohl in Assam eine Theesorte, Thea assamica, sogar wild wächst. Anfänglich wenig erfolgreich, hob sich die Kultur doch, nachdem man chinesische Arbeiter herbeigezogen hatte, denen man die Pflege der Pflanzungen überließ. Späterhin führte man sie auch in Katschar sowie in andern Landschaften ein, und im oberen Pendschab, zwischen den Vorbergen des Himalaya, hat der Theebau jetzt schon eine große Bedeutung erlangt. Vortrefflich gedeiht die Pflanze auch in den Nilgherries, und die Insel Ceylon exportierte Anfang der siebziger Jahre bereits über zehn Millionen Pfund. Ceylon gerade scheint berufen, dem Reiche der Mitte in der Theeproduktion noch erhebliche Konkurrenz zu machen. Außer Asien haben die Versuche, die Theepflanze anzubauen, noch keine sehr günstigen Erfolge gehabt, obwohl Afrika, Australien, Amerika und selbst Europa in seinen südlichen Ländern es an Bestrebungen nicht haben fehlen lassen. Nur Brasilien und die Insel Reunion machen eine günstige Ausnahme.

Der Theestrauch schießt, sich selbst überlassen, bis 4 und mehr Meter auf, in den Plantagen dagegen hält man ihn durch Ausbrechen der Mittelsprossen niedriger. Er wird dann meist 1,5—2 m hoch, mitunter auch nur 1 m, treibt aber um so reichlicher Seitenzweige und üppigere Blätter. Für den Hausbedarf benutzt der sorgsame Chinese und Japaner den Theestrauch auch wohl als Umzäunungsmaterial an Garten und Feld, zur eigentlichen Handelsware aber zieht er ihn in wohlbewässerten Plantagen, meist terrassenförmig, ähnlich unsern Weinbergen, an den Hügeln hinauf gelegen. In China gibt man sonnigen, trockenen Lagen den Vorzug, welche nach Süden gerichtet sind. In Japan fand der erste Anbau in der Landschaft Jamasiro, an den Abhängen des Berges Togam statt. Von hier aus verbreitete er sich nach Udsi und gedeiht jetzt am besten zwischen dem 30. und 35. Grade nördl. Breite in Lagen, die der Morgensonne zugekehrt sind und deren Grund aus verwittertem Flöztrappboden besteht, der reich an Mergel und Thon ist. Im ganzen ist der Theestrauch in bezug auf den Boden nicht gerade zu wählerisch, verlangt aber in zu magerem Grunde entsprechende Düngung. Die Übersiedelung nach andern Ländern ist bis jetzt noch nicht in dem Maße gelungen, wie beim Kaffee. Mit Erfolg wird er noch auf Java, Sumatra, in Bengalen, an den Südabhängen des Himalaya, in Assam und auf Ceylon kultiviert. Andre Versuche am Kap und in Brasilien dagegen mißglückten teils wegen der geringen Qualität des Produkts, teils wegen der hohen Arbeitslöhne u. s. w. Man hält seine Kultur selbst in Portugal für möglich.

Bei Anlegung von Theepflanzungen pflegt man die Samen mit der Hand, und zwar ziemlich dicht zu legen, da viele derselben nicht aufgehen. Zu dicht stehende Pflanzen nimmt man späterhin weg, so daß den einzelnen Sträuchern ringsum etwa ein halber Meter Raum zur Entwickelung bleibt. Zugleich sorgt man für geeignete Düngung, zweckmäßiges Beschneiden der Sträucher und Ausjäten des Unkrauts.

Fig. 64. Theepflanzung in Japan.

Gewinnung und Behandlung der Blätter. Vom dritten Jahre an bricht man die Blätter ab, und zwar jährlich zwei- bis dreimal. Im fünften, höchstens im siebenten Lebensjahre ist aber durch diese Verstümmelung die Lebenskraft des Gewächses so erschöpft, daß man die alten Stöcke ausroden und durch Samenlegen für jungen Nachwuchs sorgen muß. Die Theeblätter haben viel Ähnlichkeit mit denen der Sauerkirsche, sind kurz gestielt, lanzettförmig, am Rande gesägt und glänzend grün. Beim Entfalten tragen sie einen zarten Haarflaum, der sich später verliert. Je nach der Lage der Theegärten ist das Blatt auch in seiner Güte ebenso verschieden wie die Sorten des Weins; dazu kommt noch die abweichende Behandlungsweise, so daß ein gediegener Feinschmecker in China 700 verschiedene Nüancen unterscheiden will. Die erste Theeernte beginnt im April, die zweite im Juni, die letzte im August; die erste liefert die besten Sorten, die letzte die gröberen, schlechtesten; ebenso sind die Blätter jüngerer Gesträuche besser als diejenigen älterer. Zu der besten Theeart, dem Schow-chun oder echten Kaiserthee, werden die feinsten Blätter in den bestgelegenen Gärten sorgsam ausgelesen und unter Aufsicht kaiserlicher Beamten zubereitet, so daß dem Kaiser selbst das Pfund gegen 500 Mark zu stehen kommen soll. Diese Sorte kommt gar nicht in den Handel, und was man in Europa unter demselben Namen verkauft, ist eine parfümierte geringere grüne Theesorte.

Das frisch gepflückte Theeblatt hat weder ein Aroma noch würde ein Aufguß auf dasselbe ein genießbares Getränk liefern. Es muß wie beim Kaffee erst durch gelindes Rösten das eigentümliche Öl entwickelt werden, welches guter Thee enthält, gleichzeitig aber auch muß das Blatt unangenehme Eigenschaften verlieren, die es in frischem Zustande besitzt. Je nachdem man grünen oder schwarzen Thee erzeugen will, weichen die Behandlungs= weisen voneinander ab. Bei der ersten verfährt man rascher und einfacher, die letztere erfordert mehr Zeit und Mühe.

Die Blätter, welche grünen Thee liefern sollen, bringt man fast unmittelbar nach dem Pflücken auf eiserne Herdplatten oder in flache Kessel, reibt und drückt sie in denselben mit den Händen, veranlaßt dadurch ein schnelles Verdunsten der Feuchtigkeit, rollt und kräuselt sie gleichzeitig und trocknet sie sowohl auf Hürden wie auf dem Herde rasch ab. Die zu schwarzem Thee bestimmten Blätter läßt man dagegen nach dem Pflücken zunächst an der Luft eine Zeitlang ausgebreitet liegen. Vor jedem chinesischen Bauernhause in den Theedistrikten befinden sich daher zu diesem Zwecke Hürden aus Bambusrohr (s. Fig. 66).

Fig. 65. Theegarten und Rösten des Thees.

Die Arbeiter werfen dann die Blätter abwechselnd empor und klopfen und drücken sie mit den Händen, damit sie weich und gefügig werden. Hierauf werden sie ähnlich wie der grüne Thee einige Minuten lang geröstet und gerollt, in halb feuchtem Zustande wieder mehrere Stunden lang auf den Hürden in flachen Körben der Luft ausgesetzt, nochmals geröstet und schließlich über rauchlosem Kohlenfeuer gedörrt. Es wird auch berichtet, daß manche Sorten schwarzen Thees längere Zeit auf Haufen zusammengeschichtet liegen gelassen werden, wobei die Blätter in Gärung geraten und sich dann zum Teil zersetzen. Infolge seiner Behandlung enthält der schwarze Thee in der Regel geringere Mengen von Thein, doch kann es auch grüne Sorten geben, die einen weit kleineren Gehalt davon besitzen als manche schwarze.

Das rasche Abtrocknen erhält den grünen Theesorten die graugrüne Farbe, zugleich aber auch eine größere Menge jener stark wirkenden Stoffe, die im frischen Blatte enthalten sind. Die langsame, zusammengesetztere Behandlung des schwarzen Thees gibt demselben zwar eine dunklere Färbung, bringt aber gleichzeitig auch in ihm weitergehende chemische Umänderungen hervor, die seinen Genuß vielen angenehmer und gesünder erscheinen lassen.

Der chinesische Kaufmann und Theefabrikant müßte aber eben kein Chinese sein, wenn er sich mit den angegebenen Bereitungsweisen genügen ließe. Er weiß nicht nur die ver= schiedensten Sorten durch gesonderte Behandlung herzustellen, sondern vor allen Dingen

auch manche derselben auf der Stufenleiter des Wertes durch künstliche Mittel nicht wenig
emporzuheben. Geringere Sorten parfümiert er zum Beispiel. Er läßt sie zu diesem Zweck
mit den duftenden Blüten einer Art Ölbaum (Olea fragrans) zusammenmischen, eine Zeit=
lang liegen, dann durch Sieben wieder trennen und trocknen. Auch mit Orangenblüten
und andern ätherischen Produkten soll das Aroma der Theeblätter aufgebessert werden, und
wenn diese Thatsache überhaupt feststeht, so brauchen wir uns nicht zu wundern, wenn wir
erfahren, daß demselben Zwecke die verschiedensten Mittel dienen. Der beim Zubereiten
des Thees abfallende Staub wird mit Gummiwasser befeuchtet und zu Körnern geballt,
die als besondere Theesorte gelten (Ziegelthee); bessere Arten werden mit schlechteren ver=
mischt. Auch werden die Abfälle der Theeblätter besserer Qualität, die man früher nur
zu den Theetafeln, dem Ziegelthee, verwendete, neuerdings geringeren Sorten zugesetzt, um
diesen beim Aufguß ein feineres Aroma zu verleihen. Diese Abfälle kommen zu solchem
Zwecke als Houa=sian in den Handel; allein obwohl sich der angegebene Effekt damit sehr
wohl erreichen läßt, so ist dem Konsumenten doch nur ein schlechter Dienst geleistet; denn
die staubförmigen Teile benetzen sich nicht vollständig im Wasser, sie schwimmen obenauf
und geben von dem Gehalte, der ihnen wohl innewohnen mag, nur den geringsten Teil
an das Getränk ab. Die grüne Färbung, welche die Europäer bevorzugen, erhöht der Chinese
durch Zusatz von Berliner Blau und Gips= oder Specksteinpulver; er soll sich sogar mitunter
so weit versteigen, daß parfümierter Kot von Seidenraupen mit als Thee verkauft wird.

Fig. 66. Bambushürden zum Theetrocknen.

Man erzählt auch, daß in England ansehnliche Fabriken im Gange seien, welche bereits
gebrauchten Thee aus den Restaurationen zusammenkaufen und auf chinesische Art nochmals
zurecht machen, ihm auch Blätter von Eschen, Schlehen, Erdbeeren u. s. w. betrügerisch
zusetzen. In China soll man sogar der Theeverfälschung wegen einen Baum Toun=chou
ganz besonders kultivieren, man parfümiert oder versetzt die Blätter desselben mit dem
schon genannten Houa=sian und stellt daraus Theetafeln her, deren feste Beschaffenheit ein
Erkennen der wenig wertvollen Beimengungen erschwert. B. Seemann berichtet über die
Theesorten, welche in Kanton zum Verkauf kommen, folgendes: „Ich habe ermittelt, daß
in und um Kanton der grüne Thee mit Pulver von Gelbwurz (Curcuma), Gips und Indigo,
oft auch mit Berliner Blau gefärbt wird. Sir John F. Davis hegt den Irrtum, daß das
Färben nur bisweilen geschehe, um einer plötzlich vermehrten Nachfrage Genüge zu leisten,
während es jetzt bekannt ist, daß der grüne Thee Kantons seine Farbe nur künstlichen Mitteln
verdankt." Der Thee wird, nach seinen Angaben, unzubereitet nach Kanton geschafft und
hier werden aus ihm künstlich die verschiedenen Sorten hergestellt. Als die einzigen natür=
lichen würden diejenigen anzusehen sein, welche durch das Sammeln in den verschiedenen
Jahreszeiten entstehen. Um den Thee zu färben, wirft man eine Partie davon in eine
über gelindem Feuer stehende eiserne Pfanne. In dieser werden die Blätter unter fort=
während Umrühren erhitzt, dann auf etwa 10 kg Thee ein Eßlöffel voll Gips, ebenso=
viel Curcumapulver und zwei= bis dreimal soviel Indigo zugemischt. Während des fort=
gesetzten Umrührens erhält der Thee die bläulichgrüne Farbe. Die Blätter nehmen durch
die Hitze eine verschiedene Gestalt an und werden nach letzterer durch Sieben gesondert.

Kleine längliche Blätter, die schon durch das erste Sieb fallen, geben den Young-Hayfan; rundliche, kornartige, die das letzte Sieb durchläßt, gelten als Gunpowder oder Choucha. Schwarzer Congo und Souchong ist meistens echt, der grüne dagegen meistens gefälscht. In China selbst, wo der Thee (wie auch in Japan) zu den täglichen Bedürfnissen gehört, läßt man ihn wenigstens ein Jahr lagern, ehe er genossen wird. Für den europäischen Handel verpackt man ihn entweder in Kruken oder in Kästen, die mit Bleifolie ausgelegt sind und bis 160 kg wiegen. Wenn der Thee zu uns kommt, ist er hinlänglich alt, um sofort genossen werden zu können, längeres Lagern soll sogar seine Qualität verringern, und Theefeinschmecker an den großen Einfuhrplätzen ziehen die frisch importierten Sorten den älteren Jahrgängen immer vor.

Die Namen der vielerlei Theesorten beziehen sich teils auf die Form und Farbe, teils auf den Standort, teils werden sie von den Kaufleuten in ähnlicher Weise erfunden, wie es bei uns bei Zigarrensorten gebräuchlich ist. Die gewöhnlichen schwarzen Thee-sorten, die zu uns gelangen, sind: Theebou, Pecco, Congo oder Bongso, Campu oder Semlo, Souchong und der feine Padre-Souchong; von grünen Sorten sind die gebräuch-lichsten: der Perlthee, auch Imperial- oder Kaiserthee genannt, der in erbsengroßen Kugeln vorkommt, der Schießpulverthee (Aljofar) in feinen Körnern, der locker gerollte Soulong oder Tschulang, der Hayfan oder Gobee in länglich gerollten Blättern, der Tonkay oder Twankey, der Singlo und der unechte Kaiser- oder Blumenthee. Nach den Ländern des inneren Hochasiens gehen die geringeren Sorten in der schon erwähnten Form von Ziegelthee. Dieser Backsteinthee dient den Mongolen und Tataren teils als Getränk, teils in Salzwasser gekocht, mit Milch und Mehl versetzt, als eine Art Suppe und vertritt gelegentlich sogar die Stelle der Scheidemünze. Er ist leicht transportabel und wird besonders in der Pro-vinz Chubei fabriziert, von wo er über Schanghai und Tsensien nach Kiachta, der sibirischen Grenzstadt, gebracht wird. Der Verbrauch an diesem Ziegelthee muß unter den nomadi-sierenden Völkern ein enormer sein, was der Umstand beweist, daß in Uraga allein davon jährlich über 50 Millionen Pfund abgesetzt werden sollen.

In China und Japan trinkt man den Thee fast stets ohne alle weitere Beimischung. In der Regel wirft man eine kleine Quantität Blätter in die Tasse, gießt heißes Wasser darauf und trinkt dann dieses, nachdem es sich hinreichend abgekühlt hat. Auf vielen chine-sischen Kaffeetassen findet man das berühmte Gedicht des Kaisers Kien-Long, in welchem dieser die Anweisung zum besten Theetrinken gibt: „Setze über ein mäßiges Feuer ein Gefäß mit drei Füßen, dessen Farbe und Form darauf deuten, daß es lange gebraucht ist, fülle es mit klarem Wasser von geschmolzenem Schnee; laß dies Wasser bis zu dem Grade erwärmt werden, bei welchem der Fisch weiß und der Krebs rot wird, gieße dieses Wasser in eine Tasse auf feine Blätter einer ausgewählten Theesorte; laß es etwas stehen, bis die ersten Dämpfe, welche eine dicke Wolke bilden, sich allmählich vermindern und nur leichte Nebel auf der Oberfläche schweben; trinke alsdann langsam diesen köstlichen Trank, und du wirst kräftig gegen die fünf Sorgen wirken, welche gewöhnlich unser Gemüt be-unruhigen. Man kann die süße Ruhe, welche man einem so zubereiteten Getränk verdankt, schmecken, fühlen, jedoch nicht beschreiben."

Die chemische Zusammensetzung des Theeblattes bietet sehr viel Ähnlichkeit mit jener der Kaffeebohnen. Auch in ihm bildet sich beim Rösten und Trocknen ein flüchtiges Öl, welches ihm vorzugsweise den angenehmen Geruch und Geschmack verleiht. Das Alkaloid (Thein) ist im Thee, wie er genossen wird, in größerer Menge enthalten als in den gerösteten Kaffeebohnen, denn während selbst in ungerösteten Bohnen das Kaffein nur $1\frac{1}{2}$ Prozent ausmacht, steigt der Gehalt davon im Thee auf das Doppelte und mehr. Im Peccothee hat Groves $3{,}5$ Prozent Thein gefunden. Man kann aus feingepulverten Theeblättern jenes Alkaloid auf höchst einfache Weise dadurch erhalten, daß man sie in einem Uhrglas auf eine heiße Platte setzt und eine kegelförmige Papiertüte darüber stülpt. Das Thein wird durch die Hitze verflüchtigt und setzt sich innerhalb des Papiers als kleine, farblose Kristalle an. Die Gerbsäure (Tannin) des Theeblattes, welche zu 6—19 Prozent vor-handen ist, weicht von derjenigen im Kaffee darin ab, daß sie Eisenlösungen schwärzt. Ihr Vorhandensein läßt Milchzusatz beim Thee wie beim Kaffee als verkehrt erscheinen, da sie mit Bestandteilen der Milch unlösliche lederartige Verbindungen eingeht.

Von den sonstigen Bestandteilen des Theeblattes, z. B. dem stickstoffreichen Kleber, wird durch einen Wasseraufguß nur wenig aufgelöst, sie können also auch als Nahrungs= mittel kaum in Betracht kommen; im übrigen zeigen sie in ihrer Gesamtheit eine große Übereinstimmung mit den Bestandteilen der Kaffeebohnen. Vergleicht man die prozentische Zusammensetzung, welche die im Handel vorkommenden Theesorten durchschnittlich haben, mit der Zusammensetzung des ungerösteten Kaffees, so stößt man auf folgende Zahlenverhältnisse:

	Thee	Kaffee
Wasser	6	12
Gummi und Zucker	20	17
Kleber	21	11
Thein (Kaffein)	$2-2^1/_2$	$1-1^1/_2$
Gerbsäure	15	5
Fettes und ätherisches Öl	4	13
Holzfaser	24—26	$33^3/_4$
Asche	$5^1/_2$	$6^3/_4$
	100	100

Fig. 67. Das Innere einer japanischen Theeschenke.

Die physiologischen Wirkungen des Thees haben zu allen Zeiten ebensoviele Lob= preisungen des Getränks hervorgerufen, wie sie auf der andern Seite heftige Angriffe erfahren haben. Es ist dabei häufig die Grenzlinie zwischen Gebrauch und Mißbrauch nicht scharf genug festgehalten worden. Zu starker Thee, in zu großen Mengen und zu oft getrunken, kann bei manchen Konstitutionen selbst peinliche Zufälle, bei Tieren sogar Lähmungen hervorrufen. Die Chinesen selbst haben ein Sprichwort: „Junge Theetrinker, alte Hinker". Als der Thee in Europa bekannt ward, rühmten ihn manche Ärzte jener Zeit als ein wahres Lebenselixir; es erschien z. B. 1690 in Frankfurt a. M. eine Schrift: „Gründlicher Bericht, wie ein jeder, dem seine Gesundheit lieb ist, den Thee nicht allein zu Hause gebrauchen, sondern wie auch ein Soldat im Felde sich damit konservieren kann." Der Theetrank war darin als das Hauptmittel gegen alle möglichen Übel empfohlen. Als Gegenschrift erschien darauf: „Septimus Podagra, der profitable Apotheker Tod in dem fremden Kräutlein Thee, samt seiner medizinischen Sackpfeife." Der eine hat wohl ebenso= wenig im ganzen Umfange seiner Behauptung recht als der andre; wenn wir aber den Ausspruch einer physiologischen Autorität citieren sollen, so wollen wir schließlich das an= führen, was Moleschott, dessen Charakterisierung des Kaffeeeinflusses auf den menschlichen

Organismus wir bereits mitgeteilt haben, über die Wirkungen des Thees auf den Geist bemerkt: „Man wird zu sinnigem Nachdenken gestimmt, und trotz einer größeren Lebhaftigkeit der Denkbewegungen läßt sich die Aufmerksamkeit leichter von einem bestimmten Gegenstande fesseln. Es findet sich ein Gefühl von Wohlbehagen und Munterkeit ein, und die schaffende Thätigkeit des Gehirns gewinnt einen Schwung, der bei der größeren Sammlung und der bestimmt begrenzten Aufmerksamkeit nicht leicht in Gedankenjagd ausartet. Wenn sich gebildete Menschen beim Thee versammeln, so führen sie gewöhnlich geregelte, geordnete Gespräche, die einen Gegenstand tiefer zu ergründen suchen, und welchen die heitere Stimmung, die der Thee herbeiführt, leichter als sonst zu einem gedeihlichen Ziele verhilft. Wird freilich der Thee im Übermaß getrunken, so stellt sich eine erhöhte Reizung der Nerven ein, die sich durch Schlaflosigkeit, ein allgemeines Gefühl der Unruhe und durch Zittern der Glieder auszeichnet. Es können selbst krampfhafte Zufälle, erschwertes Atmen, ein Gefühl von Angst in der Herzgegend entstehen. Das flüchtige Öl des Thees erzeugt Eingenommenheit des Kopfes, die sich im Theerausch anfangs als Schwindel, sodann als Betäubung zu erkennen gibt."

Die Bedeutung des Thees als Handelsgegenstand ermißt sich nach der Produktion, die zur Zeit vorwiegend noch auf die ostasiatischen Länder beschränkt ist. Obenan als Lieferant steht China, dessen Produktion sich jedoch, da alle näheren Details fehlen, nur sehr schwierig schätzen läßt. Während Scherzer den Theeverbrauch in China auf 200 Millionen kg annimmt, gibt es andre, die ihn auf das Fünffache taxieren, und es erscheint, wenn man die Bewohnerzahl des großen Reiches in Betracht zieht und berücksichtigt, daß sogar in England jährlich ein Durchschnittsverbrauch pro Kopf von $1^3/_4$ kg stattfindet, die letzte Produktionsziffer durchaus nicht unglaublich. Zur Ausfuhr gelangen von China jährlich 90—100 Millionen kg (1869: 189 423 097 Zollpfund), von Japan mindestens $7^1/_2$ bis 10 Millionen kg (1867: 10 105 042 Pfund; 1869: 14 885 226 Pfund), von Ceylon 5—6 Millionen kg.

Den stärksten Verbrauch an Thee weist Großbritannien auf; hier kommen auf den Kopf durchschnittlich $3^1/_2$ Zollpfund, und dieser Konsum scheint noch im Wachsen zu sein, denn während er 1868 nur $3{,}_{19}$ Pfund betrug, hatte er 1872 die Ziffer $3{,}_{55}$ erreicht. Die Niederlande erscheinen in der Reihe mit $0{,}_{80}$, Dänemark mit $0{,}_{40}$, Rußland (?) mit $0{,}_{16}$, Deutschland mit $0{,}_{035}$, Frankreich und Belgien mit $0{,}_{018}$, Schweden und Norwegen mit $0{,}_{006}$, Spanien und Portugal mit $0{,}_{004}$ und Italien nur mit $0{,}_{002}$ Zollpfund pro Kopf jährlich.

Ersatzmittel des Thees in andern Ländern. Eine ähnliche Bedeutung wie der chinesische Thee für China hat der Paraguaythee für einen großen Teil Südamerikas gewonnen. Er stammt von einem Strauche, der unsrer Stechpalme (Hülsen, Ilex aquifolium) nahe verwandt ist, und enthält ebenfalls das Thein. Diese Pflanze wird von den Botanikern als Ilex paraguayensis, Ilex Mate oder Ilex theaezans bezeichnet und findet sich massenhaft wildwachsend in den Ländern zwischen dem Rio Grande in Brasilien bis zum Paraguay. Die Ernte beginnt im Dezember und dauert bis August. Man begnügt sich beim Einsammeln der Blätter entweder damit, letztere einfach zu trocknen (Caa-puaza), was mittels Hindurchziehens der abgeschnittenen Zweige durch ein freies Flammfeuer und durch ein flüchtiges Rösten der sodann abgestreiften Blätter auf eigens vorgerichteten Gestellen durch ein darunter angezündetes Feuer geschieht. Zur Herstellung einer besseren Sorte trennt man wohl die harten Mittelrippen von der Blattmasse ab (Caa-miri). Letztere Bereitungsweise ward durch die Jesuiten eingeführt. Außerdem unterscheidet man im Lande selbst noch eine dritte Form, die Caa-cuys, bei welcher die nur halb aufgebrochenen Knospen verwendet werden. Diese eignet sich jedoch nicht zur Ausfuhr. Für die Ausfuhr stampft man die getrockneten Blätter fest in frische Kuhhäute, Seronen, die gegen 100 kg fassen. Von Paraguay aus wird dieser Thee in bedeutenden Mengen nach den Nachbarländern verfahren, nördlich bis Quito und Lima, südlich nach den Gebieten am Rio de la Plata. Beim Gebrauch übergießt man die zerriebenen Blätter in einem Becher oder einer Kalabasse mit siedendem Wasser und saugt dann die Flüssigkeit, die man Maté nennt, durch ein mit einem Siebe am unteren Ende versehenes Rohr ein. Der Maté schmeckt kräftig bitter und ist ähnlich aufregend wie der chinesische Thee, so daß er selbst neben dem letzteren in Europa

hier und da bereits Freunde gefunden hat.   Durch Zuſatz von Zitronenſaft, Zimt oder
Gewürznelken und Zucker ſucht man ſeinen Geſchmack zu verbeſſern.   Der in Weſtdeutſch=
land häufig wachſende gemeine Hülſen (Ilex aquifolium) iſt an einzelnen Orten, z. B. auf
dem Schwarzwalde, in gleicher Weiſe als Theepflanze verſucht worden, hat ſich aber keines
beſonderen Anklangs zu erfreuen gehabt.   Die Menge des in Paraguay erzeugten Thees
läßt ſich nicht leicht beurteilen, mag indes beträchtlich genug ſein, da aus Buenos Ayres
1869 allein 14,$_2$ Millionen Pfund im Werte von 5,$_2$ Millionen Frank ausgeführt wurden.
Fr. Neumann ſchätzt den jährlichen Verbrauch auf 40 Millionen Pfund.   Ein Übelſtand
bei ihm, der ihm im Vergleich mit chineſiſchem Thee und Kaffee zum Nachteil gereicht, iſt
der, daß er bei längerem Aufbewahren und weiterem Transport an Güte bedeutend verliert.
Zu dem Thee, den man in Chile Paraguaythee zu nennen pflegt, nimmt man die getrock=
neten Blätter der Psoralea glandulosa und in Mittelamerika jene der Capraria biflora.

　　Auf den Kordilleren Perus iſt der Cocaſtrauch (Erythroxylon Coca) die allgemein
beliebte „Theepflanze“.   Ein Aufguß von den Blättern iſt ein angenehm belebender Trank;
doch iſt dieſe Form, den Thee zu genießen, hier nur ausnahmsweiſe üblich; die gewöhnliche
Form des Genuſſes iſt das Kauen.   Da die Cocapflanze zugleich narkotiſche Eigenſchaften
beſitzt, ſo werden wir ſie ſpäter noch eingehender betrachten.   Die Araber und Abeſſinier
benutzen in ähnlicher Weiſe, teils zum Theeaufguß,
teils als Kaumittel, die jungen Blätter des Kat=
ſtrauches (Catha edulis), die aber wegen ihres
hohen Preiſes und wegen ihrer geringen Haltbarkeit
meiſtens durch die Kaffeebohnen verdrängt werden.
Neuerdings iſt wiederholt öffentlich auf die Verwen=
dung des Kaffeeblattes als Erſatz für den chine=
ſiſchen Thee hingewieſen worden.   Jene Anregungen
wurden vorzugsweiſe durch Erfahrungen hervorge=
rufen, die man auf Sumatra gemacht hatte.   Dort
pflanzt man in den feuchtheißen Niederungen den
Kaffeeſtrauch nicht mehr der Bohnen, welche daſelbſt
nur ſpärlich gedeihen, ſondern nur der Blattnutzung
wegen. Die Arbeiter in den Reisfeldern halten bloßes
Waſſer ſowie alle Spirituoſa bei ihrer ungeſunden
Arbeit für verderblich und nähren ſich faſt nur von
gekochtem Reis und einem Aufguß auf Kaffeeblätter.
Das Blatt wird dort ſelbſt den Beeren vorgezogen.
Es ſoll mehr bittere Stoffe enthalten und nahrhafter
ſein.   Um das Kaffeeblatt zu benutzen, röſtet man
es über den hellen Flammen von trockenem Bambus=

Fig. 68. Zweig und Blüte vom Paraguay=
Theeſtrauch (Ilex paraguayensis).

rohr, das keinen Rauch gibt, und baut hierzu beſondere kleine Öfen.   Trotz vielfacher
Empfehlungen dieſes Kaffeethees hat derſelbe aber bis jetzt, ſoweit verlautet, außerhalb
jener Inſel noch keinen bedeutenden Anklang gefunden, ſelbſt auf dem benachbarten Java
nicht.   Die Beſitzer von gut gelegenen Kaffeeplantagen ſcheuen ſich, den ſicheren Gewinn
der Bohnen mit dem fraglichen der Blätter zu tauſchen, um ſo mehr, da ihnen erfahrene
Arbeiter zum Zubereiten der Blätter fehlen.

　　In Nordamerika wird in einigen nördlichen Diſtrikten das Blattwerk des Sumpf=
porſt (Ledum palustre und Ledum latifolium) zu ſogenanntem Labradorthee verwendet.
Man ſchreibt ihm ſtark abſtringierende, narkotiſche, beruhigende und erheiternde Eigen=
ſchaften zu.   Jene Pflanze iſt bei uns ſtellenweiſe auch einheimiſch, hat aber mit ihrem
eigentümlichen Geruche noch niemand in Verſuchung geführt, ſie als Thee zu benutzen,
dagegen ſoll ihre betäubende Wirkung von gewiſſenloſen Bierbrauern öfters zu Hilfe ge=
nommen werden.

　　Auſtralien hat auch ſeinen Originalthee in dem ſogenannten Tasmaniſchen Thee,
aus den Blättern verſchiedener Arten Melaleuca und Leptospermum bereitet; ebenſo nimmt
man dort zum Thee die Blätter der Correa alba, Acaena sanguisorba und Glaphyria nitida.

Auf Mauritius dient sogar eine Orchidee, das Angraecum fragrans, zur Herstellung des duftenden Fahamthees.

Der Merkwürdigkeit halber darf erwähnt werden, daß auch Böhmen seinen eignen Thee haben wollte. Vor einigen Jahren tauchte als „Böhmischer Thee" ein Produkt im Handel auf, das, obwohl der Strauch, von dem es gewonnen wurde, als Thea chinensis kultiviert wurde, doch keine Spur von Thein oder irgend einem andern Alkaloid enthielt. Es war eine plumpe Nahrungsmittelverfälschung, die Mutterpflanze hatte mit der Thee=staude gar nichts zu thun, es war Lithospermum officinale.

Kakao und Schokolade.

Durch die Entdeckung Amerikas ward man mit einem neuen und zugleich köstlichen Genußmittel bekannt, dem Kakao. Im Jahre 1520 brachten die Spanier die ersten Proben davon nach Europa. Die Kakaobohnen stammen von einem Baume mittlerer Größe (4 bis 6 m), den Linné Theobroma, d. i. Götterspeise, nannte und als eine einzige Spezies be=trachtete (Th. Cacao). Neuere Botaniker rechnen denselben zu der natürlichen Familie der Büttneriaceen, die nur innerhalb der Tropen ihre Vertreter hat, und unterscheiden sechs verschiedene Arten oder Abarten davon (Th. bicolor, Th. speciosum, Th. guyanense, Th. sylvestre, Th. glaucum, Th. angustifolium).

Dem äußeren Ansehen nach hält der Kakaobaum die Mitte zwischen dem Orangen= und einem großblätterigen Herzkirschenbaum, nur daß seine Blätter viel größer sind als bei dem letzteren. Die Größe des Baumes wechselt nach der Sorte, welcher er angehört, innerhalb der oben angegebenen Grenzen; dabei hat sein Stamm einen Durchmesser von 20—30 cm. Er findet sich noch jetzt in Mexiko, Zentralamerika und dem äquatorialen Südamerika wild, zwischen dem 23. Grade nördlicher und dem 15.—20. Grade südlicher Breite. Der Baum liebt als Standort feuchte, schattige Flußthäler, die einen tiefgründigen, fruchtbaren Boden haben, eine gleichmäßige Temperatur von 22—28° C. und möglichst Schutz vor den erkältenden Nordostwinden besitzen. In seinen Heimatsländern wird auch seine Kultur am ergiebigsten betrieben. Man hat zwar den Kakaobaum vielfach in tropischen Gegenden zu akklimatisieren versucht, allein dies ist nur wenig gelungen, am besten noch in Südamerika, Kolumbien, Ecuador, Guayaquil, ferner auf den Kleinen Antillen, woher, namentlich von Martinique, nicht unbeträchtliche Quantitäten von Kakaobohnen als Cacao des Iles nach Europa kommen. Im ganzen hat die westindische Kakaokultur sehr abgenommen. Da er ein verhältnismäßig schwaches Wurzelsystem entwickelt, wird er von heftigen Winden leicht aus dem Boden gehoben. Seine Blätter sind in der Jugend rötlich, färben sich aber nach und nach glänzend dunkelgrün und gewähren im Verlaufe ihres Wachstums dem Baume eine schöne Zierde; die verschiedene Färbung, welche das Laub schon zeigt, wird aber noch durch die zahlreichen rosenfarbenen Blüten und die im Zustande der Reife gelbroten Früchte gehoben, und da derselbe Baum das ganze Jahr hindurch alle Stadien der Blatt=, Blüte= und Fruchtentwickelung nebeneinander zeigt, so ist die schöne Wirkung, welche der Anblick einer Kakaopflanzung machen soll, leicht begreiflich.

Die südamerikanischen Indianer sammeln die gurkenähnlichen, mehr als spannenlangen rotgelben Früchte nur, um das Fruchtfleisch zu genießen. Sie verschmähen die Bohnen, und letztere finden sich haufenweise an den Lagerplätzen jener Horden. In jeder Frucht liegen in fünf Kapseln eingebettet bis gegen 40 Bohnen, die frisch weiß von Farbe, herbe und bitter von Geschmack sind. Im Dezember ziehen auch die Ansiedler zum Sammeln des wilden Kakaos aus. Die Gegenden, in denen er wächst, sind so ungesund, und die Reise durch dieselben ist zugleich mit so vielen Beschwerden verknüpft, daß das Trocknen der Bohnen, welche an 50 Prozent Wasser enthalten, auf den Booten in nur notdürftiger Weise ausgeführt werden kann. Der so gewonnene Kakao wird als ungerotteter Kakao oder Cacao bravo bezeichnet und gilt als die schlechteste Sorte.

Anbau des Kakaobaumes. Der meiste Kakao wird in besonderen Plantagen gezogen. Der Anbau des geschätzten Baumes war schon vor Ankunft der Europäer in Mexiko stark betrieben, denn man hatte in jenem Reiche einen großen Teil der Steuern in Kakaobohnen zu entrichten, wie ja noch gegenwärtig in Nikaragua stellenweise die letzteren statt Scheide= münze dienen.

Zur Anlage der Kakaopflanze wählt man ähnliche Lokale, wie jene sind, an denen der Baum wild vorkommt. Guter, tiefgründiger Boden, der noch kein andres Kulturgewächs getragen hat, Schutz vor dem Winde und gleichmäßige hohe Temperatur sind nebst gehöriger Feuchtigkeit die Hauptbedingungen. Wo letztere nicht von der Natur geboten ist, muß sie durch künstliche Bewässerung herbeigeführt werden. Die Bohnen legt man entweder in regel= mäßig verteilte Löcher oder zieht sie zunächst in Samenbeeten und verpflanzt die zwei= jährigen Stämmchen. In jedem Alter bedarf der Baum Schutz gegen den unmittelbaren Sonnenstrahl; den jungen Pflanzen wird solcher durch die großblätterigen Bananen gewährt, die höheren Bäume läßt man durch zwischengepflanzte Korallenbäume (Madre del Cacao der Spanier) beschatten. Je fruchtbarer der Boden, desto entfernter stellt man die Kakaobäume, gewöhnlich 6—9 m voneinander. Heftige Platzregen, vorzüglich aber ein rasches Sinken der Temperatur sind für den empfindlichen Baum sehr nachteilig, auch eine Menge Tiere schmälern die Ernte des Pflanzers. Auf den Molukken sind die Ernten jahrelang durch einen kleinen Käfer zerstört worden, der sich am Fruchtstiel eingebohrt und ein Schwarzwerden und Verdorren der Früchte herbeigeführt hat. Fleißiges Ausjäten des Unkrauts und Auf=

lockern des Bodens rings um die Stämme sind notwendige Arbeiten; auf je 1000 Bäume wird aber ein Mann als hinreichend betrachtet, dem auch das Beschneiden der Äste obliegt.

Im dritten oder vierten Jahre ihres Alters fangen die Bäume schon an zu blühen und bisweilen auch Früchte zu tragen, sie fahren damit fort bis zum 30., ja unter besonders günstigen Verhältnissen bis zum 50. Jahre; in der Zeit vom 12.—15. Jahre ist der Ertrag aber am er= giebigsten. In der Regel fangen die

Fig. 69. Zweig vom Kakaobaum.

Erträgnisse erst mit dem achten Jahre an namhaft zu werden. Die kleinen violetten und gelb= lichen Blüten brechen büschelweise aus den stärkeren Ästen, dem Stamme und selbst aus bloß= liegenden Wurzelteilen hervor, von Tausenden derselben kommt aber kaum etwa eine zur Fruchtentwickelung. Das Wachstum der Frucht erfordert gegen vier Monate. Obschon der Baum während des ganzen Jahres blüht und ununterbrochen Früchte zeitigt, sind letztere doch vorzugsweise zu zwei Zeiten des Jahres vorhanden, je nach den Landschaften bald früher, bald später. So fällt in Mexiko die Haupternte auf den März und April, die zweite, geringere auf den Oktober; in Brasilien dagegen trifft man die meisten Früchte im Juni und Juli (dem Winter jenes Gebiets), die zweite, schwächere Ernte erst im Januar und Februar.

Die Zubereitung der Bohnen für den Handel ist ziemlich einfach. Man hat sie von den Fruchtschalen und von dem saftigen Fruchtfleische zu befreien, von dem sie eingeschlossen sind. Die ersten schlitzt man mit einem stumpfen knöchernen oder hölzernen Messer auf und wirft sie weg; das letztere reibt man mit den Händen durch ein Sieb und bereitet durch Gärung ein berauschendes Getränk daraus, das von den Arbeitern gern genossen wird. Die anfänglich weißen Bohnen breitet man während des Tages in der Sonne zum Trocknen aus und schützt sie vor dem Nachttau und Regen in Schuppen, in welchen sie zu großen Haufen aufgeschüttet und mit Bananenblättern bedeckt werden. Bei diesem Aufeinander= liegen tritt eine Erwärmung und schwache Gärung in den Bohnen ein, durch welche sie auch im Geschmack milder, weniger herbe, werden. Auf manchen Pflanzungen trocknet man die Bohnen in mäßig geheizten, gut gelüfteten Räumen. Alle Bohnen dieser Pflanzungen geben den gerotteten Kakao. Auf jeden tragbaren Baum rechnet man im Durchschnitt 4—6 Pfund frische oder 2—3 Pfund trockene Bohnen. Nimmt man hierzu die Zeit in Rechnung, welche der Baum braucht, ehe er tragfähig wird, sowie die vielerlei Übel, welche der Ernte drohen, so ist die Kultur des Kakaos keineswegs als sonderlich ergiebig zu bezeichnen. Die nördlichsten Pflanzungen befinden sich in den Thälern des Altamaha, in Georgia und im südlichsten Gebiete des Mississippi, häufiger finden sie sich um den Meerbusen von Mexiko; ebenso sind viele in Guatemala und an der Westküste Mexikos vorhanden. Der an letzterer erzeugte Kakao (von Soconusco) gilt sogar als die beste Sorte. Honduras, Mexiko, Costarica, Nikaragua, Kolumbien, Guayana haben ebenfalls zahlreiche Plantagen, Brasilien dagegen fast nur wilden Kakao. Westindien war früher reich an Pflanzungen, seit dieselben aber durch Orkane zerstört wurden, sind sie nur an wenigen Punkten wieder aufgekommen, so auf Martinique, Neugranada und Trinidad. Die außeramerikanischen Pflanzungen sind unbedeutend. Derjenige Kakao, welcher nach Deutschland gelangt, stammt zum größten Teil aus Guayaquil.

Fig. 70. Kakaofrucht mit den Bohnen.

Unter allen Ländern Europas verzehrt Spanien den meisten Kakao, nächst diesem Frankreich; in Deutschland gilt Schokolade als Luxusgenuß, in Spanien gehört sie zum täglichen Brote. Ganz Europa empfängt jährlich 15—18 Millionen kg Bohnen, davon werden in Hamburg circa 20000 Zentner für Deutschland ausgeschifft. Auf Preußen kommen davon gegen 5—6000 Zentner, auf die Person also durchschnittlich im Jahre etwa 30 g; in Österreich ist der Konsum noch geringer, da hier noch nicht die Hälfte dieses Quantums auf den Kopf kommt. England bedarf jährlich fast 2 Millionen kg, Belgien fast 250000 kg, hier kommen auf den Kopf fast 45 g. In Frankreich führte man 1857 gegen 6 Millionen kg Kakaobohnen ein, was auf die Person im Durchschnitt 250 g macht; ein Teil wird allerdings in der Form von Schokolade wieder ausgeführt. In Spanien rechnet man auf den Kopf einen Jahresbedarf von 1 kg. Bei der Verschiffung werden die Kakaobohnen in der Regel ohne weiteres im Schiffsraume aufgeschüttet und erst in Hamburg in Säcke gefüllt; nur die besten Sorten verschickt man gleich in Ledersäcken.

Die Kakaobohne ist von einer harten Schale umgeben; innen enthält sie, wie unsre gemeinen Bohnen, zwei Samenlappen (Cotyledonen) und zwischen denselben das Keimwürzelchen. Die dicken Samenlappen sind der nutzbare Teil; um sie von den Schalen und dem Keime zu befreien, röstet man die Bohnen zunächst in Blechtrommeln bei einer Temperatur von 100—300° C., ähnlich wie die Kaffeebohnen. Nach etwa einer Viertelstunde bringt man sie sodann auf eine Mühle, die in der Art unsrer Kaffeemühlen konstruiert ist, nur daß ihr Reibapparat einen stumpfen Hieb hat und weiter gestellt ist. In manchen Fabriken läßt man die Bohnen auch wohl statt dessen zwischen Walzen mit quadratischen Unebenheiten hindurchgehen. Hierbei werden die Schalen zerbrochen, die Samenlappen in grobe Stücke zerbröckelt und das Würzelchen abgetrennt. Letzteres fällt durch das untergestellte Sieb, die Schalen bläst man durch eine Windsege hinweg. Der Kern der Bohne enthält ziemlich zur Hälfte Kakaofett, 14—18 Prozent Stärke, 13—18 Prozent Proteinverbindungen, 1—1½ Prozent Theobromin u. s. w. Das Theobromin ist ein ganz ähnliches Alkaloid wie Kaffein und Thein. Es wird nur im Laboratorium des Chemikers in reiner Form hergestellt, zeigt dann einen sehr bitteren Geschmack und alle Eigenschaften eines heftigen Giftes. In der schwachen Verteilung innerhalb der Kakaomasse wirkt es dagegen angenehm aufregend.

Das Kakaofett (Kakaobutter), durch welches die Schokolade für schwache Magen schwer verdaulich wird, läßt sich leicht durch Erwärmen und Auspressen von der Kakaomasse trennen. Es wurde schon seit lange in Amerika von den Kreolinnen zu Hautsalben angewendet und bei uns vom Apotheker zu Augensalben, Ceraten u. dergl. benutzt. Mit Alkalien verseift es und gibt ein schönes weißes Produkt.

Fig. 71. Kakaoernte.

Der Kakao wird in verschiedener Art der Bereitung genossen. Man macht aus den gerösteten Bohnen durch Zerreiben derselben eine feine Masse, die durch ihren reichlichen Fettgehalt in der Wärme teigartig wird, in gewöhnlicher Temperatur erhärtet und mit heißem Wasser ein beliebtes Getränk gibt; oder man entölt ihn und benutzt bloß das fettfreie Kakaomehl zu Aufgüssen. In größter Menge aber verbraucht man den Kakao zur Bereitung der Schokolade.

Schokolade. Der Genuß der Schokolade war bereits bei den Mexikanern gebräuchlich, ehe die Spanier mit ihnen bekannt wurden; das Wort selbst soll aus jener Sprache herstammen und „Kakao" und „Wasser" (Atle) bedeuten. Man zerrieb die Kakaomasse, setzte Gewürze und Zucker hinzu und ließ sie mit Wasser aufkochen. Die Spanier sollen um 1520 die erste Schokolade mit nach Europa gebracht haben, sie hielten aber ihre Herstellung sehr geheimnisvoll. Von Spanien aus verbreitete sich die Schokolade weiter, und zwar kam sie zunächst nach Deutschland, das durch seine Dynastien in vielfachen Beziehungen zu dem spanischen Hofe stand. Der Gebrauch blieb aber lange Zeit ein sehr beschränkter wegen des hohen Preises, in dem sich der Kakao hielt, und wegen der geringen Bekannt= schaft mit der Art und Weise der Zubereitung. Erst später und, wie manche sagen, 1661 durch Maria Theresia von Spanien, die Gemahlin Ludwigs XIV., oder, wie andre wollen, schon 1653 durch den Kardinal Alphons Richelieu, einen Bruder des bekannten Ministers, wurde Frankreich mit dem neuen Genußmittel bekannt. In der ersten Zeit war auch hier dasselbe mit dem Reize des Geheimnisses umkleidet, allmählich aber gewann es größere Öffentlichkeit, und jetzt gibt es Schokoladenfabriken daselbst, welche, wie die von Ménier, jährlich über 2,5 Millionen kg Schokolade in den Handel bringen.

Die Umwandlung der Kakaomasse in Schokolade, wie sie bei uns stattfindet, läuft lediglich auf das Vermengen derselben mit Zucker und Gewürz und auf das Formen in Tafeln u. dergl. hinaus. Bei 29—30° C. schmilzt die Kakaobutter; läßt man deshalb die gerösteten und zerkleinerten Bohnen durch enggestellte und erwärmte Granitwalzen gehen, so erhält man einen feinen Brei, welchem in einem Walzwerke, wie es Fig. 73 zeigt, die betreffenden Zusätze sich leicht beimengen lassen.

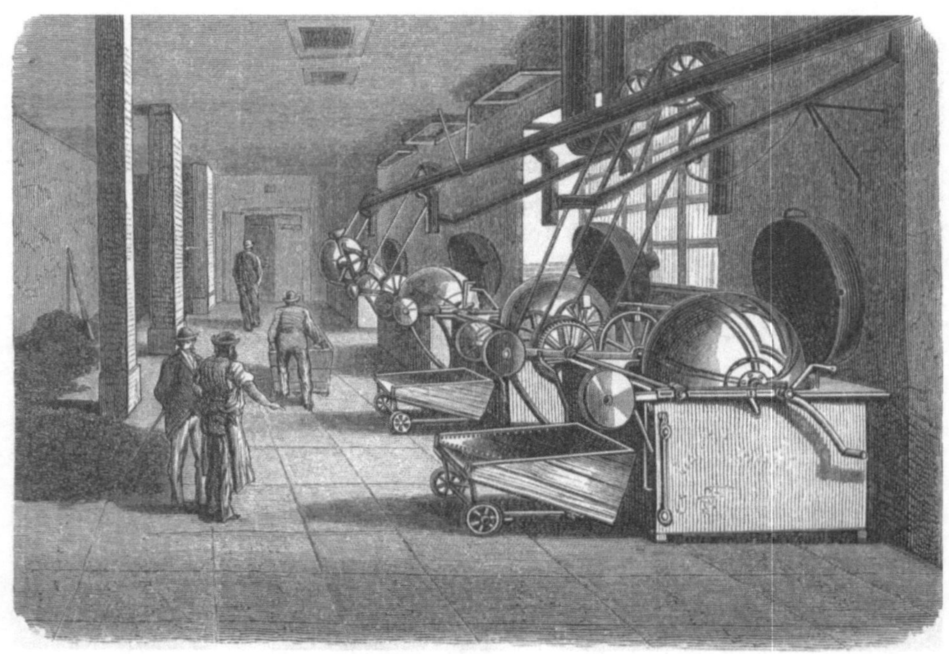

Fig. 72. Röstapparat.

Letztere sind nach dem Geschmack sehr verschieden. Zu den feinsten Sorten nimmt man nur Vanille, deren Zerkleinerung aber eine schwierige Arbeit ist. Zu geringeren Sorten setzt man noch Zimt und Nelken, und die Spanier fügten sogar spanischen Pfeffer, Anis, Orangenblüten, Mandeln, Haselnüsse und noch manches andre hinzu. Auf 1 kg Kakaomasse mischt man, je nachdem, 1—1½ kg Zucker zu. Ehedem behalf man sich mit Honig. Die schlechtesten Sorten sind vielfach gefälscht; geröstetes Mehl soll dann die Kakao= masse vermehren helfen, Talg die Kakaobutter ersetzen und Ocker sogar die Färbung erhöhen, andrer Fälschungen gar nicht zu gedenken. Das sogenannte Racahout des Arabes ist eine Mischung von Schokolade, Arrowroot, Stärke u. dergl., oder auch von Kakaomasse, Salep, Linsenmehl, Kartoffelstärke, Zucker mit etwas Zimt und Perubalsam. Schokolade ist in neueren Zeiten vielfach benutzt worden, um Kranken den Genuß unangenehm schmeckender Arzneistoffe zu erleichtern. Man trifft deshalb in Apotheken und Arzneiläden Eisen=, China=, Moosschokolade u. s. w.

Der warme Schokoladenbrei wird gewöhnlich mit der Hand, seltener durch Maschinen, in blanke Messingformen eingeschlagen und glattgerüttelt, die fertigen, nach dem Erkalten feſt gewordenen Tafeln laſſen ſich leicht herausnehmen und werden in Stanniol oder Papier verpackt. Die Fabrikation der Schokolade iſt demnach in ihrem Weſen ſehr einfach. Das ganze Geheimnis beſteht eigentlich darin, die beſten Materialien zu verarbeiten und die Zubereitung, namentlich die Verreibung, auf das ſorgfältigſte vorzunehmen. Gute Schokolade muß nämlich, außer daß ihr Geſchmack rein iſt, in ihrer ganzen Maſſe gleichmäßig, feinbrüchig und namentlich frei von allen Körnern ſein. Da der Zucker bei ſeiner großen Neigung, zu kriſtalliſieren, leicht ein körniges Gefüge bewirkt, ſo iſt eine Hauptrückſicht darauf zu nehmen, daß das Erkalten und Erſtarren der warmen Schokoladenmaſſe möglichſt raſch geſchieht, der Zucker alſo feſt wird, ehe er Gelegenheit gefunden hat, ſich in der Maſſe zu iſolieren. Zu dieſem Behufe ſind in großen Fabriken ausgedehnte Eiskeller in Betrieb, in denen die breiigen Schokoladenformen zu raſcher Erſtarrung gebracht werden können.

Das Kochen der Schokolade in Milch, das in Deutſchland hier und da gebräuchlich iſt, beabſichtigt auch nur eine möglichſte Vermehrung des Quantums. Der Spanier kocht ſeine Schokolade nur in Waſſer und trinkt ſie aus ſehr kleinen Taſſen. Die Kakaoſchalen, die ſich in den Schokoladefabriken maſſenhaft anhäufen, werden namentlich viel von Trieſt aus nach England verführt und dort unter dem Namen „Miſerabel“ mit geringen Kakaoſorten zu einer Art Schokolade verarbeitet, mit der man Irland beglückt. Bei uns gehen jene Schalen unter dem Namen Kakaothee, finden aber nur wenig Anklang.

Eigentliche Erſatzmittel für Schokolade und Kakao

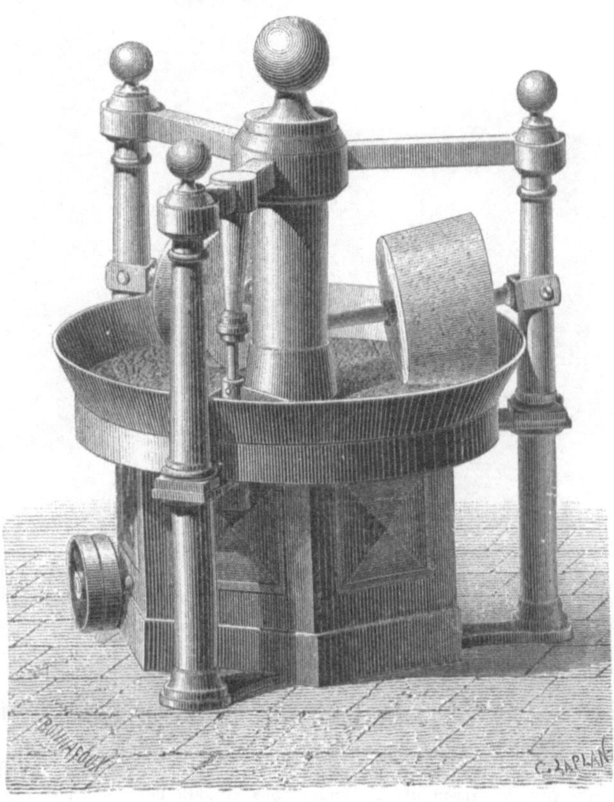

Fig. 73. Mühle zum Mengen der Schokolade.

ſind nicht bekannt, während man für den Kaffee mehrere, für den Thee viele verſucht hat. Neuere Reiſende erzählen von einem ſchokoladenähnlichen Getränk im Innern Afrikas, beſonders im weſtlichen Sudan, das dort allgemein in Gebrauch iſt. Man gewinnt es von den zerſtoßenen Früchten der Dodoa (Parkia africana), die man in kleine Kuchen formt und in dieſer Geſtalt von den Küſtenländern aus weit nach dem Innern verführt. Nach Europa ſind dieſelben unſres Wiſſens noch nicht gebracht worden. Ebenſowenig gelangt der Guarana oder braſilianiſche Kakao zu uns, der von Paullinia sorbilis ſtammt, und von dem man meinte, daß er den Indianern ſtatt des echten Kakaos diene. Die Samen der genannten Pflanze enthalten zwar anſehnliche Prozente Kaffein und würden deshalb vom chemiſchen Standpunkte aus hier unſrer Betrachtung anzureihen ſein, die aus ihnen hergeſtellten Präparate dienen aber nicht als tägliches Genußmittel, ſondern faſt nur als Heilmittel gegen mancherlei Krankheiten ſumpfiger Tropenländer.

Der Tabak und die narkotischen Genußmittel.

Kulturhistorisches. Mythe von der Entstehung der Tabakspflanze. Verpflanzung des Tabaksgenusses aus Amerika nach Europa. Tabak als Heilmittel. Das Rauchen und Schnupfen eine Modesache. Verbote und Gesetze gegen dasselbe. Pfeife und Dose. Die Tabakspflanze und ihr Anbau. Verbreitung des Tabaksbaues. Tabaksernte. Chemische Bestandteile des Tabaksblattes. Das Nikotin. Nikotinfreie Zigarren. Zubereitung des Tabaks. Sortieren. Entrippen. Fermentieren. Die Bereitung des Rauchtabaks. Die Beize. Kraus- und Rollentabak. Zigarrenfabrikation. Havanazigarren. Zigarrensorten. Schnupftabak. Garung desselben. Zerkleinerung und Verpackung. Kautabak. — Das Opium. Gewinnung. Sein Genuß und die physiologischen Wirkungen davon. Geschichtliches. Verbreitung u. s. w. Haschisch. Hopfen. Koka. Betel u. s. w.

Der Tabak hat einen so großen Einfluß auf das Leben gewonnen, daß die Wirren viel größer sein würden, wenn plötzlich seine Bezugsquellen stockten, als die waren, welche während des Krieges zwischen den Nord- und Südstaaten Amerikas durch die Baumwollennot hervorgerufen wurden. Denn der Konsum, obwohl er vielleicht nicht die allgemeine Verbreitung hat, dessen sich die Baumwollenstaude rühmen kann, ist in einer Art mit dem augenblicklichen Wohlbefinden verbunden, so daß jede Behinderung die davon Betroffenen in die größte Aufregung versetzen muß. Der Tabak ist kein Luxusartikel mehr, er ist ein Bedürfnis geworden. Er ist kein zufälliges Erzeugnis, seinem Anbau wird die größte Pflege gewidmet, und mit den Getreidearten, dem Kaffee und Thee, dem Zuckerrohr und der Baumwolle teilt er sich in die Herrschaft, welche die Natur dem Pflanzenreiche über die Menschheit zugestanden hat. Über die ganze Erde hat er sich verbreitet; bald gesucht, bald geschmäht, geliebkost und von Gesetzgebern verdammt, hat er im wechselvollen Laufe der Zeit seine heutige Bedeutung als ein Kulturmoment erlangt.

Kulturhistorisches. In den guten alten Zeiten, so erzählt Grube die persische Sage vom Ursprung des Tabakrauchens, als die Zeit noch jung war und jeder so viel hatte als er wünschte, lebte zu Mekka ein junger Mann, welcher so gut und tugendhaft war, wie junge Männer damals zu sein pflegten und wie sie jetzt sein sollten. Er hatte viele Schätze, allein keinen schlug er höher an, keinen hütete er sorgsamer, als ein schönes, tugendhaftes Weib. Aber sie wurde krank und starb. Vergebens bot er die ganze Kraft seiner Seele auf, um seinem Schmerze nicht zu unterliegen. Er suchte sich auf Reisen zu zerstreuen, er nahm die vier schönsten Jungfrauen von Mekka zu Gemahlinnen, wie der Prophet es ihm erlaubte. Nichts aber konnte ihm den Verlust der kostbaren Perle aus dem Sinn bringen, und der Kummer zehrte sichtbar an dem Marke seines Lebens. In dieser Not beschloß er, einen frommen Mann zu besuchen, dessen Weisheit er oft hatte rühmen hören. Dieser wohnte tief in der Wüste in einer einsamen Felsenzelle; der junge Mann suchte ihn auf, und der fromme Einsiedler empfing ihn, wie ein Vater den Sohn empfängt, auf den er stolz ist. Er bat ihn, sein Herz vor ihm zu erschließen, und als er die Leidensgeschichte vernommen hatte, sagte er: „Mein Sohn, gehe an deines Weibes Grab, du wirst dort ein Kraut finden, pflücke es, stecke es in ein Rohr und ziehe, wenn du es angezündet, den Rauch ein; dies wird dein Weib, dein Vater, deine Mutter, dein Bruder, vor allem aber ein kluger Ratgeber sein, es wird deiner Seele Weisheit lehren und deinen Geist erheitern!“ Und als das Kraut seine wunderbare Kraft bewies, genossen seiner auch allmählich andre, die ihre teuren Weiber noch nicht verloren hatten — vielleicht eben deswegen.

Der bläuliche, sanft aufwirbelnde Rauch trägt die Gedanken aus der trüben Gegenwart zurück in eine freudvolle Vergangenheit, oder spiegelt dem Raucher die Zukunft in dem Lichte freudiger Hoffnung. Zu einem völligen Nichtsthun kann nur der Blödsinnige versinken; aber es liegt in der vollkommenen Ruhe bei Bewußtsein eine Wohlthat für den angestrengt Gewesenen, und deshalb sind die Wölkchen der Pfeife ein so erwünschtes Erholungsmittel. Sie muten keine Anstrengung, weder dem Geiste noch dem Körper zu; sie erhalten aber, indem sie durch ihr wechselndes Spiel die nie ermüdende Phantasie beschäftigen, den Menschen im Wachen. Im Finstern rauchen ist von keinem Genuß begleitet. Der Genuß des Tabaks trägt zur Sammlung bei, denn indem die Sinne dadurch in bescheidener Weise beschäftigt, aber nicht aufgeregt werden, vermag der Geist eine freie, ungehinderte und unbeeinflußte Thätigkeit zu entfalten.

Das mag nun zwar keinen Raucher bestimmt haben, sich den Tabak zum täglichen Genußmittel zu machen und die üblen Folgen der ersten gerauchten Pfeife zu überwinden; vielmehr ist es die leidige Nachahmungssucht allein, die einer Sitte Verbreitung verschafft, welche an und für sich durchaus nicht zu den schönsten gehört. Der Knabe sieht die Erwachsenen rauchen, und da es ihm verboten ist, strebt seine Eitelkeit um so mehr danach, sich das Vorrecht des Mannes zu eigen zu machen. Die ersten Schritte, nichts andres als schwache Nikotinvergiftungen, werden überwunden und nach und nach erst tritt die wohlthuend narkotische Wirkung in den Vordergrund und läßt den verständigen Mann als liebe Gewohnheit fortsetzen, was der thörichte Knabe voreilig begann.

Obwohl eine andre Sage den Ursprung der Tabakspflanze aus dem Blute Mohammeds, das derselbe, von einer Schlange gebissen, mit dem ausgesogenen Gifte auf den Boden spie, herleitet, und die Mohammedaner daher von dem Wunderkraut sagen, daß es die Bitterkeit des Schlangenzahnes mit der Milde des Blutes des Propheten mische, so kann dasselbe sich doch auf seine Verwandten, die ihm von den Botanikern gegeben worden sind, weniger einbilden. Denn Bilsenkraut, Stechapfel, Tollkirsche, allerdings auch die Kartoffel, gehören zu demselben Geschlecht, alle sind Solaneen.

Wir unterscheiden zwei Hauptarten des Tabaks, die sich hauptsächlich auch bei uns eingebürgert haben: den sogenannten Bauerntabak (Nicotiana rustica) oder Veilchentabak mit derben, lederartigen, runden und abgestumpften Blättern, dessen Pflanze eine kräftige, untersetzte Gestalt hat und zusammengedrängte Blumenrispen trägt, und den virginischen Tabak (Nicotiana tabacum). Der erstere hat bei weitem größere Blätter als der letztere und unterscheidet sich von diesem unter anderm durch die Farbe der Blüte, welche beim Bauerntabak gelblich, beim virginischen dagegen rot ist. Eine dritte Art, die etwa noch in Betracht kommen mag, der Marylandtabak (Nicotiana macrophylla), hat breitere Blätter als die virginische Sorte, die auch nicht so spitz zulaufen. Aus der großen Zahl der sonst noch in Tabaksbüchern aufgeführten und auch noch von manchen Botanikern unterschiedenen Arten ist nur der chinesische deswegen interessant, weil die Pflanze (Nicotiana chinensis) in China einen besondern Namen führt, und einige daraus geschlossen haben, daß in Ost=

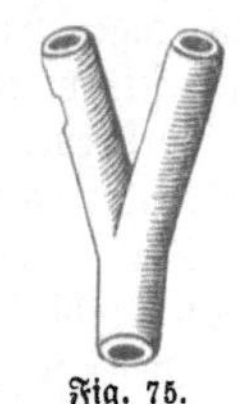
Fig. 75.
Zweiteiliges Tabaksrohr
der Indianer.

asien jene Art einheimisch und das Rauchen schon vor der Entdeckung Amerikas im himmlischen Reiche bekannt gewesen sei. Dem sei wie ihm wolle — nach Europa ist die Pflanze und ihr eigentümlicher Gebrauch erst von Amerika eingeführt worden. Die Spanier fanden, als sie unter Kolumbus auf der Insel Cuba landeten, die Eingebornen rauchend. Die zusammengerollten, getrockneten Blätter, also die ersten Zigarren (denn als solche wurde das Kraut verbrannt und der Rauch wurde davon ein= gesogen) hießen „Tabaco". Davon erhielt die ganze Pflanze ihren Namen. Ob derselbe in zweiter Ordnung der Insel Tabago entstammt, oder ob diese und die mexikanische Provinz Tabasco erst von dem Tabak ihre Namen er= halten haben — wer weiß es?

Die alten Indianer kannten auch das Schnupfen und das Tabakskauen, und es war bei einigen Stämmen der Tabaksgenuß eines der Mittel, dessen sich die Priester bedienten, um sich in Verzückung zu versetzen. Rauchen doch noch heutzutage peruanische Indianer an den Gräbern ihrer gestorbenen Vorfahren das giftige Kraut des Stechapfels, um mit den abgeschiedenen Geistern zu reden.

Fig. 76.   Alte indianische Tabakspfeife.

Im Grunde hat sich in der Art und Weise des Ta= baksgenusses bis auf unsre Zeit wenig geändert. Nur das dürfte nicht mehr vorkommen, daß man in Europa Pfeifen anträfe, deren Rohr sich in zwei Zweige spaltet und von denen in jedes Nasenloch einer gesteckt wurde, wie es bei einigen alten Indianerstämmen Sitte war. Herodot erzählt schon, daß die alten Skythen den Rauch eines auf glühende

Kohlen geworfenen Krautes einsogen, und nach andern alten Schriftstellern (Pomponius Mela) thaten dasselbe die Thraker. Die alten Kelten sollen sogar schon das Schnupfen verstanden haben. So interessant uns in kulturhistorischer Beziehung derartige Überliefe= rungen sind, so können wir ihnen hier doch nur eine kurze Erwähnung schenken. Sie lehren uns eben nur das Bedürfnis noch narkotischen Stoffen als ein natürliches betrachten und lassen uns folgern, daß dasselbe tiefer in der menschlichen Natur begründet sei als das

Fig. 77 und 78.   Alte Pfeifen aus dem Ohiothale.

Verlangen des Knaben nach des Vaters Pfeife, die er, weil ihm der Tabaksbeutel zu hoch ge= hängt war, in Ermangelung des Besseren mit getrocknetem Laube, oder, wenn er sich hoch ver= steigt, mit gedörrten Blumenblättern stopft.

Europa hat die Gewohnheit des Tabaks= genusses von Amerika oder vielmehr von Afrika gelernt, denn die Weißen bedienten sich des Ta= baks viel später als die um 1516 eingeführten

Negersklaven, welche die indianische Sitte zunächst als ein wirksames Hilfsmittel gegen die Moskitos adoptierten. Die nordamerikanischen Ureinwohner haben, wie die an zahlreichen Stellen bei Ausgrabungen aufgefundenen Thonpfeifen beweisen, auch bereits das Rauchen aus demjenigen Apparate gekannt, der bei uns sich viel eher eingebürgert hat als die Zigarre. Wir geben in Fig. 76 die Ansicht einer solchen alten Pfeife, die an der Küste Floridas in einem Grabe gefunden wurde; die in Fig. 77 und 78 dargestellten Pfeifen stammen aus Altarhügeln des Ohiothales.

Da die Tabakspflanze, wie alle scharfe Stoffe enthaltenden Kräuter, auch in der rohen Heilkunde der unkultivierten Völker eine große Rolle spielte, so wurden die Europäer in dieser Beziehung zuerst darauf aufmerksam. Im Jahre 1558 brachte der Leibarzt Philipps II.,

Don Francesco Hernandez, die ersten Samen nach Portugal. Man kultivierte die Pflanze als ein kräftiges Heilmittel, und der Gesandte Jean Nicot hatte, als er von Lissabon aus dieselbe (1559—61) an Franz II., König von Frankreich, Katharina von Medici und andre Große verschickte, keinen weiteren Zweck, als sich durch die Sorge um die Gesundheit seiner hohen Gönner angenehm zu machen. Die verschiedenen Namen, Herbe de la reine-mère, Herbe de Grand-Prieur (des Großpriors), Herba sancta, Herbe de Sainte-Croix (nach dem Kardinal Sainte Croix) u. a., deuten nichts weiter an, als daß es diese oder jene fürstliche Person bei Quetschungen oder Hautkrankheiten oder sonstigen Verletzungen anwandte. Die Botanik und die Chemie haben sich gegen den ersten Verbreiter Nicot dadurch dankbar gezeigt, daß sie die wissenschaftliche Benennung der Pflanze (Nicotiana) und des eigentümlichen, wirksamen Stoffes in ihr (Nikotin) von seinem Namen ableiteten.

Fig. 79. Im 17. Jahrhundert.

Das Rauchen ist zuerst durch Sir Walter Raleigh, den Gründer der Kolonie Virginien, nach England verpflanzt worden. Man bediente sich ähnlicher Pfeifen, wie die waren, aus welchen manche Indianerstämme rauchten, von Thon mit bunten Bändern und Läppchen behangen. Kaum dreißig Jahre nachher hatte aber die Gewohnheit, die anfänglich in der feinen Gesellschaft sich heimisch machte, schon eine solche Ausdehnung gewonnen, daß man den Tabak auch in Europa anzubauen versuchte. Holland, damals der Handelsstaat über alle, fing bereits 1615 damit an.

Nächst dem Rauchen wurde nun das Schnupfen Modesache — man hatte in der Dose ein Mittel zu glänzen, denn sie wurde aus den kostbarsten Stoffen und in den verschiedensten Formen dargestellt. Es scheint, als hätte Frankreich den Ruhm, die ersten Schnupfer gezogen zu haben, wie England sich brüsten kann, dem Rauchen weitere Verbreitung verschafft zu haben, indem es durch seine, dem Winterkönig zu Hilfe ziehenden Truppen, die schon Meister im Rauchen waren, Deutschland mit der neuen Errungenschaft bekannt machte.

Doch scheint es, als ob schon vor dieser Zeit der Tabakskonsum in Deutschland bekannt gewesen sei. In einem Briefe des Nürnberger Arztes Leonhard Doldius an den Leibarzt des Bischofs von Bamberg Sigismund Schnitzer vom 4. April 1604 wenigstens wird erwähnt, daß eine persische Gesandschaft, die in dem genannten Jahre bei Kaiser Rudolf eintraf, nicht nur für ihren Bedarf Tabak in der Stadt vorgefunden habe, sondern daß auch bei den Nürnbergern die Sitte, Tabak aus Röhren zu rauchen, beinahe alltäglich geworden sei.

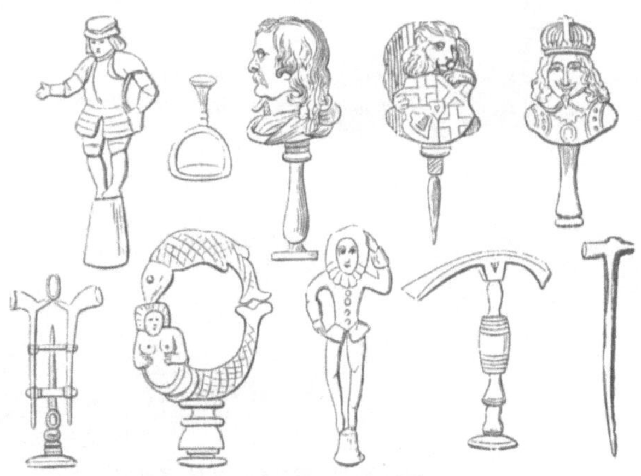

Fig. 80—89. Alte Pfeifenstopfer.

In Frankreich schnupfte man zuerst unter Louis XIII., also in dem ersten Drittel des 17. Jahrhunderts. Die damalige galante Zeit war glücklich, ein frisches Feld für ihre hohle Erfindungsgabe zu haben. Eine neue Manier, den Tabak zu bereiten, wurde der Mittelpunkt des Gesprächs, und Kavaliere sowohl als die feinsten Damen ließen es sich nicht nehmen, sich das reizende Pulver auf besonderen Mühlen oder kostbaren Reibeisen klar zu machen. Die Façon der Dose eines gerade berühmten Mannes wurde Mode, und es befindet sich heute noch, wie erzählt wird, im Dusommerardschen Museum die Dose Marion Delormes, die damals alle Welt in Aufregung versetzte. Ja, selbst die Manier zu schnupfen wurde mit Wichtigkeit behandelt. Herr von Larochefoucauld hatte eine ganz besondere

Berühmtheit wegen seiner Grazie, mit der er die Dose zwischen den Fingern zu drehen und in die Tasche gleiten zu lassen wußte, und selbst die Schauspieler übten sich, um seine Manier auf dem Theater zu zeigen. Da der Tabak, wenigstens der Schnupftabak, salonfähig war, so darf es uns nicht wundern, daß selbst die reizendsten Frauen zu seinen Verehrern zählten. Die Dose war ebenso unentbehrlich wie der Fächer.

Man schnupfte im Salon, auf der Straße, in der Kirche, und die Sitte, bei Begegnungen sich Tabak zu offerieren, hat aus jener Zeit ihren Ursprung, in welcher man die höchste Artigkeit und Gefälligkeit noch als die erste Bedingung des täglichen Verkehrs ansah.

Fig. 90. Die Friedenspfeife der Indianer.

„Tabak ist Lethe; alle Sorge, aller Streit sei vergessen, so lange wir beisammen sind"; das ist auch der Grundgedanke, der unter den Indianern die schön geschmückte Friedenspfeife aus einer Hand in die andre geleitet.

Aber neben den Verehrern fehlte es nicht an Eiferern gegen den Tabak. Gesetzgeber, Geistliche und Schriftsteller donnerten gegen ihn — wie man aber sieht, für die Zukunft ohne allen Erfolg, und es wird den zahlreichen Verboten auch damals schon nicht anders ergangen sein, als heute noch auf den Fürstenschulen u. s. w., wo die lüsterne Jugend, um den strafbaren Genuß sich zu ermöglichen, die unzulänglichsten, entlegensten Winkel aufsucht, oder an Orten ihrem Götzen opfert, wo der verräterische Duft wenigstens durch kräftigere Odeurs verdeckt wird.

Elisabeth von England verbot das Schnupfen in der Kirche, bei Konfiskation der Dosen, und Jakob I. schrieb sogar ein eigenhändiges Werk gegen den Tabak, seinen „Misokapnos", der freilich durch eine Gegenschrift portugiesischer Jesuiten, „Antimisokapnos", entkräftet wurde. Er legte schon in den ersten Jahren des 17. Jahrhunderts eine hohe Steuer auf den Tabak, aus der Not eine Tugend machend, und verbot den virginischen Tabakspflanzern, mehr als 100 Pfund jeder jährlich zu bauen.

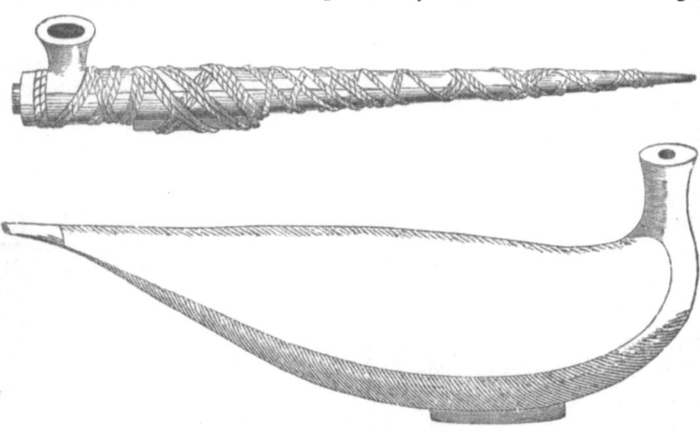

Fig. 91 und 92. Pfeifen der Tschuktschen.

Es half dies ebenso wenig, als der 1624 erlassene Bannfluch des Papstes Urban VIII., der erst von Innocenz (1691—1700) aufgehoben wurde. Nur das Schnupfen innerhalb der Peterskirche blieb verboten. In Rußland wurde den Rauchern die Nase abgeschnitten, und selbst im Orient, dessen Bewohner man sich jetzt ohne die Pfeife nicht mehr zu denken vermag, wurden höchst schmerzhafte Strafen, wie Durchstechen der Nase, auf Zuwiderhandeln gegen das Verbot des Tabakrauchens gesetzt. Es wird erzählt, Schah Abbas der Große, von dem jene grausamen Maßregeln angeordnet waren, habe einst alle Würdenträger des Reichs zu einem Gelage eingeladen, welches er lediglich ausrichtete, um die Tabaksleidenschaft lächerlich zu machen. Als alle versammelt waren, ließ Abbas Pfeifen herumreichen, die mit getrocknetem Pferdemist gefüllt waren, und fragte ringsum, wie den Rauchern der Tabak, der ein Geschenk des Wesiers von Hamadan sei, behage? Dem Vernehmen nach sei dies der beste Tabak der Welt. Es beeilte sich auch jeder zu erwidern, daß der Ruhm von diesem Tabak nicht zu viel behaupte, und ein alter General, dessen Urteil ganz vorzüglich in Achtung stand, rief aus:

„Bei deinem heiligen Haupte, noch nie habe ich Tabak geraucht, der solch einen köstlichen Blumengeruch besessen hätte, wie dieser hier." Da donnerte aber der Schah, furchtbar blickend, das Rauchkollegium an: „Verflucht sei das Produkt, das meine Großen selbst nicht von getrocknetem Pferdemist unterscheiden können!" und er ließ einen Handelsmann, der Tabak ins Lager gebracht hatte, samt seiner Ware verbrennen.

Kaum ein Staat dürfte gefunden werden, welcher nicht in seinem Kodex aus jener Zeit Tabaksverbote aufzuweisen hätte. Man wurde schließlich aber so klug, es wie Jakob I. zu machen und die Strafen in Geldbußen zu verwandeln, aus welchen allmählich regelrechte und oft sehr hohe Steuern wurden.

Im Kanton Bern fügte man den zehn Geboten ein elftes zu: „Du sollst nicht rauchen"; in Spanien dagegen, wo man die Sache nicht minder ernst auffaßte, wollte man das Verbot des Tabakrauchens einem der zehn Gebote als Unterabteilung einfügen. Es stellte sich aber bald heraus, daß Moses auf dem Berge Sinai doch noch eine zu geringe Kenntnis der schädlichen Folgen des Tabaks gehabt haben mußte, denn der versuchten Einordnung stellten sich ganz ungemeine Schwierigkeiten in den Weg. Nach langem Besinnen endlich, als man alle übrigen Gesetze bereits mit der einfachen mosaischen Gesetzgebung in Einklang gebracht hatte, kam man darauf, die Tabakssünde mit unter das sechste Gebot zu stellen. Welche näheren Gesichtspunkte dabei leitend gewesen sind, vermögen wir freilich nicht zu erraten.

Die Raucher und Schnupfer wurden von Schriftstellern verhöhnt und gegeißelt und von der Kanzel herab eiferte Jakob Balde und mit ihm viele gegen die „truckne Trunkenheit", die ihre Kehle zu einer Feuermauer mache, nur um dazu desto besser saufen zu können. „Diese Truckenen sind Affen der nassen Zechbrüder, und wollen es ihnen in allem nachthun.

Fig. 93. Nargileh, von Georg Willfort in Wien.

Wie jene die Gläser, so lassen diese ihre Pipen im Kreise herumgehen und trinken einander mit Schmauch Wettstreit zu, dutzendweis, nicht auf Gesundheit ihrer Liebsten, denn diese Stinker haben keinen Platz beim Frauenzimmer, sondern auf glückliche Ankunft irgend eines englischen oder spanischen Schiffs, das mit Tabak beladen unterwegs ist." — „Man findet Frauenmenscher, die nicht allein statt des Nadelöhres oder der Spindel eine Tabaksbüchse mit sich tragen, sondern auch die Pipe ansetzen und ihren glatten Mäulern mit dem Tabaksrauch einen Bart anrauchen und anschmutzen."

Es war alles vergebens, nur daß, während jetzt der Tabak als ein unbestrittenes Bedürfnis ruhig sein Zepter schwingt, sich damals die Opposition, der Kampf hervorthat, der selbst aus den verschiedenen und oft originellen Geräten, Pfeifen und Dosen, Mittel und Waffen formte, bei deren Bildung die Satire half. Wir finden ganze Sammlungen der merkwürdigsten Rauch- und Schnupfgerätschaften, und jetzt noch gibt es Liebhaber, die ihren

Sammeleifer in dieser Richtung bethätigen. Einer der interessantesten Belege dafür war wohl die Dosensammlung des bekannten österreichischen Dichters Castelli.

Tabakspfeifen und Tabaksdosen. Jedes Volk, wenigstens solange es in einem gewissen Urzustande lebt, in welchem es konservativ an seinen ererbten Formen festhält, hat seine eigne Pfeife, und man kann aus der Eleganz und der Kunstfertigkeit der Herstellung sowohl als aus der äußeren Gestalt einen Schluß auf seinen Charakter und seine Kultur machen.

Welcher Unterschied liegt nicht zwischen der einfachen Pfeife der Tschuktschen und der reich mit Gold und Edelsteinen besetzten Huka des üppigen Persers oder dem Nargileh des Türken, in welchen der Rauch durch Rosenwasser streicht! Drückt nicht die kolbige Tabakspfeife des Stockrussen, entgegengesetzt der zierlichen weißen Thonpfeife, der sich Holländer und Engländer bedienen, besser als alles andre die Reinlichkeitsverhältnisse dieser beiden Nationen aus! Und was bezeichnete früher so ausdrucksvoll den Kontrast zwischen dem biederen Handwerksburschen und dem flotten Bruder Studio, als die Pfeife und die Art, sie zu handhaben? Aber das ist auch fast vorbei. Die Unterschiede verschwinden mehr und mehr.

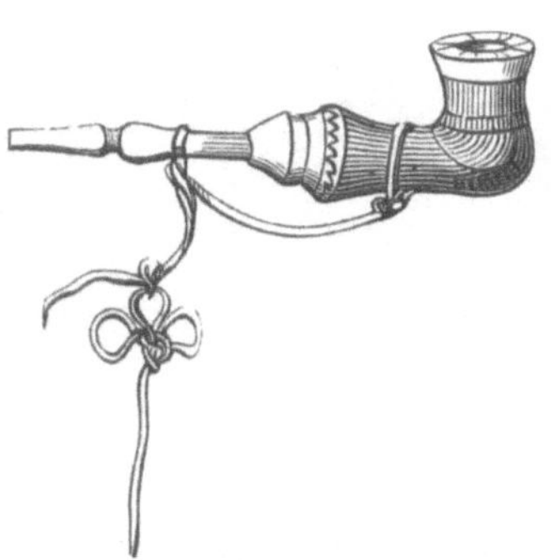
Fig. 94.   Russische Pfeife.

Ebenso, wie in der Pfeifenform, herrschte die allergrößte Verschiedenheit in der Gestalt der Schnupftabaksdosen. Schuhe, Boote, Flaschen, alles nur erdenkliche Natürliche und Unnatürliche mußte das Modell dazu hergeben. Der Isländer schnupft aus einem Büffelhorn und gießt den Tabak in die Nase. Die Kaffern bedienen sich eines ausgehöhlten kleinen Kürbisses und füttern die Nase mit Löffeln. In Schottland hatte man früher Widderhörner an denen Löffel, ein Hasenfuß, und andre Werkzeuge als Verlocken zum Feststampfen, Wiederauflockern des Tabaks und zum Reinigen des Gefäßes hingen. Seitdem aber der verehrte Dichter Robert Burns, der im Jahre 1790 starb, sich einer ebenso einfachen als zweckmäßigen Dose bediente, die in unsrer Abbildung treu dargestellt ist, hat man dort diese Form angenommen und voll Pietät für den geliebten Todten behalten.

Die Kästchenform ist die verbreitetste, und nur in wenigen Landstrichen weicht man von ihr ab. Nicht selten hängt eine solche Verschiedenheit des Aufbewahrungsgefäßes auch mit einer Verschiedenheit des Tabaks oder seiner Zubereitung zusammen. Im nördlichen Teile des Böhmerwaldes, vorzüglich auf der bayrischen Seite, und hier auf ganz scharf begrenztem Gebiete, schnupft man mit einer wahrhaft verzehrenden Leidenschaft jetzt noch den sogenannten brasilischen Tabak oder, wie er dort im Volksmunde heißt, Brisil. Derselbe wird aus den allerschwersten Tabakspflanzen dargestellt und mit den schärfsten Laugen präpariert, so daß er für ungewohnte Nasen ungefähr dasselbe ist, was Scheidewasser einem Batisttaschentuche.

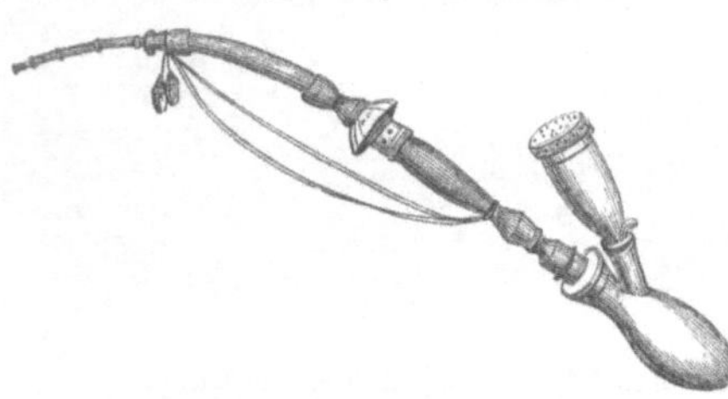
Fig. 95.   Die Handwerksburschenpfeife.

Dieser „Brisil" wird auf einem besonderen Reibeisen feingerieben, mit etwas ungesalzener Butter versetzt und so in einem kleinen flaschenähnlichen Behälter, den man keine Dose mehr nennen kann, aufbewahrt. Ein eingeschliffener Glastöpsel hindert, daß das Aroma etwa verfliege. Beim Schnupfen nun wird aus dem Fläschchen durch ein unnachahmliches Schleudern eine ziemliche Portion Tabak auf die linke Hand, entweder auf den Rücken oder gewöhnlicher in die Höhlung gebracht, die sich bildet, wenn der Daumen so weit wie möglich sich nach rückwärts biegt. Mit einem Ruck schiebt sich dann die Prise in die Nase, so daß auch nicht ein Körnchen davon verloren geht. Während Ärmere (und selbst der Bettler schnupft — er stirbt nicht vor Hunger, aber er würde sterben, wenn er keinen Brisil mehr bekäme) ein Fläschchen von gewöhnlichem Glase mit sich herumtragen, ist es bei Wohlhabenderen künstlich geschliffen und oft auf luxuriöse Weise verziert. Der Bereitung des Brifils, vorzüglich der Mischung mit Schmalz, wird die größte Aufmerksamkeit geschenkt, und es gibt Leute, die sich darin eine solche Fertigkeit und solchen Ruf erworben haben, daß sie von weit und breit Tabak zugeschickt bekommen, um ihn anzumachen.

Der Brifilschnupfer raucht nicht, und der Raucher schnupft keinen Brifil. Jedes andre Reizmittel ist neben diesem Schnupftabak wirkungslos und fade, und trotzdem gibt es sehr viele Leute, die, um das Nasenfutter noch zu verschärfen, demselben Pottasche zusetzen; ja die allerfestesten Schnupfer begnügen sich selbst damit noch nicht, sondern vermischen ihren Tabak noch mit feingestoßenem Glase. Es wird dies auf die bloße Erzählung hin niemand glauben, deswegen sei die feste Versicherung beigefügt, daß wir wirkliches gestoßenes Glas meinen. Es gibt ein gutes deutsches Wort für eine derartige Steigerung des Genusses, die ebenso abstoßend für den Fremden als schädlich für den Ausübenden ist.

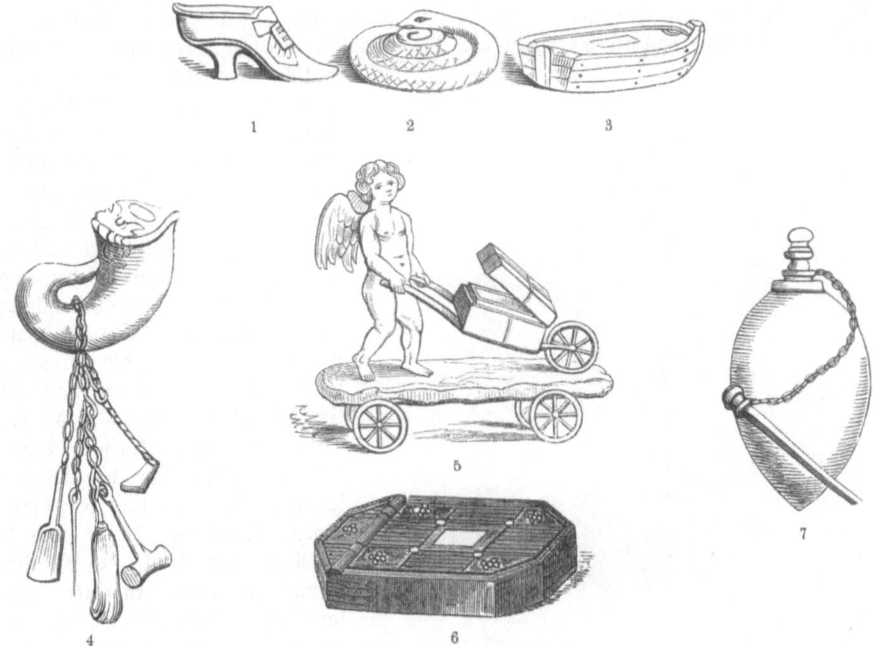

Fig. 96—102. Verschiedene Dosen.
1—3 Englische Dosen aus der Zeit Karls II. 4 Schottische Dose. 5 Dose aus der Zeit Ludwigs XIV.
6 Robert Burns. Dose. 7 Chinesisches Schnupftabaksgefäß.

Die Regierung hat zu wiederholten Malen, und noch in neuerer Zeit, durch Verbote dieser ekelhaften Leidenschaft Einhalt gebieten wollen. Umsonst, der Wäldler ist ohne Brifil kein Mensch, und das Alter macht keinen Unterschied, denn zwölfjährige Jungen bieten mit der Unbefangenheit ihr Fläschchen dem Vater an, wie dieser seinem Gevattersmann.

In der Form der Dosen herrscht eine gewisse Ähnlichkeit zwischen dem Bayrischen Walde und China — dies dürfte aber wohl auch die einzige sein.

Die dritte Verwendung des Tabaks als narkotisches Mittel (wenn wir von dem nicht zu entschuldigenden Gebrauche mancher gewissenloser Brauer absehen, die durch Zusatz von Tabaksblättern anstatt Hopfen die betäubende Kraft des Bieres zu vermehren suchen) ist die Verwendung zu Kautabak, dem Raume nach am wenigsten verbreitet. Vorzüglich sind es Matrosen, Soldaten und überhaupt solche, denen entweder die Verhältnisse ihres Berufs nicht erlauben, die brennende Pfeife oder Zigarre im Munde zu führen, oder denen Rauchen und Schnupfen ein zu geringer Ersatz sein würde. Unter diese letzteren gehören die Bewohner einzelner südlicher Staaten der Union. Kentucky vorzüglich ist durch die Virtuosität seiner Söhne berühmt, mit welcher diese die „Prime" im unsauberen Munde umherschleudern, um von Zeit zu Zeit nach einem ausersehenen Punkte, der vielleicht auch einmal eine besonders schöne Blume im Teppich deines Zimmers sein kann, zu spucken.

14*

Der Tabak und sein Anbau. Die Tabakspflanze gehört unter die einjährigen Kräuter, nur einzelne wenige Arten dauern aus, werden aber in der Güte ihrer Blätter immer geringer. Die Blätter sind saftig, groß, ungeteilt. Die Blüte hat eine glocken= oder vielmehr röhren=förmige Gestalt und einen gefalteten, fünfspaltigen Saum. Der Kelch ist fünfteilig und der Same liegt in einer fächerigen Kapsel in Form zahlreicher kleiner runder Körner. Nach Linné gehört diese Pflanze in die fünfte Klasse seines Systems; nach Jussieu dagegen, wie wir schon erwähnten, mit einer Zahl giftiger Schwestern in die Nachtschattenfamilie oder in die Familie der Solaneen.

Der Tabak gedeiht zwar fast überall, denn noch unter dem 62. Breitengrade kommt er in Europa vor; allein auf seine Güte haben Klima, Bodenbeschaffenheit, Höhe über der Meeresfläche, Düngung und Kultur einen ungemeinen Einfluß. Es gibt kaum so viel Obstsorten, als die Tabaksbauer Arten unterscheiden, und das charakteristische Merkmal ist fast immer nur der Geschmack. Am besten gedeiht der Tabak in den heißen Ländern. Die feinsten Sorten wachsen innerhalb des 15. und 35. Breitengrades auf der nördlichen Halbkugel, welche Grenze durch die Philippinen und durch Latakia in Syrien bezeichnet wird; doch wird er bis zu 52° nördl. Breite noch ge=zogen, es verringert sich aber die Güte des Produktes mit der zunehmenden geographischen Breite mehr und mehr. Die mittlere Temperatur der Gegend darf für einen guten Tabak nicht unter 10° hinabgehen. Ein zu feuchter Boden, so üppig er die Pflanze auf=schießen läßt, übt einen nachteiligen Einfluß auf den Geschmack, der kraut=artig wird; die narkotischen Bestand=teile entwickeln sich vorzüglich auf schwerem Boden, und der hier ge=zogene Tabak ist, da er auch leicht „knellert" und „kohlt", zu Rauchtabak weniger geeignet. In einem leichten, sandigen, milden und warmen Lehm=boden, auf einem sonnigen und vor kalten Winden geschützten Stande ge=lingt es auch in Deutschland, noch recht gute Blätter zu ziehen, die frei=lich an Wohlgeschmack und an Fein=heit des Geruchs nicht mit west=

Fig. 108. Bauerntabak.

indischem oder asiatischem Tabak in die Schranken treten können. Um dem Boden die nötige Lockerheit zu geben, pflügt man nicht selten Sand, Heideerde oder Pflanzenreste (Humus) unter, ebenso wie man den zu leichten Boden durch Düngung mit Lehm aufbessert. In Amerika pflanzt man aus demselben Grunde den Tabak gern auf frisch umgepflügtes Heide= oder Wiesenland.

Durch chemische Analyse von Tabaksaschen hat man gefunden, daß die leichtverbrenn=lichen Sorten sich durch einen größeren Gehalt an Kalisalzen, die als Pottasche in der Asche auftreten, auszeichneten, daß dagegen die schwerverbrennlichen mehr schwefelsaure, salzsaure und phosphorsaure Verbindungen enthielten.

Da das kohlensaure Kali, welches in Pflanzenaschen gefunden wird, immer von Kali=salzen mit organischen Säuren, also entweder von oxalsaurem, weinstein= oder apfelsaurem Kali herrührt, so hat man den Versuch gemacht, die leichte Brennbarkeit der Tabaksblätter dadurch zu erhöhen, daß man ihnen eine Beize von solchen Salzen gab und sie einer raschen Trocknung unterwarf. Der Erfolg war ein günstiger und die Zigarrenfabrikanten mögen dies wohl beachten.

Man hatte bisher immer angenommen, daß die Verbrennlichkeit mit dem Gehalte an Salpeter erhöht werde; da sich aber organisch saure Salze von einer so günstigen Einwirkung zeigen, so ist es nicht unwahrscheinlich, daß diese Annahme nicht in dem Umfange, wie man bisher geglaubt hat, begründet ist. Auf einem Felde bei Boulogne wurden Versuche angestellt. Die Erde war arm an Kali. Von den zwölf Versuchsfeldern, in welche das Ganze geteilt war, wurde jedes ganz verschieden gedüngt, alle aber sonst genau in derselben Weise und mit denselben Pflanzen bepflanzt. Am verbrennlichsten zeigte sich nach der Ernte derjenige Tabak, dessen Asche eine große Menge schwefelsaures Kali enthielt; hierauf folgte die Art, welche auf der mit kohlensaurem Kali gedüngten Parzelle gewachsen war, dann kam erst der salpeterreiche Tabak und endlich der mit Chlorkalium gedüngte. Kalk und Magnesia gaben einen fast unverbrennlichen Tabak.

Wir haben nur ein Beispiel angeführt, wie durch künstliche Darbietung der natürlichen Bedingungen, die man freilich erst durch geeignete Methoden erforschen muß, die Güte eines Bodenerzeugnisses gesteigert werden kann. In allen denjenigen landwirtschaftlichen Unternehmungen, die wie der Tabaksbau von dem Geschmack und seinen Unterscheidungen abhängen, ist es daher von der höchsten Wichtigkeit, durch besondere Rücksicht, die man der Bodenbearbeitung schenkt, die Ungunst etwaiger sonstiger Verhältnisse auszugleichen oder die Vorteile zu steigern.

Die Düngung hat einen ganz wesentlichen Einfluß. Im Orient schätzt man den Tabak, der auf mit Ziegenmist gedüngtem Boden gewachsen ist, vor allem andern, und die Drusen sind so feine Kenner, daß sie beim Rauchen die Art des Mistes anzugeben wissen, welchen der Landmann bei der Tabakszucht anwandte. Aber selbst unsern minder feinen Geschmacks- und Geruchsnerven macht sich die Einwirkung des Schweinedüngers im Tabak auf eine unangenehme Weise bemerklich.

Ist der Boden also gehörig zubereitet, so werden die jungen Pflanzen, die man vorher in besonderen Samenbeeten herangezogen hat, gesetzt. Vor Nachtfrösten muß man sicher sein; deswegen geschieht die Verpflanzung gewöhnlich erst im Mai, während die Aussaat des Samens im März vorgenommen wird. Die Pflänzlinge müssen etwa das fünfte oder sechste Blatt angesetzt haben. Man setzt sie so, daß jeder von dem andern um $1/3 - 1/2$ m entfernt steht. Den Blütenstengel bricht man aus, sobald er sich zeigt, und ebenso kneipt man die hervorschießenden Seitenzweige, den Geiz, ab (geizen), denn nicht die Menge der Blätter, sondern ihre Größe ist die Hauptsache.

Fig. 104. Virginischer Tabak.

Je größere Blätter man ziehen will, um so mehr kürzt man gleich beim ersten Köpfen die Pflanze, und man läßt oft nur 6—10 Blätter stehen, denen nun die ganze Kraft der Pflanze zu gute kommt. Wenn die Blätter anfangen gelb zu werden und sich zu senken, was mit den dem Boden zunächst stehenden am ersten geschieht, so ist dies ein Zeichen der Reife, die gewöhnlich im September eintritt. Zuerst werden die untersten Blätter, das Sandgut oder Erdgut, abgenommen, in entsprechendem Zwischenraume von zwei bis vier Wochen folgen dann die höher stehenden, von denen die in der Mitte des Stengels sitzenden, das Bestgut, am wertvollsten sind.

Scheinbar ist das Tabaksbauen eine sehr einfache Sache, allein es beschäftigt trotz= dem die Aufmerksamkeit des Pflanzers fortwährend. Die Bearbeitung des Bodens während des Wachstums, die Sorge, daß keine nachteiligen Stoffe, Erde oder dergleichen, auf die Blätter fallen, das Ersetzen anfänglich zurückbleibender Pflanzen durch kräftigere Exemplare, das Ausbrechen der Blütenzweige und des Geizes, kurz, eine Menge Verrichtungen und Beobachtungen machen die Tabakszucht zu einer sehr mühevollen. Von Insekten, Raupen und andern Feinden des Landmannes leidet die Tabakspflanze bei uns weniger als andre Gewächse, jedenfalls infolge ihrer scharfen Säfte. Nur die nichts verschmähenden Maul= wurfsgrillen, Regenwürmer und einige nackte Schnecken fügen ihr Schaden zu, jedoch lange nicht in dem Grade, wie in Nordamerika der sogenannte Tobaccoworm, die Raupe eines schönen Nachtfalters, welcher seine Eier auf die jungen Pflanzen legt. Von den europäischen Raupen ist es nur die Eulenraupe, welche, im Falle sie nichts Besseres findet, sich an dem Tabak vergreift.

In Amerika wird nicht überall die Einsammlung der Blätter mit der nötigen Vorsicht betrieben, wie dies bei uns geschieht. Man unterscheidet nicht nach der Verschiedenheit der Reife, sondern schneidet häufig den Stock kurzweg auf einmal ab und läßt nur ein Sortieren beim Abblatten folgen.

Ganz reife Blätter sind gelb. Da man aber von Zigarrendeckblättern eine dunklere Farbe verlangt, so nimmt man die hierzu bestimmten kurz vor der völligen Reife ab und ruft die gewünschte Farbe durch Fermentation hervor.

Auf diese Art baut man mit wenigen Abänderungen den Tabak jetzt innerhalb der angegebenen Breitengrade fast über die ganze Erde. Die Pfalz in Deutschland, Frankreich, Holland und Ungarn, welches letztere den Tabak aus dem Oriente holen mußte — denn der unter Joseph II. aus amerikanischem Samen gezogene akklimatisierte sich nicht — Griechenland und die Türkei sind in Europa die Hauptpflanzstätten.

In Kleinasien sieht man eine schön blühende Tabaksart als Zierpflanze. Syrien produziert vortreffliche Tabake; Missiritabak ist wegen seines feinen Aromas sehr hoch geschätzt; unter dem Namen Latakiatabak begreift man im Handel zahlreiche Sorten, die durchaus nicht immer von Latakia stammen. Der eigentliche Latakia ist von ziemlich dunkler Farbe. China erzeugt große Mengen, ebenso bauen Manila und Java ausgezeichnete Sorten, während der Tabak, den die Ostindische Kompanie bauen läßt, sowie das Ceylonblatt, in untergeordneterem Range stehen.

In Afrika, vorzüglich im Inneren, ist der Tabaksbau sehr zu Hause, ebenso wie die Sitte des Rauchens, und Vogel erzählt, daß in der Hütte eines Musgu oder Tubori der Bestand von 25—30 kg Tabak etwas Gewöhnliches sei. Australien hat erst in neuerer Zeit angefangen, seinen Bedarf im Lande selbst zu ziehen.

Amerika, die Heimat des Tabaks, steht auch jetzt noch in der Produktion obenan, sowohl was Qualität als Quantität anbelangt. Die besten Blätter und die meisten Spielarten kommen aus den heißen, südlichen Staaten und von den Westindischen Inseln. Der virgi= nische Tabak, eine eigne Art bildend, die sich aber durch Kultur in unzählige Varietäten zersplittert hat, ist der verbreitetste. Die Niederlassungen am James River senden ihre Erzeugnisse in alle Welt; das große, dünne, süßliche Blatt eignet sich vorzugsweise zu feinen Schnupftabaken. Ganz besonders geschätzt ist aber der ausgezeichnet feine Tabak von Maryland, der nur von dem großen, hellgelben Ohioblatt an Güte erreicht wird. Aus Kentucky beziehen vorzüglich die Bremer Fabriken einen sehr fetten, öligen und schweren Tabak, der ebenso wie die Tabake aus Louisiana, Florida und Alabama vorzugsweise zu Kau= und Schnupftabaken verarbeitet wird.

Der Varinas ist ein südamerikanisches Kind und wird in der Provinz gleichen Namens gepflanzt; der starkblätterige Tabak vom Orinoko sowohl als das hellbraune leichte Kraut von Cumana oder die Tabake von Laguayra und Curaçao können keine Konkurrenz mit ihm bestehen. Ebensowenig der brasilische Tabak, obwohl sich dieser seines großen Blattes und seines guten Aromas wegen einer hohen Veredelung fähig zeigt.

Das eigentliche Tabaksland aber sind die Westindischen Inseln und unter ihnen vor= züglich Cuba. Hier wächst das edelste Kraut und es erfährt eine Achtung, wie man sie in Ungarn der Rebe von Tokay oder am Rheine der Johannisberger Traube nur zollt.

Die Tabakspflanzungen, Vegas, liegen sämtlich in Flußthälern und werden während der Sommermonate täglich durch heftige Regengüsse unter Wasser gesetzt. Hierhin versetzt man aus den höher gelegenen Pflanzenbeeten, Semilleros, die jungen Stauden, nach dem ersten Monate der trockenen Jahreszeit, die mit dem September beginnt. Im Januar ist der Tabak teilweise schon zum Schnitt reif, die Ernte dehnt sich aber, wie bei uns, länger aus und ist häufig erst mit dem März beendet. Was wir nur immer Schönes im Dufte einer echten Havanazigarre erträumen, verdanken wir dieser Landschaft. Hier wird die Regalia, das Beste, von regalar, schenken, bewirten, dem fremden Gaste aus freier Hand gedreht.

Ehe aber das Tabaksblatt sich zur wohlschmeckenden Zigarre formen läßt, hat es noch wichtige Umwandlungen zu erfahren, die zum Teil gleich nach dem Einernten eingeleitet werden. Sind die Blätter vom Felde eingebracht, wobei besonders acht darauf genommen worden ist, daß möglichst wenig Beschädigungen vorkommen, so werden sie, des Trocknens wegen, mittels einer Packnadel und Bindfadens aufgereiht. Es ist aber dabei vorzüglich darauf zu sehen, daß sie nicht aufeinander zu liegen kommen und zusammenbacken, weil an diesen Stellen das Austrocknen gehindert und die Farbe des Blattes eine ungleiche wird; auch kommt dann leicht Fäulnis in die noch sehr wasserreichen Blätter. Man reiht daher die Blätter nebeneinander (s. Fig. 105) und hängt diese Schnüre an luftigen, trockenen und

hellen Orten auf. Oder man sticht je zwei durch ein spitzes Hölzchen zusammen und hängt diese über dünne Stäbe (s. Fig. 106). Hell muß der Trocknungsraum sein, weil sonst die Farbe des Blattes leicht ihren grünen Ton behält. Auf großen Tabakspflanzungen hat man besondere Trockengebäude (Tabaksstadel). Regen und brennender Sonnenschein wirken beide nachteilig und müssen abgehalten werden.

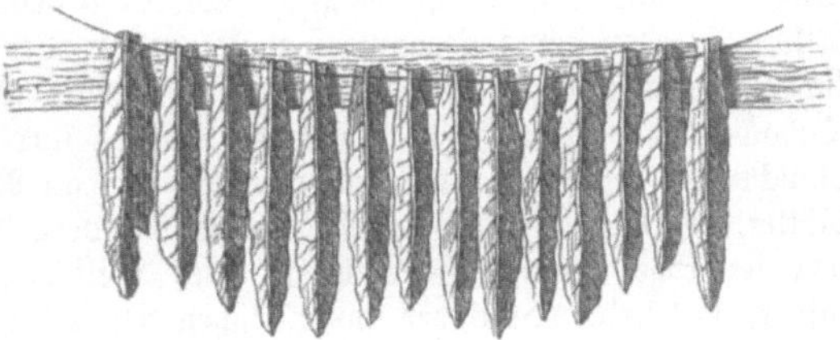

Fig. 105.

Haben die Blätter eine gleich= mäßige braune Farbe erlangt, und ist ihr Wassergehalt auf die nötige Grenze (12 Prozent) herabgegangen, was man daran merkt, daß die Blattrippen beim Knicken an der Biegungsstelle keine Feuchtigkeit mehr zeigen, oder daß ein mit der Hand zusammengedrücktes Blatt

Fig. 106. Trocknen der Tabaksblätter.

wieder in seine ursprüngliche Form zurückzugehen versucht, so werden, bei trockenem Wetter, die Reihen abgenommen und die einzelnen Blätter sorgfältig nebeneinander in etwa 60 cm hohe Haufen gelegt, mit Brettern und Steinen beschwert und einige Tage in dieser Presse gelassen. Hierauf unterwirft man sie einer Sortierung, vereinigt sie in Bündel, und nach= dem man diese nochmals zusammengepreßt hat, kommen sie in den Handel und sind zur weiteren Fabrikation reif. Die amerikanischen Tabake kommen als viereckige, in Rinds= häute eingenähte Ballen (Seronen) zu uns, und diese Verpackung ist bei ihnen ein nicht minder wichtiger Handelsgegenstand als die Einlage.

Der Preis des Tabaks schwankt innerhalb sehr weit auseinander liegender Grenzen; außer durch Geruch, Geschmack, Brennbarkeit u. s. w. ist er auch noch durch die Verwend= barkeit der Blätter bedingt, ob dieselben sich für die Zigarrenfabrikation eignen, oder ob sie nur Pfeifengut geben, und wenn die erste Frage sich bejaht, ob aus ihnen Deckblätter gemacht werden können, oder ob sie bloß als Einlage zu benutzen sind. Gute Zigarren= blätter stehen im Werte vielleicht sechsmal höher als die Einlage von derselben Pflanze, und während Deckblätter aus der Pfalz, aus Holland oder Ungarn um 80—100 Mark pro Zentner zu haben sind, kosten feine Deckblätter aus der Vuelta de Abajo bis zu 1200 Mark der Zentner und noch mehr. Ähnlich verhält es sich mit den Schneidtabaken; die gold= gelben Tabake von Jenidge und Sarischaban in Makedonien erlangen für den Zentner bis 800 oder 1000 Mark, dagegen werden schlesische oder posensche Blätter oft, wenn auch

nicht gar zu gern, für 20 Mark der Zentner geraucht. Da sich aber die Weiterverarbei=
tung zuerst mit einer Veränderung der chemischen Natur beschäftigt, so wird es zweckmäßig
sein, die eigentümlichen Bestandteile des Tabaks hier einer kurzen Betrachtung zu unterwerfen.

Chemische Bestandteile. Der Hauptsache nach besteht das Tabaksblatt, wie alle
Produkte des Pflanzenreichs, aus der sogenannten Pflanzenfaser; das Wasser, welches in
frischen Blättern bis zu 80 Prozent, in getrockneten immer noch bis zu 10 Prozent ent=
halten ist, wollen wir nicht mit berücksichtigen. Außer der Pflanzenfaser, die an und für
sich auch keine Wirkung auf unsre Nerven und Gefäße hervorbringt, enthält der Tabak von
organischen Stoffen aber noch Gummi, stickstoffhaltige Verbindungen, Harz (grünes und
gelbes), ferner geringe Mengen von Pflanzenwachs oder Fett, Pflanzeneiweiß, und als
ganz eigentümlichen Bestandteil das Nikotin und das Nikotianin oder den Tabakskampfer.
Die in der Asche sich findenden mineralischen Stoffe sind wesentlich aus schwefelsaurem
und phosphorsaurem Kalk und Kalisalzen zusammengesetzt; außerdem aber enthält frischer
Tabak noch apfelsaure Salze, die jedoch beim Verbrennen zerstört und in kohlensaure um=
gewandelt werden.

Unter allen diesen Bestandteilen hat keiner eine ähnliche Bedeutung, wie sie dem
Nikotin und dem Nikotianin zukommt, das sind die beiden dem Tabak eigentümlichen
Stoffe, welche dessen physiologische Wirkung bedingen, und zwar scheint von ihnen das
Nikotianin oder der sogenannte Tabakskampfer der für die Güte der Tabaksblätter wesent=
lichere Bestandteil zu sein, insofern sein Gehalt wesentlich den Geschmack und Geruch der
Tabakssorten beeinflußt, während das Nikotin nur narkotische Wirkungen ausübt oder, wie
Raucher sich ausdrücken würden, vom Gehalte an Nikotianin hängt die Feinheit der Tabaks=
blätter, von dem Gehalte an Nikotin die Schwere derselben ab; und wenn es also gelänge,
jene fettartige aromatische Substanz nach Belieben in der Tabakspflanze sich erzeugen zu
lassen, so würde damit der unnatürlichen Preissteigerung der feinen Zigarren vielleicht ein
Riegel vorgeschoben werden können. Der interessante Körper, der in seinen Eigenschaften
übrigens nur erst unvollkommen untersucht ist, steht, wie es den Anschein hat, gewissen
Riechstoffen sehr nahe, die dem Waldmeister (Asperula odorata), der Tonkabohne (Dipterix
odorata), dem Honigklee (Melilotus officinalis) und andern Pflanzen ihren Wohlgeruch
verleihen, und die alle einen gemeinsamen Bestandteil in dem Cumarin haben; möglich,
daß das Nikotianin mit diesem nahe verwandt ist; wird doch auch die Tonkabohne und der
Melilotus seit lange schon zum Aromatisieren des Tabaks verwandt. Das Nikotin ist eine
sogenannte organische Basis, d. h. es hat die Eigenschaft, sich mit Säuren zu salzähnlichen
Körpern verbinden zu können. Es ist von höchster narkotischer Wirkung, und auf seiner
Gegenwart beruht daher größtenteils der Wert des Tabaks. Andernteils beanspruchen
aber gewisse chemische Zersetzungsprodukte, welche zwar in dem frischen Tabaksblatte nicht
enthalten sind, sondern erst durch Fermentation und verschiedene Behandlungsweisen hervor=
gerufen werden, eine Wertschätzung deswegen, weil von ihnen das Aroma einer Tabakssorte
hauptsächlich abhängig ist.

Das Nikotin ist in verschiedenen Tabakssorten in sehr verschiedenen Quantitäten vor=
handen. In leichten Tabaken findet es sich bisweilen zu kaum 2 Prozent des getrockneten
Blattes, während es in den schweren französischen Sorten bis zu 6 und 8 Prozent nach=
gewiesen worden ist. Man kann es durch mancherlei komplizierte chemische Operationen rein
darstellen und erhält es dann als eine farblose, ölige Flüssigkeit von unangenehmem Tabaks=
geruch und brennendem, scharfem, lang anhaltendem Geschmack. Es besteht aus Sauerstoff,
Wasserstoff und Stickstoff und ist in der Hitze flüchtig, so daß es also in dem Rauche des
Tabaks mit entweicht. Seine betäubenden und höchst giftigen Eigenschaften sind bekannt.

Die erste kriminelle Bedeutung erhielt das Nikotin, von welchem der Dunst, den bei
gewöhnlicher Temperatur ein einziger Tropfen verursacht, hinreicht, um das Atmen in einer
großen Stube beschwerlich zu machen, durch den bekannten Prozeß Bocarmé zu Mons (1851).
In den geringen Quantitäten aber, in welchen es die Tabakskonsumenten genießen, versetzt
es den Körper in einen Zustand leiser Träumerei, der dem Geiste gestattet, ungestörter zu
arbeiten oder zu ruhen, je nach Bedürfnis, und dieser Zustand behaglicher Auflösung der
Nerven= und Muskelspannungen ist es, der dem Türken als die erste Pforte seiner sieben
Himmel erscheint. Übermäßiger Genuß von Tabak verursacht Ekel, Erbrechen, Durchfall,

allgemeines Zittern, Schwindel, krampfartige Bewegungen, kalten Schweiß und, wenn fort= gesetzt, Verdauungsfehler, Leberübel, ja in höchster Instanz Muskellähmungen, Starrsucht und Tod.

Und in welch ungeheuren Massen wird gleichwohl, alles in allem genommen, dies furchtbare Gift dem Körper im Tabak dargeboten! Rechnet man die Gesamtproduktion der Erde an Tabak zu 400 Millionen kg, und nimmt man an, daß dasselbe durchschnittlich nur 2 Prozent Nikotin enthalte, so beträgt das gesamte, jährlich erzeugte Nikotin 8 Mill. kg. Es sollen aber durch die Behandlung, welche die Tabaksblätter vor dem Konsum erleiden, zwei Dritteile des Nikotins zersetzt werden oder verloren gehen und von dem letzten Dritt= teil soll noch die Hälfte in den nicht bis zu Ende gerauchten Zigarren weggeworfen und aus den Absätzen der Pfeifen weggegossen werden, so bleibt immer noch ein Quantum von mehr als 1 Million kg reinen Nikotins, welches ein Jahr wie das andre von der Mensch= heit eingesogen wird. Das ist aber eine Menge, die, auf einmal genossen, mehr als hin= reichend wäre, die Gesamtbevölkerung der Erde unfehlbar dem Tode zu überliefern, und wäre diese doppelt so groß, als es der Fall ist.

Ja, es würde noch höchst bedenkliche Folgen haben, wenn der Genuß auch nur auf den Zeitraum von einem Jahre verteilt würde, vorausgesetzt, daß das Nikotin in einer Form genossen würde, in der es sämtlich in das Blut überginge. Bei dem gebräuchlichen Genusse des Tabaks ist dies jedoch keineswegs der Fall; es wird von dem an und für sich wohl viel geringeren Nikotingehalt der zubereiteten Tabake vielleicht kaum der 100. Teil vom Speichel aufgenommen und in das Blut übergeführt; alles übrige entweicht mit dem Rauch. Nur die Tabakskauer sind mit so mäßigen Quantitäten nicht zufrieden.

Und in dieser geringen Dosis vermag ein Stoff Vergnügen zu gewähren und wirklich schätzenswerte Einwirkungen zu üben, der an und für sich zu den verderbenbringendsten Körpern zu zählen ist, welche die Natur erzeugt. Für die physiologische Wirkung des Tabaks ist die chemische Beschaffenheit des Tabaksrauchs maßgebend, und es ist leicht einzusehen, daß derselbe einmal die Produkte der vollständigen Verbrennung, dann aber auch eine ge= wisse Menge von Produkten einer unvollständigen Verbrennung derjenigen Stoffe enthalten wird, welche in den zubereiteten Tabaksblättern sich vorfinden. Das sind, wie wir gesehen haben, außer den gewöhnlichen Kohlenwasserstoffverbindungen der Zellsubstanz u. s. w., namentlich die stickstoffhaltigen organischen Basen, welche letztere bei der Verbrennung Am= moniak geben, während die ersteren vorzugsweise in Kohlensäure und Wasser übergehen. Das Auftreten des Ammoniaks in dem Tabaksrauche kann als Maßstab für den Gehalt des Tabaks an narkotischen Bestandteilen gelten. Alle Produkte der vollständigen Verbrennung, Ammoniak, Kohlensäure und Wasser, üben eine eigentlich narkotische Wirkung nicht aus. Dieselbe wird vielmehr nur durch die Produkte der unvollständigen Verbrennung hervor= gebracht, aus welcher auch die aromatischen Stoffe hervorgehen, die das Parfüm des Tabaksrauchs bedingen. Und eine solche unvollkommene Verbrennung, teilweise eine trockene Destillation, findet stets statt, auch dann, wenn der Tabak völlig frei verbrennt, denn bei der flüchtigen Natur jener Verbindungen können sie sich gleich nach ihrer Bildung, die schon bei einer Wärme stattfindet, wo sie noch nicht verbrennen können, der Einwirkung größerer Hitze entziehen. Man hat im Tabaksrauch eine große Zahl flüchtiger Verbindungen gefunden, die nur zum Teil den ursprünglichen Bestandteilen des Tabaksblattes ihren Ur= sprung verdanken, zum andern Teil von den Zusätzen herrühren, die dem Tabak bei der Fabrikation als Saucen und Beizen gegeben werden. Merkwürdig ist unter diesen Rauch= bestandteilen das Auftreten von Kohlenoxydgas deswegen, weil man ihm möglicherweise einen Anteil an der narkotischen Wirkung des Tabakrauchens zuzuschreiben hat. In dem Rauche der Zigarren werden also derartige brenzliche Produkte ebensowohl mit von dem Raucher eingesogen als in dem Rauche aus der Tabackspfeife, wenngleich sie in letzterem in verhältnismäßig größerer Menge enthalten sein werden. Denn der Pfeifenkopf wirkt bei einer viel intensiver zusammengehaltenen Hitze wie eine vollständige Retorte, und der ge= ringere Zutritt der äußeren Luft läßt die Verbrennung bei weitem nicht so vollständig stattfinden wie bei der Zigarre. Aus diesem Grunde ist es erklärlich, warum gewisse Tabakssorten, die aus der Pfeife geraucht unerträglich schwer sind, in Form von Zigarren viel geringere narkotische Wirkung hervorbringen. Türkische Tabake z. B. können als

Zigarretten auch von schwachen Rauchern genossen werden, während derselbe Tabak durch die Pfeife geraucht sich als bedeutend narkotisch erweist; und eine an sich ganz leichte Zigarre kann, fein geschnitten, in einer Pfeife völlig ungenießbar sein — sie ist zu schwer geworden, wie der Raucher sich ausdrückt.

Zubereitung des Tabaks. Der Fabrikant, der sich mit der Zurichtung des Tabaks= blattes befaßt, richtet sein Augenmerk nur auf zweierlei: einmal sucht er den — vorzüglich in den geringeren Tabakssorten sehr beträchtlichen — Nikotingehalt bis auf einen gewissen Grad zu verringern, das andre Mal den Wohlgeschmack und den Wohlgeruch zu erhöhen. Wenn er in bezug auf das erstere auch wenig von wissenschaftlichem Gesichtspunkte aus seine Aufgabe aufgefaßt hat, so hat ihn doch die Erfahrung das richtige Mittel allmählich finden lassen. Er unterwirft die Blätter einer Gärung, läßt sie fermentieren. Dadurch erreicht er auch schon den zweiten Zweck zum Teil mit, denn neben der teilweisen Zer= setzung des Nikotins bewirkt die Gärung nicht nur eine Veränderung der stickstoffhaltigen Bestandteile des Tabaks, welche beim Verbrennen immer unangenehm riechen, sondern sie trägt zur Erhöhung des Aromas auch direkt durch Bildung neuer und angenehmer Stoffe bei. In dem frischen Tabaksblatte sind namentlich eiweißartige Stoffe in größerer Menge noch enthalten, deren brenzliche Produkte nicht angenehm riechen; durch die Fermentation werden sie zerstört, und die Ansicht, daß abgelagerte Zigarren besser seien als frische, hat jeden= falls darin ihren Grund, daß noch im Laufe der Zeit eine Nachgärung den Gehalt an jenen unvorteilhaften Bestandteilen verringert. Zur Verbesserung des Tabaks sind übrigens natür= lich auch eine große Anzahl Vorschläge gemacht und nach Wagners „Jahresbericht über die Leistungen der chemischen Technologie für 1880“ allein in genanntem Jahre Patente erteilt worden: auf eine Behandlung mit Sauerstoff, auf eine solche mit Natronwasserglas, auf ein Überziehen der Zigarren mit Kollodium, sogar auf ein teilweises Überziehen mit Per= gamentpapier. Die Namen der Erfinder braucht die Göttin der Geschichte wohl nicht erst in ihre Tafeln zu vermerken.

Gleich nach der Ernte werden also die Blätter einer strengen Sortierung unterworfen, wobei die hellen von den dunklen, die reifen von den unreifen, die fehlerlosen von den minder guten getrennt werden. Dabei entrippt man sie häufig zugleich mit, indem man entweder die starke Mittelrippe mit einem scharfen, flachen Messer ausschneidet, oder sich dazu zweier festgemachter und um die Stärke der Rippe voneinander abstehender Messer= schneiden bedient, über welche das Blatt hinweggezogen wird.

Übrigens werden nur feinere Sorten entrippt, bei den geringeren Tabaken begnügt man sich, die Blätter durch zwei nahe aneinander gehende Walzen laufen und die Rippen quetschen zu lassen. Dadurch werden sie biegsamer und zugleich verbrennlicher.

Sind die Blätter solchergestalt zugerichtet und sortiert, so erfolgt die Einleitung des chemischen Prozesses. Sie werden entweder mit einer besonders vorbereiteten Flüssigkeit oder auch zuerst mit bloßem Salzwasser befeuchtet und an einem gleichmäßig warmen, luftigen Orte aufgehäuft. Das Anfeuchten der Blätter geschieht zweckmäßig in großen, in den Boden eingemauerten und zementierten Kästen; man verfolgt mit dem Salzwasser einen doppel= ten Zweck, einmal um die Fäulnis abzuhalten, dann aber auch, um namentlich den Tabaks= sorten die für Schnupftabakbereitung nötige hygroskopische Eigenschaft zu erteilen, vermöge deren sie immer Feuchtigkeit aus der Luft anziehen und nie zu einer pulvertrockenen Masse zusammentrocknen. Das Salz ist sehr hygroskopisch und bewirkt den gewünschten Effekt in der zweckmäßigsten Weise. Der Feuchtigkeitsgehalt kann bis 20 und mehr Prozent des Tabaksgewichts ausmachen.

Schwere Landtabake werden vorher wohl auch einer Ausaugung unterworfen. Man schichtet dann die Bündel zu Haufen aufeinander, die ähnlich wie die Kohlenmeiler gebaut werden. Die Spitzen der Blätter kommen nach dem Zentrum, die Stielseite nach außenhin zu liegen. Dabei sorgt man, daß keine großen Zwischenräume bleiben, sondern alles so fest wie möglich aufeinander liegt.

Durch die Wärme, die man in der kalten Jahreszeit auf künstliche Weise immer gleich= mäßig erhält, geraten die Blätter sehr bald in Gärung und erhitzen sich dabei bedeutend. Im Innern der Haufen ist die Fermentation und die Wärmezunahme kräftiger als an der Außenseite; um daher ein gleichmäßiges Produkt zu erhalten, setzt man die 1—2 m hohen und breiten Brühhaufen aus verschiedenen Tabakssorten zusammen und nimmt die besseren Blätter in die Mitte; mit den minder feinen setzt man die äußeren Wände aus.

Eine große Aufmerksamkeit auf die Veränderung, welche während der Fermentation im Innern der Haufen vorgeht, ist sehr notwendig. Die Erhitzung darf nicht zu weit gehen, weil sonst die Blätter leicht zu dunkel werden und die Feinheit des Aromas nicht erreicht wird, die man bezweckt. Deshalb legt man auch die Haufen öfters um, ähnlich wie man die Malzhaufen umsticht, und sucht auf diese Art Gleichmäßigkeit zu erzielen. Man kann übrigens die Gärung in jedem Augenblick unterbrechen, wenn man die Brühhaufen aus= einander nimmt und die warmen, feuchten Büschel einer raschen Trocknung unterwirft. Es wird dann gewissermaßen das Ferment ertödtet. Zwar rührt und regt es wieder seine Kraft beim Eintreten der warmen Jahreszeit, ähnlich wie der Wein im Fasse anfängt zu rumoren, wenn die Reben blühen, allein die kräftigste Gärung ist vorüber. Eine langsame, trockene Fermentation mag auch auf dem Lager noch vor sich gehen; denn es ist eine bekannte Thatsache, daß der Tabak bis zu einer gewissen Zeit mit dem Alter an Güte gewinnt. Manche Sorten machen aber auch davon eine Ausnahme; sie sind, wie viele Weine, die nur jung genossen werden können, gleich nach der Fermentation am wohlschmeckendsten.

Bisweilen nach, bisweilen aber auch vor dem Fermentieren erfolgt für diejenigen Sorten, welche weit verschickt werden sollen, das Streichen oder Abblatten (pfälzisch Abblatti). Dasselbe besteht darin, daß der Arbeiter die großen Blätter entweder über dem Knie oder auf dem Tische sorgfältig mit seiner Hand glättet und genau aufeinanderlegt, so daß Rippe auf Rippe zu liegen kommt. Eine Anzahl von circa 16 solcher Blätter heißt eine Docke, sie wird an den Stielen fest zusammengebunden und zwischen dünnen Brettchen gepreßt.

Rauchtabak. Die bei weitem größte Menge des Tabaks wird entweder in Form von gesponnenem (Rollen=) oder geschnittenem (Kraus=) Tabak oder als Zigarren konsumiert, geraucht, und es ist nicht mehr als billig, daß wir der Bereitung des Rauchtabaks daher zuerst unsre Aufmerksamkeit schenken.

Das erste, was der Fabrikant vorzunehmen hat, ist ein wiederholtes Sortieren; denn die hunderterlei unter verschiedenen Namen und zu sehr verschiedenen Preisen käuflichen Produkte haben nicht etwa ihren Ursprung allein in der Verschiedenheit der Pflanzen, son= dern zum großen Teil ist die Beschaffenheit der Blätter, ob sie gut ausgebildet, gut gereift, gut getrocknet sind, eine Folge der vorhergegangenen Behandlung, und deswegen macht sich ein Auslesen des Guten vom Minderguten nötig. Die Tabaksbauer selbst freilich machen oft nicht viel Umstände, sie rauchen ohne weiteres die getrockneten Blätter; die Einwohner von Panda an der Westküste von Afrika rauchen aber sogar die getrockneten Blätter des Affenbrotbaums — das kann also für uns keine Richtschnur sein. Unser fein gebildeter Geschmack verlangt, daß der Tabak eine weitere Schule durchmache. Wie die Chinesen ihren Thee noch besonders parfümieren, so setzen die Tabaksfabrikanten den Blättern noch man= cherlei Stoffe zu, die Geruch und Geschmack zu erhöhen bestimmt sind. Auf einem andern Gebiete der Feinschmeckerei haben diese Zusätze den Namen Sauce erhalten, während die Benennung Beize eine weniger schmeichelhafte Charakterisierung in sich faßt.

Die Bereitung der Sauce ist fast in jeder Fabrik ein ängstlich bewahrtes Geheimnis. Auszüge von Rosinen, Pflaumen, Süßholz oder aufgelöster Zucker, Honig, verdünnter Sirup, Himbeersaft, Franzwein, ja sogar Malaga u. s. w., werden als die Fermentation befördernd in der verschiedensten Vermischung angewendet; zur Erhöhung des Wohlgeruchs dienen aber Wacholderbeeren, Thee und Gewürze, wie Anis, Fenchel, oder wohlriechende Harze, wie Storax, Benzoe, Mastix — kurz, man sollte meinen, wenn man die Rezepte liest, es könne keinen Körper des Tier= und Pflanzenreichs mehr geben, der nicht in irgend einer Tabakssauce Aufnahme gefunden hätte. Nur der kräftige, brenzliche Geruch mancher Zigarre und das ärgerliche Hervorziehen eines schwarzen Haares belehrt uns, daß die Raucher doch bisweilen noch Substanzen antreffen, die nicht ganz nach ihrem Geschmack sind.

Das „Saucen" oder Beizen der Tabaksblätter erfolgt entweder dadurch, daß die Docken in die Brühe getaucht oder von Zeit zu Zeit damit besprengt werden. Sie unterliegen dann wieder einer Gärung; bisweilen aber knüpft man dieselbe gleich an die erste Fermentation, die sofort nach der Ernte vorgenommen wird. Mit ihr wird der Rauchtabak fertig gemacht, denn sobald sie genügend weit vorgeschritten ist, bleibt nichts weiter zu thun übrig, als die

Blätter zu schneiden und zu trocknen (darren), wenn aus ihnen Kraustabak hergestellt werden soll, oder zu spinnen, wenn Rollentabak verlangt wird, oder sie dem Zigarren= macher zu übergeben, dessen Behandlung ebenfalls eine rein mechanische ist.

Das Schneiden geschieht mittels ganz ähnlicher Messer, wie sie in der Landwirt= schaft zum Siede= oder Häckselschneiden gebräuchlich sind, in großen Fabriken bedient man sich dazu besonders ausgiebiger Apparate, welche durch Maschinenkraft in Bewegung gesetzt werden (s. Fig. 107).

Fig. 107. Maschine zum Schneiden des Rauchtabaks.

In den Fabriken der französischen Regie, wo sehr große Massen von Tabak ver= arbeitet werden, bestehen diese einfach und geistreich konstruierten Maschinen der Haupt= sache nach aus zwei Tüchern ohne Ende, durch deren Bewegung im entgegengesetzten Sinne die zwischen sie gebrachten Tabaksblätter zusammengepreßt und in ziemlich dichter Form den Schneidemessern zugeführt werden. Die letzteren wirken in der Regel von oben nach unten, doch hat man neuerdings auch vielfach Kreisschneiden angewandt. Um Kraus= tabak herzustellen, läßt man hier den solchergestalt zerschnittenen Tabak durch eine Folge von erhitzten Eisencylindern passieren, dadurch schrumpfen die Blätter zusammen, erhalten jenes krispelige Aussehen, welches an gewissen Tabaken geschätzt wird und denselben ihren Namen Kraustabak verschafft hat. Indessen verträgt nicht jeder Tabak solche Erhitzung, ohne an Güte einzubüßen.

Das Spinnen ist auch ziemlich einfach: die Blätter werden durch Befeuchten mit Wasser geschmeidig gemacht und aus den schlechteren, zerbrochenen Blättern das Innere, aus den gut erhaltenen aber die Umhüllung der Rolle hergestellt. Der Anfang dieser Rolle wird aus freier Hand gemacht, zu dem Fortspinnen aber dient eine eiserne, horizontale Spindel, die durch ein Schnurrad drehbar ist. An dem einen Ende befindet sich eine Kurbel, die mit einer Haspel verbunden ist, in der Mitte aber einen eisernen Doppelhaken von der Form eines lateinischen S hat, welcher die Tabaksrolle um ihre eigne Achse dreht. Indem nun der Spinner ein Wickelblatt nach dem andern ansetzt und das zum Füllen bestimmte Material darauf ausbreitet, vereinigt sich dieses durch die Drehung der Spindel miteinander und hält das Ganze fest zusammen. Das fertig gesponnene Tau wird auf der Haspel auf= gewickelt, zu einer Rolle zusammengelegt und getrocknet, wohl auch gepreßt. Diese Rollen waren noch bis vor 30 Jahren in Europa die gewöhnlichste Form, in welcher der Rauch= tabak in den Handel kam. Nur in Amerika und den direkt mit den amerikanischen Kolonien in Verbindung stehenden europäischen Ländern, wie Spanien, hatte sich schon früh die ur= sprüngliche Gewohnheit des Zigarrenrauchens eingebürgert, welche, erst allmählich immer mehr Platz greifend, jetzt einen höchst wichtigen Industriezweig, die Zigarrenfabrikation, hervorgerufen hat. Zur Zeit steht die Bedeutung aller andern Tabaksformen als Handels= artikel hinter der Zigarre weit zurück.

Die Zigarrenfabrikation begann in Deutschland durch den Fabrikanten Schöttmann, der, während in Frankreich die Revolution alle blutigen Leidenschaften entfesselte, in Ham=
burg 1788 zuerst das besänftigende Kraut fabrikmäßig in die neue Form verwandelte. Man muß daher wohl den Hamburger Zigarren von rein humanem Standpunkte aus eine hohe Pietät entgegenbringen. Nach dieser Zeit ist Bremen, als eine der Haupt= bezugsquellen des Rohmaterials, dem Beispiele gefolgt und hat erst seit den letzten 40 Jahren die Rivalität Leipzigs und Berlins anerkennen müssen. In Österreich und Frankreich wird der Tabakshandel als Monopol der Regie= rung betrieben, und es sind daher auch die Zigarrenfabriken Staatsunterneh=

Fig. 108. Spinnen der Tabaksrollen.

mungen. Trotz ihrer großartigen Einrichtungen vermögen sie aber nicht immer die erfor= derlichen Quantitäten zu erzeugen, und es kommen daher von österreichischer Seite häufig bedeutende Aufträge auf Zigarrenanfertigung an Fabriken des Zollvereins.

Die Zahlen, welche uns bei diesem Industriezweige gegenübertreten, sind ganz enorme, und es ist verlockend, sich den interessanten Zusammenstellungen hinzugeben, wieviel Tausende eine Großstadt, wie Hamburg, täglich verraucht, welches Kapital dadurch in die Luft geht, welche Unsummen allein in den Stummeln weggeworfen werden u. s. w. Allein dergleichen Betrachtungen sind bereits so mannigfach variiert angestellt worden, daß wir mit unsern Lesern lieber einen Gang durch eine Zigarrenfabrik anstellen wollen, um die allmähliche Ent= wickelung dieser unscheinbaren Großmacht zu belauschen. Aber Entwickelung ist ein unpassendes Wort, da gerade das Gegenteil, die Aufwickelung, das Hauptmoment der Bildung ist.

Wenn wir uns bei dieser Wanderung einem eben von der Pflanzung oder aus der Auktion kommenden Tabaksballen anschließen, so betreten wir zuerst den Lagerraum, in welchem sich die verschiedenen Tabakssorten aufstapeln. In einem andern Raume werden sie sortiert, abgewogen, gemischt und nach Verhältnis verteilt; denn zu einer Zigarre kommt nicht Tabak von einer Sorte allein, sondern die verschiedenen Teile — die Ein= lage oder der Wickel; das Umblatt (Rapper), welches den Wickel zusammenhält, und das Deckblatt, bestimmt, die äußere, glatte Umhüllung und eine elegante Form herzu= stellen — werden gewöhnlich, wenn nicht von verschiedenen Tabaksarten, so doch von ver= schiedenen Blättersorten hergestellt. Lange, gleichmäßige und glatte Blätter sucht man für das Deckblatt aus, und weil dieselben viel seltener sind, als die noch zu Wickeln verwend= baren, so beträgt ihr Preis oft das Doppelte und Mehrfache dessen, was man für Einlage

von demselben Tabak bezahlt. Es ist daher ein großer Vorzug eines Arbeiters, mit einer
geringen Quantität Deckblätter eine große Anzahl Zigarren fertig zu machen.

Das Gros der Arbeiter finden wir aber in den besonderen Arbeits= oder Spinnsälen
in langen Reihen sitzen. Jeder hat vor sich einen eignen Tisch oder eine mit Leisten ab=
gegrenzte Abteilung der gemeinschaftlichen Arbeitstafel. Vorn an dem Rande des Tisches
ist ein Stück Tuch angenagelt, dessen loses Ende der Arbeiter schürzenartig an sich knöpft,
um den Tabaksabfall in dem dadurch gebildeten Sacke zu sammeln. Außerdem gehört zu
seiner Ausrüstung noch ein Brett von weichem (Linden=) Holze und ein säbelartig gekrümmtes,
scharfes Messer, welches zur Zurichtung der vorher angefeuchteten Blätter dient.

Das Entrippen ist auch hier die erste Arbeit. Der beim Zurichten des Deckblattes ent=
stehende Abfall, außer den Rippen, wird als Einlage verarbeitet, und die für den Wickel
bestimmten Blätter werden hierauf an einem luftigen Orte getrocknet, weil, wenn man sie
feucht einspinnen wollte, die Zigarre „keine Luft" bekommen würde. Dem Umblatt sowie
dem Deckblatt läßt man aber eine gewisse Feuchtigkeit, um den Blättern die Geschmeidigkeit,
die zur Herstellung einer eleganten Form nötig ist, zu erhalten. Die Deckblätter werden
aus dem vollen Blatte der Pflanze der Länge nach geschnitten, glatt aufeinander gelegt und
mit beschwerten Bret=
tern gepreßt. Zum
Schneiden selbst be=
dient man sich zweck=
mäßig kreisrunder
Messer und läßt die
Arbeit vielfach von
Frauen ausführen.
Diejenigen Teile des
Blattes, welche keine
fehlerlosen Deckblätter
mehr liefern, geben
das Umblatt.

So einfach nun
die weitere Arbeit, das
eigentliche Zigarren=
machen, aussieht — es
besteht in nichts weiter,
als daß der Arbeiter
eine genügende Menge
der Einlage erfaßt, sie

Fig. 109. Schneiden der Deckblätter.

in der Hand ordnet, damit die Blätter in der Mitte etwas dicker zu liegen kommen, denn das
bereit gehaltene Umblatt darumschlägt und durch Hin= und Herrollen auf dem Brett die
eigentliche Form vollends hervorruft — so erfordert dies alles doch eine große Geschick=
lichkeit. Jeder kleine Fehler in der Abmessung der Quantität addiert sich im Tausend schon
zu beträchtlichen Posten, die den Preis bedeutend beeinflussen können; ein geringer Druck
zu viel oder zu wenig erzeugt Ausschuß, weil entweder die Zigarre schlecht brennt oder in
der Form von den übrigen abweicht. Nicht mindere Gewandtheit erfordert das Decken;
es wird dabei das Deckblatt, ein langer Streifen, spiralförmig um den Wickel gelegt, so
daß es diesen überall zwar einhüllt, aber so weit doppelt auf sich selbst zu liegen kommt,
daß zwischen den einzelnen Spiralgängen keine Luft hindurch kann. Die Rippen müssen
nach außen liegen, und zwar das dünnere Ende nach untenhin; deswegen muß das Blatt
bald von links nach rechts, bald von rechts nach links umgelegt werden, je nachdem es
rechts oder links von der Hauptrippe abgeschnitten worden ist. Die Spitze wird zwischen
den Fingern gedreht. Die so weit fertigen Zigarren werden in gleiche Längen geschnitten
und kommen von hier in den Trockenraum, der im Sommer gut gelüftet, im Winter
aber künstlich erwärmt wird. Sie werden dann nach Farbe und Form sortiert und ver=
packt; dabei werden Preisunterschiede festgestellt, die häufig bei weitem mehr sich auf das
Aussehen als auf den inneren Gehalt stützen.

Wenn auch die europäische Zigarrenfabrikation in Hinsicht auf die Quantität den ersten Rang einnimmt, so bleibt doch unbestritten, was Güte der Erzeugnisse anbelangt, die Insel Cuba das Paradies aller Raucher. Man mag streiten, soviel man will — die importierten Havanazigarren werden an Wohlgeschmack und Aroma von keinem europäischen Fabrikat erreicht, selbst wenn man hier genau denselben Tabak dazu verarbeitet. Durch das nötig werdende Wiederanfeuchten der infolge der langen, heißen Seereise ausgedörrten Blätter, vielleicht schon durch das Austrocknen selbst, verändert sich das Blatt, und es ist ja gar nicht viel nötig, um die feinen Nüancen, auf die es hier ankommt, zum Nachteiligen zu wenden.

Die Havanazigarren kamen früher als Primen, Sekunden und Terzen in den Handel. Die ersteren wurden aus den feinsten, zartesten Blättern und vorzüglich akkurat und sauber gearbeitet. Ganz tadellose Primen gingen als „Flor"; die Sekunden standen schon nicht so ganz vollkommen da, und was beim Aussuchen übrig blieb, gab die Terzen. Jetzt ist das auch vorgeschritten; unter flor fina gibt es eigentlich keine Qualität mehr, selectas, especiales u. dergl. Zier= wörter werden den höheren Graden bei= gelegt.

Nach der Farbe unterscheidet man vier Hauptsorten; maduro oder dark brown, good brown (die dunkelste); colorado oder superfine brown, fine brown (braune); colorado claro und claro oder light brown und fine light (hellere und hellbraune) und amarillo, pajizo oder yellow und light yellow (gelbe und ganz helle). Diese vier Farben schattieren aber in der mannigfachsten Weise, so daß man wohl gegen 70 und mehr verschiedene Zigarrenfarben und ebensoviele Bezeichnungen dafür annehmen darf, die wir ebenso in der europäi= schen Zigarrenfabrikation wiederfinden.

Je nach ihrer Form unterschied und unterscheidet man nicht minder zahlreiche Arten: communes, Londres (für Lon= don bestimmt, klein, weil in England die Zigarren nach dem Gewicht verkauft und besteuert werden), Trabucos (kurz, oben spitz und unten breit, von ihrer Ähn=

Fig. 110. Einrollen der Wickel in die Deckblätter.

lichkeit mit der spanischen Schießwaffe Trabuco genannt), Trabucillos (etwas kleiner), Cylindrados (etwas kürzer). Die Operas, Enteractos, Damas, Lady-Segars bezeichnen die kleinsten Formen, während die Regalias, aus den schönsten Vueltablättern gewickelt, besonders große Zigarren sind.

Die Zigarrenarbeiter der Havana haben eine ganz besondere Geschicklichkeit. Der Wickel besteht bei den echten Zigarren aus langen, zusammengerollten Blättern, die sie mit einem einzigen Rapper zusammenfassen, während sich in imitierten Zigarren deren oft 3—4 vor= finden, und das feine Deckblatt bewirkt eine fehlerlose, elegante Rundung. Nur die Pflanzer= zigarren, welche gleich auf der Pflanzung gefertigt werden und früher nur in geringer Zahl zum Verkauf kamen, zeichnen sich durch eine rohe, nachlässige Form aus, weil aber sonst zu ihnen gewöhnlich der feinste Tabak ausgesucht wurde, so übersah man die mangelhafte Schale gern, ja man bevorzugte sie bald, in der Erwartung, einen köstlichen Kern darin zu finden. Die Spekulation hat sich freilich diese Wahrnehmung zu nutze gemacht, und bei vielen nachgemachten Pflanzerzigarren ist das Gemüt noch nichtswürdiger als das Gesicht.

Abweichend in der Form sind auch die Manilazigarren, deren Deckblatt der Länge nach umgelegt und mit einem narkotischen Gummisaft befestigt ist.

Neben der Zigarre hat in den letzten zwanzig Jahren die Zigarrette sich ein weites Feld erobert. Leider, muß man sagen, denn der leidenschaftlichste Raucher wird nicht behaupten wollen, daß dasjenige, was man in diesem Kompositum von Papier, Tabak und wer weiß was noch verbrennt und zu Geruch bringt, eitel Arom sei. Indessen die Zigarrette ist da und wir müssen mit ihr rechnen.

Hervorgegangen ist diese Form, bei welcher der feingeschnittene Tabak nicht durch Deckblätter seines eignen Materials zusammengehalten wird, sondern von einer Papierhülse, die beim Rauchen mit verbrannt wird und mehr oder weniger, je nachdem die Qualität des Papiers ist, alle die teerigen und brenzlichen Produkte entwickelt, die verglimmendes Papier aushaucht, aus dem Verlangen, gewisse Tabake, namentlich die türkischen, russischen, ungarischen und kleinasiatischen, dessen Blätter sich für die Verarbeitung zu den gewöhnlichen Zigarren nicht eignen, in derselben Weise genießen zu können, wie es die letzteren gestatten ohne Zuhilfenahme einer Pfeife. Man wickelt ihn in Papier, und in den vierziger Jahren schon rauchte man auch bei uns solcherart Zigarretten, die man sich für den jedesmaligen Bedarf aus der Hand selbst herstellte. Die Sitte ist aber viel älter, sie stammt aus Spanien oder vielmehr aus Mexiko und wahrscheinlich ist sie älter sogar als die eigentlichen Zigarren selbst. — In der Havana, in Mexiko, Spanien verwendet man zu Zigarretten einen kurzgeschnittenen Cubatabak, in deren Herstellung die Fabrik la Stonradez den Markt beherrscht. Die Anfertigung geschieht durch sinnreich konstruierte Maschinen, welche den geschnittenen Tabak und große Stöße zugeschnittenen Papiers empfangen und dafür in raschem Tempo die fertig gedrehten und zugefalteten Zigarretten herausliefern. Dieselben sind nicht geklebt, sondern das Papier ist nur um den Tabak herumgelegt und an den Enden der Zigarretten zusammengekniffen, es ist daher vor dem Rauchen ein nochmaliges Festerdrehen notwendig, wozu eine gewisse Fertigkeit gehört, auch muß während des Rauchens das Papier mit den Fingern gut zusammengehalten werden, damit der Tabak sich nicht verstreut.

In Europa sind die türkischen oder russischen Zigarretten mehr in Aufnahme, welche feingeschnittenen orientalischen Tabak enthalten. Sie werden in zahlreichen Formen und Qualitäten jetzt ebenfalls fabrikmäßig hergestellt; dazu hat wohl

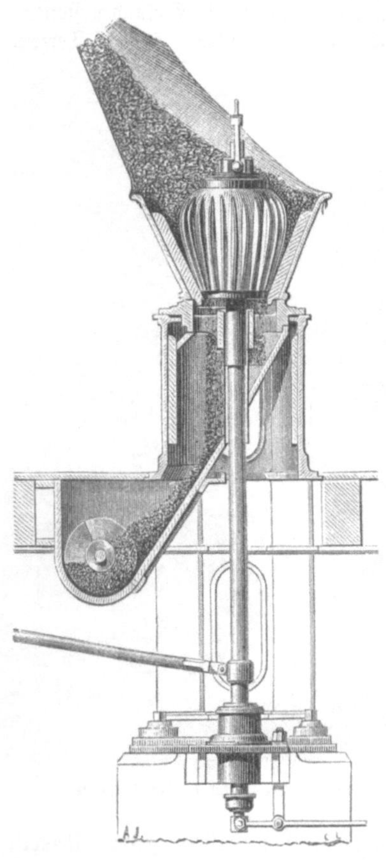

Fig. 111. Apparat zum Mahlen des Schnupftabaks.

das Beispiel Joseph Huppmann gegeben, welcher in Rußland unter der Firma La ferme bedeutende Zigarrettenfabriken errichtete und danach Anfang der sechziger Jahre in Dresden eine gleiche Fabrik unter derselben Marke gründete. Gegenwärtig werden Zigarretten aller Enden fabriziert — und leider auch geraucht.

Schnupftabak. Die Fabrikation des Schnupftabaks hat als Industriezweig keine so allgemeine Bedeutung wie die Zigarrenfabrikation, weil sie der Natur der Sache nach nur ein Unternehmen großer gewerblicher Anlagen sein kann. Allein das Erzeugnis, der Schnupftabak, in seiner weiten Verbreitung, läßt uns an seiner Bereitung ein großes Interesse finden.

Die Blätter, die der Zigarrenfabrikant als besonders wertvoll bezeichnet, genügen durchaus nicht allemal den hier an sie gestellten Anforderungen. Vor allen Dingen müssen die zu Schnupftabak verwendbaren Blätter gesund und durchweg gleichmäßig gebildet und gleichmäßig gereift sein; sie müssen sich durch eine fette, kräftige Beschaffenheit auszeichnen.

Man zieht daher ganz besondere Tabaksforten, von andern nimmt man nur die unterften, schwerften Blätter, die sich schon durch eine dunklere Farbe als gehaltreicher zu erkennen geben (schweres Beftgut), und leichtere Tabaksforten kräftigt man durch zweckmäßige animalische Düngung der Pflanze oder dadurch, daß man die geernteten leichten Blätter mit Saucen behandelt, denen man den Auszug aus andern Blättern zusetzt. Strenges Sortieren der Blätter, damit Gleichartiges zu Gleichartigem komme, ift eine Hauptsorge, faft wichtiger aber noch ift die Sauce; sie ift der eigentliche Nerv der Schnupftabakfabrikation, und manches großartige Etabliffement befteht einzig und allein durch seine Rezepte, um die nur ein Einziger weiß, an deren ftrenger Befolgung aber mit eiserner Konsequenz festgehalten wird.

Nachdem die Blätter gesaucet worden sind, entweder durch wiederholtes Besprengen mit dem geheimnisvollen Elixir oder durch Eintauchen in dasselbe oder durch Übergießen, werden sie der Gärung überlaffen, die in verschiedenen Fabriken auch wieder auf ganz verschiedene Weise eingeleitet und unterhalten wird. Entweder man läßt die ganzen Blätter fermentieren, oder man zerftößt sie vorher zu einem groben Pulver oder zerreißt sie in einzelne Fetzen; bald verteilt man den Tabak in kleinere Haufen, bald bildet man einen einzigen Stoß, der dann, wie in der kaiserlich französischen Tabaksmanufaktur zu Paris, oft bis an 1000 Zentner enthält. Je größer die Maffe ift, welche durchgären soll, um so länger dauert dies, und während kleinere Haufen im Sommer in 4—10 Tagen fertig werden, dauert die Gärung der großen Haufen in Frankreich gewöhnlich 5—6 Monate. Eine langsame Fermentation liefert aber immer ein befferes Produkt als ein zu sehr beschleunigter Prozeß.

Ganz eigentümlich ift die Karottengärung, die während des Verlaufs einiger Jahre unterhalten wird. Die saucierten Blätter werden in sogenannte Puppen zusammengesponnen, deren jede circa 1¹⁄₂—2¹⁄₂ kg Tabak enthält. Sie bilden einen rübenförmigen, derben kurzen Körper, der in der Mitte, wohin die kleineren Blätter zu liegen kommen, ftärker ift und nach beiden Enden spindelförmig in Spitzen verläuft. Man kann seine Fabrikation mit dem Wickeln des Rollentabaks vergleichen, denn das

Fig. 112. Zerkleinern des Schnupftabaks.

Material wird in ähnlicher Weise angeordnet, nur dient als Deckblatt ein leinenes, spitz zugeschnittenes Tuch, die Puppenwindel, welches umgelegt und mit Bindfaden fest umwickelt wird. Dadurch wird die Sauce aus den Blättern entfernt, zugleich auch der Luftzutritt abgeschloffen. Der Tabak ift in der Karotte aufs höchfte zusammengepreßt, denn das Anziehen des Bindfadens erfolgt mit großer Kraft und unter Anwendung von Walzen und Haspeln.

Die Karotten bleiben nun einige Wochen liegen. Es beginnt eine sehr langsame Gärung. infolge deren Feuchtigkeit und mancherlei flüchtige Produkte entweichen; damit aber während deffen die noch vorhandene Sauce gleichmäßig einwirke, werden die Karotten öfters umgelegt.

Nach 2—3 Wochen ift der Bindfaden locker geworden, und es wird, indem man die Windel wieder benetzt, eine neue Umwickelung vorgenommen; nach wieder drei Wochen entfernt man die leinene Umhüllung ganz, umwickelt dafür die Karotten auf das feftefte mit bloßem Bindfaden, packt sie in Kiften und läßt sie in einem dunklen, gleichmäßig feuchten und warmen Raume lagern, indem man sie nur von Zeit zu Zeit umpackt.

Sie können auf diese Art viele Jahre lang aufbewahrt werden und gewinnen immer an Güte; freilich ift nicht jede Fabrik bemittelt genug, die dazu nötigen bedeutenden Kapitalien anlegen zu können; im Innern werden die Karotten ganz geschmeidig, sie laffen sich wie Speck schneiden. Im Notfalle aber sind sie schon nach 6—8 Monaten zum Zerkleinern, Rapieren, fertig. Der daraus hergeftellte Schnupftabak führt den Namen Rapee.

Das Zerkleinern geschieht auf sehr verschiedene Weise. Man wendet Vorrichtungen an, welche aus vielen nebeneinander stehenden Schrotsägeblättern bestehen, zwischen denen das Pulver hindurchfällt, welches von den darüber hin und her geführten Karotten abgerieben wird; oder man gebraucht besondere Mühlen, die bisweilen Ähnlichkeit mit den Kaffeemühlen haben. Einen solchen Apparat zeigt Fig. 110; in einem trichterförmigen Gehäuse dreht sich, wie in einer Kaffeemühle, eine mit vertikalen Stahlschneiden versehene Nuß, welche den oben aufgeschütteten gröblichen Tabak fein mahlt und in ein unterhalb befindliches Reservoir fallen läßt. Aus diesem führt ihn eine archimedische Schnecke nach dem Raume, wo er verpackt werden soll. In andern Fällen zerstampft man den Tabak durch schwere, herabfallende Messer; endlich auch bedient man sich für feine Sorten besonders einer Art Wiegemesser, welches Verfahren den Vorteil gewährt, daß dabei der Tabak keine schädliche Erhitzung leidet. Man zermahlt in großen Fabriken den Tabak auch zwischen Kollersteinen, wie in Fig. 112 angegeben ist.

In der neueren Zeit, wo man immer einen möglichst beschleunigten Kapitalumsatz im Auge hat, hat man statt der allerdings kostspieligen Karottenfabrikation andre Verfahren eingeschlagen, allein nur mit geringem Erfolg. Die langsame Entwickelung des Aromas, die allmähliche Zersetzung des Nikotins und der übrigen stickstoffhaltigen Bestandteile des Tabaksblattes liefert ganz andre Produkte, als bei der Schnellfabrikation entstehen. Und wenn auch die chemische Wage die Unterschiede noch nicht nachgewiesen hat, so ist die Nase ein um so feineres Reagens, die sich selbst durch die überzeugendsten theoretischen Entwickelungen auf dem Papiere nicht von ihrer Sondermeinung abbringen läßt.

Überhaupt sind die chemischen Vorgänge bei der Bereitung des Schnupftabaks noch in großes Dunkel gehüllt, hauptsächlich deswegen, weil dem forschenden Chemiker von den mißtrauischen Fabrikanten jede Gelegenheit abgeschnitten wird, auf das Verfahren und die dabei obwaltenden Umstände einen mehr als ganz oberflächlichen Blick zu werfen. Neben einer teilweisen Zersetzung der stickstoffhaltigen Bestandteile scheint die Bildung der Essigsäure und eigentümlichen Ätherarten, die den angenehmen, erfrischend aromatischen Geruch mit bedingen, eine Hauptrolle zu spielen.

Um dem geraspelten oder gemahlenen Tabak seine Feuchtigkeit zu erhalten, benetzt man ihn vor dem Verpacken bisweilen noch mit besonderen Tinkturen. Man stampft ihn dann fest in Fässer ein, oder verschickt ihn in Paketen, die man mit Guttapercha, Wachspapier, Pergamentpapier und dergleichen wasserdichten Stoffen umkleidet. Bleiverpackung ist unter allen Umständen zu verwerfen, weil dieselbe sehr bald anfängt, durch die scharfen Stoffe des Tabaks sich aufzulösen, wodurch der Schnupfer einen Bleigehalt mit genießt, der genügend ist, ganz bedenkliche Vergiftungszufälle herbeizuführen. Die beste Versendung geschieht in glasierten Steinkruken.

Über den Kautabak bleibt nur sehr wenig zu erwähnen übrig, da seine Fabrikation insofern nichts Eigentümliches bietet, als hier dieselben Prozesse des Sortierens, des Saucens, der Gärung u. s. w. vorkommen, die uns bei dem Rauch- und Schnupftabak schon aufgestoßen sind. Das Mysterium ist auch hier die Sauce, aber es wird von den Fabrikanten dem profanen Auge ebenso ängstlich verborgen wie bei den Festen in Eleusis.

Der Tabakskonsum hat im Laufe der Jahre immer zugenommen, das beweist am besten der trotz weit ausgedehnterer Produktion immer mehr sich fühlbar machende Mangel, welcher schließlich zu Preissteigerungen des Rohmaterials geführt hat, die mit der naturgemäßen Verteurung andrer Konsumartikel in keinem Verhältnis stehen. Der Raucher wird sich darüber am besten selbst Auskunft geben können, wenn er alt genug ist, um vergleichen zu können, was ihm vor 25 Jahren seine „Havana" kostete und was er jetzt für eine Zigarre derselben Qualität bezahlen muß.

Und doch ist die Tabakserzeugung der Erde eine ganz enorme. Man kann auf Asien eine Gesamtproduktion von 155 Millionen kg rechnen und wird wahrscheinlich noch weit hinter der Wirklichkeit zurückbleiben; Europa erzeugt 141 Millionen, Amerika 124, Afrika 12 und Australien $\frac{1}{2}$ Million kg. Das gibt zusammen aber 432½ Millionen kg; indessen sind diese Zahlen nur nach annähernder Schätzung genommen. In den Ländern, aus welchen einigermaßen zuverlässige Ausweise zu Gebote stehen, stellt sich die Produktion folgendermaßen:

Österreich	90 000	Zollzentner
Ungarn	800 000	"
Deutschland	750 000	"
Holland	120 000	"
Belgien	10 000	"
Frankreich	500 000	"
Spanien	10 000	"
Dänemark	2 000	"
Schweiz	5 000	"
Italien	70 000	"
Rußland	150 000	"
Rumänien	12 000	"
Türkei	350 000	"
Griechenland	30 000	"
Nordamerika	2 500 000	"
Cuba	200 000	"
Portoriko	40 000	"
Domingo	100 000	"
Brasilien	250 000	"
Neugranada (Kolumbien)	80 000	"
Ecuador	5 000	"
Venezuela	5 000	"
Philippinen (Manila)	100 000	"
Java und Sumatra	150 000	"

Zusammen 6 329 000 Zollzentner.

Vielleicht darf man die Produktion aller übrigen Länder mit dem gleichen Quantum veranschlagen, so daß sich die Summe von 12 Millionen Zentnern als jährliches Gesamtprodukt an Tabak ergeben würde.

Vor dem Kriege erbaute Frankreich jährlich gegen $\frac{1}{2}$ Million Zentner Tabak, im Jahre 1866: 24 402 000 kg; führt aber noch beträchtliche Quantitäten Tabaksblätter ein. Daraus stellte es her gegen 8 Millionen kg Schnupftabak, 1 161 000 kg Kau= und Rollentabak, 18 822 000 kg Rauchtabak. Zigarren erster Qualität 13 734 000 Stück, zweiter Qualität (zu 10 Cent.) 45 Millionen Stück, dritter Qualität (zu 5 Cent.) 737 $\frac{1}{2}$ Millionen Stück; Zigarretten 7 Millionen Stück. In Algier hat sich die Tabakskultur in den Jahren 1844—52 von 23 469 kg bis auf 1 784 536 kg gehoben.

Von den großen französischen Tabaksfabriken erzeugte die zu Paris im Jahre 1862 allein an

Schnupftabak	200 000	kg
Rauchtabak	3 146 000	"
Kautabak	200 000	"
(Gewöhnliche Regiezigarren)		
Zigarren (zu 5 und 10 Cent.)	490 000	"
Zigarretten	6 800	"
Diverse Zigarrensorten	160 000	"

Zusammen 4 202 800 kg.

Außer Paris gab es noch derartige Fabriken in Lille, Havre, Dieppe, Lyon, Marseille, Nizza, Toulouse, Straßburg, Chateauroux, Tonneins, Bordeaux, Morlaix, Nantes, Metz und Nancy. Zwei davon, die zu Straßburg und Metz, sind durch den Friedensvertrag in die Hände der Deutschen gekommen, haben aber unter den bestehenden Verhältnissen kein gutes Fortkommen gehabt. Der Tabak ist in Frankreich Monopol und eine bedeutende Einnahmequelle für den Staat, der freilich durch seine Besteuerung das Produkt um das Vielfache verteuert. Während Frankreich in den Jahren 1859 circa 160 Millionen Frank, 1865 über 236 Millionen, 1867 über 242 Millionen und 1869 gegen 246 Millionen Frank an Tabakssteuern erhob, betrug das Steuerergebnis in Österreich 1870 nur 45 Millionen Gulden, in Rußland 7 Millionen Rubel; für England erreicht es die Summe von mehr als 6 Millionen Pfd. Sterl.; Nordamerika zieht gegen 19 Millionen Dollar aus der Tabakssteuer; Ziffern, die natürlich auch bei uns den Wunsch nach ähnlichen Einnahmequellen für den Staat nahe gelegt haben.

Im Jahre 1878 waren im deutschen Zollgebiete mit Tabak bepflanzt 18006 ha, von denen 597776 Zentner lufttrockene Blätter geerntet wurden. Es entfielen davon

auf die Pfalz	233218 Zentner
„ Elsaß-Lothringen	87665 „
„ den badischen Oberrhein	67720 „
„ die Ukermark	81879 „
„ die Gegend von Nürnberg	19702 „
„ andre Gegenden	107592 „

Eingeführt wurden:

Unbearbeitete Tabaksblätter	1678855 Zentner
Tabaksstengel	231744 „
Rauchtabak in Rollen	4827 „
Karotten u. s. w.	8321 „
Kautabak	801 „
Zigarren	14870 „
Schnupftabak	513 „

Eine ungefähre Berechnung des Tabakverbrauchs nach dem Geldwerte im deutschen Zollgebiete ergab für dasselbe Jahr

für Rauchtabak	93650000 Mark
„ Schnupftabak	20570000 „
„ Kautabak	1100000 „
„ Zigarren	237680000 „
	Zusammen 353000000 Mark.

Im Jahre 1877 wurden im deutschen Zollgebiete über 2 Milliarden Zigarren zum durchschnittlichen Verkaufspreise von 25,3 Mark und gegen 3 Milliarden Zigarren zum Durchschnittspreise von 42,5 pro Mille angefertigt und verkauft. Außerdem sind 159000 Mille Zigarren zum Durchschnittspreise von 30 Mark im Zollgebiete hergestellt und exportiert worden. Importiert wurden 100000 Mille zu 80 Mark durchschnittlich. Im ganzen sind konsumiert worden 1641378 Zentner Tabak für 300 Millionen Mark, so daß auf den Kopf der Bevölkerung im deutschen Zollgebiete 3,88 Pfund zum Werte von 7,07 Mark entfallen.

Das Opium. Die Chinesen sind das raffinierteste Volk, das die Erde trägt. Es gibt kaum einen Genuß, ja kaum eine Varietät des Genießens, die ihnen nicht bekannt wäre, vorzüglich aber sind es die Narkotika, in deren Gebrauch sie geradezu ausschweifen. Hat das Tabakrauchen in China eine Ausdehnung erlangt, daß selbst achtjährige Mädchen mit der Pfeife gesehen werden, so ist der Genuß des Opiums ein nicht minder allgemein ver=breiteter. Es gibt ganz besondere Opiumrauchhäuser, wie es bei uns Weinstuben gibt, und man kann sich daselbst, wenn man für dergleichen Genüsse seine Nerven noch nicht abgestumpft hat, schon für etwa einen Silbergroschen in den herrlichsten Rausch versetzen. Übrigens ist der Opiumgenuß nicht auf China allein beschränkt, er hat im Gegenteil eine weit größere Ausdehnung, als man gewöhnlich annimmt, und zählt selbst in Europa Anhänger. Das Opium ist bekanntlich der eingedickte Saft, der aus den Einschnitten quillt, mit welchen man die halbreifen Mohnköpfe (von Papaver somniferum, s. Fig. 113) versieht, so lange die Körner darin noch weiß oder gelblich gefärbt sind. Es ist eine salbenartige braune Masse, von widerlichem, bitterem, langhaftendem Geschmack und wird namentlich in Persien, Kleinasien und Indien bereitet. Die Araber nennen das Präparat afioum, die Perser afioun; daraus ist unser Name Opium entstanden. Behufs seiner Bereitung werden große Felder mit Mohn besäet und der Saft wird täglich gesammelt. Man rechnet, daß der Ertrag eines Ackers durchschnittlich 10—12 kg erreicht. In Frankreich, wo man namentlich in der Normandie die Opiumkultur betrieben hat, ist man jedoch weit hinter diesem Quantum zurückgeblieben und, soviel wie bekannt ist, sind hier die Kulturversuche aus Mangel an Rentabilität wieder eingestellt worden. Dagegen hat man in neuerer Zeit in Deutschland

verfucht, die Mohnpflanze zum Zwecke der Opiumgewinnung anzubauen, und besonders ist
es Württemberg, wo damit verhältnismäßig günstige Resultate erreicht worden sind. Der
Mohn wird seines Samens wegen bei uns ohnehin schon in nicht unbedeutendem Maße
kultiviert, es kann also nur darauf ankommen, zu untersuchen, ob unfre klimatischen Ver=
hältnisse geeignet sind, um den Mohnsaft gehaltreich genug zu machen, und dann, ob
dessen Gewinnung durch die eigentümliche Behandlung der Pflanze hierzulande auf keine
Schwierigkeiten stößt. Während sich nun die Resultate aus den bisher angestellten Ver=
suchen dem ersten Punkte sogar sehr günstig zeigen, denn das deutsche Opium war von aus=
gezeichnet guter Qualität, dürften jedoch hinsichtlich des zweiten die bei uns herrschenden
hohen Arbeitslöhne, gegenüber den in Kleinasien üblichen, leicht ein Hindernis für die
weitere Ausdehnung der Opiumkultur werden. Ob der in Anatolien gebaute Opiummohn
vor der bei uns kultivierten Mohnpflanze bezüglich der
Ausbeute Vorteile bietet, das läßt sich zur Zeit noch
nicht entscheiden. Das am höchsten geschätzte Boghab'itsch=
opium wird von einer Pflanze gewonnen, welche eine
hellere Farbe zeigt als unser einheimischer Mohn, dunkel=
violett blüht und bei einer Höhe von etwa 60 cm ver=
hältnismäßig wenig Blätter treibt. Man hat in Württem=
berg diese Pflanze eingeführt, um vergleichende Versuche
hinsichtlich der Ertragsfähigkeit anzustellen, ein endgültiger
Schluß auf dieselbe wird sich aber erst machen lassen,
wenn der afiatische Mohn sich bei uns vollständig akkli=
matisiert hat, wozu immer einige Jahre gehören. Außer
Württemberg scheint auch Schlesien, wo in der Gegend
von Saarau und Bohrau die Opiumgewinnung versuchs=
weise betrieben worden ist, ein günstiger Boden für eine
Kultur zu sein, die uns betreffs eines der wichtigsten
Medikamente von dem Oriente unabhängig machen könnte.

 Das Opium ist das ausgezeichnetste Gegenmittel
gegen Durchfall, und die Opiumtinktur spielt in den
Haus= und Reiseapotheken eine Hauptrolle. Dann aber
übt es seine heilsame Wirkung als schmerzstillendes Mittel,
namentlich seitdem man in neuerer Zeit die Methode der
subkutanen Injektion, Einspritzung unter die Haut, er=
funden hat, bei welcher allerdings das Opium nicht als
solches, sondern nur in seinem hauptsächlich wirksamen
Bestandteile, als Morphium, zur Verwendung kommt.
Zur Bereitung des Morphiums wird viel Opium in den
chemischen Fabriken verarbeitet.

 Der Haupthandelsplatz für das kleinasiatische und
persische Opium ist Smyrna. Der indische und chinesische
Handel befindet sich in den Händen der englischen Re=
gierung, welche jährlich gegen 3 Millionen kg absetzen

Fig. 113.   Papaver somniferum.

soll, obwohl von andrer Seite die kleinasiatische Jahresproduktion nur auf etwa 6000
Kisten zu 150 Zollpfund angegeben wird. Ein wenn auch noch unbedeutender, aber leider
von Jahr zu Jahr wachsender Teil davon wird in Großbritannien selbst verbraucht, wo
sich der Geschmack daran besonders in der Fabrikbevölkerung zu verallgemeinern scheint.
 Übrigens wird die narkotische Wirkung des Mohnsaftes auch noch in andrer Weise
als im Opium gesucht. Es ist leider eine traurige Wahrheit, daß viele unwissende Mütter,
um die kleinen Kinder zur Ruhe zu bringen, ihnen Abkochungen von unreifen Mohnköpfen
zu trinken geben, und die alten Griechen schon gaben dem Gotte des Schlafes als Sinnbild
einen fruchttragenden Mohnstengel in die Hand. Die mythische Figur des deutschen „Sand=
manns", welcher schlaftrunkenen Kindern Sand in die Augen wirft, hat jedenfalls ihren
Ursprung in den Mohnkörnern, mit denen Morpheus sein Gebiet bestreut. In Persien

wird ein aus unreifen Mohnköpfen bereitetes Getränk — Kokemaar — öffentlich verkauft, und die Tataren bringen die milchige Frucht des Mohns in den gärenden Wein, dessen berauschende Kraft sie dadurch ungemein verstärken.

Die bei weitem größte Menge des eingedickten Mohnsaftes wird aber als Opium verraucht, und die abgeschlossenen Kaiserreiche des Ostens sind die bedeutendsten Konsumenten, während es Türken, Perser und Araber in Form von Pillen und Europäer, die sich daran gewöhnt haben, als Tinktur genießen. Bei den Mohammedanern sind kleine Opiumbonbons in Gebrauch, denen das Wort „Masch Allah", d. i. Gabe Gottes, aufgepreßt ist.

Der Opiumraucher bedient sich einer kleinen Pfeife mit einem metallenen Kopf, der eine Höhlung hat, gerade groß genug, um eine Pille von der Größe einer Erbse aufzunehmen. Damit setzt er sich auf ein Bett oder auf eine einfache Matratze und zieht den betäubenden Hauch so lange ein, bis er in den ersehnten Zustand der Glückseligkeit gekommen ist. Das Inbrandsetzen und Rauchen erfordert eine gewisse Übung.

Das Präparat, welches die Chinesen rauchen, ist nicht das Opium, wie es von den Engländern in den Handel gebracht wird; es wird vielmehr, ehe dasselbe zum Rauchen geeignet ist, erst ein ganz besonderes Verfahren damit vorgenommen. Ein Reisender beschreibt es in dem „Journal of the Indian Archipelago" folgendermaßen. Zwei Opiumbeutel werden aufgeschnitten und ihr Inhalt in eine eiserne Pfanne geschüttet, die man über ein schwaches Kohlenfeuer setzt. Ein Mann rührt mit einem Stück Holz darin, bis das Ganze geschmolzen ist; dann wird es in zwei Pfannen verteilt und langsam so lange über freiem Feuer erhitzt, bis alle Feuchtigkeit daraus verschwunden ist. Das Opium kann dann in Schnitten abgelöst werden. Jetzt werden Körbe in Bereitschaft gesetzt, indem man ihre Böden mit mehreren Schichten gewöhnlichen Papiers belegt, mit den Opiumschnitten gefüllt und über Pfannen gestellt. Darauf gießt man siedendes Wasser. Die löslichen Bestandteile sickern hindurch und sammeln sich in den Pfannen. Ein Teil bleibt ungelöst in den Körben, die opiumhaltige Flüssigkeit aber wird vorsichtig abgedampft, indem man sie in fortwährendem Sieden erhält.

Während dieser Zeit steht ein Arbeiter mit einem Bund Federn daneben, vermittelst dessen er die Pfannen an der Oberfläche der Flüssigkeit benetzt, damit dieselbe nicht anbrennt, und allen Schmutz wegnimmt, der als Schaum in die Höhe steigt. Wenn die teigige Substanz sich in Fäden von 60—90 cm aus der Pfanne ziehen läßt, ohne zu reißen, so hat sie die erforderliche Konsistenz erreicht; man läßt sie erkalten, indem man mit großen Fächern Luft darüber weht, und bringt sie dann in zinnernen Büchsen in den Handel. Das ist das sogenannte Tschandu. Muddeth ist ein Produkt, welches aus den Abfällen in den Tschanduläden hergestellt wird. Der Kaufmann hält immer ein Tuch in seiner Nähe, um seine Finger, Messer und alles andre mit Tschandu Beschmutzte daran abzuwischen. Diese Lappen werden ausgekocht, und in die Flüssigkeit werden, nachdem sie zur Sirupskonsistenz eingedampft worden ist, junge, ganz klein zerhackte Zuckerrohrblätter eingeknetet; das Ganze formt man zu Pillen, welche die Ärmeren essen.

Das Tschandu ist ein sehr heftiges Gift, wovon der vierte Teil vom Gewicht eines Golddollars hinreicht, einen an Opium nicht gewöhnten Menschen binnen einer Stunde zu tödten. Das beste Gegenmittel ist Öl, gewöhnliches Kokosnußöl, welches augenblickliches Erbrechen hervorruft. Eingefleischte Raucher können aber viel größere Quantitäten davon konsumieren, ehe sich der Rausch einstellt. Man beginnt zwar mit ganz kleinen Mengen $\frac{1}{2}$—1 Gran, steigert dieselben aber, indem sich die Nerven an die Wirkung gewöhnen, bis auf das zwanzigfache, ja vierzigfache Quantum. Solche bedeutende Mengen werden aber nicht auf einmal verraucht, sondern in Zwischenräumen, denn der Opiumraucher schläft nicht lange; er greift aber beim Erwachen sofort wieder zu seiner Pfeife, bis der narkotische Schlaf aufs neue seine Augenlider schließt. Die Träume und Phantasien während eines solchen Rausches sollen sehr wonnevoll sein. Es ist aber natürlich, daß, wie durch alle derartige künstliche Aufregungen, in wenigen Jahren die Kräfte des gesündesten Organismus zerstört werden müssen. Jede Energie verschwindet und eine entschlossene Thätigkeit wird unmöglich; darin liegt auch der Grund, daß derjenige, der sich an diesen Genuß gewöhnt hat, selten die Charakterstärke wiederfindet, den verderblichen Gebrauch zu unterlassen.

Beim Opiumgenuß treten, wie beim Genuß des Tabaks, zwei Stadien ein. Eine geringe Menge des Narkotikums erheitert den Geist und erfüllt den Menschen mit dem behaglichen Gefühle, welches aus dem Bewußtsein des Vollbesitzes aller geistigen und körperlichen Kräfte hervorgeht. Die Gedanken und vorzüglich die Bilder der Phantasie werden in hohem Grade lebhaft und versetzen bejahrte Männer in den Zustand jugendlicher Träumerei. Die Wirkungen sind daher nach dieser Seite ähnlich wie diejenigen des Weines; dazu kommt aber noch die Anregung der physischen Kräfte, welche den Opiumraucher in den Stand setzt, zeitweilig ganz unglaubliche Anstrengungen zu ertragen. Freilich folgt dieser Aufregung eine ebenso große Abspannung, an diese denkt aber der kurzsichtige Mensch nie; dem augenblicklichen Genusse folgend, opfert er gedankenlos seine Zukunft. Die Schwäche und den Ekel, welche sich nach dem Rausche einstellen, betäubt er durch eine neue und immer größer werdende Dosis, und es wird von einzelnen berichtet, die mit $\frac{1}{2}$ Gran anfingen und sich schließlich bis zu einem täglichen Verbrauch von 120 Gran steigerten, den sie nie mehr unterbrechen durften, wollten sie nicht augenblicklich dem elendesten Zustande verfallen. Es vertrocknet der Mund und der Hals, die Eingeweide sind so geschwächt, daß sie sich kaum noch bewegen; eine natürliche Folge hiervon ist, daß die Verdauung gehemmt wird und aller Appetit schwindet. Nur fortwährender Durst plagt den Armen. Natürlich sinken alle Kräfte und der Tod ist die baldige Folge dieser ekelhaften Erschlaffung. Leidenschaftliche Opiumraucher erlangen selten ein Alter höher als 40 Jahre.

Die chemischen Bestandteile des Opiums, denen diese Wirkung zuzuschreiben ist, gehören zum größten Teile den organischen Basen an und sind in Mengen bis zu 24 Prozent in der Handelsware enthalten. Das Morphin oder Morphium ist darunter das wichtigste, weil es in der größten Menge vorkommt. Man kann es auf verschiedene Weise erhalten; indem man käufliches Opium mit schwach angesäuertem Wasser behandelt und das klare Filtrat mit Ammoniak versetzt, fällt das in Wasser schwer lösliche Alkaloid zu Boden.

In reinem Zustande bildet dieser Körper kleine farblose, vierseitige Säulen, die, ohne sich zu zersetzen, bis 300 Grad erhitzt werden können; in heißem Wasser lösen sie sich etwas besser (zu $\frac{1}{500}$) auf als in kaltem; kochender Alkohol nimmt ungefähr den zwanzigsten Teil seines Gewichts auf. Das Morphin verbindet sich mit Säuren zu Salzen, und diese sind es (wie essigsaures Morphium), welche als beruhigende Mittel in der Heilkunde vielfache Anwendung finden. Die chemische Formel des Morphins ist $C_{34}H_{18}NO_6$, was einer prozentischen Zusammensetzung von $71,_8$ Kohlenstoff, $8,_0$ Wasserstoff, $6,_4$ Stickstoff und $13,_8$ Sauerstoff entspricht. Dem Morphium ist in erster Reihe die merkwürdige physiologische Wirkung zuzuschreiben, welche das Opium besitzt, und die bei geringen Dosen als nur das Nervensystem beruhigend sich darstellt. Das Morphium wird daher sowohl gegen solche Schmerzen, welche ihren Sitz im Nervensysteme haben, wie Neuralgien, Zahnschmerzen u. s. w., mit großem Erfolg angewandt, als es auch als Schlafmittel dient. In der Form von Einspritzungen unter die Haut ist es von allen schmerzstillenden Mitteln wohl das vortrefflichste, dessen Gebrauch den leidenden Körper in einen Zustand wohlthuendster Ruhe und Behaglichkeit versetzt, mit dessen Anwendung man jedoch vorsichtig zu Werke gehen muß, weil sich der Organismus sehr leicht an den Genuß gewöhnt, so daß eine Entwöhnung davon den Patienten dieselben Kämpfe kostet, wie den Trunkenbold die Entwöhnung von Spirituosen.

Neben dem Morphium kommen im Opium noch einige andre, ähnlich wirkende und jenem sehr nahe stehende Stoffe vor, von denen das Kodein, Narkotin und Narcein die bekanntesten sind. Nach Mulder enthielten 100 Teile Smyrnaer Opium durchschnittlich:

Morphium	$6,_3$
Narkotin	$7,_3$
Kodein	$0,_7$
Narcein	$9,_0$
Mekonin	$0,_6$
Mekonsäure	$6,_1$
Fette und Harze	$4,_9$
Kautschuk und gummiähnliche Extraktivstoffe	$31,_9$
Schleim und Wasser	$33,_2$
	100

Doch finden sich auch Opiumsorten, die mehr als das Doppelte von einzelnen der genannten narkotischen Bestandteile enthalten, und so ist gerade das deutsche Opium, das württembergische sowohl als das schlesische, durch seinen hohen Morphiumgehalt, 13—15 Prozent, merkwürdig.

Haschisch. Eine große Ähnlichkeit mit dem Opium beziehentlich seines Genusses und seiner Wirkung hat ein andres Produkt des Pflanzenreichs, welches auch auf ganz entsprechende Weise wie jenes Erzeugnis der Mohnpflanze gewonnen wird. Es ist dies das in dem Safte der Hanfpflanze enthaltene Harz oder ein Gemenge harziger und öliger Bestandteile, Haschisch genannt, welches je nach dem Lande auch noch verschiedene andre Namen führt.

Die gewöhnliche Hanfpflanze (Cannabis sativa), wie sie bei uns wächst und eben auch sowohl in nördlicher gelegenen Ländern als in südlichen Gegenden angebaut wird, enthält in ihrem Safte narkotische Bestandteile, deren chemische Natur von der Forschung freilich noch nicht genügend aufgeklärt ist. In den kalten und gemäßigten Himmelsstrichen scheinen dieselben nur in geringer Menge in der Pflanze erzeugt zu werden, während die heiße Sonne der Tropen jene aufregenden Verbindungen leichter zu bilden vermag. In Indien, in Persien, Arabien und in ganz Afrika gewinnt man aus dem Hanf ein starkes Produkt auf sehr verschiedene Art und der Genuß desselben findet sich sogar bis über das Weltmeer verbreitet.

Es ist bekannt, daß manche Personen es nicht vertragen können, sich lange in der Nähe eines blühenden Hanffeldes aufzuhalten; der Grund davon liegt in der Ausschwitzung jener harzigen Stoffe, die besonders in der Blütezeit reichlich erfolgt und infolge deren die Luft durch Beimengung selbst sehr geringer Quantitäten eine narkotisierende Wirkung bekommt. Im Altertume atmete man schon die Dämpfe von angezündetem Hanf ein, um sich damit zu berauschen, und Herodot führt diese Gewohnheit als unter den Skythen allgemein verbreitet an. Bei uns hat dieser Gebrauch entweder keine große Ausdehnung gehabt, oder aber er ist durch andre narkotische Genußmittel verdrängt worden; obwohl dieser letztere Grund seines Nichtmehrvorhandenseins in demselben und in noch erhöhtem Grade sich in der Türkei, Indien und Persien wirkungsvoll erweisen sollte, welche Länder, ungeachtet sie die bedeutendsten Tabakskonsumenten sind, doch sehr beträchtliche Mengen von Opium verbrauchen und außerdem auch noch in unglaublicher Weise dem Hanfgenuß frönen. Der indolente, jeder angestrengten Thätigkeit aus dem Wege gehende Orientale, dessen Begriffe vom Zwecke des Daseins durch den Koran in sehr beschränkten Grenzen gehalten werden, kann sein Leben verträumen; den Nordländer zwingt die Natur zu einem unausgesetzten Ringen, und die Notwendigkeit eines klaren Denkens schließt von selbst die Hingabe an Genüsse aus, welche Geist und Körper auf die Dauer entnerven.

Die Art und Weise, wie man sich den narkotischen Genuß des Hanfes verschafft, ist eine verschiedene. In Persien, auch in Marokko, werden die Hanfpflanzen zur Blütezeit ausgerauft, gedörrt und namentlich die Spitzen und zarten Teile der Blätter sowie die Blüten in kleinen Pfeifen geraucht. Anderseits aber auch stellt man durch Abkochen mit Wasser, welchem man etwas Butter zugefügt hat, ein Extrakt her, das eingedickt wie das Opium genossen wird. Es wird mit mancherlei Gewürzen vermischt und heißt bei den Arabern Dawamese. Endlich sammelt man das aus Blättern und Blüten des Hanfes von selbst ausschwitzende Harz und genießt dies teils in Form von Pillen, teils auch als Tinktur oder indem man es in Gemeinschaft mit getrockneten Pflanzenteilen raucht. Die Art und Weise, wie man das Harz (Momia oder Churrus genannt) sammelt, ist so originell, daß wir sie erwähnen dürfen. Es laufen nämlich während der Zeit, wo die Ausscheidung dieser klebrigen Stoffe eine sehr reichliche ist, durch die engstehenden Reihen der Hanfpflanzen nach allen Richtungen Arbeiter, welche mit großen Lederschürzen angethan sind. Durch die Erschütterung und Berührung fallen die Harztröpfchen ab und hängen sich an die rauhe Lederbekleidung und an die Haut der Kulis, von welcher sie dann abgelesen werden.

Was die Wirkung des Haschisch anbelangt, so soll dieselbe von der des Opiums verschieden, eine die höchste Lebhaftigkeit erregende sein, woher das Präparat auch in Indien Namen, wie „der Vermehrer des Vergnügens“, „der Gelächtererwecker“ u. a., erhalten hat.

Im Übermaß genoffen wirkt es auf die Muskeln kontrahierend, so daß der Mensch wie im Starrkrampf sich befindet und seine Glieder sich von selbst in jeder Lage erhalten, die man ihnen gibt.

Der Hopfen findet unter den narkotischen Genußmitteln nächst dem Tabak wohl die ausgedehnteste Verwendung. Er unterscheidet sich aber in derselben von vielen der übrigen Narkotika wesentlich dadurch, daß er nicht wie diese für sich allein, sondern immer in Vermischung mit andern Stoffen konsumiert wird, denen er zugleich als Gewürz dient. Er ist einer der wesentlichsten Bestandteile des Bieres.

Sein Zusatz zu den Malzgetränken scheint den Römern noch nicht, dagegen den alten Deutschen schon sehr frühzeitig bekannt gewesen zu sein. Besondere Anlagen zum Anbau der Hopfenpflanze, Hopfengärten, Humulariae, werden in Deutschland schon im ersten Viertel des 9. Jahrhunderts erwähnt. Von hier aus hat sich denn auch wahrscheinlich der Hopfen nach denjenigen Ländern verpflanzt, in denen seine Kultur und sein Verbrauch jetzt eine so erstaunliche Höhe erreicht hat. Die Niederlande sollen ihn zu Anfang des 14. Jahrhunderts, England 100 Jahre später erhalten haben. In letztgenanntem Lande kam sein Zusatz zum Biere aber erst mit dem Beginn des 17. Jahrhunderts in allgemeinen Gebrauch, denn wir dürfen wohl nicht annehmen, daß sich die Bevölkerung von London nur gegen ein Zuviel sicherstellen wollte, als sie beim Parlamente Beschwerde erhob „gegen zwei der größten Übelstände ihrer Zeit" — gegen den Steinkohlenrauch, welcher die Luft verpestete, und gegen den Hopfenzusatz zum Biere, weil dadurch der Geschmack dieses Getränkes verdorben werde. Mit dem Biergenuß, der sich von den germanischen Völkern allen kultivierten Nationen der Erde mitgeteilt hat, hat auch der Hopfenbau sich überall Eingang verschafft, und er unterwirft sich immer größere Bodenstrecken. In Großbritannien werden allein jährlich gegen 20 Millionen kg Hopfenkätzchen verbraucht, das ist etwa ein Drittel mehr, als dort der Tabakskonsum beträgt. Neuerdings hat Amerika sich an der Hopfenproduktion in steigender Weise beteiligt, indessen sind die daselbst gebauten Sorten bei uns nicht so beliebt wie die englischen, niederländischen, böhmischen (Saaz) und bayrischen (Spalter Hopfen). Vielleicht verringert die Seereise seine Güte, welche überhaupt, da sie wesentlich durch das Vorhandensein von flüchtigen und leicht zersetzbaren Stoffen bedingt ist, mit der Zeit zurückgeht.

In der geringen Haltbarkeit des Hopfens ist es auch begründet, daß bei verschiedenen Erträgnissen die Preise ganz ungemeinen Schwankungen unterworfen sind, so daß in einem Jahre, wo die Ernte eine besonders reichliche war, der Zentner kaum 45 Mark kostet, während die Ernte des nächsten Jahres, wenn sie mißriet, dasselbe Quantum achtmal teurer machen kann. Die Ertragsausfälle lassen sich durch frühere Vorräte eben nicht ausgleichen, obwohl es von den Verkäufern oft genug versucht wird, altem Hopfen durch Schwefeln und andre Manipulationen das Aussehen von frischem zu erteilen. In Bayern wird der Hopfen namentlich in den Gegenden von Lauf, Hersbruck, Altdorf, Langenzenn und Neustadt in Mittelfranken, in Ober= und Niederbayern in der Hallertauer Gegend und um Wasserburg, in Schwaben bei Memmingen gebaut. Früher von bei weitem geringerer Bedeutung, hat sich die Hopfenproduktion Bayerns in wenigen Jahren sehr gehoben: sie betrug für 1866 an 200 000 Zentner gegen 75 000 Zentner im Jahre 1858. In Baden werden zwischen 20= und 25 000 Zentner, ebensoviel etwa in Württemberg (Rothenburg, Aischhausen, Schwäbisch=Gmünd) erzeugt. Der böhmische Hopfenbau bei Saaz, Auscha und Dauba bringt 50 000 Zentner, Elsaß und Lothringen gegen 40 000 Zentner, ebensoviel etwa die Provinz Posen. Sehr bedeutend ist der Hopfenbau Belgiens, von wo im Jahre 1865 fast 52 000 Zentner im Werte von über 6 Millionen Frank ausgeführt wurden.

Die Hopfenpflanze, nicht die in unsern Wäldern wildwachsende, welche auch als zierliches Rankengewächs in Gartenanlagen gezogen wird, sondern die kultivierte, die allerdings von dem wilden Hopfen abstammt, ist in ihrer Erscheinung hinlänglich bekannt. Ihr Anbau verlangt einen sehr guten, namentlich tiefgründigen Boden, und sie gedeiht am besten in sonnigen, südlichen oder westlichen Lagen, welche den rauhen atmosphärischen Einflüssen, Reif, Nebel, Winden u. s. w., nicht zu sehr ausgesetzt sind. Der Hopfen ist eine Schlingpflanze und es müssen ihm daher zu seiner Entwickelung genügende Haftpunkte geboten werden.

Die Hopfengärten gewähren mit den schwankenden Blätterguirlanden, dem saftigen Grün und den üppigen Blütentrauben einen reizvollen Anblick.

In den Blütenkätzchen besteht der nutzbare Teil, und die Hopfenernte fällt daher in die Zeit, wo diese ihre vollste Entwickelung erlangt haben; für die Hopfenländer ist sie von ebenso großer Bedeutung wie für den Rhein oder Ungarn die Weinlese. Die frisch gepflückten Kätzchen haben einen gewürzigen, narkotischen Geruch, der von ätherischen und harzigen Bestandteilen herrührt. Namentlich sind es zwei Stoffe, deren reichliches oder minder reichliches Vorhandensein die Güte und den Wert des Hopfens bedingt.

Sie finden sich in dem sogenannten Hopfenmehl (Lupulin), welches sich von den getrockneten Blütenkätzchen als ein gelber, aus lauter kleinen Körnchen bestehender Staub abklopfen läßt. Bei guten Hopfensorten beträgt die Menge bisweilen den sechsten Teil des Gewichts der Blüten. Das Hopfenmehl sind Harzkörnchen, welche in Wasser nur zu sehr geringem Teile löslich sind; sie haben einen angenehm bitteren Geschmack und wirken bei geringen Mengen in ähnlicher Weise wie die Narkotika beruhigend auf die Nerven. In

Fig. 114. Der Hopfen.

Alkohol lösen sie sich fast bis zur Hälfte ihres Gewichts auf, und dieser ihr löslicher Bestandteil ist ein rotgelbes, durchsichtiges Harz von sehr aromatischem, aber nicht bitterem Geschmack. Das Hopfenbitter ist in den übrigen Bestandteilen des Lupulins enthalten; neben ihm tritt in demselben noch Gerbsäure und ein eigentümliches flüchtiges Öl auf. Die Bestandteile des Hopfens machen das Bier nicht nur gewürzhaft und narkotisch, sie haben auch noch den eigentümlichen Einfluß, daß sie die nachfolgende Gärung verlangsamen und ihm einen Gehalt an Zucker wahren, der sich nicht in Alkohol verwandelt, und sind in dieser Beziehung geradezu notwendige Zusätze.

Die erwähnte geringe Haltbarkeit des Hopfens hat zu mancherlei Versuchen geführt, seine flüchtigen Stoffe zu extrahieren und den Segen fruchtbarer Jahre für die Zeiten von Mißernten aufzubewahren. Allein bis jetzt sind die Erfolge nicht sehr günstige gewesen; der feine Duft, das zarte Arom läßt sich nicht halten, wenigstens durch die angewandten Methoden nicht, und es ziehen die Brauer selbst geringere Hopfensorten, wenn sie frisch sind, den aus besseren bereiteten Essenzen vor. Es ist aber kaum zu zweifeln, daß die Chemie auch hier noch zweckmäßige Verfahren lehren wird. Hat man doch vor der Hand Verfahren sich patentieren lassen, um dem Biere beim Verzapfen mit Hopfenarom geschwängerte Luft zuzuführen.

Als Ersatzmittel für den Hopfen dient gewissenlosen Brauern eine große Anzahl von Stoffen, die teils ihres bitteren Geschmacks, teils ihrer narkotischen Eigenschaften wegen in Anwendung gebracht werden, obwohl kein einziger die angenehmen Wirkungen des Hopfens hervorzubringen vermag, ja viele sogar geradezu schädlich wirken. Die Bierpantscherei steht trotz der strengsten strafrechtlichen Ahndung noch in ebenso üppigem Flor wie die Weinfälschung, und der Name „Dividendenjauche" ist für die Sudelei mancher Gründungsbrauerei sehr bezeichnend.

Fig. 115. Hopfenernte im Elsaß.

Wenn Enzian, Wermut, Löwenzahn, Rosmarin, Zichorie, Fichtennadeln, Kamillen und dergleichen Bitterstoffe enthaltende Pflanzen oder die sehr bittere Pikrinsäure der Bier=würze zugesetzt werden, um den teuren Hopfen ganz oder zum Teil zu sparen, so hat man zwar alles Recht, über Verfälschung eines fast zum allgemeinen Nahrungsmittel gewordenen Getränkes zu klagen, allein es kann dann die dadurch erzielte größere Billigkeit des Bieres bis zu einem gewissen Grade als ein Scheingrund für die Entschuldigung der Brauer an=geführt werden. Wenn aber Kockelskörner und sogar Strychnin von Droguisten verkauft und den Bierbrauern zur Ersparung des Hopfens empfohlen werden, so ist dies ein Ge=baren, welches, weil das Publikum nicht die Mittel in der Hand hat, die Täuschung zu erkennen und sich davor zu schützen, von Obrigkeits wegen so streng wie jede andre absicht=liche Vergiftung an ihren Urhebern geahndet werden sollte. Es scheint aber leider, als ob man an die Verwendung solcher für Leben und Gesundheit des Publikums gefährlichen Mittel nicht glaubte, obwohl der ungemeine Absatz von manchen, die wie die Kockelskörner, einen förmlichen Handelsartikel bilden, ein genügender Beweis dafür sein müßte.

In London kamen in einem einzigen Jahre (1850) weit über 2300 Zentner davon zum Verkauf und fanden unter den Brauern sehr bereitwillige Abnehmer, da ein geringer Zusatz schon dem Biere nicht nur einen bitteren Geschmack, sondern auch eine dunklere Färbung und namentlich einen volleren substantiösen Charakter verleiht, also nicht nur über die Abwesenheit des Hopfens, sondern auch des Malzes zu täuschen vermag. Die Kockels=körner enthalten aber eins der heftigsten Gifte (das Pikrotoxin), welches, wenn auch in sehr geringen Dosen genommen, einen höchst nachteiligen Einfluß auf den menschlichen Orga=nismus ausübt und, dauernd genossen, Gehirn und Nerventhätigkeit abstumpft und schließ=lich ganz lähmt.

Auch die **Coca** dürfen wir noch zu den narkotischen Genußmitteln zählen. Die Blätter von Erythroxylon Coca werden in frischem oder getrocknetem Zustande, gleichviel, mit etwas ungelöschtem Kalk bestreut, zusammengerollt und gekaut, bis alle löslichen Bestandteile ihnen entzogen sind. Dabei sollen sie auf den Organismus erfrischend und belebend wirken, das Bedürfnis nach Speise auffallend verringern, und die Bergindianer sollen durch jenen Genuß zu bedeutenden körperlichen Anstrengungen befähigt werden. Es ist deshalb das Cocablatt von neueren Reisenden für die europäische Marine vorgeschlagen worden. Starke Coca=dosen rufen aber ähnliche Erscheinungen hervor wie das Opium. Die Phantasie wird unnatürlich aufgeregt und durch länger fortgesetzten Mißbrauch der Geist zerrüttet, so daß Blödsinn und eine Art Säuferwahnsinn eintreten.

Mit diesen hauptsächlichsten der Narkotika wollen wir jedoch unsre Betrachtungen schließen, denn bei der unendlichen Mannigfaltigkeit der Natur und bei dem Spürsinn des Menschen, der das Begehrte in jeder Gestalt zu entdecken gewußt hat, gibt es noch zahllose Pflanzenprodukte, welche in ähnlicher Absicht wie die angeführten hier und da genossen werden. Wir würden den Betel von der Arekapalme, die verschiedenen Arten der Stech=palme, den Stechapfel, Fliegenpilz und viele andre giftige Pilze, Tollkirsche, Taumellolch, Rosmarin und noch vieles andre erwähnen müssen, ohne damit das weite Gebiet eines eigentümlichen physiologischen Gesetzes zu erschöpfen.

Die gegorenen Getränke.

Branntweinbrennerei und Spritfabrikation.

Allgemeinheit des Genusses gegorener Getränke. Der Gärungsprozeß. Verlauf. Bier- und weinartige Getränke. Der Alkohol. Eigenschaften und Zusammensetzung. Seine Verwendung. Die Branntweinbrennerei eine alte Erfindung. Ihre volkswirtschaftliche Bedeutung. Die Hefe. Nebenprodukte bei der Gärung. Das Fuselöl. Weinblume u. s. w. Ätherarten. Der Brennereibetrieb aus Körnern. Malzen. Einmaischen. Verschiedene Verfahren durch die Besteuerung hervorgerufen. Einmaischen von Kartoffeln. Die Gärung der Maische. Destillierapparate und ihre Theorie. Vorwärmer. Apparate von Adams, Pistorius u. s. w. Die Kolonnenapparate. Der Sarasesche Apparat. Rektifikation des Spiritus. Spiritusbereitung aus Reis, Roßkastanien, Melasse, sogar aus Steinkohlen. Prüfung des Spiritus auf seinen Gehalt. Die Likörfabrikation.

Bei allen Völkern der Erde finden wir Getränke, die anders als die Aufgußgetränke aber in nicht minder eigentümlicher Art auf den menschlichen Organismus wirken, indem sie seine Lebensthätigkeit erhöhen, den Stoffwechsel beschleunigen, die Nerven erfrischen und durch das Gefühl von Wohlbehagen und Kraft Geist und Gemüt in eine glückliche Stimmung versetzen. Es sind dies die gegorenen Getränke, in deren Bereitung sich eine ebenso überraschende Übereinstimmung ausspricht wie in der Auffindung der zu Aufgußgetränken verwandten Pflanzen und Pflanzenteile. In allen denjenigen Getränken nämlich, mit denen wir uns jetzt beschäftigen wollen, ist ein wirksamer Bestandteil enthalten, um dessenwillen jene geschätzt sind und dessen Bildung der Hauptzweck bei der Darstellung solcher Genußmittel ist. Dies ist der Alkohol; er kommt von Haus aus in den Pflanzen nicht in freiem Zustande und fertig gebildet vor, sondern entsteht erst durch eine eigentümliche Umwandlung gewisser in ihnen enthaltenen Stoffe, deren Anfang wir schon kennen zu lernen Gelegenheit hatten, als wir von der Erzeugung von Zucker aus Stärkemehl sprachen.

Denn die Reihe Stärkemehl, Zucker, Alkohol, Essigsäure, Kohlensäure und Wasser zeigt uns lauter Übergänge, die aber nur in absteigender Reihe sich auseinander entwickeln können. · Den Prozeß der Umwandlung, durch welche genannte Verbindungen ineinander übergehen, nennen wir die Gärung.

Die Gärung ist, mit verschwindender Ausnahme, die alleinige Entstehungsursache des Alkohols, und es ist daher nicht zu verwundern, daß ihr Verlauf, ihre Erweckung, Beschleunigung und Unterbrechung für die Industrie sowohl als für die Praxis Veranlassung zu den genauesten Untersuchungen gegeben hat, zumal da nicht nur der Alkohol, sondern auch noch ein andrer, praktisch sehr wichtiger Körper, die Essigsäure, durch dieselbe entsteht. Die Grundlage jeder Gärung ist Zucker, die Bedingung des Eintritts eine gewisse Temperatur, Zutritt der freien Luft und in manchen Verhältnissen die Gegenwart eines anregenden Ferments, der Hefe. Hat man nicht nötig, durch Zusatz eines Ferments die Gärung hervorzurufen, so spricht man von freiwilliger Gärung; eine solche tritt z. B. bei der Zersetzung des Mostes ein.

Das Stadium der Umwandlung des Zuckers in Weingeist bezeichnet man mit dem Namen geistiger Gärung, die weitere Zersetzung des Alkohols aber nach der Natur der dabei gebildeten Produkte mit dem Namen saurer Gärung. Die geistige Gärung hat, wenn wir sie von ihrem Ursprunge an beobachten, zuerst mit der Umsetzung des Stärkemehls in Zucker zu thun, und jeder Brauer und jeder Brenner, die beide auf die Gewinnung alkoholischer Produkte ausgehen, haben nach diesen zwei Richtungen hin ihre Arbeit zu teilen.

Daß sich das Stärkemehl, dessen man sich in der Regel bei der Alkoholbereitung als Grundstoff bedient, durch Einwirkung von Schwefelsäure in Zucker verwandeln läßt, wissen wir bereits. Es ist dies aber nicht der einzige Weg, denn was die Schwefelsäure bewirkt, das vermag z. B. auch ein Zusatz von Malz. In den Körnern des Getreides wird das Stärkemehl auch in Zucker übergeführt, wenn nämlich das Korn zur Entwickelung neuen, selbständigen Lebens anfängt zu keimen. Stärke und Kleber des Samenkorns dienen der jungen Pflanze als erste Nahrung, da aber beide in kaltem Wasser nicht löslich sind, so müssen sie, bevor sie in den wachsenden Keim übergehen können, erst eine Umwandlung in einen löslichen Zustand erfahren. Diese Umwandlung geschieht genau in dem Maße, wie der Keimprozeß vorschreitet, und beginnt an der Basis des Keims. Man sagt, daß sich der Kleber dabei in eine lösliche Substanz, die sogenannte Diastase, verwandelt, während der ganze Stärkevorrat allmählich übergeführt wird.

Die Diastase hat freilich in gesondertem Zustande noch niemand herzustellen vermocht; daß sich aber in der That Zucker bildet, dafür ist der süße Geschmack der beste Beweis, den alles keimende Getreide sowohl als auch die jungen Keime und Sprossen der Leguminosen, Erbsen, Linsen u. s. w. sowie alle übrigen Früchte haben.

Die Diastase hat eine so große Kraft, die Umsetzung zu bewirken, daß ein Teil von ihr mehr als hinreichend ist, das tausendfache Quantum Stärkemehl in Zucker zu verwandeln. Daraus kann der Brauer und Brenner gewiß einen nicht unbedeutenden Vorteil ziehen, indem er nicht nötig hat, sein gesamtes Getreide malzen und keimen zu lassen, wodurch ihm immer ein Substanzverlust von mehr als 6 Prozent erwächst.

Der chemische Vorgang der Gärung ist folgender:

	Kohlenstoff	Wasserstoff	Sauerstoff
1 Atom Traubenzucker besteht aus	12	12	12
2 Atome Alkohol dagegen aus	8	12	4
4 „ Kohlensäure	4	0	8
	12	12	12

Es verwandeln sich also 1 Atom Traubenzucker und 2 Atome Wasser, welche zusammen die Summe von 12 Atomen Kohlenstoff, 14 Atomen Wasserstoff und 14 Atomen Sauerstoff enthalten, in 2 Atome Alkohol und 4 Atome Kohlensäure, wobei, mag dieser Vorgang durch Hefe oder, wie man in neuerer Zeit als möglich nachgewiesen hat, durch poröse Körper, wie Bimsstein, Asbest u. s. w., eingeleitet worden sein, dem Traubenzucker

durchaus nichts Neues zugeführt wird, sondern die Bestandteile lediglich zu einer Um=
lagerung ihrer einzelnen Atome veranlaßt werden. Die Hefe spaltet, wie man sich aus=
drückt, den Zucker. Es bleiben selbstverständlich diese Verhältnisse ganz dieselben, mag
man Gerste zu Malz verarbeiten und in diesem den Traubenzucker gären lassen, oder
mag man sich des Hafers, Roggens oder Weizens, oder des in dem Safte von Äpfeln und
andern Früchten von der Natur fertig gebildeten Zuckers bedienen.

In Südamerika bereiten die Indianer aus Mais ein gegorenes Getränk, die Chica,
indem sie, um eine große Kürbisschüssel sitzend, die Körner zerkauen und das Produkt ihrer
Kinnladenthätigkeit in einen gemeinsamen Napf spucken. Auf den Brei wird dann heißes
Wasser gegossen und das Ganze der Gärung überlassen, die auch sehr bald eintritt, da
der Speichel eine ganz ähnlich anregende Kraft besitzt wie die Diastase des Malzes.

Fig. 117. Einsammlung des Agavensaftes zur Bereitung des Pulque in Mexiko.

Das gewünschte Getränk ist in kurzer Zeit fertig, und wie wir unsre Gäste mit dem feu=
rigen Safte der Traube bewirten, so bietet der Indianer dem Fremdling einen Krug
„selbstgekauter Chica“ (chica mascada) an, um ihm seine Freundschaft zu beweisen. In
Mexiko wird die Chica aus Gerstenwasser und Maismehl unter Zusatz von Ananasscheiben,
welches man zusammen gären läßt, Zucker, Nelken und Zimt bereitet. Gegorener Ananas=
saft für sich allein gibt den Ananaswein, der durch seinen wenn auch geringen Säuregehalt
zwischen den rein alkoholischen und den weinartigen Getränken steht. Der Tepache der
Mexikaner ist der gegorene Saft des Zuckerrohrs; auch aus Zuckerwasser allein, in welchem
man die zerstoßene Frucht von Bromelia pinguis verteilt hat, weiß man durch Gärung
ein berauschendes Getränk herzustellen, den Tepache von Tumbiriche; den Pozole
erhält man aus der Gärung von geröstetem Mais und Wasser und den Pulque aus dem
Safte (Maguey) einer Agavenart, der Agave mexicana.

Der Honigwein (Met) ist auch kein eigentlicher Wein, vielmehr ein bloß alkohol=
haltiges, unserm Branntwein nahestehendes, insbesondere bei den Slawen (Polen, Russen 2c.)
beliebtes Getränk. Der Honig wird mit Wasser gekocht und abgeschäumt. Die erkaltete
Flüssigkeit versetzt man durch gut ausgewaschene Bierhefe in Gärung und behandelt sie
nach deren Beendigung wie andre Weine. Der Met verdankt seinen eigentümlichen Geruch
den im Honig enthaltenen aromatischen Pflanzenstoffen.

Die Magueypflanze, welche die Pulque liefert, blüht erst etwa im 16. Jahre; bis
dahin treibt sie bloß Blätter, die sich in der bekannten Agavenform rosettenartig anordnen.

Wenn nun der riesige Blütenschaft hervorschießen will, der sich wie ein Kandelaber mit zahllosen, grünlichgelbe Blüten tragenden Seitenzweigen über seine grüne Hülle erhebt und bei seiner Entwickelung einen wahren Honigregen aus den geöffneten Blumenkelchen herabträufeln läßt, so wird die Knospe des Stengels ausgeschnitten, und es ergießt sich ein reichlicher Saft, den man dadurch auffängt, daß man die zunächst sitzenden Blätter kreisförmig wie zu einer Urne zusammenbindet. In diesen Kelch quillt die zuckerhaltige Flüssigkeit und sie wird täglich gesammelt, indem die Arbeiter sie mittels heberförmiger Röhren in lederne Schläuche aufsaugen. In großen Kufen der Gärung überlassen, erlangt sie bald berauschende Eigenschaften, wegen welcher sie als Getränk sehr beliebt ist und einen gesuchten Artikel für den Binnenhandel abgibt. Für den Fremden hat aber die Pulque infolge des durch Zersetzung der Pflanzeneiweißstoffe entstandenen eigentümlichen, käseartigen Geruchs und Beigeschmacks zuerst wenig Anziehendes, der öftere Genuß läßt aber auch daran gewöhnen. Aus zerschrotener und gegorener Hirse wissen die Tataren der Krim, Araber, Abessinier und andre Völkerschaften ein berauschendes Getränk herzustellen. Dieselbe Frucht dient am Himalaya zur Bereitung der Murwa, während der Quaß in Rußland aus Roggenschrot fabriziert wird.

Alle diese verschiedenen Getränke, denen wir zahllose andre anschließen könnten, haben denselben chemischen Prozeß der Gärung durchgemacht. Die Stärke ist in Zucker (wenn derselbe nicht schon fertig gebildet vorhanden war), dieser in Alkohol, Wasser und Kohlensäure verwandelt worden. Von dem Vorhandensein der letzteren ist sowohl das Aufbrausen während der Entstehung als der oft prickelnde Geschmack der fertigen Getränke ein deutlicher Beweis. Läßt man die Gärung selbst in geschlossenen Gefäßen vor sich gehen, wie beim Champagner, so daß die Kohlensäure nicht verfliegen kann, so muß sie so lange in der Flüssigkeit aufgelöst bleiben, als der Verschluß des Gefäßes ein Entweichen nicht gestattet. Das Moussieren des Champagners ist nichts weiter als das Entweichen der bei der Gärung entstandenen Kohlensäure.

Die Zusätze, welche bei der Bereitung mancher geistigen Getränke, namentlich der Biere, gemacht werden und die den besonderen Geschmack bedingen, haben auf den Gang der Gärung selbst keinen andern verändernden Einfluß als höchstens einen verzögernden, wie ihn der Hopfenzusatz beim Biere ausübt. Dagegen ist wohl zu beachten, daß in vielen solchen Fällen die Alkoholbildung aus Zucker nicht bis zur vollständigen Aufzehrung des letzteren geduldet wird, damit einerseits der süße Geschmack noch bemerkbar bleibe, anderseits aber das Getränk bei etwa noch eintretender Nachgärung nicht so rasch durch Verwandlung des Alkohols in Essigsäure sauer werde. Solange nämlich noch Zucker vorhanden ist, bleibt die geistige Gärung im Vordergrunde.

In der Praxis kann man die gegorenen Getränke in Weine, Biere und Branntweine sondern. Diese Klassen haben allerdings verschiedene Eigenschaften, dieselben sind aber nur durch besondere beigegebene Substanzen bedingt, welche im Biere namentlich gewisse Extraktiv- und narkotische Stoffe (Hopfen), im Wein gewisse organische Säuren sind, die aus den Pflanzen mit herübergeführt worden sind. Der Branntwein hat den reinen oder nur mit Zucker, ätherischen Ölen, Bitter- oder sonstigen Würzstoffen versetzten Alkohol als Hauptbestandteil, und dieser wird daher für die Branntweinfabrikation zuerst besonders hergestellt.

Weinartige Getränke können alle süßen und zugleich säurehaltigen Früchte sowie viele zuckerhaltige Säfte geben, und in den verschiedenen Ländern kann man solche Getränke unter den mannigfachsten Namen antreffen. England hat seinen Gooseberrywein, in dessen Bereitung aus Stachelbeeren die Frau des Landpredigers von Wakefield eine so ausgezeichnete Geschicklichkeit an den Tag legte. Die Normandie exzelliert in der Herstellung und Nordamerika im Konsum des Ciders, jenes Getränks, das der Main-Frankfurter vor allen preist und wovon dort per Kopf jährlich 24 Maß getrunken werden.

Die Farmerstöchter Nordamerikas, die Blumen des Waldes, wie sie der poetische Jäger nennt, lassen den Saft der Birken und des Zuckerrohrs gären; der Araber freut sich dagegen, daß das Verbot des weisen Propheten sich nicht auf den gegorenen Saft der Dattelpalme bezieht: „Lagmi ist kein Wein, der Prophet verbot nur den Wein", und allerdings ist der Lagmi vielleicht mehr zu den Branntweinen zu zählen, weil die zuckerreiche Dattel so gut wie säurefrei ist.

Die weinartigen Getränke sind, wie schon erwähnt, durch die Gegenwart organischer Säuren, die sich in den Früchten bilden, sowie bisweilen durch den Gehalt an ätherischen Beimengungen ausgezeichnet, denen z. B. das Boukett, die „Blume" unsrer Rheinweine den Ursprung verdankt. Wenn aber auch in der Qualität und Quantität solcher Beimengungen Unterschiede bestehen, die herauszufinden es nicht erst der geübten Zunge eines Weinschmeckers bedarf, so ist doch im großen ganzen die Übereinstimmung eine sehr entschiedene, und im Grunde ist es dasselbe, ob die Indianer der mexikanischen Hochebenen ihre Agaven zur Blütezeit köpfen, um sich aus dem ausfließenden Safte die berauschende Pulque zu bereiten, oder ob Berliner Heilkünstler die ehrliche deutsche Renette auspressen, um alle Leiden der Menschheit in Apfelwein zu ertränken, und genau derselbe Prozeß, den schon Noah hervorzurufen verstand, erzeugt uns noch heute den goldenen Sorgenbrecher, unbekümmert, ob er es mit der göttlichen Traube von Tokay oder mit dem humoristischen Gewächs von Grüneberg und Meißens Fluren zu thun hat. Wir schließen hiermit die kleine einleitende Rundschau und gehen zu der Betrachtung des wichtigen, ihnen allen gemeinsamen Bestandteils, des Alkohols, über, auf dessen Herstellung sich die bedeutenden Industriezweige der Brennerei und Branntweinbereitung gründen.

Alkohol. Unterwirft man gegorene Flüssigkeiten einer Erhitzung, so wird der bei 78° C. siedende Alkohol flüchtig und geht mit Wasserdämpfen gemengt fort. Diese Dämpfe kann man auffangen und durch Abkühlen wieder verdichten, kondensieren; man erhält dann eine wässerige Auflösung von Alkohol, welche man durch wiederholtes Destillieren immer mehr verstärken und schließlich durch Behandeln mit Chlorcalcium vollständig von ihrem Wassergehalte befreien kann. Der gewöhnliche Branntwein ist nichts als ein alkoholhaltiges Wasser, dem man bisweilen einen besonderen Geschmack durch Zusatz irgend eines ätherischen Öles, von Zucker u. s. w. gibt.

Der reine oder absolute Alkohol ist ein farbloses, leichtflüssiges Liquidum von $0{,}796$ spezifischem Gewicht; er kann bei — 79° C. gefrieren, siedet aber, wie schon erwähnt, bei weit niedrigerer Temperatur als das Wasser. Er ist infolgedessen sehr flüchtig und zeichnet sich durch einen lebhaften, angenehmen Geruch aus, hat einen durchdringenden, feurigen Geschmack und ist sehr berauschend. Er zieht mit großer Gewalt Wasser an sich, deshalb darf er auch nur verdünnt genossen werden, weil diese Eigenschaft, welche ihn sonst zur Konservierung wasserhaltiger und dadurch dem Verderben leicht unterliegender organischer Gebilde, Fleisch, Früchte u. s. w. besonders fähig macht, wenn sie auf die sehr wasserreichen inneren Organe des menschlichen Körpers wirkt, tödliche Folgen haben kann. In 100 Teilen Alkohol sind $52{,}7$ Teile Kohlenstoff, $12{,}9$ Wasserstoff und $34{,}4$ Sauerstoff enthalten, und diese Zusammensetzung macht ihn zu einem brennbaren und große Hitze entwickelnden Körper.

Reiner, ganz wasserfreier Alkohol kommt aber nur in geringen Mengen in den Handel, weil seine Verwendung gegenüber dem massenhaften Verbrauch, den der mehr oder weniger wasserhaltige Alkohol, Spiritus oder Sprit findet, eine sehr geringe ist. In neuerer Zeit ist die Spritbereitung auf einen so hohen Grad der Vervollkommnung gebracht worden, daß man als Endprodukt bei derselben fast absoluten Alkohol herstellt, einen Sprit wenigstens, der für alle diejenigen technischen Verwendungen, wie zur Auflösung fetter und ätherischer Öle für die Lack- und Firnisbereitung u. s. w., für welche sonst vielfach sogenannter absoluter Alkohol verwendet wurde, vollständig ausreichend ist. Selbst die Parfümerie bedient sich des fabrikmäßig hergestellten Sprits, gewiß das beste Zeugnis für seine Reinheit und Flüchtigkeit, die durch einen geringen Wassergehalt schon bedeutend beeinträchtigt wird. Indessen ist der Verbrauch in mehr oder weniger verdünntem Zustande als Branntwein, im Wein und Bier, denen er zugesetzt wird, als Brennspiritus ꝛc. ein viel größerer.

Ist für die Gärung die Gegenwart von Zucker (beziehentlich von Stärke, aus welcher sich derselbe bilden kann) das notwendigste Erfordernis, so ist doch ein andrer Körper daneben ebenfalls von einer so hervorragenden Bedeutung, daß ohne seine Einwirkung die ganze hier in Rede stehende Umwandlung, wenigstens in der Form, wie sie jetzt für die Praxis die höchste Bedeutung hat, nicht stattfinden könnte. Es ist dies die Hefe, welche den chemischen Prozeß, die Gärung, einleitet.

Die Hefe ist nicht eigentlich, wie man vielfach angenommen hat, ein Pflanze der einfachsten Art, ein selbständiger völlig entwickelter Pilz, wenn auch vom kleinsten Maßstabe. Denn sie besteht nur aus platten linsenförmigen Zellen, d. h. Bläschen aus einer häutigen Wandung, mit einem aufgequollenen Inhalt (ähnlich dem Eiweiß) gefüllt, welche einen Durchmesser von etwa 0,01—0,03 mm haben. Sie besteht nach neueren Untersuchungen nur aus Entwickelungsformen, und zwar aus den Fortpflanzungszellen, den Sporen der Schimmelpilze, welche sich an den Fruchtästen dieser Pilze entwickeln und, in gärungsfähige stickstoffhaltige Flüssigkeiten gebracht, sich selbständig fortzupflanzen vermögen. Nichtsdestoweniger ist sie organisiert und kann sich in einer Umgebung fortpflanzen, welche ihr das Material zum Aufbau neuer Zellen bietet. Die Flüssigkeit, in welcher dies geschehen soll, muß aber eine Substanz zur Bildung der Wände und eine solche zur Herstellung des Zelleninhalts enthalten; als erstere dient der Zucker (oder eine ihm verwandte lösliche Substanz, das Dextrin), für den Zelleninhalt bedarf es der Eiweißstoffe; denn derselbe besteht aus einer stickstoffhaltigen Flüssigkeit. Die Zellenwand ist für die flüssige Umgebung nicht undurchdringlich, letztere wird aufgesogen, die Zelle erweitert sich, der in der Flüssigkeit gelöste Zucker zerfällt in Berührung mit dem Zelleninhalt in Alkohol und Kohlensäure. Gleichzeitig wird der vorhandene Eiweißstoff zum Aufbau neuer Zellen im Innern der Mutterzelle verwendet; diese junge Brut ist zwar verschwindend klein gegen die Mutterzelle, allein sie wächst ungemein rasch heran. Von hier ab zeigt sich nun in der Art und Weise, wie die junge Hefenzelle zur Welt kommt, eine bemerkenswerte Verschiedenheit.

Entweder es gehen die kaum entstandenen kleinen Zellen durch die Wandungen hinaus ins Freie und führen da ihr Leben für eigne Rechnung, indem sie aus den Eiweißstoffen der Flüssigkeit ihre Nahrung ziehen und wachsen und sich vermehren. Die entweichende Kohlensäure nimmt ganze Heerscharen dieser Sporen mit in die Luft, die daraus auch wieder in gärfähige Flüssigkeiten gelangen und in diesen eine scheinbar freiwillige Gärung einleiten können. Überall und zu jeder Zeit sind solche Sporen in der Atmosphäre verbreitet. Die freiwillige Gärung ist stets sogenannte Untergärung, und die Unterhefe besteht aus lauter einzelnen auf die beschriebene Art entstandenen Zellen.

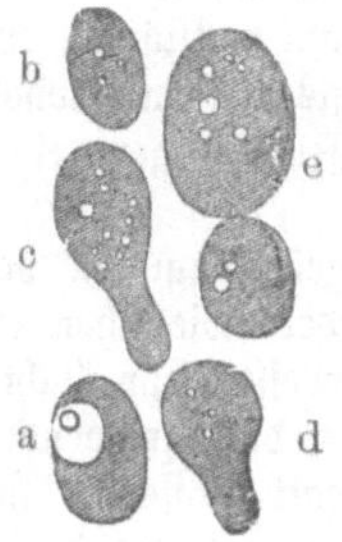

Fig. 118.
Hefenzellen in tausendfacher Vergrößerung.

Oder aber es wächst die junge Zelle erst in der Mutterzelle weiter aus, drückt gegen die Zellwand und veranlaßt, weil sie nicht mehr hindurchdringen kann, die Bildung eines Höckers (einer sogenannten „Knospe"), deren Umfang immer größer, deren Zusammenhang mit der Mutterzelle aber immer geringer wird. Endlich trennt sich dieser Auswuchs, der inzwischen ebenfalls schon Nachkommen erzeugt haben kann, ganz ab; diese zugewachsenen Hefenzellen nennt man Oberhefe. Fig. 118 zeigt Hefenzellen in verschiedenen Entwickelungsstadien; während bei a im Innern der Mutterzelle eine bereits ebenfalls Nachwuchs tragende Tochterzelle sich zum Durchbrechen der Wandung anschickt (Unterhefe), findet bei b c d eine immer mehr fortschreitende Knospenbildung statt, deren letztes Stadium vor der Abschnürung e darstellt.

Bringt man Hefe mit reinem Zuckerwasser in Berührung, so geht die Zersetzung des Zuckers zwar gern von statten, allein die Entstehung neuer Zellen scheitert an dem Mangel an Eiweißstoffen, die Hefe verliert ihre Gärkraft. Ist hinreichend Hefe vorhanden, so verschwindet der Zucker vollständig aus der Flüssigkeit und statt dessen ist in derselben — nachdem die Kohlensäure entwichen ist — hauptsächlich Alkohol enthalten. So einfach aber, wie wir diesen Prozeß der Zuckerzersetzung hier dargestellt haben, ist er in der Wirklichkeit, wo reine Zuckerlösungen nur in den seltensten Fällen zur Gärung kommen, doch nicht. Es gehen fast immer noch andre Körper nebenbei mit in die Zersetzung über, wenn auch nur in geringer Menge, und die gleichzeitige Neubildung von Hefe ist in der Praxis, welche es ja in der Regel mit eiweißhaltigen Pflanzenstoffen bei der Gärung zu thun hat, der gewöhnliche und wohl zu berücksichtigende Fall.

Nebenprodukte der Gärung, Fuselöl, Weinblume u. s. w. Unter den Gärungsprodukten interessieren uns hier namentlich die flüchtigen, weil sie bei der Destillation in Gesellschaft mit dem Alkohol fortgehen und diesem entweder willkommene oder mißliebige

Eigenschaften erteilen. Bekanntlich unterscheiden sich die verschiednem Material entstammenden Branntweinsorten spezifisch durch den Geruch; so der Rum, Kognak, Korn-, Kartoffelbranntwein u. s. w. Diese Unterschiede sind durch die flüchtigen Gärungsprodukte bedingt, und es bedarf nur äußerst geringer Mengen derselben, um dem Branntwein einen hervorstechenden Geruch zu erteilen. So entsteht bei der Gärung das Fuselöl, ein Körper von ekelhaft süßlichem Geruch und brennendem Geschmack, der sich natürlich auch dem Destillat beimengt und dasselbe für viele Zwecke der Verwendung beinahe untauglich machen würde. Das Fuselöl ist nicht immer von derselben Beschaffenheit; je nach der Natur der Maische oder — was dasselbe ist — je nach der Art des Rohmaterials bilden sich bei der Vergärung verschiedenartige Öle, die aber alle eine große Übereinstimmung ihres chemischen Charakters zeigen. Für die Praxis ist die geringere Flüchtigkeit, welche allen anhaftet, insofern wichtig, als darin die Möglichkeit einer verhältnismäßig leichten Abscheidung dieser unliebenswürdigen Gesellschaft beruht. Der unangenehmste Patron der Sippe ist das Kartoffelfuselöl. Die Fuselöle erfordern eine Temperatur von etwa 130° C. zur Verflüchtigung. Solange nun der Alkohol noch nicht vollständig verflüchtigt ist, steigt auch die Temperatur in der Destillierblase nicht, das Fuselöl wird also im Rückstande bleiben. Freilich ist diese Trennung nicht genau, ebensowenig, als man aus einem Gemisch von Alkohol und Wasser (welches letztere doch erst bei 100° C. ins Sieden gerät) zuerst den leichten, flüchtigen Alkohol abdestillieren kann; ebensowenig ist zu vermeiden, daß auch schon bei niedrigerer Temperatur sich etwas Fuselöl mit verflüchtigt. Eine vollständige Reinigung muß also immer noch andre Hilfsmittel ergreifen. Voran steht unter diesen die Kohle; man filtriert den fuseligen Branntwein durch Schichten frisch ausgeglühter, gröblich zerkleinerter Kohle, dieselbe hält das Fuselöl zurück, und es fließt ein rein schmeckender Branntwein ab, wenn die Flüssigkeit nicht zu konzentriert und dem Prozeß Zeit genug vergönnt war. Auch die Kälte führt eine Ausscheidung des Fuselöls herbei, welches sich an der Oberfläche sammelt und durch Filtration von der alkoholischen Flüssigkeit getrennt werden kann. Auch feines Olivenöl hat die Fähigkeit, das Fuselöl aufzulösen, und man kann durch fortgesetztes Schütteln mit einigen Tropfen besten Speiseöls dem Branntwein seinen Fuselgehalt bis zu einem gewissen Grade entziehen. Das fette Öl sammelt sich nach Beendigung der Operation auf der Oberfläche und kann leicht entfernt werden. Die Entfuselung hat man auch dadurch bewirkt, daß man schon Maische durch Schichten von mit Olivenöl getränkten Bimssteinstückchen filtrieren ließ. Das fette Öl löste die ätherischen übelriechenden Produkte auf und der Filter konnte durch Erhitzen in einem Dampfstrome von den aufgenommenen Fuselölen befreit und wieder brauchbar gemacht werden. Das einfachste und sicherste Mittel aber bleibt eine Destillation des fuseligen Branntweins über harte Seife, welch letztere das Fuselöl vollkommen zurückhält. In der fabrikmäßigen Herstellung des Feinsprits sind natürlich alle diese Hilfsmittel nicht anzuwenden, da man es bei derselben mit viel zu großen Quantitäten zu thun hat. Hier helfen ganz besonders konstruierte Dephlegmationsvorrichtungen, die sich auf die trägere Natur des Fuselöls gründen und auf die wir später zu sprechen kommen. Übrigens gibt uns die verschiedene Flüchtigkeit des Alkohols und des Fuselöls ein leichtes Mittel an die Hand, um geringe Mengen von Fuselöl in reinem Branntwein zu erkennen. Man gießt nämlich von der Flüssigkeit etwas in warmes Wasser und läßt das Gemisch einige Zeit in der Wärme stehen; ist der Alkoholgeruch ziemlich verschwunden, so tritt der Fuselgeruch um so hervorstechender auf.

Zersetzungsprodukte des Fuselöls. Dieses so abscheulich riechende Produkt ist trotzdem ein Material zur Herstellung herrlicher Parfüms, die unter dem Namen der „Fruchtessenzen" Handelsartikel geworden sind und unter anderm zum Aromatisieren der „Fruchtbonbons" dienen. Aus dem Fuselöle kann sich, indem aus seiner Zusammensetzung Wasseratome austreten, in Gegenwart von Säuren ein neuer Stoff bilden, das Amyloxyd, welches mit einigen Säuren zu Verbindungen zusammentritt, die für unsern Geruchssinn allerdings nicht die entfernteste Ähnlichkeit mehr mit dem Fuselöle haben. Namentlich besitzt eine alkoholische Auflösung von essigsaurem Amyloxyd den erquickenden Geruch der feinsten Birnen und hat daher den Namen „Birnöl" bekommen; das fettigsaure Amyloxyd verbreitet den köstlichsten Melonenduft; es muß aber ebenfalls in Alkohol gelöst und entsprechend verdünnt sein; in konzentriertem Zustande ist es, wie die ihm verwandten Verbindungen, unsern Geruchsnerven zuwider.

Die Chemie bietet noch ein dankbares Feld für ausführliche Untersuchungen der Produkte des langsam verlaufenden Gärungsprozesses, welcher in oft überraschender Weise von dem Auftreten, Verschwinden und Wiedererscheinen dergleichen flüchtiger Körper begleitet ist. Nehmen wir z. B. das köstlichste der Weinbouketts, das der Rießlingstraube entstammt. Der Most dieser Traube ist vollkommen boukettlos oder riecht höchstens nach faulen Trauben, auch der in stürmischer Gärung befindliche Most (der sogenannte „Federweiße") hat kein Boukett, ist aber sehr berauschend, obwohl noch sehr wenig Alkohol darin enthalten ist; nach dem Schluß der Gärung jedoch, während sich die Hefe zu Boden senkt, tritt ein vorwiegender Geruch nach Bittermandeln auf (der Most von andern Rebsorten zeigt diese Eigentümlichkeit nicht), der aber auch allmählich verschwindet und dem jugendlichen Rießlingboukett Platz macht. Erst nach Jahresfrist ist dies Boukett bis zum Gipfelpunkt entwickelt und behauptet sich so im kühlen Keller mehrere Jahre lang; dann kommt der Eintritt ins Matronenalter, der sich durch minder liebliche Blume und einen eigentümlich scharfen Beigeschmack (den man am Rhein „Firne" nennt) anmeldet. Alle diese verschiedenen Stadien sind aber jedenfalls nichts andres als verschiedene Gärungsepochen, durch besondere neugebildete Stoffe charakterisiert. Ähnliche Umwandlungen sind auch für die Branntweinbrennerei aus Wein — für die Kognakfabrikation — von großer Wichtigkeit.

Es ist nämlich ein ziemlich verbreiteter Irrtum, daß man, um diesen auf der ganzen Welt geschätzten Branntwein zu erzeugen, nur einen sonst unverkäuflichen Traubenwein zu destillieren brauche. Denn durchaus nicht jeder Wein liefert Kognak, es ist vielmehr dazu ein bestimmtes Stadium der Gärung notwendig. Deshalb reisen in Frankreich die Fabrikanten mit einem kleinen Destillierapparat in der Tasche bei den Weinbauern umher und destillieren zur Probe die ihnen zum Verkauf gestellten Weine. Ist der Geruch des Destillats der richtige, so wird der Handel geschlossen und der Wein alsbald verarbeitet; beim längeren Lagern kann er möglicherweise wieder untauglich werden. In manchen Weingegenden benutzt man die Rückstände aus Hefen und Weinstein (Drusen genannt), über welche der Wein abgezogen wird, zur Gewinnung des darin steckenden Alkohols. Der so gewonnene Drusenbranntwein hat ein eigentümliches, dem Kognakgeruch ziemlich fern stehendes Aroma.

Destilliert man nun aus den Hefen die letzten Mengen der riechenden Substanz durch einen Dampfstrom ab, so erhält man auf dem Destillat schwarze, ölartige Tropfen von abscheulichem Geruch, welche dem Fuselöl entsprechen. Durch wiederholte Destillation und mittels eines bis jetzt geheim gehaltenen Reinigungsprozesses läßt sich aus demselben ebenfalls ein Öl herstellen, das in verdünntem Zustande den feinen Geruch des Kognaks hat und zur Fabrikation von künstlichem Kognak unter dem Namen Drusenöl, auch Weinöl oder Kognaköl, in den Handel gebracht wird.

Äther. In ähnlicher Weise wie aus dem Fuselöl entsteht auch aus dem Alkohol durch Wasserentziehung ein neuer Stoff, das Äthyloxyd, welcher mit Säuren verbunden sehr angenehme Eigenschaften entwickelt. Die Ätherarten, wie diese Verbindungen heißen, zeichnen sich ebenfalls durch sehr angenehme Gerüche aus. Der Verbindung der Essigsäure mit Äthyloxyd (dem Essigäther) begegnen wir in sehr altem Wein; er entwickelt sich auch beim langen Lagern des gewöhnlichen Branntweins, und deshalb setzt man Essigäther oft dem jungen Branntwein zu, um diesem den Anschein des Alters zu geben. Die Verbindung mit Buttersäure (jenem Körper, welcher der ranzigen Butter ihren abschreckenden Geruch erteilt) — der Buttersäureäther — gilt als die Ursache des Geruchs, welcher den echten Rum auszeichnet, und wird beim künstlichen Rum zur Nachahmung des Aromas benutzt. So haben noch andre Ätherarten ähnliche angenehme Eigenschaften, und da die Praxis der Branntweinbrennerei es mit sehr verschiedenen Rohmaterialien zu thun hat, so sind derselben die Bedingungen für die Erzeugung sehr verschiedenartiger Produkte gegeben. Der reine Zucker liefert, wie schon erwähnt, reinen Alkohol, seine Verwendung aber verbietet sich von selbst durch seine Kostspieligkeit; für die Zwecke der Spiritusbrennerei kommt er daher gar nicht in Betracht, diese zieht fast ausschließlich die viel billigeren Mehlfrüchte in ihren Bereich, deren Stärkegehalt sie erst in Zucker überführt.

Die Spiritusbrennerei ist in der Neuzeit ein wichtiger Faktor in der Kette der in=
dustriellen Unternehmungen geworden, weil durch zahlreiche neue Verwendungen, zu denen
man ihre Produkte passend gefunden hat, sich der Spirituskonsum gegen früher ganz
ungemein gesteigert hat. Die frühere Spritbereitung, eine Industrie, welche für den
häuslichen Bedarf oder für das Bedürfnis der nächsten Umgebung in jeder Wirtschaft
wie einst auch das Seifekochen und das Biersieden betrieben wurde, gestattete in ihrer
unrationellen Methode nur eine mangelhafte Ausnutzung des Rohmaterials; sie mußte
aufgegeben werden, weil sie die Konkurrenz nicht aushalten konnte mit den großen Fabrik=
anlagen, die, auf wissenschaftlichen Grundlagen arbeitend, ihre Erzeugnisse nicht nur bei
weitem billiger, sondern auch besser herzustellen vermögen. Es mußte aber gleichwohl die
Spiritusbereitung in dem innigsten Zusammenhange mit der Landwirtschaft bestehen bleiben,
da sie lediglich auf die Erzeugnisse dieser letzteren angewiesen ist; nur hat sie sich aus ihrer
Abhängigkeit zu einer Selbständigkeit erhoben, welche sie für die Volkswirtschaft zu einem
einflußreichen Momente macht. In Europa werden jährlich mindestens 1500 Millionen l
Spiritus erzeugt und allerdings wird der größte Teil davon getrunken.

Wann und wo diese Kunst des „Destillierens" erfunden worden ist, darüber wissen
wir nichts Gewisses. Die alten Griechen und Römer kannten keine destillierten Getränke.
Man sagt, daß arabische Ärzte im 10. Jahrhundert zuerst ein solches Destillat aus Wein
dargestellt und als Arzneimittel benutzt hätten — eine aus dem 11. Jahrhundert stammende
Schrift des arabischen Arztes Abulkasem erwähnt dieser Kunst zuerst — die Sache wurde
aber geheim gehalten. Erst im 14. Jahrhundert lehrte ein Arzt in Montpellier, Namens
Arnold von Villeneuve, die Darstellung von „Weingeist" (Spiritus vini) durch Destil=
lation des Weines. Der Mann glaubte den Branntwein mit den umfassendsten Heilkräften
ausgerüstet und hielt ihn für ein Mittel zur Verlängerung des Lebens bis zu Methusalems
Alter, daher denn die französische Benennung eau de vie, die lateinische aqua vitae. Andre
wollen indes der lateinischen Benennung eine andre Ableitung geben; nach ihnen soll das
Getränk anfänglich Acqua vite oder Acqua di vite — Wasser der Weinrebe — geheißen und
aus Italien oder Spanien gekommen sein. Die Engländer haben das Aqua vitae im
12. Jahrhundert kennen gelernt, zu einer Zeit, wo das benachbarte irische Volk Darstel=
lung und Gebrauch wohl lange schon kannte. Feststehend ist, daß im 14. Jahrhundert
aus Italien nicht nur ein Destillat aus Wein unter jenem Namen in den Handel gebracht
wurde, sondern auch schon verschiedenartig zusammengesetzte Liköre von dort aus den Weg
zu uns gefunden hatten und sich namentlich in den Klöstern die Kunst ihrer Bereitung
erhielt und vervollkommnete.

Es kann nicht überraschen, daß — nachdem die Darstellung des Branntweins aus
Wein gelungen war — auch andre gegorene Flüssigkeiten, die ähnlich dem Bier erzeugt
waren, in gleicher Weise der Destillation unterworfen wurden. So entstand die Brannt=
weinbrennerei aus Getreide.

Als aber der Anbau der Kartoffel immer mehr an Ausdehnung gewann, griff man
vorzugsweise zu diesem Material. Die Kartoffel ist nämlich so reich an Stärkemehl, daß
die Ernte von einem Morgen Kartoffelfeld etwa $3\frac{1}{2}$mal so viel Alkohol liefert als ein
gleichgroßes Stück Roggenfeld. Wenn also die Fabrikation des Branntweins sich der
Kartoffeln als Material bedient, so wird dadurch die von Haus aus vorhandene Beschrän=
kung des dem Anbau der Brotfrüchte dienenden Ackerfeldes auf mehr als den dritten Teil
vermindert. Es ist das ein Umstand, den man in bezug auf die volkswirtschaftliche Seite
der Branntweinbrennerei nicht aus dem Auge lassen darf. — Die Branntweinbrennerei
als landwirtschaftliches Gewerbe überhaupt hat aber noch andre höchst wichtige Folgen.
Die Destillation der gegorenen Maischen treibt den Alkohol von dannen und hinterläßt
in der Blase die reich mit Nahrungsstoffen beladene Schlempe; dieselbe wird dem zu
diesem Zwecke aufgestellten Mastvieh als Futter verabreicht; was dabei nicht in Fleisch und
Fett verwandelt wird, wandert auf die Düngerstätte; der Landwirt ist somit in den Stand
gesetzt, seine Felder in einen besseren Kulturzustand zu bringen und darin zu erhalten;
durch den Alkohol, der nur aus Kohlenstoff, Wasserstoff und Sauerstoff besteht, wird dem
Acker nichts entzogen, was nicht aus der unerschöpflichen Atmosphäre sich sofort wieder
ersetzen könnte. Die Salze kommen immer wieder auf den Acker zurück.

Die Spiritusbereitung kann den Alkohol aus Flüssigkeiten einfach abscheiden, in denen derselbe schon fertig gebildet war, wie im Wein, im Bier oder im Cider; oder aber sie ruft diese Alkoholbildung selbst erst durch geeignete Gärungsmittel hervor. Und da, wie wir schon wissen, nur der Zucker in geistige Gärung übergeht, derselbe aber sich sehr leicht aus Stärkemehl und gewissen andern Pflanzenstoffen bildet, so wird das Verfahren wieder ein andres sein, je nachdem Materialien zur Verarbeitung kommen, welche den Zucker schon fertig gebildet enthalten, oder solche, aus deren Stärkemehlgehalt er erst entstehen soll. Materialien der ersten Art sind zahlreiche Früchte: Zwetschen, Kirschen, Feigen, Beeren, Wacholder, Vogelbeeren; fernerhin Melonen, Kürbisse, der Saft des Zuckerrohrs, der Mais, Mohrrüben, Zuckerrüben, Honig, Milch u. s. w.; dagegen sind unter den Stoffen der zweiten Art namentlich die Kartoffeln, Topinambur, die Knollen der Dahlia und Kaiserkrone, die Cerealien: Roggen, Weizen, Gerste u. s. w., die Leguminosen: Buchweizen, Erbsen, Bohnen, Linsen, ferner Kastanien, Eicheln u. s. w. zu nennen. Auch dürfen wir dieser Klasse manche andre Pflanzenstoffe anfügen, deren Gehalt an Holzfaserbestandteilen durch Schwefelsäure in Zucker und weiterhin in Alkohol verwandelt werden kann; Säge= späne, Stroh, Flechten und Moose gehören hierher. Ja, es ist einer späteren Zeit viel= leicht doch noch vorbehalten, die Entdeckung Berthollets industriell zu verwerten, daß das sogenannte ölbildende Gas, ein Produkt der Steinkohlendestillation, in Alkohol umge= wandelt werden kann, wenn man es veranlaßt, auf je 1 Atom die Bestandteile von 2 Wasseratomen aufzunehmen.

Wir aber wollen zunächst die älteste Art der Spiritusbereitung betrachten, den Brennereibetrieb, wie er sich bei der Verarbeitung von Körnern gestaltet. Wenn Getreide, z. B. Gerste, in den Zustand des Keimens dadurch gebracht wird, daß man es in Wasser einquellt (Malz), so entwickelt sich in dem Korne der Blattkeim, d. i. der Keim zu der Pflanze über der Erde, und wächst dabei von dem einen Ende des Korns zwischen der Hülse und dem Mehlkörper nach dem andern Ende zu. Soweit derselbe den Mehlkörper bestreicht, findet eine höchst merkwürdige Umwandlung des Stärkemehls statt, als deren Ursache manche die Diastase angesehen wissen wollen, während von andern andre Erklä= rungsgründe aufgestellt worden sind. Nach neueren Untersuchungen ist die Diastase kein einfacher Körper, sondern ein Gemenge verschiedener Stoffe, unter denen der zucker= bildende in mehr oder weniger verändertem Zustande mit enthalten ist. Behandelt man nämlich einen Malzaufguß mit einer Lösung von Tannin, Galläpfeln oder dergl., so wird der ganze für die Zuckerbildung wirksame Bestandteil des Malzes als ein flockiger Nieder= schlag abgeschieden, in welchem er mit Gerbsäure verbunden ist und die Rolle einer Basis zu spielen scheint. Debrunfaut, der sein Verhalten zuerst untersucht hat, hat ihm den Namen Maltin gegeben, und es steht zu erwarten, daß der damit ausgedrückte ungleich strengere Begriff die althergebrachte Diastase beseitigen wird, ebenso wie das früher zu Brauzwecken technisch hergestellte und unter diesem Namen in den Handel gebrachte Präparat von dem wirksameren gerbsauren Maltin verdrängt werden wird.

Im Malze ist das Maltin zu 1 Prozent enthalten, das ist bei weitem (100mal) mehr, als zur Verflüssigung und zuckerigen Umsetzung des Stärkemehls des Malzes notwendig ist. Dieser Überschuß, der bisher immer größtenteils verloren ging, kann in Zukunft als gerb= saures Maltin ausgeschieden und für sich verwertet werden. Es mag aber die Umwand= lung eine Ursache haben, welche sie wolle, die Thatsache an sich steht fest, und es genügt für unsern Zweck die Kenntnis derselben und die Bekanntschaft mit dem weiteren Umstande, daß diese Zuckerbildung durch Malzzusatz (das sogenannte Maischen) am besten bei einer Temperatur zwischen 60 und 75° C. von statten geht. Über 75° hinaus gerät der Prozeß ganz ins Stocken.

Bei der Branntweinbrennerei kommt es nun darauf an, aus dem Malz die Maische herzurichten, das heißt, dasselbe in denjenigen Zustand zu bringen, worin es uns die Verzuckerung des stärkemehlhaltigen Materials in möglichst vollkommener Weise bewirkt. Wir bringen dann die Maische in Gärung und destillieren den erzeugten Alkohol ab, die übrigen Malzbestandteile bleiben in der Schlempe, dem Rückstande von der Destillation, und dienen dem Vieh als Futter. Anders ist es bei der Bierbrauerei, weil hier die löslichen Malzbestandteile in die gegorene Flüssigkeit mit übergehen, um der gar oft verwöhnten Zunge des Menschen einen Genuß zu bereiten. Für diese beiden voneinander verschiedenen Zwecke wird es notwendig, schon bei der Malzbereitung besondere Vorsichts= maßregeln zur Anwendung kommen zu lassen.

Die Bereitung des Malzes für Brennereien ist einfach. Die Gerste wird in Wasser eingequellt, und man läßt sie darin liegen, bis sie so weit erweicht ist, daß man ein Korn über den Fingernagel biegen kann. Dann bringt man sie in den Malzraum, dessen Tem= peratur mindestens 15° C. beträgt, und schichtet sie in Haufen, welche unangerührt bleiben, bis die Wurzelkeime so weit entwickelt sind, daß sie sich durchschlingen und untereinander verfilzen, daher solches Malz auch den Namen „Filzmalz" führt. In diesem Zustande wird das Malz nun entweder als „Grünmalz" angewendet oder man trocknet es bei mäßiger Temperatur auf der Malzdarre. Da das Grünmalz allen Anforderungen voll= ständig entspricht, so würde das Trocknen auf besonderen Heizvorrichtungen als eine Brenn= stoffvergeudung erscheinen müssen, wenn nicht die geringe Haltbarkeit des Grünmalzes in ungetrocknetem Zustande sich als Grund dagegen anführen ließe. Indessen könnte man diesem nachteiligen Umstande häufig entgegenarbeiten, wenn man die gesamte Arbeit so einrichten wollte, daß das fertige Grünmalz immer gleich verbraucht würde.

Fig. 119. Der Maischbottich.

Vor dem Verbrauch muß nun das Malz zerkleinert werden, was in der Regel durch Quetschwerke geschieht. Das Grünmalz erheischt dazu aber andre Vorrichtungen als das gedarrte, und zwar läßt man das erstere, nachdem die Verfilzung der Wurzeln aus= einander gerissen ist, durch zwei dicht aneinander schließende und mit Abstreifmessern ver= sehene Walzen so vollständig zerreißen, daß es wie Schneeflocken abfällt, das Darrmalz aber mittels ähnlicher Walzen (die jedoch keine Abstreifmesser zu haben brauchen) bloß zerdrücken.

Das Einmaischen. In dieser Operation wollen wir zunächst das Einmaischen von Getreide betrachten; wir haben es dabei namentlich mit Roggen, Weizen, Gerste und Mais, seltener mit Hafer zu thun. Diese Früchte müssen in ein sehr feines Schrot verwandelt werden, damit kein Teil des Korns der Verzuckerung entgeht. Das Schrot wird sodann mit $\frac{1}{6}$ oder $\frac{1}{7}$ gemalzter Gerste (als Filzmalz) zusammen verarbeitet, in welchem Quantum genug Diastase, wenn wir bei der Voraussetzung dieses Körpers bleiben wollen, für die Umwandlung der übrigen Stärke enthalten ist. Der Maischbottich oder Vormaischbottich, in welchem die Operation des Maischens geschieht, ist ein Gefäß von starkem Holz, und zwar eirund und flach, wenn die Arbeit durch Menschenkraft und mittels Maischhölzern

(Maischharken) geschieht, dagegen rund, wenn das Rühren durch eine mit Dampf oder Pferde=
göpel betriebene Maischmaschine besorgt wird, wie auf Fig. 119 ersichtlich ist.

In dieses Gefäß bringt man zuerst reines Wasser von 50—62,5 °C., setzt das Schrot
allmählich hinzu und verarbeitet es so, daß ein klumpenfreies Gemenge entsteht (man nennt
dies das „Einteigen"). Nach einiger Zeit wird unter fortwährendem lebhaften Umrühren
nach und nach so viel siedend heißes Wasser hinzugelassen, daß die Temperatur bis auf
etwa 65° C. steigt (das „Garbrennen"). Der Bottich wird hierauf zugedeckt und bleibt
so lange stehen, bis die Zuckerbildung vollendet ist, wozu in der Regel zwei Stunden Zeit
erforderlich sind. Die Maische darf dann nicht mehr weißlichtrübe, sondern sie muß
bräunlichklar und von süßem (nicht mehr mehligem) Geschmack sein. Bei der Durch=
führung dieses Vorganges finden nun in den Brennereien der verschiedenen Gegenden
mancherlei Abweichungen von der eben erzählten Weise statt; in einem Punkte aber sind
sie sämtlich einig: es soll zum Garbrennen möglichst wenig Wasser verwendet werden,
damit schließlich in dem der Besteuerung unterliegenden Gärbottichraum möglichst viel
Alkohol bildende Substanz vorhanden ist. Früher, als man noch andre Grundlagen für
die Besteuerung der Branntweinbrennerei hatte (z. B. Blasenzins), war das Verhältnis
zwischen der Trockensubstanz und dem Wasser wie 1 : 8; die Besteuerung des Bottichraums,
welche von der Voraussetzung ausging, daß man aus einem gegebenen Bottichraume auch
nur eine ganz bestimmte, und zwar die damals übliche Menge Alkohol gewinnen könne,
änderte alsbald die technische Praxis und rief das Dickmaischen hervor, wodurch die
Wassermenge bis auf $1/3$ der früheren für trockene Maische verringert wurde. Um dieses
kleinste Maß zu erreichen, mußte man aber zur Anwendung des Dampfes als Trägers
der Wärme schreiten. Da nämlich in $1/2$ kg Dampf $5 1/2$ mal so viel Wärme steckt wie in
$1/2$ kg siedenden Wassers, so bedarf man von dem ersteren (der in die eingeteigte Masse
frei eintritt) weit weniger, um die Temperatur bis auf die erforderliche Höhe zu bringen.
Um 100 l eingeteigte Schrotmasse gar zu brennen, sind z. B. 45 l siedendes Wasser not=
wendig und es entstehen damit 145 l gare Maische. Dieselben 100 l Schrotmasse können
aber durch den Dampf von 3 l Wasser gar gebrannt werden, und bei der Verdichtung
des Dampfes entstehen dann nur 103 l Maische.

Nach beendigter Verzuckerung steht die Temperatur im Bottich noch immer auf etwa
55° C.; sie muß auf einen der Gärung angemessenen Wärmegrad abgekühlt werden.
Da nun außerdem eine so dicke Maische nur eine mangelhafte Durchführung der Gärung
zur Folge haben würde und also eine Verdünnung der Maische notwendig wird, so kühlt
man die gare Maische zuerst auf Kühlschiffen — es sind das flache Gefäße, meist von Stein
mit Firnisüberzug — und setzt dann kaltes Wasser zu (das „Zukühlen").

Das Einmaischen von Kartoffeln gestaltet die Arbeit selbstverständlich anders.
Nachdem die Kartoffeln durch Waschen von den erdigen Teilen gesäubert worden sind,
deren Beimischung die Schlempe als Futter verunreinigen würde (es gibt dazu verschiedene
Vorrichtungen, z. B. Waschtrommeln, die, mit den Kartoffeln gefüllt, einigemal in erneuertem
Wasser gedreht werden), werden sie gedämpft, d. h. durch Dampf gekocht. Zu diesem Ende
kommen sie in hohe, aufrecht stehende Fässer, die oben einen fest schließenden Deckel tragen,
in welchem sich eine ebenfalls dicht verschließbare Öffnung zum Einfüllen der rohen Kar=
toffeln befindet. Über dem eigentlichen Boden liegt in schräger Richtung ein zweiter durch=
löcherter Boden, unter welchem der Dampf durch die Faßwandung eintritt. Sind die
Kartoffeln gedämpft, so werden sie über den geneigten Siebboden und durch eine tief unten
angebrachte Seitenöffnung abgelassen und sofort der Quetschmaschine überliefert. Es besteht
dieselbe zunächst aus hölzernen, steinernen oder hohlen gußeisernen Walzen, die mit in=
einander greifenden Riesen versehen sind und die Kartoffeln vollständig zermalmen. Der
eigentliche Quetschapparat mit seinem Trichter über den Walzen steht unter dem Kartoffel=
fasse, nimmt die gedämpften Kartoffeln auf, zerdrückt sie und läßt die zerquetschte Masse
unmittelbar in den Maischbottich fallen, in welchem das sehr fein gequetschte Grünmalz mit
etwa dem $3 1/2$ fachen Gewicht Wasser bereits vorher innig vermischt war; auf je 100 kg
Kartoffeln werden 4—5 kg Malz genommen. Es ist dabei aber nicht außer acht zu
lassen, daß die Maische nach dem Zusatz der heißen Kartoffelmaische schließlich eine Tem=
peratur von 62,5—65° C. haben soll. Die Kunstfertigkeit des Arbeiters besteht also darin,

die Temperatur des Wassers zum Einteigen des Malzes angemessen hoch oder niedrig zu nehmen, sowie die Kartoffeln schneller oder langsamer (wobei sie mehr auskühlen können) zuzugeben. Während des Kartoffelzusatzes wird die Masse tüchtig umgearbeitet und bleibt schließlich 2—3 Stunden stehen. Dabei entsteht eine geringe Menge Milchsäure auf Kosten des gebildeten Zuckers; da die Milchsäure bei der Gärung keinen Alkohol liefert, so wäre ihre Bildung als ein Verlust zu betrachten, wenn nicht dieser Körper sonst einen günstigen Einfluß auf den Verlauf der Gärung übte, indem er eine raschere und vollständigere Zersetzung des Zuckers veranlaßt. Wie beim Getreidemaischen, so muß auch hier durch Abkühlung oder Zuführung von heißem Wasser die Temperatur der Flüssigkeit sorgfältig reguliert werden. Außerdem aber ist die Verarbeitung der Kartoffeln mit mancherlei Variationen üblich, von denen die obige indessen am einfachsten und deshalb auch am meisten in Gebrauch ist. Daß die Quetschvorrichtungen je nach den Umständen eine verschiedene Einrichtung haben können, ist selbstverständlich.

Die Gärung der Maische läßt man in hölzernen Bottichen vor sich gehen; auch steinerne Zisternen hat man dazu angewendet. Diese Gärbottiche stehen am besten in einem Lokal, dessen Temperatur leicht auf 12,5—17,5° C. zu erhalten ist. Reinlichkeit muß in den Gärräumen und Bottichen aufs strengste geübt werden, damit keine saure oder faule Gärung einreißen kann. Die zur Einleitung der Gärung erforderliche Hefe wird vorher mit etwas Maische, die noch nicht vollständig (etwa auf 27,5—30° C.) abgekühlt war, vermengt („vorgestellt") und so der inzwischen genügend abgekühlten Maische im Bottich, welche man dabei gut umrührt, zugesetzt. Neuerer Zeit nimmt man anstatt der Bier- oder Preßhefe sogenannte „Kunsthefe", es ist das eine schwach gehopfte Grünmalzmaische, die durch Hefe in Gärung gebracht worden ist. Wenn die Gärung im Bottich ihren Anfang genommen hat, so treiben die dabei sich entwickelnden Kohlensäurebläschen alle in der Maische schwimmenden festen Substanzen an die Oberfläche, indem sie wie Luftballons die festen Körperchen, an welche sie sich anheften können, mit in die Höhe reißen. Ist diese Treberdecke locker, so entweicht die Kohlensäure allmählich und man sieht wenig von der Bewegung in der Flüssigkeit; liegen aber die Treber dicht zusammen, so bricht sich die Kohlensäure mit Gewalt Bahn und ruft dann mancherlei Erscheinungen an der Decke hervor. Anfangs sind die Blasen der entweichenden Kohlensäure klar, später aber, infolge der neugebildeten Hefe, erscheinen sie weißlich getrübt. Von diesem Zeitpunkt an kann man die nachgewachsene frische Hefe gewinnen und als Preßhefe (wovon später die Rede sein wird) in den Handel bringen. Während der Gärung steigt die Temperatur im Bottich bedeutend, bei großen Quantitäten oft um 12,5—15° C. Die Kohlensäureentwickelung wird dann sehr stürmisch und die gärende Maische droht zuweilen den Gefäßrand zu überschreiten, wenn der Branntweinbrenner, um Steuer zu ersparen, nur wenig Steigraum im Bottich gelassen hatte. Ein teilweises Ausfüllen der Maische in andre Gefäße ist bei Strafe verboten, ebenso wie die Anwendung sogenannter Aufsetzkränze. Man hilft sich aber, indem man Öl auf die hochgehenden Wogen gießt; denn jedes Fett (Butter, Talg, Rahm) auf der Oberfläche erleichtert das Zerplatzen der Kohlensäureblasen und beseitigt die Gefahr des Übersteigens. Nach 48 Stunden ist der süße Geschmack der Maische meist verschwunden, die „weingare" Maische ist reif zur Destillation. Zur Einleitung der Gärung wendet man seit den letzten zehn Jahren vielfach schweflige Säure an, indem man die stärkemehlhaltigen Vegetabilien einige Zeit in schwefligsaurem Wasser einweicht. Der Vorteil soll darin bestehen, daß durch die Säure die das Stärkemehl einschließenden Häute gelockert werden und darauf der ganze Stärkemehlgehalt in Zucker übergeführt werden kann.

Die Destillierapparate sind in ihrer Entwickelung eng verwachsen mit den Fortschritten des Maischverfahrens, welche die Besteuerung des Bottichraums bei dem Einmaischen hervorgerufen haben. Solange man nämlich auf den alten Pfaden wandelte und die Einmaischung mit größeren Wassermengen bewerkstelligte, war es noch möglich, die Maischen über freiem Feuer zu destillieren, ohne sie der Gefahr des Anbrennens auszusetzen. Mit der Einführung des Dickmaischens und des Dampfes konnte man den Alkohol mit Hilfe des zugeleiteten Wasserdampfes verflüchtigen. Obwohl nun das Abdestillieren über freiem Feuer für unsre Verhältnisse ein überwundener Standpunkt ist, so geben wir dennoch in Fig. 119 zur Erläuterung des Wesens der Destillation einen solchen Apparat der einfachsten

Form in Abbildung. Fig. 120 zeigt uns in A die über dem freien Feuer eingemauerte kupferne Blase, in welche die weingare Maische gebracht wird; B ist der Helm, welcher in den Hals der Blase eingepaßt ist. Dieser Helm bietet der Luft einige Kühlfläche dar, weshalb denn immer ein Teil der Dämpfe (und zwar der wässerigere), welche aus der in A siedenden Maische entwickelt werden, verdichtet wird und in die Blase A zurückfließt. Die durch den Schnabel C weiterziehenden Dämpfe sind reicher an Alkohol und gelangen in das kupferne Schlangenrohr D, welches in einem mit kaltem Wasser gefüllten Fasse (dem Kühlfaß) liegt. Hier geben sie ihre Wärme durch Vermittelung des Kupfers an das äußere Wasser ab und werden sämtlich verdichtet, so daß das Destillat bei E abtropfen kann. Wir wollen uns an diesem Apparate zugleich das Prinzip der Kühlung durch Wasser merken. Durch die Erwärmung wird das Kühlwasser ausgedehnt und leichter, das erwärmte Wasser steigt daher an die Oberfläche und die obersten Schichten sind deswegen stets die heißesten. Da man nun die Abkühlung möglichst vollständig machen will, so muß man das kalte Kühl=wasser am Boden des Kühlfasses in einem kontinuierlichen Strome eintreten lassen und dem heißen Wasser an der Oberfläche gleichzeitig Abfluß verschaffen. Auf diese Weise erhalten wir also eine Gegenströmung der abzukühlenden und der abkühlenden Flüssigkeiten, die abzu=kühlende steigt herab und die abkühlende steigt hinauf, und die Wärmedifferenzen gleichen sich

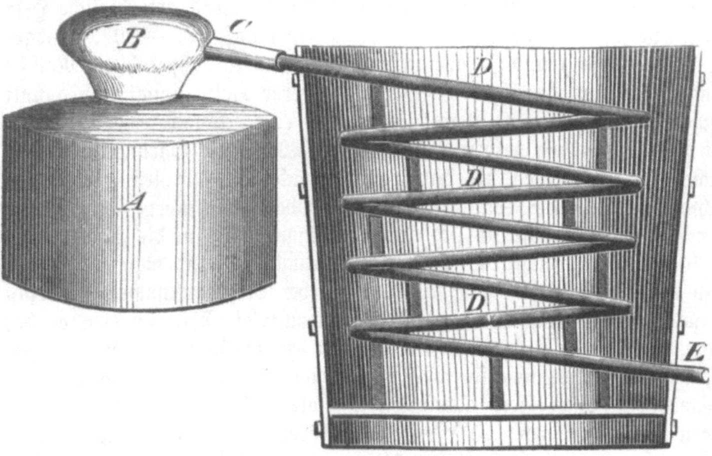

auf diese Weise am vollständigsten aus.

Mit Hilfe eines derartigen Destillier=apparats war man aber doch nicht im stande, durch eine einzige Operation einen brauchbaren Branntwein zu er=zeugen, dem Destillat (sogenannter „Lut=ter“) blieben noch zu viele Wasserteile bei=gemengt und es mußte einer noch=maligen Destillation unterworfen wer=

Fig. 120. Einfacher Destillierapparat.

den, um als Handelsware dienen zu können. Wurden nun dadurch die Kosten für Brenn=stoff und Arbeit vermehrt, so mußte man sich sagen, daß von Haus aus eine Brennmaterial=ersparnis zu bewerkstelligen war, wenn man die Maische für die nachfolgende Blasen=füllung zum Teil als Kühlwasser dienen ließ; die Maische konnte dadurch auf eine so hohe Temperatur gebracht („vorgewärmt“) werden, daß sie demnächst in der Blase als=bald ins Sieden kam. Es entstand also zunächst der Vorwärmer, von dem Fig. 121 ein Bild gibt. Derselbe ist, wie es diese Figur im Durchschnitt zeigt, zwischen Blase und Kühl=faß eingeschaltet. Ein ringförmiges Gefäß mit doppelten Wänden (aus Kupfer) a b c d ist in einen mit der Maische gefüllten hölzernen Bottich gesteckt und empfängt die geistigen Dämpfe von der Blase bei e. Ein Teil der Dämpfe wird verdichtet und gelangt (ebenso wie die übrigen Dämpfe) bei f nach dem Kühlfaß, wo schließlich bei k der Lutter abfließt. Die Maische, welche durch eine Rührmaschine in Bewegung erhalten wird, nimmt die bei Verdichtung der Dämpfe im Vorwärmer allfallende Wärme auf und erhöht sich dadurch in ihrer Temperatur. Ist die Blase am Schluß der Destillation entleert, so wird die Maische durch den Hahn g in die Blase abgelassen und durch das Rohr h wieder kalte Maische in den Bottich gebracht. Der geöffnete Hahn i zeigt die Vollendung der Füllung an und wird dann geschlossen.

    Durch E. Adams wurden zwischen Blase und Kühlrohr ein oder mehrere Gefäße eingeschaltet, in denen sich die Dämpfe verdichteten; die entstehende alkoholreiche Flüssigkeit wird durch die später eintretenden alkoholärmeren Dämpfe ins Sieden gebracht und unterliegt somit einer zweiten Destillation, wobei nun das Destillat immer reicher an Alkohol wird. Dieses für die fernere Entwickelung der Brennapparate ungemein wichtige Prinzip läßt sich an seinem Fig. 122 skizzierten Apparat (der später verbessert wurde) am leichtesten veranschaulichen. A ist die Blase, B und C sind die eiförmigen kupfernen Vorlagen, in welche die Dampfleitungsröhren a und b bis nahe an den Boden eingeführt sind, so daß deren Ausmündung während der Destillation alsbald versperrt wird. Sobald dies eingetreten, müssen die Dämpfe von A durch das Destillat in B streichen; sie bringen dasselbe zum Sieden und verflüchtigen dadurch den alkoholreicheren Teil aus B, welcher sich in C verdichtet.

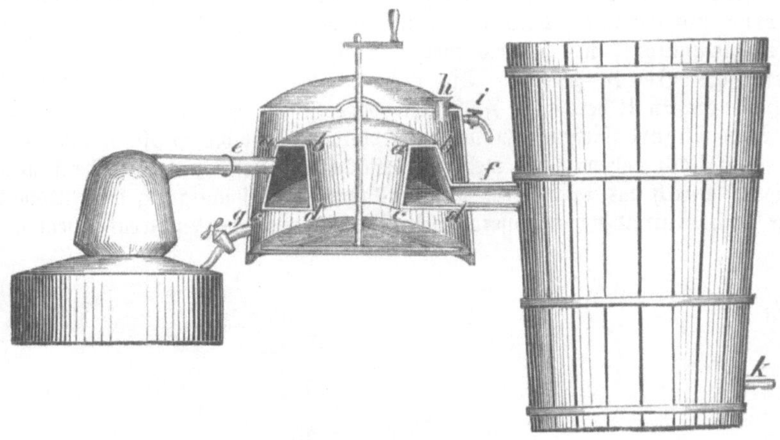

Fig. 121. Der Vorwärmer.

Nach kurzer Zeit tritt in C derselbe Prozeß der Rektifikation ein, wie in B, so daß schließlich aus der Kühlschlange ein sehr reichhaltiger Branntwein abfließt. Sobald aller Alkohol aus der Maische und A ausgetrieben ist, wird die Destillation unterbrochen, die Blase von neuem mit Maische gefüllt und die in B und C befindliche alkoholarme Flüssigkeit durch den Hahn c ebenfalls in die Blase A gelassen. Bleibt der Hahn c während der Destillation geöffnet, so daß die Niederschläge aus B und C fortwährend in die Blase A zurückfließen können, so wird die Verdichtung der durch die Kühlschlange gehenden Dämpfe ebenfalls ein sehr alkoholreiches Produkt ergeben müssen. Die geistigen Dämpfe sind zum großen Teil entwässert worden, das „Phlegma“ hat sich abgeschieden. Daher heißen solche Gefäße, welche durch Abkühlung eine Scheidung des alkoholischen Dampfes in

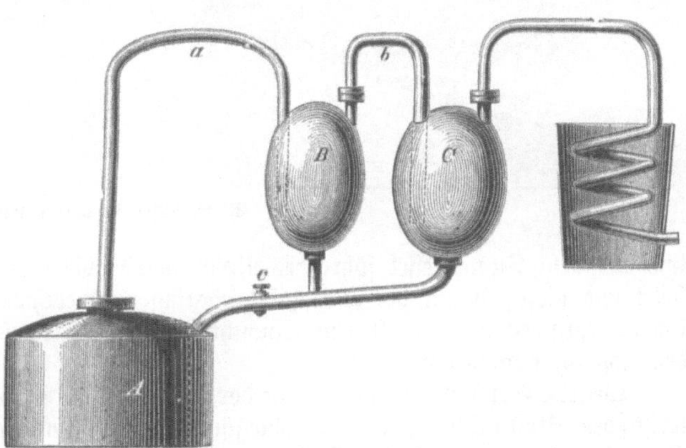

Fig. 122. Der Adamsche Apparat.

alkoholreicheren Dampf und alkoholärmere Flüssigkeit bewirken, Dephlegmatoren. Wieviel Alkohol die der Kühlschlange zugeführten Dämpfe enthalten, das hängt von der Temperatur im Dephlegmator ab; je niedriger dieselbe hier beständig (z. B. durch Einstellen in Wasser) erhalten wird, desto stärker wird das Destillat; ist die Temperatur des Dephlegmators z. B. 100° C., so haben die Dämpfe 42$^1/_2$ Prozent Alkohol, bei 80° C. im Dephlegmator aber entweichen Dämpfe mit 88 Prozent Alkohol.

Diese beiden Hilfsmittel, Rektifizierung und Dephlegmierung, sehen wir nun bei den zahlreichen Brennapparaten in der mannigfachsten Weise zur Anwendung gebracht.

Pistorius z. B. konstruierte mit denselben im Jahre 1817 einen Apparat, der direkt aus der Maische einen sehr starken Branntwein lieferte. Fig. 123 zeigt uns denselben. A und B sind zwei durch das Rohr G verbundene Blasen. F und F' sind Rührapparate. D ist eine Vorrichtung, um gegen das Ende der Destillation die entweichenden Dämpfe auf ihren Alkoholgehalt prüfen zu können. Die alkoholischen Dämpfe aus der Blase B (die ein kurioses Gemisch von Dampfblase, Vorwärmer und Rektifikator ist) entweichen durch das Rohr L in das Rohr N und treten aus diesem in den Raum des Rektifikators M, der einen Einsatz T enthält, durch welchen er in zwei Abteilungen geteilt wird, die mit Maische gefüllt werden. Aus N gelangen nun die Dämpfe in die zwischen beiden Abteilungen befindlichen Zwischen= räume rrrr und entweichen durch die beiden Röhren v, die sich bei w vereinigen, nach R (dem Dephlegmator), wo sich das meiste Wasser abscheidet; der Raum R wird das Pistorius'sche Becken genannt. Die nicht verdichteten Dämpfe gehen durch P in das Kühlfaß V; die in R verdichtete Flüssigkeit dagegen läßt man von Zeit zu Zeit durch x in die Blase B zurückfließen. In unsrer Abbildung steht die Blase A noch über freiem Feuer, sie ist flach und weit, um mehr Siedefläche darzubieten und die Destillation zu be= schleunigen. Durch das Dickmaischen aber, als man die Verflüchtigung des Alkohols aus der Maische durch Eintreiben von Wasserdämpfen bewirkte, mußte der Apparat abgeändert werden.

Fig. 123. Pistorius'scher Destillierapparat.

Ein aus dem Dampfkessel führendes Rohr wurde bis nahe an den Boden der Blase ge= leitet und diese, damit der Dampf in möglichst ausgedehnte Berührung mit der Maische komme, entsprechend vertieft, eine Einrichtung, die von Haus aus von großem Vorteil für den Apparat gewesen wäre.

Weitere Vervollkommnungen hat der Pistorius'sche Apparat zunächst an seinem charak= teristischen Bestandteile, dem Dephlegmator oder dem Pistorius'schen Becken, erhalten. Dorn, besonders aber Gall und Siemens haben sehr sinnreiche Konstruktionen für diesen Teil angegeben, welche den Zweck desselben: die zu dephlegmierenden Spiritusdämpfe mit einer möglichst bedeutenden, durch Wasser abgekühlten Metallfläche in Berührung zu bringen, auf verschiedene Weise zu erreichen suchen. Zweckmäßig führt dabei der Weg, den das Kühl= wasser nimmt, entgegengesetzt der Richtung, in welcher die Alkoholdämpfe streichen.

Eine eigentümliche Einrichtung des Dephlegmators zeigt der Laugier'sche Brenn= apparat (s. Fig. 124), der vorzüglich in Frankreich zur Destillation von Aquavit aus Wein vielfach in Anwendung ist. Er hat zwei Blasen, von denen die niedriger gelegene als Dampfentwickler zum Erhitzen der Flüssigkeit in der Destillierblase dient; ihre Verbindung untereinander ist aus der Zeichnung leicht ersichtlich; die oberste kommuniziert mit dem

Dephlegmator oder Analyseur, einem Rezipienten, in welchem sich eine Kühlschlange be=
findet, deren Windungen an der unteren Fläche mit einer Röhre in Verbindung stehen,
welche in die obere Destillierblase einmündet und hierher die Flüssigkeit wieder zurückführt,
die sich in den Windungen des Analyseurs niedergeschlagen hat. Weiterhin besteht auch
noch Kommunikation zwischen den einzelnen Windungen, deren letzte die noch nicht kon=
densierten Dämpfe in die links vom Dephlegmator befindliche Kühlschlange führt, wo sie
durch Abkühlung zu einem flüssigen Destillat verdichtet werden, welches unten abfließt.
Die Kühlschlange ist von kaltem Wein umspült, der, sowie er sich erwärmt hat, in das
Dephlegmatorgefäß und aus diesem in die Destillierblase übertritt.

    Kolonnenapparate. Die Einführung des Dampfes in die Brennereiapparate hat
neuerdings eine sehr ausgedehnte Anwendung erfahren. Auf scharfsinnige Weise hat man
den Weg, den der Dampf durch die abzudestillierende Flüssigkeitsmenge zu durchlaufen hat,
verlängert und dadurch nicht nur die Berührungsfläche vergrößert, sondern auch den Vor=
teil damit zu verbinden gewußt, daß der heißeste Dampf zuerst durch schon fast abgetriebene
Maische geht und dieser den letzten Rest ihrer Spiritusdämpfe entführt; in dem Maße aber,
wie er sich abkühlt, er auch durch immer alkoholreichere Flüssigkeit streicht, welche selbst bei
niedrigeren Temperaturen noch Alkoholdämpfe abgeben und das Destillat dadurch bereichern.

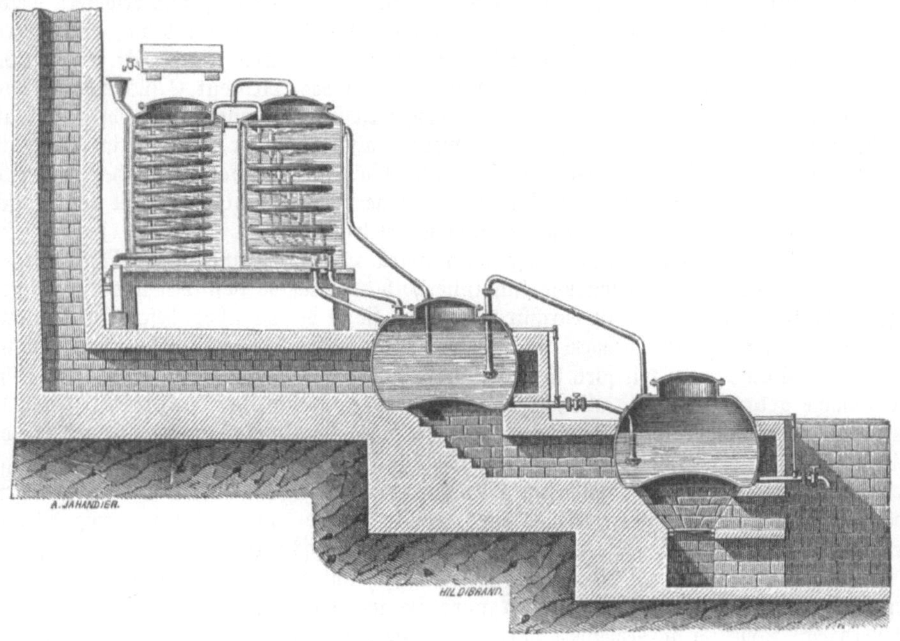

Fig. 124. Der Laugiersche Apparat zum Brennen von Weinbranntwein.

Nach Passieren der letzten Schicht ist dann der Wassergehalt des Dampfes fast vollständig
zurückbehalten, und Apparate, welche auf solchen Betrieb eingerichtet sind, gestatten ohne
weiteres, aus der Maische ein Produkt von 95 Prozent zu gewinnen.

    Die Einrichtung derselben ist im Prinzip folgende: ein hohler und hoher senkrechter
Cylinder ist im Innern durch eine Anzahl horizontaler, mit feinen Löchern durchbohrter
Querwände in ebensoviel einzelne Abteilungen geschieden. Diese Böden der einzelnen
Cylinderabteilungen gehen bis an den Cylindermantel, so daß, wenn auf der einen Seite
Dampf in das Innere gelassen wird, derselbe keinen andern Weg nehmen kann als durch
die feinen Durchbohrungen, welche die Einsatzböden enthalten. In den untersten Boden
des allseitig luftdicht geschlossenen Cylinders mündet nun ein Dampfrohr für die einströ=
menden Dämpfe, während ein zweites für das abziehende Destillat aus der Decke zunächst
in den Dephlegmator und hierauf in die Kühlvorrichtung führt. Durch den Deckel aber
geht auch noch ein Einführungsrohr für die abzudestillierende Flüssigkeit, die Maische, welche

zuerst auf das oberste Sieb und von diesem durch die Durchbohrungen auf immer tiefer ge=
legene herunterläuft. Während dieser Zeit wird sie von den Dämpfen in zahlreichen feinen
Strahlen durchströmt und es erfolgt der oben schon geschilderte Prozeß der Abreibung so
vollständig, daß in demselben Maße, wie oben frische Maische aufströmt, durch einen Ab=
zugshahn am Boden des Cylinders die entgeistigte Maischflüssigkeit fast ohne jeden Gehalt
an Spiritus abfließt. Eine sorgfältige Regulierung der Dampfspannung ist notwendig, damit
der Durchgang nicht unterbrochen, aber auch nicht zu sehr beschleunigt wird.

Es liegt in der Natur der Sache, daß bei den beschriebenen Einrichtungen nur ganz
dünnflüssige Maischen, Melassemaischen u. dergl., verarbeitet werden können, durch welche
ein Verstopfen der Sieblöcher nicht stattfinden kann.

Neuerdings hat man (Siemens) aber solche Apparate auch für alle möglichen Maischen
konstruiert; in denselben fällt dann die Maische von einem Siebe auf das andre durch be=
sondere Überfallröhren, welche an der Cylinderwandung angebracht sind. Überhaupt ist
bei den neueren Apparaten der Ausdruck Sieb für die Scheidewände nicht mehr zulässig;
es sind dies vielmehr Platten, die nur an einzelnen Stellen durchbrochen sind, wo die
Tropfröhren einerseits und die aufsteigenden Dampfröhren anderseits die Kommunikation
vermitteln, sogenannte Diaphragmen.

Die Konstruktion eines solchen Kolonnenapparats wird durch Fig. 125 erläutert, welche
zwei einzelne Elemente, Becken, desselben zeigt. Die Maische läuft aus dem oberen
Element A durch die Tropfröhren a in das nächstniedrige Becken B, bedeckt in demselben
den Boden bis zu der Höhe, wo die Öffnung der in das Element C führenden Tropf=
röhre b einmündet. Höher kann sie nicht stehen, weil sie dann von der Tropfröhre b ab=
geführt wird in das Becken C u. s. w. Es werden also, wenn der Apparat im Gange ist,
alle Zwischenböden von einer gleichhohen Schicht Maische bedeckt sein; aus dem untersten
Raume verläßt die abgetriebene Maische die Kolonne. Entgegen diesem Laufe der Maische
von oben nach unten steigen die Dämpfe von unten nach oben. Die Röhren, durch welche
dies geschieht, haben eine eigentümliche nach unten zu wieder umgebogene Form (B), so
daß sie mit ihrer Ausgangsmündung sich innerhalb der Maische befinden und die Dämpfe
gezwungen sind, die letztere zu durchströmen, ehe sie in die darüber befindliche Kammer
austreten können. Hierbei nehmen sie aus dem Spiritusgehalt der Maische einen Teil des
Alkohols in Dampfform mit fort, wogegen sich ein Teil des Wassers kondensiert. Je höher
die Dämpfe gelangen, um so alkoholreicher werden sie, da sich ihr Wassergehalt durch die
nach oben zu geringer werdende Temperatur der Maische immer mehr vermindert, der
Alkoholgehalt dagegen sich vermehrt, weil die Maische um so reicher noch ist, je weniger
sie bereits mit Dämpfen in Berührung gekommen war. Wenn daher die Kolonne genügend
hoch ist, so werden am oberen Ende die Spiritusdämpfe nur mit sehr wenig Wasser=
prozenten noch austreten. Die Maische aber nimmt betreffs ihres Spiritusgehalts immer
mehr ab, je tiefer sie hinabkommt, und da sie nach unten zu von immer heißeren und
ärmeren Dämpfen durchzogen wird, so wird sie im letzten Becken, wo sie von reinem
Wasserdampf förmlich ausgewaschen wird, die letzte Spur von Alkohol verlieren und voll=
ständig abgetrieben den Apparat verlassen. Die aufsteigenden Röhren d e f, deren wir
in Fig. 125 nur je drei erblicken, verteilen sich über die ganze Fläche des Beckens, und
ist bei ihnen die Anordnung so getroffen, daß die Maische, ehe sie in das nächsttiefere
Element abtropft, einen möglichst langen Weg um die einzelnen Röhren machen muß, da=
mit sie in ihrer ganzen Masse mit den durchstreichenden Dämpfen in Berührung kommt.
Zu diesem Zwecke bringt man die von oben kommende (c) und die nach unten führende
Röhre d entweder an entgegengesetzten Stellen des Beckens an, oder aber man schaltet
zwischen beide eine Scheidewand ein, um welche herum die Maische ihren Weg nehmen
muß (s. Fig. 126). Die Dampfröhren selbst haben in ihrer Ausführung manche Än=
derung erlitten; gewöhnlich stülpt man, wie in C (s. Fig. 125) angedeutet, über das auf=
wärts ragende offene Ende nur ein glockenförmiges Blech, das mit seinem unteren, säge=
artig ausgezahnten Rande bis auf eine gewisse Tiefe in die Maische eintaucht. — Aus der
Kolonne gelangen die Spiritusdämpfe dann noch in einen besonderen Dephlegmator und
aus diesem erst in den Röhrenkondensator, aus welchem das alkoholische Destillat in flüs=
siger Form heraustritt.

Die Erfindung dieser Brennapparate ist in Frankreich gemacht worden, wo die Melassen=
maischen aus den Zuckerfabriken ein sehr geeignetes Material boten und auch aus den
Runkelrüben selbst eine lebhafte Spiritusgewinnung betrieben wird. Der Hauptteil des
Destillierapparats, der aufrecht stehende Cylinder oder die Kolonne, hat ihnen den Namen
Kolonnen= oder Säulenapparate verschafft. Wir können hier nicht die ganze Ent=
wickelungsgeschichte desselben verfolgen, so interessant sie auch wäre; es muß genügen zu
erwähnen, daß Cellier=Blumenthal der erste war, welcher die schon vorher angeregte
Idee zu praktisch nutzbarer Ausführung brachte. Den Cellier=Blumenthalschen Apparat
haben nachgehends Savalle u. a. wieder verbessert.

Rektifikation des Spiritus. Das Brennereiprodukt, wie es als Erträgnis der land=
wirtschaftlichen Gewerbe erhalten wird, ist
jedoch für die mannigfaltige und umfangreiche
Verwendung, welche der Spiritus oder viel=
mehr der Feinsprit in den letzten Jahr=
zehnten gefunden hat, noch nicht geeignet.
Einmal ist es in der Regel noch nicht kon=
zentriert genug, um z. B. in der Technik als
Auflösungsmittel für Harze, Lacke, ätherische
Öle, in der Parfümeriebereitung u. s. w. zu
dienen, und dann auch enthält es noch jene
übelriechenden Nebenprodukte, welche man
unter dem Gesamtnamen Fuselöle zusammen=

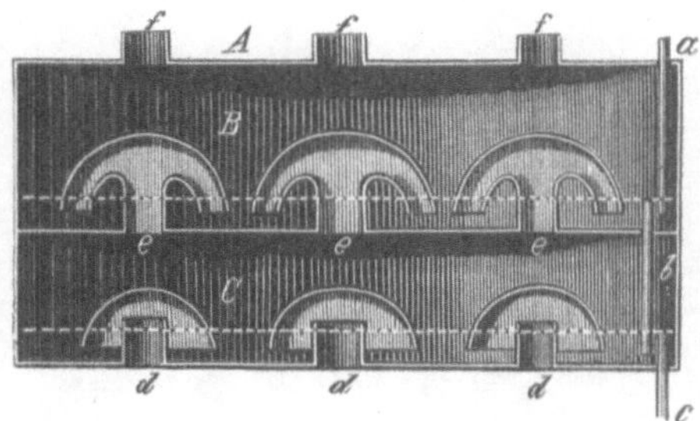

Fig. 125. Elemente eines Kolonnenapparats.

faßt, und die es für alle diejenigen Zwecke als untauglich erscheinen lassen, wo der Alkohol
als Genußmittel konsumiert wird. Diese letzteren sind aber sehr vielfältiger Natur. Denn
nicht nur, daß für die Branntwein= und Likörfabrikation große Quantitäten verbraucht
werden, es findet der Feinsprit in der Weinfabrikation ausgedehnte, in der Bierbrauerei
auch nicht unbedeutende Verwendung, namentlich zur Bereitung starker, für weiten Export
bestimmter Getränke.

Der Spiritus wird daher einer Rektifikation unterworfen, die seine Entfuselung und
Konzentrierung bezweckt, und die der Hauptsache nach in nichts weiter als in einer wieder=
holten Destillation besteht, infolge deren die weniger flüchtigen Stoffe von dem Alkohol so
gut wie vollständig getrennt werden. In den letzten dreißig
Jahren hat sich daraus ein bedeutender Zweig der Großindustrie
entwickelt, der die gesammelten Brennereierträgnisse der Land=
wirtschaft verarbeitet und als Feinsprit, fuselfrei und von 96—98
Prozent Gehalt wieder in den Handel bringt. Der Sitz dieser
Industrie ist für Deutschland besonders in Berlin, Aschers=
leben, Magdeburg, Breslau und Leipzig, und es wird selbst ein
großer Teil der verfeinerten Ware nach Italien, der Schweiz
sowie nach dem Norden, früher auch nach Frankreich, verführt,
das meiste jedoch im Inlande konsumiert. Welche enormen
Spiritusquantitäten zur Rektifikation kommen, das wird uns
klar, wenn wir eine Spritfabrik wie etwa die von W. Stengel
in Leipzig durchwandern und nach der Leistungsfähigkeit der

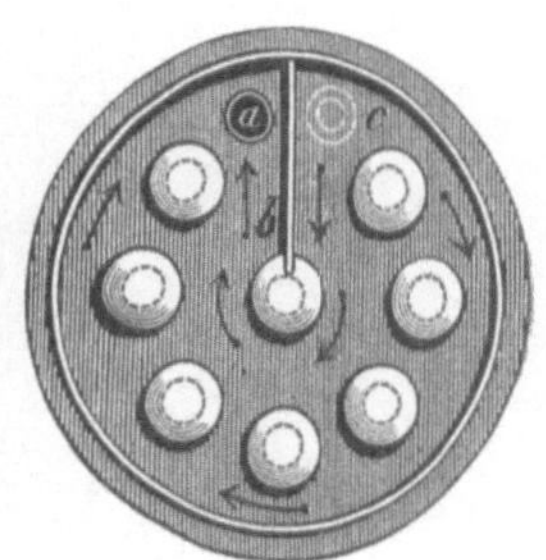

Fig. 126.
Anordnung der Tropfröhren.

daselbst Tag und Nacht arbeitenden Apparate forschen. In einem hohen Raume sehen wir
drei große Savallesche Kolonnenapparte nebeneinander aufgestellt, alle drei in Thätigkeit,
wie uns drei an einer Seitenwand unter Glasglocken aufgestellte Heberwerke beweisen,
durch die wir den aus dem Apparat kommenden wasserhellen Feinsprit in ununterbrochenem
Laufe passieren sehen. 5—600 l konzentrierten, vollständig fuselfreien Sprit liefert ein
einziger dieser Apparate pro Stunde, das macht im Tage 120 000, und zusammen
360 000 l, im Jahre aber — die Kampagne nur zu acht Monaten gerechnet — nahe an
90 Millionen l. Das Fuselöl, das in dem Rohspiritus nur zu einem ganz geringen
Prozentteile enthalten ist, wird in solchen Fabriken in Hunderten von Zentnern gewonnen
und fässerweise verkauft. Denn wo der schlechte Geruch kein Hindernis ist, kann es als Leucht=
material in besonders konstruierten Lampen verbrannt werden; ein Teil wird, wie schon

erwähnt, zur Herstellung künstlicher Fruchtäther verarbeitet, das meiste jedoch scheint man in England zur Verfälschung des bei weitem teureren Petroleums zu verbrauchen.

Die Einrichtung der Rektifikationskolonnen ist, wie gesagt, im Prinzip ganz entsprechend der Einrichtung der Kolonnen in den Brennapparaten, und es kann ein Kolonnenapprat der letzteren Art ohne weiteres als Rektifikationsapparat benutzt werden. Wenn man z. B. die Maische nicht in das oberste Becken einströmen läßt, sondern erst in das dritte oder vierte von oben, so wirken die oberen leeren Becken schon rektifizierend, und man erhält ein stärkeres Produkt als gewöhnlich. Indessen gestattet die Natur der in den Rektifikationskolonnen zur Behandlung kommenden Flüssigkeiten in Einzelheiten gewisse Abweichungen, die den Durchschnitt eines derartigen Beckens, wie wir ihn in Fig. 125 gegeben haben, von dem entsprechenden in Fig. 127 etwas verschieden zeigen.

In dieser Abbildung ist A die Destillierblase, in welche die zu rektifizierende Flüssigkeit durch das Rohr e eingelassen wird. Das Dampfrohr a teilt sich in zwei Arme, von denen der obere unmittelbar Dampf in die Blase leitet, der untere in eine flache Spirale mündet, durch welche die Flüssigkeit zum Sieden gebracht wird; bei d entweicht das kondensierte Wasser, g ist ein Probehahn, der die Dämpfe aus der Blase direkt in die Schlange eines kleinen Kühlfasses leitet. Über der Destillierblase befindet sich die Kolonne B; die aus dieser entweichenden alkoholischen Dämpfe gehen durch das Rohr n in den Dephlegmator C, dessen Kühlschlange in der Mitte durch Einschalten des sogenannten Analyseurs o unterbrochen ist, so daß die im oberen Teile der Schlange verdichtete Flüssigkeit durch die Röhren p p in eins der oberen Becken der Rektifikationskolonne zurückgeführt wird, während die Alkoholdämpfe durch das Rohr q in die untere Hälfte der Dephlegmatorschlange geführt werden, von wo sie in einen zweiten Analyseur o' eintreten, um hier die kondensierte Flüssigkeit abzugeben und durch das Rohr p' in die Kolonne zu schicken, während sie selbst durch das Rohr r in die Schlange des eigentlichen Kühlfasses treten, wo sie endlich durch Abkühlung verdichtet werden. Das Destillat läuft bei s ab. Das Kühlfaß D

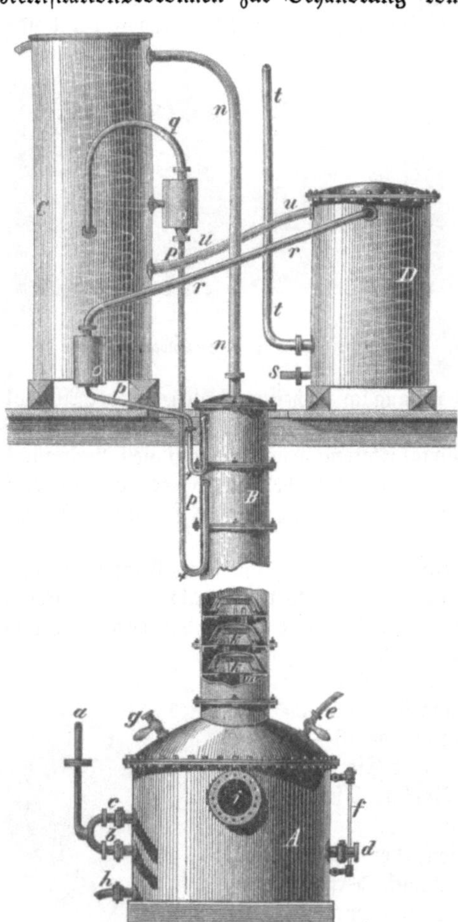

Fig. 127. Kolonnenapparat für ununterbrochene Rektifikation.

erhält durch das Rohr t kaltes Wasser zugeführt; das erwärmte fließt in den Dephlegmator C über, den es bei v sehr heiß verläßt. Die innere Einrichtung der Kolonne B läßt erkennen, daß die nach oben steigenden Dämpfe aus dem einen Becken in das andre durch weite konische Röhren treten, welche je von einer Kappe überdeckt sind, die unten sägezahnartig ausgezackt ist und die Dämpfe zwingt, durch die Flüssigkeit hindurchzustreichen, welche den Boden des Beckens bis zur Öffnung der Tropfröhren bedeckt.

Vor Beginn der Destillation werden sämtliche Rektifikationsbecken der Kolonne mit Wasser gefüllt, dann erst wird in die mit der zu rektifizierenden Flüssigkeit gefüllte Blase der Dampf eingelassen, welcher die Siederöhren durchströmt und den Inhalt der Blase ins Kochen bringt. Die hierbei sich entwickelnden Dämpfe werden anfänglich zum großen Teil von den Vorschlagwässern aufgenommen, so daß das erste Produkt, welches aus der Kühlschlange läuft, nur einen schwachen Alkoholgehalt zeigt. Dieser Vorlauf wird nun besonders aufgefangen und für eine nochmalige Rektifikation zurückgestellt. Allmählich aber wird das Destillat stärker und zeigt bald einen Gehalt, der bis 96, ja 98 Prozent gesteigert werden kann. In diesem Stadium ist das Produkt am reinsten, die fuseligen Beimengungen bleiben als weniger flüchtig in den Rektifikationsbecken vollständig zurück, die Regulierung der Hitze ist hierfür von der größten Wichtigkeit. Erst wenn der Alkoholgehalt sich verringert, so daß im ganzen Apparat höhere Temperaturen eintreten, erscheinen jene unliebsamen Beimengungen zum Teil mit in dem Destillat; man sondert daher dasselbe, um es später nochmals zu rektifizieren und fängt ebenso von da an, wo das Alkoholometer etwa 50 Prozent zeigt, den Nachlauf für sich auf, bis aller geistiger Gehalt abgetrieben ist. Dieser Nachlauf wird besonders destilliert; er läßt alles Fuselöl zurück, das gesammelt und auf Fässer gezogen wird. Die Entfuselung geschieht bei sorgfältig geleitetem Betriebe vollständig, indessen wird nebenher doch auch noch ein Teil des Feinsprits durch Kohle entfuselt, namentlich solcher, der als Genußmittel Verwendung finden und wenige andre Zusätze erhalten soll; die Konsumenten rühmen ihm eine gewisse Milde des Geschmacks nach.

Um eine möglichst vollständige Entwässerung des Feinsprits zu erzielen, also möglichst absoluten Alkohol darzustellen, wird jener außer durch Holzkohle auch noch durch Chlorcalcium destilliert. Naudin und Schneider in Paris desinfizieren den Alkohol mit Wasserstoff, der im Alkohol selbst entwickelt wird entweder durch Zink oder Eisen mit schwacher Salz- oder Schwefelsäure, oder durch Wasserzersetzung mittels

Fig. 128. Kolonnenapparat für die Rektifikation von Spiritus.

Natriumamalgam, oder durch die elektrische Kraft eines Zinkkupferelements. Auch ozoni=
sierte Luft ist (von Eisenmann in Berlin) zu gleichem Zwecke angewandt worden.

Für unsre Abbildung haben wir der Deutlichkeit wegen eine Anordnung gewählt,
welche die einzelnen Bestandteile eines solchen Rektifikators gesondert zeigt. Die Apparate,
wie sie jetzt in großem Fabrikbetriebe üblich sind, gewähren ein etwas andres Bild, weil
man einmal bei der Konstruktion darauf Rücksicht zu nehmen hat, daß alle Teile so an=
geordnet sein müssen, daß sie leicht zugänglich sind, und weil fernerhin die Anzahl Neben=
apparate, Regulatoren, Kontrollapparate u. s. w., mit angebracht werden, auf deren Be=
sprechung wir uns nicht weiter einzulassen brauchen. Fig. 128 gibt von einem solchen
Rektifikationsapparate, wie sie in Betrieb sind, eine Ansicht.

In derselben ist A die Destillierblase, B die Kolonne, C der Zerleger, D der Kühler,
E ein automatischer Regulator für Hitze und Dampfspannung innerhalb des Apparats,
F eine Probiervorrichtung, welche zugleich die Menge des pro Stunde abfließenden Rekti=
fikats angibt, G ein mit einem Thermometer versehener Dampfdom, welcher zur Absonde=
rung der Fuselöle am Ende der Operation in Funktion kommt; durch g gehen die Dämpfe
in den Zerleger, durch h die hier abgesonderte Flüssigkeit zurück in die Kolonne, i ist
ein Abflußrohr für das Rektifikat, k leitet das Abkühlungswasser aus dem Behälter H
herzu, bei m fließt dasselbe ab. Die Zuleitung des Dampfes in die Blase erfolgt durch l.

Daß es in einer Fabrik, wo einer der flüchtigsten Stoffe fortwährend mit Feuer
behandelt wird, sehr darauf ankommt, alle Teile der Apparate, namentlich alle Ver=
schlüsse, auf das sorgfältigste zu überwachen, die Temperatur auf das genaueste zu regeln,
die Kühlvorrichtungen nie ihre Wirksamkeit versagen zu lassen — bedarf kaum der Er=
wähnung. Das Gegenteil würde nicht nur die größte Gefahr durch Entzündung, sondern
auch fortgehend empfindliche Verluste an Material im Gefolge haben. In der That ist in
allen Räumen nur schwacher aromatischer Duft zu verspüren und weder die Alkoholdämpfe
noch das flüchtige Fuselöl machen sich irgendwo besonders bemerklich. Röhrenleitungen durch=
ziehen alle Gebäude und führen die durch Pumpen bewegten Flüssigkeiten ihren Weg, so daß
von einem wiederholten Umfüllen gar nicht die Rede ist. In einem besonderen Empfangs=
schuppen abgeladen, der in seinem Untergeschoß große zementierte Behälter enthält, werden
die Rohspiritusfässer abgeladen, und hier ihres Inhalts einfach dadurch entleert, daß sie
mit dem offenen Spundloch über den Behälter gerollt und hier liegen gelassen werden, so=
lange noch ein Tropfen herausläuft. Die Rohspiritusbehälter aber stehen mittels einer
geschlossenen Röhrenleitung, in welche die Apparate eingeschaltet sind, in Verbindung mit
den Feinspritbehältern, so daß bis an die Stelle, wo das fertige Produkt in die neuen
Versandfässer gefüllt wird, zwar eine Spaltung in die einzelnen Bestandteile erfolgt, ein
Verlust der Menge nach aber nur in überaus geringem Maße stattfinden kann.

Spiritusbereitung aus Reis, Roßkastanien, Rüben u. s. w. Unter den stärkemehl=
haltigen Materialien, welche außer unsern gewöhnlichen Getreidearten und Kartoffeln zur
Spiritusbereitung benutzt werden, ist besonders der Reis hervorzuheben, und wo er billig
genug zu haben ist, ist er ein ausgezeichneter Rohstoff für Brennereien. Der Arak wird aus
Reis gebrannt. Nicht minder auch empfiehlt sich der Mais zu diesem Zwecke, da die Kultur
desselben zugleich eine Menge Grünfutter liefert. Selbst die Roßkastanien gestatten, ein
ziemlich wertloses Material in einen wertvollen Handelsartikel umzuwandeln. Die Erd=
äpfel (Topinambur) enthalten eine eigentümliche Art Stärkemehl (Inulin) und Zucker;
sie sollten in ausgedehntem Maße angebaut werden, zumal sie eine äußerst nahrhafte
Schlempe hinterlassen. Hülsenfrüchte sind meistens zu teuer, um einen angemessenen
Ertrag zu geben, zudem ist der Geschmack des aus ihnen bereiteten Spiritus nicht der beste.

Unter den zuckerhaltigen Materialien — deren Verarbeitung natürlich einfacher
ist, weil das Malzmachen und Einmaischen wegfällt — steht obenan die Melasse, d. i. der
sirupartige Rückstand der Zuckerfabriken, welcher keinen festen Zucker mehr ausscheidet; der
echte Rum wird durch Vergärung der Melasse gewonnen. Die große gelbe Rübe und
vorzüglich die Zuckerrübe — teils roh, teils gekocht zerrieben und mit Hefe versetzt oder
mit Wasser ausgelaugt und die konzentrierte Zuckerlösung zur Gärung gebracht — finden
viel Verwendung seit der Zeit, wo die Kartoffelkrankheit ihre Verheerungen anzurichten
begonnen hat. Der aus Rüben gewonnene Branntwein behält aber einen unangenehmen

Geruch. Noch widerwärtiger ist indes der Geruch des Fabrikats aus Rübenzuckermelassen, und die dabei abfallende Schlempe kann wegen des großen Salzgehalts nicht verfüttert werden. Von den Wurzeln, welche als Spiritusmaterial dienen, erwähnen wir noch das unter dem Namen „Quecken" bekannte Unkraut und die Krappwurzel. Letztere, die der Färberei dient, enthält eine Menge Zucker, den man als Alkohol gewinnen kann, ohne den Wert des Krapps als Farbstoff zu beeinträchtigen.

Das sind die hauptsächlichsten Rohmaterialien für die Spiritusbereitung. Ihre Reihe wird noch durch eine Anzahl andrer ergänzt, welche für einzelne besondere Zwecke, namentlich zur Branntweinbereitung, in Verarbeitung genommen werden — für die Großindustrie haben diese letzteren jedoch nur eine geringe Bedeutung.

Dagegen machten in den letzten Jahren wiederholt zwei Rohstoffe als Spiritusmaterialien viel von sich reden, zwei Stoffe, denen der Laie eine solche Umwandelbarkeit auf den ersten Blick gewiß nicht zutrauen würde, wenn ihn nicht die Zauberin Chemie schon an ganz andre Wunder glauben gelehrt hätte: Holz und Steinkohlen. Die brennbare Natur allerdings haben sie mit dem Spiritus gemein — sonst aber scheinbar nichts weiter. Und doch wissen wir schon von früheren Gelegenheiten, daß sich Holzfaser durch Behandeln mit Säuren in Traubenzucker überführen läßt, der seinerseits durch Gärung in Alkohol verwandelt werden kann; für die Steinkohle liegt der Übergang freilich in einer Region, die bisher nur von den wissenschaftlichen Forschern besucht zu werden pflegte.

Schon vor längerer Zeit versuchte man die Spiritusfabrikation aus Holz; doch war ihr trotz des scheinbar billigen Rohmaterials lange keine große Zukunft vorauszusagen. Die Herstellungskosten, namentlich die Auslagen für die Säure, waren so bedeutend, daß der Preis des fertigen Produkts dadurch zu sehr verteuert wurde. 100 kg geraspeltes Holz können etwa 30—33 l Alkohol von 90 Prozent geben, für welche jedoch und hauptsächlich durch den Verbrauch an Säuren ein Herstellungspreis von etwa 27 Mark entfiel, der andern Verfahren gegenüber keine Aussicht auf Gewinn gewährte. Neuerdings verbindet man das Verfahren mit demjenigen, welches das Holz zu Papierstoff umarbeitet und das wegen des immer empfindlicher werdenden Lumpenmangels in der Neuzeit mehr und mehr in Aufnahme kommt. Für die Papierbereitung sind die festen, membranösen Bestandteile des Holzes allein von Wert, während die demselben anhaftende sogenannte schwammige Cellulose sich durch Behandlung mit Säure leicht in vergärungsfähigen Zucker überführen läßt. Indessen haben die erzielten Resultate die gehegten Erwartungen noch nicht befriedigt. Und so wird es wohl auch mit dem vielbesprochenen Mineralspiritus, dem Alkohol aus Steinkohlen, bleiben, den wir als Kuriosum noch erwähnen.

Es war eine den Chemikern längst bekannte Thatsache, daß man Alkohol durch Erhitzen mit Schwefelsäure in ein mit hellleuchtender Flamme brennendes Gas, das Elaylgas, verwandeln kann; auch war es der Chemie gelungen, dieses Gas auf geeignete Weise wieder in Alkohol zurückzuführen. Von diesem Elaylgas enthält nun das aus Steinkohlen dargestellte Leuchtgas einen Anteil, der bis zu 10 Prozent steigen kann, und auf dies Vorkommen gründete sich die Hoffnung, die Steinkohle in Spiritus umzuwandeln. In St. Quentin in Frankreich sollte, wie emphatische Zeitungsartikel verkündeten, eine Fabrik entstanden sein, bei deren Apparaten angeblich auf der einen Seite die Steinkohlen eingeschüttet wurden, während auf der andern Seite der reinste Alkohol abfloß. Die Sache erwies sich sehr bald als hohle Reklame. Es ist allerdings ein Liter derartig aus Elaylgas hergestellten Alkohols irgendwo mit lautschallender Reklame ausgestellt worden, aber der französische Chemiker Payen selbst hat nachgewiesen, daß das dazu verbrauchte Elaylgas vorher erst selbst aus Alkohol bereitet worden war, und daß sich die Herstellungskosten jenes Spiritus auf 300 Frank pro Liter berechnet hätten. Mit solchen Geschäften wollen unsre Brennereien nichts zu thun haben. Nichtsdestoweniger bleibt es wahr, daß man aus Steinkohlen Spiritus machen kann, und vielleicht gelingt es auch noch einmal, ein billigeres Verfahren dazu aufzufinden.

Zwar nicht für die Spritfabrikation im großen, aber doch für die Branntweinbereitung kommen noch mancherlei Materialien in Betracht.

So z. B. liefert unter den Obstsorten die kleine schwarze Waldkirsche, zerquetscht und zum Teil mit den Kernen zerstoßen, der Gärung unterworfen und destilliert, den auch bei den Franzosen (unter dem Namen Kirsch) beliebten Kirschgeist, der namentlich in der Schweiz und am Schwarzwald fabriziert wird. Aus den Zwetschen wird in Ungarn und Dalmatien der fein duftende Slibowitz gebrannt. Von den Waldbeeren wird besonders die Himbeere am Schwarzwald häufig auf Branntwein verarbeitet, und die Schwäbinnen benutzen den Himbeergeist sogar als Parfüm. Die Wacholderbeeren enthalten viel Zucker; man zieht denselben mit Wasser aus, läßt die Lösung gären und destillieren und erhält den unter dem Namen Borovicska bekannten Branntwein; erwähnenswert ist auch der unter dem Namen Steinhäger bekannte westfälische Wacholderbranntwein. In Schweden und Norwegen hat man neuerdings auch gewisse Flechten auf Branntwein verarbeitet. Der weltberühmte Genever (Gin) der Holländer verdankt seinen Wacholdergeruch nur einem sehr geringen Zusatz dieser Beere, es ist ein Gerstenmalz-Roggenbranntwein, dessen Maische mit sehr wenig Hefe versetzt worden ist und deshalb bis zur Destillation nur wenig ver= gären konnte; dadurch mag seine Eigentümlichkeit wohl mit bedingt sein.

Wir übergehen andre Materialien, die vereinzelt angewendet werden, und erwähnen nur noch den Wein (dessen ausführlicher Betrachtung wir einen besonderen Artikel widmen). Natürlich wird man den einigermaßen trinkbaren Wein niemals in „Branntwein" ver= wandeln. Es ist eben nur das geringere Gewächs, welches zur Bereitung der verschie= denen Weinbranntweine oder zur Spritbereitung dient, die in den weinproduzierenden, d. h. den weinbauenden, nicht weinfabrizierenden Ländern eine nicht unbedeutende Rolle spielen. In Frankreich ist namentlich die Gegend um Armagnac und Cognac im Departement der Charente durch ihre vortrefflichen Destillate berühmt.

Beim Handel mit Branntwein kommt selbstverständlich der Gehalt desselben an reinem Alkohol in Betracht. Zur Bestimmung desselben bedient man sich des Alkoholometers (einer Art Aräometer, s. Bd. II, S. 80). Dieses Instrument ist derart in Grade geteilt, daß es in reinem Wasser bis 0° einsinkt; von da ab geht die Gradleiter aufwärts bis 100°, d. h. den Punkt, bis zu welchem es in reinem Alkohol einsinkt; je tiefer das Alkoholometer in die Flüssigkeit einsinkt, um so reicher ist dieselbe an absolutem Alkohol. Da man nun den Branntwein nicht nach dem Gewicht, sondern nach dem Maß verkauft, so führte Tralles auf dem von ihm konstruierten Alkoholometer nicht Gewichtsprozente (wie früher Richter gethan hatte), sondern Maßprozente ein. Zeigt ein Branntwein 50 Prozent Tr. (d. h. Tralles), so heißt das: in 100 l (Quart) desselben sind 50 l reiner Alkohol enthalten. Diese Prozente beziehen sich also immer auf das landesübliche Schenkmaß. Dadurch ge= staltet sich denn auch z. B. der Branntweinhandel in Preußen nach Literprozenten und man handelt um eine gewisse Anzahl von Literprozenten für 10 Pfennig. Wenn also jemand 4000 Literprozent Alkohol, und zwar 20 Prozent zu 10 Pfennig kauft, so hat er dafür 20 Mark zu bezahlen und 40 l Alkohol zu empfangen. Und diese erhält er — wenn nicht ein bestimmter Alkoholgehalt vorbehalten ist — ebensowohl, wenn man ihm 80 l Branntwein von 50 Prozent, als wenn man ihm 50 l Spiritus von 80 Prozent oder $66\frac{2}{3}$ l von 60 Prozent liefert. Beim Gebrauch des Alkoholometers hat man auf die Tem= peratur Rücksicht zu nehmen, weil dasselbe in wärmeren Flüssigkeiten tiefer einsinkt als in kälteren. Will man also nicht die höheren Temperaturgrade als Alkoholprozente bezahlen, so achte man genau auf das in jedem Alkoholometer eingeschlossene Thermometerchen.

Von dem Umfange und der landwirtschaftlichen Bedeutung der Spiritusfabrikation mögen nachstehende Daten einen Begriff geben, die sich auf das Jahr 1875 und auf die an der Reichssteuer partizipierenden Staaten des Deutschen Reichs beziehen.

Ende 1875 gab es in denselben 40420 Branntweinbrennereien, deren Gesamt= produktion an Branntwein zu 50 Prozent Tr. auf 4341500 hl zu veranschlagen ist. Am meisten tragen dazu verhältnismäßig bei in Preußen: der Regierungsbezirk Frank= furt a. O., wo auf den Kopf der Bevölkerung ein durchschnittliches Produktionsquantum von $34{,}9$ l kommt, ferner Posen mit $31{,}9$ l, Potsdam mit $28{,}9$ l, Pommern mit $23{,}8$ l, Provinz Sachsen mit $22{,}0$ l, Westpreußen $20{,}9$ l, Schlesien $18{,}9$ l, während in den west= lichen Teilen des Steuergebietes die Produktion eine viel geringere ist. In der Rhein= provinz kommen auf den Kopf z. B. nur $3{,}7$ l, in Thüringen $2{,}3$ l, in Hessen $4{,}7$ l, in Elsaß=Lothringen $5{,}1$ l erzeugter Branntwein. Durchschnittlich kommen auf den Kopf $13{,}4$ l von dem im Deutschen Reiche erzeugten Branntwein. Ein Teil dieser Erzeugung wird nun allerdings wieder ausgeführt, so daß von dem inländischen Verbrauch nur ein Quantum von 10³/₄ l auf den Kopf entfällt, das, wenn wir nach dem Verbrauch als Genußmittel fragen, auch noch eine Abminderung durch die verschiedenen Verwendungen erfährt, welche der Spiritus in der Technik und Industrie findet. Die deutschen Branntweinbrennereien verbrauchten für die Erzeugung des oben angegebenen Jahresquantums im Jahre 1875 nicht weniger als

25 707 925 hl Kartoffeln (77,₈ Prozent aller zur Brennerei verwandten Rohstoffe);
 5 217 082 „ oder 15,₈ Prozent Getreide;
   767 956 „ „ 2,₃ „ Melasse;
   666 342 „ „ 2,₀ „ Wein, Weinhefe und Treber;
   638 852 „ „ 1,₉ „ Obst und Obsttreber;
    89 546 „ „ 0,₂ „ andre Materialien.

Zur Zeit also ist der Kartoffelacker bei uns immer noch die hauptsächlichste Spiritusquelle.

Die Likörfabrikation. Die Grundlage dieses Gewerbes bleibt immer ein höchst gereinigter, fuselfreier Branntwein. Solch entfuselter Branntwein braucht nur einen Zusatz von Zucker, aromatischen Pflanzenextrakten und zum Teil von Wasser zu erhalten, um zu Likör zu werden. Der Zucker, der dem Likör den milden, öligen Charakter erteilen soll, wird in der Form eines farblosen Sirups zugesetzt, und die Darstellung eines solchen Sirups sowie die richtigen Mengenverhältnisse der Zusätze sind die hauptsächlichsten Kunststücke des Likörfabrikanten. Die aromatischen Essenzen macht man entweder durch Destillation von Branntwein, der mit den gewürzigen Pflanzenstoffen gemischt war, oder man übergießt die Gewürze mit Spiritus von 85—90 Prozent und läßt ihn längere Zeit warm stehen, oder man löst die käuflichen ätherischen Öle der betreffenden Pflanzen in Weingeist auf. Wo die gewürzige Substanz nicht flüchtig ist (wie z. B. das Pomeranzenbitter), da kann nur das Ausziehen mit Spiritus zum Ziele führen. Nach dem charakteristischen, durch den Zusatz aromatischer oder bitterer Stoffe erhaltenen Geschmack werden die Liköre benannt. Einige Liköre enthalten ein Gemisch von mehreren Gewürzen und führen dann meistens auch Phantasienamen, z. B. Maraskino (aus Orangenblüten, Himbeeren und Kirschgeist) und Parfait d'amour (aus den ätherischen Ölen von Zimt, Kardamom, Rosmarin u. s. w.); außerdem dienen Extrakte und Öle von Anis, Zitronen, Pomeranzen, Nelken, Kamillen, Lavendel u. s. w. Neuerdings werden die aromatischen Ingredienzien, welche zur Fabrikation von Likören dienen, gleich in der entsprechenden Zusammensetzung von den chemischen Fabriken, die sich mit der Erzeugung ätherischer Öle befassen, in den Handel gebracht und die eigentliche Branntweinbrennerei hat dadurch eine sehr einfache Technik erlangt. Indessen gibt es noch gewisse Rezepte, welche von ihren Besitzern sehr geheim gehalten werden und die nachzumachen selbst dem erfahrensten Chemiker nicht gelingen würde. Zunge und Nase sind doch noch viel feiner empfindende Organe, als selbst die subtilsten chemischen Reaktionsmittel, und dazu kommt, daß die organischen Stoffe, welche hier in Wechselwirkung treten, in ihrem chemischen Verhalten selbst nur mangelhaft bekannt sind.

Einer der berühmtesten Liköre ist der in einem Karthäuserkloster bei Grenoble fabrizierte und daher auch „Chartreuse" genannte, dessen Zauber sogar auf Madagaskar in der letzten Revolution sehr verhängnisvoll wurde. Namentlich zeigen die bitteren Schnäpse einen sehr mannigfaltigen Stammbaum, da Pomeranzenschalen, Enzian, Bitterklee, Galgant, Kardobenediktenkraut, Wermut, Angostura, Chinin und unzählige andre Stoffe zu ihrer Fabrikation gebraucht werden. Eigentümlich ist es, daß man gewissen an sich farblosen Likören auch bestimmte Farben erteilt, z. B. Pfefferminze wird grün gefärbt durch Indigo- und Safrantinktur, manche Liköre rot durch Kochenille; sogar zerriebenes Blattgold und Blattsilber hat man Likören (Goldwasser, Silberwasser) zugesetzt.

Die geschätztesten Liköre kommen aus Holland (Fofokinkink in Amsterdam) und Frankreich; Rußland zeichnet sich ebenfalls durch eine Unzahl verschiedener und vortrefflicher Schnäpse aus, die aber, da es selbst sein bester Abnehmer ist, bei uns so gut wie gar nicht bekannt sind. In Deutschland genießen namentlich Danziger und Breslauer Liköre eines guten Rufes.

Fig. 129. Winzerfest am Rhein.

Wer auf seinem Gemüt trägt eine
Narbe der Liebe, komme zum Weine,
Werfe den Gram in die Flut, daß seine
... frei sei und lieblich.

Rückert.

Der Wein.

Einleitendes. Der Weinbau. Die Rebe. Verschiedene Rebsorten. Bestandteile der Traube. Die Most-bereitung Rappen der Trauben. Verschiedene Preß-apparate, Beutelzugalmaschine u. s. w. Der Most. Seine Gärung. Weißwein und Rotwein. Methoden der Weinvermehrung und Weinverbesserung Gallisieren und Chaptalisieren. Erstlesweine. Das Petiotisieren. — Erwärmung des Weines, ein Mittel ihn zu zeitigen und zu konservieren. Das Pasteur'sche Verfahren. Die Keller-wirtschaft. Überwachung des Weines auf dem Fasse. Nachfüllen. Weinkrankheiten. Große Fässer. Die Zu-sammensetzung des Weines. Alkoholgehalt verschiedener Weinsorten. Schaumweine oder Champagner. Cha-rakteristik derselben. Weinbau in der Champagne. Veuve Clicquot. Behandlung des Mostes. Gärung. Zusatz von Likör. Verschließen der Flaschen. Deutsche Schaumweine. Cider. Apfel-, Birnen-, Johannis-beerwein u. s. w. Palmenwein. Pulque. Honigwein u. s. w.

Im weiteren Sinne des Worts versteht man unter „Wein" ein aus zuckerhaltigen Pflanzen-säften durch Gärung erzeugtes und neben Zucker und Alkohol irgend eine Pflanzensäure enthaltendes Getränk. So hat man Apfelwein (Cider), Stachel- und Johannisbeerwein 2c. Unter allen aber steht am höchsten der köstliche Saft der Trauben, aus denen schon zu Noahs

Zeiten den vielgeplagten Menschen ein „Sorgenbrecher" erwuchs, das ist der „Wein" im engeren Sinne des Worts. Jenes sind nur weinartige Getränke, in ihrer chemischen Natur dem Weine zwar verwandt, aber gerade in wichtigen Merkmalen doch von ihm verschieden.

Unser „Wein" ist ein Kulturgetränk, ein Produkt und ein Mittel der Bildung, denn seine Bedeutung für den Welthandel, für die Entwickelung der Landwirtschaft, ja der Einfluß seines Genusses auf den Volksgeist sind nicht zu unterschätzen. Die Weinrebe folgt dem Farmer nicht nur in die entlegensten Weltteile, er holt auch, solange ihm das edle Getränk auf der eignen Scholle nicht erwächst, seinen Bedarf aus dessen Heimat, und es wird wohl kaum einen andern Handelsgegenstand geben, der in solcher Allgemeinheit von überallher nach überallhin verfahren wird.

Den Franzosen gebührt das Verdienst, durch eine höchst vollendete Behandlung des Weines im Keller (Kellerwirtschaft) zuerst einen Wein für den Export geschaffen zu haben. Nachlässigkeiten, deren man sich bei der Pflege der Weine schuldig macht, Bequemlichkeit, Mangel an Reinlichkeit u. s. w. rächen sich stets durch frühzeitiges Absterben derselben. Es ist aber des trägen Menschen Weise, seine Hände in Unschuld zu waschen, und der schädliche Aberglaube, daß manche Weine nicht haltbar (dahin rechnete man die italienischen), andre nicht versendbar (die gewöhnlichen Ungarweine) seien, hatte seine Wurzel nur in dem alten Schlendrian, von dem man sich in den betreffenden Ländern bei der Weinkultur nicht loszumachen vermochte. In der Neuzeit hat man dies sehr wohl empfunden und sich Mühe gegeben, die Übelstände möglichst abzustellen. In Ungarn ist es namentlich Aloys Schwartzer gewesen, der durch rationelle Behandlung der bis dahin fast nur für den inländischen Verbrauch geeigneten Ungarweine dieselben versendbar machte, ihnen den Weg sogar über den Ozean öffnete und so den Beweis lieferte, daß nur in der bisherigen Mißhandlung des Ungarweins die Ursache seiner geringen Haltbarkeit zu suchen sei. Möchte auch dem mit Wein so reich gesegneten Italien bald ein solcher Reformator erstehen!

Die Thatsachen zeigen, daß es eine Wissenschaft der die Haltbarkeit des Weines bedingenden Umstände und eine Kunst der daraus entspringenden Praxis geben muß, vermöge deren wir in den Stand gesetzt werden, den von der Natur gelieferten Rohstoff, die Traube, in den möglichst besten Wein umzuarbeiten. Wir werden aber diesen Rohstoff und seine Behandlungsweise zu betrachten haben.

Die Weinrebe. Als Dionysos noch klein war, erzählt die Sage, machte er eine Reise nach Naxia — dem heutigen Naxos, dem alten Hauptsitz des Dionysoskultus. Da aber der Weg sehr lang war, so ermüdete er und setzte sich auf einen Stein, um auszuruhen. Als er nun so dasaß und vor sich niederschaute, sah er zu seinen Füßen ein Pflänzchen aus dem Boden sprießen, welches er so schön fand, daß er sogleich den Entschluß faßte, es mitzunehmen und zu pflegen. Er hob es aus und trug es mit sich fort; weil aber die Sonne sehr heiß schien, fürchtete er, daß es verdorren möchte, bevor er nach Naxia komme. Da fand er ein Vogelbein und steckte das Pflänzchen in dasselbe und ging weiter. Allein in seiner gesegneten Hand wuchs das Pflänzchen so rasch, daß es bald unten und oben aus dem Knochen herausragte. Nun fürchtete er wieder, daß es verdorren werde, und dachte auf Abhilfe. Da fand er ein Löwenbein, das war dicker als das Vogelbein, und er steckte das Vogelbein mit dem Pflänzchen in das Löwenbein. Aber bald wuchs das Pflänzchen auch aus dem Löwenbein. Nun fand er ein Eselsbein, das war noch dicker als das Löwenbein, und er steckte das Pflänzchen mit dem Vogel- und Löwenbein in das Eselsbein, und so kam er auf Naxia an. Als er nun das Pflänzchen pflanzen wollte, fand er, daß sich die Wurzeln um das Vogelbein, um das Löwenbein und um das Eselsbein festgeschlungen hatten. Da er es also nicht herausnehmen konnte, ohne die Wurzeln zu beschädigen, pflanzte er es ein, wie es eben war, und schnell wuchs die Pflanze empor und trug zu seiner Freude die schönsten Trauben, aus welchen er sogleich den ersten Wein bereitete und den Menschen zu trinken gab. Aber welch Wunder sah er nun! Als die Menschen davon tranken, sangen sie anfangs wie die Vögelchen, und wenn sie mehr davon tranken, wurden sie stark wie die Löwen, wenn sie aber noch mehr davon tranken, wurden sie — wie die Esel.

Diese alte sinnige Mythe leite die Betrachtnng der Weinrebe bei uns ein, welche von den weinbauenden Völkerschaften des Südens auf ihren Wanderschaften nach dem Norden in natura den eroberten Ländern zum Geschenk gemacht wurde.

Es muß sich aber bald herausgestellt haben, daß der Unterschied der klimatischen Verhältnisse zu groß war, um die Qualität der reifen Traube sowohl als auch des Weinstocks ganz ungeändert zu lassen. Konnte man in dem milden Italien den Weinstock ganz seiner Natur als Schlingpflanze überlassen, so durfte man doch z. B. in den immerhin rauhen Gegenden des Rheins, wo die Sonnenwärme schon kärglicher ausgeteilt wird, nicht alljährlich vollkommen ausgereifte Trauben erwarten. Da es nun aber immer eine des Menschen würdige Unternehmung gewesen ist, gegen die Ungunst natürlicher Verhältnisse anzukämpfen und sie zu seinem Vorteil zu besiegen, so gelangte man auch hier schließlich durch Beobachtung, Nachdenken und Fleiß zu günstigen Erfolgen. Die Kunst des Weinbaues verlegte das Laboratorium, in welchem die feine chemische Mischung des edlen Rebensaftes gar gekocht werden sollte, aus den obersten Stockwerken (wo es der Natur der Schlingpflanze nach sich befindet) hinab zu ebener Erde — indem sie die Trauben, welche, zwischen Himmel und Erde schwebend, bei früh hereinbrechenden rauhen Herbstnächten nur notreif geworden wären, hier unter dem schützenden Einfluß der über Nacht ausstrahlenden Bodenwärme zur vollständigen Entwickelung und Reife kommen ließ. Es wurde dies durch den im langen Laufe der Zeit ausgebildeten Rebschnitt erreicht, welcher die natürliche Gestalt der Weinrebe in der angegebenen Absicht verändert, indem er die ursprünglich lang und weithin wachsende Pflanze köpft, dem übrig bleibenden Zweige die so zurückgehaltene Kraft zu gute kommen läßt und aus ihm zwar soviel als möglich, aber nur noch ganz reif werdende Trauben zu ziehen sucht. Ist die Lage eines Weinbergs derart, daß die Sonnenstrahlen mit aller Kraft darauf wirken können, so läßt man auch in größerer Entfernung vom Boden noch Trauben zur Entwickelung kommen — es werden die Zweige (Reben) in Bogen herabgezogen und befestigt. Bei Bingen am Rhein z. B. liegt der Rochusberg, merkwürdig dadurch, daß er auf allen Abhängen ringsum mit Wein bepflanzt ist; auf der Südseite wächst der berühmte „Scharlachberger", und hier läßt man dem Stock auch Bogreben, auf der Nordseite aber bringen die Bogreben keine guten Trauben mehr und man ist da auf die Ausnutzung der Bodenwärme beschränkt. Wir haben im III. Bande dieses Werkes der Rebkultur bereits einen Abschnitt geschenkt und dürfen an dieser Stelle alle diejenigen, die über den Weinberg etwas Näheres erfahren wollen, dorthin verweisen, wo auch der gefährliche Feind der Reben, die Reblaus, ihre Abhandlung erfahren hat.

Rebsorten. Die Verschiedenheit der klimatischen Verhältnisse hat nun eine große Zahl von Spielarten des Weinstocks zur Welt gebracht. Alle unsre Kulturpflanzen sind ja das Produkt ihrer Umgebung; Klima, Erdreich und des Menschen Zuchtrute bilden die Faktoren, welche die ursprünglichen Eigentümlichkeiten der Pflanze ausbilden, verändern und schließlich erblich machen. Es entstehen auf diese Weise Varietäten, die sich unter geeigneten Verhältnissen dauernd gestalten. Bringt man aber die so erzogene Spielart wieder in andre lokale Verhältnisse, so tritt leicht aufs neue eine Wandlung der Eigenschaften ein, die Pflanze artet aus. Unter den Rebsorten haben wir recht schlagende Beispiele für diesen allgemein gültigen Erfahrungssatz. Der Riesling z. B., die Perle unter allen Trauben, ist die einzige Traube (unbedeutende Ausnahmen kommen nicht in Betracht), welche unter günstigen Verhältnissen einen Boukettwein liefert — die Weine von Johannisberg, Markobrunn, Rüdesheim, Rauenthal, Scharlachberg u. s. w. sind Rieslingsweine und besitzen das Rheingauer Boukett. Die an der Mosel in Menge gezogenen Rieslinge liefern einen Wein, dessen Boukett (obgleich nicht minder fein) von dem Rheingauer wesentlich verschieden ist; ebenso ist's mit dem in Baden („Klingelberger") kultivierten Riesling. Als nun der Versuch gemacht wurde, solche Rheingauer Rieslinge in den Umgebungen von Wien einzubürgern (in den Weingärten des Herrn von Arthaber) und durch rheinische Winzer in Pflege zu halten, zeigte es sich, daß der daraus gewonnene Wein auch nicht eine Spur von Boukett besaß. — Reihen wir diesem Beispiel von Entartung ein andres an, welches auf den entgegengesetzten Erfolg, d. h. auf Verbesserung der Trauben, hinausläuft. Am Bodensee und in den angrenzenden Schweizergebieten ist eine blaue Traube (der „blaue Sylvaner") heimisch, eine Rebe von üppiger Vegetation, deren lichtgrüne und vollsaftige Blätter wenige Einschnitte haben. Wenn man dieselbe in trockene und magere Gegenden verpflanzt, wo ihr die durch die Ausdünstungen des Sees feuchte Luft fehlt, so ändert sie alsbald ihren

Charakter. Die Form und Farbe der Traube zeigt nämlich sofort die größte Ähnlichkeit mit der als schwarzer „Burgunder" bekannten Traube, und sie wird auch in solcher Weise unterschieden; nur das Blatt bleibt stets weniger gelappt als beim eigentlichen schwarzen Burgunder, wie er am Rhein (Aßmannshausen, Oberingelheim), in Böhmen (Melnik), Sachsen u. s. w. heimisch ist. Letztere Form erhält sich in allen diesen verschiedenen Gegenden von den lokalen Verhältnissen unangefochten und ist deshalb auch der Mutterpflanze in Burgund (wohin sie durch Kaiser Karl den Großen gebracht worden sein soll) vollkommen gleich.

Die zahlreichen Spielarten des Weinstocks kennen zu lernen, ist fast unausführbar. Der französische Chemiker Chaptal, welcher sich viel mit Weinstudien befaßt hatte, benutzte seine Stellung als Minister, um die Traubenspielarten Frankreichs zu sammeln und zu vergleichen; sie wurden in dem Garten des Palais Luxemburg angepflanzt und ihre Anzahl belief sich damals (leider sind heute nur noch namenlose Reste davon vorhanden!) auf mehr als 1400. Heutzutage, wo die Rebenkultur große Fortschritte gemacht hat, dürfte sich diese Zahl noch sehr bedeutend erhöhen lassen.

Bei der Wahl einer Rebsorte zum Bepflanzen eines Weinbergs kann man sich von verschiedenen Gesichtspunkten leiten lassen. Abgesehen von den Bodenverhältnissen bedingt die Eigentümlichkeit der Spielart (namentlich die mehr oder weniger große Wurzelbildung) eine verschiedene Fruchtbarkeit. Bouchardat, ein französischer Chemiker, gibt uns eine Übersicht von einigen der dort gezogenen Traubensorten, aus welcher hervorgeht, wieviel Hektoliter Wein, oder wieviel Alkohol jede derselben auf dem Hektar Land produziert. Die Wertskala zeigt uns dann die Zunahme des geistigen Gehalts bei geringerer Fruchtbarkeit.

Traubensorten	Wein pro Hektar. Hektoliter	Alkohol pro Hektar. Hektoliter	Wertskala des Produkts.
Gouais blanc	240	7,88	10,0
Gros Gamais	160	8,18	15,6
Gros Verreau . . .	90	6,28	21,3
Petit Verreau . . .	60	4,92	25,0
Melon	80	7,28	27,7
Savoyen vert	50	4,40	26,8
Savoyen rose	30	3,00	30,0
Pineau noir	20	2,12	32,6
Pineau blanc	15	1,52	30,9

Der Weinbauer muß also darüber klar sein, ob er auf derselben Bodenfläche einen geringen Wein mit viel Alkohol (für die Kognak= oder Weinspritfabrikation) ernten will, oder ob er auf einen besseren und teureren Wein hinarbeitet. In letzter Instanz würde die Frage immer lauten: welcher Geldwert wächst durchschnittlich auf dem Hektar? Dabei sind nun freilich noch mancherlei Verhältnisse, Reife u. s. w., ins Auge zu fassen; es gelangt z. B. der Riesling (der in guten Jahren den herrlichsten Wein liefert) als Spättraube nicht in jedem Jahre zur Reife, und es ist Thatsache, daß der Anbau des Rieslings dem Volkswohlstand nicht so förderlich ist wie der der Frühtrauben. Da dieselben Rebsorten in verschiedenen Gegenden mit den verschiedensten Namen bezeichnet werden, können wir selbstverständlich hier nur die gebräuchlichsten Namen anführen.

Unter den Trauben für weiße Weine stehen obenan: der Riesling (dessen Most erst durch die Gärung die berühmte Blume entwickelt), der Mosler (in Ungarn, wo er den Tokayer liefert, Furmiat genannt), der weiße Traminer (daraus in Böhmen der Czernoseker), der rote Traminer (häufig in Rheinbayern gebaut). Der weiße Muskateller wird hauptsächlich in südlichen Ländern gebaut und liefert das Material für Frontignac, Muscat de Lunel und andre gewürzige Weine, die Rebe muß aber bis auf ein einziges Auge zurückgeschnitten werden; bei größerem Ertrag an Trauben bekommen dieselben keinen oder nur geringen Muskatgeschmack und geben dann auch keinen Muskatwein (weil in demselben das Aroma nicht durch die Gärung entsteht). Der Rulander (roter Clävner), mit bräunlichroten Beeren, ist aus einer blauen Traube (dem schon genannten schwarzen Burgunder) entstanden und in manchen Gegenden ungemein wandelbar, so daß er bald wieder schwarze Trauben trägt; zuweilen findet man an demselben Stock blaue, rote und weiße Trauben, ja einzelne Beeren sind zur Hälfte blau und zur Hälfte weiß. Der Rulander ist sehr fruchtbar und reift früh. Der vortreffliche Wein schillert etwas ins Rötliche und wird häufig zur Schaumweinfabrikation benutzt, ebenso wie der aus der schwarzen Burgundertraube gepreßte weiße Saft. Gelber Orleans ist fruchtbar; reift aber spät; der daraus bereitete Wein ist schwer und bedarf mehrere Jahre zur Entwickelung seiner herrlichen Eigenschaften. — Für die leichteren Weine benutzt man die verschiedenen Gutedel, dann die am Rhein unter dem Namen „Kleinberger" zusammenbegriffenen und durch ganz Deutschland verbreiteten Elben und weißen Heunisch. Der Sylvaner (am Rhein „Österreicher" genannt) reift sehr früh, der Most ist schleimig, der Wein dünn, aber von angenehmem Geschmack. Der weiße Burgunder verdient mehr Verbreitung, er ist sehr fruchtbar, reift zeitig und liefert in guten Lagen sogar einen ausgezeichneten Wein. — Unter dem Namen Tantowina pflanzt man in Steiermark eine Rebsorte, welche durch ihre ungemeine Traubenfülle allen andern Spielarten den Rang streitig zu machen scheint; der daraus gewonnene Wein ist freilich gering.

Bei den Traubensorten für Rotweine ist bemerkenswert, daß der Farbstoff (nur die Färbertraube macht eine Ausnahme) in den Schalen der Beeren sitzt, der abgepreßte Saft also farblos ist. Läßt man den Most über den zerquetschten Schalen stehen, so wird der blaue Farbstoff durch die Säure des Saftes, nicht durch den Alkoholgehalt, wie man oft, aber fälschlich meint, gelöst; wir kommen darauf noch zurück. Die verbreitetste blaue Traubensorte ist der echte schwarze Burgunder oder blaue Clävner (am Rhein „Klebrot" genannt); unsre besseren deutschen Rotweine verdanken demselben fast sämtlich ihren Ursprung. Die lokalen Einflüsse haben in Burgund daraus den Liverdon, eine Rebe von größerer Fruchtbarkeit, gemacht. Der beste rote Ungarwein (Ofener) entstammt der Kadarke. Bei Wien (Vöslau) bereitet man einen ausgezeichneten Rotwein aus der blauen Portugieser Traube; diese Rebsorte hat sich in neuerer Zeit auch am Rhein Bahn gebrochen. In Steiermark (am Sauselgebirge) wächst der blaue Wildbacher, eine Rebe, die man ganz frei wachsen lassen kann, wo sie dann Bäume überklettert und in der größten Traubenfülle prangt. Der daraus gewonnene Wein hat den Charakter eines Bordeauxweines, die Rebsorte verdient jedenfalls auch im übrigen Deutschland größere Aufmerksamkeit. — Für die geringeren Rotweine dient der frühe Clävner (am Rhein Frühburgunder genannt), der blaue Sylvaner (am Bodensee und Neusiedlersee), der Gammay (in Burgund), der blaue Hängling (an der Württemberger Alp); der blaue Trollinger (am Rhein „Fleischtraube") ist in Württemberg sehr verbreitet und liefert, mit weißem Sylvaner verarbeitet, einen hellroten Wein (sogenannten „Schiller").

Der Färber (in Frankreich Teinturier, in Italien Tinto) gibt einen dunkelroten Saft, mit dem man die sieben= bis achtfache Menge weißen Weines ausreichend rot färben kann; der Wein aus dieser Rebsorte, der „Pontac", ist für sich nicht gut genießbar.

Bestandteile der Traube. Ehe wir nun zur Weinbereitung übergehen, betrachten wir uns die einzelnen Teile der Weintraube und deren Bestandteile und Einfluß auf die Qualität des Weines. Außer Wasser enthält der Saft der Beeren, der Most, Zucker (Dextrose und Lävulose), verschiedene Pflanzensäuren, wie Weinsäure, Zitronensäure, Traubensäure, Apfelsäure, teils frei, teils an Kali und Kalk gebunden, ferner Eiweißstoffe, Pektinsubstanzen und anorganische Salze. An den Stielen („Kämmen") sitzen die Beeren mit ihren weißen oder farbigen Hüllen, dem in Zellen (kleinen Bläschen) eingeschlossenen Saft und dem Samen oder den Kernen. Die Stiele enthalten, ebenso wie die Schalen und Kerne, eine Gerbsäure, ähnlich wie die in den Galläpfeln enthaltene Substanz von herbem, zusammenziehendem Geschmack. Die Gerbsäure löst sich in dem Weine auf, wenn er längere Zeit mit den Kernen und den Schalen in Berührung bleibt; daher der herbe Geschmack der Rotweine, welche durch Gärung des Maisches von zerquetschten Beeren entstehen. Auch die Stiele, wenn sie gequetscht und gepreßt werden, würden dem Most Gerbsäure zuführen, was kein Nachteil wäre, weil man dieselbe, wenn man sie nicht haben will, durch das „Schönen" mit Hausenblase leicht entfernen kann. Die Stiele enthalten aber noch andre Substanzen, die dem Wein einen rauhen Geschmack erteilen und durch Schönen nicht beseitigt werden können. Deshalb ist es unter allen Umständen geboten, nur die Beere in den Prozeß der Weinbereitung zu verwickeln. Die Schalen enthalten ebenfalls etwas Gerbsäure und den Farbstoff, der abwischbare Duft auf der Oberfläche der Beere ist eine Art Wachs. Der Farbstoff ist im reinen Zustande blau und unauflöslich in Wasser, wird aber durch Berührung mit Säuren rot und in Wasser und verdünntem Alkohol auflöslich. Die Zellen, welche den Saft einschließen, sind zweierlei Art — die größeren enthalten hauptsächlich den Zucker, die kleineren die eigentümliche Säure, die Weinsäure. Die unreife Traube enthält bloß die kleinen und schwer zerdrückbaren Säurezellen; mit der fort=schreitenden Reife wird Zucker gebildet und der Inhalt nimmt an Raum zu. Nun wider=steht aber die größere Zelle dem Zerdrücken nicht so gut wie die kleinere, und deshalb er=halten wir beim Beginn des Auspressens einen sehr zuckerreichen Saft, welchem erst gegen das Ende hin und bei vermehrtem Druck ein saurer Saft folgt.

Der Zucker entsteht aber nicht, wie man früher annahm, aus der Säure, sondern nach neueren Forschungen von Neubauer, Hilger u. a. nur aus dem Stärkemehl; da dieses aber in den Beeren nie gefunden werden konnte, so ist der Sitz der Zuckerbildung auch nicht in diesen zu suchen, sondern im Traubenkamm, den Beerenstielchen, den jungen Blättern und Trieben. Die Trauben enthalten dann um so mehr Zucker und um so weniger freie Säure, je reifer sie sind; bei Überreife tritt aber schnell eine Verminderung der wert=volleren Bestandteile der Beeren ein, indem sich der bekannte Traubenpilz (Botrytis aci-norum) einstellt, sich massenhaft vermehrt und durch sein Wachstum die Zersetzung jener Bestandteile veranlaßt. So fand z. B. Neubauer, daß bei Rieslingstrauben nach deren höchster Entwickelung, Ende September, das Gewicht der Beeren von $1_{,7}$ g bis zu $1_{,02}$ g stetig abnahm, ja sogar bis zum 5. November auf $0_{,625}$ g sich verminderte. Der Wasser=gehalt sank in dem einen Falle für 1000 Beeren von 1275 bis zu 756 g. Infolge dieser Wasserabnahme zeigte zwar der Zuckergehalt eine relative Zunahme, doch fand in Wirk=lichkeit eine Abnahme der absoluten Menge des Zuckers statt, denn 1000 Beeren zeigten z. B. am 12. Oktober im gesunden grünen Zustande einen Gehalt von 292 g Zucker, während edelfaule, aber noch gefüllte Beeren desselben Datums $234_{,6}$ g, geschrumpfte oder geschimmelte Auslesebeeren am 23 Oktober aber nur noch 153 g Zucker enthielten. Es hatte also in einem Zeitraume von nur elf Tagen ein Verlust von über einem Drittel des gesamten Zuckergehalts stattgefunden. Diese Abnahme erstreckt sich aber auch auf andre wichtige Bestandteile der Traube. Man sieht also hieraus, daß der richtige Reifezustand der Trauben von großem Einfluß auf die Qualität des Weines sein muß. Die Kerne ent=halten außer der Gerbsäure auch ein fettes Öl, welches man bei Verarbeitung derselben (aus den Preßrückständen weißer Moste) gewinnen kann.

Pressen und Keltern. Sobald die Trauben aus den Wingerten (Weingärten) heim=gebracht, geherbstet sind — beim Riesling werden die reifsten und schwach angefaulten Trauben (Edelfäule) vom Stock abgepflückt und zu den feinsten Ausleseweinen verarbeitet — werden die Beeren von den Kämmen getrennt (gerappt); freilich wird diese für die Güte des Weines so schwer wiegende und doch so leichte Arbeit leider noch vielfach ver=säumt, und weder in Österreich noch in Ungarn wurden bisher die Kämme entfernt, weil sich die schwachen Weine durch die Beimischung des Stielsaftes leichter klären und etwas mehr, aber durchaus keinen besseren Geschmack bekommen. Wo man aber den Wein erzeugt, um aus demselben Branntwein abzudestillieren, da brauchen selbstverständlich die Stiele nicht entfernt zu werden.

Die Trennung der Beeren von den Stielen wird durch die sogenannte Trauben=raspel besorgt, ein Schüttelsieb mit Gitter hält die Kämme zurück und läßt die Beeren durchfallen, welche dann zwischen Walzen zerquetscht werden, wie z. B. in der in Fig. 133 dargestellten Traubenraspel. Bei einer guten Traubenraspel müssen die Walzen verstellbar und nicht zu tief kanneliert sein; auch ist es zweckmäßig, wenn letztere verschiedene Größe haben, damit sie sich mit verschiedener Schnelligkeit bewegen. Anstatt die Beeren durch Walzen zu zermahlen, werden dieselben auch vielfach durch hölzerne Stößer (sogenanntes Mostern) zerquetscht, des unsauberen Tretens nicht zu gedenken, wie es selbst in einigen Gegenden des südlichen Frankreich noch geübt wird, indem man zur Entschuldigung vor=bringt, daß durch das Treten die Traubenkerne nicht zerdrückt werden, die mit ihren bitteren und öligen Bestandteilen den Geschmack des Weines verschlechtern würden.

Der ſo erhaltene Traubenmaiſch wird nun bei weißen Weinen alsbald gekeltert, bei Rotweinen aber wird er als ſolcher (mit Schalen und Kernen) in Gärung gebracht. Bei manchen Trauben, die ſchleimigen Moſt geben (z. B. dem Sylvaner), pflegt man den Maiſch oder die „gemoſtelten“ Trauben einige Tage an einem kühlen Ort und wohlbedeckt ſtehen zu laſſen, ehe man ſie preßt. Vor dem Preſſen wird ein Teil des Saftes durch eine Seih= vorrichtung abgeſchöpft, dann bringt man den dicken Maiſch in möglichſt gleichförmigen Lagen in die Preſſe und ſtampft ihn feſt ein, oder bringt ihn in Säcke von Bindfaden, deren jeder zwiſchen geflochtenen Weidenhorden liegt. Die Preßvorrichtungen ſind ſehr verſchieden und an manchen Orten noch ziemlich roh (Steinpreſſen oder Baumpreſſen). Empfehlenswert iſt die Rawaldſche Weinpreſſe (ſ. Fig. 134), die ſich durch ihre ſchnelle und gute Wirkung auszeichnet.

Fig. 131. Rappen der Trauben.

Einmaliges Preſſen reicht nicht aus, um den Moſt vollſtändig zu gewinnen, der Rück= ſtand (der „Stock“) wird deshalb gut zerkleinert und wiederholt unter die Preſſe gebracht. Doch iſt der zuerſt freiwillig abfließende Moſt (Läutermoſt) der beſte, der zuletzt abfließende Moſt (Preßmoſt) enthält am meiſten Säure. Die dann zurückbleibenden „Treſter“ aber ſind bei weitem noch nicht erſchöpft davon und werden — da dieſe Säure nur des Zucker= zuſatzes bedarf, um damit Moſt zu einem noch leidlichen Wein zu bilden — zur Herſtellung der Treſterweine benutzt.

Die neueren Preſſen laſſen ſich in drei Hauptgruppen bringen, nämlich die den alten nachgebildeten, aber verbeſſerten Spindelpreſſen, die Kniehebelpreſſen und die hydrauliſchen Preſſen. Letztere liefern hinſichtlich der Stärke des Druckes das günſtigſte

Resultat, sind aber in der Anlage etwas teuer. Eine der einfachsten und dabei leistungs=
fähigsten neueren Pressen ist die sogenannte Rheingauer Presse; sie besteht aus einer eisernen
Schraubenspindel, welche senkrecht in einem hölzernen Bottich befestigt ist, und einem Maisch=
korb, welcher 4—30 hl fassen kann. Der Druck wird mittels der Schraube auf eine Druck=
platte ausgeübt und auf Unterlagshölzer, welche auf den der Maische aufliegenden Deck=
brettern ruhen. Eine noch etwas vollkommenere Presse, welche besonders in Frankreich ver=
breitet ist, zeigt uns Fig. 135. Es ist dies die Mabillepresse. Dieselbe besteht eben=
falls aus einer eisernen Schraubenspindel, welche entweder in eine gußeiserne Schüssel oder
in einen hölzernen Bottich eingelassen sein kann. Auf der Spindel bewegt sich eine die
Schraubenmutter umfassende runde eiserne Scheibe, in deren Rande sich Löcher befinden.

Fig. 132. Austreten der Weinbeeren.

Mit der unter der Scheibe befestigten Druckplatte ist ein starker eiserner Arm verbunden,
an welchem mit Nieten zwei bewegliche, ungleich lange Hebelarme befestigt sind, die an ihren
Enden eiserne Einfallzapfen haben, welche in die Löcher der Scheibe eingreifen. Dieses System
gewährt den Vorteil, daß sowohl beim Vorwärts= als auch beim Rückwärtsbewegen des
Preßhebels, je nachdem die Einfallzapfen gesteckt sind, die Schraubenmutter mit der
Druckplatte auf= oder abwärts gedreht werden kann, ohne daß hierbei eine Ruhepause eintritt.

Es sind neuerdings Versuche gemacht worden, anstatt der Pressen Zentrifugalmaschinen
anzuwenden und so den Saft aus dem Traubenmaisch auszuschleudern; dabei wurde nicht
allein mehr Most als bei gewöhnlicher guter Pressung erhalten (die Trauben geben bei einer
derartigen Pressung 66⅔ Prozent Most, durch die Zentrifuge wurden bis zu 76 Prozent

gewonnen), sondern der daraus erzielte Wein klärte sich auch rascher als der aus Preßmost.
Bei allen diesen Operationen sowie bei der späteren Gärung muß die Aufrechterhaltung
der Reinlichkeit mit der größten Strenge gehandhabt werden. Das herrlichste Material kann
durch kleine Sünden gegen dieses oberste Gebot entwertet werden.

Die in den Rückständen befindlichen Kerne enthalten 10—20 Prozent Öl. In Italien
hat man schon längst das Traubenkernöl gewonnen, neuerdings ist dies auch in der Schweiz,
in Frankreich und in einigen Ge=
genden Deutschlands geschehen. Um
dasselbe abzuscheiden, müssen die
Kerne von den Trestern abgesondert
werden. Sobald sie trocken sind,
werden sie feingemahlen, mit
Wasser erwärmt und unter die
Ölpresse gebracht. Will man auch
auf die Gewinnung der in den
Kernen steckenden Gerbsäure Rück=
sicht nehmen, so schlägt man auch
den Weg ein, daß man das Kern=
mehl mit Schwefelkohlenstoff oder
Benzin (beides flüchtige Körper, die
das Öl ungemein leicht lösen) wie=

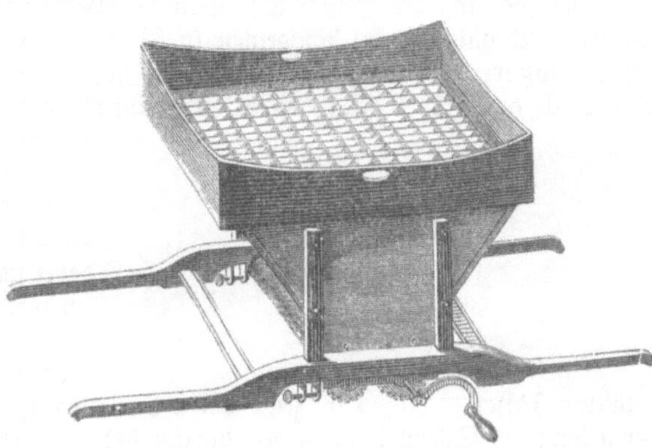

Fig. 133. Traubenraspel.

derholt auszieht und durch Abdestillieren des Lösungsmittels das Öl davon trennt. Aus dem
von seinem Ölgehalt befreiten Mehle kann man die rückständige Gerbsäure leicht durch Wasser
ausziehen. Das Traubenkernöl ist goldgelb bis grünlichgelb, etwas dickflüssig, von mildem
Geschmack und schwachem, eigentümlichem Geruch; an der Luft trocknet es rasch aus und
könnte zu Ölfarben verwendet werden. Aber kehren wir in das Kelterhaus zurück.

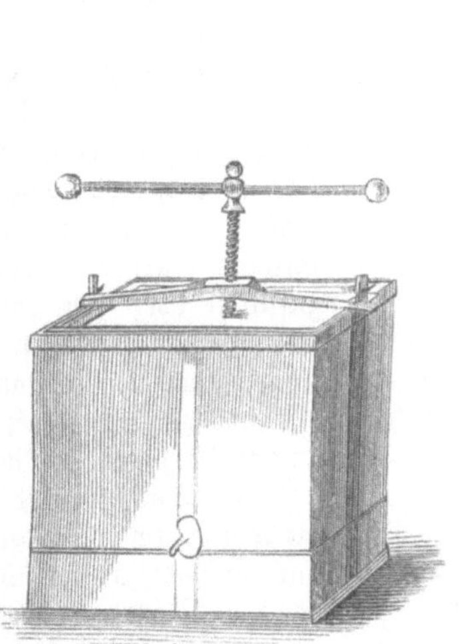
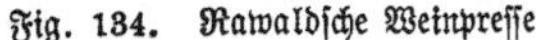

Fig. 134. Rawaldsche Weinpresse.

Fig. 135. Mabillepresse.

Hier finden wir den sehr trüben Most, in welchem eine große Menge der kleineren
Säurezellen herumschwimmt. Läßt man ihn längere Zeit lagern, ohne daß er in Gärung
kommt, so klärt er sich vollständig und man kann ihn über dem Bodensatz abzapfen. Dies,
obschon nicht unbedingt nötig, geschieht in einigen Gegenden. Sich selbst überlassen, würde
er sogleich in Gärung geraten und dadurch die Klärung unmöglich gemacht werden; es ist
also der Eintritt der Gärung hinauszuschieben. Diesen Zweck erreicht man, wenn man den
Most in kühl lagernde Fässer bringt, in denen etwas Schwefel verbrannt worden ist. Die
durch das sogenannte Schwefeln im Fasse erzeugte schweflige Säure löst sich in dem Most

auf und macht ihn stumm, d. h. verhindert die Gärung. Sobald die schweflige Säure sich
aber verflüchtigt hat, tritt die Gärung wieder ein, und man muß dann den Most (wenn er
noch nicht hinreichend klar sein sollte) nochmals in ein andres eingeschweseltes Faß abzapfen.
Durch dies sehr zweckmäßige Verfahren, welches indes nicht überall in Anwendung ist,
werden die Weine rascher klar und bleiben süß, da ein Teil des Zuckers der Gärung entzogen
wird. Wie die schweflige Säure, so wirkt auch die Salicylsäure die Gärung verhindernd.

Die Gärung des Mostes läßt man bei Weißweinen meistens in Fässern (auch wohl in
steinernen Behältern), bei Rotweinen in Bottichen vor sich gehen, wobei man dafür sorgt,
daß die äußere Luft keinen offenen Zutritt hat. Ein Säckchen mit Sand, auf das offene
Spundloch der Fässer gelegt, bildet einen hinreichend dichten Verschluß. Um den Fortgang

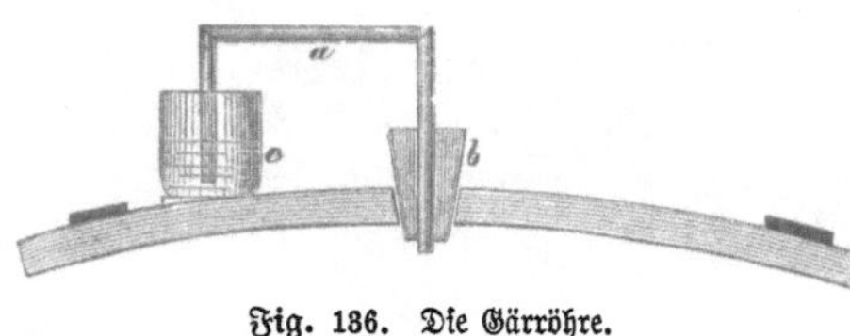

Fig. 186. Die Gärröhre.

der Gärung zu beobachten, bedient man sich
einer Vorrichtung, der sogenannten Gärröhre,
welche die entwickelte Kohlensäure nötigt, in
Blasen durch eine Wasserschicht zu steigen; das
dabei stattfindende Glucken macht den Verlauf
der Gärung hörbar. Man setzt die Gärröhre
aber erst dann, wenn der erste Sturm vor=
über ist, in das Spundloch des nicht ganz an=
gefüllten Fasses. Fig. 136 zeigt bei a die etwa $1{,}5$ cm weite Gärröhre aus Weißblech,
deren längerer Schenkel fest in den durchbohrten Spund b eingepaßt ist; der kürzere Schenkel
taucht in das mit Wasser gefüllte Gefäß c ein wenig ein. Das Sperrwasser muß zuweilen
durch frisches ersetzt werden. Anstatt dieser Gärröhre kann man sich zweckmäßig auch eines
Gärspundes bedienen, wie er z. B. Fig. 137 abgebildet ist. Derselbe wird bei Weißwein
in das Spundloch der Fässer, bei Rotwein in eine Öffnung des Bottichdeckels eingesetzt.
Der Spund besteht aus dem trichterförmigen Gefäße b, dessen Röhre c nach oben verlängert
ist. Dieser Teil, möglichst dicht im Spundloch a befestigt, wird zur Hälfte mit Wasser ge=
füllt; über die Röhren c stülpt man dann das becherförmige Gefäß d, welches, soweit es
sich unter dem Wasser befindet, mehrere Einschnitte zum Entweichen der Kohlensäure besitzt,

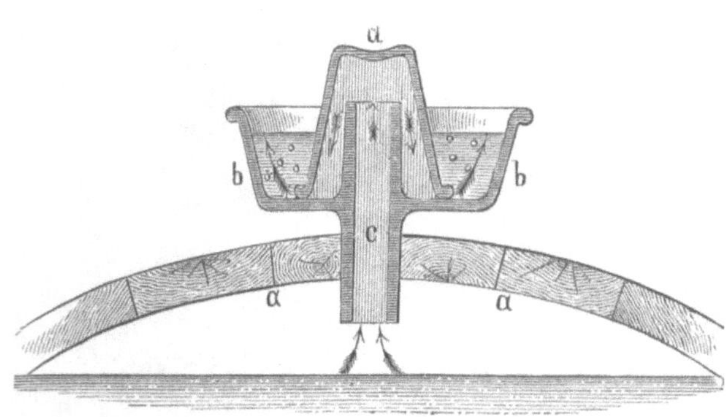

Fig. 137. Gärspund.

die in der durch die Pfeile an=
gedeuteten Richtung durch das
Sperrwasser entweicht. Die
Einrichtung bietet den Vorteil,
daß es nicht notwendig ist, die
Fässer nach der ersten stür=
mischen Gärung wieder voll=
zufüllen oder den Jungwein
von den Gärgefäßen abzu=
ziehen, weil dieser durch den
fest in das Spundloch einge=
setzten Gärspund vor dem Zu=
tritt der Luft geschützt ist und
in dem Raume über dem Wein
nur Kohlensäure sich befindet.

In den Weingegenden pflegt man den in Gärung geratenen Most, sobald er ziemlich
reich an Kohlensäure geworden ist, leidenschaftlich als sogenannten „Federweißen" zu
trinken, und sein mit gerösteten Kastanien gewürzter Genuß bildet dann einen wesentlichen
Teil des Volkslebens.

Die Entwickelungsstufen, welche der Wein im Keller nun durchzumachen hat, bieten
uns im allgemeinen weniger Interesse. Man überläßt den Gärungsprozeß, welcher teils
durch die in der Luft vorhandenen Hefensporen, teils durch die an den Wandungen der alten
Fässer haften gebliebene Hefe eingeleitet wird, und der in neuen Fässern deswegen auch
später eintritt, eben sich selbst, und man kann nur durch die Regelung der Temperatur die
dem Verlaufe günstigsten Bedingungen hervorrufen helfen; denn es ist ein für alle gegorenen
Getränke feststehender Erfahrungssatz, daß die Qualität derselben um so feiner wird, je
langsamer die Gärung fortschreitet, und der richtige Wärmegrad des Gärungslokals hat

deshalb einen mächtigen Einfluß auf die Güte des darin lagernden Moſtes. Die Temperatur
ſollte im Gärraum nicht über 12,5° C. hinausgehen. Vermag man das Lokal auf dieſem
Stande zu erhalten, ſo verläuft die Gärung ſtetig und ſo langſam, daß der junge Wein bis
zum nächſten Sommer noch reichliche Zuckermengen zurückhält und deswegen ſehr ſüß ſchmeckt.
Wenn nun die ſteigende Luftwärme ſich auch dem Keller mitteilt, ſo gerät der Wein in eine
wiederholte Gärung. Das iſt der Grund jenes von den Weinbauern behaupteten wunder=
baren Einfluſſes, den die Traubenblütezeit auf den Wein im Keller ausüben ſoll.

Will man einen raſch trinkbar werdenden Wein erzielen, der dem Handel alsbald über=
geben werden ſoll, ſo läßt man die Gärung in geheizten Räumen verlaufen, in welchem
Falle ſchon nach wenigen Tagen das Ende derſelben (erkennbar an dem Aufhören der Gas=
entwickelung) eintritt. Der alſo forcierte Wein iſt aber nicht haltbar, und da er alle die
Beſtandteile, welche bei einer gründlichen Umbildung in wertvolle Produkte ſich verwandeln,
in rohem Zuſtande enthält, auch von viel geringerer Güte. In Kellern, in denen viel Moſt
gärt, muß für Entfernung der Kohlenſäure geſorgt werden, weil dieſes Gas, der Luft in
erheblicher Menge beigemiſcht und geatmet, Schwindel, ja ſogar Tod durch Erſticken ver=
urſachen kann. In ſolcher Luft kann auch kein Licht mehr brennen, und deshalb iſt das
Voraustragen einer brennenden Kerze das einfachſte Mittel, um ſich von der Unſchädlichkeit
der Kellerluft zu überzeugen. Da die Kohlenſäure ſchwerer iſt als die atmoſphäriſche Luft,
ſo erfüllt ſie namentlich die tieferen Stellen des Kellers. Macht man alſo an dieſen Stetten
einige Abflußöffnungen für die Kohlenſäure, ſo iſt aller Gefahr vorgebeugt.

In Lothringen und einigen Gegenden Frankreichs iſt eine eigentümliche Behandlung
des Moſtes vor der Gärung eingeführt; der Moſt wird nämlich in offenen Bottichen mit
Schaufeln 48 Stunden lang tüchtig durchgearbeitet, und zwar ohne Unterbrechung, ſo daß
die Arbeiter ſich ablöſen müſſen; neuerdings hat man hierzu vielfach mechaniſche Apparate
eingeführt. Durch dieſes Lüften des Moſtes erzielt man, daß die Gärung weit ſchneller
verläuft, der Wein ſich leichter klärt und ſich nicht ſo leicht trübt, da er keiner Nachgärung
mehr unterworfen iſt. Man nennt ſolchen Wein Schaufelwein (vin de pelle).

Hat ſich der Wein geklärt, ſo zapft man ihn auf ein andres, gut geſchwefeltes Faß ab.
Am Boden des Gärgefäßes liegt die Hefe mit dem in Kriſtallen ausgeſchiedenen Weinſtein;
dieſer Rückſtand, „Druſen“ genannt, wird deſtilliert, um den „Druſenbranntwein“ und das
früher erwähnte Kognaköl zu gewinnen. Aus der Schlempe ſetzt ſich dann der Weinſtein
ab, teils an den eingehängten Schnüren, teils an den Wänden und an dem Boden des Faſſes,
von wo er abgeklopft wird. Er iſt ein geſuchter Handelsartikel.

Um Rotwein zu machen, muß man natürlich daraufhin arbeiten, den Farbſtoff aus
den Schalen und die Gerbſäure aus den Kernen zu ziehen, und deshalb wird der Trauben=
maiſch nicht ſofort gekeltert, ſondern man läßt ihn erſt vergären. Verläuft die Gärung in
offenen Bottichen, ſo werden die feſten Teile durch den Kohlenſäureſtrom alsbald an die
Oberfläche getrieben, wo ſie eine mehr oder weniger feſte Decke bilden. Schalen und Kerne
ſind damit außer Berührung mit dem Safte getreten, und um dieſe wieder herzuſtellen, muß
die Decke öfters niedergedrückt und der Maiſch gehörig umgerührt werden.

In Deutſchland benutzt man jetzt anſtatt der offenen Bottiche und des umſtändlichen
Umrührens aufrecht ſtehende Fäſſer mit einem durchlöcherten Boden c, der das Emporſteigen
der Treſter hemmt (ſ. Fig. 138). Vor dem Ablaßhahn a iſt ebenfalls ein Siebboden b
angebracht, der das Abfließen des treſterreifen Weines geſtattet; auf dem oberen Faßboden
iſt ein Gärrohr e eingeſetzt. Eine andre derartige, von dal Piaz empfohlene Vorrichtung
iſt in Fig. 139 abgebildet. A iſt ein Holzbottich, deſſen oberer Rand ſchief abgeſchrägt iſt,
ſo daß der ebenfalls ſchräge Rand des Deckels a darauf paßt, infolgedeſſen, unterſtützt durch
ein Kautſchukband und die in den Bügel d eingefügte Schraube f, der Deckel luftdicht auf den
Bottich gepreßt werden kann; e und e ſind zwei gegenüberſtehend in dem Bottich befeſtigte
Haken, in welchen die umgebogenen Enden des eiſernen Bügels d eingehängt werden; g iſt
der Gärſpund. Der bewegliche hölzerne Siebboden b dient dazu, die Hülſen während der
Gärung unter der Oberfläche der Flüſſigkeit zu halten; er beſteht aus vielfach durchbohrten
Brettern. Die vier Spreizen c ſollen verhindern, daß der Siebboden von den in die Höhe
getriebenen Treſtern gehoben werden kann oder umſchlage. C iſt die von dem Siebboden
niedergehaltene Maiſche, B der darüber befindliche Moſt, i der Ablaßhahn, vor Verſtopfung

innen durch ein Sieb geschützt. Durch diese Vorrichtung wird also die Hautbildung ver=
hindert und der Farbstoff besser und schneller ausgezogen.   Mit Beendigung der Gärung
ist aber noch nicht die genügende Menge Farbstoff gelöst, der Wein ist noch nicht hinreichend
dunkelrot (nicht „gedeckt" genug). Deshalb werden die Trester noch längere Zeit, und zwar
so lange in Berührung mit dem Wein gelassen, bis derselbe die
gewünschte Farbennüance erhalten hat. Dann zapft man
die Flüssigkeit ab, die Fässer werden aber dabei nicht ge=
schwefelt (weil die schweflige Säure, wenn auch nur vorüber=
gehend, der Farbe Eintrag thut), sondern man hilft sich, in=
dem man eine oder einige Muskatnüsse darin verbrennt.

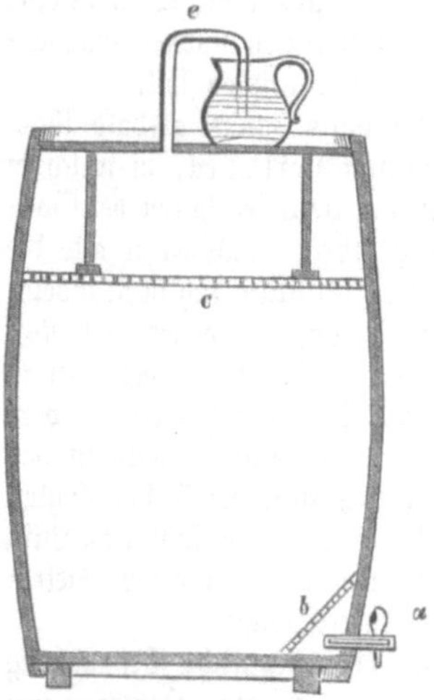

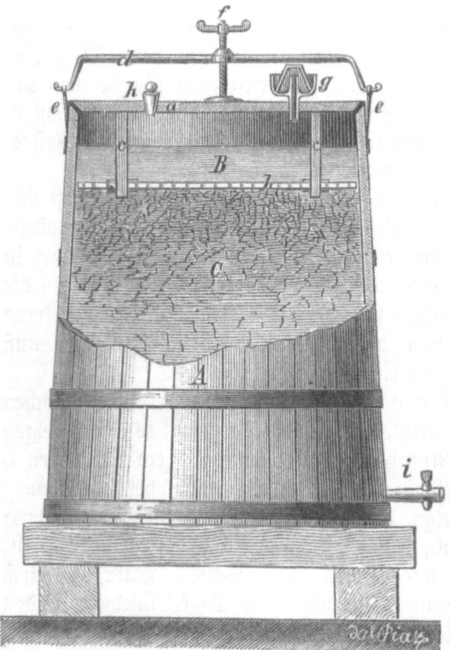

Fig. 138. Gärfaß mit doppeltem Boden.

Die künstliche Weinvermehrung. Ehe wir die wei=
tere Behandlung der Weines, die Kellerwirtschaft besprechen,
müssen wir die Aufbesserung der Moste schlechter Jahrgänge
ins Auge fassen und jene Verfahren einer kurzen Betrachtung
unterwerfen, welche es ermöglichen, aus mangelhaft geratenen
Naturerzeugnissen, die früher nur als Viehfutter zu ver=
werten waren, doch noch trinkbare Weine herzustellen und
schlechte Sorten sogar in leidlich gute zu verwandeln. Dies
war das Verdienst des verstorbenen Dr. Ludwig Gall
in Trier, der den Weinbauern auf Grund wissenschaftlicher
Untersuchung genau den Weg zeigte, den sie einschlagen
mußten, um aus schlechten Trauben einen den guten Sorten
möglichst nahe kommenden Wein zu erzeugen.

Die Geschichte der Weinbereitung lehrt uns, daß zu allen Zeiten an den Weinen ver=
bessert wurde; nur war die Verbesserung eine sehr einseitige, weil sie sich lediglich auf die=
jenigen naturwüchsigen Weine erstreckte, welche zu schwach waren und denen man mehr geistigen
Gehalt beibringen wollte. Solchen Weinen
wurde im Moste schon Zucker zugesetzt, und
zwar in der Form von getrockneten Trauben
(Rosinen) oder von eingekochtem Moste. Das
war eine alte Sitte, welcher die sogenannten
Ausbruchweine der Ungarn (Tokayer und
Ruster) entstammen. Chaptal, der franzö=
sische Chemiker, hatte denselben Zweck im Auge,
als er den Zusatz von Zucker zur Aufbesserung
schwacher Moste empfahl, eine Praxis, die unter
dem Namen „Chaptalisieren" eine große
Ausdehnung gewonnen hat. Daneben hat man
an vielen Orten auch zur Milderung zu saurer
Moste längst schon Kreide, Pottasche u. s. w.
angewandt.

Gall zeigte, daß — wenn wir die Weine
guter Jahrgänge, z. B. 1834er, 1857er u. s. w.,
als Muster nehmen — die Weine der gewöhn=
lichen Jahrgänge zu viel Säure und zu wenig
Alkohol besitzen. Um dies Mißverhältnis aus=
zugleichen, gibt es zweierlei Wege, entweder
den Überschuß zu beseitigen oder das Fehlende
beizubringen. Hatte man früher besonders den
ersteren beschritten, so schlug Gall den letzteren
ein, indem er den unverhältnismäßig großen

Fig. 139. Gärkufe von dal Piaz.

Säuregehalt durch Zusatz von Wasser auf ein angemessen größeres Flüssigkeitsquantum
verteilte. In diesem Gemisch war aber natürlich der prozentische Alkoholgehalt noch weiter
vermindert und deshalb wurde zur Herstellung eines normalen Alkoholgehalts die erforder=
liche Menge Zucker hinzugebracht. Die Prozedur kann ebenso gut mit dem Moste als mit

dem fertigen Wein vorgenommen werden, da letzterer nach dem Zuckerzusatz wieder von selbst in Gärung gerät. Das ist das Wesentliche des Gallisierens, eines Verfahrens, durch welches die Menge der Weinproduktion wesentlich erhöht wird. Gegen dieses Verfahren läßt sich vom volkswirtschaftlichen Standpunkte nichts einwenden, ebenso vom hygieinischen, sobald nur bester Zucker hierzu verwendet wird, was aber gewöhnlich nicht geschieht; man benutzt vielmehr gewöhnlichen, oft über 25 Prozent unvergärbare Stoffe enthaltenden Kartoffelzucker, von dem es durch Versuche, die Neßler und Bauer an sich selbst angestellt haben, erwiesen ist, daß er bei der Gärung eine Flüssigkeit liefert, die heftige Kopfschmerzen erzeugt. Daher ist es ganz in der Ordnung, daß gallisierter Wein nur als solcher verkauft werden darf, daß also der Verkäufer dem Käufer gegenüber das Gallisieren seiner Ware nicht zu verschweigen hat, und zwar auch bei Verwendung von reinem Zucker.

Petiot, ein Weinproduzent in Burgund, hat nach einem andern Prinzip eine Methode der Weinvermehrung angegeben, welche in Frankreich vielfach geübt wird.

In Burgund pflegen die Weinbauern die Treber dem Gesinde zu überlassen, welches sich durch Aufgießen von Wasser und durch die freiwillig erfolgende Gärung daraus noch ein Getränk bereitet. Man war darauf gekommen, den Trebern etwas Zucker zuzusetzen, und hatte damit so günstige Erfolge erreicht, daß in schlechten Jahrgängen dieser Gesindewein besser gewesen sein soll als der Wein der Herrschaft, welche in ihrem Weine die ganze unverhältnismäßig große Säureproduktion des Jahrgangs mitgenießen mußte, während die Treber davon nur noch geringe Mengen enthalten. Der eigentümliche Wohlgeschmack aber, das Arom des Weines, hat seine Ursache in gewissen Stoffen, welche im Saft der Trauben, im Moste, in geringer Menge vorkommen, durch die Gärung aber sich mit zersetzen und jene aromatischen Produkte geben. In den bei der Pressung zurückbleibenden Trestern sind diese Substanzen noch in ziemlich großer Menge enthalten, so daß sie bei Zusatz von den übrigen Weinbestandteilen, Weinsäure, Alkohol, Zucker, Gerbstoff und Proteinsubstanzen, diesem Gemenge den Weincharakter im Verlaufe der Zeit durch ihre Zersetzung erteilen. Auf diese Thatsache gründete Petiot sein Verfahren der Weinvermehrung, das Petiotisieren, indem er jene Weintrester mit den genannten Zusätzen, welche an sich mit dem Weine nichts zu thun haben, vergären läßt. Auch die Weinhefe wird zu demselben Behufe benutzt, wie ein von Markl angegebenes Verfahren lehrt.

Auch von diesem Verfahren gilt dasselbe, was vom Gallisieren gesagt wurde; es ist ja möglich, daß ein auf die eine oder die andre Weise verlängerter Wein dieselbe Menge von Alkohol, Zucker und Säure enthält, wie ein Normalwein, und daß er sogar unter Umständen besser schmecken kann als ein Wein, der dieser Behandlung nicht unterworfen wurde; allein Betrug bleibt es immer, wenn solcher gallisierter oder petiotisierter Wein als reiner Naturwein verkauft wird. Der Käufer kann verlangen, daß, wenn er reinen Naturwein fordert, er auch solchen erhält. Wer nach obigen Methoden Wein fabriziert, mag ihn als solchen verkaufen, die Flasche muß die Etikette „gallisierter Wein" oder „Tresterwein" tragen, ebenso gut, wie Kunstbutter, kann auch Wein verkauft werden, der niemals eine Traube gesehen hat, die Flaschen müssen aber die Bezeichnung „Kunstwein" tragen. Solchen Wein wird aber niemand kaufen wollen!

Die Franzosen haben den Wert der Weinvermehrung sehr wohl verstanden; sie kaufen uns heute noch einen Teil unsrer sauren Weine ab, um sie uns demnächst gallisiert und mit Tresterwein vermischt als Bordeaux, Chablis u. s. w. für den fünf- bis sechsfachen Preis wieder zuzuführen, während sie so zugerichtete Weine im eignen Lande nicht verkaufen dürfen. Denn obwohl Frankreich zu den am meisten produzierenden Weinländern gehört, ist doch bei weitem der geringste Teil der in unsern Handel kommenden französischen Weine reines Naturgewächs. Zwar ist der Wein sehr häufig ein Fabrikat, dessen Darstellung man der Natur nicht allein überlassen kann, und gerade die feinsten und teuersten Sorten aller Länder erhalten die sorgfältigste Behandlung, welche Zusätze, sogenannte Verschneidungen mit andern Weinen u. s. w., im Gefolge hat. Man arbeitet in Frankreich förmlich den Wein, wie der landesübliche Ausdruck (travailler le vin) lautet, d. h. man vermischt billige Sorten, namentlich solche aus dem südlichen Frankreich, Depart. Hérault, Pyrénées-orientales, Aude, Gard u. s. w., mit den in Bordeaux, Burgund, Beaujolais und Macon gezogenen Weinen, um die letzteren billiger herzustellen; aber die so gemischten

Weine sind doch immer noch Wein, während dies von den gallisierten Weinen und den Tresterweinen im vollen Umfange nicht mehr gesagt werden kann, selbst wenn man besten Zucker verwendet hat, denn durch die unumgängliche Zuführung von Wasser, oft der drei- bis vierfachen Menge, tritt eine Verminderung solcher wesentlicher Weinbestandteile ein, die nicht wieder zugesetzt werden können.

Außer Alkohol sind alle andern Zusätze in Frankreich verboten, sie mögen nun der Gesundheit nachteilige oder unschädliche sein, und es stehen auf Weinfälschungen Strafen bis zu 1000 Frank und Gefängnis bis zu vier Tagen, abgesehen davon, daß der gefälschte Wein in die Straße geschüttet oder, wenn er der Gesundheit nicht schädlich ist, in die Spitäler verteilt wird. Es gilt schon ein zu reichlicher Wasserzusatz als eine Verfälschung, und in Paris kommen Verurteilungen derselben alle Wochen vor. Aber auch bei uns in Deutschland bietet die Reichsgesetzgebung Mittel genug, um gegen die Weinverlängerer vorgehen zu können. Viele sehr teure und gute Weine, namentlich solche, welche für eine Versendung nach entlegenen Gegenden bestimmt sind, werden, sowohl um ihre Dauerhaftigkeit zu erhöhen als auch um dem besonderen Geschmack mancher Konsumenten gerecht zu werden, vielfach mit Alkohol vermischt. Bei andern erfolgt wieder der Spritzusatz aus dem schon ange

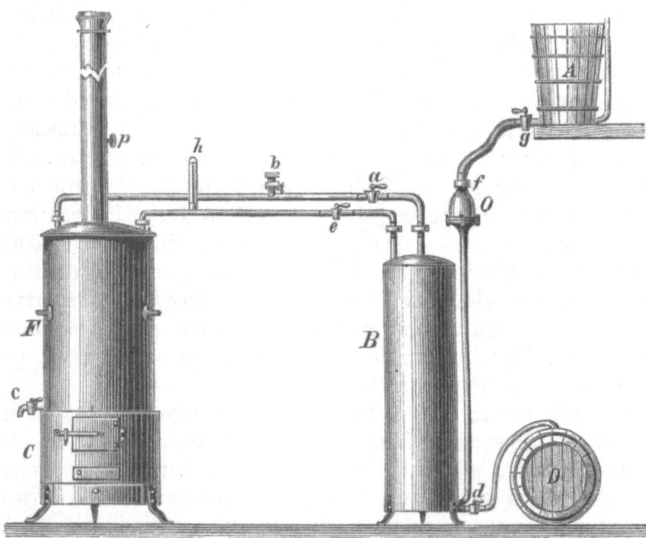

Fig. 140. Pasteurisierapparat.

gebenen Grunde der Weinvermehrung. In den meisten Fällen der ersteren Art namentlich geschah er bisher erst nach der Vergärung. Neuerdings hat man jedoch angefangen, schon dem Moste Alkohol zuzusetzen, und Versuche, die man gemacht hat, um zu entscheiden, ob es ratsamer sei, behufs der Alkoholvermehrung im Weine Zucker zuzufügen und mit vergären zu lassen oder gleich fertigen Alkohol in den Most zu bringen, scheinen dem letzteren Verfahren das Wort reden zu wollen, da bei demselben keine Säurevermehrung eintritt wie bei ersterem.

Um den Wein, namentlich für den Export, haltbarer zu machen und seine Reife zu fördern, hat man an manchen Orten das sogenannte Pasteurisieren (nach dem französischen Chemiker Pasteur benannt) eingeführt. Es besteht dieses Verfahren darin, daß man den Wein in verschlossenen Gefäßen kurze Zeit auf 50—60° C. erhitzt, wodurch die im Weine noch vorhandenen Pilzsporen ihre Lebensfähigkeit verlieren, daher keine Veranlassung zu Erkrankungen des Weines mehr geben können. Es gibt verschiedene Apparate zur Ausführung dieser Operation; einer der besten soll der von Terrel des Chênes sein; ein ebenfalls sehr empfehlenswerter und leicht transportierbarer ist der in Fig. 140 abgebildete. Der zu erwärmende Wein gelangt aus der Kufe A durch das Rohr g f in den Vorwärmer B, welcher, sowie auch der Erwärmungsapparat selbst, nach Art der Zargenkühler konstruiert ist. F ist das Heizhaus, in welchem sich das Erwärmungsgefäß befindet, C ist die Heizung, h ein Thermometer, welches die Temperatur des erwärmten aus dem Erwärmungsgefäße in den Vorwärmer und Kühler B fließenden Weines angibt. Der Ab- und Zufluß des Weines kann mittels der Hähne a d e und g reguliert werden; der abgekühlte Wein fließt durch den Hahn d in die Vorlage D. Dieser Apparat wird in drei verschiedenen Größen mit einer Leistungsfähigkeit von 5600—10000 l pro Tag geliefert. Ein andrer Apparat zum Pasteurisieren des Weines ist der von Houdart (s. Fig. 141); er ist dem vorigen ähnlich, nur etwas komplizierter; seine Einrichtung wird durch die Angaben unter dem Bilde erklärlich.

Man hat auch vorgeschlagen, den Wein zu elektrisieren, d. h. einen konstanten elektrischen Strom hindurchzuleiten, um ihn haltbar zu machen.

Das in Frankreich vielfach übliche Gipsen des Weines, d. h. der Zusatz einer kleinen Menge gebrannten Gipses, hat den Zweck, den Wein schneller klar und haltbarer zu machen. Da hierbei eine chemische Umsetzung des Gipses mit dem Weinstein stattfindet, derzufolge dann in dem Wein eine entsprechende Menge Kaliumsulfat (schwefelsaures Kali) anstatt weinsauren Kalis vorhanden ist, welches erstere Salz mancher Magen nicht verträgt, sind diese gegipsten Weine (vins plâtrés) bei vielen Weintrinkern sehr in Mißkredit geraten. In Frankreich ist ein mäßiges Gipsen gestattet; im Liter Wein dürfen jedoch nicht über 2 g schwefelsaures Kali enthalten sein.

Das sogenannte Scheelisieren des Weines oder der Zusatz von Glycerin ist zwar innerhalb gewisser Grenzen nicht schädlich, bleibt aber doch eine nicht zu verteidigende Unsitte.

Kellerwirtschaft. Die Entwickelung des Weines im Keller hängt vorzugsweise von der Temperatur des Kellers ab; dieselbe muß möglichst gleichmäßig sein und darf namentlich nicht unter gewisse Wärmegrade hinabsinken. Der Wein wird allmählich ruhig, es entweicht keine Kohlensäure mehr und man kann den Spund fest aufsetzen, nachdem das Faß bis zum Überfließen angefüllt war. Trotz dieser scheinbaren Ruhe aber ist der Wein noch in einer beständigen inneren Umsetzung seiner Bestandteile begriffen, infolge deren er eine Zeitlang an Güte gewinnt, späterhin aber wieder zurückgeht. Der Weinproduzent muß es verstehen, diesen Gipfelpunkt genau zu erkennen und den Wein während seiner besten Zeit zum Verkauf zu bringen.

Die Überwachung und Pflege des Weines erheischt viel Sorgfalt; es gilt, ihn vor Schaden zu bewahren und etwaige Unfälle (Weinkrankheiten) zu beseitigen. Zunächst hat man also die Fässer mindestens alle 14 Tage aufzufüllen, d. h. das durch die porösen Wandungen des Fasses verdunstete Quantum zu ersetzen. Je größer die Lagerfässer sind, um so geringer ist der Verlust der Verdunstung durch die Faßwände, weil bei zunehmender Größe der Inhalt in weit größerem Verhältnis wächst

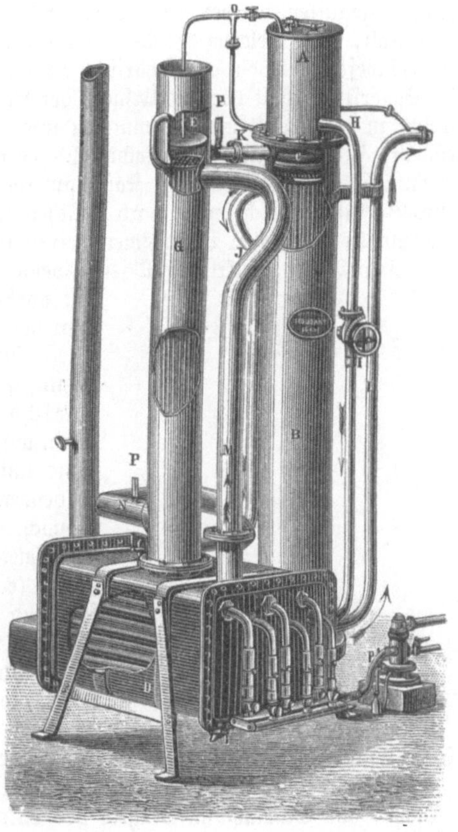

Fig. 141. Houdarts Apparat zum Pasteurisieren des Weines.
A Reservoir mit konstant erhaltenem Niveau, zur Aufnahme des Weines. B Kühlapparat. C Chauffe-vin. D Kessel. E Wasserreservoir hierzu. F Automatischer Temperaturregulator. G Sensibilateur desselben. H Zufuhrrohr zum Kühlapparat. I Graduierter Hahn zur Regelung des Weinabflusses. J Verbindungsrohr des Kühlapparates mit dem Chauffe-vin. K desgleichen. L Abflußrohr des Weines aus dem Apparat. M Wasserzuflußrohr aus dem Kessel zum Chauffe-vin. N Wasserabflußrohr. O Ableitungsrohr der sich entwickelnden Dämpfe während der Erhitzung. P Thermometer.

als die Oberfläche. Es war wohl weniger die Rücksicht auf diesen nicht ganz unwichtigen Umstand, als vielmehr die Vorliebe für das Ausschreitende, welche in früheren Zeiten wahre Riesenfässer erbauen und auf, in und vor denselben oft die wüstesten Gelage feiern ließ. Das berühmte und in Abbildungen unsern Lesern wohl zur Genüge bekannte Faß zu Heidelberg, in welchem begraben zu werden der Wunsch manches derben Zechbruders schon gewesen ist, faßt 23600 Flaschen Wein und ist im Jahre 1711 neu hergerichtet worden. Im Keller zu Tübingen liegt ein andres, welches 8 m lang ist, und die Rose mit den zwölf Aposteln im Ratskeller zu Bremen mit ihrem jahrhundertealten Inhalt dürfen in der Erwähnung derartiger Kuriosa nicht vergessen werden.

Versäumt man das gehörige Nachfüllen des Fasses, so bilden sich auf der Oberfläche des Weines (durch Berührung mit der ins Faß eingedrungenen atmosphärischen Luft) Essig= pilze, der sogenannte „Kahm"; dies sind kleine weiße, fettige Blättchen, die den Wein für die Essiggärung vorbereiten. Beim Auffüllen des Fasses sammeln sie sich schließlich im Spundloch und können von da entfernt werden. Um der Entstehung des Kahms vorzu= beugen, ist Galls Füllflasche (wie sie Fig. 142 in ¹/₅ der natürlichen Größe zeigt) ganz besonders geeignet. Das in dem durchbohrten und seitwärts mit einer Öffnung (durch welche alle Luft aus dem Fasse entweichen kann) versehenen Spund befestigte Glasgefäß wird bis zur größeren Hälfte mit Wein gefüllt und eine etwa 2¹/₂ cm hohe Schicht feinsten Salatöls darüber gegossen, welches den Zutritt der Luft und dadurch auch die Kahmbildung verhindert. Das Faß, von welchem der Wein zum Auffüllen entnommen wurde, wird jedesmal stark eingeschwefelt, um die atmosphärische Luft aus dem leeren Raume zu vertreiben, denn nicht im Sauerstoffgehalt liegt die Ursache der Kahmbildung, sondern vielmehr in den Pilzsporen, welche in jeder Luft umherschwimmen und auf Wein, welcher noch stickstoffhaltige Hefestoffe enthält, sich entwickeln und Nachwuchs hervorrufen. Man erreicht daher den Zweck, den Wein auf dem Fasse vor dem Kahmigwerden zu schützen, auch dadurch, daß man nur Luft zutreten läßt, welche man durch Glühen in einer Eisenröhre oder durch Filtrieren durch Baumwolle von allen Organismen befreit hat.

Der Wein soll kristallhell sein, wenn er kredenzt wird. Ist überall die nötige Sorg= falt vorherrschend gewesen, so wird er, nachdem er ein paarmal von der Hefe abgestochen ist, von selbst klar. Stellt sich aber die Klärung nach längerer Zeit nicht ein, so muß zum Klärmittel gegriffen werden, der Wein wird „geschönt". Das gewöhnliche Klärmittel ist die in Wein aufgequollene Hausenblase (die gereinigte Schwimm= blase einiger Fische); ihre Lösung hat die Eigenschaft, die trübenden Teile zu umhüllen und mit zu Boden zu fällen, wonach man den klaren Wein abzapfen kann. Ein aus= gezeichnetes Mittel zum Schönen ist auch frisch gemolkene Milch (etwa 1 l auf 500—800 l Wein); sie gerinnt so= fort und schlägt die Trübungen mit nieder. Wiederholtes Schönen thut der Qualität des Weines aber gewaltig Ein= trag. Rote Weine kann man gar nicht auf diese Weise klären, weil sie dabei zugleich entfärbt werden; auch das meistens noch gebräuchliche Klären des Rotweines mit

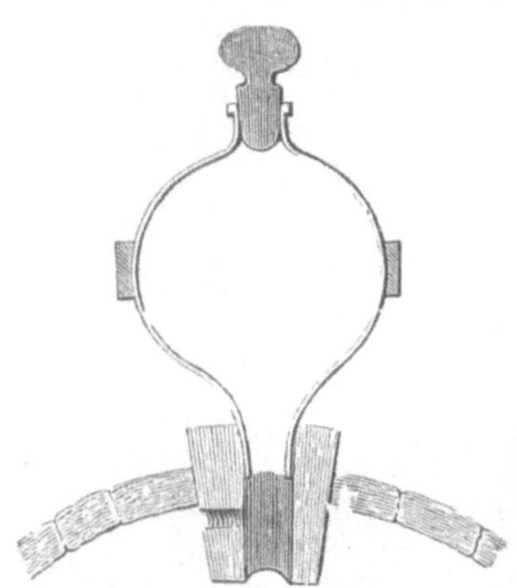

Fig. 142. Galls Füllflasche.

Eiweiß schädigt die Farbe. Deshalb ist hier Filtration vorzuziehen.

Unter den „Krankheiten", die den Wein für den Markt unzugänglich machen, ist der „Stich", ein Stadium, in welchem der Alkohol schon in die Essiggärung übergegangen ist, eine der fatalsten. Es kann ihm aber durch regelmäßiges Auffüllen und insbesondere durch die Gallsche Füllflasche vollständig vorgebeugt werden. Ein andres Leiden, das „Böcksern", ist bald vorübergehend und beeinträchtigt die Qualität des Weines nicht im geringsten. Es besteht nämlich in einem Geruch nach faulen Eiern infolge einer Schwefelwasserstoff= entwickelung aus der Zersetzung schwefelsaurer Salze (schwefelsaures Natron, Gips u. s. w.), welche bei sehr reichlicher Düngung leicht in die Traube übergehen. Es ist eine ähnliche Erscheinung, wie man sie zuweilen bei Mineralwässern, die schwefelsaure Salze enthalten, findet; ein Strohhalm im Kruge oder ein wurmstichiger Kork kann dann auch nach längerem Lagern die Zersetzung des schwefelsauren Salzes und den Geruch nach Schwefelwasserstoff bewirken. Das „Böcksern" tritt dann und wann auch bei den besten Weinen ein, man braucht aber deswegen keine Befürchtungen zu hegen, weil es von selbst auch wieder ver= schwindet. Unter den eigentlichen Weinkrankheiten ist das „Langwerden", welches nur bei gerbsäurearmen Weinen von geringem Alkoholgehalte vorkommt, die interessanteste; der Wein fließt in diesem Zustande wie Öl und in einem gewundenen Strahl vom Zapfen. Das Übel beruht in einer eigentümlichen, durch mikroskopische Pilze veranlaßten Zersetzung des Zuckers und der Eiweißstoffe; scheidet man diese mit Hilfe von Gerbsäure aus, so erhält der Wein wieder seine ursprüngliche Tropfbarkeit; er ist wieder „kurz" geworden.

Bei Rotwein kommt eine Zersetzung der Weinsteinsäure vor, in deren Folge der Farbstoff wegen Mangel an Auflösungsmitteln ausgeschieden wird (das „Brechen der Farben"); durch Zusatz von etwas Weinsteinsäure ist demselben abzuhelfen. Endlich kann ein in dem Faßholz eingetretener Verwesungsprozeß dem darauf lagernden Weine den „Faßgeschmack" ebenso wie ein schlechter Kork den „Stopfengeschmack" mitteilen. Solche Weine sind nur durch Schütteln mit dem feinsten Baum= oder Nußöl wieder genießbar zu machen. Eine andre Weinkrankheit ist das „Braunwerden" des Weißweins; es besteht darin, daß die hellgelbe Farbe desselben nach dem Öffnen der Flaschen in kurzer Zeit in Braun übergeht und der Wein dabei auch trübe wird; man hat diese Erscheinung hauptsächlich bei Weinen, die zu wenig Säure haben und die aus teilweise fauligen Trauben gekeltert wurden, beob= achtet, ebenso bei gallisierten Tresterweinen. Die Ursache der Weinkrankheiten hat man in den wenigsten Fällen mit unbedingter Sicherheit nachzuweisen vermocht. Die Annahme, daß gewisse parasitische Organismen, deren Keime in jedem Moste mit enthalten sind, oder die durch die Luft zugeführt werden, bei ihrer Entwickelung die Veranlassung zu dem unge= sunden Zustande werden, scheint viel Wahrscheinlichkeit zu haben; ob sie aber für alle Fälle ausreichen dürfte, ist dennoch zu bezweifeln.

Fig. 143. Im Flaschenkeller.

Um diese Parasiten im Keime zu zerstören und dadurch dem Weine mehr Dauer= haftigkeit zu geben, ist es vorteilhaft, den Wein dem schon oben beschriebenen Pasteurisieren zu unterwerfen.

Die Bestandteile des fertigen Weines sind zwar bei allen Sorten im wesentlichen dieselben, sie finden sich jedoch in sehr verschiedenen Mengenverhältnissen; nur einige weniger wichtige zeigen eine gewisse Gleichmäßigkeit. Nächst dem Wasser ist der Alkohol der Haupt= bestandteil, dessen Menge gewöhnlich zwischen 5 und 15 Prozent schwankt, bei Madeira, Portwein und ähnlichen Weinen jedoch bis zu 18 Prozent steigt. Die Summe aller bei 100° nicht flüchtigen Bestandteile eines Weines wird der Extraktgehalt genannt; derselbe beläuft sich bei den gewöhnlichen Weinen auf $1{,}5$—3 Prozent, steigt aber bei den süßen Ausbruchweinen bis zu 24 Prozent; in solchen Weinen ist selbstverständlich der Zucker= gehalt sehr groß, während die gewöhnlichen Weine, wie sie z. B. in Deutschland erzeugt werden, nur $0{,}1$—$0{,}4$ Prozent Zucker enthalten. Ferner sind vorhanden Pektinkörper, Pflanzeneiweiß und etwas Glycerin; diesen Stoffen verdanken die daran reichen Weine den vollen Geschmack (Schmalz). Das Glycerin entsteht bei der Gärung des Mostes neben Alkohol und Kohlensäure, nebst etwas Bernsteinsäure, aus dem Zucker (Glykose); im

allgemeinen enthalten geringere Weine $0{,}2$—$0{,}5$ Prozent Glycerin, feinere $0{,}6$—$1{,}5$ Prozent
Die organischen Säuren des fertigen Weines sind zweierlei Art, flüchtige und nicht flüchtige;
sie sind zum Teil an Basen gebunden, und zwar meist als saure Salze, zum Teil sind sie
frei vorhanden. Die nicht flüchtigen organischen Säuren sind: Weinsäure (zuweilen auch
Traubensäure), Apfelsäure, Bernsteinsäure, Gerbsäure und möglicherweise auch Spuren
Milchsäure und Pektinsäure. Die flüchtigen Säuren sind Essigsäure, Propionsäure und
Valeriansäure; die Menge der ersteren schwankt zwischen nur $0{,}025$ und $0{,}175$ Prozent, die
der beiden letztgenannten beträgt $^1/_{12}$—$^1/_{16}$ der Essigsäure. An Gesamtsäure, d. h. flüch=
tigen und nicht flüchtigen Säuren, soweit sie nicht an Basen gebunden sind, enthalten die
Weine $0{,}5$—$1{,}2$ Prozent; hierbei ist jedoch die Menge der sogenannten halbgebundenen
Säuren mit inbegriffen. Ferner findet sich·in jedem Wein eine gewisse Menge der Erde
entstammende Salze, die in Form von Asche zurückbleiben, wenn man Wein verdunstet und
den Rückstand verbrennt. Diese Asche, $0{,}14$—$0{,}3$ Prozent, besteht hauptsächlich aus Kalium=
karbonat oder kohlensaurem Kali (die Kohlensäure ist entstanden durch Verbrennen der
organischsauren Kalisalze) und phosphorsaurem Kalk, nebst kleinen Mengen von Magnesia,
Mangan, Eisen, Natron, Chlor und Kieselsäure. Die riechenden Bestandteile der Weine,
die sogenannte Blume oder das Boukett, sind, da sie nur in außerordentlich geringer
Menge vorkommen, noch sehr ungenügend bekannt; es sind, außer dem Önanthäther, der
hauptsächlich in der Weinhefe sich ansammelt und aus dieser gewonnen wird, kleine Mengen
von zusammengesetzten Äthern der oben genannten Säuren, die sich aus letzteren beim
Lagern des Weines bilden. Die Erkennung der Art dieser in so kleiner Menge vor=
kommenden Bestandteile ist nicht leicht, denn sie treten häufig in zahlreicher Gesellschaft auf,
und der Anteil, den der eine der Bestandteile an der Gesamtwirkung hat, kann ein ungemein
geringer sein, und dennoch würde sein Ausfallen auf den Geschmack des Weines einen
wesentlichen Einfluß haben. Wenn es also auch der analysierenden Chemie gelungen ist,
einige der organischen Verbindungen herauszufinden, die zusammen dem Weine seine Würze
geben, so ist damit doch noch nicht gesagt, daß man durch Zusammenbringen jener Stoffe
die Blume des Weines auch wieder erzeugen könnte. Wenn man ein Ölgemälde zerstörte
und aus demselben auch bis zum letzten Atome alle einzelnen Farbenbestandteile sonderte,
würde es gelingen, durch bloßes Zusammenbringen dieser materiellen Elemente das reiz=
volle Werk wieder erstehen zu lassen, welches der Künstler geschaffen hatte? Und die Natur
ist ein sehr feiner Künstler, dem wir nur wenig nachmachen können. Trotzdem aber versucht
es der gewinnsüchtige Mensch, und der „kalte Weg" wird auf keinem Gebiete mit solcher
Schamlosigkeit betreten, als auf dem der Weinbereitung.

Unsre Voreltern straften die Weinschmiererei an Leib und Leben — in unsern Tagen
bietet man öffentlich ganz harmlos sogenannte Kunstweine aus, d. h. Flüssigkeiten, die das
Aussehen und den ungefähren Geschmack des Weines, von der Rebe aber nicht ein Atom
in sich haben, und nicht auf dem Weinberge, sondern auf dem Kartoffelfelde und dem
Rübenacker gewachsen sind. Gesetzgebung und Rechtspflege haben jedoch neuerdings wieder
angefangen der Verfälschung der Nahrungsmittel erhöhte Aufmerksamkeit zuzuwenden.

Zum Färben des Rotweines, das einem effektiven Verfälschen gleichkommt, dienen eine
Menge Farbstoffe, von denen viele nicht einmal gesundheitsunschädlich sind. So werden
die Blüten der schwarzen Malve, die Beeren von Sambucus nigra, Ligustrum vulgare,
Phytolacca decandra, Kampesche= und Pernambukholz, Kochenille, Heidelbeeren, rote
Rüben u. s. w. benutzt, um der Farbe aufzuhelfen oder aus billigen Weißweinen teurere
Rotweine zu machen. Wenn aber gar Farbstoffe wie Fuchsin und Anilinviolett, die be=
kanntlich zuweilen arsenikhaltig sind, zu diesen betrügerischen Machinationen herbeigezogen
werden, so ist es Sache der Sanitätspolizei, diesem Gebaren Einhalt zu thun.

Schaumweine, moussierende Weine oder Champagner, häufig auch **Sekt** genannt,
sind Flaschenweine, welche einen großen Gehalt an Kohlensäure besitzen, der erst beim Öffnen
der Flasche entweichen kann und dabei das bekannte Aufschäumen, Moussieren, hervorbringt.
Da die infolge der Gärung entstehende Kohlensäure aber sogleich bei ihrer Bildung entweicht
oder wenigstens nur zu einem sehr geringen Teil der Flüssigkeit beigemengt bleibt, so sind,
um ein größeres Quantum davon an den Wein zu binden, ganz besondere Verfahrungsarten
bei der Champagnerfabrikation in Anwendung, die wir in der Kürze betrachten wollen.

Der Name dieses Weines sagt uns, daß wir ihn der Champagne verdanken, jener alten Provinz Frankreichs, deren Hauptstadt Reims ihrer geschichtlichen Erinnerungen wegen ein großes Interesse darbietet. Reims sowohl als die Nachbarorte Epernay, Sillery, Chalons und außerdem das bekannte Cognac u. s. w. haben durch ihre Erzeugnisse sich in der ganzen zivilisierten Welt einen hochgeschätzten Namen gemacht.

Der Weindistrikt der Champagne bildet eine weit ausgedehnte, durch sanfte Erhebungen, sonnige Hügelreihen, geschützte Wellenthäler anmutig abwechselnde Ebene, in der sich die dem Gedeihen der Rebe günstigsten Bedingungen wie verabredetermaßen vereinigt zeigen. Indessen können nicht alle Lagen der Sonne gleich ausgesetzt sein und bei den Erzeug= nissen machen sich, auch infolge der Verschiedenheit der Rebsorten, welche man zieht und von denen die eine abwechselnd besser gerät als die andre, Unterschiede genug geltend, deren Erkennen und richtiges Benutzen für die Champagnerfabrikation von großer Wichtigkeit ist. Eine feine Zunge kann deswegen ein reichlich Zinsen tragendes Kapital werden; denn es liegt in der Natur der Sache, daß nicht jeder kleine Weinbauer seine Erträge selbst ver=

arbeiten kann, daß dieselben viel= mehr von größeren Fabrikanten zu= sammengekauft werden müssen, da die Arbeit mit dem Champagner eine so komplizierte und mühsame ist, daß sie nur von großen Etabliffe= ments mit der nötigen Sorgfalt ausgeführt werden kann.

Hauptsächlich sind es die De= partements Aube, Ardennes, Marne und Haut Marne, welche auf nahe= zu 20000 ha Weinland durchschnitt= lich 700000 hl Wein im Jahre liefern, von welchem jedoch nur 180000 hl auf Schaumwein ver= arbeitet werden. Die besten Wein= lagen finden sich in der Nähe von Reims an dem Hügelzuge, welcher la Montagne heißt. Hier liegt auch das altberühmte Sillery, dessen Name früher allgemein zur Be= zeichnung des Champagners diente. Schloß und Weinberge — einst im Besitz des Marschalls d'Estrées

Fig. 144. Das Dosieren und Verkorken der Champagnerflaschen.

(des Vaters der schönen Gabriele, der Geliebten Heinrichs IV.) — gehören jetzt dem be= kannten Champagnerhaus Jacquesson & Fils. Bouzy, St. Basle, Mailly, Verzy, Verzenay, Ludes, Taissy liegen an derselben Hügelreihe. Epernay liegt wie Pierry und Moussy am linken Marneufer, und in seiner Nähe das Schloß der Witwe Cliquot, jener Dame, in deren Verehrung alle Weinliebhaber sich einigen.

Der hohe Ruf des aus dem Geschäft der „Witwe" hervorgehenden Champagners gründet sich sowohl auf die Feinheit des Geschmacks, des Duftes, des Mousseux, der Farbe u. s. w., als auch ganz besonders auf die Gleichmäßigkeit, welche unter allen Jahr= gängen herrscht, auf das konsequente Festhalten an einer einmal als gut erkannten Qualität. Geheimnisse gibt es in der Champagnerfabrikation nicht. Der Vorsprung, den die berühmten Champagnerfabriken Cliquot, Röderer, Heidsick u. s. w. vor andern haben, besteht nur in ihren großen Kapitalien, mit deren Hilfe sie ein Lager unterhalten können, das für einige Jahre ausreicht und nur in guten Jahrgängen wieder gefüllt zu werden braucht.

Die Grundlage des Champagners ist Most, und um diesen zu gewinnen, werden die Trauben genau ebenso behandelt wie bei der Erzeugung der gewöhnlichen Weine. Die ersten Pressungen liefern ein feineres Produkt als die letzten, und zu den verschiedenen Qualitäten des herzustellenden Champagners setzt man die Beeren einer verschiedenen

Erschöpfung aus. Für die feinsten Sorten (Blume, la fleur de Sillery u. s. w.) verwendet man oft nur die ersten drei Kelterdrücke; die rücksichtsvolle Veuve Cliquot soll die noch nicht völlig ausgezogenen Preßrückstände an andre Weinproduzenten verkaufen, welche denselben durch Zusatz von Wasser und nochmaliges Auspressen noch verwendbare Extrakte abgewinnen.

Ein großer Teil des Mostes wird von blauen Trauben gewonnen; da aber der Champagner keinen Farbstoff enthalten oder wenigstens nur eine ganz helle Färbung zeigen darf, so läßt man die Schalen der blauen Trauben nicht mit in Gärung gehen. Ja, man erschöpft schwarze Trauben durch die Pressung nicht gern vollständig, weil schon dadurch der Schale ein Teil des Farbstoffs entzogen wird.

Aus dem von verschiedenen Trauben gewonnenen Most werden die sogenannten Cuvées zusammengesetzt, wobei das Saccharometer zur Prüfung des Zuckergehalts und die Entscheidung geübter Zungen und Gaumen eine große Rolle spielt. In der Regel nimmt man zu der Cuvée $^2/_3$ Most von schwarzen und $^1/_3$ Most von weißen Trauben. Diese Mischung der Cuvée heißt das Verstechen oder Verschneiden (coupage). Im Grunde bietet hierin die Champagnerfabrikation noch nichts Auffälliges; die eigentümliche Behand=

Fig. 145. Das Verdrahten der Champagnerflaschen.

lung des Weines beginnt erst auf der Flasche, auf welche er im nächsten Frühjahr, nachdem er vorher vollständig klar geworden ist, abgezogen wird. Die Gärung ist noch nicht beendet, sie geht vielmehr in dem Flaschenkeller, welcher keine zu niedrige Temperatur haben darf, mit großer Entschiedenheit vor sich, und es sind, damit der Fabrikant durch Bruch keine zu großen Nachteile erfahre, ganz besonders starke Glasflaschen für den Champagner in Anwendung. Die Flaschen werden mauerartig zusammengesetzt, so daß die Hälse sich ineinander fügen und jede einzelne leicht herausgenommen werden kann, ohne den Zusammenhang des Ganzen zu stören. Trotz der großen Vorsicht, die bei allen diesen Operationen angewendet wird, und trotzdem daß jede Flasche vor ihrer Verwendung mit besonderen Druckpumpen auf ihre Festigkeit geprüft wird, zerspringen durch den Druck der entwickelten Kohlensäure eine große Anzahl, und wenn der Verlust nicht über 6—8 Prozent beträgt,

so ist der Kellermeister sehr zufrieden, denn es kommen Fälle vor, in welchen er sich bis zu 50 Prozent steigert, und früher soll er bisweilen sogar die Höhe von 60—70 Prozent erreicht haben. Übrigens ist es selbstverständlich, daß man das aus den zerbrochenen Flaschen Ablaufende für sich sammelt, und es ist zu diesem Behufe der Kellerraum mit ausgemauerten Kanälen durchzogen, welche den Wein in einen Sammelbehälter leiten.

Ist die Gärung bis zu dem erforderlichen Punkte vorgeschritten, so werden die Flaschen von den aufgestellten Haufen weggenommen, jede für sich tüchtig geschüttelt, um die abgesetzten Unreinigkeiten von den Wänden abzulösen, und sodann in ein Gestell in ziemlich steiler Neigung mit dem Kopf nach unten aufgestellt. Nach einigen Tagen haben sich die Niederschläge in dem Halse wieder abgesetzt, mit einer raschen Handbewegung schwenkt sie ein Arbeiter nach dem Pfropfen zu, und indem er denselben rasch wegschlägt — wobei er den Hals in ein seitlich geöffnetes Faß hält — werden sie durch die rasch entweichende Kohlensäure aus der Flasche herausgeschleudert. Diese Arbeit heißt das Degorgieren, und derjenige, dem sie obliegt, der Degorgeur; sie erfordert große Gewandtheit, weil nicht nur die Unreinigkeiten möglichst vollständig beseitigt werden sollen, sondern auch möglichst wenig Wein verloren gehen darf. Bisweilen genügt ein einmaliges Degorgieren nicht, allen Absatz zu entfernen, und es muß dann zum Nachteil des Champagners wiederholt werden.

Um nun die entwichene Kohlensäure wieder zu ersetzen und dem Champagner diejenige

Süßigkeit mitzuteilen, die man an ihm wünscht, gibt man, bevor man die Flasche wieder verschließt, den sogenannten Likör zu. Das ist eine Auflösung von reinstem Kandiszucker in der nämlichen Sorte Wein, und es richtet sich die Menge dieses Zusatzes teils nach dem noch vorhandenen Zuckergehalt des Weines, teils nach der besonderen Geschmacksrichtung der Abnehmer. In Rußland liebt man z. B. sehr süße, alkohol= und säurereiche Champagner, während in Frankreich minder süße und leichtere Sorten vorgezogen werden. Die Engländer sind an sehr spritreiche Getränke gewöhnt, daher wird für sie mancher Champagner auch dadurch noch stärker gemacht, daß der Likör einen entsprechenden Kognakzusatz erhält; ebenso wird der etwaige Zusatz an Farbstoff bei dieser Gelegenheit mit beigegeben. Die Arbeit des Likörzusetzens — das Dosieren — besorgt der Opéreur; bevor er aber die Flaschen bekommt, gehen diese durch die Hände des Chopineurs, des Schoppenstechers, dessen Auf= gabe es ist, so viel von ihrem Inhalte abzugießen, als der Likör für sich Raum beansprucht.

Fig. 146. Unterirdische Halle zu den Flaschenkellern der Champagnerfabrik von Röderer in Reims.

Nach dem Dosieren wird von einem vierten Arbeiter das etwa noch Fehlende durch klaren, moussierenden Wein, wie ihn der Schoppenstecher abgegossen hat, nachgefüllt, und nun erst bekommt der Korker (Boucheur) die Flasche, um sie mit dem starken und vorher schon präparierten Korke zu verschließen. Der Ficeleur legt einen Bindfaden, der Fice= leur au fil de fer schließlich noch einen Draht um den Kork und befestigt denselben damit an den Hals der Flasche. Endlich wird der Kopf und der obere Teil des Halses mit Stanniol oder mit Harzlack überzogen und die Etikette aufgelebt. Die Arbeiten des Ver= korkens und Verschnürens werden unter Zuhilfenahme von besonders für diesen Zweck konstruierten Maschinen ausgeführt, und es ist namentlich das Verkorken mit großer Acht= samkeit vorzunehmen. Die zur Verschließung der Champagnerflaschen dienenden Korke dürfen nur von der ausgezeichnetsten Beschaffenheit sein und erhalten, wenn sie für gut befunden worden sind, auf ihrer Unterfläche den Fabrikstempel oder sonst eine Marke eingebrannt. Man hat auch versucht, die Zubereitung des Champagners bis zum Likörzusatz, anstatt auf den einzelnen Flaschen, gleich in größeren Quantitäten in einem geschlossenen Gefäße, dem Önophor, vorzunehmen, indessen ist die alte Methode dadurch noch nicht verdrängt worden. Die Aufbewahrung des fertigen Champagners verlangt sehr gute Keller, von denen viele, wie die in Fig. 146, in Höhlen eingerichtet sind, welche alte Steinbruchsbetriebe in dem Kalfsteine der Champagne ausgearbeitet haben.

Die Schaumweinfabrikation ist übrigens in der neueren Zeit auch in andern Ländern, außer in Frankreich, mit gutem Erfolg betrieben worden, und manche Fabriken am Rhein und Main, an der Saale und Elbe bringen ganz vortreffliche Produkte an den Markt, wenngleich nicht geleugnet werden kann, daß die höchste Feinheit zur Zeit noch eine Eigenschaft ist, die nur französische — freilich auch nicht alle — Champagner besitzen.

Aus den Berichten der Handelskammer von Reims geht hervor, daß im Departement Marne 16 500 ha Weingärten sich befinden, von denen 2465 auf das Arrondissement Vitryle-Français, 555 auf das von Chalons und 700 auf das von Sainte Menehould kommen. Weit übertroffen werden die genannten aber von den Arrondissements von Reims und von Epernay, von denen das erstere 7624, das letztere 5587 ha Weingärten umfaßt. Das sind die Gegenden, welche die besten Weine produzieren. Seit 30 Jahren hat sich hier der Bodenwert guter Weinlagen um das Vierfache gesteigert.

Außer der beschriebenen Art ist noch ein andrer Weg betreten worden, um wohlfeile Schaumweine herzustellen. Man treibt kohlensaures Gas mittels eines Druckapparats, wie er zur Fabrikation des Sodawassers und der Gaslimonaden dient, in einen angemessen versüßten und mit Kognak versetzten Wein. Indessen ist der Geschmack solcher Schaumweine weit weniger fein als der nach der gewöhnlichen Methode fabrizierten. Die Kohlensäure ist eigentlich nicht heimisch darin, sie bleibt ein Gemengteil und macht sich durch selbständige Eigenschaften dem Geschmacke bemerklich.

Welche Kräfte die Weinproduktion überhaupt in Bewegung setzt, welchen Anteil sie an der Arbeit und an dem Konsum der Menschheit hat, das wird uns erst klar bei einem Überblick über die Geldwerte, welche die erzeugten und verbrauchten Mengen repräsentieren.

Nach O. Hausners vergleichender Statistik von Europa beträgt die Weinproduktion unsres Erdteils gegen 2 360 900 000 Frank. Davon kommen auf

Frankreich	916 600 000	Frank	Württemberg	9 900 000 Frank
Spanien	424 000 000	"	Nassau	5 400 000 "
Österreich	405 000 000	"	Preußen	5 100 000 "
Italien	405 000 000	"	Hessen-Darmstadt	4 500 000 "
Portugal	92 000 000	"	Schweiz	23 400 000 "
Deutschland	45 600 000	"	Griechenland	20 200 000 "
Baden	12 800 000	"	Rußland	9 600 000 "
Bayern	12 000 000	"		

Sehr großen Schaden hat schon in mehreren Weinbau treibenden Ländern, namentlich aber in Frankreich, die aus Amerika eingeschleppte Reblaus (Phylloxera vastatrix) durch Vernichtung der Weinstöcke angerichtet. Im Jahre 1865 zeigte sich diese Krankheit zuerst bei Pujault (Gard) auf dem rechten Ufer der Rhone und verbreitete sich von hier aus über einen großen Teil von Frankreich und Spanien. Das Insekt lebt an der Wurzel und vermehrt sich in großer Menge, so daß die Rebstöcke eingehen.

Der Obstwein (Cider) ist in vielen Gegenden Deutschlands besonders beliebt und wegen des billigen Preises das Hauptgetränk der arbeitenden Klasse, so in und bei Frankfurt a. M., in Schwaben u. s. w. In Frankreich ist der Cider der Normandie und Pikardie berühmt.

Als Rohstoff werden vorzugsweise Äpfel benutzt, Birnen in der Regel nur im Gemenge mit Äpfeln verarbeitet, außerdem aber auch verschiedenes Beerenobst. Von den Apfelsorten liefern die als Tafelobst vorzüglicheren auch den feinsten Wein, während einige

ungenießbare Birnensorten ein vortreffliches Getränk geben. Ganz besonders ist der Bors=
dorfer Apfel hervorzuheben, der einen außerordentlich feinen, dem Traubenwein nahe=
stehenden Wein liefert; in Schwaben ist der Luckenapfel das verbreitetste Material. Übrigens
ist jede Obstsorte anwendbar, wenn sie nur im Zustande der vollkommenen Reife verarbeitet
wird, also Frühobst für sich und Spätobst desgleichen. Von den Birnensorten hat die
Brat= oder Champagnerbirne (von bitterlichem, die Kehle zusammenziehendem Geschmack)
besondere Vorzüge und kann allein verarbeitet werden; die ungenießbare Wolfsbirne wird
wegen ihrer Eigenschaft, den Saft (auch den Traubensaft) zu klären, oft mit sehr hohen
Preisen bezahlt. Gewöhnlich geht man bei der Ernte des zum Wein bestimmten Obstes
ziemlich roh zu Werke; man schüttelt die Bäume und nimmt das Fallobst in Arbeit, ehe
es faul wird. Will man aber auf ein feines Produkt rechnen, so darf man sich die Mühe
des Pflückens und der Nachreise nicht verdrießen lassen.

Fig. 147. Ciderbereitung in der Normandie.

Das Obst wird zerquetscht oder zerrieben, wozu man sich gewöhnlich großer Mühl=
steine von etwa 1½—2 m im Durchmesser bedient, die häufig durch ein Pferd, oft auch
durch Menschenkraft bewegt werden und in dem kreisbogenförmigen Mahltrog sich fort=
wälzen, oder man läßt es, nachdem es zuvor zerschnitten worden, zwischen steinernen Walzen
zerquetschen. Das „Mosten“, wie man in Württemberg das Geschäft der Saftgewinnung
nennt, ist eine lustige Arbeit, an der alt und jung teilnimmt. Der Brei wird in manchen
Gegenden erst einige Zeit unter öfterem Umrühren stehen gelassen, ehe man ihn preßt;
dadurch soll der Wein mehr Aroma und eine schönere Farbe bekommen. Meistens aber
wird sofort zum Pressen geschritten und der Most in Fässer gefüllt, die spundvoll erhalten
werden, damit Unreinigkeiten des Saftes durch die bei der Gärung entwickelte Kohlensäure
hinausgejagt werden. Läßt man die Hauptgärung im offenen Bottich verlaufen, so kann
die Unreinigkeit leicht durch Abschäumen der Decke entfernt werden. Nach vollendeter Haupt=
gärung zieht man den jungen Obstwein auf gut geschwefelte Fässer, in denen er sich vollständig
klären soll, um dann abermals abgestochen zu werden. Eine etwas vollkommenere Ein=
richtung als die in Fig. 147 ist die in Fig. 148 abgebildete, vielfach im Gebrauch befindliche

amerikanische Obstquetsche und Presse. Diese Maschine besteht aus einem starken Holz=
gestelle, dem unten auf Querbalken das mit Randleisten versehene Trottbrett eingefügt ist
und auf welchem zwei Preßkörbe Platz haben. In einen der oberen Verbindungsbalken ist
die Mutter für die Preßspindel eingefügt, auf dem andern Balken ist eine kleine eiserne
Quetschmühle befestigt. Diese Maschine ist jedoch nur für den Kleinbetrieb geeignet.

In den Obstweingegenden wird der kaum vergorene trübe und kohlensäurereiche Most
(sogenannter „Rauch“) mit großer Vorliebe getrunken; nur sollte man bei seiner Bereitung
für die Beseitigung der Hefe Sorge tragen, zumal da man in ausgelaugten Buchenspänen,
die man in das Faß gibt, ein ausgezeichnetes Mittel hat, welches die Hefenteile mechanisch
an sich hält. Füllt man solchen geklärten Cider auf Champagnerflaschen, verstopft und ver=
bindet ihn, so erhält man einen erquickenden Schaumwein.

Von den Beerenweinen verdient noch der Johannisbeer= und der Stachelbeer=
wein Erwähnung. Seit Jahrhunderten ist die Bereitung dieser Weine (currant und goose-
berry-wines) in England als Zweig der häuslichen Ökonomie heimisch und hat eine hohe
Stufe der Vollendung erreicht. Jede Beerensorte verlangt aber, je nach ihrer Eigentümlich=
keit, eine andre Behandlung. Die Johannisbeere soll am Stock erst vollkommen reif werden,
sie hat dann immer noch Säure genug; die Stachelbeere dagegen muß in unreifem Zustande
gepflückt werden, teils um die nötige Säure zu bekommen, teils weil mit der Zunahme der
Reife zu viel schleimige Teile (Pflanzengallerte) in den Most gelangen.

Die Johannisbeeren werden gewöhnlich unter Zusatz von etwas Wasser in einem blank
gescheuerten kupfernen Kessel bis zum Kochen erhitzt und dann ausgepreßt. Der abfließende
Most enthält aber zu viel Säure, um einen trinkbaren Wein zu liefern, und wird deshalb
(wie bei der Gallschen Weinwandlung) mit einer angemessenen Menge Zuckerwassers ver=
dünnt und dann der Gärung überlassen. Bei vermehrtem Zucker= und vermindertem
Wasserzusatz (z. B. auf 100 l Saft aus ungekochten Beeren etwa 35 l Wasser und
64 kg Zucker) erhält man nach längerem (mindestens fünfjährigem) Lagern einen den feinen
Ungarweinen oder dem Madeirawein sehr ähnlich schmeckenden Wein.

Die unreifen Stachelbeeren haben einen ziemlich gleichbleibenden Säuregehalt und
man kann deswegen durchschnittlich auf 50 kg Beeren 18 l Wasser und 10 kg Zucker
(Melis) rechnen. Die Beeren werden zerquetscht und, mit $\frac{1}{3}$ des überhaupt erforderlichen
Wassers (also 6 l) gemengt, der Gärung überlassen. Ist diese eingetreten, so erfolgt das
Auspressen. Der Zucker wird in dem übrig gebliebenen Wasser aufgelöst und, mit dem
Most vermengt, in einem Fasse zur Gärung gebracht. Seit einigen Jahren kommt bei uns
auch Heidelbeerwein oder Schwarzbeerwein in den Handel.

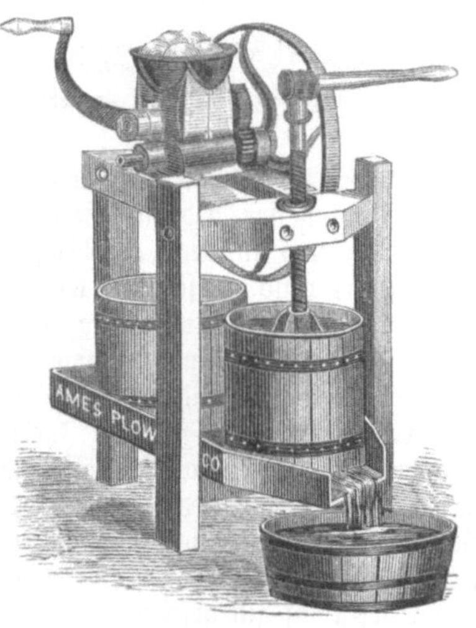

Fig. 148. Obstquetsche und Obstmühle.

In welchem Weine
Hat sich Alexander betrunken?
Ich wette den letzten Lebensfunken,
Er war nicht so gut als der meine.
Goethe.

Das Bier und die Bierbrauerei.

Geschichtliches. Verbreitung des Bieres von Deutschland nach den andern Ländern. Statistisches. Die Praxis der Bierbrauerei. Das Malzen. Grünmalz und Darrmalz. Schroten. Das Maischen. Würze und Treber. Nachguß. Kovent. Verkochen des Hopfens mit der Würze. Abkühlung auf dem Kühlschiff. Die Gärung. Untergäriges und obergäriges Bier. Lagerbier oder Sommerbier und Winterbier. Verzapfen des Bieres. Konservierung. Bestandteile. Die Preßhefe. — Die Essigfabrikation. Das Wesen der sauren Gärung. Essigsäure und ihre Darstellung. Verbesserung der alten Methode der Essigbereitung durch Boerhave. Schnellessigfabrikation. Die Dobereinersche Methode. Frucht- und aromatische Essige.

Die Ehre der Erfindung des Bierbrauens (oder des Malzmachens) wird von den alten griechischen Schriftstellern einmütig den Ägyptern zugeteilt. Herodot (450 v. Chr. Geburt), der älteste Schriftsteller, von dem uns eingehende Berichte über das rätselhafte Land überkommen sind, erwähnt eines aus Gerste bereiteten Bieres als des gewöhnlichen Getränks der Ägypter damaliger Zeit. Einer Sage nach, welche uns Diodor von Sizilien überliefert, soll Osiris, König von Ägypten (2000 Jahre v. Chr. Geburt), das Bier daselbst eingeführt haben. Nach den alten Zunftbüchern der europäischen Bierbrauer aber wird Gambrinus, ein König in Flandern und Brabant*), als Erfinder der Kunst des Bierbrauens genannt. Die 1550 zu Frankfurt a. M. gedruckte „Chronika des Johannes Aventinus" gibt sogar ein „Bildnuß" des Gambrinus und sagt, daß er ein Schüler des Osiris gewesen sei. Sei dem wie ihm wolle, die Brauer verehren den Gambrinus als ihren Schutzpatron.

---

*) Johann I., Jan primus, wie die neuere Forschung ermittelt hat. Derselbe verlieh den Brauern von Brügge große Vorrechte und wurde deshalb als Ehrenmitglied in deren Gilde aufgenommen und hoch gefeiert, woher sein Sagenruhm.

Von den lateinischen Schriftstellern erwähnen viele des Bieres. Den Namen Cerevisia (aus Ceres, dem Namen der Göttin des Getreidebaues, und vis, d. i. Kraft, gebildet) gibt Plinius einem Getränk, welches bei den alten Galliern üblich gewesen sei; er berichtet aber auch von Gerstenwein (celia oder ceria), den man in Spanien trinke. Dieser Gerstenwein sowie das von Plautus angeführte Zythum, ein cerealis liquor, können beide bierähnliche Getränke, doch aber ebenso gut Branntweine gewesen sein. Tacitus aber erzählt uns, daß zu seiner Zeit (also etwa um Christi Geburt) Bier das allgemeine Getränk der alten Deutschen war; nach seiner obwohl unvollkommenen Beschreibung des damaligen Brau=verfahrens ist es fast zweifellos, daß sie mit dem Verfahren, Gerste in Malz zu verwandeln, bekannt waren. Kommt doch auch der Name Bier von dem altsächsischen bere, d. h. Gerste, her. Zur Zeit Karls des Großen sei der Hopfen noch nicht in der Bierbereitung gebraucht worden, meint Gräße, dem wir die neueste kulturgeschichtliche Monographie über das deut=sche Nationalgetränk verdanken, obwohl in einem Schenkungsbriefe Pipins vom Jahre 768 schon von Hopfengärten die Rede sei. Dem scheint nicht nur die letztere Thatsache selbst zu widersprechen, sondern noch mehr der Umstand, daß in alten Dokumenten von 822 die Müller des Stiftes Corvey durch den Abt von der Hopfenarbeit befreit werden, welche ausdrücklich neben dem Malz erwähnt wird. Die Bierbrauerei fand die beste Pflege in den Klöstern. Deutschland blieb der eigentliche Boden, auf dem sich die Kunst der Bier=brauerei entwickeln und die herrlichsten Blüten treiben konnte; wir finden da schon in älteren und jüngeren Zeiten eine Mannigfaltigkeit der Durchführung dieses Prozesses, wie in keinem andern Lande, und eben deshalb auch eine große und charakteristische Verschieden=heit der erzeugten Biere. Da und dort stand das Bier in gleichem Range mit dem Weine; sandte doch Herzog Erich von Braunschweig dem Dr. Martin Luther, nachdem er das Verhör auf dem Reichstage zu Worms überstanden hatte, eine Flasche Eimbecker Bier zur Herzstärkung!

Neben Deutschland sind Österreich und dann England berühmt durch ihre Biere, letz=teres vom leichten Table-Beer (Tafelbier) an bis zu den schweren Porter und Ale. Die Biererzeugung liegt hier in den Händen weniger Fabriken von ungeheurer Ausdehnung. Auch in Frankreich ist das Biertrinken modern geworden, und der Pariser liebt une chope de bière trotz dem Deutschen. Hollands Brauwesen ist ganz unbedeutend, dort herrscht der Genever vor; dagegen hat Belgien eine große Anzahl berühmter Biere, die aber nur den Eingebornen munden. In Rußland hat die Brauerei neuerdings einen ganz besonderen Aufschwung genommen, ebenso in den Vereinigten Staaten, und Schweden und Norwegen erzeugen ebenfalls viel und gutes Bier, sogar in Brasilien und Japan sind Brauereien entstanden.

Welch bedeutende Entwickelung in Deutschland die Bierbrauerei schon im 13. Jahr=hundert erlangt hatte, kann man daraus entnehmen, daß im Jahre 1299 in Nürnberg der Preis des „braunen" Bieres durch eine Taxe reguliert wurde; 1350 wurde vorausgegangener Unzuträglichkeit zufolge eine Revision der Preise für Schankbier und Sommerbier vor=genommen. In Breslau, das seinen noch heute in Ehren stehenden „Scheps" bereis 1301 besaß, hatte damals stets einer der Mälzer oder Brauer Sitz und Stimme im Rath. Dort wurde damals schon die Mälzerei abgetrennt von der Brauerei, welche in den Händen der „Kretschmer" ist, betrieben. Der Rath hatte das Recht, den Kretschmern den Hopfen zum Besten der Kämmereikasse zu liefern, und wie hier die Bierbrauerei für wichtig genug galt, um sie so eng mit dem Gemeindeleben zu verknüpfen, so war es wohl in vielen Städten.

Über die Qualität der damaligen Biere zu berichten, gebricht es freilich an allen An=haltspunkten. Nur das wissen wir, daß es überall leichtere und schwerere Biere gab; so z. B. wurde seit 1643 in Breslau auch ein weißer Scheps gebraut, von dem der Chronist sagt, daß er „unruhige Köpfe mache". Über die verwendeten Materialien dagegen liefert uns die Geschichte mehr Aufschlüsse. Das Hauptgetreide war und blieb immer die Gerste. Daneben fand der Weizen vielfach Anwendung. In Jahren des Mißwachses aber, in welchen die Verwendung der Gerste und des Weizens zur Brauerei die Brotfrucht beeinträchtigt haben würde, wurde der Hafer als Braumaterial gesetzlich vorgeschrieben, so z. B. 1433 in Augsburg, 1533 in Breslau. Der Hafer, wenn er allein zur Biererzeugung verwendet wird, gibt ein Getränk von ganz eigentümlichem Geschmack, welches jedoch schwer klar zu machen ist. Deshalb mögen sich wohl die Augsburger nicht gern damit versöhnt haben, und so wurde ebendaselbst 1550 die Anwendung des Hafers wieder verboten. Wenig bekannt dürfte es ſein, daß bereits vor 300 Jahren ein beſonderes Werk über das Bier erſchienen iſt, und zwar von einem Böhmen, Dr. Thaddäus Hojek in Prag. Dasſelbe erſchien in Frankfurt (1585) in lateiniſcher Sprache und führte den Titel: „Über das Bier und die Arten ſeiner Zubereitung, deſſen Weſen, Stärke und Wirkungen".

Der Hopfen erwies ſich infolge ſeiner in mehrfacher Beziehung günſtigen Eigenſchaften als ſehr wirkſam, und einmal in Gebrauch, konnte ſich ſchwerlich ein Erſatz für ihn finden laſſen. Die heilige Hildegardis (Äbtiſſin auf dem Rupertsberg am Rhein) meldet, daß man mit dem Hopfenzuſatz erſt im 11. Jahrhundert begonnen habe. Die älteſten Biere ſind ſämtlich ohne Hopfenzuſatz gebraut, dafür aber wurden ſchon frühzeitig Zuſätze andrer Art dem Gerſtenſaft gegeben, z. B. Fichtenſproſſen, um denſelben zu würzen. Die Anwendung des Hopfens, welche bald auch in England Boden gewonnen hatte, wurde zwar hier und da (ſo z. B. in England 1509 unter König Heinrich VIII. durch Parlamentsbeſchluß) unter=ſagt; indeſſen, wie beim Kaffee, Tabak und bei ähnlichen Genußmitteln, ohne allen nach=haltigen Erfolg. Heutzutage iſt der Verbrauch an Hopfen ein ungemein großer, was aus

der jährlichen Produktion hervor=
gehen mag, die für Europa allein,
mit Ausſchluß von Rußland, wor=
über keine Statiſtik vorliegt, einen
Durchſchnittsertrag von 1 265 000,
bei vollen Ernten dagegen 1 680 000
Zentner (zu 50 kg) ergibt. Dazu
kommen noch die Hopfenernten der
Vereinigten Staaten von Amerika,
welches Land 16 000 — 17 000 ha
Hopfenland (Deutſchland 40 000 ha)
beſitzt und bedeutende Mengen
Hopfen nach Europa verſendet, wäh=
rend thatſächlich bis Anfang der ſech=
ziger Jahre der neue Weltteil ſeinen
Hopfenbedarf nur durch Einfuhr aus
Europa vollſtändig decken konnte.

Viele Orte Deutſchlands wa=
ren im Laufe der Zeit berühmt ge=
worden durch ihre Biere, denen der
Volkswitz oft die ſpaßigſten Bei=
namen gab; manche wurden ſogar
in Verſen gefeiert. So z. B. Adam
(in Dortmund), Alter Klaus (in
Brandenburg), Büet (oder beiß)

Fig. 150. König Gambrinus nach der Chronik des Johannes Aventinus.

den Kerl (in Boitzenburg), Hund (im Braunſchweigiſchen, das Bier macht Knurren im Bauch), Ich weiß nicht wie (in Buxtehude), Kuhſchwanz (in Delitzſch), Cacabulla (in Eckern=förde, wurde 1503 vom Kardinal Raymundus ſo genannt, weil es ſehr beſchleunigend auf gewiſſe Funktionen gewirkt hatte), Sähl den Karl (im Lande Hadeln), Puff (in Halle), Klatſch oder Mauleſel (Jenaer Stadtbier, das ſtärkſte Bier ward „Menſchenfett" genannt), Mord und Todtſchlag (in Kyritz — ein andres, dünneres Bier daſelbſt hieß „Friede und Einigkeit"), Zitzenilla (in der Mittelmark), Schlunz (in Erfurt) u. ſ. w.

Weltberühmt war früher die im Jahre 1498 von Chriſtian Mumme in Braunſchweig erfundene und nach ihm benannte „Mumme", ein dickes, ſirupartiges Getränk, welches ehe=mals ſogar nach Oſtindien ausgeführt wurde.

Inzwiſchen iſt die Blütezeit der Mumme verrauſcht. Die letzten 50 Jahre haben über=haupt den „Lokalbieren" arg mitgeſpielt. Das nach altbayriſcher Methode gebraute und durch Unterhefe bei recht kühler Temperatur vergorene „Bayriſche Bier" begann ſeinen Siegeslauf teils nach dem Norden Deutſchlands, teils nach Öſterreich und zog ſogar trium=phierend in Paris ein, wo ihm freilich wieder neuerdings die ungleich feineren Wiener Biere den Vorrang ſtreitig gemacht haben. Indeſſen konnte das bayriſche Bier doch nicht

überall die eng mit dem Volksleben verwachsenen Lokalbiere verdrängen, das Berliner Weißbier (die sogenannte „kühle Blonde“), der Breslauer Scheps, das Königsberger Braun=
bier, das Kölner Weißbier u. v. a. hielten ihm Stand. In Belgien fand das bayrische Bier lange keinen Boden gegenüber dem säuerlichen „Faro“ und dem stärkeren „Lambik“, und auch der Löwener „Pentermann“ behauptete seinen alten Ruf; desto rascher mehren sich dort neuerlich große Brauereien, die Bier nach bayrischer Art brauen.

Im Jahre 1832 machte eine Bierbrauerei in Edinburg den Versuch, nach bayrischer Manier zu brauen, und bezog die erforderliche Hefe aus Bayern. Das erzeugte Bier war ganz vortrefflich. Dennoch blieb es bei dem vereinzelten Versuch, das bayrische Bier ver=
mochte in England nicht anzukämpfen gegen die herkömmlichen „Porter“ (ein schweres, schwarzbraunes Bier) und die verschiedenen Ales (goldfarbige Biere von starkem Hopfen=
geschmack). Im Süden haben Turin und andre Städte Norditaliens ihre Bierbrauereien, ebenso Spanien und Algier. In Nordamerika gewinnt das „Lagerbier“ allmählich die Oberhand über das dort früher allgemein übliche von England ererbte Ale. Kurz, das Bier ist ein deutsches Produkt, und wohin auch das deutsche Element seinen Kulturmarsch antreten mag, in seinem Gefolge wird sicherlich alsbald eine Bierbrauerei erblühen.

Der Bierkonsum im allgemeinen hat im Laufe der Zeit ganz ungemein zugenommen, namentlich seitdem man es in der Herstellung haltbarer und darum versendbarer Biere zu immer größerer Vollkommenheit gebracht hat. Da die Steuerbehörden auf die Produktion ein sehr wachsames Auge haben, so können uns die statistischen Angaben ein sehr deutliches Bild der allmählichen Entwickelung der Brauereitechnik geben, wenngleich sie für frühere Zeiten, in welchen das Bierbrauen wie das Seifensieden in jeder größeren Wirtschaft im Hause betrieben wurde, keine Vergleiche zulassen. In unsrer Zeit ist die Bierbereitung im Hause wohl nur noch in Gegenden üblich, welche ganz abseit von jedem Verkehr liegen — und deren gibt es von Jahr zu Jahr weniger.

In dem gemeinsamen Zollgebiete des Deutschen Reichs (also mit Ausnahme von Bayern, Württemberg, Baden und Elsaß=Lothringen) waren während des Etatsjahres vom 1. Juli 1883 bis 30. Juni 1884 überhaupt 11676 Brauereien vorhanden, von denen jedoch nur 10703 im Betrieb gewesen sind, während 973 ruhten. Von den gesamten Brauereien waren 4488 in den Städten und 7188 auf dem Lande. Von den in Betrieb gewesenen waren 9625 gewerbliche und 1078 nicht gewerbliche. Als nicht gewerbliche Brauereien gelten ausschließlich diejenigen steuerpflichtigen Brauereien, welche nur für den Bedarf des eignen Haushalts ohne besondere Brauanlage Bier bereiten. Von den in Betrieb gewesenen 10703 Brauereien haben 3171 untergäriges, die übrigen obergäriges Bier gebraut. In den einzelnen Ländern der Brausteuergemeinschaft wurden in dem Etats=
jahre 1883—84 folgende Mengen Bier gewonnen:

Preußen	16 524 809 hl
Sachsen	3 255 538 „
Hessen	801 468 „
Mecklenburg	323 627 „
Thüringische Staaten	1 745 600 „
Oldenburg	104 988 „
Braunschweig	312 802 „
Anhalt	237 458 „
Lübeck	85 629 „
Zusammen im Reichssteuergebiete:	23 391 919 hl

Rechnet man hierzu von Bayern nach den von dort für 1883 vorliegenden Angaben: 12 265 412 hl, von Württemberg für 1883/84: 3 083 823 hl, von Baden nach Angaben von 1883: 1 220 728, von Elsaß=Lothringen für 1883/84: 823 326 hl, so ergibt sich für das gesamte Deutsche Reich, mit Ausnahme der Zollausschlüsse, ein gesamtes Brauquantum von 40 785 208 hl, gegen die Vorperiode von 1882/83: 39 250 448 hl, also 1883/84 mehr 1 534 760 hl.

Zu 1 hl Bier aller Sorten wurden durchschnittlich nebeneinander verwendet: Getreide=
malz und Reis (letzterer nur als Zusatz zu helleren Bieren) 20,₂ kg, Malzsurrogate (Zucker, Stärkesirup) 0,₀₈ kg. — An Brausteuer wurde eingenommen 1883—84 im Reichssteuer=
gebiete 19·150 993 Mark.

Die Münchener Brauereien verbrauchten in der Saison vom 1. Juli 1871 bis 30. Juni 1872 im ganzen 492568 hl Malz; seitdem ist die Produktion noch ganz erheblich gestiegen, denn im Jahre 1876 wurden in München nach dem Ausweisbericht des städtischen Büreaus 599476 hl Malz verbraut, und daraus in 21 Brauereien mindestens 1200000 hl Bier erzeugt. Etwas über den fünften Teil, 267651 hl, wurde davon ausgeführt, und wenn der verbleibende Rest in München selbst wirklich getrunken worden ist, was kaum bezweifelt werden kann, so kommt auf jeden Kopf der einheimischen Bevölkerung ohne Unterschied des Alters und Geschlechts ein Jahrestrunk von 484 l oder 1 $\frac{1}{3}$ l pro Tag. Allerdings beteiligen sich an der Vertilgung der Gesamtmenge auch die Fremden nicht unerheblich, und dadurch wird für den Münchener die Konsumtionsziffer eine etwas geringere, wenigstens für die Säuglinge, denn daß ein ausgewachsener Münchener auf die ihm von der Statistik zugesprochene Maßzahl zu gunsten eines Fremden verzichten sollte, kann nicht angenommen werden. In der Subperiode vom 1. Juli 1883 bis zum 30. Juni 1884 hat sich der Malzverbrauch Münchens für dunkles Bier sogar auf 749550 hl gesteigert, rechnet man die drei Weißbierbrauereien mit 11144 hl noch hinzu, auf 760695 hl, welche in 37 Brauereien verarbeitet wurden.

Österreich=Ungarn hatte im Jahre 1873—74 eine Gesamtproduktion von 11723000 hl; 1882—83 dagegen 12424139 hl, wovon allein 5344975 hl auf Böhmen kommen. Die Zahl der im Betrieb stehenden Brauereien belief sich 1882—83 in Österreich=Ungarn auf 2094.

Die bekannte Bierproduktionstabelle der Wiener Brauer= und Hopfenzeitung „Gambrinus" berechnet die Bierproduktion, den Biersteuerertrag und die Hopfenproduktion und Konsumtion von zwölf europäischen und den Vereinigten Staaten von Nordamerika nach den neuesten Daten wie folgt:

| Staat | Zahl der Brauereien | Bierproduktion | | Biersteuerertrag | | Hopfen | |
| | | Menge Hektoliter | Liter pro Kopf | Summe Gulden ö. W. | pro Kopf Kreuzer | Produktion | Konsumtion |
						Zentner	
Belgien	1250	9282000	154	9096360	163	130000	77000
Dänemark . . .	251	1148000	62	—	—	—	9000
Deutsches Reich . .	25989	41211691	90	65804627	144	350000	310000
Frankreich . . .	3005	8320000	25	11481600	28	45000	54000
Großbritannien . .	27050	44060000	125	80629800	229	530000	600000
Italien	152	175000	6	481250	3	—	1040
Niederlande . . .	500	1456000	40	1062880	27	20000	9000
Nordamerika . . .	2380	20006000	38	40012000	83	285000	200000
Norwegen	400	616000	28	2008160	100	—	5000
Österreich=Ungarn .	2053	13037501	35	24103582	64	100000	91200
Rußland	436	7500000	8	14175000	17	16000	25000
Schweden	322	936000	21	—	—	600	7400
Schweiz	424	1108000	36	—	—	1000	5300
Summe	64212	148856192	—	248855259	—	1477600	1393940

Ein großer Teil des in England erzeugten Porters und Ales wird exportiert; namentlich verbrauchen die Kolonien beträchtliche Quantitäten. Doch ist auch der heimische Verbrauch immerhin ein höchst respektabler. Die Thatsache, daß neuerdings das Bier besonders in Ländern, deren natürliches Getränk eigentlich der Wein ist, immer mehr in Aufnahme kommt, wird am besten durch das Beispiel Frankreichs bewiesen, wo selbst in kleineren Städten in jedem Kaffeehause jetzt Bier getrunken wird, in Paris aber große Etablissements bestehen, in denen außer Straßburger namentlich auch Wiener Bier (Dreher) und bayrische Biere verschenkt werden. Das Drehersche Bier hat besonders seit der Ausstellung 1867 festen Boden in Paris gefaßt. Im Elsaß, namentlich in Schiltigheim, gibt es große Brauereien. Der „bock" oder „chope" der Pariser Cafés war bisher meist elsässer Bier, das als bière de Strassbourg verkauft wird, seit einigen Jahren bezieht aber Paris das meiste Bier aus München.

Die Gesamtproduktion der ganzen Erde an Bier schätzt man auf 500 Millionen hl; darunter sind aber die bierähnlichen Getränke, wie sie auch bei unkultivierten Völkern,

z. B. den Kaffern, bei denen das aus Kaffernkorn bereitete Bier bei keiner Mahlzeit fehlt, im Hause gekocht werden, nicht allein unsre Hopfenbiere, verstanden.

Es ist gegenüber den Klagen der Menschen über Verschlechterung der Zeiten von großem Werte, dann und wann darauf hinzuweisen, wie das durchschnittliche Befinden des Einzelnen sich — wenigstens in materieller Beziehung — günstiger gestaltet hat, um die Darstellungen zu entkräften, welche die sozialdemokratischen Phrasenhelden von unsern bestehenden Verhältnissen in ihren Redeübungen gemacht haben. Das Bier eignet sich vortrefflich zu einem solchen Nachweis, und wenn wir gerade den Staat herausgreifen, in welchem es sozialdemokratischer Meinung nach gar nicht mehr auszuhalten ist, so muß diese Beweiskraft dadurch nur erhöht werden. In Preußen aber ergibt sich für den Kopf der Bevölkerung folgende Bierproduktion, welcher im großen und ganzen auch die Konsumtion entsprechen dürfte:

1860: $16{,}_{84}$	Quart,		1866: $22{,}_{84}$	Quart,
1861: $17{,}_{59}$	"		1867: $21{,}_{82}$	"
1862: $18{,}_{01}$	"		1868: $21{,}_{87}$	"
1863: $19{,}_{87}$	"		1869: $23{,}_{79}$	"
1864: $21{,}_{05}$	"		1870: $24{,}_{72}$	"
1865: $22{,}_{67}$	"		1871: $28{,}_{19}$	"

während 1853, also 18 Jahre früher, nur $13{,}_3$ Quart auf den Kopf kamen. Für das Etatsjahr 1883—84 beläuft sich der Bierverbrauch im ganzen Deutschen Reiche auf 39901149 hl; man gelangt zu dieser Summe, wenn man zur Produktionsmenge die Einfuhr fremden Bieres mit 108002 hl zurechnet und die Ausfuhr mit 1079965 hl in Abzug bringt; es entfällt dann auf den Kopf der Bevölkerung ein jährlicher Bierverbrauch von $87{,}_8$ l.

Die riesenmäßigsten Dimensionen unter den „Bierfabriken" nehmen auf dem Kontinent ohne Zweifel die Anlagen einer österreichischen Brauerei ein, der seit dem Jahre 1867 namentlich durch die Pariser Ausstellung weltbekannten Firma Dreher in Kleinschwechat bei Wien. Wir geben in Fig. 151 die Abbildung der Brauerei der genannten Firma. Dieselbe besteht schon seit 1632, verdankt ihren großen Aufschwung aber erst dem bekannten österreichischen Industriellen Anton Dreher, welcher vor wenigen Jahren gestorben ist. Sie umfaßte vor zehn Jahren mit den Mälzereien bereits einen Flächeninhalt von 15 Joch oder 24000 Quadratklaftern. Die Oberfläche der Darrhorden beträgt allein 600 Quadratklaftern und die Magazine zur Aufbewahrung des Malzes nehmen 60000 Metzen auf. Von den sechs Pfannen des Sudhauses faßt die größte 500 Eimer, und die tägliche Biererzeugung beläuft sich in den Betriebsmonaten auf 3800 Eimer. Die Arbeit wird meistens von Maschinen verrichtet.

Drei Dampfmaschinen, eine Lokomobile sowie eine Wasserkraft von zusammen 80 Pferdestärken liefern die nötigen Kräfte; drei Dampfkessel, je einer zu 50, 36 und 30 Pferdekraft, erzeugen die erforderlichen Dämpfe. Kühlschiffe gibt es 23 (von Metall), Gärbottiche 1236 mit einem Inhalt von 56000 Eimern. Die Lagerkeller, deren es 13 gibt, fassen 363000 Eimer; das Inventar an Faßgeschirr besteht aus circa 21000 Stück 1—2 Eimer haltenden Transportfässern und 4000 Stück Lagerfässern, von denen jedes durchschnittlich 90 Eimer faßt; doch gibt es von den letzteren auch zwei von 150 Eimern Inhalt.

Wenn wir noch hinzufügen, daß 72 Pferde und 240 Zugochsen die Beförderung auf sich nehmen, und daß in einem Jahre die gesamte Bierproduktion gegen $\frac{1}{2}$ Million Eimer beträgt, so denken wir genug Anhaltepunkte gegeben zu haben, um dies Unternehmen in seiner vollen Bedeutung zu schätzen und die Thätigkeit seines Schöpfers zu würdigen. Wir werden uns weniger darüber wundern, daß die Steuersumme, welche die Fabrik in einem Betriebsjahre entrichtet hat, die gewaltige Summe von einer Million Gulden erreicht, als darüber, daß im Jahre 1836 die Menge des erzeugten Bieres nur 26560 Eimer und die Steuersumme 33953 Gulden betrug, daß also in wenig mehr als 30 Jahren von einem einzigen Manne eine so enorme Vergrößerung dieser Brauerei ausgeführt worden ist. Außer der Brauerei in Kleinschwechat gehören zu demselben Unternehmen noch zwei andre Brauereien, deren eine in Steinbruch jährlich gegen 150000 Eimer, die andre in Micholup gegen 60000 Eimer Bier erzeugt, so daß die Gesamtproduktion der Dreherschen Fabriken über 700000 Eimer jährlich beträgt.

Fig. 151. Die Dreher'sche Brauerei in Kleinschwechat.

Die Praxis der Bierbrauerei. Die vielerlei Arbeiten, welche der Brauer mit der Gerste vorzunehmen hat, um daraus Bier zu erzeugen, lassen sich in drei wesentlich verschiedene Abteilungen scheiden, nämlich: 1) in die Umwandlung der Gerste in Malz, 2) in die Darstellung der Würze und 3) in die Gärung der letzteren. Die Mälzerei ist eine Arbeit, welche wir schon von der Branntweinbrennerei her kennen, die aber hier mit weit größerer Genauigkeit vollbracht werden muß als dort. In neuerer Zeit ist hier insofern auch eine Teilung der Arbeit eingetreten, als besondere Fabriken für Herstellung von Braumalz entstanden sind, aus denen die Brauereien ihren Bedarf beziehen. Es hat dies den doppelten Vorteil, einmal daß die weiten Räumlichkeiten, welche für die Mälzerei notwendig sind, in landwirtschaftlichen Gegenden angelegt werden können, wo Grund und Boden billiger ist als in den Orten, wo die großen Brauereien errichtet zu werden pflegen, wo auch die Arbeitslöhne weniger ins Gewicht fallen, dann aber auch, daß der Transport des fertigen Malzes geringere Kosten verursacht als der des schweren Getreides. Um Malz für Brauereizwecke zu erzeugen, schlägt man folgenden Weg ein. Die Gerste muß zunächst einer sorgfältigen Reinigung unterworfen werden, damit aller Schmutz, fremde Samenkörner u. s. w. entfernt werden; es geschieht dies auf besonderen Maschinen, wie sie auch in der Müllerei gebräuchlich sind; da ferner ungleich große Körner ein ungleichmäßig keimendes Malz geben, müssen dieselben durch die Sortiermaschine gesondert werden.

Die Gerste, welche man gewöhnlich, seltener Weizen oder Dinkel (Spelz), anwendet, wird in den Quellbottich oder Quellsack, der entweder aus Holz oder aus Mauerwerk mit Zementüberzug hergestellt ist, geschüttet, hier gewaschen, von den tauben Körnern getrennt und eingeweicht, um das zum Keimen erforderliche Wasser aufzusaugen; zu viel Wasser ist schädlich, zu wenig erheischt eine Nachhilfe durch Begießen während des Keimens. Die Zeit des Einweichens hängt von der Temperatur ab, im Winter 4—5, im Sommer nur zwei Tage. Man beurteilt die „Quellreife“ (d. h. den Zeitpunkt, zu welchem das Korn genügend mit Wasser getränkt ist) nach verschiedenen Kennzeichen, z. B. daß sich das Korn über den Nagel biegen läßt, ohne daß es bricht u. s. w.

Ist die Gerste nun genügend stark aufgequollen, so bringt man sie auf die Malztenne, die eine gleichbleibende Temperatur von 10—15°C. besitzt und mit glatten Steinen, welche keine Feuchtigkeit aufsaugen (wie die geschliffenen Kalksteinplatten von Solenhofen in Bayern), dicht belegt sein muß. Die Gerste wird in 10—12 cm hohe Haufen gesetzt und durch periodisches Umschaufeln, das „Widern“, welches schon nach einigen Stunden beginnt, gewendet, um die Feuchtigkeit und Wärme in den Haufen gleichmäßig zu verteilen. Die im Korn vorgehenden Umänderungen machen sich alsbald durch eine Temperaturerhöhung bemerklich; je öfter die Haufen „gewidert“ werden, um so geringer ist die Erwärmung. Die Praxis der Mälzer geht, bezüglich der in den Haufen vorherrschenden Temperatur, sehr auseinander; in England und in Wien sucht man die Temperatur niedrig zu halten und widmet dem Keimprozeß längere Zeit (etwa 14 Tage), an andern Orten beschleunigt man das Mälzen und fürchtet eine etwas höhere Temperatur nicht. Um die Temperatur in den Haufen zu mäßigen, werden sie beim Umschaufeln immer flacher gemacht. Der Stoffwechsel im Innern des Korns verrät sich durch den eigentümlichen Geruch, der sich aus dem Malzhaufen entwickelt; dem ursprünglichen Geruch der Gerste folgt ein Geruch nach Obst, später nach geschälten Gurken.

Ist das Korn genügend gemälzt, was man daran erkennt, daß die Würzelchen ziemlich die 1½ fache Länge des Korns erhalten haben, so wird der Keimprozeß unterbrochen, das Grünmalz wird auf einem luftigen Boden, dem Schwelkboden, mit der Wurfschaufel häufig in die Luft geworfen, wodurch es rasch abwelkt und lufttrocken wird. Dieses Schwelkmalz wird sodann auf die Darre gebracht und bei allmählich gesteigerter Temperatur vollkommen ausgetrocknet. Die Darre besteht aus einer Ebene von durchlöcherten Blechtafeln oder Drahtgeflecht, durch welche erhitzte Luft emporsteigt und das darauf ausgebreitete Malz durchstreicht. Neuerdings legt man zwei oder mehrere solcher Trockenböden übereinander (Doppeldarre) und erspart dadurch das Schwelken, indem man das Grünmalz direkt auf das obere Stockwerk bringt, welches von der etwas feuchten, aber noch sehr warmen Luft, die von dem unteren Stockwerk abzieht, durchstrichen wird. Das lufttrockene Malz läßt man sodann auf die entleerte untere Darrfläche herniederfallen, wo es vollkommen austrocknet. Wird das

Grünmalz zu rasch in hohe Temperatur gebracht, so verwandelt sich das darin enthaltene Stärkemehl in Kleister, der zu einer harten und unauflöslichen Masse austrocknet (Glas- oder Steinmalz). Solches Malz liefert wenig Extrakt und dünnes Bier. Die an dem Darrmalz noch haftenden Keime brechen bei dem Darren ab und wurden früher durch Abtreten vollständig entfernt; jetzt hat man zu diesem Zweck besondere Putzmaschinen. 100 kg Gerste liefern 80—85 kg keimfreies Darrmalz. Die Malzkeime sind ein ungemein nahrhaftes Futter, 100 kg derselben ersetzen 375 kg Heu.

Die Umwandlung der Gerste in Malz hat einen mehrfachen Zweck und ist sogar unbedingt nötig, denn aus ungemalzter Gerste kann man überhaupt kein Bier brauen.

Fig. 152. Inneres einer Brauerei in London.

Beim Keimen wird nämlich ein Teil der stickstoffhaltigen Substanz so verändert, daß sich sogenannte Diastase bildet, eine Substanz, die das Vermögen besitzt, Stärkemehl in Dextrin und Zucker umzuwandeln; ferner erlangt die Gerste durch das Malzen eine größere Haltbarkeit, so daß sie länger aufbewahrt werden kann, sowie auch einen besonderen angenehm aromatischen Geruch und Geschmack. Der hierbei entstehende Zucker heißt Maltose.

Auf dem Gebiete der Malzbereitung sind auch verschiedene Vorschläge zu Verbesserungen gemacht worden; zu diesen gehört unter anderm das pneumatische Malzverfahren von Galland. Dieses Verfahren verfolgt das Prinzip, das Keimen der Gerste unter Zuführung von stets reiner Luft bei stets gleicher Feuchtigkeit und gleichbleibender Temperatur zu bewirken. Fig. 153 zeigt zunächst einen Behälter M zur Aufnahme der gequellten Gerste, dessen Boden aus gelochtem Blech oder Drahtgewebe gebildet ist. Hier wird durch die keimende Gerste ein Strom reiner Luft mit Hilfe des Saugers N geleitet. Um die Luft anzufeuchten, zu reinigen und auf die erforderliche Temperatur zu bringen, leitet man sie durch den Koksturm C, in welchem ein feinzerteilter Regen von Wasser auf die Luft wirkt. Der Raum, in welchem die Gerste keimt, ist geschlossen, der

Sauger entfernt die Luft aus dem Raume, welcher sich unter dem durchlochten Boden befindet, und treibt sie durch den Koksturm in den Raum über dem Keimbehälter. Zuvor wird sie noch durch Kalkmilch, welche sich in dem Gefäße Q befindet, von der Kohlensäure befreit, indem die drehbare Schraube B sich immer mit Kalkmilch anfeuchtet.

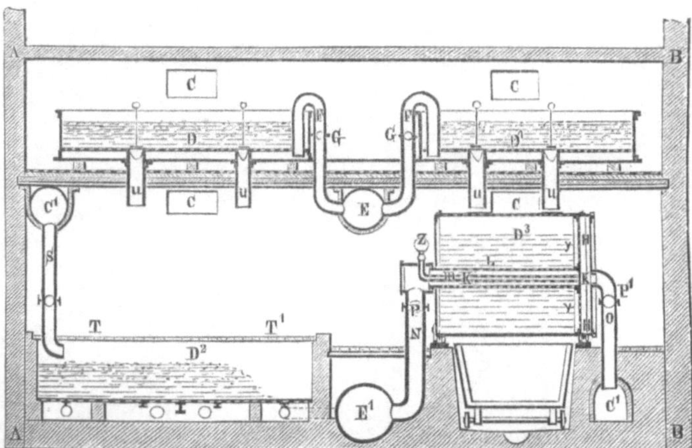

Fig. 154 und 155 zeigen uns die Gesamtanordnung einer pneumatischen Mälzerei, welche nach der neuesten Gallandschen Methode angelegt ist, und zwar Fig. 154 die Anordnung der Quellbottiche und Keimbehälter, Fig. 155 die Gesamtanordnung der Mälzerei. In dem oberen Stockwerk, Fig. 154, sehen wir die Quellbottiche DD¹ mit einem durchlöcherten falschen Boden versehen. Die Quellbottiche befinden sich über der unbeweglichen Keimabteilung D¹ und über dem rotierenden Cylinder D³. Vermittelst der Röhre F stehen die Quellbottiche mit dem Luftsauger E in Verbindung.

Fig. 153. Gallands pneumatisches Malzverfahren.

Die Gerste wird ungefähr 50 Stunden mittels abwechselnden Einwässerns und Begießens vollständig mit Wasser gesättigt und dann mittels eines frischen aus dem Koksturm kommenden Luftstroms während weiterer 50 Stunden zum Treiben der ersten Wurzeln gebracht. Darauf wird sie durch die Rohre u den Keimbehältern D²D³ zugeführt. Die Mantelfläche des Cylinders D³ ist vollständig durchlocht, die Böden sind geschlossen. In der Entfernung von 100 mm vom Boden H ist eine Scheidewand y angebracht, die außer dem mittleren Teil K durchlocht ist. Gegen K stützt

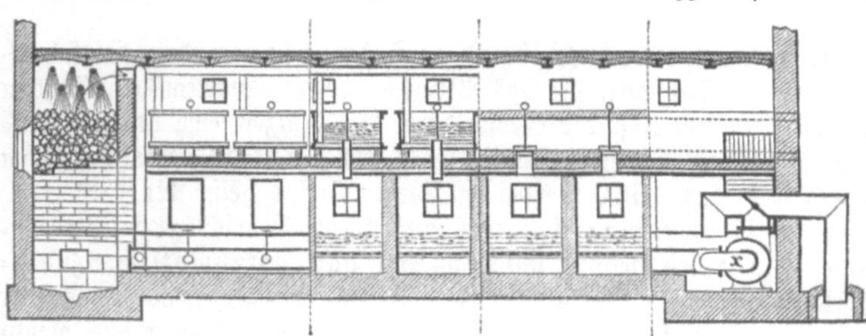

Fig. 154. Gallands pneumatischer Malzapparat.

sich ein Cylinder L, dessen Mantel durchbohrt und dessen andres Ende m offen ist. Durch ein Leitungsrohr N steht der Cylinder L mit einem Sauggebläse und durch das Rohr O mit dem warme Luft zuführenden Kanal C¹ in Verbindung. In dem Cylinder L ist ein durchlochtes gekrümmtes Rohr K angebracht, durch welches Wasser zugeleitet werden kann, um die Gerste erforderlichen Falls wieder anzufeuchten.

Fig. 155. Gesamtanordnung von Gallands Malzapparat.

Nachdem die Gerste in den Cylinder gebracht ist, wird er in Drehung versetzt und durch entsprechendes Öffnen der Klappen P oder P¹ der Gerste frische feuchte oder warme Luft zugeführt.

Bei der feststehenden Keimabteilung D² ist dieselbe Anordnung getroffen wie wir in Fig. 153 gesehen haben, nur ist noch zu dem Zweck, warme Luft in das Keimgut zu leiten,

ein Warmluftkanal C¹ angeordnet, aus welchem die warme Luft durch das Rohr T in den
Keimbehälter geführt wird. Während der Warmluftzuführung wird der Keimbehälter durch
den Deckel T¹ geschlossen.

In Fig. 155, die Gesamtanordnung der Mälzerei darstellend, ist links der Koksturm,
welcher die kalte und feuchte Luft für die in der oberen Etage stehenden Quellbottiche und
für die darunter befindlichen Keimbehälter liefert. Diese sind hier durch Mauerwerk voneinander getrennt, weil während der Zuleitung der warmen Luft das Auflegen der Deckel
bei der Größe der Behälter zu beschwerlich wäre. Durch geeignete Klappenstellungen wird
die Zufuhr von warmer oder kalter Luft durch den Ventilator x bewirkt.

Aus dem Malz sollen nun die löslichen Bestandteile ausgezogen werden. Zu diesem
Zwecke muß es zerkleinert, ge-
schroten werden, und entweder
wird es im angefeuchteten Zustande
zwischen gewöhnlichen Mühlsteinen,
oder trocken zwischen den glatten
oder geriffelten Walzen der Walz-
schrotmühlen zerdrückt. Für Länder, in welchen die Braustеuer nach
der Menge des geschrotenen Malzes
erhoben wird, hat man Malzschrot-
mühlen mit selbstthätigem Meßapparat, wie eine solche Fig. 156
zeigt. Der Apparat enthält einen
sinnreichen Mechanismus, der zur
exakten Durchführung einer vollkommenen Gleichmäßigkeit des zu
schrotenden Malzquantums für jedes
Gebräu dient; zu diesem Zwecke
dient ein über der Zähluhr befindliches Zifferblatt mit einem drehbaren Zeiger, der bei dem Beginn
der Arbeit auf die Zahl des zu
schrotenden Quantums gerückt wird;
die Mühle stellt dann ohne Rücksicht
auf ihren Mehrinhalt von selbst ab,
sobald das gewünschte Quantum
fertig geschroten ist. Ebenso bleibt
die Maschine sofort stehen, sowie sie
reparaturbedürftig wird.

Die Operationen, mittels welcher das Malzschrot durch Wasser
bei höherer Temperatur zum Teil
auflöslich gemacht wird und die

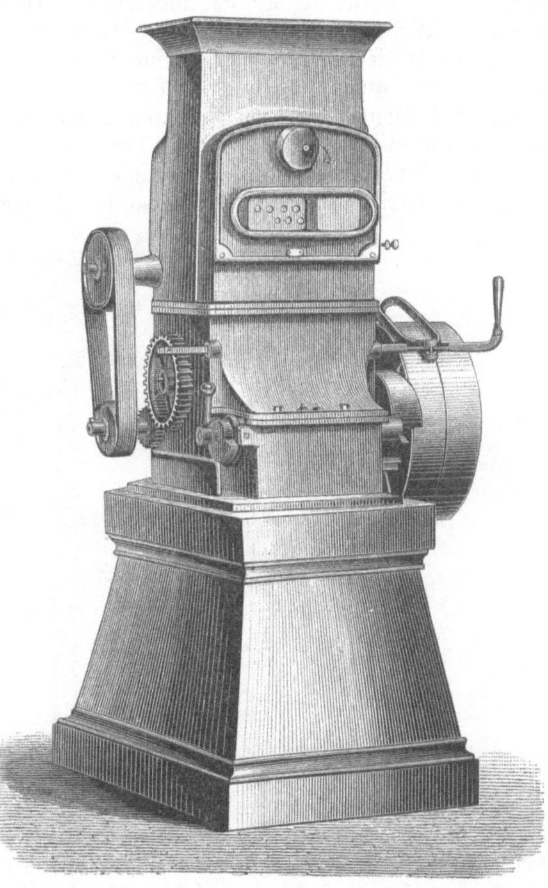

Fig. 156. Bolzano-Riedingers Malzschrotmühle mit Meßapparat.

löslichen Teile in die Bierwürze übergeführt werden, nennt man das Maischen. Wir
haben das Maischen ebenfalls schon bei der Spiritusbereitung kennen gelernt und verweisen
unsre Leser deshalb auf jene Seiten, wo manche Punkte eine ausführlichere Besprechung
gefunden haben. Die Art und Weise der Durchführung in der Bierbrauerei bleibt sich
jedoch nicht überall gleich und bedingt wesentliche Unterschiede im Charakter des daraus
entspringenden Bieres. Alle Maischverfahren stimmen indessen darin überein, daß die
Temperatur in dem Maischbottich — d. i. dem Behälter für das Gemisch aus Malzschrot
und Wasser, die Maische — im Verlaufe zwar erhöht wird, aber nicht über 75° C. steigen
darf, solange nicht alles Stärkemehl umgewandelt ist. Nachdem also das Malzschrot im
Bottich zuvor mit der erforderlichen Menge kalten oder warmen Wassers gemischt (eingeteigt)
worden ist, wird nun die Steigerung der Temperatur hervorgebracht, entweder durch Zusatz
von siedendem Wasser (Infusions- oder Lautermaischverfahren) oder durch Kochen von

einem Teil der dickeren Maischteile im Braukessel und durch Zurückbringen der siedend
heißen Masse in den Bottich (Dickmaischbrauerei), oder durch Kochen eines Teils der ab=
gezapften trüben Würze und Zurückbringen derselben in den Bottich (Lautermaischbrauerei),
oder endlich durch Einleiten von Wasserdampf. Nach welcher Methode nun auch gearbeitet
werden mag, stets muß für ununterbrochenes Umrühren der Masse gesorgt werden; in
kleinen Brauereien besorgt man dies mit der Hand (durch sogenannte Maischbretter oder
Maischglitter), beim größeren Betrieb liegt diese Arbeit besonderen Apparaten, den Maisch=
maschinen, ob.

Ein solcher Maischapparat, wie er in größeren Brauereien gebraucht wird, ist in
Fig. 157 abgebildet; er ist in der Regel aus Kupferblech hergestellt und äußerlich mit einer
Holzwand versehen, um dem Wärmeverluste möglichst vorzubeugen. Im Innern wird er
von einer Welle durchsetzt, welche die Rührarme A und B bewegt. Von diesen arbeiten
die Flügel B die Flüssigkeit nur in horizontaler Richtung um, während durch die konischen
Räder G die Flügel A eine Umdrehung um die horizontale Welle erfahren, so daß der
Inhalt des Bottichs auch von oben nach unten ineinander gemengt wird. Der Bottich hat
einen durchlöcherten falschen Boden, der dazu dient, die ausgezogenen Treber nach jeder
Operation herauszuheben; außerdem sind Röhren zur Zuleitung des warmen Wassers vor=
handen sowie eine andre R zur Ableitung des Auszugs nach Beendigung des Maischprozesses.

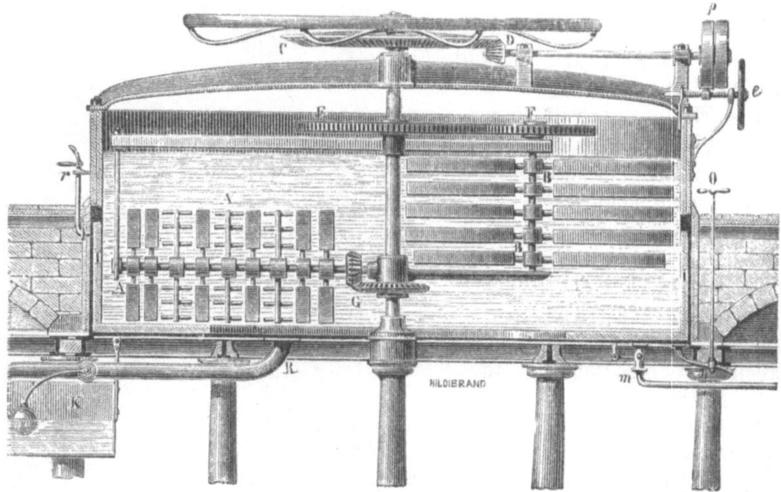

Fig. 157. Maischapparat mit mechanischer Rührvorrichtung.

Da, wie wir schon bei der Branntweinbrennerei gesehen haben, der Zweck des Maischens
der ist, die in dem Malzschrot enthaltene Stärke in Zucker umzuwandeln, so muß, ehe man
diesen Prozeß unterbricht, das Gemenge untersucht werden, und erst nachdem man sich
vergewissert hat, daß kein unzersetzter Stärkekleister mehr vorhanden ist, geht man zur
Trennung der Würze — des flüssigen Teils der Maische — von den Trebern — den
festen Rückständen über. Die Umwandlung des Stärkemehls in Zucker erfordert aber eine
gewisse Zeit. Man läßt deshalb die Maische eine Zeitlang „auf der Ruhe" stehen. Zur
Prüfung der Würze auf die Gegenwart von Stärke dient die Jodprobe, welche aber
leider nur den wenigsten Brauern geläufig ist. Eine kleine Menge Jod (ein schwarzgrauer,
metallglänzender, kristallisierter Körper von starkem, erstickendem Geruch und in seinem
chemischen Verhalten viel Analoges mit dem gasförmigen Chlor bietend) wird in einem
Glase mit Wasser übergossen, dem man einige Körnchen Jodkalium zusetzt, und öfters um=
geschüttelt, so daß sich ein Teil davon im Wasser auflöst. Von dieser klaren, weinfarbigen
Flüssigkeit gießt man etwas in ein Gläschen und setzt ein paar Tropfen Würze hinzu; so=
lange noch eine blaue Färbung eintritt, ist noch unveränderte Stärke vorhanden, und man
muß in diesem Falle die Maische noch länger auf der Ruhe stehen lassen. Widersteht aber
trotzdem der Kleister seiner Umwandlung, so war die Temperatur beim Maischen zu

hoch getrieben, und man kann dann nur durch nachträgliches Zusetzen einer kleinen Quantität Malzschrotes und anhaltendes Durchmaischen diesen schädlichen Kleistergehalt aus dem Wege räumen.

Die Würze wird nun von den Trebern durch Filtration getrennt, abgeläutert. Meistens befindet sich die dazu notwendige Vorrichtung (ein mit kleinen Löchern oder Ritzen versehener Seihboden von Kupfer oder Eisen) im Maischbottich selbst, auch hat man besondere Seihbottiche oder Läuterkasten für diesen Zweck. Man öffnet den unter dem Seihboden angebrachten Kran und läßt die Würze in den in die Erde versenkten Behälter von Zement — den Grand — abfließen; die zuerst abrinnende trübe Würze wird so lange in den Bottich zurückgebracht, bis eine klare Flüssigkeit erscheint, die dann in den Braukessel gegeben wird.

Um alle in den Trebern steckende Würze zu gewinnen, macht man den Nachguß, indem man die Treber — nachdem nichts mehr abrinnt — mit heißem Wasser anrührt und die Nachwürze abläutert. Besser ist die in Schottland heimische und neuerdings auch in Deutschland eingebürgerte Anwendung des Drehkreuzes. Diese einfache Vorrichtung besteht aus drei bis vier Metallröhren, die an dem einen Ende verschlossen und seitwärts (stets nach derselben Richtung) mit einer Reihe kleiner Löcher versehen sind; diese Röhren münden in eine Schale, deren Boden genau im Mittelpunkte eine Pfanne trägt, vermöge welcher sie, auf einen im Mittelpunkt des Bottichs angebrachten Dorn gesetzt, in eine rotierende Bewegung gebracht werden kann. Leitet man nun in die Schale des Drehkreuzes heißes Wasser, so spritzt dieses durch die Seitenöffnungen der Arme aus und treibt dadurch das Drehkreuz in eine entgegengesetzte Bewegung (s. Fig. 158, wie der Zeiger der Uhr läuft), genau so, wie beim Segnerschen Wasserrad. Dieser Apparat zum Anschwänzen gelangt aber nur dann zu seiner vollen Wirkung, wenn er gleich beim Beginn des Abläuterns in Thätigkeit gesetzt wird und die Strahlen desselben auf den Spiegel der Würze, nicht aber auf die bloßliegenden Treber fallen. Das leichtere Wasser lagert sich dann auf der schweren Würze,

Fig. 158. Das Drehkreuz.

wie Öl auf dem Wasser, verdrängt die Würze aus den Trebern und treibt sie vor sich her, ganz so, wie beim Decken des Zuckers das Wasser die Melasse verdrängt. Die zurückbleibenden Treber bilden ein sehr gutes Viehfutter; sie halten sich aber in diesem feuchten Zustande nicht lange, sondern werden bald sauer und sind dann für das Vieh nicht mehr zuträglich. In neuester Zeit hat man jedoch Apparate eingeführt (Theisen, Weerth & Comp. in München), mittels welcher die Treber bei verhältnismäßig niedriger Temperatur schnell vollständig ausgetrocknet werden, so daß sie eine unbeschränkte Haltbarkeit besitzen und sich gut versenden lassen.

Die verschiedenen Aufgüsse kommen nun in entsprechendem Verhältnis zusammen. Wenn es darauf ankommt, immer Bier von gleichbleibender Beschaffenheit zu erzeugen, so hat man darauf zu achten, daß die Würze auch immer denselben Gehalt habe. Von den Hauptbestandteilen des fertigen Bieres, Malzextrakt und Alkohol, entsteht der letztere aus dem Zuckergehalt der Würze, und zwar in dem Verhältnis, daß immer zwei Prozent Zuckergehalt der Würze ein Prozent Alkohol in das Bier liefern. Die richtige Prüfung auf den Zuckergehalt der Würze ist daher eine wichtige Aufgabe für den Brauer; sie wird mit Hilfe des Saccharometers, eines Aräometers, ausgeführt. Die Erfahrung hat nun gelehrt, daß jede Würze einige Zeit gekocht werden muß, ehe man sie vergären lassen darf.

Die Apparate, in denen dies geschieht, heißen das „Sudwerk" und befinden sich im eigentlichen Brauhause. Das Versieden geschah früher allgemein über freiem Feuer und meistens auch in offenen Pfannen. Man ist in besser geleiteten Brauereien davon mit der

Zeit zurückgekommen und hat bessere Siedevorrichtungen eingeführt. Eine solche zeigt uns Fig. 159 im Durchschnitt. Der Kessel A ist mit einem Helme überdeckt, aus welchem ein Abzugsrohr B für die entweichenden Dämpfe in den Schornstein führt; das Rührkreuz D wird mittels der Transmission E in Bewegung gesetzt und verhindert ein Anbrennen der Würze. Im Innern des Kessels befindet sich nun außerdem noch ein Schlangenrohr, das in unsrer Abbildung doppelt läuft und vier übereinander liegende Windungen C hat, die man im Durchschnitt sieht. Dieses Rohr ist von sehr wichtigem Einfluß; denn dadurch, daß man durch dasselbe kaltes Wasser strömen läßt, kann man die Würze, wenn das Kochen beendet ist, rasch auf einen beliebigen Temperaturgrad abkühlen; anderseits kann man aber durch ein ähnliches Rohr das Kochen der Würze mittels durchgeleiteten Dampf bewirken.

Fig. 159. Durchschnitt der Siedepfanne.

Die Einführung des Dampfes in den Brauprozeß hat in die Brauhäuser, die ehedem in betreff der Reinlichkeit oft sehr vieles zu wünschen übrig ließen, mehr Sauberkeit gebracht. Einen solchen Sudsaal zeigt uns Fig. 160. Auf der ersten Etage erblickt man die vier Pfannen A^1, A^2, A^3 und A^4, in welchen die Würze sowie auch die Dickmaische gekocht wird; sie haben doppelte Böden, zwischen welchen der Dampf eintritt. Im Boden stehen die beiden Maischbottiche B B. Jeder Bottich hat seine Maischmaschine D, welche durch die Dampfmaschine bewegt wird. Die Pumpen C C bringen die Dickmaische aus den Bottichen in die Pfannen. Die Hähne I I lassen den Dampf zwischen die doppelten Böden der Pfannen eintreten, von wo er durch die Hähne und Röhren J J wieder nach dem außerhalb des Sudhauses befindlichen Dampferzeuger zurückgeht.

Fig. 160. Sudwerk.

Die abgeläuterten Würzen (Hauptwürze und Nachwürze) werden nun entweder zu=
sammen in den Kessel gebracht, oder man verarbeitet die Hauptwürze für sich zu einem
feinen Bier und verwendet die Nachwürze zu einem geringen, mehr auf das Durstlöschen
berechneten Bier für Arbeiter (wie z. B. der Hansla oder Heinsling in Hamburg). Diese
letztere Praxis finden wir bereits 1482 in den deutschen Klöstern, wo das stärkere Bier
für die Herren Patres und das Nachbier für den Konvent bestimmt war (daher in manchen
Gegenden auch das Nachbier noch den Namen Konvent oder Kovent führt).

In dem Braukessel wird die Würze mit dem Hopfen gekocht, dessen Bekanntschaft wir
schon früher (Narkotika) gemacht haben. Das Hopfenharz des Hopfens löst sich in der
süßen Würze auf, das flüchtige Öl geht natürlich meistens in die Luft und parfümiert die
Umgebungen des Sudhauses. Je länger die Würze mit dem Hopfen gekocht wird, um so
weniger fein werden die daraus hervorgehenden Biere; der lakritzenartige Geschmack mancher
Biere entspringt zum Teil daher. Daher kocht man auch in den Fällen, wo die Würze nicht
konzentriert genug ist, für das in Aussicht genommene Bier dieselbe vorher, ehe man den
Hopfen zusetzt, auf die erforderliche Stärke ein und bringt dann erst die aromatischen Be=
standteile hinzu, wenn das Ganze nur noch kurze Zeit der Siedehitze ausgesetzt werden
darf. — Das Quantum Hopfen, welches zur Verwendung kommt, ist von der Geschmacks=
richtung der Konsumenten abhängig; auf 1000 l Würze verbraucht man z. B. in München
und Prag etwa 1—2 kg, in Bamberg 2—4 kg, in England (zu Porter) 6 kg und (zu
Indian pale ale) 16 kg Hopfen.

Fig. 161.   Das Kühlschiff (Reinigen desselben).

Der Hopfen soll dem Bier ein angenehmes Bitter erteilen und die Gärung verlang=
samen, hat aber auch noch den sehr wichtigen Zweck, durch seinen Gerbsäuregehalt beim
Würzenkochen eine Klärung der Würze zu veranlassen; man sagt: „die Würze bricht sich“;
der Pflanzenleim scheidet sich in Verbindung mit Gerbsäure in Flocken ab, während ein
andrer Teil der eiweißartigen Stoffe gelöst bleibt und sich braun färbt. Diese gebräunten
Eiweißstoffe sind es hauptsächlich, welche unserm Getränk den Charakter eines „Bieres“ auf=
prägen und ihm den „vollen“ Geschmack verleihen — je mehr Eiweißstoffe, um so mehr
Körper hat das Bier — und das anhaltende Kochen der Maische gibt dem bayrischen Biere
die „Vollmundigkeit“, während ein Bier aus ungekochten Würzen (wie z. B. das Berliner
Weißbier) diese Eigenschaft vollkommen entbehrt. Unter den Eiweißstoffen ist auch einer
wie der in den Eiern gerinnbar und scheidet sich deshalb beim Kochen als Schaum ab.

Die gekochte Würze muß nun in möglichst kurzer Zeit abgekühlt werden; zu diesem
Behufe wird sie, wie wir schon gesehen haben, mitunter gleich auf der Siedepfanne durch
kalte Wasserröhren gekühlt oder sonstigen Abkühlungsverfahren unterworfen, in der Regel
aber auf das sogenannte Kühlschiff gebracht, nachdem sie zuvor, um den Hopfen zu ent=
fernen, durch den Hopfenseiher geleitet worden ist. Diese Kühlschiffe, große viereckige
flache Behälter von Eisenblech, müssen eine freie, dem Luftzug zugängliche Lage haben.

Neuerdings hat man gußeiserne Kühlschiffe in Anwendung gebracht, welche den Brauereien allerdings ganz wesentliche Vorteile versprechen. Einmal behalten sie ihre Form bei weitem besser, sie bleiben vollkommen eben, dann aber sind sie viel dauerhafter als selbst die aus Backsteinen oder den verschiedenen Blechsorten gefertigten, und ihre Kühlfähigkeit ist mindestens ebenso groß wie die aller andern. Namentlich den früheren hölzernen gegenüber, welche außer= dem dem Übelstande der Ansäuerung leicht ausgesetzt waren, kommen die Vorzüge der guß= eisernen Kühlschiffe sehr in Betracht. In den Kühlschiffen soll die Würze nicht über 10 cm hoch stehen. Bezweckt man, die Würze demnächst durch Oberhefe in Gärung zu bringen, so ist eine Abkühlung bis auf 10—15° ausreichend, für Untergärung dagegen darf die Temperatur nicht über 5—8° C. hinausgehen. Die Abkühlung auf den Kühlschiffen ge= schieht vorzugsweise durch Verdunstung des Wassers, und wurde früher dadurch beschleunigt, daß man durch das Aufkühlen, d. h. Aufrühren der Würze mittels einer Krücke, die Flüssigkeit mehr mit der Luft in Berührung bringt. Jetzt geschieht dies nicht mehr und auch die rotierenden Windfächer u. s. w., die über dem Würzespiegel angebracht sind, wie in dem Fig. 161 abgebildeten Kühlschiff, sieht man jetzt nur noch selten.

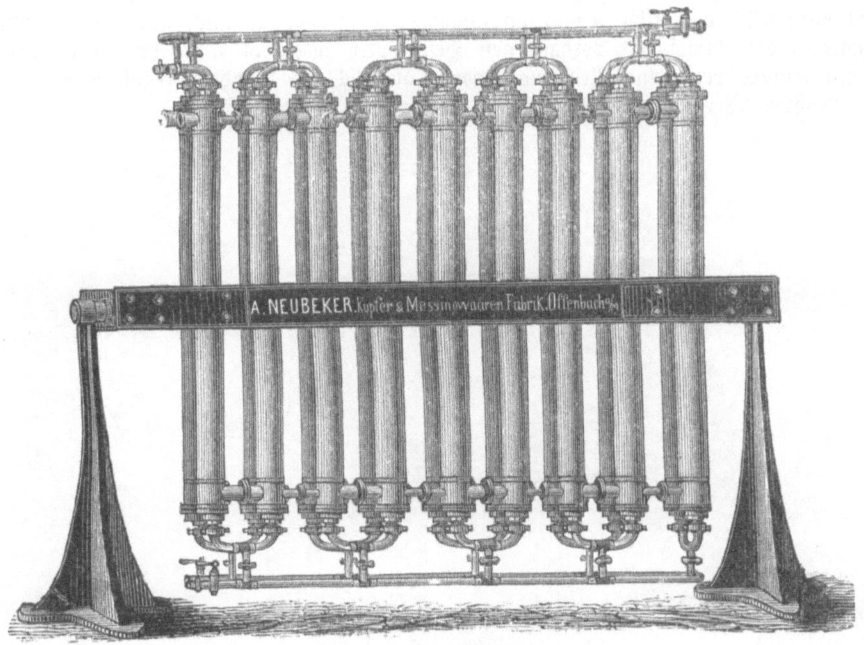

Fig. 162. Röhrenkühlapparat.

Neuerdings benutzt man besondere Kühlapparate, z. B. flache Kästen von Eisenblech und mit Eis gefüllt, die auf der Würze umherschwimmen und durch welche es unter Mit= anwendung von Eis selbst im Sommer zu ermöglichen ist, die mit etwa 25° vom Kühl= schiffe abfließende Würze bis zu 3° abzukühlen; gewöhnlich aber wendet man einen der verschiedenen Kühlapparate an, die man in Röhrenkühlapparate und Berieselungs= kühler einteilen kann.

Beide Systeme werden durch die Fig. 162 und 163 veranschaulicht. In Fig. 162 sehen wir einen Gegenstromkühlapparat, welcher von Neubecker in Offenbach a. M. erfunden ist. Die Würze wird durch die eine der engen Röhren eingeführt, durchläuft den Kühlapparat und tritt durch die andre enge Röhre gekühlt wieder aus. Das Kühlwasser wird durch weite, die engen Röhren umgebende Rohre geleitet, und zwar derartig, daß das kälteste Wasser der am meisten abgekühlten Würze begegnet, um so den größten Nutz= effekt des Kühlwassers zu erzielen.

Die Fig. 163 und 164 stellen den Lawrenceschen Berieselungskühler dar. Derselbe ist aus Blechen, welche nach der in Fig. 164 angegebenen Weise gebogen sind, hergestellt.

In den so gebildeten Zwischenraum wird das Kühlwasser geleitet, und zwar tritt bei E Eiswasser ein, welches bei F wieder ausfließt, um in dem oberen Teil durch Brunnenwasser ersetzt zu werden, welches bei C ein= und bei D ausfließt. Die Würze wird bei A in den den Apparat oben abschließenden Trog geleitet, von welchem aus sie durch feine Löcher über beide Außenflächen der Bleche hinabrieselt. Die Würze sammelt sich unten an und wird von da in den Gärbottich geleitet. Der ganze Apparat ist mit einem Dache überdeckt, um die Würze vor Verunreinigungen zu schützen.

Die Gärung der Würze ist also die zweite Hauptperiode, in welche die abgekühlte Flüssigkeit übergeführt werden muß. Man läßt sie in großen Bottichen vor sich gehen, nachdem die Würze von den ausgeschiedenen Eiweißflocken (dem Kühlgeläger) sorgfältig befreit worden ist, und leitet sie ein durch innige Vermischung mit der erforderlichen und je nach der Temperatur der Würze und des Gärraumes verschiedenen Menge von Hefe: man „stellt" die Würze. Je weniger Hefe zum Stellen verwendet wird, um so langsamer ist der Verlauf der Gärung. Man unterscheidet Untergärung und Obergärung. Die erstere verläuft sehr langsam und wird durch Unterhefe eingeleitet, die andre dagegen geht rascher vor sich und läßt sich durch Zusatz von Oberhefe bewirken. Die Würze würde übrigens auch allmählich von selbst in Gärung kommen, wenn man sie auch nur dem Einfluß der immer in der Atmosphäre vorhandenen Hefensporen ausgesetzt läßt, und zwar tritt dann immer Untergärung ein; allein man wartet dies nicht ab, sondern reguliert den Vorgang in gedachter Weise durch entsprechenden Hefenzusatz.

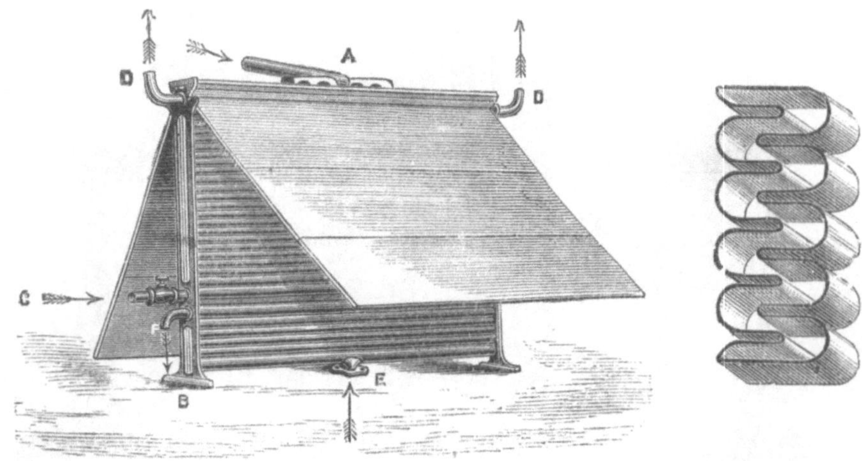

Fig. 163 und 164. Lawrencescher Berieselungsapparat.

Die Untergärung braucht auf 10000 l Würze etwa 30 l dickbreiige Hefe. Nach etwa 24 Stunden wird die Oberfläche des Bieres mit einer feinen, rahmartigen Decke über= zogen sein. Der Schaum steigt allmählich immer höher und bekommt später ein zackiges Aussehen (Kräusen), letzteres ist eine Folge des bei der Gärung zum Teil ausgeschiedenen klebrigen Hopfenharzes, die gelblichbraunen Flecken auf den Kräusen besitzen daher auch einen intensiv bitteren Geschmack. Nach und nach fallen die oft wie Felsenspitzen empor= getürmten Kräusen zusammen, es tritt Ruhe an der Oberfläche ein und die Hefe senkt sich allgemach zu Boden, so daß man das ziemlich klare Jungbier auf Fässer zapfen kann.

Bei der Untergärung hat der Brauer immer die größte Aufmerksamkeit darauf zu verwenden, daß sie nicht zu rasch verläuft; nur durch einen langsam vor sich gehenden Prozeß wird man ein feines Getränk erzielen. Zur Verzögerung der Gärung ist es daher vor allem notwendig, der Temperaturerhöhung, welche sich infolge der Gärung einstellt, einen Zaum anzulegen. Es dienen dazu die Eisschwimmer, flache metallene Gefäße, die, mit Eis gefüllt, auf der Flüssigkeit schwimmen.

Die Obergärung zeigt sich in etwas andrer Weise, weil der größte Teil der neu= gebildeten Hefe durch die Kohlensäure an die Oberfläche getrieben wird, wo man sie bei

Bottichgärung abnimmt, bei Faßgärung durch das Spundloch ausfließen läßt. Die mit Bier gefüllten Fässer werden so lange spundvoll erhalten, bis sich im Spundloch ein feiner weißer Schaum zeigt; das Bier ist dann auch klar geworden.

Die Obergärung verläuft in weit kürzerer Zeit als die Untergärung, die Zersetzung des Zuckers schreitet dabei nicht so weit vor wie dort, und deshalb sind die obergärigen Biere am Schluß der Gärung süßer als die untergärigen. Leider behandelt man bei uns die obergärigen Biere sehr nachlässig, dieselben werden deshalb sehr leicht sauer; es ist aber Unrecht, diesen Umstand der Obergärung an sich zur Last zu legen. . Daß bei rationellem Betriebe obergärige Biere eine ganz ausgezeichnete Haltbarkeit besitzen können, zeigen die englischen Biere, welche alle, vom Porter bis zum feinsten Ale, obergärig sind.

Mit der zunehmenden Vergrößerung der Brauereien und der Vervollkommnung sämtlicher Brauapparate hat sich auch das Bedürfnis geltend gemacht, Arbeiten, die früher nur durch Menschenhand verrichtet wurden, durch Maschinen ausführen zu lassen, um auf diese Weise an Zeit und Kosten zu sparen. So hat man jetzt Faßpichmaschinen, Faßreinigungsmaschinen, Bierabfüllapparate (auf Flaschen) u. s. w.; so hat z. B. Pohl eine Maschine konstruiert, welche zur äußerlichen Reinigung der Fässer dient, aber auch gleichzeitig für die innere benutzt werden kann. Mittels dieser Maschine kann man 175—200 Stück Transportfässer von 15 bis 200 l Inhalt pro Stunde äußerlich reinigen. Die Fässer befinden sich hierbei in beständiger Drehbewegung und werden dabei fortwährend, wie Fig. 165 zeigt, mit Bürsten bearbeitet und mit Wasserstrahlen aus der an der Maschine befindlichen Wasserleitung bespritzt. Eine andre, zur inneren Reinigung der Fässer bestimmte Maschine ist die von Johnson, Clark & Co. in Fig. 166 abgebildete.

Der Brauereibetrieb war früher so geregelt, daß während der wärmeren Jahreszeit nicht gebraut wurde. Es mußte also der Sommerbedarf ebenfalls in der kälteren Jahreszeit beschafft werden, und man braute deswegen und auch vielfach jetzt noch besonderes Sommer= oder Lagerbier, während das etwas leichtere Winter= oder Schenkbier für den alsbaldigen Verbrauch berechnet ist. Jetzt wird in allen größeren Brauereien das ganze Jahr hindurch gebraut; man hat Luftkühlmaschinen, die die Gärräume und Keller kühl halten, gewöhnlich sind auch Eismaschinen mit jenen verbunden. Eine solche kombinierte Maschine nach dem Systeme von Osenbrück & Co. in Hemmelingen ist in Fig. 167 (Durchschnitt) und 168 (Grundriß) abgebildet. Dieselbe besteht aus folgenden Teilen: A ist der Destillationsapparat zur Erzeugung von Ammoniakgas, oberhalb desselben befindet sich der Kühler B; derselbe ist aus starkem Eisenblech gefertigt und hat in seinem Innern Spiralen aus gezogenen Eisenröhren, welche mit dem Destillator A in Verbindung sind.

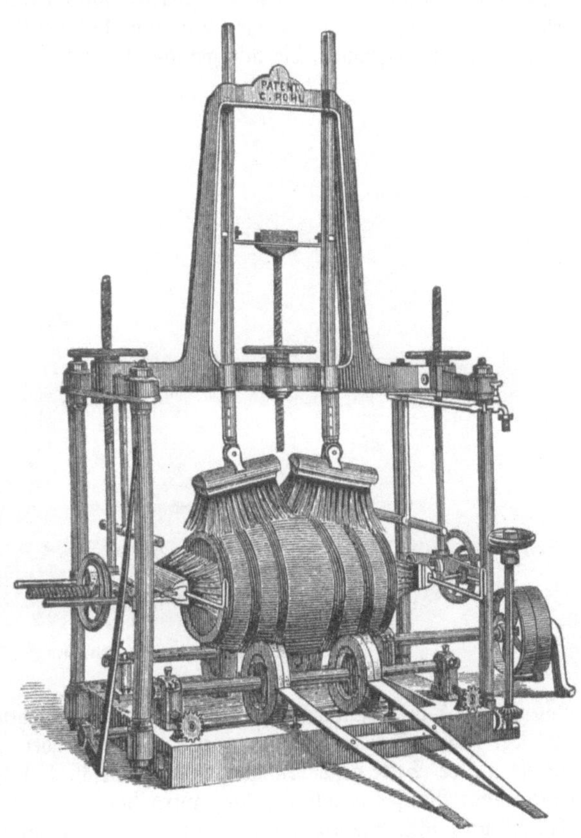

Fig. 165. Pohls Faßwaschmaschine.

Der mit C bezeichnete Teil ist eine doppelt wirkende Kompressionspumpe, welche mit einer eigenartig gebauten Stopfbüchse teils als Saug=, teils als Druckpumpe wirkt und welche die Ammoniakdämpfe, die durch das Verdunsten des verflüssigten Ammoniakgases in den Spiralen e e e des Generators G entstanden sind, aufsaugt, dieselben verdichtet, im Kühler E ab= kühlt und durch Druck wieder in den flüssigen Zustand überführt; dieses flüssige Ammoniak sammelt sich wieder in dem mit f bezeichneten Gefäße. Die Vorrichtung D dient zum Auf= saugen von Öl, welches teils als Schmiermittel zum Schmieren der Pumpe, die selbst= verständlich durch eine Dampfmaschine getrieben wird, teilweise aber auch dazu dient, das Volumen des schädlichen Raumes thunlichst zu verringern, was als eine der wichtigsten Aufgaben anzusehen ist. Das hier abgesetzte Öl wird von der Kompressionspumpe auto= matisch aufgesaugt und die Ammoniakdämpfe werden wieder unter Druck in den Konden= sator geleitet. Der mit G bezeichnete Generator ist ein Gefäß von Eisenblech, welches mit Salzwasser gefüllt ist. Dieses Salzwasser wird durch die in den Spiralen e e e vor sich gehende Verdampfung des flüssigen Ammoniaks unter 0° abgekühlt. In dieses Gefäß werden die Eisformen eingetaucht, die mit gewöhnlichem Wasser gefüllt sind, welches schnell gefriert.

Fig. 166. Faßreinigungsmaschine von Johnson, Clark & Co.

Das Gewicht des Eisklumpens, welcher in einer solchen Form erzeugt wird, beträgt etwa 125 kg. Die Formen werden durch eine besondere Hebevorrichtung herausgenommen, auf die andre Seite geschoben und in das Gefäß J (s. Fig. 168, II) gebracht, welches mit lauwarmem Wasser gefüllt ist; hier wird das an die Wände der Formen angefrorene Eis abgelöst und fällt aus der Form heraus. Wie hieraus hervorgeht, besteht die Wirkung der Maschine in der stets sich wiederholenden Überführung des flüssigen wasserfreien Ammoniaks in gasförmiges und in der Verdichtung dieses zu flüssigem. Der Ammoniakverlust ist ein äußerst geringer. Behufs Kühlung der Kellerräume wird die kalt gemachte Luft mittels Röhren durch diese geleitet. Soll ein Bier längere Zeit aufbewahrt werden, so hat man vor allem für eine möglichst niedrige Temperatur der Räume zu sorgen. Die Lagerkeller werden womöglich in festes, trockenes Gestein getrieben (Felsenkeller) und durch Eis gekühlt. Wo die Umstände derartige Kelleranlagen nicht gestatten, baut man Sommerbierkeller auch über der Erde, kühlt durch Eis, und sie können ihren Zweck vollständig erfüllen, wenn alle Bedingungen gehörig berücksichtigt worden sind. Merkwürdigerweise ist neben der Kühl= haltung eine zweckmäßige Erwärmung von günstigem Einfluß auf das Bier gefunden worden. Wie auf den Wein, so wirkt die von Pasteur erfundene Methode der Erwärmung, das sogenannte Pasteurisieren, auch sehr günstig bei solchen Bieren, von denen eine größere Haltbarkeit verlangt wird, namentlich also bei Bieren, die für den Versand bestimmt sind.

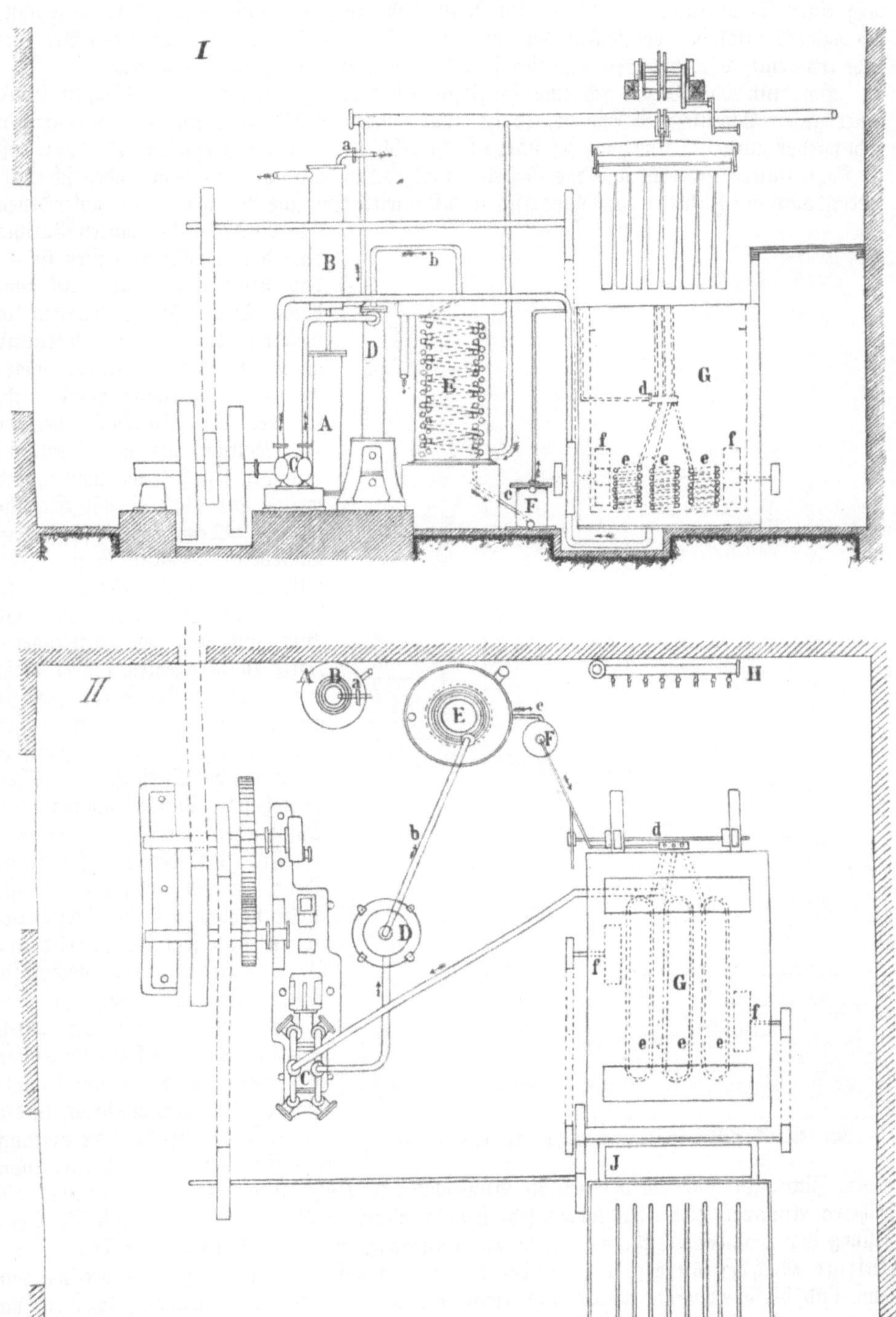

Fig. 167 und 168.
Maschine zur Eiserzeugung, Luft- und Flüssigkeitenabkühlung (System Osenbrück & Co.).
I Durchschnitt, II Grundriß.

26*

Die Erfahrung hat gezeigt, daß Bier, auf Flaschen gezogen und gut verkorkt, eine halbe Stunde lang einer Temperatur von 50° C. im Wasserbade ausgesetzt und darauf rasch abgekühlt, sich unter Umständen vollständig hell und gut erhielt, während Biere derselben Art, die nicht erwärmt worden waren, sämtlich sehr bald ungenießbar geworden waren.

Hat nun das Bier durch eine sorgsame Überwachung im Keller den höchsten Grad seiner guten Eigenschaften erreicht, so ist nicht minder darauf zu sehen, daß es denselben nicht wieder einbüßt. Und ganz besonders leicht geschieht dies beim Verzapfen. Nicht nur, daß die Kohlensäure entweicht und das Getränk infolgedessen bald schal und abgestanden schmeckt, sondern auch der Zutritt der atmosphärischen Luft bewirkt chemische Veränderungen, unter denen das Eintreten der sauren Gärung eine der unwillkommensten ist — das Bier wird sauer, bekommt einen Stich. In Wirtschaften, in welchen der Konsum bedeutend genug ist, daß ein einmal angestochenes Faß rasch verzapft wird, kommen diese Übelstände weniger zur Geltung als in solchen, in denen das Faß „lange läuft", und welche oft nicht einmal Einrichtungen haben, um die das Faß umgebende Temperatur genügend kalt zu erhalten. Versuche, den Luftzutritt abzuhalten und das Bier aus dem fest verspundeten Fasse zu verschenken, können wohl dem Sauerwerden vorbeugen, sie machen aber das Bier um so eher schal, weil die über der Flüssigkeit durch das Ausfließen derselben entstehende Luftverdünnung das Entweichen von Kohlensäure veranlaßt, bis der atmosphärische Druck wieder ausgeglichen ist. Sehr verbreitet in den Restaurationen sind jetzt die Luftdruck-Bierdruckapparate, obschon sie streng genommen nicht zu empfehlen sind; das Bier wird durch dieselben aus dem Fasse im Keller mit Hilfe einer Kompressionspumpe, also durch Luftdruck, in die Schenkstube getrieben; als Leitung benutzt man hierzu Rohre von

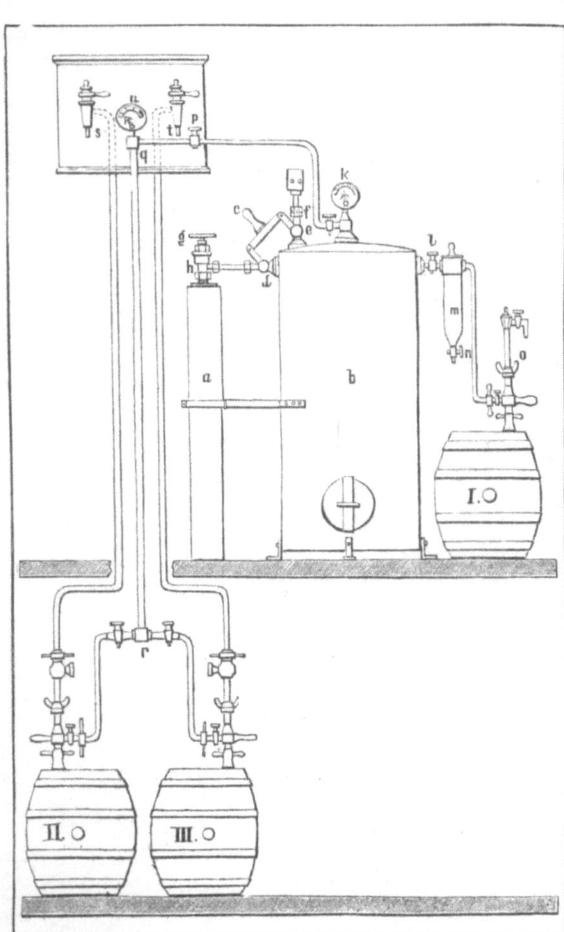

Fig. 169.   Kohlensäuredruckapparat (System Raydt-Kunheim).

feinem Zinn. Richtiger ist dagegen die Anwendung der Kohlensäuredruckapparate; die früheren Apparate dieser Art kamen jedoch bald wieder in Vergessenheit, da sich die Herstellung der Kohlensäure für die Wirte zu umständlich erwies. Seitdem aber tropfbarflüssige Kohlensäure in den Handel kommt und auf der Eisenbahn versendet werden kann, sind diese Apparate wieder und zwar mit vollem Recht in Aufnahme gekommen, da das Bier, auch wenn nur noch kleinere Reste auf dem Fasse sind, immer gut bleibt und keinen Stich bekommt, denn der Druck wird hier von reiner Kohlensäure ausgeübt. Der für diesen Zweck von Dr. Raydt und Kunheim konstruierte Apparat ist in Fig. 169 abgebildet und folgendermaßen eingerichtet. In der schmiedeeisernen Flasche a befindet sich die durch Druck und Abkühlung verflüssigte Kohlensäure; b ist der Kohlensäurekessel oder das

Reservoir für die wieder in Gasform übergegangene Kohlensäure. Man öffnet zunächst durch Hinaufschieben des Handgriffs c gleichzeitig die beiden Hähne d und e, von denen der erstere jetzt die Flasche mit dem Windkessel b, der zweite diesen mit dem Sicherheitsventil f verbindet. Alsdann öffnet man mittels des Vierkantschlüssels g durch Linksdrehen das Ventil h der Flasche, während man zugleich das Manometer k genau beobachtet. Die Kohlensäure strömt nun schnell luftförmig durch das Verbindungsrohr i in den Windkessel ein, so daß in wenigen Sekunden der gewünschte Druck von $\frac{1}{2}$—$1\frac{1}{2}$ Atmosphären erreicht ist, dessen Größe man am Manometer erkennt. Man schließt nun durch kräftiges Rechtsdrehen des Schlüssels g das Flaschenventil h und darauf durch Niederziehen des Handgriffs c die Hähne d und e. Die so in den Windkessel geleitete Kohlensäure wirkt dann ebenso wie die komprimierte Luft der gewöhnlichen Apparate auf das Bier im Fasse, nur mit dem Unterschiede, daß das Pumpen erspart wird. Fig. 169 zeigt zugleich die beiden Hauptarten des Ausschanks.

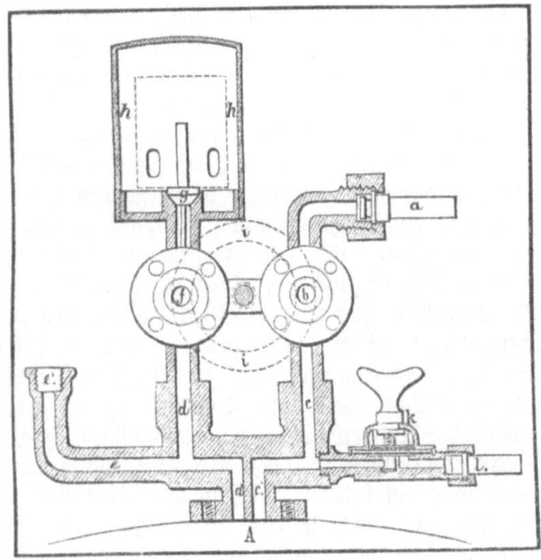

Fig. 170.
Ausrüstung von Alisch.

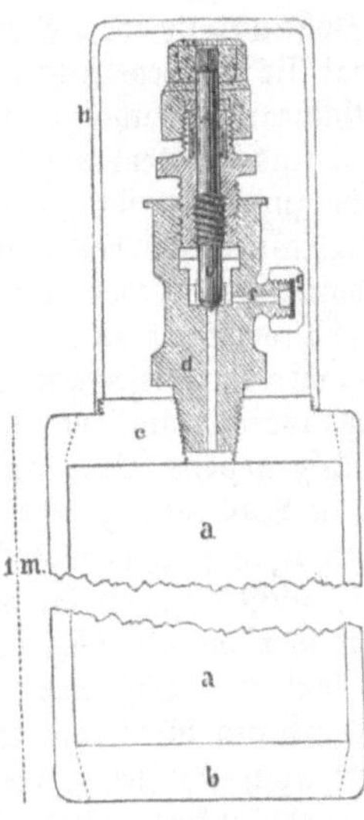

Fig. 171.
Längsschnitt der Flasche mit Ventilverschluß.

Nach rechtshin gelangt die Kohlensäure vermittelst des Hahnes l durch einen Bierfang m zum Fasse I, drückt auf die Oberfläche des Bieres und bringt dieses ohne weitere Leitung direkt durch den Stechhahn o zum Ausschank. Nach linkshin tritt das Gas von einer unter dem Manometer befindlichen Öffnung aus durch den Hahn p und das abwärts führende Rohr q r zu den im Keller stehenden Fässern II und III und treibt das Bier durch die Steigröhren zu den Zapfhähnen s und t. Das Manometer u zeigt gleich an der Schankstelle den in den Fässern II und III herrschenden Druck an, welcher vermittelst des Hahnes p reguliert werden kann. Fehlt es oben an Platz, so kann auch der ganze Apparat im Keller aufgestellt werden. An Stelle der hebelartigen Vorrichtung c, durch welche die beiden Hähne d und e gleichzeitig geöffnet und geschlossen werden können, benutzt jetzt Alisch in Berlin eine Ausrüstung, deren Einrichtung in Fig. 170 veranschaulicht wird. Statt der Hähne werden Ventile benutzt (b, f und l), von denen die beiden ersteren (b und f) gleichzeitig durch Drehen eines durch i i angedeuteten Handrades geöffnet und geschlossen werden können. Die Kohlensäureflasche ist in geeigneter Weise mit dem Rohre a verbunden. Soll Kohlensäure in den Kessel eingelassen werden, so wird das Ventil k geschlossen, während b und f vermittelst des Handrades ii geöffnet werden. Nach dem Öffnen der Flasche strömt das Gas durch das Rohr cc' in den Kessel A und gelangt von hier aus sowohl durch das Rohr d e zu dem bei e' befindlichen Manometer, als auch zugleich durch das Rohr d d' zu dem Sicherheitsventil g, welches durch die Haube h h bedeckt ist. Sobald der gewünschte Druck erreicht ist, werden sämtliche Ventile geschlossen, zuerst das der Kohlensäureflasche,

und das Ventil k geöffnet, von welchem das Gas durch das Rohr l den Bierfässern zu=
geführt wird.

Die Flaschen für die flüssige Kohlensäure bestehen aus starken, geschweißten,
schmiedeeisernen Röhren von 1 m Länge; der Verschluß derselben ist aus Fig. 171 er=
sichtlich; b und c sind dicke eingeschweißte Bodenplatten der verkürzt gezeichneten Flasche a;
in die obere Platte c ist das aus Rotguß bestehende Ventil d eingeschraubt. Der Verschluß
wird durch die stählerne Schraubenspindel e bewirkt. Die Anschlußschraube f wird beim
Transport durch die Verschlußmutter g, der ganze Ventilaufsatz aber durch die schmiede=
eiserne Kappe h geschützt. Die Flaschen werden vor dem Gebrauche auf 250 Atmosphären
geprüft, während der Druck der eingeschlossenen Kohlensäure bei einer Wärme von 30° nur
bis zu 74 Atmosphären steigt. Der Inhalt der Flasche besteht aus 8 kg oder ungefähr 9 l
flüssiger Kohlensäure, welche beim Lösen des Ventils nach und nach 4000 l Kohlensäuregas
von gewöhnlichem Drucke geben, mit welchen 2000—3000 l Bier verschenkt werden können.

Bestandteile des Bieres. Ist die Herstellung des Bieres aus guten Stoffen erfolgt
und hat sie in regelrechter Weise stattgefunden, so wird das schließliche Erzeugnis der
Hauptsache nach enthalten: in größter Menge Wasser, sodann Extraktivstoffe aus dem Malz,
Alkohol und Kohlensäure als diejenigen Bestandteile, welche dem Biere durch Gärung der
Maische zugeführt sind, dann aber auch die durch Hopfenzusatz hineingebrachten ätherischen
und Extraktivstoffe des Hopfens. Daß sich außerdem noch die unorganischen Salze zum
Teil vorfinden werden, welche aus Malz und Hopfen in Lösung übergegangen sind, braucht
nicht erst erwähnt zu werden. Sie bilden einen sehr geringen Prozentsatz. Wohl aber
müssen wir auf diejenigen Bestandteile hinweisen, welche betrügerischerweise dem Biere oft
zugesetzt werden, um auf billigere Weise ähnliche Eigenschaften hervorzurufen, wie sie Hopfen
und Malz geben. Eine große Anzahl Bitterstoffe sind von gewissenlosen Brauern zu diesem
Zweck in Anwendung gebracht worden, selbst vor dem Gebrauch der giftigen Pikrinsäure
und den noch giftigeren Kockelskörnern ist die Gewinnsucht nicht zurückgeschreckt, indessen ist
es gut, nicht erst die Stoffe namhaft zu machen, welche zur Verfälschung des Bieres ge=
braucht werden, um nicht noch besonders die Aufmerksamkeit der habsüchtigen Vergifter auf
sie zu lenken. Daß eine Zeitlang sehr viel Glycerin in der Brauerei ebenso wie in der
Weinbereitung in Verbrauch gekommen war, ist bekannt, seitdem aber nicht bloß Brauer,
sondern auch Kaufleute, die Glycerin und andre nicht in das Bier gehörige Stoffe an die
Brauer verkauften, empfindlich gestraft worden sind, dürfte der Unfug wohl in Abnahme
begriffen sein.

Die alkoholreichsten Biere sind außer den nordischen (manche schwedische Biere zeigen
z. B. einen Alkoholgehalt von 8—12,4 Prozent) die englischen Porter und Ale; Edinburg
Scotch Ale enthielt davon 8,5 Prozent, Berliner Ale 7,6, London Porter 6,9, Burton
Ale 5,9, Brüsseler Lambik 5,5, bayrisches Lagerbier 5,1, Münchener Salvatorbier 4,6,
Münchener Bockbier 4,2, bayrisches Schenkbier 3,5—3,8, Waldschlößchen 3,6, Prager
Schenkbier 2,4, Prager Stadtbier 3,9, Berliner Weißbier 1,9 Prozent. Ebensoviel Alkohol
wie das Berliner Weißbier enthält die Braunschweiger Mumme, die durch ihren großen
Gehalt an Malzextrakt, 45 Prozent, ausgezeichnet ist.

In Danzig wird ein Bier gebraut, das sogenannte Joppenbier, wohl das gehalt=
reichste aller Biere, denn es enthielt in einer Sorte auf 100 Teile nicht weniger als
46,2 Malzextrakt, also beinahe die Hälfte, 4,3 Alkohol und 49,5 Wasser; seine Hopfung
dagegen ist schwächer als bei dem bayrischen Biere. Durch den großen Gehalt an Extraktiv=
stoffen wird seine Konsistenz eine sehr beträchtliche, es fließt wie ein schwacher Sirup, trotz=
dem aber ist das dunkelbraune und nur mäßig kohlensäurehaltige Bier ein sehr angenehmes
Getränk, das namentlich in großen Quantitäten (double brown stout) versendet wird.

Die englischen Biere sind bei weitem weniger reich an Extrakt, es enthielt z. B.
Burton Ale davon nur 14,5 Prozent, Edinburg Scotch Ale 10,9, ebensoviel das Prager
Stadtbier, Münchener Salvatorbier 9,4, Münchener Bockbier 9,2, bayrisches Schenkbier 5,8,
Waldschlößchen 4,8, Berliner Weißbier 5,7, Joftysches Bier (Berlin) 2,6 Prozent.

Durch Auskochen der Maische mit sehr wenig Wasser oder durch Eindampfen kann
man sehr gehaltreiche Würzen herstellen. Auf solche Weise erhält man das Malzextrakt,

das seiner Zeit ja als Universalheilmittel eine große Rolle spielte. Setzt man den Ein=
dampfungsprozeß aber mit fertigem Biere fort, so erhält man einen Absud, welcher auch
die Bitterstoffe aus dem Hopfen noch enthält, der Alkohol entweicht hierbei mit den Wasser=
dämpfen. Beim Eindampfen bis zur Trockne bleibt schließlich eine braune Masse zurück,
die man als Bierstein in den Handel zu bringen versucht hat. Ebenso hat auch eine
andre Neuerung, um exportfähiges Bier zu schaffen, keinen Anklang gefunden, nämlich das
kondensierte Bier, dessen Eindampfung in Vakuumpfannen schon vor vollendeter Gärung
stattfindet, das aber nur bis zur Konsistenz eines steifen Sirups gebracht wird.

Fig. 172. Im Faßkeller einer englischen Brauerei.

Freilich kann dasselbe für das echte altgewohnte Getränk nur einen ungenügenden
Ersatz geben. Um daraus Bier zum Trinken (wir sagen nicht trinkbares Bier) zu bereiten,
hat man nur die erforderliche Menge Wasser wieder zuzusetzen und durch Einbringen einer
gewissen Menge Hefe die unterbrochene Gärung zu beenden; der beim Eindampfen ent=
wichene Alkohol ist dem Extrakt entweder beim Auffüllen auf die Aufbewahrungsgefäße
wieder beigegeben worden, oder man setzt ihn vor der Nachgärung zu.

Bevor wir das Bier verlassen, mag noch eine seit einigen Jahren aufgekommene sehr
praktische Neuheit kurz besprochen werden, welche die Korke zu ersetzen den Zweck hat, nämlich

die Flaschenverschlüsse. Die beiden Flaschenverschlüsse, welche die Fig. 173 und 175 darstellen, sind diejenigen, welche wir am meisten in der Anwendung sehen. Der Fritznersche Verschluß, Fig. 173 und 174, ist wohl der am meisten verbreitete. Er besteht aus einem aus Britanniametall hergestellten Pfropfen a, der in der Mitte durchbohrt ist, und in welchem ein schirmförmiges Stück Gummi b, das Dichtungsmittel, vermittelst des Drahthebels c befestigt ist. Der Drahthebel hat an jedem Ende einen Haken, welcher in eine Öse d des Bügels e eingreift und daher allen Bewegungen desselben folgen muß. Der Bügel e sitzt seinerseits an einem Ringe mit Ösen f, der unter der Verdickung des Flaschenhalses durch Zusammendrehen des Drahtes befestigt ist, und hat an den Haken kleine Köpfchen k, um ein Herausspringen derselben zu verhindern. Um die Flasche zu schließen, bringt man den Pfropfen über die Öffnung derselben und drückt den Bügel herunter, so daß Fig. 174 in Fig. 173 übergeht. Dieser Verschluß, aus Britanniametall, verzinntem Eisendraht und Gummi hergestellt, ist dem Oxydieren nicht ausgesetzt und läßt sich mit der Bürste leicht und vollkommen reinigen.

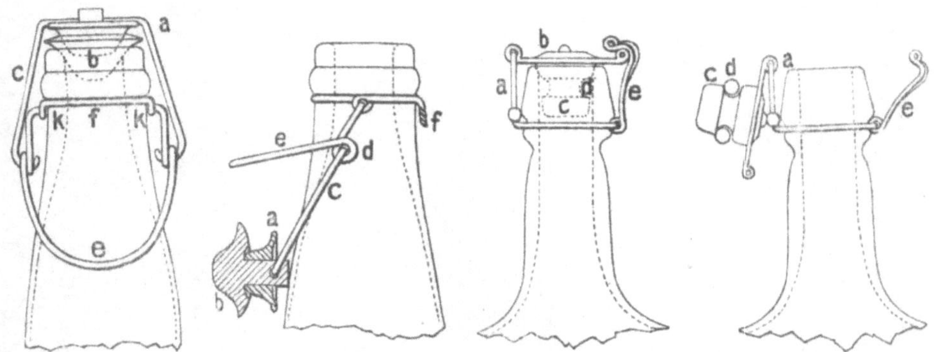

Fig. 173 und 174. Fritznerscher Verschluß.			Fig. 175 und 176. Grauelscher Verschluß.

Der zweite Verschluß, erfunden von Grauel in Magdeburg, den uns Fig. 175 und 176 zeigt, ist folgendermaßen gebaut. Um den Hals der Flasche, in dem unterhalb des Kopfes eine Nut angegossen ist, ist ein verzinnter Messing- oder Eisendraht gelegt; derselbe endigt nach der einen Seite in einem nach oben stehenden Bügel a, an dem der Pfropfen mittels eines Scharniers befestigt ist. Der Pfropfen besteht aus einem Deckel von verzinntem Messing- oder Eisenblech b, an dem ein Porzellanknopf angenietet ist. In diesem befindet sich eine Nut, in welcher der Dichtungsring d aus Gummi liegt. Zum Festhalten des Pfropfens dient ein aus starkem Draht gebogener Hebel, welcher mit seiner oberen Umbiegung über den Deckel hinweggeschoben wird.

Die Preßhefe. Die massenhafte Hefenproduktion in den Bierbrauereien würde eine selbständige Fabrikation der Preßhefe für den Bedarf der Bäckereien unnötig machen, wenn nicht einige damit verknüpfte Mißstände dennoch der letzteren das Wort redeten. Zunächst ist es der der Bierhefe anhaftende hopfenbittere Geschmack, der sie für feineres Backwerk untauglich macht. Sie müßte also zuvor entbittert werden. Alle die Substanzen aber, welche verwendet werden, um der bitteren Hefe das Hopfenharz zu entziehen, beschädigen auch wieder die Gärkraft derselben mehr oder weniger. Dazu kommt noch, daß die Unterhefe in der That den Teig weniger gut aufgehen läßt als die Oberhefe, daß aber die Obergärung fast überall (mit Ausnahme Englands) durch die Untergärung verdrängt ist. Man hat deshalb die Erzeugung von Oberhefe längst mit den verschiedenen Gärungsgewerben in Verbindung gesetzt und das Produkt in wohl ausgepreßtem Zustande (als Preßhefe) dem Markt übergeben. So wird bei der Branntweinbrennerei (namentlich bei Getreidemaischen) viel Hefe gewonnen. Manche Bierbrauereien suchten sich Absatz zu verschaffen für ein schwach gehopftes obergäriges Bier und kamen dadurch in die Lage, eine tadellose Preßhefe zu liefern. Am rentabelsten ist die Darstellung der Preßhefe immer mit der

Malzeffigfiederei zu verbinden. Der Wert der erzeugten Hefe deckt etwa den Wert des Roh=
materials; die Hefe ist von ausgezeichneter Qualität und der Effig, welcher die Arbeitskosten
zu tragen hat, ist wegen seines milden Geschmacks überall beliebter als der Branntweineffig.
Die ausgepreßte Hefenmasse ist sehr klebrig, was beim Verkauf hinderlich sein würde. Um
ihr diese Klebrigkeit zu benehmen und sie leichter auswägbar zu machen, knetet man geringere
Mengen Kartoffelstärke darunter.

Die sogenannte Wiener Hefe stellt man direkt aus einem Gemenge von Malz, Roggen
und Mais (ohne Hopfen) dar. Die Körner werden gequetscht, eingeteigt und die Maische
läßt man, nachdem sie mit einem Ferment versetzt worden ist, 62 Stunden gären. Es er=
scheint dabei zuerst auf der Oberfläche ein leichter Schaum, dann erst die Hefe, welche
durchweg aus eiförmigen Körnchen von etwa $^1/_{100}$ mm Durchmesser bestehen. Der chemischen
Analyse unterworfen gibt die Preßhefe 75 Prozent Wasser, $7,_7$ Prozent Stickstoff und
$3,_{457}$ Prozent eines öligen, verseifbaren Fettes; der Rest besteht aus Cellulose, unorganischen
Bestandteilen ($8,_1$ Prozent Asche) u. dergl.

Effig. Wenn eine gegorene Flüssigkeit, Bier oder Wein, bei einer nicht zu niedrigen
Temperatur dem Zutritt der Luft ausgesetzt ist, so erblickt man auf der Oberfläche derselben
bald einzelne herumschwimmende weiße, fettige Blättchen: dies ist der bereits erwähnte
„Kahm“, ein kleiner Pilz, der nach und nach die ganze freistehende Oberfläche der Flüssig=
keit überzieht und, indem er den Verkehr zwischen der Flüssigkeit und dem Sauerstoff der
atmosphärischen Luft vermittelt, die Veranlassung wird, daß sich die erstere chemisch ver=
ändert. Der Alkoholgehalt der Flüssigkeit verschwindet mehr und mehr, der Wein oder das
Bier wird sauer und schließlich zu Effig. Viele halten die Gegenwart dieses Pilzes (Mycoderma aceti) für notwendig bei der Gärung; er soll die Oxydation des Alkohols einleiten,
wie ja auch die Hefenzellen chemisch auf den Zucker, die Diastase auf das gelöste Stärke=
mehl einwirken. Diese Ansicht scheint jedoch nicht so ganz ohne Einschränkung angenommen
werden zu dürfen. Allerdings tritt die sogenannte Effigmutter bei der Verarbeitung von
stickstoffhaltigen Gärflüssigkeiten auf und sie kann auch in stickstofffreien alkoholischen Flüssig=
keiten die Effigbildung einleiten, in letzteren aber vermag sie sich eben wegen des mangelnden
Stickstoffgehalts nicht fortzuentwickeln, ihre Thätigkeit müßte somit bald erlöschen. Es hat
sich auch gezeigt, daß die in der Schnelleffigfabrikation verwendeten Buchenspäne nach
25jährigem Gebrauche keine Spur von Mycoderma enthielten. Die Effigbildung dürfte
demnach eine reine Oxydation sein, welche durch gewisse Umstände befördert werden kann,
die aber unter gewissen Bedingungen stets und ohne die Gegenwart von Mycoderma aceti
stattfindet.

Die Ursache des sauren Geschmacks des Effigs ist eine aus dem Alkohol durch Sauer=
stoffaufnahme entstehende organische Säure, die Effigsäure, die aber auch außerdem noch
auf mannigfache andere Weise entstehen kann. Sie besteht in 100 Teilen aus $40,_6$ Teilen
Kohle, $6,_6$ Teilen Wasserstoff und $52,_8$ Teilen Sauerstoff, was der empirischen Formel
$C_2 H_4 O_2$ entspricht. Die gewöhnlichen Speiseeffige enthalten von dieser Effigsäure 3—4
Prozent, die Weineffige häufig bis zu 8 Prozent. Die Bildung der Effigsäure aus dem
Alkohol kommt dadurch zustande, daß der Sauerstoff der Luft dem Alkohol ($C_2 H_6 O$) zu=
nächst zwei Atome Wasserstoff (H_2) entzieht, wodurch Aldehyd ($C_2 H_4 O$) und Wasser ($H_2 O$)
gebildet wird; Aldehyd aber verwandelt sich wieder sehr leicht durch Aufnahme einer neuen
Menge Sauerstoff in Effigsäure ($C_2 H_4 O + O = C_2 H_4 O_2$). — Alle Verfahren, um
aus gegorenen Flüssigkeiten Effig zu bereiten, müssen daher darauf Rücksicht nehmen, daß
den ersteren (dem Effiggut) die nötige Menge Sauerstoff zugeführt und der Prozeß durch
eine entsprechende Temperatur unterstützt werde. Da nun Alkohol aus Zucker gebildet wird
und Zucker (Glykose und Maltose) auch aus Stärkemehl erzeugt werden kann, so läßt sich
selbstverständlich auch Effig nicht nur aus Wein, Bier und Branntwein, sondern auch aus
allen stärkemehlhaltigen und zuckerhaltigen Substanzen, wie z. B. Getreide, Malz, Obst,
Zuckerrüben, Honig u. s. w. darstellen; hierbei muß jedoch die Stärke zunächst in Zucker
und dieser durch Gärung in Alkohol übergeführt werden; die Alkoholgärung geht, wenn

nur genügend Luft und hohe Temperatur vorhanden ist, ganz unmerklich in die Essig=
gärung über, so daß eine Trennung des aus der zuckerhaltigen Flüssigkeit entstandenen
Alkohols durch Destillation gar nicht erst notwendig ist.

Die Essigfabrikation, welche wir jetzt betrachten wollen, hat es nur mit Materialien
der letztgenannten Art zu thun. Bei den älteren Methoden wird in der auf mindestens
20° C. erwärmten Essigstube das Essiggut so lange auf Fässer, die damit halb angefüllt
sind, gelagert, bis die Umwandlung erfolgt ist. Die Mischung besteht aus geringen Sorten
Wein oder Bier mit etwas Essigmutter gemengt. Zur Beförderung des Luftzugs sind un=
mittelbar über dem Spiegel der Flüssigkeit Löcher in beiden Faßböden angebracht; das
Spundloch bleibt offen. Die zur Vollendung des Prozesses erforderliche Zeit beträgt durch=
schnittlich sechs Wochen.

Diesen langwierigen Prozeß verbesserte der holländische Arzt und Naturforscher
Boerhave vor fast 200 Jahren dahin, daß er zwei aufrecht stehende und mit Weinkämmen
gefüllte Fässer — das eine ganz, das andre halb mit Wein gefüllt — abwechselnd arbeiten
ließ. Die über die Flüssigkeit emporragenden, mit Wein benetzten Kämme boten der atmo=
sphärischen Luft eine sehr große Oberfläche dar. Das Sauerwerden aber wurde dadurch
noch beschleunigt, daß immer die beiden Fässer ineinander übergefüllt wurden, wodurch der
Alkohol in sehr vollständige Berührung kam mit der atmosphärischen Luft und mit fertig

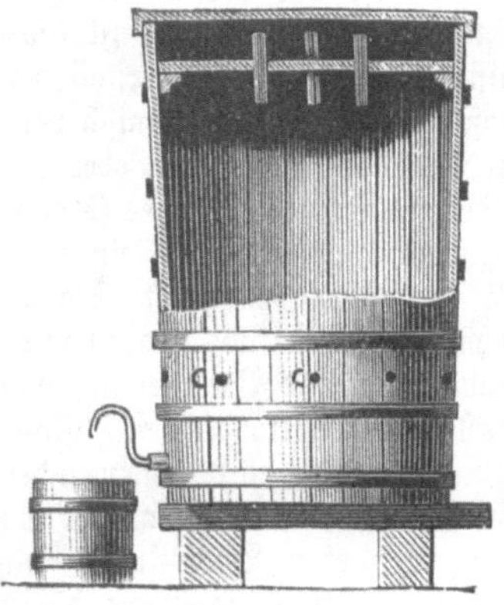
Fig. 177. Essigbilder.

gebildeter Essigsäure, welche selbst wieder das beste Säue=
rungsferment ist. Auf diese Weise wurde die Säuerung in
dem vierten Teile der Zeit bewerkstelligt.

Diese Verbesserung Boerhaves brachte nun den ver=
dienten Techniker Schützenbach vor circa 50 Jahren auf
den Gedanken der Schnellessigfabrikation mittels verdünnten
Branntweins. Die dazu erforderlichen „Essigbilder" sind
von eigentümlicher Bauart. Es sind Fässer, die je nach
dem Umfang des Betriebs 1—2,₅ m Durchmesser und
2—4 m Höhe besitzen. Über dem Boden befindet sich ein
Zapfloch, in welches eine schwanenhalsförmig gebogene
Glasröhre befestigt ist. Es bleibt stets eine Schicht Essig
bis zum Gipfel der Röhrenbiegung im Fasse stehen; wird
dann noch Flüssigkeit hinzugesetzt, so muß ein Teil abfließen,
und zwar dicht über dem Boden, wo sich stets der schwere,
fertige Essig ablagert. Nahe über dem Gipfelpunkt der
Abflußröhre sind ringsum mehrere Luftzuglöcher von
2½—3 cm Weite in gleichem Abstand voneinander gebohrt, und zwar schräg abwärts
nach innen zu, so daß die an der inneren Wand herabrinnende Flüssigkeit nicht durch die
Zuglöcher nach außen abfließen kann. So vorbereitet, werden die Bilder mit ausgekochten
und wieder getrockneten Hobelspänen von Buchenholz oder Weinkämmen bis auf etwa 20 cm
vom oberen Rande gefüllt. Etwa 5 cm über der Füllung wird ein hölzerner Siebboden
eingelegt und dicht befestigt, in welchem einige größere Zuglöcher angebracht sind. Um die
auf die Siebböden gegossene Flüssigkeit in ebensoviel einzelnen Strahlen abfließen zu lassen,
als Löcher vorhanden sind, wird er auf der unteren Seite mit kreuzweise gehobelten Hohl=
kehlen versehen, so daß er mit lauter hervorstehenden Quadraten bedeckt ist, deren jedes rings=
um eine Vertiefung hat. In der Mitte eines jeden Quadrats wird nun das Abflußloch
gebohrt, welches leicht durch etwas mit einem Knoten versehenen Bindfaden verschlossen wird.
Der Bilder wird durch einen Deckel geschlossen, in dessen Mitte wiederum ein Zugloch aus=
geschnitten ist, welches zugleich zum Eingießen der Essigmischung (des Essigguts) dient.

Der Essigbilder steht auf Unterlagen so hoch, daß man den Inhalt desselben leicht
vollständig abzapfen kann. Der Siebboden muß vollkommen horizontal liegen und das
Lokal, in welchem diese Fässer stehen, in der kälteren Jahreszeit geheizt werden können.

Beim Beginn der Fabrikation werden die Späne „eingesäuert", es wird heißer Essig
aufgegossen, bis die Temperatur im Bilder auf etwa 38° C. gestiegen ist. Der Essig wird
dann vollständig abgezapft, er hat einen großen Teil seiner Säure eingebüßt. Nun gibt

man erwärmten Essig mit allmählich gesteigertem Zusatz von Essiggut (d. h. einer Mischung aus Branntwein und Wasser, die etwa 6 Prozent Alkohol enthält) auf und hat wohl acht, daß die Temperatur im Bilder nicht sinke. Später kann man den Alkoholgehalt des Essig= guts noch etwas erhöhen, so daß man 12—14prozentigen Essig, der im Handel den Namen Essigsprit führt, für den Hausbedarf aber erst mit Wasser verdünnt werden muß, erhält; stärkeren Essig mittels der Essigbilder darzustellen ist nicht möglich. Die gesamte Menge des verdünnten Spiritus wird nicht auf einmal aufgegeben, sondern in drei Partien, oder man verfährt so, daß man das von dem ersten Bilder Abgelassene auf den zweiten gießt und von diesem auf den dritten. Allgemein läßt man jetzt den verdünnten Spiritus mittels eines Drehkreuzes auf die Späne fließen, wodurch eine gleichmäßigere Verteilung erzielt wird.

So einfach diese Operation erscheint, so große Aufmerksamkeit erheischt dennoch die Überwachung derselben, und namentlich die Regulierung der Temperatur. Denn sinkt die= selbe zu sehr, so geht der Alkoholgehalt des Essigguts unverändert durch den Bilder hin= durch. Fast jede Essigfabrik hat ein ihr eignes Arbeitsverfahren, durch welches sie vor dem Eintritt solcher Mißstände geschützt zu sein glaubt. Daß man auf diesen Essigbildern auch andre alkoholhaltige Flüssigkeiten — z. B. Wein, gegorene Malzwürze u. s. w. — in Essig verwandeln kann, versteht sich von selbst. Nur verlangt das wieder besondere Vor= sichtsmaßregeln, namentlich um einer zu raschen Verschleimung der Späne vorzubeugen.

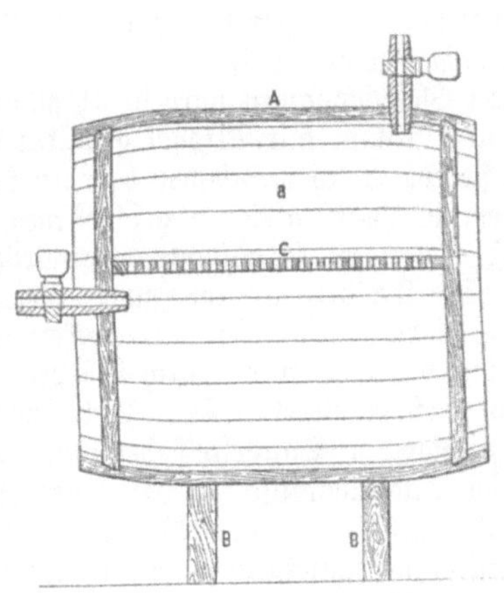

Fig. 178. Michaelis' Apparat zur Essigbildung.

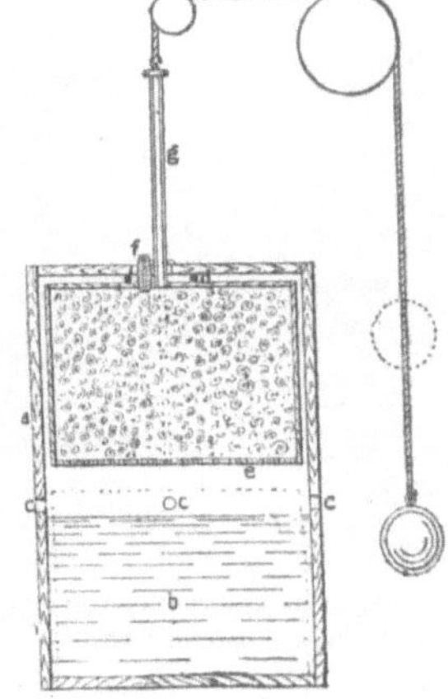

Fig. 179. Eintauchverfahren zur Essigbildung.

In neuerer Zeit sind verschiedene Vorschläge gemacht worden, die Essigfabrikation zu ver= bessern, so hat z. B. Michaelis in Luxemburg sogenannte Drehessigbilder und Ein= tauchessigbilder konstruiert. Die ersteren bestehen im wesentlichen aus einem starken Faß A (s. Fig. 178), welches horizontal auf zwei Balken BB ruht. Das Innere des Fasses ist durch einen wagerechten Lattenrost C in zwei Teile geteilt, von denen der kleinere a mit Buchenholzspänen vollgepreßt wird. Unter diesem Lattenrost befindet sich im Boden des Fasses eine horizontal liegende Röhre zum Lufteintritt und oben im Fasse ein gewöhnlicher Hahn zum Austritte der Luft. Das Essiggut wird durch ein Spundloch dicht unter dem Lattenrost eingebracht, sodann der Lufthahn geschlossen und das Faß eine halbe Drehung gedreht, wodurch die Späne nach unten kommen und sich voll Essiggut saugen. Nach circa 15 Minuten wird das Faß wieder in seine ursprüngliche Lage gewälzt und der Luftaustritts= hahn geöffnet; dieser Vorgang wird wiederholt, bis das Essiggut in Essig verwandelt ist. Man sieht leicht, daß auf diese Weise die Flüssigkeit auf den Spänen und somit ihre Ober= fläche leicht und vollkommen verändert und so der Prozeß der Essigbildung beschleunigt wird. Werden schleimabsondernde Stoffe zum Essiggut verwendet, so wird der Schleim sich auf den Spänen absetzen. Die Reinigung der Späne erfolgt dann in der Weise, daß man vor Aufgabe des neuen Essigguts einen Dampfstrom durch die Lufteintrittsöffnung in das Faß läßt, welcher die Späne wieder reinigt. Die Eintauchessigbilder bestehen, wie aus

Fig. 179 zu ersehen ist, aus einem hölzernen Gefäß a, welches die in Essig zu verwandelnde Flüssigkeit b enthält. Etwas über dem Niveau der letzteren sind Öffnungen c für den Lufteintritt angebracht. Im Innern des Gefäßes a befindet sich ein zweites Gefäß, der Taucher e, welcher in a etwas Spielraum hat und dessen Boden durchlöchert ist; in seiner Decke befindet sich ein Luftaustrittsrohr f, welches durch die Decke von a tritt. Der Taucher wird durch eine Stange g, von welcher aus ein Seil mit Gegengewicht über Rollen geführt wird, getragen. Der Taucher e ist mit Holzspänen angefüllt und wird durch einen Druck auf die Stange g in das Essiggut getrieben und, nachdem sich die Späne vollgesaugt haben, durch das Gegengewicht wieder in seine ursprüngliche Lage zurückgeführt. Die bei c eintretende Luft ist gezwungen, durch den durchbrochenen Boden des Tauchers zu treten und die Späne zu durchziehen, da sie nur durch das Rohr f entweichen kann. Diese Eintauchessigbilder können zu Batterien vereinigt werden, indem mehrere Tauchapparate in einen gemeinsamen Behälter, der das Essiggut enthält, eintauchen.

Einer ganz eigentümlichen Art und Weise der Essigbildung wollen wir noch Erwähnung thun, des physikalischen und chemischen Interesses wegen, das sie bietet. Es ist dies die von Döbereiner angegebene, welche sich auf die Eigenschaft des Platinschwammes und des Platinmohrs stützt, Alkoholdämpfe in Essig umzuwandeln. Man versprach sich

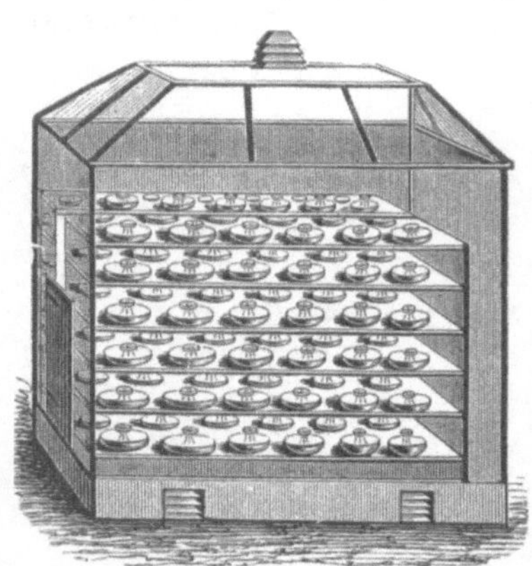

Fig. 180. Döbereinersche Methode der Essigfabrikation mittels Platinschwamm.

anfangs von dieser Methode viel Erfolg, namentlich um eine konzentriertere Essigsäure zu erhalten, indessen hat sich herausgestellt, daß diese Methode im großen nicht anwendbar ist.

Der Platinschwamm wird in Uhrgläser gegeben, welche über kleinen, mit Alkohol gefüllten Porzellanschalen stehen. Solcher Schalen befinden sich hundert und mehr in einem allseitig geschlossenen Behälter, am besten in einem Glashause etagenartig übereinander. Die Temperatur im Innern dieses Raumes erhöht man durch eine kleine Dampfheizung und die Zuführung von Luft wird durch Klappen am Boden und im Dach reguliert. Der Platinschwamm verdichtet in sich den Sauerstoff der Luft und oxydiert damit die Alkoholdämpfe zu Essigsäure, welche sich mit Wasserdämpfen an den Wänden des Glashauses niederschlägt und schließlich am Boden abgezogen wird.

Essigbilder im kleinsten Maßstabe kann man sich in jedem warmen Wohnzimmer herrichten und so den Essig für den häuslichen Bedarf selbst fabrizieren. Ein cylindrisches Glasgefäß, mit einer Abflußöffnung am Boden und durch einen Deckel verschlossen, wird mit grob gestoßener, gut ausgewaschener Holzkohle gefüllt, die getrocknet und mit stärkstem Branntweinessig angesäuert war. Das Essiggut besteht lediglich aus Branntwein und Wasser.

Seitdem man gelernt hat, die Essigsäure aus Holzessig (über welchem bei Verarbeitung der Teerprodukte gesprochen werden soll) ganz chemisch rein herzustellen, wird vielfach auch solche Essigsäure mit Wasser verdünnt, aromatisiert und etwas gefärbt als Speiseessig verwendet.

Den Speiseessig pflegt man teils zu färben, teils zu aromatisieren (Kräuteressig), wozu sehr verschiedenartige Stoffe sich tauglich zeigen. Unter den Kräuteressigen ist der Estragonessig (mit dem grünen und vor der Blüte gesammelten Kraut der Artemisia Dracunculus bereitet) am beliebtesten; feiner noch wird dieser Essig, wenn man sich (anstatt des Krautes) des aus dem Estragon abdestillierten flüchtigen Öls bedient; ein paar Tropfen desselben (auf Zucker getröpfelt) reichen hin, um ein Liter Essig vollständig zu parfümieren. Außerdem benutzt man zum Aromatisieren des Essigs eine Menge andrer gewürziger Pflanzenteile, z. B. Lorbeerblätter, Basilikumkraut, Sellerie, Petersilie, Kümmel u. s. w., je nach Geschmack.

Das Buch der Erfind. 8. Aufl. V. Bd.

Leipzig: Verlag von Otto Spamer.

Die Ernte der Chinarinde.

Der Medikus im Meyen
Viel gute Wasser brennt,
Verhofft einmal zu freyen
Gar manchen Patient
Durch diese Mittelwunder
Von seiner Krankheit scharff,
Die keinmal sind gesunder,
Als wenn man sie nit darff.

Gewürze, Droguen, Heilmittel und Gifte.

Die Gewürze. Physiologische Bedeutung derselben. Geschichtliches. Der Pfeffer, weißer und schwarzer. Guinea-pfeffer. Beißbeere. Nelkenpfeffer. Gewurznaglein. Muskatnuß. Kultur der Pflanze. Handelspolitik der Holländer. Zimt. Kardamom und Ingwer. Paradieskorner. Vanille. Kunstliche Bereitung der Vanille. Lorbeer u. s. w. Losliche Gewürze. Gewurzgemische und Verfalschungen. — Droguen und Medikamente. Geschichtliches. Die heutige Heilmittellehre. Die gebrauchlichsten Droguen. Ihre Zubereitung und die Darstellung der Arzneimittel daraus. Aberglaube und Geheimmittel. — Die Gifte. Geschichtliches uber dieselben. Mineralische Gifte. Pflanzen- und tierische Gifte. Ihre Wirkungen. Gegenmittel.

Die Gewürze, mögen sie nun von den Wurzelstöcken, Rinden, Blättern, Blüten, Früchten oder Samen von Pflanzen stammen, kommen alle darin überein, daß sie gewisse Mengen von ätherischen Ölen enthalten, die ihnen zum größten Teile den starken Geruch und Geschmack verleihen, welcher sie auszeichnet. Durch Destillation werden aus mehreren dieser Droguen jene Öle auch wirklich dargestellt und teils vom Apotheker, teils vom Parfümeur und teils auch vom Koch und Bäcker benutzt. Außerdem enthalten einige Gewürze noch scharfe, reizende Stoffe harziger und andrer Natur, die, rein dargestellt, in zu großer Menge genossen, schädlich wirken würden, in ihrer Verteilung im Gewürz jedoch und bei mäßiger Anwendung des letzteren sich unter vielen Verhältnissen für den Körper als sehr vorteilhaft erweisen. So wird die Verdauung mancher Speisen durch der-artige Zusätze befördert, uud dadurch erklärt sich der starke Verbrauch der Gewürze in heißen Klimaten.

Für Kinder und jugendliche Personen mögen allerdings Gewürze größtenteils ent=
behrlich erscheinen, ihre übermäßige Anwendung wird sich auch bei Erwachsenen rächen,
zumal bei Konstitutionen, deren Nervensystem ohnedies reizbar genug ist; wie allerwärts
wird aber durch den Mißbrauch der vernünftige Gebrauch nicht mit zu verurteilen sein.

Den Gebrauch der Gewürze hat anfangs vielleicht nur ihr brennender und scharfer
Geschmack begründet. In der erwärmenden Reizung, welche sie unmittelbar auf den Gaumen
und Magen hervorbringen, ist dann jedenfalls die Ursache zu suchen, welche ihnen überall
Eingang verschafft und sie allmählich zu Lebensbedürfnissen erhoben hat. Indem sie die
Verdauungsorgane anregen, können sie dieselben zu erhöhter Thätigkeit beleben und die
Auflösung und Verdauung der Speisen in gewissem Grade fördern; das Blut wird mit
reichlicheren Ersatzmitteln versehen und die Ernährung gesteigert. Allein dasselbe wird auch
durch das in den meisten Gewürzen reichlich enthaltene erhitzende ätherische Öl zu beschleunig=
terem Umlauf und zu Wallungen getrieben. Wie auf die andern Organe, so wirkt der
Reiz der Gewürze vornehmlich auch auf das Gehirn ein und erregt eine erhöhte Thätigkeit
desselben; dadurch wird der Schlaf verscheucht und die Phantasie und Denkkraft in Be=
wegung gesetzt, leider aber häufig eine Überreizung hervorgerufen, welche sehr üble Folgen
für Geist und Körper haben kann. Bewohner heißer Gegenden, welche scharfe und heftig
reizende Gewürze unmäßig genießen, zeichnen sich durch unbändige Leidenschaften aus.

Übrigens geht der Gebrauch der Gewürze in der Kulturgeschichte der Völker gewiß
so weit hinauf, als das Bedürfnis, fade schmeckende Nahrungsmittel durch Zusätze im Ge=
schmack zu verbessern. Schon der Rohfleisch verzehrende Eskimo sammelt mühsam während
des kurzen Sommers die Sprossen des Löffelkrautes und Sauerampfers, um einen anti=
skorbutischen bitteren Salat herzustellen, und unsre Altvorderen hatten bereits Gundermann,
Dosten, Kümmel, Schnittlauch, Steinklee, Waldmeister, Wacholder u. a. aus der ursprüng=
lichen Flora unsrer Heimat herausgefunden, ehe sie mit der an Gewürzkräutern reicheren
Umgebung des Mittelmeeres in Berührung kamen. Würden jene Gewürze nicht durchweg
aus leicht zersetzbaren Pflanzenteilen bestehen, so würden uns die Überbleibsel der Pfahl=
bauten und der dänischen „Küchenabfälle" möglichenfalls nachweisen, daß schon in der
„Steinzeit" Brunnenkresse oder Schaumkraut zu Auerochsenbraten und Austern verspeist
worden sind. Bereits in sehr frühen Zeiten brachte man eine Menge Gewürzkräuter über
die Alpen oder sogar aus dem Südosten unsres Erdteils. Die Mönche pflegten sie in den
Klostergärten, Burgkapläne in den Burggärten, und von dort aus wanderten sie in die
Küchengärten der Bürger und Bauern, in denen sie noch heutzutage sich ziemlich in der=
selben Vollständigkeit finden, wie sie die berühmte Vorschrift Karls des Großen seinen
Domänenverwaltern zur Pflicht machte.

Es sind vorzugsweise zwei Pflanzenfamilien, die, ums Mittelmeer reichlich vertreten,
bei uns als Gewürzkräuter Eingang fanden, die Dolden und die Lippenblütler. Zu der
ersteren Gruppe gehören Petersilie, Fenchel, Dill, Anis, Koriander, Sellerie und selbst die
als Teufelsdreck bei uns gebrandmarkte Asa foetida, deren knoblauchduftendes Harz im
Orient als Gewürz verwendet wird. Von den Lippenblütlern wurden Salbei, Thymian,
Majoran, Basilikum, Bohnenkraut, Ysop, Muskatellersalbei als Gewürze eingeführt.
Hierbei kamen noch Meerrettich, Rettich, Senf, Kapern, Raute, Estragon, Lorbeer, Garten=
kresse, dann die zahlreichen Anverwandten der Zwiebel und des Knoblauchs. So unangenehm
vielen die letztgenannte Pflanze ist, so uralt ist bei den östlichen Völkern ihre ausgedehnte
Benutzung. Die Hebräer kannten ihn als Schum, die Araber als Thum, und schon im
Sanskrit ist er unter dem Namen Mahrushudsa als Gewürz aufgeführt. Bis zu einem
gewissen Grade gehören selbst die gepriesenen Südfrüchte mit zu den Gewürzen. Orangen=
blütenöl, Bergamottenöl, Zitronensaft, Zitronenschalen, roh oder in Zucker gesotten, Zitronat,
grüne Pomeranzen u. s. w. finden gegenwärtig vielfach in der Kochkunst und feineren Bäckerei
Anwendung. — Andre Gewürze, die im Orient eine Rolle spielen, z. B. Bockshornklee,
Schwarzkümmel und vollends Moschus, Zibet und Ambra, fanden im Abendlande weniger
Anklang; auch der Safran ist gegenwärtig nicht mehr so stark begehrt wie ehedem.

Zu jenen ursprünglichen und mittelmeerischen Gewürzkräutern, die jahrhundertelang
in unserm Vaterlande die ausschließliche Herrschaft hatten, gesellten sich später noch die
Gewürze der Tropenzone. Zwischen den Wendekreisen werden im Laboratorium der Natur

unzählige Stoffe destilliert und gemischt, welche die matte Sonne unsrer gemäßigten Breiten nie fertig bringt, und welche vom Nordländer mit Begeisterung aufgenommen wurden, sobald er sie kennen lernte. Sie sind es, welche man seit ihrer Einführung im 16. Jahrhundert vorzugsweise unter dem Namen der Gewürze begreift und bei denen wir im Nachstehenden etwas eingehender verweilen wollen.

Der Pfeffer war eines der ersten Gewürze, das aus dem südlichen Asien nach Europa gelangte. Er ward schon durch Alexander den Großen bereits von Ostindien her mitgebracht. Die gewöhnlichen schwarzen Pfefferkörner sind die unreif abgepflückten, deshalb runzeligen, getrockneten Früchte des Pfefferstrauchs (Piper nigrum), der nebst einigen Hundert verwandten Arten die Tropenwälder als Schlingranke durchzieht. Malabar wird als die ursprüngliche Heimat der Pfefferrebe bezeichnet, ihr Anbau aber gegenwärtig auf beiden Hemisphären der Erde in solchen Lagen betrieben, die ebenso feucht als heiß sind. Man teilt

die Pfefferpflanzungen in regelmäßige Beete, bepflanzt letztere mit Korallenbäumchen, welche der Rebe Schatten und Haltepunkte zum Ranken gewähren, und legt dann die Stecklinge, die im dritten Jahre Früchte tragen. Die Pfefferpflanzen fahren mit Blühen und Samenerzeugen bis zum 20. Jahre fort und geben pro Strauch durchschnittlich 2 bis 3 kg Körner im Jahre. Die in hängenden Ähren dicht beisammen sitzenden Blüten sind unansehnlich, die Beeren anfänglich grün, bei voller Reife rot. Sowie die letztere Färbung einzutreten beginnt, pflückt man sie ab und trocknet sie auf Matten. Die gedörrten grünen Früchte geben den schwarzen Pfeffer, der eine größere Schärfe besitzt. Völlig reife und überreife Beeren, die man eine Zeitlang in Wasser legt und dadurch von ihrer Oberhaut befreit, geben nach dem Trocknen den weniger scharfen weißen Pfeffer. Was von andern Pfefferarten in den Gewürzhandel kommt, ist nicht von Belang; der Kubebenpfeffer, lange Pfeffer u. s. w. sind mehr zu medizinischen Zwecken gesucht als zu gastronomischen. Im Pfeffer findet sich außer

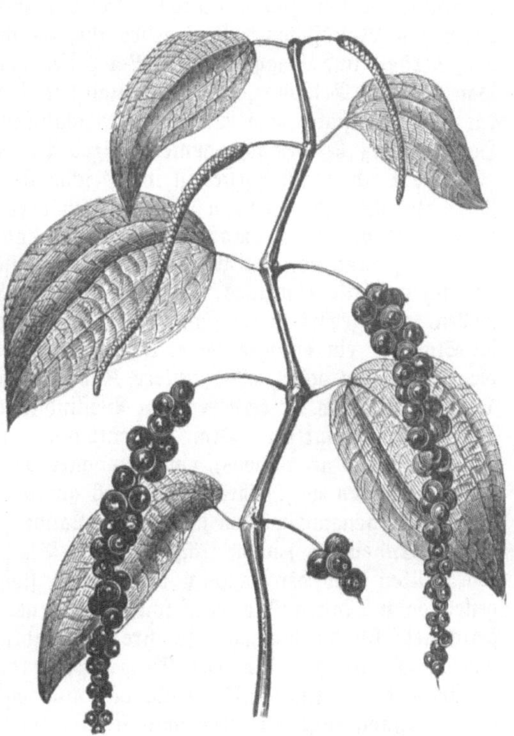

Fig. 182. Fruchttrebe des Pfefferstrauchs.

dem stark riechenden ätherischen Öle eine eigentümliche stickstoffhaltige organische Basis, welche in farblosen und geruchlosen Kristallen hergestellt werden kann und Piperin heißt; der scharfe Geschmack rührt aber weder von diesem Stoffe noch von dem ätherischen Öle her oder wenigstens nur zu einem sehr geringen Teile von letzterem; vielmehr ist es ein eigentümliches Harz, welches den beißenden Charakter bedingt.

Anfänglich hatten hauptsächlich Genuesen und Venezianer den Pfefferhandel in den Händen; nach der Entdeckung des Seewegs nach Ostindien bemächtigten sich die Portugiesen dieses höchst einträglichen Geschäftszweigs, und ihnen folgten später erst die Holländer und Engländer.

Guineapfeffer und spanischer oder Negerpfeffer verdanken ihre Namen nur der Geschmacksähnlichkeit, keineswegs der gleichen Abstammung. Der erstere, von welchem ein Teil Westafrikas noch jetzt die Pfefferküste heißt, besteht aus den brennend gewürzhaften Samen einer Hablitzea; auch wurden die Paradieskörner und Kardamomensamen (von Ammomumarten, Gewürzlilien, stammend) nicht selten mit demselben Namen bezeichnet. Wir kommen weiter unten nochmals auf dieselben zurück. Der spanische Pfeffer, in Ungarn

Paprika genannt, ist dagegen die Beerenfrucht mehrerer Kräuter, welche, der Kartoffel verwandt, zur Familie der Nachtschatten (Solaneae) gehörig sind und die Gattung Beiß= beere (Capsicum) bilden. Durch lange fortgesetzte Kultur hat man eine große Menge Spielarten dieses Gewürzes erzogen. Der gelbe spanische Pfeffer (Capsicum luteum), der besonders in Ostindien gebaut wird und als Piment de Mozambique in den Handel kommt, liefert die schärfsten Sorten, die denjenigen, der nicht an ihren Genuß gewöhnt ist, mit ge= schwollenen Lippen und Zunge bestrafen; der Quittenpfeffer (Capsicum cydoniforme), der Pell-pepper der Engländer und Poivron der Franzosen, erzeugt dagegen saftige Früchte, die fast gar keine Schärfe besitzen und deshalb roh oder eingemacht wie Obst genossen werden können. Zwischen beiden Arten liegen zahlreiche Mittelsorten. Der sehr scharfe Cayenne= oder Negerpfeffer kommt vorzüglich von Capsicum crassum, minimum, baccatum u. s. w. Die Früchte werden getrocknet, dann zerkleinert und, oft noch mit Salz und Weizenmehl vermischt, in den Handel gebracht. Der spanische Pfeffer, Paprika, wird besonders von denjenigen Volksstämmen stark gebraucht, die viele weichliche Speisen verzehren, wie z. B. von Serben und Magyaren beim Verspeisen von rohen Gehirnen von Kälbern und Schafen. Paprika, mit Gelbwurzpulver (Curcuma) u. s. w. gemischt, stellt das Kurrypulver dar, das die Südasiaten zum Würzen ihres täglichen Reises benutzen. Paprika bildet ferner ein Hauptgewürz bei den sogenannten Mixed Pickles.

Dem schwarzen Pfeffer ist im Geschmack der Nelkenpfeffer verwandt; er hält die Mitte zwischen ihm und den Gewürznelken oder Gewürznäglein und ist ebenfalls unter dem Namen Piment, Jamaikapfeffer und englisches Gewürz bekannt. Der Baum (Myrtus pimentus), von welchem er stammt, ist ausschließlich in Westindien, besonders im nördlichen Teile Jamaikas, einheimisch; seine Kultur hat anderwärts noch nicht gelingen wollen. Er gehört zu der Familie der Myrtengewächse, wird bis 12 m hoch und mannsdick im Stamm; ein einziger Baum liefert jährlich bis zu 50 kg jener gewürzhaften Früchte, die, einfach getrocknet, ohne weitere Zubereitung in den Handel gelangen. Jährlich werden 1—1½ Million kg derselben von Westindien aus versendet.

Gewürznäglein. Dem Pimentbaum nahe stehend ist der Gewürznelkenbaum (Caryophyllus aromaticus), ein Bewohner der Molukken, jener Inseln Südasiens, die mit ihren Nachbarn wegen ihres Reichtums an kostbaren Gewürzarten seit lange schon die Ge= würzinseln genannt worden sind. Im Laube gleicht der mäßig hohe Baum dem Lorbeer, an den Enden der Zweige trägt er dichte Büschel kleiner weißer Blüten mit roten Kelchen. Die Blüten sind der Hauptsitz des Gewürzstoffs und werden als Knospen gepflückt, auf geflochtenen Matten über einem schwachen Feuer geräuchert und dann an der Sonne vollends getrocknet; hierdurch erhalten sie ihre schwarzbraune Farbe. Sie sind im Handel unter dem Namen Gewürznelken oder Gewürznäglein bekannt und geben beim Destillieren das gewürzhaft brennende Nelkenöl ab, das auch medizinische Verwendung findet. Die Früchte, die aus ihnen entstehen, wenn man sie am Baume läßt, sind längliche, dunkelviolette Beeren von der Größe einer kleinen Pflaume und lederartiger Beschaffenheit; sie kommen getrocknet in kleinen Quantitäten als sogenannte Mutternelken in den Handel. Ein Baum liefert jährlich 2—3 kg Gewürznelken. Ein Teil der Gewürznelken wird noch von den halbwild wachsenden Bäumen in den Wäldern gewonnen. Die Arbeit ist keineswegs eine bequeme. Das Verfahren beim Einsammeln ist noch sehr roh; die Blütentrauben werden mit Stöcken abgeschlagen, und es ist natürlich, daß dadurch die Bäume arg mitgenommen werden. Der größte Teil der Gewürznelken stammt jedoch von kultivierten Bäumen.

Die Gewürznelken kamen schon im Mittelalter nach Europa; sie wurden durch javanische Schiffer den Arabern gebracht, und diese lieferten sie über Alexandrien den Venezianern. Eine Zeitlang waren die Molukken im Besitz der Portugiesen (1511), dann kamen die Gewürzinseln und mit ihnen der Gewürzhandel in die Hände der Holländer, die bei den Gewürznelken sowie bei allen den kostbareren Erzeugnissen jener Inseln ein eigentümliches Verfahren beobachteten. Sie beschränkten den Anbau jeder Sorte auf einen eng abgegrenzten Raum, zwangen die Eingebornen, die anderwärts vorhandenen Bäume zu vernichten, und verpflichteten die Plantagenbesitzer, ihnen die Produkte für verhältnismäßig niedrige Preise abzuliefern. Da sie in Europa das Monopol des Verkaufs hatten, so war es ihnen leicht, die Preise fabelhaft hoch zu erhalten und das Zwölf=, ja Zwanzigfache der Einkaufspreise zu erzielen. Indessen machten sich die wegen ihrer durch den Gewürzhandel erlangten Reichtümer sogenannten Pfeffersäcke durch ihr tyrannisches und willkürliches Handeln bei den Insulanern sehr verhaßt. Auf Amboina setzten die Holländer die Zahl der Bäume auf 500000 Stück fest. Erst später gelang es den Franzosen, den Gewürznelkenbaum nach Bourbon und Cayenne überzusiedeln. In neuerer Zeit hat sich der Anbau des Gewürznelkenbaumes auch über die ostafrikanische Insel Sansibar verbreitet und macht die dort produzierte Ware den Amboinanelken bedeutende Konkurrenz.

Muskatnuß. Das bei Betrachtung der Gewürznelken gerügte Verfahren wurde durch die Holländer mit besonderer Strenge bei dem Muskatnußbaume (Myristica moschata) festgehalten, dessen Anbau sie auf die kleine Gruppe der Bandainseln einzuschränken suchten. Der Muskatnußbaum ist ein 10—12 m hoher Baum von schönem pyramidalen Wuchs mit gewürzhaft riechenden Blättern, der weißliche, den Maiblumen ähnliche Blüten und die bekannten Muskatnüsse als Früchte trägt. Die Muskatnuß ist von einer besonderen, netzartig durchbrochenen Hülle umgeben, welche lederartige Konsistenz hat und hellrot gefärbt ist. Der Färbung verdankt dieselbe den Namen Muskatblüte (Macis), unter welchem sie in den Handel kommt. Das weißliche, widerlich herbe Fruchtfleisch und die äußerst zähe, anfänglich grüne, dann rötliche Fruchtschale werden nicht benutzt. Die ganze Frucht hat Aussehen und Größe der Pfirsiche. Die unreifen Früchte werden mitunter eingemacht und geben dann eine ausgesucht wohlschmeckende Leckerei. Die Kultur des Muskatnußbaumes hat zu vielen Klagen der Eingebornen gegen die Holländische Kompanie Veranlassung gegeben, weil letztere in der Durchführung ihrer sinnlosen Politik mit äußerster Härte vorging und namentlich durch das Widersprechende ihrer rasch einander folgenden Verordnungen eine gedeihliche Kultur fast zur Unmöglichkeit machte. In einigen Distrikten befahl man bald das Ausrotten der Muskatgärten,

Fig. 183. Zweig des Gewürznelkenbaumes.

dann wieder das Anlegen von neuen; einmal mußten Schattenbäume gepflanzt, ein andermal diese wieder beseitigt werden. Eine Zeitlang hielt man es für vorteilhaft, den Boden ganz von Gewächsen frei zu halten und aufzulockern. Dann wieder ließ man das hohe Alang-Alang-Gras aufschießen, das zwar das Wegschwemmen der guten Erde verhütet, das Auflesen der Früchte aber sehr erschwert u. s. w. u. s. w.

Die von selbst abgefallenen Früchte geben die besten Nüsse; nur wo man nicht täglich das Auflesen besorgen kann, läßt man sie pflücken. Die reifen Früchte werden jährlich dreimal, im April, Juli und November, geerntet; die außer diesen Zeiten abfallenden decken den örtlichen Bedarf. Nachdem man die aus den Früchten genommenen Nüsse an der Sonne getrocknet und eine Zeitlang über gelindem Feuer geräuchert hat, trennt man den Samenmantel (Macis) los. Die eigentliche Nuß ist noch von einer hornigen Schale umgeben. Nach dem bisherigen Verfahren löst man diese ab, indem man die Nüsse in einen Kalkbrei legt; zuletzt wäscht und trocknet man sie wieder. Dieses Verfahren wurde zuerst von den Holländern eingeführt, um die Keimkraft der Nüsse zu zerstören und dadurch ein weiteres Verbreiten des Baumes zu verhüten. Es ist aber eine ganz unnütze Vorsicht, denn die Nüsse, welche ungefähr acht Tage lang an der Sonne getrocknet worden sind, keimen schon nicht mehr, und diejenigen Samen, welche man behufs neuer Pflanzungen transportieren will, muß man sofort in feuchte Erde verpacken. Durch das Kalken ziehen die Nüsse aber anderseits viel Feuchtigkeit ein, machen eine kostspielige Verpackung in Fässer nötig und verderben auf dem Transport doch noch häufig. Man schlägt deshalb neuerdings vor, ihnen die Hornschale zum Schutz zu lassen, sie nicht zu kalken und sie in Mattensäcken wie den Kaffee zu versenden. Aus den schlechteren Nüssen stellt man durch Erwärmen und Auspressen die Muskatbutter zu medizinischen Zwecken und zur Muskatseife dar, und in Indien gewinnt man durch Destillieren des Macis das ätherische Muskatblütenöl. Die eigentlichen Blüten des Baumes sind geruchlos. Vor dem zu reichlichen Genusse von Muskatnüssen muß gewarnt werden, da der Fall schon mehrere Male vorgekommen ist, daß nach dem Genusse von ein bis zwei Nüssen Vergiftungserscheinungen eintraten.

Die Gewürzinseln kamen 1619 in die Hände der Holländer, welche es sich sehr bald angelegen sein ließen, namentlich den Anbau der Muskatnuß, welche den wertvollsten Ausfuhrartikel bildete, auf einen engen Raum zu beschränken. Dieses System trug ihnen selbst aber gelegentlich sehr bittere Früchte, denn die ganze Kultur jenes Gewürzes wurde zu wiederholten Malen durch Erdbeben und verheerende Stürme fast gänzlich zerstört, z. B. im Jahre 1778 auf Banda, so daß bisweilen die Nüsse vollständig im Handel fehlten. Die Holländer gingen in den Konsequenzen ihrer angenommenen Politik sogar so weit, daß sie bei zu reichlichen Ernten den größten Teil derselben vernichteten. So ward Sir William Temple von einem Holländer erzählt, er habe drei Schober Muskatnüsse brennen sehen, von denen jeder hingereicht hätte, eine Kirche zu füllen. Beaumaré sah 1760 in Amsterdam nächst dem Admiralitätsgebäude für 1 Million Frank Muskatnüsse verbrennen, und Wilkocks erzählt, bei Middelburg in Zeeland habe man solche Mengen Gewürznägel, Zimt und Muskatnüsse verbrannt, daß die Luft viele Meilen im Umkreise davon durchduftet gewesen sei.

Der Jahresertrag der Bandainseln (ein Baum 5—7 kg Nüsse und Macis) wird auf circa 6000 Zentner Nüsse und 1500 Zentner Macis veranschlagt. Kleinere Mengen kommen von Java, Sumatra, Westindien und Brasilien, wo der Baum später eingeführt wurde; 1772 brachten ihn die Franzosen nach Isle de France, Cayenne und den Antillen; 1796 nahmen die Engländer die Molukken und siedelten ihn nach Sumatra über.

Roxburgh brachte etwas später von Amboina nach derselben Insel 22000 junge Bäume auf einmal, die in nicht langer Zeit schon einen Ertrag von 100000 kg Nüssen und 40000 kg Macis lieferten. Auf Isle de France ward die von Poivre eingeführte Kultur durch Joseph Huber bedeutend gehoben. Derselbe hatte nämlich ermittelt, daß ein einziger männlicher Baum zur Befruchtung von 100 Samenbäumen völlig ausreiche. Er ließ deshalb die überflüssigen männlichen Bäume stutzen und Zweige von Samenbäumen darauf pfropfen — ein Verfahren, an welches die Holländer nie gedacht hatten. Im Jahre 1798 verpflanzten dann die Engländer die Muskatnuß auch nach Bengalen; der Haupthandel befindet sich aber noch immer in den Händen der Holländer, denen er mindestens 1200 (früher 2000) Prozent abwirft. Eine besonders schöne Sorte, die Königmuskatnuß (Pala radja), kommt nur auf der Insel Batjan (Molukken) vor; sie ist viel aromatischer und gewürzhafter als die gewöhnliche. In den Handel gelangen auch kleine Quantitäten sogenannter westindischer oder Jamaika-Muskatnüsse, die den echten zwar sehr ähneln, aber von einem ganz andern Gewächse stammen. Der echte Muskatnußbaum bildet mit einer kleinen Anzahl Verwandter eine eigne Pflanzenfamilie, der sogenannte westindische Muskatbaum oder die Muskat-Monodora (Monodora Myristica) dagegen ist mit den Anonen (Anonaceae) verwandt, stammt aus Westafrika, in dessen Waldungen er noch wild gefunden wird, und ward angeblich durch Negersklaven nach Amerika übergesiedelt. Seine Samen sind rostbraun, eilänglich und etwas kantig.

Zimt. Die beste Zimtsorte liefert noch immer Ceylon, die Heimat des echten Zimtstrauchs (Cinnamomum zeylanicum), eines Verwandten vom Lorber. Man zieht diesen Strauch in den Pflanzungen (Zimtgärten genannt) in Höhe der Haselnußsträucher und vermehrt ihn entweder durch Stecklinge oder durch Samen. Die Samenbeete müssen gut umgegraben,

forgsam von Steinen ꝛc. gereinigt, von nahestehenden Bäumen beschattet und zum Bewässern
eingerichtet sein.   Man säet im April und wählt dazu völlig reife Früchte, die man im
Schatten so lange liegen läßt, bis das äußere rötliche Fleisch in Fäulnis übergeht und die
Samenkörner durch Treten mit den Füßen sowie durch Waschen sich davon befreien lassen.

Fig. 184.   Der Muskatnußbaum (Myristica moschata) und Zweig desselben mit Früchten.

Die Sämlinge werden mit Erdballen verpflanzt und geben nach zwei bis drei Jahren
das erste Produkt; bei den aus Stecklingen erzogenen Sträuchern kann schon nach 1—1½
Jahren gewöhnlich die erste Ernte gehalten werden.   Jährlich muß man die Pflanzung
drei= bis viermal jäten und die Erde um die Sträucher sorgfältig lockern und anhäufeln,
welche letztere 2½—3 m voneinander entfernt stehen.   Haben die Schößlinge etwa zwei
Finger Dicke erreicht, so schneidet man sie mit einem scharfen Messer ab, schält sie im
Schatten und schabt die äußere Rinde von der eigentlichen Zimtrinde ab.   Letztere ist an
demselben Strauche von verschiedener Qualität.   Die dünnen Schosse der Spitzen liefern
den feinsten Zimt, der hellgelb aussieht und papierdünn ist.   Ein einziger Tag reicht schon

hin, ihn zu trocknen. Die unteren, stärkeren Zweige geben geringere Sorten, und der meist ordinäre Zimt des Handels kommt gar nicht vom echten Zimtstrauch, sondern von nahe verwandten Cassiaarten (Cinnamonum cassia u. s. w.), die in ähnlicher Weise kultiviert werden und die Übersiedelung nach andern Gegenden leichter vertragen. So werden gegenwärtig in China, auf Java, in Ostindien, Kochinchina, Martinique und Guayana große Mengen von Cassiazimt erzeugt, der weniger aromatisch und süß, dagegen beißender ist als der echte. Das Aufkommen der auswärtigen Zimtplantagen haben die Engländer sich großenteils selbst dadurch zuzuschreiben, daß sie auf den Zimt von Ceylon eine zu hohe Steuer legten. Auch die getrockneten Blüten verschiedener Zimtbäume bilden unter dem Namen Zimtblüten einen Handelsartikel. Aus den gröbsten Zimtsorten und aus den Abfällen der besseren destilliert man das Zimtöl; aus den Blättern wird ebenfalls ein ätherisches Öl gewonnen, und aus den reifen schwarzblauen Beeren, die so groß wie Wacholderbeeren sind, ein wohlriechendes Wachs hergestellt.

Kardamom, Ingwer. Wir erwähnten bereits die Pflanzengruppe der Gewürzlilien (Scitamineen), deren afrikanische und südasiatische Arten die Kardamomen liefern. Man unterscheidet folgende Hauptarten: die kleinen oder Malabarkardamomen, von Elettaria Cardamomum abstammend, hellgelbe, dreiseitig abgerundete, gestreifte Kapseln, in denen sich die stark riechenden, kleinen braunen Samen befinden; ferner die langen oder Ceylonkardamomen, von der in Ceylon und Koromandel kultivierten Elettaria major stammend, sie sind ebenfalls dreikantig, aber langgestreckt. Diese beiden Sorten sind bei uns die gebräuchlichsten, die runden oder Javakardamomen von Amomum Cardamomum sind

Fig. 185. Zweig des Zimtstrauchs.

weniger aromatisch und kommen ebenso wie chinesische, Madagaskar- und Guineakardamomen wenig in unsern Handel.

Die Art, wie die Kardamomen gebaut und geerntet werden, weicht je nach den Ländern und den Pflanzenarten mehr oder weniger voneinander ab. Wir erwähnen in Kürze nur jene, wie sie im Kurglande, an den Westabhängen der mittleren Ghatgebirge in Ostindien, gebräuchlich ist. Die Kardamompflanze kommt dort wild vor und wuchert an den steilsten Bergabhängen, die nie von dem unmittelbaren Sonnenstrahl berührt werden, da sie das eine Halbjahr im Schatten liegen, während der Zeit dagegen, wo die Sonne nördlich steht, in undurchdringliche Nebel und Wolken gehüllt sind. Es ist dort die Anlage eines Kardamomgartens stets Sache eines wohlhabenden Familienhauptes, das im stande ist, fast vier Jahre lang die Arbeitslöhne und sonstigen Unkosten zu tragen; so lange dauert es nämlich, ehe die erste Ernte stattfinden kann. Ein solcher Unternehmer dingt eine Anzahl Arbeiter, versieht sie mit Lebensmitteln und zieht mit ihnen nach jenen, mitunter mehrere Meilen vom Dorfe entfernten Schluchten, die zum Gewürzgarten umgeschaffen werden sollen. Man sucht eine steile Bergwand aus, an deren oberem Teile wenigstens ein starker, großer Baum mit weit ausgebreiteten Ästen steht. Der Abhang unterhalb desselben wird von andern Bäumen und Gesträpp gesäubert, und zuletzt der Baumriese so gefällt, daß er mit der Krone thalwärts stürzt und bei seinem donnernden Falle mit den Ästen den Boden weithin aufreißt. Nach der Naturgeschichte der Kurgleute befruchtet der Baum durch diese Erschütterung die Erde. Thatsache ist, daß während der nächsten drei Monate fast stets auf einer solchen Bergblöße junge Kardamompflanzen zum Vorschein kommen, deren Samenkörner wahrscheinlich dort seit längerer Zeit ruhend im Boden lagen und durch Vögel u. s. w. dahin verschleppt worden sind. Jährlich wird in der trockenen Jahreszeit der Garten gründlich gejätet, und nach ungefähr 20 Monaten sind die Pflanzen mit ihren saftig= grünen, breiten und schönen Blättern fast mannshoch aufgeschossen. Am Grunde der Stengel treiben dann Blütenschößlinge hervor, welche röt=

liche, fast löwenmaulähnliche Blumen tragen. Fünf Monate danach kann das Einernten der gelblichen Kapseln stattfinden, und von jetzt an kann man sechs bis sieben Jahre lang damit fort= fahren, wenn jährlich das Wegräumen des Un= krautes vorgenommen wird. Nach dieser Zeit ist der Boden erschöpft und bedarf wieder einer längeren Ruhe, ehe er sich abermals zum Kar= damomgarten eignet. Mehrere ebenfalls zur Familie der Scitamineen gehörige Pflanzen liefern die verschiedenen Arten der Paradies= körner, auch Malaguettapfeffer genannt; die= selben sind aber bei uns ganz außer Gebrauch gekommen. Zu derselben Familie wie der Kar= damom gehört auch der Ingwer (Zingiber officinale), ein Gewächs, das im Wuchs etwa mit unsern Schwertlilien und dem ebenfalls ge= würzhaften Kalmus verglichen werden kann, in Indien und China heimisch ist und dort in großer Menge angebaut wird. Es treibt 1—1¹⁄₃ m hohe Stengel mit lilienähnlichen Blättern und gelblichweißen, violett gefleckten Blüten. Von ihm ist der im Boden kriechende Wurzelstock der geschätzte Teil, den man entweder geschält oder nicht geschält und getrocknet in den Handel bringt; auch in Zucker eingesotten als Konfitüre wird er versendet. Gegenwärtig wird er in Gemeinschaft mit der nahe verwandten Pfeilwurz (Maranta arundinacea), die das Arrowroot, ein leicht ver=

Fig. 186. Ingwer.

dauliches, nahrhaftes Wurzelmehl, liefert, in den meisten Tropenländern, besonders auch in Westindien, kultiviert. Da der angebaute Ingwer niemals keimfähige Samen erzeugen soll, so geschieht seine Fortpflanzung durch Stücken des Wurzelstocks, und man wählt am vor= teilhaftesten feuchte Gelände dazu. Die Haupthandelssorten des Ingwer sind jetzt der Bengalische, Malabar=, Kochin= und Jamaikaingwer; auch unterscheidet man schwarzen und weißen Ingwer, der erstere ist vor dem Trocknen in heißem Wasser abgebrüht worden. Vor der Einführung des Ingwer erfreute sich bei uns der Wurzelstock des Kalmus einer ausgedehnteren Aufmerksamkeit, als es noch gegenwärtig der Fall ist. Das Gewächs, welches ihn erzeugt, ist im Orient einheimisch, ward im 15. Jahrhundert über Konstantinopel in Europa eingeführt, ist aber gegenwärtig nicht nur an den Ufern der Weiher in Deutsch= land, sondern selbst in Nordamerika ganz verwildert.

Die Vanille, eines der geschätztesten, edelsten Gewürze, ist ein echtes Kind des tropischen Amerika; ihre spannenlangen, federkieldünnen, schwarzen Schoten sind die Früchte mehrerer nahe verwandten Orchideen, der Gattung Vanilla angehörig, z. B. V. aromatica, planifolia, chica u. s. w. Die Vanillepflanzen sind sämtlich Kletterpflanzen; man legt an schattig=feuchten Orten in der Nähe der Flußufer ein Stück ihres Stengels an den Fuß eines Baumes und die daraus entspringende Ranke klettert ähnlich wie der Epheu dann am Stamme empor und schlingt sich von Ast zu Ast. Ihre Kultur wird in manchen Gegenden sehr notdürftig betrieben und bedarf noch sehr der Vervollkommnung, denn von zwanzig Blüten, die an einer Ähre sitzen, bringt es mitunter kaum eine zur Bildung einer Fruchtschote. Es liegt dies in der Schwierigkeit, mit welcher die untereinander verklebten Pollenmassen der Orchideen überhaupt auf die Narbe des Pistills gelangen. Dieser Vorgang wird in der Wildnis durch Insekten vermittelt, der aufmerksame Pflanzer kann aber durch Übertragung des Pollens mittels eines Pinsels seine Ernte verzehnfachen, und es ist durch dieses Ver=fahren auf Java und Bourbon gelungen, ansehnliche Quantitäten Vanille zu erzeugen. In Amerika wird die Vanille von Mexiko bis fast nach Südbrasilien geerntet, besonders an der Campeschebai, bei Cartagena, an der Küste von Caracas, ebenso bei Panama, in Cayenne und am Amazonenstrom. Nördlich vom Äquator erntet man die Schoten in der Zeit vom April bis Juni, südlich vom Dezember bis März. Man trocknet die Schoten langsam, an einigen Orten reiht man sie zu diesem Behuf, sobald sie gelb werden, an Fäden, bestreicht sie mit etwas feinem Öl, indem man sie einzeln durch die Finger zieht, und hängt sie dann in den Schatten. Von V. pompona werden die Schoten auch in Zucker eingemacht. Je nach der Güte unterscheiden die Händler zahlreiche Sorten, so die Mexikaner sechs, die Brasi=lianer drei; die aus dem ersteren Lande (besonders Baunhila de ley) gelten als die besten. Eigentümlicherweise hält man in ihrer Heimat den Genuß der Vanille für nachteilig und sammelt sie nur für das Ausland, dem Veracruz allein jährlich eine Million Stück im Werte von 3000—4000 Piastern zuführt. Der Haupthandel mit Vanille liegt jedoch gegenwärtig in den Händen der Franzosen, welche jetzt von Bourbon und Mauritius bis zu 40 000 kg jährlich über Bordeaux einführen. Die niederländische Vanille kommt von Java, sie ist aber geringwertiger als die übrigen Sorten. Als die beste gilt die mexikanische, dann folgt die Bourbonvanille.

Der eigentümliche Stoff, dem die Vanille ihre aromatischen Eigenschaften verdankt, ist von den Chemikern Vanillin genannt worden. Er bildet, rein dargestellt, schöne weiße, meist sternförmig gruppierte Nadeln, welche in hohem Grade den charakteristischen Geruch und Geschmack der Vanille besitzen, ist in Äther und Alkohol leicht, schwerer in heißem Wasser, in kaltem Wasser nur in geringer Menge löslich. Auf den Vanilleschoten finden sich oft feine, weiße Kristallnadeln, die aus Vanillin bestehen. Dieser Stoff nun ist dadurch von großem Interesse, als es gelungen ist, nach genauer Erforschung seiner chemischen Natur ihn künstlich aus Stoffen darzustellen, die an und für sich durchaus keine Ver=wandtschaft mit diesem Produkt einer tropischen Vegetation zeigen, aus dem Safte der Nadelhölzer nämlich, welcher unter seinen Bestandteilen einen enthält, das auch erst neuer=dings entdeckte Coniferin, welches durch chemische Behandlung in Vanillin übergeführt werden kann. Mancher unsrer Leser wird schon gefunden haben, daß unter Umständen alte Hölzer, der Luft und Sonne ausgesetzt, einen vanilleähnlichen Geruch annehmen; das Pockenholz, aus dem die Kegelkugeln gedrechselt werden, hat diese Eigenschaft ebenfalls. Dieser Geruch basiert auf einer geringfügigen Bildung von Vanillin. Seitdem man nun hinter die Umstände gekommen ist, unter welchen man diese Umwandlung freiwillig hervor=rufen kann, wird das Vanillin fabrikmäßig dargestellt und gewöhnlich mit Zucker verrieben als Surrogat für Vanille in den Handel gebracht.

Geruch und Geschmack verdankt jedoch die Vanille nicht bloß dem Vanillin, von welchem sie $1\frac{1}{2}$—$2\frac{1}{2}$ Prozent enthält, sondern auch in geringer Menge der Vanillinsäure und einem aromatischen Harze.

Nicht minder wichtig ist der Lorbeer (Laurus nobilis), dessen Blätter als das billigste und am häufigsten gebrauchte Küchengewürz den Köchinnen von alters her ebenso bedeutungsreich gewesen sind wie den Poeten. Ferner der Safran, die Narben der Blüten des Crocus sativus, welcher in Kleinasien und Griechenland einheimisch, aber auch sonst im südlichen Europa ergiebig gebaut wird. Er wird in den Monaten September und Oktober täglich zweimal gesammelt und auf Papier in der Sonne oder bei gelinder

Wärme getrocknet. Sowohl als Heilmittel wie als Küchengewürz u. s. w. bildet er einen wichtigen Handelsartikel. Ihnen schließt sich dann noch eine Anzahl von Gewürzpflanzen an, welche nur für einzelne Völker Wert haben. Als solche nennen wir die Moluchia (Corchorus olitoria), den Hadjilidj (Balanites aegyptica), die Salzkaperbeeren (Capparis sodata) und die Adansonienblätter (Adansonia digitata) des inneren Afrika; sie alle munden aber nur denen, die von Jugend auf daran gewöhnt sind. Andre, wie der japanische Pfeffer (Fagara piperata) u. s. w., werden durch bessere entbehrlich gemacht, so daß sie nicht in den Handel gelangen.

Lösliche Gewürze sind zuerst von Frankreich aus in den Handel gebracht und zuerst von Bonière in Rouen hergestellt worden. Sie enthalten die wirksamen Bestandteile, durch welche jene Klasse von Pflanzenstoffen unsre Geschmacksnerven erregen und unsre Ver= dauung stimulieren, in einer Form, die für den Gebrauch größere Annehmlichkeiten bietet als der ursprüngliche Pflanzenteil, bei dem man immer eine unnötige Menge Pflanzen= faser, Holzsubstanz u. dergl. mit zu konsu= mieren gezwungen ist. Die löslichen Gewürze dagegen, je nachdem aus Zucker, Kochsalz oder aus Gemengen solcher Stoffe bestehend, die mit dem aus den Pflanzen ausgezogenen Würzstoff imprägniert sind, haben diesen Übelstand nicht und gestatten in ihrer beson= deren Form auch eine zweckentsprechendere Art der Aufbewahrung, infolge deren sie ihren Ge= halt sich besser bewahren. Das Lösungsmittel für die aromatischen Stoffe ist rektifizierter Schwefelkohlenstoff oder Benzol. Das Gewürz wird in feingepulverter Form in Körbe aus Drahtgeflecht gebracht, welche den Innenraum eines eisernen Cylinders derart ausfüllen, daß der untere Korb, auf einem vorspringenden Reifen aufsitzend, dem auf ihn gestellten als Stütze dient. Der Deckel des obersten Korbes wird wieder durch einen Reifen an der Wand des Cylinders befestigt. Das Lösungsmittel wird von unten in den Cylinder durch ein Rohr ein= und durch den Inhalt der Siebkörbe hin= durchgepreßt, durch ein Abflußrohr über dem obersten Korbe fließt es in eine Destillier= blase von Eisen, inwendig emailliert. In dieser befindet sich in pulveriger Form diejenige Substanz, welche das Aroma aufnehmen soll, also der Zucker, das Kochsalz und dergleichen.

Fig. 187. Vanille.

Durch eingeleitete Wasserdämpfe wird jene Erwärmung hervorgebracht, infolge deren der Schwefelkohlenstoff verflüchtigt wird. Derselbe geht vollständig rein in die Kühlvorrichtung über und kann sofort wieder zum Extrahieren benutzt werden. Wässerige Lösungen, wie Zwiebel= oder Rettichsaft, werden mit Schwefelkohlenstoff geschüttelt und dieser dann ge= sondert über Kochsalz in der angegebenen Weise destilliert. Solche lösliche Gewürze werden schon seit einer Reihe von Jahren von Dr. L. Naumann in Dresden fabrikmäßig dargestellt.

Wohl kein Handelsgegenstand hat so viele betrügerische Mischungen, Surrogate und Fälschungen jeder Art hervorgerufen, als gerade die Gewürze, deren Güte richtig zu er= kennen eine sehr genaue Kenntnis voraussetzt; diese Verfälschungen werden besonders leicht gemacht, wenn die Gewürze nicht in ihrer natürlichen Form, sondern verarbeitet und in Gestalt von Pulvern, Mischungen u. s. w. in den Handel gebracht werden. Gewürz= mischungen, die wir überdies keinesfalls als Verfälschungen hinstellen wollen, sind vordem besonders von England aus in den Handel gekommen, neuerdings werden sie auch von Deutschland aus in ganz vorzüglicher Qualität in den Handel gebracht. Sie enthalten fix und fertig gleich solche Zusammensetzungen von Salz, Gewürz= und Extraktivstoffen, wie sie sonst gewöhnlich erst in der Küche durch die geschmackvolle Kunst der Hausfrau aus den Rohmaterialien entstehen. Als da sind: Bouillonsalz mit Gewürzextrakt, Wurstgewürzsalze für alle möglichen Wurstsorten, Saucen, Fischgewürze u. s. w. u. s. w. Alles Präparate, welche für die Zubereitung der Nahrungsmittel im Felde z. B. von großem Werte sind. Wir werden im nächsten Kapitel noch Gelegenheit haben, darauf zurückzukommen.

Wie sehr das Publikum bei dem Ankauf der Gewürze auf seiner Hut sein muß, wird einleuchten, wenn wir verraten, daß Ingwerpulver oftmals mit Mehl und Kartoffelstärke, durch etwas Kurkuma gefärbt, versetzt, auch wohl mit etwas Cayennepfeffer parfümiert wird, Pfefferpulver oft Mehl von verschiedenen Getreidearten oder Hülsenfrüchten, Stiele und Staub von Pfeffer, Olivenkernen, Eicheln, Abfällen von Steinnüssen, entölten Palmen= kernen u. s. w. in Pulverform enthält, Pulver von Cayennepfeffer nicht selten mit Reis= mehl, Kochsalz, Kurkuma, ja selbst mit giftiger Mennige, Zinnober, oder mit Ziegelsteinmehl und Ocker versetzt gefunden wurde. Gemahlenen Senf hat man oft mit Mehl, Ölkuchen und Kurkuma verfälscht und durch etwas Cayennepfeffer beißend gemacht. Zimtpulver be= steht häufig aus der zerkleinerten Rinde der wohlfeileren Kanelsorten, mitunter auch aus Rinde, der das ätherische Öl bereits durch Destillation entzogen wurde und die man mit ein paar Tropfen Zimtöl parfümiert; ja man hat darin sogar pulverisierte Mandelschalen, gemahlenes Zigarrenkistenholz, Eichenrinde u. dergl. entdeckt. Das Pulver der Gewürz= nelken ist oft mit dem Pulver der weniger aromatischen Nelkenstiele versetzt.

Zum längeren Aufbewahren für den Hausbedarf eignen sich Gewürze in pulverisiertem Zustande weit weniger als in ihren ursprünglichen Formen, da sie leicht das Aroma ver= lieren. Stets sind auch gut schließende Gefäße aus Glas, Steingut, Weißblech, Holz u. dgl. einem bloßen Papierumschlag vorzuziehen.

Droguen und Medikamente.

Bei dem ganz natürlichen Bestreben der Menschen, die Erzeugnisse des Pflanzen= und Tierreichs in möglichst ausgedehnter Weise als Genußmittel zu verwenden, mußte sehr bald die Erfahrung gemacht werden, daß gewisse Substanzen auf den Körper ganz eigentümliche Wirkungen ausübten. Zerquetschte Kräuter, auf Wunden gelegt, verursachten Kühlung, manche beförderten die Heilung, andre verzögerten sie, und zu solchen Erfahrungen gesellte sich die Beobachtung des tierischen Instinktes, welcher oft mit Sicherheit diejenigen Kräuter auszusuchen weiß, deren Bestandteilen für gestörte körperliche Zustände eine förderliche Kraft innewohnt. Das Pflanzenreich erhielt dadurch neben seiner Rolle als Ernährer eine andre große Bedeutung als Wiederhersteller der Gesundheit und bei einer aufmerksamen Betrach= tung der Natur gewann die Kenntnis solcher wirksamen Produkte bald einen großen Umfang. Freilich schlichen sich Irrtümer und Täuschungen zahlreich mit ein, und in großer Menge dann, als die Menschen nach den die Heilung bewirkenden Ursachen suchten und, noch un= ausgerüstet mit den zur Forschung nötigen Mitteln, solche sehr häufig in Äußerlichkeiten, wie Farbe, Gestalt, Seltenheit u. s. w., zu finden glaubten. Alles, was in irgend einer Hinsicht auffällig erscheint, wird gesammelt und mit Fähigkeiten beliebig ausgestattet, der unklare Verstand hält sich an die Vorstellungen von übernatürlichen Kräften, und es wird uns nicht wundern, wenn wir in den Kulturanfängen der Völker, ja selbst noch auf schon ziemlich entwickelten Bildungsstadien, ein Mixtum von technischen Fertigkeiten, mangelhaften physikalischen und chemischen Kenntnissen, Zaubersprüchen und die Kunst, aus gewissen Kräutern, Wurzeln, Früchten u. s. w. mancherlei heilende oder wenigstens heilen sollende Tränke, Salben und Schmieren zu brauen, als vielgepriesene Heilkunde im alleinigen Besitz der Priester und alten Weiber antreffen. Scheint es doch, als ob vielerlei davon selbst noch in unsre modernen Apotheken herübergekommen wäre, so zahlreich sind die Büchsen und noch zahlreicher die Namen, aus denen und mit denen kuriert wird. Besteht in den ersten Zeiten Heilkunde und Heilmittellehre als ein unzertrennlich Einziges, so sei es uns vergönnt, einen kurzen Blick auf die Entwickelung der auch ſpäterhin noch Hand in Hand gehenden Medizin und Pharmazie zu werfen und damit ein Stück Kulturgeſchichte vor unſerm Auge vorüberzuführen.

Geſchichtliches. Die Ärzte waren anfangs zugleich Prieſter und Zauberer in einer Perſon; Moſes z. B. war auch der Arzt ſeines Volkes; ſie ſammelten und bereiteten ihre Heilmittel mit eigner Hand. Erſt in ſpäterer Zeit beſchäftigten ſich mit dem Gewinnen der faſt nur dem Pflanzenreich entnommenen Rohſtoffe beſondere Wurzelgräber, die ſogenannten Rhizotomen, welche auch nach und nach die Zubereitung und den Verkauf der von den Ärzten angewandten Arzneien übernahmen und dann Pharmakopoles genannt wurden, während die jetzige Benennung Pharmazeuten auch Arzneibereiter bedeutet.

Jedenfalls dürfen wir annehmen, daß der größte Teil der unſern Körper jetzt heimſuchenden Krankheiten auch bereits im Altertum das Menſchengeſchlecht geplagt habe; bei dem Mangel gründlicher Kenntniſſe der Anatomie ſowie der Verrichtungen der Organe konnten die damaligen Ärzte, bei ihren Bemühungen, ein Leiden zu bekämpfen, jedoch nur im Dunkeln tappen. Man nahm ſchließlich an, daß gegen jede Krankheit ein ſpezifiſches Heilmittel, beſonders aus dem Pflanzenreiche, zu finden ſei, und je mehr verſchiedene Krankheitserſcheinungen man kennen lernte, deſto reicher wurde auch der Arzneimittelſchatz. Um aber darin recht ſicher zu gehen, daß eine Medizin auch gewiß das dem Kranken nötige Mittel enthalte, wurden Mixturen zuſammengebraut, die aus einer möglichſt großen Menge heilſamer Stoffe beſtanden. Es bildete ſich ſo nach und nach das Beſtreben heraus, eine Univerſalmedizin zu erfinden, welche unfehlbar gegen jedes Übel wirkſam ſein müſſe. Eine ſolche glaubte Mithridates VI. Eupator von Pontus, der den größten Teil ſeines Lebens hindurch ſich mit derartigen Verſuchen beſchäftigt hatte, denn auch endlich zuſammengeſtellt zu haben.

Etwa in den Jahren zwiſchen 300 und 350 n. Chr. begannen die Griechen die Pharmazie als beſonderen Lehrzweig neben der Medizin zu behandeln. Nach Griechenlands Eroberung gingen nächſt andern Wiſſenſchaften auch dieſe beiden auf die Römer über, und deren Ärzte ſetzten, beſonders zur Kaiſerzeit, ihren vorzüglichſten Ruhm darein, unendlich vielfach zuſammengeſetzte Arzneien zu erſinnen. So wurde das alte Wundermittel, der Mithridat, durch vielfache Zuſätze und Verbeſſerungen in den berühmten Theriak verwandelt, welcher außer tieriſchen Subſtanzen, z. B. dem Fleiſch von Giftſchlangen, über 60 vegetabiliſche Beſtandteile enthielt, deren einer, das Magma hedychroon, wiederum aus 18 verſchiedenen Pflanzenſtoffen zuſammengeſetzt war. Andromachus, der Erfinder, legte dem Kaiſer ein in Verſen abgefaßtes Rezept zu Füßen, und ſeitdem wurde dieſes Arzneimittel ſtets unter großen öffentlichen Feierlichkeiten bereitet. Dieſer Gebrauch erhielt ſich Jahrhunderte hindurch, ſo daß noch im Jahre 1787 die Pauken und Trompeten bei der feierlichen Darſtellung des Theriaks erſchmetterten. Auch jetzt noch verlangen die Landleute in manchen Gegenden noch Theriak in den Apotheken, erhalten jedoch nicht jene widerſinnige Miſchung früherer Zeiten, ſondern ein andres appetitlicheres Präparat. In Neapel wurden noch unter Aufſicht der bourboniſchen Staatsregierung die Vipern dazu eingefangen — jedenfalls doch eine würdige Fürſorge dieſes Königtums für ſeine Unterthanen! Auch noch andre der von den römiſchen Ärzten erfundenen Arzneien, z. B. das Diachylonpflaſter des Menekrates, haben ſich bis auf unſre Zeit im Gebrauch erhalten. Viel mehr aber, als derartige Beſtrebungen auf dem Gebiete der Heilkunde, kamen unſrer Pharmazie diejenigen der Chemie zu Hilfe, und wir haben in der Einleitung zum IV. Bande unſres „Buchs der Erfindungen" bereits Gelegenheit gehabt, jene Periode der Naturwiſſenſchaft etwas näher zu betrachten.

Die erſte wirkliche Apotheke wurde im Jahre 800 n. Chr. in Bagdad angelegt, und etwa 100 Jahre ſpäter erſchien die erſte Pharmakopöa, eine Anweiſung zur Darſtellung der Heilmittel, in arabiſcher Sprache. Die Araber hatten, nachdem ſie ihre Herrſchaft in Spanien befeſtigt, in einer Zeit, da in dem von den Zügen roher Völker überfluteten übrigen Europa faſt jede Kultur der Vernichtung anheimfiel, auf ihren in Cordova u. ſ. w. gegründeten Hochſchulen neben andern Wiſſenſchaften auch die Medizin und Alchimie bereits zu einer recht bedeutenden Blüte gebracht. Nach Italien gelangte die wiſſenſchaftlich betriebene Heilkunde in den Kreuzzügen, und von hier aus verbreitete ſie ſich nun über das gesamte Europa. In Salerno und Monte Fasino entstanden berühmte Schulen der Medizin und Pharmazie, und im 12. Jahrhundert gab König Roger von Neapel die erste Medizinal-verfassung, welche Kaiser Friedrich II. ausbaute und zu der er die erste Arzneitaxe hinzufügte. Dies ist für uns insofern bemerkenswert, als hiermit zuerst jene staatsgesetzliche Überwachung der Zubereitung wie des Verkaufs der Medikamente begründet wurde, die in den meisten Staaten glücklicherweise sich bis auf die Gegenwart herab erhalten hat. Bald entstanden nun, etwa vom Beginn des 12. Jahrhunderts an, Apotheken in Frankreich, Deutschland u. s. w., und immer mehr und selbständiger schied sich jetzt die Pharmazie von der Medizin. Mit der Entstehung der Universitäten trat besonders die erstere auch als Wissenschaft mehr hervor; schon im 14. Jahrhundert blühte für sie eine eigne, freilich in der Hauptsache alchimistische Litteratur empor, als deren vornehmste Träger Roger Baco, Raymundus Lullus, Basilius Valentinus und Albertus Magnus zu nennen sind. Noch immer aber erscheint uns die Apothekerkunst in den ersten Kinderschuhen. Erst ganz allmählich und

Fig. 188. Eine Apotheke im 16. Jahrhundert.

besonders durch die immer bedeuten-dere Förderung von seiten der Chemie konnte sie ihre rationelle Gestaltung annehmen. Philippus Aureolus Theophrastus Bombastus Paracel-sus ab Hohenheim erweiterte durch Einführung vieler neuer chemischer Präparate die Pharmazie außer-ordentlich. Unter den ihm folgenden und bereits mit ziemlicher Klarheit und Sicherheit hantierenden Männern ist für uns Glauber vorzugsweise dadurch erwähnenswert, daß er das von ihm sal mirabile oder Wunder-salz, und noch jetzt nach ihm Glauber-salz benannte schwefelsaure Natron nebst verschiedenen andern Salzen zuerst darstellte, welche noch jetzt zu den Arzneimitteln gehören.

Die ganze neuere Geschichte der Heilkunde zeigt uns nun das Bestre-ben, den Arzneimittelschatz von all dem Wust und Ballast wieder zu be-freien, den Jahrhunderte in ihm auf-gehäuft hatten. Während vor nicht gar langer Zeit noch eine unglaubliche Anzahl Gewächse, einheimische sowie fremde, in des Apothekers Küche Verwendung fanden und in gleicher Weise die mannigfachsten Stoffe der übrigen Naturreiche dort vertreten waren, so ist jetzt der Mehrzahl der arzneilichen Pflanzen von ihrem früheren Ruhm nichts weiter übrig geblieben als das Anhängsel „officinalis" hinter ihrem Namen, und ebenso hat man, wenigstens in Ländern, in denen der Aberglaube des Publikums besserer Einsicht gewichen ist, die überschwengliche Menge aller andern un-wirksamen und überflüssigen Arzneien möglichst auszumerzen gesucht.

Droguen, Einsammlung und Zubereitung. Dennoch finden wir in den Lagerräumen der Droguenhändler nicht nur alle Reiche der Natur, sondern auch alle Zonen der Erde ver-treten. Die Gesamtzahl der jetzt den Droguen- und Arzneimittelschatz bildenden Stoffe ist auf etwa 800—1000 verschiedene Substanzen zu veranschlagen, von denen ungefähr 600 in den Apotheken vorrätig gehalten werden müssen.

Die Pflanzenstoffe bestehen in den Pflanzenteilen, als Blättern, Blüten, Früchten, Hölzern, Rinden, Wurzeln u. s. w., dann den besonderen Vegetationsprodukten, wie Bal-samen, Harzen, Gummi, Zucker, Stärkemehl u. s. w. Bedingung ihrer guten Beschaffenheit ist, daß sie zu rechter Zeit, am rechten Orte und ohne Verwechselung mit ähnlichen Gewächsen eingesammelt werden. Nachdem man sich durch die besonderen charakteristischen Kennzeichen von der Echtheit der Pflanze überzeugt, werden die Knospen und Sprossen vor der Erschließung der Blätter, die Blätter und Kräuter nach vollständiger Entwickelung, doch noch vor dem Entfalten der Blüten, diese letzteren gleich nach dem Aufblühen, die meisten Wurzeln im Herbste, einige im Frühjahr, von zweijährigen Pflanzen erst im zweiten, von ausdauernden im dritten Jahre, Hölzer, Rinden und Stengel im beginnenden Frühling oder Spätherbst, doch von nicht zu alten aber auch nicht ganz jungen Gewächsen, und die Beeren, Früchte und Samen nur nach völliger Reife eingeerntet. Gummi, Balsam und Harze werden meistens als Ausflüsse aus Einschnitten, die letzteren auch durch Ausschmelzen oder Ausziehen mit Weingeist, und das Stärkemehl durch Auslaugen mit Wasser gewonnen. Für das Einsammeln aller Pflanzenstoffe muß man günstiges Wetter wählen, wenn sie durchaus trocken, weder beregnet noch betaut sind. Blätter, Blüten und Kräuter werden dann an luftigen, schattigen und staubfreien Orten (am besten auf Dachböden) dünn ausgestreut und meistens noch im Trockenschrank oder auf einem Backofen, in Leinwand- oder Bastbeutel verschlossen, bei gelinder Wärme scharf nachgetrocknet. Viele von ihnen müssen in gut verschlossenen Gläsern oder Blechgefäßen aufbewahrt werden, weil sie sonst leicht verderben oder ihre wirksamen Bestandteile verlieren. Beeren und Früchte werden gedörrt oder eingemacht, meist auch frisch zu Säften, Mus und Mark verarbeitet. Hölzer, Rinden und Stengel sind zu schälen, zu spalten oder klein zu schneiden, und dann gleich den Knospen und Sprossen, wie die Blätter u. s. w., zu trocknen. Von den Wurzeln werden nur einige gewaschen, alle aber sorgfältig von Erde, abgestorbenen Teilen und Fäserchen befreit und wie die vorigen behandelt. Die Sämereien endlich müssen durch Ausklopfen oder Dreschen enthülst und durch Schwingen und Sieben von Spelzen, Staub u. s. w. gereinigt werden.

Fig. 189. Eine Apotheke zu Tokio.

Die fremdländischen Pflanzenstoffe kommen meist in bereits zubereitetem und getrocknetem Zustande zu uns. Während der Droguist sie daher ohne weiteres in seine Vorratsräume bringen oder sie weiter verarbeiten kann, hat er anderseits doch beim Einkauf die Prüfung ihrer Echtheit, Reinheit und guten Beschaffenheit gar sorgsam vorzunehmen. Nächst den äußeren Kennzeichen, welche sich dem Auge, dem Geruch und Geschmack zu erkennen geben, dienen besonders das Mikroskop, das spezifische Gewicht und chemische Reagenzien als Probierstein.

Jedenfalls müssen die fremden Pflanzen als die allerwichtigsten für den Arzneischatz gelten, weil unter ihnen sich die meisten derjenigen befinden, welche besonders kräftige und entschiedene Wirkungen auf den menschlichen Körper hervorbringen. Nicht wenige von ihnen finden sogar als spezifische Heilmittel gegen bestimmte Krankheiten wirksame Anwendung. Um ihre außerordentliche Bedeutung für die Heilkunde darzulegen und zugleich auf ihre mannigfach verschiedenen Bezugsorte hinzuweisen, führen wir eine Reihe der bemerkenswertesten an. Eine der wichtigsten und bis jetzt noch unersetzlichen Droguen ist die Chinarinde, ein spezifisches Mittel gegen Fieber, von verschiedenen Bäumen aus der Gattung Cinchona stammend, welche auf den westlichen Abhängen der Kordilleren von Peru zwischen 5° nördl. Breite bis 15° südl. Breite in Wäldern zerstreut wachsen und, um der drohenden Ausrottung zu wehren, besonders durch die mit Lebensgefahr verbundenen Bemühungen unsres Landsmannes Haßkarl 1853 auch nach Java verpflanzt worden sind. Die Pflanzen werden in Java teils durch Samen, teils durch Ableger vermehrt. Kultiviert werden C. Calisaya, C. Pahudiana, C. lancifolia, C. lanceolata, C. succirubra. — Die Pflanzung umfaßte 1862 schon an 70000 junge Pflanzen und Bäume, etwa 360000 Sämlinge und etwa 3800 Ableger, außerdem waren 430000 noch nicht gekeimte Samen vorhanden. Auch in Ostindien hatte die englische Regierung solche Pflanzungen anlegen lassen; 25000 junge Pflanzen verschiedener Cinchonaarten wurden von Bolivia auf die südlichen Abhänge des Himalaya verpflanzt, in Höhen von 1500—2000 m. Auf den Nilgherryhügeln waren sehr bedeutende Anlagen gemacht worden, deren Ergebnisse die Akklimatisierung als gelungen erscheinen lassen.

Andre vielfach in der Heilmittellehre angewendete Pflanzenteile sind: Sennesblätter, ein Abführmittel aus Ostindien, von Cassia lanceolata und andern Cassienarten (s. Fig. 191); Aloe, drastisches Abführmittel, von verschiedenen Aloearten, z. B. A. socotrina, purpurescens 2c., aus Afrika; Manna, Abführmittel von Ornus europaea, und rotundifolia, aus Kalabrien; Opium, beruhigende, betäubende, schmerzstillende Arznei und zugleich das bekannte Berauschungsmittel der Orientalen, von der Mohnart Papaver somniferum, aus Smyrna; Jpekakuanha, Brechmittel, die Wurzel von Cephaëlis Ipecacuanha, aus Brasilien; Jalappa, starkes Abführmittel, von Ipomea Purga, aus Mexiko; als gelindes Abführmittel wird das Öl aus dem Samen von Ricinus communis (s. Fig. 192) verwendet; Zitwer, die Blüten mehrerer Artemisiaarten, spezifisches Wurmmittel aus Turkestan; Stinkasant (Teufelsdreck), bei Nervenkrankheiten gebräuchlich, Narthex Asa foetida, aus Persien; Kopaivabalsam, von verschiedenen Kopaiferaarten, aus Südamerika; Kampfer, meist äußerlich verwendet, vom Kampferlorbeer (Laurus Camphora), aus Sumatra; Safran, von dem bekannten Crocus sativus, aus dem Orient;

Fig. 190. Zweig von Cinchona condaminea.

Gummi arabikum, von mehreren Akazienarten (Mimosa tortilis 2c., aus dem nördlichen Afrika; Zimt, Nelken und andre Gewürze aus Ost= und Westindien und Vanille aus Mexiko, welche wir bereits kennen gelernt haben; Kakao, von Theobroma Cacao, aus Caracas; Rhabarber, das treffliche magenstärkende Abführmittel, von Rheum palmatum, compactum, hybridum 2c., aus Rußland und Ostindien; Kusso, das spezifische Mittel gegen den Bandwurm, die Blütenstände der Brayera anthelminthica, aus Abessinien, und zahlreiche andre, teils einheimische, teils fremde Pflanzen und Pflanzenteile, die in verschiedener Form, namentlich in Abkochung (Thee), wie die Kamille, Lindenblüte, Pfefferminze u. s. w., Verwendung finden. Das Fruchtfleisch der Tamarindenfrüchte (s. Fig. 193) bildet im gereinigten Zustande die Hauptsubstanz der Latwergen. Ihnen schließen sich nun die tierischen Stoffe an, welche wir ebenfalls zum Teil aus fremden Ländern beziehen. Aus der Reihe der wunderlichen tierischen Heilmittel, welche mit „weißem Enzian vom schwarzen Köter", Vipernschmalz, Skorpionsöl, dem „Liebeslust entflammenden" Meerstinz (einer in Lavendelblumen aufbewahrten Eidechse — Stincus marinus) u. s. w. beginnend, in unzähligen andern Unsinnigkeiten hergezählt werden könnten, finden wir glücklicherweise jetzt nur noch eine sehr kleine Minderheit in den Apotheken. Schmalz, Wachs, Walrat und Hausenblase werden zu Salben und Pflastern gebraucht; Bibergeil und Moschus finden als äußerst heilkräftige Mittel in Nervenkrankheiten u. s. w. innerliche Anwendung; ihnen reihen sich Ochsengalle, Austernschalen, Honig, Molken an; Kanthariden oder sogenannte spanische Fliegen finden nur äußerliche, jedoch sehr energische Anwendung. Neuerdings ist ein Präparat aufgetaucht, das von dem an ewigen Verdauungsbeschwerden leidenden Publikum mit großer Pietät betrachtet wird, weil es selbst dem magenschwächsten Gourmand die Aussicht gewährt, sich den Genüssen der Tafel ohne Befürchtung jener fatalen Unterbrechung hingeben zu können, welche als „Folgen der Indigestion" den irdischen Freuden oft so enge Grenzen ziehen: das Pepsin. In seiner reinsten Form soll es nichts andres sein als aus Kalbs- oder Schweinsmagen hergestellter Magensaft und seine Wirkung sich in erster Reihe auf die Unterstützung der schwachen Verdauung gründen, bei der man annimmt, daß es dem Magen an dem eigentlichen Verdauungsferment fehle. Dasjenige Pepsin, welches in seiner Zusammensetzung dem menschlichen Magensafte am nächsten kommt, müßte dann auch das wirksamste sein, und deswegen hat man es ganz besonders auch aus dem Magen des Schweines dargestellt, weil dieses, wie der Mensch, von gemischter Kost lebt. In der Regel kommt das Pepsin in der Form von Pastillen im Handel vor, in denen es mit Stärkemehl und Zucker versetzt ist; es soll sich in solcher Verbindung besser erhalten und, namentlich beim Trocknen, weniger der Veränderung ausgesetzt sein; auch Pepsinwein hat man in Apotheken.

Die eingesammelten und behufs der Aufbewahrung entsprechend behandelten Droguen erleiden bis zu ihrem Gebrauch noch mannigfache Zubereitungen. Pflanzenstoffe werden durch Zerschneiden auf besonderen Laden oder Schneidebrettern oder Zerstampfen in Trögen, mittels Durchschlagens durch Drahtsiebe, in die Form gleichmäßiger, feiner oder gröberer Spezies gebracht, welche zu Aufgüssen (Thee), Umschlägen oder Kräuterkissen u. s. w. dienen. Andre werden durch Reiben, Mahlen und Stoßen in Pulver verwandelt. Alle zum innerlichen Gebrauch bestimmte Pulver müssen höchst fein und zart abgesiebt werden; zu äußerlicher Anwendung oder für die Tierheilkunde werden sie weit gröber hergestellt. Beim Pulvern giftiger Stoffe sind Mund und Nase des Arbeiters durch feuchte Schwämme sorgsam zu schützen. Einige Harze und Gummiharze lassen sich nur dann gut pulvern, wenn

Fig. 191. Cassia. Zweig mit Blüte und Frucht.

sie strenger Winterkälte ausgesetzt gewesen sind. Frische Pflanzenteile werden in steinernen oder hölzernen Mörsern zerquetscht, um den Saft daraus zu gewinnen oder Extrakte daraus zu bereiten. Diese letzteren, welche jedoch ebenso aus getrockneten Pflanzenstoffen dargestellt werden, sind die durch Aufgüsse oder Abkochungen gewonnenen, zu einer bestimmten Dicke oder Trockenheit eingedampften Auszüge. In ähnlicher Weise werden die rohen tierischen und mineralischen Droguen zubereitet. Fette und Wachs werden ausgeschmolzen und gereinigt; das letztere geschieht auch mit dem Honig, durch Auflösen, Durchseihen und Wiedereindicken. Wo es irgend möglich ist, wendet man jetzt nicht mehr die Pflanzenstoffe an, sowie sie die Natur liefert, sondern die daraus dargestellten wirksamen Prinzipien, die in besonderen Fabriken gewonnen werden. Der Patient braucht dann nicht soviel unwirksames Pflanzenmaterial mit zu verschlucken und der Arzt hat eine viel genauere Kontrolle über die Wirksamkeit der betreffenden Arzneimittel. So wird wohl jetzt kein Arzt mehr sogenannte Wurmsamen (Flores Cinae) als Pulver oder Aufguß verordnen, sondern das daraus dargestellte Santonin, ebenso wird anstatt der Chinarinde Chinin, anstatt des Opiums häufig Morphin u. s. w. verordnet. Dadurch, daß die technische Chemie sich der Reindarstellung

der wirksamen Stoffe der Heilmittel angenommen hat, ist das Arbeitsgebiet der Apotheken=
laboratorien schon wesentlich beschränkt worden. Anderseits können Präparate erzeugt werden,
die der Apotheker für seinen beschränkten Bedarf herzustellen sich kaum getrauen konnte.

Und da das Verhalten der Stoffe dem lebenden Organismus gegenüber für den Che=
miker und den Physiologen eine gleich wichtige Frage bildet, so wird die Heilmittellehre
aus den Entdeckungen, die in dem chemischen Laboratorium gemacht werden, auch immer
mehr nutzbare Bereicherungen noch zu erwarten haben. Wir brauchen nur allein auf die

eine Klasse der schmerzstillenden Mittel hinzuweisen, um die ganze leidende Menschheit mit Dank gegen die Chemie zu erfüllen, welche jene Körper entdeckt und darzustellen gelehrt hat. Zuerst der Äther, der zwar auch den älteren Heilkünstlern schon be= kannt war, wenngleich nicht in dieser spezifischen Anwendung, dann aber das Chloroform mit der nervenbetäubenden Wirkung seiner eingeatmeten Dämpfe, und endlich das aus der Einwirkung von Chlorgas auf absoluten Alkohol entstehende Chloral= hydrat und die diesem ver= wandten Verbindungen. Nicht nur, daß mittels derselben der Patient die schmerzhaftesten Krankheitszustände überhaupt er= tragen kann, sie geben auch dem Chirurgen die Möglichkeit an die Hand, seine Operationen un= gestört an dem ruhenden Körper auszuführen. Und diese wohl= thätigen Stoffe waren zuerst lediglich aus chemischem Interesse gebildet und untersucht worden. Die massenhafte Bereitung für Heilzwecke hat ihnen bereits auch eine technologische Wichtig= keit gegeben, denn infolge davon sind die Herstellungsmethoden billiger geworden. Viele andre chemische Präparate, die sonst nur wissenschaftliches Interesse hatten, sind jetzt wichtige Heil= mittel geworden und werden im großen fabriziert; so die Karbol=

säure und die aus dieser bereitete Salicylsäure, das Thymol und das äußerlich jetzt so
viel zur Verwendung kommende Jodoform; ferner Kairin, Resorcin, Paraldehyd u. s. w.

Medikamente. Schauen wir uns in einer Apotheke um, so finden wir die Arzneien
dort in den verschiedensten Formen.

Elixiere, Essenzen und Tinkturen sind Auszüge von Pflanzen oder auch tierischen
Substanzen mittels Spiritus, Äther oder andern Flüssigkeiten; sie unterscheiden sich von=
einander dadurch, daß die Tinkturen fast ausschließlich mit Weingeist bereitete klare, die
Elixiere dunkle, dickliche und undurchsichtige, die Essenzen desto hellere und klarere, eigentlich

nur den Duft des Stoffs enthaltende Flüssigkeiten sind. Ihnen ähnlich erscheinen die Essige und Weine, aus meistens äußerst wirksamen Pflanzen mit Essig oder Wein gewonnene Auszüge. Extrakte sind Pflanzenauszüge, entweder durch Aufguß oder Abkochung mit Wasser, Spiritus oder Äther bereitet und von diesen Lösungsmitteln durch Verdampfen wieder befreit. Unter den Extrakten nimmt, was massenhafte Verwendung anbelangt, der Lakritzen (Succus liquiritiae), der eingetrocknete Saft der Süßholzwurzel, die erste Stelle ein.. Er wird namentlich in Frankreich, Spanien und Italien, in neuerer Zeit auch in Mähren, wo die Kultur der Süßholzwurzel besonders in der Gegend von Znaim betrieben wird, bereitet, und in den erstgenannten Ländern gibt es Fabriken, welche jährlich bis zu 5000 Zentner Lakritzen erzeugen; für den primitiven Geschmack der Straßenjungen, denen die höheren Genüsse der Konfiserie noch nicht erschlossen sind, eine paradiesische Aussicht.

Um den Geschmack mancher Heilmittel angenehm zu machen, kocht man sie mit Honig oder Zucker zu Sirupen ein oder man fertigt Latwergen daraus. Bei den Linimenten oder Einreibungsmitteln gibt bald ein fettes Öl, bald Spiritus oder eine andre Flüssigkeit das Auflösungsmittel ab. Einen Gegensatz zu ihm bilden die Salben, dicklich schmierige, aus Fetten mit vielfachen andern Stoffen zusam= mengeschmolzene, ebenfalls nur äußer= lich angewendete Heilmittel, welche der Arzneimittelschatz in großer Mannig= faltigkeit besitzt. Ihnen verwandt sind wiederum die Pflaster, härtere, meist in Stangen ausgerollte äußerliche Heil= mittel, welche, auf Leinwand gestrichen, für sehr ungleiche Zwecke angewendet werden. Als die bekanntesten stellen wir das Spanischfliegen=, Blei= und Heftpflaster nebeneinander; das erste, welches als Ableitungsmittel auf der gesunden Haut Blasen zieht, das andre als heilendes Verbandsmittel und das letzte als bloßer Klebstoff zum Be= festigen andrer Pflaster und Salben oder zum Verschließen von Wunden 2c.; das sogenannte englische Heftpflaster besteht aus rotem und schwarzem Taft, der auf einer Seite mit einer Auflösung von Leim oder Hausenblase getränkt ist.

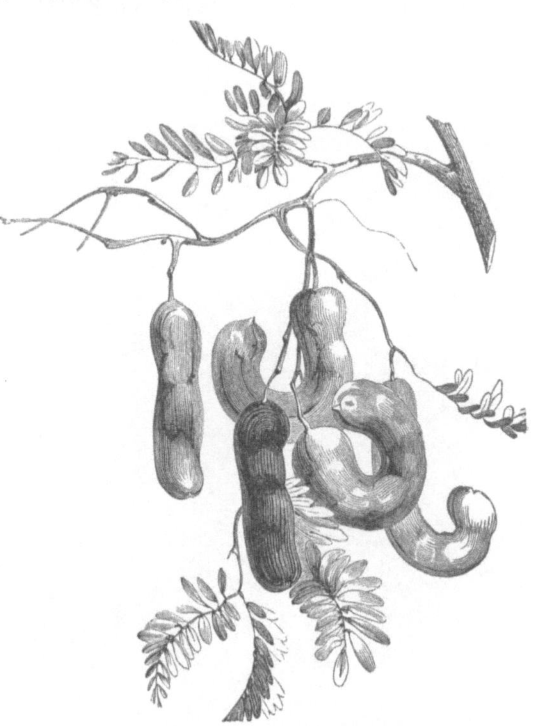

Fig. 193. Tamarindus indica, Fruchtzweig.

Die destillierten oder ätherischen Öle, welche wir später noch ausführlicher kennen lernen werden, haben in der Pharmazie eine große Bedeutung als Heilmittel. Bei ihrer Darstellung, oder auch besonders mit denselben Pflanzen destilliert, werden die Wässer gewonnen, welche die aromatischen Pflanzenstoffe in wässerigem, aufgelöstem Zustande ent= halten. Im Falle die gewürzhaften Stoffe anstatt mit Wasser mit Weingeist destilliert worden sind, erhält man die ebenfalls als Heilmittel gebräuchlichen Spiriten, z. B. Angelika=, Wacholder=, Ameisen= u. s. w. Spiritus (Ameisenspiritus wird jedoch jetzt nicht mehr durch Destillation aus Ameisen, sondern durch Verdünnen von künstlich aus Zucker bereiteter Ameisensäure dargestellt); andre werden dadurch bereitet, daß man eine wirksame Substanz einfach in ihnen auflöst, z. B. der Kampferspiritus. Gekochte Öle, durch Einweichen und Auskochen von Pflanzenteilen bereitet, dienen zur Anfertigung von Salben, Einreibungen und andern äußerlichen Heilmitteln. Aus einer großen Anzahl von Pflanzensamen und andern, selbst tierischen Stoffen werden fette Öle durch Auspressen oder Ausschmelzen ge= wonnen. Dieselben sind für die Heilkunde wie für eine große Reihe von Gewerben von unendlicher Wichtigkeit. Das Rizinusöl als vortreffliches, mildes Abführmittel, der aus dem

Tierreich stammende Leberthran bei skrophulösen Leiden, das Baumöl zur Darstellung
wichtiger Pflaster: alle diese sind in der Pharmazie ebenso unentbehrlich wie das Mandelöl
zur Bereitung von Emulsionen, Pomaden u. s. w., das Leinöl zum Firniskochen, das Rüböl
zur Beleuchtung und viele andre Öle für ähnliche industrielle Zwecke. Hieran reihen sich
schließlich die zusammengesetzten medizinischen Seifen. Es sind Verbindungen feiner, aus
sehr reinen Ölen mit Natron gebildeter Seifen mit verschiedenen Stoffen, z. B. mit Jalappen=
harz, Terpentin u. s. w., welche sowohl äußerlich als auch innerlich Verwendung finden.
Die einfache oder gewöhnliche medizinische Seife, aus bestem Schweineschmalz, Provenceröl
und Ätznatron bereitet, dient zur Darstellung mehrerer andrer innerlicher Arzneien.

Von besonderer Wichtigkeit für die Heilkunde sind eine Anzahl der mineralischen Prä=
parate; unter den Metallverbindungen z. B. das Kalomel oder Quecksilberchlorür, ein vor=
treffliches Mittel bei entzündlichen Krankheiten und heftigen Anfällen; ferner andre Queck=
silber=, einige Eisen=, Wißmut=, Zink=, Spießglanz= u. s. w. Verbindungen. Selbst aus
den kostbarsten der Metalle, Gold und Silber, weiß die Medizin ihren Tribut zu ziehen;

Fig. 194.   Der handblätterige Rhabarber (Rheum palmatum).

ein Salz, Chlorgoldnatrium, wird bei
einigen Krankheiten verordnet, und der
bekannte, vielfach und mit bedeutendem
Erfolg angewandte Höllenstein ist nichts
andres als geschmolzenes salpetersaures
Silberoxyd.

Aus allen diesen Droguen, Präpa=
raten und Arzneien verordnet der Arzt
nun seine Rezepte, und nach Vor=
schrift derselben verfertigt der Apotheker
die Medikamente, indem er aus den ver=
ordneten Stoffen entweder Mischungen
oder Auflösungen, Extrakte, Latwergen,
Pillen, Salben, Aufgüsse, Abkochungen
u. s. w. in vom Arzte vorgeschriebener
Weise bereitet, häufig freilich nur —
„um es am Ende geh'n zu lassen, wie's
Gott gefällt".

Wir haben schon im Verlaufe dieser
Betrachtung mit Befriedigung erwähnt,
daß die Pharmazie in den letzten hun=
dert Jahren durch Unterstützung von
seiten der Chemie wesentliche Fortschritte
gemacht hat. Leider stellen sich der wohl=
thätigen Vereinfachung der Arzneimittel,
wie sie namentlich durch die Reindarstel=
lung der hauptsächlich wirksamen Bestand=

teile, wobei alle überflüssigen und für den Kranken oft schwer verdaulichen Stoffe abgesondert
werden, erreicht worden ist, im täglichen Leben fast unübersteigliche Hindernisse entgegen.
Das große Publikum hält an seinen — oft höchst unsinnigen — Haus= und Volksheil=
mitteln mit Zähigkeit fest. Daher kommt es, daß in allen Apotheken eine Masse altertüm=
licher (obsoleter) Gegenstände vorrätig gehalten werden müssen, welche noch immer ihre
kuriosen Liebhaber finden, indem Unwissenheit und starrer „guter Glaube" das sauer ver=
diente Geld willig dafür fortwerfen, oder sich gar von Betrügern mit den daraus zusammen=
gebrauten Wundermitteln auf das kläglichste prellen lassen. Um eines der einleuchtendsten
Beispiele dieses Unfugs herauszugreifen, der wie ein Alp auf der unaufgeklärten Armut
haftet, wollen wir nur anführen, daß unter den Namen Adebar=, Bären=, Boar=, Dachs=,
Fuchs=, Gräfings=, Hamotter=, Hunde=, Kamm=, Katzen=, Mücken=, Murmeltier=, Ottern=,
Storch= und Winzerfett fast tagtäglich noch Heilmittel gekauft werden — als welche die
Apotheker nichts andres als Schweinefett verabfolgen können! Und solche Fälle, in denen
ein und derselbe Stoff unter zahlreichen Namen, oder ganzen Reihen gar nicht mehr

exiſtierender, in den Apotheken von ungebildeten Leuten gefordert und verkauft werden,
könnten wir noch mehrere Fälle aufzählen. Die Bemühungen des Apothekers, den Käufer
zu belehren, ſind in dieſer Hinſicht meiſt vergeblich.

Noch übler und unheilvoller aber iſt der gerade in neueſter Zeit nur zu ſehr empor=
wuchernde Geheimmittelhandel. Obwohl bei der ungeheuren Wichtigkeit der Heilkunde
für das Wohl und Wehe des Volkes die meiſten Staaten das Recht einer obrigkeitlichen Über=
wachung des ganzen Medizinalweſens bisher ſich erhalten zu müſſen glaubten, durch eine ge=
ſetzliche Pharmakopöe die Zubereitung und durch eine Arzneitaxe den Verkauf der Arzneien
ordneten und Arzt wie Apotheker eigentlich als ſtreng verantwortliche Beamte betrachten,
obwohl bereits ſeit langer Zeit das ganze Heer der alten Balſamhändler, Wundermittel=
verkäufer und Wunderdoktoren allenthalben unerbittlich unterdrückt und verbannt worden —
ſo iſt es in denſelben Staaten dennoch geſtattet, tagtäglich in allen Zeitungen eine Unzahl
von Arzneimitteln auszubieten, welche einerſeits oft die ſchädlichſten und gefährlichſten Be=
ſtandteile enthalten, anderſeits augenſcheinlich darauf berechnet ſind, durch unverhältnis=
mäßig hohe Preiſe mit den Schmerzensgroſchen der Leidenden und Kranken ihre Verfertiger
zu bereichern. Das Anacahuiteholz (von Cordia Boiſſieri
Dec., ein Baum, der am Rio Grande und bei Monterey
vorkommt) kann als ein Beleg dienen, mit welcher Frechheit
der Heilmittelbetrug getrieben wird. Vor ca. 20 Jahren
tauchte es plötzlich als angebliches Heilmittel auf; ehe das
Holz in den Handel gebracht wurde, erſchienen in den Zei=
tungen von Zeit zu Zeit Berichte von den wunderbaren
Wirkungen, welche eine bei den Indianern in Mexiko ge=
bräuchliche Abkochung eines noch unbekannten Holzes gegen
die Schwindſucht haben ſollte. Seit alten Zeiten ſollte das
Mittel dort in Gebrauch ſein. Derartige Erzählungen wiederholten ſich in den verſchiedenartigſten Formen, bis die Auf=
merkſamkeit des Publikums erregt war und die Nachfragen
nach dem heilbringenden Holze immer lebhafter wurden.
Jetzt wurden kleine Quantitäten auf den Markt gebracht und
zu enormen Preiſen verkauft. Als ſich die Welt an den
hohen Preis dieſer Ware gewöhnt hatte, wurden nach und
nach die Zufuhren der in jeder beliebigen Menge zu er=
langenden Holzſpäne vermehrt, und das Publikum bezahlte
eine Zeitlang, trotz des Preisrückgangs, immer noch enormes
Geld für ein völlig wertloſes Produkt; denn geholfen hat
das Anacahuiteholz nur ſeinen Verkäufern. Eine aufmerk=
ſame Betrachtung des Geheimmittelunweſens unſrer Zeit muß
uns unwillkürlich zu der intereſſanten Parallele führen

Fig. 195.
Koloquinte, Blütenzweig und Frucht.

zwiſchen den Univerſalheilmitteln des Mithridat und Andromachos, dem weißen Lebens=
elixier der Alchimiſten und den gegen alles wirkſamen Produkten eines Barry du
Barry, Hoff, Daubitz u. a. mehr.

Die Gifte. Wie es Stoffe gibt, welche die Störungen in den Funktionen des menſch=
lichen Körpers aufzuheben und die Organe wieder in geſunde Verfaſſung zu bringen ver=
mögen — ſo gibt es auch eine nicht geringe Zahl ſolcher Stoffe, welche, in den Kreislauf
des menſchlichen oder tieriſchen Körpers aufgenommen, den naturgemäßen Verlauf ſtören,
die Geſundheit beeinträchtigen, ja, die ſogar tödtend wirken. Solche Stoffe nennen wir
Gifte, obwohl der Begriff, den wir mit dieſem Namen bezeichnen, durch die eben gegebene
Charakteriſtik nicht ganz erſchöpft iſt — indeſſen iſt es auch ſehr ſchwer, eine vollſtändig
deckende Definition jenes Begriffs zu geben, der für jedes Individuum faſt eine andre
Deutung verlangt. Denn es kommt nicht bloß die chemiſche Natur, die Qualität — es kommt
auch die Quantität der Stoffe in Betracht; eine Doſis, die den einen erkranken laſſen würde,
hat auf den andern, deſſen Körper vielleicht daran gewöhnt iſt, einen ſehr wohlthätigen
Einfluß; ja, es können gerade die ſonſt ſchädlichen Wirkungen gewiſſer Gifte, wenn in nur

geringem Grade hervorgerufen, als sehr wohlthätige Korrektion andern Störungen gegen=
über auftreten, wie der ausgedehnte Gebrauch von mineralischen und pflanzlichen Giften in
der Heilkunde zur Genüge beweist. Wir müssen also im Auge behalten, daß ein Stoff erst
dann zu einem Gifte wird, wenn er in solchen Mengen in den Organismus eingeführt wird,
daß seine Wirkungen für Leben und Gesundheit nachteilige werden; es liegt in der ganzen
Betrachtung, die wir bisher angestellt haben, daß die Art der Wirkung nicht als eine
mechanische, wie ein Dolchstoß etwa ausübt, sondern als eine chemische angenommen wird.
Und darin liegt auch ein wesentliches inneres Merkzeichen für die Gifte, daß sie nämlich
ihrer Zusammensetzung nach nicht geeignet sind, in wesentliche Körperbestandteile über=
zugehen, sich dem Organismus im Sinne seiner Entwickelung einzufügen.

Das Wort Gift zeigt in seinem Stamme schon an, daß es etwas bezeichnet, womit man
jemand vergeben kann, und diese mörderische Fähigkeit hat die Gifte in der Geschichte häufig
eine gewaltige, umstürzende Rolle spielen lassen. Die alten Schriftsteller sprechen nur mit
Scheu von den Giften. Galenus, der im 2. Jahrhundert n. Chr. lebte, sagt in seiner Ab=
handlung über die Gegengifte, daß die einzigen alten Schriftsteller, die es gewagt hätten, über
Gifte zu schreiben, Orpheus der Theologe, Horus, Mendesius der Jüngere, Heliodor von
Athen und Oratus gewesen seien; und er selbst ist sehr vorsichtig, damit, wie er sagt, nicht
der gemeine Mann mit der Bereitung der Gifte vertraut werde, weil dies die Verbrechen be=
günstigen hieße. Plinius ist weniger ängstlich, er sowohl wie Nikander haben von den Giften
gehandelt. Nach ihnen sind Gifte aus dem Tierreich spanische Fliegen, Blutegel (weil sie sich
im Magen ansaugten), Meerhasen (was das für Tiere waren, weiß man nicht, Domitian soll
den Titus damit vergiftet haben), Kröten, Salamander, Schlangen, in Fäulnis übergegangenes
Ochsenblut, welches der Sage nach in Athen angewendet wurde, und der Honig von Herakleion.
Von Pflanzengiften kannten die Alten: Opium, Bilsenkraut, Schierling (das Mittel für
gerichtliche Hinrichtung), die Wurzeln vom Eisenhut (Aconit, die Pflanze, deshalb Panther=
tödter genannt, sollte aus dem Schaume des Cerberus entstanden sein; Calpurnius Bestia —
einer der Verschworenen des Catilina, tödtete damit seine Frauen); Nieswurz (mit Milch
und Mehl gekocht, diente sie bei den Griechen zum Vertilgen der Mäuse und Fliegen, mit
dem Safte der Wurzeln vergifteten die Gallier ihre Pfeile), Herbstzeitlose, Colchicum,
welche ihren Namen noch davon trägt, daß man erzählte, Medea von Kolchis habe daraus
ihre Zaubertränke gebraut; Seidelbast, womit sich Cativulcus, König der Eburaner, ver=
giftete, Hahnenfuß u. s. w. Giftige Pilze waren viele bekannt, der „verderbenbringende
Gischt der Erde", wie Nikander sie nennt, und viele Pflanzen der Familie der Solaneen
und Euphorbiaceen müssen in ihren giftigen Wirkungen schon frühzeitig beobachtet worden sein.
Aus dem Mineralreiche waren das Arsenik, und zwar in den beiden Formen als Schwefel=
arsenik und als arsenige Säure, bekannt durch ihre Giftigkeit, ebenso die Bleiglätte, das
Bleiweiß und der gebrannte Kalk. Von Quecksilbergiften kannte man den Zinnober, doch
nicht das ätzende Sublimat.

Die Blausäure scheint im Altertum nicht unbekannt gewesen zu sein, wie die Strafe
der Pfirsich beweist, mit welcher derjenige belegt wurde, der bei den alten Ägyptern das
Stillschweigen brach, das die Priester zur Geheimhaltung ihrer Wissenschaft geloben mußten.
Die Blätter des Pfirsichbaumes waren dem Gott des Schweigens geweiht. Plutarch, dem
dies unbekannt war, suchte den Grund dafür darin, daß sie die Gestalt der Zunge hatten.
Vielleicht war auch das bittere Wasser, welches bei den Ägyptern die Priester als Strafe
den Ehebrecherinnen reichten, ein blausäurereiches Pfirsichwasser. Zu welcher Zeit das
Arsenik, dieser fürchterliche Körper, der Lieblingsstoff für die Giftmischer geworden ist, ist
unbekannt. Jedenfalls hat er aber in der Politik des Mittelalters eine bedeutende Rolle ge=
spielt, die man in der Regel gewissen andern geheimnisvollen Giften zuzuschreiben geneigt ist.

Die Politik der früheren Zeiten, in ihren Mitteln weit weniger streng als jetzt, die
Rivalität der Kirche, die sozialen Zustände, in denen das Individuum eine weit vor=
wiegendere Bedeutung hatte als heutzutage, bildeten bei der allgemeinen laxen Moral
eine Kampfesweise gegen den Einzelnen aus, die einfach auf Beseitigung gerichtet war.
Ihr mußte das Gift ganz besonders willkommen sein als ein Helfershelfer, dessen Wirken
keine Spuren hinterließ. Wenigstens wünschte und glaubte man, daß dies der Fall sei,

und die Phantasie stattete die berühmten Gifte mit den subtilsten Eigenschaften in dieser
Beziehung aus. Wenn es für diese Befürchtungen Gründe gab, so waren diese doch nur
relativer Art, insofern es der medizinischen und chemischen Wissenschaft der damaligen Zeit
nicht immer möglich war, den Nachweis begangener Vergiftung mit Sicherheit zu führen.
Giftmischer und Giftmischerinnen, nie ganz ausgestorben, hatten daher in den vergangenen
Jahrhunderten in der noch unentwickelten Naturerkenntnis einen Deckmantel für ihre heil=
lose Thätigkeit, und zu gewissen Zeiten sind ihre Dienste ganz besonders häufig in Anspruch
genommen worden.

Nero hatte seine Locusta, die die Tödtung des Germanicus und des Britannicus gewisser=
maßen als eine kleine Musterleistung ausführte, indem sie den einen einen langsamen, den
andern einen augenblicklichen Tod sterben ließ, um dadurch Nero den Weg zum Throne zu
bahnen. Übrigens sind viele andre nicht besser, nur nicht so offenkundig verfahren. Vor
ihm und nach ihm wurde vergiftet aus Furcht, aus Haß, aus Feigheit, Eifersucht, Ehrgeiz,
aus Habsucht, aus allen schlechten Gründen, auch aus Bequemlichkeit, und namentlich waren
es die Länder südlicherer Zone, Italien und Frankreich, in denen die Giftmischerei fast bis
zu gewerblichem Betriebe sich ausbildete. Erbepulver und Successionstränke, Etiketten von
teuflischer Naivität, sind jenseit des Rheins erfunden worden, nachdem jenseit der Alpen
die Sache längst in Übung war. Die Namen Toffana, Jeronomia Spara, Brinvilliers,
Voisin, Helene Jegado erinnern an eine Unzahl schauderhafter Verbrechen. Im Gefolge der
Politik und im Gewande der Frömmigkeit kam diese verfluchte Praktik auch nach Deutschland,
wo sie wie in den Heimatsländern namentlich von Frauen geübt worden ist. In Berlin trieb
die Geheimräthin Ursinus, in Bayern die Zwanziger, in Bremen die Gottfried ihr Wesen;
indessen versagen wir uns gern, des weitern in eine nähere Betrachtung dieser Scheußlich=
keiten einzugehen, die für den Pitaval ein psychologisches Interesse haben mögen, sonst aber
nur Mitleid mit den Ausschreitungen der menschlichen Natur erwecken können.

Für uns haben nur die Mittel Interesse, deren das Verbrechen sich bediente, und über
die der Volksglaube sich in den abenteuerlichsten Annahmen erging. Die Furcht vor diesen
geheimnisvollen Stoffen war ebenso schrecklich als deren Gebrauch. Wir haben schon gesagt,
daß sie in bezug auf die Gifte selbst übertrieben war. Die Aqua toffana z. B. sollte eine
Flüssigkeit sein: farblos und durchsichtig wie frisches Brunnenwasser, ohne Geruch und
verdächtigen Geschmack, aber unfehlbar tödtend durch Siechtum. Man war fest überzeugt
von dem Vorhandensein des Rezepts zu diesem Präparat, und doch ist nirgends ein glaub=
würdiger Nachweis zu finden, daß dasselbe jemand in den Händen gehabt hätte. Und mit
andern Giften ist es ebenso; die Bereitungsweisen, welche davon angegeben werden, aus
den phantastischsten Naturerzeugnissen und nach den kompliziertesten und widersprechendsten
Rezepten, erscheinen oft als der reine Unsinn. Ebenso das, was man von den Gegenmitteln
hört, in deren Bereitung der Charlatanismus ein ergiebiges Feld fand, um die ängstliche
Unwissenheit auszubeuten. Die berühmtesten darunter waren Mithridat und Theriak, von
denen wir gelegentlich schon gesprochen. Das erste dieser beiden sollte seinen Namen davon
erhalten haben, daß sich Mithridates, der König von Pontus, mittels desselben giftfest ge=
macht habe, so daß, als er, in die Gefangenschaft des Pompejus geraten, seine Weiber,
Kinder und sich selbst vergiften wollte, um die Schmach nicht zu überleben, der Versuch bei
ihm vergeblich blieb, weil das Gift keine Macht mehr über ihn gewinnen konnte. Das
Rezept fiel dem Pompejus in die Hände, dessen Leibarzt die Zusammensetzung und Wirkung
noch vervollkommnete und den Theriak daraus bereitete, indem er der Mixtur noch Fleisch
von der Schlange zusetzte, die zum Hohn mit Christus ans Kreuz geschlagen worden sei und
dadurch ihre giftwidrige Kraft empfangen habe. Solchen Unsinn glaubte die damalige Welt.

Thatsache ist, daß die Gifte, deren sich die Verbrecher bedienten, früher keine andern
waren als die wir auch kennen. Nur war die verderbliche Wirkung mancher von ihnen der
großen Menge nicht so bekannt wie heute. Ja, wir finden häufig, daß zu den allerrohesten
Mitteln gegriffen wurde, und die Erzählungen von vergifteten Briefen, Blumen, Hand=
schuhen u. dgl. gehören wohl sämtlich in das Reich der Fabel. Wozu wären so subtile Mittel
auch nötig gewesen, da es den damaligen Ärzten und Chemikern noch die größten Schwierig=
keiten machte, die gewöhnlichen Arsenikvergiftungen mit Sicherheit als solche zu erkennen!

Wir können die Gifte nach ihrer Wirkungsweise in gewisse Klassen bringen; eine Anzahl wirkt durch Entzündungen, die sie bei innerem Genusse auf der Applikationsstelle hervorrufen, also besonders durch Entzündung der Schleimhäute der Verdauungsorgane; eine Klasse wirkt chemisch auf die Zusammensetzung der betroffenen Gewebe ein, indem sie denselben entweder Wasser entzieht (solcher Art äußern sich z. B. starke mineralische Säuren, Alkohol, ätzende Alkalien und Erden u. s. w.) oder indem sie auf die Eiweißverbindungen wirken, wie es Alaun, Bleizucker, Silbersalze u. s. w. thun. Dadurch zerstören sie jene organischen Gebilde. Wieder andre lähmen die Nerven=, andre die Muskelthätigkeit (Alkohol, Chloroform, die Narkotika und organischen Basen überhaupt); oder sie verändern die Mischung des Blutes (Grubengas, Kohlenoxydgas und besonders die tierischen Gifte, Schlangengift, Milzbrand, Blatterngift); endlich auch gibt es giftige Stoffe, die zugleich nach mehreren dieser Richtungen hin wirken. — Aus dieser Verschiedenheit geht hervor, daß derselbe Stoff nicht unter allen Verhältnissen mit seinen giftigen Eigenschaften aufzutreten braucht. Es gibt Gifte, die nur wirken, wenn sie direkt in das Blut eingeführt werden. Das höchst gefährliche Gift der Hundswut hat keinen Eindruck auf Tiere gemacht, die von dem Aase an der Wutkrankheit verendeter Hunde gefressen haben, bekannt ist, daß die Schweine die Klapperschlangen ohne Nachteil fressen u. s. w. Kaninchen und Hunde bleiben nach dem Genusse von Pfeilgift am Leben, wenn der Magen gehörig mit Speise angefüllt war. Wenn man aber den Kaninchen die Nierengefäße unterbindet, so daß das Curare nicht ausgeschieden werden kann, so tritt der Tod sehr rasch und unter allen Erscheinungen der Curarevergiftung ein. Solche Versuche wollen freilich die Tierschützler nicht gern sehen. Die menschliche Haut soll nach wiederholter Einimpfung derselben allmählich für gewisse Gifte unempfindlich werden. So sollen die Moskitostiche bloß bei neu Angekommenen Blasen, einen förmlichen Hautausschlag, erzeugen, der sich später verliert. In Ostafrika fürchten die Eingebornen, die sich einmal von einem Schlangenbiß erholt haben, sich nicht mehr vor einem zweiten Angriff, ebenso sollen sich Pferde und Hornvieh an den Stich der Tsetsefliege gewöhnen können.

Wollen wir aber die Gifte eine kurze Revue passieren lassen, so thun wir dies am zweckmäßigsten, indem wir sie ihrer chemischen Natur nach einteilen. Von den unorganischen oder mineralischen Giften sind uns die starken Säuren: Schwefelsäure, Salz=, Salpetersäure, ferner das Chlorgas, hinlänglich bekannt, ebenso die ätzenden Alkalien, Kali, Natronhydrat und die alkalischen Erden, wie Ätzkalk u. s. w. Auf der Giftleiter stehen sie ziemlich tief, denn ihre Gefährlichkeit verringert sich mit ihrer Verdünnung, und da ihre Wirkung nicht zu verkennen ist, so kann derselben in der Regel rechtzeitig entgegengearbeitet werden.

Anders ist es mit den metallischen Giften, die auch in geringer Menge sehr schädlich sind, und deren Aufnahme in den Körper infolge eigentümlicher Beschäftigung und Lebensweise oft so unausgesetzt stattfindet, daß die unglücklichsten Zustände daraus resultieren. Obwohl alle Metallpräparate, wenn sie durch die Verdauungsorgane in den menschlichen Organismus aufgenommen werden, schädlich wirken, so sind es doch einzelne von ihnen, denen das Prädikat der Giftigkeit ganz besonders zukommt. Dahin gehören vor allen Dingen die Arsenikpräparate, Blei=, Kupfer=, Quecksilberverbindungen, auch Wismut, Spießglanz, Zink, und von den Silbersalzen besonders der Höllenstein oder das salpetersaure Silberoxyd. Einige von ihnen kommen infolge ihrer Seltenheit weniger in Betracht, andre aber und gerade mit die gefährlichsten sind sehr verbreitet, und ihre Verwendung in den verschiedensten Zweigen der Industrie und des häuslichen Lebens muß zu unausgesetzter Vorsicht auffordern. Namentlich sind Blei und Kupfer in dieser Beziehung zu bemerken; das Blei nicht nur in seiner Form als metallisches Blei, sondern auch in seinen Verbindungen als Bleiglätte, Mennige, Bleiweiß, Bleizucker u. s. w. Noch vielfacher aber sind die Verwendungsarten, welche das Kupfer findet.

Kupferne und messingene Gefäße sind schädlich, wenn in ihnen Säure oder säurebildende Nahrungsmittel aufbewahrt werden. In dieser Beziehung sind besonders die Fette mit Mißtrauen zu betrachten, weil sie sich Metalloxyden und besonders dem Kupferoxyd gegenüber als Säuren verhalten, ohne diese ihre Natur sonst gerade sehr zur Schau zu tragen. Die grüne Färbung, welche geschmolzener Talg, Öl u. s. w. annimmt, wenn sie mit den

genannten Metallen in Berührung sind, ist für die Auflösungsfähigkeit derselben der beste
Beweis. Die schädliche Wirkung des Kupfers äußert sich zumeist in seinen Verbindungen,
aber diese bilden sich unter Mitwirkung des Magensaftes, des Speichels u. s. w. auch aus
dem reinen Metall sehr leicht. Gibt es doch eine eigentümliche Kupferkolik, eine Entzündung
des Magens und der Gedärme, welche durch Einführung von fein zerteiltem Kupfer in die
Verdauungsorgane hervorgerufen wird, und der die Gelbgießer, Kupferschmiede u. s. w.
besonders ausgesetzt sind. An Vergiftungsfällen, welche durch Speisen, die in kupfernen
Gefäßen aufbewahrt worden waren, hervorgerufen worden sind, fehlt es leider nicht.
Deswegen sind auch in verschiedenen Ländern und wiederholt gesetzliche Vorschriften gegen
den Gebrauch kupferner Küchengeräte erlassen worden. So 1744 in Paris, wo die Milch=
verkäufer gezwungen wurden, ihre kupfernen Gefäße gegen solche aus Holz oder Weißblech
zu vertauschen; in Schweden verbot der Gesundheitsrath ebenfalls kupferne Geschirre zur
Aufbewahrung der Speisen; anderwärts hat man sich aus gleichen Gründen bemüht, ent=
weder die Oberfläche der Kupfergeräte durch eine schützende Schicht (Email oder Zinn)
unschädlich zu machen oder, noch besser, das Kupfer durch andre Metalle zu ersetzen.

Das ärgste metallische Gift aber ist das Arsenik, das furchtbare Werkzeug der Gift=
mischer, dem bei weitem der größte Teil der Morde auf die Rechnung gestellt werden muß,
welche der Aqua toffana und andern „subtilen" Giften zugeschrieben wurden, und das
gleichwohl in Steiermark von jungen Mädchen und Burschen genommen wird, „um gesund
und stark" zu bleiben. Gewiß mehr als 90 Prozent aller tödlichen Vergiftungen sind durch
Arsenik bewirkt worden, und erst die neuere Zeit hat diesem in den organischen Giften
Strychnin, Nikotin, Veratrin u. s. w. fürchterliche Konkurrenten gegeben. Das Verbrechen
aber bedient sich nur selten der letzteren, denn ihre Kenntnis ist noch weniger verbreitet,
und ihre Erlangung ist schwierig, während das Arsenik, als ein in der Natur sehr allgemein
vorkommender Körper, in vielerlei Verbindung technischen Anwendungen unterliegt und,
als ein Gegenstand des Handels, verhältnismäßig leicht beschafft werden kann.

Das Arsenik ist ein metallähnlicher Körper, der in einigen Mineralien und Gesteins=
arten, wenn auch nur in geringer Menge, vorkommt. Sehr reichlich dagegen ist es in
manchen Erzen enthalten, und es wird bei der Verarbeitung (Verhüttung) derselben infolge
seiner Flüchtigkeit gewöhnlich durch Hitze ausgetrieben und in den sogenannten Giftfängen
gesammelt. Bei dem Rösten und Sublimieren hat das Arsenik sich mit Sauerstoff zu
arseniger Säure verbunden, als welche es sich in den Giftfängen ansetzt (Giftmehl).
Sie bildet, nachdem sie entsprechend gereinigt worden ist, eine glasige oder emailartige
Masse (Arsenikglas) und kommt als solche in den Handel; ihre Verwendung in der Farben=
fabrikation, als Beizmittel in der Zeugdruckerei und Glasfabrikation ist schon im vierten
Bande besprochen worden. Es soll aber hier noch auf einige Fälle aufmerksam gemacht
werden, in welchen Arsenik Veranlassung zu Vergiftungen geben kann. So namentlich durch
arsenhaltige Tapeten= und Maueranstrichfarben; nicht bloß durch mechanische Abreibung in
Form von Staub kann das Arsen auf diesem Wege in die Luft gelangen, sondern auch
durch Bildung von Arsenwasserstoffgas, wenn solche Wände etwas feucht sind. Solche
arsenhaltige Farben sind neuerdings auch unter den ordinäreren roten und braunen Teer=
farben vorgekommen. Früher wurden zuweilen die Dochte der Stearinkerzen mit arseniger
Säure getränkt. Stubenluft, in welcher derartige Kerzen gebrannt haben, kann der Ge=
sundheit nur schädlich sein. Und nicht minder bedenklich ist die Verwendung arsenikhaltiger
Farben zum Bedrucken von Zeugstoffen, von denen sie sich leicht ablösen und in die Lungen
gelangen können. Die wiederholten Verordnungen, welche den Verkauf von Kleiderstoffen,
die mit Schweinfurter Grün gefärbt sind, verbieten, haben daher einen sehr guten Grund.
Auch die mit Schweinfurter Grün gefärbten papiernen Lampenschirme sind zu verwerfen.
Die tödliche Eigenschaft der arsenigen Säure tritt in der Anwendung, die sie Mäusen und
Ratten gegenüber erfährt, und die ihr den vulgären Namen „Rattengift" eingetragen hat,
zu Tage. Das leicht zu erlangende Rattengift hat gewöhnlich auch dem Verbrecher gedient.

In geringeren Dosen genommen erregt das Arsenik im Magen ein schmerzliches Ge=
fühl, ähnlich dem Hunger, dem aber bald gänzliche Appetitlosigkeit folgt; größere Dosen
oder längere Zeit fortgesetzte Einatmung arsenikhaltiger Dämpfe rufen die schmerzhaftesten

Krankheiten hervor, die den Körper sehr bald dem Tode überliefern. Zusammenschnürender Geschmack im Schlunde, Angst, Ekel, Ohnmacht, starker Durst, starkes Erbrechen mit heftigem Leibweh, kalter Schweiß über die ganze Haut sind die hervortretenden Symptome. Als ein wertvolles Gegenmittel hat sich frisch gefälltes Eisenoxyd erfinden lassen; es bildet mit der arsenigen Säure eine Verbindung, die in dem Magensafte nicht löslich ist und die entfernt werden kann, ehe sie weitere Zersetzung erleidet. Solange das Arsenik noch nicht in die Speisesäfte gelöst übergegangen ist, kann auf seine Beseitigung auch durch Brechmittel und durch schleimige Abkochungen, Olivenöl u. s. w., gegen seine Einwirkung auf die Schleim= häute gearbeitet werden.

Da die Arsenikvergiftungen am häufigsten vorkommen, so ist die zweifellose Nach= weisung dieses Giftes, d. h. die Abscheidung und Reindarstellung des Arseniks aus den bei der Vergiftung gebrauchten Substanzen, soweit solche noch zur Hand sind, und vor allen Dingen aus dem Körper selbst, der dadurch vergiftet worden ist, eine Sache von der höchsten Bedeutung, und es ist auf die Ermittelung der sichersten Methoden großer Scharfsinn seitens der Chemiker gewandt worden. Denn sind auch an und für sich die Eigenschaften des Arseniks und seiner Verbindungen solche, die schwerlich von einem geübten Beobachter ver= kannt werden können, so ist es doch, wo es sich um die schwerste aller Beschuldigungen handelt, des eignen Gewissens wegen, Aufgabe, solange wie möglich das Gegenteil an= zunehmen, und erst aus den von allen Seiten sich unwiderruflich bestätigenden Thatsachen den letzten Schluß auf die Wahrheit zu ziehen.

Untersuchungen von Arsenikvergiftungen sind minder schwierig als verantwortungs= schwer, und obwohl selbst ein Anfänger in chemischen Arbeiten sich nur selten über das Vorhanden= oder Nichtvorhandensein in den ihm zur Analyse vorliegenden Körpern täuschen wird, so werden mit Recht doch nur den erfahrensten Chemikern derartige Entscheidungen zugestanden. Bei der großen Verbreitung des Arseniks sind die Möglichkeiten einer falschen Deutung vorhanden. Es kann Arsenik nachgewiesen werden, ohne daß es aus dem Körper des mutmaßlich Vergifteten stammt. Die in der Untersuchung gebrauchten chemischen Reagenzien können unrein und arsenhaltig gewesen sein, oder in den Gefäßen, wenn sie früher schon benutzt worden sind, können sich in den Ritzen der Glasur Spuren davon er= halten haben. Erste Bedingung ist daher, daß man zu Untersuchungen über Vergiftung sich nur solcher Reagenzien bedient, die vorher auf ihre Reinheit sorgfältig geprüft worden sind, und daß man alle Kochungen, Abdampfungen u. s. w. in reinen, noch ungebrauchten Gefäßen vornimmt.

Läßt sich auch das Arsenik an und für sich leicht nachweisen, so ist völlig überzeugend doch nur eine Methode, diejenige nämlich, bei welcher es in Substanz als reduziertes metallisches Arsenik dargestellt wird, und diese Reindarstellung ist daher auch immer das Endziel aller Operationen bei der Untersuchung von Vergiftungsfällen, in denen man die Anwendung von Arsenik voraussetzt. In seiner einfachen, elementaren Form ist es mit solchen Eigenschaften begabt, die nur ihm allein zukommen und die am sichersten eine Verwechselung unmöglich machen. Der Gegenstand ist von so hohem Interesse, daß wir uns gestatten dürfen, etwas ausführlicher, als es sonst in diesem Werke der Fall sein darf, auf ihn einzugehen und noch eine kurze Betrachtung der Methode und den Apparaten zu schenken, die zur Ermittelung von Arsenikvergiftungen dienen.

Bei Vergiftungen wird es nur in den seltensten Fällen möglich sein, die arsenige Säure in ungelöster Form als weiße Körnchen im Magen oder in den Eingeweiden oder in den Ent= leerungen aufzufinden und der Untersuchung und Feststellung zu unterwerfen. Bei weitem häufiger wird es vorkommen, daß alles Arsenik in Lösung übergegangen ist und die geringen Spuren davon in sehr großen Massen organischer Substanz zusammengesucht werden müssen. Der berühmte deutsche Chemiker Wöhler hat die Vorschriften dazu gegeben, welche sich durch äußerste Genauigkeit auszeichnen, und die wir in ihren Grundzügen mitteilen wollen.

Die Methode geht davon aus, die ganze Masse, die der Untersuchung unterworfen werden soll, zu desorganisieren, vorher aber dieselbe sorgfältig zu durchsuchen und möglicher= weise sich vorfindende weiße Körnchen den Arsenikproben zu unterwerfen. Eine Vorschrift, die hier wie bei allen chemischen Untersuchungen zu befolgen ist, lehrt, dem jedesmaligen

Versuche nur einen Teil des zu Gebote stehenden Materials zu unterwerfen, damit man
später vor Zeugen stets die zur Bestätigung dienenden Kontrollversuche noch mit dem Reste
anstellen kann. Wir nehmen an, daß der Versuch, arsenige Säure auf mechanischem Wege
abzuscheiden, ohne Erfolg geblieben ist. Das Gift ist dann in aufgelöster Form oder
überhaupt wenig dem Inhalte des Magens, der Eingeweide, den etwa vorhandenen Aus=
leerungen u. s. w. beigemengt anzunehmen. Alle diese Teile sind, weil sie in dieser Form
eine gleichmäßige Prüfung nicht zulassen, zunächst durch zersetzende Reagenzien aufzulösen,
zu desorganisieren. Selbstverständlich ist, daß die dazu anzuwendenden Reagenzien vorher
sorgfältig auf Arsenik geprüft und vollständig frei davon befunden sein müssen. Die Unter=
suchung soll auch zu aller Sicherheit und Gewissensberuhigung nicht in dem gewöhnlichen
Arbeitslokal eines chemischen Laboratoriums vorgenommen werden, jedenfalls muß dasselbe
vorher erst gründlich gereinigt werden.

Hat man nun nach Beobachtung aller erforderlichen Vorsichtsmaßregeln im Verlaufe
der Untersuchung Arsenik gefunden, so ist immer noch daran zu denken, daß dasselbe ganz
zufällig in den Körper gelangt sein kann, namentlich durch den vorhergegangenen Gebrauch
gewisser Arzneien, welche Antimon, Phosphor, Schwefelsäure, Salzsäure enthalten, denn
diese Metalle führen häufig Arsenik als Verunreinigung. Auch kann letzteres selbst als
Arznei= oder Geheimmittel gebraucht worden sein.

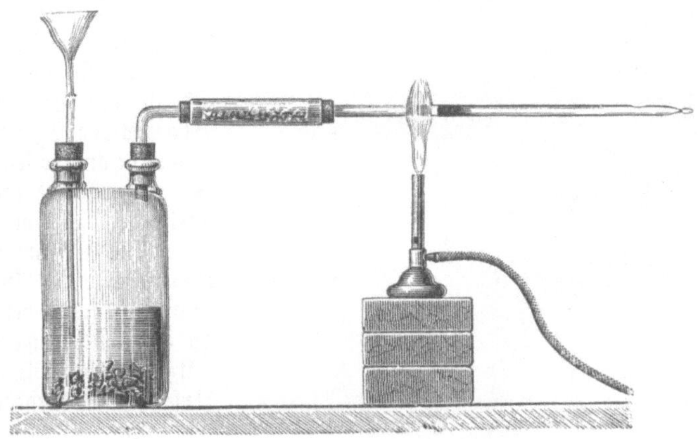

Fig. 196. Der Marshsche Apparat.

Bei ausgegrabenen Leichen hat man sich zu erinnern, daß die mit dem Sarg in Be=
rührung gewesene Erde auf einen etwaigen Gehalt an Arsenik auf das sorgfältigste geprüft
werden muß, weil der Boden oft nachweisbare Spuren davon enthält, und so sich das Gift
der Leiche nachträglich mitteilen kann.

Es würde uns zu weit führen, auseinander zu setzen, welcher Art man verfährt, um
die ganze verdächtige Masse in eine leicht zu behandelnde Form zu bringen und alle Stoffe
in klare Lösungen überzuführen, in denen ihre Gegenwart oder Abwesenheit sicher zu er=
kennen ist. Die klar filtrierte Flüssigkeit wird auf ein entsprechend geringes Quantum ein=
gedampft und dann auf dem gewöhnlichen Wege der chemischen Analyse, den Arsenikproben,
unterworfen. Als schließlich ausschlaggebend gilt das Resultat der Prüfung mit dem Marsh=
schen Apparat. Das etwa vorhandene Arsenik wird durch dieselbe in metallischen Zustand
übergeführt, indem man die zu untersuchende Masse in eine Flasche gibt, in der sich aus
einem Gemenge von Wasser, Zink und Schwefelsäure Wasserstoff entwickelt. Ist wirklich
Arsenik vorhanden, so geht dasselbe mit dem Wasserstoff eine gasförmige Verbindung ein,
Arsenwasserstoff, die sich wieder zersetzt und metallisches Arsen abscheidet, wenn man sie,
wie es Fig. 196 zeigt, durch ein Glasrohr streichen läßt, welches durch eine äußere Flamme
im schwachen Glühen erhalten wird; das Arsen setzt sich als ein dünner metallischer Spiegel
an, wie in unsrer Abbildung ersichtlich ist, wo links die Wasserstoffentwickelungsflasche

steht, und die Gase, ehe sie zu der erwärmten Röhre gelangen, durch eine mit trockenem Chlorcalcium gefüllte Röhre streichen müssen, in der sie alle Feuchtigkeit verlieren. Der schwarze metallische Spiegel erweist sich dadurch als Arsenik, daß er sich durch Erhitzen mittels einer Gasflamme verflüchtigen und von einem Flecke der Röhre zum andern treiben läßt; auch ist der bekannte knoblauchartige Geruch ein charakteristisches Kennzeichen, das endlich den Ausschlag geben kann, wenn von den angedeuteten Vorsichtsmaßregeln keine außer acht gelassen worden ist.

Wir haben schon weiter oben der Arsenikesser Erwähnung gethan. Daß die schäd= liche Gewohnheit namentlich in Steiermark existiert, ist nicht mehr zweifelhaft, seitdem man das Arsenik im Urin solcher Leute nachgewiesen hat. Auch ist ja die Wirkung geringer Dosen auf das hübsche, glatte Aussehen von Pferden und Hornvieh bekannt. Ähnlich geben geringe Mengen Arsenik auch dem menschlichen Körper den Anschein der Gesundheit, indem sie ihm Fülle verleihen und die Wangen blühend machen. Aber die Folgen sind wie bei allen unnatürlichen Er= regungen sehr schädlich. Einmal daran gewöhnt, kann der Körper das Gift dann nicht mehr entbeh= ren, ohne einzufallen und auf das schnellste zu Grunde zu gehen.

Neben dem Arsenik wäre des Chans als eines furchtbaren Gift= bildners Erwähnung zu thun. Es ist der Hauptbestandteil der Blausäure (Chanwasserstoff) und mehrerer andrer sehr energisch auf den lebenden Organismus ein= wirkender Verbindungen, unter denen das Chankalium am be= kanntesten ist. Auch der Phos= phor ist ein sehr heftiges Gift, und da er in den Kuppen der Streich= hölzer enthalten ist, so kann er leicht Ursache von Vergiftungen werden.

Die organischen Gifte sind in ihren Wirkungen von den unorganischen ziemlich verschieden, da sie weniger Entzündungen der Schleimhäute oder Zerstörung der Gewebe als vielmehr Störungen in der Muskel=, Nerven= und Herz= thätigkeit bewirken, oder, direkt ins

Fig. 197. Das schwarze Bilsenkraut (Hyoscyamus niger).

Blut gelangt, eine Veränderung desselben herbeiführen, welche dem Leben schädlich ist. Es gibt eine große Anzahl von Pflanzen, welche in Früchten, Blüten, Blättern oder Zweigen giftige Bestandteile enthalten. Das gemeine Schöllkraut, die Wolfsmilcharten, der Kellerhals, die Herbstzeitlose, der Stechapfel, das Bilsenkraut, Schierling, Nieswurz, Eisenhut, Fingerhut, Tollkirsche, Lolch, Lattich erinnern uns schon daran, daß in unsrer nächsten Nähe die Gefahr oft unter sehr anmutigen Formen sich verbirgt. Wir brauchen Pflanzen wie den Tabak, Mohn u. s. w. gar nicht unter die eigentlichen Giftpflanzen mit zu zählen, obwohl ihre Wirkung gerade auf einem Gehalt an Stoffen beruht, die zu den heftigsten Giften mit ge= rechnet werden müssen, und nur infolge des prozentisch geringfügigen Auftretens in jenen Pflanzen ihre Gefährlichkeit nicht immer zu tödlicher Geltung bringen können. Aber die schlimmen Zufälle, die der Knabe erfährt, der die erste verstohlene Zigarre raucht, sind nichts andres als Vergiftungen, an die sich der Organismus bei späteren Wiederholungen gewöhnt, wie der Arsenikesser ja auch die Folgen eines viel stärkeren Giftes nicht mehr

unangenehm empfindet. Und sehr viele in der Heilkunde gebrauchte Pflanzenstoffe verhalten
sich in ganz ähnlicher Weise. Außer den oben genannten Pflanzen ist es bei uns vor=
züglich noch die Familie der Pilze oder Schwämme, welche in ihrer zahlreichen Sippe auch
viele gefährliche enthält.

Die hauptsächlichsten giftigen Pilze sind: der Fliegenschwamm (Agaricus muscarius),
dessen wirksamer Stoff, das Muscarin, auch künstlich darstellbar, jetzt im Chemikalienhandel
vorkommt; ferner A. fascicularis und A. sulphureus mit gelber Haube, auch der A. squa=
mosus gehört hierher. Der Boletus luridus ist ziemlich bekannt und ausgezeichnet durch
die blaue Färbung, welche er abgeerntet an=
nimmt, sowie durch den häufig rotgefärbten
Schlund der Röhre. Ferner sind giftig die
Cyathusarten C. vernicosus, C. striatus,
ebenso der Sphaerolobus stellatus und die
scharlachrote Peziza und Russula rubra so=
wie Bulgaria inquinans, welche letztere auf
der Rinde der Kirschbäume wächst. In den
Gewächshäusern kommt nicht selten ein gif=
tiger Pilz vor, wenngleich nicht in solchen
Mengen, daß er als Nahrungsmittel Ver=
wendung finden könnte; es ist dies eine Art
der kleinen Vogelnestpilze, Crucibulum vul=
gare, auf den aber nichtsdestoweniger auf=
merksam gemacht werden mag.

Die tropische Sonne, die alle Säfte
stärker kocht, erzeugt auch die heftigsten Gifte.
Wer hätte nicht von den Giftbäumen Javas,
wer nicht von den Pfeilgiften gehört, die in
allen überseeischen Weltteilen von den Ein=
gebornen angewandt werden und weit ge=
fährlichere Waffen sind als selbst unsre weit=
hin tragenden Hinterlader!

In Kalifornien begegnen wir dem
üppig wuchernden Hydrastrauch und sei=
nem Verwandten, dem Giftsumach, Rhus
diversiloba, der in gewissen Gebirgsgegen=
den so häufig ist, daß dieselben von solchen,
welche für die schädlichen Ausdünstungen
der Sträucher empfänglich sind, gar nicht
betreten werden können. Südamerika hat
giftliefernde Strychnosarten, aus deren ein=
gedicktem Safte auf dem Isthmus von Pa=
nama das Korroval, in den südlichen Ur=
wäldern das Curare oder Urari bereitet
wird, das tödliche Pfeilgift, in dessen ge=
heimnisvoller Herstellung die Makusiindianer

Fig. 198. Weiße Nieswurz (Veratrum Lobelianum).

einen so ausgebreiteten Ruf haben, daß andre Stämme von weither kommen, um es von
ihnen einzuhandeln.

Ein ähnliches Pfeilgift machen die Eingebornen der Sundainseln aus dem Milchsafte
des Upasbaumes, und zwar wird hier wie dort dieser Saft nicht für sich bloß eingedickt,
sondern er erhält zuvor noch eine Menge Zusätze, deren Geheimnis immer nur im Besitze
weniger ist. — Java, Sumatra und die übrigen ostindischen Inseln sind ihrer Gifte wegen
berüchtigt. Auf Malabar wächst der Kletterstrauch besonders häufig, dessen beerenreiche
purpurrote Traube die gefährlichen Kockelskörner gibt (Menispermum coccolus). Ihr Gift=
stoff, das Pikrotoxin (wörtlich übersetzt Bittergift), heißt so von seinem Geschmack.

Der durch Meyerbeers „Afrikanerin" berühmt gewordene Manzanillobaum, Hippomane mancinella L., von Linné so genannt, weil die Pferde nach dem Genuß seiner Früchte wild und brünstig werden sollen, auch Manzinello, Mancenillo, Manschinellenbaum u. s. w., kommt auf der ganzen Inselreihe vor, welche aus den Großen und Kleinen Antillen und den Bahamainseln gebildet wird. Er wächst nur an den Küstenstrichen und auf salzgetränktem Boden und zeichnet sich zwar durch eine schöne Laubkrone und durch die liebliche gelbgrüne Farbe seiner runden Früchte aus, die mit lebhaften roten Backen geziert sind, hat aber durchaus nichts von dem zauberischen Blütenschmucke an sich, der aus der bekannten Operndekoration uns im Gedächtnis ist. Auch ist die todbringende Macht seiner Dünste und vieles andre, was man von ihm erzählt, Fabel. Der Manzanillobaum ist allerdings ein großartiger Giftproduzent, aber das Gift sitzt nur in dem scharfen weißen Milchsafte, von dem das Fruchtfleisch, Blätter und Rinde erfüllt sind, und der, auf die Haut gebracht, Blasen

Fig. 199. Fingerhut (Digitalis purpurea).

und heftige Geschwüre verursacht. Beim Fällen des Baumes gebrauchen daher die Eingebornen die Vorsicht, den Stamm vorher durch darumgeschichtetes und angezündetes Holz zu dörren, um nicht von dem herausspringenden Safte getroffen zu werden. Übrigens sollen Manzanillopräparate gegen die in den Tropenländern so fürchterliche Elefantiasis gute Erfolge ergeben haben.

Der Chemie ist es gelungen, den giftigen Bestandteil in fast allen bekannten Giftpflanzen nachzuweisen und für sich darzustellen. Dabei ist es merkwürdig, daß sehr viele Pflanzenarten jede ihren besonders zusammengesetzten Giftstoff enthalten, während anderseits dieselbe Verbindung auch wieder in mehreren Pflanzenarten als gemeinsamer Bestandteil auftritt. Die meisten der organischen Gifte gehören zu der zahlreichen Klasse der organischen Basen, aus der wir schon bei der Betrachtung der narkotischen Genußmittel einige, wie das Nikotin des Tabaks, das Morphium, Codein, Narkotin, Narzein u. s. w. des Opiums, ferner das Kaffein des Kaffees, das Chinin aus der Chinarinde und andre, kennen gelernt haben;

andre gehören wieder zu den Glukosiden, wie das Pikrotoxin der Kockelskörner, das Digitalin im Fingerhutkraut u. s. w. Wie bei dem einflußreichen Charakter der organischen Basen einzelne in geringen Dosen genommen auf den menschlichen Körper heilsam wirken, so ist die Wirkung andrer auf Nerven= und Muskelsystem, besonders auch auf die Herzthätigkeit überaus schädlich, und diese nennen wir eben Gifte. Solche sind z. B. das Aconitin als der giftige Bestandteil des Eisenhutes, Aconitum; das Aricin in der China de Cusco; das Atropin in der Belladonna (Atropa Belladonna), das Brucin in den Ignazbohnen, der falschen Angustura und den Brechnüssen, in letzteren zugleich mit dem Strychnin, dem wesentlichen Bestandteile der Strychnosarten, das Colchicin in der Herbstzeitlose (Colchium autumnale), das Chelidonin in Chelidonium majus, das Daturin in dem Stechapfel (Datura stramonium), das Hyoscyamin in dem Bilsenkraute (Hyoscyamus niger), nach einigen identisch mit Atropin und Daturin, das Solanin in den Solaneen, wozu unsre Kartoffeln gehören, das Veratrin in Veratrum album enthalten u. s. w. Diese chemischen

Verbindungen, welche sich dadurch charakterisieren, daß an ihrer Zusammensetzung sämtliche vier organische Elemente, Kohlenstoff, Wasserstoff, Sauerstoff und Stickstoff, teilnehmen und untereinander in mehr oder weniger naher Verwandtschaft stehen, so daß manche mit besonderem Namen belegte wohl nur quantitativ verschiedene Gemenge darstellen dürften, finden sich teils in den Blüten, teils in den Samen oder auch in dem Safte der Zweige, der Wurzeln oder der Rinde. Die meisten von ihnen bilden in reinem Zustande feste, farblose und kristallisierbare Körper, das Coniin und das Nikotin sind dagegen flüssiger Natur. Ihre Wirkung auf den körperlichen Organismus ist verschieden, doch wirken die meisten fast unmittelbar auf das Herz. Aconitin und Digitalin sind in dieser Beziehung besonders ausgezeichnet, ebenso mehrere der Pfeilgifte, wie das aus dem Safte des Upasbaumes auf Borneo bereitete und das Korroval auf dem Isthmus von Panama. Das Curare dagegen, das man in neuerer Zeit in kleinen irdenen Töpfen oder Kalebassen in den Handel gebracht und infolgedessen genauer in seinem Verhalten studiert hat, scheint nicht auf das Herz unmittelbar zu wirken. Es vergiftet aber die Bewegungsnerven derart, daß alle Bewegungen mit Ausnahme der des Herzens aufhören, und der Wille vergeblich die Muskeln zum Handeln auffordert, wie sich ein Physiologe über die Wirkungen dieses vielbesprochenen Giftes ausdrückt. Weil aber das Atmen von regelmäßiger Muskelthätigkeit abhängt, so werden durch das Ausbleiben der letzteren auch Atmungsbeengungen hervorgerufen, welche endlich ein Aufhören der Herzthätigkeit zur Folge haben müssen. Das Veratrin ist Herzgift, doch wirkt es auch auf die Muskeln; Coniin, Nikotin und Strychnin sind Nervengifte. Das Atropin hat auch, wie das Hyoscyamin, eine eigentümliche Wirkung auf die Muskeln des Auges, indem es die Pupille erweitert, und zwar nicht nur bei innerlichem Genuß, sondern auch schon, wenn die kleinste Menge äußerlich auf das Auge gebracht wird. Gerade die entgegengesetzte Wirkung, also eine Verenge-

Fig. 200. Tollkirsche (Atropa Belladonna).

rung der Pupille, bewirkt das aus der giftigen Calabarbohne abgeschiedene Physostigmin. Beide Mittel werden daher in der Augenheilkunde verwendet.

Die organischen Gifte sind aber nicht bloß an das Pflanzenreich gebunden, der Stich der Bienen, Wespen, der Schlangenbiß, die Folgen, welche der Genuß des Fleisches gewisser Tiere nach sich zieht, beweisen, daß giftige Stoffe auch zu den naturgemäßen Erzeugnissen des Tierreichs gehören, und daß es nicht immer einer kranken Erregung bedarf, wie bei der Hundswut, den Blattern u. s. w., um jene Gifte hervorzubringen. Es hat sich zwischen dem Gifte der Bienen, Wespen, Hummeln einerseits und dem der Vipern eine merkwürdige Übereinstimmung gezeigt, so daß vielleicht angenommen werden kann, daß wir es in allen diesen Fällen mit demselben Stoff zu thun haben, der nur infolge geringerer Quantität beim Stich der Biene eine weniger bedenkliche Vergiftung bewirkt als beim Biß der Viper.

Die Gifterzeugung ist bei den betreffenden Tieren Sache ganz bestimmter Organe.

Die Giftdrüsen bei den Schlangen sind oft von verhältnismäßig sehr bedeutender Größe. Bei einer Gattung (Callophis Gray) nehmen sie mit ihren Ausführungsgängen mehr als ein Drittel der Körperlänge der Schlange ein. Die Drüse selbst wird durch parallele Röhren gebildet, die in der Mitte, wo das Organ die größte Breite hat, die Zahl 15 und mehr erreichen, und für jede Drüse vereinigen sich dieselben zu einem großen Ausführungsgange, der an der oberen Kinnlade in eine große Speicheldrüse übergeht und mittels einer runden Aufblähung in den Giftzahn führt.

Es soll auch giftige Fische geben, indessen sind Fische mit eigentlichen Giftapparaten noch nicht nachgewiesen worden, und es scheint vielmehr nur der Genuß des Fleisches mancher Fischarten ungesund zu sein. Verdächtig sind in dieser Beziehung aus der Familie der Kugelfische (Gymnodontes) die Gattungen Diodon und Tetrodon, unter den Harthäutern (Sclerodermi) die Familie Ostracion und eine nicht geringe Zahl andrer, deren Genuß wenigstens zu gewissen Zeiten nachteilige Folgen hat. Vielleicht hat man aber die nachteilige Wirkung in solchen Fällen weniger einem bestimmten Giftstoff als vielmehr dem allgemeinen Zustande einer Zersetzung zuzuschreiben, in dem sich die Bestandteile des Blutes oder des Fleisches befinden — nicht sowohl einem Körper als vielmehr einer Bewegung, die sich auf die Stoffe des gesunden Organismus überträgt und dieselbe schädliche Zersetzung hier einleitet — sowie das Blatterngift, das Wutgift und ähnliche Ansteckungsstoffe wirken, über deren chemisches Wesen wir freilich noch gar keine Kenntnis haben.

Fig. 201. Der Upasbaum (Antiaris toxicaria).

Die Fäulnisgifte, wie man eine ganze Klasse genannt hat, stehen wahrscheinlich in sehr naher Verwandtschaft mit jenen, denn die Wirkungen des Leichengiftes z. B. und des Aasgiftes von am Milzbrand gestorbenen Tieren äußern sich in vielfacher Hinsicht sehr übereinstimmend. Derartige Gifte scheinen übrigens wie die Pfeilgifte nur gefährlich zu sein, wenn sie direkt in das Blut gelangen, wenigstens hat man die Beobachtung gemacht, daß Hunde ungestraft von dem Aase milzbrandiger Tiere gefressen haben. In neuerer Zeit hat man sowohl aus menschlichen Leichenteilen, die in der Fäulnis begriffen sind, als auch aus dem verdorbenen Fleisch von Fischen giftig wirkende stickstoffhaltige Basen abgeschieden und ihrer Natur nach genauer untersucht, man nennt diese Gifte Ptomaine. Zu den Fäulnisgiften zählte man auch ein ganz eigentümliches Gift, mit einer Geschichte voll Rätsel, das sogenannte Wurstgift. Vorzüglich durch die Beobachtungen und Veröffentlichungen des Dichters Justinus Kerner wurde die Aufmerksamkeit der Welt auf eine Anzahl von Krankheitserscheinungen hingelenkt, die namentlich in Württemberg, Bayern, Sachsen, Hessen, Preußen nach dem Genuß von Leber- und Blutwürsten aufgetreten waren. Störung des

Nervensystems, der Funktionen des Darmkanals, der Atmung, ferner Würgen und Erbrechen, Magenschmerz, Verstopfung, brennender Durst, Schlingbeschwerden, Schwindel, Beeinträchtigung der Sehkraft, Abstumpfung des Gefühlsvermögens u. s. w. sollten die Symptome des Zustandes sein, für den man bald eine Ursache: Vergiftung durch ein bei der Zubereitung der Würste entstandenes Gift, das Wurstgift, und einen dem entsprechenden Namen (Botulismus) fand. Eine Zeitlang beschäftigte man sich viel mit diesem Gegenstande, und selbst Liebig war der Meinung, daß das vermeintliche Wurstgift in einer Umbildungsstufe von in Zersetzung begriffenen Fetten bestehen könne. Indessen waren die Berichte des Dichterarztes Kerner, der eine große Zahl von Fällen gesammelt hatte, und der in seiner phantastischen Art die Verheerungen, welche die Würste durch das Wurstgift angerichtet hätten, mit den Verheerungen durch die Giftschlangen unter den Wendekreisen verglich, sehr unbestimmt, und ebenso konnten zweifellose Thatsachen von keiner andern Seite berichtet werden, so daß man allmählich sich daran gewöhnte, das über unserm Haupte fortwährend in Gestalt einer heimtückischen Leberwurst schwebende Damoklesschwert als ein harmloses Ding anzusehen, besonders als man durch die Entdeckung der Trichinen mit einer Ursache bekannt geworden war, die viele ähnliche, vordem mißverstandene Erscheinungen erklärte.

Die Geschichte der Gifte — weil zugleich eine Geschichte der Heimlichkeit, der Furcht und des Verbrechens — ist überhaupt voll von Aberglauben und Irrtümern. So findet man die Meinung, daß es der Chemie nicht möglich sei, die heftigen Pflanzengifte, Strychnin, Nikotin u. s. w., nachzuweisen, und der Graf Bocarmé, der eigens zu dem Zwecke, seine Gemahlin zu vergiften, so viel Chemie lernte, um sich das Nikotin dazu selber bereiten zu können, ist wahrscheinlich ebenfalls dieses Glaubens gewesen. Hätte er aber sein Studium weiter fortgesetzt, so würde er das Schicksal der Entdeckung des Giftes haben voraussehen können, denn ob ein vorliegender Stoff eines der gedachten Gifte und welches es ist, dies nachzuweisen hat die Chemie allerdings die Mittel.

Haben wir von den Giften gesprochen, so müssen wir auch der Gegengifte gedenken.

Daß unter diesem Namen vernünftigerweise nur diejenigen Heil- oder Schutzmittel und Verfahren zu verstehen sind, welche die Wirkung eines aufgenommenen Giftes aufheben oder ihr vorbeugen, indem sie das Gift aus dem Körper wieder hinausschaffen, ehe es zur Wirkung kommen konnte, das brauchen wir wohl nicht erst besonders hervorzuheben. Gegengifte im Sinne des alten Theriak und Mithridat gibt es nicht, dieselben bestanden nur in dem Glauben einer noch ungebildeten Menge, die dem unbegrenzten Gebiete der Furcht gegenüber sich selbst ein ebenso weites Land der Hoffnung schuf. Wirkliche Gegengifte kann man diejenigen nennen, welche das Gift chemisch so verändern, daß es eine schädliche Wirkung nicht mehr auszuüben vermag. Solcherart wirkt z. B. frisch gefälltes Eisenoxydhydrat auf arsenige Säure, denn die Verbindung aus beiden ist in den Magensäften unlöslich und wird auf natürlichem Wege aus dem Körper herausgeschafft. Aber gerade für die organischen Gifte gibt es solche Gegenmittel nur in seltenen Fällen, und es bleibt häufig der Heilkunde kein andrer Ausweg als die Einzelbekämpfung der Symptome, die eigentlich im Widerspruch mit einer rationellen Naturauffassung steht.

Fig. 203. Saladeros in Südamerika.

Zerstörend ist des Lebens Lauf,
Stets frißt ein Tier das andre auf.
Es nährt vom Tode sich das Leben
Und dies muß jenem Nahrung geben.
Ein ewig Werden und Vergeh'n,
Wie sich im Kreis die Welten dreh'n.
Bodenstedt (Lieder des Mirza-Schaffy).

Das Fleisch und seine Benutzung.

Fleisch ist das beste Nahrungsmittel. Was für Tiere werden nicht alles gegessen! Chemische Bestandteile des Fleisches. Lösliche, im Fleischsaft enthaltene, sind die eigentlich nährenden. Fleischbrühe, Liebigs Fleischextrakt. Darstellungsweise in Fray Bentos. Tafelbouillon. Das Blut. Einfluß der Mastung auf das Fleisch. Veränderungen des Fleisches durch die verschiedenen Arten seiner Zubereitung. Trocknen. Einsalzen. Räuchern. Kochen und Braten. Appertsche Methode der Konservierung. Der von Romsche Preservator. Andre Verfahren. Nutzen derselben für die Verpflegung der Truppen im Kriege. Die Erbswurst. Anderweitige Nutzung des Tierkörpers. Verarbeitung der Abfälle auf den Scharfrichtereien zu Düngerstoffen, Eiweiß, Leim, Bonesize u. s. w.

Das Fleisch ist unter den Nahrungsmitteln für den Menschen eins der allerwichtigsten. Denn wenn es Zweck der Ernährung überhaupt ist, dem Körper diejenigen Bestandteile zuzuführen, die geeignet sind, sein Wachstum und sein Bestehen zu sichern, also entweder zu seiner Vergrößerung oder zu seiner Erneuerung beizutragen, so müssen diejenigen Stoffe dazu die geeignetsten sein, welche, vermöge ihrer chemischen Natur, die leichteste Umwandelbarkeit in Muskelsubstanz, Blut, Fett, Knochen — aus denen ja unser Körper besteht — besitzen, oder wenn es sich um den zweiten Zweck, um die Ergänzung, Erneuerung handelt, diejenigen, welche durch ihre Aufnahme in den Stoffwechsel das Verbrauchte, Ausscheidende, am leichtesten zu ersetzen im stande sind.

Wir haben früher schon erfahren, daß der animalische Organismus nach zwei Seiten hin immerwährenden Verlusten ausgesetzt ist. Einmal verliert er auf sichtbare Weise fortwährend an seinem Gewicht, indem nicht unbeträchtliche Stoffmengen auf sehr verschiedenen Wegen der Ausscheidung, durch das Absterben der oberen Hautschicht, durch das Nachwachsen von Haaren, Nägeln u. s. w. entfernt werden; dann aber kostet ihn jede körperliche

Anstrengung, jede Äußerung seiner Muskelthätigkeit eine der Größe dieser Kraftleistung entsprechende Quantität Muskelsubstanz, denn die mechanische Kraft kann nicht aus nichts entstehen, und ebenso ist mit der Thätigkeit des Denkens, Wollens und Empfindens eine stoffliche Umsetzung in denjenigen Organen verbunden, welche bei jenen Thätigkeiten des inneren Menschen beteiligt sind. Der Körper, das Materielle des menschlichen Organismus, funktioniert nicht außerhalb der mechanischen Gesetze, welche für das Universum gelten; er verhält sich wie jede Maschine und vermag wie diese nur eine Umsetzung der den Stoffen innewohnenden Kräfte zu bewirken, keine Neuschaffung. Darum verlangt er bei erhöhten Ansprüchen erhöhte Zufuhr. Endlich aber verliert er durch Ausstrahlung an die ihn umgebende kältere Luft unausgesetzt an Wärme, und diese letzte Einbuße, wenn wir sie auch nicht durch Wage und Gewicht nachzuweisen im stande sind, ist nicht minder wichtig, weil nicht nur das Wohlbefinden, sondern die ganze Existenz des Menschen in seiner jetzigen Beschaffenheit von der Erhaltung seiner Eigenwärme abhängig ist. Diese Wärme aber erzeugt sich, wie bekannt ist, infolge der chemischen Umsetzungen, und ihr Hauptherd sind namentlich die Lungen, in denen der überschüssige Kohlenstoffgehalt des Blutes verbrannt wird. Jeder Wärmeverlust ist also auch ein Stoffverlust, denn er kann nur dadurch wieder ausgeglichen werden, daß dem Blute Kohlenstoff zu weiterer Verbrennung zugeführt wird. Dies ist ebenfalls nur durch die Nahrung möglich. Diejenigen Nahrungsmittel nun müssen für den Körper die wertvollsten sein, die ihm dieselben Stoffe in denselben gegenseitigen Mengenverhältnissen wieder zuführen, welche und wie sie bei normaler Thätigkeit von ihm verbraucht werden, vorausgesetzt, daß sie auch eine entsprechend einfache Umwandelbarkeit besitzen, vermöge deren sie leicht in den Kreislauf des Lebens einzutreten vermögen. Diese Bedingungen erfüllt aber in jeder Hinsicht das Fleisch, und nur Brot und Milch kommen ihm darin nahe. Es bedarf keiner Hinweisung darauf, daß die chemische Zusammensetzung der betreffenden Nahrungsmittel hier die Hauptrolle spielt. Allerdings könnten mit dem Fleische die Hülsenfrüchte — Erbsen, Bohnen, Linsen — konkurrieren, deren Gehalt an Eiweiß, dem vollkommensten Nährstoff, sogar noch größer ist als bei jenem. Allein das Eiweiß der pflanzlichen Nahrungsmittel ist nicht in gleichem Maße geeignet, von dem Körper aufgenommen zu werden, als das animalische, außerdem aber enthält das Fleisch, worunter wir vorzugsweise die Muskelmasse verstehen, eine Anzahl von Bestandteilen, welche nicht sowohl als Nahrungsmittel im engeren Sinne, sondern vielmehr als Genußmittel durch ihre belebende Wirkung vorteilhaft auf den Organismus wirken. Und deswegen wird sich das Fleisch, trotz der Bestrebungen der Vegetarianer, als eins der vollkommensten Nahrungsmittel in Geltung erhalten.

Die Aufgabe, Fleisch wieder zu Fleisch zu machen, wird dem chemischen Laboranten im Körper ganz besonders durch die eigentümliche chemische Natur der Bestandteile des Fleisches erleichtert, welche eine Vor= und Rückverwandlung mit größerer Leichtigkeit zu gestatten scheinen, als es andere organische Verbindungen thun. Denn wenn wir einen organischen Körper, z. B. Zucker oder Stärkemehl, chemisch verändern, so ist es uns in der Regel nicht möglich, die Zersetzung so zu lenken und zu leiten, daß wir mit derselben wieder auf den Ausgangspunkt zurückkommen; wir können aus Stärkemehl wohl Zucker, aber aus Zucker nicht wieder Stärkemehl machen, während die Bestandteile des Fleisches einer solchen Rückverwandlung fähig zu sein scheinen.

Diese allgemeine Tauglichkeit hat denn nun auch das Fleisch zu dem Nahrungsmittel werden lassen, nach welchem die Menschen instinktiv zuerst mit gegriffen haben. Seine Verwendung ist wahrscheinlich älter als der Genuß vegetabilischer Nahrung, und wenn wir uns unter den verschiedenen Völkern der Erde umsehen, so scheint es fast, als ob es kein Tier gäbe, das, wenn es nur genügend groß oder in hinreichender Menge und leicht genug zu erlangen ist, nicht von dem alles verschlingenden Ungeheuer Mensch zu seinem Lebens= unterhalte schon herangezogen worden wäre.

Ganz rohe Völkerschaften verzehren fast alles, was ihnen mit ihren verhältnismäßig unvollkommenen Jagdmitteln erreichbar wird, und wenn man von der Ernährungsweise australischer und südamerikanischer Negerstämme liest, so zweifelt man, daß unter denselben das Gefühl des Ekels auch nur ganz entfernt bekannt ist. Ameisen, allerhand Insekten, das verschiedenartigfte Gewürm, Raupen, sogar die uns widerlichsten großen Maden, werden mit viel Vorliebe verzehrt. Die Neger von Surinam essen die ekelhafte surinamische Kröte. Es scheint, als ob es für solche Gaumen Geschmacksunterschiede gar nicht gäbe, und als ob der Beifall, den eine Speise findet, lediglich von der Quantität abhinge, in welcher sie ihnen geboten wird. Indessen braucht man gar nicht bei so niedrig entwickelten Völkern stehen zu bleiben, um über das zu erstaunen, „was gegessen werden kann". Die überkultivierten Chinesen leisten in derselben Richtung hin das Menschenmögliche. Abgesehen davon, daß fast alle nur irgendwie zu erlangenden Froscharten dort ganz ungemein gern gegessen werden, kann man auf chinesischen Tafeln gebratenen jungen Hunden, Katzen, Ratten begegnen, ja die Haifischfinnen gelten als eine ganz besondere Leckerei. In den Polarländern ißt man Fleisch und Speck der Robbenarten; Walfischgaumen soll von sehr zartem Geschmack sein. Daß man das Renntierfleisch wohlschmeckend findet, erscheint uns begreiflich, weniger aber, daß das Fleisch der Füchse, welche im hohen Norden auch gegessen werden, besonders gut schmecken soll. Alle fleischfressenden Tiere sind ihres Fleisches wegen viel geringer geachtet als die Pflanzenfresser, und es hat dies seinen guten Grund, da die Raubtiere sämtlich sehr penetrant riechende Stoffe abscheiden und ihr Fleisch deswegen einen schlechten Ge= schmack haben muß. Der Bär, dessen Schinken auch bei uns als Kuriosität gegessen werden, lebt nicht ausschließlich von Fleisch. In heißen Ländern sind Affen, Fledermäuse (von denen auf Timor eine ganz besonders große Sorte sehr beliebt ist), Schlangen, Eidechsen (in Manila und in China traut man den Suppen aus Alligatorfleisch sehr stärkende Eigen= schaften zu) u. s. w. Gerichte, die bei dem Europäer so leicht keinen Eingang finden.

Die gebildeten Nationen halten sich an das Fleisch ganz besonderer Tierklassen, welche zu diesem Zweck gezüchtet werden. Das Geschlecht des Rindes, des Schafes, das Schwein, eine Anzahl Geflügelarten und einige Fische bilden das Hauptkontingent unsrer Fleisch= nahrungslieferanten. Dazu kommt noch eine Anzahl von Jagdtieren und Meeresbewohnern, die aber immer in unverhältnismäßig sehr geringem Prozentsatz zu unsrer Ernährung herangezogen werden. Von dem Genusse des Pferdefleisches hält vielfach eine gewisse Scheu welche sich wahrscheinlich von der uralten Heilighaltung des Tieres herschreibt, noch ab.

Es wird nicht uninteressant sein, zu vergleichen, in welchen Mengenverhältnissen die Fleischnahrungsmittel zu den andern konsumiert werden. Wir wählen dazu die Ergebnisse, welche uns für das Jahr 1871 aus Berlin vorliegen. In dem genannten Jahre bezifferte sich der Verzehr Berlins auf

17916	Wispel	Weizen,	pro Tag:	49_{80}	Wispel,
24031	„	Roggen,	„ „	65_{83}	„
17858	„	Gerste,	„ „	48_{93}	„
5954	„	Erbsen,	„ „	16_{27}	„
65759	Wispel,		pro Tag:	180_{83}	Wispel.

Dazu kommen

599907	Zentner	Weizenmehl,	pro Tag:	1643_{58}	Zentner,
722072	„	Roggenmehl,	„ „	1978_{28}	„
187542	„	Brot (d. i. eingeführtes),	„ „	513_{81}	„
1509521	Zentner,		pro Tag:	4135_{67}	Zentner.

Außerdem aber noch eine beträchtliche Menge andrer Pflanzennahrungsmittel, Reis, Mais, Buchweizen, Hirse, Graupen, Grieß, ferner Zucker, Schokolade, Spiritus, Wein u. s. w., für deren Verbrauch so bestimmte Angaben nicht vorliegen. Allen diesen zusammen stehen gegenüber folgende Fleischverzehrsartikel: Es wurden eingeführt an Wild

1272	Stück	Rotwild,
842	„	Damwild,
462	„	Schwarzwild,
10965	„	Rehe,
170	„	Frischlinge,
142972	„	Hasen,
16918	„	Waldschnepfen, Birk= und Haselhühner, Auerhähne und Trappen,
173601	Stück,	
außerdem 1428	„	Ziemer, Keuler u. dergl.

Geschlachtet wurden

32811	Ochsen	180460,5	Zentner, pro Tag:	494,25	Zentner,
34794	Kühe	121779	„ „ „	333,65	„
89131	Kälber	44565,5	„ „ „	122,1	„
183902	Hammel, Schafe und Ziegen	68963,25	„ „ „	188,92	„
2003	Lämmer	500,75	„ „ „	1,37	„
202947	Schweine	304420,5	„ „ „	834,00	„
1905	Spanferkel	714,4	„ „ „	1,95	„
2804	Pferde	11216	„ „ „	30,73	„
dazu sonstige Fleisch= und Fettwaren		87448	„ „ „	239,58	„

im ganzen: 820067,9 Zentner, pro Tag: 2246,79 Zentner.

Mit der seit jenem Jahre mächtig gewachsenen Ziffer der Bevölkerung haben sich auch die Ziffern dieser Verzehrsstatistik geändert.

Alles in allem ergibt sich für jeden Kopf der Bevölkerung von Berlin eine jährliche Verzehrsmenge von 50 kg Fleisch. Nach französischen Quellen stellt sich für Paris die Ziffer auf 74 kg. In kleineren Orten ist der Fleischverzehr ein geringerer, und auf dem Lande gibt es Gegenden, in denen sogar dieses wichtige Nahrungsmittel nur ausnahms= weise auf den Tisch der Bewohner kommt.

Chemische Bestandteile des Fleisches. Wenn man frisches Ochsenfleisch durch Trocknen im Luftbade von seinem Wassergehalt befreit, so schwindet das Gewicht der Masse sehr be= deutend, und eine nachherige Wägung ergibt, daß bisweilen kaum der vierte Teil des ursprünglichen Gewichts übrig geblieben ist. Der Wassergehalt mancher Fleischsorten steigt bis auf 78 Prozent, beim Fleisch mancher Fische, z. B. der Flunder, sogar bis auf 84 Prozent. Zum großen Teile kann man denselben auch schon durch Auspressen aus dem festen Fleisch entfernen; man erhält auf diese Weise dann eine durch etwas beigemengtes Blut rot ge= färbte Flüssigkeit von dem charakteristischen Geschmack der Fleischbrühe, den sogenannten Fleischsaft. Anderseits kann man durch fortgesetztes Auslaugen mit schwach gesäuertem Wasser aus dem kleingeschnittenen Fleisch die lösbaren Bestandteile ausziehen. In dem Fleischsafte sind alle löslichen Bestandteile des Fleisches enthalten, verschiedene Salze, Phos= phorsäure, Kali, Eiweißkörper, Inosit oder Muskelzucker und einige den alkalischen Basen verwandte stickstoffhaltige Verbindungen, Kreatin und Kreatinin, welche man in schönen Kristallen gesondert darstellen kann (Myosin oder Muskelstoff und Bluteiweiß).

Was nach der vollständigen Entfernung aller löslichen Bestandteile von dem Fleische zurückbleibt, ist ein Gemenge von Muskelfaser, Fett, verschiedenen Geweben, vielleicht auch Knochen= und Knorpelsubstanz. Diese festen Bestandteile bestehen zum größten Teil aus Fibrin, welches an sich vollständig geschmacklos ist. Der eigentümliche Geschmack des Fleisches wird einmal nur durch die in der Fleischflüssigkeit enthaltenen löslichen Bestand= teile hervorgebracht, dann aber auch durch die bei der verschiedenartigen Behandlung des Fleisches sich bildenden Stoffe, von denen gerade die flüchtigen in dieser Beziehung durch ihre Einwirkung auf die Geruchsnerven von Wichtigkeit werden. Die löslichen Bestandteile des Fleisches rechtfertigen auch zum großen Teil den Nahrungswert desselben, obwohl am Ende doch nicht mit der Ausschließlichkeit, mit welcher der berühmte Liebig die Nahrungs= fähigkeit des Fleisches sogar auf den Gehalt an Salzen zurückführte, die im Fleischsafte enthalten sind und die er Nährsalze nannte. Das Bedürfnis unsres Körpers nach unorga= nischen Ersatzstoffen findet fast durch jede Art von Nahrung so ausreichende Befriedigung, daß er auf das Fleisch nicht besonders zu warten braucht. Außerdem aber sind auch die von gewöhnlichem Wasser nicht vollständig auflöslichen Stoffe für die Ernährung nicht wertlos. Ausgekochtes oder ausgelaugtes Fleisch ist, wenn es ohne die davon gewonnene Brühe genossen wird, allerdings ein sehr schlechtes Nahrungsmittel; dagegen kann ein kräftiger Fleischauszug den Genuß festen Fleisches auch nicht völlig ersetzen. Für Kranke indessen ist die flüssige Form, in welcher hierbei die nährenden Stoffe dem Körper zugeführt werden, von großer Bedeutung, und die von Liebig gegebene Vorschrift zur Bereitung einer kräftigen Fleischbrühe verdient daher alle Beachtung. Nach derselben wird fein zerhacktes rohes Fleisch mit kaltem Wasser, dem man einige Tropfen Salzsäure zugesetzt hat, etwa eine Stunde lang digeriert und sodann mit destilliertem Wasser vollständig ausgezogen. Man erhält dadurch eine rote Flüssigkeit, welche die Eigenschaft einer vortrefflichen

Fleischbrühe besitzt. Erhitzt man dieselbe bis zum Kochen, so gerinnen die darin gelösten Eiweißkörper und können als ein braunroter Schaum entfernt werden. Die Lösung färbt man mit etwas gebranntem Zucker, um der Gewohnheit, welche die gelbe Farbe der Fleisch= brühe verlangt, dadurch zu Hilfe zu kommen.

Fleischextrakt. Der Fleischsaft läßt sich durch geeignete Verfahren konzentrieren und in eine Form bringen, in welcher er leicht verschickt und jahrelang aufbewahrt werden kann. Durch Wiederauflösen in kochendem Wasser erhält man dann eine Brühe, welche durch ihre Eigenschaften eine gute Fleischbrühe aus frischem Fleisch ersetzen kann.

In der Praxis hat dies in neuerer Zeit eine große Bedeutung erlangt, indem man so jene riesigen Fleischmassen, welche in Buenos Ayres, Mexiko, Australien, Podolien, in vielen Gegenden Nordamerikas u. s. w. erwachsen und daselbst so gut wie keinen Wert besitzen, der Bevölkerung fleischärmerer Länder zugänglich machen kann. Bis dahin wurden in jenen Gegenden die ungeheuren Herden von Rindern und Schafen nur auf die Ge= winnung der Häute, des Fettes vielleicht und der Hornbestandteile noch ausgenutzt; das in großen Mengen abfallende Fleisch aber wurde zum größten Teile weggeworfen. In Australien (Neusüdwales) kostete in den betreffenden Gegenden das Pfund des besten Ochsen= fleisches bis vor kurzer Zeit nicht über einen halben Penny (4 Pfennig).

In Südamerika nun hat auf Liebigs wiederholte Anregung die fabrikmäßige Dar= stellung des Fleischextraktes einen solchen Boden gewonnen, daß im Jahre 1865 bereits die ersten Sendungen nach Europa ausgeführt werden konnten.

Die Fabrikanlagen befinden sich bei Fray Bentos in Uruguay, und gibt davon R. Wagner in seinem Jahresbericht über die Leistungen der chemischen Technologie 1869 nach dem „Standard" folgende Mitteilungen: Das neue Fabrikgebäude bedeckt eine Fläche von circa 20 000 Quadratfuß (2000 qm) und hat ein Dach von Glas und Eisen. Beim Eintritt gelangt man zunächst in eine geräumige Halle, deren Fußboden mit Fliesen belegt ist, und welche dunkel, kühl und ausnehmend reinlich gehalten wird; hier wird das Fleisch gewogen. Es wird sodann auf Schienen in eine unmittelbar daran stoßende Halle gefahren, in welcher vier riesige, durch Dampfkraft bewegte, von dem Geschäftsführer der Gesellschaft, Herrn Giebert, entworfene Schneidemaschinen aufgestellt sind; jede dieser Maschinen kann in einer Stunde das Fleisch von 200 Rindern zerschneiden. Das zerschnittene Fleisch wird in die aus Schmiedeeisen verfertigten „Digestoren" geschafft, deren jeder ungefähr 6000 kg faßt; 1869 waren bereits neun solcher Digestoren, deren Zahl seitdem noch vermehrt worden, vorhanden. Das Fleisch wird hier mittels Hochdruckdampf von fünf Atmosphären Spannung digeriert. Die dabei erhaltene Flüssigkeit gelangt durch Röhren in eine Reihe eigentümlich konstruierter Apparate, in welchen das Fett von dem Extrakte abgeschieden wird; dies geschieht in der Wärme, da man keine Zeit mit Abkühlung verlieren darf, weil dabei rasch eine Zersetzung eintreten würde. Die Fettseparatoren sind in einer niedriger gelegenen, geräumigen, 18 m hohen Halle aufgestellt; unter ihnen befindet sich eine Reihe von fünf gußeisernen Klärapparaten von je 1000 Gallonen Fassungsraum, welche durch hochgespannte Dämpfe mit Hallets Röhrensystem betrieben werden; in diesen riesigen Apparaten wird das Eiweiß und Fibrin und die phosphorsaure Magnesia abgesondert.

Von hier aus wird der flüssige Fleischextrakt durch Pumpwerke, welche von zwei 30 Pferdekraftmaschinen getrieben werden, in zwei 6 m über den Klärpfannen aufgestellte Reservoirs gehoben. Aus diesen gelangt er, nachdem er zuvor einen Filtrierprozeß durch= gemacht hat, in die Vakuumpfannen, deren vier von riesiger Größe in einem weiten Raume aufgestellt sind; hier wird er bei sehr niedriger Temperatur bis zu einem gewissen Grade abgedampft. Die weitere Konzentration erfolgt in einer andern, gut ventilierten, sehr reinlich gehaltenen Halle, deren Thür= und Fensteröffnungen mit feiner Drahtgaze versehen sind, damit Fliegen und Staub abgehalten werden. Hier stehen fünf aus Stahlblech an= gefertigte Pfannen, welche mit stählernen Scheiben versehen sind, die sich in dem flüssigen Extrakt, welcher in die Pfannen geleitet wird, umdrehen. Diese fünf Pfannen bewirken durch die Scheiben, von denen jede 100 enthält, eine ganz enorme Vermehrung der Ver= dünstungsoberfläche. Die Masse wird hier zur breiartigen Konsistenz abgedampft und dann in große Kannen gefüllt, in denen sie bis zum folgenden Tage stehen bleibt. Dann gießt man sie in gußeiserne Behälter, welche 5000 kg Extrakt fassen und von unten durch

Wasserbäder erwärmt werden; hier wird die Masse „dekristallisiert", so daß sie eine homogene Beschaffenheit erlangt. Nachdem sie endlich von dem Chemiker der Fabrik, unter dessen Leitung die technischen Operationen stehen, untersucht worden ist, bildet sie das fertige Fabrikat. Der Fleischer der Fabrik schlachtet per Stunde etwa 80 Rinder; indem er mit einem kleinen zweischneidigen Messer die Wirbelsäule zerteilt, fällt das auf einem Wagen stehende Tier augenblicklich nieder. Es wird dann auf Schienen nach einem Platze gefahren, wo 150 Arbeiter damit beschäftigt sind, die geschlachteten Tiere zu enthäuten und das Fleisch für die weitere Verarbeitung vorzurichten.

Außer in Fray Bentos besteht auch in Montevideo eine Fleischextraktfabrik von Buschenthal & Co., welche ein Fabrikat liefert, das nach den chemischen Untersuchungen dem von Fray Bentos vollständig an die Seite gestellt werden kann.

Welche Massen Fleisch übrigens im Laufe eines Jahres in derartigen Etablissements zu nutzbarer Verwendung kommen, das ergibt sich außer aus der vorhergegangenen Beschreibung der Einrichtung auch daraus, daß bereits im Jahre 1865 die Produktion des Fleischextraktes in Fray Bentos zwischen 25- und 30000 kg betrug, die Fabrik aber infolge der eingeleiteten Vergrößerungen im Jahre 1868 eine halbe Million Kilogramm herzustellen gedachte. Da ein Ochse durchschnittlich nicht mehr als 4—5 kg Extrakt gibt, so sind zu jener Menge 175000 Stück Rindvieh nötig — immerhin ist das kaum der zwanzigste Teil der Anzahl, welche alljährlich in La Plata und Brasilien zum durchschnittlichen Preis von 39 Mark pro Stück geschlachtet werden. Südamerika besitzt vielleicht 70 Millionen Stück Schafe und 22 Millionen Stück Schlachtvieh. Nicht minder bedeutende Herden werden in Australien gezüchtet, deren Fleisch ebenfalls nur teilweise Verwendung findet.

Der wirkliche Wert des Fleischextraktes ist jedoch auch vielfach überschätzt worden. Die Nährkraft des Fleisches beruht, wie schon erwähnt, nicht bloß in denjenigen seiner Bestandteile, die im Fleischextrakt ausgezogen sind, sondern auch, und zwar ganz besonders, in gewissen Eiweiß- oder Proteinstoffen, ferner in der durch den Magensaft löslich werdenden Fleischfaser, in dem Leim und Fettgehalt des Fleisches u. s. w., kurz in einer Menge von Bestandteilen, die sich im Extrakt nicht vorfinden. Nichtsdestoweniger ist dieses Präparat schon seiner guten Transportfähigkeit wegen ein sehr wertvolles Produkt, und es ist jedenfalls ein nationalökonomischer Gewinn, daß jetzt auch in Australien, und zwar nicht bloß aus halbwildem, sondern sogar aus gezüchtetem Schlachtvieh Fleischextrakt in großen Mengen bereitet wird.

Es darf übrigens der auf die beschriebene Art hergestellte Fleischextrakt in keiner Weise mit den schon früher vielfach bereiteten Bouillontafeln verwechselt werden. Die feste Bouillon, obwohl sie ursprünglich auch demselben Zweck genügen sollte, nämlich die nahrhaften Bestandteile des Fleisches in dauerhafter, konzentrierter und leicht transportabler Form zu vereinigen, war von ihrem ersten Anfange an als Nahrungsmittel ein viel geringeres Produkt, weil sich ihre Bereitung auf eine ganz falsche Auffassung von der chemischen Natur des Fleischsaftes gründete; außerdem aber verschlechterte sie sich mit der Zeit immer mehr und mehr dadurch, daß jene verkehrten Begriffe den Fabrikanten Gelegenheit zu den ausgedehntesten Verfälschungen gaben.

Wird Fleisch längere Zeit mit Wasser gekocht, so entsteht aus dem Bindegewebe der Muskeln Leim, der sich auflöst und die Brühe verdickt, so daß dieselbe beim Erkalten gerinnt. Man hielt nun früher diesen stickstoffhaltigen Leim für den hauptsächlich nährenden Bestandteil des Fleisches, weil, wie man glaubte, das Gerinnen der Brühe das Zeichen einer besonderen Konzentration sei, und kochte demzufolge das Fleisch so lange wie möglich. Dadurch erhielt man freilich sehr beträchtlich mit Leimsubstanz versetzte Flüssigkeiten, dieselben hatten aber in der That keinen größeren, ja eher noch einen geringeren Nahrungswert als diejenige Fleischbrühe, welche man in der ersten Viertelstunde des Kochens dem Fleische entzogen hatte. Und es war fast ganz natürlich, daß die Fabrikanten von fester Bouillon auf den Gedanken kamen, die Leimbildung nicht erst durch das Kochen des Fleisches vor sich gehen zu lassen, sondern ihre Fleischbrühen gleich durch Zusatz von fertigem gereinigten Leim, Gelatine u. s. w. zu stärken. So bildeten sich allmählich die bekannten Bouillontafeln aus, welche schließlich fast aus weiter nichts bestanden als aus einem gut gereinigten Leim, und deren erfahrungsmäßige Wertlosigkeit als Nahrungsmittel sie denn auch beim Publikum gründlich in Mißkredit brachte. Es wäre aber wie gesagt Unrecht, aus der Mangelhaftigkeit dieser früheren Produkte dem Liebigschen Fleischextrakt ein ungünstiges Vorurteil entgegenzutragen. In ähnlicher Weise wie in der Tafelbouillon tritt die Leimsubstanz noch in manchen Suppen auf, die aus Knorpeln, Fischflossen, Schildkrötenfleisch u. s. w. bereitet werden, und welche ihrer dicken, schleimigen Beschaffenheit wegen als ganz besonders nahrhaft angesehen werden. Es braucht wohl nicht erst erwähnt zu werden, daß bei ihrer Beurteilung genau dieselbe Überschätzung im Spiele ist wie bei der gewöhnlichen gelatinierenden Fleischbrühe, und daß die Sülzen und Salate aus den jung ansetzenden, noch weichen Geweihen der Hirsche und Rehe, welche als kräftigendes Arkanum von August dem Starken u. a. besonders hoch gehalten wurden, in dieselbe Reihe wertloser Stoffe zu setzen sind.

Das Blut ist ein nie fehlender Bestandteil des Fleisches. Es enthält auf etwa 78 Prozent Wasser 22 Prozent feste, trockene Substanz, die ihrerseits aus 20 Teilen Eiweiß und Fibrin, $1\frac{1}{3}$ Teil Fett und Zucker und gegen $\frac{2}{3}$ Teil Salzen zusammengesetzt ist. Unter den letzteren spielt das Eisen eine Hauptrolle, welches ganz wesentlich zur Bildung der rotgefärbten Blutkügelchen ist, die wir mit Hilfe des Mikroskops als frei in einer farblosen Flüssigkeit schwimmend erkennen. Diese farblose Flüssigkeit (das Serum) enthält das Blutalbumin (Bluteiweiß) gelöst, und es wird dieser für die Zeugdruckerei namentlich wichtige Körper neuerdings in großen Mengen fabrikmäßig als Ersatz für das früher gebrauchte Eiweiß aus Hühnereiern dargestellt.

Daß übrigens die prozentische Zusammensetzung des Blutes sowohl als des Fleischsaftes bei verschiedenen Tierarten, ja selbst bei demselben Tiere in verschiedenen Altersperioden, eine sehr abweichende ist, bedarf bloß der Erwähnung. Ebenso verschieden sind die Mengenverhältnisse, in welchen die festen Bestandteile des Fleisches nebeneinander auftreten, und in der Züchtung, Regelung der Lebensweise, Fütterung u. s. w. sind die Momente gegeben, die Heranbildung eines Stoffes vorzugsweise vor andern zu begünstigen. Das Fleisch des Wildbrets hat seine Bestandteile in ähnlichen Verhältnissen wie das Ochsenfleisch, dessen Zusammensetzung wir weiter oben bereits angegeben haben. Es enthält wenig Fett. Überhaupt ist der Fettgehalt im Fleische wild lebender Tiere viel geringer als in dem Fleische der Haustiere, bei Geflügel geringer als bei Vierfüßlern, und bei jungem Vieh geringer als bei altem. Für die wild lebenden Tiere gibt es eine Zeit im Jahre, wo sie ganz besonders feist sind, während bei dem gezüchteten Vieh infolge der gleichbleibenden, weder durch übermäßige Anstrengungen (wie beim Zuge der Vögel z. B.), noch durch Mangel der Nahrung im Winter und Frühjahr beeinflußten Lebensweise ein solcher Wechsel in der Fleischbeschaffenheit nicht so hervortreten kann.

Wenn wir die landwirtschaftlichen Ausstellungen besuchen, so erschrecken wir oft über den mißgestaltenden Einfluß, welchen die Züchtung auf das äußere Ansehen der nächsten Haustiere auszuüben im stande ist. Wir erschrecken, weil wir in der kurzen, in unbegreiflicher Weise sich fortbewegenden Walze nach dem Katalog eine Essexsau vor uns haben, und Grunzen und Knurren, das sich aus dem unförmlichen Klumpen vernehmen läßt, unsre Gedanken in Übereinstimmung mit dem amtlichen Verzeichnis bringen möchte, aber anderseits auch uns so gar nichts an die, wenn auch nicht besonders graziösen, so doch munteren Ferkel mehr erinnert, welche in zahlreicher Geschwistervereinigung die Bauernhöfe bevölkern. Unser ästhetisches Gefühl windet sich unter der Wucht der thatsächlichen Überzeugung von der bildenden Macht der Erziehung, aber der neben uns stehende Fleischer schwelgt in Entzücken; denn er taxiert sehr richtig, daß das Fleisch dieser preisgekrönten Sau an Nahrungswert das Fleisch eines mageren Schweines um 40—50 Prozent übersteigt.

Diese Wertsteigerung infolge der Mästung liegt nicht sowohl bloß in der Vermehrung des Fettgehalts als ganz besonders in der Verminderung des Wassergehalts des Fleisches. Fleisch von ungemästeten Lämmern enthält bis zu 62 Prozent Wasser, während in gemästetem Zustande dasselbe oft bloß 49 Prozent besitzt; bei Schafen ändert sich das Verhältnis von 58 auf 33 Prozent, wenn dieselben ganz fett gemacht werden; gewöhnliches Ochsenfleisch besteht oft bis zu Dreiviertel seines Gewichts aus Wasser, während das Fleisch von gut gemästeten Ochsen bloß 46 Prozent davon zu enthalten braucht, und bei Schweinefleisch kann der Anteil Wasser, welchen der Käufer als Fleisch mit bezahlt, von 56 Prozent in ungemästetem bis auf 39 Prozent in gemästetem Zustande heruntergehen. Das Fleisch der Fische ist in der Regel wenig setthaltig, doch machen davon einige, wie der Lachs, Aal, Hering, Ausnahmen, und es ändert sich auch der Fettgehalt mit der Jahreszeit.

Wenn wir bisher von der Zusammensetzung des Fleisches gesprochen haben, so haben wir immer reines Muskelfleisch im Auge gehabt, frei von Fett, Gefäßen und Nerven, wie es am reinsten am Lendenmuskel der Vierfüßer, dem Iliopsoas, auftritt. Das gewöhnliche Verkaufsfleisch besteht nur zum Teil aus diesem reinen Muskelfleisch, zum andern Teile sind jene minderwertigen Substanzen darin enthalten. Je nach dem Teile des Körpers, welchem das Fleisch entstammt, ist dessen Nahrungswert infolgedessen sehr verschieden, aber erst in der neueren Zeit nimmt man bei uns beim Ein= und Verkauf des Fleisches darauf einigermaßen Rücksicht, während die gut rechnenden Engländer schon seit lange die Wertunterschiede der Fleischsorten von einem und demselben Tierkörper auch durch Ver= schiedenheit im Preise ausdrücken.

Wir verweisen in bezug darauf auf den III. Band dieses Werkes, wo S. 313 dieser Gegenstand eingehendere Besprechung erfahren hat.

Kochen und Braten. Zum Genuß wird das Fleisch in den meisten Fällen noch einer besonderen Zubereitung unterworfen; denn obwohl es in rohem Zustande ein ziemlich leicht verdauliches Nahrungsmittel bildet, so ist doch der Umstand nicht unbedenklich, daß Ein= geweidewürmer, Trichinen u. s. w. durch rohes Fleisch leicht übertragen werden, und es ist eine vorhergehende Behandlung, besonders durch Hitze, auch aus andern Gründen zweck= mäßig; denn durch die Hitze verwandelt sich das unverdauliche Bindegewebe zwischen den Muskelfasern zum Teil in Leim, der löslich ist, und darauf arbeitet sowohl das Kochen als auch das Braten hin. Für beide Zubereitungsarten ist aber noch ein andrer Umstand von Wichtigkeit, der nämlich, daß infolge der Erhitzung mit der Muskelfaser selbst eine Veränderung vorgeht. Dieselbe zieht sich zusammen, kontrahiert sich, und durch diese Kon= traktion der Muskelfaser wird der Fleischsaft aus dem Innern heraus an die Oberfläche gepreßt; für die nachträgliche Beschaffenheit des Fleisches wird es nun maßgebend, ob die Erhitzung rasch oder allmählich erfolgt. Bei einer sehr raschen oberflächlichen Erhitzung nämlich gerinnen die Eiweißkörper des Fleischsaftes, und indem sie die Poren des Fleisches verstopfen, verhindern sie, daß der im Innern noch befindliche Fleischsaft heraustrete. Dagegen wenn die Erwärmung nur allmählich von außen nach innen fortschreitet und nicht intensiv genug ist, um das Eiweiß zum Gerinnen zu bringen, kann der Fleischsaft nach und nach ausfließen, und es bleibt schließlich eine wenig geschmackvolle und wenig nährende Muskelmasse übrig. Ein in kochendes Wasser geworfenes Stück Fleisch oder ein einer raschen Hitze ausgesetzter Braten muß daher von viel besserer Qualität sein als langsam gekochtes oder gebratenes Fleisch, dessen bester Teil in die Brühe gegangen ist. Für das Garwerden des Fleisches ist das Wasser oder — beim Braten — das Fett von gar keinem Einfluß, es erfolgt dasselbe lediglich durch die Einwirkung der Wärme, und wenn eine anfängliche Er= hitzung bis zum Siedepunkt des Wassers nicht eben aus den oben angegebenen Gründen notwendig wäre, so würde dazu eine niedrige Temperatur auch schon hinreichend sein.

Bei dem Braten entsteht eine Anzahl Produkte der trockenen Destillation, die bei dem Kochen in Wasser sich zu bilden nicht Gelegenheit haben. Sie sind es auch, welche der äußeren Kruste des Bratenstücks den charakteristischen Bratengeschmack erteilen, und es ist unter ihnen die Essigsäure vielleicht von einer doppelten Wirksamkeit, insofern sie außer ihrer Einwirkung auf den Geschmack auch die Fleischfaser weich und mürbe macht. Was die Verdaulichkeit anlangt, so ist gar gekochtes Rindfleisch verdaulicher als gebratenes, so zwar, daß jenes in Dreiviertel der Zeit vom Magensaft umgewandelt wird, welche das letztere braucht.

Ganz frisch geschlachtetem Fleische ist als Nahrungsmittel ein solches vorzuziehen, das einige Zeit gelagert hat und dadurch mürbe und lockerer geworden ist. Die Ursache dieser Veränderung liegt in einer chemischen Umwandlung, die mit einer Säurezunahme verbunden ist und als der Beginn einer Fäulnis anzusehen ist. Wie weit dieser Zustand vorgeschritten sein darf, das ist eine Frage, welche allein der Geschmack lösen kann; Wildbret kann länger liegen als geschlachtetes Fleisch. In vorgeschrittenerem Stadium der Verwesung ist das Fleisch durchaus ungenießbar.

Konservierung des Fleisches. Die Haltbarkeit des Fleisches in frischem Zustande ist keine sehr große. Die Fäulnis tritt sehr bald ein, wo deren Vorbedingungen vorhanden sind. Solcher Fäulnisbedingungen haben wir besonders drei zu berücksichtigen: eine Temperatur über 0 Grad, feuchte Luft und die Gegenwart gewisser niedriger Organismen (Bakterien), welche auf noch unerkannte Weise auf eine ganze Klasse von chemischen Körpern eine zerlegende, spaltende, chemische Wirkung ausüben. Und zwar müssen diese Fäulnisbedingungen womöglich gleichzeitig erfüllt sein, wenn der Zersetzungsprozeß wirklich eintreten soll. Ein Ausschließen einer oder der andern wird ihn zum mindesten sehr bedeutend abschwächen, wenn nicht gar verhindern. Alle Methoden, Fleisch zu konservieren, lassen sich daher auch insofern in bestimmte Klassen bringen, als sie sich sämtlich darauf beziehen, eine oder die andre der gedachten Fäulnisbedingungen oder einige zugleich zu beseitigen. Sie sind demnach durchgängig antiseptisch und suchen den Zweck entweder durch Erniedrigung der Temperatur unter 0 Grad, oder durch Entziehung der Feuchtigkeit und Abschluß der wasserhaltigen Luft, oder endlich durch Abhaltung der Bakterien durch überziehende Mittel (Bakteriengifte) zu erreichen.

Trocknen, Dörren (Räuchern), auch Einpökeln und Salzen arbeiten auf eine Wasserentziehung hin. Durch das Trocknen werden eigentlich die Bestandteile des Fleisches am wenigsten verändert. Nur der Wassergehalt wird vertrieben. Da aber derselbe beim Kochen sich dem Fleische wieder mitteilt, so wäre diese Art der Konservierung eigentlich die wertvollste, wenn nicht doch die Verdaulichkeit sehr vermindert würde. Getrocknetes Fleisch hat nur den vierten Teil des Gewichts von frischem. In Nord- und Südamerika, namentlich auf Hochebenen, wo eine scharfe, trockene Luft das Wasser rasch zum Verdunsten bringt, werden große Quantitäten Fleisch auf diese Art für die Aufbewahrung geschickt gemacht. Früher trocknete man einfach das in dünne, lange Streifen geschnittene Fleisch, aber das carni seca war als Nahrungsmittel nur wenig geschätzt. In einigen Saladeros, in denen man die Rinder um der Häute und des Fettes willen schlachtet, hat man auch ein Verfahren eingeführt, das Fleisch nutzbar zu machen. Man zerschneidet zu diesem Behuf das Fleisch der Tiere in große, breite Stücke von etwa 20 cm Dicke, wäscht dieselben in Salzlake und schichtet sie, mit Salz bestreut, in Haufen auf. Am folgenden Tage wendet man diese und wiederholt die trockene Einsalzung, weiterhin aber bringt man dann die Fleischstücke in freier Luft unter eine Presse, indem man sie in der Regel nur mit Gewichten beschwert, und läßt sie trocknen. Das ist der sogenannte Tasajo, der in ziemlichen Quantitäten nach Brasilien und Cuba ausgeführt wird (jährlich nach den Zollregistern von Buenos Ayres und Montevideo an 1120000 Zentner). Der Preis ist etwas über 20 Pfennig für das Kilogramm; nach Europa könnte solches Fleisch für wenig mehr als 30 Pfennig das Kilogramm geliefert werden. Bei uns sind die klimatischen Verhältnisse für derartige Fleischkonservierung nicht geeignet, und es wird Darrfleisch nur von den Bergamasker Schäfern bereitet, welche an hohen Gebirgszügen ihre Herden weiden, wo die Verdampfung des Wassers rasch genug vor sich geht, so daß das Fleisch inzwischen nicht der Fäulnis unterliegen kann. Das getrocknete Fleisch wird auch pulverisiert und gepreßt und als Fleischzwieback namentlich in Amerika für die Verproviantierung der Armeen verbraucht.

Carne pura ist ebenfalls Fleischmehl durch geeignete Trockenverfahren gewonnen, bei denen das durch Hackmaschinen zerkleinerte Fleisch in möglichst dünnen Schichten auf Drahtrosten ausgebreitet und einem Stockwerkofen zugeführt wird, in welchem sich die Entwässerung und der darauf folgende Dörrprozeß vollzieht. Das getrocknete Fleisch ist hart, ja selbst spröde, so daß es ohne Anstand in Mühlen zu Pulver vermahlen werden kann; aus diesem werden Knochensplitter, Sehnen und andre unverdauliche Teile ausgelesen und auf eingedickte Brühen verarbeitet.

Das Salzen entzieht dem Fleische das Wasser ebenfalls, nebenher wirkt es auch als Bakteriengift; aber mit dem Wasser gehen die im Fleischsaft enthaltenen nahrhaften Bestandteile zum Teil in die Lake mit über, und da sie aus derselben nicht so leicht wieder nutzbar gemacht werden können, so ist der Nahrungswert des eingesalzenen oder gepökelten Fleisches ein wesentlich geringerer als der des getrockneten. Eine vollständige Wasserentziehung findet übrigens durch das Einpökeln nicht statt. Vielmehr verstopft das Salz allmählich, indem es in die Poren hineinzieht, dieselben und verhindert dann ein weiteres

Ausfließen des Saftes. Im Innern ist daher eingesalzenes Fleisch von besserer Qualität als an der Oberfläche. Durch den Verlust, welchen das Salzfleisch erlitten hat, ist sein Geschmack ein andrer, und zwar weniger aromatisch geworden, und mit dieser Umwandlung hängt es zusammen, daß unausgesetzter Genuß gepökelten Fleisches, wie er auf Schiffen häufig zur Notwendigkeit wird, der Gesundheit nicht besonders zuträglich ist. In neuerer Zeit hat man versucht, da, wo große Mengen Fleisches eingesalzen werden, die Salzlake, in der sich namentlich milchsaure und phosphorsaure Salze, Kreatin und Kreatinin, vorfinden, dadurch als Nahrungsmittel zu verwerten, daß man das überschüssige Kochsalz durch Auskristallisieren= lassen davon trennt und so ein wertvolles Fleischextrakt darzustellen sucht. Indessen kann dies Verfahren der Natur der Sache nach immer nur eine beschränkte Anwendung finden.

In Südamerika hat man neuerdings eine eigentümliche Art der Einsalzung in An= wendung gebracht. Außer daß in den Kesseln der Fleischextraktgesellschaften ganz gewaltige Fleischmassen ausgekocht werden, präpariert man auch das frisch geschlachtete Tier im ganzen, indem man gleich nach Eintritt des Todes das Blut durch angebrachte Schnitte aus den Herzkammern herausfließen läßt, sodann aber die große Pulsader mittels einer durch die linke Herzkammer eingeführten, dicht schließenden Röhre mit einer etwas salpeterhaltigen Salz= lösung unter Anwendung ziemlichen Druckes füllt. Die Sole dringt infolge des Druckes in alle Blutgefäße des Körpers ein, indem sie das darin enthaltene Blut verdrängt und sich an seine Stelle setzt, und kommt endlich in der rechten Herzkammer zum Vorschein. Diese Austrittsöffnung wird verschlossen, wenn alles Blut ausgewaschen ist, und das Tier eine Zeitlang liegen gelassen, damit das Salz alle Teile gehörig durchdringe, hierauf aber an der Luft getrocknet oder geräuchert. Solches Fleisch ist vielfach nach England eingeführt und hier mit 8—10 Pence (80—100 Pfennig) das Kilogramm verkauft worden.

Das Räuchern ist dem Einsalzen in vieler Hinsicht vorzuziehen. Die in dem Rauch enthaltene, durch trockene Destillation aus den Brennmaterialien entstehende Essigsäure macht die der Fäulnis zugänglichen Bestandteile des Fleisches widerstandsfähiger und wirkt Hand in Hand mit dem zugleich sich bildenden Kreosot, welches die Eiweißkörper unlöslich macht und die Bakterienkeime tödtet. Die Schnellräucherung mittels Kreosot und Holzessig stützt sich auf dieselben Grundsätze und erreicht ihre Zwecke nur noch rascher durch größere Mengen der Konservierungsmittel.

Obwohl beide Methoden, Trocknen und Räuchern, die Güte und namentlich die Ver= daulichkeit des Fleisches sehr wesentlich beeinträchtigen, so werden sie zum Konservieren des Fleisches trotzdem in großem Maßstabe angewandt. Viel zweckmäßiger würde ein andres Verfahren, das Aufbewahren in gefrorenem Zustande, sich erweisen, wenn es in der Praxis sich ebenso leicht zur Ausführung bringen ließe. Der bekannte Reisende Pallas fand in Sibirien im hartgefrorenen Boden ein urweltliches Mammut, dessen Fleischteile sich beim Auftauen als vollkommen wohlerhalten erwiesen, obwohl seit dem letzten Atemzuge des Tieres und seiner Ausgrabung viele Jahrtausende verflossen waren. Eine praktische Anwendung kann das Gefrierenlassen des Fleisches aber nur selten finden, doch versendet man in England Fische, namentlich Lachse, um sie frisch zu erhalten, in Eis verpackt, auch hat man Fleischsendungen aus Australien in Eis gebettet nach Europa gebracht und damit günstige Erfolge erreicht. Die Kosten scheinen vor der Hand immer noch die Klippe zu bilden, an der die dauernde Ausführung im großen scheitert.

Als Bakteriengift endlich, um auch die dritte Klasse der Konservierungsmethoden zu erwähnen, hat man verschiedene chemische Stoffe vorgeschlagen, mit denen man die Ober= fläche des frischen Fleisches überziehen soll, und die man vor dem Gebrauch nur mit reinem Wasser abzuwaschen hat, um jede Spur von ihnen zu beseitigen: schwefelige Säure, Schwefel= kohlenstoff, Glycerin, Borax, Chloroform, Chloralhydrat, Karbolsäure — auch das Kreosot dürfte hierher gehören — Salicylsäure u. s. w. sind zu gleichem Zwecke in Vorschlag gebracht worden, und sie werden alle mehr oder weniger sich wirksam erweisen (als Bakteriengift ja, aber auch das Fleisch ungenießbar machen).

Um kleine Mengen Fleisch und andre dem schnellen Verderben ausgesetzte Nahrungs= und Genußmittel einige Zeit frisch zu erhalten, scheint der von Romsche Preservator (s. Fig. 205) sich gut eignen zu wollen. Derselbe besteht aus einem Behälter, dessen Seiten= wände aus Glas, Steingut oder Metall hergestellt sein können. An dem oberen Rande dieses

Behälters ist eine Wasserrinne angebracht, in welche behufs luftdichten Verschlusses der Deckel
eintaucht. Da der Luftabschluß aber schädlich einwirken würde, so sorgt der Deckel selbstthätig
dafür, daß die im Behälter eingeschlossene Luft rein und pilzfrei gemacht und erhalten wird.
Wie aus Fig. 205 ersichtlich, ist über den Deckel ein baumwollenes Tuch gespannt, welches
gleichfalls in die Rinne eintaucht und sich durch Aufsaugen von Wasser stets feucht erhält.
Durch Verdunstung wird der Deckel abgekühlt, die warmen Dünste der inneren Luft ver=
dichten sich, schlagen sich an der Innenseite des Deckels nieder und laufen in die Wasser=
rinne ab. Es bildet sich dadurch ein ununterbrochener Prozeß, der die Luft auf und ab be=
wegt und frei von Dünsten und Unreinigkeiten erhält. Die feuchtreine Luft im Preservator
ist ähnlich der atmosphärischen Luft nach einem erfrischenden Regen. Dieser Behälter soll
sich bewährt haben, frische Kräuter, Gemüse, Blumen, Obst, Brot, Champignons, Kaviar,
lebende Austern u. s. w. aufzubewahren. Abschließende Versuche sind indes noch abzuwarten.

Zur Frischerhaltung von Fleisch, Milch u. s. w. genügt jedoch die im Apparat erzeugte
reine Luft allein nicht, es muß auch Kälte hinzutreten. Dies geschieht, indem in die Rinne
einige Eisstückchen gebracht werden. Will man eine noch niedrigere Temperatur haben, so
kann man diese durch Einstellen eines Eisbehälters in den Hohlraum des Deckels erhalten.

So wird der Preservator ein Eis=
schrank im kleinen; doch soll er den letz=
teren nicht verdrängen, sondern vielmehr
ergänzen, insofern der Eisschrank größere
Eisvorräte aufnimmt, für den Preservator
kleinere Quantitäten abgeben kann und
demselben diejenigen Gegenstände zum Auf=
bewahren überläßt, die durch Kälte allein
sich nicht frisch erhalten lassen.

Beim Gebrauche des Preservators ist
vor allem auf große Reinhaltung desselben
zu achten; sodann dürfen die Nahrungs=
mittel nicht warm hineingestellt und nicht
gleichzeitig Gegenstände hineingebracht wer=
den, die sich durch Annahme des Geruchs
gegenseitig schädigen.

In halb gekochtem und gebratenem
Zustande jedoch läßt sich das Fleisch viel
besser aufbewahren als in frischem, und na=
mentlich ist die Appertsche Methode der
Konservierung in luftdicht verschlosse=
nen Büchsen eine ganz vortreffliche. Nach

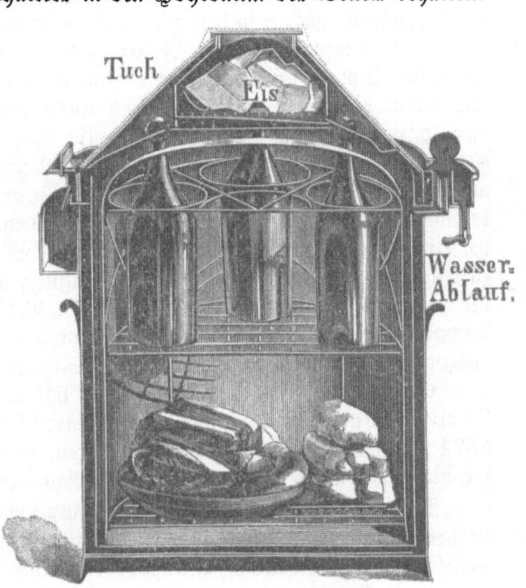

Fig. 205. Der von Romsche Preservator.

derselben werden also die Fleischspeisen zunächst soweit gekocht, daß die Luft aus dem Innern
vollständig entweicht, hierauf halbgar in cylindrische Blechgefäße gefüllt, auf welche man einen
mit einer Öffnung versehenen Deckel auflöten kann. Durch Nachfüllen von Brühe oder ge=
schmolzenem Fett treibt man alle Luft aus dem Innern heraus und verlötet darauf die Öff=
nung im Deckel luftdicht. Hierauf setzt man das Gefäß noch etwa eine halbe Stunde im
Salzwasserbade einer Temperatur aus, die etwas höher ist als der Siedepunkt des gewöhn=
lichen Wassers; einmal, um die schadhaften Stellen des Verschlusses an hervorbrechenden
Bläschen zu erkennen und sie mit Hilfe des Lötkolbens zu verschließen, dann aber, um durch
das Erhitzen die Eiweißkörper gänzlich zum Gerinnen zu bringen und die im Innern der
Büchse etwa noch enthaltenen Bakterienkeime vollständig zu ertödten. Dieses Verfahren ist
auf alle Nahrungsstoffe, welche dem Verderben durch Fäulnis oder Gärung ausgesetzt sind,
anwendbar, nur daß man bei eingekochten Früchten anstatt des Fettes zum Zufüllen der
Büchsen einen dicken Zuckersirup anwendet. Ob alle Bedingungen der Fäulnis oder Gärung
beseitigt sind, davon kann man sich schließlich noch überzeugen, wenn man die Gefäße an
einem etwa 30 Grad warmen Orte aufbewahrt. Tritt Zersetzung ein, so treiben die sich
entwickelnden Gase den Deckel bauchartig auf; im andern Falle aber sinkt derselbe durch
den Druck der äußeren Luft muldenförmig nach innen.

Die Konservierung nicht nur von Fleisch, sondern von Nahrungsmitteln überhaupt hat erst in neuerer Zeit die allgemeine Aufmerksamkeit in dem Maße zu beschäftigen angefangen, wie es dieser wichtige Gegenstand verdient. Die englischen Patentlisten zeigen z. B., daß im letzten Jahrzehnt des 17. Jahrhunderts ein einziges Patent genommen worden ist, das sich mit dieser Aufgabe beschäftigt hat; im 18. Jahrhundert wurden drei, dagegen von 1801 bis 1815 bereits 117 derartige Patente gelöst, und in den letzten dreißig Jahren ist deren Zahl Legion geworden.

In der Schweiz und andern Viehzucht treibenden Ländern hat man angefangen, Milch zu kondensieren, indem man derselben mit Hilfe der Luftpumpe den größten Teil ihres Wassergehalts entzieht und durch Zuckerzusatz ihre Haltbarkeit vermehrt; sie kommt in verlöteten Blechbüchsen zur Versendung und bewahrt lange Zeit vollständig den Charakter der Frische. An den Küsten fischreicher Meere ist zu dem längst üblichen Verfahren des Salzens, Räucherns und Pökelns neuerdings auch das der Konservierung in luftdicht verschlossenen Blechbüchsen getreten, welches den Genuß frischer Seeprodukte Bewohnern der Binnenländer ermöglicht, die vordem davon keinen Begriff bekommen konnten.

Man konserviert jetzt alles; Gemüse, Früchte, Fleisch, Eier haben keine bestimmte Zeit mehr, während welcher sie derjenige entbehren müßte, der sich ihres Genusses überhaupt erfreuen kann. Die Verschiedenheit der Jahreszeiten existiert in dieser Beziehung so gut wie gar nicht mehr, die Monate mit oder ohne r sind ganz gleichgültig geworden, die Zeiten des Mangels sind durch die Zeiten des Überflusses ausgeglichen, und wenn auch der Einzelne bedauern mag, daß bei ihm zu Hause ein Gemüse oder eine Frucht nicht mehr so billig verschleudert zu werden braucht wie früher, weil jetzt überall Abnehmer dafür sind, die dasjenige, was augenblicklich nicht verzehrt wird, für die Zukunft aufbewahren, so hat das allgemeine Wohlbefinden durch diese Nivellierung doch gewonnen. Die Konservierung des Fleisches namentlich hat einen nationalökonomischen Hintergrund von ausnehmender Bedeutung, denn es ist nicht zu leugnen, daß betreffs der Fleischerzeugung Mitteleuropa einen fühlbaren Mangel leidet, der im Laufe der Zeiten sich sogar in einer Verschlechterung der physischen Beschaffenheit der Bewohner jener Gegenden sichtbar machen würde, wenn es nicht gelingt, ihn durch den Überfluß auszugleichen, welcher in Ländern wie Südamerika, Australien, Ungarn u. s. w. herrscht.

Einen ganz besonderen Wert aber hat die Konservierung der Nahrungsmittel für die Verpflegung der Truppen im Kriege. Die Erfahrungen, welche hierüber 1870 und 1871 gemacht worden sind, müssen lehren, daß das bisher übliche Verfahren der Lieferung der Nahrungsmittel den jetzigen Truppenbewegungen ein durchaus nicht entsprechendes ist.

Bekanntlich besteht dasselbe der Hauptsache nach darin, daß in denjenigen Landstrichen, in denen sich die Heere befinden, die zum Unterhalt derselben notwendigen Erfordernisse soviel wie möglich selbst beschafft werden, indem sie von den Einwohnern gegen bare Zahlung oder gegen Anweisungen gekauft werden. Das Requisitionssystem, als mit unsern politischen und humanen Anschauungen nicht im Einklang, wird auch nur da noch angewandt, wo die Not dazu zwingt. Da nun aber die Verpflegung so gewaltiger Truppenmassen, wie sie unsre neue Kriegführung in Bewegung setzt, ganz maßlose Ansprüche macht, so wird selbst beim besten Willen der Bevölkerung diese nur in seltenen Fällen und auch dann immer nur einseitig und auf kurze Zeit im stande sein, jenen gerecht zu werden. Das Fehlende muß auf alle Fälle aus dem befreundeten Hinterlande nachgezogen werden. Bei dem verhältnismäßig langsamen Vorrücken der Truppen in früheren Zeiten hatte dies zwar auch seine Schwierigkeiten, indessen fielen dieselben nicht in der Art ins Gewicht, in welcher sie neuerdings sich bemerkbar machen.

Konnten nun früher die Viehherden und die Kolonnen der Proviantwagen annähernd gleichen Schritt mit den marschierenden Heerkörpern halten, und waren diese letzteren, weil kleiner, auch eher in der Lage, sich eine kurze Zeit aus der betretenen Gegend zur Not selbst zu verpflegen, so ist durch die Benutzung der Eisenbahnen zum Truppentransport das Verhältnis ein ganz andres geworden. Die Truppen werden in möglichster Stärke und in möglichster Schnelligkeit transloziert — alles nicht auf die augenblickliche Schlagfertigkeit Bezügliche tritt in zweite Reihe, da der große Erfolg nur durch schnellste Ausnutzung aller gebotenen Vorteile errungen wird. Es kann nur der allernotwendigste Bedarf, was gerade zur Hand ist, mitgenommen werden, das andre bleibt der Lieferung überlassen. Leblose

Güter aber befördern sich nicht so schnell wie ihre Verzehrer, und einmal von ihnen ge=
trennt, wird der Zwischenraum mit jedem Tage Vorrückens nur immer größer. Bei den
Anstrengungen, die gemacht werden müssen, um die Verpflegungsgegenstände dahin zu
schaffen, wo sie gebraucht werden, muß die Sorgfalt auf ihre Erhaltung oft leiden. In
Wagen verladen, wie sie eben vorhanden sind, offen und ohne zureichenden Schutz, leiden
jene durch die Witterung leicht den empfindlichsten Schaden, infolgedessen sie namentlich bei
feuchtem Wetter ganz und gar ungenießbar werden können. Das lebende Vieh aber, auf dem
ganzen Wege schlecht genährt, bei übermäßiger Anstrengung ohne hinreichende Tränkung,
ohne Ruhe wird in dem jämmerlichsten Zustande des Abgetriebenseins geschlachtet — denn
der Soldat hungert den ganzen Tag schon danach — und das noch lebenswarme Fleisch
wandert sofort in den Feldkessel, dem vielleicht auch noch das Salz zur Würze fehlt. —

Fig. 206. Raum zum Verlöten der Blechbüchsen in einer Konservenfabrik.

In solcher Weise sich wochen=, ja monatelang nähren zu müssen, kann unerträglich werden,
und es liegt in der Natur der Sache, mit der die Übelstände unlösbar verknüpft sind, daß
nur eine völlige Änderung des Systems Abhilfe gewähren kann.

Die Zubereitung der Nahrungsmittel bis zum Genuß darf dem Soldaten im Felde
womöglich nicht zugemutet, sondern muß ihm soviel wie möglich erspart und da vor=
genommen werden, wo die Verhältnisse ein aufmerksames, ruhiges Arbeiten gestatten, in=
folgedessen allein die volle Nährfähigkeit ausgenutzt werden kann. Die fertigen Speisen
müssen in leicht versendbaren Gefäßen luftdicht, vor dem Verderben gesichert, verschlossen
werden; selbstverständlich ist darauf ganz besonderes Gewicht zu legen, daß auf möglichst
geringen Raum eine möglichst große Menge Nährstoffe zusammengedrängt werde. Die
fabrikmäßige Herstellung gepreßter Nahrungsmittel hat solche Fortschritte gemacht, daß diese
Aufgabe von technischer Seite keinerlei Schwierigkeiten mehr bietet. Dagegen aber sind
die Vorteile einer derartigen Verpflegung in jeder Beziehung die größten.

Wieviel von dem mühsam herbeigeschafften Proviant muß nicht, wenn derselbe endlich angelangt ist, weggeworfen werden, weil er unterwegs verdorben ist oder von Haus aus schon schlecht geliefert war; wieviel geht nicht durch die mangelhafte Zubereitung verloren; wie oft fehlt nicht auf dem Marsche die Zeit zum Abkochen, selbst wenn Fleisch vorhanden ist. Bei der Schwierigkeit der Zufuhr kann eine gleichmäßige Verteilung kaum erzielt werden, Perioden des Überflusses wechseln mit Zeiten des Mangels; oft muß heute im Stiche gelassen werden, was man morgen schmerzlich entbehrt, und wenn auch nicht alles fehlt, so sind zeitweilig oft einzelne Nahrungsmittel, wie Salz, Gewürze u. dergl., nicht vorhanden, deren Mangel höchst empfindlich das Wohlbefinden beeinflußt. Allen diesen Übelständen ist durch Nachführung konservierter Nahrungsmittel abzuhelfen, damit aber zugleich noch der nicht hoch genug anzuschlagende Gewinn zu erzielen, nicht nur daß dieselben in vortrefflicher Beschaffenheit und in sofort genießbarer Form, sondern auch in einer Mannigfaltigkeit geliefert werden können, welche einen Widerwillen nicht aufkommen läßt.

Der Kostenpunkt, obwohl er ohnehin von dem Kriege, dem wirtschaftlichen Regierer, nicht anerkannt wird, könnte schon um deswillen keine Berücksichtigung finden, weil es sich um die höchsten irdischen Güter überhaupt handelt, wenn die letzte Frage der Völker gestellt wird. Indessen redet er auch ganz direkt dem neuen Systeme das Wort, denn die Ersparnisse, die durch billigeren Einkauf der Rohstoffe, durch bessere Ausnutzung ihrer Nährfähigkeit, durch wirksamere Erhaltung vor Verderben, durch billigeren Transport, durch die Verwertung der Abfälle gemacht werden, müssen die Mehrausgaben für Zubereitung und Verpackung mehr als bloß decken.

Welchen segensreichen Einfluß aber gute Nahrung auf das physische und dadurch auch auf das psychische Wohlbefinden der Soldaten ausübt, das haben in dem letzten Kriege die Fälle bewiesen, in denen konservierte Nahrungsmittel unsern Streitern zugeführt werden konnten. Geradezu Jubel erregten die Gulaschfleischsendungen, welche von Wien aus dem 12. Armeekorps bis vor Paris nachgeschickt wurden, und in noch allgemeinerem Grade die vielbesprochene und besungene Erbswurst, welche zuerst von dem vor etlichen Jahren (Oktober 1872) verstorbenen Berliner Koch Grünberg hergestellt wurde, der das Geheimnis der Bereitung der Regierung für die Summe von 111000 Mark verkaufte. Wie der Name schon sagt, besteht der Inhalt der Erbswurst der Hauptsache nach nicht aus Fleisch, sondern aus einem Gemisch von Erbsmehl, Speck, Gewürz und Salzen, welches die Bestandteile eines wohlschmeckenden und nahrhaften Gerichts in einer Form enthält, in welcher dieselben dem Verderben wenig unterworfen sind, und welche gestattet, dem leicht versendbaren Fabrikat in sehr kurzer Zeit eine genießbare Gestalt zu geben. Denn die Erbswurst wird nicht als solche ohne weiteres gegessen, sondern mit kochendem Wasser vorher zu einer mehr oder weniger starken Suppe angerührt. Jene Bestandteile der Erbswurst sind durch eigentümliche Verfahrungsarten zusammengepreßt in wurstähnliche Form gebracht, äußerlich anstatt des Darmes mit Pergamentpapier umkleidet, und enthalten so wenig mechanisch beigemengtes Wasser, daß das Ganze ohne größere poröse Zwischenräume, auch von ziemlicher Dichtigkeit und Schwere ist und bei seinem geringen Rauminhalt von dem Soldaten leicht mitgenommen werden kann.

Die Grünbergsche Fabrik, welche von dem Kriegsministerium übernommen wurde, beschäftigte während des Krieges nicht weniger als 1200 Personen. Darunter waren 20 Köche, jeder derselben hatte in zwei großen Wurstbreikesseln die Masse zu bereiten; 150 Arbeiter, jeder mit einer Wurstspritze bewaffnet, trieben mittels derselben den Inhalt in die vorbereiteten Därme oder Papierhülsen. Im Anfang schon wurden täglich 225 Zentner Speck, 450 Zentner Erbsmehl, 28 Scheffel Zwiebeln, 40 Zentner Salz zu 75000 Würsten zu 1 Pfund verarbeitet. Achtzehn Holzarbeiter hatten mit der Herstellung der Kisten zu thun, in denen die Erbswürste zu 100—150 Stück verpackt dem Heere nachgesandt wurden.

In ähnlicher Weise mußten Einrichtungen für die Herstellung auch andrer komprimierter Nahrungsmittel von dem Staate im weitesten Umfange getroffen werden.

Anderweite Nutzung des Tierkörpers. Außer dem Fleische aber, welches von den Menschen als Nahrungsmittel genossen wird, bietet das Tier noch eine Menge andrer Bestandteile, welche in früheren Zeiten nutzlos beiseite geworfen wurden, jetzt jedoch zur Herstellung verschiedenartiger Produkte weiter verarbeitet werden, ehe sie der Zersetzung verfallen und als Nahrungsstoffe der Pflanzen wieder den Kreislauf beginnen. Knochen, Sehnen, leimgebende Gewebe, Eingeweide, Fettsubstanzen, Galle, Hufe, Haut, Haare, kurz alle Teile des Tieres hat die Industrie des 19. Jahrhunderts zu verwerten gelernt.

Es ist selbstverständlich bei einer derartigen Verwertung des Fleisches nicht bloß das= jenige gemeint, was von dem Schlachtvieh gewonnen wird; vielmehr stehen in dem Kreise dieser Betrachtung namentlich die Körper von gefallenen Tieren, welche früher als nutzlose Abfälle ohne weiteres verscharrt wurden. Der Segen der Wissenschaft erweist sich aber wohl nirgends evidenter als in der Benutzung der Abfälle. Für den heutigen Chemiker gibt es Abfälle im eigentlichen Sinne des Wortes nicht mehr; er vermag alles wieder zu ver= wenden, und in seiner Hand gewinnen oft die widerlichsten Dinge wieder Gestalt und Aus= sehen, daß sie uns zu entzücken vermögen. Durch die Chemie haben die Naturprodukte erst ihre entsprechende Stellung in der allgemeinen Wertskala gefunden, und es ist dafür nicht mehr allein ihre gegenwärtige Form maßgebend, sondern vor allen Dingen auch die Fähig= keit, sich in andre nützliche Formen umwandeln zu lassen. Solange man nicht im stande war, solche Umwandlungen vorzunehmen, solange konnten natürlich auch dergleichen Ge= sichtspunkte keine Geltung gewinnen. Waren in früheren Zeiten die Abdeckereien nichts andres als Institute, dazu bestimmt, gefallene Tiere sobald wie möglich aus dem Wege zu räumen, um dem ungünstigen Einflusse der bei der Verwesung im Freien sich bildenden Produkte zu begegnen, und solchergestalt kaum etwas mehr als große Verscharrungsstätten, so sind dieselben jetzt zu Fabrikanlagen geworden, durch welche der allgemeinen Nutzung Millionen erhalten werden. Wir wollen in kurzem Überblick die Verarbeitungsweise eines derartigen Etablissements ansehen und bemerken dabei, daß es sich in demselben natürlich nur um die Verwertung solcher Tiere handelt, welche wegen Altersschwäche oder infolge erlittener Unfälle getödtet werden müssen, nicht solcher, die an ansteckenden oder ekelerregenden Krankheiten gefallen sind. Über die Unschädlichmachung der letzteren bestehen besondere ge= setzliche Vorschriften, die nicht darauf Rücksicht nehmen können, daß vielleicht einige Zentner Salz oder Häute eine andre Verwertung noch zuließen.

Da sich das Pferdefleisch als allgemeines Nahrungsmittel noch keine Geltung zu ver= schaffen vermocht hat, so trifft den bei weitem größten Teil aller Rosse und Gäule das Schicksal, auf der Scharfrichterei sein Leben zu lassen, nachdem ihre Arbeitskraft oft bis auf einen verschwindenden Rest ausgenutzt worden ist. Von andern Tieren kommt nur ein sehr geringer Prozentsatz mit in Betracht, da dieselben, wenn sie der Abdeckerei verfallen, ge= wöhnlich mit Krankheiten behaftet sind, infolge deren sie für eine Weiterverarbeitung un= tauglich sind. Die Tiere also, deren Fleisch gesund ist, werden zunächst gestochen, das Blut wird abgefangen und entweder zu Blutdünger oder auf Blutalbumin verarbeitet, welches in Druckereien bereitwillige Abnehmer findet; das getödtete Tier aber wird zerlegt, und seine verschiedenartigen Bestandteile werden voneinander gesondert, da sowohl das Fleisch als Haut, Knochen, Sehnen, Gedärme u. s. w. jedes seine entsprechende Weiter= verarbeitung erfährt. Die Haut, einer der wertvollsten Bestandteile (eine rohe Roßhaut kostet im Durchschnitt 10—12 Mark), wird der Gerberei übergeben, welche bei großen Anlagen häufig gleich mit der Scharfrichterei verbunden ist. Die Haare werden sortiert, gereinigt und an Tapezierer zum Polstern, wie die Kammhaare, oder an Siebmacher, wie die teuren Schweifhaare, oder an Teppichfabriken verkauft, welche letztere namentlich die ganz kurzen Roßhaare zu groben Wollengeweben verarbeiten. Die Hufe werden, wenn sie im Innern von dichter, gleichmäßiger Beschaffenheit sind, zu groben Dreharbeiten, Knöpfen u. dergl. verwendet, sonst aber mit den Hornabfällen von Rindern und Schafen an die Blutlaugensalzfabriken abgegeben oder gemahlen und als Düngmittel verkauft.

Finden sonach alle diese Nebenbestandteile eine nützliche Verwendung, so ist der Haupt= betrieb auf die Nutzbarmachung der Weichteile gerichtet, welche in bei weitem vorwiegender Menge im Tiere vorkommen. Die Art und Weise, wie dies mittels überhitzter Wasser= dämpfe geschieht, erlaubt auch, die Knochen dabei zu belassen und diesen die organischen Bestandteile, Fett und leimgebende Substanzen, zum Teil mit zu entziehen. Es werden daher die Tiere in nur wenig zerkleinertem Zustande in große, luftdicht verschließbare Cylinder (Papinische Töpfe) gebracht und darin der Einwirkung überhitzten Wasserdampfes ausgesetzt. Diese Cylinder haben im Innern einen doppelten Boden, dessen obere Hälfte siebartig durchlöchert ist. Am unteren Boden befindet sich ein Abflußhahn, etwas höher ein zweiter, und außerdem mündet in die Wand des Cylinders noch das Dampfrohr, das sich ebenfalls durch einen Hahn absperren läßt. Der Deckel liegt auf Flanschen, in welche die Cylinderwand ausgeht, und wird mit derselben durch Schrauben fest verbunden. Sind die Fleischmassen in das Innere gebracht, und ist der Cylinder gut verschlossen, so läßt man den heißen Wasserdampf, der anfänglich ungefähr eine Spannung von zwei Atmosphären hat, zutreten. Ein Teil verdichtet sich, und das sich niederschlagende heiße Wasser zieht die löslichen Bestandteile des Fleisches aus und sammelt sich mit denselben auf dem Boden des Gefäßes; zu gleicher Zeit schmelzen auch die Fettteile aus und lagern sich als eine zweite Schicht über der wässerigen Flüssigkeit. Es ist aber mit einem bloßen Auskochen der Zweck in vollem Umfange nicht erreichbar. Die Muskelsubstanz, Bindegewebe und Knorpelsubstanz der Knochen, Sehnen, Bänder u. s. w. sollen nicht bloß ihre löslichen Bestandteile hergeben, sondern selbst soviel wie möglich in den löslichen Zustand übergeführt werden. Dazu ist die längere Einwirkung einer gesteigerten Hitze nötig. Die Spannung des Dampfes wird daher im Verlaufe der Arbeit erhöht und während eines Zeitraums von 8—12 Stunden eine so gesteigerte Einwirkung des Dampfes unterhalten. Alle Bestandteile, welche infolge dieser Behandlung in löslichen Zustand, Leim, übergehen können, trennen sich infolgedessen von den unlöslichen und ihre Lösung vereinigt sich mit der zu unterst liegenden wässerigen Flüssigkeit. Die Scheidung der beiden Schichten in dem unteren Teile des Cylinders erfolgt leicht, indem man zuerst den oberen Hahn öffnet und durch denselben das geschmolzene Fett abläßt, welches als sogenanntes Kammfett in den Handel kommt und sowohl zum Schmieren von Maschinen als auch in der Seifenfabrik zur Herstellung von Schmierseifen Verwendung findet.

Die wässerige Lösung aber enthält sehr verschiedene Stoffe außer den gewöhnlichen im Fleischsaft vorkommenden Substanzen, namentlich Leim. Sie ist jedoch zur Verarbeitung auf Leim nicht geeignet, weil die Trennung von den übrigen Beimengungen zu umständlich sein würde. Deswegen wird sie in der Regel nur noch weiter eingedampft, bis sie Sirupsdicke erlangt hat, und in diesem Zustande unter dem Namen Bonesize verkauft. Das Produkt wird zur Bereitung der Schlichte für die Tuchweberei genommen, wozu es sich vortrefflich eignet, da es flüssig bleibt und nicht in Fäulnis übergeht.

Diese Methode der Ausziehung mit hochgespannten Dämpfen hat vor andern den großen Vorteil, daß ein Verbrennen der organischen Körper nicht stattfinden kann; demzufolge werden die Lösungen auch von einer Reinheit erhalten, wie sie sonst nicht zu erreichen ist. Sie wird daher mit großem Vorteil auch zum Ausschmelzen des Talgs angewandt, und das auf diese Weise erhaltene Produkt ist von einer bei weitem besseren Qualität als das über freiem Feuer ausgeschmolzene. Die Erschöpfung durch die heißen Wasserdämpfe ist eine ganz vollständige und Verluste an nutzbaren Stoffen können nicht vorkommen; dazu ist nicht außer acht zu lassen, daß die allseitig geschlossenen Cylinder keinerlei riechende Produkte entweichen lassen und die Atmosphäre von den unwillkommenen Beimengungen frei bleibt, welche oft schon die Nähe einer Seifensiederei unerträglich machen.

Die ausgekochte Masse wird auf einer Darre rasch getrocknet. Sie enthält noch den größten Teil der Muskelsubstanz und die Knochen. Die letzteren, welche entweder zu Knochenmehl vermahlen oder (wozu sich freilich nur die größten, mit organischer Substanz noch durchdrungenen Knochen eignen) zu Knochenkohle verarbeitet werden sollen, werden aus der gedörrten Fleischmasse ausgesucht; der Fleischrückstand selbst aber, sogenanntes Fleischmehl, wird als Düngemittel verkauft, und von dem ganzen Tiere ist schließlich nicht der geringste Rückstand geblieben, der als nutzlos beiseite geworfen werden müßte.

Wenn auch nicht in so rationeller Weise, wie es im Binnenlande möglich ist, wo alle Hilfsmittel der Technik zu Gebote stehen, aber immerhin von demselben Bestreben geleitet, die natürlichen Produkte in ihren nutzbaren Eigenschaften auf das höchste zu verwerten, hat man an den Seeküsten, wo ertragreicher Fischfang getrieben wird, neuerdings auch angefangen, die massenhaft entfallenden Abgänge für Zwecke der Industrie — besonders der Landwirtschaft — zu verarbeiten.

Die Seifenſiederei und Kerzenfabrikation.

Öle und Fette.

Etwas uber die Reinlichkeit von Sonſt und Jetzt. Die Erfindung und Geſchichte der Seife. Rohmaterialien dazu. Öle und Fette. Vorkommen derſelben im Pflanzen- und Tierreiche. Butter und Kunſtbutter. Chemiſche Zuſammenſetzung der Fette. Die Fettſauren. Das Glycerin und ſeine Verwendung. Die Seife und die Methoden ihrer Bereitung. Lauge. Verſieden. Ausſalzen. Natron- und Kaliſeife. Waſſergehalt der Seife. Wirkung des Palmöls. Harz- und Ölſeifen. Die Seifenfabrikation in Marſeille. Prüfung und Zuſammenſetzung der Seife. — Die Kerzenfabrikation. Rohmaterialien. Talg, Stearinſaure, Wachs u. ſ. w. Geſchichte der Kerzenfabrikation. Der Docht. Formen der Kerzen durch Ziehen und Gießen. Mechaniſche Vorrichtungen dazu. Wachskerzen und Wachsſtöcke. Cereſin. Walrat, Paraffinkerzen u. ſ. w.

Es iſt mehr daran gelegen, daß das Volk nach grüner Seife rieche, als daß der und der, die und die nach franzöſiſchen Parfüms und Eſſenzen dufte." Dieſer Ausſpruch, welchen Raabe in ſeinem vortrefflichen Romane „Die Leute aus dem Walde" thut, erſcheint uns nicht minder wertvoll, als die durch unabläſſiges Citieren faſt ſprichwörtlich gewordene Bemerkung Liebigs, daß ſich der Kulturzuſtand eines Volkes nach dem Verbrauch an Seife bemeſſen laſſe. Es bedarf nun freilich für jeden einzelnen von uns nicht erſt der Berufung auf Autoritäten, um den Satz von der Reinlichkeit als einen natürlichen Grundparagraphen der Lehre vom Wohlbefinden zu verſtehen, indeſſen werden dergleichen Geſichtspunkte in ihrer Allgemeinheit ſehr häufig noch nicht genug gewürdigt und darunter leiden dann auf empfindliche Weiſe die Schichten der Bevölkerung, welche dasjenige als nebenſächlich zu betrachten gewohnt ſind, was nicht geradezu auf die Erhaltung des Lebens von einem Tage zum andern ſich bezieht. Unter den Begriff „Unreinlichkeit" gehört aber im großen Ganzen viel mehr als Schmutz an Fingern und Flecken in den Kleidern u. dergl. Schlechte Luft, enge, feuchte Wohnungen, ärmliche Beleuchtung, Mangel an gutem Waſſer hängen damit auf das innigſte zuſammen; das eine verſchwindet mit dem andern, wie das eine durch das andre bedingt wird, und deswegen iſt das Liebigſche Wort nicht ein Paradoxon, es hat vielmehr eine viel umfassendere Bedeutung, als auf den ersten Blick erscheint.

Wenn wir die Kulturgeschichte der Menschheit durchlaufen, so stoßen wir auf die Wahrnehmung, daß die Pflege des Körpers neben der des Geistes eine ganz gesonderte Berücksichtigung erfahren hat. Als ob die zwiespaltige Natur des Menschen nicht vielmehr zu harmonischer Einigung drängen sollte! Haben wir gerechten Grund, uns zu wundern, daß der Mensch, wenn auch meist nur auf den tiefsten Entwickelungsstufen, weniger Gefühl für Reinlichkeit an den Tag legt als selbst das unvernünftige Tier, so müssen wir es geradezu als eine krankhafte Verirrung ansehen, wenn in höheren Bildungsstadien der Pflege des Leibes nicht diejenige Sorgfalt gewidmet wird, welche nur natürlich sein sollte. Dergleichen Rücksichtslosigkeiten gegen den leiblichen Menschen charakterisieren aber ganze Epochen, sie hängen mit den Anschauungen ganzer Zeitalter zusammen und sind oft auf seltsame Weise verschwistert mit scharfsinniger Philosophie und fanatischer Begeisterung, freilich oft aber auch mit Indolenz, geistiger und körperlicher Armut. Den Cynikern im alten Griechenland, mit Diogenes an der Spitze, war, wie Lewes in seiner „Geschichte der alten Philosophie“ sich ausdrückt, der Körper nur eine Sammelgosse aller Sünden; er galt für nichtswürdig, erniedrigt und erniedrigend. Mögen nun aber auch dergleichen Vernachlässigungen absichtliche sein oder nicht, und mögen sie ganze Völker und große Zeiträume beherrschen, sie bleiben nichtsdestoweniger unnatürlich und können eben ihren Grund nur in einem vollständigen Verkennen der humanen Ziele im ganzen und der Lebensaufgabe jedes einzelnen haben.

In heißen Klimaten ist das Baden, Wechseln der Kleider, die Lüftung der Wohnungen, Herbeischaffung guten Trinkwassers u. s. w. mit großen, unmittelbaren Annehmlichkeiten für das jeweilige Wohlbefinden verbunden, und die Reinlichkeit unter dem heller strahlenden Himmel deswegen allerdings weniger eine Tugend als ein Bedürfnis. Die Bewässerungsanstalten im alten Rom waren derart, daß sich heutzutage keine Stadt mit all ihren gewerblichen Anlagen auch nur entfernt rühmen kann, jedem Einwohner eine gleiche Wassermenge täglich zu liefern.

Widmete das Altertum aber überhaupt der Körperpflege eine fast zärtliche Sorgfalt, so änderte sich dies mit dem Auftreten des Christentums vollständig ins Gegenteil um. Nach der asketischen Auffassung der neuen Lehre in den ersten Jahrhunderten war der Leib nichts weiter als ein Hindernis für die Seele, dieses irdische Jammerthal sobald als möglich zu verlassen, und er wurde dazu nicht allein durch jede mögliche Vernachlässigung, sondern sogar geradezu durch strafenähnliche Kasteiungen gezüchtigt. Wie bei den Cynikern war er der Fluch des Menschen, mit ihm wurde gerungen, er wurde gehaßt und verachtet. In den kälteren Ländern wurde infolgedessen und wegen der größeren Strenge des Klimas, welche dichtere, daher teurere und seltener zu wechselnde Kleider zur Notwendigkeit machte, öftere Waschungen auch nicht so angenehm erscheinen ließ wie in südlichen Gegenden, die Reinlichkeit in ihrem natürlichen Rechte nur zu sehr beschränkt. Sie wurde förmlich zu einem Luxusgegenstand, und wir brauchen unsre Blicke heutzutage noch nicht zu weit zu schicken, um zu bemerken, daß es Länder und Menschen gibt, welche in betreff desselben noch aus den Zeiten des finsteren Mittelalters sich eine fast ängstliche Sparsamkeit erhalten haben.

Nun muß man aber auch nicht zu streng sein. Das fortwährende Waschen und Baden, wie es die Südländer zu ihrer Erquickung thun, ist bei uns nicht so leicht ausführbar wie in Gegenden, wo langgestreckte Küstenstriche die herrlichsten Badeplätze darbieten und nützliche Lebensgewohnheiten aus dem sich entwickeln, was zuerst des Vergnügens willen aufgesucht wird. Außerdem aber haben wir den guten Willen unsrer Vorfahren jedenfalls darin zu erkennen, daß sie die Seife erfanden, freilich noch in heidnischen Zeiten, denn Plinius erwähnt schon des zu einem so wichtigen Kulturträger gewordenen Erzeugnisses unter den Medikamenten, und von Galenus, der von der Anwendung der Seife bei Waschungen spricht, erfahren wir, daß zu seiner Zeit die Deutschen die besten Seifensieder waren. Und unser heutiges Geschlecht bestrebt sich auf die rationellste Weise, das wieder gut zu machen, was frühere Zeiten versäumt haben mögen; die Erreichung des natürlichen Wohlbefindens tritt in den Vordergrund der Lebensaufgaben, und methodische, wissenschaftliche Untersuchungen der Lebensbedingungen bezwecken die Beschaffung der Mittel, um denselben zu genügen. Da wir nun einmal einen Körper haben, so müssen wir auch seine

Eigentümlichkeiten berücksichtigen, und wenn wir das Leben zu erhalten für eine Pflicht ansehen, die körperlichen Zustände und Bedürfnisse für unsre Lebensweise uns maßgebend sein lassen. Die Naturwissenschaft hat uns hierin auf das thatkräftigste angeregt und unterstützt, und namentlich sind die Physiologie und Chemie in erster Reihe als des Körpers Wohlthäter zu nennen.

Wir, die wir hier speziell das eine Bedürfnis nach Seife in Betracht zu ziehen haben und dasselbe als ein nicht abzustreitendes einmal annehmen wollen, werden es weniger mit der erstgenannten Disziplin zu thun bekommen als mit derjenigen, welche uns Auskunft über die chemische Natur, die Herstellungsmethoden, Wirksamkeit u. s. w. der Seife gibt.

Die Geschichte der Seife ist, wie aus dem schon Erwähnten hervorgeht, eine ziemlich alte und die Erfindung wahrscheinlich gallischen oder deutschen Ursprungs. Aus Deutschland, namentlich aus Hessen, bezogen die luxusliebenden Römer für ihre Toilette Seifen und Pomaden verschiedener Art, auch eine Seife zum Schwarzfärben der Haare. Seife zum gewöhnlichen Gebrauch bereiteten übrigens die Römer auch selbst, und eine der frühsten Entdeckungen, welche man bei den Ausgrabungen in dem wiedergefundenen Pompeji machte, war ein Seifenladen, dessen Vorräte noch wohl erhalten waren, obgleich sie über 1700 Jahre verschüttet gelegen. Es kann sogar nicht einmal ein Zweifel über das Wesen der altertümlichen Seifen aufkommen, denn Plinius sagt ganz unzweideutig, daß weiche Seife aus Asche, Talg und Kalk gemacht werde, harte aus denselben Stoffen mit Hinzunahme von Salz.

Daß übrigens der Seifenverbrauch schon vor mehreren Jahrhunderten ein sehr bedeutender gewesen sein muß, geht aus einem Patent hervor, welches vor mehr als 250 Jahren (1622) in London einer Gesellschaft von Seifensiedern erteilt wurde, für welches Monopol diese jährlich mindestens 200000 Zentner mit 20000 Pfd. Sterl. versteuern mußten. Dieses Patent gab übrigens Veranlassung zu einem heftigen Streit mit den übrigen Seifensiedern, welche sich dieser Gesellschaft nicht anschließen wollten und von denen eine große Zahl lange Zeit im Gefängnis gehalten, alle aber in beträchtliche Geldbußen genommen wurden. Die Preise der Seife wurden in England von der Regierung festgestellt, und daß die Patentträger keine schlechten Geschäfte gemacht haben können, zeigt das Anerbieten, die Steuer von 4 Pfund per Tonne auf 6 Pfund sich erhöhen zu lassen, wofür ihnen weitere Privilegien eingeräumt wurden. Indessen kam die Regierung bald zur Einsicht, daß durch dergleichen tyrannische Maßnahmen das Wohl des Landes nicht gefördert werden könne, und schon 1637 kaufte man von jener Gesellschaft ihr Patent sowie ihre Fabrikanlagen und Vorräte zu hohen Preisen wieder zurück und gestattete den Seifensiedern, ihr Gewerbe wieder aufzunehmen.

Genau betrachtet ist die Erfindung der Seife in ihrer frühen Zeit eine ganz erstaunliche. Andre alte Erfindungen, wie Spinnen und Weben, sind entweder rein mechanische, oder sie gründen sich auf die Anwendung des Feuers, oder es lassen sich wenigstens die Wege und Fortschritte denken, die zu der Erfindung führten; die Seifenbereitung aber ist eine chemische Operation, so rationell, wie sie die heutige Chemie nur anzugeben vermöchte, und man kann nicht umhin, zu fragen: Wie konnten die Menschen auf dergleichen verfallen? was konnten sie suchen oder bezwecken, indem sie mit Asche, Kalk und Fett laborierten? denn das noch unbekannte Produkt, die Seife mit ihren schätzbaren Eigenschaften, konnte ihnen doch nicht als ein erstrebenswertes Endresultat schon vor dem Geiste schweben!

Die Seifen des Handels sind chemische Verbindungen gewisser, namentlich in den Fetten enthaltener Säuren mit einem ätzenden Alkali, entweder Kali oder Natron. Ein solches aber findet sich in freiem Zustande in der ganzen Natur nicht vor; die Aschen haben nur kohlensaure Alkalien, und das einfachste Mittel, denselben ihre Kohlensäure zu benehmen und sie dadurch ätzend zu machen, ist gebrannter Kalk. In den Holzaschen findet sich vorzugsweise kohlensaures Kali, Pottasche, in den Aschen von See- und Strandgewächsen kohlensaures Natron, Soda; beide geben Seife, aber nicht von einerlei Qualität; die Kaliseife ist weich, die Natronseife hart. Durch Anwendung von Kochsalz läßt sich eine Kaliseife nachgehends in Natronseife verwandeln, indem das Natrium an Stelle des Kaliums in die Verbindung mit der fetten Säure eingeht, das freigewordene Kalium aber sich mit dem Chlor des Kochsalzes zu Chlorkalium verbindet. Von der wissenschaftlichen Grundlage dieser Thatsachen wußten die alten Völker keine Silbe, aber sie verfuhren doch demgemäß

und machten, wie es scheint, recht gute Seifen. Um jedoch über das Wesen der Seife uns
richtige Begriffe zu verschaffen, müssen wir uns zuvörderst mit der Natur der Fette, welche
die Hauptbestandteile liefern, bekannt machen.

Die Fette und fetten Öle gehören zu den verbreitetsten Stoffen im organischen Reiche,
denn sie finden sich, wenn auch manchmal nur in sehr geringer Menge, in allen Orga=
nismen des Tier= und Pflanzenreichs. Die äußeren Eigenschaften dieser Stoffe sind zu
bekannt, als daß wir auf eine Beschreibung derselben uns erst einlassen müßten. Einige
von ihnen sind fest, andre bei gewöhnlicher Temperatur flüssig, noch andre erstarren erst
bei ziemlich niedrigen Kältegraden. Wie sie in der Natur vorkommen, sind sie in der Regel
Gemenge mehrerer voneinander -verschiedener Fette, die sich auf geeignete Weise oft schon
durch Erniedrigung der Temperatur voneinander trennen lassen. Jedermann weiß, daß bei
eintretender Kälte aus den fetten Ölen, wie Olivenöl, Rüböl u. dergl., sich feste Bestand=
teile, oft in kristallinischen Schuppen, ausscheiden, die demnach einen höheren Schmelzpunkt
als die flüssig bleibenden Bestandteile besitzen und von diesen verschieden sind. Ihrer elemen=
taren Zusammensetzung nach bestehen die Fette aus Kohlenstoff, Wasserstoff und Sauerstoff;
letzterer tritt nur in geringen Mengen auf und sie bezeichnen sich dadurch schon als leicht
verbrennliche Körper. Die gegenseitigen Mengenverhältnisse der beiden brennbaren Elemente
geben den Fetten auch noch die Fähigkeit, mit hellleuchtender Flamme zu brennen, und diese
Eigenschaft hat einige von ihnen seit undenklichen Zeiten als Leuchtmaterialien Verwendung
finden lassen. Wir brauchen nur Rüböl und Leinöl zu nennen, behufs deren Gewinnung
der Anbau der Pflanzen, welche dasselbe erzeugen, zu einem bedeutenden landwirtschaft=
lichen Faktor geworden ist. Wird auch das Rüböl seit Einführung des Petroleums nur
noch selten als Brennöl benutzt, so hat doch die Produktion jenes Öles sich kaum wesentlich
vermindert, man verwendet es jetzt wie zahlreiche andre fette Öle mit in der Seifenfabri=
kation, das Leinöl aber zur Bereitung von Firnis und Buchdruckerschwärze. Talg, Butter
und Schmalz, die sich als Produkte der Viehzucht ergeben, sind zu andern Zwecken und be=
sonders als Nahrungsmittel jedenfalls in den frühsten Zeiten der Menschheit zur Verwen=
dung gekommen, nach ihnen sodann gewisse Ölfrüchte des Südens. Das Olivenöl wird schon
in den fünf Büchern Mosis erwähnt. Im Laufe der Zeit erweiterte sich die Bekanntschaft
mit den Naturprodukten und jetzt kennen wir eine große Anzahl von Ölen und Fetten.
Die fetten Öle lassen sich hinsichtlich ihres Verhaltens zur Luft in zwei Gruppen bringen,
nämlich in solche, die an der Luft zwar verändert werden, dabei aber immer schmierig
bleiben, und in solche, welche durch Einwirkung des Sauerstoffs der Luft in dünnen
Schichten ausgebreitet eine harte trockene Kruste bilden; erstere heißen nichttrocknende,
letztere trocknende Öle. Ob ein Öl der einen oder der andern Gruppe angehört, läßt sich
leicht ermitteln; man braucht nur das Öl mit etwas Salpetersäure und einigen Schnitzeln
Kupferblech zusammen zu bringen, so erstarren die nichttrocknenden Öle nach einigen Stunden
zu einer festen weißen Masse, während die trocknenden Öle hierbei schmierig bleiben.

Von den Pflanzenfetten und nichttrocknenden Pflanzenölen sind außer dem Rüböl
(aus den verschiedenen Brassicaarten) namentlich das Olivenöl (aus den Früchten der Olea
europaea), Mandelöl (Amygdalus communis), Kokosnußöl (Cocos nucifera), Palmöl (Cocos
butyracea, Elais oleifera, Elais guineensis u. a.), Sesamöl (Sesamum orientale) und die
Kakaobutter (aus den Kakaobohnen, den Früchten von Theobroma Cacao) in praktischer
Anwendung. Das in der Neuzeit, namentlich auch in der Stearinsäurefabrikation zur Ver=
wendung gekommene Palmöl wird in großer Menge an der westafrikanischen Küste ge=
wonnen, wo die Neger die taubeneigroßen Früchte der Elais guineensis in großen Ge=
fäßen mit Wasser kochen und das heraustretende, obenauf schwimmende fette Öl abschöpfen.
Das Öl der Kokosnüsse hat in ganz frischem Zustande einen angenehmen Geschmack und
kann als Zusatz zu Speisen verwendet werden. Andre Öle dieser Gruppe sind das fette
Senföl, das Haselnußöl, das Bucheckernöl und das Madiaöl; mehr als diese werden jedoch
das Behenöl (Moringa oleifera) und das Erdnußöl (Arachis hypogaea) verwendet. Von
den trocknenden Ölen, welche also an der Luft zu einem durchsichtigen, harzartigen
Körper werden, sind namentlich die folgenden wichtig: Leinöl (Linum usitatissimum),
Nußöl (Juglans regia), Mohnöl (Papaver somniferum), Hanföl (Cannabis sativa), Rizinusöl
(Ricinus communis), Traubenkernöl (Vitis vinifera), Kürbisöl (Cucurbita pepo, Cucurbita

melopepo), Baumwollsamenöl (Gossypium barbadense), Dotteröl (Camelina sativa). Sonnenblumenöl (Helianthus anuus) u. s. w. Das Baumwollsamenöl wird neuerdings in großer Menge in den Baumwollstaaten erzeugt und zur Verfälschung des Olivenöls benutzt. Die Gewinnung dieser Pflanzenstoffe ist im ganzen sehr einfach, da meistens ein Auspressen der ölhaltigen Pflanzenteile, Samen u. s. w. dazu hinreicht; in Fällen jedoch, in denen es auf vollständigere Erschöpfung ankommt, die Extraktion mittels Schwefelkohlenstoffs zum Ziele führt. Schwieriger ist die Reindarstellung, die Entfernung der schleimigen Pflanzenstoffe, welche besonders in den durch Auspressen gewonnenen Ölen mit enthalten sein können. Bei dem gewöhnlichen Rüböl bedient man sich zu ihrer Beseitigung einer kleinen Menge Schwefelsäure, welche zunächst jene Stoffe chemisch verändert und zum Niederschlag bringt, dem Öle selbst aber in dieser geringen Menge nichts anzuhaben vermag.

Von tierischen Fetten ist die Butter als Nahrungsmittel ganz besonders wichtig. Bekanntlich bildet sie einen Bestandteil der Milch, der sie in Form kleiner Tröpfchen beigemengt ist, die sich bei längerem Stehen an die Oberfläche begeben (Sahne). Durch das mechanische Verfahren des Butterns werden diese einzelnen Fettkügelchen zur Vereinigung gebracht, so daß sie aus der Milch abgeschieden werden können. Außer diesem reinen Fett enthält aber die Kuhbutter aus der Milch noch einen geringen Anteil Käsestoff sowie flüssige Milch, die sich durch das Auswaschen nicht ganz entfernen lassen; beide haben auf den Geschmack und besonders auch auf das Verhalten der Butter Einfluß, fernerhin geringe Spuren färbender und aromatischer Stoffe, je nach der Nahrung der Kühe. Diese zufälligen Bestandteile sind es, welche die Güte der Butter in frischem Zustande bedingen und deren Mangel die sogenannte Kunstbutter durch keinen Zusatz ersetzen kann.

Die Preissteigerung, welche die Kuhbutter in den letzten Jahrzehnten überall erfahren, hat schon lange auf Herstellung eines künstlichen Ersatzes denken lassen, die genauere Erforschung ihrer chemischen Natur hat dazu Mittel angegeben, die aus den erwähnten Gründen freilich das Ziel nur mangelhaft erreichen lassen. Die Kunstbutter wird aus den feineren Fettteilen des Rindertalgs, und zwar aus dem durch Auspressen des Nierenfettes gewonnenen flüssigen Fette (Oleo-Margarin) dargestellt, entsprechend gefärbt und wohl auch mit

Fig. 208. Blüten- und Fruchtzweig des Ölbaums.

schmeckenden und riechenden Zusätzen versehen. Allein wenn auch für manche Zwecke ein derartiges Präparat Verwendung finden kann, die eigentümliche Milde und den Wohlgeschmack guter Kuhbutter erreicht es nie. Die Kunstbutter fühlt sich auf der Zunge gewöhnlich etwas körnig an, außerdem aber steht ihr das Vorurteil entgegen, welches allen Erzeugnissen gegenüber berechtigt ist, deren Herkommen man nicht kennt und die sich unter einem falschen Namen einführen.

Außer der Butter wird in großen Mengen zu verschiedenen Zwecken noch verwendet: der Talg von Schafen, Rindvieh, Ziegen, das Schweineschmalz, das Fett von Pferden, der Thran vom Walfisch, von den Robben, vom Delphin, Kabeljau (Leberthran) und das in der Kopfhöhle des Pottfisches enthaltene Walrat.

Bei den Tieren wie bei den Pflanzen ist das Fett in kleine Zellen eingeschlossen, die bei den ersteren in dem Zellgewebe liegen; durch Erhitzung kann man den Inhalt zum Schmelzen und Ausfließen bringen. Wir haben schon bei der Besprechung des Fleisches gesehen, daß durch Anwendung gespannter Dämpfe dies auf die zweckmäßigste Art erreicht wird.

Über die chemische Natur der Fette sind wir zuerst durch Braconnot und Chevreul aufgeklärt worden. Der erstgenannte Chemiker, aus Nancy gebürtig und daselbst 1854 gestorben, wies schon 1815 nach, daß die Fette nicht gleichmäßiger Natur sind, sondern aus verschiedenartigen Bestandteilen, die sich durch verschiedene Schmelzpunkte kennzeichnen, zusammengesetzt sind. Er trennte durch mechanische Pressung den bei gewöhnlicher Temperatur festen Teil des Rindstalgs von dem flüssigen und nannte den ersteren Stearin, den letzteren seiner ölartigen Beschaffenheit wegen Olein. Diese Entdeckung wurde jedoch anfänglich von der Industrie nur wenig ausgenutzt. Braconnot verband sich zwar mit einem Apotheker in Nancy, Simonnin, und beide erhielten auch 1818 ein Patent auf Kerzen aus einer neuen Masse, welche die Patentträger Céromimène nannten und welche aus Stearin mit einem geringen Zusatz von Wachs bestand; allein die Sache scheint keine große Ausdehnung erlangt zu haben, da sie von fast allen Schriftstellern ignoriert wird. Erst als einige Jahre später (1820) Chevreul seine klassischen Untersuchungen über die Fette machte und die innere chemische Konstitution klar legte, erst von da ab erhielten die technischen Industriezweige eine wesentliche Förderung ihrer Verfahren. Chevreul zeigte, daß die frühere Annahme, Fette und Alkalien vermöchten sich bei der Seifenbildung ohne weiteres miteinander zu vereinigen, die Fette hätten also die Eigenschaften von Säuren, falsch sei. Er zeigte, daß die Fette vielmehr selbst schon als salzähnliche Verbindungen eines basischen und eines sauren Körpers zu betrachten seien, und daß durch Einwirkung eines Alkalis die schwächere Basis nur aus ihrer Verbindung getrieben und durch das Alkali ersetzt werde. Von diesen Fettsäuren stellte Chevreul auch mehrere dar und deren Zahl wurde durch die Entdeckungen andrer Chemiker wesentlich vermehrt. Lange Zeit jedoch waren außer der Ölsäure Palmitinsäure und Stearinsäure die einzigen bekannten Fettsäuren, letztere beiden sind bei gewöhnlicher Temperatur feste Säuren; außerdem glaubte man auch noch eine andre gefunden zu haben, die ihrer perlmutterglänzenden Kristalle wegen den Namen Margarinsäure erhielt; erst späterhin gelang ihre Trennung in die genannten zwei verschiedenen Säuren. Die Ölsäure oder Elainsäure ist flüssig. Alle drei sind ohne Geruch. Außer ihnen kommen in verschiedenen Fetten aber noch andre Säuren vor, die sich im freien Zustande durch charakteristische Gerüche auszeichnen, wie die Buttersäure, die Capron=, Capryl=, Valeriansäure u. a., und sie machen ihre Anwesenheit oft auf sehr unliebsame Weise bemerklich, denn ihr Auftreten ist immer das Zeichen einer eingetretenen Zersetzung (z. B. Ranzigwerden der Butter). Andre geruchlose, feste, natürliche Fettsäuren sind: Laurinsäure, Myristinsäure, Arachinsäure, Behensäure, Hyänasäure, Cerotinsäure. Der mit den Säuren in den Fetten verbundene basische Körper, das Glyceryloxyd, hat in bezug auf seine chemische Natur gewisse Übereinstimmungen mit dem Äther; wenn er durch Alkalien ausgeschieden wird, wie es bei der Seifensiederei geschieht, so nimmt er drei Moleküle Wasser auf und wird dadurch, dem Alkohol chemisch entsprechend, in Glycerin (Glyceryloxydhydrat) übergeführt. In dieser Form tritt es als ein Nebenprodukt bei der Seifensiederei auf, welches seines süßen Geschmacks wegen den Namen Glycerin (von dem griechischen Worte glykos, süß) erhalten hat. Wenn wir gesagt haben, daß die Fette schon als salzähnliche Verbindungen eines sauren und eines basischen Körpers zu betrachten seien, so ist dies also nicht ganz bedingungslos zu verstehen. Vielmehr spalten sich die Fette unter gewissen Verhältnissen nur in jene beiden Körper, ebenso wie der Essigäther z. B. durch Behandeln mit Alkalien in Weingeist und Essigsäure zerfällt, obwohl diese beiden Körper nicht fertig gebildet in ihm enthalten sind, vielmehr sich erst durch Aufnahme von Wasser bei der Zerspaltung bilden. Der Essigäther enthält die Elemente des Alkohols und der Essigsäure abzüglich der Elemente des Wassers in analoger Verbindung, wie sich in den Fetten die Elemente verschiedener fetter Säuren und des Glycerins abzüglich der Elemente des Wassers finden. Bei der Spaltung tritt das fehlende Wasser hinzu.

Das Glycerin ist schon von Scheele (1779) entdeckt und von diesem Chemiker „Ölsüß" genannt worden. In neuerer Zeit hat man für dasselbe eine große Zahl zweckmäßiger Verwendungen gefunden. Es ist analog dem Alkohol ein indifferenter Körper, der die basischen Eigenschaften des Glyceryloxyds durch die Wasseraufnahme ganz und gar verloren hat. In Wasser ist es leicht löslich, daher geht es bei der Bereitung der Seife in die übrig bleibende Lauge über. Aus dieser wurde es früher bisweilen dargestellt, jedoch da man keine Verwendung dafür kannte, nur ausnahmsweise und in geringen Mengen. Jetzt gibt es Fabriken, welche die Unterlaugen der größeren Seifensiedereien aufkaufen, um

daraus das Glycerin zu gewinnen, und seitdem man gelernt hat, die festen Fettsäuren be=
hufs der Kerzenfabrikation aus dem Palmöl abzuscheiden, welches zugleich große Mengen
Glycerin gibt, ist für dieses eine ebenfalls sehr billige Bezugsquelle erschlossen worden.
Das Glycerin ist gewissermaßen ein Mittelding zwischen den Fetten und dem Wasser. In
letzterem löslich, hat es doch vieles mit den Fetten gemein, und dies macht seine Anwendung
in der Heilkunde, namentlich als Einhüllungsmittel für gewisse Medikamente, sehr ersprießlich.
Auf dem Umstande, daß es nie vertrocknet, beruht seine Einwirkung auf organische Fasern
und Gewebe. Die Haut wird dadurch geschmeidig, darum hat es sich rasch zu einem be=
liebten Toilettenmittel emporgeschwungen, und gewissen Seifen entzieht man nicht nur den
ursprünglichen Glyceringehalt der Fette nicht, sondern es wird ein solcher in vermehrtem
Maße absichtlich hineingearbeitet (Glycerinseifen). Kollodium, dem ein geringer Prozentsatz
Glycerin zugesetzt worden ist, bleibt weich und biegsam, während es sonst sehr bald brüchig
wird; ebenso verhält sich die tierische Blase, die Papierfaser u. s. w. und für gewisse Zwecke

erhält die Papiermasse eine geringe
Glycerinbeimengung. Dasselbe kann
aus gleichem Grunde auch in der We=
berei als Schlichte sowie als Ersatz=
mittel beim Einfetten der Wolle dienen.
Mit Leim gemischt bildet das Glycerin
das Material zur Buchdruckwalzen=
masse anstatt des früher benutzten
Sirups. Da es unter gewöhnlichen
Verhältnissen nicht in Gärung über=
geht, so ist es auch ein ausgezeich=
netes Aufbewahrungsmittel für manche
der Verderbnis unterworfene Stoffe.
Eiweiß und Gummi arabikum, in
Glycerin gelöst, bleiben sehr lange
Zeit ganz unverändert und trocknen
nicht ein. Da es in der strengsten
Kälte unter gewöhnlichen Umständen
auch nicht gefriert, so ist es weiterhin
von großem Wert als Füllungsmaterial
der Gasuhren; in neuerer Zeit werden
jedoch vielfach Trockengaszähler benutzt.
Von seiner Anwendung in der Brauerei
und in der Weinfabrikation ist früher
schon an betreffender Stelle gesprochen
worden, ebenso von seiner Verwendung
zur Herstellung von Nitroglycerin be=

Fig. 209. Chevreul.

hufs der Dynamitfabrikation. — Man kann übrigens, wie Pelouze gezeigt hat, die Spal=
tung der Fette in ihre Säuren und Glycerin auch schon durch Einwirkung von Kalkseife
hervorrufen, ohne daß freies Alkali vorhanden ist; auch Schwefelsäure, ja selbst überhitzter
Wasserdampf wirken bei starkem Druck und hoher Temperatur (172° C.) in derselben Weise.
Diese Erfahrungen sind für die Herstellung der festen fetten Säuren behufs der Kerzen=
fabrikation von Wichtigkeit geworden, wie wir noch besonders zu betrachten Gelegenheit haben
werden. Die festen fetten Säuren vermögen zu kristallisieren und bilden in reinem Zustande
dann schöne weiße Substanzen von perlmutterähnlichem Glanz. Die Stearinsäure schmilzt
bei 69° C., die Palmitinsäure bei 62°. In höherer Temperatur werden sie flüchtig und
lassen sich im luftverdünnten Raume destillieren. Mit Basen verbinden sich die fetten
Säuren sehr leicht, und sie geben in Gemeinschaft mit Metalloxyden und Erden unlösliche,
mit Alkalien aber lösliche Verbindungen. Beispiele von den ersteren sind die Pflaster, von
den letzteren die Seifen.

Die Seife ist also chemisch betrachtet ein Salz, in welchem alkalische Basen mit Fett=
säuren verbunden sind oder nach neuerer Anschauungsweise Fettsäure, in welcher eine gewisse

Menge Wasserstoff durch Metalle, bei gewöhnlicher Seife durch Natrium oder Kalium ersetzt ist. Von den Alkalien sind sowohl das Kali als das Natron in Anwendung, jedoch in getrennter Weise, da die Kaliseifen ihrer weichen, schmierigen Natur wegen nicht zu allen denjenigen Verwendungen geschickt sind, zu denen die harte Natronseife gebraucht werden kann. Die schon erwähnte Verbindung mit Kalk, Kalkseife, bildet sich zum großen Verdruß der Hausfrauen, wenn Seife in hartes, d. h. in kalkhaltiges Wasser gebracht wird. Die Seife hackt sich, wie man sagt, und dies besteht eben darin, daß der Kalk das Alkali verdrängt und sich an seiner Stelle mit der Fettsäure verbindet.

Die zur Seifenbereitung dienenden Fettstoffe waren früher fast ausschließlich Talge oder Tierfette; in neuerer Zeit jedoch haben sich die Umstände bedeutend geändert, hauptsächlich durch die jetzt massenhafte Verarbeitung von Kokosnuß- und Palmöl; es haben sich seit Einführung dieser Öle große Seifenfabriken gebildet und durch jene Stoffe ist das Aussehen der Seife ungleich schöner, leider aber nicht, damit Hand in Hand gehend, ihre Güte eine höhere geworden, denn das Kokosnußöl gestattet, der Seife, ohne daß es das Aussehen verrät, eine unglaubliche Menge Wasser (bis zu 75 Prozent) einzuverleiben, welches gewissenlose Kaufleute sich von den sorglosen Käufern als Seife mit bezahlen lassen. Andre zu gewissen Seifen entweder ausschließlich oder nur als Zusatz in Anwendung kommende Fettstoffe sind Oliven-, Hanf-, Rüb- und Leinöl, Baumwollsamenöl, Sesamöl u. s. w., ebenso Fischthran. Das Elaïn oder der weiche Bestandteil der Fette, der bei der Kerzenfabrikation übrig bleibt, bildet ebenfalls einen wichtigen Rohstoff für Seife, und endlich sind auch Terpentin, Kolophonium und ähnliche Harze jetzt als Zusatz zur Seifenbereitung herangezogen worden, wofür sich unter Umständen selbst die geringsten Fett- und Ölsorten noch verwerten lassen. Die Harze nämlich, von denen einige sehr wohlfeil sind, haben eine ähnliche chemische Konstitution wie die Fette, indem sie Harzsäuren enthalten, die mit den Alkalien ebenfalls Verbindungen eingehen. Diese letzteren verhalten sich in ihren Eigenschaften den Seifen ganz analog. Die Harzseifen sind namentlich bei der Fabrikation von Maschinenpapier nicht zu entbehren. Für die Seifensiederei im ganzen haben die Harze mehr den Charakter wohlfeiler, fettsparender Zusätze, die zugleich die Seifen härter machen und es daher ebenfalls ermöglichen, einen größeren Wassergehalt zu verstecken.

Seife kann aus den gewöhnlichen Fetten nur durch ein verlängertes Kochen mit den Alkalien entstehen; denn obwohl die Fettsäuren zu den Alkalien ziemliche Anziehungskraft haben, so muß doch die oben angegebene Zersetzung der Fettstoffe erst vorhergehen, und diese erfolgt nur allmählich, hauptsächlich wohl wegen der Unbenetzbarkeit von Fett und Wasser. Man kann aber wenigstens als Experiment eine augenblickliche Seifenbildung herbeiführen, wenn man einerseits Ätzkali, anderseits Fett in heißem Alkohol auflöst und beide Lösungen zusammengießt. Das Kokosnußöl macht jedoch hiervon auch insofern eine Ausnahme, als die Verseifung beim Sieden sehr rasch vor sich geht, ja, schon eine Erhitzung bis auf 80° C. genügt, um bei Gegenwart starker Natronlauge die Seifenbildung einzuleiten.

Methoden der Seifensiederei. Wir können bei deren Betrachtung von dem ältesten (deutschen) Verfahren der Herstellung von gewöhnlicher Seife, der Talgseife, ausgehen. Das Produkt ist eine Natrontalgseife, und es können dazu außer reinem Talg auch allerlei Abgänge von tierischen Fetten benutzt werden, selbst unreine und ranzig gewordene. Die zur Verseifung dienende Ätzlauge wird, wie uns von früher schon bekannt ist, dadurch bereitet, daß man gebrannten Kalk mit so wenig Wasser löscht, daß er eben nur zu einer feuchten, klümprigen Masse zerfällt, mit Holzasche vermengt, das Gemisch auf das Laugenfaß mit doppeltem Boden (den Äscher) bringt, mit Wasser übergießt und einige Stunden stehen läßt. Das Wasser löst aus der Asche das kohlensaure Kali (Pottasche), der Kalk reißt dessen Kohlensäure an sich und verwandelt es dadurch in Ätzkali, neuerdings Kaliumhydroxyd genannt. Nachdem die Einwirkung genügend lange geschehen ist, öffnet man den Äscherhahn und läßt die Lauge unten ablaufen, die zwar stark, aber vielleicht doch nur teilweise ätzend ist, wenn noch nicht alles kohlensaure Kali zersetzt werden konnte. Dies zeigt sich daran, daß die Lauge bei Zusatz von Säuren noch stark aufbraust. Man füllt sie dann so lange auf den Äscher zurück, bis sie diese Eigenschaft fast vollständig verloren hat und größtenteils nur Ätzkali enthält. Mit dieser Lauge will man aber nicht eine schmierige Kaliseife, sondern eine harte Natronseife ersieden, und man hat zu diesem Zweck schon seit langer Zeit ein besonderes Verfahren in Anwendung, das Aussalzen, welches wir später kennen lernen werden. Heutzutage hat jedoch die Anwendung von Asche in den meisten Seifensiedereien, wenigstens in Deutschland, ganz aufgehört, denn abgesehen davon, daß reine Holzasche immer seltener wird, hat auch der große Aufschwung der Sodafabrikation die Möglichkeit in die Hand gegeben, sicherer, rascher und wohlfeiler zum Ziele zu kommen. Man nimmt also statt der Asche jetzt meistenteils Soda, d. h. kohlensaures Natron, löst es in heißem Wasser auf und bringt die heiße Lösung auf den Kalk im Äscher, wo die Lauge sehr bald ätzend wird und abgezogen werden kann. Es kommt aber auch schon längst in Fabriken fertig bereitete, sehr starke und reine Ätznatronlösung sowie festes Ätznatron in den Handel, so daß es der Seifensieder noch bequemer hat, als wenn er Soda kauft. Bei beiderlei Art von Laugenbereitung erhält man im ersten Ablauf die stärkste Lauge, welche Feuerlauge heißt, und mit der das Sieden beginnt; ein zweiter Aufguß von Wasser gibt schwächere, sogenannte Abrichtelauge.

Fig. 210. Ausschmelzen des Talges.

Vor einiger Zeit hatte die Benutzung eines aus Grönland kommenden und dort bergmännisch gewonnenen Minerals, des Kryoliths, den Anschein, eine große Wichtigkeit zu erhalten, sowohl für die Sodafabrikation als auch direkt für die Darstellung von Seifensiederlauge. Das Material kann jedoch nicht in genügender Menge und nicht billig genug beschafft werden. Der Kryolith besteht aus Fluoraluminium und Fluornatrium und ist so leicht zersetzbar, daß er bei Erhitzung mit Kalk seinen Fluorgehalt an das Calcium abgibt, wogegen sich seine andern beiden Bestandteile, Aluminium und Natron, mit dem Sauerstoff aus dem Kalk verbinden und damit Thonerde und Natron bilden. Diese Umwandlung geschieht sehr zweckmäßig durch Erhitzen unter Zuhilfenahme von Wasser. Es entsteht also eine Ätznatronlauge, welche die Thonerde mit in Lösung hält. Für die Zwecke der Sodafabrikation muß diese mineralische Zugabe besonders entfernt, für die Seifensiederei jedoch kann sie der Lauge belassen werden, obwohl sie, weil nur das Gewicht, nicht aber die Güte der Seife vermehrend, für das Publikum leichter nachteilig als nützlich werden kann. Die von dem unlöslichen Fluorcalcium abfiltrierte Lauge läßt sich also sofort als Feuerlauge verarbeiten, und der Name Mineralsoda, welchen der Kryolith bei den Seifen= siedern führt, ist deswegen kein ganz unpassender. Dem Natrongehalte nach sind 50 kg ganz reiner Kryolith entsprechend 38 kg reiner kalzinierter Soda.

Damit sich nun aus der Ätzlauge und den Fettstoffen das fettsaure Alkali, aus dem die Seife besteht, bilden kann, ist es notwendig, sie miteinander in innige Berührung zu bringen. Dies geschieht, indem man das Fett ebenfalls wie die Lauge erhitzt und es so zum Schmelzen bringt, denn nur in flüssigem Zustande kann die gegenseitige Einwirkung eine vollständige werden. Die Operation selbst heißt das Versieden.

Das Versieden. Die dazu dienenden, verhältnismäßig tiefen Siedekessel bestehen unten, soweit sie das Feuer berührt, aus Eisen oder Kupfer und haben einen hölzernen oder gemauerten Aufsatz, den Sturz, welcher der im Sieden in die Höhe steigenden Masse Raum gibt. Große Fabriken benutzen mit vielem Vorteil die Dampfheizung, d. h. sie lassen Dampf nach Bedarf in den Siedekessel einströmen, so daß die Masse ohne direkte Feuer= wärme erhitzt und im Sieden erhalten wird. In den Kessel kommt erst eine Portion Feuer= lauge; sobald diese kocht, trägt man den Talg ein und unterhält nun unter beständigem Rühren ein mäßiges Sieden. Der schmelzende Talg bildet mit der Lauge zunächst eine milchige Brühe, was den Beginn der chemischen Wirkung anzeigt. Man unterstützt dieselbe, indem man die Temperatur immer auf dem Siedepunkt und das Gemisch durch Rühren in beständiger Bewegung erhält, durch Zusatz von mehr Lauge, soweit es erforderlich scheint. Ist der Prozeß beendet, so bildet die Masse eine klare, dickliche Gallerte, den sogenannten Seifenleim; die Bildung desselben aber zu bewerkstelligen kann oft vier, sechs, acht und noch mehr Stunden dauern. Solange dieser Zustand nicht eingetreten, wird weitergesotten, denn der Seifensieder muß wissen, ob die noch verbleibende Trübe vom Mangel an Laugen= salz herrührt, in welchem Falle er starke Lauge nachgibt, oder ob die Lauge im Kessel zu konzentriert gewesen ist, denn in diesem Falle wird der Sud auch nicht klar, und es dient dann zur Abhilfe eine Zugabe schwacher, sogenannter Abrichtelauge. Ist endlich der Zweck so weit erreicht, daß eine herausgenommene Probe zu einem durchsichtigen Häufchen erstarrt, so beginnt jene schon erwähnte wichtige Operation: das Aussalzen.

Das Aussalzen. Man bringt unter fortgesetzter Erhitzung und Durcharbeitung nach und nach Kochsalzlösung oder festes Salz in den Kessel, in welchem dasselbe eine sehr entschiedene, und zwar, wenn von Haus aus mit Kali (Aschenlauge) auf Natronseife gearbeitet worden ist, doppelte Wirkung ausübt. Es tritt nämlich dann zwischen der Seifen= (fettsaures Kali) und der Salzflüssigkeit (Chlornatrium) in der Art ein chemischer Tausch ein, daß beide die metallischen Elemente ihrer Basen miteinander wechseln, also Chlorkalium entsteht, welches in der Flüssigkeit gelöst bleibt, während die Fettsäuren sich mit Natron zu fett= saurem Natron vereinigen. Durch das Aussalzen erhält man also Natronseife, obgleich der Sud mit Kali (aus der Holzasche) geschehen war. Fertiges kohlensaures Kali (Pottasche) wird man jetzt nie mehr verwenden, wenn es sich um Erzeugung von Natronseife handelt, da man dann in der Soda ein direktes und ungleich billigeres Auskunftsmittel hat. Die Pottasche bleibt für die selteneren Fälle zur Erzeugung weicher Kaliseifen vorbehalten.

Die zweite Wirkung des Kochsalzes beruht auf eigentümlichen Löslichkeitsverhältnissen und wird auch bei der Seifenbereitung aus Soda in Anspruch genommen. Die Seife näm= lich löst sich wohl in reinem Wasser, nicht aber in solchem, worin Salze gelöst sind. Das Kochsalz in gelöstem Zustande, oder an seiner Stelle das neugebildete Chlorkalium, bringt also eine Trennung des Seifenleims der Seife und in sogenannte Unterlauge zustande, und zwar erfolgt diese Scheidung in Seife von der wässerigen Lauge um so glatter, je genauer die erforderliche Salzmenge getroffen war. Dies zu bemessen ist aber schwierig und bildet eine Hauptkunst des Seifensieders. Sowohl das Zuviel als das Zuwenig benach= teiligt die Ware. Ist jedoch das Aussalzen richtig erfolgt, so schwimmt die ganze Seifen= masse als zusammenhängende Flüssigkeit auf der Unterlauge, von welcher sie dann leicht ab= gelassen oder abgeschöpft werden kann. Das Aussalzen hat noch den weiteren Vorteil, daß es zur Reinigung der Seife wesentlich beiträgt. Indem nämlich die Seifenmasse die oberste Schicht einnimmt, bleiben die fremden Stoffe, überschüssiges Alkali, Salze, besonders auch das Glycerin und die im Talg gewesenen Unreinigkeiten, soweit sie in der Lauge löslich sind, in dieser zurück. Freilich gelingt diese Reinigung nicht auf einen Wurf, sondern es ist eine wenigstens zweimalige, bei unreinen Rohstoffen vier= bis fünfmalige Operation erforderlich. Zu diesem Behuf entleert man den Kessel gänzlich, indem man die Seifenmasse abnimmt und die Unterlauge beseitigt. Alsdann bringt man erstere mit schwacher Abrichte= lauge wieder in den Kessel und siedet die Masse, möglicherweise unter Zusatz neuer Lauge, so lange, bis sich wieder Seifenleim gebildet hat, den man aufs neue aussalzt. Dies heißt das Sieden auf dem zweiten Wasser; etwaige Sude auf dem dritten, vierten Wasser u. s. w. erfolgen ganz in derselben Weise; gewöhnlich schließt man aber mit Nummer 2 und geht dann daran, die Seife fertig zu machen, was man das Klar= oder Kernsieden nennt.

Durch diese letzte Arbeit soll die Seife, welche bisher eine klümperig=schaumige Be= schaffenheit hatte, in eine ruhig fließende, blasenfreie Masse verwandelt werden. Nachdem man also die letzte Aussalzung schwächer genommen als die vorhergehende, setzt man das Versieden damit noch länger fort und vermindert somit den Wassergehalt in der Seife und der Lauge. Das Klarsieden geschieht daher unter allen Umständen über freiem Feuer. In dem Maße, wie das Versieden fortschreitet, verliert sich der Schaum und es entstehen nur einzelne große Blasen; zuletzt bildet die Masse an der Oberfläche zähe Platten, welche der Dampf nur mühsam unter pfeifendem Geräusch durchdringt. Dies ist das Zeichen, daß die Seife gar ist; man schöpft sie nun entweder gleich auf die Kühlgefäße oder läßt sie vorher noch einige Zeit zugedeckt und bei ganz schwachem Feuer im Kessel ruhig stehen, so daß sie eben nur flüssig bleibt und die letzten Blasen sich allmählich daraus verlieren können. Die fertige Seifenmasse füllt man noch heiß in große, aus Holzriegeln aufgebaute und zum Auseinandernehmen eingerichtete Formen, worin sie langsam erkaltet. Der Boden dieser Formen ist durchlöchert und mit einem Tuche belegt, damit die kleinen Quantitäten von Unterlauge, die der Seife noch anhängen, absickern können. Die ziemlich ansehnliche Masse, die in eine solche Form geht, braucht zum Festwerden 8—10 Tage. Während dieser Kühlperiode tritt im Innern der Masse ein Art Scheidung ein, indem sich in der sonst gleichmäßig derben Substanz kristallinische Partien herausbilden. Hierdurch gewinnt die Seife das bekannte marmorierte Aussehen, das man durch Rühren mit einem eisernen Stabe eintgermaßen nach Wunsch modifizieren kann. Die mehr oder weniger dunkle Farbe dieses Geäders aber rührt lediglich von Unreinheiten her, die von den kristallisierenden Teilen zurückgestoßen werden und sich in den weicheren Partien zusammenziehen. Obwohl man den Marmor auch künstlich nachmacht und namentlich gewisse Kokosnußölseifen vielfach bunt, rot oder blau marmoriert hat, so ist selbst der echte Marmor für ein geübtes Auge noch kein untrüglicher Anhalt für die Beurteilung der Güte, d. h. des Wassergehalts einer Seife; jedoch ist er in seiner charakteristischen Erscheinung nicht mehr hervorzurufen, wenn der Wassergehalt eine gewisse Grenze überschreitet. Der erwähnte künstliche Marmor wird dadurch hervorgebracht, daß man zwei in der ganzen Masse verschieden gefärbte Seifen, z. B. eine weiße und eine rote Seifenmasse, in flüssigem Zustande übereinander gießt und durch Rühren mittels eines eisernen Stabes vermengt. Den echten Marmor kann man be= sonders kräftig durch rechtzeitiges Aufsprengen recht starker Lauge, welche dann allmählich durch die Masse nach unten sickert, heraustreten lassen. Verhütet werden kann die Marmor= bildung durch längeres Stehenlassen des verdünnten Seifenleims in einer früheren Periode, so daß die Unreinigkeiten sich absetzen, wie auch dadurch, daß man statt der hölzernen Formen eiserne Kästen anwendet, in denen die Masse bei weitem schneller erstarrt.

Die völlig erkaltete und erhärtete Seife braucht nun nur noch zerschnitten zu werden. Man schraubt die Form auf, nimmt die Hölzer weg und schneidet mit einem Draht, der zwei Handgriffe hat, den Seifenblock zunächst in horizontale Platten. Der eine Arbeiter zieht hierbei den Draht an beiden Enden etwas sägend, der andre beaufsichtigt und leitet ihn, damit er der vorher vorgerissenen Marke folgt. In ähnlicher Weise erfolgt die Zer= teilung des Blocks von oben nach unten in größere oder kleinere Riegel.

So entsteht die Kernseife. Es können aus 100 kg Fett 150—155 kg Kernseife hergestellt werden, mehr nicht. Aber man kann diese Ausbeute durch Zusatz von 15—20 kg geringer Lauge oder Wasser, entweder zu dem fertigen Seifenleim im Kessel oder durch Zurühren im Kühlgefäß vergrößern. Im ersten Falle heißt diese Kunst Schleifen, im andern

Füllen. Über jenes Verhältnis gingen die alten Seifensieder nicht hinaus oder konnten nicht, denn die Seife wurde bei weiterem Zusatz schmierig und beim Trocknen rissig. Die heutigen Fabrikanten verstehen jedoch das Füllen besser, und die Möglichkeit hierzu liegt in dem neuen Rohstoff, dem Kokosnußöl. Dieses Fett gibt nicht allein für sich eine Seife, die bei sehr großem Wassergehalt dennoch fest und hart bleibt, sondern ein nur mäßiger Zusatz dieses Öles zu Talg oder andern Fetten bewirkt, daß auch diese bei der Seifenbildung sich ähnlich verhalten, und man wird sich daher wohl bei vielen Fabrikseifen, die als Talgseife gehen sollen, eines Zusatzes von Kokosnußöl und eines höheren Wassergehalts zu versehen haben. Die bezügliche Seifensiederpraxis ist eine sehr einfache: man salzt nicht oder nicht so weit aus, daß sich Seife und Unterlauge scheiden, läßt vielmehr den ganzen Kesselinhalt mit Wasser, Lauge, Glycerin und Salz zu Seife erhärten und kann auf diese Weise aus 100 Teilen Fett über 300 Teile anscheinend guter, harter Seife erzielen. Wenn ein so starkes Füllen vielleicht nur vereinzelt vorkommt, so ist doch eine Produktion von 200—220 kg frischer Seife aus 100 kg Fett etwas ganz Gewöhnliches. Da nun außerdem auch selbst erdige Teile, z. B. gemahlener Schwerspat, Speckstein u. dgl. zur Gewichtsvermehrung manchmal benutzt werden sollen, so wird es vielleicht einem oder dem andern Konsumenten nicht unlieb sein, wenn wir hier eine einfache und leicht ausführbare Anweisung zur Seifenprüfung ein= schieben. Auch Wasserglas wird jetzt behufs Gewichtsvermehrung häufig zugesetzt.

Prüfung der Seife. Man nehme ein genau gewogenes, beliebiges Stück Seife, schneide dasselbe in möglichst dünne Späne und trockne dieselben bei einer die Siedehitze des Wassers nicht übersteigenden Temperatur so lange, bis kein Gewichtsverlust mehr stattfindet; was nun die Seife weniger wiegt, war Wasser. Man löse ferner eine gewisse Menge Seife in nicht zu wenig heißem Wasser und lasse ruhig stehen; waren Schwerspat, Speckstein oder dergleichen vorhanden, so setzen sich diese Substanzen als weißer Bodensatz ab. Auch in warmem starken Spiritus muß sich eine gute Seife vollständig klar auflösen. Die weitere Prüfung der Seife kann von Laien nicht mit Sicherheit ausgeführt werden, sondern muß dem Chemiker überlassen bleiben. Gute abgelagerte Natronseifen dürfen nicht über 25 Prozent Wasser enthalten, der Natrongehalt beträgt dann 8—11 Prozent, das übrige ist Fettsäure.

Wunder sollte es nehmen, wenn es bei den vielerlei Schnellfabrikationsmethoden nicht auch eine Schnellseifensiederei gäbe. In der That gibt es deren sogar mehrere. Einmal nennt man das Verfahren so, bei welchem mit Kokosöl und Zusatz von Fetten mit stark konzentrierter Lauge eine rasche Verseifung herbeigeführt und ohne Aussalzen eben jene schon erwähnte unreine, höchst wasserhaltige und doch feste Seife gewonnen wird. Dann aber beruht eine anständigere Schnellfabrikation auf der Anwendung reinen Ätznatrons und gut gereinigten Talges und Ölsäure. Indem man solche reine und konzentrierte Natron= ätzlauge mit reinem Fett in dem Kessel zusammensiedet, erhält man rasch, auf einem Wasser, gute harte Seife, die sich mit wenig Salz abscheiden läßt.

Kaliseife. Für die Zwecke des täglichen Lebens ist die Herstellung harter Seifen mittels Natron die Hauptsache; für manche Verwendungen im Fabrikbetrieb aber, besonders in der Wollenweberei, finden weiche Schmierseifen bereitwillige Abnahme, und deren Her= stellung wird daher oft zur besonderen Aufgabe der Seifensiederei. Es ist dieselbe nicht mit besonderen Schwierigkeiten verknüpft, wohl aber sind verschiedene Kunstgriffe, die man sich nur durch die Erfahrung aneignen kann, nötig, um eine den Ansprüchen des Konsumenten entsprechende Ware herzustellen. Man verseift mit Kalilauge, die hierbei nicht vollständig ätzend zu sein braucht, hauptsächlich Öle, Thran und andre flüssige Fette, mit oder ohne Zusatz von Talg oder Palmöl; Aussehen und Geruch der Seife ist nach den Materialien verschieden. Aus Hanföl erhält man grüne Seife; die schwarze Seife ist, wie auch manche grüne, künstlich gefärbt. Thranseife verrät ihren Ursprung deutlich durch den Geruch. Das Zusammensieden der Stoffe ist eine einfache Operation; auf das vollständige Abscheiden von Unreinigkeiten durch Aussalzen muß man aber verzichten, da man sonst Natronseife erhalten würde. Indes kann eine mäßige Menge Salz oder auch Natron zur Verwendung kommen, ohne dem Charakter der Schmierseifen Eintrag zu thun.

Öl- und Harzseifen. Palmöl, aus den gelben, taubeneigroßen Früchten der Palmen= art Avoira elais oder Elais guineensis, wird in großen Mengen, besonders in England, auf Seife verarbeitet, sowohl für sich als in Vermischung mit Harz oder Fettstoffen. Das

Palmöl verseift sich sehr leicht und gibt im rohen Zustande eine gelbe, etwas durchscheinende Seife; entfärbt man es vorher, so wird dieselbe weiß und der Talgseife sehr ähnlich. Kokosöl verhält sich beim Verseifen wesentlich anders als Talg oder andre Fette. Während jene mit starker Lauge nicht zu Seife zusammengehen, verlangt das Kokosöl gerade eine solche, und die Seifenbildung tritt nach einigem Erhitzen plötzlich ein, ohne daß sich vorher eine milchige Emulsion gebildet hat. Da sich diese Seife in Salzwasser löst, so kann bei ihrer Herstellung ein Aussalzen nicht stattfinden; man bringt die Seife vielmehr samt der Unterlauge in die Formen, in denen sie dennoch rasch eine große Härte annimmt. Bemerkt wurde schon, wie das Kokosöl auch andre Rohstoffe zu einem ähnlichen Verhalten bestimmt und wie sich dies die moderne Fabrikation zu nutze gemacht hat.

In Südeuropa dient ebenfalls ein Pflanzenöl, und zwar Olivenöl zweiter Pressung, zur Seifenbereitung. Das basische Verseifungsmittel ist von alters her Soda, denn schon bevor die Fabrikation künstlicher Soda aufkam, benutzte man die Produkte aus Meerpflanzen=aschen, die, unter dem Namen Barilla, Kelp u. s. w. bekannt, aus unreinem kohlensauren Natron bestehen.

Die Fabrikation der Ölseifen hat im Süden einen beträcht=lichen Umfang; Beweise dafür geben die Seifen, welche schon seit sehr langer Zeit in Marseille und Venedig erzeugt und in alle Welt ver=sandt werden. Schon im 12. Jahrhundert sollen nach französischen Schriftstellern in erst=genannter Stadt große Seifenfabriken bestan=den haben. Man be=diente sich zuerst der ve=getabilischen Soda, die man in der Gegend von

Fig. 211. Zerschneiden der Seifenmasse in einzelne Blöcke (Marseille).

Arles durch Einäschern dazu geeigneter Pflanzen gewann, bis die immer mehr wachsende Ver=wendung der Seife in den industriellen Branchen größere Mengen verlangte und man ge=nötigt wurde, das alkalische Rohmaterial aus Spanien, Italien und der Levante zu beziehen. Inzwischen hatte das aufmerksame Handelsvolk der venezianischen Republik im 15. Jahr=hundert den gewinnreichen Industriezweig im eignen Lande eingeführt und, sowohl in bezug auf die Rohmaterialien als auf den Absatz ganz besonders begünstigt, denselben bald zu großer Blüte gebracht. Die venezianische Seife hat heute noch den guten Ruf, den sie sich in da=maliger Zeit erworben. Und Marseille hatte große Anstrengungen zu machen, um seinen ursprünglichen Vortritt wieder zu gewinnen, zumal da seitens der französischen Regierung häufig sehr hindernde Maßnahmen ergriffen wurden. So erhielt unter Ludwig XIV. z. B. ein gewisser Rigat ein ausschließliches Privilegium für die Seifenbereitung jeder Art auf zwanzig Jahre. Die bestehenden Fabriken durften fortarbeiten, aber nur unter der Bedingung, daß sie die Zahl ihrer Siedekessel nicht vermehrten und das dargestellte Produkt zu einem festen Preise in Rigats Magazine ablieferten. Außerdem hatte der Monopolinhaber noch andre persönliche und auf seine Fabriken und deren Angehörige bezüg=liche Vergünstigungen. Ganz natürlich, daß ein solches Privileg einen Sturm von Ent=rüstung hervorrief, der es endlich bewirkte, daß nach einigen Jahren Rigat sein Patent wieder verlor. Andre verkehrte Maßregeln bezogen sich auf das rein Technische der

Fabrikation, die Zeit, während welcher dieselbe im Laufe des Jahres erlaubt war, die Roh=
materialien u. s. w. Zuwiderhandlungen und Fälschungen waren die Folge und der gute
Ruf der Marseiller Seife hatte so gelitten, daß Napoleon 1811 ein Dekret erließ, nach
welchem jeder Seifenfabrikant für jede seiner verschiedenen Sorten eine einzige festbestimmte
Marke führen mußte, auf welcher genau verzeichnet war, ob das Produkt aus Olivenöl,
Talg, Fett oder dergleichen gemacht sei. — Von der Einführung der künstlichen Soda datiert
in der Marseiller Seifenfabrikation der Gebrauch des Mohnöls, der notwendig wurde, um
der Härte entgegenzuarbeiten, welche die mit künstlicher Soda hergestellte Seife zeigte.
Vorher war von Ölen ausschließlich das Olivenöl in Anwendung gewesen, späterhin traten
noch viele andre hinzu. Manche Fabriken jedoch, die nur Ware erster Qualität erzeugen,
verarbeiten auch jetzt noch nur Olivenöl mit Zusatz von Sesam= oder Erdnußöl. Die Zahl
der Seifenfabriken war 1811 in Marseille 83, 1820 betrug sie 88, 1866 nur 52. Trotz=
dem aber war die Produktion von 35—40 Millionen kg (1820) auf 55 Millionen kg

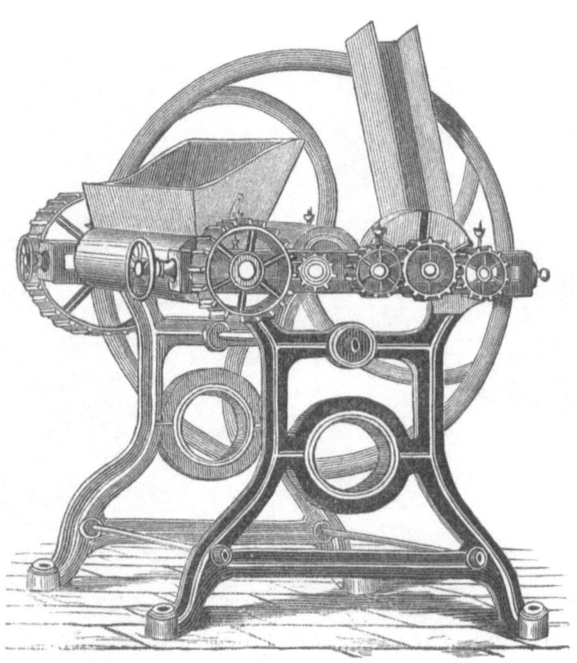

Fig. 212. Piliermaschine.

(1866) gestiegen, denn die Ver=
minderung der Zahl der Fabriken
war im wesentlichen Folge des
Zusammenlegens kleinerer zu
größeren Etablissements gewesen.
Das Verseifen der Öle geht
schwierig und langsam von statten
und es muß mehrmals ausge=
salzt werden, was mit einer Lö=
sung von stark kochsalzhaltiger
Soda geschieht. In neuerer Zeit
hat man auch das Leinöl, Mohn=,
Sesam=, Raps= und Baumwoll=
samenöl zur Seifenbereitung viel=
fach in Gebrauch genommen.

Die Anwendbarkeit von
Harzen zur Seife beruht dar=
auf, daß viele dieser Stoffe sich
ebenfalls wie schwache Säuren
verhalten und ohne Schwierig=
keit sich mit Alkalien verbinden
lassen. Die Harzseifen für sich
sind aber nicht zu gebrauchen, da
sie zähe, fadenziehende Massen
bilden, die sehr schwer trocknen

und selbst nach dem künstlichen Trocknen wieder zähe werden. In den sogenannten gelben
Harzseifen figuriert daher das Harz nur als Teil der Masse, das übrige ist Talg und
Palmöl. Das Siedeverfahren bei der Harzseife ist meist wie bei andrer, aber man pflegt das
Harz und die andern Stoffe getrennt zu verseifen und dann erst zusammen zu arbeiten. Dann
auch kühlt man nicht in hölzernen, sondern weit rascher in gußeisernen, zerlegbaren Kästen.
Weit mehr ins Toilettenfach schlagen Schaum= und Transparentseife. Die erstere
entsteht, wenn man in Seifenleim oder in heißem Wasser wieder aufgelöste Seife durch
eine Flügelwelle so lange schlagen läßt, bis die Masse in Schaum verwandelt ist und etwa
das Doppelte ihres ursprünglichen Volumens angenommen hat. Man füllt den Schaum
in Formen, in welchen er erkaltet und austrocknet. Die Herstellung der Transparentseife —
eine englische, lange geheim gehaltene Erfindung — beruht darauf, daß man gute Soda=
talgseife in Weingeist löst und die Lösung abdunstet, bis aller Weingeist verflüchtigt ist und
die Seife fest wird. Man bringt in eine kupferne Blase die zu Spänen geschnittene Seife
und den Alkohol, läßt erstere bei gelinder Wärme zergehen und destilliert ein Drittel des
letzteren ab. Der Rückstand bleibt in Formen stehen, in welchen er zu einer anfänglich
trüben Masse erstarrt, die erst nach Wochen, wenn der Alkohol völlig verdunstet ist, die
gewünschte Durchsichtigkeit zeigt.

Alle Toilettenseifen werden ferner parfümiert und geschieht dies gewöhnlich mit ätherischen Ölen; jede Fabrik hat hierzu ihre besonderen Vorschriften, nach denen sie die Mischung der verschiedenen wohlriechenden Öle herstellt. Um dieselben der Seife einzuverleiben, bedient man sich besonderer Maschinen, von denen die Piliermaschine (Fig. 212) die gebräuchlichste ist. Wollte man nämlich die ätherischen Öle in die noch heiße Seife einrühren, so würde zu viel von diesen teuren Ölen verdampfen und gerade die feinsten Teile derselben verloren gehen. Man wendet daher für solche Seifen die kalte Parfümierung an; da aber bei größeren Mengen hierbei eine große mechanische Arbeit zu vollbringen ist, benutzt man, wie schon erwähnt, hierzu Maschinenarbeit. Die Piliermaschine besteht aus drei glatten Walzen von Granit, welche man enger und weiter stellen kann; ferner aus einem Kreishobel, durch welchen die Seifenstangen zunächst in feine Späne geschnitten werden. Dieser Kreishobel besteht aus einem hohlen kurzen, nur an einem Ende geschlossenen Cylinder; das andre Ende ist offen, damit die in das Innere des Cylinders fallenden Späne herausfallen können. Letztere werden dann mit dem Parfüm und, wenn die Seife gefärbt werden soll, auch mit dem nötigen Farbstoff gemengt und kommt nun zwischen die Granitwalzen, durch welche die Seife so anhaltend bearbeitet wird, daß ein gleichmäßiges dünnes Seifenblatt gebildet wird. Diese Seifenblätter werden hierauf auf einer andern Maschine, der Peloteuse, welche in ihrer Wirkung der Nudelmaschine gleicht, durch Druck in Stücke von beliebiger Größe und Form gebracht, je nach Art der Einsätze, die man hierzu verwendet.

Die Kerzenfabrikation.

Das Gewerbe der Lichterzieher ist immer mit der Seifensiederei eng verbunden gewesen, weil sich beide Fabrikationszweige so in die Hände arbeiten, daß der eine die Überreste des andern zu verwerten im stande ist; und derselbe Mann hat daher lange den doppelten Ruhm genossen, mehr als Gewöhnliches für äußere und innere Erhellung der Menschheit beigetragen zu haben. Erst in unserem Jahrhundert mit seiner Arbeitsteilung, welches ganz neue, von der Seifensiederei unabhängig darstellbare Kerzenstoffe auffand, hat der Seifensieder diesen Ruhm mit andern teilen müssen.

Die Geschichte der Kerzenfabrikation ist indessen keine so alte, als man geneigt sein sollte, bei der Einfachheit der Materialien und Manipulationen, welche hier in Betracht kommen, anzunehmen. Obwohl in den Zeiten griechischer und römischer Blüte der Beleuchtung öffentlicher Plätze und der Innenräume der Häuser und Tempel eine große Aufmerksamkeit geschenkt worden sein muß — wir haben Nachrichten gleichzeitig lebender Schriftsteller, nach denen die Zahl der im alten Athen auf den Hauptstraßen zu gewissen Zeiten aufgestellten Leuchtfeuer eine ganz enorme gewesen ist — so scheint man sich dazu doch vorzugsweise der mit Öl gespeisten Lampen oder der Pechfackeln bedient zu haben. Es wird zwar von Livius und Plinius an mehreren Stellen ihrer Schriften erwähnt, daß man das Mark mancher Schilfsorten mit Fett tränkte und die so bereiteten Fackeln während der Nachtwachen bei den Leichen aufstellte, aber dies und etwa noch die Nachricht, daß die Flachsfaser zu Dochten verarbeitet wurde — das ist so ziemlich alles, was wir über die Beleuchtungsstoffe der Alten wissen. Denn nicht einmal über die Art des Fettes, welches man zu den Schilfrohrfackeln benutzte, werden wir unterrichtet; obwohl Plinius sich ausführlich über die Bleichung des Wachses ausspricht und des Ausschmelzens des Talges erwähnt, so gedenkt er doch bei keinem dieser Stoffe, daß dieselben als Leuchtmaterialien in Anwendung gewesen wären. Die Schilfmarkkerzen haben sich übrigens sehr lange in Gebrauch erhalten, denn nach englischen Schriftstellern wurden dergleichen noch um 1775 in der Grafschaft Hampshire gemacht und in den Haushaltungen als ein billiges Leuchtmaterial verbraucht.

Im Anfange des 4. Jahrhunderts, zu Kaiser Konstantins Zeiten, soll, wie Beckmann in seiner „Geschichte der Erfindungen" erzählt, die Stadt Byzanz am Christheiligabend mit Lampen und Wachskerzen erleuchtet gewesen sein. Wenn diese Nachricht eine richtige ist, so würden wir die Erfindung der Kerzen etwa in das 3. Jahrhundert zu setzen berechtigt sein. Die Wachskerzen hießen cerei, die Talgkerzen sebacei, eine Unterscheidung, die wir zuerst bei Apulejus antreffen.

Cerarii hießen die Handwerker oder Künstler, welche sich mit der Verarbeitung des Wachses beschäftigten; die Einhüllung der Leichname in Wachs war eine ihrer wichtigsten Aufgaben, außerdem aber fertigten sie auch Kerzen, von denen damals, wie es scheint, nebenbei eine Anwendung gemacht wurde, welche sich im Laufe der Zeit wieder verloren hat. Die Brenndauer der Kerzen von bestimmter Dicke, Länge und Dochtstärke kann nämlich, in derselben Art wie das Herabrinnen des Sandes in der Sanduhr, als ein Mittel für ungefähre Zeitbestimmungen gelten, und in dieser Art sind wohl vor der Erfindung der „Nürnberger Eier" die Produkte der Kerzenfabrikation auch hier und da gebraucht worden.

Die Wachsarbeiten teilten sich unter die beiden Gewerbe der Honigbäcker und Seifensieder, von denen der erstere bezüglich des Materials, der andre bezüglich der Verarbeitung zu Kerzen, die man ja auch aus Talg machte, Ansprüche auf dieses Gebiet erheben konnte. Die heute noch gebräuchlichen aufgewickelten Wachsstöcke wurden schon im 17. Jahrhundert gefertigt, „Wachsrödel", und die Kunst ihrer Herstellung scheint von Venedig ausgegangen und von da zuerst nach Paris verpflanzt worden zu sein.

Wie schon erwähnt wurde, hat die Kerzenfabrikation bis zum Ende des vorigen Jahrhunderts nur wenig Fortschritte machen können, und wenn wir darunter Verbesserungen nennen hören, wie die Einführung zinnerner Formen oder die Anwendung des Gießtisches, welcher das gleichzeitige Gießen von einer sehr großen Anzahl Kerzen erlaubt, so werden wir schon daraus mit Recht schließen können, daß wir es bei der Kerzenfabrikation mit einem sehr einfachen Zweige der Technik zu thun haben. Die hauptsächlichste Vervollkommnung desselben war die Veredelung des Materials, die Reindarstellung der fetten Säuren. Die gebräuchlichsten Kerzenstoffe sind bekanntlich Talg, Wachs, Walrat, Stearin, Erdwachs (Ceresin) und Paraffin; Wachs und Talg waren bis zu Anfang dieses Jahrhunderts allein gebräuchlich.

Schon im vorigen Jahrhundert unterwarf man den Talg einer vorläufigen Bearbeitung, um den aus ihm zu fabrizierenden Kerzen eine größere Härte zu geben und ihnen das ölig-schmierige Aussehen, welches sie bei Verwendung von gewöhnlichem Talg erhalten, zu benehmen. Man trennte nämlich durch scharfe Pressungen das Elain von dem schwerer schmelzbaren Fett und verarbeitete das letztere allein zu Kerzen, während das erstere in der Seifensiederei Anwendung fand. Indessen konnte man mit diesem Verfahren, welches hier und da auch jetzt noch in Anwendung ist, und dessen Produkte wohl auch, mit Stearinsäure versetzt oder überzogen, als Stearinkerzen verkauft werden, nicht jene Schönheit erreichen, welche Kerzen aus reiner Stearinsäure zeigen, und mit der Entdeckung dieser letzteren erlangte daher auch sogleich ihre Herstellung im großen eine Bedeutung für die Technik.

Wir haben schon weiter oben erwähnt, wie diese durch die chemische Untersuchung der Fette durch Braconnot und Chevreul begründet wurde, auch daß der erstere schon die gewonnenen Resultate für die Kerzenfabrikation nutzbar zu machen suchte. Chevreul begann seine Untersuchungen über die chemische Konstitution der Fette im Jahre 1813 und setzte sie zehn Jahre hindurch fort; 1823 erschien sein Werk „Recherches chimiques sur les corps gras d'origine animale", ein Werk, das mit Recht unter die klassischen Arbeiten dieses Jahrhunderts gezählt wird. Zwei Jahre später nahmen Gay-Lussac und Chevreul zusammen ein Patent auf die Anwendung von Fettsäuren in der Kerzenfabrikation, ohne jedoch einen großen Erfolg damit zu erreichen, da ihr Verfahren der Reindarstellung noch zu umständlich und kostspielig waren. Ebensowenig fielen die ersten Versuche, welche Cambacérès zu gleichem Zwecke anstellte, günstig aus; die Kerzen erhielten eine bräunliche Farbe, sie fühlten sich immer noch fett an und verbreiteten einen unangenehmen Geruch. Indessen waren diese Versuche nicht ohne Einfluß, denn Cambacérès war der erste, welcher die geflochtenen Dochte in Anwendung brachte und sie außerdem auf chemische Weise zubereitete. Er bediente sich dazu der Schwefelsäure, welche späterhin durch die Borsäure ersetzt wurde.

Nach dem Mißlingen der ersten Unternehmungen schien die Fabrikation der Fettsäuren aufgegeben. Nach Ablauf des Chevreul-Gay-Lussacschen Brevets jedoch wandte sich ein Herr von Milly, vordem Kammerherr des Königs Karl X., der durch die Ereignisse des Jahres 1830 seinen Posten verloren hatte, dem Gegenstande wieder zu, um damit sich eine neue Existenz zu begründen. Er errichtete zu Paris eine kleine Fabrik, und die erste Entdeckung, die er machte, bezeichnet schon einen sehr erheblichen Fortschritt. Er substituierte nämlich der kaustischen Soda, welche Chevreul und Gay-Lussac zur Verseifung der Fette angewandt hatten, den Ätzkalk und erhielt dadurch eine Kalkseife, aus welcher die Fettsäuren sich mit Hilfe der Schwefelsäure leicht abscheiden ließen. Durch anfänglich kalte, im Verlaufe jedoch gesteigerte und warme Pressungen waren die festen Säuren von der flüssigen Elainsäure mit Leichtigkeit zu trennen. Die aus den festen Säuren bereiteten Kerzen hatten jedoch einen Übelstand: der Masse blieb ein kleiner Rest Kalk beigemengt, welcher sich beim Verbrennen in den Docht sog und dessen Porosität verringerte. Auch dafür schaffte Milly Abhilfe, indem er den Docht mit Borsäure tränkte, welche alle Aschenbestandteile zu winzigen glasartigen Kügelchen zusammenschmilzt. Und ebenso begegnete er dem für die Kerzenfabrikation fatalen Bestreben der Stearinsäure, zu kristallisieren und infolgedessen im Innern der Formen Hohlräume zu bilden. Man hatte zwar in der arsenigen Säure schon ein Mittel gegen diesen Umstand in Anwendung gebracht, doch war dasselbe zu gesundheitsgefährlich, um sich in Gebrauch halten zu können. Milly fand zuerst, daß ein geringer Zusatz von Wachs zu der Stearinsäure eine gleichmäßige und durchgängig zusammenhängende Masse gäbe; späterhin entdeckte er, daß die Stearinsäure nur kristallisiert, wenn sie in sehr dünnflüssigem Zustande in die Formen gegossen wird, daß sie aber ein völlig homogenes Gefüge erhält, wenn sie bei einer Temperatur verarbeitet wird, die dem Schmelzpunkte so nahe liegt, daß die Masse eben gerade nur fließend erhalten wird.

Solchergestalt verbesserte Stearinkerzen brachte Milly 1834 unter dem Namen bougie de l'Etoile in den Handel, ihres hohen Preises wegen waren sie jedoch in der ersten Zeit mehr ein Luxusgegenstand, und es bedurfte namentlich weiterer Verbesserungen in der Methode der Stearinsäurefabrikation, um solche Kerzen zu einem Gegenstande des allgemeinen häuslichen Verbrauchs zu machen. Den wesentlichsten Vorteil zog man aus der Entdeckung, daß die flüssige Elainsäure ein sehr wertvolles Material für die Seifenfabrikation sei, welches das Olivenöl sogar in vielen seiner Eigenschaften zu ersetzen im stande sei. Durch Höherverwertung des einen Bestandteils mußten aber die andern sich billiger gestalten, und dieser wirtschaftliche Satz kam der Stearinsäure zu gute. Im Jahre 1839 gab es allein in Paris schon neun Stearinkerzenfabriken, andre Länder blieben nicht zurück, und ganz besonders ist die neue Industrie in Österreich zu Bedeutung gekommen (Apollokerzen). Suchen wir aber jetzt selbst einen Blick in das Innere dieser Industrie zu thun, so werden wir zuerst in der Bereitung der Rohmaterialien manches Bemerkenswerte finden.

Die Herstellung der Stearinsäure aus Talg — die Fette aller Wiederkäuer sind sehr reich an Stearinsäure — geschieht in folgender Weise. Man verseift zuerst, um das Glycerin von den fetten Säuren zu trennen, den ausgeschmolzenen Talg mit Kalk. In weiten Holzkufen (s. Fig. 213), welche innen einen Einsatz von Bleiblech haben, so daß zwischen beiden Wänden ein Hohlraum bleibt, in welchen überhitzter Dampf eingeleitet werden kann, bringt man den Talg zum Schmelzen und setzt dann in Wasser eingerührten Kalk zu. Früher brauchte man 14—15 Prozent und zur nachherigen Zersetzung auch eine entsprechende Menge Schwefelsäure; jetzt ist man mit dem Kalkzusatze so weit herabgegangen, daß schon 4—5 Prozent genügen, um die Verseifung herbeizuführen. Der Inhalt der Kufen wird fortwährend umgerührt, und zwar geschieht dies meist durch menschliche Arme, denn so mechanisch auch die Arbeit an sich ist, so sind doch fortwährend eintretende kleine Ereignisse zu berücksichtigen, was von einer Maschine nicht erwartet werden kann. Die Kalkseife ist in Wasser unlöslich und scheidet sich, wenn der Prozeß beendet ist, aus freien Stücken von dem Glycerin, welches in dem Wasser gelöst bleibt. In der gewonnenen Seife ist aber außer der festen Stearinsäure auch noch flüssige Elainsäure mit enthalten, welche, wie das Glycerin, der Fettmasse jenes teigige Ansehen erteilt, das man eben bei den Stearinkerzen vermieden wissen will. Um die beiden Säuren voneinander zu sondern, zersetzt man die Seife vorerst mittels stark verdünnter heißer Schwefelsäure. Dieselbe geht mit dem Kalk in Verbindung und bildet Gips, welcher sich als unlöslich zu Boden schlägt, während die geschmolzenen Fettsäuren als eine klare Schicht auf der wässerigen Flüssigkeit schwimmen und von dieser abgeschöpft werden können.

Die Zersetzung erfolgt gleich in den Kufen, in denen die Verseifung stattgefunden hat, nur daß man die Unterlauge vorher abzieht. Durch Einleiten von Dämpfen erhält man die Temperatur auf einer entsprechenden Höhe. Man läßt den noch flüssigen Fettsäuren einige Zeit Ruhe, damit alle Unreinigkeiten sich zu Boden setzen können; hierauf kommen

sie in die Waschgefäße, wo ihnen durch Spülen mit reinem Wasser jeder etwa noch vor=
handene Rest von Schwefelsäure entzogen wird, und wenn dies vollständig geschehen, werden
sie durch einen Heber den Gießformen zugeleitet. In Frankreich hat Mr. Bine eine scharf=
sinnige Art erfunden, durch unausgesetzten Zufluß die Formen gewissermaßen selbstthätig
zu füllen, indem er sie in der Weise anordnete, wie es Fig. 214 zeigt, und jeder Form
einen Abfluß unterhalb ihres Randes gab; abwechselnd rechts und links. Durch allmäh=
liches Überlaufen füllen sich die untersten Formen solchergestalt zuletzt. Das Gemenge von
Elain= und Stearinsäure läßt man nun erstarren und unterwirft es hierauf starken Pressungen,
ähnlich wie man in den Zuckerfabriken den Rübenbrei in hydraulischen Pressen einem starken
Drucke aussetzt, durch welchen die flüssigen Bestandteile von den festen getrennt werden.

Fig. 213. Verseifen der Fette mit Kalk.

Die Masse wird zu diesem Behufe in starke Preßtücher, Preßsäcke, gewickelt. Zwischen
je zwei derselben kommt eine hohle Eisenplatte, welche durch einströmenden Dampf bis zu
dem Grade erwärmt werden kann, bei welchem die Trennung der beiden Säuren am leichtesten
erfolgt. So wird Lage auf Lage geschichtet, bis zuletzt die Preßplatte aufgesetzt wird, auf
welche der Preßkolben wirkt. Anfänglich wird die Pressung kalt vorgenommen und erst zur
Ausziehung des letzten Restes von Ölsäure werden die Preßplatten erwärmt. Die flüssige
Elainsäure wird so fast bis auf den letzten Teil durch die Poren der Preßsäcke heraus=
getrieben; die zurückbleibende feste Masse ist fast reine Stearinsäure nebst einer schwanken=
den Masse von Palmitinsäure und bedarf zu den Zwecken der Kerzenfabrikation keiner
besonderen Behandlung weiter als etwa ein wiederholtes Umschmelzen, um die mechanisch
beigemengten Unreinigkeiten abzuscheiden. Indessen verlangt dieses Verfahren ganz gute
Talgsorten, und es ist nicht anwendbar, wenn geringere Qualitäten, selbst fettige Abgänge,
Knochenfett, Ölsatz u. s. w., auf Stearinsäure verarbeitet werden sollen.

Das Verfahren mit diesen Rohmaterialien ist etwas komplizierter und besteht im wesent=
lichen darin, daß man die Fettstoffe der Einwirkung starker Schwefelsäure aussetzt. In hoher

Temperatur nämlich bewirkt die Schwefelsäure sofort eine Trennung der Fettsäuren von
dem Glycerin, welches mit der stärkeren Säure sich zu Glycerinschwefelsäure vereinigt und
so aus der Gesellschaft seiner ursprünglichen Begleiter beseitigt wird. Die Fettmasse wird
sodann mit Wasser wiederholt gut ausgewaschen und endlich der Destillation mittels über=
hitzter Dämpfe unterworfen. Bei einer Temperatur von 250—300⁰ C. gehen die reinen
Fettsäuren als flüchtige Produkte über.

Auf den Umstand, daß die Fette durch konzentrierte Schwefelsäure verseift werden können,
ist schon 1777 von dem bekannten Chemiker Achard in Berlin aufmerksam gemacht worden,
ohne daß jedoch eine andre als nur wissenschaftliche Notiz von der Entdeckung genommen wor=
den wäre. Macquer beschreibt in dem Dictionnaire de chimie das Achardsche Verfahren zur
Erzeugung „saurer Seifen“; die Sache ruhte aber, bis Chevreul,
Caventou und Frémy darauf zurückkamen, und zwar lag der
Grund dieser Nichtbeachtung darin, daß durch die Einwirkung
der Schwefelsäure das Fettgemisch, infolge der Zersetzung ge=
wisser Beimengungen, in eine schwarze Masse verwandelt wird,
deren Reinigung durch kein chemisches Mittel gelingen wollte.
Erst als man gefunden hatte, daß in einem Strome heißen
Wasserdampfes sich die Fettsäuren leicht verflüchtigen und von
den verkohlten Bestandteilen trennen ließen, war das Mittel
gegeben, die Achardsche Entdeckung industriell zu verwerten.
Obwohl schon in dem englischen Patent Chevreul=Gay=Lussac
(1825) der Destillation der Fettsäuren nebenher Erwähnung ge=
schieht, scheint doch dem englischen Industriellen George Gwynne
das Verdienst zuzuschreiben zu sein, das erste technische Ver=
fahren, auf das er auch 1840 ein Patent erhielt, erfunden zu
haben. Der Hauptsache nach beruhte dasselbe auf der Verseifung
durch Schwefelsäure und der Destillation der fetten Säuren durch
Herstellung und Unterhaltung eines leeren Raumes, wie es in
der Zuckerraffinerie in Anwendung ist. Aber in der Praxis hatte
auch diese Methode noch Schwierigkeiten, welche erst durch Ein=
führung der Destillation mittels überhitzten Wasserdampfes be=
seitigt wurden. Und zwar war es wiederum England, wo
1842 dieser Fortschritt von Wilson gemacht und bald darauf
durch die Société Price (1844) ausgebeutet wurde.

Der Apparat, welcher zur Ausführung der Verseifung mit
Schwefelsäure dient, läßt sich kurz beschreiben. Er besteht der
Hauptsache nach aus einer Holzkufe mit einem Einsatz von starkem
Bleiblech, welcher die auf 90 Grad erwärmte Schwefelsäure ent=
hält; eine andre, ebenso eingerichtete Kufe enthält die Fettmasse,
die bei demselben Wärmegrade durch ein schlangenförmiges Dampf=
rohr schmelzend erhalten wird. Von dem Inhalt dieser beiden

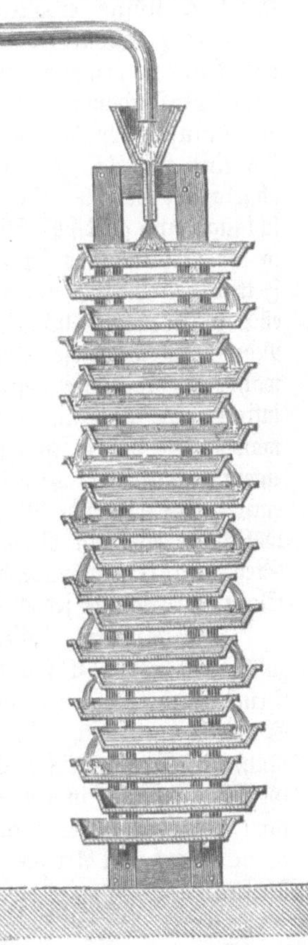

Fig. 214.
Ausgießen der Fettsäuren in Formen.

Gefäße werden je 50 kg Fett und 15 kg Schwefelsäure in ein
dazwischen angebrachtes Mischgefäß abgelassen, das sich über einem größeren Reservoir be=
findet und zum Umkippen eingerichtet ist. In diesem Mischgefäß vollzieht sich die Einwirkung
der Schwefelsäure, welche in sehr kurzer Zeit beendet ist, so daß nach Verlauf von wenig mehr
als einer Minute die umgewandelte und dadurch schwarz gefärbte Masse in das große, mit
kochendem, dampfdurchströmtem Wasser angefüllte Reservoir geschüttet werden kann. Die eben
gebildeten Verbindungen zersetzen sich hier durch das Wasser sofort wieder in der Art, daß die
Schwefelsäure und das Glycerin sich trennen, obwohl sie beide im Wasser sich auflösen, die
Fettsäuren aber geschmolzen als oberste Schicht auf jener wässerigen Lösung sich abscheiden,
von wo sie durch einen besonderen Hahn abgezogen werden. Nachdem die fetten Säuren nun
durch gehörige Waschungen mit heißem Wasser von aller Schwefelsäure befreit worden sind,
kommen sie behufs ihrer Reinigung in den Destillierapparat (s. Fig. 215). Wie schon erwähnt,
kann eine erfolgreiche Destillation nur mit Hilfe des überhitzten Wasserdampfes geschehen, da
bei einer Erhitzung über freiem Feuer die fetten Säuren sehr bald sich zu zersetzen anfangen.

Der Hauptteil des Apparates ist eine kupferne Blase B, welche durch ein Sandbad unten von dem Herdfeuer getrennt ist; sie ist durch einen mit einem Mannloch versehenen Deckel geschlossen und steht auf der einen Seite durch das Rohr D mit dem Cylinder A, in welchem die rohen Fettsäuren geschmolzen werden, und durch das Rohr R mit dem Dampf= kessel in Verbindung, der in unsrer Zeichnung nicht sichtbar ist; wir sehen vielmehr nur die Kammern N und M, in welchen der durch P zugeleitete Dampf von dem Feuerherde H aus überhitzt wird. Auf der andern Seite führt ein Abzugsrohr E aus der Blase zunächst in einen Kondensator G und dann weiterhin durch das Rohr F in die Kühlschlange K. Außerdem aber ist für die in der Blase B verbleibenden nicht flüchtigen Stoffe ein mit einem Hahn Y versehenes Abzugsrohr vorhanden. Die durch die von H ausgehende Hitze in dem Kessel A flüssig erhaltenen fetten Säuren werden durch Drehung des Hahnes S in die Blase B gelassen, wo sie eine durch das Thermometer T zu kontrollierende Erhitzung bis auf 250^0 C. erfahren; wenn dieser Punkt erreicht ist, wird der bis auf $260—300^0$ über= hitzte Wasserdampf durch R hinzugelassen, der nun bei seinem Durchgange durch die Blase die Dämpfe der Fettsäuren mitnimmt und sie dem Kondensator G zuführt. Hier verdichten sich eine Anzahl fremder Stoffe und Zersetzungsprodukte, welche durch das Abflußrohr L abgelassen werden. Der Rest der Dämpfe erfährt aber seine Kondensierung erst in der Kühl= schlange und geht schließlich als ein Gemenge von Wasser und geschmolzenen reinen Fettsäuren in die Vorlage, wo sich die Flüssigkeiten nach ihrer Schwere abscheiden. Die obenstehenden Fettsäuren bilden jetzt, wenn die Destillation mit Aufmerksamkeit vorgenommen worden ist, eine wasserhelle Flüssigkeit, die nach dem Erstarren unter die hydraulische Presse kommt. Man kann auf diese Weise aus gutem Talg bis zu 60 Prozent reine Stearinsäure erhalten, während die Verseifung mit Kalk nur etwa 45 Prozent ergibt; indessen muß die Destil= lation sehr sorgfältig überwacht werden, das Verfahren ist außerdem sehr kostspielig, und man suchte daher den letzten Teil des Prozesses zu umgehen. Dies ist auch Milly bis zu einem gewissen Grade gelungen, indem er fand, daß die infolge der Schwefelsäureeinwirkung entstehende färbende Masse bei einer gewissen Behandlungsweise in der flüssigen Elainsäure löslich sei und mit dieser durch bloßes Auspressen entfernt werden könne. Er erhielt eine Stearinsäure, hinreichend rein, um sofort zu Kerzen verarbeitet werden zu können. Die Elainsäure mußte jedoch noch einem Destillationsprozeß unterworfen werden.

Der Apparat, dessen man sich bedient, um die Stearinsäure aus dem Palmöl ab= zuscheiden, gründet sich darauf, daß hier schon durch bloße Erhitzung unter sehr starkem Druck eine Zersetzung analog der bei der Verseifung eintritt. Das Palmöl (an seiner Stelle können auch andre Fette so behandelt werden) wird mit kochendem Wasser durch eine Rührmaschine zu einer Emulsion angerührt und in diesem Zustande in das geschlossene Gefäß gebracht, in dem es einer starken Erhitzung bis zu 320 Grad ausgesetzt werden kann, je nachdem es notwendig ist, um den beabsichtigten Zweck zu erreichen. Das Gefäß ist in mancherlei Art von den verschiedenen Technikern, die sich mit diesem Gegenstande be= schäftigten, konstruiert worden, bald als eine Art Papinischer Topf, bald in Form einer gewundenen Röhre, bald wieder anders. Immer aber war der sehr bedeutende Druck, den die Wände aushalten müssen, ein Umstand, der die Sicherheit derartiger Apparate sehr ge= fährdet und ihre Herstellung sehr kostspielig macht, und deswegen wohl ist das Verfahren, namentlich das von Tilghmann und Melsen ausgebildete, nicht so allgemein in Aufnahme gekommen, wie es seine prinzipielle Einfachheit vorauszusagen schien. — Wie man übrigens neuerdings gefunden hat, braucht man, um mit Hilfe des unter Fig. 215 abgebildeten Destillationsapparates Stearinsäure darzustellen, die Fette nicht erst vorher besonders durch Schwefelsäure zu verseifen, man kann vielmehr die Verseifung in dem Apparate durch die Einwirkung des überhitzten Wasserdampfes selbst vornehmen, der bis auf eine Temperatur von 315 Grad gebracht in das geschmolzene Fett einströmt, welches von 290—315 Grad heiß sein darf. Diese Entdeckung verdankt die Industrie den Engländern Wilson und Gwynne.

Die Ölsäure, Elainsäure, welche durch Auspressen von der Stearin= resp. der Pal= mitinsäure getrennt wird, findet in der Seifensiederei vorteilhafte Verwendung; die festen Fettsäuren dagegen kommen ausschließlich der Kerzenfabrikation zu gute. Keiner der an= geführten Wege führt übrigens zu der Gewinnung einer reinen Stearinsäure, dieselbe ist immer mit Palmitinsäure versetzt. Da aber beide in bezug auf ihr Verhalten nicht nur, sondern auch auf ihr Aussehen übereinstimmende Eigenschaften haben, so kommt darauf gar nichts an; die Hauptsache ist, eine völlig weiße, harte, nicht schmierige Masse zu erzielen. Durch trockene Destillation der Ölsäure sowie durch Behandeln des Rizinusöles mit Natron= hydrat erhält man eine neue Säure, welche die für die Kerzenbereitung vorteilhaften Eigen= schaften der Stearinsäure in ganz besonderem Grade hat und sich neben leichter Brennbar= keit besonders durch ihren hohen Schmelzpunkt (127 Grad) auszeichnet; es ist die mit dem speziellen Namen Fettsäure oder Sebacylsäure bezeichnete Substanz. Bisher noch wenig verwendet, dürfte sie für die Industrie wohl noch Bedeutung gewinnen, um so mehr, als ein geringer Zusatz schon hinreicht, um die Eigenschaften der Stearinsäure zu verbessern.

Als ein wichtiges Rohmaterial für die Kerzenbereitung haben wir noch zu erwähnen: **Das Wachs.** Bienenwachs ist den Fetten in mancher Beziehung verwandt, in vielen aber unterscheidet es sich von ihnen sehr wesentlich dadurch, daß es beim Zersetzen mit Alkalien kein Glycerin liefert und in kochendem Alkohol bis zu neun Zehntel löslich ist. Im wesentlichen besteht nämlich das Bienenwachs aus Palmitinsäuremelissyläther, auch Myricin genannt, und etwas freier Cerotinsäure. Dies von den Bienen aus besonderen, am Hinterteile liegenden Organen abgesonderte Produkt wird aus den Waben der Bienenstöcke gewonnen.

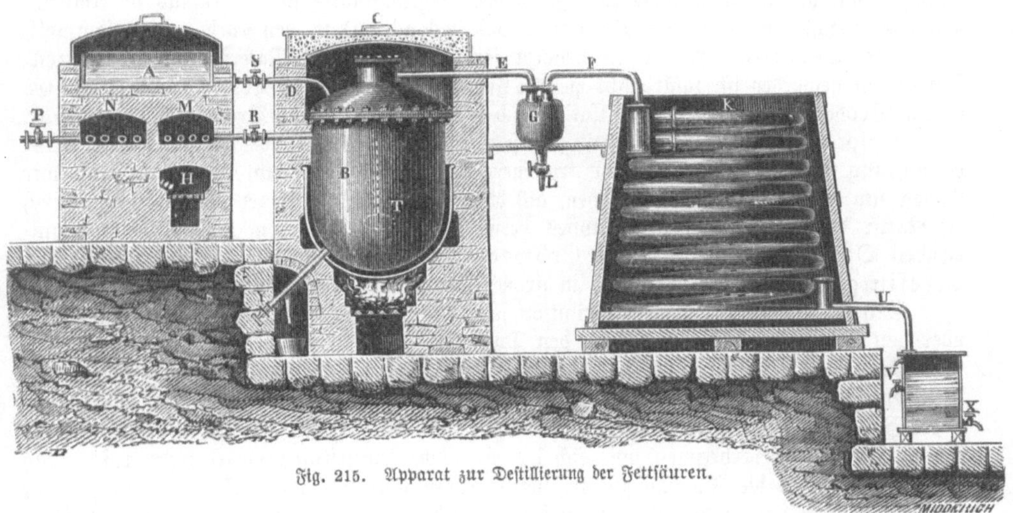

Fig. 215. Apparat zur Destillierung der Fettsäuren.

Es bildet das Baumaterial der Zellen, welche den Honig enthalten, und man reinigt es, nachdem es von seinem süßen Inhalte abgeschieden ist, durch Umschmelzen in Wasser. Die Beimengungen setzen sich in der untersten Schicht ab, welche von den reineren Partien abgesondert werden. In diesem Zustande hat das Wachs das bekannte gelbliche oder bräun= liche Aussehen und einen aromatischen Geruch. Es schmilzt bei etwa 61° C.; in gewöhn= licher Temperatur ist es spröde und brüchig. Das helle Jungfernwachs stammt von jungen Bienen; in Gegenden, wo sich die Bienen in Nadelholzwaldungen nähren, enthält das Wachs harzige Bestandteile, welche das Bleichen erschweren (Pechwachs). Ebenso soll das Wachs aus Weingegenden sich schwieriger an der Sonne bleichen lassen als andres.

Das Bleichen des Wachses geschieht auf eine im Grunde sehr einfache, aber doch umständliche Weise, welche bisher wenige Veränderungen hat zweckmäßig erscheinen lassen. Das in einem Kessel mit etwas kochendem Wasser geschmolzene geläuterte Wachs wird in Form feiner Blätter gebracht, entweder indem man es in geschmolzenem Zustande auf eine sich langsam drehende und halb in kaltem Wasser gehende Holzwalze laufen läßt, wo= bei die dadurch entstehenden dünnen Bänder sich im Wasser ablösen; oder indem man von der wieder erstarrten Masse mittels scharfer Messer ganz feine Späne abschneidet, auf ähn= liche Art, wie man das Holz auf der Schnitzbank behandelt. Ehe man das Wachs schneidet, pflegt man es bisweilen einigemal in Wasser umzuschmelzen, um ihm einen gewissen Wasser= gehalt einzuverleiben; schließlich kommen die feinen Blätter auf den Bleichplan und unter= liegen hier der Einwirkung von Sonne und Luft, je nach der Witterung und der Wachsart,

so lange, bis der Farbstoff in ihnen zerstört ist. Oftmaliges Wenden ist eine Haupt=
bedingung des guten Gelingens der Bleiche. Ein Zusatz von etwas verdünnter englischer
Schwefelsäure zu dem schmelzenden Wachse soll für die Bleichung von günstigem Einfluß sein.

Außer unsern Bienen gibt es noch andre Wachslieferanten unter den Insekten, und
die Produkte einiger von ihnen kommen auch in den Handel. Von Guadeloupe erhalten wir
z. B. ein schwarzes, nicht bleichbares Wachs, das einer dort einheimischen wilden Bienenart
seinen Ursprung verdankt. Das chinesische Wachs Pe=la ist kein Bienenwachs, sondern wird
von der Wachsschildlaus (Coccus ceriferus) hervorgebracht. Auch erzeugen viele Pflanzen=
arten wachsartige Stoffe, in geringer Menge finden wir dergleichen Verbindungen als einen
dünnen Überzug auf Blättern und Früchten, wie z. B. auf Äpfeln und Pflaumen. Die
Wachspalme (Ceroxylon andicola) aber, manche Myrtenarten, der Kuhbaum und andre
Pflanzen erzeugen so bedeutende Quantitäten von Pflanzenwachs, daß dasselbe in manchen
Gegenden eine ausgedehnte Verwendung findet und im Handel eine Rolle spielt. In Ko=
lumbien verarbeitet man Palmenwachs zu Kerzen, ebenso in Rio Janeiro, wo das sogenannte
Carnauba=, richtiger Carnahubawachs, ebenfalls ein Palmenprodukt, wie auch bei uns schon,
Handelsgegenstand ist. Das Ocubawachs wird am Amazonenstrome aus der Frucht einer
Pflanze von der Gattung Myristica gewonnen; Myrtenwachs wird ebenfalls in Amerika
und das Wachs vom Kuhbaum (Brosmium Galactodendron) in den Kordilleren gesammelt.

Das Paraffin, welches in neuerer Zeit ein wichtiges Material für die Kerzen=
fabrikation geworden ist, zählt nicht zu den Fetten, sondern zu den Kohlenwasserstoffen. Es
ist ein Produkt der trockenen Destillation und wird namentlich aus Braunkohlen dargestellt.
Seine Besprechung gehört daher naturgemäß in dasjenige Kapitel, welches sich mit der Gas=
beleuchtung und den Produkten der trockenen Destillation überhaupt beschäftigt, und wir
können um so eher hier davon absehen, als die Herstellung der Kerzen an sich wenig durch
die Natur des zu verarbeitenden Stoffes beeinflußt wird. Aus dem in Galizien vorkom=
menden Ozokerit oder sogenannten Erdwachs wird ebenfalls eine paraffinartige Masse,
Ceresin genannt, abgeschieden, die in großer Menge zur Kerzenfabrikation benutzt wird.

Gehen wir aber zur Kerzenfabrikation selbst über, so haben wir zunächst einige Worte
über den Hauptbestandteil der Kerze, den Docht, zu sagen.

Der Docht stellt hier wie in der Lampe den Herd der Verbrennung dar. Er saugt die
durch die Hitze der Flamme geschmolzene Fettmasse auf und zieht sie infolge der Kapillarität
in die Höhe. Seine Beschaffenheit ist daher von großer Wichtigkeit. Er muß in entsprechender
Weise so rasch mit verbrennen, wie sich der eigentliche Leuchtstoff verzehrt, weder rascher als
dieser, weil dann die Flamme zu tief herabbrennen und ein übermäßiges Schmelzen der
Kerzenmasse ein Laufen derselben verursachen würde, noch auch langsamer, weil er dann
nur mangelhaft mit Fett gespeist wird und auch nur eine mangelhafte Flamme entstehen
lassen kann. Dieses gleichmäßige Abbrennen läßt sich dadurch regulieren, daß man einen
Faserstoff von entsprechender Kapillarität wählt und die Dicke des Dochtes zur Dicke der
Kerze und zu dem Kerzenmaterial in das richtige Verhältnis setzt. Für alle Kerzen ist
zwar die Baumwolle das gebräuchlichste Dochtmaterial, die Verarbeitung dazu aber ist eine
verschiedene, und man hat je nachdem gedrehte, geflochtene, solche, in denen die Fadenbüschel
einander parallel laufen oder Schraubenlinien bilden, auch chemisch zubereitete, mit ver=
schiedenen Substanzen getränkte Dochte. Stearinkerzen haben bekanntlich das Bequeme, daß
sie nicht abgeschnuppt zu werden brauchen, sondern gleichsam sich selbst putzen. Dies wird
dadurch erreicht, daß der Docht aus drei Strängen geflochten ist, die in dem Maße, wie
sie von dem Fettmantel frei werden, sich etwas biegen, so daß die Enden in den nicht
leuchtenden, aber sehr heißen äußeren Mantel der Flamme hineinreichen, wo sie bis auf
die Asche verzehrt werden. Durch verschiedene chemische Tränkungen hat man die Dochte
dann noch dahin zu verbessern gesucht, daß die sich bildende Aschenmasse auf ein ganz ge=
ringes Volumen zusammenschmilzt. Als zweckmäßig erscheint ein Imprägnieren mit einer
Lösung von Borsäure, welche in der Hitze mit dem kleinen Anteil Kalk, den das Stearin
noch mit sich führt, zu borsaurem Kalk zusammenschmilzt, der am Ende des Dochtes in
Form von ganz kleinen glänzenden Perlen auftritt.

Das Formen der Kerzen geschieht bekanntlich entweder durch Ziehen oder Gießen,
und zwar ist die erstere, ältere Methode nur bei Talg und Wachs noch in Anwendung,

während Paraffin=, Stearinkerzen u. s. w. durchgängig gegossen werden. Es braucht wohl nicht erst besonders betont zu werden, daß, mag ein Rohstoff verarbeitet werden, welcher immer wolle, eine möglichst vollständige Reinigung desselben von fremden Bestandteilen die erste Bedingung der Herstellung einer guten Kerze ist.

Das Ziehen der Kerzen erfolgt auf folgende Weise: die baumwollenen Dochtgarne sind auf die doppelte Länge der Kerze geschnitten und in der Mitte zusammengelegt, so daß eine Öse gebildet wird. Der Lichtzieher hängt die Dochte mit den Ösen auf einen dünnen Stab oder starken Draht, Lichterspieß genannt, soviel ihrer darauf Platz haben, taucht sie in die flüssige Fettmasse, streicht diese nach dem Herausziehen an den unteren Enden etwas ab und hängt dann das Ganze beiseite, um mit einem zweiten und nach und nach mit einer beliebigen Menge weiterer Spieße dasselbe Manöver vorzunehmen. So erhalten die Dochte ihre erste Bekleidung oder vielmehr Tränkung; zu den folgenden Überzügen läßt man den Talg kälter, also dickflüssiger werden, und je nach der beabsichtigten Stärke macht man 6, 8—12 Eintauchungen, natürlich mit solchen Zwischenpausen, daß die jedesmal hängen gebliebene Masse gehörig erhärten kann.

Heutzutage werden nur noch wenig Lichter gezogen, man gießt sie viel häufiger und bedient sich dazu zinnerner oder gläserner Formen. Durchweg veraltet scheint übrigens das erste Verfahren doch nicht zu sein, wenigstens in englischen Fabriken wird es, wahrscheinlich der Schnellförderung halber, noch geübt. Man benutzt dazu mechanische Vorrichtung, wie Fig. 217 zeigt, wo durch das gleichzeitige Eintauchen einer größeren Zahl Dochte sehr viele Kerzen auf einmal fertig gemacht werden können. Zu einer solchen Maschine gehören z. B. 36 Rahmen, deren jeder zur Aufnahme von 30 Lichter= spießen eingerichtet ist; an

Fig. 216. Alte Methode des Lichterziehens.

jeden der letzteren können 24 Dochte gehangen werden, so daß die volle Ladung fast 26 000 Stück beträgt. Jeder der 36 Rahmen der Maschine wird einzeln über den Schmelz= kasten gebracht und soweit nötig herabgesenkt; sowie er sich wieder hebt, fährt ein durch einen Fußtritt bewegter Abstreicher unter den Enden der Lichter hin und beseitigt das Ab= tropfende. Sind sämtliche 36 Rahmen einmal durchgenommen, so ist der Talg auf den ersten bereits hinlänglich erhärtet, und es kann so ohne Unterbrechung fortgearbeitet werden. Das Fertigmachen einer solchen Garnitur von 26 000 Lichtern soll von einem Mann und einem Knaben in etwa neun Arbeitsstunden erfolgen.

Gegossene Lichter sind nicht allein eleganter von Form als die gezogenen, sondern brennen auch sparsamer und regelmäßiger, weil sie in ihrer Masse dichter sind und die Dochte gerade gestreckt genau in der Mitte liegen. Die Gußformen, in denen der Fettstoff zu Lichtern ausgemünzt wird, sind begreiflicherweise hohle, etwas konische Röhren, meist von Zinn, die über einen ganz blank polierten Stahlkern gegossen worden sind, also eine sehr glatte innere

Oberfläche haben. Das schwächere Ende bildet bei der fertigen Kerze natürlich die Spitze; die Gießform selbst aber steht mit dem dicken Ende oben, und die Kerzen kommen sonach auf dem Kopfe stehend zur Welt. Der gewöhnliche Gießtisch des Lichtgießers ist eine Bank mit vielen runden Löchern, so daß mit einem Dutzend oder mehr Lichtformen auf einmal gearbeitet werden kann. Die Formen haben am dicken Ende eine Ausweitung, einen Kragen, welcher weiter ist als ein Loch im Gießtische, so daß also die in die Löcher eingesetzten

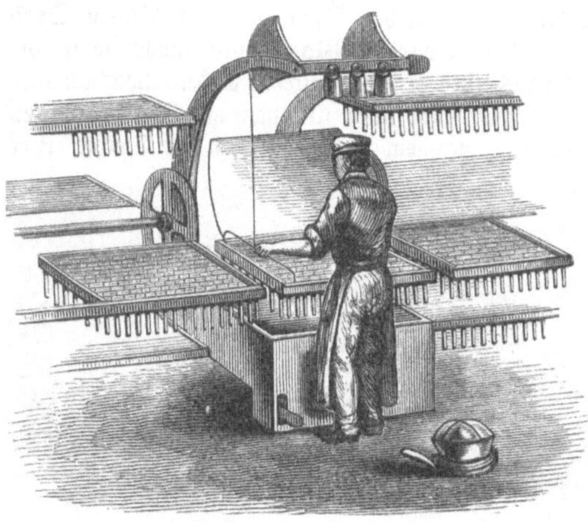

Fig. 217. Rahmen zum Lichterziehen.

Formen hieran hängen bleiben müssen. Nachdem der Gießtisch mit den Formen besteckt ist, werden die Dochte mittels eines langen, an dem einen Ende hakenförmig gebogenen Drahtes in dieselben eingezogen. In der herabhängenden Spitze der Form befindet sich nämlich auch ein Loch, aber ein so enges, daß der durchgezogene Docht es schon leidlich verschließt; der völlige Verschluß wird durch Einschieben eines dünnen Holzpflöckchens erreicht. Um den Docht auch oben zu befestigen, so daß er gerade in der Mitte der Form zu Tage tritt, hilft man sich in verschiedener Weise. Bei den einfachen Röhren, wie wir sie uns bis jetzt gedacht haben, schiebt man durch die Öse des Dochts ein Stückchen Draht,

der auf den Rändern der Form aufliegt und so dem Dochte Halt gibt; bei der sogenannten französischen Einrichtung ergibt sich die zentrale Lage von selbst. Hierbei hat jede Form noch einen kurzen blechernen Aufsatz zum Einstecken, den Dopfen, durch welchen entweder ein Steg mit einem Loch in der Mitte geht, oder es ist ein Stückchen dicker Draht am Rande angelötet, der genau bis ins Zentrum reicht und sich hier zu einem Haken nach oben krümmt. Es ist damit ein unveränderlicher Anhängepunkt für den Docht gegeben.

Fig. 218. Gießen der Lichter.

Das Eingießen in die vorgerichteten Formen geschieht entweder mittels eines großen, mit Ausguß versehenen Löffels oder einer Kelle Loch für Loch, oder man läßt den Talg aus dem Schmelzkessel gleich über den ganzen Gießtisch laufen, so daß sämtliche Gießlöcher ersäuft werden. Für letztere Methode muß der Tisch, wie sich denken läßt, besondere Randleisten haben, die sich wenigstens teilweise wegnehmen lassen, um nach dem Erkalten die überflüssige Gußmasse bequemer wegräumen zu können, was mit einem hölzernen Spatel geschieht. Tischplatte und Leiste müssen jedoch hierbei von blankem Metall sein, denn von Holz läßt sich angegossener Talg nur schwierig ablösen. Bevor die Masse in den Formen erstarrt ist, zieht man die Dochte, die sich beim Eingießen leicht etwas krümmen, wieder völlig gerade, und hat nun das Ganze nur gehörig kühl zu stellen, um schließlich die Lichter bequem herausziehen zu können. Man verpackt dann die Ware entweder sogleich oder hängt sie noch einige Zeit auf, damit sie durch Luft, Licht und Tau gebleicht werde.

Auch für das Gießen sind Maschinen in Anwendung. Eine in England viel gebrauchte ist die von Morgan, von welcher Fig. 219 eine teilweise Skizze gibt. Die Vorrichtung setzt sich nämlich in einer Art doppelter Eisenbahn nach rechts noch weit fort. Für diese Maschine wird der Docht nicht auf Kerzenlängen geschnitten, sondern ist auf Spulen gewickelt, wohl 30 m lang auf jede. Für jede Gußform ist eine Spule vorhanden, und eine gewisse Anzahl Formen (18) mit ihren Spulen sind je in eine Art Rahmen zu einem Satze vereinigt. Durch jede Form ist der Docht gezogen, der von der Spule in das untere Loch am spitzen Ende der Form eintritt. Das Loch ist so eng, daß es vom Docht eben verschlossen wird. Eine Zange oder Zwinge hält an jeder Form den Docht fest, solange das Gießen und Erkalten dauert. Jeder Rahmen oder Formsatz wird der Reihe nach an einen Schmelzkasten herangebracht, wo sich auf einen Hebeldruck 18 Kanälchen öffnen, welche die Formen füllen.

Fig. 219. Lichtgießmaschine von Morgan.

Hierauf rückt der Rahmen mittels Rollen auf der Eisenbahn fort und ein andrer tritt an seine Stelle. In dem Maße, wie der Talg in den Formen erstarrt, werden die einzelnen Sätze angewendet, so daß die Formen horizontal liegen, die Zwingen geöffnet und durch sinnreiche Vorrichtung die Kerzen verputzt und aus den Formen herausgestoßen werden, wobei von den auf dem Rahmen stehenden Spulen eine gleiche Menge Docht nachfolgen muß, so daß die Formen für den nachfolgenden Guß wieder vorbereitet sind. Man braucht nur noch die 18 auf die Ablegetafel gelangten Kerzen durch einen Schnitt von den nachgezogenen Dochten zu trennen und der Rahmen kann zu einem neuen Gusse zurückkehren.

Die Kerzen sind aber damit noch nicht so weit fertig, wie es das Publikum verlangt. Begnügt man sich auch vielleicht bei den Talgkerzen, welche ja ohnehin den Ansprüchen an Eleganz sehr enge Grenzen ziehen, mit dem Erreichten, so unterwirft man dagegen die kostbaren Kerzen aus Stearin, Walrat, Paraffin u. s. w. noch einer weitergehenden äußerlichen Behandlung. Zunächst werden sie aufmerksam untersucht, ob sie irgend welche äußere Fehler erkennen lassen, und in diesem Falle wieder zum Einschmelzen zurückgelegt. Sind sie aber fehlerfrei, so kommen sie in den Polierapparat, dessen Einrichtung Fig. 220 deutlich macht. Vor dem Kasten M, der einen nach rechts zu geneigten Boden hat, dreht sich eine Walze N, welche eine an dem unteren rechten Ende des Kastens befindliche Öffnung gerade abschließt Diese Walze hat auf ihrem Umfange eine Anzahl Rinnen, und jede derselben bietet gerade Raum für eine Kerze, die denn auch aus dem Vorrate in dem Kasten in jene hineingedrängt und von der Walze mit herausgeführt wird. So fallen in gewissen Zwischenräumen die Kerzen auf die geneigte Ebene und werden von dieser auf das über die Rollen T und V gehende Lauftuch geleitet, welches sie unter den mit einem gewissen Druck auflagernden Polierwalzen S S' S" hindurchführt und durch die Reibung ihnen einen höheren Grad von Glätte mitteilt. Schließlich wird wohl jeder einzelnen vor dem Verpacken noch mit einem mäßig erwärmten Silberstempel die Fabrikmarke eingedrückt.

Wachskerzen. Es läßt sich denken, daß dieselben Methoden, nach welchen man Talglichter gießen kann, im allgemeinen auch für andre Materialien, Walrat, Stearin, Paraffin, passen werden. Nur das Wachs macht eine Ausnahme, da es sich nicht gut von der Gießform ablöst und im Innern der Kerze leicht Höhlungen bildet. Die Wachskerzen werden daher meistens durch Angießen gebildet, d. h. man hängt die Dochte über dem Schmelzkasten auf und begießt sie von oben mit der flüssigen Masse so oft, bis sie die gewünschte Dicke haben. Die regelmäßige Form erhalten sie dann durch Rollen mit einem Brett auf einer glatten Tafel. Indes sind die Schwierigkeiten des Wachskerzengießens nicht unübersteiglich, und neuerdings hat man auch durch Gießen tadellose und schöne Kerzen erzeugt.

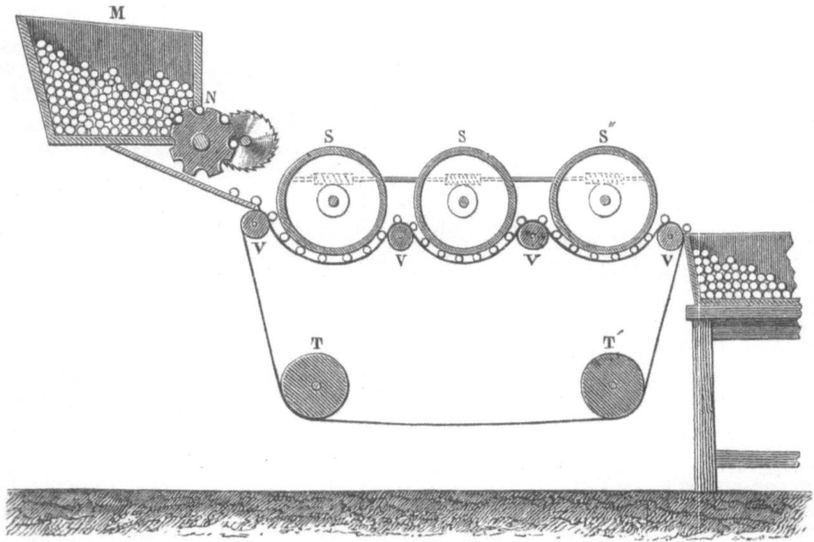

Fig. 220. Poliermaschine.

Als Surrogat für das teure Bienenwachs ist, wie schon oben erwähnt, in den letzten Jahren das sogenannte Ceresin eingeführt worden. Seiner chemischen Natur nach stellt sich dieses mineralische Wachs dem Paraffin an die Seite, der höhere Schmelzpunkt aber gibt ihm für die Kerzenfabrikation wesentliche Vorteile vor diesen.

Die Wachsstöcke werden auf die Weise hergestellt, daß man den langen, mit flüssigem Wachs schon vorgetränkten Baumwolldocht durch einen Kessel mit geschmolzenem Wachs laufen läßt, welches gerade und diejenige Konsistenz haben muß, daß sich an dem Docht eine entsprechende Menge Wachs ansetzt und dasselbe beim Heraustreten an die Luft gleich genug Festigkeit erlangt, um nicht einseitig abzutropfen und den Wachsstock dadurch unrund zu machen. Eine Regulierung der Geschwindigkeit, mit welcher der Docht durch das Wachs geführt wird, ist daher eine Hauptbedingung für die Erlangung der beabsichtigten Stärke.

Walrat (Spermaceti), der schönste natürliche Kerzenstoff, muß, um bildsam zu sein, einen Zusatz von 3 Prozent Wachs erhalten, da er sonst in seiner natürlichen blätterigen Kristallform anschießen und häßliche, unganze Kerzen geben würde. Es fließt wie Wasser und zieht sich so stark zusammen, daß der erste Einguß ein zur Hälfte hohles Licht gibt und die Höhlung durch Nachgießen gefüllt werden muß. Auch das Paraffin wird wohl stets mit einem Zusatz von Stearin u. dergl. verarbeitet, da die Masse an sich zu weich ist, so daß reine Paraffinkerzen sich gern krumm biegen.

Ätherische Öle und Parfümerie.

Vorliebe für Wohlgerüche im Altertum. Räucherungen beim Tempeldienst. Einbalsamierungen. Griechische und römische Parfumierkunst. Spezereihandel Arabiens. Die Wohlgerüche im 17. Jahrhundert. Die heutige Ausbildung des Geruchssinnes. — Ursachen des Wohlgeruchs. Die ätherischen Öle. Vorkommen in den verschiedenen Pflanzenteilen. Gewinnungsarten. Pressen, Destillieren, Macerieren u. s. w. Eigenschaften und chemische Zusammensetzung der ätherischen Öle. Verwandtschaft untereinander. Sauerstofffreie: Terpentinöl. Zitronenöl. Rosenölstearopten. Sauerstoffhaltige: Nelkenöl. Orangenblütenöl. Rosenöl. Bittermandelöl und Nitrobenzol. Schwefelhaltige Öle riechen nicht gut. — Volkswirtschaftliche Bedeutung der Parfümeriefabrikation. Nizza, Cannes und Grasse. Darstellung von wohlriechenden Wassern, Boukett, Essenzen, Pomaden. Von Eau de Cologne, Eßboukett, Spring-Flowers zu Kakodyl.

———

Im Altertume standen die Wohlgerüche, namentlich in den von Kulturvölkern bewohnten wärmeren Ländern, in einer Art in Ansehen, von der wir in unsrer nüchternen Zeit uns kaum eine Vorstellung machen können. Der Grund war ein mehrfacher, besonders aber lag er in der geringeren Auswahl, welche man früher unter den die Behaglichkeit erhöhenden Naturprodukten hatte, und der zufolge die Riechstoffe das ganze Territorium von Bedürfnissen zu befriedigen, wenigstens zum größten Teil zu befriedigen hatten, worein sich jetzt die Narkotika, mancherlei Aufgußgetränke und viele der seelenerheiternden Produkte der Gärung teilen. Dann aber, und solcher Art besteht er auch jetzt noch, in der bei weitem stärkeren Ausdünstung, welcher südliche Völker unterworfen sind, und die selbst bei der sorgsamsten Reinlichkeit sich in nicht zu angenehmer Weise bemerklich macht und den Wunsch nach einer maskierenden Einhüllung nahe legen mußte.

Der Gebrauch, mit wohlriechenden Substanzen den Körper zu salben, ergab sich von selbst. Wir wollen zwar die reichliche Verwendung von Weihrauch und andern aromatischen Stoffen im Tempeldienste nicht auf eine so rohe Ursache zurückführen, sondern uns an der

37

schöneren Auffassung erfreuen, daß durch die vom Altar aufsteigenden Wohlgerüche die persönlich gedachte Gottheit in direkte Verbindung mit dem Opfernden gesetzt wurde; indessen wenn wir nach unsern Nasenempfindungen bei Volksversammlungen, Sänger=, Schützen= und Turnfesten und dergleichen Zusammenkünften in die Vergangenheit zurückschließen dürfen, so werden wir wenigstens glauben müssen, daß jene Nebenwirkung von heiligen Räuche= rungen durchaus nicht zu verachten gewesen ist.

Soweit wir in der Geschichte zurückgehen können, soweit finden wir auch Nachweise, daß der Gebrauch von Parfümerien ein sehr alter ist. Auf assyrischen, ägyptischen, grie= chischen und andern Bildwerken sind Figuren eingegraben, welche sowohl die Verflüchtigung wohlriechender Harze oder ähnlicher Stoffe als die Besprengung mit aromatischen Wässern darstellen, und bei der Einbalsamierung der Mumien wurden wohlriechende Substanzen in großen Mengen verbraucht. Bei den Israeliten war die Anfertigung des Räucherwerks eine Aufgabe der Priester, und Moses gab auf göttlichen Befehl selbst das Rezept zu einem heiligen Öle aus Myrrhen, Cinamet, Kalmus, Cassia und Öl vom Ölbaum, womit die Stiftshütte und die Bundeslade gesalbt werden sollte.

Griechen und Römer sind bekannt wegen ihrer Vorliebe für Wohlgerüche. Von den ersteren salbten sich die Reichen dreimal des Tags. Bei ihren Mahlzeiten spielten Räuche= rungen eine große Rolle, in das Waschwasser warfen sie Veilchen und Rosen, und die Zucht

Fig. 222. Toilette einer ägyptischen Dame.

dieser Blumen war für gewisse Landschaften eine namhafte Er= werbsquelle. Daneben waren aber auch alle möglichen andern Riech= stoffe in Gebrauch, und wie um= fassend derselbe gewesen sein muß, kann der Umstand beweisen, daß, als nach dem Siege Alexanders des Großen über Darius das Lager desselben geplündert wurde, unter andern Kostbarkeiten na= mentlich ein unermeßlicher Reich= tum an köstlichen Salben und Ge=

würzen als bemerkenswert hervorgehoben wird. Gingen doch die verweichlichten Athener so weit, für die besonderen Teile des Körpers besondere Salben in Gebrauch zu nehmen, und während man z. B. das Gesicht mit Palmenöl einzureiben für gut befand, salbte man die Arme mit einem Balsam aus Minze, die Haare mit einem Parfüm aus Majoran, Kinn und Nacken gab man den Geruch nach Feldthymian u. s. w. Die Verschwendung in Parfümerien ging schließlich so weit, daß die Gesetzgeber sich genötigt sahen, Gesetze dagegen zu erlassen, und in Rom, wo das Übertriebenste noch übertrieben wurde, artete die aus Griechenland überkommene Mode so aus, daß Nero bei dem Begräbnis seines Weibes Poppäa mehr Räucherwaren verbrannte als der einjährige Ertrag Arabiens damals betrug.

Arabien war das Hauptbezugsland für Wohlgerüche in damaliger Zeit und der Weih= rauch derjenige Stoff, dem der bei den Mitlebenden sprichwörtliche Reichtum der Araber zum großen Teil seinen Ursprung verdankte. Die Araber scheinen früher schon die Zwischen= händler zwischen den indischen Völkerschaften einer= und Ägypten, Phönikien, Assyrien, Babylonien anderseits gewesen zu sein, und durch die günstige Lage ihrer Halbinsel unter= stützt, vermochten sie die Verknüpfung der Handelsbeziehungen Europas mit dem Osten Asiens zu monopolisieren. Namentlich waren es, wie v. Kremer nachweist, die Sabäer und Gerrhäer, welche sich ausschließlich mit dem Weihrauchhandel befaßten. Dieses Harz, wohl das älteste Räuchermittel, welches bei unsern Kulturvorfahren in Gebrauch gekommen ist, wurde nach Plinius in der Landschaft Schihr gewonnen, und von Sabota (Schibam) aus, wo die Priester für den Gott Sabis den Zehnten davon entnahmen, weiter verführt. Nur die nach Persien und Babylonien bestimmten Karawanen nahmen einen andern Weg. Durch den Weihrauch kamen die Araber über Ormus in Handelsverbindungen mit Indien, indem sie die dort erzeugten Spezereien kennen lernten, und für ihr Produkt Gewürze, wie

Zimt, Cassia u. s. w., eintauschten und als Rückfracht mit nach Hause nahmen. So ent=
wickelte sich ein Verkehr, der vorzugsweise in Spezereien seinen Schwerpunkt hatte, und
welche Bedeutung er gewann, das zeigen schon die Summen an, die ihm von einzelnen,
wie Nero, übergeben wurden; denn wenngleich diese Beispiele monströser Natur sind, so
sind sie immerhin doch Belege für die Allgemeinheit des gedachten Konsums. Auf that=
sächlichere Weise wird die Ausdehnung jenes Handelsbetriebes durch die Straßen charak=
terisiert, auf denen der Verkehr sich bewegte und deren Überreste, Anlagen, Terrassen,
Bebauungen mit Schlössern u. s. w. erkennen lassen, wie sie nur durch einen ganz enormen
Umsatz hervorgerufen werden konnten.

Der Untergang des römischen Kaiserreichs unterbrach die Beziehungen der Völker zu
einander auf die gewaltsamste Weise und für den Spezereihandel konnten die Lehren des
Christentums mit der im Vordergrund stehenden Verachtung sinnlicher Genüsse in der ersten
Zeit wenig Aufmunterndes haben. Es ist in der That eine, wenn wir es so nennen dürfen,
gewaltige Ernüchterung des Geruchssinnes aus jener Zeit historisch zu verzeichnen und erst
der wieder auflebende Drang nach Ausbreitung, der Zug in die Ferne, der sich im 15. Jahr=
hundert zu regen begann, läßt wieder einen Aufschwung erkennen und brachte in den
Erzeugnissen neu entdeckter Länder neue Mittel der Anregung. Aber erst im 17. und

18. Jahrhundert, na=
mentlich an dem glän=
zenden Hofe der fran=
zösischen Könige, er=
langten die Wohlge=
rüche eine Berücksich=
tigung, welche in ihrer
lächerlich übertriebe=
nen Weise häufig an
die Gewohnheiten des
Altertums erinnerte,
ohne aber jene wohl=
thuende Anmut für sich
zu haben, durch die uns
die Ausschreitungen der
Alten, wenigstens der
Griechen, immer noch
gehoben erscheinen.

Fig. 223. Römische Toilettegegenstände, Räucheraltar und Salbengefäße.

Aus dieser Periode soll auch der Name Pomade stammen, welchen man aus der eigen=
tümlichen Anfertigung dieses Toilettegegenstandes ableitet. Es war nämlich eine Zeitlang der
bekanntlich moschusähnliche Geruch verfaulender Äpfel beliebt und man rieb, um sich damit
zu parfümieren, in den Zustand der Verwesung übergegangene Äpfel, deren Fleisch man mit
Gewürznäglein, Zimt u. dgl. gespickt hatte, mit Fett zusammen, mit welcher Komposition dann
die Haare gesalbt wurden. Das Bestreben, durch Neues aufzufallen, der Mode neue Abwechse=
lungen zu bieten, war in Zeiten, wie die Ludwigs XV., vielleicht noch größer als jetzt, und
wenn wir uns überlegen, daß zahlreiche unsrer Riechstoffe einen viel weniger appetitlichen Ur=
sprung haben, als verfaultes Obst ist, so werden wir den Aushilfsmitteln früherer Perioden
unsre Wertschätzung gewiß nicht vorenthalten. Wir dürfen uns wundern, daß Moschus und
ähnliche Parfüme nicht immer als kräftig genug angesehen und Odeurs, wie der von Asa
foetida, bevorzugt wurden, allein da die Folgen von Sünden in den „riechenden Künsten"
von ihren eignen Urhebern ausgebadet werden müssen und die Nachwelt darunter nicht zu
leiden hat, wie von den verkehrten Schöpfungen der Malerei etwa oder der Baukunst —
warum sollen wir uns da das Vergangene in die Nase fahren lassen?

Heutzutage steht die Kunst der Parfümerie, vermöge der Unterstützung, welche sie
einesteils durch zahlreiche Entdeckungen neuer Naturprodukte und anderenteils durch die
nicht minder mannigfaltigen Hervorbringungen der Chemiker erfahren hat, auf einem viel
höheren Standpunkte als früher, wenigstens was eben ihre Mittel anbelangt. Indessen

erfährt sie dennoch nicht jene Begünstigung, die ihr das gebildete Altertum zu teil werden ließ; sie dient keinem so allgemeinen Bedürfnis mehr wie früher. Durch Tabak und andre Genußmittel ist ihr Reich beschränkt worden, und es scheint, als ob diese wirkungsvollen Stoffe sogar eine Demoralisierung unsrer Nasen überhaupt verschuldet hätten. So viel ist wenigstens gewiß, daß an der Verfeinerung, welche Auge, Ohr und Zunge erfahren haben, die Nase in entsprechender Weise nicht teilgenommen hat. Wir sehen besser, haben die feinsten Apparate zu optischen Unterscheidungen, die zeichnenden Künste mit ihrer Perspektive, ihren Stereoskopen u. s. w. beweisen dies verständigere Sehen; ebenso ist das bewußte Hören ein ausgebildeteres geworden; dafür gibt den Beleg die Entwickelung der Tonleiter, welche die Alten in ihrer heutigen Vollkommenheit nicht kannten; der Geschmack hat freilich so allgemeine Errungenschaften nicht aufzuweisen, indessen wenn er auch viel tiefer steht als die beiden vorgenannten Sinne, so zeigt doch die Vergleichung zwischen heute und ehedem, daß ungleich feinere Genüsse an die Stelle der monströsen Ausschreitungen, wie sie in Rom vorkamen, und jener widerlichen Massenverschlingungen, von denen wir aus dem Mittel= alter hören, getreten sind. Die Nase allein scheint das Stiefkind geblieben zu sein; ist dies nun wohl die Folge davon, daß der Mensch seine bildende Aufmerksamkeit mehr den höheren Sinnen zuwendet, oder daß der Geruchssinn überhaupt einer fortschreitenden Erziehungs= methode gegenüber sich undankbar verhält? Wir dürfen mehr geneigt sein, das erstere anzunehmen und darin einen schönen Beweis für die höhere Richtung der Entwickelung der Menschheit zu finden.

Allein wenn wir demgemäß auch die Parfümerie — nämlich die Kunst, Wohl= gerüche für den Gebrauch zusammenzusetzen — nicht in Vergleich bringen wollen mit der Musik z. B., welche Töne in bestimmter Absicht zu einem wirkungsvollen Ganzen mit= einander verbindet (obgleich dies von einzelnen sogar so weit versucht worden ist, daß sie eine Geruchsskala aufstellten, in welcher jeder einfache Geruch einem der zwölf Töne der musikalischen Tonleiter entspricht, und aus welcher nach den Gesetzen der Harmonie und musikalischen Verwandtschaft Geruchskompositionen geschaffen werden sollten), so kann doch immerhin der Geruchssinn angeregt und für ein völliges Wohlbefinden des Menschen auch befriedigt werden; die Mittel dazu und die zweckmäßigste Art ihrer Verwendung kennen zu lernen, dürfte um so mehr Interesse für uns haben, als wir dabei Gelegenheit finden, manche wichtige Frage der Wissenschaft und Technik zu beleuchten.

Wir werden uns dabei zuerst mit einer Klasse von Stoffen etwas eingehender zu be= schäftigen haben, die wir als die am häufigsten auftretenden materiellen Ursachen des Wohl= geruchs der Blumen, Früchte und andrer organischer Produkte ansehen müssen.

Die ätherischen Öle. Sie verdienen unsre Aufmerksamkeit um so mehr, als sie ihres interessanten Verhaltens wegen zu genauen wissenschaftlichen Untersuchungen gedrängt und dadurch auf die überraschendsten chemischen Entdeckungen geführt haben. Wir wollen als Beleg dafür nur vorgreifend erwähnen, daß sich der angenehme Geruch des Bitter= mandelöls aus dem Urin der Pferde und Rinder weit billiger darstellen läßt als aus Mandeln selbst, ja daß man ihn ebensowohl aus dem nichts weniger als wohlriechenden Steinkohlenteer bereiten kann; aus der Karbolsäure des letzteren ist man, nachdem man sie vorher in Salicylsäure übergeführt hat, im stande, Wintergrünöl künstlich zu bereiten; wir wollen ferner zurückerinnern an die Produkte, welche das stinkende Fuselöl darzustellen er= laubte, und bei denen sogar ranzige Butter sich in angenehme Geltung zu setzen wußte.

Die ätherischen Öle haben mit den fetten Ölen nicht einmal die äußerliche Eigenschaft des eigentümlichen Anfühlens gemein. Ihrer chemischen Natur nach sind sie nicht allein von jenen ganz verschieden, sondern auch unter sich selbst zeigen sie in dieser Hinsicht so große Verschiedenheiten, daß sie vom wissenschaftlichen Standpunkte aus zu einer chemischen Gruppe nicht zu vereinigen sind und nur praktische Gründe es wünschenswert erscheinen lassen, diese Flüssigkeiten unter dem Namen ätherische Öle zusammen zu fassen. Sie sind sehr allgemein verbreitete Produkte des Pflanzenreichs und im Tierreiche nur vereinzelt vertreten. Jede Blume, die durch ihren eigentümlichen Geruch uns erfreut, hat in der Regel ihr besonderes ätherisches Öl; ja häufig sind verschiedene Teile derselben Pflanze durch verschiedene ätherische Öle ausgezeichnet.

Das Öl der Rosen ist im Geruch vom Orangenblütenöl gewiß sehr abweichend, und das letztere hat wieder ganz andre Eigenschaften als das aus den grünen Blättern des Orangenbaumes erhaltene Öl. Bei einem und demselben Öle sogar sind bisweilen die Unterschiede so bedeutend, je nach der Gegend, in welcher die Pflanzen gewachsen sind, daß für Zwecke, für welche die Öle ihres feinen Geruchs wegen bereitet werden, die eine Sorte einen zehnmal höheren Preis haben kann als die andre. Die Rosen von Pästum waren im Altertume ihres vorzüglichen Geruchs wegen berühmt, und im Orient wird eine Sorte Rosenöl ganz besonders hoch bezahlt, es ist das von Gazpur. Orangenblütenöl und Resedaessenz wird am besten von Blumen aus der Gegend von Nizza gemacht, dort weiß man auch die Veilchen aus den an den Höhen gelegenen Pflanzungen viel besser zu verwerten als die in dem Thale gezogenen; das Lavendelöl von Mitcham in Surrey wird im Preise achtmal höher gehalten als jedes andre.

Außer in den Blüten der Pflanzen sind ätherische Öle vorzüglich in den Früchten und Schalen derselben enthalten. Wir dürfen nur an den scharfen, würzigen Geruch und Geschmack des Kümmels, des Anis, der Muskatnüsse, des Pfeffers u. s. w. denken oder an die kleinen Bläschen in den äußeren Schalen der Apfelsinen und Zitronen, welche mit dem wohlriechenden Öle gefüllt sind. Aber auch die Wurzel- und Holzbestandteile sind oft damit durchzogen. Das Zimtöl ist vorzugsweise in der Rinde des Zimtbaumes enthalten, das Holz der Zeder verdankt seinen angenehmen Geruch einem eigentümlichen Öle, ebenso wie die Hölzer der meisten Pinusarten, von deren Harz, dem Terpentin, man ja auch das Terpentinöl gewinnt. Sandelholz ist wegen derselben Eigenschaft hochgeschätzt, und in dem neuerdings eingeführten und zu Fächern u. dergl. massenhaft verarbeiteten Veilchenholz ist gewiß auch ein ätherisches Öl die Ursache des Wohlgeruchs, wie man ja auch aus den fein nach Hyazinthen riechenden Linaloeholze Mexikos bereits ätherisches Öl gewinnt. Ingwer und Kalmus haben wohlriechende Wurzeln, aus denen man das Öl darstellt, und so gibt es fast keinen Teil, in welchem sich bei der einen oder der andern Pflanze nicht Riechstoffe abscheiden ließen. Am wenigsten vertreten finden sich dieselben in den jungen Zweigen und Trieben, am reichlichsten in den älteren Organen, welche an der Lebensthätigkeit der Pflanze nicht mehr einen so energischen Anteil nehmen und gewissermaßen als Aufbewahrungsorte dieser Sekretionen dienen; denn die ätherischen Öle scheinen in den Organismen eine weitere zum Unterhalt nötige Umwandlung nicht mehr zu erleiden.

Gewinnungsweisen. Wie gesagt, einzelne Teile der Pflanze sind so reich an ätherischen Ölen, daß man durch bloße Verwundung der äußeren Rinde ein Heraustreten derselben verursachen kann. Die wohlriechenden Balsame wie auch unser Terpentin werden auf diese einfache Weise gewonnen. Aus andern Teilen lassen sich die ätherischen Öle mittels Anwendung von starkem Druck herauspressen, wodurch die das Öl einschließenden Zellen zersprengt werden; so behandelt man die frischen Schalen der Zitronen und verwandter Früchte. Wenn aber das Öl in den betreffenden Pflanzenteilen in so reichlicher Menge nicht vorhanden ist, oder diese selbst so kostbar sind, daß man darauf bedacht sein muß, womöglich ihren Ölgehalt vollständig sich nutzbar zu machen, so hat man zu andern Verfahrungsarten seine Zuflucht zu nehmen. Es kann dann die Extraktion mit Alkohol, Fetten, Ölen und andern Flüssigkeiten, in denen sich die ätherischen Öle lösen, zum Ziele führen, in der Regel aber benutzt man die Flüchtigkeit der ätherischen Stoffe und scheidet sie auf dem Wege der Destillation ab, und zwar der Destillation mit Wasserdämpfen. Als Vorrichtung dazu kann eine gewöhnliche Destillierblase dienen, welche im Innern einen Siebboden hat. Auf diesen werden die Blüten, Früchte oder dergleichen geschüttet, während das Wasser den darunter liegenden Raum einnimmt. Beim Sieden des Wassers nehmen dann die Wasserdämpfe die in der Wärme gleichfalls rascher verdunstenden flüchtigen Öle mit fort und hinüber in die Vorlage, wo sich aus der Verdichtung beider eine wässerige Flüssigkeit absetzt, welche durch kleine, darin herumschwimmende Öltröpfchen milchartig getrübt erscheint. Läßt man dieselbe nur kurze Zeit stehen, so erfolgt eine Scheidung; das leichtere Öl geht nach oben und kann für sich abgenommen werden. Diese ältere Methode der Darstellung ätherischer Öle findet man in Deutschland wohl nirgends mehr, sie wird nur noch von den Bauern im südlichen Abhange des Balkangebirges gehandhabt, die ihr

Rosenöl auf diese Weise destillieren, vielleicht auch in China und Indien, wo man Cassiaöl, Nelkenöl u. s. w. gewinnt. Bei uns bedient man sich der viel zweckmäßigeren Destillation mit gespannten Dämpfen, d. h. man entwickelt Wasserdämpfe von höherer Spannung abgesondert in einem Dampfkessel und läßt sie durch ein Rohr in die Destillierblase, zwischen dem ersten und zweiten siebartig durchlöcherten Boden einströmen.

Ein ganz vorzüglicher Destillierapparat ist der in Fig. 224 dargestellte. Durch das Rohr A A strömen die Wasserdämpfe zwischen die doppelten Böden der Destillierblase, in welcher sich die ölhaltigen Pflanzenteile befinden. Eine Rührvorrichtung erlaubt, das Gemisch, wenn nötig, in Bewegung zu erhalten. Die verdampfenden Teile ziehen aus dem Helm durch das Rohr B in den Kühlapparat C, dessen Einrichtung wir schon früher kennen gelernt haben. Bei R fließt das kondensierte ölhaltige Wasser ab, und in dem Gefäß E sondern sich die beiden Bestandteile.

Die meisten ätherischen Öle sind leichter als Wasser, einige jedoch auch schwerer, diese setzen sich daher unten ab. Da die ätherischen Öle nicht ganz unlöslich in Wasser sind, so besitzt das kondensierte Wasser gleichfalls den Geruch der Öle, aber in schwächerem Grade. Dieses Kondensationswasser wird bei den neueren Apparaten immer wieder in die Destillierblase zurückgeleitet, und zwar mittels der auf der Zeichnung ersichtlichen Hebervorrichtung. Der Abfluß des Wassers muß natürlich, je nachdem das Öl leichter oder schwerer als Wasser ist, entweder aus dem unteren oder aus dem oberen Teile des Kondensationsgefäßes erfolgen. Durch diese Einrichtung wird eine größere Ölausbeute erzielt. Bei Apparaten, die nicht mit dieser Vorrichtung versehen sind, wird das Destillationswasser, in welchem ein Teil des ätherischen Öles gelöst bleibt, der sich selbst bei längerem Stehen der Flüssigkeit nicht ausscheidet, um denselben auch nutzbar zu machen, immer wieder zur Abtreibung frischer Pflanzenteile derselben Art verwendet. Bei einem sehr geringen Ölgehalt der letzteren ist diese Methode überhaupt nur der einzige Weg, den Geruch in Form von ätherischem Öl zu gewinnen; man muß dann mit einer und derselben Menge Wasser immer wieder neue Mengen des betreffenden frischen Pflanzenteils destillieren, bis sich endlich das Öl in solcher Menge in dem Wasser angesammelt hat, daß es zur Abscheidung gelangt, die man noch durch Zusatz von etwas Kochsalz unterstützen kann. In Fällen aber, in welchen man auch auf diese Weise kein Öl gewinnen kann, oder in denen der zarte Blumengeruch, wie z. B. bei Jasmin, Reseda u. s. w., durch die Destillation in seiner Feinheit beeinträchtigt wird, bedient man sich andrer Verfahrungsweisen, um die Wohlgerüche für die Zwecke der Parfümerie verwendbar zu machen.

Da man Wohlgerüche dieser Art gewöhnlich in Verbindung mit Fetten oder Ölen, oder als Lösungen in Alkohol verwendet, so benutzt man das Mittel des Digerierens mit feinstem Oliven= oder Behenöl als sehr zweckentsprechend. Man schichtet jedoch gewöhnlich die Blüten abwechselnd mit Baumwolle, die mit dem feinsten Baumöl getränkt ist; nachdem man die Blumen öfters durch frische ersetzt und das Öl sich hinreichend mit dem Riechstoff geschwängert hat, wird die Baumwolle ausgepreßt oder, wenn es die Umstände erlauben, mit Wasser destilliert. Diese mit dem Wohlgeruch beladenen fetten Öle benutzt man als Zusatz zu Haarölen und Pomaden. Sind aber in den Pflanzenteilen nebenbei auch noch Substanzen enthalten, welche sich mit in dem Olivenöle lösen würden, die aber den Geruch beeinträchtigen, so muß man das Verfahren dahin abändern, daß man die Blüten nicht direkt mit dem Fettstoff in Berührung bringt, sondern denselben nur den Duft aufsaugen läßt. Anstatt der fetten Öle wird auch häufig reines Fett zum Aufsaugen der Blumendüfte verwendet; aus solchem Fette läßt sich dann der Geruch auch auf Alkohol übertragen. Indessen sind dies schon Operationen, welche mehr in die praktische Parfümerie eingreifen, und da sie in der Regel nicht auf die Gewinnung ätherischer Öle in reinem Zustande, sondern direkt auf die Herstellung von Pomaden u. s. w. ausgehen, so werden wir noch Gelegenheit finden, darauf zurückzukommen.

Eigenschaften und Zusammensetzung der ätherischen Öle. Manche ätherischen Öle sind in ihren Haupteigenschaften einander so nahe verwandt und viele von ihnen zeigen sogar eine solche Übereinstimmung in chemischer Beziehung, daß die Verschiedenheiten, welche sie untereinander haben, uns mehr überraschen als das allen Gemeinsame; während andre wieder ihrer chemischen Natur nach ganz verschieden sind. So finden wir unter den ätherischen Ölen Kohlenwasserstoffe, Kampferarten, Alkohole, Aldehyde, Ätherverbindungen der verschiedensten Art u. s. w. vertreten und die meisten dieser Öle sind sogar natürliche Gemische von Gliedern der genannten chemischen Gruppen in schwankenden Verhältnissen.

Das Charakteristische der ätherischen Öle im allgemeinen ist ihre Flüchtigkeit und ihr intensiver Geruch. Hinsichtlich des letzteren hat man bei einigen Ölen eine interessante Beobachtung gemacht. Zitronenöl nämlich und Terpentinöl, welche in ihrer chemischen Zusammensetzung einander vollständig gleich sind, denn sie bestehen beide aus denselben Prozentmengen Kohlenstoff und Wasserstoff, haben in ihrem reinsten Zustande, frisch in einem luftleeren Gefäß über gebranntem Kalk destilliert, keinen Geruch und sind voneinander auch in ihren physikalischen Eigenschaften, z. B. in bezug auf ihre Farbe, auf spezifisches Gewicht, Lichtbrechung u. s. w., nicht zu unterscheiden. Sobald sie aber einige Augenblicke nur an der Luft gestanden haben, stellt sich bei jedem der ihm eigentümliche Geruch wieder ein.

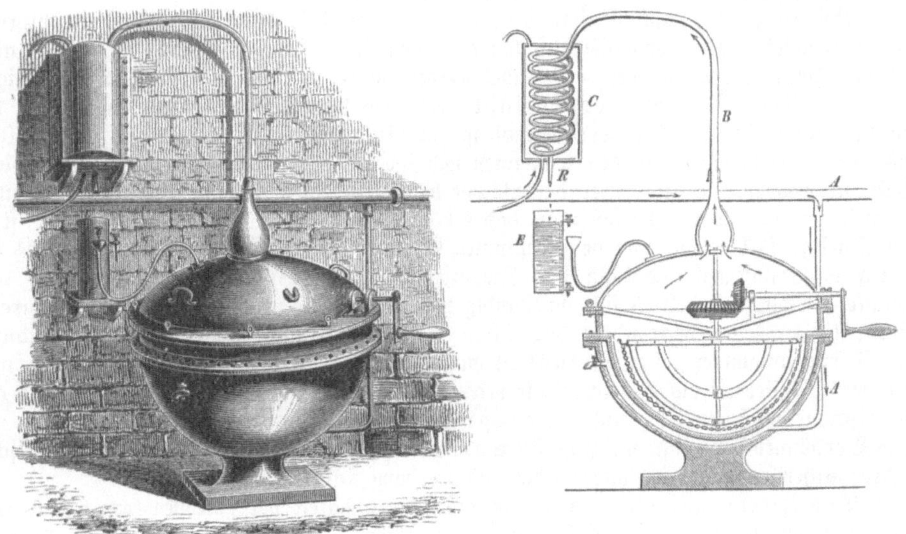

Fig. 224. Verbesserter Apparat zur Destillation ätherischer Öle.

Das spezifische Gewicht der ätherischen Öle ist meist geringer als das des Wassers, doch gibt es auch einige, die davon eine Ausnahme machen, wie z. B. das Nelkenöl, und in Wasser zu Boden sinken. Die leichte Entzündlichkeit zeigt schon an, daß Wasserstoff und Kohlenstoff an der Zusammensetzung der ätherischen Öle den Hauptanteil haben. Einige bestehen bloß aus diesen beiden Elementen, bei andern tritt noch Sauerstoff hinzu, Stickstoff aber nur in sehr wenigen Fällen, und ebenso ist der Schwefel nur einer kleinen Klasse eigentümlich.

Die sauerstofffreien ätherischen Öle führen uns die schönsten Beispiele von Isomerie vor; bei ganz gleicher chemischer Zusammensetzung sind die übrigen Eigenschaften zweier solcher isomerer Stoffe so verschieden, daß man geneigt sein dürfte, eher jede chemische Übereinstimmung wegzuleugnen.

Bei weitaus der größeren Anzahl der ätherischen Öle bilden Kohlenwasserstoffe den Hauptbestandteil; man bezeichnet dieselben mit dem gemeinschaftlichen Namen Terpene, sie sind sämtlich von gleicher prozentischer Zusammensetzung und enthalten in 100 Teilen 88,25 Teile Kohlenstoff und 11,75 Teile Wasserstoff; auch der Siedepunkt ist bei den meisten derselben der gleiche (176° C.), und doch besitzen sie alle einen verschiedenen Geruch und gewöhnlich auch ein verschiedenes Verhalten gegen das polarisierte Licht. In letzterer Hinsicht gibt es sowohl inaktive, als auch rechts und links drehende Terpene; auch die Stärke der Drehung ist verschieden. Solche Terpene sind beispielsweise das Citren des Zitronenöls, das Hesperiden des Orangenöls, das Bergamen des Bergamottenöls, das Carven des

Kümmelöls, das Thymen des Thymianöls u. s. w., sie sind sämtlich isomer. Andre Kohlen=
wasserstoffe, wie z. B. die im Salbeiöl, Kubebenöl, Wacholderöl, sind als Polymere der
Terpene zu betrachten, da sie beträchtlich höhere Siedepunkte, 250—270°, besitzen. Trotz
der Gleichheit in der prozentischen Zusammensetzung ist es jedoch noch nicht gelungen, eines dieser
Terpene in ein andres überzuführen, so z. B. das billige Terpen des Terpentinöls in das
kostbare Hesperiden des Orangenblütenöls und ist bis jetzt hierzu auch keine Aussicht vorhanden.

Sehr viele der ätherischen Öle sind, wie z. B. das Rosenöl, das Anisöl, Gemenge
zweier verschiedener Öle, von denen das eine gewöhnlich einen weit niedrigeren Schmelz=
punkt hat als das andre und deshalb bei Temperaturerniedrigung auskristallisiert. Diese
sich in der Kälte ausscheidenden Öle bezeichnet man wohl mit dem Namen Stearopten,
während man die flüssig bleibenden Eläopten nennt. Einen Schluß auf die chemische Natur
lassen diese Bezeichnungen nicht zu. Durch Aufnahme von Sauerstoff verändern sich die
ätherischen Öle und die meisten derselben verwandeln sich in einen dicken Balsam, der auch
schon fertig gebildet sich in den Pflanzen bisweilen vorfindet.

Bei der großen Zahl bis jetzt bekannter ätherischer Öle können hier nur die wichtigsten
kurz betrachtet werden; von diesen sollen aber auch einige Berücksichtigung finden, die nicht
für die Zwecke der Parfümerie verwendet werden können; zu diesen gehört z. B. das billigste
aller ätherischen Öle, das Terpentinöl, das seine hauptsächlichste Verwendung in der
Lackfabrikation findet. Das Terpentinöl ist ein Bestandteil des Terpentins; dieser fließt
aus den Verwundungen an den Stämmen und Zweigen gewisser Pinusarten als ein dicker
Balsam, welcher nach dem Alter der Bäume bald mehr, bald weniger verharzt ist. Durch
Destillation mit Wasser trennt man das Öl von dem Harze. In reinem Zustande ist es
dünnflüssig, farblos und von dem bekannten Geruche. An der Luft stehend, nimmt es be=
gierig Sauerstoff auf und kann das Zwanzigfache seines Volumens in kurzer Zeit ver=
schlucken, endlich wandelt es sich vollständig in Harz um. Dämpfe von reiner Salzsäure in
Terpentinöl geleitet, verwandeln das Öl in eine eigentümliche kampferähnliche Verbindung,
den Terpentinkampfer. Das Kienöl ist eine minder gute Sorte Terpentinöl, welche man
bei der Pechsiederei als Nebenprodukt erhält. Das Terpentinöl löst alle Harze sowie alle
ätherischen und fetten Öle, und diese Eigenschaft läßt es sowohl in der Lackfabrikation als
zum Verdünnen der Ölfarben, zum Fleckausmachen und unrechtmäßigerweise zum Verfälschen
andrer ätherischer Öle eine ausgedehnte Verwendung finden.

Das Zitronenöl wird durch Auspressen der Schalen der Zitronen (von Citrus me-
dica) gewonnen. In der Likörfabrikation, der Bonbonfabrikation und der feineren Bäckerei
wird es häufig angewandt. Es setzt in großer Kälte Stearopten ab. Das Öl aus den
Schalen der Früchte von Citrus bergamia, das bekannte Bergamottöl, besitzt einen sehr
feinen Geruch und eine gelblichgrüne Farbe; dasselbe hat wie das Apfelsinenöl (aus Citrus
aurantium sinensis) ein spezifisches Gewicht, welches dem des Zitronenöls ($0{,}85$) völlig
gleichkommt. Alle diese Öle werden vorzüglich in Sizilien, sodann aber auch in Spanien
und Portugal fabriziert.

Eins der kostbarsten ätherischen Öle ist das Neroliöl, aus den Blüten des bitteren
Pomeranzenbaums (Citrus bigaradia) dargestellt; es wird fast dem Rosenöl gleich im Preise
gehalten. Als reines Öl hat es einen weniger angenehmen Geruch, als wenn es mit dem
20= oder 30fachen Volumen Alkohol verdünnt worden ist. Es verhält sich in dieser Be=
ziehung gerade wie das Rosenöl, welches aus der Türkei zu uns kommt. Die Rosenkultur
behufs der Gewinnung des Öles bildet dort, am Südabhange des Balkangebirges und
hauptsächlich in der Gegend um Kislanik, einen ganz eignen Erwerbszweig der Bauern.
Man läßt die Rosenbüsche nicht hoch wachsen, sondern zieht sie niedrig am Boden. Die eben
entfalteten Blumen werden jeden Morgen gesammelt und gleich entblättert, die Blumenblätter
mit Wasser destilliert und dieses, welches das Öl aufgelöst enthält, wird über Nacht in der
Kälte stehen gelassen, damit das Öl erstarre und sich von dem Wasser sondere. Die Kübel
werden dabei mit feuchten Tüchern überdeckt gehalten. Die Ausbeute ist freilich eine sehr
geringe, denn man kann, wenn man 20 000 Rosen der Destillation unterworfen hat, im
günstigsten Falle darauf rechnen, auf dem Wasser ein Ölhäutchen zu finden, welches gesam=
melt ungefähr ein Rupiengewicht Öl gibt. Das Rosenwasser benutzt man wiederholt zur

Destillation frischer Blüten. Reines Rosenöl ist in unserm Handel nur sehr selten zu be=
kommen, denn dasjenige, welches unter diesem Namen gewöhnlich verkauft wird, ist in der
Regel betrügerischerweise mit Geraniumöl und Walrat versetzt worden, um die Masse zu
vermehren.

Für die Zwecke der Parfümerie werden hauptsächlich noch folgende Öle verwendet:
Das Lavendelöl, welches hauptsächlich in der Gegend von Nizza, Grasse und Monaco
aus den Blüten der Lavendula vera destilliert wird, dessen feinste Sorte jedoch, wie schon
erwähnt, das englische Mitchamöl ist; das Rosmarinöl, aus dem blühenden Kraute von
Rosmarinus officinalis, in Südfrankreich und Italien gewonnen; ebenfalls von dorther erhält
man das Thymianöl, welches jedoch nur in sehr kleinen Mengen den Parfümmischungen
zugesetzt werden darf, man gewinnt es aus Thymus vulgaris; ferner Cassiaöl und
Ceylonzimtöl, aus den schon bei den Gewürzen erwähnten Zimtrinden in den betreffenden
Produktionsländern destilliert; Nelkenöl, das riechende Prinzip der Gewürznelken, schwerer
als Wasser, dickflüssig, von bräunlicher Farbe, zum größten Teil aus Eugenol bestehend.

Fig. 225. Inneres einer Parfümeriefabrik in Nizza.

Manila liefert uns das prächtig wie Hyazinthen riechende Ylang = Ylangöl oder Orchideenöl,
sowie Ceylon und das indische Festland das zu ordinären Parfümerien viel verwendete billige
Citronellaöl; aus Andropogon citriodorum gewonnen; dagegen wird das Patschuliöl
bei uns erst aus von Ostindien bezogenem Kraute (Pogostemum Patchuli) destilliert; der
Geruch dieses Öles ist so stark und eigentümlich, daß es nur in äußerst kleinen Mengen
verwendet werden kann, übrigens auch nicht jedermanns Liebhaberei ist; dasselbe gilt vom
Sandelholzöl, Zedernholzöl und Vetiveröl.

In der Likörfabrikation werden dagegen hauptsächlich verwendet die Öle von Kümmel,
Fenchel, Anis, Koriander, Wermut, Wacholder, Pfefferminze, Krauseminze, Kalmus, Macis
und Kardamom; zu medizinischen Zwecken, außer mehreren der bereits genannten, Kamillenöl,
Baldrianöl und Cajeputöl.

Wir haben uns noch eine Besprechung des Bittermandelöles vorbehalten, weil
dasselbe unter den ätherischen Ölen eine eigne Rubrik für sich in Anspruch nimmt. Es ist
nämlich das Produkt eines chemischen Prozesses, der eintritt, wenn man zwei an und für
sich ganz geruchlose Stoffe bei Gegenwart von Wasser in der Wärme aufeinander einwirken

läßt. Der eine dieser Stoffe heißt Emulsin, der andre Amygdalin. In den bitteren Mandeln sind sie beide enthalten, und man kann daher, wenn man die Mandeln zerstößt und durch Auspressen des Breies das fette Öl entfernt hat, durch Destillieren des mit Wasser angerührten Rückstandes das ätherische Öl abtreiben und in der Vorlage auffangen.

Das destillierte Öl ist gelblich, von starkem Geruch, schwerer als Wasser und siedet erst bei über 100 Grad. Wenn es nicht einer besonderen Reinigung unterworfen worden ist, so hat es giftige Eigenschaften, denn es enthält gewöhnlich eine nicht unbeträchtliche Menge Blausäure. An der Luft zersetzt es sich und verwandelt sich durch Sauerstoffaufnahme in Benzoesäure. Da das Bittermandelöl namentlich auch viel zu Bäckereien, Likören u. s. w. gewonnen wird, so ist die Reinigung von der Blausäure eine Sache von der größten Wich= tigkeit. Das Nitrobenzol, welches, wie schon früher erwähnt, ganz denselben Geruch wie das Bittermandelöl hat, nur weniger fein, kann zwar zum Parfümieren ordinärer Seifen als Ersatzmittel des Bittermandelöles dienen, niemals aber für die Zwecke der Bäckerei und Likörfabrikation, da es sehr giftig wirkt und auch unangenehm schmeckt. Dieses Nitro= benzol hat übrigens in chemischer Hinsicht gar nichts mit dem Bittermandelöl, dem Benzal= dehyd, gemein. Dagegen stellt man jetzt aus dem Toluol des Steinkohlenteers ein künst= liches Bittermandelöl fabrikmäßig dar, das wirklich aus Benzaldehyd besteht und dem= nach mit dem Bittermandelöl bis auf den fehlenden Blausäuregehalt identisch ist; durch den Geruch sind beide kaum zu unterscheiden, wohl aber ist der Geschmack noch etwas verschieden.

Fig. 226. Macerationsbäder.

Wenden wir uns nun noch einer andern Klasse von ätherischen Ölen zu, so können wir dieselben von den bisher betrachteten schon nach dem Eindruck, den sie auf unsern Geruchssinn machen, streng sondern, denn wenn die einen gerade ihres angenehmen Duftes wegen besonders ge= sucht waren, so sind die an= dern oft im höchsten Grade übelriechend, und nur ihre medizinischen Eigenschaften machen sie uns wichtig, oder etwa der sonderbare Ge= schmack der Zunge, welcher dergleichen Stoffe als Reizmittel und Würzen hervorsucht. Zwie= beln, Rettiche, Senf u. s. w. sind Pflanzen, die bei fast allen Völkern in gutem Ansehen stehen. Die Israeliten murrten in der Wüste und sprachen: „Wir gedenken der Gurken und Me= lonen, des Lauchs, der Zwiebeln und des Knoblauchs", und Spanier und Italiener können ohne Zwiebeln keine Mahlzeiten halten. Wenn auch diese Naturprodukte nicht überall mit solcher fast an Verehrung streifenden Vorliebe betrachtet werden, welche die südlichen Völker von den Mauren und diese von den Ägyptern angenommen haben mögen, so öffnet doch selbst der penible Brite der Zwiebel und dem Knoblauch die Thür seiner Küche und findet sie schmackhaft. Der Grund des allgemeinen Konsums liegt aber nur in den ätherischen Ölen, welche in ihnen enthalten sind und die, für sich dargestellt, einen — wie schon erwähnt — bisweilen ganz abscheulichen Geruch besitzen.

Die Öle dieser Gattung enthalten sämtlich einen Bestandteil, welchem wir bei den früher betrachteten noch nicht begegnet sind, Schwefel, und es scheint als Regel zu gelten, daß ein solches Öl um so mehr stinkt, je mehr es von diesem infernalischen Gesellen in sich aufgenommen hat. Das wichtigste dieser Öle ist das Senföl, welches aus den schwarzen Senfsamen nach Abpressen des fetten Öles durch Destillation mit Wasserdampf gewonnen wird. Wie das Bittermandelöl nicht fertig gebildet in den Mandeln enthalten ist, sondern erst durch Einwirkung des Wassers sich bildet, so ist dies auch beim Senföl der Fall. Dieses Öl besitzt einen sehr scharfen, die Augen zum Thränen reizenden Geruch und seine hautrötende Eigenschaft ist wohl jedem aus der Wirkung des Senfpflasters bekannt. Wie das Bittermandelöl, so läßt sich auch das Senföl künstlich darstellen; es ist nämlich seiner chemischen Natur nach Schwefelcyanallyl, während das ebenfalls künstlich darstellbare Knoblauchöl aus Schwefelallyl besteht. Das spezifische Gewicht fast aller schwefelhaltigen Öle ist ein höheres als das des Wassers. Sie werden, mit Ausnahme des Senföls, nur selten dargestellt, und deswegen können wir uns auch einer eingehenden Besprechung der übrigen enthalten.

Verfälschungen. Bei den hohen Preisen, welche die ätherischen Öle besitzen, kommen Verfälschungen sehr häufig vor; wird hierzu irgend ein fettes Öl benutzt, so ist die Entdeckung eines solchen Betrugs nicht schwer; man braucht nur einen Tropfen eines derartig versetzten Öles auf ein Stück Fließpapier zu bringen und an der freien Luft liegen zu lassen, oder in die Nähe eines geheizten Ofens zu bringen, so wird das ätherische Öl verdunsten, das fette Olivenöl aber einen nicht verschwindenden Fettfleck verursachen. Schwieriger schon ist die Entdeckung der Beimengung kleiner Mengen von Alkohol, größere Mengen desselben lassen sich jedoch dadurch leicht nachweisen, daß man das betreffende Öl in einer graduierten Glasröhre mit dem gleichen Volumen Wassers schüttelt; letzteres nimmt den Alkohol auf, wodurch sich das Volumen des Öles vermindert. Sehr schwierig dagegen ist

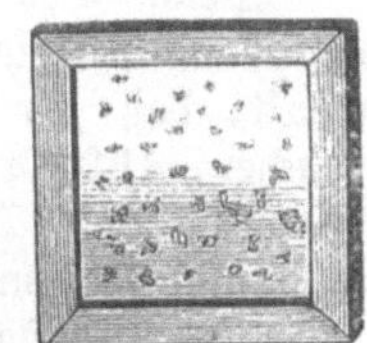

Fig. 227. Absorptionstafeln von Glas.

die Nachweisung der Verfälschung teurerer ätherischer Öle mit wohlfeileren; in der Regel dienen hierzu Öle, die ungefähr denselben oder einen ähnlichen Geruch haben. Die organische Analyse hat, obwohl sie sich bei der großen praktischen Wichtigkeit, welche dieser Gegenstand besitzt, viel mit demselben schon beschäftigt hat, nur wenige Körper gefunden, aus deren Reaktionen man Schlüsse auf die Einzelnatur der ätherischen Öle machen kann.

Eins der sichersten Reagenzien, welches wenigstens anzeigt, ob sauerstoffhaltige ätherische Öle mit sauerstofffreien zusammengemischt sind, ist das Nitroprussidkupfer. Da viele Verfälschungen mit reinem Terpentinöl vorgenommen werden, so wollen wir das einfache Verfahren angeben, durch welches man die Gegenwart desselben in sauerstoffhaltigen Ölen erkennen kann. Man bringt ein Stück Nitroprussidkupfer von der Größe eines Nadelkopfes mit dem zu prüfenden sauerstoffhaltigen Öl in einem Probierröhrchen zusammen, erhitzt das letztere und läßt einige Sekunden sieden. Ist das Öl von Terpentinöl frei, so ist das Nitroprussidkupfer schwarz, braun oder grau geworden, das überstehende Öl hat ebenfalls seine Farbe geändert und erscheint gewöhnlich dunkler. Enthielt aber das Öl Terpentinöl, so ist der Absatz schön grün oder blaugrün, das überstehende Öl farblos oder gelb; immerhin erfordert diese Methode viel Übung und Erfahrung.

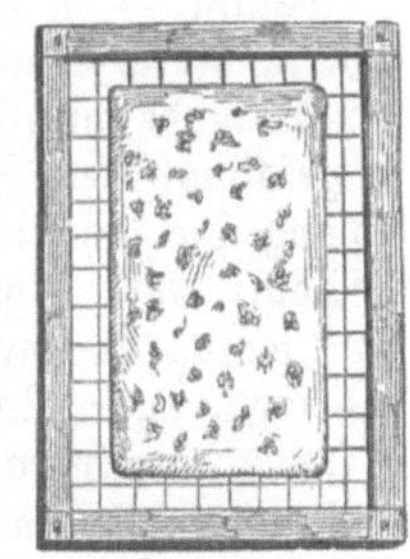

Fig. 228. Drahtgitter zur Absorption mittels Öl.

Die Fabrikation von Parfümerien, welche sich vorzugsweise auf die Gewinnung, auf die Verfeinerung und auf die Zusammenmischung der ätherischen Öle zu besonderen Präparaten gründet, hat in manchen Gegenden, die ihrer natürlichen Lage zufolge für die Zucht wohlriechender Blüten sich gut eignen, eine ganz ungemeine Bedeutung, so namentlich in der Gegend von Nizza, Cannes und Grasse, wo die Bevölkerung zum großen Teil von den Einkünften, welche das gesegnete Klima aus den Dufterträgern der Pflanzen dort zu ziehen gestattet, lebt. Welch enorme Quantitäten wohlriechender Blüten dort verarbeitet werden, mögen nachfolgende Notizen beweisen, die wir dem ausführlichen Buche „Toilettenchemie" von Dr. H. Hirzel entnehmen. Nach demselben verbraucht ein einziger Parfümeriefabrikant, Herr Hermann zu Cannes, jährlich 70 000 kg Orangenblüten, 6000 kg Akazienblüten, 70 000 kg Rosenblätter, 16 000 kg Jasminblüten, 10 000 kg Veilchen, 4000 kg Tuberosen und entsprechend große Quantitäten von spanischem Flieder, Rosmarin, Minze, Limonien, Zitronen, Thymian und zahlreichen andern wohlriechenden Pflanzen und Pflanzenteilen. Im ganzen erzeugen Nizza und Cannes zusammen etwa 25 000 kg Veilchen, welche Blume hier am besten gedeiht; Nizza allein an 200 000 kg Orangenblüten, mit den umliegenden Dörfern zusammen aber weit mehr als das Doppelte. Akazienblüten werden vorzüglich in Cannes gewonnen, wo sie am besten geraten und wo der Ertrag jährlich das Quantum von 17 500 kg etwa erreicht. Derselbe Ort baut auch die meisten Rosen, Jasmin und Tuberosen. Und wenn wir erfahren, daß die Gesamtproduktion von Grasse und Cannes an Parfümerien sich jährlich auf gegen 150 000 kg fertige Pomaden und wohlriechende Öle beläuft, daß außerdem aber dort noch an 250 kg reines Neroliöl, 450 kg reines Petitgrainöl, 4000 kg Lavendelöl, 1000 kg Thymianöl u. s. w. dargestellt werden, und wenn wir uns dazu die fabelhafte Ausgiebigkeit aller dieser Stoffe an Wohlgeruch denken, so werden wir geneigt sein, jenem glücklichen Lande die Fähigkeit zuzutrauen, mit einem einzigen Jahresertrage die ganze bewohnte Erde in den Zustand einer düfteschwangeren Sommernacht zu versetzen.

Welche Bodenstrecken dort von dem Anbau der betreffenden Pflanzen eingenommen werden müssen, kann man aus den gemachten Angaben leicht entnehmen, wenn man dazu bedenkt, daß, um 1000 kg Blüten zu erzeugen, 30 000 Jasminpflanzen, 5000 Rosensträucher, 100 Orangebäume, 800 Geraniumpflanzen und 70 000 Tuberosenwurzeln erforderlich sind. Den meisten Raum verlangen die Veilchen, danach die Orangenbäume; Rosen und Jasmin begnügen sich mit $\frac{1}{3}$, Tuberosen mit $\frac{1}{5}$ der Bodenfläche von jenen.

Aus den Pflanzenteilen werden die verschiedenartigen Parfümmittel, Pomaden, Salben, Haaröle, Waschwässer, parfümierte Seifen, Riechkissen, Riechpapiere, parfümierte Stärke, Räucheressenzen, Räucherkerzen, Räucherbalsame, wohlriechende Wässer und Essenzen u. s. w., soweit es angeht, direkt dargestellt; in Fällen aber, in denen sich dies nicht zweckmäßig erweist, wird der Riechstoff auf eine der früher angegebenen Arten entweder durch Pressung oder durch Destillation, Maceration oder Absorption ausgezogen und in konzentriertem Zustande für die Aufbewahrung und gelegentliche Verwendung geschickt gemacht. Die Erzeugung der reinen ätherischen Öle ist somit eine Hauptaufgabe der Fabriken, die sich mit der Verwertung jener Pflanzenprodukte befassen.

Um Pomaden zu bereiten, kann man sich gleich der natürlichen Blüten bedienen. Man zerläßt die dazu verwendbaren Fette — in der Regel ganz reines Schweineschmalz und Rindstalg — in einem Gefäß, welches man im Wasser= oder Dampfbade erwärmt, und gibt in die geschmolzene Masse die sorgfältig ausgesuchten Blüten, deren Wohlgeruch man der Pomade mitteilen will. Während der Zeit, daß die Blüten darin sind, wird das Fett in geschmolzenem Zustande erhalten, aber nur mäßig erwärmt, damit durch zu große Erhitzung die ätherischen Öle nicht verflüchtigt werden. Schließlich, wenn die Blüten ganz erschöpft sind, seiht man sie ab und ersetzt sie für den Fall, daß der Geruch noch nicht stark genug ist, durch frische, mit denen dieselbe Prozedur vorgenommen wird. Es ist dies das sogenannte Macerieren, welches man auch mit flüssigem Öl, Provenceröl, Mandelöl u. s. w., vornehmen und zur Darstellung wohlriechender fetter Öle (der sogenannten Huiles antiques) benutzen kann. Durch Extraktion mit Weingeist kann man aus dem mit dem Blütenduft beladenen Fette den Riechstoff als Essenz erhalten.

Die Absorption haben wir bei der Darstellung der ätherischen Öle auch bereits erwähnt. Hier müssen wir etwas näher darauf eingehen, denn die feinsten Gerüche werden auf diese Weise den Blumen entzogen, und in Frankreich ist dies Verfahren ganz besonders ausgebildet und in Anwendung. Man hat zu diesem Behufe starke Glastafeln ($\frac{2}{3}$ m lang und ebenso breit) in Rahmen von etwa 6 cm Dicke gespannt; jede derselben wird mit einer Schicht reinen Fettes $\frac{1}{2}$ cm dick belegt und in dieses steckt man die Blüten, deren Duft man auffangen will, mit dem Kelch nach oben. Auf die Glastafel wird eine zweite, in derselben Art zugerichtete, gelegt, welche, als Deckel dienend, den Geruch nicht entweichen läßt, darauf eine dritte wieder mit Blüten besteckt, Glasseite auf Glasseite, die man ebenfalls mit einer Deckplatte versieht, und so fort. Nach ihrer Erschöpfung werden die Blüten durch frische ersetzt. Anstatt der Glastafeln nimmt man auch Drahtgitter, auf welche man Stücke Kaliko mit feinstem Baumöl getränkt legt. Nach geschehener Sättigung preßt man das wohlriechende Öl aus den Tüchern und verwendet es entweder in diesem Zustande zur Bereitung von Pomaden u. s. w. oder man zieht seinen Riechstoff noch mit Weingeist aus.

Die Gegend um Nizza versendet beträchtliche Quantitäten von Extrakten, Ölen, Essenzen u. s. w. in unverarbeitetem Zustande, und es tritt somit für die Fabrikation von

Parfümerien die Mischung jener Stoffe, d. i. die zweckmäßigste Verbindung derselben miteinander zu einem wohlthuenden Ganzen, in den Vordergrund.

Durchaus nicht in allen Fällen werden einfache Gerüche vorgezogen. Man findet vielmehr, daß Kompositionen mehrerer zu einander passender eine angenehmere Wirkung hervorbringen, wenn sie in solchen Verhältnissen zusammengesetzt sind, daß keiner der einzelnen Bestandteile sich selbständig bemerklich macht. Solcher Art sind namentlich die Parfüme, welche in einer Auflösung der ätherischen Stoffe in Alkohol bestehen und Essenzen genannt werden. Ihrer sind Legionen; das bekannteste und angenehmste von allen aber ist wohl das Kölnische Wasser, Eau de Cologne. Seine Darstellung ist natürlich, ebenso wie die Zusammensetzung aller übrigen, ein Geheimnis, welches von den Besitzern mit der größten Ängstlichkeit bewahrt wird. Der Name Farina, an den es sich knüpft, ist in der ganzen zivilisierten Welt bekannt, und wenn man sich von der Wirksamkeit eines bloßen Namens schon einen Begriff machen will, so darf man nur in der „heiligen" Stadt Köln die Straßen um den Jülichsplatz durchwandern und die aushängenden Firmen studieren. Alle Farinas der Welt scheinen hier vereinigt zu sein und alle fabrizieren auf ihren Namen hin Eau de Cologne, gegenüber, am, nahe bei u. s. w. dem Jülichsplatz. Jeder Fremde sucht ja auch nach ihnen: Fremdling, wohin in Köln? Zu Johann Maria Farina, „ältestem Destillateur des echten Kölnischen Wassers!"

Die Grundlage aller „Bouketts" oder „Wässer", wie die Franzosen diese Art Parfüme nennen, ist der Alkohol, der sowohl als Lösungsmittel für die ätherischen Öle als auch seines eignen charakterischen Geruchs wegen eine Rolle spielt, und zwar ist es nicht gleichgültig, ob man Sprit von Wein oder aus Korn, Kartoffeln oder Rüben dargestellt verwendet. Für manche Gerüche empfiehlt sich der eine mehr als die andern, und während man gutes Kölnisches Wasser nur mit reinem Weinsprit bereiten kann, soll nach Angabe von Parfümeuren das Parfüm von Moschus, Ambra, Zibet, Veilchen, Tuberose und Jasmin seinen höchsten Wohlgeruch nur in Lösung von Korn- oder Rübensprit erhalten.

Der Sprit gibt dem Parfüm die Frische, und sein Geruch hat etwas Kräftiges. Um die größte Vollkommenheit zu erreichen, genügt es nicht, die Riechstoffe einfach in Weingeist aufzulösen, man muß die gegenseitige Durchdringung der verschiedenen Verbindungen eine möglichst vollkommene werden lassen, und wenn dies in manchen Fällen durch ein langes Lagern der Mischungen geschehen kann, so haben sich für andre ganz besondere Verfahrungsarten als zweckmäßig erwiesen, welche als Fabrikgeheimnis betrachtet zu werden pflegen und bei denen sogar die Reihenfolge des Zusatzes von großer Bedeutung sein soll. Das feinste Eau de Cologne soll man z. B. auf diejenige Weise darstellen, daß man zuvörderst die Zitronenöle mit dem Weingeist vermischt, dies Gemenge miteinander destilliert und das Destillat erst mit den übrigen Zusätzen, Rosmarinöl, Neroliöl u. s. w., versetzt.

Wenn wir daher die Zusammensetzung eines derartigen Parfüms angeben wollen, so können wir vielleicht eine ganz richtige Prozentangabe der einzelnen Bestandteile machen, und das Ergebnis kann, wenn die Vermischung nicht in der richtigen Weise geschehen, doch nicht die gewünschte Güte erreichen.

Von der Bereitung der Pomaden, parfümierten Öle u. s. w. zu sprechen, wird man uns erlassen, da wir nicht die Zwecke eines Rezeptbuches verfolgen, die verschiedenen Fettkompositionen zu den schon im Altertum als Salben bekannten Haarmitteln aber ein andres Interesse nicht in Anspruch nehmen können.

Es bleibt nur noch übrig, einiges über die dem Tierreiche entstammenden Geruchstoffe, soweit sie für die Zwecke der Parfümerie verwendbar sind, hinzuzufügen; es sind dies: Moschus, Ambra und Zibet; das ebenfalls stark riechende Bibergeil wird nur medizinisch verwendet.

Der Moschus oder Bisam ist ein Sekret des männlichen Moschustieres, eines kleinen, unsern Rehen ähnlichen, in den Hochgebirgen des mittleren und östlichen Asiens lebenden Wiederkäuers, von dem man 13 verschiedene Arten kennt; von diesen liefern jedoch nur einige Moschus, so namentlich Moschus moschiferus und Moschus sibiricus. Von ersterem Tiere stammt die stärker riechende, teurere Sorte, im Handel unter dem Namen tonquinensischer Moschus bekannt, von der andern Art der sogenannte minder wertvolle cabardinische Moschus.

Den alten Griechen und Römern scheint der Moschus völlig unbekannt gewesen zu sein, da man in ihren Schriften keine Andeutungen darüber findet; dagegen ist er in China ohne Zweifel seit undenklichen Zeiten gebräuchlich, ist er doch die Ursache des eigentümlichen Geruchs, den die chinesische Tinte, die Tusche, besitzt. Die ersten Andeutungen über die Benutzung von Moschus, und zwar als Zusatz zu Räuchereimischungen, finden wir unter den arabischen Schriftstellern. Ibn Baitar, der Plinius der Araber, berichtet in der Mitte des 13. Jahrhunderts über Moschus und führt Schriftsteller aus dem 9. Jahrhundert an, welche bereits über die Eigenschaften des Moschus geschrieben haben, Ischag Amran und Ischag ben Honain, vor allen aber der vielgereiste Araber Masudi oder Almasudi, der, einer südarabischen Familie aus dem Hidschas entstammend, gegen das Ende des 9. Jahrhunderts in Bagdad lebte. Später wurde der Moschus auch als Arzneimittel verwendet und findet sich heutzutage noch in dem Arzneischatze unsrer Apotheken. Dieses durch seinen intensiven, lang anhaftenden Geruch ausgezeichnete Sekret findet sich in einem kleinen häutigen Beutel, der in der Mittellinie des Unterleibes zwischen Nabel und Geschlechtsteil, unter langen Haaren versteckt, seine Lage hat. Dieser Beutel ist auf der dem Leibe zugekehrten Seite schwach oder flach konkav, auf der äußeren gewölbt und hier dicht mit rauhen anliegenden Haaren bedeckt, die gegen die Mitte des Beutels hin in Form eines Wirbels angeordnet sind. In der Mitte des Beutels befindet sich ferner nach vorn eine feine Öffnung, die dem Tiere zum zeitweiligen Entleeren des Inhalts dient. Dieser ist im frischen Zustande weich und salbenartig, trocknet aber allmählich zu einer krümeligen, dunkelbraunen Masse zusammen. Die Tiere werden entweder mit Hunden gejagt oder mit Schlingen gefangen; in Sibirien wird der Ertrag der Jagd auf jährlich 50 000 Moschustiere angegeben, von denen nur etwa 9000 Männchen sind. Nach Scherzer beläuft sich der jährliche Export von chinesischem Moschus aus Kanton auf ca. 1200 Caddies (zu 1⅓ Pfund englisch). Bei dem so hohen Preise, den der Moschus besitzt, sind Verfälschungen nicht selten und werden gewöhnlich schon in China ausgeführt, indem man die Beutel vorsichtig öffnet, etwas vom Inhalte herausnimmt, dafür getrocknetes Blut oder andre dem Moschus ähnliche Substanzen hineinfüllt und den Beutel vorsichtig wieder zunäht. In neuerer Zeit kommen auch andre Sorten von Moschusbeuteln in den Handel, die jedoch einen geringeren Wert besitzen, so z. B. der Assam-, der Yünan- und der Taupimoschus.

Ein andres tierisches Sekret von außerordentlich intensivem Geruch ist das Zibet; man gewinnt es von zwei Arten der Zibetkatze, Vivera zibetha und Vivera civetta, welche die Substanz in einer besonderen, in der Nähe des Afters befindlichen Drüse enthalten. Frisch ist das Zibet eine weiße, salbenartige Masse, wird aber später gelb und zuletzt dunkelbraun. Behufs seiner Gewinnung werden sowohl die männlichen als auch die weiblichen Tiere im ganzen südlichen Asien und östlichen Afrika in Käfigen gehalten, da das Zibet in den dortigen Gegenden als Arzneimittel in hohem Ansehen steht. Wir erhalten das Zibet gewöhnlich in Büffelhörner gefüllt und ist dieser Geruch besonders in Frankreich beliebt, doch wird diese Substanz, ebenso auch wie Moschus, nur in äußerst kleinen Mengen in Form eines spirituösen Auszugs andern Parfümen zugesetzt. Weniger noch wird die Ambra benutzt, eine graue, fettartige Masse; man hält sie für eine Art Darmstein oder Gallenstein des Pottwales und findet sie zuweilen auf dem Meere schwimmend.

———

Die Beleuchtung,
insbesondere die Gasbeleuchtung und die damit zusammenhängenden Industriezweige.

Das künstliche Licht. Sind unsre Beleuchtungsmethoden die billigsten? Photometrie. Methode von Rumford, Ritchie, Bunsen. Die Lampen. Zuggläser oder Cylinder. Der Docht. Von der antiken Lampe bis zur Moderateurlampe. Petroleumlampe. Die Gasbeleuchtung. Geschichte derselben. Murdoch, Le Bon. Winzer, Hensrey. Das Leuchtgas und seine Bereitung. Rohmaterialien. Destillation derselben. Ofen und Retorten. Destillationsprodukte. Reinigen des Gases. Gasometer. Gasleitung. Gasuhren. Brenner. Der Hirzelsche Ölgasapparat. Elektrische Beleuchtung. Die Braunkohlen- und Schieferteerindustrie. Hydrocarbure. Leichte und schwere Teeröle. Salycilsäure. Benzin. Paraffin.

———

Die Nacht ist keines Menschen Freund. Wachstum und Heiterkeit, Farbe und Freiheit finden nur im Sonnenlichte Gedeihen. Der Sinn des Gesichts, der edelste und förderndste, ist der Ursprung unsrer Vorstellungen, und alle Sprachen bezeichnen mit denselben Worten die physikalische Erscheinung des Hellerwerdens und geistig das klarere Hervortreten von Begriffen und die schärfere

Begrenzung derselben. Der Tag baut — die Nacht zerstört. Nichts bezeichnet die grenzen=
lose Öde, das Verlassensein eines Charakters von allen warmen Empfindungen für die
Menschheit besser als die Worte Wallensteins: „Nacht muß es sein, wo Friedlands Sterne
strahlen.“

Wir könnten aber aller dichterischen Belege entraten und Zahlen allein sprechen lassen,
um den natürlichen Zusammenhang zwischen sittlichen Zuständen und nächtlicher Dunkelheit
darzuthun. Seit Einführung einer guten Straßenbeleuchtung hat sich die öffentliche Sicher=
heit in gleicher Weise gehoben, wie die Zahl der Laternen sich vermehrt hat.

Die Frage nach künstlichen Lichtquellen, mittels derer wir die Nacht dem Tage nähern
können, ist daher von verschiedenen Gesichtspunkten aus eine der allerwichtigsten, mit denen
sich Wissenschaft und Industrie zu beschäftigen haben.

Die uns zu Gebote stehenden Mittel zur Erzeugung künstlichen Lichtes sind ziemlich
identisch mit denjenigen, durch welche wir uns Wärme erzeugen können; in den meisten
Fällen sind es die die Verbrennung begleitenden Lichterscheinungen, welche wir zu den an=
gedeuteten Zwecken hervorrufen. Es sind dies aber nicht die einzig möglichen, wie das
elektrische Licht beweist, und es ist sogar wahrscheinlich, daß es der Zukunft aufbewahrt ist,
auf bei weitem billigere Weise irgend eine der verschiedenen Äußerungen der Naturkraft,
sei es nun die Wärme oder die Elektrizität oder die mechanische Kraft oder eine andre,
direkt in Licht umzusetzen. Ist es doch umgekehrt der Fall, und der geringe Effekt, den
Lichtstrahlen z. B. in mechanische Arbeit verwandelt ergeben, läßt es wahrscheinlich werden,
daß vice versa beträchtliche Lichteffekte durch verhältnismäßig geringen Aufwand von
mechanischer Kraft hervorgebracht werden können. Das Glühen sehr verdünnter Gasarten
in den sogenannten Geißlerschen Röhren scheint dafür zu sprechen. Da dergleichen Speku=
lationen aber der Wirklichkeit zur Zeit noch fern liegen, so wollen wir uns zur Betrachtung
derjenigen Stoffe und Methoden wenden, welche für den ausschließlichen Zweck der Licht=
entwickelung in allgemeine praktische Verwendung gekommen sind.

Wenn wir von dem elektrischen Lichte absehen, so haben wir es, wie gesagt, bei unsern
Beleuchtungsarten immer mit der Flamme, d. h. mit der Verbrennung, zu thun. Das
Wesen derselben haben wir schon im IV. Bande dieses Werkes entwickelt und uns eben
daselbst auch mit der Natur der Flamme so weit beschäftigt, daß wir uns hier auf jene
Darstellung zurückbeziehen können. Dagegen dürfte es für den vorliegenden Gegenstand
zweckmäßig sein, mit einiger Aufmerksamkeit die Verfahren zu untersuchen, nach denen man
im stande ist, die Quantität des Lichtes zu messen und die gegenseitigen Wertverhältnisse
der Leuchtmaterialien zu bestimmen.

Die Photometrie, d. i. die Lichtmeßkunst, verfügt in ihrer weitesten Ausdehnung über
sehr subtile Methoden, deren Ausführung wir der praktischen Physik verdanken, welche
damit der Astronomie ganz unvergleichlich wertvolle Dienste geleistet hat. Wir müssen
aber darauf verzichten, jene geistvollen Verfahren und Apparate zu besprechen. Wir können
an dieser Stelle unsre Blicke nicht den ewigen Lichtern am Himmel zuwenden; die Objekte
unsrer Untersuchungen können sich nur auf diejenigen Lichtquellen erstrecken, die wir im
Öl, im Talg, im Gas u. s. w. besitzen.

Wie uns schon aus dem II. Bande unsres „Buchs der Erfindungen“ bekannt ist, bestimmt
man die Kapazität eines Leuchtstoffs zu leuchten am einfachsten auf die Weise, daß man
ein bestimmtes Licht von gleichbleibender Stärke als Ausgangspunkt für die Vergleichung,
gewissermaßen als Maßstab annimmt. Ein solches Normallicht kann ebenso gut eine Wachs=
kerze als eine Öllampe sein, nur ist es Bedingung, daß seine Lichtstärke konstant dieselbe
bleibt. Selbstverständlich besitzen aber alle Werte, die man so erhält, keine absolute Be=
deutung, sondern nur eine relative, in bezug auf die als Maßstab angenommene Lichtquelle.

Will man mit einer solchen, deren Lichtstärke man gleich 100 setzt, nun eine andre
Flamme vergleichen, so kann dies auf folgende Art geschehen. Man stellt die beiden Lichter,
wie es Fig. 230 zeigt, nebeneinander in ungefähr 30 cm gegenseitiger Entfernung auf,
so daß beide Flammen in gleicher Höhe sich befinden. Hinter dieselben, am besten in einer
Entfernung von 60 cm, bringt man einen weißen Schirm, auf den man die Schatten eines
zwischen die Flammen und den Schirm gestellten, 6—8 cm von letzterem entfernten Stäb=
chens, wozu jeder Bleistift dienen kann, fallen läßt. Dies Stäbchen wirft einen doppelten

Schatten, von denen jeder durch die zweite Flamme, welche ihn nicht verursacht hat, mit beleuchtet wird. Der Natur der Sache nach muß der von der helleren Flamme hervorgebrachte Schatten dunkler sein als derjenige, welchen die weniger leuchtende Flamme bewirkt. Man hat also nur die beiden Flammen so zu stellen — indem man die Normalflamme an ihrem Orte stehen läßt, die damit zu vergleichende aber, je nachdem sie dunkler oder heller ist als jene, dem Schirme nähert oder von ihm entfernt — daß die beiden Schatten genau dieselbe Helligkeit oder vielmehr Dunkelheit zeigen. Denn in diesem Falle senden beide Flammen gleiche Lichtmengen auf den Schirm, und da die Intensität des Lichtes mit dem Quadrate der Entfernung abnimmt, so ist es leicht, aus den Entfernungen beider Flammen vom Schirme deren Lichtstärke zu berechnen. Gesetzt, die Normalflamme hätte einen Abstand von 60 cm, dagegen hätte die zu untersuchende Flamme dem Schirme bis auf 40 cm genähert werden müssen, ehe beide Schatten gleiche Helligkeit zeigten, so wird sich die Intensität der letzteren zu der der Normalflamme verhalten wie $40 \times 40 : 60 \times 60$ oder wie $4 : 9$. Die zweite Flamme gibt also nur $^4/_9$ soviel Licht als die Normalkerze. Dieses Photometer ist von Rumford' angegeben worden, und wir haben es etwas ausführlich beschrieben, weil es das einfachste ist und weil von jedem unsrer Leser der Versuch ohne weiteres angestellt werden kann. Andre Methoden liefern zwar schärfere Resultate, verlangen aber ausgedehntere Vorbereitungen und eignen sich deswegen mehr zur Anwendung in Anstalten,

wo die Untersuchung von Lichtstärken einen ganz wesentlichen Einfluß auf die geschäftlichen Verfügungen hat, wie z. B. in Gasfabriken, Kerzenfabriken, Ölraffinerien u. s. w.

Es gibt eine große Zahl andrer Apparate, die für denselben Zweck erfunden worden sind. Das Photometer von Ritchie basiert auf demselben Grundsatz der Vergleichung der Ab-

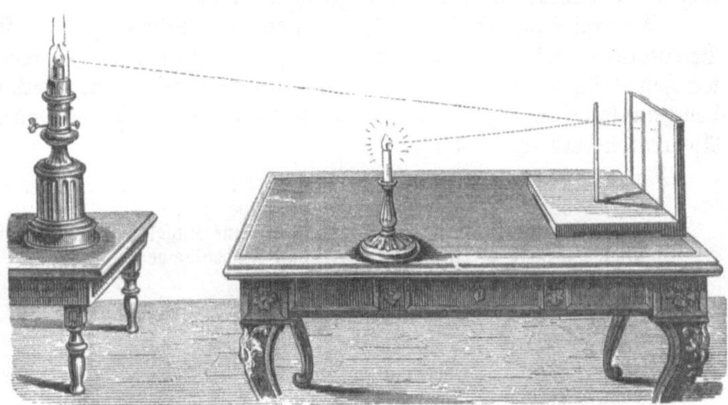

Fig. 280. Rumfords Methode der vergleichenden Messung von Lichtstärken.

stände, es unterscheidet sich aber von dem Rumfordschen dadurch, daß es nicht die Erleuchtung dunkler (beschatteter) Flächen, sondern die Helligkeit der Flammen selbst als Vergleich ansieht. Die Flammen befinden sich zu beiden Seiten des Beobachters, der ihre Spiegelbilder in einem Prisma miteinander vergleicht und, weil dieselben darin ganz nahe nebeneinander erscheinen, durch Nähern oder Entfernen der einen Flamme eine vollständige Gleichhelligkeit beider Spiegelbilder erzielen kann. Aus den Entfernungen der Lichtquellen wird dann auf die schon angegebene Art die Lichtintensität berechnet.

Ungleich vollkommener noch als diese beiden Apparate ist das Photometer von Bunsen. Bei demselben werden die Flammen weder direkt noch durch von ihnen beleuchtete Schatten, sondern auf eigentümliche Weise so miteinander verglichen, daß man zwischen ihnen einen teilweise mit Öl getränkten Papierschirm aufstellt. Die fettigen Partien des Papieres lassen Licht durch, die trockenen reflektieren dasselbe, und bei ungleich starker Erleuchtung auf beiden Seiten werden sich daher die verschieden beschaffenen Schirmteile durch verschiedene Helligkeit voneinander abgrenzen. Ist aber die dem Schirme zuströmende Lichtmenge von beiden Lichtquellen genau dieselbe, so wird von jedem Punkte des Papieres auch eine gleiche Menge teils reflektierten, teils durchgelassenen Lichtes dem Beobachter zuströmen, und die transparenten Stellen werden sich von den trockenen weder auf der rechten noch auf der linken Seite unterscheiden lassen. Der Abstand des Schirmes von den beiden Flammen ist wieder das Mittel für die Berechnung der Leuchtkraft, und es kann die Einrichtung leicht so getroffen werden, daß bei stabilem Stande beider Kerzen die Stellung des Schirmes auf einem entsprechend geteilten Maßstabe gleich die Lichtstärke der mit einer Normalkerze zu vergleichenden zweiten Lichtquelle angibt. Man hat mit dieser Lichteinheit u. a. auch das Mondlicht gemessen, und zwar ist von Sir William Thomson in den letzten Jahren eine wie es scheint recht zuverlässige Beobachtung angestellt worden. Danach würde das Licht des Vollmondes durch dasjenige von 27 Billionen Normalkerzen ersetzt werden können, die man auf der sonst unbeleuchteten und schwarz gefärbten Mondhalbkugel gleichförmig verteilt anbrächte. Weitere Ausführung der Berechnung ergibt, daß, um diese Zahl von Normalkerzen auf der halben Mondoberfläche aufzustellen, man sie dicht aneinander zu packen hätte, wie Zündhölzchen in der Wiener Zündholzbüchse.

Gegenseitige Wertverhältnisse der verschiedenen Leuchtstoffe. Die Beleuchtungskosten hängen aber nicht allein von der Lichtmenge ab, welche eine bestimmte Menge des Leuchtmaterials zu entwickeln im stande ist, sondern ganz besonders auch von dem Preise, den dasselbe besitzt. Wenn also die Leuchtkraft des Wachses zu 100 gesetzt, die der Stearinkerzen zu 95 und die der Talgkerzen ebenso hoch (95) gefunden wird, so ist daraus der Schluß zu ziehen, daß die Beleuchtungskosten sich nur wenig von dem Kostenpreise der betreffenden Stoffe zu gunsten des Wachses modifizieren werden. Daß bei dieser Frage auch die zweckmäßigste Verbrennung der Leuchtstoffe, bei flüssigen (Öl) und gasförmigen (Leuchtgas) die Form der Lampen und Brenner eine ganz besonders wichtige Rolle spielt, braucht nicht erst hervorgehoben zu werden. Wir werden das sehr deutlich bei der Betrachtung der folgenden Tabelle zu ersehen Gelegenheit haben.

Es ergibt sich nämlich nach angestellten Untersuchungen, daß man, um einen gewissen Beleuchtungseffekt, etwa die Erhellung eines Zimmers während einer bestimmten Zeit, welchen 1 kg Solaröl, in einer guten Uhrlampe verbrannt, hervorbringt, von den übrigen Leuchtmaterialien folgende Quantitäten in den entsprechenden zweckmäßigsten Formen oder Apparaten verbrennen müßte:

Gut gereinigtes Petroleum	1,15 kg.
Gutes Rüböl in einer Moderateurlampe	1,25 "
Gutes Rüböl in einer Studierlampe ohne Zugglas mit flachem Docht	1,95 "
Gutes Rüböl in einer gewöhnlichen Küchenlampe	3,82 "
Photogen	1,51 "
Paraffin	1,61 "
Walrat	1,85 "
Wachs	2,0 "
Talg	2,2 "
Stearinsäure	3,28 "

Diese Zahlen sind mit den entsprechenden Materialpreisen zu multiplizieren, um die verhältnismäßige Kostenskala zu erhalten. Schon bei einem flüchtigen Überblicke geht aus dieser Zusammenstellung hervor, daß die flüssigen Leuchtstoffe ein wesentlich billigeres Licht liefern als die festen, und wenn wir das Gas mit in dieselbe Betrachtung hineinziehen wollten, so würden wir finden, daß sich für dasselbe die Kosten noch um vieles niedriger stellen.

Wir haben die Leuchtstoffe, soweit sie der Klasse der Fette und Öle angehören, bereits in einem früheren Kapitel ziemlich ausführlich behandelt, und für die festen auch schon die Art ihrer Verwendung in Kerzenform zum Gegenstande unsrer Darstellung gemacht. Für die flüssigen aber bleiben uns noch die Apparate, in denen dieselben ihre Verbrennung erfahren, nämlich die Lampen, zu besprechen, zumal da in neuerer Zeit durch rationelle Umgestaltungen auf diesem Gebiete die Beleuchtung bei weitem größere Fortschritte gemacht hat als in Jahrtausenden vorher.

Die Lampen, welche im vorigen Jahrhundert noch als unentbehrliche Hausgeräte dienten, unterschieden sich von denen, die wir aus den Ruinen von Pompeji herausgraben, nur dadurch, daß jene viel geschmacklosere Formen besaßen als die letzteren — in ihrem Wesen waren sie ganz dasselbe ursprüngliche Gefäß geblieben, welches nicht einfacher gedacht werden kann, und das mit unbehilflichen Polarbewohnern noch gemein zu haben die hoch entwickelten Kulturvölker für keine Schande hielten.

Im weitesten Sinne haben wir dem Begriffe „Lampe" nicht bloß diejenigen Apparate zu unterstellen, in denen wir gewisse Stoffe verbrennen, wegen des Lichtes ihrer Flamme, sondern auch solche, bei denen die Lichtentwickelung, wie bei der elektrischen Lampe, eine andre Ursache hat als die Verbrennung eines Leuchtstoffs, und weiterhin auch solche, bei denen die Verbrennung nicht sowohl Licht= als Wärmeerzeugung bezweckt, die sogenannten Wärmelampen. Die letzteren fallen schon deswegen mit in den Kreis unsrer Betrachtung, weil ihre Konstruktion in der Regel von denselben Gesichtspunkten auszugehen hat, wie die der Leuchtlampen.

Maßgebend für eine Lampe ist immer das Brennmaterial, welches in der zweck= mäßigsten Weise auf Licht oder Wärme darin auszunutzen ist. Manche der hier in Betracht kommenden Stoffe sind so leicht entzündlicher Natur, daß sie in jeder Quantität in Brand zu setzen und darin zu erhalten sind. Ihre große Flüchtigkeit aber, welche durch die bei der Verbrennung entwickelte Hitze erst recht hervorgerufen wird, läßt dann leicht zu große Mengen in die Verbrennung übergehen, Mengen, für welche der nötige Sauerstoff nicht ebenso rasch zugeführt werden kann. Es muß daher bei solchen Leuchtmaterialien die Ver= brennung durch besondere Einrichtung der Lampen gemäßigt, der Luftzutritt dagegen ver= mehrt werden, bis das richtige Verhältnis hergestellt ist. Das Terpentinöl ist ein Beispiel derartiger Stoffe. Andre wieder, wie das Rüböl, sind schwerfälligerer Natur und verlangen eine ganz besondere Zusammenhaltung der Verbrennungswärme, damit die entsprechende Brennstoffmenge immer wieder in brennbare Gase verwandelt wird.

Die Theorie der Verbrennung und mit ihr die Erklärung des Wesens der Flamme stammt zwar schon aus dem vorigen Jahrhundert, indes hat man erst in dem jetzigen die großen praktischen Vorteile, die sich für die Beleuchtung aus einer Verfolgung wissenschaft= licher Prinzipien ergeben, benutzt. Nicht nur, daß die Gasbeleuchtung einzig in derselben eine sichere Basis und eine unumstößliche Grundlage finden konnte, auch eine große Zahl andrer für die Beleuchtung interessanter Probleme wurde gelöst und manche Fragen be= antwortet, welche von großer Wichtigkeit waren.

Leuchtende und nichtleuchtende Flammen. So erkannte man sehr bald, daß der Grund, warum manche Flammen mit großer, andre mit sehr geringer Helligkeit leuchten, in der Menge fester Teilchen zu suchen sei, welche in dem Flammenmantel zum Glühen kommen, bevor sie unter Aufnahme von Sauerstoff vollständig verbrennen. Alle diejenigen brennbaren Gase, welche dergleichen feste Teilchen nicht auszuscheiden vermögen, leuchten nicht oder nur sehr wenig. Solche Gase hinwiederum, die infolge ihrer der Verbrennung vorhergehenden Zersetzung mehr feste Teilchen ausscheiden, als in dem äußeren Flammen= mantel auch wirklich verbrannt werden können, leuchten zwar, aber ihre Leuchtkraft wird durch jenes Übermaß beeinträchtigt. Denn da der Sauerstoff der umgebenden Luft nicht hinreicht, die Verbrennung in dem Maße vollständig beendigen zu können, wie das feste Material dazu geliefert wird, so ist auch die Verbrennungshitze nicht groß genug, um alle jene Ausscheidungen in ein intensives Glühen zu bringen; ein Teil davon geht unverbrannt durch den Mantel und trübt durch seine dunkle Farbe die Helligkeit der Flamme. Die Erscheinung des Rußens, welche mit orangerot brennenden Flammen verbunden zu sein pflegt, ist ein Beispiel, wodurch das Gesagte zur Genüge erläutert wird; denn der Ruß ist nichts weiter als Kohlenstoff, der nicht zur Verbrennung kommen konnte. Umgekehrt kann selbst ein kohlenstoffhaltiges Gas so rasch verbrannt werden, daß jene notwendige Aus= scheidung fester Teilchen nicht Zeit hat, einzutreten, sondern der Kohlenstoff sich mit Sauer= stoff verbindet, ohne erst ins Glühen zu geraten. Solche Flammen (Kohlenoxydgas) leuchten auch nicht. Das Richtige liegt in der Mitte. Der verfügbaren Verbrennungshitze muß zur Genüge, aber nicht zu viel fester Stoff aus dem sich zersetzenden Gase geboten werden.

Betrachten wir die Flamme des Wasserstoffgases neben der des Terpentinöls, so sehen wir die beiden Extreme verkörpert vor uns. Das Wasserstoffgas kann sich nicht weiter zer= legen und infolgedessen auch gar keine festen Bestandteile ausscheiden. Trotzdem es also beim Verbrennen eine ungemein große Hitze entwickelt, leuchtet seine Flamme so gut wie gar nicht. Das Terpentinöl dagegen, rasch sich verflüchtigend, kann bei seiner Eilfertigkeit, sich zu zersetzen und in seinen Bestandteilen mit Sauerstoff sich zu verbinden, nicht genug von diesem zur Verbrennung notwendigen Elemente der umgebenden Luft entziehen, um seinen übermäßigen Kohlenstoffgehalt vollständig zu oxydieren. Ein großer Teil davon entweicht unverbrannt als Ruß, die Flamme blakt und gibt nicht die volle Lichtintensität, welche sie bei hinreichendem Sauerstoffzutritt zu entwickeln vermöchte. Daraus lernen wir auch, daß die Leichtigkeit, mit welcher ein Körper sich in brennbares Gas durch die Wärme verwandelt, von großem Einfluß auf seine Leuchtkraft werden kann, und daß diese Eigenschaft neben der chemischen Zusammensetzung sehr wohl zu berücksichtigen ist.

Die Flamme des Alkohols ist ebenfalls eine wenig leuchtende; obwohl in ihr Kohlenstoff mit zur Verbrennung gelangt, so wird derselbe doch nicht vorher in fester Form ausgeschieden, sondern er verbrennt zum großen Teil als ein Kohlenwasserstoffgas, das sich in bezug auf seine Leuchtkraft nicht viel anders als reines Wasserstoffgas verhält.

Es kann aber einer wenig leuchtenden Flamme, wenn sie nur die genügende Hitzkraft besitzt, die mangelnde Helligkeit mitgeteilt werden, indem man zugleich, d. h. auf demselben Verbrennungsherde, einen Stoff mit verbrennt, welcher Gase entwickelt, die überreich an Kohlenstoff oder an andern sich ausscheidenden festen und durch ihr Erglühen in der Flamme dieselbe leuchtend machenden Teilchen sind. Einen solchen Stoff haben wir im Terpentinöl kennen gelernt; alle ätherischen Öle verhalten sich dem entsprechend, und eine nach richtigen Verhältnissen vorgenommene Mischung von Weingeist mit reinem ätherischen Öle muß also eine hellleuchtende Flamme geben, deren Lichtstärke man nach Belieben durch den Ölzusatz regulieren kann.

Man hat diese Schlüsse praktisch verwertet, und eine Menge von flüssigen Leuchtstoffen, die unter den verschiedensten Namen, wie Kamphin, Gasäther, flüssiges Gas u. s. w., auftraten, waren weiter nichts als Mischungen von Weingeist und Terpentin, und nur durch die wechselnde Quantität, in der diese beiden Bestandteile nebeneinander auftraten, oft sogar aber nicht einmal dadurch, sondern nur durch die Namen voneinander verschieden. Terpentinöl nahm man wegen seiner Billigkeit, man hätte ebenso gut Rosenöl oder Zitronenöl verwenden können und würde denselben Effekt erreicht haben, der ja in nichts weiter bestand, als durch Summierung der Eigenschaften zweier an und für sich zur Beleuchtung untauglicher Stoffe einen dritten zu gewinnen, der sich als Leuchtmaterial zweckmäßig verwenden läßt. In der Gasbeleuchtung hat man, wie wir später sehen werden, von der Möglichkeit, solche Gase, die an Kohlenstoff überreich sind, durch nichtleuchtende und umgekehrt zu korrigieren, vielfach Gebrauch gemacht.

Was die **Lampen** betrifft, so mag man dabei die Erzielung von Wärme oder die von Licht im Auge haben, für alle Fälle wird die Verbrennung des Brennstoffs auf den höchsten Nutzeffekt zu steigern sein. Sofern die hier in Betracht kommenden Faktoren sind: 1) Zufluß des Brennstoffs zu dem Herde der Verbrennung, 2) Größe des Verbrennungsherdes, also Ausdehnung der Flamme, und endlich 3) Zutritt des Sauerstoffs der Luft, so werden sich die Bedingungen einer guten Lampe folgendermaßen aussprechen lassen: Regulierung des Zuflusses des Brennmaterials, so daß dasselbe jederzeit in genügender und gleichmäßiger Weise dem Herde der Verbrennung zugeführt wird; Regulierung der Flamme, so daß die von derselben erzeugte Hitze im stande ist, die sich ausscheidenden festen Teilchen vor der Verbrennung zum lebhaftesten Glühen zu bringen, und endlich Regulierung des Luftzutritts. Ein Zuviel des letzteren wirkt ebenso nachteilig wie ein Zuwenig. Das bequemste und in der größten Anzahl von Fällen angewandte Mittel, um den ersten beiden Anforderungen gerecht zu werden, ist der Docht. Durch eigentümliche Gestaltung desselben (Hohldochte) kann man auch eine Verstärkung des Luftzutritts bewirken; zur Erfüllung der dritten Bedingung hilft aber viel allgemeiner noch das Zugglas, dessen Thätigkeit mit der der Esse bei gewöhnlichen Feuerungsanlagen völlig übereinstimmt.

Der Docht ist schon bei den Kerzen von uns ins Auge gefaßt worden, bei den Lampen tritt er aber in einer weit größeren Formenverschiedenheit auf, denn er besteht hier nicht bloß aus einem geflochtenen Fadenbündel, sondern je nach seinen eigentümlichen Zwecken aus mehr oder weniger breiten Gewebestreifen oder auch aus cylinderförmigen Röhren, durch deren innere Höhlung Luftzutritt zu der Flamme stattfindet.

Je nachdem man einen größeren oder einen kleineren Teil des Dochtes aus dem Brennmaterial herausragen läßt, um so größer wird die Flamme werden. Es ist aber für die Regulierung derselben das Mittel in einem sehr einfachen Apparat, der Tülle, gegeben. Die Tülle ist nichts weiter als eine anschließende Öse von Blech, durch die der Docht gezogen wird. Im Innern der Öse kann ein Brennen nicht stattfinden, und wenn man daher die Flamme verkleinern will, so braucht man nur den überstehenden Dochtteil entweder durch Abschneiden oder durch Zurückziehen zu verkleinern. Was wir hier entwickeln, hat die Praxis jedem Kinde gelehrt, und jede Magd bringt es zur Anwendung, wenn sie die blakende Küchenlampe mit Hilfe einer rasch gezogenen Haarnadel wieder instandsetzt. Bei besseren Lampen ist einem Zahnrädchen oder einer Zahnstange die Auf= und Abschiebung des Dochtes übertragen.

Es gibt aber auch dochtlose Lampen; in solchen wird in der Regel durch ein feines Röhrchen entweder von Metall oder von Glas die nötige Ölmenge aufgesogen. Wenn man jedoch will, kann man dies Röhrchen einen metallenen oder einen gläsernen Docht nennen, denn es ist nicht die Substanz des gewöhnlichen Dochtes, die Baumwolle, welche seine Wirksamkeit bedingt, sondern lediglich die Fähigkeit, durch die Kapillarität das Öl heraufzuziehen. Eine solche dochtlose Lampe bilden wir in Fig. 231 ab. Man wird auf den ersten Blick erkennen, daß wir es hier mit nichts weiter als mit einem gewöhnlichen Nachtlämpchen zu thun haben, welches in folgender Art eingerichtet ist. In einem Glas= gefäß befindet sich das Öl, in der Regel ist die untere Hälfte des Glases mit Wasser an= gefüllt, und nur die obere Flüssigkeitsschicht wird vom Öle gebildet. Auf dem Öle schwimmt ein kleines Schiffchen von Messingblech, dessen Boden durchbohrt und mit einem Kork ver= sehen ist, durch welchen ein kleines Glasröhrchen von sehr enger Durchbohrung hindurch= gesteckt wird. Das Röhrchen ist verschiebbar, und es wird so weit durch den Kork hinab= gedrückt, daß das Öl im Innern gerade bis oben an der Oberfläche heraustritt, wobei aber kein Überfließen, sondern nur ein stetiges Nachdrücken stattfindet. Durch Näherung einer Flamme kann man das hervortretende Öl entzünden, und es erhält sich von selbst in Brand, indem das kleine weiße Flämmchen die nötige Hitze entwickelt, um das Öl in den gasförmigen Zustand überzuführen, in welchem es verbrennen kann.

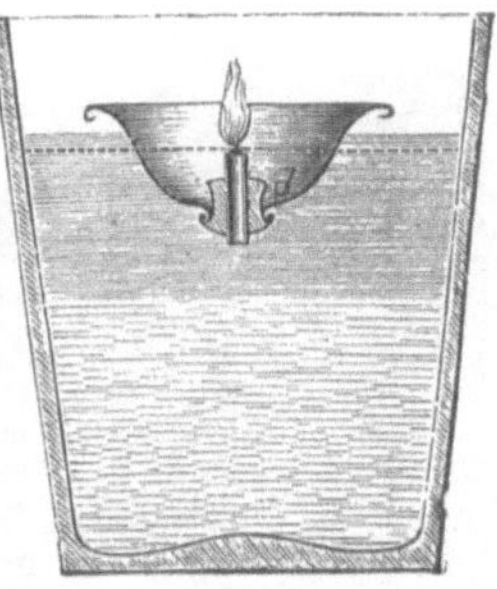

Fig. 231. Dochtlose Lampe.

In andrer Art kann man auch einen geschlossenen Öl= behälter zu demselben Zwecke herrichten, wenn man ihn unten in eine gebogene Röhre mit sehr feiner Spitze auslaufen läßt. An der feinen Öffnung dieser Spitze entzündet man das Öl, dessen Zufluß durch Auf= oder Zudrehen eines Hahns reguliert wird.

Bei den gewöhnlichen Lampen wird zwar die Flamme durch Vergrößerung oder Verringerung der Brennfläche des Dochtes, nicht aber oder nur in sehr mangelhafter Weise der Zufluß der Brennmaterials reguliert. Denn außer daß man die in den Docht tretende Ölmenge etwas gleichmäßig erhält, indem man den Flüssigkeitsstand im Ölgefäß von Zeit zu Zeit durch entsprechendes Nach= füllen auf dieselbe Höhe wieder bringt, hat man kein Mittel in der Hand, die durch das Sinken des Spiegels verminderte Aufsaugungsfähigkeit auszugleichen. Es sind aber bei Lampen besserer Konstruktion mancherlei Einrichtungen getroffen worden, die diesen Zweck auf verschiedene Weise erreichen lassen. Sie gründen sich entweder auf die Wirksamkeit kommunizierender Röhren, in denen die Flüssigkeitssäulen gleichhoch stehen, oder auf die Anwendung von Pumpvorrichtungen. Bei den ersteren liegt das Ölgefäß in gleicher Höhe mit der Flamme, bei den letzteren kann es unter derselben liegen. Beide bezwecken, den Spiegel des Öles immer auf gleicher Höhe unter der Flamme zu halten. Wir wollen uns aber vor der Hand die nähere Besprechung dieser oft sehr scharfsinnig ausgedachten Ein= richtungen ersparen, da wir ohnehin Gelegenheit haben werden, dieselben in ihren Einzel= heiten zu betrachten, wenn wir die hauptsächlichsten Lampenkonstruktionen die Revue pas= sieren lassen.

Der Cylinder oder das Zugglas. Wir wenden uns noch mit einigen Worten dem dritten regulierenden Faktor zu, dem Cylinder, dessen erste Anwendung um das Jahr 1756 von dem Pariser Apotheker Quinquet ausgegangen sein soll. Die einfachste Form dieses Lampenbestandteils ist die durch den Namen sattsam ausgedrückte cylindrische, die einer gleichweiten, oben und unten offenen Röhre von Glas. In dem Innern derselben brennt die Flamme, und sie wird durch den durchsichtigen gläsernen Mantel nicht nur vor den ungünstigen Einflüssen des Windes geschützt, sondern es wird auch, da die erhitzte Luft nur nach oben zu entweichen kann, ein sehr lebhafter Luftzug befördert, welcher den ver= brennenden Gasen eine größere Sauerstoffmenge darbietet, als ihnen sonst zuströmen würde.

Obgleich aber nach dieser Seite hin die einfache Cylinderform bereits sehr vorteilhaft wirkt, so kann man den Effekt in sehr nützlicher Weise noch dadurch erhöhen, daß man alle zuströmende Luft zwingt, mit der Flamme in Berührung zu treten. Man erreicht dies durch eine Verengerung, welche man dem Zugglase in der Flammenhöhe gibt, und die von einer bloßen Ausbauchung des unteren Teils sich allmählich so weit gesteigert hat, daß sie schließlich wie Fig. 236 eine ganz scharfe Einschnürung darstellt.

Der Spenglermeister Benkler in Wiesbaden, der Erfinder dieser eingeschnürten Cylinder, stellte anfänglich den oberen, engeren Teil des Zugglases für sich und den unteren, weiteren auch für sich dar und setzte zwischen beide als verbindendes Glied einen Metallring, wie Fig. 235 zeigt, ein, der die Einschnürung der Flamme bewirkte. Indessen trat bei dieser, der Verbrennung und Lichtentwickelung allerdings höchst günstigen Neuerung der Übelstand auf, daß durch die ungleichmäßige Wärmeleitung des Metalls und des Glases ein Springen des letzteren sehr häufig stattfand, und es war daher die Beobachtung von großem Nutzen, daß ein durchweg von Glas gearbeiteter eingeschnürter Cylinder wie Fig. 236 nicht, was man früher befürchtet hatte, eher sprang als ein aus Metall und Glas zusammengesetzter, sondern ungestraft mit seinem engeren Teile dem Flammenmantel näher gebracht werden konnte. Die Zuggläser Fig. 233—236 sind für Hohldochte berechnet, bei denen die Luft von außen und von innen zur Flamme tritt. Der einfache Cylinder Fig. 232 kann auch bei flachen Dochten Anwendung finden. Natürlich hängt die Weite der Gläser mit der Größe der Flamme und mit der Weite der inneren Öffnung des Dochtes eng zusammen, wovon man sich überzeugen kann, wenn man mit den Zuggläsern wechselt, oder den Luftzutritt durch das Innere des Dochtes durch teilweises Zuhalten der unteren Öffnung veränderlich macht.

Die zweckmäßigste Kombination der drei zu der Leuchtkraft einer Lampe beitragenden Faktoren ist die Aufgabe der

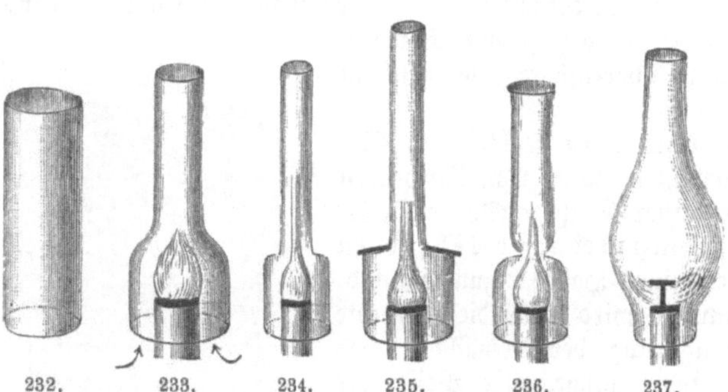

Fig. 232—237. Verschiedene Formen des Lampencylinders.

Lampentechnik; in vielen Fällen, aber namentlich da, wo eingeschnürte Cylinder angewendet werden, muß jeder die Regulierung selbst vornehmen. Es ist nämlich der Einfluß, den die Einschnürung auf den Luftzug ausübt, ein ganz verschiedener, je nachdem der engere Teil sich über oder in gleicher Höhe mit der Flamme befindet. Über derselben hemmt er den Luftzutritt, wie ein zu enges Zugglas überhaupt thun würde; in gleicher Höhe aber zwingt er die eintretende Luft, sich innig mit der Flamme zu mischen, und indem dadurch die Verbrennung und infolgedessen die Hitze intensiver wird, wird auch in diesem Falle der Zug ganz wesentlich verstärkt. Man muß bei jeder Flamme durch die Praxis diejenige Höhe zu ermitteln suchen, auf welcher die Verengerung die höchste Lichtentwickelung hervorbringt. Übrigens hat man die Lampen neuerdings mit einer einfachen Vorrichtung versehen, welche es erlaubt, in entsprechender Weise auch den Zutritt der Luft in das Innere der Flamme zu regulieren — was keine Schwierigkeit darbietet — und hiermit ist der Beleuchtung ein wesentlicher Dienst erwiesen worden.

Die eigentümliche Form des Zuglases Fig. 237 scheint mit den Prinzipien, welche der Konstruktion der eingeschnürten Cylinder zu Grunde liegen, in offenem Widerspruch zu stehen. In der That würde auch eine gewöhnliche Ölflamme darin in keiner Weise die höchstmögliche Leuchtkraft entwickeln können; für Kamphin oder Photogen ist die Sache aber eine ganz andre. Das Kamphin ist so flüchtiger Natur, daß es bei ziemlich niedriger Temperatur verbrennt und als eine sehr kohlenstoffreiche Verbindung eine große Sauerstoffmenge zu seiner Oxydation verlangt. Es wird also immer eine sehr große Flamme entstehen, welche durch einen eingeschnürten Cylinder nicht genügend mit Feuerluft gespeist werden kann. Darum müssen viele Berührungspunkte für den zuströmenden Sauerstoff geschaffen werden, und dies geschieht bei Kamphinlampen, indem man über dem hohlen Docht eine horizontale kleine Metallscheibe anbringt, welche die Flamme nach außenhin niederdrückt und der aufströmenden Luft zur Bespülung entgegenbreitet. Dadurch bewirkt man eine sehr große leuchtende Oberfläche, und die strahlende Weiße des Lichtes hat viel Empfehlendes für derartige Lampen, die jedoch in neuerer Zeit wegen des hohen Preises des Kamphins, besonders im Gegensatz zu dem massenhaft eingeführten und sehr billigen Petroleum, in ihrer Verwendung große Beschränkung erfahren haben.

Die Petroleumlampen, mit dem Petroleum aus Amerika bei uns eingeführt, haben ebenfalls ein ausgebauchtes Zugglas, ihre Dochteinrichtung war aber anfänglich eine andre als bei den Kamphinlampen, denn sie brannten nicht mit Hohldochten, sondern mit flachen oder oben bogenförmig zugeschnittenen.

Die an sich kleine Flamme wird durch einen Blechaufsatz, der wie ein eingeschnürter Cylinder wirkt, in die Breite und Höhe gezogen und dadurch eine große Fläche für die Thätigkeit des Sauerstoffs vorbereitet. Gegenwärtig wendet man auch bei den besseren Petroleumlampen meist Hohldochte an.

Fig. 238. Antike Lampe.

Lampenkonstruktionen. Wenn wir nun in dem Folgenden einen gedrängten Überblick über die verschiedenen Lampenkonstruktionen, wenigstens über ihre früheren Hauptgrundzüge, geben wollen, so haben wir mit der ältesten Form zu beginnen. In unsrer gewöhnlichen Küchenlampe sehen wir dieselbe verkörpert. Die antiken Lampen bestehen aus einem niedrigen, schalenförmigen und nach vorn schnabelartig auslaufenden Gefäß, welches oben mit einem Deckel zum Verschließen, hinten mit einem Henkel zum Anfassen versehen ist; in das Gefäß kommt das Öl, der schnabelförmige Ansatz ist die Tülle für den Docht. Das Material für die Herstellung der Lampen war entweder Bronze oder Thon, und man findet bei Ausgrabungen zahlreiche Exemplare, an denen wir durchgängig eine geschmackvolle Form und eine stilvolle Bemalung zu bewundern haben, während unsre mit ungleich reicheren technischen Hilfsmitteln und künstlerischen Erfahrungen ausgerüstete Zeit nicht für besonders nötig findet, solchen, dem unausgesetzten Gebrauche dienenden und deswegen den Blicken sich fortwährend darbietenden Geräten ein angenehmes, dem Auge wohlthuendes Äußere zu geben. Es würde eins der weisesten Gesetze sein, welches die Anfertigung so häßlicher Erzeugnisse, wie z. B. die in Fig. 239 dargestellte Lampe, verbietet, denn gerade die kleinen Eindrücke der täglichen Umgebung erlangen durch ihre stetige Wiederholung eine bestimmende Wirksamkeit auf die Richtung des inneren Menschen, welche vereinzelte, wenn auch noch so bedeutende Anregungen in der Regel nicht zu erreichen vermögen.

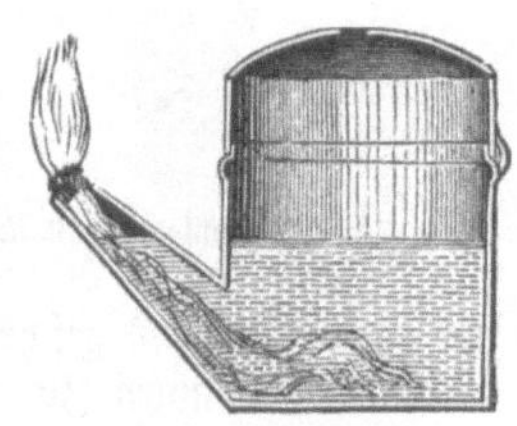

Fig. 239. Küchenlampe.

Daß diese einfachen Lampen zu den verschiedenen Zwecken des Gebrauchs wohl eine in Einzelheiten abweichende Einrichtung erhalten, bedarf keiner Erwähnung; man gibt ihnen einen mehr oder weniger hohen Fuß, eine längere Dochtrinne oder macht sie geeignet, um an der Wand aufgehängt zu werden. Mit allen diesen Änderungen entfernte man sich in der That lange nicht von der ursprünglichen Form der Lampe, wenn man nicht die Regulierung der Flamme durch ein gezahntes Rädchen oder eine gezahnte Stange, die man wohl an Küchenlampen anbrachte, als eine epochemachende Änderung ansehen will.

Ein wirklicher Fortschritt wird erst durch die Kastenlampe dargethan, welche in Fig. 240 abgebildet ist. An dieser sehen wir nämlich nicht nur die Regulierung der Flamme durch ein Zahnrädchen, sondern wir bemerken vor allen Dingen einen breiten, flachen, gewebten Docht anstatt des Fadenbündels in der Küchenlampe, ferner ein Zugglas, um den Luftzug abzuhalten, und zur Milderung des grellen Lichts der vergrößerten Flamme eine Glocke oder einen Schirm, der für die besseren Lampen von Milchglas hergestellt wurde, an den sogenannten Studierlampen — man kann wohl bald sagen, seligen Andenkens — aber nur in grünpapierner Weise ins Dasein trat. Der Ölkasten A steht mit der Tülle d, in welche der Docht eintaucht, durch ein geneigtes Rohr f in Verbindung und ist in einer solchen Höhe angebracht, daß, wenn er ganz gefüllt ist, daß Öl gerade bis zum offenen Ende in der Tülle steht. Mit dieser Einrichtung ist aber der Übelstand verknüpft, daß durch ein Sinken des Spiegels in dem Ölkasten auch die Höhe sich verringert, bis zu welcher das Öl in dem Docht emporsteigt, und die Flamme natürlich weniger Zufluß erhält. Es sind daher die Schiebelampen, welche vor ungefähr 30 Jahren auftauchten, schon um deswillen vorzuziehen, weil bei ihnen eine sehr scharfsinnig erdachte Konstruktion zur Anwendung gekommen ist, welche jenen Übelstand beseitigte.

Bei diesen besteht nämlich der Ölkasten (s. Fig. 241 im Durchschnitt) aus einem doppelten Gefäß, von denen das eine das andre umschließt. Das erstere ist ein hohler, oben offener Cylinder e, mit der Tülle durch das Zuführungsrohr n verbunden. Der andere Teil f, die Sturzflasche, im Durchmesser etwas kleiner, so daß er in jenen Mantel gestürzt werden kann, ist an seiner oberen Fläche vollständig, an seinem unteren Ende k aber nur durch ein nach oben sich öffnendes Ventil verschlossen. Er ist der eigentliche Ölkasten, und es erfolgt der Ausfluß aus demselben, sobald der Draht, an welchem die Ventilscheibe sitzt, auf den Boden des äußeren Teiles aufstößt und die Scheibe dadurch hebt. Das Öl sammelt sich in dem unteren Teile von e an und fließt von da durch n in den Dochtraum g, welcher mit seinem oberen, offenen Ende nur wenig über der Ausflußöffnung des Ölkastens f steht. Sobald in g das Öl bis obenhin gedrungen ist, steht es nach dem bekannten Gesetze der kommunizierenden Röhren in e auch so tief, daß es die Ausflußöffnung aus f verschließt und ein weiteres Nachdringen von Öl nicht mehr stattfinden kann, denn die aus e durch die kleine Öffnung i eindringende Luft vermag nicht mehr in das Innere von f zu gelangen. Sobald aber durch das Verbrennen des Öles am Docht der Spiegel in e so weit sinkt, daß die Öffnung von f wieder frei wird, tritt auch wieder Luft in das Innere, und dafür fließt dann so lange Öl aus, bis die Öffnung davon wieder verschlossen wird. In dieser Weise setzt sich dies Spiel bis zur völligen Entleerung des Ölkastens fort. Der Docht sitzt in einem kreisförmigen Ringe, welcher durch eine gezahnte Stange

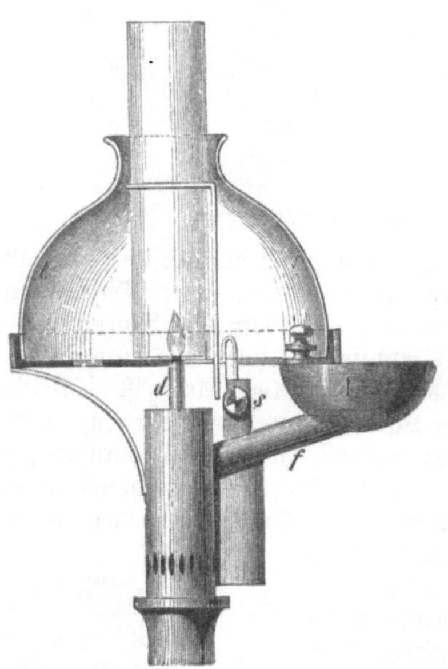

Fig. 240. Kastenlampe mit flachem Dochte.

auf= und abwärts geschoben werden kann. Er ist hohl, ebenso die Dochthülse, durch welche die Luft von innen Zutritt zu der Flamme gewinnt. Die Erfindung der Lampen mit doppeltem Luftzuge und damit die Einführung hohler Dochte verdanken wir Argand, der dieselbe um 1786 machte und damit die Beleuchtung um ein Wesentliches förderte. An dem unteren Ende unsrer Dochthülse ist ein kleines Auffangegefäß angeschraubt, bestimmt, das etwa oben am Docht überfließende Öl aufzunehmen; dieser Tropfbecher darf aber, wenn er gefüllt ist, nicht den Innenraum der Dochthülse absperren, weil sonst der Luftzutritt zur Flamme ein zu geringer werden würde; er ist daher am oberen Rande durchbrochen und muß von Zeit zu Zeit entleert werden, ehe das Öl diese Öffnungen erreicht.

Das Zugglas ist in seinem oberen Teile verengt und steht in einem Ringe, welcher durch Reibung an der Dochthülse sitzt und an dieser auf= und abwärts geschoben werden kann. Die Lampe aber ist an einem Stativ derart befestigt, daß da, wo der Wagepunkt der beiden getrennten Hälften, Brenner und Ölkasten, sich befindet, eine Nuß angebracht ist, welche einen aufrecht stehenden festen Stab umschließt und in beliebiger Höhe an demselben mittels einer Schraube festgestellt werden kann. Unten hat dieses Stativ einen massiven, schweren Fuß, wodurch das Ganze den nötigen Halt bekommt; oben ist es mit einem ringförmigen Handgriff versehen. Außerdem kommt über die Flamme ein Schirm von

Milchglas, für deffen Auflagerung man an dem Zuführungsrohr n einen ringförmigen Träger anbringt. Anstatt den Docht durch eine gezahnte Stange auf und ab zu bewegen, kann man dem Ringe, welcher ihn trägt, auch eine Führung auf einem im Innenraume der Dochthülse eingeschnittenen, steil ansteigenden Schraubengange geben. Diese Bewegung ist von Parker erfunden und bei den Schiebelampen häufig in Anwendung. Die Schiebe- lampe wird sehr häufig unter dem Namen Sparlampe (den übrigens auch andre Kon- struktionen von Zeit zu Zeit einmal wieder aufzunehmen pflegen) mit ziemlich engem Dochte und eingeschnürtem Cylinder ausgeführt. Der wenn auch verhältnismäßig kleinen Flamme wohnt doch eine starke Leuchtkraft inne, welche dieser Lampe eine große Beliebt- heit erworben hat.

So bequem und zweckmäßig aber auch die Schiebelampen, welche ihren Namen von der Stellbarkeit an dem Stativ erhalten haben, sind, so haben sie doch ebenso wie die vor- erwähnte Kastenlampe den großen Nachteil, daß der Ölbehälter einen unverhältnismäßig großen Teil der Umgebung vollständig in Schatten setzt. Das ist ein Übelstand, der am Familientische namentlich störend auffiel und viele Versuche zur Abhilfe hervorrief.

Die Kranz-, Ring- oder Astrallampen, auch Sinumbralampen (von sine umbra, ohne Schatten) ge- nannt, haben einen ringförmigen Ölkasten, der etwas inner- halb der Flamme rings um dieselbe herumläuft und so ab- geschärft ist, daß er nur einen möglichst kleinen Kernschatten wirft; er dient dem glockenförmigen Schirme zur Auflage- rung. Der Brenner ist ganz wie bei den Schiebelampen eingerichtet. Mit den Schiebelampen und den zuletzt ge- nannten Sinumbralampen sind die Berzeliuslampen in eine Reihe zu stellen. Sie haben ganz dieselbe innere Einrichtung, sowohl hinsichtlich des Ölbehälters als auch des Brenners; nur dient in ihnen, da nicht die Erzeugung von Licht, sondern die Erzeugung von Wärme der Zweck ist, nicht Öl, sondern Spiritus als Brennmaterial. Die rasche Verbrennung wird durch ein cylindrisches Zugrohr beför- dert, welches man aber nicht aus Glas, sondern der größe- ren Dauerhaftigkeit wegen aus Blech herstellt. Fig. 242 gibt uns die Ansicht einer der verbreitetsten Formen dieses aus dem Laboratorium des Chemikers in den Haushalt des täglichen Lebens übergegangen Apparates, deffen Kon- struktion für Wissenschaft und Praxis von dem größten Nutzen geworden ist.

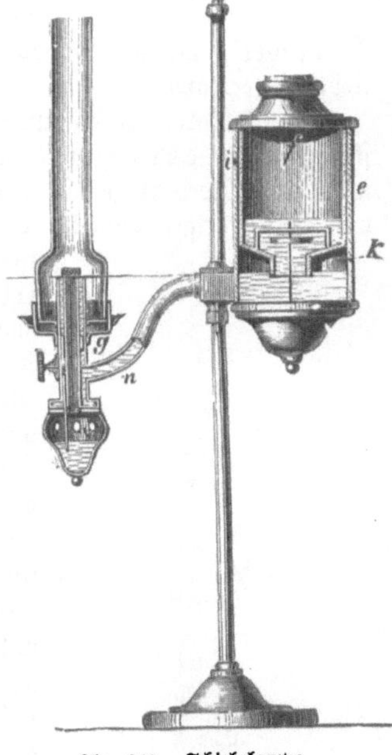

Fig. 241. Schiebelampe.

Die Sinumbralampen konnten aber trotz ihres Namens den unliebsamen Schatten doch nicht ganz beseitigen, denn sie ließen den Ölbehälter, die Ur- sache davon, immer in gleicher Höhe mit der Flamme. Eine vollständige Abhilfe konnte nur dadurch gebracht werden, daß das Ölgefäß unter die Flamme gelegt und diese daraus durch ein Pumpwerk mit dem erforderlichen Brennstoff gespeist wurde. Man hat in dieser Richtung verschiedene und sehr sinnreiche Vorrichtungen erfunden, von denen die in Fig. 243 abgebildete die einfachste ist.

Der hohle Cylinder A dient mit seinem erweiterten Fuß als Ölbehälter; aus ihm führt ein dünnes Blechrohr b in die Höhe, welches unten mit dem Kolben eines Pumpwerks a a (Druck- und Saugpumpe) dergestalt verbunden ist, daß durch Auf- und Abwärtsbewegen des Rohrs b das Öl zunächst in den Innenraum des Pumpenstiefels a a durch ein nach innen schlagendes Ventil aus dem umgebenden Raume aufgesaugt, sodann aber durch das nach außen schlagende Ventil des Kolbens bei jedem Niedergange desselben in das Blech- rohr gepreßt und in diesem in die Höhe getrieben wird, bis er endlich oben überfließt und den zweiten Cylinder B anfüllt. Der Cylinder B ist unten, wo er in A aufsitzt, geschlossen, oben aber offen und nur mit einer Tülle versehen, welche den Docht trägt. Um das etwa zu viel aufgepumpte und überfließende Öl aufzufangen, dient ein nach oben erweiterter Ring, der es wieder in den unteren Cylinder zurückleitet.

Es ist aber wohl ersichtlich, daß eine derartige Pumplampe mit ihrer einfachen und nicht zu vervollkommnenden Brennereinrichtung höheren Ansprüchen nicht genügen kann. Man mußte vor allen Dingen für Lampen, mit denen größere Helligkeitsgrade erreicht werden sollten, ein Pumpwerk erfinden, welches den Ölzufluß in besserer Weise regulierte, als in der vorgenannten Lampe geschah.

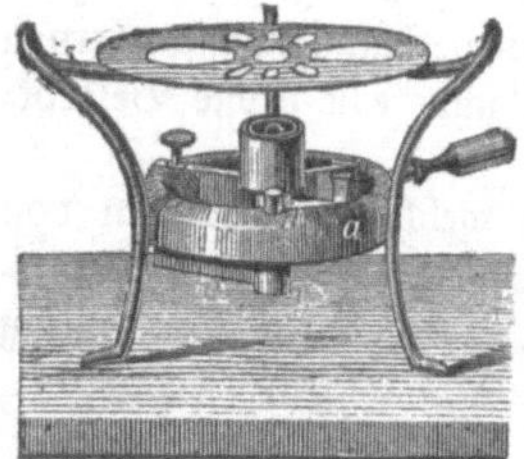

Fig. 242. Berzeliuslampe.

Um das Jahr 1800 löste Carcel diese Aufgabe, indem er die nach ihm benannte Lampe konstruierte. In allen übrigen Teilen mit beliebigen andern Lampeneinrichtungen übereinstimmend, bestand ihre Eigentümlichkeit in einem Uhrwerk oder vielmehr in einem Pumpapparat, welcher durch ein Uhrwerk in Bewegung gesetzt wurde und dem Dochte einen kontinuierlichen und gleichbleibenden Ölzufluß vermittelte. Da das Uhrwerk in verschiedener Art ausgeführt werden kann, so unterlassen wir eine Beschreibung und betrachten nur den in Fig. 244 im Durchschnitt dargestellten charakteristischen Teil der Carcellampe, das Pumpwerk, welches sich durch seine zweckmäßige Wirksamkeit der Lampe eine große Beliebtheit erwarb.

Das Carcelsche Pumpwerk befindet sich im Fuße der Lampe und steht durch die Kolbenstange a mit dem Uhrwerk in Verbindung; die Geschwindigkeit der Kolbenbewegung ist eine nach dem Ölbedarf genau regulierte. Der eigentliche Pumpraum ist durch die Wände A B C D von dem übrigen Ölkasten abgegrenzt und steht mit diesem nur durch zwei, mittels nach innen schlagender Ventile u v verschließbar und in die Kammern III und IV führender Öffnungen in Verbindung. Durch die obere Wand mündet das zu dem Brenner führende Ölrohr ein. Im Innern ist der Pumpraum durch Scheidewände in vier Abteilungen I, II, III und IV geteilt, von denen II durch die nach oben schlagenden Ventile s und t mit dem Raume I, durch zwei andre Kanäle w und x aber mit den bezüglichen Abteilungen III und IV kommuniziert. Diese letztgenannten Kanäle sind immer offen. Geht nun der Kolben aufwärts, d. i. von rechts nach links, so bewirkt er den Verschluß der Ventile t und u, dagegen öffnen sich die beiden Ventile s und v. Durch s wird das oberhalb des Kolbens stehende Öl in den Raum I gepreßt, durch v aber aus dem Ölkasten ebensoviel Öl, wie aus I in das Steigrohr gelangte, in die Abteilung IV gesogen. Beim Abwärtsgehen des Cylinders (von links nach rechts) ändert sich das Spiel der Ventile gerade in das Gegenteil um, es schließen sich die vorher geöffneten s und v, dagegen öffnen sich t und u, und zwar saugt u neues Öl aus dem Ölkasten, durch t aber wird ein entsprechendes Quantum nach I und damit dem Dochte zugeführt. Ist nun die Kolbenbewegung so reguliert, daß in das Steigrohr immer eine den Konsum der Flamme deckende Ölmenge nachgepreßt wird — und das läßt sich mit geringen Schwierigkeiten erreichen — so ist eine gleichbleibende Helligkeit ebenso gut garantiert wie bei der Schiebelampe, der Übelstand des Schattenwerfens von seiten

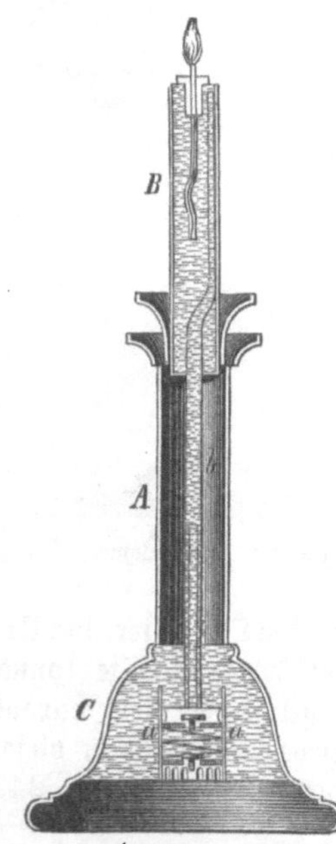

Fig. 243. Einfachste Pumplampe.

des Ölkastens aber vollständig beseitigt, denn derselbe ist bei der Carcellampe samt dem Uhrwerk in den Fuß der Lampe verlegt.

Leider war der Preis für die Carcellampe von vornherein zu hoch gestellt, auch erheischte das Uhrwerk zeitweilig Reparaturen, sonst würde sich diese Lampe eine noch viel ausgedehntere Aufnahme erworben haben, als es so der Fall war. So ist sie aber immer mehr oder weniger ein Luxusgegenstand geblieben und fast gänzlich in Vergessenheit geraten, als die sogenannten Moderateurlampen (von Franchot im Jahre 1837 erfunden) aufkamen, bei denen der Ölbehälter ebenfalls im Fuße angebracht ist, der Auftrieb des Öles

aber nicht durch ein Uhrwerk, sondern allein durch eine Druckfeder bewirkt wird, welche
langsam einen Kolben herunter und dadurch das Öl in einem Steigrohr, welches in die
Dochthülse endigt, aufwärts preßt. Fig. 245 gibt uns eine Durchschnittsansicht dieses Be=
triebes, welcher sogleich verständlich ist, wenn man weiß, daß a der Ölkasten ist, der oben
sich in einen engeren Hals verjüngt, welcher einen das Eingießen des Öles erleichternden
trichterförmigen Aufsatz trägt, und daß b den
aus starkem Leder gefertigten und mit seinem
nach unten gebogenen Rande vollständig dich=
tenden Kolben darstellt, welcher an einer ge=
zahnten Stange c hängt, die ihrerseits wieder
durch ein Zahnrädchen oder einen Schrauben=
kopf auf= und abwärts bewegt werden kann, und
durch den außerdem noch das zugleich mit dem
Kolben sich nach oben und unten bewegende
Ölrohr e, von dessen Einrichtung die daneben
gesondert gezeichnete Abbildung eine Vor=
stellung gibt, in das Öl eintaucht. Wird nun
bei abgespannter Feder das Öl durch den
trichterförmigen Ansatz in den Kasten, also in

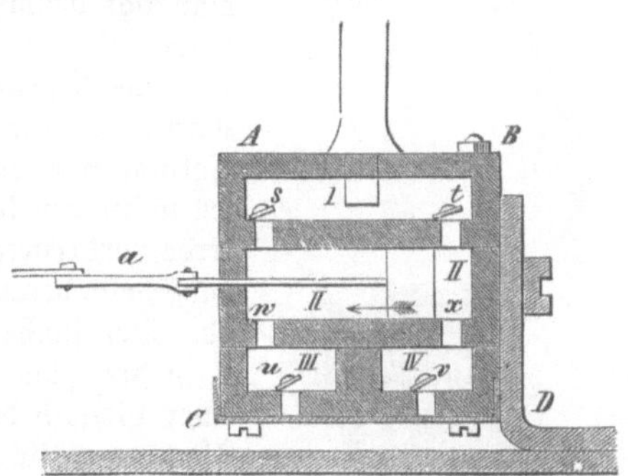

Fig. 244. Pumpwerk der Carcellampe.

den Raum über dem Kolben, eingegossen, und dieser letztere durch die bezügliche Drehung
des Schraubenkopfes d in die Höhe gezogen, so drückt das Öl auf die nach unten zu aus=
weichenden Ränder des Kolbens und sammelt sich unter demselben an, wird aber alsbald,
nachdem der Aufziehschlüssel d losgelassen ist, durch den Federdruck zur Dochthülse hinauf=
getrieben. Dies geschieht — und das ist das Geistreiche an Franchots Erfindung — durch
Vermittelung des Moderateurs, nach welchem die Lampe
benannt ist, in solcher Weise, daß der Ausfluß bei ganz
gespannter Feder oder oben stehendem Kolben gerade so
schnell erfolgt, als wenn die Feder sich gedehnt und nahe
an die untere Stabgrenze getrieben hat. Der sinnreiche
und doch so einfache Regler oder Moderateur ist in
unsrer Nebenfigur besonders abgebildet. Er besteht in
dem hier in seiner untersten Stellung gezeichneten Röhr=
chen und einer in dem oberen weiteren Röhrchen erkenn=
baren runden Spindel, welche etwas weniger dünner ist,
als das untere Röhrchen weit ist. Bei aufgezogenem
Kolben hat sich das untere Röhrchen über die Spindel
hin geschoben, so daß letztere das Röhrchen beinahe aus=
füllt, dem Öl nur einen feinen ringförmigen Kanal
lassend. In diesem reibt sich das aufsteigende Öl stark
und kann sich deshalb nur langsam bewegen. Je mehr
der Kolben sinkt, um so mehr taucht die Spindel aus
dem Röhrchen aus und verringert dadurch die Länge des
engen Kanalweges, also auch die Reibung des Öles. Da
aber mit dem Niedergehen des Kolbens auch die Feder
an Spannung einbüßt, können die Verhältnisse so ab=
gemessen werden, daß die Verminderung der Reibung in
dem Ringkanal genau der Verminderung der Spannkraft
der sich dehnenden Feder entspricht, was dann bei gut ge=

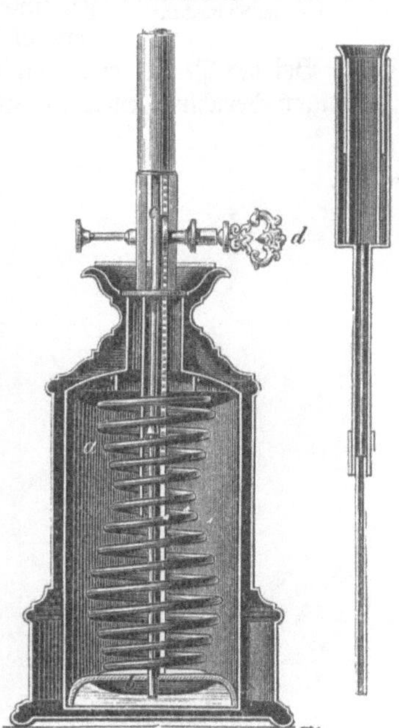

Fig. 245. Moderateurlampe.

bauten Moderateurlampen in der That vollständig erzielt wird. Man reguliert die Lampe
so, daß das Öl in Überfluß zur Brennermündung getrieben wird, weshalb es, soweit es
nicht in dem Dochte zur Verbrennung kommt, über und an der Außenfläche des Rohrs
herunterläuft und sich oberhalb des Kolbens sammelt, so daß, wenn der Kolben ganz herab=
gegangen ist, das unverbrannte Öl sich wieder oberhalb desselben befindet. Das unver=
brannte Öl macht also einen Kreislauf und wird dadurch, daß man den Kolben wieder in
die Höhe zieht, in den unteren Raum befördert.

Bei manchen in neuerer Zeit aufgetretenen Brennmaterialien, namentlich dem Photogen, Erdöl, Kamphin und Petroleum, machen sich infolge der größeren Flüchtigkeit und Leichtflüssigkeit, welche eine kräftigere Aufsaugung durch den Docht bedingt, derartige Druck= und Pumpvorrichtungen, die notwendig waren, um das schwerfälligere Rüböl der Flamme zuzuführen, überflüssig. Ja, man hat vielmehr gerade das Gegenteil zu berücksichtigen und durch lange Dochte den Zutritt des Brennstoffs aus dem unter der Flamme liegenden Behälter absichtlich zu verringern. So bei der Kamphinlampe, deren eigentümliche Brenner wir schon bei den Cylindern erwähnten, und ebenso auch bei der Petroleumlampe, jenem in den letzten Jahrzehnten von Amerika aus über die ganze Erde verbreiteten Leuchtapparate. Bei derselben ist der Brenner von ganz besonderer Wichtigkeit, und wir bilden ihn daher in Fig. 246 ab. Der flache Docht M wird durch ein eingreifendes Zahnrädchen B in die Höhe geschoben und bewegt sich in einer Hülse, die von einer vielfach durchlöcherten Fassung umgeben ist. Über die kleine Flamme wölbt sich ein kuppelförmiges Blech C, welches oben mit einem länglichen Ausschnitt versehen ist, durch den die Flamme hindurchbrennt. Diese Kuppel hat am unteren Kranze ebenfalls zahlreiche Durchlöcherungen und läßt außerdem Raum frei bis zum Docht, so daß zu der Flamme von allen Seiten viel Luft treten kann, wodurch nicht nur eine sehr vollständige Verbrennung, sondern auch durch den lebhaften Zug des innerhalb der Kuppel aufwärts steigenden Luftstroms eine Verlängerung der breitgedrückten Flamme und damit eine Vergrößerung der leuchtenden Oberfläche erreicht wird, welche den Leuchteffekt bedeutend verstärkt.

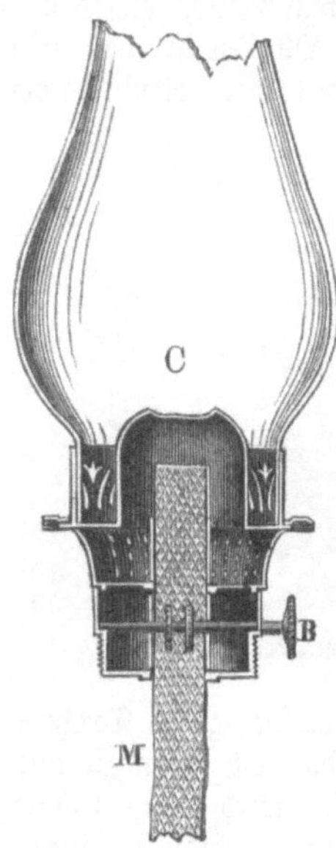

Fig. 246.
Brennapparat der Petroleum=
lampe im Durchschnitt.

Bei den Petroleumlampen ist vor allen Dingen zu berücksichtigen, daß alle Teile vollständigen Verschluß gewähren, weil trotz sorgfältigster Reinigung dieses Leuchtmaterial seinen Geruch einmal nicht verlieren kann, und da es selbst noch zu den flüchtigen Ölen gehört, so wird seine Verbrennung geradezu unthunlich in Apparaten, welche auch nur die geringsten Mengen Petroleumdämpfe entweichen lassen. Man hat daher sein Augenmerk ganz besonders darauf gerichtet, den Ölbehälter nicht zu nahe an die Flamme zu bringen. Eine Lampe, welche dies zweckmäßig erreicht, ist in Fig. 247 abgebildet. Das Öl wird durch die mit einer Schraube verschließbare Eingußöffnung a in den Ölbehälter b gegossen, welcher den Dochthalter rings umgibt und mit der Dochthülse nur im unteren Teile durch eine horizontale Zuführungsröhre in Verbindung steht. Sonst ist der Raum zwischen der Dochthülse und dem Ölgefäß leer, und da er fortwährend von einem Zuge kalter Luft durchströmt wird, die von unten in den Cylinder zur Flamme tritt, so hält sich auch das Petroleum in dem umgebenden Gefäße kühl. Der Docht ist ein Runddocht mit doppeltem Luftzuge, die nötige Sauerstoffzufuhr aber wird durch einen stark eingeschnürten Cylinder bewirkt, dessen enger Teil ungefähr 5 mm über dem Dochtende stehen muß, so daß die Flamme zum größten Teil über der Einschnürung brennt; der passendste Punkt für die Cylinderstellung wird leicht durch Probieren gefunden.

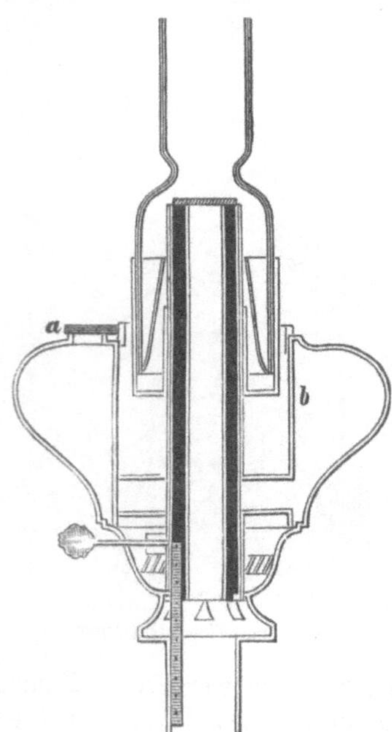

Fig. 247. Ditmarsche Petroleumlampe.

Neuerdings hat man sich, da das Petroleum immer mehr in Verwendung kam, indem es sich nicht nur als das bequemste, sondern auch als das billigste Leuchtmaterial allen andern flüssigen und festen Stoffen gegenüber erwies, in der Konstruktion von Petroleumlampen sehr viel Mühe

gegeben und auch für die gewöhnlichen Zwecke taugliche und dabei billige Lampeneinrich=
tungen erfunden. Wir können auf die Einzelheiten, durch welche dieselben sich auszeichnen,
an dieser Stelle nicht eingehen, die unsrer Meinung nach wichtigste aber wollen wir wenigstens
erwähnen. Es ist die, nach welcher ein flacher Docht derart in seiner Führung gebogen
wird, daß beim Austritt seine beiden Seitenwände sich berühren und er vollkommen wie ein
Rundbrenner wirkt. Die Vorteile liegen in der größeren Billigkeit flacher Dochte und in
der leichteren Behandlung. Sehr viele der angebrachten Verbesserungen beziehen sich auf
die Verringerung der Explosionsgefahr. Unvollkommen gereinigtes Petroleum, wie solches
im Handel seiner größeren Billigkeit wegen sehr häufig verkauft wird, kann allerdings sehr
leicht zu Brandstiftung die Veranlassung werden, besonders wenn infolge der Erhitzung
durch die Flamme aus dem Petroleum sich Dämpfe entwickelt haben, welche den oberen
leeren Teil des Gefäßes anfüllen und sich plötzlich entzünden können, wenn die Flamme
durch eine gewaltsame Bewegung oder durch ungeschicktes Ausblasen zum Zurückschlagen
gebracht wird. Die beste Sicherheit liegt aber in allen Fällen in der Vorsicht, mit der
man Lampe und Leuchtstoff behandelt, und besonders in der Verwendung von bestem Petro=
leum, das immer nur um wenige Pfennig teurer sein kann als mangelhaft gereinigtes Öl.

Eine gut leuchtende Studierlampe ist Stobwassers
Patent=Petroleumschiebelampe mit Regulator. Bei dieser
Petroleumlampe, welche die alte beliebte Schiebelampe,
wie sie auf Seite 313 beschrieben ist, wieder in ihre
Rechte einsetzt, befindet sich die Füllöffnung oben auf
dem Ölbehälter. Man legt den oberen Deckel des Öl=
behälters zurück und dreht den oberen gerippten Rand
bei a (s. Fig. 248) so weit links herum, bis man einen
Widerstand fühlt; dann ist der obere Zufluß geöffnet;
nun gießt man das Petroleum hinein. Durch Umdrehen
nach rechts, bis wiederum ein Hindernis bemerkbar ist,
öffnet sich dann der Petroleumzufluß zum Brenner. Die
Verschraubung bei a ist luftdicht, wodurch erzielt wird,
daß der Brennstoff tief genug unter den Docht herab=
sinkt, um der Vergasung, welche Explosion herbeiführen
könnte, entzogen zu sein.

Neben dem schönen Lichte, welches diese Lampe gibt,
hat sie auch noch den Vorzug, daß sie die gefahrloseste
Petroleumlampe ist, da eine Explosionsgefahr nie zu be=
fürchten ist.

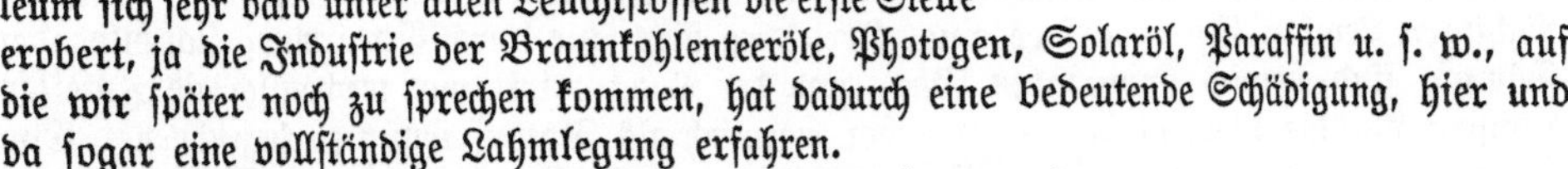

Fig. 248.
Stobwassers Patent=Petroleumschiebelampe.

Nach seiner allgemeinen Einführung hat das Petro=
leum sich sehr bald unter allen Leuchtstoffen die erste Stelle
erobert, ja die Industrie der Braunkohlenteeröle, Photogen, Solaröl, Paraffin u. s. w., auf
die wir später noch zu sprechen kommen, hat dadurch eine bedeutende Schädigung, hier und
da sogar eine vollständige Lahmlegung erfahren.

In den Vereinigten Staaten betrug die Petroleumgewinnung

1870: 4215000 Faß   1872: 6539103 Faß
1871: 5659000   „   1873: 9879455   „
              1874: 10910303 Faß.

Die höchste Zahl der in Betrieb befindlichen Petroleumquellen war Ende Januar 1882
mit 540 Quellen, seitdem ist die Zahl, die überhaupt wegen der nicht sehr langen Ergiebigkeit
schwankend ist, zurückgegangen. Die Ausfuhr nach Europa betrug 1882 9 Millionen Faß,
nach den übrigen Ländern 2,25 Millionen. Amerika verbrauchte 1882 selbst über 14 Millionen
Faß, und man rechnet, daß der Weltkonsum, der 1876 etwa 10 Millionen Faß betragen hat,
bis 1882 auf 25 Millionen Faß gestiegen war.

Außer in Amerika hat man mit der steigenden Wichtigkeit des neuen Konsumtions=
artikels auch in andern Ländern nach ihm gesucht und gefunden, daß er überhaupt ein viel
allgemeineres Vorkommen hat, als man vordem angenommen. Rußland und Galizien
liefern jetzt schon ganz beträchtliche Quantitäten. Die Petroleumlampenfabrikation ist daher

ein dauerndes Gewerbe geworden, das eine große Ausdehnung erlangt hat. In Berlin, ihrem Hauptsitze in Deutschland, beschäftigt sie in 80 Fabriken gegen 1600 Arbeiter, und man rechnet, daß jährlich im Durchschnitt 2 Millionen vollständige Lampen fertig gestellt werden, welche einen Verkaufswert von 12—14 Millionen Mark darstellen.

Durch die neuen Leuchtstoffe ist auch die Erfindung zweier interessanter Lampen veranlaßt worden, von denen wenigstens die eine in der ersten Zeit ihres Auftauchens eine große Verbreitung fand: es sind dies die Ligroinlampe und die Hydrocarbürgaslampe. Das rohe Petroleum, als ein Gemenge verschiedener Kohlenwasserstoffe, enthält so flüchtige Bestandteile, daß es eben deshalb ein wirklich feuergefährlicher Stoff ist. Erst durch Abdestillieren jener wird es gebrauchsfähig, aber die Gefährlichkeit ist nun natürlich in noch erhöhtem Maße dem Abgetriebenen eigen. Bei der massenhaften Raffinierung des Petroleums mußten sich die flüchtigen Öle, welche unter dem Gesamtnamen Naphtha dem Handel offeriert wurden, immer mehr anhäufen, solange man keine Verwendung dafür hatte. Der anschlägige Kopf des Amerikaners fand sie da, wo man sie am wenigsten vermuten sollte: er ersann eine Lampe, auf welcher sich die gereinigte Naphtha oder Ligroine mit Vorteil und ohne alle Gefahr verbrennen läßt, eine kleine Handlampe, einem Wachsstockbüchschen ähnlich. Man gießt nach Abschraubung des Deckels, in dessen Mitte die Dochthülse steht, die Ligroine hinein und sogleich wieder zurück; eine Schicht von Badeschwamm, welche am Boden durch ein Drahtgitter festgehalten wird, saugt etwa 25—35 g der Flüssigkeit auf, während übrigens die Lampe leer ist und also auch durch Umwerfen und Herabfallen kein Schaden geschehen kann. Die Füllung reicht für eine mehrstündige Brennzeit aus und berechnet sich auf wenige Pfennig, so daß die Lampe auch eine Sparlampe ist. Die Flamme ist schön hell und der einer Paraffinkerze ähnlich.

Nach dem gewöhnlichen Betriebe wird die Naphtha einer nochmaligen Destillation unterzogen und dadurch in drei Flüssigkeiten zerlegt: Petroleumäther, Benzin und sogenanntes künstliches Terpentinöl. Die ersteren beiden brennen auf der Ligroinlampe gleichgut; denn was aus Amerika unter dem Namen Ligroine kam, hatte die meiste Ähnlichkeit mit dem Benzin. Rohes Petroleum dagegen eignet sich nicht zum Brennen auf dieser Lampe; es gibt nur eine gelbe, glanzlose Flamme. Die Ligroinlampe bietet einen willkommenen Ersatz für die trübe und unreinliche Öllampe, mit der man in Küche und Keller, in Bergwerken u. s. w. zu hantieren pflegte. Nur die Vorsicht ist nötig, das Auffüllen von Brennstoff nicht in der Nähe einer Flamme zu thun; auch das Abschrauben des Deckels, während die Lampe noch brennt, würde sich meistens durch Entzündung des Inhalts bestrafen.

Durch ihre Einrichtung interessant ist noch die von Herzog in Wien erfundene Hydrocarbür=Lunargaslampe. Genau genommen ist, wie wir nach dem Gesagten bereits wissen, jede Flamme eine Gasflamme. Bei den fetten Brennstoffen muß aber das Gas erst durch Zersetzung gebildet werden, was in dem glühenden Dochte vor sich geht, dessen Funktion demnach dieselbe ist wie die der Retorte in der Gasanstalt. Bei den flüchtigen Leuchtstoffen bedarf es einer Zersetzung nicht; die durch Erwärmung sich bildenden Dämpfe sind bereits brennbares Gas, und der Docht wirkt nur mechanisch als Zuleiter. Lampen wie die Ligroinlampe sind daher eigentlich als Dampflampen zu bezeichnen. Eine solche in noch strikterem Sinne ist auch die Herzogsche Lampe, mit der Eigentümlichkeit jedoch, daß bei ihr flüchtige Brennstoffe, wie Petroleum, Photogen u. s. w., auf kaltem Wege verdampft und zugleich mit Luft vermischt werden, so daß ein Gasgemenge entsteht, das die sämtlichen Bedingungen der Verbrennung bereits in sich trägt und gleich dem gewöhnlichen Gas, ohne Docht und Cylinder verbrannt, ein schönes Licht gibt. Die Einrichtung dieser neuen Lampen ist aus der beistehenden Abbildung ersichtlich, welche die einfachste Form gibt, die sich zu mehrflammigen Leuchtern und Kandelabern wiederholen läßt. Die Lampe hat sonach zwei Abteilungen, den Ölbehälter und ein mechanisches Triebwerk, dessen Funktion eine lufteinsaugende und zusammendrückende ist. Der mit c bezeichnete Teil ist die Kammer für die durch einen Schlüssel aufzuziehende Feder und das Räderwerk, durch welches ein kleiner Luftsauger a in Umtrieb gesetzt wird. Um der Abbildung ihre Übersichtlichkeit zu lassen, deuten wir diese beiden Teile des Apparats nur an. Die Luft tritt durch das Rohr e ein, an dessen innerer Mündung ein nach innen schlagendes Ventil sitzt; sie nimmt ihren Weg durch den Raum d und durch ein zweites Ventil bei g in die

Kammer h, wo sie komprimiert wird. Aus h steigt sie in einem gekrümmten Rohr, das sich oberhalb umbiegt und in einen umgestürzten Trichter endet, in die obere Abteilung und entweicht am unteren Rande dieses Trichters nahe am Boden des Ölbehälters, um nun in Bläschen an die Oberfläche zu steigen. Auf diesem Durchgange durch die Flüssigkeit wird die Luft karbonisiert, d. h. mit flüchtigen brennbaren Teilen so weit gesättigt, daß das Gemenge ein Leuchtgas bietet, welches den Raum über dem Öl einnimmt. Es ist diese Lampe eine neue Uhrlampe, die als kalte Gaslampe am nächsten an die eigentliche Gasbeleuchtung herantritt.

Die Gasbeleuchtung. Gasbeleuchtung im weitesten Sinne ist jede Beleuchtung, die wir bis jetzt betrachtet haben; im gewöhnlichen Leben versteht man aber darunter eben nur die Beleuchtung mittels des sogenannten Leuchtgases, und wir wollen uns bei unsrer Betrachtung dieser Begrenzung insoweit anschließen, als wir hierher nur die unmittelbar aus der trockenen Destillation organischer Körper entstehenden Produkte, sofern sie zur Beleuchtung sich eignen, zählen.

Trockene Destillation — ein Begriff, den wir bisher noch nicht zu erläutern Gelegenheit gehabt haben — man begreift darunter die Erhitzung organischer Körper im geschlossenen Raume, so daß dieselben infolge der Temperaturerhöhung sich in flüchtige Produkte zerlegen, deren Abtreibung und Aufsaugung zum Zwecke der Untersuchung oder Verwendung mit ähnlichen Apparaten bewerkstelligt wird, wie die Destillation von Flüssigkeiten. Die trockene Destillation unterscheidet sich von der gewöhnlichen Destillation flüssiger Körper also wesentlich dadurch, daß jener eine chemische Zersetzung vorhergeht und die überdestillierenden Verbindungen vorher nicht schon fertig gebildet vorhanden waren, wie bei dieser — daß bei jener der Vorgang ein chemischer, bei dieser ein physikalischer ist.

Wenn wir nun die Destillationsprodukte organischer Körper betrachten, so werden wir freilich nicht bloß von Gasen zu sprechen haben, denn es gibt eine große Zahl unter ihnen, die sich bei niedriger Temperatur zu festen oder flüssigen Körpern verdichten. Unter diesen sind noch dazu einige, welche in der letzten Zeit als selbständige Leuchtmaterialien eine sehr weitgehende Bedeutung erlangt haben. Wir erinnern nur an das Photogen, Solaröl, Paraffin u. s. w., welche nicht nur nach Art ihrer Gewinnung mit der Darstellung des Leuchtgases auf das

Fig. 249. Hydrocarbür-Lunarlampe.

engste verwandt sind, sondern auch in chemischer Beziehung demselben so nahe stehen, daß wir ihre Besprechung naturgemäß an dieser Stelle mit vornehmen müssen. Und wir sind sachlich gerechtfertigt, wenn wir den Begriff Gasbeleuchtung in dieser Weise ausdehnen, denn wir können einige von den in Rede stehenden Körpern beinahe geradezu als flüssige oder feste Modifikationen des Leuchtgases ansehen.

Geschichtliches. Die Wahrnehmung, daß manche luftförmige Körper brennbarer Natur sind, ist jedenfalls eine sehr alte. Die ewigen Feuer der Halbinsel Baku sowie die persischen und chinesischen Feuerbrunnen sind wahrscheinlich schon seit Jahrtausenden in ununterbrochener Thätigkeit und eine Stätte religiöser Verehrung. In englischen Kohlenwerken wußte man schon vor mehr als 200 Jahren, daß sich aus den Ritzen der Steinkohlenflöze Gase entwickeln, die angezündet eine weithin leuchtende Flamme geben. Ja, es gelang sogar einem damals in England lebenden deutschen Chemiker, diesen brennbaren Geist nach seinem Belieben aufzufangen, zu transportieren und anzuzünden, wann und wo er wollte. Becher, so hieß dieser Chemiker, ist also eigentlich der erste, welcher, wenn auch auf sehr rohe Art, die Gasbeleuchtung in unserm Sinne praktisch verwertet hat. Denn, um es nochmals auszusprechen, der Unterschied der Gasbeleuchtung von jeder andern

Flammenbeleuchtung besteht nicht in der Natur der zur Verbrennung kommenden Verbin=
dungen, diese ist in einem Falle wie in dem andern ganz dieselbe, sondern nur darin, daß
bei der gewöhnlichen Beleuchtung mittels Lampen oder Kerzen die brennbaren Gase erst
aus festen oder flüssigen Stoffen durch die Verbrennungshitze fast in demselben Moment,
wo sie schon Licht geben sollen, sich erzeugen, daß sie dagegen bei der Gasbeleuchtung ent=
fernt von dem Orte ihrer Verwendung durch Wärme von außen hergestellt werden.

Becher, der sich viel mit der Untersuchung der Steinkohlen beschäftigte, war auch der=
jenige, welcher aus denselben zuerst die Koks darstellte, deren Vorteile als Brennmaterial
bald so allgemein erkannt wurden, daß man zu ihrer Bereitung große Fabriketablissements
errichtete. Bei der Koksfabrikation (ebenfalls auf dem Wege der trockenen Destillation)
erhielt man ungeheure Mengen von Leuchtgas, welches man jedoch als ein Nebenprodukt
ungenutzt entweichen ließ, oder höchstens zur Belustigung der Arbeiter anzündete. Clayton
und Hales stellten ebenfalls Leuchtgas durch trockene Destillation von Steinkohlen dar (1739),
und der Bischof von Llandlaff wies 1767 nach, daß sich dasselbe in Röhren fortleiten und
am andern Ende derselben anzünden ließe. Auf den Kokswerken des Lords Dundonald
wurde dem Gase durch eine Kühlvorrichtung schon der flüssige Teer und das Ammoniak=
wasser entzogen. Aber die große Wichtigkeit, welche das Leuchtgas erlangen könne, erkannte
man damals noch nicht. Und wenn solches in dem praktischen England geschah, so brauchen
wir uns nicht zu wundern, daß auch das deutsche Publikum, welches zwar mit der Brenn=
und Leuchtkraft des Steinkohlengases bekannt gemacht worden war, es doch dabei bewenden
ließ, der Erscheinung einen neuen Namen, philosophisches Licht, zu geben, sich aber
mit dem Gegenstande weiter nicht zu befassen. Hätte damals in Deutschland ein unab=
hängiger, weitsichtigerer Geist geherrscht, so würde auch die Gasbeleuchtung auf eine frischere
Jugendentwickelung zurückblicken können. Die Thatsachen waren zur Genüge und mehr
als in jedem andern Lande den Gebildeten bekannt. Hatte doch schon 1786 der Professor
Sickel in Würzburg sein Laboratorium mit Gas beleuchtet, das er sich aus Knochen her=
stellte, und Minckeler, Professor der Physik an der Hochschule zu Löwen, hatte bereits 1784
eine Schrift herausgegeben: „Mémoire sur l'air inflammable tiré de différentes substances",
in welcher er die Entdeckung des Gaslichts veröffentlicht hatte.

Erst der Engländer Murdoch wußte die Bedeutsamkeit der neuen Beleuchtung glaub=
haft zu machen. Er füllte das aus Steinkohlen dargestellte Gas in Tierblasen, die ihm bei
seinen nächtlichen Ritten als Laternen dienten, und 1792 soll es ihm gelungen sein, das
Haus in Redruth, das er bewohnte, vollständig mit Gas zu beleuchten. Aber allen seinen
Bemühungen, der Gasbeleuchtung Teilnahme und Unterstützung zu verschaffen, stellte sich
der alte Schlendrian entgegen. Nur der geniale Watt war unbefangen genug, die Sache
bei sich zu erproben; 1798 ließ er durch Murdoch seine Maschinenbauwerkstätte mit Gas
beleuchten, und 1802 strahlte zur Feier des Friedens von Amiens die ganze Front der Fabrik
in brillanter Beleuchtung durch selbsterzeugtes Gas. Das Beispiel blieb aber auch ein ver=
einzeltes, obwohl der außerordentliche Erfolg zur Nachahmung hätte anreizen sollen.

In Frankreich hatte, unabhängig von Murdoch, Le Bon Versuche gemacht, die bei
der Destillation des Holzes sich entwickelnden Gase zur Beleuchtung zu verwenden, allein
mit noch geringerer Aufmunterung, als Murdoch in England zuteil geworden war.

Le Bon, von ernstem wissenschaftlichen Wesen erfüllt und durchdrungen von der
Wichtigkeit der neuen Erfindung, verschmähte jene kleinen Hilfsmittel der Reklame. Es lag
ihm daran, das Volk zu überzeugen und durch die Überzeugung zu zwingen — das ist aber
ein Unternehmen, welches nur in den seltensten Fällen von Wirkung ist. Genug, Le Bon
erreichte seine Absichten nicht. Nachdem er sein Vermögen aufgeopfert hatte, seine Lieb=
lingsidee ins Werk zu setzen, war er eben noch so weit vom Ziele entfernt wie zu Anfange.
Einzelne hörten ihn noch, lächelten und wiesen auf seine pekuniären Verluste hin, für die
sie nicht die Kurzsichtigkeit des Publikums, sondern die vermeintliche Wertlosigkeit seiner
Ideen verantwortlich machten; andre schalten ihn einen übertriebenen Phantasten und
wandten sich ab; die meisten nahmen sich nicht die Mühe, über ihn und seine Erfindungen
nachzudenken. Es blieb dem Armen, als er keine Mittel mehr besaß, seine Experimente
vor dem Volke zu machen, als er dem Plane, seinen Mitbürgern die Wohlthat einer
neuen Idee aufzudringen, alles geopfert hatte, als er selbst bei den Gebildeten für seine

menſchenfreundlichen Beſtrebungen, für ſeine ununterbrochenen Sorgen keinen andern Lohn
fand als Achſelzucken und Spott — nichts andres übrig, als verzweifelnd hinauszugehen
in das Boulogner Hölzchen und ſich eine Kugel durch den Kopf zu jagen.

Beſſer als Murdoch und Le Bon verſtand es ein Deutſcher, Winzer mit Namen,
ein braunſchweigiſcher Hofrath, ſein Publikum zu behandeln. Er ergriff den Gedanken
einer neuen Beleuchtungsart mit ungemeiner Lebhaftigkeit, und ohne an Ernſt und Red=
lichkeit der Überzeugung ſeinen Strebensgenoſſen nur entfernt nahe zu kommen, wußte er
doch viel mehr und raſcher wirkende Hebel in Bewegung zu ſetzen als jene. Er ging nach
England, wo man ſeinen Namen der engliſchen Schreibweiſe gemäß in Winſor verwandelte,
und fing hier gleich damit an, eine Aktiengeſellſchaft zu gründen, der er fabelhafte Erträge
in Ausſicht ſtellte. Für den Anfang ſollte jeder Einlage von 500 Thalern eine jährliche
Dividende von mindeſtens 10 000 Thalern ſicher ſein, eine Summe, die ſich aber ſehr bald
noch verdoppeln und verdreifachen müſſe. Wenn nun auch die Beſonneneren ſolchen Prahle=
reien gegenüber ſich ablehnend verhielten, ſo war doch das Heer Geldgieriger, welches zu

keiner Zeit ſeine Spielernatur ver=
leugnet, groß genug, um dem Winſor
erhebliche Summen zur Verfügung
ſtellen zu können. Natürlich erwies
ſich das Nichtige der Unternehmung
ſehr bald, und das Licht, welches
den Aktionären aufging, war ein
ganz andres, als der Proſpekt ver=
heißen hatte. Indeſſen war die
Sache zu lebhaft aufgefaßt, teils
ergriffen, teils bekämpft worden,
um bald der Vergeſſenheit anheim=
zufallen. Winzer war auch gar
nicht die Natur, es dazu kommen
zu laſſen. Er trat mit einem neuen
Programm hervor, das dem erſten
an Glanz durchaus nichts nachgab,
und bekam wieder Geld in Hülle und
Fülle, ohne jedoch auch diesmal
etwas Reelles damit zu erreichen.
Unterdeſſen aber hatte die Beleuch=
tung der Wattſchen Fabrik durch
Murdoch, ſowie einige andre Unter=
nehmungen ähnlicher Art, den vor=
ſichtigen Teil des Publikums, wenn
auch nicht zur Beteiligung, ſo doch

Fig. 250. Le Bon.

zu jener achſelzuckenden Neutralität gebracht, die ſich, ohne das Geringſte zu thun, in
dem tiefſinnigen Gedanken auszuſprechen pflegt: „Kann ſein, kann auch nicht ſein.“ Und
dieſen Erfolg wußte Winzer auf das ergiebigſte für ſeine Pläne auszubeuten: man ſchaffte
immer wieder Geld, die Ausſicht auf eine Zukunft, wie ſie durch die gewonnene wiſſen=
ſchaftliche Erfahrung als geſichert hingeſtellt wurde, gab den Gasbeleuchtungsaktien Leben,
der Strudel des Aktienſchwindels ſchnellte ſie in die Höhe; kurz und gut, Winzer ſah immer
wieder neue Berge Goldes zu ſeinen Füßen ſich auftürmen.

Trotzdem die ganze Art des Unternehmens nicht geeignet war, die ruhiger Denkenden
dafür zu gewinnen, trotzdem die der damaligen Methode der Gasbereitung noch anhaftenden
Unvollkommenheiten — man vermochte das Gas noch nicht einmal in nur leidlich genügender
Weiſe zu reinigen — von Gelehrten und Technikern, den Ausſchreiereien des Hofraths
gegenüber, allmählich und immer ernſter betont wurden, und ſelbſt Murdoch gegen den
Charlatan ſeine Stimme erhob — trotz alledem ging dieſer federleichte Mann nicht unter.
Man darf nun aber aus ſeiner Handlungsweiſe nicht etwa ſchließen, daß er bloß ein eitler,
gewinnſüchtiger Prahler geweſen ſei, ohne alle Kenntnis deſſen, um was es ſich bei dem

Wesen der Gasbeleuchtung handle. Er war wissenschaftlich gebildet genug, um zu wissen, was er wollte. Seinem Geiste schwebte die Ausdehnung, welche die neue Beleuchtung gewinnen müsse, wohl ziemlich klar vor, und die Vorteile, welche daraus gegenüber der üblichen Beleuchtung der Welt erwachsen müßten, erkannte er mit großer Schärfe. Aber daß er sich einbildete, die Übergangszeit, die Einführung und Vervollkommnung im Handumdrehen bewerkstelligen und einen so enormen Nutzanteil den Begründern zuwenden zu können, das war ein Streich, dem ihm seine Phantasie spielte. Wahrscheinlich glaubte er an seine Programme selbst nicht in dem Umfange, wie er seinem Publikum einzureden sich bemühte, das ist ja aber auch von Gründern nicht zu verlangen; Winzer war aber ein Gründer von reinstem Wasser, nur tausendmal besser als die meisten seiner heutigen Kollegen, denn daß er von dem endlichen und erfolgreichen Siege der Gasbeleuchtung überzeugt war, das wird durch den Umstand bewiesen, daß er von all den ungeheuren Summen, die durch ihn den Tod fanden, nicht nur nichts für sich verwendete, sondern sogar das Seinige getrost mitsterben ließ. Er hatte immer ein höheres Ziel im Auge. Nie stand er still, unablässig war er für sein Unternehmen bemüht, die Geister zu erregen. Um die Menge zu gewinnen, schlug er freilich den Weg ein, sie zu täuschen, und ob das besonders sittlich genannt werden kann, diese Frage wollen wir nicht erst aufwerfen. Leider ist dies Mittel so oft das wirksamste zur Erreichung mancher öffentlicher Zwecke gewesen, und es erwies sich diese Wahrheit auch hier.

Als sich das Für und Wider aneinander abgeschliffen hatte und man einerseits vom Gase nicht mehr das Unerreichbare verlangte, anderseits aber aus angestellten genauen wissenschaftlichen Untersuchungen (namentlich durch den englischen Chemiker Akum) das allgemeine Urteil Grund fand, Zutrauen zu fassen, gestaltete sich die Sache in ihrem inneren Wesen günstiger. Es gelang allmählich, Gas herzustellen, welches von den Unarten des früheren frei war und besonders die Beseitigung der unangenehmen und schädlichen Verbrennungsprodukte, welche sich aus den Verunreinigungen des Gases entwickelten und die man anfänglich nicht zu entfernen vermochte; die bessere Reinigung des Gases war seine wirksamste Empfehlung im Publikum. Wenn wir von einem Publikum reden, so haben wir nur das englische im Auge, denn ein deutsches gab es damals für diese Frage noch nicht.

Im Jahre 1810 erhielt der unermüdliche Winzer, nachdem er zweimal abgewiesen worden war, für seine Erfindung ein Patent, und damit war eigentlich sein Erfolg gesichert. Die Privilegien für seine Gesellschaft wurden 1816 verlängert und noch erweitert, und 1825 hatte die Winsorkompanie bereits mehrere große Gasanstalten in London und den Vorstädten im Gange. Die Länge der Röhrenleitung, durch welche sie ihr Gas beförderte, betrug 1832 an 120 englische Meilen.

Nach solchen Vorgängen wandte sich das Kapital mit großer Lebhaftigkeit der Errichtung von Gasfabriken zu. Es entstand in großer Schnelle eine Gasgesellschaft nach der andern, und jetzt gibt es in Großbritannien kaum eine Stadt von 3000 Einwohnern, welche nicht ihre Gasanstalt hätte. Sogar ein großer Teil des Kontinents wird jetzt durch englische Unternehmer mit Gas beleuchtet.

Hier, auf dem Festlande, stieß die Einführung der Gasbeleuchtung anfänglich auf nicht geringe Schwierigkeiten. In Frankreich waren die Versuche des unglücklichen Le Bon gar bald vergessen, und das Schicksal ihres Veranstalters erschien auch für andre gewiß nicht sehr aufmunternd. Trotz der Erfolge, die sich die Gasbeleuchtung mittlerweile in England errungen hatte, interessierte man sich nicht von selbst dafür, es mußte ein fermentierender Kopf erst die Masse des Volkes zum Aufgehen bringen. Dazu war nun gerade für Frankreich niemand geeigneter als unser Winzer. Er wendete sich auch wirklich, als sich sein Kind in England selbständig forthelfen konnte, über den Kanal, um ihm hier eine zweite Heimat zu gründen. Allein bei den für das Neue zwar leicht zu enthusiasmierenden Franzosen war sein Spiel dennoch kein so leichtes, als er sich vorgestellt hatte. Die Antezedenzien sprachen zu sehr gegen ihn, und als auf die ohnehin lauen Gemüter noch die Tagespresse gegen die Spekulanten einzuwirken begann, schmolzen seine Aussichten wie Schnee vor der Märzsonne. Unsäglicher Anstrengungen bedurfte es, um 1817 die Beleuchtung des Panoramas zustande zu bringen, allein auch das war den Franzosen nur ein Schauspiel, kein wissenschaftlicher oder industrieller Erfolg, und trotzdem Ludwig XVIII. aus politischen Gründen die Bildung einer Gaskompanie, welche den Namen einer königlichen erhielt, gestattete, vermochte die neue Erfindung nur sehr langsam sich das Zutrauen des Volkes zu gewinnen. Fast 20 Jahre später als in England reifte in Frankreich die Saat.

In Amerika dagegen ist die Geschichte der Entwickelung der Gasbeleuchtung eine viel erfreulichere. Hier war es vorzüglich Henfrey, welcher auf ihre große Wichtigkeit hinwies, und der unternehmende, rasche Sinn der Amerikaner machte es ihm nicht so schwer, Boden zu gewinnen, wie es anderwärts geschehen war. Schon im Jahre 1801 hatte er einen großen Saal in Baltimore mittels eines Gases aus Braunkohle beleuchtet, und ähnliche Unternehmungen führte er in dieser Zeit noch mehrere aus.

Das gute Deutschland aber übereilte sich in keiner Weise. Es gab hier keine Kämpfe für und wider — man ließ eben alles still beim alten. Erst die Bemühungen zweier ausgezeichneter Männer, der Professoren Lampadius in Freiberg und Prechtl in Wien, hatten einige, wenn auch sehr spärliche Erfolge. Lampadius übersetzte ein Werk von Akum über die Gasbeleuchtung und brachte es dahin, daß in Freiberg auf dem Amalgamierwerke eine Gasanstalt errichtet wurde. Wenn man jetzt nach 50 Jahren, die seit jenem Ereignis vergangen sind, die allgemeine Verwendung des Gases nicht bloß zur Beleuchtung, sondern auch in sehr vielen Zweigen der Technik zur Wärmeerzeugung betrachtet; wenn man sieht, wie die kleinsten Städte nicht nur, sondern Dörfer, einzelne Gebäude sogar ihre eigne Gasanstalt sich erbauen, so ist es schwierig zu begreifen, daß das, was Lampadius unternahm, 1816 noch für ein großes Wagnis galt, obwohl schon im Jahre 1802 ein gewisser Winzler aus Znaim in Wien die Art der Beleuchtung mit Holzgas öffentlich gezeigt haben soll, und dasselbe Experiment bald darauf durch Werner in Leipzig und in andern Städten Sachsens wiederholt wurde. Der letztere erleuchtete 1808 sogar eine Tuchmanufaktur zu Züllichau, allein diese Flammen verloschen sämtlich, ohne mit ihren Strahlen bis in die Köpfe der Menge gedrungen zu sein, und die Lampadiussche Gasanstalt in Freiberg bietet daher immer noch das erste Beispiel einer in größerem Maßstabe ausgeführten deutschen Steinkohlengasbeleuchtung. In Berlin, welches 1825 mit einer englischen Gasgesellschaft einen Kontrakt schloß, brannte das „philosophische Licht" 1826 zum erstenmal, sehr kurze Zeit darauf konnte man es in Ägypten in Anwendung sehen.

Seitdem nun die Gasbeleuchtung zu einer allgemein angewendeten Methode geworden ist, beginnt eigentlich erst ihre Ausbildung und die raschere Folge der zu ihrer Vervollkommnung gemachten Erfindungen. Wir verfolgen den Gegenstand von jetzt ab jedoch nicht in seiner chronologischen Entwickelung, sondern wollen uns vor allen Dingen erst einigen Einblick in sein inneres Wesen zu verschaffen suchen, was uns für das weitere Verständnis unentbehrlich ist.

Bereitung des Leuchtgases. Gehen wir also zu der rein praktischen Seite dieses Gegenstandes über, so werden wir aus früher Gesagtem entnehmen können, daß organische Körper, welche eine ähnliche chemische Zusammensetzung haben, wie Öl, Fett u. s. w., bei ihrer Erhitzung in allseitig geschlossenen Gefäßen (Retorten), bei der trockenen Destillation also, Gase geben müssen, die mit denen, welche in der freien Flamme zur Verbrennung gelangen, ziemlich dieselbe Zusammensetzung haben werden. Die Gase, die wir aus solchen Körpern erhalten, würden also zur Erleuchtung verwendet werden können. Die Erfahrung hat weiterhin ergeben, daß auch minder teure Körper, wie z. B. Steinkohle, Braunkohle, Holz, Harz u. s. w., bei Erhitzung in geschlossenen Gefäßen eine ganz entsprechende Zersetzung erfahren und mit ihnen derselbe Effekt erreicht werden kann, wenn auch zur Entfernung mancher unwillkommenen, nebenbei mit auftretenden Zersetzungsprodukte einige Reinigungsoperationen sich notwendig machen. Man kann mit Erfolg die verschiedenartigsten organischen Stoffe zur Leuchtgasbereitung anwenden, am häufigsten kommen aber in Gebrauch: Steinkohle, Braunkohle, bituminöser Schiefer, Torf, Holz, Harz, unreine Fette u. s. w.

Rohmaterial. Schon wegen der Menge, in der sie von der Natur geboten werden, spielen unter den genannten Rohmaterialien die fossilen Brennstoffe die erste Rolle. Torf und Braunkohle werden zwar nur in beschränktem Maße, dagegen die Steinkohle in ungemessenen Mengen zur Erzeugung des Leuchtgases verwendet, das infolgedessen häufig auch kurzweg Steinkohlengas genannt wird. Nach der Bildungsweise der hier genannten Fossilien, über die wir uns schon im III. Bande dieses Werkes verbreitet haben, muß die Braunkohle mehr von der Zusammensetzung der organischen Gebilde unsrer Welt noch besitzen als die bei weitem viel ältere und in der Zersetzung viel vorgeschrittenere Steinkohle, der Torf noch mehr. Während die Braunkohle bisweilen noch ganz die Eigenschaften eines sogenannten erstickten Holzes zeigt, genau noch alle Zellen, Blätter und Äste, selbst Harz des ursprünglichen Baumstammes noch aufzuweisen vermag, bildet die Steinkohle eine dichte schwarze Masse, die in ihrer Erscheinung nur selten an ihre Abstammung von Pflanzen erinnert. Je nachdem nun lokale Verhältnisse eine raschere oder langsamere Zersetzung der organischen Körper, als deren Endresultat die Steinkohle vor uns liegt, zuließen, ist auch diese selbst wieder verschieden.

Wir finden einzelne Kohlenarten, welche neben dem hauptsächlichen Bestandteil Kohlenstoff, der als der wenigst flüchtige unter den vier organischen Elementen bis zuletzt zurückbleibt, auch noch ziemlich bedeutende Quantitäten von Wasserstoff und Sauerstoff besitzen; andre dagegen, bei denen die Zersetzung bereits so weit vorgeschritten ist, daß jene beweglicheren Elemente sich fast vollständig von dem Kohlenstoff getrennt haben, und die zurückgebliebenen Reste fast allein aus diesem schwarzen Körper bestehen. Solche Kohlen sind Anthracite. Sie taugen zur Fabrikation von Leuchtgas nicht, denn sie sind nicht im stande, sich anders in flüchtige, gasartige Produkte zu verwandeln, als daß ihnen von außen gasartige Körper, mit denen sie sich verbinden können, zugeführt werden. Als Brennstoff in gut ziehenden Ofenanlagen eignen sich sich dagegen vortrefflich, denn sie bilden zuerst mit dem zutretenden Sauerstoff Kohlenoxydgas, welches seinerseits mit einer wenig leuchtenden Flamme verbrennt und dabei große Hitze entwickelt.

Fig. 251.
Ofen zum Koksbrennen (Durchschnitt und Vorderansicht).

Die unter dem Namen Schiefer-, Pech-, Ruß-, Kannelkohle im Handel vorkommenden Arten haben eine so totale Umwandlung noch nicht erfahren. Sie haben von den Bestandteilen der lebenden Pflanze noch einen Rest von Wasserstoff und Sauerstoff sich erhalten und auf diesen ihren Gehalt gründet sich die Verwendung zur Leuchtgasbereitung. Es sind für diesen besonderen Zweck bei einer Kohle aber noch gewisse Eigenschaften zu berücksichtigen, die einer vor der andern den Vorzug geben lassen. Manche Kohlen nämlich, wie Schieferund Rußkohle, zerspringen beim Erhitzen und zersetzen sich, ohne zu erweichen, ohne teigig zu werden, zu backen, wie man dies nennt; derartige Kohlen sind für die Gasbereitung am wenigsten tauglich, da die Zersetzung bei ihnen immer eine ungleichmäßige sein wird. Diejenigen Kohlensorten dagegen, welche beim Erhitzen in den Zustand zäher Teigigkeit geraten, eignen sich dazu ganz vortrefflich, und sie werden daher auch vorzugsweise zur Abdestillierung verwendet. Ja, man sucht durch einen Zusatz solcher Kohlensorten, welche die gedachte Eigenschaft in besonders hohem Grade haben, andre Kohlen von entgegengesetzter Beschaffenheit verwendbar zu machen, und die zweckmäßige Zusammensetzung der Beschickung, die richtige Mischung des abzutreibenden Rohmaterials ist unter allen Umständen für den Gastechniker eine der wichtigsten Aufgaben, zumal auch die daraus darstellbaren Gase in ihren Eigenschaften, Leuchtkraft u. s. w., sehr verschieden sein können. Ergeben einige Kohlensorten sehr schwere, kohlenstoffreiche Gase, welche mit dunkler, leicht rußender Flamme brennen, so erhält man dagegen durch die Destillation andrer Kohlen Gase, die verhältnismäßig zu reich an Wasserstoff sind und für sich eine nur wenig leuchtende Flamme geben würden. Die höchste Leuchtkraft würde ein seiner Zusammensetzung nach in der Mitte zwischen beiden liegendes Gas haben, und um ein solches zu erhalten, mischt man schon vor der Destillation die Kohlen in geeigneten Verhältnissen miteinander. Der Rückstand, welcher in den Destillationsgefäßen verbleibt, ist eine poröse, geschwollene Masse, fast reiner Kohlenstoff, nur mit den mineralischen Aschenbestandteilen, die sich in der Hitze nicht verflüchtigen, vermengt und bekannt unter dem Namen Koke.

Koks. Die poröse Beschaffenheit des Koke, infolge deren er der zutretenden Luft eine große Berührungsfläche darbietet, macht ihn zu einem ausgezeichneten Feuermaterial, dessen

Herstellung die Hauptaufgabe besonderer Fabrikanlagen ist. Diese Koksöfen können selbst=
verständlich am besten nur in der Nähe großer Steinkohlengruben ihre Thätigkeit aufnehmen,
wo sie das schwer wiegende und oft nicht einmal anders zu verwertende Rohmaterial in
ein wertvolleres und geringere Transportspesen verlangendes Produkt verwandeln und dazu
durch die Feuerungsmittel auf die billigste Weise in den Stand gesetzt werden. Die Koks
und die Koksbrennerei sind schon lange bekannt, und letztere ist namentlich in England in
großem Umfange betrieben worden. Wie die Darstellung der Holzkohle aus dem Holze
durch Erhitzung bei Abschluß der Luft, so ist das Wesen der Koksbereitung nichts andres
als eine trockene Destillation, und wo man für die dabei sich entwickelnden Gase zu Leucht=
zwecken eine angemessene Verwendung hat, kann man zwei Industriezweige sehr vorteilhaft
miteinander verbinden. Jedenfalls ist in Gasfabriken die Einnahme aus dem Verkauf der
Koke ein beträchtlicher Faktor in der Bilanz; weniger kommt in den Koksöfen, die in der
Nähe der Steinkohlenwerke die dort mit abfallenden geringeren Kohlen, Kohlenklein, Staub 2c.
verarbeiten, die Verwertung des Gases in Betracht. Man läßt es oft ganz ungenutzt ent=
weichen, in neuerer Zeit aber leitet man es, wenn man sonst
nichts damit anzufangen weiß, dem Feuerherde wieder zu, und
es läßt sich dann wenigstens durch Wärmeentwickelung nütz=
lich machen.

    Da wir bei dieser Gelegenheit der Koksbereitung so nahe
geführt worden sind, so wollen wir in Folgendem mit einigen
Worten das Verfahren bei derselben noch beleuchten. Das erste
ist, daß in der Koksbrennerei gleich passende Sorten von Kohlen
gewählt, gewaschen und nach Befinden miteinander vermischt
werden. Weil man von den Verunreinigungen der Steinkohle
namentlich den Schwefel zu fürchten hat, so sucht man dessen
möglichst vollständige Entfernung zu bewerkstelligen. Zu diesem
Zwecke gibt man den Verkokungsapparaten nicht die Form von
gewöhnlichen Retorten, sondern man erhitzt die Steinkohlen in
gewölbten Öfen, indem man sie teilweise verbrennen und da=
durch die zur Abtreibung der übrigen nötige Wärme zugleich
mit erzeugen läßt. Diese Öfen sind reihenweise aufgestellt, aus
feuerfesten Ziegeln gebaut und mit Einsatzthüren und kurzen
Essen versehen, aus welchen die rotblaue Flamme von der auf
dem Herde naß entzündeten Kohle lodert. Alle 24 Stunden
findet eine neue Füllung statt, während das glühend heraus=
gezogene, metallisch glänzende Produkt abgekühlt und auf=
gespeichert wird. Man benutzt einen Ofen, welcher in Fig. 251
nach Durchschnitt und äußerer Ansicht, in Fig. 252 im Grundriß
abgebildet steht und im Lichten als große Achse der Ellipse eine

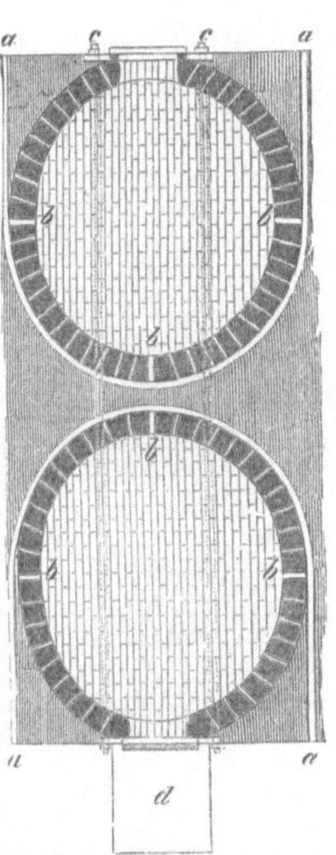

Fig. 252. Koksöfen im Grundriß.

Länge von 3 m, als kleine Achse eine Breite von reichlich $2\frac{1}{2}$ m hat, jedesmal mit 1400 kg
Steinkohle. Je backender eine Kohle ist, desto ruhiger, langsamer muß der Ofen geführt,
desto sicherer die Luft abgesperrt werden. Bei vorstehendem Grundriß bezeichnen a a die
Röhren, welche dem Ofen Luft zuführen; b b die Stellen, an denen dieselben in die Öfen
münden; c c deuten die eisernen Klammern an, durch welche das Mauerwerk zusammen=
gehalten wird; d die Eisenplatte vor dem Feuerloch.

    In bezug auf die Heizkraft verhalten sich gleiche Mengen von guter Koke und bester
Steinkohle annähernd wie 75 zu Holzkohle 80, lufttrockenem Holze 30, Braunkohle 30,
Torf 25. Die aus Braunkohlen und Torf gezogene Koke ist als Heizmittel wenig beliebt.
Der bei ihrer Bereitung erhaltene Kohlenteer aber wird zur Erzeugung zahlreicher wert=
voller Stoffe, Asphalt, Photogen, Benzol, Anilin u. s. w., verwertet und die Koke selbst
kann als Nebenprodukt betrachtet werden.

    Die besten Koks erhält man von der Kannelkohle, und diese Kohle ist auch für die
Bereitung des Leuchtgases eins der ausgezeichnetsten Rohmaterialien. Sie kommt in den
wertvollsten Arten aus England, hat ein tiefschwarzes, mattglänzendes Aussehen, einen
flachmuscheligen Bruch, und obwohl sie durch die bedeutende Fracht fast um das Dreifache

im Preis gegen unsre Kohle erhöht wird, findet man es in manchen Gasanstalten doch zweckmäßiger, diese teure Kohle zu verwenden, als deutsche. Die Pechkohlen sind für die Gasbereitung die der Kannelkohle an Wert zunächst stehenden.

Zusammensetzung des Leuchtgases. Außer den schon genannten drei organischen Elementen Kohlenstoff, Wasserstoff und Sauerstoff führen aber die behufs der Herstellung von Leuchtgas in den Retorten zur Destillation kommenden Rohmaterialien noch manche andre Bestandteile mit sich, welche sich durch die Hitze ebenfalls verflüchtigen und durch ihre Zersetzungsprodukte das Gas verunreinigen. Teils entstehen diese Verunreinigungen aus den stickstoffhaltigen organischen Körpern und treten dann als ammoniakalische, wohl auch als blausäureähnliche Verbindungen auf, oder aus schwefelhaltigen Beimengungen, und zeigen sich dann als höchst übelriechende und zerstörende Gase, wie Schwefelwasserstoff, Schwefelkohlenstoff, schweflige Säure, oder aber endlich sind die Produkte, welche, wie Kohlensäure und Wasserdampf, nur die Verbrennlichkeit und Leuchtkraft des Gases be-

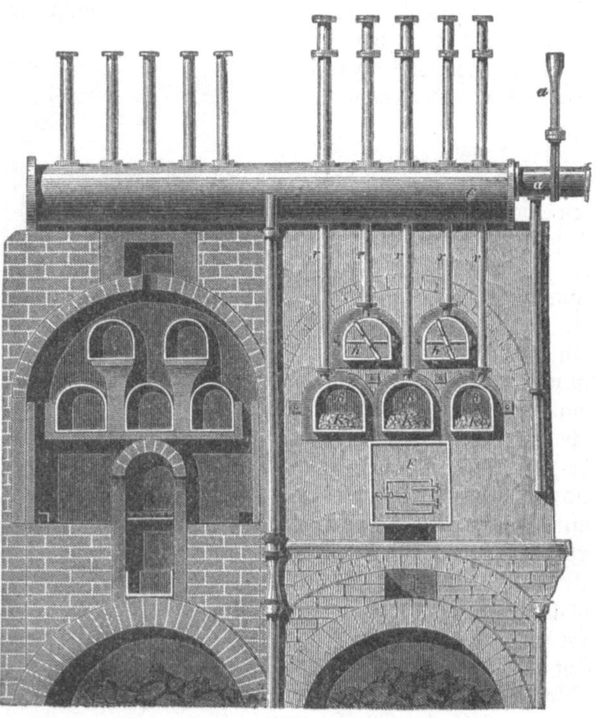

Fig. 253. Gasbereitungsofen (Vorderansicht).

einträchtigen. Unter allen Umständen muß man sie von dem letzteren trennen und dasselbe mit der größten Sorgfalt reinigen, denn der Wert hängt nicht minder von der Leuchtkraft als von der Unschädlichkeit seiner Verbrennungsprodukte ab.

Ist das Gas vollständig gereinigt, so besteht es hauptsächlich aus Verbindungen von Kohlenstoff und Wasserstoff, sogenannten Kohlenwasserstoffen, bisweilen mit etwas reinem Wasserstoff und Kohlenoxydgas, einer gleiche Teile von Kohlenstoff und Sauerstoff enthaltenden Zusammensetzung, versetzt, doch ist letzteres minder wichtig. Vorzügliches Interesse haben für uns die Kohlenwasserstoffe und unter ihnen hauptsächlich zwei Verbindungen, von denen nur eine, das Sumpfgas — so genannt, weil es sich in stehenden Gewässern bei der Verwesung von Wasserpflanzen rc.

bildet — gleiche Teile von Kohlenstoff und Wasserstoff enthält, die zweite aber, das ölbildende Gas (Elayl, wie es der Chemiker nennt), auf die gleiche Wasserstoffmenge doppelt so viel Kohlenstoff mit sich führt. Dieser letzteren Gasart ist die große Leuchtkraft des Steinkohlengases, seines bedeutenden Kohlenstoffgehaltes wegen, zuzuschreiben, während Sumpfgas und Kohlenoxydgas eine ähnliche Rolle spielen, wie der Weingeist beim Kamphin. Je langsamer die Zersetzung der Steinkohlen in den Retorten vor sich geht, um so gleichmäßiger bleibt die Zusammensetzung der sich entwickelnden Gase. Bei zu rascher Erhitzung gehen anfänglich sehr kohlenstoffreiche und deshalb bei ihrer Verbrennung leicht rußende Produkte über, später jedoch um so geringere. Man kann aber die Zersetzung regulieren und die Verschiedenheit ausgleichen, indem man die Erhöhung der Temperatur nur ganz allmählich vornimmt. Bilden sich jedoch solche an Kohlenstoff überreiche Gase trotzdem in zu großer Menge, wie es bei manchen Kohlenarten vorkommen kann, so muß man, wenn im Laufe der Destillation nicht geringerhaltige Gase entstehen, durch die man eine richtige prozentische Zusammensetzung des Leuchtgases im Gasometer bewirken kann, auf die direkte Erzeugung eines andern Gases mit bedacht sein, welches für sich eine nur wenig leuchtende

Flamme zu geben braucht. Kann man dies nicht durch geeignete Miſchung des Rohmaterials mit mageren Kohlenſorten erreichen, ſo erweiſt ſich das Kohlenoxydgas dazu ſehr zweck= mäßig. Es iſt dies dasſelbe Gas, welches bei unvollkommener Verbrennung von Kohlen= ſtoff ſich bildet und hauptſächlich da entſteht, wo Kohlen in geſchloſſenen Räumen glimmen. Die Kohlendampfvergiftungen werden durch Kohlenoxydgas hervorgerufen. Zum Teil ent= ſteht es auch bei der Gasbereitung im Innern der Retorte. Wo es aber darauf ankommt, mit ſeiner Hilfe überreiche Kohlenwaſſerſtoffe zu verdünnen, da muß es beſonders entwickelt werden, und man thut dies in den Gasanſtalten, indem man heiße Waſſerdämpfe durch eine mit glühenden Kohlen angefüllte Retorte leitet. Das Waſſer zerſetzt ſich, und ſeine Beſtand= teile, Waſſerſtoff und Sauerſtoff, bilden, indem ſie jeder für ſich mit einem Anteil Kohlenſtoff zuſammentreten, Sumpfgas und Kohlenoxydgas, welche Gemenge ganz geeignet ſind, zu fette Leuchtgaſe zu korrigieren. Umgekehrt macht man kohlenſtoffarme Gaſe leuchtfähiger durch das ſogenannte Bekohlen oder Karboniſieren, d. h. durch Vermiſchen mit den Dämpfen ſehr flüchtiger Hydrocarbüre, wie Benzin, Erdöl 2c.

Gewöhnlich geſchieht dies in beſonderen Appa= raten, deren es von ſehr verſchiedenen Konſtruk= tionen gibt; ſie ſtimmen aber darin ſämtlich überein, daß das ſchwachleuchtende Gas durch jene kohlenſtoffreichen Flüſſigkeiten hindurch= geleitet wird. Indeſſen hat dies Verfahren viele Mängel, die namentlich in der Verſchiedenheit der Dampfaufnahme bei verſchiedenen Tempe= raturen und in der leichten Kondenſierung der verdampften Flüſſigkeiten bei Abkühlung ihren Grund haben. Man kann auch gewöhnliche Luft auf dieſelbe Weiſe bekohlen, und das Ver= fahren iſt in der Praxis (Gaſolinapparate) aus= geübt worden.

Da die richtige Zuſammenſetzung des Leuchtgaſes, welche den höchſtmöglichen Leucht= effekt erzielen läßt, nur Sache des leitenden Technikers ſein kann, ſo ſollte man ſelbſt bei Anlegung von kleineren Gasanſtalten ſtets nur wiſſenſchaftlich gebildete, in ihrem Fache voll= ſtändig erfahrene Männer anſtellen, zumal die Erſparnis an Kohlen allein, die ſich bei einem rationellen Betriebe ergibt, die Koſten eines höheren Gehaltes bald deckt, abgeſehen davon, daß man die Garantie eines ſteten, gleichmäßig ſchönen Lichts nicht hoch genug anſchlagen kann.

Fig. 254. Gasbereitungsofen (Durchſchnitt).

Deſtillation und Reinigung. Die Art und Weiſe der Gasbereitung aus Steinkohlen erfolgt nun folgendermaßen. Die Kohlen werden in fauſtgroße Stücke zerſchlagen und in große eiſerne oder thönerne Retorten gebracht, welche in einem geräumigen Ofen derartig eingemauert ſind, daß ſie alle gleichmäßig von der Flamme umſpült werden. Die Form dieſer Retorten, deren gewöhnlich fünf bis ſieben, auch von neun, über= oder nebeneinander liegen, wie hier angedeutet ⚬⚬⚬⚬, und deren Länge bei einem Durchmeſſer von 50—60 cm gegen 2 m beträgt, iſt die einer flachen Ellipſe, deren Boden man bisweilen, um die erhitzte Fläche zu vergrößern und die Kohlen gleichmäßiger ausbreiten zu können, noch eingedrückt hat. Fig. 253 zeigt aus der großen Menge der üblichen Konſtruktionen die Einrichtung eines ſolchen Ofens in Vorderanſicht und Fig. 254 im Durchſchnitt. Die Vorderſeite der Retorten RR iſt mit einem Deckel h verſehen (ſ. die oberen Retorten rechts in Fig. 253), der ſich abſchrauben läßt, damit man die abgetriebenen Kohlen, Koks, herausholen und die Retorte mit friſchem Material K füllen kann. In die obere Decke iſt das Abzugsrohr r eingelaſſen. Dasſelbe führt die gasartigen Produkte zunächſt in ein größeres horizontales Rohr C — die Vorlage — in welche alle Abzugsrohre der einzelnen Retorten einmünden, und in die sie fast bis auf den Boden hinabreichen. Hier setzt sich die erste Portion der durch die Destillation gebildeten flüssigen, in der hohen Temperatur aber als Dämpfe übergegangenen Produkte ab. Die sich in der Vorlage sammelnde Flüssigkeit ist der Teer, und je nachdem er aus Steinkohlen oder aus Holz entstanden ist, heißt er Steinkohlenteer oder Holzteer. Die Abzugsrohre aus den Retorten ragen mit ihrem untersten Ende in dieses Destillat hinein, so daß jedes derselben von dem andern abgesperrt ist und jede Retorte für sich, ohne daß Luft in die Vorlage tritt, entleert und aufs neue gefüllt werden kann.

Aus der Vorlage leitet man die noch ziemlich heißen Gase durch ein System auf- und absteigender, auf einen mit Abzugsrohr versehenen Untersatz stehender Röhren, den Kondensatoren (s. Fig. 255). Die Röhren werden kalt erhalten, um die dem durch- strömenden Gase noch anhaftenden flüssigen Bestandteile zu kondensieren und abzuscheiden. Geschieht dies nicht mit der gehörigen Aufmerksamkeit, so kann es leicht vorkommen, daß bei eintretender Kälte sich die Gasröhren durch Niederschlag fester und flüssiger Kohlen- wasserstoffverbindungen verstopfen und zu ärgerlichem Ausbleiben des Gases Ursache geben.

Fig. 255. Die Kondensatoren.

Der Teer scheidet sich nun in diesen Kühlapparaten vollständig ab und sammelt sich in dem Untersatze mit dem ammoniakalischen Wasser infolge ihres verschiedenen spezifischen Gewichts in zwei gesonderten Schichten. Der Teer wird darauf in die in der Nähe des Kondensators befindliche, gemauerte Teergrube geleitet. Mit ihm scheiden sich aber auch noch andre Verbindungen ab, wie Paraffin, Naphthalin u. s. w., so daß das Gas schließlich nur noch die schon erwähnten gasartigen Verunreinigungen enthält, die zu entfernen man es in die Reinigungsapparate, Reiniger genannt, führt. Je nachdem der eine oder der andre Stoff hauptsächlich als verunreinigend im Gase auftritt, wird man auch bei der Reinigung ein verschiedenes System zu verfolgen haben.

Die frühere Art, das Gas durch Kalkmilch, der man Bleioxyd beigemengt hatte, streichen zu lassen, hat man des großen Druckes wegen, der dabei zu überwinden war, als unpraktisch aufgegeben; man läßt jetzt das Gas durch Hürden ziehen, die man etagenartig übereinander bringt und auf denen sich die Reinigungsmasse in ganz leicht gepulvertem Zustande befindet. Fig. 257 zeigt, wie ein solcher Reiniger ausgeführt ist. Ein oben offener Kasten, in welchen unten das Gasleitungsrohr G einmündet, enthält die mit der

Reinigungsmaſſe bedeckten Hürden A' A'' A'''. Das Gas muß durch dieſelben hindurch ſeinen Weg nehmen, wie die Pfeile andeuten, wenn es den Ausweg bei H aus dem oberen Teile gewinnen will. Verſchloſſen wird der Kaſten durch einen Deckel, der mit ſeinen über= greifenden Rändern in eine mit Waſſer gefüllte Rinne taucht und ſo der äußeren Luft jeden Zutritt abſchneidet; O iſt ein Manometer, das den Druck im Innern anzeigt; T ein mit einem Deckel verſchließbares Mannloch, durch welches die Hürden entleert und friſch beſchickt werden können. Lange Zeit bediente man ſich auch auf den Hürden noch des Gemenges von gelöſchtem Kalk mit Bleioxyd oder man verwandte auch gelöſchten Kalk allein. Kalk und Blei nämlich verbinden ſich mit dem Schwefelwaſſerſtoff, der ſchwefligen Säure und der Kohlenſäure, und genügen daher, weil dies die·hauptſächlichſten Verunreinigungen ſind, in ſehr vielen Fällen für eine vollſtändige Reinigung.

Fig. 256. Retortenraum in einer großen Gasfabrik.

Im Verlaufe der Zeit hat man aber andre Reinigungsmaſſen erfunden, welche, wenn nicht allein, ſo doch neben dem Kalkhydrat vielfach zur Anwendung kommen. Die Lamingſche Maſſe z. B. beſteht aus Eiſenvitriol, gebranntem Kalk, Waſſer und Sägeſpänen und ſtellt ein Gemiſch von Eiſenhydrat und ſchwefelſaurer Kalkerde dar, die durch Sägemehl locker erhalten wird. Die Reinigung mit ſolcher Kompoſition, die Eiſenoxydhydrat enthält, iſt für die Entfernung des Schwefelwaſſerſtoffs, der Cyanverbindungen, der Kohlenſäure und des Ammoniaks ſehr wichtig. Kalk allein abſorbiert das Ammoniak nicht, Eiſen nicht die Kohlenſäure, und ſo erſetzen ſich beide in ihrer Wirkung.

Statt des Eiſenvitriols wendet man auch feingemahlene Eiſenerze, Raſeneiſenſtein, Eiſenrahm u. dergl. an, und es werden namentlich in der Gießener Gegend Gruben allein für die Erforderniſſe der Gasfabriken an derartigen Reinigungsmaſſen betrieben.

In der Regel läßt man erſt einen Kalkreiniger, darauf zwei Eiſenreiniger und ſchließ= lich wieder einen Kalkreiniger wirken. Bisweilen läßt man das Gas auch durch hohe cylindrische Apparate gehen, in denen es einen feinen Regen von in Wasser gelöstem schwefelsauren Eisenoxydul und schwefelsauren Manganoxydul passieren muß, oder welche mit Koksstücken angefüllt sind, die mit jenen Lösungen benetzt werden und dem durchstreichenden Gase eine sehr große Absorptionsfläche darbieten. Die genannten Salze saugen die verunreinigenden Gasarten begierig auf, und dadurch wird die Wirksamkeit dieser Apparate (Skrubber, die man übrigens auch mit Kalk besetzt) eine sehr vorzügliche.

Der Gasometer. Ist das Gas vollständig gereinigt, so geht es zuerst durch eine Meßtrommel, den Stationsmesser, welche die erreichte Produktionsziffer angibt und dessen Einrichtung mit den gewöhnlichen Gasuhren im wesentlichen ganz übereinstimmt. Hierauf sammelt man es in einem großen Reservoir, dem Gasometer, welcher aus einer oder mehreren weiten, aus Eisenblech angefertigten cylin-

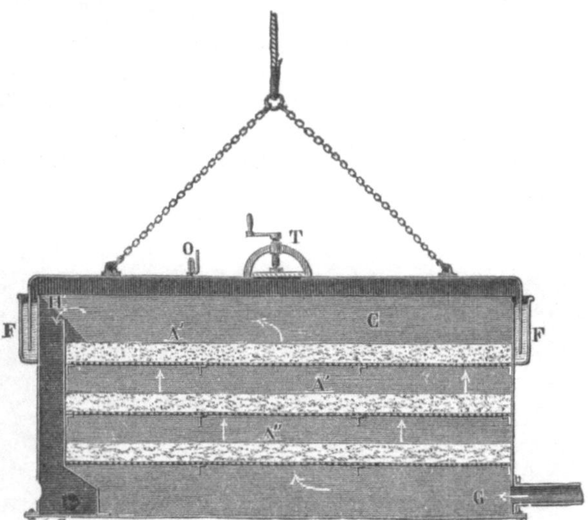

Fig. 257. Hürdenreiniger.

drischen oder parallelepipedischen Trommeln besteht, die mit dem unteren offenen Teile in Wasser hängen, also ungefähr einer Butterglocke gleichen, welche an dem Knopf gehalten und mit dem unteren Rande, so daß keine Luft entweicht, ins Wasser getaucht wird. Außer dem Zweck der Gassammlung hat der Gasometer noch den andern, auf das Gas einen Druck auszuüben, mit Hilfe dessen es durch die Leitungsröhren getrieben wird. Das Wasser sperrt daher den inneren Raum, in dem sich das Gas sammelt, von der äußeren Luft ab, und indem sein Stand jeden Augenblick die Menge des im Innern enthaltenen Gases erkennen läßt, ist es auch zugleich das Mittel, den Druck, mit welchem das Gas den Brennern zugetrieben wird, zu regulieren. Dieser Druck wirkt aber nicht nur vorwärts nach den Brennern hin, sondern auch rückwärts in die Retorte, und er wird nach dieser Richtung sogar noch durch die Widerstände verstärkt, welche das Gas bei seinem Durchströmen durch die Teerabsperrung in der Vorlage und

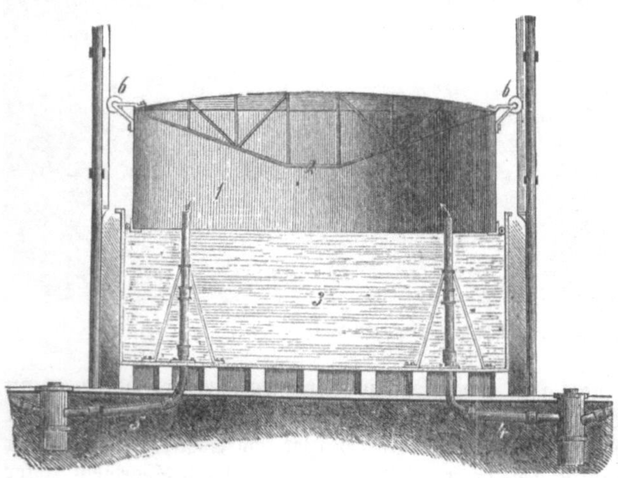

Fig. 258. Gasometer im Durchmesser.

durch die Reiniger zu überwinden hat. Die Berücksichtigung dieses Umstandes ist von der höchsten Wichtigkeit, weil sie einen höchst sorgfältigen Verschluß der Retorten und eine gute Regulierung der Feuerung zur Notwendigkeit macht, damit das Gas aus den Retorten genügenden Abzug findet und nicht durch zu langen Aufenthalt in den heißen Räumen noch weiter, und zwar in wertlosere Produkte zersetzt werde. In größeren Gasanstalten hat man jetzt meistens doppelt wirkende und von einer Kraftmaschine in Bewegung gesetzte Sauger oder Exhaustoren in Anwendung, Saugwerke von einfacher Bauart, bei denen entweder Kolben, umgestürzten Eimern gleichend, im Wasser auf und nieder gehen, oder die Saugung durch Ventilatorräder bewirkt wird. Sie sind zwischen dem Gasofen und den Reinigungsapparaten eingeschaltet und ziehen einerseits das Gas aus den Retorten und treiben es anderseits durch die Apparate weiter. Sie haben das Gute, daß sie dem zu langen Verweilen des gebildeten Gases in den Retorten und damit dem Schaden vorbeugen, den das Gas dadurch an seiner Güte erleiden kann, und sind überdies da unerläßlich, wo Thonretorten in Anwendung sind, denn wenn in solchen das Gas zu einiger Spannung gelangt, so durchdringt es die porösen Wände und geht massenhaft verloren. Außerdem schaltet man auch wohl, um innerhalb der Gasbereitungsapparate, die ja alle untereinander zusammenhängen, keinen unnötigen Druck zu geben, an der Stelle, wo das Gas in die Leitungsröhren, in die sogenannte Kanalisation eintritt, einen besonderen Druckregulator ein.

Fig. 259. Die zwölf Gasometer in der Gasanstalt zu La Villette in Paris.

Der Gasometer hängt an Ketten, welche Gegengewichte tragen, deren Größe so geregelt wird, daß der übrig bleibende Druck auf das Gas von gewünschter Größe ist. Fig. 258 wird die Einrichtung eines Gasometers dem Prinzipe nach zur Genüge erläutern. 1 ist das glockenartige Gefäß, welches mittels Rollen 6, 6 senkrecht zwischen säulenartigen Führungen auf und ab bewegt werden kann; 2 sind innere Versteifungen der Dachfläche der Glocke, gleichsam der Dachstuhl derselben; 3 ist das Wasser, in welches der Gasometer taucht, 4 die Zuleitungs=, 5 die Ableitungsröhren des Gases.

Je mehr man die Gegengewichte der Glocke erleichtert, desto mehr fällt von dem Gewicht derselben auf das unter ihr befindliche Gas und somit auch auf das darunter stehende Wasser. Letzteres weicht dem Drucke entsprechend zurück und steigt an der Außenseite des Gasbehälters höher. Nach dem Höhenunterschiede der beiden Wasserspiegel werden die Druckangaben gemacht, und so ist es zu verstehen, wenn von einem Druck von $1\frac{1}{2}$, 2 Zoll c. die Rede ist. Um bei dem wechselnden Druck im Gasometer doch den Abfluß zu den Röhrenleitungen möglichst gleichförmig zu erhalten, wird derselbe durch einen selbstthätigen Regulator ausgeglichen, an welchem ein Kegelventil bei verstärktem Andrange sich mehr schließt und umgekehrten Falls mehr öffnet. Trotzdem bleiben infolge des im Laufe eines Abends vielfach wechselnden Verbrauchs der einzelnen Konsumenten noch Schwankungen genug übrig.

Sehr große Gasometer werden, um an Tiefe der Grube zu sparen, als sogenannte Teleskopgasometer ausgeführt, welche aus mehreren Abteilungen bestehen, die sich wie die Stücke eines Fernrohrs ausziehen und zusammenschieben lassen. In den sogenannten Pauwelschen Gasometern, die wir in der großen Pariser Gasanstalt zu La Villette beobachten können (s. Fig. 259), erfolgt der Ein- und Austritt des Gases durch die rechts und links ersichtlichen kniesförmigen Röhrenleitungen durch die obere Decke, nicht wie in Fig. 258 innerhalb.

Die Gasleitung geschieht mittels eiserner Röhren. Man hat zwar auch Röhren von gebranntem Thon, Glas, Holz, welches mit Teer getränkt wird, u. s. w. vorgeschlagen und angewendet, indessen ist man immer wieder zu den eisernen als den besten zurückgekommen. Bisweilen verzinkt man sie auch. Da das Leuchtgas sehr leicht ist, leichter als die atmosphärische Luft, welche auf die Brenneröffnung wirkt, so gibt man dem Röhrensystem gern eine Steigung von 6—10 cm auf 100 m Länge. Die Röhren dürfen nicht hohl liegen und müssen jedenfalls so tief eingelegt werden, daß keine Senkung stattfinden kann; in weichem Boden sind sie daher auch mit Steinen zu unterfüttern. Das Aneinanderfügen geschieht

Fig. 260. Gasuhr im Durchschnitt.

durch Bleidichtung oder durch Gummidichtung; die letztere muß aber zum Schutz gegen die Erdfeuchtigkeit noch mit Zementmörtel zugestrichen werden. Es muß auch schon deswegen darauf Rücksicht genommen werden, daß die Röhren tief genug in die Erde zu liegen kommen, damit nicht durch die plötzlich eintretende Winterkälte gewisse, immer noch mit dem Gase fortgehende oder auch aus demselben in niedriger Temperatur durch Zersetzung sich scheidende Kohlenwasserstoffverbindungen abgesetzt werden und die Röhren verstopfen. Thatsache ist, daß sich oft aus dem auf die sorgfältigste Weise mittels Kondensatoren gereinigten Gase im Röhrennetz selbst noch geringe Quantitäten flüssiger Produkte, darunter auch wässerige Absätze, bilden, welche für die Gasbewegung leicht Hindernisse abgeben. Um sie in dieser Hinsicht unschädlich zu machen, ist eine schwach geneigte Lage des ganzen Röhrensystems sehr zweckmäßig, weil sich infolge derselben jene Flüssigkeiten nach dem tiefsten Punkte hinziehen, wo ein Sammelbehälter, der von Zeit zu Zeit entleert wird, angebracht werden kann.

Der Gasmesser. Bevor das Gas bei den einzelnen Konsumenten zum Verbrauch gelangt, hat es noch einen sinnreich konstruierten Apparat zu passieren, welcher das Durchgegangene abmißt und registriert und jederzeit Auskunft darüber gibt, wie groß der Gasverbrauch der aus dem Apparat gespeisten Flammen seit der letzten Ablesung gewesen ist. Die gebräuchlichste Form dieser schon von Clegg, dem bekannten Gastechniker, erfundenen Gasmesser oder Gasuhren ist, wie Fig. 260 zeigt, die einer geschlossenen eisernen Trommel 7, in deren Innerem eine zweite in Zapfen laufende Trommel 5, 6 sich befindet. Letztere ist durch vier gekrümmte Scheidewände in vier Kammern 1, 2, 3, 4 abgeteilt, die sowohl nach der Mitte der Trommel, wo das Gas durch ein Rohr eintritt, als auch am Umfange derselben Öffnungen haben. Der ganze Apparat steht bis etwa über die Hälfte voll Wasser. Durch den Auftrieb des in die Kammern einströmenden Gases erfolgt die Umdrehung der inneren Trommel; das Gas kann wegen des Wasserabschlusses immer nur eine Kammer auf einmal treffen und sie füllen, wodurch diese Kammer aus der Flüssigkeit emporgehoben wird; dann folgt die Füllung der zweiten und hierauf die der dritten. In dem Maße, wie die dritte Kammer sich hebt, taucht die erste wieder unter das Wasser, und ihr Gasinhalt entweicht nach dem Scheitel des Apparates, wo das Abflußrohr einmündet. Den Kammern ist eine bestimmte Größe gegeben, und da also bekannt ist, wieviel Gas bei einer Umdrehung der Trommel den Apparat passiert, so kommt es nur darauf an, die Umdrehungen zu zählen. Dies geschieht durch ein Zählwerk, das von der Achse der Trommel in langsame Bewegung gesetzt wird und auf zwei oder drei Zifferblättern' die Zehner, Hunderte u. s. w. der Kubikmeter verbrauchten Gases angibt. Öfter ist die Einrichtung derart, daß die Zifferblätter selbst sich hinter einer Verdeckung drehen und immer die nur eben geltenden Ziffern in einem Ausschnitt sichtbar werden. Hier geschieht der Übergang von einer Ziffer zur andern nicht allmählich, sondern sprungweise. Ein dem Gasmesser anhaftender Übelstand ist, außer daß er ganz einfrieren kann, noch der, daß der Wasserstand im Apparate sich allmählich ändert, indem Wasserteilchen mit dem Gase abdunsten. Steht aber das Wasser niedriger als es sollte, so sind die Gaskammern geräumiger, und es geht auf eine Umdrehung mehr Gas hindurch, als beabsichtigt ist. Wäre dagegen durch Nachgießen zu viel Wasser in den Apparat gekommen, so würde zum Nachteil des Verbrauchers mit zu kleinem Maß gemessen werden. Es muß daher an jedem Gasmesser eine Vorrichtung angebracht sein, um den Wasserstand prüfen und berichtigen zu können, was etwa aller zwei bis vier Wochen vorgenommen werden muß. Sehr zweckmäßig ist anstatt der Wasserfüllung die Füllung der Gasuhr mit Glycerin, welche Flüssigkeit von dem Verdunsten sowohl als dem Erstarren durch Gefrieren frei ist.

Die Brenner, aus denen das Gas schließlich in die freie Luft ausströmt, um verbrannt zu werden, sind je nach den Anforderungen, die man an die Flamme stellt, sehr verschieden, und sowohl in bezug auf das Material als auf die Form ist an diesem Teile des Gasbeleuchtungsapparates sehr viel versucht und verändert worden. Die Brenner aus Messing oder anderm Metall sind, obwohl sehr gebräuchlich, doch nicht eben die dauerhaftesten, da die feinen Ausströmungsöffnungen mit der Zeit sich ausbrennen und zu weit werden. Man hat daher andre Materialien versucht, wie Porzellan, Lava, Speckstein u. dergl., und in bezug auf Dauerhaftigkeit namentlich mit den Specksteinbrennern sehr gute Erfolge erzielt. Die gewöhnlichsten Formen der Brenner sind folgende: 1) Der einfache Strahlenbrenner, bei welchem das Gas aus einer einzigen feinen runden Durchbohrung austritt. Die Flamme ist dem entsprechend auch schmal und klein und kann nur dazu dienen, Treppen und dergleichen Räume notdürftig zu erleuchten. 2) Der Fischschwanzbrenner. Bei ihm strömt das Gas aus zwei Kanälen, die sich oberhalb unter einem Winkel von 90—100 Grad gegeneinander neigen, so daß die beiden Gasstrahlen in dieser Richtung aufeinander stoßen, und demzufolge die Flamme zu einem dünnen Blatt ausgebreitet wird. Er eignet sich für Hausfluren, Wirtsstuben, Geschäfts-

Fig. 261.
Argand-Gasbrenner.

räume u. dergl. 3) Der Fledermausbrenner hat eine der vorigen ähnliche Flamme. Bei ihm endigt der Gaskanal in einem hohlen Knopfe, durch welchen von oben bis auf die Mitte ein feiner Einschnitt geht, durch den das Gas in Fächerform herausbrennt; geeignet für Straßenbeleuchtung und für größere Räume, wo Luftzug herrscht. 4) Der Argandbrenner (s. Fig. 261) ist eine Nachbildung des Argandschen Ölbrenners; seine Löcher stehen in einem Kreise, und die Flamme wird sowohl innerlich wie äußerlich mit Luft gespeist. Er ist die eigentlich für Wohnräume passende Form und nutzt das Gas verhältnismäßig am besten aus, da die Verbrennung bei ihm am vollständigsten ist, verlangt jedoch immer ein Zugglas.

Die Gassparbrenner beruhen darauf, daß das Gas unter vermindertem Druck, also langsamer, aus einer vergrößerten Öffnung strömt. Um dies zu erreichen, wird auf das Leitungsrohr zunächst ein Diaphragma, d. i. eine Durchlaßplatte mit feiner Öffnung, aufgesetzt, aus welcher das Gas mit der dieser Öffnung entsprechenden Geschwindigkeit in den eigentlichen Brenner strömt, der eine größere Brennöffnung hat und infolgedessen das ihm gelieferte Gasquantum mit geringerem Drucke zur Verbrennung gelangen läßt. Solche Gassparbrenner sind in Fig. 262 und 263 abgebildet; C ist die engere Öffnung, die dem Leitungsrohr zugekehrt ist, in der Messinghülse M findet die Verminderung der Gasgeschwindigkeit statt, K ist der eigentliche Brennerkopf, der aus Speckstein hergestellt ist.

Der Klinkerfuessche Gaszünder. Hier dürfte es am Platze sein, der vielbesprochenen Erfindung des Professor Klinkerfues in Göttingen Erwähnung zu thun, vermöge deren das Anzünden aller mit dieser Einrichtung versehenen Brenner auf einmal oder wenigstens in fast verschwindenden Zwischenräumen geschieht. „Tausend Flammen mit einem Male" — diese Idee ist in dem Klinkerfuesschen Apparate auf so geistreiche Weise zur Ausführung gebracht, daß es unsern Lesern Vergnügen machen wird, sich einige Augenblicke damit zu beschäftigen.

Wir wissen, daß der elektrische Strom beim Durchgange durch Metalldrähte diese bis zum Glühen erhitzen kann; von dieser Thatsache ist insofern Gebrauch gemacht, als allen den verschiedenen Formen, welche der Erfinder seinem Apparate gegeben hat, das gemeinsam ist, daß jeder Brenner mit einem kleinen galvanischen Element versehen ist, welches, für gewöhnlich außer Wirksamkeit, nur in dem Momente geschlossen wird und einen Strom erzeugt, wo die Flamme entzündet werden soll. Die mechanische Kraft, welche dies besorgt, ist der Gasdruck selbst, dessen Änderungen von dem Gasometer aus sich sehr rasch und jedenfalls in so kurzer Zeit fortpflanzen, daß man von einem fast gleichzeitigen Eintreten an allen Brennern reden kann. Wir haben vorzugsweise die eine Einrichtung im Auge, welche Klinkerfues den hydrostatisch-galvanischen Gaszünder nennt und die besonders für die Gasbeleuchtung berechnet ist. Wie schon der Name andeutet, wird bei derselben der Verschluß des Brenners auf hydrostatischem Wege bewirkt in der Art, daß das Zuführungsrohr unter eine umgestülpte und mit dem unteren offenen Teile in Wasser eintauchende Glocke mündet. Das Gas kann aus dieser Glocke nur entweichen, wenn sein Druck größer wird als der Druck der äußeren Wassersäule auf das Innere der Glocke. Bei Tage, wo die Flammen nicht brennen sollen, wird also ein geringerer Druck vom Gasometer aus gegeben, der das Gas durch den hydrostatischen Verschluß nicht entweichen läßt; dagegen wird in der Nacht der Druck so weit verstärkt, daß er den Verschluß gerade zu öffnen vermag. Das Gas strömt durch den Brenner aus, zugleich wird aber die Schließung des kleinen galvanischen Elements bewirkt, der Platindraht kommt ins Glühen und der Gas entzündet sich. Alles rascher, als wir es hier ausgesprochen haben. Solange die Flammen brennen sollen, muß naturgemäß der stärkere Druck unterhalten werden; sobald der Wasserdruck im hydrostatischen Verschluß die

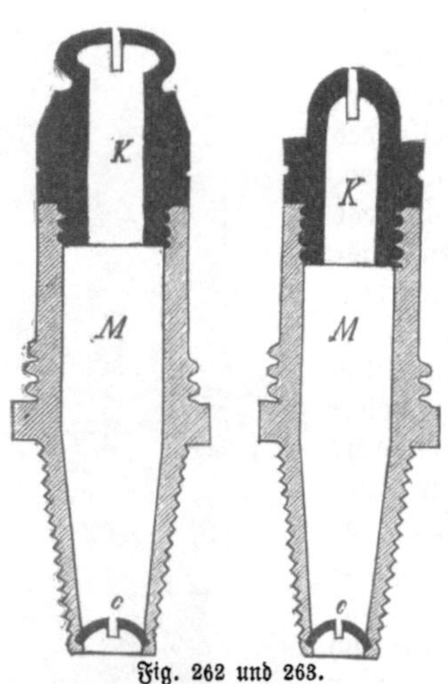

Fig. 262 und 263.
Brönnerscher Gassparbrenner.

Oberhand gewinnt, schneidet das Wasser dem Gas den Weg wieder ab und die Flamme verlischt. Ein genaues Abgleichen der einzelnen Brennerverschlüsse ist allerdings Bedingung, deren Erfüllung in der Praxis Schwierigkeiten macht; ebenso ist die Instandhaltung des galvanischen Elements bei jeder Flamme nicht ganz bequem, das sind aber Übelstände, die auf irgend eine Weise zu beseitigen oder zu umgehen der Technik keine Unmöglichkeit ist und welche die Eleganz der Erfindung selbst nicht verringern, welche freilich nur vorübergehend in die Praxis eingedrungen ist.

Andre Selbstzünder, die alle durch Elektrizität ihr Amt verrichten, sind konstruiert worden von Fein in Stuttgart, Mackenzie, Gaiffe, Lissajoux u. a.; auch Handzünder versieht man mit elektrischen Elementen und besorgt das Hervorrufen der Gasflammen mittels eines Induktionsfunkens, um das gefährliche Hantieren mit Spiritus, wodurch der große Brand der Magasins du Printemps in Paris entstanden sein soll, zu vermeiden.

Um die Intensität der Gasflamme zu erhöhen, hat man sehr verschiedene Mittel in Anwendung zu bringen gesucht. Ein ⊓förmig gebogener Platindraht, so in die Flamme hineingebracht, daß das horizontale Stück längs durch dieselbe hindurchgeht, kommt durch die Hitze ins Glühen und strahlt ein sehr lebhaftes Licht aus, wodurch man den Gasverbrauch zu vermindern hoffte. Ja, Gillard ging so weit, gar kein Leuchtgas mehr zu verbrennen, sondern sich auf die schon angegebene Weise durch Überleiten von Wasserdämpfen über glühende Kohlen ein Gasgemisch zu erzeugen, welches, nachdem es von der beigemengten

Kohlensäure gereinigt worden war, zu einigen neunzig Prozent aus Wasserstoffgas besteht. Dieses Gas verbrennt er in Argandbrennern mit sehr feinen Strahlöffnungen und läßt durch die Flamme feine Platinnetze, welche eine bedeutende Leuchtkraft entwickeln, zum Glühen erhitzen. Eine derartige Beleuchtung hat sehr viel Übereinstimmendes mit dem seiner Zeit viel Aufsehen machenden Drummondschen Kalklicht. Ab und zu spielen auch anstatt der Platinnetze und der Kalkstifte kleine Cylinder von Magnesia oder der noch kost= bareren Zirkonerde (wie bei dem Tessié du Motayschen Verfahren) eine Rolle in den Journalen für Beleuchtungszwecke, ohne daß jedoch bis jetzt das praktische Ziel als erreicht bezeichnet werden dürfte.

Auch die Einführung des reinen Sauerstoffgases als Verbrennungsmittel ist nicht von großer Bedeutung geworden. Man wußte schon längst, daß jede Verbrennung in reinem Sauerstoffgase mit ungleich größerer Wärme= und Lichtentwickelung verbunden sei, als die Verbrennung in gewöhnlicher Luft, in der der Sauerstoff durch das Vierfache seines Vo= lumens mit Stickstoff verdünnt ist. Indessen konnte man so lange von der Thatsache keinen Gebrauch für die Beleuchtungspraxis machen, als man noch kein Verfahren kannte, nach welchem die Herstellung hin= reichender Mengen Sauerstoff und zu entsprechend bil= ligem Preise möglich war. Als man aber entdeckte, daß dem Kupferchlorür, welches man durch Erhitzen von Kupferchlorid erhält, das Vermögen innewohnt, Sauerstoff aus der Luft an sich zu ziehen, in der Hitze ihn aber wieder frei zu geben, da hatte man das Mittel einer bequemen und billigen Sauerstoff= bereitung gefunden, deren sich das Beleuchtungswesen bedienen konnte. Jenes Vermögen des Kupferchlorürs ist so bedeutend, daß 50 kg des Salzes, in geeigneter Weise behandelt, über $1\frac{1}{2}$ cbm reines Sauerstoffgas abscheiden läßt, und da die Aufnahmefähigkeit sofort wieder in Wirksamkeit tritt, wenn der Sauerstoff ab= getrieben ist, so können dieselben Mengen Kupferchlorür in gewissen, aber sehr kurzen Zwischenräumen immer wieder zur Sauerstoffbereitung benutzt werden. Ein andres eigentümliches Verfahren der Sauerstoffdarstel= lung lag der schon erwähnten Hydrooxygenbeleuchtung von Tessié du Motay zu Grunde. Die Anwendung des Sauerstoffs zur Verbrennung kohlenstoffhaltiger Leuchtmaterialien ist aber besonders von Dr. Philipps

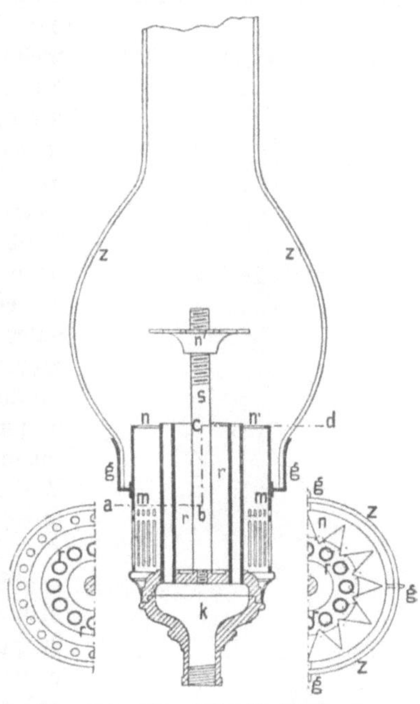

Fig. 264. Siemensscher Strahlenbrenner.

zu einem Beleuchtungsverfahren ausgebildet worden, dem er den Namen Carboxygen= beleuchtung gegeben hat, und welches der Hauptsache nach darin besteht, daß sogenannte „Carboline", ein flüssiges und sehr kohlenstoffreiches Hydrocarbür, in besonders kon= struierten Lampen unter Zuleitung von reinem Sauerstoff verbrannt wird. Die Flamme, welche man so erhält, hat zwar eine ganz außergewöhnliche Leuchtkraft, indessen sind aber teils durch die Elektrotechnik, teils auch durch Vervollkommnung der Gasbrenner so intensive Lichtquellen geschaffen worden, daß diese mit viel Aussicht auf Erfolg auftretenden Erfin= dungen dadurch wieder zurückgedrängt worden sind.

In letztgenannter Beziehung sind ganz besonders die Regenerativbrenner zu be= sprechen, welche von Friedrich Siemens erfunden worden sind.

Siemens hatte schon durch seinen Strahlenbrenner (Fig. 264) einen bedeutenden Fortschritt eingeschlagen. Bei demselben tritt das Leuchtgas, bevor es zur Verbrennung gelangt, in einen erweiterten Hohlraum k, aus dem es sich dann in eine ziemliche Anzahl feiner, senkrecht stehender Metallröhrchen r r verteilt. Über den Ausgangsöffnungen dieser Röhrchen befinden sich die nach unten gerichteten Spitzen eines metallenen Kammes n, ein zweiter durch Schrauben stellbarer Kamm n' hat seine Spitzen nach außen gerichtet. Indem nun das Leuchtgas gegen diese Widerstände stößt, zerteilt es sich in lauter einzelne Strahlen, die schichtenweise sich mit der atmosphärischen Luft mischen, welche von unten durch Schlitze in einen die Röhren umschließenden Blechmantel einströmt. Durch diese Einrichtung wird die Berührungsfläche der atmosphärischen Luft mit dem Leuchtgase ganz ungemein vergrößert, die Verbrennung entsprechend lebhafter und die Flamme viel leuchtender als bei den gewöhn= lichen Brennervorrichtungen.

Der Erfinder jedoch übertraf seinen Strahlenbrenner selbst, indem er späterhin auf die Leuchtflammen dasselbe Prinzip zur Anwendung brachte, welches er seinen Regenerativöfen zu Grunde gelegt hatte, das Prinzip nämlich: durch die von der Flamme erzeugte Hitze sowohl das nachströmende Gas als auch die zutretende atmosphärische Luft vorzuwärmen und dadurch beide vor der Verbrennung schon auf einen so hohen Hitzegrad zu bringen, daß die Verbrennung selbst nun mit der größten Energie und intensivster Lichtentwickelung statt= findet. Die Art, wie dies geschieht, wird aus Fig. 265 deutlich. Es stellt in derselben das Rohr 11 das Zuleitungsrohr des Leuchtgases vor mit den Brennern aa. Diese letzteren werden von der Laterne A A eingeschlossen, so daß die Verbrennungsgase gezwungen wer=

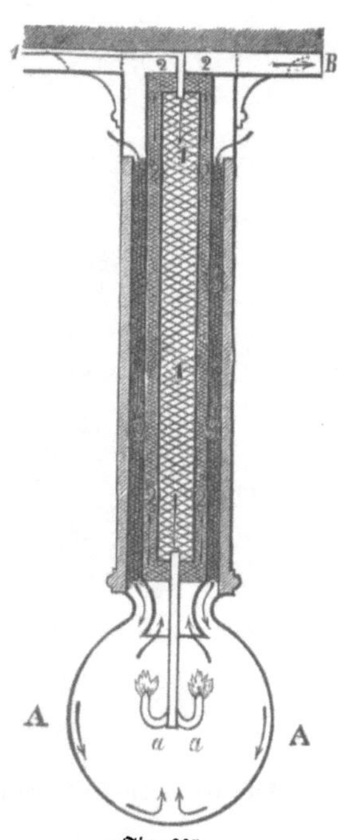

Fig. 265.
Siemensscher Regenerativbrenner.

den, in der Richtung der Pfeile durch das mittlere Rohr 2 2, welches sich um das Gasrohr legt, zu entweichen; sie werden durch den Ventilationskanal B der Esse zugeführt. Die zur Verbrennung nötige Luft tritt von außen durch Öffnungen oben in das Rohr 3 3, welches rings um das Rohr 2 liegt. Alle drei Rohre 1, 2 und 3 sind von Drahtgeflecht durchzogen, welches die Wärme der Verbrennungsgase, die in der Mitte durch 2 aufwärts steigen, aufnehmen und sie als gute Wärme= leiter in 1 dem nach unten durchpassierenden Leuchtgase in 3 der ebenfalls nach unten ziehenden atmosphärischen Luft mit= teilen. Aus dieser Darstellung ersieht man zugleich den großen Vorteil, den solche Regenerativbrenner in bezug auf die Ven= tilation geschlossener Räume bieten; einmal, indem die Ver= brennungsgase sich der Zimmerluft gar nicht beimengen können, sodann aber auch, indem durch das Abströmen der verbrannten Luft eine Luftverdünnung im Raume herbeigeführt wird, welche durch frische zuströmende Luft wieder ausgeglichen werden muß.

In der Praxis nun werden diese Siemensschen Regene= rativbrenner in sehr verschiedenartiger Weise ausgeführt. Nach den neuesten ebenfalls von Siemens herrührenden Verbesse= rungen fallen die Luftzerteiler, die der Regenerativbrenner vom Strahlenbrenner mit herübergenommen hatte, weg, dafür sind sogenannte Leitflächen von Porzellan angebracht, welche der Flamme Halt und Führung geben. Dadurch wird die Flamme breiter, aber niedriger, wie aus Fig. 266 er= hellt. Das Leuchtgas tritt zunächst in die Gaskammer g, welche nach oben zu in einen Hohlring ausläuft, auf dessen Oberfläche die Gasröhrchen c c im Kreise vertikal aufgestellt sind, wenn nicht das Gas gleich an den Durchbohrungen der oberen Ringfläche zur Entzündung gelangt, wie es bei schweren Leuchtgassorten wohl zweck= mäßiger ist. Die atmosphärische Brennluft tritt in den Regenerator f, einen um g kon= zentrisch gelegenen Hohlraum, und durchstreicht diesen von unten nach oben, um endlich ober= halb der Mündungen der Brennröhrchen c zu entweichen. Hier findet die Verbrennung statt, die Flamme wird von der entgegenstehenden Leitfläche i, einem Ringe von Metall oder Porzellan, zunächst nach außen getrieben, dann aber mittels der Saugwirkung der Esse in einem großen Bogen wieder zusammengezogen, abwärts in den Essenhals s und durch das Seitenrohr q nach der Esse abgeführt. Um den Brennkörper ist noch ein äußerer Mantel m angebracht, der einen weiten konzentrischen Luftraum frei läßt und bei a ebenfalls mit einer Leitfläche versehen ist. Dadurch wird der doppelte Vorteil erreicht, daß der Auftrieb der erwärmten Luft vergrößert und die regenerative Wirkung verstärkt, dann aber auch die äußeren Flächen des Brennkörpers verhältnismäßig kühl erhalten werden. Andre Formen der Leitflächen lassen die Flamme für besondere Zwecke, wenn sie z. B.

ausschließlich nach unten zu lichtspendend wirken soll, besonders gestalten. Eine Umschließung des Brennkörpers durch eine Glasglocke ist hier nicht nötig; der Zug der Esse wird durch die große Erhitzung stark genug, um die nach auswärts getriebenen Verbrennungsgase wieder hereinzuholen und abzuleiten.

In bezug auf ihre Wirkungsweise leisten diese Regenerativbrenner Unglaubliches. Unsre Leser werden sich kaum einen Begriff davon machen können, wenn sie erfahren, daß ein solcher Brenner eine Lichtstärke von 600—900 Normalkerzen entwickeln kann, ja daß Siemens selbst deren konstruiert hat, welche eine Leuchtkraft von 1600 Kerzen besitzen, denn die Lichtstärke einer Normalkerze ist eine Maßgröße, deren Wert man so ohne weiteres nicht in der Vorstellung hat; allein sie werden Respekt vor den Siemensschen Brennern bekommen, wenn sie dieselben in Konkurrenz mit dem elektrischen Lichte sehen, dem sie sehr wohl die Spitze zu bieten im stande sind.

Gas aus Holz, Torf u. f. w. Wenn wir bisher nur von Steinkohlengas gesprochen haben, so hat dies insofern seine Begründung, als bei weitem das meiste Gas aus diesem Rohmaterial hergestellt wird; indessen werden auch andre Stoffe, wie Braunkohle, Holz, Torf, Öle und Fette der verschiedensten Art, Harze, ja selbst das aus den Tuchfabriken abgehende Seifenwasser, zu demselben Zwecke verwendet, und dieselben haben bis= weilen so günstige Resultate ergeben, daß es geboten erscheint, sie mit einigen Worten zu erwähnen.

Die gewöhnlichen Braunkohlen sowie der Torf werden immer nur eine lokale Verwendung finden, weil sie ihres bedeutenden Volumens wegen bei einem weiten Transporte durch die Fracht so verteuert werden, daß sie mit den Steinkohlen die Konkurrenz nicht auszuhalten vermögen. Ähnlich geht es mit dem Holz. Es lassen sich daher auch keine allgemeinen Vorschriften machen, wo die Gasbereitung aus diesen Stoffen vorzunehmen ist und wo nicht. Je nachdem das Material, seine Tauglichkeit zu Darstellungen vorausgesetzt, billig ist, wird man daran denken dürfen, es an Stelle der Steinkohlen zu verwenden.

Das Holz gewährt gewisse Vorteile; das daraus fabrizierte Gas ist von hoher Leuchtkraft, dazu ist die Zeit, welche das Holz zu seiner vollständigen Zersetzung nötig hat, sehr kurz; eine Retorte kann in 1—2 Stunden vollständig abgetrieben werden, während Steinkohlen 5—7 Stunden zu ihrer völligen Erschöpfung bedürfen.

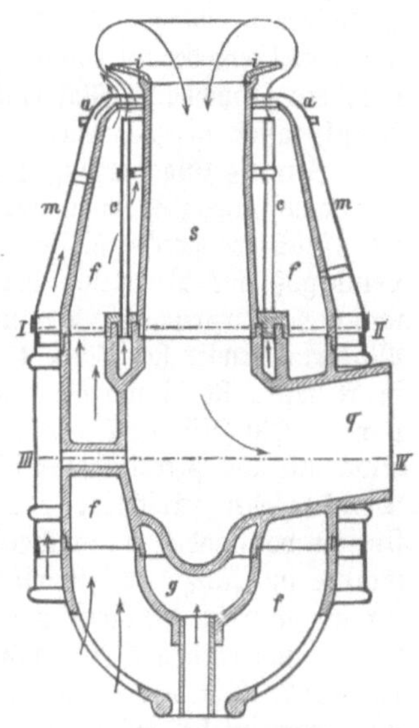

Fig. 266. Siemensscher Regenerativbrenner
mit Leitfläche.

Man kann also rasch und viel Gas bereiten, ohne großer Feuerungs= und Gasometeranlagen benötigt zu sein. Dann sind auch die Nebenprodukte der Destillation, wie Holzteer, Holzessig u. f. w., sehr gut zu verwerten. Vorzüglich verdanken wir Pettenkofer in München die Vervollkommnung der Gasbereitung aus Holz, und nach seinen und Riedingers Angaben richtete man auf dem Münchener Bahnhof, in Augs= burg und in mehreren andern bayrischen Städten, in Koburg, Gotha u. f. w. Gasfabriken ein, in denen Holz verarbeitet wurde. Der Betrieb ist bei ihnen fast genau derselbe wie bei der Steinkohlengasbereitung. Der Reinigungsprozeß ist aber einfacher, da die Anzahl der Verunreinigungen eine geringere ist, und gerade diejenigen nicht mit auftreten, welche, wie Schwefelwasserstoff und schweflige Säure, die fatalsten Verbrennungsprodukte liefern; doch treten auch bei dem Holz= und ebenso bei dem Torfgas Nebenprodukte auf, welche durch ihren penetranten Geruch sehr unangenehm wirken würden, wenn die Reinigung nicht sehr sorgfältig ausgeführt wäre.

Wenn man nicht Holz, sondern Öle, Fette oder Harze der Destillation unterwirft, so ändert sich in den allgemeinen Verhältnissen der Gasfabrikation ebensowenig. Nur hat man bei diesen und überhaupt bei Körpern, welche durch Erhitzen flüssig werden, ein etwas andres Verfahren zu beobachten, um sie in die Retorte zu bringen; denn da sie beim Kochen heftig aufzuschäumen pflegen, so würde man bei ihrer Zersetzung den unangenehmen Zufällen des Überkochens ausgesetzt sein, wenn man die Retorte ohne weiteres damit füllen wollte. Man schmilzt deshalb, falls man Fette oder Harze verarbeitet, diese Substanzen außerhalb der Retorte und leitet sie in flüssigem Zustande in einem dünnen, konstanten Strahle durch die Decke in den Zersetzungsapparat. Auf dem Boden der Retorte hat man Koks ausgebreitet, welche die Flüssigkeit aufsaugen und durch die große Oberfläche, die sie der Erhitzung darbieten, eine rasche, zweckmäßige Zersetzung zulassen. Man erlangt dabei den großen Vorteil, daß man, da sich die Menge der Koks durch Überreste aus den Fetten nicht wesentlich vermehrt, die Retorte sehr lange in einem ununterbrochenen Betriebe erhalten kann.

Wir erwähnten vorhin, daß die in den Tuch= und Wollenfabriken ablaufenden Waschwässer noch auf ihren Fettgehalt, zum Teil aus den Seifen, zum Teil aus dem der frischen Schafwolle anhängenden Fett herstammend, zu gunsten der Gasbeleuchtung verarbeitet würden. Zu diesem Behufe setzt man den in großen Bottichen aufgesammelten Wässern Schwefelsäure zu und rührt das Gemenge gut durch. Die Fettsäuren werden dadurch, wie uns aus der Seifensiederei bekannt ist, aus ihren löslichen Verbindungen ausgeschieden und sammeln sich an der Oberfläche als ein weißer Schaum, der sogenannte Swinter, den man nur zu schmelzen braucht, um ihn von seinem Gehalt an mechanisch beigemengtem Wasser zu befreien. Man erhält dann ein flüssiges Öl, welches man wieder mit Soda verseifen kann, während der Rückstand, der bei der Reinigung dieses Öles bleibt, für die Gasbereitung noch ein brauchbares Material ist. Meist aber verarbeitet man die ganze Masse des dem Waschwasser abgewonnenen Fettes auf Gas und erspart sich dann jede Reinigung.

Hirzels Ölgaserzeugungsapparat. Unter den Apparaten, welche zur Gaserzeugung aus den genannten Rohmaterialien dienen, ist der von Dr. Hirzel in Leipzig konstruierte jedenfalls der zweckmäßigste. In Amerika hatte man schon von 1862 ab Versuche gemacht, Leuchtgas aus Petroleum herzustellen; da man aber ausschließlich nur das rohe Öl verwandte, so waren diese Versuche nicht sehr glücklich ausgefallen. Als ein ungleich besseres Material erwies sich später der bei dem Raffinieren des Petroleums erhaltene Rückstand — in Amerika Residuum genannt — und auf seine Verwertung gründete Hirzel seinen Apparat. Mit Hilfe desselben läßt sich ein völlig konstant bleibendes Gas herstellen, das nicht etwa nur aus Petroleumdämpfen besteht, die sich bei niedriger Temperatur oder unter starkem Druck wieder verdichten, sondern dessen Natur eine den bekannten gasartigen Kohlenwasserstoffen vollständig entsprechende ist. Solches aus Petroleumrückständen hergestelltes Gas machte im März 1867 in einem Kupfercylinder, durch einen Druck von 8 Atmosphären zusammengepreßt, die Reise von Leipzig nach Moskau und brannte vier Wochen nach erfolgter Absendung eben noch so schön wie frisch bereitetes. Das Rohmaterial, der Petroleumrückstand, ist in der Kälte butterartig, bei 25—30 Grad aber gleichmäßig ölig, dickflüssig, und erscheint bei auffallendem Lichte dunkelgrün oder braun bis undurchsichtig. Bei guter Beschaffenheit enthält er alle im rohen Petroleum vorkommenden schweren Öle, doch kommen aus Amerika auch große Partien Residuum, welche fast schwarz, pechartig aussehen und von wesentlich geringem Werte sind. Das „Blauöl" oder „Grünöl", welches aus galizischem Petroleum gewonnen wird, ist für die Gasbereitung in Hirzelschen Apparaten ebenfalls sehr gut zu gebrauchen, und nicht minder das sogenannte „Paraffinöl" aus dem Braunkohlenteer und alle die Abfälle von pflanzlichen und tierischen Fetten, wenn sie nur so weit gereinigt worden sind, daß sie in gewöhnlicher Temperatur oder in der Wärme sich gleichmäßig flüssig halten.

Die Einrichtung des Apparates ist eine solche, daß der Betrieb fast selbstthätig erfolgt. Das Material wird in einen Behälter F gegeben, welches mittels eines Schlauches mit einem Pumpenstiefel G in Verbindung steht, so zwar, daß der letztere durch Aufziehen des Kolbens sich mit Öl aus dem Behälter füllt, seinen Inhalt aber nicht wieder nach derselben Seite entleeren kann, weil beim Rückgange des Kolbens sich das Ventil nach dem Behälter schließt. Das in dem Pumpenstiefel aufgesaugte Öl wird also durch den Druck des schweren Kolbens, den man durch aufgelegte Gewichte h beliebig verstärken kann, in einem feinen Strahle in die rotglühend erhaltene Retorte B gepreßt, woselbst es sich sofort in Gas verwandelt. Das Gas aber geht aus der Retorte durch ein Rohr C zunächst in eine Vorlage oder Hydraulik D, in welcher es den größten Teil der mit übergerissenen Dämpfe ablagert und durch welche zugleich ein Zurückströmen von Gas aus dem Gasometer in die Retorte

unmöglich gemacht wird. Aus der Hydraulik passiert es sodann einen Skrubber E zur Ab=
kühlung und ferneren Reinigung und gelangt dann in den Gasometer K, der nach Art des in
dieser Figur abgebildeten eingerichtet und aus Eisenblech genietet ist. Außer diesen Haupt=
bestandteilen findet sich an dem Apparat noch ein Manometer i zur Anzeigung des Druckes
im Innern; den regelmäßigen Gang aber, daß nicht zu viel Öl auf einmal in die glühende
Retorte eingespritzt und die Gasentwickelung zu gewaltsam wird, unterhält ein Uhrwerk J,
welches den an einem Flaschenzuge H hängenden Pumpenkolben nur mit immer gleich=
bleibender Geschwindigkeit herabsinken und auf das Öl drücken läßt.

Mit diesem Gaserzeugungsapparate hat Hirzel auch noch einen sogenannten Gas=
vermehrer verbunden, in welchem kohlenstoffüberreiche Gase mit einer entsprechenden
Menge Wasserstoffgas oder Dampf von wasserstoffreichen organischen Verbindungen, Spi=
ritus zum Beispiel, versehen werden, um diejenigen Produkte des Verbrennungsprozesses,
welche wegen zu hohen Kohlenstoffgehalts sich sonst als Koks, Pech, Ruß, Teer u. s. w.
abscheiden würden, in ein Leuchtgas von hoher Leuchtkraft überzuführen.

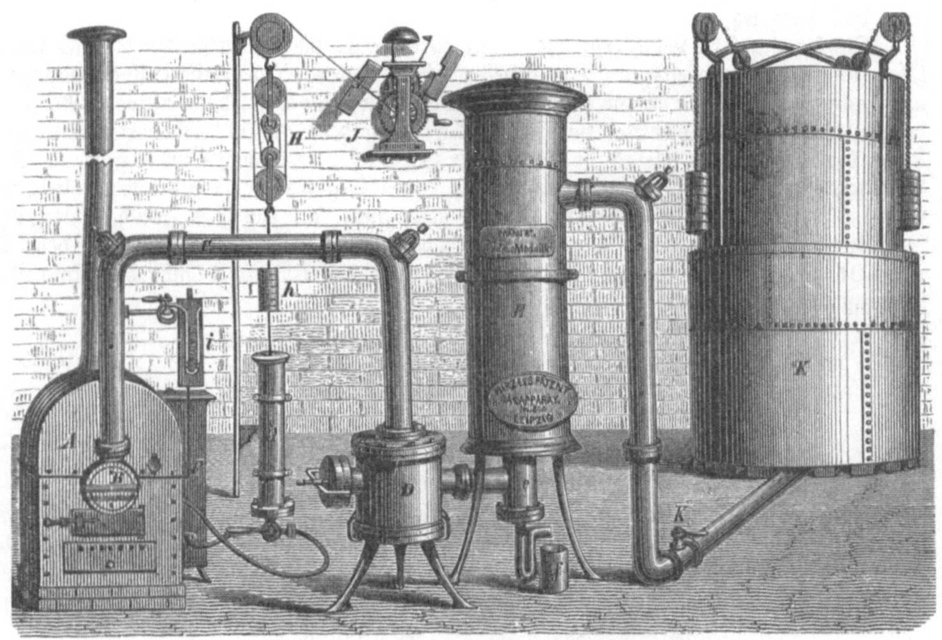

Fig. 267. Hirzels Ölgaserzeugungsapparat.

Das Wasserstoffgas wird aus Wasserdampf hergestellt, den man durch ein kirschrot
glühendes, mit Koksstücken und gerollten Eisendrehspänen gefülltes Rohr streichen läßt.
Diese Hydrierung bewirkt also dasselbe wie die oben erwähnte Zuleitung von Kohlen=
oxydgas zu besonders schweren Leuchtgasarten.

Das in diesen Apparaten hergestellte Gas zeichnet sich durch eine sehr große Leuchtkraft
(das Drei= bis Vierfache des Steinkohlengases) aus, welche die Anwendung verhältnis=
mäßig kleiner Gasbehälter und enger Röhren gestattet; jedenfalls ist für sehr viele Zwecke
eine derartige Einrichtung sehr vorteilhaft und diese günstige Erfahrung hat denn auch den
Ölgaserzeugungsapparaten schon weite Verbreitung und vielfache Vervollkommnung verschafft.
So hat Drescher in Chemnitz einen Apparat konstruiert, der sich von dem Hirzelschen schon
wesentlich unterscheidet.

Wirtschaftliche Bedeutung der Gasbeleuchtung. Aus der substanziellen Verschieden=
artigkeit der zur Gasbereitung tauglichen Stoffe wird man auf die großen Vorteile, welche
diese Beleuchtungsart gewährt, schon mit Sicherheit einen Schluß ziehen können. Wir
wollen uns auch nicht bei einer Aufzählung der Bequemlichkeiten und Ersparungen auf=
halten, die aus der Gasbeleuchtung gegenüber dem Öl=, Wachs= und Talgverbrauch zu

43*

gleichem Zwecke resultieren. Es springt in die Augen, daß ein ungemeiner national=
ökonomischer Gewinn darin liegen muß, wenn man Substanzen für die Lichtentwickelung be=
nutzen kann, die an und für sich als Leuchtstoffe nicht dienen können, denn durch die höhere
Verwendbarkeit ist auch der absolute Wert jener Rohstoffe ein höherer geworden. Hand in
Hand damit wird das künstliche Licht billiger, und wo sich die jetzt nicht einmal mehr ein
großes Anlagekapital beanspruchende Einrichtung bewerkstelligen läßt, ist das Gaslicht nach
dem Lichte der Sonne und des Mondes das billigste von allen.

Es mag zwar merkwürdig klingen, daß es z. B. oft von Vorteil sein kann, Öl in
Gas zu verwandeln und es als solches und nicht in seiner ursprünglichen Form in Lampen
zu verbrennen; allein man bedenke, daß man zu Gas das allerunreinste, schlechteste Öl ver=
wenden kann, während man in Lampen nur gut raffiniertes, also ziemlich teures Öl
brennen darf; daß man bei der Gasbeleuchtung wegen der besseren Regulierung der Flamme
und der Sauerstoffzuleitung nahezu den vollen Leuchteffekt erhält, während man selbst bei
den besten Lampen den Nutzeffekt nur auf 40—50 Prozent zu steigern vermag, abgesehen
von der Reinlichkeit, Bequemlichkeit und Zeitersparnis, die in allen Fällen der Gasbeleuch=
tung das Wort reden.

In bezug auf die Leuchtkraft sind unter allen Gasen die bestleuchtenden die aus fetten
Ölen und Harz hergestellten. Sie bestehen fast nur aus Kohlenwasserstoffverbindungen,
und man kann daher mit ihnen minder gute Steinkohlengase auf sehr vorteilhafte Art ver=
bessern, indem man ein Gemenge von Steinkohlen und Harz oder Öl in den Retorten destilliert.
5 kg dieses Gemenges, wie es in der Bremer Gasanstalt verbraucht wurde, geben 1 cbm
Leuchtgas, welches, da sich die Leuchtkraft des reinen Ölgases zu der des Steinkohlengases
wie 3 : 1 verhält, eine viel hellere Flamme geben muß als das Gas, welches man aus
Steinkohlen allein bereitet. Durchschnittlich kann man rechnen, daß man aus dem Öl
90—95 Prozent des Gewichts als Gas erhalten kann. Und zwar gibt dies folgender
Berechnung die Grundlage:

<pre>
              1 Gallone Rüböl   100 Kubikfuß Gas,
              1   „   Palmöl   95   „   „
              1 Pfund   Harz   13—23   „   „
              1   „   Pech   15—18   „   „
              1   „   Holzteer   7   „   „
  dagegen 1 Kubikfuß trockenes Fichtenholz 92   „   „
              1   „   Kannelkohle 187—200   „   „
</pre>

Auch das Holzgas steht, wie schon darauf hingedeutet, an Leuchtkraft dem Kohlengas
voran, die Lichtmengen, welche beide herzugeben im stande sind, verhalten sich ungefähr
wie 13 : 10. Um dieselbe Helligkeit zu erreichen, muß man (wenn wir die früher schon
Seite 306 aufgestellten Werte wieder aufnehmen) verbrennen:

<pre>
     10 Kubikfuß Ölgas,   25 Kubikfuß Steinkohlengas und
     28   „   Holzgas,   26 Lot Öl in einer Carcellampe.
</pre>

Demnach entsprechen also 42 g Öl $1_{,4}$ Kubikfuß Ölgas oder 3 Kubikfuß Holzgas
oder $3_{,66}$ Kubikfuß Steinkohlengas, und es würde Ölgas ein ebenso billiges Licht liefern
wie Öl, wenn der Kubikfuß 4 Pfennig, Steinkohlengas dagegen nur dann, wenn der
Kubikfuß bloß $1_{,2}$ Pfennig zu stehen kommt.

Der Preis, welchen das Leuchtgas durchschnittlich festhält, ist je nach dem Erzeugungs=
orte, den daselbst herrschenden Arbeitslöhnen, den Kohlenpreisen und der Möglichkeit, die
Nebenprodukte mehr oder minder vorteilhaft zu verwerten, ein wechselnder. In den gün=
stigen Fällen, wo eine massenhafte Konsumtion die Anlage großer Etablissements und die
Einführung aller zweckmäßigen Einrichtungen gestattet, kann eine Gasfabrik 1000 Kubikfuß
oder 32 cbm Leuchtgas für 5 Mark recht gut liefern und bei einem solchen Preise selbst die
Anlage der Privatleitungen in die Häuser, wie das Beispiel von Berlin zeigt, noch bestreiten.

Unter der Bedingung der Wohlfeilheit des Gases wird eine andre Benutzungsweise
desselben möglich, die wahrscheinlich noch eine große Zukunft vor sich hat: die Benutzung als
Heizmaterial in Öfen und Kochherden, als Kochflamme und überhaupt als Heizfeuer in
Werkstätten und Laboratorien. Welch große Heizkraft das Gas hat, bemerken wir häufig
zu unsrer Unbequemlichkeit in Räumen, in denen viel Gasflammen brennen. Die durch

dieselben entwickelte Wärme rührt zum größten Teil von dem im Leuchtgas enthaltenen und mit verbrennenden Wasserstoffgas her. Der Kohlenstoffgehalt ist zwar nicht ganz ohne Einfluß, es entsteht bei seiner Verbrennung ebenfalls Wärme, zum großen Teil wird dieselbe aber auch wieder verbraucht, um die Lichtentwickelung zu befördern, die in der Flamme leuchtenden kleinen Kohlenteilchen ins Glühen zu bringen. Dieses Glühen ist für Leuchtzwecke von der größten, für Wärmezwecke dagegen von gar keiner fördernden Bedeutung. Es ist nicht nur eine verzögerte Verbrennung, sondern, wie gesagt, ein Zustand, der selbst nur durch Wärmeverbrauch unterhalten wird. Dies wird dadurch bewiesen, daß, wenn wir auf das Leuchten der Flamme verzichten und die Verbrennung so leiten, daß sie viel rascher und gleich so vollständig erfolgt, daß der Kohlenstoff gar nicht zum Glühen und Leuchten kommt, wir dann alle Wärme, die bei der Verbrennung des im Leuchtgas enthaltenen Wasserstoffs und ebenso des Kohlenstoffs frei wird, auch wirklich als Wärme erhalten, indem nichts davon oder nur sehr wenig in Licht sich verwandeln kann. Dies läßt sich bewirken, wenn man, statt auf das Herantreten der äußeren Luft an die Flamme zu warten, das Gas vor dem Anzünden mit Luft mischt, so daß nun alle Teilchen, die sich im Brennprozeß verbinden sollen, schon dicht bei einander liegen. Gas und Luft geben aber ein explodierendes Gemisch, welches, wie das Knallgas, sich plötzlich unter bedeutender Detonation entzünden kann und das in der That schon oft zu traurigen Katastrophen die Veranlassung geworden ist. Es ist dasselbe Gemisch, welches in den Gaskraftmaschinen zur Verwendung kommt, und das je nach seiner Zusammensetzung bezüglich der Mengenverhältnisse von Luft und Gas eine verschiedene Explosivkraft hat.

Um dies Gemisch von Leuchtgas und atmosphärischer Luft (für gutes Steinkohlengas sind ungefähr 40 Prozent atmosphärische Luft notwendig) als Brennstoff zur Wärmeerzeugung zu benutzen, muß man daher eine Vorrichtung zu Hilfe nehmen, in der das Gas und die Luft vor dem Verbrennen sich innig miteinander vermischen, ohne daß jedoch Explosionen stattfinden können. Schon 1847 waren von Hugueny in Straßburg Heizapparate für Steinkohlengasfeuerung angegeben worden; Ossian Henry wollte (1850) Wasserstoffgasheizung einführen, jedoch blieben diese Vorschläge ohne großen Erfolg. Der erste, welcher einen solchen mit seinem auf das Prinzip der Davyschen Sicherheitslampe gegründeten Gasheizungsapparat hatte, war der Techniker Elsner in Berlin. Er gab der Sache praktische Gestalt und fand mit seinen eleganten Öfen, Kochherden u. s. w. vielen Anklang. Späterhin sind die Apparate von Bunsen, Desaga, von Schwarz u. a. mannigfach verändert und verbessert worden. Elsner ließ die Gasröhre in ein metallenes Gefäß münden, das etwa wie ein umgekehrter Blumentopf aussieht. Am unteren Rande ist eine Anzahl Öffnungen eingeschnitten, die durch ein gleichfalls ausgeschnittenes Ringstück enger und weiter gestellt werden können. Oben ist das Gefäß mit einem engen Gewebe aus Kupferdraht geschlossen. Wird nun der Gashahn geöffnet, so mischt sich das Gas mit der Luft im Gefäß, und das Gemisch entweicht seiner Leichtigkeit wegen nach oben durch die Maschen des Netzes, während von unten durch die Löcher immer neue Luft nachdringt. Über dem Netze angezündet, brennt das Gemisch mit einer blaßblauen, fast gar nicht leuchtenden Flamme von sehr bedeutender Hitzkraft, welche nicht nur zu den Zwecken des häuslichen Lebens, sondern auch bei vielen gewerblichen Verrichtungen eine sehr nützliche Ausbeutung erfahren kann. Daß bei einer jeden Augenblick zur Verfügung stehenden Wärmequelle große Ersparnis an Zeit und Brennstoff schon durch das Wegfallen des Anfeuerns gemacht werden muß, liegt auf der Hand; außerdem aber vermag man die Hitzkraft einer so leicht zu regulierenden, so reinlich brennenden und im Nu anzuzündenden, im Nu auch wieder verlöschenden Flamme auf einen außer allem Vergleich höher liegenden Prozentsatz auszunutzen als die Wärmeentwickelung andrer Feuerungen.

Doch gehört dieser Gegenstand dem Kapitel an, das sich mit der Heizung beschäftigt, und werden wir bei dieser Gelegenheit darauf zurückkommen.

Komprimiertes Gas oder Hochdruckgas. Die Kostspieligkeit der Leitung hat frühzeitig darauf gebracht, das Gas in geschlossenen Gefäßen, in Cylindern, aus der Gasfabrik bis in die Häuser der Verbraucher zu befördern und daselbst diese Cylinder unmittelbar mit den Brennern in leitende Verbindung zu setzen oder ihren Inhalt erst in einen kleinen Hausgasometer ausströmen zu lassen. Indessen sind die Erfahrungen, die man bei Verfolgung

dieser Idee gemacht hat, keine sehr günstigen gewesen und jetzt zumal, wo eigne Gasberei=
tungsanlagen für eine sehr geringe Anzahl von Flammen schon ganz rentabel einzurichten
sind, ist die Veranlassung immer mehr geschwunden, welche vordem die Vervollkommnung
des transportablen Gases zur Aufgabe machte. Dagegen hat für die Beleuchtung von
Eisenbahnzügen das komprimierte Gas eine gewisse Bedeutung in der letzten Zeit erlangt.

Man versuchte zuerst das Gas im Zustande gewöhnlicher Spannung den Verbrauchern
zuzuführen, indessen hatte dies den Übelstand, daß alle Aufbewahrungsgefäße sehr große
und daher nicht nur unbequeme, sondern auch kostspielige Dimensionen annahmen. Besonders
machte die Einrichtung des Gasometers Schwierigkeiten, und man verfiel bald darauf, das
Gas zu komprimieren und solchergestalt bei weitem größere Quantitäten in kleineren Räu=
men unterzubringen. Die bedeutendste Gasunternehmung dieser Art war wohl diejenige,
welche zu Paris in der Rue de Charonne bestand und die einen ziemlichen Abonnentenkreis
mit Leuchtmaterial versorgte. Sie stellte dasselbe aus der schottischen Bogheadkohle dar,
welche nämlich ein Gas liefert, das in bezug auf Leuchtkraft an sich schon das gewöhn=
liche Steinkohlengas um das Vierfache übertrifft. Dadurch aber, daß dieses Gas durch
einen Druck von 11 Atmosphären mit Hilfe von Kompressionspumpen in die Transport=
cylinder eingepreßt wurde, war es möglich, das Leuchtgas für den Bedarf einzelner Haus=
haltungen in verhältnismäßig wenig umfänglichen Gefäßen aufzubewahren. Wir geben in
Fig. 268 einen Transportwagen, wie sie in Paris in Anwendung sind. Derselbe besteht
aus einer starken Wandung, fest genug, um jeder etwa eintretenden Explosion eines Cylinders
Widerstand leisten zu können. Das Innere ist zur Aufnahme der aus starkem Kupferblech
hergestellten Gascylinder eingerichtet, derart, daß neun solcher Cylinder, zu je drei in drei
Reihen übereinander angeordnet, darin Platz finden, und mittels einer Fuhre ein Gas=
quantum von 3000—3500 l Gas befördert werden kann; denn in jeden der Cylinder
können bei 11 Atmosphären Druck 400 l Gas von gewöhnlicher atmosphärischer Span=
nung hineingepreßt werden. Dabei beträgt die Länge des Wagens nicht mehr als 3, die
Breite nur 2 m; das Gewicht aber samt den Cylindern, infolge der dicken Metallwände,
welche ja der Sicherheit wegen auf einen bei weitem stärkeren Druck als 11 Atmosphären
eingerichtet sein müssen, 3000—3500 kg. Wie man aus der Abbildung sieht, ist jeder
Cylinder mit einer durch einen Hahn verschließbaren Röhre versehen. Alle diese Röhren
kommunizieren mit einem gemeinschaftlichen Rohre AB an der Hinterseite des Wagens der=
gestalt, daß man aus jedem Cylinder den Gasinhalt durch Öffnung des Hahns in dieses
Rohr und umgekehrt aus dem letzteren Gas in jeden Cylinder einzeln strömen lassen kann.
Das Rohr AB steht mit dem Sammelrohr C in Verbindung, aus welchem das Leitungs=
rohr abgeht, mit Hilfe dessen das Gas sowohl eingefüllt als an die Konsumenten abgegeben
wird. Die Gasometer der Abnehmer sind Cylinder von starkem Blech, 2,₆ m in der
Höhe und 0,₆ m im Durchmesser. Sie werden bloß so weit mit Gas gefüllt, daß das=
selbe seine Dichtigkeit von 5 Atmosphären an dem angebrachten Manometer zeigt. Die
Leitung im Innern des Hauses, Brenner u. dergl. sind ganz wie bei der gewöhnlichen
Gasbeleuchtung. Die ganze Einrichtung hat aber nur für sehr vereinzelte Fälle Wert,
und dieser verminderte sich noch mehr, als in dem Petroleum ein Rohmaterial in den
Handel kam, welches für die Gasfabrikation in kleinem Maßstabe ganz andre Verhält=
nisse schuf. Nur da, wo die Einrichtung einer eignen Gasanstalt absolut nicht thunlich ist,
also, wie schon erwähnt, für Eisenbahnzüge, kann das Hochdruckgas als Beleuchtungs=
material von Wichtigkeit sein, und es ist seine Einführung, die wesentlich von der Her=
stellung entsprechender Apparate bedingt ist, von Berlin in den letzten Jahren mit gutem
Erfolg versucht worden. Zuerst war es die Niederschlesisch=Märkische Eisenbahn, welche
die von Pintsch in Berlin ausgeführte Beleuchtungsweise adoptierte, seit 1874 aber sind
bereits eine namhafte Zahl großer Verkehrsbahnen diesem Beispiele gefolgt, und daß die
dabei gemachten Erfahrungen günstige sind, wird durch die Thatsache bezeugt, daß der
Reisezug des deutschen Kaisers ebenfalls mit komprimiertem Gas nach Pintschs Systeme
beleuchtet wird.

Das Gas, welches zu diesem Behufe entweder aus Bogheadkohle oder aus Petroleum=
rückständen oder Braunkohlenteerölen hergestellt wird, wird auf 6 Atmosphären Druck
zusammengepreßt, in schmiedeeisernen Cylindern, welche unter den einzelnen Waggons

befestigt sind, mitgeführt. Die Füllung geschieht auf einem Nebengleise aus einem größeren Kessel, welcher Gas von 10 Atmosphären Druck enthält, mittels langer eiserner Röhren. Zwischen dem Gascylinder und dem Brenner ist ein Regulator eingeschaltet, den das Gas passieren muß, und welcher dessen starke Spannung bis auf $0{,}03$ m Wassersäulendruck vermindert, so daß die Flamme ohne alles Zittern brennt. Ein Rezipient kann genug Gas für eine Fahrt von Berlin nach Wien und zurück aufnehmen.

Leuchtgas in fester und flüssiger Form, Paraffin, Solaröl u. s. w. Die Kohlenwasserstoffverbindungen, welche sich bei der trockenen Destillation organischer Körper zu bilden vermögen, sind aber mit dem Leuchtgase und dem Sumpfgase nicht erschöpft. Es gibt deren vielmehr, wie wir schon erwähnt haben, eine sehr große Anzahl, unter sich durch innige chemische Beziehungen verwandt, Glieder einer systematischen Reihe, die ineinander übergehen und auf künstlichem Wege auseinander dargestellt werden können.

Fig. 268.   Wagen für den Transport des Hochdruckgases.

Aus den weniger zersetzten pflanzlichen Gebilden lassen sie sich in größerer Mannigfaltigkeit gewinnen, als aus den in der Umwandlung dem reinen Kohlenstoff schon ziemlich nahe gerückten fossilen Überresten; denn es gehört zu ihrer Konstitution der Wasserstoff, und die wasserstoffreichen Verbindungen bezeichnen das eine, die wasserstoffärmsten Verbindungen das andre Ende jener Reihe. Die Umwandlung ist aber nur so zu leiten, daß durch die chemische Behandlung der Kohlenstoffgehalt vermindert, nicht aber vermehrt werden kann, und es lassen sich deswegen diejenigen Verbindungen, welche nach dem Kohlenstoffpol hin liegen, nicht mehr aus solchen darstellen, welche nach dem Wasserstoffpol zu liegen. Die ungemeine Verschiedenheit der hier in Frage stehenden Kohlenwasserstoffe in bezug auf ihr äußeres Verhalten ist aber nicht allein eine Folge ihrer verschiedenen prozentischen Zusammensetzung, im Gegenteil ist die letztere für sehr große Gruppen oft genau dieselbe, und die einzelnen Glieder dieser Gruppen unterscheiden sich dennoch durch die wesentlichsten Merkmale voneinander; die Isomerie spielt hier eine sehr bedeutende Rolle.

Es kann nun nicht unsre Aufgabe sein, alle diejenigen Zersetzungsprodukte organischer Körper nach ihrer wissenschaftlichen Stellung und Bedeutung abhandeln zu wollen, zu deren Kenntnis die trockene Destillation die Veranlassung geworden ist; eine solche Aufgabe würde uns zu Betrachtungen zwingen, welche dem Charakter unsres Werkes nicht entsprechen; wohl aber haben wir denjenigen Kohlenwasserstoffverbindungen eine kurze Berücksichtigung zu gewähren, welche in bezug auf die Beleuchtung sich gewissermaßen als flüssige oder feste Modifikationen des Leuchtgases ansehen lassen und in der Praxis neuerdings eine immer mehr sich erweiternde Bedeutung erlangt haben.

Photogen, Solaröl, Brillantöl, Naphthalin, Paraffin, selbst das Petroleum, Steinöl oder Erdöl, der Asphalt u. dergl. gehören hierher, obwohl die Entstehungsweise der letzteren dem ersten Blicke nicht als mit der trockenen Destillation übereinstimmend erscheint. Aber auch nur dem ersten Blicke; denn in der That sind Petroleum und seine Verwandten auf einem langsamen Wege der Zersetzung organischer Überreste unter Abschluß der Luft, also im geschlossenen Raume entstanden, und es ist wahrscheinlich, daß so gewaltige Druck= wirkungen, wie sie die überlagernden Gebirgsschichten auf Braunkohlen und Steinkohlen ausüben, gleiche Effekte hervorbringen wie die Erhitzung in den Retorten. Übrigens dürfen wir bei dem feurig=flüssigen Kerne unsrer Erde auch lokale Temperaturerhöhungen von unten herauf, vulkanische Aktionen, in den Kreis der Berücksichtigung ziehen und damit der Entstehung gasförmiger, flüssiger und fester Kohlenwasserstoffverbindungen aus unterirdisch abgelagerten Pflanzenresten die vollständige Übereinstimmung mit der trockenen Destillation wahren. Ein Beweis dafür ist, daß wir bei vorsichtiger Leitung der Destillation ja ganz dieselben Verbindungen aus den Braunkohlen abscheiden können, welche wir in der Natur als Begleiter der mehr zersetzten Kohlen antreffen.

Die Kohlen geben, in geschlossenen Gefäßen erhitzt, von den flüssigen und gasförmigen Kohlenwasserstoffen eine ganz verschiedene Ausbeute, je nach dem Grade der Erhitzung, welche man bei der Destillation anwendet. Ist diese Erhitzung nur eine bis zur schwachen Rotglühhitze gehende, so vergrößert sich die Menge der kondensierbaren Produkte; wir erhalten eine bedeutendere Quantität Teer. Derselbe enthält jene öligen Körper, er zersetzt sich aber bei einer weiter getriebenen Temperaturerhöhung, und es geht schließlich fast alles in gasförmigen Zustand über, nur ein Teil scheidet sich als Kohlenstoff in fester Form aus.

Die Temperatur, die man behufs der Leuchtgasfabrikation anwendet, steht in der Mitte — es ist hier nicht auf die Gewinnung von Teer abgesehen, sondern gerade die Produkte, welche derselbe zu enthalten pflegt, sollen zu Leuchtgas mit umgewandelt werden. Anders ist es bei der Destillation gewisser Kohlen, die sich für die Herstellung von Leuchtgas in den gewöhnlichen Gasanstalten nicht eignen, oder für die man der hohen Transport= spesen wegen eine Verwertung am Orte ihrer Gewinnung suchen muß. Hier kann die Her= stellung von Teer und Teerprodukten die Hauptsache werden.

Der Umstand, daß die Braunkohlen als Heizmaterial nur einen geringeren Wert be= anspruchen können, infolgedessen sie große Transportkosten in den meisten Fällen in Kon= kurrenz mit den Steinkohlen nicht vertragen, hat nach anderweiten Verwendungsarten suchen lassen, und diese haben sich in der Verarbeitung auf jene aus dem Teer darstellbaren Leucht= stoffe finden lassen, die an Ort und Stelle der Kohlengewinnung gleichsam als Quintessenz der Braunkohle leicht dargestellt werden können und bei ihrem viel geringeren Gewicht eine Verwertung der oft unerschöpflichen Braunkohlenlagerung nach viel weiter entlegenen Gegenden hin gestatten. Für die Darstellung der flüssigen und festen Kohlenwasserstoff= verbindungen ist also die Verarbeitung der Braunkohlen nicht nur deswegen maßgebend, weil die Teerausbeute durch den in solchen jüngeren Kohlen noch vorhandenen größeren Wasserstoffgehalt eine bedeutendere wird, sondern weil auf diese Art ein billigeres Material der Gasgewinnung zugänglich gemacht werden kann, welches in die Gasanstalten entlegener Städte nicht mit Vorteil zu transportieren ist. In Deutschland hat in der preußischen Provinz Sachsen in der Gegend von Merseburg und Zeitz die Verwertung der dort reichlich lagernden Braunkohlen auf Teeröle eine großartige Industrie ins Leben gerufen, die aller= dings in den letzten Jahren durch die Konkurrenz des amerikanischen Petroleums empfindliche Schädigung erlitten hat. In ihren ersten Anfängen, aus den Jahren 1855 und 1856 datierend, produzierte sie 1861 an 15 000 Zentner Paraffin und circa 64 000 Zentner Mineralöle, zehn

Jahre später (1871) 100 000 Zentner Paraffin, 300 000 Zentner Mineralöle (Brennöle) und circa 20 000 Zentner Nebenprodukte, meist Paraffinöle zu Maschinenschmiere und Gas= fabrikation, alles zusammen zu einem Handelswerte von etwa 12 Millionen Mark.

Der Weg, den die Fabrikation der festen und flüssigen Hydrocarbüre (Kohlenwasser= stoffe) einschlägt, ist bisweilen ein unterbrochener, d. h. er wird nicht an einer einzigen Fabrikationsstelle zu Ende geführt. Bisweilen findet man es von Vorteil, da, wo sich ein sehr billiges Rohmaterial der Verarbeitung darbietet, alle Kräfte darauf zu konzentrieren, um soviel als möglich davon dem Betriebe zugänglich zu machen, und man bleibt dann oft bei der Teerbereitung stehen, indem sich für dieses Produkt stets willige Käufer finden, welche die Weiterverarbeitung übernehmen; in andern Fabriken, namentlich in solchen, wo ein teureres Rohmaterial verarbeitet wird, setzt man die Ausnutzung bis auf die Herstel= lung von Photogen, Paraffin u. s. w. fort, und wir wollen dieses allgemeinere Verfahren noch einer kurzen Betrachtung unterwerfen. Als Rohmaterialien können sowohl Braun= kohlen als Kohlenschiefer, bituminöse Gesteine oder Torf dienen.

Die Erzeugung von Teer bleibt in allen Fällen die erste und hauptsächlichste Arbeit. Sie wird bei so großem Betriebe nicht sowohl in Retorten als vielmehr in eigens konstruierten Öfen vorgenommen, bei denen die Einrichtung getroffen ist, daß die sich entwickelnden Dämpfe schnell dem weiteren Einfluß der hohen Temperatur entzogen und abgekühlt werden. Retorten, in der Regel von Thon, sind nur bei sehr reichhaltigem Material in Anwendung. Diese Öfen, Schachtöfen, dienen als Ofen und Retorte zugleich. Es ist zweckmäßig er= schienen, ihnen eine nach unten zu sich verjüngende konische Form zu geben. Sie werden mit dem abzutreibenden Materiale gefüllt, die oberste Schicht in Brand gesetzt und dadurch, daß man an dem untersten Teile Röhren anbringt, welche durch ein Gebläse saugend wirken, veranlaßt man die Teerdämpfe nach unten zu zum Abzug. Daß man den Abtrieb der Teerdämpfe nicht nach oben zu und die Feuerung des Ofens nicht von unten aus bewirkt, hat seinen Grund in dem hohen spezifischen Gewicht der Teerdämpfe, welches in diesem Falle ein längeres Verbleiben in dem heißen Raume zur Folge haben würde, als für die Güte des Produktes zweckmäßig ist. Die Dämpfe werden nun in besondere Kühlapparate geleitet, in denen sich die kondensierbaren Verbindungen absetzen, und es ist wünschenswert, daß hier alle Kohlenwasserstoffverbindungen, die sich entwickelt haben, zur Verdichtung ge= langen. Natürlich wird man diesen Wunsch nie so vorteilhaft erfüllt sehen, als es bei dem feiner eingerichteten Betriebe in Gasanstalten erreichbar ist, wo ungleich kostspieligere Roh= materialien zur Verwendung kommen und die Art und Weise des Verfahrens hinlängliche Zeit gibt, die ohnehin in erster Reihe stehende Entteerung des Gases zu bewerkstelligen. Bei der Teerbereitung aus den billigen Braunkohlen u. s. w. würde die absolute Erschöpfung, weil sie ausgedehnte Anlagen verlangt, keine Ersparnis sein.

Der so erhaltene Teer stellt nun ein Gemenge verschiedener Verbindungen dar, die teils bloß Kohlenstoff und Wasserstoff enthalten, teils aber auch mit aus Stickstoff zusammen= gesetzt sind. Von den Stickstofffreien nehmen ein weiteres Interesse für sich in Anspruch das Benzol, die Karbolsäure, Anilin, Pikolin, Pyrrhol, Toluol, Cumol, Leukol, Paraffin, Naphthalin, Kyanol, Chrysen, Anthracen; indessen schränkt sich dies für unsern speziellen Gegenstand sehr ein, und es sind nur einige, die uns hier besonders angehen.

Aus dieser reichhaltigen Zusammensetzung, die sich durchaus nicht gleich bleibt und bei verschiedenem Rohmaterial auch sehr verschieden ist, ergibt sich nun, daß der Teer unter Umständen ganz verschiedene Eigenschaften haben kann, je nachdem einer oder einige dieser Bestandteile mehr in den Vordergrund treten oder nicht. So fand man den Schmelz= punkt des Teers schon wechselnd von $0°$ bis $+ 10°$ C.; für diese Erscheinung gilt als allgemeine Regel, daß Teere bei um so höherer Temperatur fest werden, je mehr sie Paraffin enthalten. Das spezifische Gewicht wechselt ebenso von $0{,}950 - 0{,}990$, ja nach Müller haben einige böhmische Braunkohlenteere ein spezifisches Gewicht bis $1{,}05$ gezeigt. Steinkohlenteer und Holzteer, welche unsrer jetzigen Betrachtung fern liegen, da sie zur Bereitung der flüssigen und festen Kohlenwasserstoffe weniger Verwendung finden, haben öfters solch großes spezifisches Gewicht. Der Steinkohlenteer überhaupt, wie er aus den Gasanstalten kommt, ist schon zu weit zersetzt und enthält meist nur ganz schwere Öle und stickstoffhaltige Substanzen; indessen kann man aus Steinkohlen, wenn man sie von vornherein behufs der Teerdarstellung verarbeitet, auch Teere von großem Gehalt an den verschiedenen leichteren Ölen erzielen.

Außer den Kohlenwasserstoffen kommen in dem Braunkohlen= u. s. w. Teer noch stickstoffhaltige Verbindungen vor von meist ammoniakalischer oder cyanhaltiger Natur, und neben ihnen treffen wir noch Schwefelwasserstoff, Essigsäure, Buttersäure und mehrere untergeordnete Verbindungen, die sich meist in dem wässerigen Teile lösen, während die flüchtigen Öle vermöge ihres geringeren spezifischen Gewichts sich davon absondern.

Destilliert man den obenauf schwimmenden Teil des Teeres für sich, so verflüchtigen sich schon bei 60° C. Öle, deren spezifisches Gewicht unter $0{,}850$ liegt, und die nur aus Kohlenstoff und Wasserstoff bestehen. Sie sind jedoch nicht von konstanter chemischer Zusammensetzung, sondern ein Gemenge von verschiedenen Ölen, die man zum Unterschiede von den erst bei 240 Grad übergehenden öligen Kohlenwasserstoffen mit dem Namen leichte Teeröle oder Essenz bezeichnet hat. In ihnen sind einige leicht harzende Verbindungen enthalten, man darf sie deshalb nicht an freier Luft stehen lassen, wo sie sich bräunen und schwärzen. Bisweilen lassen sich jedoch die wässerigen Schwefelwasserstoff= und Schwefelammoniumverbindungen auf mechanischem Wege durch Absetzen nicht von dem Teer trennen, dann muß man das Ganze mit einer geringen Menge Eisenvitriol (etwa 4 Prozent) vermischen, um jene übelriechenden Substanzen zu binden. Erst dann kann man zur Destillation verschreiten und die verschiedenen flüchtigen Teeröle voneinander und von den harzigen, nicht flüchtigen Bestandteilen sondern.

Die Destillation der Teeröle geschieht mittels überhitzten Wasserdampfes und teilt sich in drei Perioden, deren erste durch eine allmähliche Temperaturerhöhung von 60 bis 120 Grad bezeichnet wird und bei dieser niedrigen Wärme eben jene Essenzen von $0{,}70$ bis $0{,}856$ spezifischem Gewicht liefert. Die zweite dauert bis 300 und gibt namentlich zwischen 240 und 300 Grad schwere Teeröle und sogenannte Schmieröle von $0{,}856$—$0{,}900$ spezifischem Gewicht. Über 300 Grad hinaus beginnt die Destillation des Paraffins, das mit einem Öle von $0{,}90$—$0{,}93$ spezifischem Gewicht übergeht.

Jede dieser Perioden wird möglichst streng innegehalten, ihre Ergebnisse werden gesondert aufgefangen und jede für sich mit Schwefelsäure, Salzsäure, oxydierenden und reduzierenden Stoffen der Reinigung wegen behandelt, und dann jede Partie wieder gesondert für sich der Destillation mit überhitztem Wasserdampf unterworfen.

Aus den leichten Teerölen erhält man auf diese Weise das Photogen. Die zu zweit übergegangenen Öle liefern das Solaröl, welches sich durch größeres spezifisches Gewicht und geringere Flüchtigkeit charakterisiert. Der Rest von Nummer Zwei und die dritte Partie, bei ungefähr 280 Grad destilliert, ergeben das zum Schmieren der Maschinen vielfach verwendete Lubricatinöl (Schmieröl). Alle diese Öle gehen aber ineinander über und haben außer der Verschiedenheit des spezifischen Gewichts und des Siedepunktes keinerlei Eigenschaften, die sie streng voneinander unterscheiden. Sie sind demnach nur als Gemenge von mehreren flüchtigen Ölen anzusehen, die eben in jenen Merkmalen ihre charakteristischen Unterscheidungen haben, und durch fortgesetzte, vorsichtig gehandhabte und immer enger limitierte Destillation würde man die einzelnen Öle wahrscheinlich für sich darzustellen im stande sein.

Sind nun die flüchtigen Öle von der Masse abdestilliert, und hat die Erhitzung eine Zeitlang auf dem angegebenen höchsten Temperaturgrade stattgefunden, so enthält die in den Retorten verbleibende ölige Flüssigkeit namentlich Paraffin. Man läßt sie gut abklären und bringt sie in kühle Schuppen oder Keller, wo sie mehrere Wochen ruhig stehen gelassen wird. Während dieser Zeit kristallisiert das Paraffin in schönen, perlmutterglänzenden Tafeln heraus. Durch Pressen zwischen Tüchern oder mittels einer Zentrifugalmaschine trennt man es von dem anhaftenden Öle und behandelt es hierauf mit konzentrierter Schwefelsäure. Diese greift das Paraffin nicht an, zerstört aber alle sonstigen Beimengungen und ist deswegen ein ausgezeichnetes Mittel zur Reindarstellung. Nachdem man die Schwefelsäure durch Waschungen mit Wasser und schließlich durch Behandeln mit schwacher Kalilauge entfernt hat, setzt man der festen Masse etwa $\frac{1}{2}$ Prozent Stearinsäure zu und gießt die nun wasserklare Flüssigkeit in Formen, in denen man sie langsam erkalten läßt.

Der Rückstand, den man bei der Destillation der verschiedenen Öle erhält, bildet eine braune harzige Masse von üblem Geruch, Asphalt. Man verwendet ihn zu schwarzen

Lacken, Anſtrichfarben für Eiſen oder auch als Brennmaterial. Eine große Anzahl der oben als im Teer enthalten genannten Körper, vornehmlich alle diejenigen, welche eine ſaure oder baſiſche Natur haben, ſind zum großen Teil in den Waſchwäſſern aufgelöſt, mit denen man das Paraffin gereinigt hat, und zwar hat die Schwefelſäure alle baſiſchen Verbindungen aufgenommen, die Kalilauge dagegen die von ſaurem Charakter. Sie laſſen ſich aus dieſen Löſungen darſtellen und ſind der Gegenſtand eingehender Unterſuchungen geworden, bei denen ſie ſich als Körper von der intereſſanteſten chemiſchen Zuſammenſetzung erwieſen haben. Nicht minder intereſſant ſind die verſchiedenen Kohlenwaſſerſtoffe, welche in den flüchtigen Teerprodukten enthalten ſind, und es iſt die wiſſenſchaftliche Unterſuchung ihrer Natur noch lange nicht geſchloſſen. Der ſchmutzige, übelriechende Teer iſt für die Chemie ein Gegenſtand der fruchtbarſten Bearbeitung geworden; er liefert in ſeinen Beſtandteilen nicht nur die Materialien für Herſtellung der herrlichſten Farben, ſondern auch den köſtlichſten Wohlgeruch. Wir brauchen in der einen Beziehung nur an das Anilin, in der andern an die Bittermandeleſſenz zu erinnern, worüber man an den geeigneten Stellen (Färberei und Parfümerie) dieſes Werkes das Nähere nachleſen kann.

Die in den Handel gebrachten leichten Teeröle haben von den Fabrikanten die allerverſchiedenſten Namen erhalten. Je nach irgend welchen Zufälligkeiten, dem Rohmaterial, das zu ihrer Bereitung verwandt worden iſt, oder nach der Laune des Technikers, dem ihre Herſtellung obgelegen, heißen ſie bald Photogen, bald Mineralöl, Schieferöl, Torföl, Kohlennaphtha u. ſ. w. Der einzig bezeichnende Name iſt Teeröle, etwa mit der Unterſcheidung: leichte und ſchwere, und das genaueſte Unterſcheidungszeichen das ſpezifiſche Gewicht und der Siedepunkt.

Die Teeröle müſſen in gutem Zuſtande waſſerhell ſein, einen reinen, ſcharfen, allein nicht unangenehmen Geruch haben; ſie dürfen beim Verdampfen keinen braunen Rückſtand ſowie beim Stehen in verſchloſſenen Gefäßen keinen Bodenſatz fallen laſſen. Die als Leuchtmaterialien in Anwendung kommenden müſſen ruhig brennen, dürfen den Docht nicht zu ſehr angreifen, und ihr ſpezifiſches Gewicht muß in den Grenzen von $0{,}815$ — $0{,}895$ liegen.

Es iſt wichtig, auf das ſpezifiſche Gewicht als eins der weſentlichſten Kennzeichen aufmerkſam zu machen, weil damit die Flüchtigkeit der Öle zuſammenhängt, von dieſer aber wieder die Konſtruktion der Lampen, in denen jene verbrannt werden, abhängig iſt. Denn während die leichten Teeröle (von $0{,}815$ ſpezifiſchem Gewicht) ganz ohne Docht verbrennen, mittels der ſogenannten Bealeſchen Dunſt- oder Dampflampe (in der durch einen Blaſebalg ein Luftſtrom durch das Öl getrieben wird, der ſich mit brennbarem Öldunſt ſättigt und angezündet wird) oder in der Ligroinlampe, muß man für die ſchwereren Öle Dochtlampen haben, deren Einrichtung wir weiter oben ſchon beſchrieben haben. Die ganz phlegmatiſchen Solaröle werden am zweckmäßigſten in Moderateur-, Carcel- oder Uhrlampen u. ſ. w. verbrannt und verhalten ſich in denſelben dem Rüböl ganz entſprechend. Gutes Solaröl oder, wie man es auch genannt hat, Brillantöl muß ein durchſchnittliches ſpezifiſches Gewicht von $0{,}885$ — $0{,}895$ haben, bei 10^0 C. muß es noch klar und flüſſig bleiben und darf kein Paraffin auskriſtalliſieren laſſen. Es ähnelt dann im allgemeinen ganz hellem, gutem Rüböl, hat eine ebenſolche Zähigkeit und läßt geſchüttelt die Blaſen ebenſo langſam ſteigen wie dieſes. Der Geruch iſt ähnlich wie der des Photogens, nur nicht ſo ſtark.

Beiläufig ſeien unter den flüſſigen Kohlenwaſſerſtoffen noch zwei Verbindungen erwähnt, welche anfangen in der Technik eine ausgebreitete Verwendung zu finden: das Maſchinenſchmieröl und das Benzol oder Benzin. Mit dem erſteren Namen bezeichnet man diejenigen ſchweren Teeröle, welche ein ſpezifiſches Gewicht von $0{,}920$ — $0{,}950$ haben, die aber bei — 2 Grad noch flüſſig bleiben müſſen und ſich in der Wärme ſehr wenig verflüchtigen dürfen. Sie haben deshalb auch nur einen ſchwachen Geruch. Das Benzol dagegen iſt ein ſehr flüchtiges, ſpezifiſch indeſſen nicht ganz leichtes Teeröl. Es iſt zum Teil im Photogen ſchon fertig enthalten, zum Teil aber lagern ſich die Atome der übrigen Kohlenwaſſerſtoffverbindungen beim Deſtillieren mit Waſſerdampf erſt derart um, daß ſich Benzol in größerer Menge bildet. Man kann es bis zu 16 und mehr Prozent aus manchen Photogenſorten erhalten, und es ſtellt in reinem Zuſtande eine waſſerhelle, ſehr bewegliche Flüſſigkeit von ſtark lichthell brennender Kraft dar, die einen ſehr intenſiven ätheriſchen Geruch beſitzt. Bei 80 Grad ſiedet das Benzol, bei 6 Grad erſtarrt es zu einer weißen, schneeigen, kampferähnlichen Masse, welche mit stark rußender Flamme brennt. Das flüssige Benzol ist ein ausgezeichnetes Lösungsmittel für Kautschuk, Guttapercha, Fette und Öle aller Art, Harze, Wachs u. s. w. und ist deshalb als Flecke vertilgendes Mittel in ausgedehnter Anwendung. Man verkaufte es früher zu diesem Zwecke um ein Sündengeld, indem man ihm irgend einen griechischen oder lateinischen Namen beilegte.

Das Paraffin, dessen Abscheidung wir schon besprochen haben, stellt gereinigt einen weißen, wachsähnlichen Körper dar, der eine große Neigung zum Kristallisieren hat. Seinen Namen hat das Paraffin von seinem indifferenten Charakter in chemischer Beziehung; dasselbe verhält sich nämlich weder wie eine Base noch wie eine Säure, noch auch ist es durch Einwirkung andrer Reagenzien angreifbar und in Körper von irgend welcher Partei= stellung überzuführen. Sein spezifisches Gewicht ist $0{,}_{87}$ und sein Schmelzpunkt liegt zwischen 40 und 50° C. Es löst sich leicht in Äther, Benzol und fetten Ölen, weniger leicht in Weingeist, und in Wasser gar nicht. Es ist deshalb auch geschmacklos. Reines Paraffin riecht auch fast gar nicht. Das Paraffin verbrennt mit sehr schöner, weißer, ungemein hell leuchtender Flamme, die sich dem Gaslicht in bezug auf Weiße und Intensität nähert. Daß diesem Umstande das Paraffin seine Hauptverwendung zur Kerzenfabrikation ver= dankt, haben wir bereits früher gesehen. Es stellt gewissermaßen Gas in fester Form dar, seine chemische Zusammensetzung ist dieselbe, seine Leuchtkraft nicht minder, und es hat Liebig gewiß ein Stoff wie das Paraffin vorgeschwebt, als er vor vielen Jahren den Aus= spruch that: „Alle technischen Gewerbe, zu deren Ausführung die Menschen des Lichtes be= dürfen, werden einen erneuten Aufschwung nehmen, die bestehenden Quellen des Reichtums werden stärker fließen und neue, ungeahnte sich öffnen; es wird den Menschen Gelegenheit werden, das immer mehr und mehr sich geltend machende Bedürfnis nach einem gewissen Luxus zu befriedigen, und wäre es nur der Luxus erhöhter Reinlichkeit; wir werden an öffentlicher Sicherheit und allgemeiner Moral gewinnen, wenn es gelungen sein wird, das Gas in fester Form auf den Leuchter zu stecken und überallhin transportieren zu können, wohin wir wollen.“ Trotz seiner großen Vorzüge hat das Paraffin diese allgemeine Ver= breitung als Leuchtmaterial noch nicht gefunden. Zum bei weitem größten Teile liegt dies an dem Umstande, daß ungefähr um dieselbe Zeit, als das Paraffin durch eine vervoll= kommnete Darstellungsweise gut und billig genug erzeugt werden konnte, um mit den übrigen Leuchtstoffen in Konkurrenz zu treten, in Amerika die enorm ergiebigen Ölquellen entdeckt wurden, und sich das Publikum mit großer Vorliebe diesem überaus billigen und zweckmäßigen Öl zuwandte. Wir haben im III. Bande dieses Werkes und in diesem Kapitel auch weiter oben bereits über die Petroleumgewinnung Mitteilung gemacht. Es ist auch dort schon der innige Zusammenhang zwischen Petroleum und den Produkten der trockenen Destillation von Kohlen hervorgehoben worden, ein Zusammenhang, der in dem Umstande besonders evident hervortritt, daß das Petroleum sich durch einen oft recht beträchtlichen Gehalt an Paraffin auszeichnet, so daß es auf diesen Stoff sogar verarbeitet werden kann. Es ist daher wohl gerechtfertigt, wenn wir das Erdöl und die verwandten fossilen Kohlen= wasserstoffe Naphtha, Asphalt, Ozokerit u. s. w. in die Reihe der Produkte der trockenen Destillation stellen. Wird doch auch fossiles Paraffin gefunden, denn der Ozokerit, welchen man in der Moldau, in Galizien und an andern Orten in bisweilen zentnerschweren Stücken aus der Erde gräbt und an Ort und Stelle zu den schönsten Kerzen verarbeitet, ist nichts weiter als jenes Produkt, dessen künstliche Darstellung der Chemiker als einen Triumph seiner Forschung ansehen darf.

Das Naphthalin ist ein dem Paraffin sehr ähnlicher Stoff; er bildet in gewöhnlicher Temperatur eine weiße, kampferähnliche Substanz und hat einen sehr charakteristischen Geruch. Es ist so flüchtig, daß es, wenn man einen Luftstrom durch geschmolzenes Naphthalin leitet, sich ebenso mit verflüchtigt wie die flüchtigen Teeröle, und man auf diese Weise ein brenn= bares und leuchtendes Gas erhalten kann. Seine Leuchtkraft ist sehr bedeutend. Früher wußte man wenig mit dem Naphthalin anzufangen und sah seine Bildung, die häufig in den Gasleitungsröhren erfolgte, namentlich wenn dieselben nicht tief genug in den Boden versenkt und den Einflüssen der äußeren Temperaturveränderungen ausgesetzt waren, sehr ungern. Neuerdings dagegen hat man es sowohl zu Leuchtzwecken als auch besonders als Ausgangspunkt einer Reihe von Verbindungen benutzt, welche in ganz entsprechender Weise wie die Anilinverbindungen in wundervolle Farbstoffe verwandelt werden können. Über die andern Produkte, die man aus dem Teer darstellen kann, und von denen viele, wie die Pikrinsäure, die Karbolsäure (Kreosot), neuerdings ganz besonders die Salicylsäure, verschiedene technische Verwendung gefunden haben, können wir uns hier, wo wir es vorzugsweise mit der Beleuchtung zu thun haben, nicht weiter befassen.

Wir wollen aber in der Kürze noch die Leuchtkraft und das relative Wertverhältnis der hauptsächlichsten flüssigen und festen Hydrocarbüre ins Auge fassen, wie solche in Gebrauch sind. Das Resultat der Vergleichungen, die in dieser Beziehung angestellt worden sind, war betreffs der leichten Teeröle und des Petroleums, wie zu erwarten, ein übereinstimmendes.

Fig. 269. Elektrische Straßenbeleuchtung.

In bezug auf die andern Leuchtmaterialien jedoch stellen sich oft sehr bedeutende Verschiedenheiten sowohl in bezug auf die Intensität der Lichtentwickelung, als auch in bezug auf Materialverbrauch heraus, aus welchen zwei Momenten, zusammengehalten mit dem Preise, sich erst die entsprechende Wertziffer ergibt. Die zur Erledigung dieser Fragen anzustellenden Untersuchungen sind also ziemlich verwickelt; die folgende Zusammenstellung aber, mit den früher aufgestellten Werten verglichen, dürfte geeignet sein, dem Leser einen Maßstab für die Beurteilung des Wertverhältnisses der einzelnen Leuchtmaterialien an die Hand zu geben.

Es verzehrte von leichten Teerölen eine Flamme, welche in bezug auf Lichtentwickelung vier Wachskerzen (fünf auf $1/_2$ kg) gleich war, in der Stunde 24 g. Jede der Wachskerzen verbrannte für $8{,}{_{75}}$ g. Rechnet man $1/_2$ kg Wachskerzen zu 1 Mark 80 Pfennig, so sind die Kosten pro Stunde bei gleicher Lichtentwickelung für Wachs mit $12{,}_5$ Pfennig, für Photogen mit 2 Pfennig anzuschlagen, wenn das $1/_2$ kg leichter Teeröle 40 Pfennig kostet. Petroleum, das sich in bezug auf seinen Leuchtwert den Schieferölen ganz analog verhält, stellt sich im Preise jetzt jedoch auf höchstens 25 Pfennig pro $1/_2$ kg, ergibt also noch ein ungleich günstigeres Resultat. Natürlich ist das Preisverhältnis für alle Leuchtstoffe kein feststehendes. Es läßt sich daher auch ein für alle Fälle gültiger Wertzeiger nicht aufstellen, indessen wird man doch immerhin die gefundenen Zahlen benutzen können, wenn man zu den angenommenen Preisen die jedesmaligen Marktpreise in Verhältnis setzt.

Für die folgende Tabelle ist der Preis von Rüböl das zu 40 Pfennig, Petroleum zu 20 Pfennig, Talgkerzen zu 60 Pfennig, Stearinkerzen zu 1 Mark 20 Pfennig und Wachskerzen zu 1 Mark 80 Pfennig für $\frac{1}{2}$ kg angenommen. Photogen würde bei gleichem Preise dieselben Ziffern wie Petroleum ergeben.

Lichtquelle	Verhältnis der Helligkeit	Verbrauch der Flamme in einer Stunde Brennzeit in Grammen	Verhältnis der Lichtmengen aus gleichem Gewichte des Leuchtstoffs	Kostenpreis für gleiche Lichtmengen
Öllampe (Uhrlampe)	$1_{,000}$	$23_{,87}$	$1_{,000}$	$1_{,00}$
Öllampe, Kastenlampe mit plattem Docht	—	—	$0_{,540}$	$1_{,85}$
Petroleumlampe	$0_{,8420}$	$17_{,33}$	$1_{,1550}$	$0_{,43}$
Talglicht (8 auf $\frac{1}{2}$ kg)	$0_{,2625}$	$11_{,33}$	$0_{,5507}$	$3_{,71}$
Stearinkerze (8 auf $\frac{1}{2}$ kg) . . .	$0_{,1857}$	$7_{,00}$	$0_{,5628}$	$5_{,05}$
Wachskerze (8 auf $\frac{1}{2}$ kg)	—	—	$0_{,4640}$	$8_{,25}$

Diese Tabelle (nach Karmarsch) lehrt, daß für die angenommenen Preise das Petroleum, abgesehen auch von der Weiße und Schönheit seiner Flamme, das billigste Beleuchtungsmaterial ist, und daß die Wachskerzen auch in bezug auf den Preis wohl immer als die vornehmsten Lichtspenden gelten werden. Das Surrogatwachs, Ceresin, welches, wie wir gelegentlich schon erwähnt haben, ein natürlich vorkommendes Paraffin ist, Ozokerit, ist natürlich auch billiger als das Bienenwachs; in seiner Leuchtfähigkeit stellt es sich dem Paraffin nahe.

Was die Vergleichung des Paraffins mit den zu Kerzen verwendbaren festen Leuchtstoffen anbelangt, so gibt dieselbe dem Teerprodukt vor allen andern Kerzenmaterialien den entschiedenen Vorzug. Nach Karsten verhalten sich nämlich die Intensitäten der Leuchtkraft folgendermaßen:

Talg	Wachs	Stearin	Walrat	Paraffin
996	1000	1270	1835	2222

woraus sich nach jetzt ungefähr bestehenden Preisen die relativen Werte als Lichtquellen in folgender Skala ergeben:

Paraffin	Talg	Stearin	Walrat	Wachs
220	170	80	76	65

Es ist also eine Paraffinflamme von gleicher Leuchtkraft (bei dem Preise von 1 Mark für $\frac{1}{2}$ kg Paraffin, 2 Mark 40 Pfennig für $\frac{1}{2}$ kg Walrat und den von uns oben als ungefähre Durchschnittspreise angenommenen Ziffern) noch nicht ein Drittel so teuer wie die Flamme einer Wachskerze, ja, sie ist noch um 30 Prozent billiger als die einer Talgkerze.

Der Vollständigkeit wegen möge an dieser Stelle auch noch des **elektrischen Lichtes** erwähnt werden, obwohl dasjenige, was sich auf das Physikalische dieser interessanten Anwendung des elektrischen Stromes bezieht, bereits im II. Bande dieses Werkes S. 343 besprochen worden ist. Es kann heute keinem Zweifel mehr unterliegen, daß dieses auf mechanischem Wege, durch Umsetzung mechanischer Kraft in Elektrizität, erzeugte Licht eine viel ausgedehntere Benutzung in der Praxis finden wird, als man vordem erwartete. Die Verbesserung der Lampen, die glücklich gelungene Teilung des Stromes und die Vervollkommnung der Dynamomaschine haben in gleicher Weise dazu beigetragen. Über diese Verhältnisse haben wir im II. Bande bereits berichtet. Für jetzt erübrigt nur noch, auf die mehr wirtschaftliche Seite, wie sich das elektrische Licht den andern Beleuchtungsarten gegenüber stellt, Bezug zu nehmen.

Das elektrische Licht hat sich in kaum vorauszusehender Art von den Übelständen, die ihm in seiner ursprünglichen Gestalt des Bogenlichtes anhingen, befreit, wenn noch nicht vollständig, so doch schon in einem fast hinreichenden Maße und jedenfalls in einer Weise, welche für die Zukunft die günstigsten Schlüsse ziehen läßt. Die gelungene Teilbarkeit des Stromes hat den ungünstigen Umstand beseitigt, daß die ganze elektrische Kraft an einem einzigen Punkte und zu einem Lichte von übertriebener und unangenehmer Stärke verbraucht werden mußte.

Wenn die mechanische Kraftquelle es erlaubt, so können jetzt fast beliebig viele elektrische Lampen in denselben Stromkreis eingeschaltet werden. Das zu Grelle des Lichtes sowohl wie der Schatten ist dadurch gemildert. Die kalte bläuliche Farbe des elektrischen Lichtbogens, welche dem Auge nicht besonders wohlthuend erscheint, hat sich in dem Glühlämpchen zu einem angenehmen Gelb verwandelt, an Schönheit und Milde ist das Licht der Glühlämpchen unübertroffen. Überall, wo Gaslicht verwendet werden kann, läßt dasselbe sich von dem elektrischen Glühlicht ersetzen, unter Umständen jetzt schon mit großem Vorteil.

Fig. 270. Kronleuchter mit Glühlichtern.

Denn abgesehen davon, daß zur Erzeugung des elektrischen Lichtes außer den Anlagen für die Dynamomaschine und die Leitung nur die Ausgaben für die mechanische Kraft= erzeugung ins Spiel kommen, die letztere aber an vielen Orten, z. B. in wasserreichen Gebirgsgegenden, so gut wie umsonst zu haben ist, an andern nebenbei durch Mitbenutzung von vorhandenen Motoren, Dampfmaschinen u. s. w. ohne wesentliche Kosten gewonnen werden kann, gestalten sich selbst da, wo solche Vorteile nicht bestehen, sondern eigne Mo= toren zur Bedienung der Dynamomaschinen aufgestellt und unterhalten werden müssen, jetzt schon vielfach die Berechnung zu gunsten der elektrischen Beleuchtung, wenn dieselbe einen gewissen Umfang erreicht. Es stehen ihr dann aber außerdem noch unbestreitbare Vorzüge zur Seite. Für den großen Fabrikbetrieb ersetzt das Bogenlicht den hellen Tag. Gewisse industrielle Vornahmen, bei denen es auf Unterscheidung feiner Farbennüancen ankommt, können bei Gaslicht nicht ausgeführt werden — die Färberei, Zeugdruckerei, Papierfabri=kation, die Wolltechnik mit der Kämmerei und Spinnerei, Tapetenfabrikation und zahlreiche andre Industrien bieten Beispiele die Fülle. Ihnen ist das elektrische Bogenlicht von Nutzen, denn die bezüglichen Arbeiten, die vordem durch das Eintreten der Nacht unterbrochen wurden, sind jetzt an keine Stunde mehr gebunden. Die Glühlämpchen empfehlen sich zum Ersatz der Gasbeleuchtung besonders da, wo die Anhäufung der Verbrennungsgase die Luft verschlechtert oder die große Erhitzung durch die Gasflammen unangenehm wird. Theater, Konzertsäle, Gesellschaftsräume, in denen zahlreiche Menschenmengen zugleich atmen, dürfen die Einführung dieser Form des elektrischen Lichtes ins Auge fassen.

Durch die Siemensschen Regenerativbrenner sind zwar die eben berührten Übelstände der Gasbeleuchtung so gut wie beseitigt, indessen lassen jene doch nicht sich überall mit solcher Bequemlichkeit und Berücksichtigung der Schönheit anbringen, wie es bei dem Glüh=lämpchen der Fall ist. Die elektrische Leitung kann überall hingeführt werden. An jeder Stelle der Wand, auf jedem Tisch kann das Glühlämpchen seinen Stand finden, es läßt sich innerhalb gewisser Grenzen sogar transportieren. Ein Druck mit dem Finger genügt, um die Leitung einzuschalten und das Licht augenblicklich hervorzurufen, ein entgegengesetzter, um es sofort wieder verschwinden zu machen. Dabei gestattet es eine große Freiheit in der künstlerischen Ausstattung der Beleuchtungskörper; ähnlich wie Kerzen oder Gasflammen lassen sich die Glühlämpchen zu Lüstern und Kronen arrangieren, und was für wundervolle Effekte sich damit erreichen lassen, das haben viele unsrer Leser auf den elektrischen Aus=stellungen der letzten Jahre zu beobachten Gelegenheit gehabt.

Der Kampf zwischen Gas und Elektrizität wird mit großer Lebhaftigkeit geführt. Während die vorige Auflage dieses Werkes gedruckt wurde, konnten wir noch nicht die Hoffnungen aussprechen, die sich jetzt schon zum Teil verwirklicht haben und die dem elektrischen Lichte immer mehr Aussichten für die Zukunft verschaffen. Nicht als ob durch dasselbe das Gas ganz beseitigt werden würde, keineswegs, vor der Hand wenigstens noch lange nicht. Das Gas wird vielmehr auch da, wo es nicht als Lichtquelle dienen soll, immer eine bequeme Mittelstufe sein zur Erzeugung der mechanischen Kraft, welche die Dynamomaschine in Bewegung setzt, und da sich für solche Zwecke ein bei weitem billigeres Gas beschaffen läßt, als wir es in unsern Zimmern brennen können, so wird die Preis=frage sich für das elektrische Licht auch günstiger stellen, als es jetzt noch der Fall ist.

Alle unsre Methoden der Lichterzeugung sind noch viel zu kostspielig, das läßt sich aus der Kenntnis der Äquivalente der Naturkräfte erschließen, und wenn wir auch noch nicht voraussehen können, auf welche Weise es geschehen wird, zweifellos ist es, daß das kommende Jahrhundert sich einer totalen Umgestaltnng unsres Beleuchtungswesens erfreuen wird, das trotz aller gemachten Fortschritte noch sehr unvollkommen ist.

Die Nacht verkürzen heißt das Leben verlängern, und es wird gewiß noch eine Zeit kommen, in der die Menschen nicht werden begreifen können, wie wir, ihre Vorfahren, die Hälfte ihrer Tage in Finsternis verbracht haben. Finsternis ist aber der Zustand unsrer Nächte trotz der Fortschritte, die unser Beleuchtungswesen gemacht hat, zur Zeit immer noch, nur daß sie von einzelnen Punkten aus auf einen geringen Umkreis spärlich erhellt werden. Die strahlendste Beleuchtung, welche mit Aufbietung aller Mittel unsre jetzige Beleuchtung hervorzubringen im stande ist, steht noch himmelweit hinter dem Tageslichte zurück — und erstreckt sich immer nur über einen verschwindend kleinen Fleck. Nun werden wir zwar nie die Sonne ersetzen können, aber daß die Zukunft uns noch ganz andre Waffen des Lichtes in die Hand geben wird, als die sind, mit denen wir jetzt die Finsternis be=kämpfen — das ist eine frohe Aussicht, die uns die Wissenschaft eröffnet hat.

Heizung und Lüftung.

Geschichtliches über die Heizanlagen und Brennstoffe. Die Prinzipien der Feuerungskunde. Der Kamin und der Schornstein. Der Rost. Zug- und Wärmeregulatoren. Die verschiedenen Arten der Öfen und ihre zweckmäßige Konstruktion. Thon und Eisen als Ofenbaumaterial. Älteste Öfen. Eiserne Öfen. Mantelofen. Füll- und Regulierofen. Berliner und russische Öfen. Zentralheizungen mit Luft, Wasser und Dampf. Gas als Heizmaterial. Lüftung.

Wärme und reine Luft sind für uns ebenso wichtige Lebensfaktoren wie die Nahrung. Während aber das infolge kalter Witterung auftretende Wärmebedürfnis schon auf den niedrigsten Kulturstufen Befriedigung sich verschafft, hat man doch erst in neuerer Zeit der regelrechten Zuführung frischer Luft in die zum Aufenthalt von Menschen und Tieren bestimmten Räume die gebührende Aufmerksamkeit geschenkt und neben den Heizungsvorrichtungen auch Lüftungsapparate konstruiert. Sehr häufig bilden die Lüftungs= mit den Heizvorrichtungen ein organisches Ganze, wobei die frisch zugeführte Luft zugleich vorgewärmt wird.

Die Wohnung als Schutzmittel gegen die Unbilden der Witterung ist gewissermaßen als ein erweitertes Kleidungsstück zu betrachten, und in der That ist z. B. der Unterschied zwischen einem weiten Mantel und dem Zelte der Nomaden kein allzu großer. Um den Schutz, welchen die Wohnung in dieser Beziehung gewährt, noch zu verstärken, suchte man schon in den ältesten Zeiten eine Heizung derselben zu ermöglichen. Man errichtete Feuer= stätten, die dann häufig auch gleichzeitig zur Zubereitung der Speisen dienten. Diese Feuerungsanlagen waren selbstverständlich zuerst noch von sehr roher Einrichtung. Man begnügte sich wohl einfach damit, Holz oder irgend welchen vorhandenen Brennstoff auf der bloßen Erde aufzuhäufen und anzuzünden. In den Hütten der ältesten Wohnungen, von denen wir Kunde haben, brannte das Feuer auf einer Steinplatte, wie aus den Überresten der Pfahlbauten nachgewiesen worden ist. Bei etwas mehr Vorsorglichkeit errichtete man aus Steinen eine Art Feuerherd. Jedoch kamen bei kultivierteren Völkern schon zeitig vollkommenere Feuerungsanlagen auf. Die Hebräer und Ägypter benutzten sehr frühzeitig nicht nur Öfen zum Ziegelbrennen, sondern auch zum Glas= und Eisenschmelzen. Auch die Kleinasiaten sowie die Griechen und Römer bedienten sich mehr oder weniger kunstgerecht angeordneter Feuerungsanlagen für mancherlei Zwecke. Öfen mit Schornstein und Rost kannte man jedoch damals noch nicht, wennschon man versucht hat, für die Existenz der ersteren aus den alten Schriftstellern Belegstellen aufzufinden. In der Odyssee heißt es: „Odysseus indessen wünschte auch nur den bloßen Rauch von seinem Heimatslande aufsteigen zu sehen." Hieraus aber zu schließen, daß die Häuser auf Ithaka Schornsteine gehabt hätten, ist sicher etwas gewagt, denn der Rauch steigt in die Höhe, auch wenn das Feuer auf dem freien Felde angezündet worden ist. Eine andre, viel bestimmter gehaltene Stelle findet sich in des Aristophanes Lustspiel „Die Wespen", worin es heißt, daß der eingesperrte

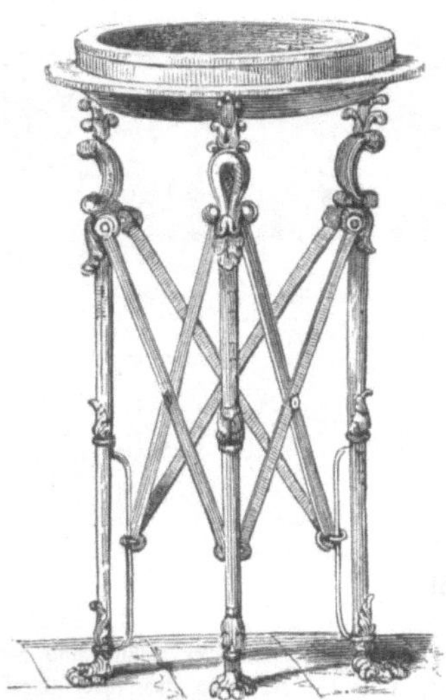

Fig. 272. Griechisches Feuerbecken.

Philokleon versucht habe, durch den „Rauchfang" zu entkommen. Der alte Rauchfang ist aber keineswegs identisch mit der Vorrichtung, die wir als Schornstein oder Esse bezeichnen, vielmehr nichts weiter als ein rundes Loch in der Decke gewesen, denn an andern Stellen wird bemerkt, daß durch den Rauchfang hindurch die Sonne den Fußboden beschienen habe.

Nachweislich bedeutete Caminus, wovon Kamin abgeleitet ist, nur die Feuerstelle, d. h. den Ort, wo man das Feuer entzündete, und ist demnach mit „Herd" zu übersetzen. Der Schornstein ist erst eine Erfindung des frühen Mittelalters.

Neben den festen Feuerstätten bedienten sich die Griechen und Römer auch der tragbaren Feuerherde in der Form von Dreifüßen und Feuerkörben. Diese Apparate bestanden aus Bronze und waren meist von geschmackvoller Form. Ein griechischer Dreifuß ist in Fig. 272 abgebildet.

Der Brennstoff für derartige Heizapparate mußte natürlich ein möglichst rauchfreies Feuer liefern, wenn die Bewohner der damit versehenen Zimmer nicht arg belästigt werden sollten. Man verwendete deshalb dazu besonders vorbereitetes Holz oder noch besser — Holzkohlen. Es sind Mitteilungen über die Zubereitung solchen Brennstoffs von verschiedenen alten Schriftstellern gegeben. Nach Theophrast schälte man frisch gefälltes Holz sauber ab, legte es dann längere Zeit in fließendes Wasser, um den Saft herauszuspülen, und trocknete es schließlich scharf bei künstlicher Wärme, wobei wohl meist eine oberflächliche Verkohlung eintrat. Solch präpariertes Holz wurde schon zu Homers Zeit für die Zimmerheizung benutzt und bildete einen bedeutenden Artikel des Kleinhandels.

Das gänzliche Verkohlen des Holzes war ein weiterer Schritt, um, wie Horaz in einer seiner Oden singt, die thränenreichen Abende am häuslichen Herde zu vermeiden.

Diese Verkohlung fand zuerst wahrscheinlich auf dem tragbaren Feuerherde selbst statt; wenigstens deutet dies eine Stelle im Plutarch an, wo gesagt wird, daß man den Rauch draußen lasse und nur das Feuer in das Zimmer bringe, wenn man dieselbe dahin erklären will, daß man das Holz auf dem Becken des Dreifußes im Vorhofe angezündet habe, es so weit niederbrennen ließ, bis der Rauch aufgehört hatte, und dann erst den Apparat mit den nur noch glühenden Kohlen zur Heizung in das Zimmer brachte. Man hat jedoch schon frühzeitig Holzkohlen auch im großen produziert. Die Ausgrabungen in Herculanum haben gezeigt, daß daselbst Holzkohlen ein sehr gebräuchlicher Artikel gewesen sind. Ferner beschreiben Plinius und Vitruvius, wie man zu ihrer Zeit Kienholz verkohlt und dabei den

Ruß gewonnen habe. Bezüglich andrer Brennstoffe ist noch zu erwähnen, daß der Torf in den Gegenden, wo er vorkommt, wahrscheinlich schon in den frühsten Zeiten zum Feuern benutzt wurde. Plinius erzählt, daß die Chauker (ein Volksstamm in Norddeutschland) ihre Feuer mit Erde genährt hätten. Bestimmte Nachrichten über die Verwendung des Torfes als Brennstoff reichen bis in das 12. Jahrhundert zurück.

Was die fossilen Kohlen, also Stein= und Braunkohle, anbelangt, so mögen diese wohl auch schon in den ältesten Zeiten als Feuermaterial — wenn auch nicht gerade zum Heizen der Wohnungen — in manchen Gegenden verwendet worden sein. Theophrast erwähnt schon (300 Jahre n. Chr.) ein brennbares Mineral, welches die Schmiede in Griechenland für ihr Feuer gebraucht hätten. Die älteste ausgedehnte Verwendung fand nachweislich die Steinkohle bei den Chinesen. In Europa haben die Briten wahrscheinlich zuerst Anfang des 9. Jahrhunderts Steinkohlen zur Feuerung benutzt.

Kehren wir nach dieser kurzen Abschweifung in die Geschichte der Brennstoffe zur Geschichte der Heizanlagen zurück, so haben wir zu bemerken, daß die schon oben erwähnten antiken Feuerkörbe, von deren Form Fig. 273 einen Begriff gibt, sich in einigen Ländern des südlichen Europas und im Orient bis heute in ihrer ursprünglichen Form erhalten haben. Plumpe Nachahmungen derselben finden wir in den Feuer= töpfen unsrer Marktweiber.

Ein bedeutsamer Schritt in der Vervollkomm= nung der Feuerungsanlagen wurde durch die Her= stellung von Schornsteinen oder Essen gethan. In Europa sollen die Schornsteine erst im 12. Jahr= hundert allgemeiner in Gebrauch gekommen sein.

Nach den Beschreibungen, welche die Eng= länder Thomlinson und Hudson Turner in ihren Schriften über Heizung und Lüftung geben, hausten die Briten und Angeln bis etwa zur Zeit Wilhelms des Eroberers in strohbedeckten Hütten, welche in zwei Räume geschieden waren, um neben der Familie des Herrn auch die Dienerschaft zu be= herbergen. Der größere, vornehmere Raum hatte in der Mitte den umfangreichen, gemeinsamen Feuer= herd; über demselben war auf dem Dache ein Türm= chen angebracht, durch das dem Rauche Abzug ge= währt wurde. Um Raum zu gewinnen, verlegte man später den Herd an die eine Seitenwand und

Fig. 273. Römischer Feuertopf.

brachte daselbst zur Abführung des Rauches eine schräg aufwärts gehende Leitung — eine Art Schlot — an. Aus diesen einfachen Feuerstätten ist im Laufe der Zeit der noch immer in England vorzugsweise beliebte Kamin entstanden, für dessen Bezeichnung die Engländer das Wort chimney (französisch cheminée) haben, was zu deutsch Schornstein bedeutet.

Kamine. Die Feuerstelle oder der Herd solcher Kamine, die noch keineswegs durch= gängig durch neuere, rationell eingerichtete Heizanlagen verdrängt worden sind, wird durch eine Nische in der Wand gebildet. Über derselben wurde ein halbrund trichterförmig, weit hervorragendes Dach angebracht, unter welchem die ganze Familie Platz finden und sich der durch diese Vorrichtung aufgefangenen Wärme erfreuen konnte.

Lange Zeit hat der Kamin seine ursprüngliche Anlage beibehalten, und wenngleich in den späteren Zeiten zu seiner äußeren Veredelung durch die Künste vieles geschehen ist, so hat doch dies mit seinem Wesen nichts zu thun. In der Zeit der Renaissance und des Rokokostils wurde hinsichtlich der Ausschmückung des Kaminvorbaues großer Luxus ge= trieben, wie dies beispielsweise der in Fig. 274 dargestellte, aus dem 17. Jahrhundert stammende Kamin zeigt. Stuck, Marmor und Bronze fanden dabei reiche Verwendung und die Malerkunst wurde zur bunten Ausschmückung herbeigezogen.

Die Verbesserung des Kamins in technischer Beziehung datiert erst aus dem vorigen Jahrhundert, als die Amerikaner Franklin und Rumford sich mit der Heizungsfrage

befaßten. Franklin trennte den Feuerraum vom Schornstein und führte die Verbrennungs=
luft nach kurzem Aufsteigen wieder niederwärts, um sie zuletzt durch einen unter dem Fuß=
boden angelegten Kanal nach dem Schornstein entweichen zu lassen. Der so eingerichtete
Heizapparat muß jedoch als Ofen gelten, indem das Wesen der Kamine in der direkten
Verbindung der Feuerstelle mit dem Schornsteine beruht; mit Recht wurde daher auch der
Franklinsche Apparat als „pennsylvanischer Ofen" bezeichnet.

Fig. 274. Kamin aus dem 17. Jahrhundert.

Rumford ließ die charakteristische Eigentümlichkeit des Kamins bestehen, traf aber die
Anordnung so, daß der Feuerraum weiter in das Zimmer hineingerückt wurde, indem er
in der Höhe der Kaminöffnung den Schornstein durch eine an dessen Hinterwand aufgeführte
Mauerung so verengte, daß nach oben zum Abzug des Rauches nur ein schmaler Spalt
offen blieb. Die nötige Tiefe des Feuerraumes wurde durch den Vorraum erhalten. Außer=
dem richtete er sein Augenmerk auch auf die Verbesserung des Schornsteins selbst, indem
er dessen Querschnitt entsprechend verminderte.

Der alte vom Grafen Rumford konstruierte, früher in Frankreich viel benutzte Kamin
(cheminée de Rumford) erfordert zur Feuerung Holz, um nicht durch Rauch lästig zu

werden, und besteht nur aus einem in die Zimmerwand hineingebauten kastenartigen, vorn ganz offenen Raume, worin sich ein horizontaler Rost befindet. Die Feuerkammer kommuniziert durch einen Spalt mit einem schrägen, nach dem Schornstein einmündenden kurzen Kanal. Die neueren Kamine sind derartig eingerichtet, daß darin anstatt des Holzes mit Vorteil Steinkohlen oder Koks verbrannt werden können, wodurch die Beheizung wohlfeiler und dabei auch energischer wird, indem die letzteren Brennstoffe mehr Wärme ausstrahlen als das Holz. Außerdem hat man die Wärmeabgabe der Kamine noch dadurch wesentlich erhöht, daß man den Feuerraum möglichst weit in das Zimmer hineinrückte und mit Platten umgab, welche die Wärme nach außen reichlich abgaben. Endlich sucht man den nach dem Schornstein abziehenden Feuergasen noch möglichst viel Wärme dadurch zu entziehen, daß man durch dieselben frische, dem Zimmer zugeführte Luft vorwärmt und dieselbe alsdann möglichst gleichmäßig in die obere Zimmerluft verteilt, um den unangenehmen Zug zu verhüten.

Fig. 275 zeigt den nach diesen Grundsätzen vom Engländer Douglas konstruierten Kamin, welcher als ein sehr zweckmäßig eingerichteter Luftheizapparat zu gelten hat und in England gegenwärtig sehr beliebt ist. Die äußere frische Luft tritt durch den die Hausmauer durchbrechenden horizontalen Kanal a in den senkrecht in der Mauer emporgeführten Kanal b ein, worin sich das die Feuerluft direkt abführende oder in den Schornstein einmündende eiserne Rohr c befindet, welches sich unterhalb in der Heizkammer über dem Roste trichterartig erweitert und diese Öffnung von den Kanälen a und b luftdicht abschließt. Die im Kanale b erwärmte frische Luft strömt durch die in der inneren Zimmerwand angebrachten, nach der Decke hin gerichteten Schlitze in das Zimmer ein. Die auf diese Weise in das Zimmer einströmende reine und dabei erwärmte Luft verbreitet sich zuerst in der obersten Luftschicht und sinkt alsdann allmählich herab, wobei sie die untere mit Kohlensäure geschwängerte Luft verdrängt, welche durch passend angebrachte Öffnungen im unteren Teile der Wand ihren Abzug findet. Dieser Kamin bietet noch den Vorteil, daß man denselben behufs Reinigung bequem auseinander nehmen und alsdann ebenso bequem wieder zusammensetzen kann. Durch die beschriebene Einrichtung wird nicht nur die Luft angenehm vorgewärmt, sondern es wird infolge der fortwährenden Zuströmung frischer Luft der äußere Drucküberschuß und das durch denselben verursachte Eindringen des Rauches in die zu heizende Räumlichkeit verhütet.

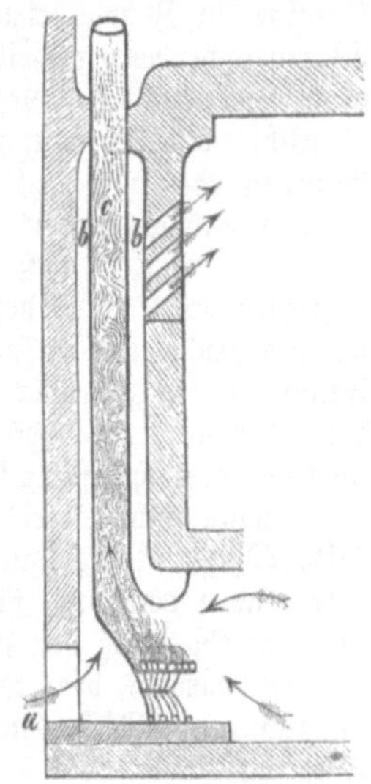

Fig. 275. Douglas' Kamin.

Neuerdings ist von Dr. William Siemens in London Leuchtgas zur Heizung in Kaminen zur Anwendung gebracht und damit ein bedeutender Vorteil im Vergleich zur Heizung mit Holz oder Kohlen erzielt worden, indem diese festen Brennstoffe in der Kaminfeuerung nur sehr unvollständig bezüglich ihrer Wärmekraft ausgenutzt werden, während die Wärmekraft des Gases ziemlich vollständig zur Wirkung gebracht werden kann. Die Gasfeuerung ist jedoch für Kamine nicht ohne weiteres zu benutzen, weil die Gasflamme nur eine sehr geringe Menge strahlender Wärme abgibt, indem die Wärmestrahlung nur bei den glühenden festen Körpern zur vollen Ausbildung kommt. Siemens konstruierte deshalb im Jahre 1880 einen nunmehr in England schon sehr verbreiteten Kamin, in welchem Leuchtgas mit Koke zusammen verbrannt wird. Derartig gefeuerte Kamine sind rauchfrei und bezüglich des Brennstoffverbrauchs sehr ökonomisch. Siemens gibt an, daß ein gegen Norden gelegenes Zimmer von etwa 200 cbm Inhalt während 66 Tagen zu je acht Stunden zur Heizung erforderte 116 cbm Gas, 505 kg Koks und 264 kg magere Steinkohle, so daß die Heizung pro Stunde sich auf 5,5 Pfennig stellt. Übrigens ist die Gasfeuerung in Kaminen an sich älter, denn schon längere Zeit vor der Siemensschen Erfindung hat man vielfach sogenannte Gaskamine ausgeführt, in denen, wie bei den Siemensschen, vorn am Feuerherd ein durchlöchertes Gasrohr angebracht ist, welches seine entzündeten Gasstrahlen gegen eine gewellte Metallplatte aus Messing- oder Kupferblech sendet, von wo aus Licht und Wärme in das Zimmer zurückgestrahlt wird; derartige Kamine können sehr wirkungsvoll sein. Um den Eindruck von glühendem, festem Brennstoff

hervorzubringen, hat man wohl auch zuweilen Asbest in das Bereich der Gasstrahlen ge=
bracht, oder man läßt das Gas aus Thonkörpern treten, welche die Form und Farbe von
Holz= oder Kohlenstücken haben. An die Kamine reihen sich die sogenannten Halböfen
oder Franklinen an, welche im Äußeren Kaminen ähneln, dabei aber ofenartig eingerichtet
sind, so daß hier die Wärme des darin brennenden Feuers mehr durch Abgabe an die längs
der Heizflächen strömende Luft — das ist durch Umlaufheizung — als durch Strahlung
wirkt, bei welcher letzteren die Wärme bekanntlich die Luft ohne merkliche Wirkung auf die=
selbe durchdringt und die von ihren Strahlen getroffenen festen Körper direkt erhitzt.

Was im allgemeinen die gewöhnlichen (auch wohl sogenannten welschen) Kamine an=
belangt, so sind dieselben zwar in bezug auf Luftwechsel oder Ventilation ganz ausgezeichnet,
ihr Heizeffekt jedoch ist ein sehr geringer, indem die heiße Luft sofort durch den Schorn=
stein entflieht. Infolge des raschen Abziehens der Zimmerluft ist die Notwendigkeit vor=
handen, stets der äußeren kalten Luft sehr reichlichen Zutritt zu gewähren, und so muß man
durch Thür= und Fensterspalten starken Zug erdulden, oder — wenn man hier einen luft=
dichten Schluß herzustellen versuchen wollte — sich das Rückschlagen des Rauches mit all
seinen Unannehmlichkeiten gefallen lassen. Bei wirklich kalter Witterung sind überhaupt
Kamine zur Zimmerheizung unzureichend, denn alsdann trifft sie der Vorwurf, daß sie den
Wärmesuchenden einerseits fast braten, während sie ihn anderseits erfrieren lassen. Wenn
man also in kälteren Gegenden für das Kaminfeuer eine so große Vorliebe hat, daß man
es nicht entbehren will, muß man zur Unterstützung der Heizung noch nebenbei einen Ofen
benutzen oder aber den Kamin selbst mit einem Ofenaufsatz versehen, wie man dies in
neuerer Zeit ausgeführt hat.

Vorausgesetzt, daß man durch geeignete Vorrichtungen die Übelstände und die Mangel=
haftigkeit des Kamins beseitigt hat, ist anzuerkennen, daß dasselbe ganz besonders geeignet
ist, als geschmackvolle Zierde jedes Wohnraums hergestellt zu werden. Das frei flackernde
Feuer, dessen zuckender farbewechselnder Schein das Zimmer magisch beleuchtet, verleiht
dem Raume einen erhöhten Grad von Wohnlichkeit, und es gewährt in der That auch
weniger poetisch gestimmten Gemütern besonderen Reiz, in stiller, behaglicher Dämmerstunde
das phantastische Spiel der Flammen zu beobachten. Doch — wie schon bemerkt — für
kalte Winter ist der Kamin eine sehr unzureichende Heizvorrichtung, und es ist nicht jedem
Sterblichen vergönnt, jährlich einige Klaftern Holz auf einem Extrahausaltar zu opfern,
nur um ein wenig den Feueranbeter spielen zu können. Bei uns handelt es sich im allge=
meinen darum, den teuren Brennstoff möglichst gut und mit den billigsten Apparaten
auszunutzen. Diese Ziele sind aber nur durch eine klare Erkenntnis der Prinzipien der
Feuerungskunde oder Pyrotechnik zu erreichen, weshalb wir im folgenden innerhalb der
uns gesteckten Grenzen die Grundzüge dieser Wissenschaft darlegen wollen.

Prinzipien der Feuerungskunde. Wir wissen von früherher, daß die Verbrennung
ein chemischer Prozeß ist, darin bestehend, daß die verbrennenden Körper sich mit dem Sauer=
stoff der Luft verbinden. Diese Verbindung geht unter Wärme= und Lichtentwickelung vor
sich, welche um so stärker ist, je rascher und intensiver der Prozeß sich vollzieht. Auf den
Grad der Verbrennung wirkt die Natur des Brennstoffs und die Einrichtung des Heiz=
apparates ein; ferner ist dabei aber auch der Umstand von Gewicht, ob der Brennstoff in
trockenem oder feuchtem Zustande zur Verwendung kommt, weil in letzterem Falle ein be=
trächtlicher Teil der entwickelten Wärme vom verdampfenden Wasser gebunden und für die
Heizung unwirksam gemacht wird. In jedem Falle wird die Heizkraft eines Brennmaterials
um so besser ausgenutzt, je vollständiger die Verbrennung stattfindet. Mit der unvoll=
ständigen Verbrennung ist das Fortreißen feiner Kohlenteilchen durch die Feuerluft ver=
bunden, wodurch Rauch entsteht, und wenn auch selbst eine große schwarze Rauchwolke
eine verhältnismäßig nur sehr geringe Gewichtsmenge Kohlenstoff enthält, und wenn ferner
auch die Praxis gelehrt hat, daß mit den sogenannten Rauchverbrennungsapparaten nicht
immer ein merklicher Gewinn an Brennmaterial erzielt wird, so muß man dennoch darauf
bedacht sein, eine Feuerung so einzurichten, daß möglichst wenig oder kein Rauch entsteht,
indem derselbe nicht nur dadurch schädlich wirkt, daß er sich als Ruß an die inneren Wände
der Heizapparate ansetzt und so den Durchzug der Luft durch die Züge und den Durchgang
der Wärme durch die Wände erschwert, sondern indem auch die den Essen entströmenden rußigen

Rauchwolken die Luft verunreinigen, so daß dadurch große Unannehmlichkeiten entstehen. —
Als Brennstoffe sind besonders die Kohlenstoff, Wasserstoff und Sauerstoff enthaltenden
organischen Verbindungen, wie Steinkohle, Braunkohle, Torf und Holz, sowie die durch
vorhergehende trockene Destillation der Steinkohle gewonnenen Koks geeignet. In neuerer
Zeit kommt auch Petroleum und Leuchtgas als Heizmaterial vielfach in Anwendung.

In bezug auf ihren Heizwert sind diese Materialien sehr verschieden. Versuche, welche
über den relativen Wert derselben bei der Zimmerheizung angestellt worden sind, haben
beispielsweise ergeben, daß 100 kg lufttrockenes Buchenscheitholz so viel leisten wie 68 kg
Stückkohle (grobe Steinkohle) — wonach 1 cbm Buchenholz betreffs seiner Heizkraft ungefähr
mit 12 Zentnern Steinkohlen gleichwertig sein würde.

Soll nun eine Verbrennung zum Zweck der Wärmeausnutzung, zum Zweck der Hei=
zung also, unterhalten werden, so ist zweierlei zu berücksichtigen, was auf die Bauart der
Apparate von Einfluß ist. Einmal muß dem in Brand gesetzten Brennstoff die nötige
Menge Sauerstoff, Luft, zugeführt werden, dann aber auch muß die durch den Brennprozeß
ihres Sauerstoffs teilweise beraubte und mit den Verbrennungsprodukten (Kohlensäure und
Wasserdampf) beladene Luft beständig abgeleitet werden. Es ist also zur Unterhaltung der
Verbrennung ein fortdauernder angemessener Luftzug unentbehrlich. Als Beweis dafür,
daß ein ausreichender Luftzug vorhanden ist, dient die Farbe der Flamme.

Eine kurze, bläulichgrün gefärbte Flamme gibt das Zeugnis für die vollständige Ver=
brennung der Kohlenstoffteilchen; eine weiße Flamme deutet eine fast vollständige Verbren=
nung an; dagegen ist eine rötliche oder rötlichgraue Flamme das Merkmal einer unvoll=
ständigen Verbrennung.

Die erzeugte Verbrennungswärme ist in die zu heizenden Räume überzuführen.
Teilweise geschieht dies durch direkte Strahlung, so zum Beispiel bei den offenen Feuern
der Kamine, in der Regel aber erst durch Vermittelung von den die Feuerstätte ein=
schließenden Wänden, welche sich durch das Feuer und die abziehende erhitzte Feuerluft
erwärmen und durch Wärmeabgabe die umgebende Luft in ihrer Temperatur erhöhen.
Mittels der Heizapparate kommt aber immer nur ein mehr oder minder großer Bruchteil
jener Wärme zur Nutzung. Die gewöhnlichen Kamine geben höchstens einen Nutzeffekt von
6—10 Prozent, gewisse verbesserte Einrichtungen bis zu 15 Prozent; die besteingerichteten
Öfen sollen 85—90 Prozent der erzeugten Wärme gewinnen lassen. Doch ist dies immer
in dem gewissen Sinne der Erfinder zu verstehen. Immerhin findet Wärmeverlust statt.
Der Grund davon liegt darin, daß die abziehenden Feuergase eine mehr oder minder große
Wärmemenge mit sich fortführen; dieser Umstand ist aber nicht zu vermeiden, da der natürliche
Luftzug bedingt, daß die zu entfernenden gasigen Verbrennungsprodukte leichter sein, also
eine höhere Temperatur besitzen müssen als die äußere Luft. Wollte man aber auch statt des
natürlichen, durch den Schornstein bewirkten, einen künstlichen Luftzug durch Gebläse oder
Sauger erregen, so würde doch in diesem Falle den abgeleiteten Feuergasen nur mit Hilfe
außerordentlich großer Heizflächen — wie sie in der Praxis aber nicht herzustellen sind —
die Wärme vollständig oder wenigstens ziemlich vollständig entzogen werden können.

Der Schornstein. Dadurch, daß die Luftarten, Gase, beim Erwärmen sich ausdehnen
und demzufolge ihr spezifisches Gewicht entsprechend verringern, steigen sie in der umgebenden
kälteren Luft in die Höhe. Die kalte, schwerere Luft tritt von untenher an Stelle der
abziehenden Feuergase und bringt der Flamme neuen Sauerstoff zu. Der Schornstein ver=
richtet also die doppelte Funktion, die zum Unterhalt des Feuers untauglichen Verbren=
nungsgase ab= und die dazu notwendige frische Luft zuzuführen. Aus dem Gesagten wird
einleuchten, daß die Gesamtwirkung eines Schornsteins sowohl von der Temperatur der in
denselben eintretenden Gase, als auch durch dessen Querschnittsöffnung und Höhe bedingt ist.
Je höher ein Schornstein ist, mit desto geringerem Temperaturüberschusse im Vergleich zur
äußeren Luft können die Feuergase durch denselben abgeführt werden und desto besser läßt
sich also die Wärme auch ausnutzen. Der Zug eines Schornsteins wird durch schroffe
Abbiegungen aus der vertikalen Richtung sowie durch direkt entgegengesetztes Einmünden
verschiedener Rauchröhren gestört. Der Schornstein soll frei über den Dachfirst hinaus=
ragen, so daß der durch denselben geführte Rauch nicht durch Windstauungen zurück=
gedrängt werden kann.

Der Satz, daß weder zu viel noch zu wenig Zug in einem Heizapparat stattfinden darf, weil im ersteren Falle unnötiger Wärmeverlust stattfindet, im andern die Verbrennung nicht vollständig erfolgt, setzt die Dimensionen des Schornsteins zu der Leistung des Heizapparates in ein bestimmtes Verhältnis, das für jeden einzelnen Fall zu berechnen sein wird. Nach welchen Prinzipien dies zu geschehen hat, werden folgende Betrachtungen lehren.

Die Stärke des Zugs nimmt mit der Höhe des Schornsteins zu, und zwar wächst die Zuggeschwindigkeit im Verhältnis der Quadratwurzeln aus den Höhen, so daß demnach ein Schornstein um das Vierfache seiner früheren Höhe zu erhöhen ist, um einen doppelt so starken Zug zu geben, oder — was dasselbe ist — die Feuergase mit verdoppelter Geschwindigkeit abzuführen. Hieraus ist ersichtlich, daß bei einem an sich schon hohen Schornstein eine verhältnismäßig geringe Erhöhung soviel wie nichts zur Verstärkung des Zugs beitragen wird. Unter der Höhe eines Schornsteins ist der senkrechte Abstand des Rostes von der oberen Schornsteinmündung zu verstehen, es wirkt also eine Schrägführung des Schornsteins, durch welche man die Länge des Schornsteinkanals vergrößert, nicht auf eine Zugvermehrung hin. Ein bedeutendes Abweichen eines Schornsteins aus der senkrechten Richtung (sogenanntes Schleifen) wird vielmehr schädlich wirken, indem dadurch der die Zuggeschwindigkeit vermindernde Reibungswiderstand gesteigert wird.

Was die Weite der Schornsteine anbelangt, so unterscheidet man den weiten deutschen (sogenannten Steigkamin) von dem engen russischen (Zugkamin). Die letztere Art bewirkt im allgemeinen einen stärkeren Zug, freilich aber kann ein solcher Schornstein auch im Verhältnis zu der abzuführenden Rauchmenge zu eng sein, wo dann der schädliche Reibungswiderstand die Zugkraft zum großen Teil vernichtet. Zu weit darf aber ein Schornstein schon an sich nicht sein, damit nicht von oben kalte Luft eintritt, welche das Aufsteigen der warmen Luft stört. Die Form des Querschnitts — ob viereckig, rund u. s. w. — kommt dabei nicht in Betracht; doch könnte man wohl behaupten, daß bei freistehenden Schornsteinen der kreisrunde Querschnitt besser ist als der quadratische, weil ersterer bei gleichem Inhalt bedeutend weniger Umfang hat, also weniger Reibungsflächen bietet und die Wärme besser zusammenhält als der letztere. Bei den großen Fabrikschornsteinen hat man durch Versuche festgestellt, daß die Feuerluft mit etwa 300° C. in dieselben eintritt; indessen hat man bei rationellen Dampfkesselanlagen, ohne den Zug zu schwach werden zu lassen, diese Temperatur bis auf circa 200° herabzuziehen vermocht, was einen beträchtlichen Wärmegewinn gewährt.

Die Beschaffenheit der Schornsteinwände hat auf die Stärke des Zugs insofern sehr bedeutenden Einfluß, als die Temperatur der im Schornstein abgeführten Gase von der Temperatur der Wände abhängig ist. Hieraus erklärt sich, daß eiserne Schornsteine infolge ihrer raschen Wärmeabgabe nach außen einen schwächeren Zug hervorbringen als steinerne.

Da unter günstigen Umständen die Schornsteinwände nur sehr langsam ihre Wärme verlieren können, so ist erklärlich, daß auch, wenn die Heizung aufgehört hat, längere Zeit hindurch noch ein Zug — also ein Abführen der Zimmerluft durch die Öfen — stattfinden kann. Tritt aber plötzlich milde Witterung ein, so daß die äußere Lufttemperatur höher wird als die Temperatur innerhalb des Schornsteins, so kehrt die Zugrichtung in demselben um, d. h. er bläst Luft durch die Öfen in die Zimmer, bis die Temperaturdifferenz sich ausgeglichen hat. Sehr begreiflich ist bei einem solchen umgekehrten Zuge des Schornsteins das Anzünden des Feuers in den Öfen kaum möglich, denn der Rauch schlägt zurück und tritt in die Zimmer. Und weil nun mit dem Eintritt milder Witterung im Frühjahr häufig Sonnenschein verbunden ist, so hat man fälschlich das durch obige Umstände veranlaßte Rauchen der Öfen dem Sonnenscheine zugeschrieben, wie die vulgäre Redensart: „die Sonne liegt auf dem Schornstein" beweist.

Großen Einfluß auf die Zugwirkung der Schornsteine hat auch die Windrichtung. Die Windrichtung kann nämlich — wenn keine Vorrichtungen dagegen angebracht sind — so auf den Schornsteinkopf wirken, daß sie den darin emporstrebenden Rauch am Entweichen hindert und zurücktreibt. Man kann aber die Schornsteinköpfe mit Vorrichtungen versehen, durch welche diese schädliche Wirkung des Windes verhütet, und im Gegenteil derselbe, mag er aus irgend welcher Richtung wehen, dazu benutzt wird, die Zugwirkung des Schornsteins zu erhöhen, indem er die Luft aus dem Schornstein heraussaugt. Diese Saugwirkung des

Windes kann man häufig beim Baue hoher Fabrikſchornſteine beobachten, in denen — ſobald ſie eine gewiſſe Höhe erreicht haben — ein ſtarker Zug nach oben ſtattfindet, noch bevor die Feuerung in Betrieb geſetzt wird. Der Wind braucht nur horizontal oder, noch beſſer, ſchräg aufwärts über den Schornſteinkopf zu ſtreichen, um das Saugen zu bewirken. Die als architektoniſcher Schluß auf dem Schornſtein angebrachten Kränze müſſen ſelbſtver=ſtändlich einen ſchräg aufwärts gehenden Wind ſtauen und dadurch deſſen günſtigen Einfluß auf den Zug verhindern, und man wird das Rohr noch mindeſtens $1/2$ m über den Kranz hinausführen müſſen, wenn man die Saugwirkung des Windes benutzen will. Um auch einen horizontalen Windſtrom in ſchräg aufwärts gehender Richtung über die Schornſtein=mündung hinwegzuführen und ſaugend zu machen, ſchrägt man den Schornſteinrand unter einem Winkel von etwa 45 Grad nach auswärts ab, wodurch der an den Rand anprallende Wind nach oben gelenkt wird. Ebenſo hat man über dem Schornſteinausgange mit vielem Vorteil horizontale Platten angebracht, welche nicht nur Regen und Schnee abhalten, ſondern auch den ſchädlichen Einfluß von oben nach unten ſtoßender Winde beſeitigen. Unter den zur Unterſtützung der Zugwirkung beſtimmten Schornſteinaufſätzen oder Eſſen=hüten zeichnet ſich der von Dr. Wolpert in Kaiserslautern konſtruierte Saughut durch zweckmäßige, ſolide Konſtruktion aus (Fig. 276); derſelbe beſteht aus einem über dem Eſſenkopfe angebrachten, an den Seiten überragenden cylindriſchen Hute mit einem darüber befindlichen Dache. Der Hut läßt rings um den Eſſenkopf einen ringförmigen Raum frei, durch welchen der Wind hineinfahren und eine ſaugende Wirkung auf den Schornſtein aus=üben kann, wodurch der Abzug des Rauches befördert wird. Das Dach hält Sonnenſchein ſowie Regen und Schnee vom Eindringen in den Schornſtein ab.

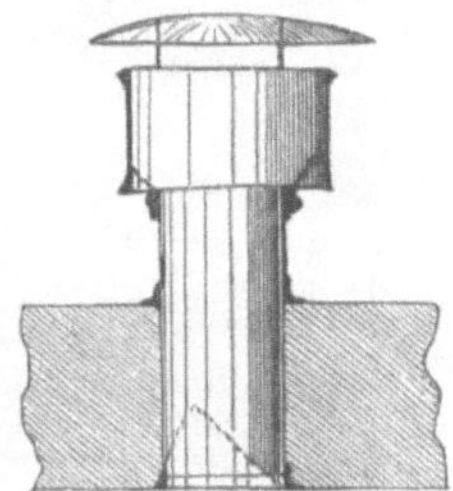

Fig. 276. Wolperts Saughut.

 Der Roſt iſt neben dem Schornſteine als ein andrer wich=tiger Teil der Feuerungsanlagen zu erwähnen. Er beſteht in einer aus Eiſen hergeſtellten, durchbrochenen Unterlage, auf welcher das Brennmaterial aufgeſchichtet wird, und die mit ihren Durchbrechungen der atmoſphäriſchen Luft ungehinderten Zutritt geſtattet. Bei Holz=feuerungen liegt der Roſt mit dem Boden des Feuerraumes in einer Ebene, während er bei Steinkohlenfeuerungen häufig in einem be=ſonderen, nach oben ſich erweiternden vertieften Raume angebracht iſt, damit der Brennſtoff ihn vollſtändig bedecken kann, und ſo das Durchſtrömen von kalter Luft, welche den Brennſtoff nicht trifft, verhindert wird. Bei einer Feuerung, bei der es ſich darum handelt, mit dem geringſten Brennſtoffaufwande den höchſten Effekt zu erreichen, darf ein guter Roſt nicht fehlen.

 Der Roſt hat den Zweck, die ſauerſtoffhaltige atmoſphäriſche Luft in möglichſt viel=ſeitige Berührung mit dem Brennſtoff zu bringen und ſo eine möglichſt vollſtändige Ver=brennung zu bewirken. Er muß daher der Luft genügenden Durchzug geſtatten, ohne den Brennſtoff durchfallen zu laſſen. Infolgedeſſen ſind für die verſchiedenen Zwecke und Brennſtoffe zahlreiche, voneinander verſchiedene Roſtkonſtruktionen ausgeführt worden, da namentlich für die Dampfkeſſelheizungen dieſe Frage von ganz beſonderer Wichtigkeit iſt.

 Ebenſo aber ſind auch für gewöhnliche Feuerungen verbeſſerte Ofenroſte erfunden worden. Einer der zweckmäßigſten dürfte der vom Zivilingenieur Scholl in Berlin kon=ſtruierte ſein, der mit wenig Koſtenaufwand in jedem Kachelofen anzubringen iſt und deſſen Anordnung durch einen Längendurchſchnitt des Ofens (ſ. Fig. 277) abbildlich gegeben iſt.

 Er beſteht wie jeder Roſt aus parallel nebeneinander liegenden, im Querſchnitt qua=dratiſchen oder dreieckigen Eiſenſtäben, die durch einen viereckigen Rahmen miteinander ver=bunden ſind und damit an die Ofenwände anſchließen.

 Vorn ſteht die Roſtfläche etwa 5 cm über dem Boden ab, während ſie nach hinten ſich etwas ſenkt und daſelbſt durch eine Aufmauerung (Feuerbrücke) begrenzt wird, um das Herunterfallen des Brennmaterials zu verhüten. Nachdem das Feuer entzündet worden iſt, wird der über dem Roſte befindliche Teil des Heizraumes geſchloſſen und alle Luft dadurch gezwungen, durch das Brennmaterial hindurchzugehen.

 Eine neuere, auf beſonderer Anordnung des Roſtes beruhende Feuerung iſt die von Heiſer in Berlin; bei dieſer Feuerung liegt der Roſt ſchräg abfallend unter einem Winkel

von etwa 45 Grad im Feuerraume und der Raum über demselben wird durch eine nieder=
wärts gehende Schamottewand verengt, gegen welche sich die auf den schrägen Rost ge=
schüttete Kohle dermaßen stützt, daß dieselbe nur langsam auf dem unteren Teile des Rostes
niedergleitet und auf dem daran sich schließenden horizontalen Roste verbrennt, während sie
auf dem schrägen Roste vorgewärmt und zum Teil verkokt wird. Um eine möglichst voll=
ständige Verbrennung des Rauches zu erhalten, wird oberhalb des schrägen Rostes Luft ein=
geführt, welche sich unter der herabhängenden Wand dicht über der glühenden Kohle durch=
drängt und daselbst mit den Feuergasen und dem Rauche vermischt, um die vollständige Ver=
brennung herbeizuführen. Es wird auf diese Weise, sowie auch schon beim Schollschen Roste,
eine sparsamere Verbrennung bewirkt und eine größere Wärmeabgabe vom Brennstoff erzielt.

Bei den gewöhnlichen Rostanordnungen geht in den Öfen der Zug meist unmittelbar
hinter der Thür empor, und hierdurch wird das weiter zurückliegende Brennmaterial nur
sehr unvollkommen mit der Luft in Berührung gebracht. Bei sehr großem Spielraume der
seitlichen Ofenweite grenzt man den Rost durch eine Einfassung mit Schamottesteinen ab,
um das Brennmaterial besser zusammenzuhalten.

Was im allgemeinen die Größe der Rostfläche betrifft, so wird bei kleineren Heiz=
anlagen für jedes Pfund Brennmaterial, das pro Stunde zu verbrennen ist, eine Rostfläche
von 75—95 qcm angenommen. Die Zwischenräume der Roststäbe sind je nach der Art
des Brennstoffs enger oder weiter zu wählen, und nimmt man für Holz circa 5 mm, für
Steinkohle 8—12 und für Torf 12—18 mm an.

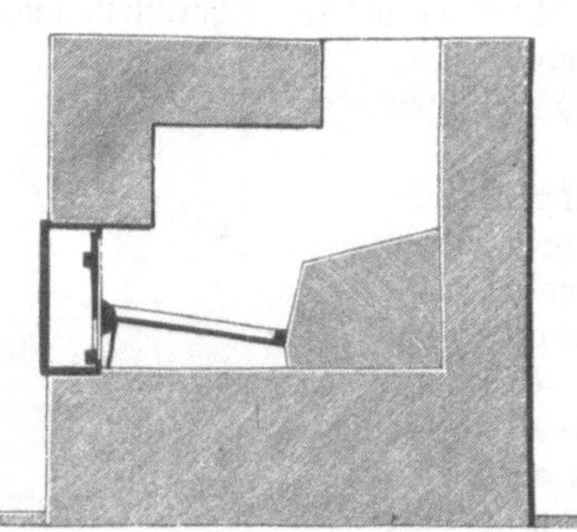

Fig. 277. Scholls Ofenrost.

Bezüglich des Feuerraums ist noch zu er=
wähnen, daß derselbe stets hoch genug sein muß, um
der Flamme volle Entwickelung zu gestatten, und hat
man daher für Steinkohle 15—20 cm, für hartes
Holz und Braunkohle 33—36 und für Torf oder
weiches Holz 40—50 cm Höhe anzunehmen. Der
Feuerraum ist mit einer Thür versehen, welche nur
geöffnet werden darf, wenn man Brennstoff auf=
schütten oder schüren will. Die Thür soll gut schließen
und zur gelegentlichen Regulierung des Luftzugs
einen Schieber enthalten.

Für größere Feuerungsanlagen, besonders für
Dampfkessel, sind neuerdings diejenigen Planrost=
konstruktionen vielfach in Anwendung gekommen, bei denen die Rostfläche aus vielen dünnen
Stäbchen zusammengesetzt ist, wodurch viele schmale Spalten für den Luftzutritt entstehen,
für die Verbrennung von klarem Brennmaterial ein besonders günstiger Umstand.

Nachdem wir so die Hauptteile der Feuerungsanlagen betrachtet haben, wenden wir
uns zu den für die Zimmerheizung wichtigsten Apparaten — den Öfen.

Die Öfen. Bei der Betrachtung der Öfen fällt uns die große Verschiedenheit ihrer
Bauart auf. Der Hauptzweck, die durch die Verbrennung erzeugte und von den Ofen=
wänden aufgenommene Wärme der Zimmerluft mitzuteilen, ist schon für die Wahl des
Materials bestimmend. Gute Wärmeleiter werden die Verbrennungswärme rascher an=
nehmen, sich rascher erhitzen, sie aber auch ebenso rasch wieder abgeben und auskühlen,
während schlechte Wärmeleiter denselben Effekt auf einen größeren Zeitraum verteilen.
Der Natur der Sache hat man unter den Rohmaterialien für die Herstellung der Öfen nur
die Wahl zwischen Thon und Eisen — letzteres ist ein guter, ersterer ein schlechter Wärme=
leiter, und je nach dem Zwecke, den man mit dem Heizapparate erreichen will, wird man
eins oder das andere vorziehen oder aber die Vorzüge beider durch gemischte Anwendung zu
vereinigen suchen. Wir haben demnach thönerne Öfen, eiserne Öfen und solche, die teils
aus Thon, teils aus Eisen konstruiert sind.

Nach der Art und Weise der Zuführung des Brennmaterials gibt es Öfen, welche in
kurzen Pausen mit Brennmaterial zu versehen sind, und Öfen, in welche man auf einmal
das für einen längeren Zeitraum — etwa für einen Tag — nötige Material aufschüttet,
sogenannte Füllöfen. Endlich ist die Art der Wärmeabgabe ein Konstruktionsprinzip,
welchem zufolge wir zu unterscheiden haben würden: Wärmestrahlöfen, Luftzirkulieröfen

und Ventilationsöfen. Diese Faktoren sind für spezielle Fälle in der verschiedenſten Weiſe zuſammen in Kombination getreten und haben eine Unzahl von Ofenkonſtruktionen bewirkt.

Ehe wir dieſelben aber einzeln betrachten, erſcheint es zweckmäßig, die Wirkungsweiſe des Ofens an ſich ins Auge zu faſſen.

Kam beim Kamin vorzugsweiſe die Strahlungswärme der Flamme in Betracht, ſo iſt dieſe Wirkung bei den Öfen erſt in zweiter Reihe ſtehend. Zwar fällt ſie nicht ganz weg, ſie wird aber überboten von der Erwärmung der Luft, welche mit der äußeren Ofenfläche in direkte Berührung tritt. Dadurch, daß die zunächſt befindliche Luft Wärme aufnimmt, dehnt ſie ſich aus, ſie wird ſpezifiſch leichter und entweicht infolgedeſſen nach oben, indem kalte, ſchwere Luft an ihre Stelle tritt. So entſteht eine ununterbrochene Zirkulation, die auf eine allmähliche und wenigſtens in gleichen Höhen gleichmäßige Erwärmung des ganzen Raumes hinarbeitet. Denn einigermaßen werden Ungleichheiten in der Temperatur immer ſich bemerklich machen, da, zumal wenn die Urſache der Zirkulation, die Heizung durch den Ofen, aufgehört hat, ſich die kalten, ſchwereren Luftſchichten am Boden, die wärmeren, leichteren an der Decke anſammeln. Es gilt alſo für den Ofen die Aufgabe, die Verbrennungswärme des Brennmaterials möglichſt vollſtändig aufzunehmen, ſo daß die Gaſe nicht heißer in die Eſſe gelangen, als nötig iſt, um den Zug zu unterhalten, dann aber auch dieſe Wärme in geeigneter Weiſe an die umgebende Luft wieder abzugeben.

Um den Verbrennungsgaſen ihre Wärme zu entziehen, führt man ſie in mehr oder weniger langen Windungen, in den ſogenannten Zügen, an der Ofenfläche entlang, die ſich dadurch erwärmt. Je nach der Natur des Materials, aus dem die letztere beſteht, wird die Länge der Züge verſchieden ſein müſſen, denn es leuchtet ein, daß die Feuerluft viel eher ihre Wärme hergeben wird, wenn ſie an der kalten Wand eines guten Wärmeleiters hinſtreicht, als wenn ſie in thönernen Zügen geht, die ſich nur langſam erwärmen. Die rein eiſernen Öfen haben deshalb in der Regel auch weniger lange Züge als die Kachelöfen. Die Anlegung der Züge iſt der wichtigſte Faktor für jede Ofenkonſtruktion, denn Wärmeaufnahme und Wärmeabgabe müſſen einander entſprechen, die Luftbewegung im Innern darf durch entgegenſtehende Hinderniſſe nicht gehemmt werden, und von außen muß die kalte Zimmerluft ebenſo leicht Gelegenheit finden, an die Ofenwand heranzuſtrömen und ſich daſelbſt zu erwärmen.

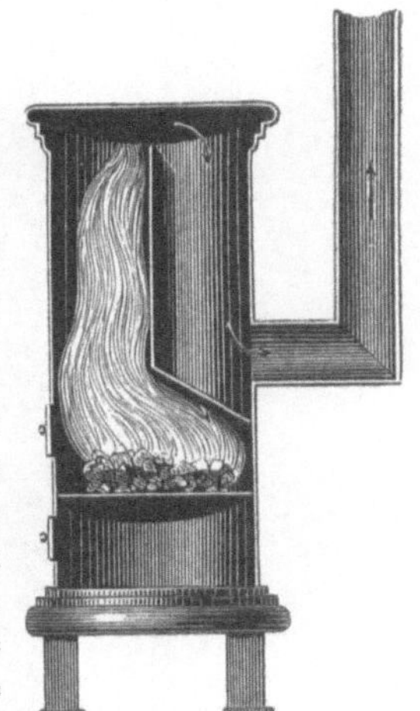

Fig. 278. Innere Anſicht eines eiſernen Ofens.

In den einfachſten Fällen iſt bei eiſernen Öfen älterer Konſtruktion (ſogenannten Windöfen, ſ. Fig. 278) von Zügen eigentlich nicht die Rede; höchſtens daß das Abzugsrohr für die Verbrennungsgaſe am hinteren Teile des Ofens unten am Boden einmündet und die heiße Feuerluft durch eine in der Mitte aufgeführte ſenkrechte Wand gezwungen wird, erſt aufwärts, dann wieder hinabzuziehen. Auf dieſem kurzen Wege und dann noch auf dem Wege durch das Rohr, welches von dem Ofen in die Eſſe führt, ſollen die Feuergaſe ihre Wärme an die gutleitenden Eiſenwände größtenteils abgeben. Komplizierter dagegen iſt die Zugrichtung ſchon in den thönernen Öfen, von denen uns Fig. 279 ein Beiſpiel aus dem 16. Jahrhundert zeigt. Dieſelbe Zickzackführung, die wir daran ſchon bemerken können, kehrt auch in vielen der heutigen Ofenkonſtruktionen wieder, und ſie iſt es wohl, welche ſchon vor Jahrhunderten ihrer guten Wirkſamkeit wegen den damit verſehenen Öfen zuerſt den Namen Sparöfen eingetragen hat.

Nachahmenswert iſt die oft ſehr kunſtreiche äußere Ausſtattung der Öfen, denn das kunſtſinnige Mittelalter ſah den Ofen nicht bloß als ein Ding der Notwendigkeit an, ſondern ſuchte daraus auch eine Zimmerzierde zu machen. Erſt neuerdings, ſeitdem die Kunſt im Gewerbe mehr gepflegt wird, hat man auch bei uns dem Ofen dieſe Bedeutung wiederum zuerkannt. Der in Fig. 279 abgebildete Ofen ſteht — wie dies noch jetzt in Rußland und Schweden gebräuchlich — mehr nach der Mitte des Zimmers zu, deſſen Wand im Durchſchnitt angedeutet iſt. D iſt ein von außen nach der Feuerung geführter Luftkanal, durch deſſen Anlage man das ſchnelle Abſaugen der warmen Zimmerluft vermeiden wollte — ein Beweis, daß man damals nicht viel von der Zimmerventilation hielt, wie man eine solche auch noch jetzt in den kälteren Gegenden meist zu vermeiden sucht; a ist eine den Zuzug der Luft regulierende Klappe, während eine ähnliche Klappe b auch am Rauchrohr E angebracht ist; beide Klappen sind mit Schnüren oder Ketten versehen, die in das Zimmer führen und Gegengewichte tragen. C ist das für gewöhnlich verschlossene Ofenloch, P der Ofenkasten, in welchem sich der Feuerraum befindet; auf demselben ist eine viereckige Wasserpfanne eingesenkt, durch welche man nicht nur die Zimmerluft feucht erhält, sondern auch stets warmes Wasser für den Hausgebrauch vorrätig hat. Die Richtung des Feuerzuges ist durch Pfeile angedeutet. Der Ofen ist ganz aus Ziegeln aufgebaut und also ein guter Wärmehalter, wenn schon das Anheizen langweilig gewesen sein muß. Jedenfalls haben derartige Öfen trotz ihres viel verheißenden Titels „Holzsparer" auch sehr viel Holz gekostet.

Wie das Material mit bestimmend für die Konstruktion des Ofens ist, leuchtet aus diesen beiden Beispielen schon ein. Ein aus schlechten Wärmeleitern hergestellter Ofen muß, wenn er die Wärme möglichst ausnutzen soll, mit langen Zügen versehen sein, da seine Wände die Wärme nicht rasch genug abzugeben vermögen, um bei dem raschen Durchzuge der Feuerluft dieser alle Hitze zu entziehen. Dies vermag annähernd nur ein so guter Wärmeleiter, wie das Eisen ist.

Öfen, welche während längerer Zeit mit ihrem aufgenommenen Wärmevorrat temperierend wirken sollen, erhalten eine sehr massive Konstruktion, die wieder besondere Inneneinrichtung verlangt. Solcher Art sind die sogenannten Berliner und die russischen Öfen. Die ersteren haben bei uns in Norddeutschland eine ganz besondere Beliebtheit, während die bei weitem massiver konstruierten russischen Öfen in den kälteren Gegenden vorgezogen werden, wo eine dauernde Warmhaltung von größerer Bedeutung als eine schnellere Erwärmung ist. Die Berliner Öfen werden sowohl für Holz= wie für Kohlenfeuerung eingerichtet und haben ihrer sauberen Fayencefliesen wegen in der Regel ein recht gefälliges Äußere.

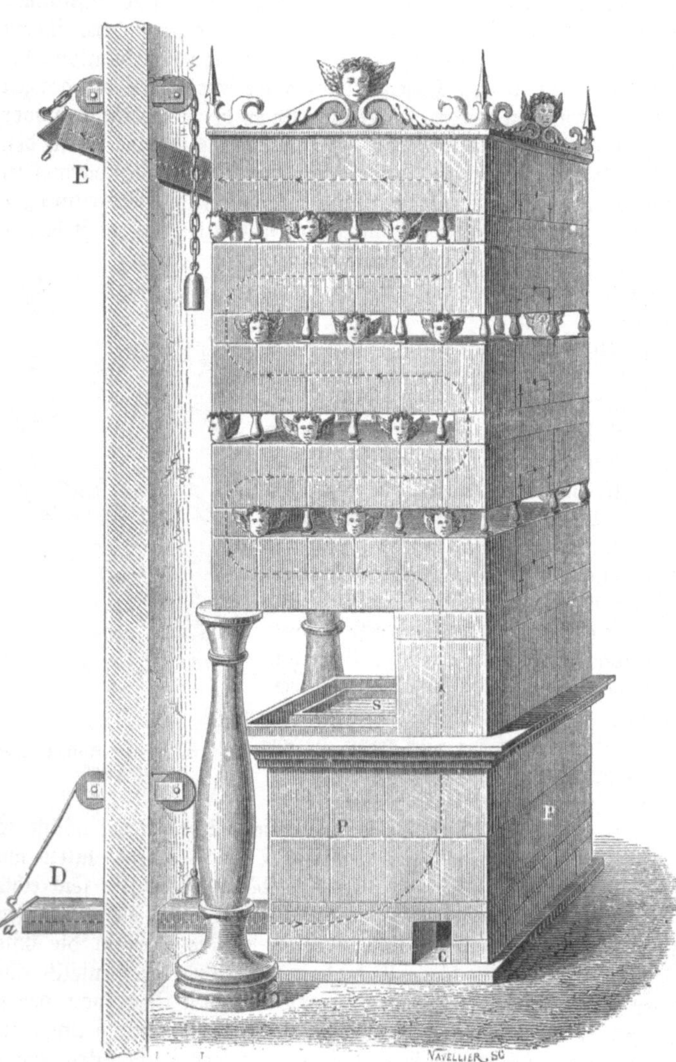

Fig. 279. Alter deutscher Holzsparofen aus dem 16. Jahrhundert.

Fig. 280 und 281 zeigen einen solchen Ofen mit Einrichtung für Holzfeuerung. Der Feuerraum ist aus Schamottemasse und überwölbt hergestellt. Das Feuer zieht zuerst zwischen zwei horizontalen Zungen hindurch und steigt dann an der vorderen Ofenseite wieder aufwärts nach dem Abzugsrohre.

Für Feuerung mit Steinkohlen eignen sich derartige Öfen weniger gut als für Holz, indem die Haarrisse und Fugen der Kacheln sich schwärzen, das Aussehen also leidet; auch gehen durch die stärkere Hitze des Steinkohlenfeuers die am stärksten angegriffenen Kacheln leicht auseinander.

Einen verbesserten Berliner Kachelofen stellen Fig. 282—287 in verschiedenen Durchschnitten dar.

Als Vorzüge dieser Ofenkonstruktion werden schnellere Erwärmung des Fußbodens durch am unteren Teile des Ofens angebrachte Luftkanäle (in Fig. 282 vergittert) und die rasche Erzeugung warmer Luft durch eine am mittleren Teile des Ofens angebrachte Wärmeröhre hervorgehoben; auch ist für eine nachhaltige Wärme mittels der 5—6 cm starken Seitenwände und der ebenso starken Einschließungen des mittleren, die stärkste Hitze enthaltenden Teiles des Ofenraumes gesorgt.

Fig. 282 zeigt die äußere Ansicht des Ofens, Fig. 283 das Profil gh, Fig 284 das Profil ik, Fig. 285 den Grundriß im Durchschnitt bei ab, Fig. 286 den Querschnitt bei cd und Fig. 287 den Querschnitt bei ef.

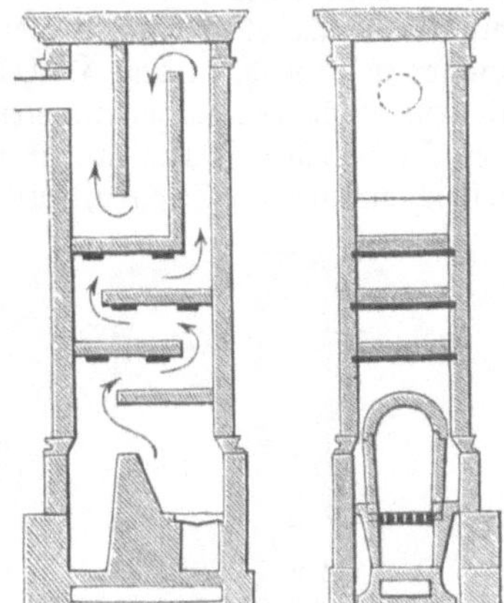

Fig. 280 und 281. Berliner Öfen.

Wie aus den Figuren ersichtlich, geht das Feuer in sich ausbreitenden und zusammenziehenden Zügen vom Feuerraume 1 im mittleren Teile des Ofens aufwärts und gibt durch die eiserne Wärmeröhre, noch bevor die Kacheln bedeutend erhitzt sind, schnell Wärme ab. An der Decke des Ofens teilen sich diese Züge und fallen zu beiden Seiten vorn abwärts bis auf eine Eisenplatte 2, welche die oben erwähnten Luftkanäle überdeckt und durch ihre Erwärmung die am Fußboden befindliche, also kälteste Luft ebenfalls bald erwärmt; auf diese Weise werden Personen, die warme

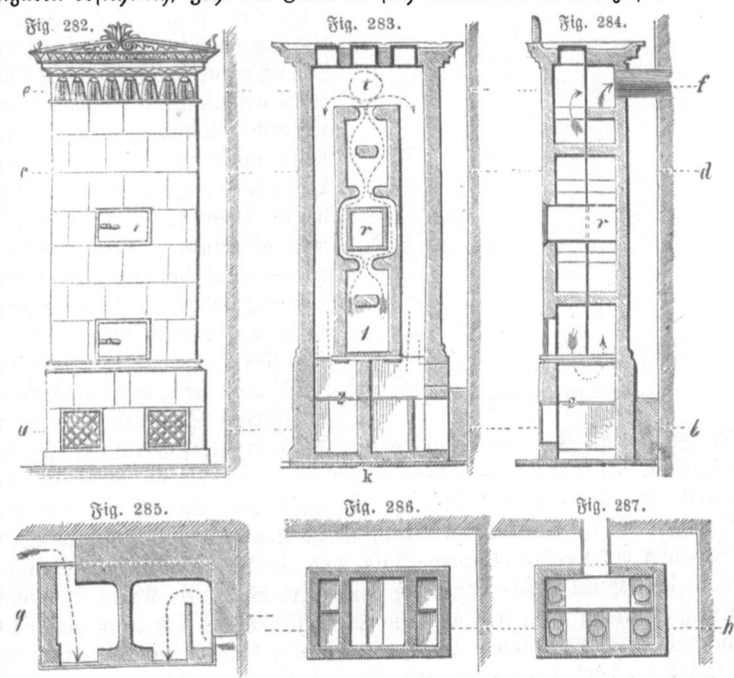

Fig. 282—287. Verbesserter Berliner Kachelofen.

Füße lieben, schneller befriedigt als durch die gewöhnlichen Kachelöfen. Auf der Platte 2 gehen die Züge an der hinteren Ofenseite wieder aufwärts und vereinigen sich unter der Decke, um von dort aus in den Schornstein einzumünden.

Ein derartiger, mit Sachkenntnis angelegter Ofen dürfte wohl den Ansprüchen, die wir in unsern Gegenden an Zimmeröfen in bezug auf schnelle Heizung und möglichste

Ausnutzung der Wärme stellen, vollständig entsprechen, indem durch die Eisenteile der Röhre die Wärme schnell abgegeben wird, die starken Thonwände jedoch nach Verlöschen des Feuers noch für längere Zeit wirksam bleiben.

Die Wärmeröhre ist ein sehr wichtiger Bestandteil solcher Öfen und es sollen Kachel= öfen gegen 20 Prozent Brennmaterialersparnis erzielen lassen, wenn man diese Röhren oder Durchsichten unter sich und mit der Decke des Ofens durch eine blecherne Lufröhre ver= bindet, welche etwa halb so lang und breit ist als der freiliegende Teil der Durchsicht. Besser ist es noch, in dem Kachelmantel eine Lufröhre von rechteckigem Querschnitt herzu= stellen, welche den ganzen inneren Raum bis auf circa 10 cm ringsum ausfüllt, im Deckel des Ofens offen ist und unten über der gehörig zu verstärkenden Decke des Feuerraums seitlich ausmündet. Dadurch wird mit der raschen Wärmeabgabe zugleich eine lebhafte Luft=

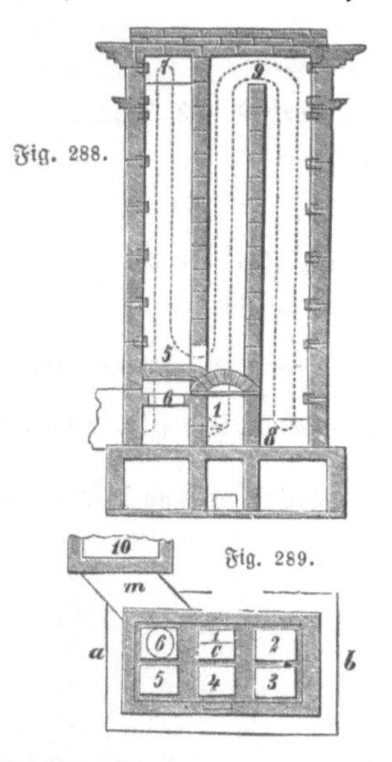

Fig. 288.

Fig. 289.

Fig. 290.

Fig. 291.

Fig. 292.

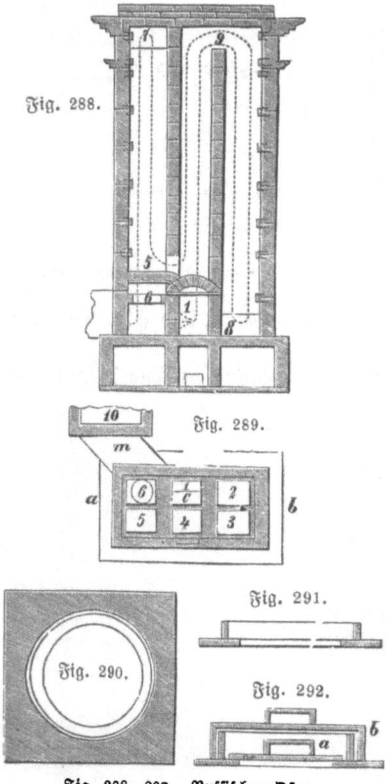

Fig. 288—292. Russischer Ofen.

zirkulation im Zimmer bewirkt, welche auf eine gleich= mäßige Temperatur hinarbeitet. Von demselben Prinzip ausgehend hat man auch Kachelöfen als Ventilations= öfen eingerichtet, indem man reine Luft von außerhalb durch besondere Kanäle von unten dem Ofen zuführt, in dessen Innern erwärmen und oberhalb in das Zim= mer strömen läßt.

Zwischen den Berliner Öfen und den russischen gibt es einen prinzipiellen Unterschied eigentlich nicht, wenn man ihn nicht in der massigeren Konstruktion suchen will, der zufolge das gesamte Wärmeerzeugnis des Brennmaterials, ehe es der Zimmerluft zu gute kommt, erst eine ganz besonders dicke Kachelmasse zu erhitzen hat, von welcher es nur allmählich wieder hergegeben wird. Die inneren Scheidewände sowohl als Mantel sind von bedeutender Dicke und wirken dadurch regulierend, wie das schwere Schwungrad an der Dampfmaschine. Ganz natürlich, daß auch hier zahlreiche Abänderungen möglich sind. Eine solche Konstruktion zeigen uns die Figuren 288—292 im Vertikal= und Horizontaldurchschnitt und in den wesent= lichsten Details. Dieser Ofen ist aus starkem Mauer= werk aufgeführt, durch welches bei kurzer Heizung mittels eines heftigen Feuers viel Wärme aufgenom= men und während eines langen Zeitraums langsam wieder ausgegeben werden kann.

Der Heizraum 1 ist nach hinten zu bis etwa zur Hälfte mit einem ziemlich starken Gewölbe bedeckt, das auf eisernen Schienen ruht, die ihrerseits zugleich als

Anker für die Seitenwände dienen. Im Horizontalquerschnitt Fig. 289 sehen wir dieses Gewölbe bis c gehen, wo die Flamme in den ersten aufsteigenden Zugkanal einbiegt, der durch das Gewölbe bis zur Hälfte seines Querschnitts verengt, wie ein eingeschnürter Lampencylinder eine kräftige Stichflamme erzeugt. Eine ähnliche Verengerung ist bei jeder Biegung der Zugkanäle wiederholt, und es wird hierdurch der Zug wesentlich verstärkt. Aus dem Kanal 1 geht dann der Zug abwärts in den Kanal 2, wendet sich durch die Öff= nung 8 wieder aufwärts in den Kanal 3 und aus letzterem auf das Gewölbe des Feuer= herdes durch die Öffnung 9 in den Kanal 4 hinab, dann oberhalb einer Decke 5 in dem Kanal 5 hinauf, durch 7 in dem Kanal 6 hinunter und endlich durch die sogenannte Gusche, welche das Register zum Abschließen des Zuges erhält, in das Rauchrohr.

Die Einrichtung der Gusche ist in Fig. 289—292 dargestellt. Sie besteht aus einer gußeisernen quadratischen Platte, welche eine kreisrunde Durchbrechung in der Mitte hat und an der Stelle 6 eingemauert ist. Die erwähnte runde Öffnung hat 8 cm Durchmesser und ist mit einem aufrecht stehenden Rande von etwa 25 mm sowie mit einem innerhalb des letzteren wagerecht vorstehenden Rande von 15 mm versehen, wie aus B ersichtlich. Ein

ebenfalls gußeiserner, mit einem Griff versehener Deckel a paßt genau auf den inneren
Rand und verschließt die Öffnung der Platte, während ein zweiter größerer Deckel b über=
greifend auf den aufrecht stehenden Rand gelegt werden kann, um noch einen sichereren
Schluß der Gusche herzustellen. Diese Deckel werden, sobald das Brennmaterial (Holz)
abgebrannt ist, durch die Thür eingelegt, wobei man unter dem Zuge 5 vermöge der
Decke 5 durchgreifen muß. Der russische Ofen ist von Mauerziegeln und in den dünneren
Wänden von Dachziegeln zusammengesetzt, die durch eiserne Klammern verbunden sind. Die
Heizthür wird von Gußeisen oder als Doppelthür, mit Zwischenraum, von Blech hergestellt
und ist mit einem Register zur Regulierung des Zuges versehen. Beim Heizen wird der
Feuerherd mit kurz gesägten Holzstücken ganz gefüllt, bei offener Heizthür in Brand gesetzt,
dann die Thür geschlossen und mittels des Registers der Zug so reguliert, daß die Ver=
brennung möglichst lebhaft vor sich geht.

Unter diesen Bedingungen teilt sich nicht nur die Wärme der Mauermasse am schnellsten
und vollständigsten mit, sondern es entsteht auch kein Rauch, und der Ruß, der sich etwa
anfänglich in den Kanälen abgesetzt hat, wird bei der folgenden hohen Temperatur wieder
verbrannt, so daß diese Öfen des Ausputzens nicht bedürfen. Ein solcher Ofen wird täg=
lich nur einmal geheizt und gibt dann 24 Stunden lang eine gleichmäßige Zimmerwärme.
Um demselben ein gutes Aussehen zu erteilen, wird er mit glasierten Fayencefliesen belegt.

Die großen Vorzüge, welche die russischen sowohl wie die Berliner Öfen darbieten,
haben ihnen trotz des verhältnismäßig hohen Preises immer mehr Aufnahme in die kom=
fortableren Wohnungsräume verschafft, zumal das Bestreben, auch in künstlerischer Weise
die Form dieser Öfen zu gestalten, in dem bildsamen Material ein sehr passendes Objekt
fand, das mit seiner Fähigkeit, Glasur und Farbe anzunehmen, vortreffliche dekorative Wir=
kung auszuüben vermag. Die Fayence= und Majolikaöfen, welche in neuerer Zeit nach den
schönsten alten Mustern vielfach ausgeführt werden, dienen dafür als Beweis.

Freilich sind diejenigen Eigenschaften der Wärmehaltung, welche für viele Zwecke sehr
vorteilhaft sind, für andre wieder insofern Mängel, als mit ihnen naturgemäß ein sehr
langsames Anheizen verbunden ist. Der Wunsch, dies auszugleichen, hat in den Berliner
Öfen schon zur Anlage einer Wärmeröhre geführt; in andern Konstruktionen ist man noch
weiter gegangen, indem man den Feuerraum, der die erste Wärme herzugeben hat, von
Eisen und den übrigen Ofenkörper nur von Thon hergestellt hat. Wie dies ausgeführt
werden kann, zeigt uns die Abbildung eines vom württembergischen Oberbaurath G. Morlok
entworfenen Fayenceofens (s. Fig. 293—296), bei welchem wir zugleich eine Einrichtung
kennen lernen, von der man für die Ventilation Vorteilhaftes behauptet.

Der Ofen wird vom Zimmer aus mit Kohlen und Koks geheizt und hat, wie die
Figuren 293 und 296 erkennen lassen, folgende Anordnung.

Die rechteckige Ofenschacht ist ganz aus glasierten, ausgefütterten Kacheln aufgesetzt und
im unteren Teile zur Aufnahme des freistehenden Feuerkastens etwas erweitert, so daß
für die Ausdehnung dieses Kastens noch genug Spielraum bleibt und die hintere Seite zum
Schutz gegen die Flamme mit feuerfestem Thon verkleidet werden kann.

Dieser gußeiserne Feuerbehälter (in unsrer Abbildung mit starken schwarzen Linien an=
gegeben) ist der Dauerhaftigkeit wegen ziemlich stark konstruiert und oberhalb auf $5/6$ seiner
Länge halbkreisförmig geschlossen, um die Flamme am Austrittspunkte zu konzentrieren und
so eine möglichst vollständige Verbrennung zu erzielen. Nach dem Roste zu verengt er sich,
so daß das Brennmaterial gut zusammengehalten wird. Der untere Teil ist zur Aufnahme
des Aschenkastens J durchbrochen und auf der Rückseite dem Eintritte der Zimmerluft zum
Roste eine Durchgangsöffnung gelassen.

Der ganze obere Teil des Ofenschachtes ist durch vier Scheidewände aus Eisenblech
in fünf rektanguläre Kanäle geteilt, wovon die äußeren als Feuerzüge, der mittlere größere
als Zugschacht für die Lüftung dient, zu welchem Zwecke er auch durch den Ofendeckel
hindurchgeht. Die Heizung findet nun in folgender Weise statt:

Das Brennmaterial wird durch die mit einer Doppelthür versehene Heizöffnung k
(s. Fig. 293) in den Feuerkasten gebracht und entzündet. Von hier steigt die Flamme durch
die halbkreisförmige Öffnung m am hinteren Ende im Kanale 1 auf, tritt oben durch n
(s. Fig. 296) in den Zug 2 und wird bis zur Horizontalplatte i i hinabgeführt. Durch

die Öffnung o gelangen nun die Feuergase in den steigenden Kanal 3, um bei p nach 4 überzugehen und nach weiterer Senkung bei r durch das Rauchrohr zu entweichen.

Infolge der Erwärmung wird nun durch die drei Durchbrechungen ein starker Luft=strom aufgesaugt, wovon ein Teil durch den Aschenfall unter den Rost und von hier als Verbrennungsgase in die Esse gelangt, die größte Menge aber nur von außen den Feuer=kasten umspielt und in steter Berührung mit den geheizten Zugwänden durch den Luft=schacht S aufsteigt, von dem sie erwärmt oben ausströmt.

Zur Anfeuchtung dieser Heizluft kann die obere Mündung t des Ventilationskanals noch mit einem Wasserbehälter versehen werden.

Während auf diese Weise dem Zimmer ein großes Quantum warmer Luft zugeführt und dadurch rasch eine gleichmäßige Er=wärmung bewirkt wird, wird gleichzeitig der ganze massive Ofenmantel durchheizt und in ihm so viel Wärme aufgespeichert, daß nach dem Erlöschen des Feuers sich noch lange die Temperatur im Zimmer erhält und die Luftzirkulation fortdauert.

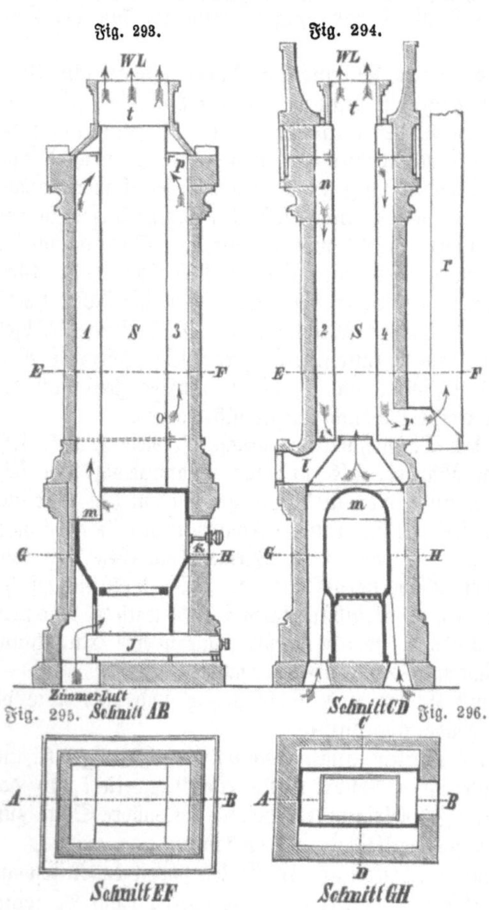

Fig. 293—296. Thoneisenofen von Morlot.

Da der Rauch oben keine horizontale Fläche berührt, die Züge vielmehr durch einfache Blechstärken voneinander geschieden sind, so kann der Ruß sich nur unten ab=setzen, und daher genügt außer der Kapsel im Rauchrohre die eine Putzöffnung l, um den Ofen vollständig und bequem reinigen zu können. Die Öffnung l wird durch einen Deckel verschlossen, der ähnlich der Heizthür dekorativ behandelt werden kann. Durch entsprechende Änderung des Heiz=kastens und Rostes läßt sich der Ofen eben=falls für Holz= und Torffeuerung sowie zur Heizung von außen einrichten. Ebenso ist die Teilung des Oberofens in Züge nicht an den Querschnitt gebunden, so daß die architektonische Gestaltung in keiner Weise behindert wird und dieser Heiz=apparat daher für elegantere, größere Räume sehr geeignet ist.

Zur vollständigeren Repräsentation dieser Klasse Öfen fügen wir hier noch die Beschreibung eines sehr zweckmäßigen, aus Thon und Eisen konstruierten Zimmerofens an, der vom Oberbaurath Herrmann in München entworfen worden ist. Dieser Ofen, der in den Fig. 297—305 in ver=schiedenen Ansichten und Durchschnitten illustriert ist, ist mit Luftkasten und Luftzirkulations=rohr und senkrechten Rauchzügen versehen.

Es läßt sich diese Konstruktion bei jeder Grundform des Ofens anwenden und sie kann, wegen der Unabhängigkeit des Luftkastens von der äußeren Kachelwand, in beliebiger Weise architektonisch gestaltet und dekoriert werden. Wie der in Fig. 293 und 294 dargestellte Ofen, hat auch der jetzt zu besprechende nur senkrechte Rauchzüge, welche schon durch die einfache Blechstärke geschieden sind. Überhaupt ist dort wie hier keine Fläche der eisernen Teile wagerecht dem Feuer zugekehrt, so daß demnach das Eisen möglichst gegen Durch=brennen gesichert ist, und es genügt, wenn an dem heißesten Punkte die Blechstärke nur verdoppelt ist, während die übrigen Eisenflächen, welche der heiße Rauch berührt, mit Lehm bestrichen werden, um sie gegen das Feuer und den Rost zu schützen.

Die Größe des Luftkastens bestimmt sich nach der äußeren Form des Ofens derart, daß zwischen dem Luftkasten und den Kacheln 9—10 cm Zwischenraum für die Rauchzüge bleibt.

Je höher der Luftkasten, um so rascher und intensiver wirkt die Heizung durch die denselben durchströmende Luft. Bei größeren Öfen führt man deshalb die Luft schon vom Fußboden ab durch den Sockel zwischen Heizraumgemäuer und Kachelwand ein. Bei Öfen gewöhnlicher Größe dagegen erhält der Luftkasten unten einen wagerechten Hals zum Einströmen der kalten Luft, wie Fig. 302 zeigt.

Man kann diesen Hals auch als Wärmeröhre benutzen, wenn man denselben entsprechend weit macht, ihn an die Vorderseite des Ofens verlegt und mit einer durchbrochenen Metallthür versieht.

Die Rauchzüge werden dadurch gebildet, daß der Luftkasten mit Rippen aus Eisenblech versehen ist, welche mittels Winkelblechen angenietet sind. Die Zahl der Rauchzüge soll womöglich eine ungerade sein, indem diese Anordnung den Vorteil bietet, daß der letzte Zug neben dem ersten zu stehen kommt und von demselben nur durch eine oben und unten anstoßende Blechrippe davon getrennt ist, welche sich beim Beginn der Heizung sogleich mit erwärmt und den Zug im letzten Rauchkanal erhöht. Hat dieser nun seine Richtung nach oben, was bei ungerader Zahl der Züge immer der Fall ist, so steigt die warme Luft sogleich in die Höhe und zieht in den Schornstein, wodurch Luft und Rauch in den übrigen Gängen notwendigerweise nachgezogen werden. Durch die Rauchzüge wird die Luft in dem Luftkasten sehr rasch erwärmt und strömt mit großer Geschwindigkeit in den

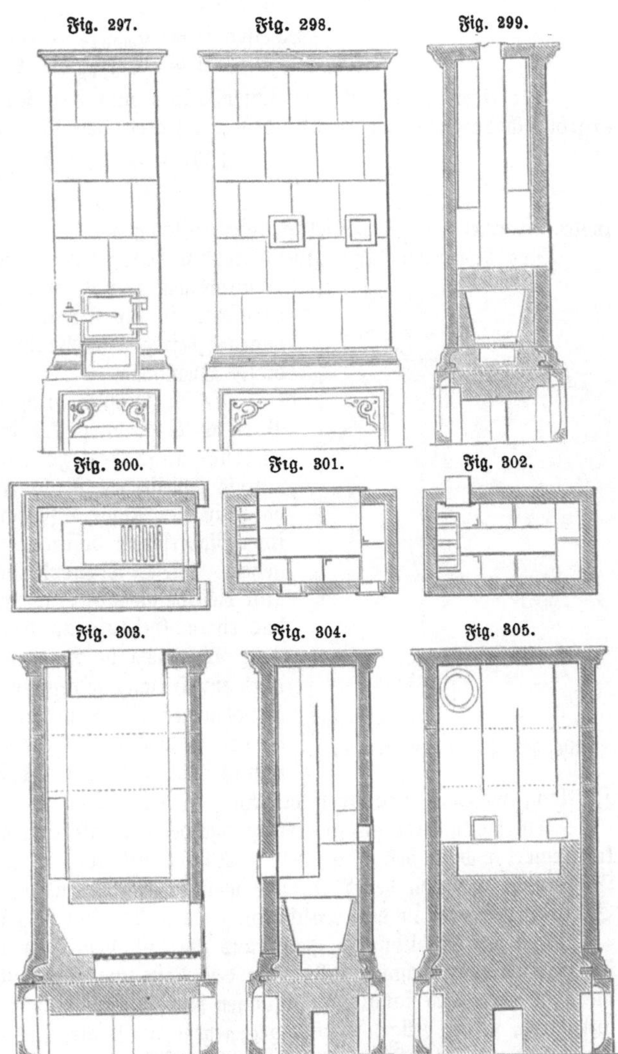

Fig. 297—305. Thoneisenofen von Oberbaurath Herrmann.

Zimmerraum, ohne daß sich je, selbst bei starker Heizung, das Blech des Luftkastens zum Glühen erhitzt. Auch die ausgefütterten Kacheln erwärmen sich schnell und gleichmäßig und bilden dann mit dem aus Stein hergestellten Feuerraum ein Wärmereservoir, das noch viele Stunden hindurch an das Blech des Luftkastens und an die Zimmerluft Wärme abgibt, wenn längst das Feuer erloschen ist.

Da die Konstruktion des Heizraumes von dem Luftkasten und seinen Rippen ganz unabhängig ist, so läßt sich dieser Ofen auf Heizung von innen und außen und ebenso wie für Holz auch für Steinkohlen, Koks, Torf u. s. w. anwenden, nur daß der Heizraum, Rost und Aschenraum für das gewählte Brennmaterial entsprechend eingerichtet werden müssen.

Es hat sich gezeigt, daß bei diesen Öfen unter ungünstigen Lokalverhältnissen 1 qm Eisenfläche des Luftkastens für 86 cbm des zu heizenden Zimmerraumes (1 Quadratfuß für 300 Kubikfuß) genügt, und daß unter günstigen Verhältnissen bis auf 130 cbm Zimmerraum für 1 qm Eisenfläche gegangen werden kann.

Im allgemeinen ist man durch angestellte Versuche auf die folgenden für gewöhnliche Zimmer- und Luftkastenöfen gültigen Regeln gekommen. Zum Heizen eines Raumes von A cbm Inhalt ist für eine Temperatursteigerung von $t-t'$ Grad Réaumur pro Stunde folgende Heizflächengröße H erforderlich:

$$\text{für Gußeisen } H = 0{,}00077 \; A \; (t-t') \text{ qm,}$$
$$\text{für Kacheln } H = 0{,}00172 \; A \; (t-t') \text{ qm.}$$

Für einen Ofen mit der Eisenfläche e und der Kachelfläche k (in Quadratmetern) ergibt sich demnach die Größe des zu erwärmenden Raumes

$$A = \frac{1297\,e + 581\,k}{2\,(t-t')} \text{ cbm,}$$

welche Formel auch für Luftkastenöfen Geltung hat.

Der Holzbedarf für zwei Stunden beträgt bei einem der Abkühlung ausgesetzten Stubenraume von A cbm, $x = 0{,}0001 \; A \; (t-t') \; z$ Pfund; ebensoviel ist für Braunkohle zu rechnen. Bei Steinkohle dagegen beträgt der Verbrauch nur $\frac{2}{5}$, bei Torf aber $\frac{6}{5}$ dieses Quantums.

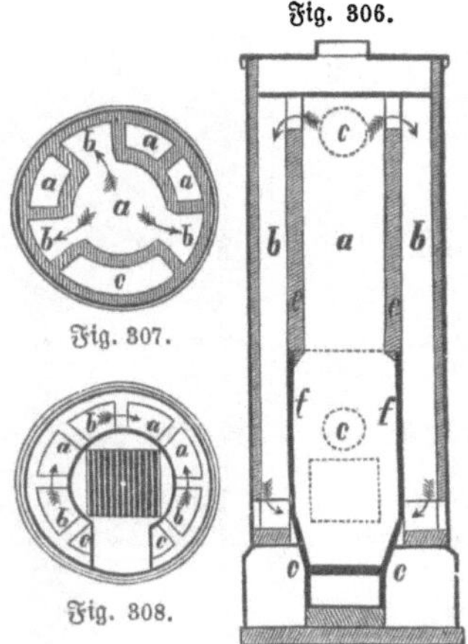

Fig. 306—308. Blechmantelofen.

Es ist hierher auch der neuerdings vom Ingenieur Born in Magdeburg konstruierte sogenannte **Magdeburger Luftheizungsofen** zu rechnen; derselbe besteht aus einem mittels gußeiserner Rahmen aus Wellblech gebildeten Gehäuse in vierseitiger Ofenform, worin sich ein ziemlich massiver Mauerkörper befindet, um welchen die Feuerzüge herumgehen. Dieser Mauerkörper sammelt die Wärme auf und gibt dieselbe alsdann, wenn das Feuer erloschen ist, durch das eiserne Gehäuse an den zu heizenden Raum ab.

Die zuletzt beschriebenen Ofenkonstruktionen sind besonders zur Heizung größerer Räume berechnet; für viele der gewöhnlichen Wohnzimmer aber wird verlangt, daß der Ofen in der Anschaffung nicht zu teuer ist, wenig Raum einnimmt, schnell Wärme abgibt und dieselbe dabei doch eine Zeitlang auch nach Aufhören der Heizung hält.

Ein diesen Bedingungen entsprechender Ofen ist von dem Ingenieur Seitz in Stuttgart konstruiert und in den Fig. 306—308 dargestellt. Derselbe ist ein Blechmantelofen mit Thonfutter und von der Art, wie man sie jetzt besonders in der Schweiz sehr viel an die Stelle der sowohl in der Anschaffung als in der Heizung kostspieligeren Kachelöfen setzt.

Von den Abbildungen zeigt uns Fig. 306 den Ofen im Vertikaldurchschnitt, Fig. 307 im Horizontaldurchschnitt dicht über dem Roste und Fig. 308 im Horizontaldurchschnitt durch die thönernen Feuerkanäle. In diesen Feuerkanälen a a steigt das Feuer und die Feuerluft aufwärts, in den Zügen b b dagegen geht die Bewegung der Gase nach unten; c c ist die Luftheizung, e e das Mauerwerk aus Formsteinen und f f der gußeiserne Heizcylinder. Die Dimensionen der Öfen sind je nach den Räumen, die sie heizen sollen, verschieden; für gewöhnliche Zimmer z. B. genügt ein Durchmesser von $0{,}5 - 0{,}7$ m und eine Höhe von etwa 2 m. Die Heizung kann mit Holz, Steinkohlen, Koks oder Torf geschehen, und es läßt sich mit diesen Öfen leicht eine Ventilationseinrichtung verbinden, die sie namentlich für Schulzimmer, Bahnhöfe u. dergl. geeignet macht.

Schließlich ist als Beispiel für diese Klasse von Heizapparaten noch eine ganz neue Konstruktion in Riegers Patent-Thonofen (Fig. 309) erwähnenswert. Dieser vom Fabrikant F. Rieger in Eßlingen konstruierte Ofen zeichnet sich durch Einfachheit und Zweckmäßigkeit aus und soll bei geringem Brennverbrauch eine sehr gleichmäßige und gute Heizung ergeben. Der Ofen hat einen gußeisernen Unterbau, auf welchem der aus Schamotte gemauerte und mit Kacheln umkleidete Feuerkasten ruht, dessen Einrichtung die Abbildung deutlich erkennen läßt. Zwischen dem Feuer= und Zugraume befindet sich auf dem eisernen Untergestell ein Schieber s, durch welchen der beim Kehren herabfallende Ruß in den Aschenraum hinab= fallen kann. Der Oberbau besteht ebenfalls aus Kacheln und läßt sich in beliebiger Höhe aufführen. Jede Kachelschicht sitzt zwischen zwei eisernen Röhren, durch welche die Kacheln festgehalten wer= den. Die Zugrichtung ist durch Pfeile angegeben und die den Zug leitenden Wände bestehen aus rechtwinkelig zusammenhängenden Eisenplatten b, welche bei c um Scharniere drehbar sind, wo= durch die Reinigung des Ofens sehr erleichtert wird.

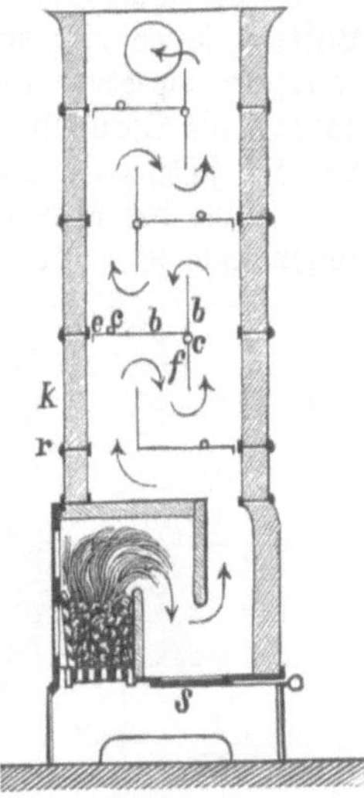

Fig. 309.
Riegers Patent=Thonofen.

Die bisher betrachteten Beispiele lassen erkennen, daß gerade bei den Öfen das Material auf die Konstruktion den wesentlichsten Einfluß ausübt, insofern davon die raschere oder minder rasche Aufnahme der Wärme aus der Feuerluft und die Wiederabgabe an die Zimmerluft abhängt. Ja, es würde sich bis zu gewissem Grade selbst eine prinzipielle Einteilung der Öfen, falls man eine solche versuchen wollte, auf dieses rein äußerliche Moment begründen lassen, denn die konstruktive innere Einrichtung, wie sie durch den Zweck bedingt wird, hängt doch ebensowohl auch von den Mitteln ab, die zur Erreichung desselben dienen. Wenn wir also erst die thönernen, hierauf die teilweise aus Thon, teilweise aus Eisen gebauten Öfen betrachtet haben, so ist es folgerichtig, daß wir jetzt die rein eisernen Öfen für sich besprechen.

Das Eisen ist, als ein dauerhaftes, gut Wärme leitendes und durch Gießen in beliebige Formen zu bringendes Material, schon frühzeitig zur Ofen= konstruktion benutzt worden. Eiserne Öfen bieten den Vorteil, daß sie die aus dem Brennmaterial entwickelte Wärme leicht aufnehmen und rasch nach außen abgeben — freilich aber so rasch, daß nach Abbrennen des Feuers ein eiserner Ofen sehr schnell abkühlt, bei starkem Feuer aber eine intensive Hitze aus= strahlt. Diese Eigentümlichkeiten der eisernen Öfen sind indessen nur für gewisse Zwecke der Zimmerheizung wünschenswert; außerdem kommt noch dazu, daß das durch Überheizung rotglühend gewordene Gußeisen — wie neuere Erfahrungen lehren — verschiedene Gase, wie Wasserstoff, Kohlenoxyd u. s. w., leicht durch= läßt, wodurch die Zimmerluft eine für die Gesundheit schädliche Beimischung erhält, und ferner verbrennt an den glühenden Flächen der stets in der Luft in größerer oder geringerer Menge befindliche organische Staub, wodurch der bekannte unangenehme Geruch entsteht, der sich auch bemerkbar macht, wenn Öfen nach längerem Stehen wieder scharf angeheizt wer= den, wobei der an den Heizflächen abgelagerte Staub verbrennt. Es wird also darauf an= kommen, jenen Übelständen abzuhelfen, um die entschiedenen Vorteile eiserner Öfen in die rechte Wirkung zu setzen. Diese Vorteile bestehen darin, daß sie selbst bei künstlerischer Ausstattung verhältnismäßig billig zu be=

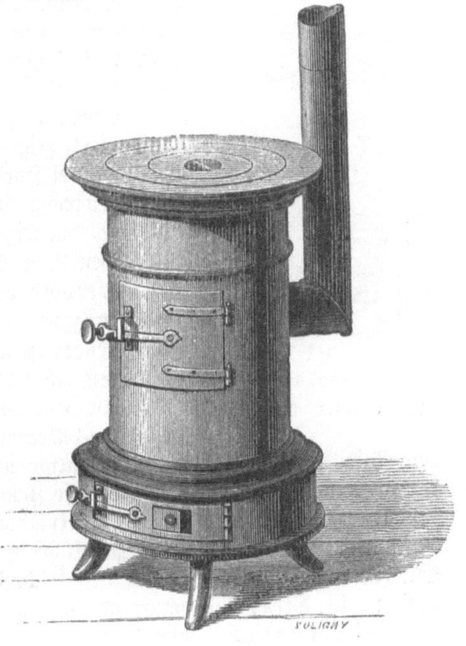

Fig. 310. Kanonenofen.

schaffen sind, und daß sie bei der leichten Behandlung, die das Material gestattet, jede Konstruktionsweise leicht ausführen und dadurch den besten Nutzeffekt auf die zweckmäßigste Weise erreichen lassen.

47*

Die erste Verbesserung erhielten die eisernen Öfen durch Anbringung eines sogenannten Mantels, d. h. einer ebenfalls aus Eisen hergestellten Umhüllung, die oben und unten offen ist und um den eigentlichen Ofen einen ringförmigen, schmalen Raum abgrenzt, durch welchen eine regelmäßige und schnelle Luftzirkulation im Zimmer herbeigeführt wird. Durch diese Luftzirkulation wird dem Ofenkörper fortwährend rasch Wärme entzogen und so dem Glühen wirksam entgegengearbeitet. Indem man dem Mantel eine rationelle Einrichtung gab, ging daraus die Ofenkonstruktion hervor, die dem Füllofen zu Grunde liegt, dessen Prinzip auch bei den schon erwähnten Zirkulationsöfen zur Anwendung kam.

Eine der ältesten und unvollkommensten Konstruktionen unter den Eisenöfen ist der sogenannte Kanonenofen, der jetzt noch ziemlich häufig zur Heizung von Büreaus und kleinen Zimmern benutzt wird. Ein derartiger Ofen ist in Fig. 310 dargestellt.

Wenn das Rauchrohr eines solchen Ofens kurz ist und direkt in den Schornstein mündet, so zieht die Wärme sehr schnell ab und es wird viel Brennmaterial verschwendet. Diesem Übelstande sucht man dadurch abzuhelfen, daß man die Ofengase zwingt, durch hin und her geführte Rohre einen längeren Weg zu machen, um mehr Heizfläche zu erhalten. In Fig. 278 haben wir die innere Ansicht eines eisernen Ofens gegeben, es leuchtet aber ein, daß das bei demselben angewandte Aushilfsmittel von nur geringer Wirkung sein kann; die Anbringung langer Blechrohre dagegen leidet an dem Übelstande unschönen Aussehens, außerdem aber daran, daß dergleichen Rohre leicht durchbrennen, wodurch solche Öfen teuer zu stehen kommen. Man mußte also nach andern Ausführungen suchen. In bezug auf die äußere Form lassen sich selbstverständlich unzählige Verschiedenheiten denken, welche den erstgerügten Übelstand beseitigen; die leichte Zerstörbarkeit der Züge dagegen haftet an der Natur des Materials, und ihr ist nur dadurch entgegenzuarbeiten, daß man die heiß werdenden Röhren einer möglichst raschen Abkühlung aussetzt, und sind in dieser Hinsicht namentlich die Mantelöfen von guter Wirksamkeit.

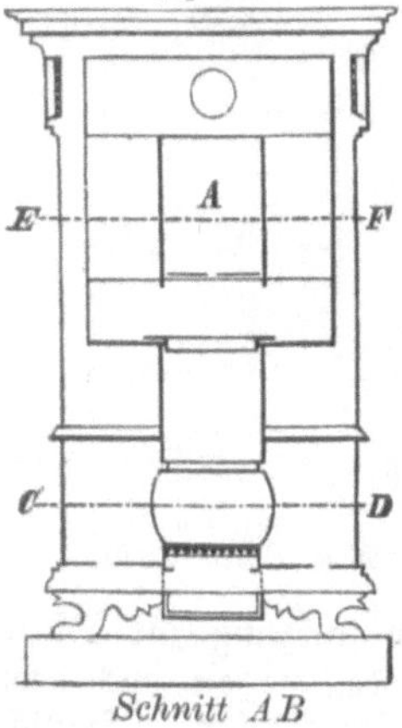

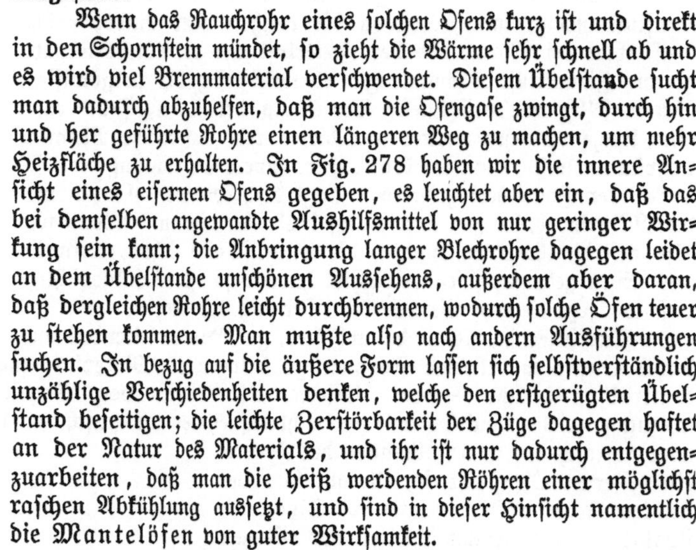

Schnitt A B

Fig. 312.

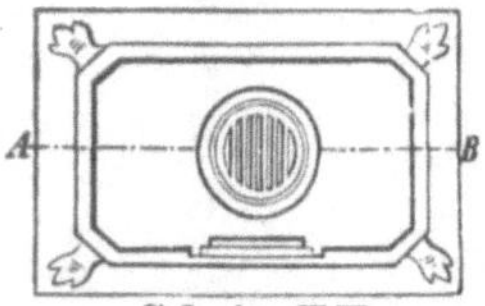

Schnitt E F

Fig. 313.

Schnitt D C

Fig. 311—313. Mantelofen.

Einen solchen, vom württembergischen Oberbaurath G. Morlok konstruiert, zeigen die Fig. 311—313 in einem Vertikaldurchschnitt und in zwei Horizontaldurchschnitten. Dieser Ofen ist für Steinkohlenfeuerung eingerichtet. Der gußeiserne Feuerkasten wird von einem dickwandigen kugelförmigen Hohlkörper gebildet, der unten durch den Rost abgeschlossen ist, während er oberhalb mit einem aus Eisenblech bestehenden Cylinder verbunden ist, der sich nach oben in zwei — im Querschnitt quadratisch geformte — Rohre oder Feuerzüge teilt, die einen Wärmekasten umschließen und sich über demselben wieder vereinigen, ehe sie in die Esse führen.

In dem cylindrischen Teile befindet sich die Thür zum Einfüllen des Brennstoffs. Der ganze Ofen ist von einem gußeisernen, dem Stile der Zimmerausstattung entsprechend geformten und dekorierten Mantel umschlossen, der oben und unten offen ist, um die Zimmerluft zwischen Ofen und Mantel zirkulieren zu lassen. Infolge dieser raschen Zirkulation werden immer neue und noch nicht erwärmte Luftmassen den heißen Rohren zugeführt und diese dadurch vor zu heftiger Erhitzung bewahrt. Ein Teil der Wärme geht auf den Mantel über, wenngleich das Material desselben nicht geeignet ist, diesen Wärmevorrat lange zu halten und für Nachheizung aufzubewahren.

Eine andauernde Wärmelieferung ist bei eisernen Öfen nur zu erwarten, wenn das Feuer andauernd unterhalten wird. Es braucht nicht sehr heftig zu brennen, aber es muß wenigstens immer so viel Brennstoff verzehrt werden, daß der Ausfall, den die Temperatur durch Abkühlung erleidet, durch die Verbrennungswärme gedeckt wird. Öfen, die dies ermöglichen sollen, müssen, wenn nicht ein besonderer Heizer zu ihrer Bedienung immer aufmerksam sein soll, in besonderer Weise konstruiert sein. Vor allen Dingen müssen sie darauf eingerichtet sein, daß sie den Grad der Verbrennung von dem Punkte ab, wo der Ofen nur noch den Zweck hat, eine gleichmäßige Temperatur zu unterhalten, auf das genaueste regulieren lassen. Das ist durch Regulierung des Luftzutritts möglich. Dann aber müssen sie so eingerichtet sein, daß man die geringen Quantitäten Brennmaterials, welche verbraucht werden, nicht in kurzen Zwischenräumen durch Nachschütten ersetzen muß, sondern daß man gleich eine lang anhaltende Füllung geben kann. Denn nur dadurch, daß das Innere des Heizapparats, einmal gefüllt und in Brand gesetzt, nicht wieder geöffnet zu werden braucht, kann eine gleichmäßige langsame Verbrennung unterhalten werden.

Füll- und Regulieröfen. Diese Gesichtspunkte, zu denen sich noch die Forderungen der Bequemlichkeit gesellen, welche auch einer einmaligen Füllung das Wort reden, führten zur Konstruktion der Füllöfen oder Füllregulieröfen. Die ursprüngliche Gestalt eines Füllofens, dessen besondere Einrichtung gleich auch den Zweck mit erreichen läßt, Brennstoffabfälle, wie Sägespäne, Torfgrus oder ähnliches Staubmaterial, für die Heizung nutzbar zu machen, ist noch in den nördlichen Provinzen Hollands zu finden. Es besteht dieser primitive Heizapparat aus einem oben mit einem Deckel, unten mit einem engen Roste versehenen cylindrischen Blechgefäße, welches, nachdem in der Mitte ein senkrechter Holzpfahl eingesteckt wurde, bis oben mit Brennstoff angefüllt wird. Die Entzündung erfolgt von oben, so daß die Verbrennung ähnlich wie bei einem Kohlenmeiler vor sich geht.

Das Charakteristische der Füllöfen also ist, daß in ihnen die ganze, für eine längere, etwa 6—12 Stunden andauernde Heizung erforderliche Menge des Brennstoffs auf einmal aufgeschüttet wird, die Verbrennung aber allmählich in gleichmäßiger Weise stattfindet. Bei dem holländischen Füllofen geschieht die Verbrennung von oben nach unten, und nach diesem Prinzip hat man auch andre Konstruktionen noch ausgeführt. Im Gegensatze dazu aber hat man auch Füllöfen konstruiert, bei denen die Verbrennung am Fuße der Brennstoffsäule erfolgt, indem man voraussetzte, daß diese durch langsames Nachsinken das Feuer beständig und gleichmäßig nähren würde. Dies ist aber leider nicht immer der Fall, indem bei solchen Öfen zuweilen der Übelstand eintritt, daß die ganze Brennmaterialsäule sich auf einmal entzündet, wodurch alsdann eine starke, für den Ofen und die Umgebung sogar gefährliche Hitzeentwickelung erfolgt. Dagegen bieten derartige Öfen aber auch wiederum den Vorteil, daß das Brennmaterial vorgewärmt und so in einen der nachfolgenden Verbrennung sehr günstigen Zustand versetzt wird.

Ein Beispiel eines Füllofens, der von unten angeheizt wird, ist in Fig. 314—317 gegeben. Dieser Ofen ist von dem Franzosen Delaroche konstruiert und zeichnet sich vor

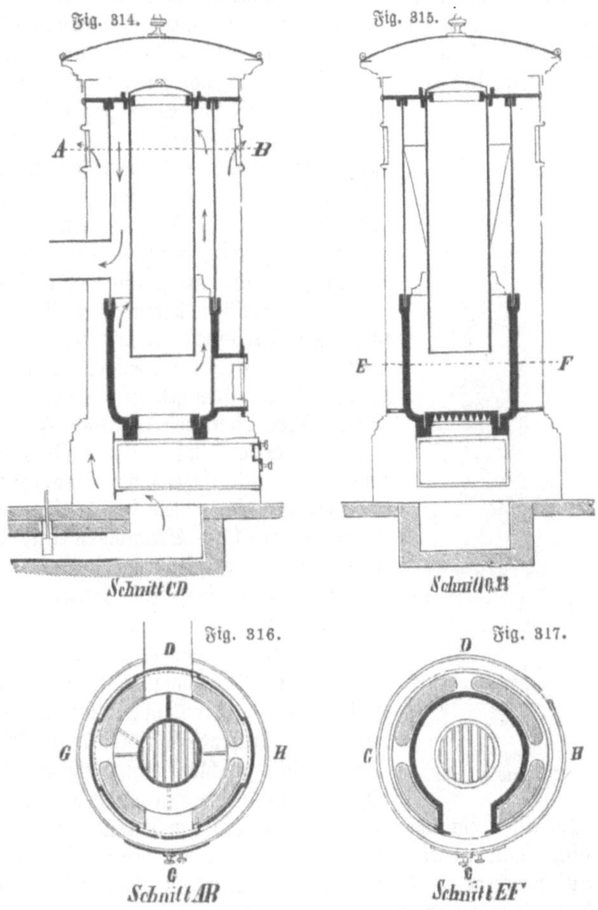

Fig. 314—317. Füllofen von Delaroche.

andern dadurch aus, daß bei ihm der erwähnte Übelstand der gleichzeitigen Entzündung der ganzen Brennmaterialmasse nach Möglichkeit beseitigt ist.

Der cylindrisch geformte, starkwandige gußeiserne Feuerkasten trägt einen Aufsatz von gleichem Durchmesser, welcher oben durch eine horizontale Platte abgeschlossen ist. In diesem Aufsatze befindet sich ein zweiter engerer Cylinder, der zum Teil noch in den Feuerkasten hineintritt und in welchen der Brennstoff eingefüllt wird. Oben ist dieser Cylinder durch einen Deckel mit Sandverschluß bedeckt, damit kein Rauch aus= und keine Luft eintreten kann, was sonst bewirken würde, daß der Brennstoff im inneren Cylinder heraufbrennte. Der Heizkasten ist unten zur Seite mit einem viereckigen Anguß versehen, in welchem die gut schließende Heizthür angebracht ist. Durch eine eingesetzte Glimmerplatte kann man den Gang der Verbrennung beobachten, während welcher das verzehrte Feuermaterial immer wieder durch Nachschub aus dem inneren Cylinder ersetzt wird, bis endlich alles verbrannt ist. Der Aschenkasten hat einen Schieber zur Regulierung des Luftzutritts.

Die Verbrennungsgase steigen aus dem Feuerkasten zwischen dem inneren und äußeren Cylinder zuerst in den Zügen auf= und dann in der durch Pfeile angegebenen Weise abwärts nach dem Rauchrohr. Durch einen Kanal, der ins Freie mündet und durch einen Schieber ganz oder teilweise abgesperrt werden kann, findet die Zuführung von Luft zwischen Ofen und Mantel statt. Dieselbe tritt am Fuße des Ofens ein und im erwärmten Zustande durch die im oberen Teile des Mantels angebrachten Öffnungen aus. Es ist also dieser Ofen auch für die Ventilation thätig.

Die Füllöfen haben durch ihre unbestreitbaren Vorzüge sich rasch in große Beliebtheit gebracht, so daß jetzt fast jedes der größeren Eisenwerke eine mehr oder weniger eigentümliche Konstruktion fabriziert. Zu den zweckmäßigsten gehörte der von Dr. Wolpert in Kaiserslautern erfundene Röhrenofen, von dem uns Fig. 318 eine Durchschnittsansicht gibt.

In erster Linie soll der Wolpertsche Röhrenofen für Koks und Koksabfall (sogenannte Cinder) als Füllofen dienen, jedoch soll es auch möglich sein, diese Konstruktion als gewöhnlichen Ofen für andres Brennmaterial — Steinkohlen und Holz — zu benutzen. Der Ofen wird sowohl als einfacher Röhrenofen wie als Röhrenmantelofen ausgeführt. Im erstern Falle stehen die Röhren frei, wie in unsrer Figur, und der Ofen ist äußerlich verziert; im zweiten Falle ist der Ofen roh, aber von einem reich verzierten Mantel umgeben.

Unsre Abbildung zeigt uns den Durchschnitt eines gewöhnlichen Röhrenofens. Direkt über dem Feuerraume liegt der konische, nach oben verjüngt zulaufende Füllcylinder, welcher durch einen in Sand eingelagerten Deckel dicht geschlossen ist. Beim Füllen des Ofens wird dieser Deckel abgehoben und der Brennstoff durch einen aufgesetzten Trichter eingegeben.

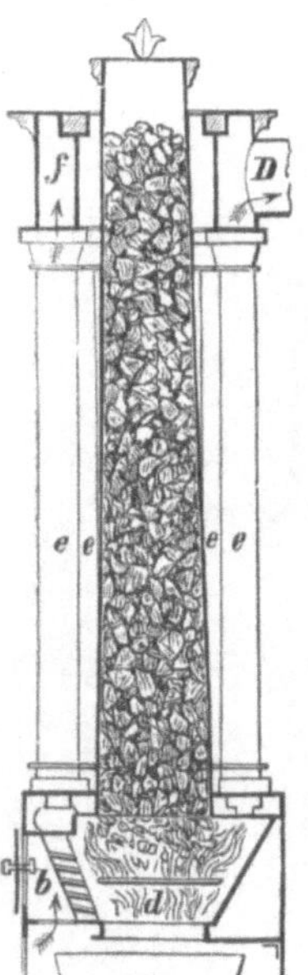

Fig. 318.
Wolperts Füllofen.

Der Ofen hat zwei Roste, einen seitlichen schrägen b, mit drehbaren Stäben, der einer luftdicht schließenden Feuerthür mit Schraubenventil gegenüberliegt, und einen Horizontalrost d, auf welchem die Verbrennung stattfindet. Der Aschenkasten c kann durch eine kleine Thür herausgenommen werden. Die Feuerluft steigt durch die säulenartig geformten Röhren e empor, von denen eine größere Zahl rings um den Füllcylinder angebracht ist. Sämtliche Röhren münden in einen ringförmigen Rauchsammler f ein, welcher durch das Rauchrohr D mit dem Schornstein kommuniziert.

Zum Zwecke des Anheizens werden einige Stäbe des schrägen Rostes b herausgenommen, auf dem Horizontalroste d ein Holzfeuer entzündet, auf welches man zuerst eine kleine Portion Kohlen schüttet. Ist das Feuer ordentlich im Gange, so wird der obere Cylinder vollends mit Brennstoff angefüllt. Die hauptsächlichste Neuerung an diesem Ofen liegt in der Anordnung des Feuerzugs. Dadurch, daß die Feuerluft durch verhältnismäßig enge, aber in größerer Anzahl vorhandene Röhren emporgeleitet wird, ist eine große Heizfläche und also auch gute Ausnutzung der Wärme zu erzielen.

In dem Maße, wie die Verbrennung fortschreitet, sinkt der Brennstoff im Füllcylinder nach. Will man den Ofen kontinuierlich im Gange erhalten, so wird von Zeit zu Zeit durch

den schrägen Rost b eine Art Rostgabel eingeführt und nach Herausnehmen der unteren
Roststäbe die unter der Gabel liegende Schlacke entfernt. Durch die Anbringung eines Mantels
wird dieser Ofen in einen wirksamen Luftheizofen verwandelt, und kann ebensowohl eine
Einrichtung erhalten, daß er als Ventilationsofen wirkt, wenn man die äußere Luft in den
unteren Teil des Mantels einzutreten zwingt, wobei selbstverständlich vorausgesetzt ist, daß
für den Abzug der schlechten Zimmerluft durch Öffnungen nach außen gesorgt sein muß.

An andern Öfen dieser Art, z. B. an dem Cordesschen Patentregulierofen, wird die
zum Feuer tretende Luft erst vorgewärmt, indem sie gezwungen wird, den heißen, aus
Schamottesteinen aufgeführten Feuerkasten zu umspülen, ehe sie durch den Rost zu dem
Brennstoffe selbst tritt. Dadurch wird sie auf eine Temperatur gebracht, welche für eine
rasche und vollständige Verbrennung sehr vorteilhaft ist.

Ein analoger Effekt wird bei der schon oben erwähnten Art von Füllöfen, in denen
die Verbrennung von oben nach unten zu fortschreitet, erreicht.

Ein solcher ist der in Fig. 319 im Durchschnitt abgebildete Rist=Kustermannsche
sogenannte Regulierfüllofen. Der gußeiserne cylindrische Mantel a a ist unten am Fuße
mit vertikal länglichen Öffnungen versehen, durch welche die kalte Zimmerluft einströmt und
in bekannter Weise zwischen dem eigentlichen Füllschachte b b und der äußeren Hülle auf=
steigt, indem sie sich am Füllschachte erwärmt und oben am durch=
brochenen Deckel d des Mantels in das Zimmer strömt. Der
cylindrische Füllschacht b kann mittels eines Henkels ausgehoben
und eingesetzt werden; er ruht auf den unten am Mantel an=
gegossenen vier Tatzen t auf. Im Innern befindet sich der Rost,
welcher in drei verschiedenen Höhen eingelegt werden kann, wie
dies aus der Abbildung ersichtlich ist. Infolge dieser verschie=
denen Roststellungen hat man es in der Gewalt, die Feuerung
für längere oder kürzere Zeit einzurichten. Am Boden hat der
Füllschacht eine konische Öffnung e, durch welche die Zimmerluft
unter den Rost gelangt, je nachdem man die Klappe k mittels
eines einfachen Mechanismus (der am Mantel angebracht ist und
bei m durch einen Schlüssel in Bewegung gesetzt werden kann)
von dieser konischen Öffnung mehr oder weniger entfernt, oder
dieselbe ganz verschließt.

Die Asche, welche durch den Rost hindurchfällt, sammelt
sich rings um diese konische Öffnung, kann aber, weil der Rost
oberhalb der letzteren nicht aus einzelnen Stäben besteht, son=

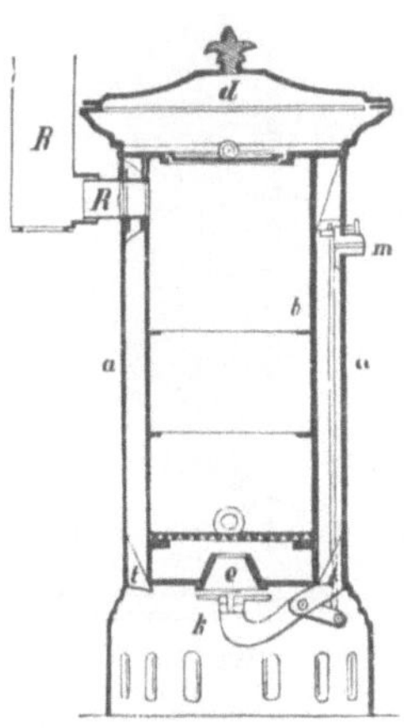

Fig. 319.
Rist=Kustermannscher Füllofen.

dern an dieser Stelle eine geschlossene Platte bildet, in diese Öffnung selbst nicht hinein=
fallen. Ist das Brennmaterial aufgezehrt, so wird das Füllgefäß ausgehoben, die Asche
ausgeleert und jenes wiederum beliebig mit Kohlen gefüllt. Die Verbindung des Füll=
gefäßes mit dem an den Mantel befestigten Rauchrohransatze R ist sehr einfach und aus
der Abbildung deutlich genug ersichtlich. Auf die Kohlen, welche das Rauchrohr etwas
überragen dürfen, werden behufs des Anzündens Holzspäne gelegt, in Brand gesetzt und,
nachdem oben durch Kasserolringe der Verschluß nach Bedarf hergestellt worden ist, wird
die Klappe geöffnet und nun durch diese letztere der Brand mehr oder weniger beschleunigt,
also die Wärme im Zimmer gesteigert oder vermindert.

Der wesentlichste Vorteil dieser Füllöfenkonstruktion besteht darin, daß man den Brenn=
stoff nicht im Zimmer einschütten und die Asche u. s. w. nicht im Zimmer herausnehmen
muß, ferner mit der einfachen Klappe den Brand völlig in seiner Gewalt hat, und daß man
auch die wohlfeilsten Brennstoffe und Brennstoffabfälle zur Heizung in ihnen benutzen kann.
Der letztere Umstand namentlich ist es, der diese wegen ihrer geringen Anschaffungskosten
für die weniger bemittelten Klassen in Berücksichtigung kommenden Öfen namentlich empfiehlt.
Versuche haben ergeben, daß keinesfalls mehr als ein zweimaliges Füllen des Ofens (bis
zum unteren Rost faßt derselbe circa 10 kg kleinster Würfelkohle) für ein Lokal von etwa
100 cbm Rauminhalt pro Tag nötig ist.

Ist der besprochene Ofen in seiner Einrichtung von einer Einfachheit, die sich kaum
übertreffen läßt, so gibt es neben ihm auch noch andre, die bei weitem komplizierter sind,

wenngleich die verwickeltere Konstruktion nicht allemal auch Anspruch auf den Namen einer verbesserten machen darf. Doch kann nicht geleugnet werden, daß die höchste Leistung sich in der Regel nicht mit den einfachsten und ursprünglichsten Apparaten erreichen läßt, und daß ein verlangter höherer Effekt oft auch künstlichere Mittel voraussetzt.

Gar mancher Füllofen könnte uns dies beweisen, wir enthalten uns aber eines näheren Eingehens auf solche komplizierte Heizapparate, da dieselben ohnehin vorzugsweise mehr für größere Räume und weniger für die täglichen Bedürfnisse des häuslichen Lebens bestimmt sind.

Ein sehr bekannter und höchst einfacher Füllofen ist der von Professor Meidinger in Karlsruhe erfundene. Der Meidingersche Füllofen hat seiner Zeit sozusagen die Kälteprobe durchgemacht, indem mit ihm die Schiffe der vorletzten deutschen Nordpolexpedition ausgerüstet waren, und der Führer derselben, Kapitän Koldewey, hat erklärt, daß er noch auf keiner arktischen Reise eine so gute Heizvorrichtung gehabt, und daß neben der anderweitigen trefflichen Ausrüstung auch der Meidingersche Ofen das Seinige dazu beigetragen

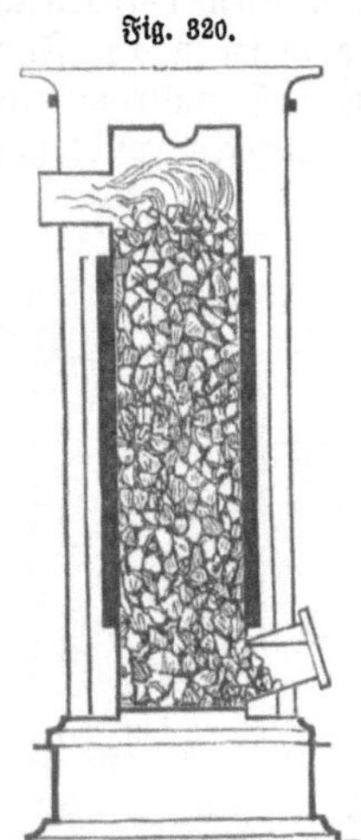
Fig. 320.

habe, die Mannschaft in durchaus befriedigendem Gesundheitszustande zu erhalten, indem in der Kajütte nicht nur eine fortwährend gleichmäßige Temperatur von 12—16 Grad erhalten wurde, sondern auch eine ausgezeichnete Ventilation stattfand.

Der Meidingersche Füllofen ist in Fig. 320 im Vertikal- und in Fig. 321 im Horizontaldurchschnitt dargestellt. Derselbe ist als Rippenofen konstruiert, d. h. am äußeren Umfange mit strahlenartigen Rippen versehen.

Es ist zwar eine längst bekannte Thatsache, daß rauhe Heizflächen mehr Wärme ausstrahlen als die glatten, auf die praktische Anwendung dieser physikalischen Wahrheit mit bezug auf Zimmerheizung führte aber erst ein auf der Pariser Weltausstellung von 1867 vorhandener englischer Ofen, welcher mit derartigen vertikalen, strahlenartig gerichteten Rippen versehen war. Meidinger hat die rippenartige Form des Ofenkörpers adoptiert, wie deutlich aus Fig. 321 zu ersehen ist.

Von allen bisher bekannten Ofenkonstruktionen unterscheidet sich die Meidingersche dadurch, daß bei ihr weder Rost noch Aschenfall vorkommen. Der Ofen ist hauptsächlich für Feuerung mit Steinkohle und Koks bestimmt, weniger vorteilhaft lassen sich Braunkohlen verwenden, doch können sie ganz gut darin gebrannt werden. Er besteht aus einem gußeisernen Füllcylinder a und einem doppelten, oben und unten offenen Mantel e, welcher jenen umgibt, selbst aber auf einem ebenfalls gußeisernen, mit vier Füßen versehenen Kranze g ruht, und oben einen durchbrochenen Deckel f trägt. Die Feuerthür befindet sich unmittelbar über dem Kranze. Der Füllcylinder ist aus mehreren ringförmigen Teilen zusammengesetzt, von denen der untere

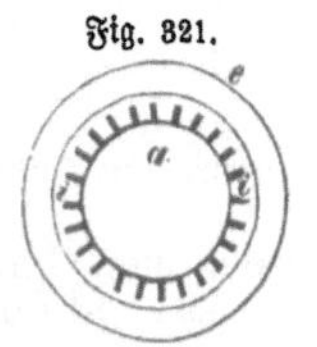
Fig. 321.

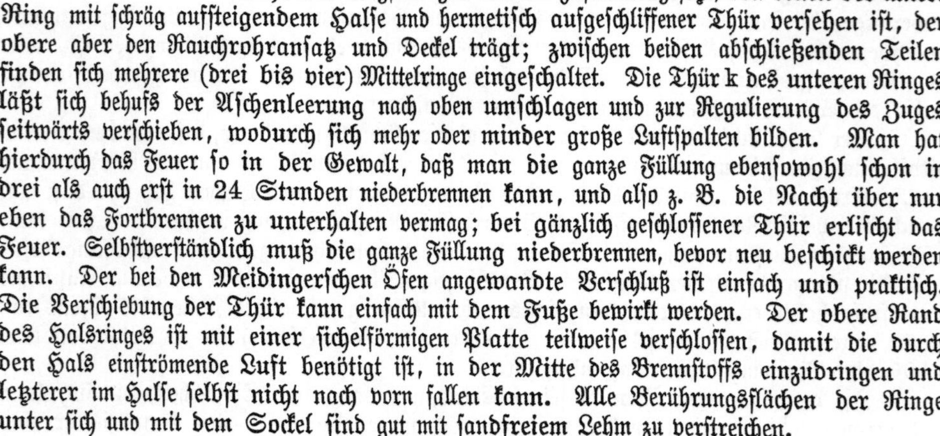
Fig. 320 und 321.
Meidingers Füllofen.

Ring mit schräg aufsteigendem Halse und hermetisch aufgeschliffener Thür versehen ist, der obere aber den Rauchrohransatz und Deckel trägt; zwischen beiden abschließenden Teilen finden sich mehrere (drei bis vier) Mittelringe eingeschaltet. Die Thür k des unteren Ringes läßt sich behufs der Aschenleerung nach oben umschlagen und zur Regulierung des Zuges seitwärts verschieben, wodurch sich mehr oder minder große Luftspalten bilden. Man hat hierdurch das Feuer so in der Gewalt, daß man die ganze Füllung ebensowohl schon in drei als auch erst in 24 Stunden niederbrennen kann, und also z. B. die Nacht über nur eben das Fortbrennen zu unterhalten vermag; bei gänzlich geschlossener Thür erlischt das Feuer. Selbstverständlich muß die ganze Füllung niederbrennen, bevor neu beschickt werden kann. Der bei den Meidingerschen Ofen angewandte Verschluß ist einfach und praktisch. Die Verschiebung der Thür kann einfach mit dem Fuße bewirkt werden. Der obere Rand des Halsringes ist mit einer sichelförmigen Platte teilweise verschlossen, damit die durch den Hals einströmende Luft benötigt ist, in der Mitte des Brennstoffs einzudringen und letzterer im Halse selbst nicht nach vorn fallen kann. Alle Berührungsflächen der Ringe unter sich und mit dem Sockel sind gut mit sandfreiem Lehm zu verstreichen.

Ein solcher Ofen, während 65 Tagen in Thätigkeit und während 21 Tagen unausgesetzt Tag und Nacht, erhielt in dem kalten Winter 1870/71 drei Zimmer von zusammen 202 cbm Inhalt und fünf Fenstern derart in gleichmäßiger Temperatur, daß dieselbe durchschnittlich morgens 15, mittags 18 und abends 17 Grad betrug, während an den käl= testen Tagen ein Temperaturunterschied zwischen der freien und der Zimmerluft von nicht weniger als 39° R. stattfand. Für diese Leistung betrug der Koksver= brauch 19 Zentner zu 130 Pfennig, und die Feuerungskosten beliefen sich also pro Tag auf nur 30 Pfennig exklusive das Anzündeholz, während sich diese Kosten bei Steinkohlenfeuerung in gewöhnlichen eisernen Öfen nach dortigen Verhältnissen auf circa 40 Pfennig gestellt haben wür= den. Dabei war die Wärme eine durch= aus gleichmäßige und angenehme, so daß der Meidingersche Ofen hiernach in jeder Beziehung als einer der besten Zimmer= öfen gelten dürfte.

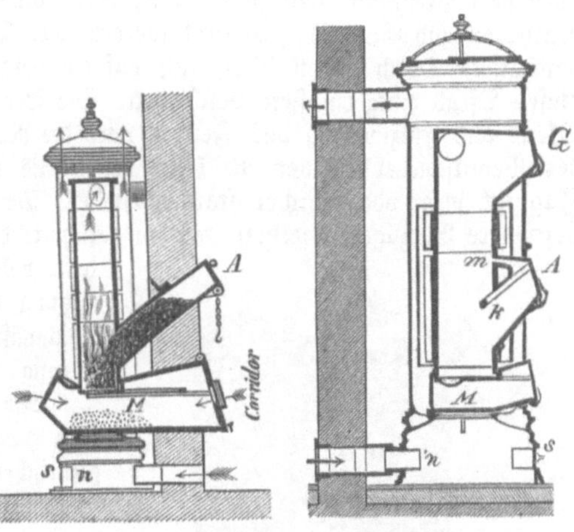

Fig. 322 und 323. Pfälzer Schachtöfen.

Als praktische Füllöfen sind auch die in Fig. 322 und 323 abgebildeten Pfälzer Schachtöfen des Eisenwerks Kaiserslautern zu nennen. Fig. 322 zeigt einen solchen Ofen mit Heizung vom Korridor aus und Fig. 323 in der Anordnung, in welcher derselbe zur Heizung zweier nebeneinander befindlicher Zimmer benutzt werden kann. Werden Brenn= materialien in größeren Stücken, z. B. Koks oder grobe Stein= und Braunkohlen, verbrannt, so erfolgt die Füllung durch die obere Öffnung G, wogegen das klare Brennmaterial durch die untere Öffnung A eingeschüttet wird. Im ersteren Falle ist die Behandlung dieser Öfen wie diejenige jedes andern Füllofens, und man kann dabei die Öffnung A entweder ganz verschließen oder zum Nachsehen und Regulieren des Brandes benutzen. Bei klarem Brennmaterial wird dagegen auf dem Roste ein Feuer angezündet und das Brennmaterial so bei A eingefüllt, daß das Feuer nicht erstickt wird. Um in diesem Falle die Verbrennung vollständiger zu machen, wird durch die Kanäle k vorgewärmte Luft zugeführt. Die Öffnung m dient zur Abführung der aus dem vorwärmenden Brennmaterial aufsteigenden Gase, welche bei m über das helle Feuer gelangen und somit verbrennen. Unter dem Roste befindet sich der Aschenraum M, in welchen ein Aschenkasten eingeschoben wird. Asche und Schlacken werden durch Rütteln vom Roste herabgeworfen und fallen in den Aschenkasten, bei s kann die Zimmerluft eingeführt und durch Zirkulation erwärmt werden. Bei n tritt entweder (wie bei Fig. 322) frische Luft vom Korridor oder abgekühlte Luft vom Nebenzimmer zu (wie bei Fig. 323). Die Öfen sind mit einfachen glatten Blechmänteln oder mit ver= zierten Gußeisenmänteln umgeben.

Ein andrer neuerdings beliebt gewordener eiserner Füllofen ist der in Fig. 324 abgebildete Lönholdtsche Füll=, Regulier= und Luftheizungsofen, welcher besonders darauf eingerichtet ist, die Zimmerluft in lebhafte Zirkulation zu versetzen und somit eine möglichst gleichförmige Wärmeverteilung herbeizuführen. Die Zimmerluft zieht am Boden in den Ofensockel ein, welcher durch die herbeigeführten Feuergase erwärmt wird. Die auf= wärts strömende Luft bestreicht alsdann den Heizkörper und die Feuerkanäle und tritt durch Öffnungen in der Rückwand in das Zimmer ein, wobei sie durch ein daselbst angebrachtes

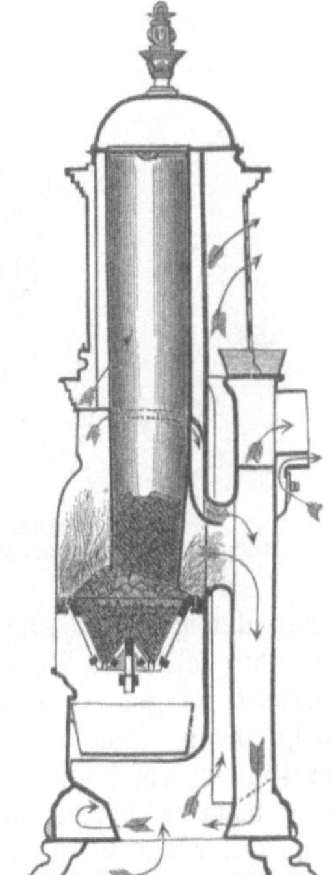
Fig. 324. Lönholdts Luftheizofen.

Wasserverdunstungsgefäß die etwa nötige Feuchtigkeit zugeführt erhält. Wird die Sockel=
öffnung mit einem Luftkanal verbunden, so führt der Ofen reine erwärmte Luft von außen
zu. Eigentümlich ist an diesem Ofen der Korbrost, durch welchen der reichliche Luftzutritt
nach dem Brennstoff gesichert wird, was notwendig ist, weil in diesem Ofen hauptsächlich
Anthracit und Gaskoks gebrannt werden soll. Das Brennmaterial wird in Nußgröße auf=
geschüttet. Durch diesen Anspruch auf ein besonderes Brennmaterial wird die Benutzung
dieses Ofens einigermaßen beschränkt. Die Bedienung ist einfach. Nach der Füllung des
Ofens und Entzündung des Feuers wird die Regulierschraube an der Aschenfallthür sowie
der Ventilschieber an der Rückseite des Ofens eingestellt; durch diesen Schieber läßt der
Zug sich mehr oder minder stark herstellen. Der Ofen ist täglich einmal nachzufüllen. Als
besondere Vorzüge desselben werden gerühmt: die Unmöglichkeit des Erglühens der Eisen=

teile, vollkommene Verbrennung bei sparsamer Aus=
nutzung des Brennstoffs; gesunde, angenehme und
gleichmäßige Erwärmung des Zimmers mit Luft=
heizung, Wasserverdunstung und Lüftung.

Im Anschluß an das Vorhergehende dürfte es
noch von Interesse sein, einige Beispiele für die
stilistisch=ornamentale Behandlung der eisernen Öfen
vorzuführen. Wir wählen dazu einige vom Eisen=
werk Kaiserslautern ausgeführte Ofenformen, und
zwar erstens den kaminartig eingerichteten Schmölcke=
ofen (Fig. 325), vom Architekt Schmölcke in Holz=
minden; dieser Ofen ist als Füllofen zur Luftzirku=
lation und Lüftung in großen, stark angefüllten
Räumen, also in Gesellschaftszimmern, Restaurants,
Schulzimmern u. s. w., zu benutzen. Die unange=
nehme Wärmestrahlung wird bei diesem Ofen durch
den Mantel aufgehoben und das Erglühen des
Eisens ist durch Ausmauerung unmöglich gemacht.
Als weitere Beispiele wählen wir einen achtseitigen
und einen vierseitigen Mantelofen des Eisenwerks
Kaiserslautern. Innerhalb der beiden Mäntel sind
Füllöfen angebracht, deren Konstruktion hier eine
beliebige sein kann, da für uns an dieser Stelle die
Darstellung der verzierten Mäntel die Hauptsache ist.

Betrachten wir nun zusammenfassend den Zu=
stand, in dem die Heizungsverhältnisse unsrer Wohn=
räume zur Zeit sich befinden, so haben wir zu be=
merken, daß den in mancher Beziehung für die
Zimmerheizung sehr annehmlichen Thonöfen mehr
und mehr von den eisernen Öfen Konkurrenz gemacht
wird, indem diese letzteren nicht nur durch praktische
Einrichtung, Dauerhaftigkeit und Zierlichkeit den Vorzug gewinnen, sondern auch in Eleganz
mit den kostbarsten Porzellan= und Majolikaöfen wetteifern. Was die Füllöfen insbesondere
betrifft, so sind sie im Brennstoffverbrauch ökonomischer als die gewöhnlichen Öfen und
nehmen für gleiche Heizung weniger Raum ein. Sie erweisen sich vor allem da als zweck=
mäßig, wo auf Raumersparnis zu sehen ist. Die damit erzielte Brennstoffersparnis ist jedoch
nur dann in Anrechnung zu bringen, wenn man an sich schon Koks oder Steinkohle zu
brennen veranlaßt ist, da billigeres Brennmaterial, wie Grus, Braunkohle u. s. w., sich
in gewöhnlichen Öfen bei weitem besser als in Füllöfen brennen läßt. Für Torf= und Holz=
feuerung sind Füllöfen gar nicht einzurichten, ebenso eignen sie sich im allgemeinen nicht
für Kocheinrichtungen und passen daher nicht für Familienwohnstuben, wo man den Ofen
als Wärmegeber nach jeder Richtung hin auszunutzen wünscht. Überhaupt sind sie nur da
am rechten Platze, wo man den ganzen Tag Feuer unterhalten will, ohne wiederholt zu
schüren oder befürchten zu müssen, daß das Feuer erlösche. Für Studierzimmer, Büreaus,

Läden u. s. w. sind sie aber unübertrefflich, wenn die Räume nicht zu klein sind, d. h. nicht
unter 10 qm Fläche haben, weil sonst die Hitze leicht zu stark wird.

Was die Regulierung der Ofenhitze anbe=
langt, so sind durch die gewöhnliche Einrichtung der
Öfen drei Mittel an die Hand gegeben, um die Stärke
des Zuges abzuändern: 1) Durch mehr oder weniger
Verschluß der Feuerthür und des Aschenkastens;
2) durch die Rohrklappe; 3) durch eine hohe Brenn=
stoffschicht und teilweises Bedecken derselben mit Asche.
Was das erste Mittel betrifft, so sind unsre Öfen ge=
wöhnlich nur sehr mangelhaft darauf eingerichtet, in=
dem Thür und Aschenkasten zu viel unverschließbare
Spalten für den Eintritt der Luft bieten. Das zweite
Mittel, die Ofenklappe, ist zum Absperren des Zuges
gefährlich anzuwenden, indem alsdann die beim ge=
dämpften Brand sich entwickelnden halbverbrannten
Gase leicht gezwungen werden, in die Wohnräume ein=
zutreten und gesundheitsschädlich, ja sogar töblich zu
wirken. Das dritte Mittel endlich wäre das aller=
unrationellste, und wir müssen es von vornherein
außer Betracht lassen.

Da aber auch die andern der erwähnten Mittel
keineswegs genügend sind, so hat man versucht, be=
sondere Apparate zur selbstthätigen Regulierung der
Ofenhitze herzustellen. Es sind drei Systeme derselben
bekannt. Das eine, von Professor Eisenlohr in Karls=
ruhe, das eine Klappe, welche den Zufluß der Luft
durch den Rost regulieren soll, mit einer aus zwei
verschiedenen Metallschienen hergestellten Feder ver=

Fig. 326. Verzierter gußeiserner Ofenmantel.
Ausgeführt vom Eisenwerk Kaiserslautern.

bunden ist, welche sich durch steigende Erwärmung mehr und mehr krümmt, bei folgender
Abkühlung aber wieder streckt und so bei zu starkem Feuer die Klappe schließt, bei zu
schwachem sie aber öffnet. Bei dem zweiten, vom Ingenieur Asmus erfundenen System wird
durch den Druck der in das Feuer strömenden Luft, welcher von
dem der Temperatur der abziehenden Feuerluft entsprechenden Zuge
abhängig ist, eine leicht bewegliche Klappe vor dem Luftloch ent=
sprechend geschlossen, während sie sich bei nachlassendem Druck
(respektive schwächer werdendem Zuge) durch ein Gegengewicht
wieder öffnet. Bei dem dritten System (Vender und Teller in
Offenbach) endlich soll durch Einführung von kalter Luft oberhalb
des Feuers, welcher durch einen Rosettenschieber mittels einer in
der Wärme sich ausdehnenden Spiralfeder mehr oder weniger Öff=
nung geboten wird, der Brand reguliert werden. Diese Apparate
erfüllen jedoch aus Gründen, auf welche wir hier nicht weiter ein=
gehen wollen, ihren Zweck ebenfalls nur sehr unvollkommen; ja,
Professor Meidinger, der hier als Autorität anzusehen ist, verwirft
sie geradezu als unnütze Spielereien und empfiehlt dafür die in
Fig. 328 abgebildete einfache Vorrichtung, welche zugleich sehr
wirksam zur Lüftung dient.

Fig. 327. Verzierter gußeiserner
Ofenmantel. Ausgeführt vom
Eisenwerk Kaiserslautern.

Fig. 328 stellt das Ofenrohr dar; a ist die Einströmungs=
öffnung für die aus dem Ofen abziehende Feuerluft; b die Aus=
mündung in die Esse, e die gewöhnliche Rohrklappe. Das Rauch=
rohr setzt sich unterhalb seiner Verbindung mit dem Ofen ein Stückchen fort und besitzt
bei c einen kurzen offenen Ansatz, bei d aber noch eine Klappe. Ist diese letztere wie in
Fig. 328 geöffnet, so kann die Stubenluft bei c ungehindert in das Rohr einströmen. Ist
dagegen die Klappe d geschlossen, so übt das Rohr nur seine gewöhnliche Wirkung aus.

48*

und es kann nunmehr nur durch den Ofen Luft in das Rohr einziehen. Beim Feuermachen muß die Klappe d stets geschlossen sein und bleibt so lange geschlossen, wie der Ofen nicht zu stark hitzt; sobald aber letzteres der Fall ist, wird sie geöffnet, und nun erfolgt ein starker Abzug der heißen Zimmerluft durch die Öffnung c nach dem Schornsteine, wodurch wiederum der Abzug der Feuerluft gehemmt und so das Feuer geschwächt und die Hitze vermindert wird. Mittels einer geeigneten Stellung der Klappe d kann der Zuzug der Zimmerluft durch die Öffnung c so reguliert werden, daß der Ofen genau den erwünschten Wärmegrad gibt. Es ist zweckmäßig, das Rohrstück unterhalb der Klappe d getrennt für sich, zum Hineinschieben in das obere Rohr herzustellen, damit man die Luftöffnung c nach jeder geeigneten Richtung drehen kann.

Das Rauchrohr eines Ofens wird selbst zuweilen sehr heiß und vergrößert dadurch die Hitze im Zimmer. Bei Ingangsetzung der oben beschriebenen Regulierklappe vermindert sich diese Wirkung, indem die einströmende Zimmerluft die Feuerluft abkühlt.

Der Nutzen dieser Reguliervorrichtung in gesundheitlicher wie ökonomischer Beziehung erscheint mit besonderer Rücksicht auf ihre einfache Bedienung und leichte, billige Herstellung bedeutend genug, um ihre allgemeine Anwendung zu empfehlen.

Zentralheizung. Bei der Heizung sehr großer Räume oder eines Komplexes von Räumlichkeiten, welche gleichzeitig geheizt werden sollen, würde die Anwendung von Öfen schon wegen der vielfachen Bedienung, dann aber auch vieler andrer Umstände wegen unbequem

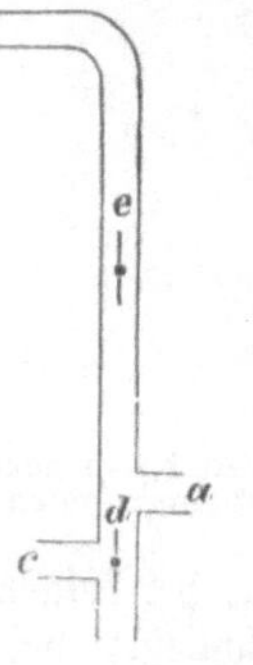
Fig. 328.
Meidingers Zug-
vorrichtung.

sein und die Frage nahe legen, ob man dann nicht die Heizung von einer einzigen Feuerstelle aus, die entfernt von jenen Räumen, etwa im Souterrain, gewählt werden könnte, zu bewirken im stande wäre, so daß die Leitung und Übertragung der Wärme vom Feuerraume aus mittels Kanäle oder Röhren erzielt würde. Diese Frage ist in der That häufig genug an die Technik gethan worden, und letztere hat es nicht an Antworten fehlen lassen, dieses Problem in verschiedener Art zu lösen. Die älteste und einfachste Zentralheizung, so nennt man eine derartige Heizung, ist die Luftheizung. Es leuchtet ein, daß man dieselbe in der Weise herstellen könnte, daß man die Feuerluft selbst direkt aus dem Feuerraum in einem Röhrensystem von Gußeisen oder gebranntem Thon durch die zu heizenden Räume nach dem Schornstein führte, so daß sie auf diesem Wege den größten Teil ihrer Wärme an die letzteren abgeben müßte. Indessen steht dem der Umstand entgegen, daß bei einer solchen Ausführung der zur Verbrennung nötige Zug leicht beeinträchtigt werden könnte, und deshalb erhitzt man lieber Luft in besonderen Apparaten, den sogenannten Kaloriferen, und läßt sie dann in die zu heizenden Räume einströmen.

Die Erfindung solcher Luftheizapparate datiert, wie schon erwähnt, aus sehr früher Zeit. Es wurden nämlich Vorrichtungen von ähnlicher Wirkung schon zur Heizung der antiken römischen Bäder benutzt, wie aus alten Abbildungen hervorgeht. Ein in neuerer Zeit in den Bädern oder Thermen des Titus zu Rom aufgefundenes uraltes Gemälde läßt die Art der römischen Heizeinrichtung für Badestuben deutlich erkennen. In Fig. 329 ist eine verkleinerte, sonst aber genaue Kopie dieses Bildes gegeben. A ist der Ofen, welcher den in Mosaik mit Steinplatten belegten Fußboden (das sogenannte Hypocaustum) erwärmt, über welchem sich der öffentliche Badesaal (balneum) B befindet. C ist die Schwitzstube (camerata sudatio), welche noch besonders durch einen Ofen d erwärmt wird; D sind Dampfbadestuben, E das Abkühlungszimmer und F das sogenannte oleotarium, worin die Badegäste von Sklaven mit wohlriechenden Ölen gesalbt wurden. In dem Raume rechter Hand sind Gefäße a b c aufgestellt, welche kaltes, warmes und heißes Wasser enthalten. Wie man sieht, ist hier die Heizung der Räume auf die vorhin von uns erwähnte Art ausgeführt, nämlich dadurch, daß man die Feuerluft direkt unter dem Fußboden hingeführt und diesen dadurch erwärmt hat.

Einen andern Apparat aber, der die Grundidee der Luftheizung ausdrückt, hat man ebenfalls in Rom abgebildet gefunden, und wir geben eine Ansicht davon in Fig. 330. In derselben sieht man in dem die Badestube umgebenden Mauerwerk zahlreiche Röhren, durch welche die Feuerluft aus dem unterhalb angebrachten Ofen emporsteigt und so den Raum innerhalb durchwärmt.

Was die neueren, insbesondere als Kaloriferen bezeichneten Luftheizapparate anbelangt, so kann man dieselben in zwei Klassen einteilen, nämlich in solche, wo die Röhren, durch welche die Feuergase ziehen, größtenteils horizontal liegen, und in solche, welche überwiegend vertikale Röhren haben.

Fig. 329. Zentralheizung in den Bädern des Titus zu Rom.

Nach den gewonnenen Erfahrungen steht das erstere System dem letzteren an Heizkraft bedeutend nach, indem die von außen eingeführte Luft, die sich an den Röhren des Kalorifere erwärmen soll, im Aufsteigen an den horizontalen Röhren höchstens nur die Hälfte der von den Rohrwänden gebildeten Heizfläche berührt, während die vertikalen Röhren ringsum bestrichen werden, so daß in letzterem Falle dasselbe Quantum Luft von einer gleichgroßen Röhrenfläche viel mehr Wärme aufnimmt als im ersteren Falle.

Das Prinzip, von außen zugeführte frische Luft beim Durchzuge durch ein System Hitze abgebender Flächen zu erwärmen, so daß man diese Luft direkt benutzen kann, um die Temperatur kalter Räume dadurch zu erhöhen — ist bei allen Systemen dasselbe. Wie es ausgeführt wird, wollen wir an einigen Beispielen unsern Lesern zu erläutern versuchen. Wir wählen dazu der Einfachheit wegen einen Kalorifere nach englischer Konstruktion, von dem uns Fig. 331 eine Durchschnittsansicht gibt. In derselben ist A die Feuerbüchse, von welcher aus die heißen Gase durch den inneren Cylinder B in die Höhe steigen und, wie es die Pfeile andeuten, ehe sie in die Esse gehen, den konzentrischen hohlen Mantel C durchströmen. Der Mantel C bildet um den inneren Cylinder B einen Raum, in welchen von unten aus dem Kanale D durch das Rohr E die Heizluft eintritt, und zwar so, daß sie zuerst in den durch eine mantelförmige Scheidewand abgeteilten Innenraum F geleitet wird, den Heizcylinder B umspült und dann in der dem Heizmantel C zunächst gelegenen Abteilung abwärts strömt, bis sie sich unten wieder emporwendet und nach der Leitungsröhre G den Lauf nimmt. In dieser wird sie den zu heizenden Räumen zugeführt.

Fig. 330. Altrömischer Kalorifere.

Mit bezug auf die Wärmeabgabe an die Heizluft ist dieser Apparat ganz zweckmäßig angeordnet, doch ist derselbe seiner Konstruktion nach jedenfalls kostspielig und von geringer Dauer, außerdem aber mit Übelständen behaftet, welche den eisernen Kaloriferen insgemein anhaften, und von denen sogleich die Rede sein wird.

Wenn nämlich das Eisen bis zum Glühen erhitzt wird, so verbrennen, wie oben erwähnt, die organischen Staubteilchen, welche immer in der an den heißen Wänden hinstreichenden Luft enthalten sind, wodurch ein unangenehmer und schädlicher Geruch entsteht, der sich bekanntlich auch bei eisernen Öfen einstellt, wenn dieselben nach längerer Pause zum erstenmal wieder und zwar stark geheizt werden. Ferner ist man bei den eisernen Kaloriferen ebenso wie bei den eisernen Öfen genötigt, das Feuer stets gehörig zu unterhalten, wenn man eine gleichmäßige Heizung haben will; die dem Feuer ausgesetzten eisernen Flächen können der Zerstörbarkeit des Materials wegen nur eine geringe Dauer haben, und selbst in bezug auf Feuersgefahr, sei es infolge des Durchbrennens der eisernen Feuerzüge oder durch zu starke Erhitzung der Luft, sind derartige Kaloriferen nicht ganz unbedenklich.

Neuerdings sind die Kaloriferen oder besser Zentralheizöfen in ihrer Konstruktion so vervollkommnet worden, daß die gerügten Übelstände bei richtiger Handhabung nicht mehr vorkommen, und namentlich soll sich ein von Dr. Wolpert entworfener und vom Eisenwerk Kaiserslautern ausgeführter Apparat dieser Art vortrefflich bewähren.

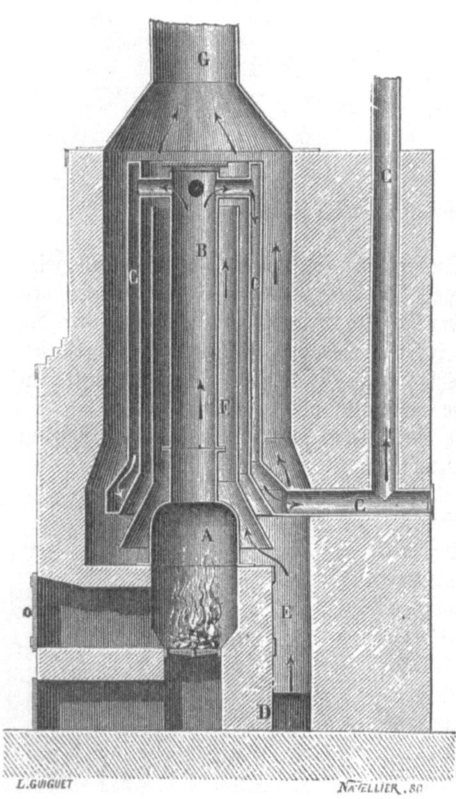

Fig. 331. Englischer Kalorifere.

Um die Luftheizapparate von den bereits auf voriger Seite angeführten Übelständen zu befreien und um dieselben einmal für das Ansammeln und dann für die allmähliche Abgabe der Wärme durch Wärme aufnehmende Massen geeigneter zu machen, hat man Kanalsysteme aus Ziegeln hergestellt, welche zu einem Teil von den heißen Feuergasen, zum andern Teil aber von der zu erwärmenden Luft durchzogen werden. Solche gemauerte Kaloriferen empfehlen sich unter Umständen durch ihre leichte und billige Herstellung, doch ist wohl darauf zu achten, daß die verschiedenen Kanäle voneinander dicht abgeschlossen sind, und daß sie ihre Dichtheit auch auf die Dauer bewahren, weil sonst die Heizluft sich mit den Verbrennungsgasen vermischt, was nicht nur sehr unangenehm, sondern selbst gefährlich sein würde.

Einen derartigen Luftheizapparat haben die Franzosen Gaillard und Haillot aus feuerfesten Hohlziegeln konstruiert, wodurch die Anwendung von Eisen für die Kanäle, in denen die Luft und die Verbrennungsgase zirkulieren, gänzlich vermieden ist. Durch die geringe Wärmeleitungsfähigkeit des Konstruktionsmaterials werden namentlich die Unregelmäßigkeiten sehr wesentlich vermieden, welche durch Nachlässigkeit des Heizers in der Temperatur der zu heizenden Luft eintreten können.

Es unterliegen ferner diese Apparate viel weniger leicht Reparaturen als die eisernen Apparate, deren Teile leicht durchbrennen, und die mittels dieser Apparate erhaltene Luftheizung läßt sich endlich mit einer wirksamen Lüftung verbinden, was für die Gesundheit sehr wichtig ist.

Fig. 332 und 333 zeigen den Apparat im Vertikal- und Horizontaldurchschnitt. Die zur Verbrennung dienende Luft tritt durch den Aschenfall unter den Rost A, durchzieht das Brennmaterial und strömt durch die aus feuerfesten Steinen gebildeten und durch horizontale Scheidewände aus feuerfestem Thon getrennten Kanäle B in abwechselnder Richtung von vorn nach hinten und von hinten nach vorn, um endlich an der untersten Stelle bei S in den Schornstein zu entweichen. Wie aus dem Aufriß Fig. 332, wo ein Stück Seitenwand als weggebrochen dargestellt, und aus dem Grundriß Fig. 333 ersichtlich ist, sind die Feuerkanäle B durch vertikale Scheidewände aus Hohlziegeln voneinander getrennt; durch die Hohlräume dieser Scheidewände strömt die zu erwärmende Luft von unten durch Kanal K nach oben, worauf sie am obersten Teile des Apparates durch dazu angebrachte Röhren W nach den zu heizenden Räumen entweicht. An der Rückwand des Apparates sind die Kanäle B mit Reinigungsöffnungen versehen, die durch Deckel verschlossen sind.

Neuerdings werden die Luft=heizungsapparate meistens in der Weise ausgeführt, daß man die Heiz=gase durch gußeiserne runde oder vier=seitige, mit eng aneinander liegenden Querrippen versehene Röhren führt; durch diese Rippen wird die Heizfläche bedeutend vergrößert und eine Über=hitzung derselben vermieden. Die zu erwärmende Luft streicht alsdann an diesen gerippten Flächen hin und nimmt deren Wärme auf.

In Fig. 334 und 335 ist ein solcher sogenannter Luftheizungs=kalorifer als neueste verbesserte Konstruktion der Gebrüder Körting in Hannover im Längs= und Quer=schnitt dargestellt. Der mit gerippten Rohren und mit Füllschachtfeuerung A versehene Kalorifer oder Luftheiz=ofen befindet sich in einer durch Doppelwände und Doppeldecke gegen Wärmeverlust möglichst geschützten Heizkammer. Dieser Kalorifer be=steht im wesentlichen aus drei Haupt=

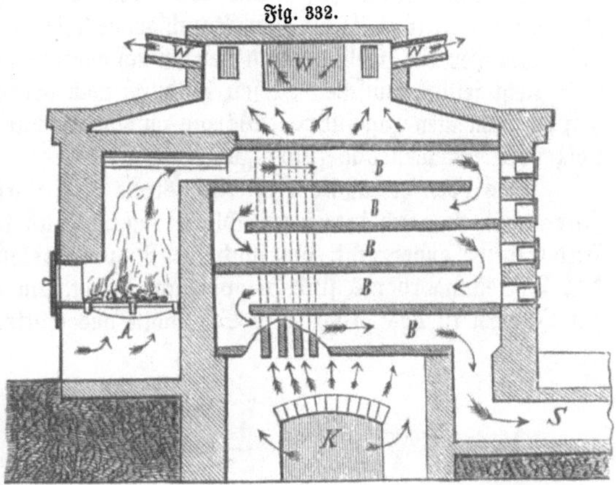

Fig. 332.

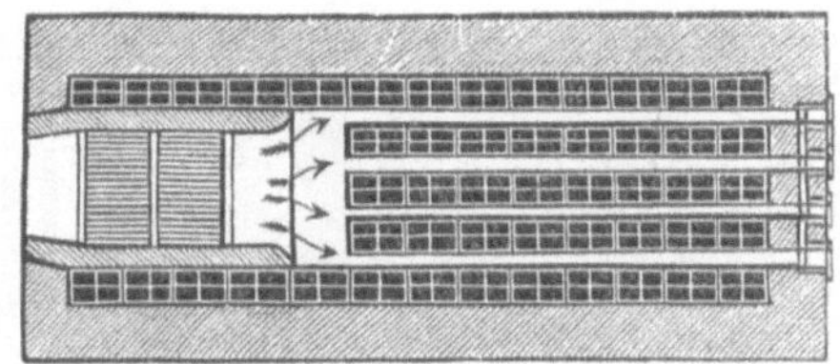

Fig. 333.

Fig. 332 und 333. Luftheizapparat aus Hohlziegeln.

teilen, nämlich 1) einem oberen horizontalen Verteilungsrohr B, 2) den sich an beiden Seiten dieses Rohres anschließenden vertikal gestellten Patent=Diagonalrippenheizelementen C und 3) den sich an letztere wieder anschließenden Rauchsammelkasten D.

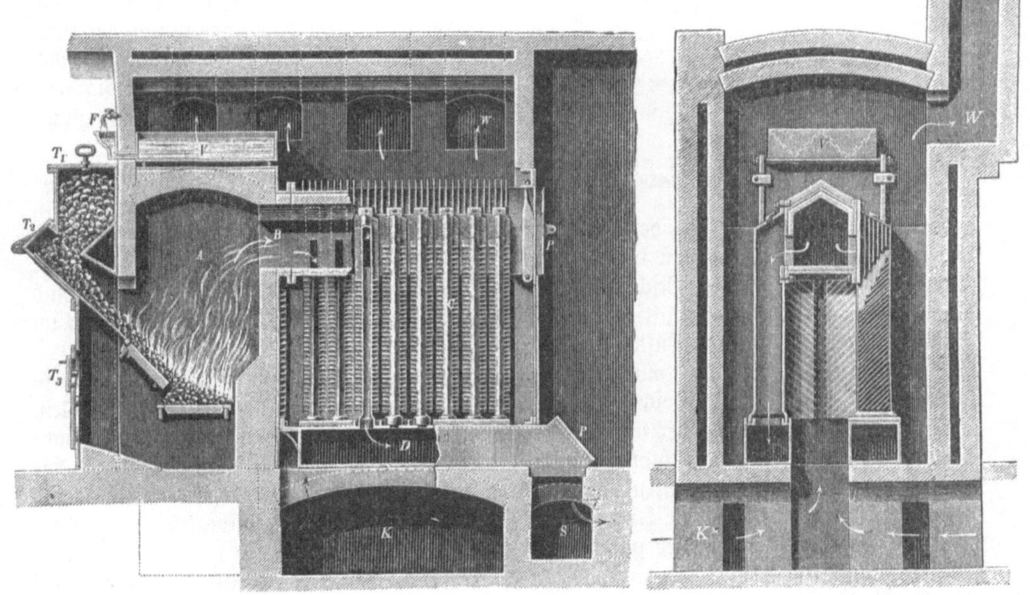

Fig. 334. Längsdurchschnitt von Körtings Luftheizungskalorifer von 64 qm Heizfläche.   Fig. 335. Querschnitt.

Die Feuergase treten aus dem Heizraum in das oben befindliche Verteilungsrohr B, durchziehen dann ziemlich langsam die sämtlichen seitlichen Rippenheizelemente C, an welche die Wärme abgegeben wird, und treten dann in die Sammelkasten D, von wo sie alsdann durch den unteren Kanal S (Fig. 335) in den Schornstein gelangen.

Die kalte frische Luft oder auch, wenn Lüftung nicht stattfinden soll, die zirkulierende Zimmerluft, tritt zwischen den Rauchsammelkasten D von unten bei K in den inneren Raum des Kalorifer ein, welcher von den seitlich angebrachten Rippenheizelementen C gebildet wird, und zieht seitlich zwischen diesen hindurch nach der äußeren Heizkammer, wobei sie die den Rippenelementen zugeführte Wärme aufnimmt, um alsdann durch Kanäle W nach den zu heizenden Räumen abgeführt zu werden.

Das oben erwähnte Verteilungsrohr B ist fünfeckig, indem es oberhalb eine dachartige Form hat, wodurch die Staubablagerung möglichst verhütet werden soll; seitlich in demselben sind Schlitze angebracht, die nach den Rippenheizelementen führen. Oberhalb auf dem Dache des Verteilungsrohres sind Rippen angebracht, um eine möglichst große Heizfläche zu bilden; im Innern ist das Rohr mit Schamotte ausgefüttert, um das Glühendwerden der Eisenwände zu verhüten.

Die eigentlichen Heizkörper, welche aus den Patent-Rippenelementen gebildet werden, sind so eng aneinander gereiht, daß die Rippen von zwei benachbarten Elementen einander nahezu berühren und demnach die von unten einströmende Luft durch die sämtlichen von den Rippen gebildeten Kanäle hindurchstreichen und sich durchaus erwärmen muß. Durch die Schrägstellung der Rippen wird der Durchzug der Luft möglichst erleichtert, so daß infolge der ganzen Einrichtung dieser Kalorifer eine sehr gute Ausnutzung der vom Brennstoff erzeugten Wärme erfolgt. Die Verbrennung ist so eingerichtet, daß sie möglichst rauchfrei erfolgt.

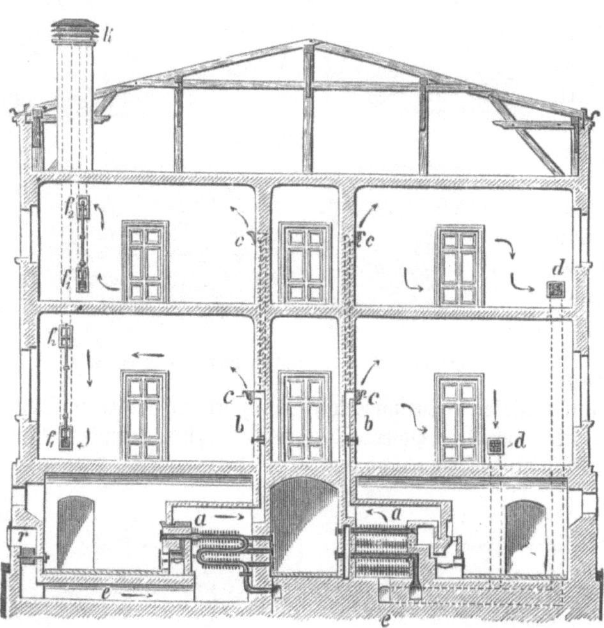

Fig. 336. Luftheizung mit und ohne Lufterneuerung (von der Aktiengesellschaft Schäffer & Walcker in Berlin).

Fig. 336 zeigt die Einrichtung der Luftheizung in einem Hause nach dem Plane der Aktiengesellschaft Schäffer & Walcker in Berlin. aa sind die beiden Luftheizöfen, wovon in diesem Falle schon zwei vorhanden sein müssen, weil die warme Luft in horizontaler Richtung nicht über 12 m weit geleitet werden kann; b sind Regelungsklappen; c Warmluftschlöte; e Kaltluftzuführungskanäle; r Drosselklappen zum Zulassen frischer Luft; f₁ f₂ Luftabzugsklappen.

Soll die Heizung nicht mit Lüftung, d. h. mit Zuführung frischer Luft arbeiten, so werden die Drosselklappen r geschlossen. Es ist dies besonders beim Anheizen zu empfehlen, um eine rasche Erwärmung der Räume zu erzielen. Bei der somit hergestellten Zirkulationsheizung werden die Umlaufschlöte d benutzt, welche die abgekühlte Zimmerluft durch die Kanäle e nach den Heizapparaten a führen, um dieselbe von neuem zu erwärmen und nach den zu heizenden Räumen zu senden. Um Zugstörungen durch Gegenwind zu vermeiden, wird der Schornstein mit einer geeigneten Klappe k versehen.

Die Luftheizung läßt sich zweckmäßig nur bei dem Neubau der Häuser einrichten, weil die Kanäle im Mauerwerk anzubringen sind. In der Einrichtung ist die Luftheizung alsdann unter allen Zentralheizungen die billigste. Ein wesentlicher Übelstand bei der Luftheizung liegt aber darin, daß bei wechselndem Winde der Betrieb merklich gestört wird und die Heizung sich nicht mehr in der gewünschten Weise regulieren läßt; hieran ist insbesondere der Mangel an Wärmeaufspeicherung schuld, welcher ein charakteristisches Merkmal dieses Systems bildet. Für Gebäude mit großer Ausdehnung und beschränkten Kellerräumen ist die Luftheizung nicht geeignet, weil sich alsdann nicht die nötige Zahl von Heizapparaten in gehöriger Weise anbringen läßt.

Was den Vorwurf betrifft, daß durch die Luftheizung eine besonders starke Austrocknung der Luft herbeigeführt werde, so zielt dieser eigentlich auf die häufig eintretende zu hohe und deshalb unangenehme Temperatursteigerung sowie auf die Verschlechterung der an glühend gewordenen Heizflächen vorübergestrichenen Luft hin, denn diese scheinbare Austrocknung der Luft wird in allen Fällen eintreten, wo die Temperatur der Zimmerluft über die der äußeren Luft durch irgend welche Heizvorrichtung erwärmt wird, sobald dabei nicht eine Vorrichtung zur Entwickelung von Wasserdampf im geheizten Raume vorhanden ist. Es beruht dies auf dem Umstande, daß die Luft bei steigender Erwärmung mehr Wasserdampf aufzunehmen vermag und daher trockener erscheint als im kühleren Zustande.

Als Vorzüge der Luftheizung sind unter allen Umständen nicht nur die große Einfachheit und Billigkeit in der Anlage zu rühmen, sondern auch die dadurch ermöglichte rasche und intensive Erwärmung großer, hoher Räume, wo die Anlage der Zuführungs= und Heizkanäle unter dem Fuß= boden gestattet ist, weshalb diese Heizmethode sich für Kirchen, Theater, Turnhallen, Reitbahnen, Treppenhäuser u. s. w. besonders empfiehlt.

Die oben erwähnten, bei der Luftheizung sich geltend machenden Übelstände haben die Einführung des Systems der Warmwasserheizung und zur Ausbildung desselben bis zur Heißwasserheizung bewirkt. Diese Arten von Wasser= heizung könnte man auch als Niederdruck= und Hochdruck= wasserheizung unterscheiden.

Das System der Wasserheizung beruht im all= gemeinen darauf, daß man in Röhren erwärmtes Wasser durch die zu heizenden Räume leitet. Diese Heizmethode ist sehr alten Ursprungs und soll ebenfalls schon in den alt= römischen Bädern zur Anwendung gekommen sein. Er= wähnenswert ist, daß in der kleinen französischen Stadt Chaudes=Aigues, im Departement du Cantal, die Häuser mittels Röhrenleitungen von einer kochend heißen Quelle aus geheizt werden.

Die allgemeine Anordnung einer Warmwasser= oder Niederdruckwasserheizung ist in Fig. 337 dar= gestellt. Von dem unterhalb angebrachten chlindrischen Kessel H geht das Rohr E (das Steigrohr) vertikal empor und mündet in den Boden des sogenannten Expansions=

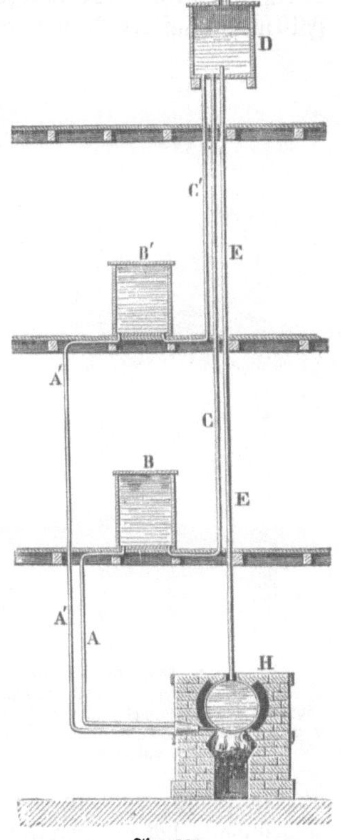

Fig. 337.
Warmwasser= oder Niederdruckheizung.

gefäßes D ein, das den obersten Teil des Apparates bildet und mit der freien Luft kom= muniziert, so daß dem Wasser freie Ausdehnung gestattet ist, wodurch verhütet wird, daß der Druck im Apparate den äußeren Luftdruck überschreitet. Von diesem Expansions= gefäß wird das Wasser durch die Röhren C und C' abwärts nach den Öfen B und B' ge= führt, die in den verschiedenen Etagen in den zu heizenden Räumen in gehöriger Anzahl angeordnet sind. Von diesen Öfen, in denen selbstverständlich kein Feuer brennt, führen alsdann die Rücklaufröhren A und A' abwärts und vereinigen sich unten in einem einzigen Rohre, das am Boden des Kessels einmündet. Ist nun der Apparat vollständig, d. h. bis auf ein gewisses Niveau des Expansionsgefäßes, mit Wasser gefüllt und wird der Kessel H mittels direkter Feuerung geheizt, so steigt das erwärmte Wasser infolge seiner verminderten Dichtigkeit im Rohre E empor, indem schwereres kaltes Wasser an seine Stelle tritt. Das Rohr E sowie das Expansionsgefäß D sind durch gehörige Umhüllung vor Wärmeverlust geschützt, und es gelangt das Wasser mit der im Kessel H erhaltenen Temperatur bis in die

Abfallröhren C und C′, in denen das niedersinkende kältere Platz macht. So tritt fort=
während warmes Wasser in die Stubenöfen ein, während das infolge von Wärmeabgabe
abgekühlte Wasser nach dem Kessel strömt, um daselbst von neuem erwärmt im Steigrohre
nach oben zu gelangen. Der so erregte Kreislauf wird auch noch eine Zeitlang fortdauern,
nachdem das Feuer unter dem Kessel erloschen ist — nämlich so lange, bis die ganze
Wassermasse sich gleichmäßig auf die Temperatur der äußeren Luft abgekühlt hat, worauf
sie in Stillstand kommen muß.

Zur Erwärmung des Wassers der Niederdruck= und Mitteldruckwasserheizungen werden
entweder gewöhnliche Dampfkessel oder besonders eingerichtete Wasserheizungskessel benutzt.
In Fig. 339 und 340 ist ein derartiger von Geißel in Frankfurt a. M. neuerdings kon=
struierter Wasserheizkessel im senkrechten und Querschnitt dargestellt. a ist der aus zwei über=
einander gestellten Kuppeln gebildete Kessel, in welchem b den Wasserraum bezeichnet, dem
durch das Rohr e das nötige Wasser zugeführt wird. Das Brennmaterial wird durch einen
Füllschacht auf den Rost d geworfen, die Verbrennungsprodukte ziehen durch den Kanal h
nach oben, treten dann in die den
Wasserraum durchsetzenden Röh=
ren i, gelangen in den äußeren
Zug k und entweichen durch das
Rohr l in den Schornstein. Die
Feuergase sind so geführt, daß die
ihnen innewohnende Wärme nach
Möglichkeit ausgenutzt wird. Das
heiße Wasser wird durch das Rohr s
in die Leitung emporgetrieben und
fließt, nachdem es seine Wärme
größtenteils an die zu heizenden
Räume abgegeben hat, durch das
Rohr e in den Kessel zurück, um
nach erfolgter Wiedererwärmung
den Kreislauf von neuem zu be=
ginnen. Derartige Wasserheizkessel
nehmen wenig Raum ein und
eignen sich daher besonders für
kleinere Anlagen.

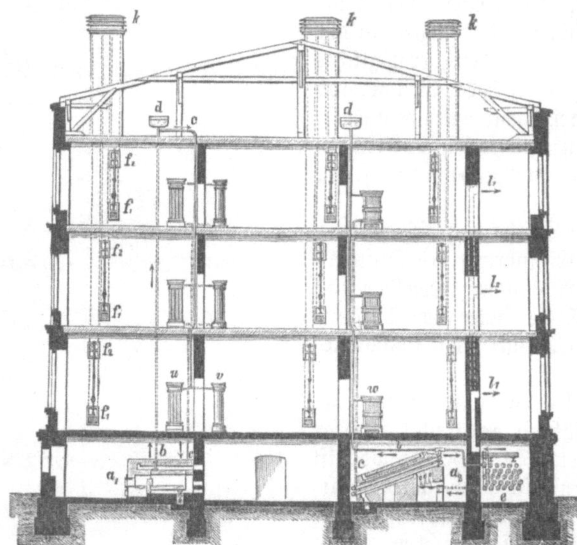

Fig. 338. Warmwasser= oder Niederdruckheizung.
a₁ Cylinderheizkessel. a₂ Röhrenheizkessel. b Steigröhren. c Rücklaufs=
röhren. d Ausdehnungsgefäß. f₁ f₂ Lüftungsklappen. k Schornsteinaufsatz.
u Röhrenöfen. v Cylinderöfen. w Glieteröfen. e Wasserheizröhren für die
Luftkammer. l₁ l₂ l₃ Warmluftwege.

Die Geschwindigkeit des Was=
sers in dem Apparate hängt ein=
mal von dem Temperaturunter=
schiede ab; je größer derselbe ist,
um so rascher ist auch die Bewegung des Wassers. Hierdurch erlangt das System die
Eigenschaft, sich auf gewisse Weise selbst zu regulieren, indem das Wasser um so schneller
niedersinkt, um sich wieder zu erwärmen, je kälter es ist. Dann aber beruht die Strö=
mungsgeschwindigkeit auch auf der Höhe der beiden Wassersäulen und wird um so größer,
je größer diese Höhe wird.

Die Warmwasserheizung bietet den Vorteil, daß infolge der hierbei vorhandenen
Wärmeaufspeicherung die Temperatur in den geheizten Räumen ohne große Sorgfalt gleich=
mäßig erhalten werden kann, ohne auf eine ungesunde oder gar gefährliche Höhe zu steigen,
wie dies bei der Luftheizung nicht selten geschieht.

Bezüglich der Proportionierung der Heizfläche ist zu bemerken, daß zur Erwärmung
von 1000 cbm Raum bis auf circa 22° C. mindestens 30 qm Heizfläche auf Kupfer nötig
sind; mit Rücksicht auf strenge Winterkälte hat man aber bis auf 40 qm zu gehen. Heiz=
flächen auf Gußeisen müssen um die Hälfte größer gemacht werden. Je höher das Expansions=
gefäß sich über dem Heizkörper befindet, um so stärker kann das Wasser erwärmt werden,
ohne daß die hier unzulässige Dampfbildung eintritt. Man wird daher den Heizkörper
stets möglichst tief in das Kellergeschoß und das Expansionsgefäß am besten unmittelbar
unter dem Dache anbringen. Ist z. B. das Steigrohr 12 m hoch geführt, so repräsentiert

die Druckhöhe von der darin befindlichen Wassersäule einen Überdruck von $1\frac{1}{2}$ Atmosphären, und da hierbei die Dampfbildung erst bei ungefähr 127° C. erfolgt, so kann man ohne Bedenken das Wasser im Kessel bis auf 100° erwärmen. Die Temperatur im Abfallrohre kann dann zu 60° angenommen werden, und man hat daher eine Temperaturdifferenz von 40° C. oder 32° R. erreicht. Die Weite der Rohre richtet sich nach der Strömungs= geschwindigkeit des Wassers und kann daher, wo letztere — gleiche Wassertemperatur voraus= gesetzt — größer ist, geringer angenommen werden. Um in den niedriger gelegenen Räumen, wo das Wasser in den Röhren schon mehr oder weniger abgekühlt ist, eine nicht geringere Heizung zu erzielen, müßte man die Heizfläche, d. h. die Röhrenlänge im Ofen, der Ab= kühlung entsprechend vergrößern, man zieht aber vor, den Röhren nach oben zu abnehmenden Durchmesser zu geben, was natürlich dieselbe Wir= kung hervorbringt. Die gewöhnlichen Rohrweiten be= tragen 50—80 mm. Um die Wärmeabgabe des Wassers in den zu heizenden Räumen zu beschleunigen, werden weite Gefäße, sogenannte Wasseröfen, in die Leitung des Abfallrohrs eingeschaltet. Diese Wasser= öfen bestehen aus zwei konaxial miteinander ver= bundenen Blechcylindern, innerhalb derer ein ring= förmiger Raum für das zirkulierende Wasser herge= stellt wird, wobei die innerste und äußerste Cylinder= fläche als Heizflächen wirken.

Man kann jedoch die Wasserheizung auch so anordnen, daß die Wasseröfen in Wegfall kommen. Um nun auch so die zur Heizung nötige Wärme= abgabe zu erzielen, welche in den seltensten Fällen durch das bloße Leitungsrohr zu erzielen ist, werden sogenannte Batterien eingeschaltet. Es sind dies gußeiserne Röhren, deren lichter Durchmesser der= selbe ist wie derjenige der Rohrleitung, welche von außen, aber senkrecht zur Rohrachse, mit vielen dün= nen, nahe aneinander liegenden Rippen versehen sind. Dieselben entziehen als gute Wärmeleiter den Wasser= röhren die Wärme sehr rasch und teilen sie, da sie von beiden Seiten als Heizflächen wirken, der Zimmer= luft auch rasch mit. Man hat durch Vergrößerung der Zahl den Effekt ganz in der Gewalt.

In Fig. 341 und 342 ist ein nach diesem Prinzip von der wohlbekannten Firma Gebrüder Körting in Hannover konstruiertes Patent=Batterieelement in der äußeren Ansicht und im Vertikalschnitt dar= gestellt. Mittels solcher Rippenheizkörper lassen sich leicht Heizbatterien zusammenstellen, welche im engsten Raume eine außerordentliche Heizfläche besitzen und mittels ihrer schrägen Rippen ihre Wärme an die vorbeistreichende Luft reichlich und sehr gleichmäßig abgeben. Die von innen erfolgende Heizung dieser Batterieelemente kann je nach Umständen durch heiße Feuerluft (wie bei dem in Fig. 334 und 335 dargestellten Luftheizungskalorifer) in einer besonderen Luft= heizungskammer, oder durch heißes Wasser oder Dampf erfolgen, je nachdem man Wasser= oder Dampfheizung anwendet.

Fig. 343 stellt eine unterhalb eines Fensters angebrachte derartige Heizbatterie dar. Die Batterie befindet sich dabei in einer Wandnische, vor welcher ein verziertes Gitterblech angebracht werden kann und bewirkt die Heizung gerade an der Stelle, wo dieselbe am nötigsten ist, indem die Fensterwände gewöhnlich am kühlsten sind.

Man kann eine Wasserheizung auch für einzelne Stockwerke oder Wohnungen vom Küchen= herde aus einrichten. Eine derartige beschränkte Wasserheizungsanlage nach dem Plane der

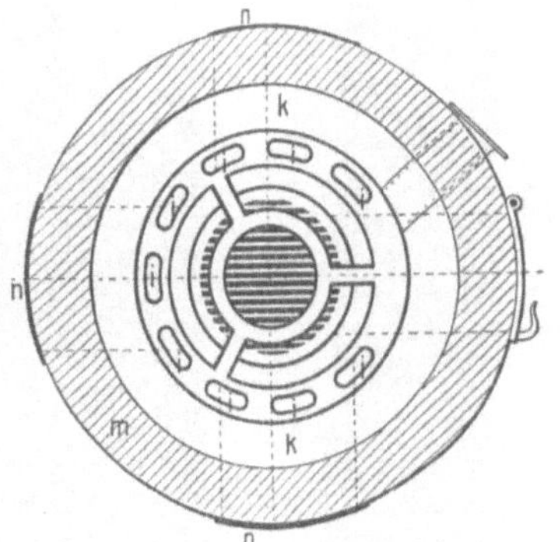

Fig. 339. Vertikalschnitt.

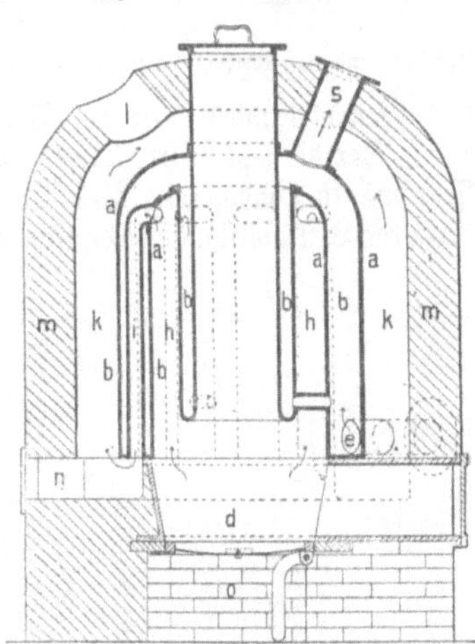

Fig. 340. Querschnitt.
Heizkessel für Nieder= und Mitteldruckheizung
von Geißel.

Aktiengesellschaft Schäffer & Walcker in Berlin ist in Fig. 344 illustriert. Es bezeichnet in dieser Abbildung s das Steigrohr, r das Rücklaufsrohr, A das Ablaufsbecken oder den sogenannten Gußstein mit dem Warmwasserhahn w und dem Kaltwasserhahn k; BK gewöhnlicher Koch- und Bratofen mit eingebautem Heizcylinder für die Zimmer- und Badeheizung;

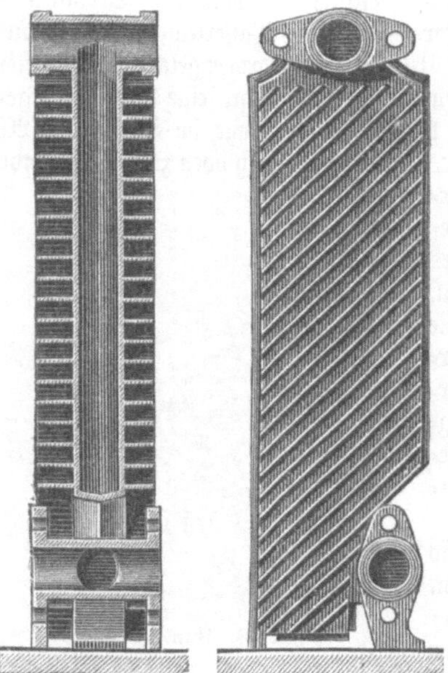

Fig. 341 und 342. Körtings Patent-Batterieelement.

a und F Feuerthüren; c Kehrschieber; R Wasserbehälter und Expansionsgefäß; P Wärmeschrank mit geheizten Wärmeplatten; V Kachelkamin mit dahinter befindlichem Heizkasten; O Zimmerheizofen, welcher vom Küchenherd aus mit heißem Wasser gespeist wird; G Badewanne mit der vom Kasten R gespeisten Brause b.

Mit dem in den Kochherd eingebauten Heizofen ist man im stande, ohne andre Bedienung als der durch die Köchin eine Wohnung bis zu zwölf Zimmern auf das vorteilhafteste und selbst bei strenger Winterkälte ausreichend zu heizen, und zwar sind dabei für 100 cbm Raum täglich nur 4—5 kg Koks im Werte von 6—8 Pfennig nötig. Die Anlagekosten betragen für ein Zimmer 300—500 Mark.

Selbstverständlich ist die Wasserheizung besonders auch für Gewächshäuser geeignet, und es ist in Fig. 345 eine solche Anlage nach dem Plane der oben schon genannten Firma dargestellt. Das heiße Wasser (oder eventuell auch Dampf) zirkuliert in den Rippenrohren F mittels des Heizkessels K; ii sind Regulierhähne, h ist ein Verdunstungsgefäß zur Luftfeuchtung. In den beiden Räumen A_1 und A_2 des Gewächshauses kann die Temperatur auf 25 bez. 30° C. erhalten werden.

Der bis jetzt besprochenen Niederdruckwasserheizung gegenüber hat 1831 Angier March Perkins in London ein Heizsystem konstruiert, in welchem das Wasser in einem von der äußeren Luft vollständig abgeschlossenen Systeme zirkuliert und darin also in beliebiger Weise,

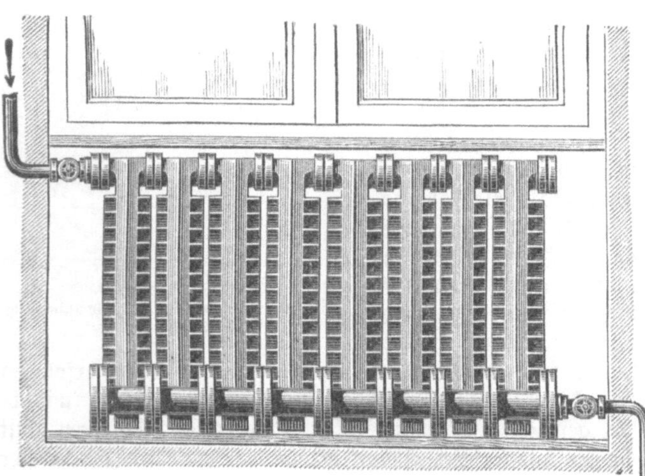

Fig. 343. Körtings Heizbatterie unterhalb eines Fensters.

ohne Rücksichtnahme auf die Druckhöhe der Wassersäule im Steigrohre, erhitzt werden kann. Je stärker diese Erhitzung ist, um so stärker ist aber auch der vom Wasser auf die Wände des Apparats ausgeübte Druck, und derartige Apparate müssen deshalb entsprechend dickwandig hergestellt werden, damit sie nicht zersprengt werden.

Der Heizapparat bei der Perkinsschen Hochdruck- oder Heißwasserheizung besteht aus einem über dem Feuerroste vielfach hin und her gehenden Rohre, der sogenannten Heizschlange. Eine Patentschüttfeuerung für Heißwasserheizungen nach einer von der Aktiengesellschaft Schäffer & Walcker gebauten Konstruktion ist in Fig. 346 im Vertikalschnitt dargestellt. Bei k wird das Brennmaterial auf den schrägen Rost geschüttet und bei l die zur vollständigen Verbrennung nötige Luft zugeführt. Das heiße Wasser strömt bei b b aus der doppelten Heizschlange nach den Heizröhren und bei c c kehrt das abgekühlte Wasser in die Heizschlange zurück. Die Strömungsgeschwindigkeit des Wassers wird durch die Temperaturdifferenz des bei b b emporsteigenden heißen und bei c c zurückkehrenden abgekühlten Wassers bedingt. Die Temperatur des Wassers in der Heizschlange beträgt 230 bis 290° C.; den Temperaturen 230°, 260° und 290° entsprechen aber die Drucke von 27, 38 und 73 Atmosphären. Die Röhren dieses Heizsystems müssen daher sehr sorgfältig aus dem besten Material hergestellt werden. Bei 45 mm äußerem Durchmesser und 12,5 mm Wanddicke kann ein solches Rohr einen Druck von 6000 Atmosphären aushalten, so daß unter diesen Umständen vollständige Sicherheit vorhanden ist.

Fig. 344. Wasserheizung vom Küchenherd aus.

In Fig. 347 ist a der Heizofen, b das Steigrohr, c das Rücklaufsrohr, d eine als Heizkörper dienende Rohrschlange, e ein vor einer solchen Rohrschlange angebrachter Vorsetzer und f das Ausdehnungsgefäß. Die Heizrohre und als Heizkörper dienenden Rohrschlangen werden gewöhnlich unterhalb der Fenster an der Wand angebracht.

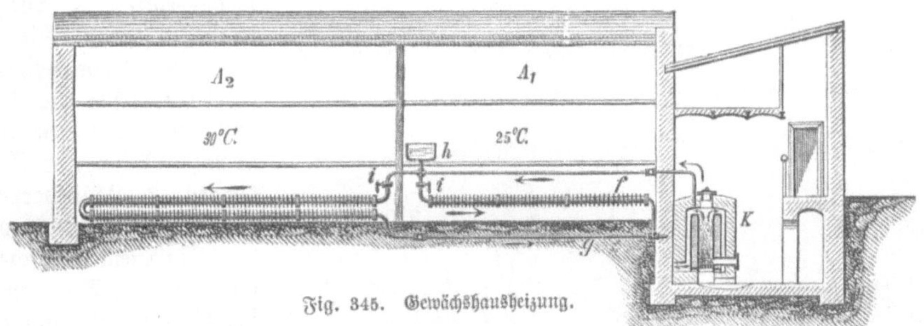

Fig. 345. Gewächshausheizung.

Dieser Heißwasser= oder Hochdruckwasserheizung wird von mancher Seite der Vorwurf gemacht, daß sie beständiger Aufsicht bedürfe, um Unglücksfälle zu verhüten, und daß sie nicht auf so leichte Weise, wie die Niederdruckwasserheizung, eine gleichmäßige Erwärmung ergebe. Von andrer Seite, so von dem bekannten Pyrotechniker Schinz, werden diese Vorwürfe allerdings zurückgewiesen, und es ist wohl glaubhaft, daß bei richtiger Anlage und Anwendung die Hochdruckwasserheizung ihre Schuldigkeit thut.

Der Vorteil, daß dieses System wegen der engen, starke Hitze ausstrahlenden Röhren sehr kompendiös und deshalb auch in der Anlage bedeutend billiger als das vorige ist, daß man ferner damit die Wärme weiter führen und die engen Röhren auf die bequemste Weise in das Konstruktionssystem der Gebäude einfügen kann, ist jedenfalls von großer Bedeutung, dagegen erhält die Warmwasserheizung oder das Niederdrucksystem — einmal angewärmt — noch 8—10 Stunden nach dem Einstellen der Feuerung eine mäßige Wärme in den zu heizenden Räumen, während die Heißwasserheizung infolge ihrer engen Röhren schnell auskühlt.

Ein Heizsystem andrer Art ist die Dampfheizung, welche infolge der leichten Fort=
führung des Dampfes am bequemsten in alten und neuen Gebäuden ohne räumliche Be=
schränkung anzulegen ist. Wegen dieses Vorteils, den die Dampfheizung vor der Luft= und
Wasserheizung voraus hat, ist dieses Heizungssystem neuerdings zu hoher Vollkommenheit
ausgebildet worden, so daß dasselbe nunmehr für die meisten Zwecke als das vorzüglichste
erscheint. In der That ist man dazu gelangt, in der Dampfheizung eine Heizung zu schaffen,

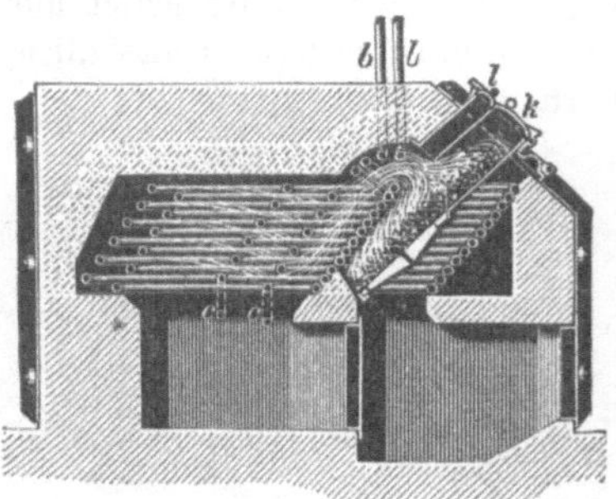

Fig. 346.
Patentschüttfeuerung für Heißwasserheizung.

welche die bequeme Regulierbarkeit der Luftheizung
und die milde Wärme der Wasserheizung neben der
schon erwähnten leichten Anwendbarkeit besitzt und
außerdem auch noch mit einer wirksamen Lüftung ver=
bunden werden kann, wobei die Nachteile der Luft=
und Wasserheizung, unter andern auch die leichte Ein=
frierbarkeit der letzteren, vermieden sind.

Der Heizapparat der Dampfheizung kann aus
einem gewöhnlichen Dampfkessel von beliebiger Form
bestehen. Gewöhnlich wählt man Flammenrohrkessel,
weil diese verhältnismäßig den geringsten Raum er=
fordern. In Fig. 348 ist eine Dampfheizung mit
einem derartigen Kessel dargestellt. Der Kessel braucht
keineswegs im Gebäude selbst angebracht zu sein,

sondern kann — wenn dies bequemer erscheint — außerhalb in einem besonderen Kessel=
hause liegen. Da, wo eine Dampfmaschine zu irgend welchem industriellen Betriebe vor=
handen ist, kann man den von der Maschine abgehenden Dampf mit Vorteil noch zur
Dampfheizung benutzen. Die Hauptsache ist bei der Anlage der Dampfheizung, daß man
für einen geeigneten Zurückfluß des aus dem sich in den Röhren kondensierenden Dampfes
nach dem Dampfkessel sorgt, damit sich dieses Wasser nirgends versacken und dem Dampfe
den Weg versperren kann.

In Fig. 348 bezeichnen die Buchstaben die folgenden Teile: k Dampfkessel, d Dampf=
rohr, r Dampfwasserrückleitung, a Kesselspeiserohr, b Entluftungs= und Abflußrohr, c Rück=

Fig. 347.   Heißwasserheizungsanlage.

schlagsventil, w Wasserbe=
hälter, e Kanal für frische
Luft, h Rippenheizröhren,
i Luftkanäle für die Dampf=
luftheizung, l Rippenröhren,
m Rippenkasten, n Verklei=
dungen, o Cylinderröhren=
ofen, p Plattenröhrenofen.

Ein unentbehrlicher Be=
standteil jeder Dampfheizung
sind die Kondensationswasser=
ableiter, deren Aufgabe es
ist, das in der Leitung durch
Kondensation des Dampfes
gebildete oder aus dem Kessel
mit übergerissene Wasser
abzulassen, ohne dabei dem

Dampfe den Austritt zu gestatten. Zu diesem Zwecke sind diese Apparate meist mit Schwim=
mern versehen, durch welche bei einer gewissen Höhe des Wasserstandes im Apparate ein
Ventil geöffnet wird, durch welches das Wasser abfließt, welches sich jedoch wieder schließt,
bevor der Dampf zum Austritt gelangt. Fig. 349 zeigt einen zweckmäßigen, von der Firma
Gebrüder Körting in Hannover konstruierten Apparat dieser Art. Dieser Patent=Konden=
sationswasserableiter ist mit einem offenen, als cylindrisches Gefäß geformten Schwimmer S
versehen, der von innen und außen vom Dampfe gleich starken Druck erfährt und daher
jedem Dampfdruck Widerstand leistet. Außerdem ist dieser Schwimmer so angeordnet, daß
die Abführung des Wassers nicht zeitweise, sondern fortwährend in dem gehörigen Maße erfolgt.

Ferner ist der Apparat mit zwei Ventilen V und V₁ versehen, von denen das erstere fest und durch einen kurzen Hebelarm, das Ventil V₁ dagegen mit etwas Spielraum und durch einen langen Hebelarm mit dem Schwimmer verbunden ist. Der Apparat arbeitet in der Weise, daß das Kondensationswasser aus der Dampfleitung durch E in den Topf eintritt und nachdem dasselbe bis zur oberen Kante des hohlen Schwimmers S gestiegen ist, über dessen Rand hinweg in denselben hineinfließt, bis derselbe durch das Gewicht des auf= genommenen Wassers zum Sinken kommt, wodurch das vom Dampfdruck geschlossen ge= haltene Ventil V mittels der Hebelübersetzung geöffnet wird. Fließt dem Apparate zeit= weise sehr viel Wasser zu, wie das bei Ingangsetzung der kalten Heizanlage geschieht, so sinkt der Schwimmer tiefer, und dadurch wird auch das zweite Ventil V₁ geöffnet, wodurch dem Wasser mehr Öffnung zum Abfluß dargeboten wird und um so mehr Wasser bei A abfließen kann. Das zweite Ventil bleibt nur so lange offen, bis das ungewöhnliche Wasser= quantum beseitigt ist. Der Hahn H dient zum zeitweisen Ablassen des sich ansammelnden Bodensatzes.

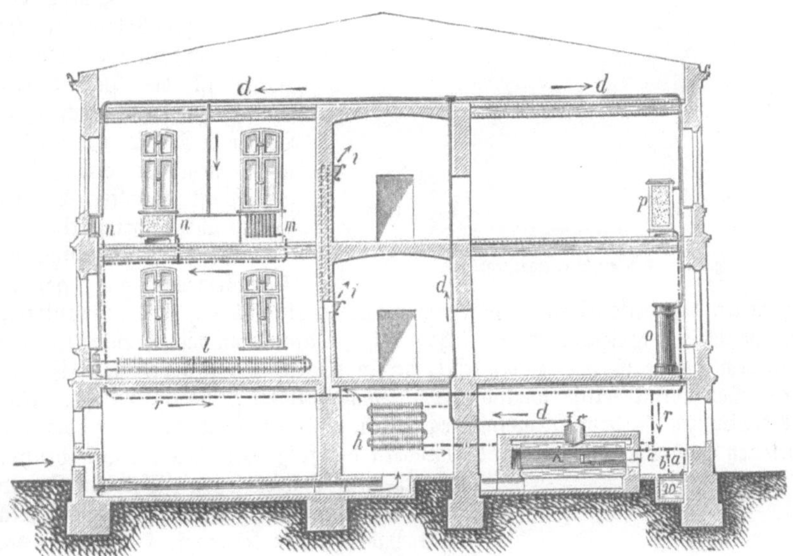

Fig. 348. Dampfheizung.

Um einen Begriff von den bei der Dampfheizung benutzten Öfen zu geben, fügen wir in Fig. 350—352 die Abbildungen einiger von der Aktiengesellschaft Schäffer & Walcker gelieferten derartigen Apparate bei.

Fig. 350 ist ein Cylinderröhrenofen und Fig. 351 ein sogenannter Plattenröhrenofen, der in vierseitiger Form oder zur Einschiebung in Ecken in dreiseitiger Form hergestellt wird. Fig. 352 ist ein Dampfwasserofen, bei welchem die Hälfte der Heizflächen durch heißes Wasser und die andre Hälfte durch Dampf wirksam wird. Man hat bei diesem Ofen mittels des Ventils d die Wärmeregulierung in der Gewalt, indem man in demselben mehr oder weniger Kondensationswasser sich ansammeln läßt, um die stark hitzende Dampfheizfläche des Ofens mehr oder weniger zu vermindern. Man rechnet, daß 1 qm Röhrenofen 1¹/₂mal so viel Wärme als 1 qm Rippenkastenfläche abgibt.

Einen aus Rippenheizelementen in beliebiger Größe zusammenzusetzenden, sehr empfehlens= werten Dampfwasserofen nach der Konstruktion der Gebrüder Körting in Hannover zeigt Fig. 353 und 354. Die Anzahl der diesen Ofen je nach der zu erzielenden Heizfläche bildenden Rippenkörper kann zwei bis acht betragen; das oberste Element dient als Expansionsgefäß und ist daher nie ganz gefüllt. In dem untersten Elemente befinden sich zwei Dampfschlangen, welche das Wasser, womit der Ofen bis zur Hälfte des obersten Elements gefüllt ist, indirekt erwärmen, wodurch eine durch Pfeile angedeutete Zirkulation des Wassers eintritt. Infolge der Verwendung von zwei Heizschlangen ist die Dampfheizfläche veränderlich, und zwar ist die Einrichtung so getroffen, daß die große Schlange ⅔ und die kleine ⅓ der Heizfläche beträgt, so daß man also ⅓, ⅔ oder 3/3 der Dampfheizfläche zur Anwärmung des Wassers nutzbar machen kann. Der Dampf tritt durch das Rohr D in die Schlangen ein. Am Austritt der beiden Dampfrohre, welche durch das unterste Element gehen, sitzt je ein Absperrventil, welches, wenn geschlossen, bewirkt, daß das Dampfrohr sich mit Kondensationswasser füllt und die Wärmeabgabe desselben an das Wasser des Ofens aufhört.

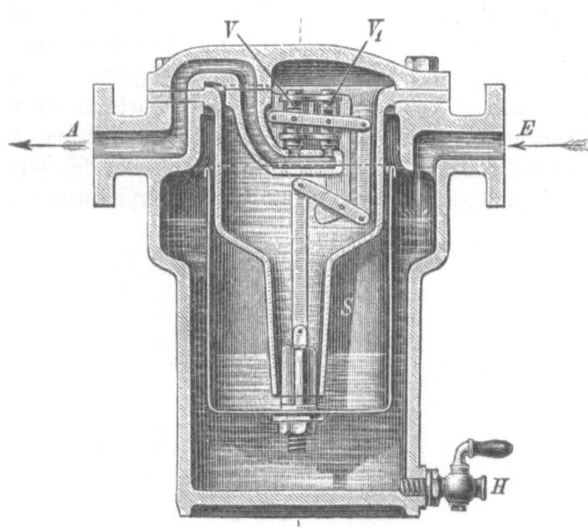

Fig. 349. Kondensationswasserableiter.

Die Vorteile solcher Dampfwasseröfen liegen darin, daß die scharfe Hitze des Dampfes in milde Wärme umgesetzt wird und daß in dem Wasser sich so viel Wärme aufspeichert, daß die Öfen auch nach Absperrung des Dampfes noch eine bis zwei Stunden warm bleiben.

Eine der vorzüglichsten Dampfheizungen für Wohnhäuser sowie auch für alle andern Gebäude und Heizzwecke ist die Patent=Niederdruckdampfheizung von Bechem & Post zu Hagen in Westfalen, welche von der schon mehrmals erwähnten Aktiengesellschaft Schäffer & Walcker in Berlin ausgeführt wird.

Bei dieser Dampfheizung ist der Dampferzeuger ganz gefahrlos und so eingerichtet, daß dessen Feuer und Brennmaterialverbrauch sich stets so reguliert, daß der für den Betrieb der Heizung erforderliche geringe Dampfdruck nie überschritten wird.

Zu dem Zwecke ist der Dampfkessel, der in Fig. 355 mit a bezeichnet ist, mit einem durch den Dampfdruck selbst wirksam gemachten Regulator versehen, welcher mittels eines Ventils den Luftzufluß, dem Bedürfnis angemessen, nach dem Feuer vermehrt oder vermindert. Die weiteren Buchstaben in Fig. 355 bezeichnen die folgenden Teile: b Standrohr, c Heizkörper, c₁ Heizvorsetzer. Mit der Dampfheizung in Verbindung stehen die folgenden Einrichtungen: d Badeofen, e Kochtopf, f Trockenraum und g Badewanne; endlich sind l₁ l₂ Lüftungsschlöte. In der Nacht, wenn die Öfen in den Zimmern geschlossen sind, schließt auch der Regulator das Feuer unter dem Dampfkessel so weit ab, daß die Koke gerade noch so viel glühend bleibt, um am andern Morgen nach Öffnen der Zimmerheizklappen und ohne daß eine vorherige Anheizung nötig ist, bei frischem Luftzutritt wieder in volle Glut kommt. Mit diesem Heizungssystem kann die Erwärmung der einzelnen Zimmer beliebig reguliert werden, die Bedienung ist eine höchst einfache und der Brennmaterialverbrauch ist sehr gering. Nach Gutachten der ersten Autoritäten auf dem Gebiete des Heizungswesens ist die Wirkungsweise

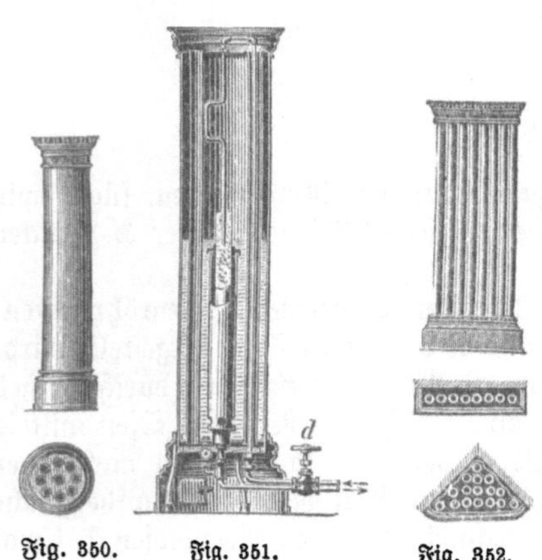

Fig. 350.   Fig. 351.   Fig. 352.
Dampfheizöfen.

dieser Niederdruckdampfheizung eine vorzügliche.

Eine mit dem modernen Heizungswesen eng verbundene und zu großer Vollkommenheit entwickelte, sowie in gesundheitlicher Beziehung äußerst wohlthätige Einrichtung sind die Hausbäder, welche von der einfach praktischen Herstellung bis zur höchsten Eleganz ausgeführt werden. Wir geben nach den Plänen der Aktiengesellschaft Schäffer & Walcker in Berlin zwei Abbildungen solcher Einrichtungen, und zwar zeigt die obere ein einfaches Zimmerbad ohne Wasserleitung mit einer fahrbaren und direkt heizbaren Badewanne,

Einfache Badezimmereinrichtung.
Nach den Plänen der Aktiengesellschaft Schäffer & Walcker in Berlin.

Elegante Badezimmereinrichtung.
Nach den Plänen der Aktiengesellschaft Schäffer & Walcker in Berlin.

Leipzig: Verlag von Otto Spamer.

während die untere ein luxuriös ausgestattetes, mit Marmorwanne, Marmorbrause und Marmorkamin versehenes Badezimmer darstellt.

Von großer Bedeutung für die Ökonomie größerer Hauswesen sind auch die Dampf= kochapparate, von denen wir als Beispiel in Fig. 356 einen Dampfkochherd vorführen, wie er für das Wirtschaftsgebäude der großen Universitätskliniken in Halle a. S. mit 1500 l Kochinhalt ausgeführt worden ist. Dergleichen Dampfkocheinrichtungen werden je nach Be= dürfnis entweder mit Doppel= oder mit einfachen Kesseln und für mittel= oder unmittelbare Einwirkung des Dampfes auf die Speisen ausgeführt. Bei den Dampfkesseln mit doppelten Wandungen kann entweder im Dampf= oder im Wasserbade gekocht und bei letzterem, je nach der Stellung des Wasserabflußventils, die Kochtemperatur ganz nach Belieben geregelt werden, um dadurch die größte Schmackhaftigkeit der Speisen ohne Verlust an Nährwert zu erreichen.

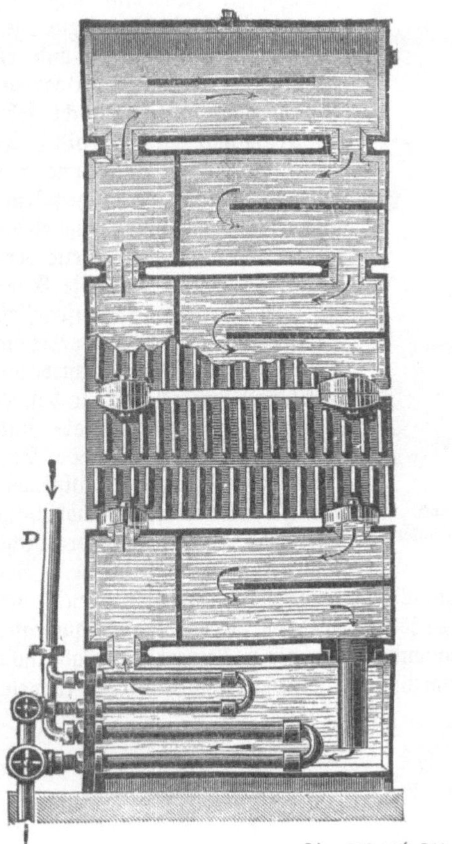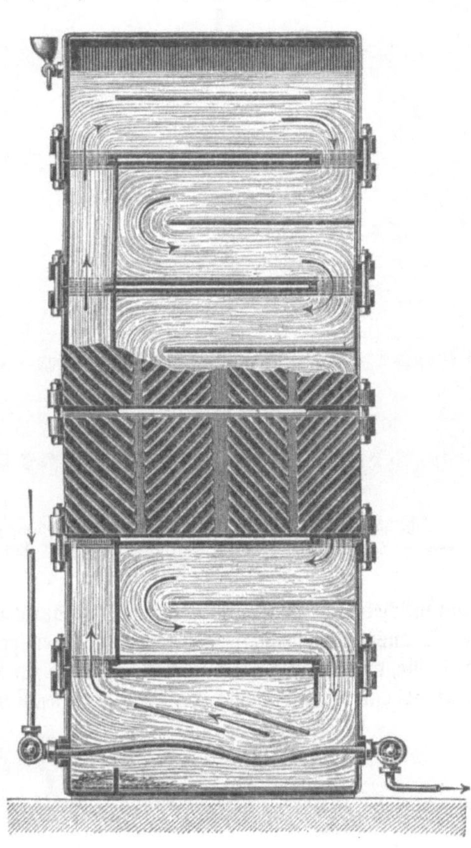

Fig. 353 und 354. Körtings Dampfheizofen.

In Fig. 356 ist die Bezeichnung folgende: S_1—S_8 Speisekochkessel, T Kartoffelkochkessel, M abnehmbarer Gemüsekochkessel, v Dampfeinlaßventile, a Dampfwasserablaßventile, w Hähne für Zulaß von warmem Wasser, k Hähne für Zulaß von kaltem Wasser durch die Schwenk= hähne d g Gegengewichte.

Die Dampfheizung hat neuerdings in Amerika die ausgedehnteste Anwendung für ganze Stadtteile und Städte gefunden, indem der Dampf, ähnlich wie Wasser und Gas, durch Leitungsrohre von einer Zentralstelle aus in die Häuser und Wohnungen verteilt wird. Bereits im Jahre 1876 begann ein gewisser Birdsill Holly zu Lockport die ersten Versuche mit einer derartigen Ausdehnung der Zentraldampfheizung, welche den Beweis der Mög= lichkeit solcher großartigen Heizanlagen lieferte. Daraufhin bildeten die stets unternehmungs= lustigen Amerikaner die Holly Steam Combination Company, welche nunmehr schon über drei englische Meilen Dampfröhren in Betrieb gesetzt und gefunden hat, daß man von einer

Zentralstelle aus einen Bezirk von vier englischen Quadratmeilen Ausdehnung mit Dampf zu heizen vermag.

Gasheizung. Außer der durch die gewöhnlichen Brennmaterialien, wie Stein= und Braunkohlen, Holz und Torf, erzeugten Wärme benutzt man neuerdings auch die Mineralöle und die brennbaren Gase, insbesondere das Steinkohlengas, als Heizmittel.

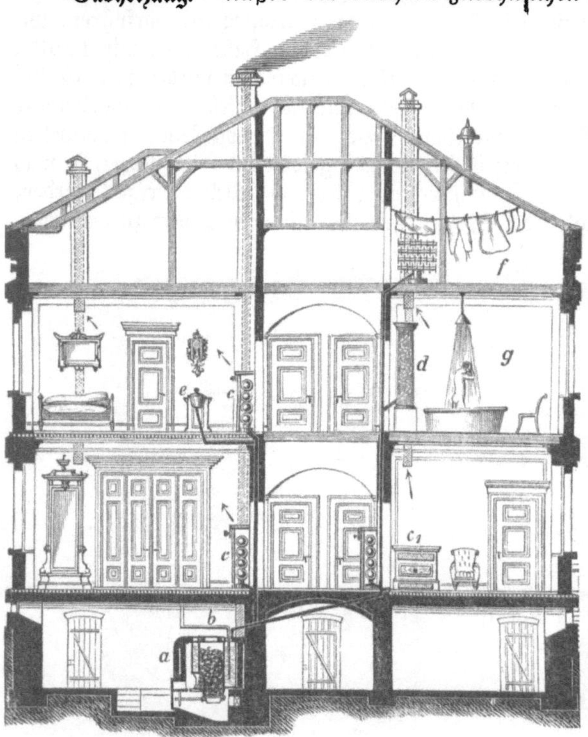

Fig. 355. Patent=Niederdruckdampfheizung von Bechem & Post.
——— Durchleitung. ▬▬▬ Luftkanäle. ⌐⌐⌐ Lüftungsschlote. ▬▬▬ Rauchrohr.

Was die Gasfeuerung betrifft, so verhält sich dieselbe zur gewöhnlichen Feuerung ungefähr wie die Gasbeleuchtung zur gewöhnlichen Beleuchtung, und es steht in der That zu erwarten, daß in einer vielleicht nicht sehr fernen Zukunft das Gas als Heizmittel die direkte Benutzung der festen Brennstoffe in gleichem Umfange verdrängen wird, wie es die Kerzen und Öllampen bereits verdrängt hat. Hat doch die Gasfeuerung im großen industriellen Betriebe schon eine ausgedehnte Benutzung nach sehr verschiedenen Richtungen hin erlangt, so besonders in der Eisen=, Glas= und Thonwarenfabrikation. Der Anwendung des Gases als allgemeines Heizmaterial stehen vorläufig allerdings noch einige praktische Schwierigkeiten im Wege. Gewöhnliches Steinkohlengas, wie es von den Leuchtgasfabriken geliefert wird, ist zu teuer, um es in ausgedehnter Weise als Brennstoff benutzen zu können, während Gaserzeugungsapparate, wie die, welche für die industriellen Zwecke zur Anwendung kommen, in kleinem Maßstabe nicht gut arbeiten und daher für einen geringen Konsum von Heizgas nicht benutzt werden können.

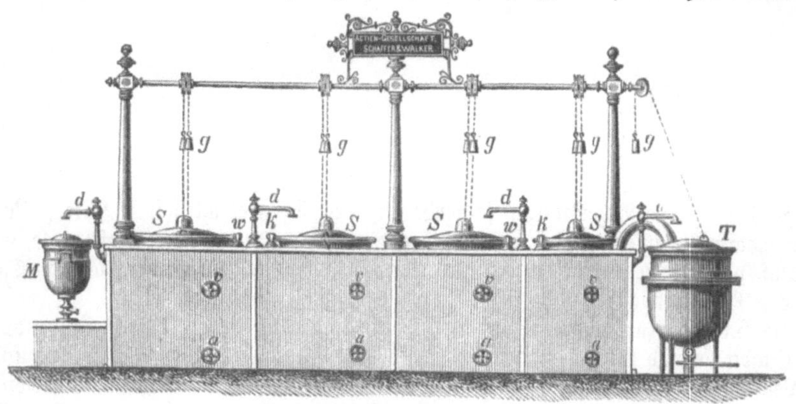

Fig. 356. Dampfkochherd mit eingebauten Kesseln.

Es kann nur bei der Gaserzeugung im großen Maßstabe die erforderliche Wohlfeilheit des Produkts erzielt werden. Man hat deshalb auch an große Gasbereitungsanstalten gedacht, welche analog den Leuchtgasfabriken besonderes Gas für Heizapparate herstellen sollten;

ein Projekt, das seine unbestreitbaren und großen Vorteile hat, denen zufolge es auch früher oder später zur allgemeinen Ausführung kommen wird.

Man bedenke nur, wenn die Heizgasanstalt in der Nähe des Kohlenbahnhofs angelegt und das Gas von da durch Röhrenleitung jeder Haushaltung zugeführt wird, welche Arbeit dadurch erspart würde, daß die Kohlen nicht mehr zwei=, dreimal auf= und abgeladen, in besondere Handlungsniederlagen, von da zu den Konsumenten gefahren, bei diesen in besondere Räume gelagert, hierauf treppauf, treppab zu den einzelnen Feuerstätten getragen werden müssen, ferner dadurch, daß das Anzünden augenblicklich geschehen kann; welche teuren Räume, die jetzt zur Aufbewahrung des Brennmaterials dienen oder von den voluminösen Öfen in Beschlag genommen werden, könnten nicht für andre Zwecke gewonnen werden! Die Unreinlichkeit, die mit der Kohlenheizung verbunden ist, verschwindet ganz und gar, die Wärme wird bei weitem rationeller auszunutzen sein durch zweckmäßige Ofenanlagen; für die Bereitung des Gases können die billigsten Kohlensorten verwandt werden, die man in den jetzigen Zimmeröfen nicht brennen kann; bei der Möglichkeit, das Feuer sofort ausgehen zu lassen, kann man nicht in die Lage kommen, unnötig Brennmaterial zu vergeuden — kurz, die Gasheizung (nicht mit dem jetzigen Leuchtgas, sondern mit einem eigentümlichen, für Heizzwecke besonders dargestellten Gase) ist die rationellste, und ihre Einführung muß mit allen Kräften angestrebt werden. In der That sind neuerdings mit dem sogenannten Wassergas auf dem Gebiete des Heizwesens sehr bedeutende Erfolge erzielt worden. Das Wassergas wurde bereits 1837 von Sallique in Paris durch Zersetzung von Wasserdampf mittels glühender Kohlen hergestellt, jedoch hat diese Art der Brenngaserzeugung erst in neuester Zeit die für den praktischen Gebrauch nötige Ausbildung erhalten, und zwar wiederum von Amerika aus durch Strong und Dwight. In Deutschland hat sich aber nunmehr zur Anwendung von dessen Verfahren die „Europäische Wassergasgesellschaft“ gebildet, deren Hauptsitz zu Hörde ist.

Strongs System der Wassergaserzeugung besteht in der Hauptsache darin, daß in einem besonders eingerichteten Ofen abwechselnd Luft und Wasserdampf durch eine Schicht glühender Kohlen getrieben wird. Besitzt die Kohle die genügend hohe Temperatur, so wird der durch dieselbe streichende Wasserdampf in seine Bestandteile, Wasserstoff und Sauerstoff, zerlegt; es entsteht dadurch ein Gasgemisch, welches in der Hauptsache Wasserstoff und Kohlenoxyd enthält, daher leicht brennbar ist und eine große Hitze zu entwickeln vermag. Dem Wassergas wird von sachkundiger Seite eine große Zukunft zuerkannt, und zwar vorerst insbesondere mit Rücksicht auf gewisse Industriezweige, jedoch steht zu erwarten, daß dieses Gas, welches in der Herstellung bedeutend wohlfeiler als Leuchtgas ist, auch für allgemeine Heizzwecke mit der Zeit eine weit ausgedehnte Verwendung erhalten wird.

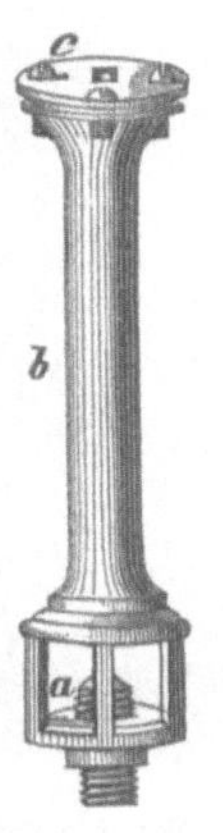

Fig. 357.
Wobbes Gasbrenner für Heizzwecke.

Vorläufig steht indessen für häusliche Heizzwecke nur das gewöhnliche Leuchtgas zur Verfügung, wie solches von den städtischen oder privaten Gasanstalten geliefert wird. Jedenfalls liegt es heutzutage den Gastechnikern ob, für die Verwendung des Gases zum Heizen und Kochen in derselben Weise zu sorgen, wie dies bereits mit Rücksicht auf die Beleuchtung geschehen ist. Bezüglich der Lösung dieser Aufgabe handelt es sich sowohl darum, zweckmäßige Apparate zu konstruieren, als auch darum, das Gas möglichst billig den Konsumenten zu liefern. Nach beiden Richtungen hin sind neuerdings bemerkenswerte Fortschritte gemacht worden.

Hinsichtlich des ersten Punktes scheinen die vom Gasdirektor G. Wobbe zu Troppau in Schlesien besonders praktisch zu sein. Fig. 357 illustriert den von Wobbe nach Bunsens System konstruierten Heiz= und Kochbrenner; derselbe besteht aus einem unterhalb in eine sogenannte Laterne und oberhalb in einen Trichter endenden Metallrohre, welches auf die Gasleitung aufgeschraubt werden kann. Das Gas strömt durch einen mit einer kleinen Öffnung versehenen Konus a in die Laterne aus, reißt die durch die Laterne eindringende Luft mit sich fort in das Rohr b, worin Gas und Luft sich zu Knallgas mischen. Oberhalb in die trichterförmige Mündung des Rohres b ist ein am Deckel c sitzender Konus eingesetzt, welcher die brennbare Gasmischung zwingt, durch den unterhalb des Deckels c freibleibenden

kreisförmigen Schlitz auszutreten; das austretende Gas wird dann entzündet und brennt
infolge der drei am Deckel c angebrachten Schrauben in einer dreiteiligen Flamme, deren
Farbe blaugrün ist und die eine starke Hitze entwickelt. Mittels der drei Schrauben läßt
sich der Schlitz weiter oder enger stellen und dadurch die Flamme regulieren. Infolge der
Geschwindigkeit, mit welcher das Gas durch den engen Schlitz ausströmt, wird das Zurück=
schlagen der Flamme verhütet; durch dieses Zurückschlagen der Flamme, wie solches bei
andern Gasbrennern wohl vorkommt, wird das Verlöschen der Flamme mit einem schwachen
Knall durch die stattfindende, an sich ganz ungefährliche Gasexplosion herbeigeführt.

In Fig. 358 und 359 sind zwei mit dem Wobbeschen Brenner versehene Gaskoch=
apparate dargestellt, welche sich durch sehr geringen Gasverbrauch und raschere Wirkung
vor andern ähnlichen Gaskochapparaten auszeichnen. Bei d werden diese Apparate durch
ein Gummirohr mit der Gasleitung verbunden. Auch Gasöfen für Zimmerheizung lassen
sich mit diesem Brenner in vorteilhafter Weise herstellen, wobei der Brenner im untersten
Teile des Ofens unterhalb eines denselben trichterartig überdeckenden, vertikal emporgeführten
Rohres angebracht ist. Dieses Rohr mündet oben in den hohlen Ofenmantel ein, in welchem
die Verbrennungsgase wiederum nach unten strömen, um alsdann unterhalb nach dem Schorn=
stein Abzug zu finden. Um das vertikal aufsteigende Rohr ist ein Luftkanal innerhalb des
hohlen Ofenmantels angebracht, in welchem die Zimmerluft oder von außerhalb zugeführte

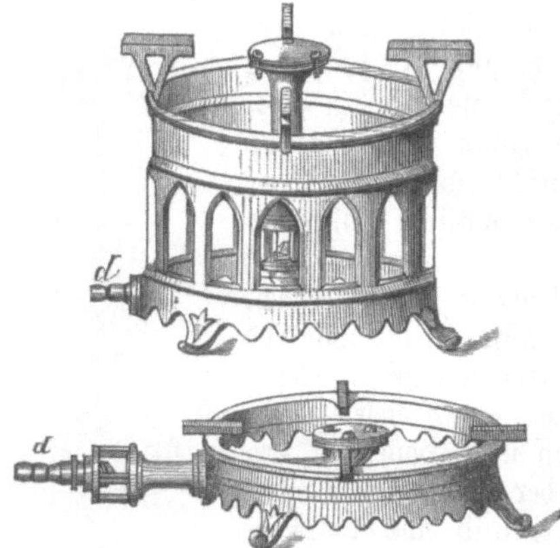

Fig. 358 und 359. Wobbes Gaskochapparate.

frische Luft emporsteigt, um sich an Rohr und
Ofenmantel zu erwärmen und oberhalb erwärmt
in das Zimmer zu treten.

In Fig. 360—362 sind drei verschiedene
Formen von Gasöfen abgebildet, wie solche die
Aktiengesellschaft Schäffer & Walcker liefert und
gegenwärtig schon etwa 250 Stück jährlich verkauft,
ein Beweis dafür, daß einesteils das Bedürfnis
nach der Heizung mit Gas bereits in ziemlich aus=
gedehnter Weise vorhanden ist und daß andernteils
diese Öfen ihrem Zwecke bestens entsprechen. In
der That verdienen die Gasheizöfen überall da den
Vorzug, wo Räume rasch und vorübergehend ge=
heizt werden sollen oder wo Räume in Ermange=
lung eines Schornsteins durch Kohlenöfen nicht ge=
heizt werden können, wobei wir hier einschaltend
zu bemerken haben, daß man neuerdings in der
sogenannten Karbonatronheizung mittels eines künstlichen salpeterhaltigen Brennmaterials
durch besondere Öfen Heizapparate herzustellen gesucht hat, die überall, und zwar ohne
Schornstein oder sonstigen Abzug, zur Heizung dienen sollen, wobei natürlich die Kohlen=
säure, welche, das Endprodukt aller Verbrennung, in das Zimmer eintritt, was aber auch
bei den Gasöfen in gleicher Weise der Fall ist, sobald man nicht für Abzug der Verbren=
nungsprodukte Sorge trägt. Solche Heizung ist unzweifelhaft ungesund und mangelhaft.
Bei guten Gasöfen muß dafür gesorgt sein, daß kein Gas unverbrannt entweichen kann,
wodurch einesteils ein übler Geruch im Zimmer entsteht und andernteils ein Verlust an
Brennstoff und daher eine Verteurung der Heizung herbeigeführt wird. Man kann durch=
schnittlich für 100 cbm Inhalt des zu heizenden Raumes bei Abführung der Verbrennungs=
produkte $0{,}4$—$0{,}5$, ohne Abführung derselben $0{,}3$ cbm Gasverbrauch in der Stunde rechnen.

Was die gebräuchlichen Gasheizapparate anbelangt, die für verschiedene Zwecke, be=
sonders zum Kochen und Braten von Speisen mittels des gewöhnlichen Leuchtgases, sowie
zu chemischen Arbeiten bisher konstruiert worden sind, haben sich in Deutschland um deren
Einführung besonders Ch. Huguenh in Straßburg, R. W. Elsner, Sam. Elster, Schäffer &
Walcker in Berlin, Professor Bunsen und Desage in Heidelberg und v. Schwarz in Nürn=
berg verdient gemacht. Betreffs der Kosten hat man gefunden, daß man bei einem Gas=
preise von 15—18 Mark pro 100 cbm Gas von $0{,}4$—$0{,}5$ spezifischem Gewicht, mit einer
Gasmenge von 2—3 Pfennig im Werte, $1\frac{1}{2}$ kg Wasser von gewöhnlicher Temperatur

in 18—20 Minuten bis zum Sieden erhitzen kann. Im allgemeinen ist anzunehmen, daß man in gut eingerichteten Kochmaschinen mit 1 cbm Gas 36—40 l kaltes Wasser bis zum Kochen erhitzen kann. Zum Heizen der Berliner Domkirche von 17360 cbm Rauminhalt wurden bei einer Außentemperatur von — 3° C. und einer Innentemperatur von — 1° C. 58,9 cbm Gas verbraucht, um in 40 Minuten eine Temperatur von durchschnittlich + 10° C. herzustellen. Hiernach sind zum Anheizen von je 1000 cbm Raum 3,4 cbm Gas erforderlich. Zum Unterhalten der Temperatur waren pro Stunde 3,069 cbm Gas nötig; für 1000 cbm Raum also 0,18 cbm. Zum Heizen des Domes waren acht Kamine mit je 24 Brennern, insgesamt 26²/₅ qm Brennoberfläche nötig, was einem Flächenraum von ca. 125 qcm auf 1000 cbm Rauminhalt entspricht.

Ein älterer zweckmäßig konstruierter Gasofen ist der in Fig. 363 abgebildete von L. Vanderkelen konstruierte. Dieser aus Eisen- oder Kupferblech hergestellte Ofen besteht aus einem cylindrischen Gehäuse A, mit welchem der konische Hohlkörper B oberhalb luftdicht verbun-

Fig. 360—362. Gasöfen.

den ist. Dieser Hohlkörper ist oben offen und mündet unten in ein Rohr aus, welches in das Zimmer oder nach außen in das Freie geführt ist, um die zu erwärmende Luft aufzunehmen. In dem Hohlraume zwischen A und B befindet sich unterhalb der kranzförmige Gasbrenner, welcher bei a mit der Gasleitung verbunden ist; vor dem Eintritt in den Brenner wird das Gas durch ein besonderes Rohr mit Luft vermischt. Bei b kommuniziert der Hohlraum zwischen AB mit dem Schornsteine, um die Verbrennungsprodukte abzuführen. Die im Hohlkörper B erwärmte Luft entweicht durch den durchbrochenen Deckel in das Zimmer. Ein Vorteil dieser Konstruktion liegt darin, daß ein Offenlassen des Gashahnes, während kein Feuer im Ofen brennt, ohne Gefahr ist, indem das Gas ohne weiteres in den Schornstein entweicht.

Eine der neuesten Konstruktionen dieser Art führt Fig. 364 in dem Zirkulationsgasofen nach H. Zschetzschingk vor. Die Prinzipien dieses Systems sind: 1) Herstellung der größtmöglichen Heizfläche und durch diese eine rasche und rationelle Wärmeausnutzung; 2) Vermeidung der Glühhitze, so daß kein Teil des Heizkörpers glühend und die Luft verschlechtert werde; 3) vollständige Geruchlosigkeit durch Ableitung der verbrannten Gase und, damit verbunden, eine nach der Höhe des Bedarfs jeden Augenblick regulierbare Ventilation; 4) automatische Regulierung der Gaszuströmung und Luftableitung. Diese Prinzipien sind auf die folgende Weise realisiert: der allseitig geschlossene, von unten ganz offene viereckige Blechmantel, welcher den Ofenkörper bildet, ist von einer großen Anzahl etwas schräg liegender

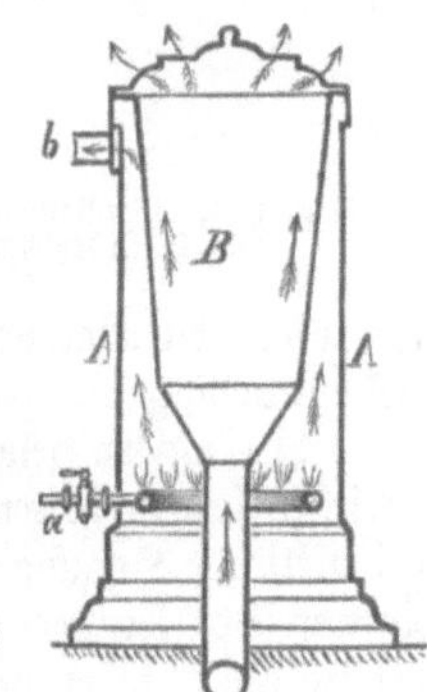

Fig. 363.
Vanderkelens Gasofen.

Luftzirkulationsröhren durchsetzt, unterhalb deren ein Heizbrenner nach Bunsens System mit blauer, rußfreier Flamme wirkt. Die von diesem Brenner ausgehende Hitze, welche innerhalb des Mantels aufsteigt, erwärmt die Luftzirkulationsröhren allseitig in hohem Grade. Die schräge Lage dieser nach beiden Seiten offenen Röhren bewirkt das ununterbrochene Durchströmen der Zimmerluft und dadurch wird eine rasche gleichmäßige Erwärmung des Zimmers erreicht.

Über die Kosten der Heizung mit Leuchtgas stellt Professor Dr. H. Fischer in Hannover in Dinglers „Polytechnischem Journal" die folgende Berechnung auf:

Berechnet man für ein mittelgroßes Zimmer den stündlichen Wärmebedarf für die durchschnittliche Wintertemperatur zu 1000 Wärmeeinheiten, also für eine zehnstündige Beheizungsdauer zu 10000 Wärmeeinheiten (wobei eine Wärmeeinheit die Wärmemenge zur Erwärmung von 1 kg Wasser um 1° C. ist), so stellen sich die Beheizungskosten wie folgt: Man wird von 1 kg Koks nicht mehr als 4000 Wärmeeinheiten nutzbar machen. 1 kg Koks kostet bei Ankauf in größerer Menge etwa $1_{,8}$ Pfennig, folglich kostet der Koks für jene zehnstündige Heizungsdauer $^{10000}/_{4000}$ $1_{,8} = 4_{,5}$ Pfennig. Hierzu ist für den Brennstoffbedarf zum Entzünden der Koke etwa 1 Pfennig zu rechnen, so daß die Gesamtkosten des Brennstoffs $5_{,5}$ Pfennig betragen. Leuchtgas kostet (in Hannover) bei größerem Verbrauch pro 1 cbm 14 Pfennig, bei Annahme mittleren spezifischen Gewichts kostet somit

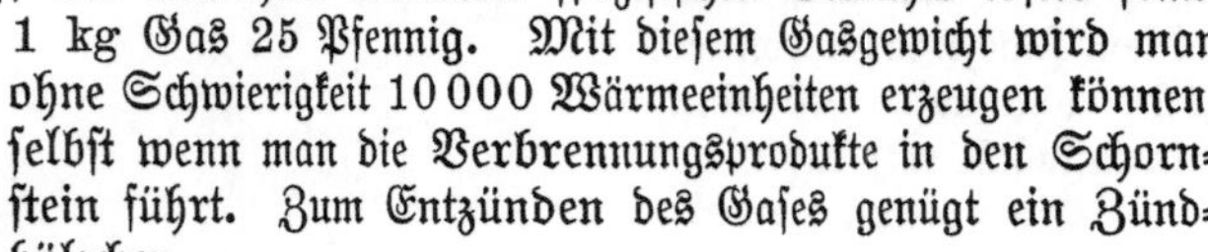

1 kg Gas 25 Pfennig. Mit diesem Gasgewicht wird man ohne Schwierigkeit 10 000 Wärmeeinheiten erzeugen können, selbst wenn man die Verbrennungsprodukte in den Schornstein führt. Zum Entzünden des Gases genügt ein Zündhölzchen.

Die Heizung des in Rede stehenden Zimmers kostet demnach in zehn Stunden an Brennstoff $22_{,5}$ Pfennig mehr bei Gasheizung als bei Koksheizung. Nimmt man 100 Heiztage an, so entspricht dieses einem Mehrkostenbetrage von $22_{,5}$ Mark. Diesem gegenüber kostet die Koksheizung eine sorgfältigere und viel zeitraubendere Bedienung. Mit Rücksicht hierauf verdient die zweifellos reinlichere Gasheizung entschieden den Vorzug.

Da man nicht überall Gas haben kann, so ist es wohl erklärlich, daß man auch versucht hat, die zur Zeit ziemlich wohlfeilen Mineralöle, besonders aber das Petroleum, zur Heizung zu benutzen. Man hat zu dem Zwecke besondere kleine Öfen mit entsprechenden Brennern konstruiert. Auch bei derartigen Öfen ist ein Abführen der Verbrennungsprodukte durch den Schornstein rätlich, jedoch ist nicht immer darauf Rücksicht genommen.

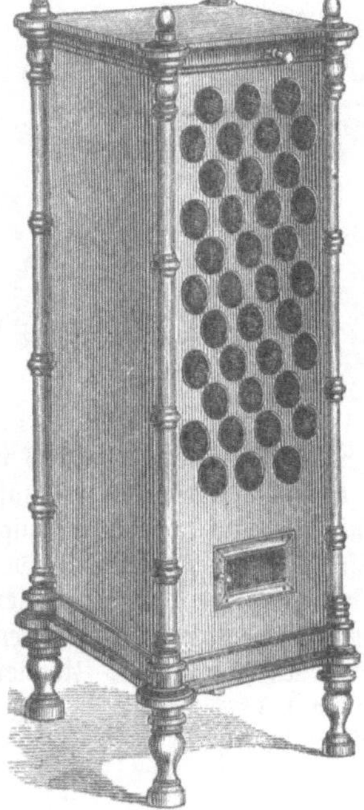

Fig. 364. Zirkulationsgasofen von H. Zschetzschingk.

Indem wir hiermit die Besprechung der verschiedenartigen Heizapparate beenden, führen die letzten Bemerkungen uns auf das Gebiet über, welchem wir nun noch einige Beachtung widmen wollen, nämlich auf die

Lüftung. Die Notwendigkeit der Lüftung ist vom Standpunkte der Gesundheitspflege für jeden Gebildeten erwiesen, darüber brauchen wir wohl keine Worte zu verlieren. Reine Luft ist das erste Lebensbedingnis.

In unsern gewöhnlichen Wohnhäusern findet zu der Zeit, wo wir Fenster und Thüren verschlossen zu halten pflegen, um der unangenehm kalten Luft den Eintritt zu wehren, bei ordentlicher Heizung allerdings von selbst eine Art Lüftung statt, welche durch zeitweiliges Öffnen der Fenster unterstützt zu werden pflegt. Selbst die Wände, mögen sie von Holz, Stein oder einem andern Materiale sein und mögen sie auch bedeutende Stärke haben, gestatten schon bis zu gewissem Grade einen Luftwechsel in den Zimmern, wie sich nach Professor Pettenkofers Untersuchungen schlagend herausgestellt hat. Ein bezüglicher Versuch ist unschwer anzustellen. Wird nämlich ein Ziegelstein, ein Stück Mörtel oder Holz allseitig bis auf zwei gegenüberliegende Stellen mit Pech sorgfältig umgossen, um eine luftdichte Umhüllung herzustellen, und bringt man dann an den beiden unbedeckten, also luftdurchlässigen Stellen zwei Glas= oder Metallröhren so an, daß man durch das Material hindurchblasen kann, so geht die Luft mit überraschender Leichtigkeit durch den scheinbar sehr dichten Stoff hindurch, wie man an einer gegenübergestellten Lichtflamme wahrnehmen kann.

Infolge dieser Porosität der Wände unsrer Wohnungen findet also in denselben selbst bei geschlossenen Thüren und Fenstern ein beständiger, freilich im allgemeinen nur schwacher Luftwechsel statt, dessen Stärke von der Temperaturdifferenz der inneren und äußeren Luft abhängig ist. Zu gunsten einer stärkeren Lüftung tritt in der kälteren Jahreszeit allerdings ein neuer Faktor in Wirksamkeit, nämlich der gewöhnliche Ofenzug, welcher die verdorbene Zimmerluft abführt und dafür den Zuzug von guter Luft befördert. Die Menge der durch einen Zimmerofen herangezogenen frischen Luft kann nach Pettenkofer im günstigsten Falle stündlich 90 cbm betragen, so daß die so bewirkte Lüftung unter gewöhnlichen Umständen, wo die früher angedeuteten Faktoren mit thätig sind, so ziemlich ausreichend sein dürfte, um die durch den Atmungsprozeß verdorbene Luft gehörig zu zersetzen. Indessen genügen diese natürlichen Luftbewegungen durchaus nicht in allen Fällen, um in bewohnten Räumen die verdorbene Luft in einer für die Atmung hinreichenden Weise durch Zufuhr reiner Luft von außen zu erneuern. Unter besonderen Umständen stellt sich die für Menschen in abgeschlossenen Räumen erforderliche Menge frischer Luft viel größer heraus, und es sind dann besondere Vorrichtungen nötig, um einen genügenden Luftwechsel, d. h. eine gehörig starke Lüftung, herbeizuführen.

Nach Professor Pettenkofer beträgt die Menge der für einen Erwachsenen nötigen Luft stündlich mindestens 60 cbm; in Krankensälen verlangt man jetzt sogar bis zu 150 cbm. Dieser Status wird jederzeit nur auf künstlichem Wege durch Anwendung mechanischer Hilfsmittel zu erreichen sein.

Es gibt zwei Wege, die schlecht gewordene Luft aufzusaugen und es dem atmosphärischen Drucke zu überlassen, das entstandene Defizit auszugleichen, oder gute Luft in den zu lüftenden Raum mit Gewalt hineinzupressen und dadurch die verbrauchte zu vertreiben. Je nachdem unterscheidet man auch zwei Systeme der Lüftung. In ersterem Falle wird als Zugmittel gewöhnlich nur die Temperaturdifferenz, also eigentlich die Wärme benutzt; im zweiten Falle muß man als Treibmittel ein Gebläs (Ventilator) wirken lassen.

Der Luftwechsel durch Absaugen wird schon bis zu einem gewissen Grade von jedem Ofen, in erhöhterem Maße aber von Kaminfeuerungen herbeigeführt, wie wir im Früheren schon mehrmals in Erwähnung gebracht haben.

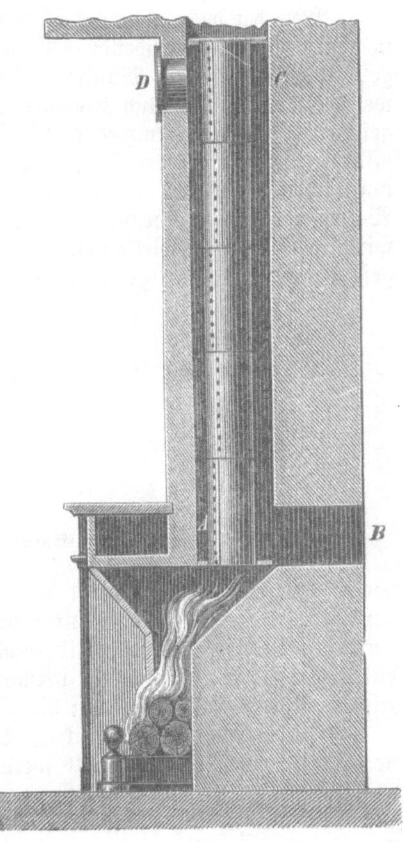

Fig. 365. Ventilationskamin.

Ein großer Fortschritt in der Konstruktion der Kamine wurde durch die Herstellung einer doppelt wirkenden Lufterneuerung gemacht. Um nicht eine so große Wärmemenge, wie durch die gewöhnlichen Kamine, ohne weiteres entweichen zu lassen, versuchte man diese Wärme dadurch nutzbar zu machen, daß man mit ihr eine Saugesse (Cheminée d'appel) in Thätigkeit setzte und die dadurch angelockte reine Luft in das Zimmer leitete, wo der Kamin in Thätigkeit war. Hierdurch wurde die unangenehme Zugluft durch Fenster und Thüren vermieden. Erst nach vielen mißglückten Versuchen gelang es dem englischen Kapitän des Geniekorps Douglas Galton, gegen die Mitte der fünfziger Jahre, die richtigen Verhältnisse für eine genügende Lösung der Aufgabe zu finden und einen Lüftungskamin zu konstruieren, mit welchem gegen 35 Prozent der durch das Brennmaterial entwickelten Wärme gewonnen wurden, während — wie schon früher bemerkt — die gewöhnlichen Kamine nur 12—14 Prozent nutzbar machen lassen.

Ein derartiger Kamin ist in Fig. 365 teilweise im Vertikaldurchschnitt abgebildet. AC ist ein Rohr aus Eisenblech oder Gußeisen, durch welches die Verbrennungsprodukte vom Herde abziehen. In den ringförmigen Raum, welcher vom Mauerwerk des eigentlichen Schornsteins um dieses Rohr gebildet ist, tritt frische Luft von außen durch den Kanal B ein. Indem diese Luft am Rohre AC aufsteigt, wird sie erwärmt und findet alsdann durch die mit einem Regulierschieber versehene Öffnung D Eingang in das Zimmer. Noch besser ist es, die reine warme Luft durch geeignete Vorrichtungen zu zwingen, erst eine Strecke weit an der Decke hinzuziehen, bevor sie herabsinkt, damit dieselbe nicht sofort wieder durch den Kamin entweicht, sondern sich mit der Zimmerluft möglichst innig vermischt. Natürlich kann für den gleichen Zweck auch der auf Seite 357 in Fig. 275 abgebildete Douglassche Kamin Anwendung finden.

Man hat auch besondere Apparate zum Einsetzen in eine nach dem Schornstein oder in einen Luftschlot mündende Öffnung konstruiert. Hierher gehört das durch die Aktiengesellschaft Schäffer & Walcker gelieferte Exzelsiorlüftungsgitter Fig. 366—368, welches sich als vorzüglich bewährt hat. Mit demselben wird eine sehr wirksame Lüftung geschaffen, und zwar entweder wie bei der Einrichtung in Fig. 366 ohne weiteres, oder mittels Anbringung einer Heizflamme, wie in Fig. 367 dargestellt ist, aber meistens genügt schon die Wärme der inneren Mauern eines Gebäudes zu einer kräftigen Lüftung. Während die Luftabführung durch die in Fig. 366 und 367 abgebildeten Einsätze bewirkt wird, muß bei einer wirksamen Lufterneuerung gleichzeitig für Zuführung frischer Luft gesorgt werden. Dies geschieht am zweckmäßigsten und mit sicherem Erfolge durch den in

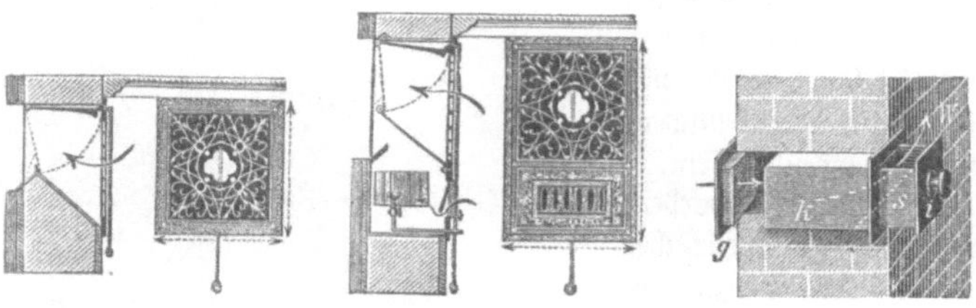

Fig. 368 dargestellten Luftschieber, der in möglichst entgegengesetzter Lage zum Abluftgitter in die Außenwand des Zimmers eingesetzt wird. g ist ein Drahtgitter mit Zarge zur Sicherung der Luftöffnung nach außen, k ein Blechkasten, worin

Fig. 366—368. Exzelsiorlüftungsgitter.

der kastenförmige Schieber i mit dem eingesetzten schrägen Boden s nach Belieben so hineingeschoben werden kann, daß durch den schrägen Boden die frische Zugluft in das Zimmer entweder nach oben, nach rechts, nach links oder noch unten abgelenkt werden kann; hierdurch wird jede Zugwirkung vermieden. Die Innenseite des Schiebers i wird mit der Zimmertapete überklebt, so daß die Einrichtung selbst im Zimmer kaum bemerkbar ist.

Soll in Lazaretten, Kliniken, Büreaus, Fabriken, Versammlungssälen u. s. w. eine noch wirksamere Lüftung erzielt werden, so bedient man sich mit Erfolg des Kosmosventilators. Es ist dies ein geräuschlos arbeitender, tragbarer Wasserdruckventilator zur Erneuerung, Reinigung, Desinfektion und Erfrischung der Zimmerluft, dessen äußere Form und innere Einrichtung in Fig. 369—376 dargestellt ist.

Die Vorrichtung Fig. 369—370 besteht aus einem Luftrade B, welches mit einem Triebrade (d. i. einer Art Turbine) verbunden ist; letzteres wird durch einen der Wasserleitung entnommenen Wasserstrahl links- oder rechtsherum in rasche Umdrehung versetzt, wodurch die Radflügel die Luft entweder in das Zimmer hineindrücken, wie dies bei der Einrichtung in Fig. 371—373 der Fall ist, oder die verdorbene Luft aus dem Zimmer absaugen, wie dies bei den Einrichtungen in Fig. 374—376 geschieht.

Soll die frische Luft gewaschen, d. i. vom Staube befreit, gefrischt oder gefeuchtet werden, so kann das zum Betriebe des Ventilators verbrauchte Wasser ganz oder teilweise durch eine entsprechende, unmittelbar unter dem Flügelrade angebrachte Zerstäubungsvorrichtung S (Fig. 371 und 372) geleitet werden, wodurch eine äußerst feine Zerteilung des Wassers und eine innige Mischung desselben mit der bewegten Luft bewirkt wird. Das verbrauchte Wasser fließt durch das Rohr W ab und kann, weil vollkommen rein, beliebig anderweitig verwendet werden.

Durch einen besonderen Zulauf können dieser Zerstäubungsvorrichtung auch Desinfektions=
mittel, wie z. B. Karbolsäure, zugeführt werden. Diese Kosmosventilatoren werden von der
Aktiengesellschaft Schäffer & Walcker in drei verschiedenen Arten ausgeführt: 1) als Einsatz=
ventilatoren (Fig. 369, 373, 376); 2) als Säulenventilatoren (Fig. 371 und 372), welche
tragbar zum Aufstellen in Sälen, Zimmern u. s. w. zur Lufterneuerung und zum Desinfi=
zieren sind; 3) als verkürzte Säulenventilatoren mit Knierohren zum Absaugen oder Zu=
führen der Luft, unterhalb der Zimmerdecken aufstellbar (Fig. 375 und 376).

Einen andern ebenfalls sehr wirksamen Apparat ähnlicher Art, den sogenannten Paragon=
ventilator von Käuffer & Co. in
Mainz, zeigt Fig. 377. Es dient
dieser Apparat zur Lüftung mit
Einführung angewärmter frischer
Außenluft und Abführung der
unreinen Zimmerluft. Ist nämlich
für die Erwärmung der zu lüften=
den Räume schon gesorgt und han=
delt es sich um Anbringung von
Lüftung und Frischung mittels
reiner Luft, so ist diese Außenluft
anzuwärmen, damit dieselbe nicht
unangenehm wirke. Die Anwen=
dung des Paragonventilators ist
folgende: Die durch einen Blech=
stutzen eingeführte frische Luft ge=
langt in den unteren Kasten V,
von wo aus sie durch ein System
von Röhren aufwärts in den ge=
meinschaftlichen Zuflußkanal Z ge=
leitet wird. Ein Teil der frischen
Luft tritt in die zwischen den
Röhren liegende Trommel T und
vereinigt sich dann, nach starker
Anwärmung, mit der übrigen
frischen Luft. Um nun durch
Vorwärmung das Quantum der
ein= und austretenden Luft mög=
lichst zu erhöhen, wird am unteren
Ende des Apparates ein Gas=
brenner von geeigneter Konstruk=
tion, etwa ein Wobbescher, wie
ihn Fig. 359 zeigt, eingesetzt. Da
im Sommer eine Anwärmung
der frischen Luft weder nötig noch
erwünscht ist, so wird alsdann
die Klappe K geschlossen, wie dies

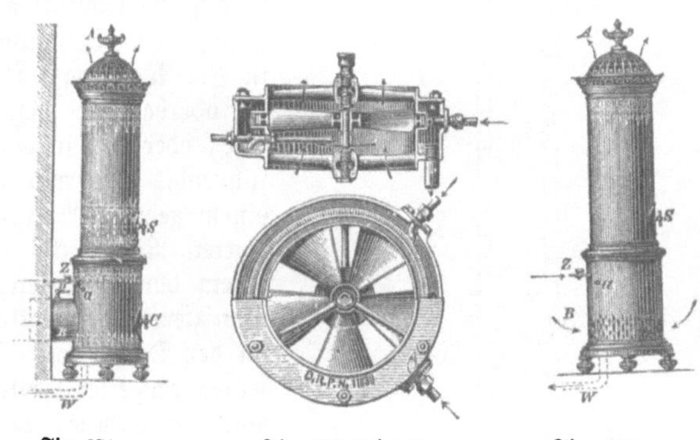

Fig. 371.   Fig. 369 und 370.   Fig. 372.

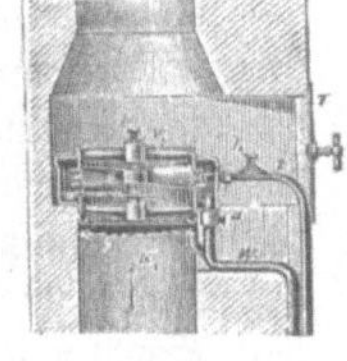

Fig. 373.   Fig. 374.

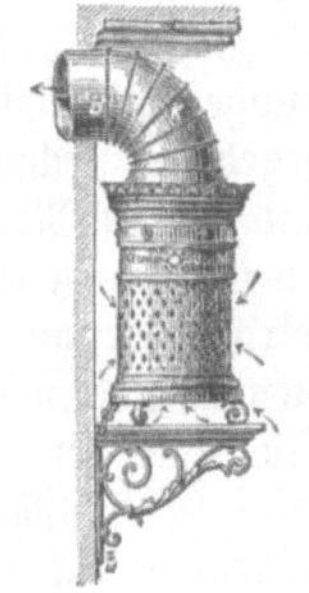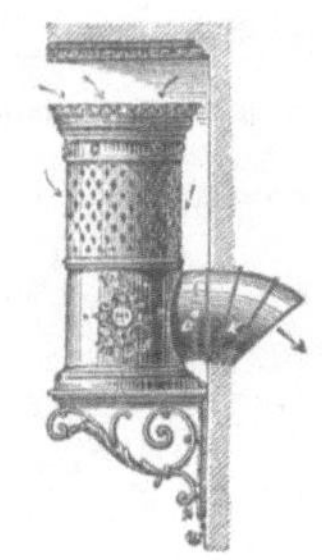

Fig. 375.   Fig. 376.
Fig. 369—376. Kosmosventilator.

in Fig. 377 punktiert angedeutet ist; alsdann tritt die frische Luft direkt in den oberen
weiten Mantel ein; die Abführungsluft wird folglich eine um so höhere Temperatur er=
langen und daher auch einen um so kräftigeren Zug bewirken. Dieser Apparat kann
auch über einem Kronleuchter angebracht werden, wie dies Fig. 378 zeigt, und es dient
in diesem Falle die von den Flammen des Kronleuchters erzeugte Wärme zum Betrieb
der Lüftung.

Ein ähnlicher älterer, vom Ingenieur Tittelbach erfundener Apparat, bei welchem eben=
falls die von den Beleuchtungsflammen entströmende Wärme zur Abführung der schlechten
Luft benutzt wird, ist in Fig. 379 dargestellt. Die Einrichtung ist folgende: a a sind

messingene Schirme, welche in der Mitte mit kurzen konischen Ansätzen versehen sind. Diese Schirme sind von je einem größeren, ebenfalls aus Metall bestehenden Schirm a umgeben, durch welchen verhindert wird, daß der untere Schirm a die von der darunter brennenden Gasflamme aufgenommene Wärme wiederum an die ihn umgebende Luft verliert. Die Schirme b sind mit einer Öffnung versehen und mit den gekrümmten Röhren c c verbunden, in deren Mündungen die konischen Ansätze der Schirme a a hineinragen, so daß die Schirme a a direkt mit den Röhren c c kommunizieren. Dicht über den Schirmen sind die Röhren c c in der Wandung mit kleinen Löchern versehen, während sie oberhalb mit dem Schornstein in Verbindung gesetzt sind, oder auch in ein besonderes, an die freie Luft ausführendes Thonrohr einmünden. Die Röhren c c sind in einem gewissen Abstande von den außerhalb beliebig verzierten Röhren d d umhüllt, welch letztere oberhalb mit einem durchbrochenen, ebenfalls verzierten Kasten e kommunizieren, der zugleich zur Befestigung des Apparates an der Decke dient. Der Apparat wird aus Blech und in seinen verzierten Teilen aus Zinkguß ausgeführt und kann eine verschiedene, den jedesmaligen Anforderungen entsprechende Form erhalten.

Die Verbindung mit den Gasbrennern wird in der Weise ausgeführt, daß die Schirme mit ihrer Mitte genau über den Flammen in etwa 30 cm Entfernung schweben. Bei dieser Anordnung werden die Verbrennungsprodukte der Gasflammen mit großer Geschwindigkeit durch die konischen Ansätze der Schirme a in das weitere Rohr übergehen und sowohl vermöge ihrer Strömung als auch infolge der Erwärmung des Schornsteins oder oberen Abzugsrohrs eine saugende Wirkung bei den am unteren Teile der Röhren c c angebrachten Öffnungen ausüben, wodurch die an der Decke sich ansammelnden Dünste durch Öffnungen des Kastens e in der durch die obersten Pfeile angegebenen Richtung in den Raum zwischen dem äußeren und inneren Rohre eintreten und schließlich in die Röhren c c ziehen, um durch dieselben abgeführt zu werden. Es wird daher mit den Verbrennungsprodukten der Gasflammen auch deren Wärme und durch dieselbe eine entsprechende Quantität der oberen, durch Tabaksrauch u. s. w. verunreinigten Luftschichten abgeführt. Die ziemlich bedeutende Wärmeentwickelung des Gases macht diesen Apparat zu einem sehr wirksamen Ventilator und erlaubt dessen Anwendung auch da, wo kein geheizter Schornstein benutzt werden kann. Die Zuführung der erforderlichen Menge reiner Luft ist natürlich in allen Fällen eine wesentliche Bedingung, deren vollständige Erfüllung freilich aber zuweilen mit manchen Schwierigkeiten verbunden ist.

Man legt zum Zwecke der Lüftung neuerdings auch häufig besondere vertikale, über das Dach emporragende Rohre oder Schlote an, welche mit sogenannten Ventilationsköpfen versehen werden. Es sind dies Apparate, welche vermittelst des Windes eine saugende Wirkung im Ventilationsschlot ausüben. Diese Saugwirkung kann mittels eines im Winde rotierenden und mit einem Schraubenventilator

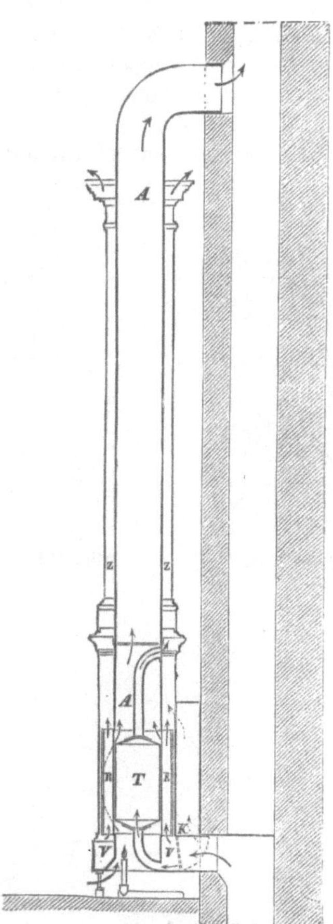

Fig. 377. Paragonventilator.

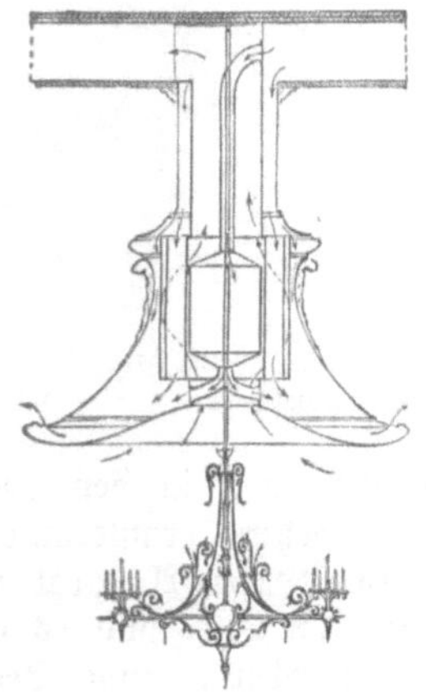

Fig. 378. Paragonventilator.

verbundenen Schaufelrades hervorgerufen werden; man kann dazu aber auch in recht vorteilhafter Weise den von Gebrüder Körting in Hannover konstruierten Luftsauger benutzen, welchen Fig. 380 im Durchschnitt darstellt. Dieser Apparat besteht aus drei miteinander verbundenen trichterartigen Hohlkörpern ABD; diese Verbindung sitzt gleich einer Windfahne auf einem über der Mündung des Ventilationsschlotes oder auch eines gewöhnlichen Schornsteins angebrachten Drehzapfen C und ist mit einem Windflügel W versehen, um leicht der Windrichtung zu folgen. Bei A bläst der Wind hinein, und indem der Luftstrom von A durch B und D hindurchgeht, saugt derselbe bei C die Luft an, wie die Pfeile zeigen.

Die beschriebenen Ventilationsvorrichtungen wirken sämtlich durch Ansaugen oder Aspiration und gehören deshalb dem sogenannten Aspirationssysteme der Ventilation an, doch ist der Effekt dieses Systems durchaus nicht in allen Fällen zureichend, sondern man muß da, wo es sich um einen besonders kräftigen Luftwechsel handelt, die zweite der Lüftungen, das Pulsionssystem, benutzen, bei welchem die frische Luft mittels einer Gebläsmaschine zugetrieben wird. Der Zutritt der frischen, auf irgend welche Weise, z. B. durch einen Luftheizapparat, vorgewärmten Luft findet hierbei von

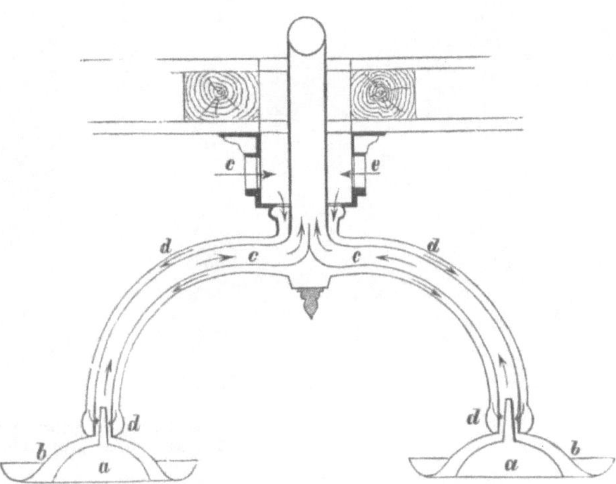

Fig. 379. Ventilationsapparat für öffentliche Lokalitäten.

oben statt, während die verdorbene, durch Aufnahme von Kohlensäure schwerer gewordene und sich von selbst zu Boden senkende Luft unten Abfluß findet.

Die bisherigen Ventilationssysteme, d. i. das Aspirationssystem und Pulsionssystem, erfüllen jedoch ihren Zweck nicht immer vollständig. Man hat dabei häufig mit dem Übelstande der Zugluft zu kämpfen, und das Ideal der reinen Luft, wie es im Freien zu finden ist, bleibt bei den bisherigen Einrichtungen trotz der starken Luftbeförderung unerreicht, schon deshalb, weil man ja wenigstens in großen Städten gar nicht in der Lage ist, vollständig reine Luft zu beschaffen. Immerhin ist es aber der rastlos vorwärts schreitenden Technik gelungen, auf verschiedenartige Weise durch mehr oder minder zweckmäßig eingerichtete Apparate der Heizung und Lüftung die Wohnungen und abgeschlossenen Aufenthaltsörter der Menschen den Bedingungen der Gesundheitsbeförderung und dem Wohlsein entsprechender herzustellen.

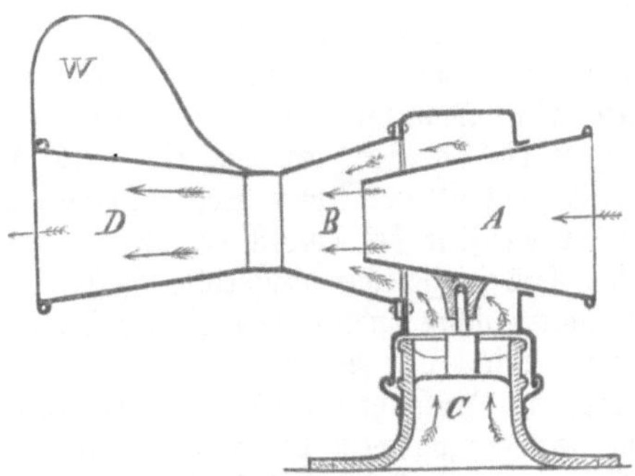

Fig. 380. Körtings Luftsauger.

O, wohl magst du gelben Harzes duft'ge Tropfen niedersprengen,
Und dein straffes, grünlichschwarzes Haar mit Morgentau behängen.

An die Tanne. Von F. Freiligrath.

Gummi, Harze, Firnisse und Lacke.

Der Gummifluß und Harzfluß. Die Gummisorten. Die Harze. Eigentliche Harze. Harte Harze. Fichten-
harz. Pech. Kolophonium. Mastix. Weihrauch und Myrrhen. Storax. Benzoe. Sandarach. Kopal, Dammar.
Bernstein. Asphalt. Weiche Harze. Terpentin. Balsame. Perubalsam. Mekkabalsam. Tolubalsam. Kopaiva-
balsam. Der Vogelleim. Das Ambra. Die Schleimharze. Die Firnisse und Lacke. Leinölfirnis.
Kopalfirnis und Lack. Bernsteinfirnis. Schellackfirnis. Der Gummilack. Asphaltlack. Druckerschwarze. Die
Kunst des Lackierens bei den Japanern. Lederlack. Die Siegellackfabrikation. Geschichte des Siegellacks.
Materialien. Eigenschaften guten Siegellacks. Die Kitte.

An den Kirschbäumen, auch bei anderm Steinobst, bemerkt man häufig aus der Rinde
schwitzende Massen von glasigem Aussehen, welche anfänglich weich sind, sich all=
mählich jedoch verhärten, eine gelbe, hellbräunliche Farbe, milden, etwas gewürz=
haften Geschmack und eine große Zähigkeit besitzen, so daß sie, befeuchtet, kleben und Fäden
ziehen. Im gewöhnlichen Leben bezeichnet man diese Stoffe mit dem Namen „Harz",
obwohl mit Unrecht, denn sie sind kein Harz, sondern Gummi, d. h. Pflanzenschleim, der
infolge einer eigentümlichen Baumkrankheit, welche der Gummifluß genannt wird, den
Rinden entquillt. Ein eigentliches Harz dagegen ist jenes, das in hellen, goldgelben
Tropfen aus den Poren frisch geschnittener Tannenbretter dringt, oder an Fichten und Kiefern
in weißlichen oder mattgelben Krusten sich überall da ansetzt, wo eine Verwundung oder
Öffnung bis auf den Splint, das junge, noch wachsende Gefüge der Holzzellen, reicht. Das
Harz und Gummi sind demnach nichts andres als verdickte Baumsäfte von sehr wechselnder
chemischer Zusammensetzung. Nicht alle Baumsäfte geben durch Eintrocknen Harze und
Gummi, der Birkensaft, der, im Frühjahr gewonnen, einen wohlschmeckenden Schaumwein
liefert, der Saft des Ahorns, vorzugsweise des amerikanischen Zuckerahorns und andrer
Bäume, verdanken dem Gehalt an Zucker ihre technische Verwendung; die Kampferbäume
enthalten als wertvollen Bestandteil ein starres, ätherisches Öl, den Kampfer, wieder andre
Baumsäfte liefern Gerbstoffe oder Heilmittel; kurz, die nutzbare Verwendung dieses „Bluts der

„Pflanzen“ ist eine außerordentlich allgemeine und wichtige. Das Gummi unsrer Kirschbäume findet aber bei uns gar keine Verwendung; nur im französischen Handel wird es noch angetroffen. Von großer Wichtigkeit dagegen sind die Gummiarten, welche verschiedene Bäume der Tropen, namentlich aus der Familie der Mimosen, in reichlicher Menge spenden, von dem Kirschgummi aber wesentlich verschieden sind. Überhaupt lassen sich die Gummiarten ihrer chemischen Natur nach in drei Gruppen bringen, die nach dem Hauptbestandteil, den sie enthalten, als Bassorin, Arabin und Cerasin unterschieden werden. Während Bassorin und Cerasin in Wasser nur aufquellen, löst sich Arabin vollständig darin auf. Die Hauptgummisorte des Handels ist das sogenannte arabische Gummi oder Gummi arabikum; dasselbe kommt aber nur zum allergeringsten Teile aus Arabien, vielmehr ist es das nordöstlichste Afrika (Ägypten, Nubien, Abessinien), ferner die Somaliküste, Tunis, Marokko und das Kap der guten Hoffnung, woher diese Gummisorte in den Handel gebracht wird. Das aus Senegambien stammende, unter dem Namen Senegalgummi bekannte Produkt gilt im Handel als zweite, geringwertigere Sorte; obschon Schweinfurth nachgewiesen hat, daß alle guten Sorten von Gummi aus den Nilländern

Fig. 382.
Zweig vom Tragantstrauch (Astragalus gummifer).

von denselben Bäumen herrühren, von denen auch das Senegalgummi kommt, nämlich von Acacia arabica (Willd.), Acacia Verek (Guill. et Perott), Acacia nilotica (Del.) und Acacia gummifera (Willd.). Da das Gummi, sowie es zu uns kommt, sehr ungleich und gewöhnlich auch durch Holzstückchen, Samen, Sand u. dergl. verunreinigt ist, so wird es, bevor es weiter verkauft wird, nach Farbe und Größe sortiert und von den Unreinigkeiten befreit. Diese ausgesuchten Sorten (Gummi arabicum electum) stehen natürlich viel höher im Preise als die sogenannte naturelle Ware. Je weißer, desto besser ist das Gummi. Das in großen rotbraunen Stücken aus Australien kommende und von der Acacia pycnantha (Benth.) abstammende Gummi bildet die billigste Sorte des Handels.

Die Verwendung der Auflösung des Gummis in Wasser, des Gummischleims, zum Kleben ist allbekannt; Etiketten, Briefmarken u. s. w. sind mit solcher Gummilösung überzogen. Die unangenehme Eigenschaft der letzteren, sich beim Eintrocknen stark zusammenzuziehen, wodurch das damit bestrichene Papier gekrümmt und der Gummiüberzug rissig wird, läßt sich durch einen geringen Zusatz von Glycerin ganz beseitigen. In der Zeugdruckerei dient das Gummi zum Befestigen der Farben, ferner wird es zur Appretur von Geweben und in Apotheken zur Bereitung von Emulsionen und andern Arzneien benutzt.

Eine von den genannten Gummisorten abweichende

Fig. 383.
Zweig der Gummiakazie (Acacia nilotica).

Art ist der Tragant; derselbe löst sich nur zum Teil in Wasser, während der zurückbleibende, aus Bassorin bestehende Teil nur aufquillt. Der Tragant stammt von mehreren in Syrien und Griechenland wachsenden, zu den Schmetterlingsblümlern gehörenden Pflanzen, namentlich aber von Astragalus gummifer (Fig. 382).

Die Harze unterscheiden sich von den Gummiarten durch ihre Unlöslichkeit in Wasser und ihre Auflöslichkeit in ätherischen Ölen, Äther, Benzin u. s. w., in welchen Flüssigkeiten wieder die Gummiarten unlöslich sind. Die Harze gehören zu den verbreitetsten Stoffen des Pflanzenreichs; sie finden sich aber auch reichlich in jener Welt untergegangener Gewächse, deren Gewinnung aus dem Schoße der Erde einen eigentümlichen Zweig des Bergbaues bildet. Ihre Verwendung in den Künsten und Gewerben ist eine ungemein große, sie steigt in stetiger Entwickelung von Jahr zu Jahr, je mehr die Chemie die einzelnen Bestandteile dieser wertvollen Produkte kennen und scheiden lehrt. Folgende allgemeinen Eigenschaften teilen sie miteinander; sie sind teils farblos, teils gelblich, gelb, braun, grün, meistens körnig; nur wenige vermögen zu kristallisieren; einzelne sind durchsichtig, andre durch= scheinend, die meisten undurchsichtig. Hinsichtlich ihrer Festigkeit sind sie entweder hart, brüchig, mürbe oder weich und schmierig. An und für sich sind diese Harze geruchlos, viele derselben besitzen aber einen mehr oder weniger starken Geruch infolge eines Gehalts von ätherischem Öl; wegen ihrer Unlöslichkeit im Wasser sind sie auch geschmacklos, nichts= destoweniger verursachen anderweitige, ihnen beigemengte Stoffe öfters einen bitteren, kratzenden, beißenden oder scharfen Geschmack. Schon bei mäßiger Wärme schmelzen sie, werden dickflüssig, ölartig, zähe und lassen sich dann in Fäden ziehen; an der Luft ver= brennen sie mit heller Flamme und geben dichten, stark rußigen Rauch. Die meisten Harze lösen sich in Weingeist auf, viele in ätherischen Ölen, wie Terpentinöl und Steinöl; mit

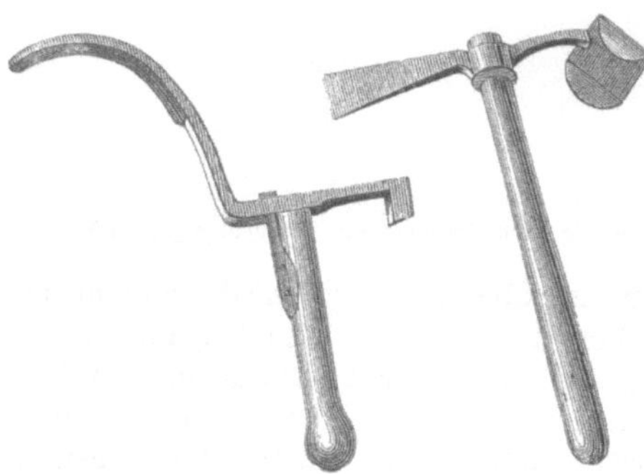
Fig. 384 und 385. Harzscharren.

fetten Ölen lassen sich die geschmolzenen Harze meist leicht verbinden, ja in Ölen erhitzt er= weichen viele derselben und lösen sich in ihnen. Auf diesen letzteren Eigenschaften beruht haupt= sächlich die technische Verwendung der Harze zur Fabrikation von Firnissen und Lack.

Man unterscheidet folgende Klassen der Harze: 1) Harte Harze oder Hartharze; 2) weiche Harze oder Weichharze und Balsame; 3) Schleim= harze; 4) Federharze.

Unter den harten Harzen ist das be= kannteste das Harz der Nadelbäume (Koni= ferenharz). Von diesem gibt es mehrere Sor= ten, so das natürliche Fichtenharz, das durch Eintrocknen des der Rinde entquollenen Terpentins an der Luft entsteht. Dieser Terpentin ist ein Gemenge von Harz mit Terpentinöl, er fließt teils für sich, teils durch gemachte Einschnitte aus der Rinde aus. Verhältnismäßig wird jedoch die Fichte nur wenig auf Terpentin ausgenutzt, so im Schwarzwald, Vogtland, Böhmen. Viel bedeutender ist die Gewinnung von Harz aus der Strandkiefer an der französischen Westküste und in Portugal. In Frankreich nennt man das aus diesem Baume gewonnene natürliche Harz Galipot; weite Strecken der Küste sind mit solchen Waldungen bepflanzt zum Schutze gegen die Gewalt der Stürme. Geschmolzen und durch Stroh geseiht liefert Fichtenharz das weiße Pech, welches Lederarbeiter zur Steifung und Verstärkung ihrer Hanfbindfäden (Drähte) gebrauchen, und das auch zum Ausgießen von Bierfässern benutzt wird; das schwarze Pech wird vorzugsweise als harziger Rückstand bei der Pechschwelerei gewonnen und zur Herstellung von luftdichten Verschlüssen sowie zum Kalfatern der Schiffe und des Tauwerks gebraucht; zu letzterem Zwecke wird das Pech mit heißem Holzteer angerührt. Es dient auch noch zur Anfertigung des unter dem Namen Mastix bekannten Holzkitts, welcher der Feuchtigkeit widersteht. Wird Terpentin behufs Gewinnung des Terpentinöls der Destillation unterworfen, so bleibt ein gelbbräunliches Harz als Rückstand, das Kolo= phonium, auch Geigenharz genannt, weil es zum Bestreichen des Bogens der Geigen= instrumente verwendet wird, wozu es bis jetzt noch durch keinen andern Stoff hat ersetzt werden können. Es wird dazu in ziemlichen Mengen verbraucht und es gibt verschiedene Arten in der Feinheit; neuerdings hat man auch die rohe, ursprüngliche Form durch zweck= mäßigere Gestaltung der Handstücke ersetzt. Außerdem dient das Kolophonium in der Technik beim Löten, zur Vermehrung der Reibung bei Treibriemen, zur Bereitung von Harzseifen, Firnissen, Kitten, zum Verpichen von Flaschen, zu Pflastern und Räucherwerken. Es war schon im grauen Altertum bekannt und trägt seinen Namen von der lydischen Stadt Kolophon, deren Hafen Notion jährlich viele Schiffe mit diesem gesuchten Harze befrachtete.

Fig. 386.   Sammeln des rohen Terpentins.

Die Griechen verbrauchten es zu Räucherwerk, vorzugsweise aber, um den Wein damit zu versetzen, wodurch derselbe allerdings haltbarer wird (man nennt ihn Rezinat), zugleich aber auch jenen Pechgeschmack erhält, der ihn noch heute überall im Orient kennzeichnet, wo man das alte Verfahren getreulichst beibehalten hat. Heutzutage aber verwendet man zu diesem Zwecke mehr die geringeren Sorten eines andern harten Harzes, des Mastix.

Fig. 387.   Entblößen des angezapften Stammes.

Dieses wird in gelben, spröden Körnern von der Balsampistazie gewonnen, einem schönen Baume, der auf allen griechischen Inseln, am reichsten und üppigsten aber auf Chios wächst. Sein Anbau hat daselbst ganz die vordem berühmte Weinkultur verdrängt; mehr als 20 Ortschaften beschäftigen sich nur mit der Herstellung des „Chio-Mastika-Raki", eines aus

Getreide mit Harzzusatz gewonnenen Branntweins, der, mit Wasser vermischt, dasselbe opalisiert und den Muselmanen den verbotenen Wein ersetzt. Chios verbraucht jährlich über 50000 Zentner des Harzes bloß zu Raki (Branntwein) und führt außerdem noch aus für die Benutzung zu Räucherwerk und Lacken; daher heißt es auch bei den Türken „Sakyz=Ada“, die Mastix=Insel. Viele Bäume liefern wohlriechende Hartharze, welche als Parfümerien und Räuchermittel seit den Zeiten des Königs Salomo, dem die Königin von Saba die köst= lichsten Spezereien aus Arabien brachte, im Gebrauch sind. Obenan standen Weihrauch und Myrrhen, neben Gold die gewöhnlichen Gastgeschenke, welche auch die drei Könige aus dem Morgenlande dem Stern der Welt entgegentrugen; jener, ein mattglänzendes, blaßgelbliches Korn aus der Rinde eines ostindischen Boswellbaumes, schon von den Alten unter dem Namen Olibanum zu gottesdienstlichen Gebräuchen verwendet; diese von dem nubischen Strauchgewächs Kataf in gelbbraunen, aromatisch bitter schmeckenden Stückchen in den Handel kommend. An sie reihen sich Storax, von dem in Natolien und Syrien wachsenden Styraxbaume, eines der wohlriechendsten Harze, das jedoch im Morgenlande so geschätzt und verbraucht wird, daß, gleichwie vom echten Rosenöl, wohl schwerlich noch jemals eine unverfälschte Probe davon in das Abendland gelangt ist; Benzoe, gelblich= braune, harte Körner, mit weißen untermischt, von mildem Vanillegeruch, die, in Weingeist gelöst und mit Wasser gemischt, das bekannte Schönheitsmittel „Jungfernmilch“ liefern, von einem Styraxbaume Indiens; Sandarach, aus einer Lebensbaumart Nordafrikas, jenes bekannte weiße Pulver, womit man radiertes Papier bestreut, um das Durchschlagen der Tinte zu verhüten und welches auch zur Herstellung farbloser Spirituslacke Verwendung findet. Eines der wichtigsten Hartharze, welches in großen Mengen importiert und ver= braucht wird, ist der Kopal; er stammt von verschiedenen tropischen Bäumen aus der Familie der Cäsalpineen, als beste Sorte gilt der ostafrikanische, aus großen durchsichtigen, blaßgelben glänzenden Stücken bestehend; weniger geschätzt sind die Kopale von der afrika= nischen Westküste, von Südamerika und Australien. Dem Kopal im Äußeren ähnlich, aber von geringerem Werte, ist das Dammarharz, von der auf den ostindischen Inseln heimischen Konifere Dammara orientalis abstammend (damar, malaiisch = Harz). Das härteste Harz ist der Bernstein, ein fossiles Harz, welches die Phöniker schon Jahrtausende vor unsrer Zeitrechnung von den fernen Nebelküsten des dunklen Kimmeriens holten, das, wie Plinius erzählt, schon bei den römischen Frauen als Schmuck beliebt war, und dessen alter Name Elektron zur Bezeichnung einer eigentümlichen Naturkraft, der Elektrizität, Veranlassung gab, die man an ihm zuerst beobachtet hatte. Von Plinius haben wir auch den alten deutschen Namen Glessum des kostbaren Harzes erfahren, der mit Glas und Glanz aus gemeinsamer Wurzel stammt, während „Bernstein“ von „bernen“ oder „börnen“, d. h. brennen, herkommt. Bei der vielfachen Benutzung des Bernsteins zu Pfeifenspitzen — deren es bei reichen Türken bis zum Werte von vielen Tausenden von Mark geben soll — zu Schmucksachen, Räucherwerk, zu Firnis und Bernsteinöl, hat derselbe stets einen hohen Wert, und die Bernsteingräbereien oder =Fischereien können oft ganz außerordentliche Aus= beuten liefern, wie Beispiele davon genug erzählt werden. Die besten und größten Stücke finden sich an der Ostsee; vereinzelt kommt aber in sehr vielen Weltgegenden Bernstein, selten jedoch in größeren Stücken vor. Daß er das fossile Harz eines untergegangenen Baumes sei, hat schon der alte Geschichtschreiber Tacitus gewußt. Auch der Asphalt oder das Erdpech, das auf den unheimlichen Wassern des Todten Meeres in Kleinasien schwimmt, an vielen andern Stellen aus dem Boden tritt, oder, wie auf der westindischen Insel Trinidad, das Ausfüllungsmaterial meilengroßer Kessel bildet, hat denselben Ursprung und ist nichts andres als ein Fossil aus Pflanzenresten. Es ist schon seit den allerältesten Zeiten bekannt und verwendet gewesen; in den Pfahlbauten hat man viele Steinbeile in ihre Holme, Meißel in die Griffe mittels Erdpechs befestigt gefunden. Endlich verdienen noch Erwähnung die als Heilmittel in der Arzneikunde gebräuchlichsten Hartharze: Jalape und Guajakharz. Der Erwähnung wert ist hier auch ein Stoff, der früher für ein tierisches Harz gehalten wurde, die Ambra; dieselbe ist jedoch kein Harz, sondern ein Fett. Die Ambra wird in der Nähe der Molukkeninseln, in andern Teilen des Indischen Meeres sowie an den Küsten Südamerikas zuweilen auf dem Wasser schwimmend gefunden. Sie ist wachshart, grau, geadert, von durchdringendem, dem Moschus nahe kommendem Geruch. Man hält die Ambra für ein Erzeugnis der kranken Leber des Pottfisches und hat sie in der That in den Eingeweiden dieses Wals gefunden. Ihrem Vorkommen nach ist die echte Ambra selten und äußerst kostbar; sie hat schon im Altertum für das edelste Räucherwerk gegolten, ist aber wahrscheinlich häufig mit dem Bernstein verwechselt worden, wie dessen Name in verschiedenen Sprachen zeigt.

Unter den Weichharzen steht obenan der schon erwähnte Terpentin, zur Unterscheidung von dem wesentlich verschiedenen Terpentinöl gewöhnlich fetter Terpentin genannt; derselbe ist eine natürliche Mischung von Harz und Terpentinöl. Es gibt eine große Anzahl von Sorten, welche von verschiedenen Nadelholzbäumen gewonnen werden, so der gemeine Terpentin aus Tannen und Fichten in Thüringen, im Harz, im Frankenwald, im Schwarzwald, in der Schweiz; der französische Terpentin von der Seestrandskiefer im südlichen Frankreich, namentlich in den Landes von Bordeaux; der venezianische Terpentin vom Lärchenbaum in Illyrien, Friaul, Dalmatien; der Straßburger von der Rottanne im Elsaß, Jura und in den Ardennen; der karpathische von der Zirbelkiefer und der ungarische von der Krummholzföhre, beide aus den Donauländern; der cyprische von dem Terebinthenbaum, welcher dem Terpentin den Namen gegeben hat, auf den Inseln des Griechischen Archipels; der kanadische von der Balsamtanne, endlich der Bostonterpentin von der Sumpfkiefer in Nordamerika. Man gebraucht den Terpentin zur Herstellung des Terpentinöls und Kolophoniums, zur Erweichung von Harzen, als Zusatz bei der Anfertigung von Siegellack, Harzseifen, Kitten, Pflastern, Salben und Firnissen, auch als Zusatz zum Kleister der Tapezierer. In der Gascogne des südlichen Frankreichs geben 100 Kiefernbäume 359 kg rohen Terpentin, welche bei der Destillation mit Wasser 270 kg verkäuflichen Terpentin, 62 kg Terpentinöl, 6 kg feines und 20 kg ordinäres Kolophonium liefern. Die übrigen Weichharze rechnet man gewöhnlich zu den Balsamen, natürlichen Verbindungen der Harze mit ätherischen Ölen; es ist aber eigentlich kein Grund vorhanden, den Terpentin davon auszuschließen. Die meisten Balsame stammen von Bäumen wärmerer Zonen und sind teilweise als wirksame Heilmittel wichtig. Der kostbarste darunter ist der angenehm nach Vanille riechende Perubalsam aus San Salvador, der als Parfüm für Liköre, Schokolade, Pomaden, feinen Siegellack u. s. w. verwendet wird; der Tolubalsam aus Südamerika; der Kopaivabalsam aus Westindien und Brasilien; der Mekkabalsam aus Arabien. Auch der Vogelleim, das Viscin, gehört zu den Weichharzen; um ihn zu erhalten, kocht man Mistelbeeren, bis sie platzen, zerstößt sie dann und schlämmt die Hülsen mit kaltem Wasser ab, der Rückstand ist Vogelleim. Auch das Kraut wird dazu benutzt; die Gewinnung findet im März statt. In Frankreich siedet man Vogelleim aus der inneren Rinde der Stechpalme, setzt sie in Fässern einer anfangenden Gärung aus, zerstößt sie und befreit sie durch kochendes Wasser von Schleim und Bitterstoff. Der Vogelleim ist eine zähe, dickflüssige, grünliche Masse von bitterem Geschmack und unangenehmem Geruch. Was man als künstlichen Vogelleim kauft, ist gewöhnlich eingekochtes Leinöl (Buchdruckerfirnis); auch kann dazu eine Mischung von Zinkchlorid und Leim verwendet werden, wobei ersteres durch fortwährendes Anziehen von Wasser aus der Luft das Austrocknen des Leims verhindert.

Die Gummiharze oder Schleimharze sind natürliche Gemische von Harzen, Gummi (Pflanzenschleim), ätherischen Ölen u. s. w. Sie fließen als ein dicker Saft aus Bäumen und Sträuchern, erhärten aber nach und nach an der Luft. Die meisten Stoffe dieser Art sind in der Arzneikunde im Gebrauch, z. B. das bekannte Gutti oder Gummigutt, welches eine glänzende gelbe Wasserfarbe liefert, aber gesundheitsschädliche Wirkungen hat, das Ammoniakgummi, das Galbanum, Scammonium. Auch der bekannte Stinkasant (Asa foetida oder Teufelsdreck) aus Persien und das scharfe Euphorbium gehören hierher.

Lack und Firnis. Im gewöhnlichen Leben werden die Begriffe Lack und Firnis sehr häufig verwechselt oder beide Benennungen als völlig gleichbedeutend gebraucht; beide dienen zwar dazu, den Gegenständen, die man mit ihnen überstreicht, eine glänzende Oberfläche zu geben, wodurch nicht nur ihr Aussehen verschönert wird, sondern die Gegenstände werden auch gegen die Einwirkung der Feuchtigkeit und der Luft geschützt; sie unterscheiden sich aber doch ihrem Wesen nach vollständig, denn Lacke sind Auflösungen von einem oder mehreren

Harzen in irgend einem flüchtigen, leicht verdampfbaren Lösungsmittel, während Firnisse
nur aus fettem Öl, am häufigsten Leinöl, bestehen, welches man durch längeres Kochen,
gewöhnlich unter Zusatz von Bleiglätte, zum schnelleren Trocknen disponiert hat. Ein Mittel=
ding zwischen beiden, den Lacken und Firnissen, bilden die fetten Lacke oder die Lack=
firnisse; sie enthalten neben einem flüchtigen Lösungsmittel für das in ihnen enthaltene
Harz noch fettes Öl, so z. B. besteht der gewöhnliche Kopallack aus Kopal, Leinöl und
Terpentinöl. Die Kunst des Lackierens ist unzweifelhaft eine sehr alte, wahrscheinlich zuerst
den ostasiatischen Völkerschaften bekannt gewesene, welche noch heute die größte Meisterschaft
darin besitzen (das Wort Lack ist indisch). Von Plinius wissen wir auch, daß der Maler
Apelles schon 400 Jahre v. Chr. seine Gemälde mit einem Firnis überzog, sowohl um sie
gegen üble Einflüsse zu schützen, als auch um den Glanz ihrer Farben zu erhöhen. Die Be=
reitung des Leinölfirnisses ist zuerst im 12. Jahrhundert von einem Mönch Theophilus be=
schrieben worden. Die Zahl der bei der Firnis= und Lackbereitung zur Verwendung kommen=
den Materialien ist groß; die meisten und feinsten Harze dazu liefern Ostindien und Afrika.
Als Lösungsmittel der Harze werden gebraucht: Leinöl, Hanföl, Nußöl, Mohnöl, Terpentin=
öl, Rosmarinöl, Benzol, Photogen, Alkohol, Äther, Holzgeist, Aceton, Chloroform und
Schwefelkohlenstoff. An Färbemitteln werden, wenn nötig, zugesetzt: Gummigutt, Drachen=
blut, Safran, Alkannawurzel, Kochenille, Safflor, Kurkuma, Orlean, Grünspan und ver=
schiedene Anilinfarben. Die wichtigsten Arten der Firnisse und Lacke sind: Leinölfirnis,
Kopalfirnis und Kopallack, Schellacklösung, Bernsteinfirnis, Dammarfirnis, Sandarachlack,
Mastixlack, Asphaltlack, Kautschuk= und Guttaperchafirnis und Buchdruckerschwärze.

Leinölfirnis wird durch Erhitzen des Leinöls mit Bleiglätte unter bestimmten Vor=
sichtsmaßregeln bereitet, nachdem dasselbe durch Ablagerung hinreichend von seinen schlei=
migen Teilen gereinigt worden ist, welche auch außerdem während des Siedens fleißig ab=
geschäumt werden müssen. In eisernen Gefäßen nimmt dabei der Firnis eine dunkle Fär=
bung an, in kupfernen behält er seine Farbe. Vorrichtungen sind notwendig, um das Steigen
des Öles sowie seine Entzündung zu verhüten oder sofort zu unterdrücken. Um den Firnis
rascher trocknen zu lassen, werden ihm gewöhnlich Bleisalze zugesetzt. Das beste Sikkativ
(Trockenmittel) ist indessen das borsaure Manganoxydul, welches neuerdings allen rasch
trocknenden Ölfirnissen zugesetzt wird. Statt des Leinöls lassen sich auch andre trocknende
Öle zur Firnisbereitung verwenden. Unter den Lacken nimmt der Kopallack den ersten
Rang ein, da er schnell trocknende, sehr harte und glänzende Anstriche gibt, namentlich gilt
dies von dem fetten Kopallack. Um diesen darzustellen, muß das Kopalharz zunächst
geschmolzen werden; hierauf löst man es in heißem Leinöl und fügt dann heißes Terpentinöl
hinzu. Auf dieselbe Weise läßt sich auch der fette Bernsteinlack bereiten, der auch sehr
gute und harte Anstriche gibt, aber stets braun gefärbt ist; leider kennt man noch kein
Lösungsmittel des ungeschmolzenen Bernsteins, der beim Schmelzen stets eine dunkle Farbe
annimmt. Wohlfeiler und leichter zu bereiten als der Kopallack ist der Dammarlack, er
ist auch farblos oder schwach gelblich, hat aber die unangenehme Eigenschaft, sehr langsam
zu trocknen. Die Schellacklösung, bekannt als Tischlerpolitur und als Zusatz zu ver=
schiedenen Lacken, wird durch Auflösen von Schellack in Spiritus erhalten. Schellack wird
aus dem Produkt der ostindischen Lackschildlaus dargestellt, deren Weibchen sich an die
Zweige verschiedener Bäume und Sträucher, die zu den Feigen, Mimosen, Rhamnus und
Kroton gehören, ansetzt, so daß diese wie mit einem roten Überzuge bedeckt erscheinen. Nach
stattgehabter Befruchtung schwellen die Tierchen bedeutend an und sondern einen Saft ab,
der sie vollständig umschließt und eintrocknet, die so entstehende Hülle ist jedoch porös, so
daß Luft zum Atmen zutreten kann. Es bilden sich aus den Tierchen allmählich blasen=
artige, am stumpfen Ende ausgetrocknete, mit einer roten Flüssigkeit erfüllte Körperchen, in
welchen man im Herbste zahlreiche Eier trifft; aus ihnen entwickelt sich die junge Brut,
welche sich des roten Farbstoffs als Nahrung bedient. Nach völliger Entwickelung durch=
bohren die jungen Insekten die Umhüllung und schlüpfen aus, um sich weiter zu vermehren.
Die erstarrte, die Tierkörper noch enthaltende Hülle bildet den Gummilack, welcher zweimal
im Jahre, im Februar und August, geerntet, nämlich mit den Zweigen selbst abgeschnitten
wird; in diesem Falle heißt er Stocklack. Wird er von den Zweigen abgeschabt gesammelt,

so nennt man ihn Körnerlack oder Saatlack; aus diesem erhält man durch Schmelzung, Reinigung und Durchseihung den Kuchenlack in stärkeren Stücken und den Schellack in kleinen, dünnen Blättchen von rotbrauner bis orangegelber Farbe. Er ist eines der wichtigsten Harze, welche in den Handel kommen, da er zu Tischlerpolitur und Siegellackfabrikaten unentbehrlich ist. Behandelt man die weingeistige Lösung des Schellacks mit Tierkohle oder Chlorkalk, so läßt sich der Schellack auch vortrefflich bleichen oder entfärben. Außer zu Politur werden Schellacklösungen vorzugsweise zu Buchbinderlack und Goldlackfirnis verwendet. Sandarach und Mastix werden nur zur Bereitung von Spirituslacken verwendet, die jedoch durch Zusatz von Terpentin oder Elemi geschmeidiger gemacht werden müssen, da die Anstriche ohne diesen Zusatz zu spröde sind und leicht rissig werden. Der Asphaltlack, durch Zumischen von Leinöl, leichtem Steinkohlenteeröl, Terpentinöl oder Benzol zu geschmolzenem Asphalt bereitet, wird vorzugsweise zum Lackieren von Eisenwaren in großem Maßstabe verwendet. Endlich ist auch die Druckerschwärze ein echter Firnis, der aus stark gekochtem Leinöl oder auch einem andern leicht trocknenden Öl, welchem Ruß oder Kohle von intensiver Schwärze und feiner Zerteilung zugefügt worden ist, bereitet wird. Um dem gekochten Öl eine größere Konsistenz zu geben, werden bisweilen noch Harz und Seife zugesetzt, ebenso Farbstoffe, um den Glanz zu erhöhen u. dergl.

Japanische Lackarbeiten. Die Kunst des Lackierens stammt aus dem Orient; Japan, China, Indien sind ihre Pflanzstätten. Selbst das Wort Lack, womit wir nicht nur das Material, sondern auch die aus demselben dargestellten Gegenstände (Japanlack) bezeichnen, ist, wie gesagt, orientalischen Ursprungs und in seiner Heimat für die durch die Lackschildlaus, Coccus lacca, bewirkten Ausschwitzungen, die als Stocklack in den Handel kommen, gebräuchlich. Anfänglich war dieses Produkt, welches ein Gemenge von Gummilack und Farbstoff bildet, wohl hauptsächlich seiner färbenden Eigenschaft wegen angesehen, und der Name Lack verband sich mit dem Begriffe eines rotfärbenden Stoffs überhaupt, wogegen wir als das Wesentliche des Lackes seine Fähigkeit ansehen, eine flüssige Lösung zu bilden, welche an der Luft zu einer zusammenhängenden, harten und glänzenden Masse eintrocknet und dadurch sich geeignet erweist, als ein schützender Überzug gegen Luft und Feuchtigkeit zu dienen.

Japanische Lackarbeiten sind in Europa besonders durch die Holländer bekannt geworden, welche sie seit dem Ende des 17. Jahrhunderts in großer Menge importierten; sie bildeten neben dem Porzellan einen lebhaft gesuchten Gegenstand für Sammler. Ihre Schönheit ließ auch zeitig den Wunsch aufkommen, sie nachzuahmen; allein die Nachrichten, welche in früheren Zeiten über den japanischen Lack zu uns gelangten, waren, weil von Personen übermittelt, die, wie Missionare u. dergl., für das Wesentliche der Sache kein hinreichendes Verständnis gehabt hatten, zu unbestimmt, als daß die darauf zielenden Versuche günstigen Erfolg hätten haben können. Kannte man doch die längste Zeit nicht einmal die Pflanze, von welcher der japanische Lack gewonnen wird.

Nach Buchers „Geschichte der technischen Künste" ist der Saft des Firnissumach, Rhus vernix oder vernicifera, das Rohmaterial, welches den wertvollen Stoff liefert. Jener Saft wird durch Anbohren des Baumes abgezapft und ist von heller, gelblicher Farbe. Damit die Wasserteile verdunsten, läßt man ihn unter öfterem Umrühren an einer sonnigen Stelle stehen; er wird dann dick und vollständig klar. Bevor er zum Lackieren gebraucht wird, unterwirft ihn der Arbeiter aber einer nochmaligen primitiven Filtrierung, indem er eine Portion der dicklichen Flüssigkeit auf ein Blättchen Pflanzenpapier nimmt, dasselbe an den Längsseiten zusammenfaltet und von beiden Seiten in entgegengesetzter Richtung zusammendreht und dadurch den Saft durch das Papier preßt. Die auf solche Weise ganz rein und fast farblos gewordene Flüssigkeit soll, mit dem Pinsel aufgetragen, an der Luft in kurzer Zeit dunkel und schon im Verlaufe einer Stunde schwarz werden; es würde also vom Firnissumach nur ein ganz bestimmter Lack gewonnen werden, die andern Arten, welche hell bleiben und mit mancherlei Farben versetzt werden, müßten ihren Ursprung in andern Pflanzen haben, wenn jene Angabe über das Nachdunkeln richtig ist.

Andrer Art sind die Angaben, welche wir dem früheren kaiserlich deutschen Ministerresidenten in Japan, Herrn von Brandt, verdanken. Nach diesem gedeiht der Lackbaum, Urushinoki genannt, zwar überall in Japan, am besten aber in den Provinzen Oshu uud

Owari, in welchen seine Kultur auch ganz besonders betrieben wird. Die Bäume werden im September angezapft, den aufgefangenen Saft reinigt man, indem man ihn durch ein wollenes Tuch filtriert. Das gibt das unter dem Namen Kidjomi im Handel vorkommende Produkt; es soll stark ätzende Eigenschaften besitzen und, mit der Haut zusammengebracht, bösartige Geschwüre hervorrufen.

Indem nun dem Kidjomi verschiedene fein zerteilte Zusätze gegeben werden, entstehen die mannigfachen Lackarten, die man auf japanischen Holz=, Papier=, Bambusgegenständen 2c. beobachten kann. So wird z. B. Eisen mittels eines feinen Schleiffsteins in ein zartes Pulver verwandelt, dem Safte zugesetzt und derselbe damit in großen, flachen, hölzernen Schalen der Sonne ausgesetzt, wobei man das Gemenge mit schaufelartigen Stäben fleißig umrührt. Dadurch erhält man den Roiro, Wachsfarbe, genannten Lack von mattschwärzlichem Aus= sehen. Durch Zusatz von Sesamöl macht man denselben glänzend — dann heißt er Hanau= rushi oder Hakushita je nach der Menge des Öles. Kidjomi mit Sesamöl und Gummigutt gibt den rötlichen Shuurushi. Tame und Shinkei bestehen nur aus dem Lacksafte und Sesamöl. Außerdem setzt man auch zu gewissen Lacken, Shibu, die zerstoßenen Früchte von Diospyros kaki, oder grüne Pflaumen u. s. w., und färbt endlich die solcher Art er= haltenen Lacke mit mineralischen Farbstoffen, wie Zinnober, Schwefelarsenik, Eisenlösung, mit Galläpfelabsud u. s. w.

Als Grundlage für den Lack dient in der Regel Holz, auf welches gewöhnlich erst eine Grundiermasse aufgetragen wird, deren Hauptbestandteil ein ganz fein geschlämmtes Thon= oder Kreidepulver bildet. Dieser Grund wird wiederholt aufgelegt, geschliffen und dann erst mittels des Pinsels mit dem betreffenden Lacküberzuge versehen. Der zum ersten= male lackierte Gegenstand wird in einem besonderen Kasten, welcher den Luftzug abhält, zum Trocknen hingestellt, sodann mit einer feinen Holzkohle abgerieben, wodurch die Ober= fläche eben, matt und zur Aufnahme einer neuen Lackschicht geeignet wird. Zu diesem zweiten Anstrich dient nun die feinste Art Kidjomi, welche Yoshindurushi genannt wird und weder dünn noch dickflüssig ist. Nachdem derselbe wieder in dem geschlossenen Kasten, damit kein Stäubchen auffliegt, getrocknet worden ist, erfolgt ein Abschleifen mit feinem Kreidepulver und darauf ein Polieren, anfänglich mittels mancherlei eigentümlicher Werk= zeuge, zuletzt mit dem bloßen Ballen der Hand.

Das ist aber immer nur das Verfahren, wie es bei gewöhnlichen Gegenständen geübt wird, feine Artikel werden viel öfter mit Lackschichten überzogen, die dazwischen immer wieder abgeschliffen werden, und außerdem durch Bemalung, Vergoldung, Reliefierung oder durch Einlagen von Perlmutter u. dergl. noch besonders verziert.

Der Lack ist bei den Japanern sogar ein plastisches Material; denn dadurch, daß mehrere, bis zu sechs, Schichten verschieden gefärbter Lackmasse je in der Dicke bis zu 2 mm übereinander aufgetragen werden, wird ein Material hergestellt, welches kameenartig sich bearbeiten läßt. Die Zeichnung oder das Muster wird aus diesem Schichtensystem erhaben herausgearbeitet, und indem der Künstler alle oberen Schichten wegnimmt und die einzelnen Partien aus dieser oder jener Lacklage modelliert, wird mit dem Eindruck eines plastischen Reliefs zugleich der Eindruck eines bunten Gemäldes verknüpft.

Die Lackmalereien werden ebenfalls häufig reliefartig aufgetragen, vorzüglich die Goldzieraten, welche die japanischen Künstler in der Farbe sehr mannigfach zu nüancieren verstehen. Die Zeichnung wird auf die Lackfläche zuerst mit Kreide aufgepaust, sodann mit einem dicken Lack von gelblichroter Farbe, bei sehr erhabenen Ornamenten mit einem Teige aus Lack und Thon aufgetragen, und wenn dieser Auftrag halb trocken geworden ist, mittels Watte mit feinem Goldpulver betupft. Bei sehr dauerhafter Malerei muß das Verfahren der Vergoldung mehrmals wiederholt werden, was allemal auf einem erneuten Lackauftrage geschieht.

Bunte Malereien werden nur mit einer beschränkten Auswahl von Farben und vor= zugsweise nur für den ausländischen Markt ausgeführt. In Japan selbst gilt der Goldlack als das Kostbarste, was seinen sachlichen Grund in dem edlen Metall selbst hat, das oft in recht bedeutender Menge zu den feinsten Arbeiten verwendet wird. Außer daß es als Pulver zu stellenweiser Bemalung dient, wird es auch in feinen Körnchen über die ganze Fläche verstreut, so daß aus der darüber gezogenen bräunlichen Lackschicht unzählige Goldpünktchen hervorflimmern. Auch Blattgold dient zu besonders glänzender Verzierung und wird darauf wieder mit Lack gemalt oder die Zeichnung in dasselbe hineingraviert.

Lack ist in Japan ein Material von ganz andrer Bildsamkeit als bei uns; wird derselbe doch sogar zur Dekorierung von Porzellangefäßen verwendet. In der königlichen Gefäßsammlung in Dresden befindet sich eine Anzahl alter chinesischer Porzellanvasen sehr großen Kalibers, welche ebenfalls aus Lackmasse modellierte Ornamente aufweisen. Im ganzen stehen die Chinesen in bezug auf Lackarbeiten ihren Nachbarn, den Japanern, nach, obgleich ihnen wohl dieselben Materialien und dasselbe Verfahren zu Gebote stehen. Für beide Völker gilt übrigens, daß die Neuzeit auch in diesen Kunstleistungen eine bedeutende Verschlechterung gegen die vergangenen Jahrhunderte erkennen läßt. Indien und Persien liefern vortreffliche Lackarbeiten, besonders nach der Richtung der Malerei hin.

Der große Vorzug der ostasiatischen und in oberster Reihe der japanischen Lackarbeiten ist, abgesehen von ihrer künstlerischen Schönheit, ihre große Dauerhaftigkeit. Der gute japanische Lack verliert niemals seinen Glanz, er springt nicht, auch wenn das damit überzogene Stück gebogen wird, und widersteht der Hitze und Feuchtigkeit gleich gut. Trinkschalen, welche zur Aufnahme kochenden Wassers, Thee u. s. w. dienen, lassen nach jahrelangem Gebrauch noch keine Spur von Rissen bemerken.

Siegellack. Der Gummilack oder Schellack ist auch ein Hauptmaterial der Siegellackfabrikation. Diese ist gegenwärtig trotz Oblaten und Gummi arabikum noch ein ansehnlicher Erwerbszweig, dessen Erzeugnis aber weniger für die Zwecke des Versiegelns der Briefe verwendet wird, da man nur noch Geldbriefe versiegelt, als vielmehr in Form von Packlack und Flaschenlack Benutzung findet. Im Altertum war der Siegellack ganz unbekannt; man gebrauchte statt dessen wahrscheinlich hölzerne oder metallene, mit Farbe bestrichene Stempel, wie denn mehrfach erzählt wird, daß übermütige Heerführer den Knauf ihres Schwertes unter eine Urkunde abgedrückt hätten. Später benutzte man Wachs zum Siegeln; es sind damit versehene Urkunden aus dem 8. Jahrhundert vorhanden. Ein Fortschritt war zuerst die Färbung des Siegelwachses in Rot; aus dem 14. Jahrhundert sind auch schwarze Wachssiegel bekannt, welche gewöhnlich in hölzernen oder metallenen Kapseln mittels Bändern den Pergamenten angehängt waren. Nach dem Wachs und gleichzeitig mit demselben soll eine Art Siegelkitt unter dem Namen Malthe, aus Pech und Wachs gemischt, im Gebrauch gewesen sein. Das älteste bekannte Siegel aus Siegellack stammt aus dem Jahre 1553; die älteste Nachricht über die Anfertigung von Siegellack in Nürnberg, dem Sitze der deutschen Siegellackfabrikation, aus 1563. In China und Indien soll übrigens dieselbe seit undenklichen Zeiten betrieben worden sein; der berühmte Reisende Tavernier erzählt aus der Mitte des 17. Jahrhunderts, daß in Assam der Gummilack sowohl zum Lackieren als zum Siegeln benutzt werde. Die Portugiesen sollen aus Ostindien den ersten Siegellack gebracht haben, welcher daher den Namen portugiesisches Wachs bekam; wahrscheinlich brachten sie bloß den Schellack, während ostindische Siegellackproben schon früher in Venedig zu sehen gewesen waren. Die Franzosen behaupten, der Kaufmann François Rousseau aus Auxerres, der sich längere Zeit in Persien, Pegu und Indien aufgehalten, habe im Jahre 1640 die Siegellackfabrikation eingeführt, das neue Produkt sei bei Hofe Mode geworden und habe im ersten Jahre seinem Verfertiger einen Gewinn von 50000 Livres abgeworfen; allein wenn dies auch für Frankreich richtig ist, so war doch schon 100 Jahre früher in Deutschland notorisch Siegellack fabriziert worden. In Frankreich führte es den Namen „Cire d'Espagne“, spanisches Wachs, weil der Schellack aus Spanien bezogen wurde. Letzteres Land soll nach Girardin gleichfalls früher schon einen bedeutenden Handel mit Siegellack betrieben haben. Das Verschließen von Briefen mit Oblaten aus Stärkemehl ist viel jüngeren Datums als das Lacksiegeln. In der neuesten Zeit hat zu diesem Zweck das arabische Gummi die Oberhand gewonnen. Daher ward schon bei der Londoner Weltausstellung im Jahre 1862 der europäischen Siegellackfabrikation ein binnen kurzer Zeit erfolgender empfindlicher Rückgang vorausgesagt. Ihre Leistungen sind daran nicht schuld; nichtsdestoweniger wird behauptet, daß China noch immer den besten, unerreichten Siegellack darstelle.

Die zur Siegellackbereitung erforderlichen Materialien sind Schellack, Terpentin, Erden, Farben und Geruchstoffe. Der erstere allein für sich schmilzt nicht leicht genug und bleibt nach dem Erkalten zu spröde; dies verbessert der Zusatz von Terpentin. Für geringere Siegellacksorten wird der Schellack zum Teil oder auch ganz, wie z. B. bei den Flaschen= lacken, durch Kolophonium u. dergl. ersetzt. Die genannten Stoffe würden aber beim Schmelzen nunmehr allzuflüssig sein und abtropfen, sie erhalten daher einen erdigen Zusatz von geschlämmter Kreide, von Magnesia, von gebranntem Gips, von Zinkweiß oder Baryt= weiß. Zur Färbung des Siegellacks nimmt man folgende Farbstoffe: zu Rot Zinnober, zu Schwarz Kienruß, Beinschwarz und Pechasphalt; zu Braun Zinnober mit Ruß, Bein= schwarz, Eisenmennige oder Umbra; zu Gelb chromsaures Zinkoxyd oder Chromgelb; zu Blau Kobaltultramarin mit Magnesia; zu Grün Rinmans Grün mit Zinkweiß; zu Weiß neben gebleichtem Schellack Wismutweiß oder Zinkweiß; zu Goldlack endlich klein geschnit= tenes unechtes Blattgold. Teils als Parfüm, teils zur Verdeckung des Verbrennungsgeruchs der Harze setzt man den Siegellacken ätherische Öle oder wohlriechende Balsame zu. Zu den ganz ordinären Sorten kommen wohl auch noch Fichtenharz, Pech, Wachs, Paraffin u. s. w. Die Materialien werden bei einer nicht zu hohen Temperatur sorgfältigst zusammen= geschmolzen und in liegende oder stehende Formen in Stangen gegossen. Diese werden poliert, gestempelt, halbiert und sind alsdann ausgerüstet. Die feinste Sorte Siegellack ist der Damenlack. Der Flaschenlack wird in tafelförmigen Stücken verkauft.

Von einem guten, richtig zusammengesetzten und gehörig angefertigten Siegellack ver= langt man, daß er eine gefällige Form, schöne und gleichmäßige Farbe habe, rasch brenne, ohne dabei einen unangenehmen Geruch und allzuviel Qualm zu entwickeln, leichtflüssig sei, ohne während des Brennens abzutropfen, nach dem Erstarren Glanz und Farbe unver= änderlich beibehalte, sich leicht von dem Petschaft ablöse, an dem Papier dagegen festhalte, ohne abzuspringen oder in der Sonne weich zu werden. Der Siegellack selbst muß einen ganz gleichartigen Bruch haben, darf darin nichts Körniges und Erdiges, muß dagegen völlig glatte, mattglänzende Flächen bieten. Bei dem Siegeln ist zu beobachten, daß der auf dem Papier geschmolzene rote Lack eine Zeitlang in Bewegung erhalten werde, damit im Innern sämtliche Rußteilchen, welche sich an der Außenfläche niedergeschlagen haben, gleichmäßig verteilt werden; geschieht dies nicht, so erhält man ein schwarz geadertes Siegel. Die rote Zinnoberfarbe ist aber bei dem Siegellack durch keine andre von nur annähernd gleichschöner Wirkung zu ersetzen. Leider wird der Siegellack jetzt überaus häufig und stark mit Schwerspat verfälscht.

Kitt. Den Firnissen im Zweck und in der Zubereitung nahe stehen die Kitte. Man versteht unter Kitt (Zement, Mastix) teigartige Mischungen, welche, zwischen aneinander stoßende Körperflächen gebracht, deren Zwischenräume luft= und wasserdicht verschließen sollen. Die Verwendung der Kitte ist eine überaus mannigfaltige und vielverbreitete und ihre Darstellung deshalb auch eine ungemein verschiedene. Bald hat der Kitt nur der Luft, bald dem Wasser, bald Säuren, bald Dämpfen den Eintritt oder Austritt zu verschließen; in vielen Fällen dient er nur als Heftmittel zur Verbindung, in andern zum Verschluß einer sonst schädlichen Lücke — deshalb sind auch die dazu verwendeten Materialien von sehr verschiedener Natur. Nach denselben unterscheidet man: Kaseinkitte, aus frischem Käse (Quark) oder Eiweiß und Leim mit gelöschtem Kalk, zum Kitten von Stein, Glas, Por= zellan, Holz, Metall; Ölkitt, wozu alle Leinölfirnisse brauchbar sind, besonders zum Wider= stand gegen Wasser (hierher gehört der Glaserkitt aus Leinölfirnis und Kreide); Harzkitte, die am häufigsten angewendet werden: alle Harze und Asphalte sind dazu brauchbar; Eisenkitt, Stärkekitt oder Kleister für Buchbinder u. s. w.; Thonkitt für Gegenstände, welche starkes Feuer auszuhalten haben; Wasserglas oder flüssige Kieselgallerte zum Be= schlag von Stoffen, welche erhärten und gegen Feuer geschützt werden sollen; Chlorzinkkitt, besonders gegen Säuren; Zahnkitt, Baumkitt, Brunnenmacherkitt und hunderterlei andre. Ein guter Kitt muß sich mit den zu verbindenden Körperflächen vollkommen gut vereinigen, fest und dicht daran schließen, nach dem Erstarren aber so hart werden, daß er den darauf wirkenden Einflüssen sicheren Widerstand leistet.

O Pilgersmann, nicht unbespritzt
Geht man in dem Gedräng' auf kot'gen Wegen;
Doch ist das Äußere nur beschmitzt,
Wirst du den Schmutz mit deiner Hüll' ablegen;
Wie, wer in Überschuhen geht,
Im Überrock und unterm Regendache,
Sie legt im Vorplatz ab und steht,
Ein neuer Mensch, im neusten Prunkgemache.

Fr. Rückert.
(Empfehlung der Überschuhe.)

Kautschuk und Guttapercha.

Der Milchsaft der Bäume. Die Federharze. Das Kautschuk. Die Kautschukbäume. Geschichte des Kautschuks und seine Verwendung. Das Gummi elastikum. Das Eintreten in die Industrie. Deren gewaltige Entwickelung. Masse der Kautschukgegenstände. Zahl der Fabriken. Formen des Kautschuks im Handel. Weiterverarbeitung des Rohprodukts. Das Bulkanisieren. Anfertigung der Gummischuhe. Das Hornisieren. Das Ebonit. Das Parkfin. Das Wallofin. Die Fabrikation wasserdichter Zeuge. Das Kamptulikon. Verwendung des Kautschuks in der Zeugdruckerei. Lösung des Kautschuks. Die Kautschukproduktion der Erde. — Die Guttapercha. Erste Entdeckung. Fundorte. Barbarische Gewinnungsweise. Der Guttaperchabaum. Eigenschaften der Guttapercha. Verschiedene Sorten. Reinigung und Verarbeitung. Bulkanisieren und Hornisieren. Verwendung der Guttapercha. Veränderungen derselben an der Luft. Verarbeitung alter Guttapercha.

Wenn man den Stengel einer Wolfsmilchpflanze oder des Löwenzahnkrautes abbricht, so erscheint an den Bruchflächen ein dichter, weißer Tropfen; dies ist der sogenannte Milchsaft, welchen viele Gewächse besitzen, und der schon frühzeitig die Aufmerksamkeit des Menschen erregt hat, der ja zunächst alle Erzeugnisse der Schöpfung nur nach ihrem Gebrauchswert für sein eignes Dasein zu beurteilen pflegt. Viele mächtige Bäume in den Tropengegenden bergen denselben in solcher Fülle, daß er zum erfrischenden Getränk zu dienen vermag; sie heißen darum auch „Kuhbäume“, „Milch= und Butterbäume“; in andern hinwiederum enthält der Milchsaft scharfe Gifte, wie in dem berüchtigten Manzanillabaum, der nach der Fabel leichtfertiger Reisender im Todesthal der Insel Java wachsen soll, und in den Euphorbien, an welchen er zu einem tödlichen, aber in der Heilkunde gebrauchten Harze eintrocknet. Dies thun überhaupt die Milchsäfte aller Bäume; nur ist die Natur und Beschaffenheit der aus ihnen sich bildenden Harze eine

wesentlich verschiedene. Eine große Anzahl von Bäumen nämlich läßt ihren Milchsaft
verdicken zu der in der Technik unsrer Zeit überaus wichtigen Klasse der Federharze,
deren bisher noch nicht eingehend gedacht worden ist. Man versteht aber darunter Körper,
welche neben manchen Ähnlichkeiten mit den Harzen noch die Eigentümlichkeit der Federkraft
besitzen, wenn auch in verschiedenem Grade. Die beiden wichtigsten Vertreter dieser Klasse
sind das im höchsten Grade elastische Kautschuk und die viel weniger elastische Gutta=
percha, beide eingedickte Milchsäfte tropischer Bäume, beide noch nicht lange von der In=
dustrie benutzt; nichtsdestoweniger bilden gegenwärtig diese zwei Stoffe einen unentbehrlich
gewordenen Gegenstand im Haushalt der Völker, und ihre Verarbeitung, ihre technische
Verwendung, ihr Allgemeingebrauch hat sich seit kurzem zu einer Höhe erhoben, wie die Ge=
schichte der Gewerbthätigkeit dies kaum an irgend einem andern Beispiele darzulegen vermag.

Das Kautschuk — ein indisch=amerikanischer Name; im Deutschen hieß es lange Zeit
bloß schlichtweg „Gummi" (elastikum) oder „Federharz" — kam nach Europa zuerst aus
Zentralamerika, viel später aus Asien, erst in neuerer Zeit auch aus Afrika. Es gerinnt aus
dem Milchsaft einer ganzen Reihe von verschiedenartigen Bäumen; in Brasilien, Guayana
und Peru wird das sogenannte Parakautschuk von den Federharzbäumen der Geschlechter
Siphonia oder Hevea (Siphonia elastica Pras. und S. brasiliensis Willd.) gewonnen; in
Ostindien von der Ficus elastica, einer stattlichen Feigenart; in Sumatra von Urceola
elastica; in Afrika von Brotfruchtbäumen (Artocarpus) und der Vahea gummifera auf
Madagaskar. Das Vorkommen der amerikanischen Siphonia erstreckt sich über einen un=
geheuren Distrikt in Zentralamerika, und das daraus gewonnene Kautschuk ist das beste,
für die Manufaktur geeignetste, außerdem aber gibt es noch eine Anzahl von Bäumen in
Amerika, die, wie Schinus arveira Velloso (arveira), ferner der Mompiqueira, die Man-
gaba (Hancornia speciosa) u. a., sich an der Kautschukproduktion Brasiliens beteiligen.
In Assam ist die Ficus elastica über mehr als 10 000 Quadratmeilen als Hauptbestandteil
der Wälder in unglaublichen Mengen verbreitet. Vor einigen Jahren sind auf Veranlassung
von C. R. Markham die vorzüglichsten Kautschuk liefernden Bäume Amerikas auf Ceylon,
bei Kalkutta, Madras und Burma angepflanzt worden, so die Siphonia elastica vom
Amazonenstrom, welche die Paraware, und die Castiloa elastica, welche das Ulékautschuk
liefert; ferner eine bisher unbekannte Kautschukpflanze vom Amazonenstrom, welche bei
Gelegenheit der Herbeischaffung der Pflanzen aus Amerika entdeckt wurde, Manihot Glazivii;
von dieser soll das Cearakautschuk stammen. Die Bäume sollen erst im Alter von 25 Jahren
angeschnitten und diese Operation nur alle 3—4 Jahre wiederholt werden.

Gegenwärtig soll auch in Kolumbien viel Kautschuk aus der Excoecaria gigantea ge=
wonnen werden, seiner hellen Farbe wegen Caucho blanco genannt. Die Urceola elastica,
welche das Gintawan der Malaien erzeugt, ist auf den Inseln des Indischen Archipels
reichlich vorhanden. Sie ist eine Kriechpflanze von so raschem Wachstum, daß sie binnen
fünf Jahren gegen 70 m lang und über 50—80 cm stark im Umfang wird. Diese Pflanze
kann ohne Nachteile in einer Saftzeit durch Anzapfen 25—30 kg Kautschuk liefern, wäh=
rend der Baum der Guttapercha bis zu seiner vollen Größe 80—120 Jahre braucht und
dann gewöhnlich gefällt zu werden pflegt. Über die afrikanischen Kautschukgewächse, deren
Produkt erst in ganz neuester Zeit in den Handel gekommen ist, weiß man noch nicht viel
Bestimmtes. Jedenfalls ist die Reihe der Kautschuk liefernden Pflanzen, von denen man
bereits über 40 außer den angeführten kennt, noch lange nicht erschöpft und wird voraus=
sichtlich sich noch bedeutend vergrößern. Auf der Naturforscherversammlung in Straßburg
im Herbst 1855 wurde sogar ein Stück Kautschuk von 125 g vorgelegt, welches aus dem
Safte einer deutschen Pflanze, der Lactuca virosa, dargestellt war.

Die Geschichte des Kautschuks und seiner Verwendung in der Industrie bildet einen
der interessantesten und lehrreichsten Abschnitte in der Entwickelung der letzteren. Es gibt,
wie gesagt, keinen andern Stoff, der sich so rasch von einem unscheinbaren, wenig gebrauchten,
fast wertlosen Dinge zu einem unentbehrlichen Bedürfnis erhoben hätte, dessen gewerbliche
Darstellung in tausend verschiedenen Formen zu den mannigfaltigsten Zwecken großartige
Etablissements und unzählige Hände beschäftigt. Und dieser rasche Aufschwung ist in der
kurzen Frist von kaum einem Vierteljahrhundert ermöglicht worden. In Europa wurde
das Kautschuk zuerst bekannt durch den französischen Gelehrten Condamine, welcher von

einer 1736—45 in Brasilien und Peru unternommenen Reise Proben davon mitbrachte
und 1751 darüber bei der Akademie der Wissenschaften zu Paris eine Denkschrift einreichte.
Seine Nachrichten über die merkwürdigen Eigenschaften des elastischen Baumharzes fanden
aber so wenig Beachtung wie die späteren darüber von Fresneau 1751, Macquer 1768
und Aublet du Petit=Thouars. Man betrachtete das Kautschuk als eine Kuriosität
oder Spielerei und glaubte endlich seinen ganzen Nutzwert erschöpft zu haben, als man die
Fähigkeit desselben entdeckte, Bleistiftstriche durch Reiben damit vom Papiere zu entfernen.
Dazu ganz allein ward es längere Zeit hindurch in geringen Massen eingeführt; in England
blieb ihm davon auch sein Name „India Rubber“, d. i. indisches Reibmittel; Frankreich
behielt den zentralamerikanischen „Caoutchouc“ bei, während in Deutschland der lateinische,
„Gummi elasticum“, auch schlichtweg nur „Gummi“, der gewöhnliche war und zum Teil
noch ist. Im Bericht über die Londoner Industrie=Ausstellung von 1862 heißt es: „Gummi
elastikum brauchte man vor dreißig Jahren bloß, um Bleistiftstriche wegzulöschen. Knaben
kamen hin und wieder auf den Einfall, dünne Streifen aus einer Flasche zu schneiden und
zu einem springkräftigen Ball zusammenzuwickeln, und die Studenten benutzten den Namen
des sonderbaren Stoffs als Refrain zu einem sonderbaren Liede. Vor zwanzig Jahren fing
man an, die Flaschen auf einem Leisten zu schlagen und Überschuhe daraus zu machen, oder
das Harz gleich von Haus aus wie
einen Schuh zu formen. Mit diesen
Schuhen fiel man häufig auf die Nase
oder auf andre Körperteile, je nach=
dem es kam, erhitzte oder erkältete
man sich demnächst die Füße und ver=
darb man sich die Stiefel, weil sie
von der zusammengehaltenen Aus=
dünstung angegriffen wurden, die
Handschuhe, weil man beim Ausziehen
die Hände zu Hilfe nehmen mußte,
und die Tragebänder, weil man sich
zum Behufe der Operation bücken
mußte. Eins dieser zahlreichen Leiden,
welches das damalige Kautschuk uns
zufügte, wurde ungefähr um dieselbe
Zeit auch durch das Kautschuk wieder
beseitigt: aus dem Gummiball ging
der Gummihosenträger hervor. Den

Fig. 389. Blütenzweig der Kautschukpflanze (Siphonia elastica).

größten Verdruß aber setzte es, wenn man ein Loch in den Schuh gerissen hatte; frische
Schnittflächen heilten ohne weiteres durch den Druck zusammen, aber ein Loch im Gummi=
schuh zu stopfen bemühte sich selbst die höchste naturwissenschaftliche Instanz kleiner Städte,
der Apotheker, vergebens. Vor zwanzig Jahren erregte noch hier und da jemand das größte
Aufsehen durch ein Gewand, genannt Mackintosh, das ein sonderbares Rauschen und Knistern
von sich gab und in der Kälte so hart wurde wie ein Brett. Die Gummihose, im ewigen
Kampf mit den Trägern und Stegen, war eine zu flüchtige Erscheinung, als daß man ihr
eine besondere Periode widmen könnte. Diese begann aber für das Kautschuk, sobald man
es zuerst erweichen und sodann vollständig härten lernte.“

Das Verdienst, das indische Kautschuk der Industrie zugeführt zu haben, gebührt
dem bekannten indischen Forscher Roxburgh; derselbe erhielt im Jahre 1810 von einem
Mr. Rich. Smith aus Silhet einen mit Honig gefüllten Korb, dessen Flechtwerk innen
mit einer Substanz ausgedichtet war, die in allen ihren Eigenschaften mit dem südamerika=
nischen Kautschuk übereinstimmte. Da Smith in seinem Schreiben an Roxburgh ausdrücklich
bemerkt hatte, daß der Korb innen mit dem Safte eines Baumes bestrichen sei, der auf den
Bergen nordwärts von Silhet wachse, verfolgte Roxburgh die Sache und machte den indischen
Kautschukbaum ausfindig, den er als Ficus elastica beschrieb. Seitdem wird dieser Baum
in Indien stark kultiviert und auch im Indischen Archipel, auf Java, in Nubien und Mada=
gaskar hat die Kultur der Kautschuk liefernden Bäume jetzt große Fortschritte gemacht.

Schon im vorigen Jahrhundert wurden vereinzelte Versuche gemacht, den Gebrauchs=
wert des elastischen Harzes zu vermehren; im Jahre 1790 wurden in Paris chirurgische
Binden und wasserdichte Überzüge daraus gemacht. Grassart fertigte schon 1791 Röhren
daraus, welche zu chemischen Zwecken dienten, indem er frisch geschnittene Stücke schrauben=
förmig um einen Dorn wickelte. Im Jahre 1820 gelang es Stadler in Wien zum ersten=
mal, das Kautschuk zu Fäden zu ziehen und diese übersponnen zu elastischen Geweben zu
verbinden, eine Industrie, welche namentlich von Reithofer in Wien erfolgreich weiter
kultiviert ward. Ungefähr gleichzeitig machte Mackintosh in England die ersten Versuche
zur Anfertigung wasserdichter Stoffe durch Auftragen einer Kautschuklösung auf Gewebe,
allein die nach ihm genannten Übergewänder verschwanden bald wieder, weil sie in der
Kälte hart und unelastisch wurden, in der Wärme hingegen leicht zusammenklebten. Erst im
Jahre 1837 gelang es Chaffee in Roxburgh (Nordamerika), gleichzeitig mit Nicholls in
England, größere Kautschukmassen durch Kneten zu vereinigen; 1839 erfanden Fonrobert
und Pruckner in Berlin die Wollmosaik auf mit Kautschuk grundierten Geweben. Nichts=
destoweniger blieb das Kautschuk immer nur ein Stoff von untergeordneter industrieller
Bedeutung, bis es gelang, ihm die Übelstände des unangenehmen Geruchs und der Ver=
änderung durch die Temperatur durch das Vulkanisieren zu benehmen. Drei Länder
streiten sich um die Ehre dieser Erfindung; es ist aber unzweifelhaft, daß ein Deutscher,
Dr. Lüdersdorff in Berlin, sie im Jahre 1832 gemacht hat; sie gelangte jedoch nicht eher
zur Geltung, als bis sie in England durch Hancock, in Nordamerika durch Ch. Goodyear
zu Newhaven (Connecticut) erweitert und in die Praxis eingeführt wurde, was im Laufe
der vierziger Jahre allmählich gelang. Dem letztgenannten Fabrikanten verdankt die
Kautschukindustrie vorzugsweise ihre großartige Entwickelung. Er ist auch der Erfinder des
gehärteten (hornisierten) Kautschuks oder Ebonits (Caoutchouc durci, gegenüber
dem Caoutchouc souple oder vulkanisierten Kautschuk). Das Jahr 1851 kann als das der
Geburt der Kautschukindustrie gelten; ihre Taufstätte war der Kristallpalast in London.
Daselbst hatte Goodyear neben andern schon eine unglaubliche Mannigfaltigkeit von
Gegenständen aus Kautschuk ausgestellt, noch mehr aber 1855 zu Paris: Schuhe, Kleidungs=
stücke aller Art, wasserdichte Tapeten — davon eine Art mit farbigem Sande beworfen,
zur Außenbekleidung der Wände — Landkarten, Pontons, Rettungsboote, Schwimmgürtel,
Taucher= und Feuerwehranzüge, Ringe — anstatt der Springfedern, um den Wagenkasten
ins Gestell zu hängen — Bilderrahmen, Möbel aller Art, Sättel und Geschirre, Bücher=
einbände, Faßhähne, Knöpfe, Wasserkannen, Gewehrkolben, Säbelscheiden, Patronentaschen,
Spulen und andre Maschinenteile, Treibriemen, Toiletten= und Weberkämme, Blankscheite,
Stäbe für Schnürleiber, Sonnen= und Regenschirme, Spazierstöcke, Brillengestelle von
außerordentlicher Dünne, Biegsamkeit und Haltbarkeit, Griffe zu Messern und Werkzeugen
aller Art; Lineale für Reißzeuge mit Einteilungen in Millimeter, Hautreliefs mit und ohne
Vergoldung, Schmucksachen, Kästchen und Quincaillerie aller Art. Auch der rote Samt,
mit dem die Schränke verhangen waren, sowie die goldenen Schnüre und Quasten daran,
bestanden aus Kautschuk. Vollständige Auskunft über Goodyears Etablissement und Erfin=
dungen fand man in einem Buche, gedruckt auf Kautschukpapier und gebunden in Kautschuk.
Damit ist schon die außerordentliche Vielseitigkeit der Verwendbarkeit dieses Stoffs hin=
reichend veranschaulicht. Sie hat sich aber seither noch ganz unsagbar gesteigert, wie dies
die Ausstellungen zu London 1862, Köln, Stettin und Dublin 1865, 1873 zu Wien und
1876 zu Philadelphia dargethan haben. Auf diesen reihten sich noch an die schon genannten
Erzeugnisse: chirurgische Instrumente und Bandagen, plastische Nachbildungen von Orga=
nismen aller Art, Platten zum Schiffsbeschlag anstatt des Kupfers, Hufplatten statt der
Eisen, Operngucker, Eisenbahnpuffer, Billardbanden, Puppenköpfe und Spielzeug, Peitschen,
Teppiche, Kissen und Matratzen, Radreifen, Matrizen, Apothekergefäße, Tassen und Becher,
Uhrketten, Halsbänder (imitierte Lava und Jet), Schläuche, Flöten und Klarinetten, Fur=
niere für Möbel u. s. w. Auf sein Verfahren der Vulkanisation des Kautschuks hatte Goodyear
in Europa kein Patent genommen, um nicht die Einzelheiten desselben angeben zu müssen,
wonach es dann den Konkurrenten leicht gewesen wäre, es durch einige nichtssagende Ab=
änderungen zu umgehen, wie gewöhnlich. Auf diese Weise entging ihm aber auch der Gewinn,
den die Vulkanisation abwarf und den in England Th. Hancock aus Stoke=Newington

durch ein Patent vom Jahre 1847 sich zu sichern verstand. Die neueste Erfindung des Hornisierens des Kautschuks schreibt sich von 1853 her; sie ist allenthalben durch Konzession geschützt und hat Goodyear ein fürstliches Vermögen abgeworfen. Außer Goodyears eigner Fabrik, in der ein Kapital von über zwei Millionen Dollars angelegt ist, sind in Amerika 22 Kautschukfabriken mit seiner Licenz entstanden, welche zusammen eine Maschinenkraft von 1200 Pferden und jährlich über fünf Millionen Pfund Material verwenden. Für Frankreich hatte Morey das Patent gekauft und damals, außer seiner eignen in Metz, noch sechs Fabriken konzessioniert. In Deutschland und wohl in ganz Europa ist die große Fabrik von Cohen, Vaillant & Comp. in Harburg, jetzt Aubert Gerard & Comp., die bedeutendste; sie fertigt täglich z. B. 3000 Paar Gummischuhe; bedeutende Fabriken befinden sich auch in Berlin, Köln, Breslau, Leipzig, Dresden, Wien und Prag. Unterm 6. Mai 1865 hat die Regierung der Vereinigten Staaten von Amerika dem Sohne des Erfinders, Nelson Goodyear, auf sieben Jahre das Patent erneuert, nach welchem keine harten Gummi- und Guttaperchawaren irgend einer Art von Nichtberechtigten im Gebiete der Union fabriziert oder von außen eingeführt werden dürfen. An die genannten Fabriken reihen sich in weit größerer Anzahl diejenigen, welche das Kautschuk in andern Formen verarbeiten. Daraus mag sein von Jahr zu Jahr mit der Einfuhr sich steigernder Verbrauch hervorgehen. Wurden vor 35 Jahren kaum 5000 Zentner Kautschuk in Europa eingeführt, so hat sich bis jetzt die Einfuhr bedeutend vermehrt, eine Folge der vortrefflichen Eigenschaften, welche Kautschuk und Guttapercha haben, und welche alljährlich immer noch neue Verwendungen auffinden lassen; so bezog schon 1874 nur England allein 6 458 150 kg.

Das erste Kautschuk kam nach Europa in der bekannten kunstlosen Form von Flaschen, welche die Indianer bilden, indem sie einen Klumpen Lehm am Ende eines Stockes wiederholt in die flüssige Kautschukmasse tauchen, die sie, nach dem Anbohren oder Anreißen der Bäume, durch eine Schilfrohrrinne in untergestellte Kalebassen (Baumkürbisse) leiten. Ist der Kautschuküberzug erstarrt, so wird der trockene Lehm ausgeklopft; um den ganzen Prozeß zu beschleunigen, werden die Formen über Rauchfeuer getrocknet, daher die dunkle Farbe der ursprünglich hellbraunen Kautschukflaschen, welche unter dem Namen „Negerköpfe" in den Handel gebracht werden. Früher fertigte man auf gleiche Weise auch in Neugranada plumpe Gummischuhe an, zu welchen manchmal ein mit feuchter Erde gefüllter Strumpf als Form dienen mußte. Gegenwärtig verführt nur noch Para Gummi in Flaschen; bisweilen werden diese mit dem rohen Safte der Kautschukmilch gefüllt. Im übrigen Amerika versendet man das Kautschuk in Barren oder Klumpen von 40—60 kg Gewicht. Man beginnt übrigens jetzt schon gleich am Produktionsort eine vorläufige Reinigung mit Hilfe von Alaun vorzunehmen, z. B. in San Salvador, was natürlich dem Produkte sehr zu gute kommt. Dort und in Cartagena befolgt man auch ein von dem in andern Ländern gebräuchlichen abweichendes Verfahren der Gewinnung des Kautschuks. Der Saft der Bäume wird nämlich mit der doppelten Menge von Wasser versetzt, durchgeseiht und dann nochmals mit frischem Wasser vermischt, so daß das gesamte Wasser die vierfache Menge des Saftes beträgt. Nach 24stündigem Stehen sammelt sich das Kautschuk wie Rahm an der Oberfläche an. Man läßt das Wasser ab und wäscht das Kautschuk mehrmals mit frischem Wasser aus. Der Kautschukmasse setzt man dann eine kleine Menge Alaun zu, wodurch sie bald erhärtet und dann gepreßt wird. Das ostindische Kautschuk, dem amerikanischen an Wert nachstehend, kam anfänglich nur als Seltenheit, öfters in merkwürdigen Gestaltungen von Götzen und Tieren nach Europa; jetzt formt man es in unregelmäßige Blöcke, welche verschiedenfarbig zusammengeknetet und meistens sehr unrein sind. Die Anzapfung eines Baumes liefert in Ostindien 20—25 kg Milchsaft; von 20000 Bäumen werden daher 450 000 kg Milchsaft und circa 210 000 kg Kautschuk gewonnen. Lange bevor sich die Kautschukindustrie in Europa entfaltete, war der Stoff den Indianern wohlbekannt und ein notwendiger gewesen. Unter ihnen hat aber sein Verbrauch mit der gesteigerten Ausfuhr abgenommen, zumal Geschirre, Fußbekleidungen u. s. w. jetzt anderweit bequem beschafft werden; nur zu Fackeln und als Beleuchtungsmaterial überhaupt wird, trotz des übelriechenden, rußigen Qualms, das Kautschuk noch überall in Zentralamerika verwendet. Eine neue Kautschuksorte, welche im Februar 1863 aus Guayana zum erstenmal nach Europa kam, ist die Balata. Sie hält die Mitte zwischen Kautschuk und Guttapercha und verspricht große Verwendbarkeit.

Die Balatamilch — welche den Eingebornen auch als Nahrungsmittel dient und auch nach Europa in immer gesteigertem Maße eingeführt wird — kommt von dem sogenannten Bully tree (Sapota Muelleri), einer Sapotacee, die sich in ganz Guayana findet. In flüssigem Zustande, in welchem man sie durch Zusatz von Ammoniak ziemlich lange Zeit erhalten kann, findet sie Verwendung als Bindemittel in der Zeugdruckerei. An der Luft trocknet der Saft ebenso wie der Saft der Ficus elastica zu sohlenlederartigen Platten zusammen, die entweder als solche in den Handel kommen oder aber wie die Guttapercha vorerst in heißem Wasser zu größeren Klumpen zusammengeschmolzen werden. Im übrigen ist die Verwend= barkeit der Balata ganz die der Guttapercha, nur daß sie sich nicht so leicht vulkanisieren läßt wie diese; es vermehrt sich aber ihr Verbrauch von Jahr zu Jahr, und während 1860 die ersten Proben davon nach Europa kamen, wurden 1865 allein aus Berbice schon 10 000 kg ausgeführt.

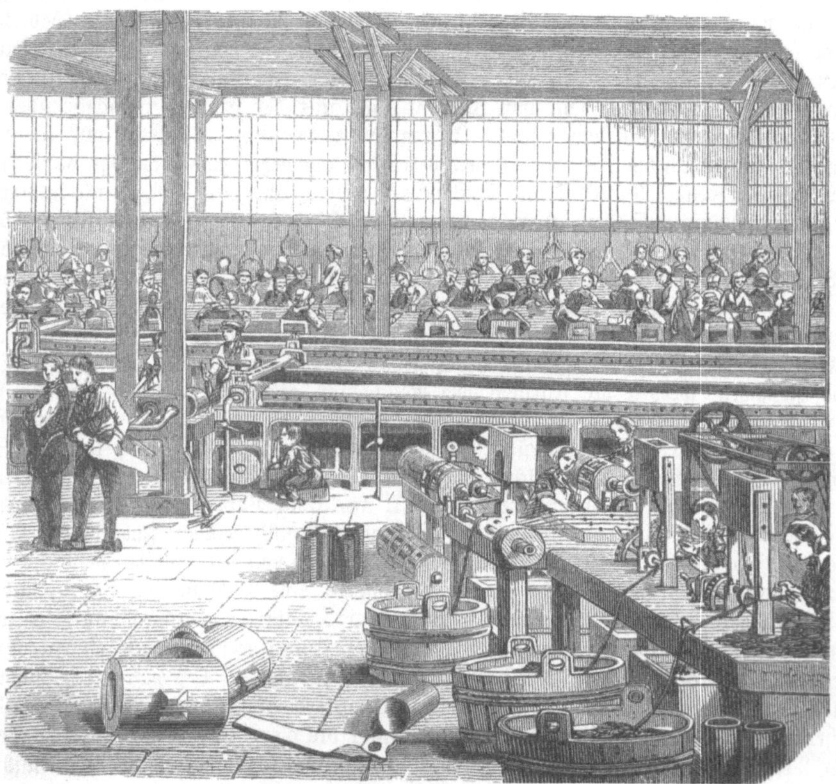

Fig. 890. Arbeitssaal in einer Kautschukfabrik.

Verarbeitung des Kautschuks. Um das Kautschuk aus dem Rohprodukt in die zu seiner handlichsten Weiterverarbeitung notwendigen Formen überzuführen, bedarf es ver= schiedener Vornahmen. Früher zerschnitt man die Flaschen, oft nachdem sie durch ein Ge= bläse ausgedehnt worden waren, in Platten oder Fäden. Die letzteren lernte man bald, statt mit der Schere, durch eine Teilmaschine zwischen kannelierten stählernen Walzen ge= winnen; allein auch dies Verfahren befriedigte nicht mehr bei gesteigertem Bedarf. Bei der neuen Behandlungsweise wird das Kautschuk zunächst gründlich gereinigt. Auf einer be= sonderen Reißmaschine wird es zwischen gerauhten gußeisernen Walzen von verschiedener Geschwindigkeit unter Zuführung eines ständigen Wasserstrahls ausgedehnt, zerrissen und zu dünnen Platten ausgewalzt; diese Manipulation wird fünf= bis sechsmal wiederholt, bis das Kautschuk hinreichend ausgespült und rein ist, worauf es auf Netzhorden getrocknet wird. Alsdann hat es das Aussehen einer rauhen, unzähligemal durchlöcherten, etwa 3 cm dicken Platte. Darauf gelangt es in die Knetmühle. Dies ist ein eiserner, mit vorstehenden

Zapfen versehener Cylinder, welcher sich in einer verschlossenen Trommel dreht, die durch ein Dampfrohr erhitzt wird; hierin wird die Kautschukmasse tüchtig durchgearbeitet und passiert darauf ein paar starke Walzen, durch welche es in Form ebenflächiger Platten gepreßt wird, wie untenstehende Abbildung zeigt. Aus solchen Tafeln werden nun Bänder sowohl als auch Fäden hergestellt, die dann weiterhin auf sehr verschiedenartige Weise und namentlich zu wasser= dichten Stoffen verarbeitet werden. Um zunächst Kautschukbänder oder Riemen herzustellen, bringt man das Rohmaterial in die Form einer runden Scheibe, welche zwischen den Spitzen einer senkrechten Welle festgeschraubt wird und sich mit der letzteren so um ihre Achse dreht und dabei zugleich nach vorwärts einer rasch rotierenden Kreissäge zu bewegt, daß diese den Umfang der Scheibe als einen langen, zusammenhängenden Span abschneidet.

In Fig. 392 ist O die Kautschukscheibe, welche an der Achse a sitzt. Das von der Welle H getriebene Räderpaar b bewirkt die Umdrehung, die seitliche Verschiebung nach der Kreissäge G zu wird von einem Schlittenmechanismus ausgeführt, der durch das Tischblatt verdeckt ist.

Fig. 391. Walzenapparat, um die gereinigte Kautschukmasse in Form von Platten zu bringen.

Die naß arbeitende Kreissäge erhält ihre Rotation durch ihre an der Riemenscheibe p sitzende Achse; sie läuft so rasch, daß sie in der Minute 1500—2000 Umdrehungen macht. Die so erhaltenen Bänder werden in Fäden verwandelt durch ein Paar geriffelte und genau inein= ander greifende Walzen, deren Riefen ganz scharfe Kanten haben, so daß sie bei der Um= drehung das dazwischen gelangende Kautschukband scherenartig je nach der Breite der Bänder und der Zahl der Riefen in zehn, zwölf, zwanzig und mehr parallele Fäden von quadratischem Querschnitte zerschneiden. Die Fäden, welche mit ihren frischen Schnittflächen leicht zusammen= kleben würden, müssen voneinander gesondert und mit Kalkpulver bestreut werden, bevor man sie weiter bearbeitet.

Anstatt dieses immerhin umständlichen Verfahrens wendet man zur Herstellung von Streifen und Fäden aus Kautschuk neuerdings auch eine kräftige Presse mit Siebboden an, durch welchen das mittels Schwefelkohlenstoff und Alkohol erweichte Kautschuk von dem Preßkolben ähnlich getrieben wird, wie der Teig in einer Nudelmaschine oder der Lehm in einer Thonpresse. Eine endlose Leinwand führt die Fäden ab. Zur Herstellung von gewebten elastischen Bändern streckt man die Fäden behufs der Verfeinerung, indem sie erwärmt und, mit starker Spannung auf Trommeln gewickelt, der Kälte ausgesetzt werden. Gummiröhren und Gummischläuche, ebenfalls ein Hauptartikel der Kautschukfabrikation, werden durch geeignetes Zusammenkleben der seitlichen frischen Schnittflächen langer Bänder hergestellt. Auf der Pariser Ausstellung von 1867 war von Reithofer in Wien ein glatter Schlauch von 178 m Länge aus einem einzigen Stück gefertigt zu sehen. Nicht selten wird gegenwärtig auch das Kautschuk gefärbt; man verwendet vorzugsweise Anilinfarben dazu.

Das Vulkanisieren, diejenige Erfindung, welche die gesteigerte Verwendbarkeit des Kautschuks vorzugsweise bedingte, ist die Verbindung desselben mit Schwefel. Sie wird auf verschiedene Weise bewerkstelligt. Nach dem älteren Verfahren von Hancock geschah die Vermischung mittels eines Dampfapparats, neuerdings bedient man sich aber allgemein der Methode von Goodyear, wobei der Schwefel gelöst oder mittels eines Knetapparats dem Kautschuk zugemischt wird, oder der noch besseren von Parkes in Birmingham, welcher eine Mischung von 100 Teilen Schwefelkohlenstoff und $2\frac{1}{2}$ Teilen Chlorschwefel anwendet, der sich schon in der Kälte mit dem Kautschuk verbindet. Die Eigenschaften, welche das Kautschuk durch die Vulkanisation gewinnt, sind äußerst wertvoll. Es verliert zwar etwas an energischer Elastizität, behält aber noch genug übrig, verändert sich in der Temperatur fast gar nicht oder doch nur wenig, ist vollständig unlösbar geworden und hat seine natürliche Klebrigkeit ganz verloren. Es haftet ihm nur noch ein schwacher Schwefelgeruch an, der indessen minder unangenehm ist als der ursprüngliche des Rohprodukts.

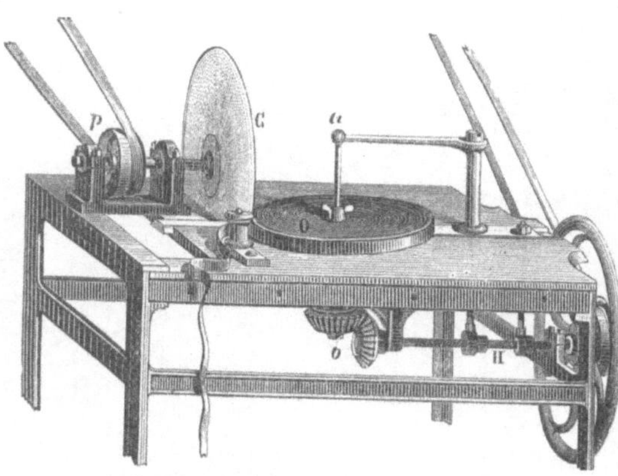

Fig. 392. Herstellung der Kautschukbänder.

Die Anfertigung der sogenannten Gummischuhe, des hauptsächlichsten Gebrauchsartikels der Kautschukindustrie, geht folgendermaßen vor sich: Das Kautschuk wird mit dem doppelten Gewicht an Schwefelblumen, Kreide, Barytweiß, Kienruß u. s. w. gemischt und zu Platten ausgewalzt. Die große Klebrigkeit der Masse gestattet, die nach Schablonen ausgeschnittenen Stücke über dem Leisten zusammenzukleben und zuletzt auch die Sohle in gleicher Weise darunter zu befestigen. Die Schuhe werden darauf mit Kautschukfirnis überstrichen und, immer noch über dem Leisten, durch Erhitzen im Luftbade, vulkanisiert.

Das Härten oder Hornisieren des Kautschuks, welches durch dieses Verfahren zu einer festen, braunen oder schwarzen Masse, Hartgummi oder Ebonit genannt, wird, ist eine Veränderung der Vulkanisation durch Zusatz von bis 80 Prozent Guttapercha, Schellack u. dergl., wenn Härte und Elastizität vermehrt werden sollen; von Kreide, Gips, Thon, gebrannter Magnesia, Baryt, Schwerspat, Farberden, Schwefelspießglanz, Schwefelblei, Teerasphalt u. s. w., sobald dies nicht verlangt wird. Das Ebonit erhält seine eigentümlichen Eigenschaften durch Behandlung der richtig gemengten Masse mit hoch gespanntem Wasserdampf von $4-4\frac{1}{2}$ Atmosphären Druck in einem hermetisch geschlossenen Kessel. Er erhält dadurch seine schwarze Farbe, wird hart und mehr oder minder elastisch, wenn auch niemals so sehr wie das reine oder vulkanisierte Material; ist unempfindlich gegen heißes Wasser und andre Lösungsmittel und nimmt eine glänzende Politur an. Seine mannigfaltige Verwendbarkeit ist schon oben angedeutet worden in der Zahl der daraus gefertigten harten Gegenstände; eigentümlich ist ihm die Fähigkeit, große Mengen Elektrizität zu entwickeln, wenn es mit einem Fell, Wolle oder dergleichen gerieben wird. Es dient daher auch ganz besonders zur Herstellung elektrischer Apparate, Scheiben für Elektrisiermaschinen und ähnlicher Gegenstände; auch Kämme, Federhalter, chirurgische Instrumente, Schmucksachen, Zündholzschachteln für den Taschengebrauch u. dergl. Gegenstände fertigt man aus Ebonit. Zu Ebonit wird bloß das billigere indische Kautschuk verwendet. Ein dem Ebonit nahe verwandter Stoff ist das Parksin, welches auf der Londoner Ausstellung 1862 zuerst erschien und Aufsehen machte. Es ist ein von A. Parkes in Birmingham angeblich aus Chloroform und Rizinusöl hergestelltes Produkt, das hart wie Horn, aber biegsam und geschmeidig wie Leder und weit billiger als Kautschuk ist.

Die Fabrikation von wasserdichten Zeugen ist auf das engste mit der Kautschuk=industrie verbunden, obgleich auch andre Stoffe, z. B. Paraffin, Wachs, Leinölfirnis u. s. w., dazu verwendet werden. Die mit Kautschuk hergestellten wasserdichten Kleidungsstücke, Zeuge für Wagen und Sattlerarbeiten, Koffer, Reisetaschen, Zelte, Pferdedecken, Waggon=planen u. s. w., werden entweder mit einer Kautschuklösung getränkt, was bei den ordinären Gegenständen am üblichsten ist, oder es wird das Zeug mit einer dünnen, aufgewalzten Kautschukhaut auf einer oder beiden Seiten überzogen, wie namentlich für Regenmäntel u. dergl. gebräuchlich. Neuerdings wendet man eine Maschine an, welche einen Kautschukteig mit Schwefelkohlenstoff oder Benzol völlig gleichmäßig den Geweben aufträgt.

Fig. 393. Apparat zum Vulkanisieren des Kautschuks mit trockenem Dampf.

Elastische Gewebe, wie sie an Hosenträgern, Gurten, Schuheinsätzen u. s. w. sich finden, bestehen aus übersponnenen Kautschukfäden; zum Überspinnen nimmt man teils Wolle, teils Baumwolle oder Seide und schaltet diese Fäden beim Weben in die Kette ein. Vor dem Überspinnen werden diese Kautschukfäden in kochendem Wasser erweicht, unter starker Anspannung auf Trommeln gewickelt und an kühlen Orten aufbewahrt. Abgewickelt bleiben sie in diesem ausgedehnten Zustande. Diese Operation nennt man das Strecken. Die fertigen Gewebe werden dann erwärmt, wodurch die Elastizität zurückkehrt; die Fäden ziehen sich zusammen, was jedoch nur teilweise geschehen kann, da die andern durchgehenden Fäden eine vollständige Zusammenziehung verhindern. Auf diese Weise wird die Festigkeit solcher Gewebe hervorgerufen.

Einen ganz eigentümlichen Kautschukartikel hat gleichfalls die Londoner Ausstellung von 1862 bekannt gemacht: das Kamptulikon, ein Teppichstoff aus Kautschuk, Gutta=percha und Korkabfällen, fein zermahlen, innig miteinander vermischt und dann unter starkem Druck ausgewalzt, wodurch die sehr erhaben hervortretende Musterung erzeugt wird, die man namentlich an dergleichen Abstreichern, Vorsaalteppichen u. dergl. beobachten kann.

Die Erfindung gehört den Fabrikanten Taylor und Harry in Deptford an, welche jährlich an 6000 Zentner Korkabfälle allein zur Herstellung dieses Stoffs verbrauchen. Er ist rasch beliebt geworden zur Bedeckung von Fußböden, weil er die Tritte unhörbar macht; so sind die beiden Parlamentshäuser damit belegt, nicht minder fast alle Kirchen in London, viele öffentliche Gebäude, Hotels und Klubhäuser. Das Kamptulikon widersteht der Feuchtigkeit vollständig und ist zugleich ein schlechter Wärmeleiter. In Irrenhäusern benutzt man es zur Verkleidung der Wände, da seine Elastizität gegen körperliche Verletzung schützt. Nicht minder gut hat es sich bewährt in Stallungen, als Material für Messerputzer u. s. w. Auch künstliche Kautschukschwämme (India-Rubber-Sponges) sind in England nach einem geheim gehaltenen Verfahren dargestellt worden. Sie bestehen aus einer durch und durch löcherigen Masse, so daß man in der That nur die natürlichen Seeschwämme damit vergleichen kann. Die Masse scheint, wie die Brotmasse, durch innerhalb derselben stattgefundene Gasentbindung ihre Beschaffenheit erlangt zu haben. Genug, sie ist von einer solchen Porosität, daß sie das Wasser in großer Menge aufsaugt, und von einer Weichheit, daß sie sich innig an jede Unterlage anschmiegt; infolgedessen ist sie als mechanisches Reinigungsmittel ganz geeignet, und es werden nicht nur Pferdeschwämme, sondern auch Bürsten u. dergl. für Möbel, Spiegel u. s. w. daraus hergestellt. Endlich ist sogar künstliches Kautschuk erfunden worden, d. h. ein Ersatzmittel, welches in einzelnen Fällen für das Federharz angewendet werden kann, und das aus einem Gemisch von Baumwollsamenöl, Kohlenteer und Schwefel besteht, welches mehrere Stunden lang einer Temperatur von 160° C. ausgesetzt worden ist; dasselbe hat aber in der Praxis keinen Eingang gefunden.

Die Verwendung des Kautschuks in der Zeugdruckerei ist durch die Engländer Hancock und Silver mit Glück eingeführt worden. Es kann sowohl die Kautschukmilch, als auch die Balata ohne Lösungsmittel in der Kattundruckerei angewendet werden, und dieselbe ist von den Übelständen frei, welche den Lösungen des Kautschuks in Terpentinöl, Kohlenteerölen u. s. w. anhaften. Die Balatamilch wird, nötigenfalls durch Wasserzusatz verdünnt, durchgeseiht und mit den sehr fein gemahlenen Farbstoffen gemischt. Beim Drucken auf Papier soll dieses nicht oder nur zum Teil geleimt sein; mit Balata bedruckte Tapeten lassen sich mit Schwamm und Seifenwasser reinigen.

Das Lösen des Kautschuks hat schon Macquer im Jahre 1798 beschrieben und dazu Äther empfohlen. Neben diesem Stoff wurden später das Steinkohlenteeröl (Benzin), Chloroform und Schwefelkohlenstoff zur Auflösung des Kautschuks verwendet. Neuerdings ist der letztere Stoff mit Recht der bevorzugte, da er billig herzustellen ist und bei gewöhnlicher Temperatur 15 Prozent Kautschuk vollkommen auflöst. Zu industriellen Zwecken ist jedoch eine derartige Lösung zu dünn, weshalb man eine mit weniger Schwefelkohlenstoff bewirkte bloße Aufquellung vorzieht, welche dann durch mechanische Verarbeitung die Form eines Breies erhält. In gleicher Weise lassen sich auch Terpentinöl und Steinöl (Petroleum) zur teilweisen Lösung oder Erweichung des Kautschuks verwenden; die damit hergestellte Masse bleibt aber klebrig, wenn ihr nicht Kalischwefelleber zugesetzt wird.

Die Kautschukproduktion der Erde wird für das Jahr 1882 auf etwa 20 Millionen kg angegeben, im Werte von etwa 140 Millionen Mark. Die Ausfuhr betrug 1882:

Aus Assam, Java u. s. w. . . . . ungefähr	2000000	kg
„ Mosambik . . . . „	1000000	„
„ Borneo . . . . „	600000	„
„ Madagaskar . . . . „	250000	„
Von der Westküste Afrikas . . . . . „	2500000	„
Aus Zentralamerika . . . . „	3000000	„
„ Para (Brasilien) . . . . „	10200000	„

Wie außerordentlich sich die Ausfuhr aus Para gesteigert hat, sieht man daraus, daß dieselbe im Jahre 1857 nur 1670000, im Jahre 1867 aber 4300000 kg betragen hat. Die beste Kautschuksorte wird von San Salvador in Zentralamerika bezogen, woselbst ein Österreicher, Schlesinger, seit dem Jahre 1860 die Saftgewinnung und Reinigung sehr vervollkommnet hat; der Zentner gereinigtes Kautschuk kommt daselbst auf 10 Piaster zu stehen.

Die Guttapercha. Dem Kautschuk sehr nahe verwandt ist die Guttapercha (spr. Guttapertscha), gleichfalls der verdickte Milchsaft von Bäumen. Die Bekanntschaft mit demselben ist noch ziemlich jung. Zwar waren schon im Jahre 1830 Muster dieses Harzes aus Singapur an die Asiatische Gesellschaft in London gesandt worden, sie fanden jedoch keine Beachtung. Diese wurde erst erregt, als im Jahre 1843 Montgomery dem Londoner Gewerbeverein (Society of arts) aus Ostindien Mitteilungen über den gleichen Gegenstand machte, welchen er als Stiel einer Axt, der sich im warmen Wasser erweichen und biegen ließ, kennen gelernt haben wollte. Vor 1844 war Guttapercha in Europa sogar dem Namen nach gänzlich unbekannt, und es wurden zuerst in diesem Jahre 2 Zentner davon versuchsweise aus Singapur nach England geschickt; der Handel mit diesem nützlichen Material stieg so rasch, daß 1845: 169 Pikuls (zu 66²/₃ kg), 1846: 5364, 1847: 9296, 1848: 11 600 Pikuls, welche letztere schon einen Wert von 480 000 Dollars repräsentierten, eingeführt wurden. Davon kam der bei weitem größte Teil nach England, indem nur 922 Pikuls nach Nord= amerika, 470 Pikuls nach dem europäischen Kontinente und 15 Pikuls nach der Insel Mauritius gingen. So rasch nun auch der Handel mit Guttapercha stieg, so war die immer zunehmende Bewegung, welche dadurch unter den Bewohnern des Indischen Archipels hervor= gerufen wurde, eine noch viel raschere; denn zuerst wurde Guttapercha nur in den Sümpfen von Dschohor auf der Insel Singapur gesammelt, und bald waren diese von Scharen

Malaien und Chinesen in allen Richtungen durchsucht. Dadurch wurden die Eingebornen mit dem Werte des Materials bekannt, und nun sammelten auch sie mit großem Fleiß. Das verbreitete sich in kurzer Zeit immer weiter im Indischen Archipel, und jetzt wird Guttapercha nördlich von Singapur bis Pinang gewonnen, östlich in Borneo, wo es zu Bruni, Sarawak und Pontianak an der Westküste und zu Keti und Passer an der Ostküste sich findet, endlich südlich längs der Ostküste von Sumatra und auf Java. Gegenwärtig beträgt die Guttapercha= produktion jährlich gegen 2 Millionen kg; sie befindet sich fast gänzlich in den Händen der Britischen Guttapercha = Handelsgesell= schaft. Dieser ist es auch zu danken, daß die Verwüstungen aufgehört haben, welche der gesteigerte Begehr nach diesem nützlichen Stoffe anfänglich im Gefolge gehabt hatte. Man begnügte sich nicht damit, die Bäume

Fig. 394. Zweig des Guttaperchabaumes.

anzuzapfen, wie beim Kautschuk, sondern schlug sie kurzweg nieder; da der Saft nur langsam und spärlich ausfließt, auch leicht erstarrt, deshalb öfteres Nachsehen und Erneuern der Wunde nötig ist, so erschien dies zu langweilig; man vernichtete lieber ein 100jähriges Wachstum in einem Augenblick, schälte die Rinde ab, sammelte den Saft und goß ihn in einen aus Pisangblättern gebildeten Trog. Man kann sich einen Begriff von den dadurch veranlaßten Verwüstungen machen, wenn man erfährt, daß ein Baum nicht mehr als 10—15 kg Saft liefert, und damit die erwähnten Massen Guttapercha vergleicht, die von Singapur, dem Hauptsitz des Handels, aus verschifft worden sind; es müssen diesen nach in den ersten vier Jahren wenigstens 300 000 Bäume gefällt worden sein. Gegenwärtig sind die Agenten der Handelsgesellschaft angewiesen, Prämien für das Abzapfen zu be= willigen; doch werden immer noch viele Bäume geschlagen, weil die Meinung verbreitet ist, das von ihnen gewonnene Gummi sei das bessere. Eigentümlich ist, daß unter den Ein= gebornen Wasserindiens der Gebrauch der Guttapercha zu häuslichen und technischen Zwecken keineswegs so verbreitet ist, wie derjenige des Kautschuks es von jeher unter den Indianern Zentralamerikas war; der erwähnte Axtstiel muß daher eine Seltenheit gewesen sein, zumal die rohe Guttapercha sich zu derartigem Ersatz des Holzes wenig eignet, da sie sich in den Händen oder an der Sonne erwärmt, alsbald erweicht und biegt.

Wahrscheinlich wird Guttapercha von mehreren Bäumen gewonnen. Es glückte lange nicht, die Natur derselben festzustellen, bis im Jahre 1847 Sir W. Hooker in ihnen die Gattung Isonandra der Sapotaceen feststellte. Der eigentliche, am meisten benutzte Gutta= perchabaum ward von ihm Isonandra gutta benannt; er wird 12—20 m hoch und 1,5—2 m stark im Durchmesser, trägt glänzende lederartige Blätter, gelbe Blüten und Beerenfrüchte. Die Saftgewinnung geschah früher, wie erwähnt, meistens durch Fällen des Baumes, in dessen Rinde dann ringförmige Einschnitte gemacht und Kokosnußschalen untergestellt wurden. Jetzt bohrt man ihn an, wie beim Kautschuk. Sehr bald nach dem Ausfluß gerinnt der Milchsaft und wird, ehe dies noch vollständig geschehen ist, von Weibern in walzenförmige Klumpen zusammengeknetet. Alsdann sieht die Guttapercha rötlichbraun aus, während in ganz reinem Zustande ihre Farbe grauweiß ist; ein glatter, seidenartiger Glanz kennzeichnet sie besonders, sie fühlt sich fettig an und besitzt einen eigentümlichen Ledergeruch. Sie ist sehr dicht, fast gar nicht porös, um so weniger, je reiner sie ist.

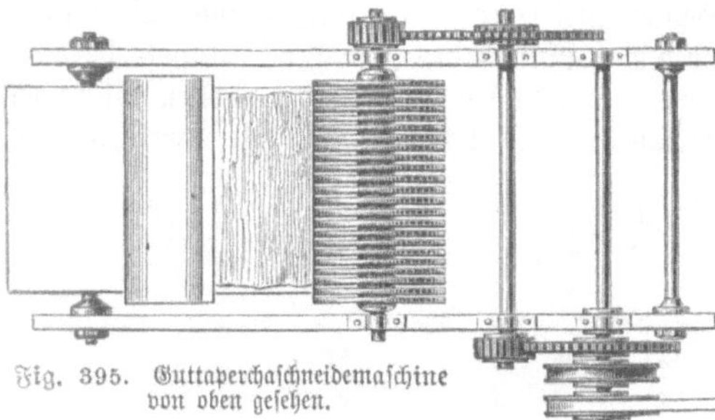

Fig. 395. Guttaperchaschneidemaschine von oben gesehen.

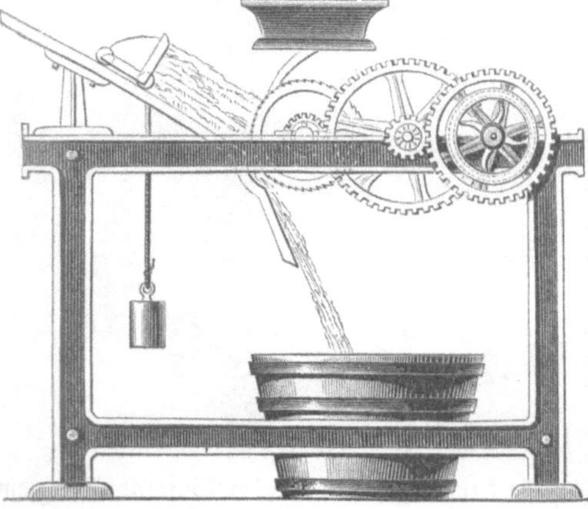

Fig. 396. Guttaperchaschneidemaschine von der Seite gesehen.

Erwärmt wird sie weich und biegsam, läßt sich dann leicht behandeln und formen; es geschieht dies schon in Wasser von 60 bis 70° C., und auf dieser Eigenschaft beruht ein Teil ihrer Verwendbarkeit. Dagegen ist die Guttapercha nur schwer löslich, bloß in Äther, Chloroform und Schwefelkohlen= stoff, erwärmt auch in Terpentinöl und Benzol. Säuren greifen sie wenig oder gar nicht an. Die Guttapercha ist ein schlechter Leiter der Wärme und Elektrizität. Von dem Kautschuk unterscheidet sie sich durch ihre weit geringere Elastizität und durch gewisse Veränderungen, welche der Einfluß der Luft auf sie hervorbringt.

Es sind verschiedene Sorten von Guttapercha im Handel, welche sich beson= ders in der Farbe — braun, bräunlich, schmutziggelb, rot und weiß — voneinander unterscheiden; auf Borneo kennt man deren fünf: Waringin, Doerian, Poeloet, Papoea und Rana; die erste ist die beste, die letz= tere die schlechteste; die in den Handel ge= brachte Guttapercha ist stets ein Gemisch dieser Sorten. Nahe steht dem genannten Harz ein andres aus Ostindien, das Pauchontee, welches vielfach als Ersatz= mittel des ersteren vorgeschlagen worden ist.

Überhaupt bergen unzweifelhaft die Wälder der Tropen noch viele Bäume mit nutzbaren Milchsäften und Harzen. Auf der Dubliner Ausstellung 1865 war in der ostindischen Abteilung das Pauchontee als Produkt der Isonandra acuminata aus Wynaad bezeichnet; eine besondere Art der Guttapercha als Mudar gutta von Calotropis gigantea kommt aus Gorrukpore, während das Kautschuk aus Assam von der Urostigma elastica herkommen soll. Etwas Ähnliches war auch das Gomme de Kelle, welches zur Pariser Ausstellung von 1867 von der französischen Kolonie Senegal geschickt worden war. Es sollte der Milchsaft einer Ficusart sein und stellte rotbraune Ballen von etwas spröder Natur dar. Im Handel spielt es bis jetzt noch keine Rolle. Die Guttapercha hat fast denselben Gebrauchswert wie das Kautschuk, und es hat sich demgemäß ihre Industrie neben derjenigen des letzteren sogar in noch kürzerer Zeit entwickelt.

Reinigung und Verarbeitung der Guttapercha. Die erstere besteht in der Entfer= nung von Rindenstückchen, Fasern, Erde, Steinchen u. s. w., womit sie stets versetzt ist. Es geschieht dieselbe durch Zerschneiden der Guttapercha mittels einer eignen Maschine in dünne Blättchen, während die Messerwalzen von einem Strome Wasser durchspült werden,

dem Chlorkalk oder Natron zugesetzt worden ist (s. Fig. 397). Die Masse bleibt darauf
24 Stunden lang in Wasser stehen, worin alle fremden Bestandteile sich zu Boden setzen;
darauf wird die obenauf schwimmende Guttapercha mit siedendem Wasser behandelt, so daß
sie sich zusammenballen läßt; die erhaltenen Brote gehen durch ein Walzwerk, das sie in
dünne Scheiben oder Tafeln preßt. Damit ist der Prozeß der Reinigung vollendet. Soll
die Guttapercha in bestimmte Formen gebracht werden, so kommt sie ohne Wasser in einen
erwärmten Knetapparat, ähnlich wie das Kautschuk; ist sie darin in einen weichen, gleich=
mäßigen Teig verwandelt, so gelangt sie in ein mit Dampf erhitztes Walzwerk, welches
daraus Platten oder Bänder formt. Die Darstellung der Röhren aus
Guttapercha geschieht aus dem weichen Teige auf einer Maschine, welche
genau einer Drainröhrenmaschine entspricht. Fäden und Schnüre wer=
den gerade so gewonnen wie aus Kautschuk.

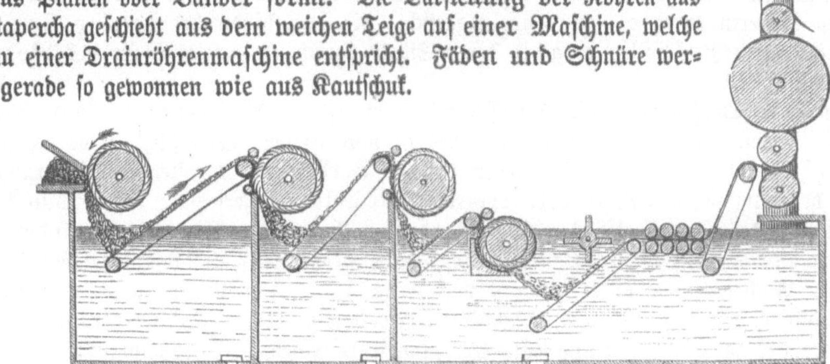

Fig. 397. Reinigungsapparat.

Erwärmt fügt sich die Guttapercha fest aneinander, ohne Kitt, läßt sich in Formen
drücken, über Kerne pressen u. s. w. Häufig wird die Guttapercha gebleicht; zu diesem End=
zweck geschieht die Reinigung besonders sorgfältig, indem die von der Schneidemaschine ge=
lieferten Blättchen einen aus verschiedenen Walzen in Wasser gebildeten, durch Dampf
bewegten Reinigungsapparat passieren. Ist die Masse dann wieder getrocknet, so wird sie
in kochendem Benzin mit Zusatz von gebranntem Gips gelöst, mit Alkohol gefällt und der
erhaltene ganz weiße Brei von seinem Wassergehalt befreit. Diese weiße, gereinigte Gutta=
percha wird von Zahnärzten zur Herstellung künstlicher Kinnladen für die Aufnahme künst=
licher Zähne benutzt und zu diesem Zwecke durch Zusatz geeigneter Farben blaßrot gefärbt.

Die Guttapercha wird wie
das Kautschuk durch Schwefelzusatz
vulkanisiert, sie muß aber zuerst
stark erhitzt werden, um das darin
befindliche ätherische Öl zu entfernen,
das die Masse locker oder porös
machen würde. Vulkanisierte Gutta=
percha hat die Eigenschaft verloren,
durch Erwärmung biegsam und
plastisch zu werden. Das Horni=
sieren der Guttapercha erfordert
einen stärkeren Schwefelzusatz; neuer=
dings wendet man als Lösungsmittel

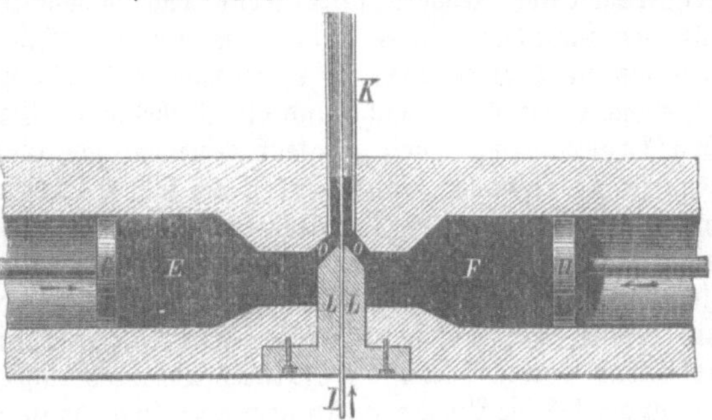

Fig. 398.
Apparat, um submarine Leitungsdrähte mit Guttapercha zu umkleiden.

vorzugsweise Chloroform an und kann damit auch eine ganz weiße Hartmasse gewinnen.
Hornisierte Guttapercha wird zu gleichen Zwecken verbraucht wie das Kautschukebonit.

Die Verwendung der Guttapercha geht am besten aus der unglaublich mannig=
faltigen Liste derjenigen Gegenstände hervor, welche der Katalog der Goodyearschen Fabrik
als daraus gefertigt nachweist. Sie umfaßt dieselben Artikel, zu denen sich das Kautschuk
geschickt zeigt; besonders wichtig aber ist ihre Anwendung zum schützenden Überzug für
Telegraphendrähte; hierfür ist die Guttapercha vermöge ihres nicht übertroffenen Isola=
tionsvermögens ganz unersetzlich. Die elektrische Telegraphie verdankt ihr zum großen Teil
ihren gewaltigen Aufschwung. Die unterirdischen und submarinen Kabel sind erst durch
Umhüllung mit Guttapercha möglich geworden, und zwar war es Werner Siemens, der
geniale Begründer des Etablissements Siemens & Halske, der zuerst die Verwendung jenes

Stoffs zu gedachtem Zwecke vorschlug und auch die entsprechenden Methoden und Maschinen angab, um die Drähte mit Guttapercha zu umhüllen.

Wir geben in Fig. 398 die Durchschnittszeichnung eines solchen Apparats. Der hohle Cylinder ist bei E und F für die Aufnahme der weichen Guttapercha bestimmt, welche von rechts und links mit Hilfe der beiden Stempel G und H zusammengepreßt werden kann. In der Mitte, ungefähr zwischen den beiden Stempeln, ist die Wandung des Cylinders durchbohrt, und zwar so, daß der untere Teil der Durchbohrung gerade von dem hindurch= geführten Leitungsdrahte I ausgefüllt wird, während der obere etwas weiter ist und bei Anwendung eines entsprechenden Druckes auf die beiden Kolben eine Quantität Guttapercha aus dem Inneren durch o o mit herausquetscht, die den hindurchpassierenden Draht mit einer fest angepreßten Hülle umgibt, deren Stärke durch die innere Weite des Rohres K bestimmt wird.

In freier Luft, namentlich in heißen Klimaten, ist die Guttapercha im Laufe der Zeit gewissen Veränderungen unterworfen. Dies ist von großer Wichtigkeit in bezug auf die Telegraphendrähte; so hat es sich ergeben, daß das Verderben des isolierenden Überzugs der Drähte des ostindischen Telegraphen von einer allmählichen Zersetzung des Gummis unter dem Einfluß des Sauerstoffs der Luft (Oxydation) herrühre. Wo diese Veränderung zu befürchten ist, da muß die Guttapercha noch einen besonderen, luftabschließenden Überzug erhalten. Auch soll nach einer Angabe von Preece die Guttapercha zuweilen von einem kleinen Insekte, der Templetonia crystallina, zerfressen werden. Das neue transatlantische Kabel, welches auf $7\frac{1}{2}$ km Länge aus $52\frac{1}{2}$ km Kupferdraht, 75 km galvanisiertem Draht und 30 km Guttaperchaschnur besteht, erhält daher noch eine Zugabe von 375 km Garn aus Manilahanf, womit die Guttapercha dicht umsponnen und dann noch mit einem wasser= dichten Firnis überzogen wird. Jene eigentümliche Zersetzung ist wohl auch daran schuld, daß man alte, unbrauchbar gewordene Guttapercha nur schwierig wieder verwenden kann, es sei denn nach einer vollständigen neuen Durcharbeitung. So muß die zum Formen für galvanische Reliefs untauglich gewordene alte Masse, welche, wenn mit neuer zusammen= geschmolzen, auch diese völlig verdirbt, so daß sie fest anklebt, in siedendem Wasser erweicht und dann mit einem Zusatz von Leinöl in der Knetmaschine behandelt werden, worauf sie wieder ihre früheren Eigenschaften erlangt.

Bei der Verarbeitung der vulkanisierten Guttapercha zu den verschiedenartigen Artikeln erhält man eine Menge Abfälle, welche nicht so ohne weiteres wieder benutzt werden können; für den Fabrikanten ist es daher von großer Wichtigkeit, ein Verfahren zu besitzen, durch welches die Verarbeitung solcher Abfälle ermöglicht wird. Man hat zu diesem Zweck ver= schiedene Vorschläge gemacht und die Methoden als Entschwefelung der vulkanisierten Guttapercha bezeichnet, obgleich keine wirkliche Entschwefelung dabei vorzugehen scheint. Im Jahre 1846 ließ sich Parkes ein solches Verfahren patentieren, das sich aber keines= wegs bewährte; bessere Resultate erhielt N. S. Dodge 1856, dessen Patent allerdings auch nicht auf der Entfernung des Schwefels, sondern nur auf einer Behandlung der zer= kleinerten Masse mit einer Mischung von Alkohol und Schwefelkohlenstoff beruhte, wodurch die Masse, nachdem sie ungefähr zwei Stunden damit in Berührung war, wieder ver= arbeitbar werden sollte. Newtons Patent beruht auf einer Behandlung mit Kamphin, so lange, bis die Abfälle weich geworden sind; dann trennt man sie von dem Kamphin und setzt sie mit einer Mischung von Äther und Alkohol an, wodurch die Guttapercha alle ihre früheren Eigenschaften wieder erlangen soll. Man will jedoch beobachtet haben, daß Gutta= perchagegenstände, die auf eine dieser Weisen aus Abfällen u. dergl. hergestellt worden sind, nicht die Dauerhaftigkeit besitzen, wie die aus frischer Guttapercha bereiteten, sondern leicht brüchig werden sollen.

Wichtig für den Fabrikanten ist ferner die Prüfung der rohen Guttapercha beim Ein= kauf; dieselbe ist sehr leicht auszuführen, man braucht nur eine abgewogene Menge von Guttapercha in heißem Benzin zu lösen, die Lösung durch ein kleines, gewogenes Papier= filter zu gießen und das auf diesem Zurückbleibende sorgfältig mit heißem Benzin auszu= waschen und zu wägen. Reine Guttapercha löst sich vollständig in Benzin und alle unab= sichtlichen und absichtlichen Verunreinigungen bleiben auf dem Filter zurück.

Nicht Kunst und Wissenschaft allein,
Geduld will bei dem Werke sein; —
Ein stiller Geist ist jahrelang geschäftig;
Die Zeit nur macht die feine Gärung kräftig.

Goethe.

Gerberei und Leimfabrikation.

Geschichte der Gerberei und die Gerbmittel. Anatomie der Tierhaute und Zweck des Gerbens. Chemische und mechanische Einwirkungen. Rotgerberei: Reinigen und Wassern der Felle. Kalken und Entkalken. Schwitzen, Dampfen und kaltes Schwitzen. Enthaaren. Scheren, Glatten und Schwellen der Haute. Farben, Einfetten, Krispeln, Ausstreichen und Pantoffeln der Felle. Juchten, Saffian, Maroquin u. s. w. Weißgerberei und Sämischgerberei. Waschleder. Verfahren von Klenze. Die Leimsiederei. Entstehung des Leimes aus der tierischen Faser. Seine Herstellung in der Praxis. Gelatine.

Mit dem Rechte des Stärkeren greift der Mensch zerstörend ins Tierreich und nimmt daraus, was ihm brauchbar dünkt, und nicht selten ist es lediglich oder vorzugsweise das natürliche Kleid, der einzige Rock des Tieres, nach welchem er Verlangen trägt. Aber dieses Beutestück hat in natürlichem Zustande kaum einen Gebrauchswert, denn im Feuchten fault es rasch und im Trockenen wird es hornartig; es bedarf also einer Zubereitung, um es geschmeidig, fäulniswidrig, wasserabhaltend, kurz gebrauchsfähig zu machen. Die Auffindung von Mitteln hierfür muß einer der ersten Schritte gewesen sein, die der Mensch auf der Bahn der Erfindungen gethan hat. Höchst wahrscheinlich verstanden sich die Urvölker auf das Zurichten von Tierfellen schon lange, bevor die Weberei erfunden wurde, und die Mannigfaltigkeit der in verschiedenen Ländern hierzu angewandten Mittel spricht dafür, daß eine urwüchsige Gerberei sich an vielen Punkten von selbst fand, daß in allen Zonen der Mensch durch instinktives Probieren aus seinen Umgebungen etwas ermittelte, das zu diesem Zwecke dienen konnte. Am nächsten lag wohl das Einreiben der rohen Felle mit Fettstoffen, mit dem Gehirn von Tieren, Fischthran, Milch u. dergl., und daher finden wir derartige Mittel bei den verschiedensten Völkerschaften, in Asien, den Polarländern, in Amerika und Südafrika in Anwendung. In der Praxis der zivilisierten Völker gründet sich auf die Anwendung des Fettes die Sämischgerberei.

Ein andres, ganz rationelles und in der Alten und Neuen Welt anzutreffendes Mittel besteht in der Anwendung des Rauches. Die moderne Technik macht auch hiervon wenigstens

insoweit Gebrauch, als ein großer Teil der aus Amerika kommenden rohen Rindshäute der
vorläufigen Erhaltung halber etwas geräuchert werden (andre salzt man), und daß man Felle
und Bälge für Sammlungen mit Kreosot präpariert; das Kreosot ist aber eben derjenige
Bestandteil des Rauches, der die Tierfaser gegen Fäulnis widerstandsfähig macht.

Die Anwendung von Alaun, die Grundlage der Weißgerberei, mag ebenfalls eine
uralte Praxis sein, wenigstens hatten schon die Römer neben starkem, festem Leder (corium)
ein weiches und geschmeidiges unter dem Namen aluta (Alaunleder).

Der wichtigste Teil der Gerberei aber, die Lohgerberei, gründet sich auf die Be=
nutzung gewisser Pflanzenteile, Rinden, Wurzeln u. s. w., welche die tierische Haut in einer
für den Gebrauch höchst vorteilhaften Weise umzuändern vermögen. Diese Anwendung ist
eine Entdeckung, deren Wesen nicht so geradezu auf der Hand liegt; dennoch mag sie schon
in Zeiten und bei Völkern gemacht worden sein, von denen uns jede geschichtliche Kunde
abgeht. Ohne daß aber die Menschen früherer Zeiten von der Existenz eines besonderen
Gerbstoffs in den Holzgewächsen eine Ahnung haben konnten, haben sie doch unter jedem
Himmelsstrich die gerbkräftigsten Gewächse ausfindig zu machen gewußt. Die Gerbstoffe sind
so verbreitet, daß die neuere Wissenschaft in den meisten, zumal perennierenden Pflanzen der=
gleichen nachgewiesen hat; allein ein Gewächs, das dem Zwecke des Gerbens besser oder nur
in annähernd gleichem Maße dienen könnte als die längst bekannten, hat sie nicht gefunden.

Fig. 400. Indianische Gerberinnen.

In den alten Kulturländern Asiens werden sehr wahrscheinlich die Galläpfel, dies
eigentümliche Verwundungsprodukt der Eichenblätter, das bis zu $\frac{1}{4}$ seines Gewichts aus
Gerbstoff besteht, bei der Zubereitung des Leders die Hauptrolle gespielt haben. Der in
südlicheren Ländern einheimische Sumach (Schmack) mag ebenfalls ein seit alten Zeiten
gebräuchliches Gerbmittel sein, während die Benutzung der Eichenrinde in Europa ihren
Ursprung zu haben scheint. Mit einem nach Alter und andern Umständen zwischen 4 und
16 Prozent variierenden Gerbstoffgehalt bleibt sie für uns das wichtigste Gerbmaterial; alle
andern heimischen Rinden, die noch Anwendung finden können, sind ärmer an Gerbstoff; es ge=
hören hierher die Rinden der Weiden, Erlen, Birken, Buchen, edlen und Roßkastanien, Ulmen,
Eschen, Hasel u. s. w. Neueren Ursprungs ist der Gebrauch der Fichtenrinde; man benutzt
sie der Ersparnis halber als Zusatz zur Eichenlohe, wie man Zichorie zum Kaffee mischt.
In Rußland, wo die Eichen fehlen, gerbt man mit den Rinden der Birken, Weiden und
Erlen, in Nordamerika mit der Rinde der Hemlocktanne. Das hiermit erzielte Sohlleder,
als Hemlockleder jetzt allgemein bekannt, wurde zuerst im Jahre 1844 nach England
eingeführt und hat seine Verbreitung in Deutschland, Österreich, der Schweiz und Rußland,

trotz der minder guten Beschaffenheit gegenüber dem mit Eichenlohe gegerbten Sohlleder, doch schon bedeutende Fortschritte gemacht, wozu der billige Preis viel beigetragen hat. Wegen seiner roten Farbe und der gefürchteten Konkurrenz wurde das Hemlockleder anfangs von den deutschen Gerbern das „rote Gespenst" genannt. Eine große Anzahl andrer ausländischer Rinden und andrer Pflanzenteile, die reich an Gerbsäure sind, hat man als Ersatz für Eichenrinde empfohlen und auch an verschiedenen Orten in Anwendung gebracht, namentlich gilt dies von dem Holze und der Rinde des Quebracho, eines in Brasilien heimischen Baumes (Aspidospermum Quebracho), ferner dem aus Kastanienholz bereiteten Extrakte, der Algarobilla, mit 40—50 Prozent Gerbsäure, der Schotenfrucht eines in Chile heimischen Baumes (Balsamocarpum brevifolium), der Mangostanrinde von Java und der Rinde von Persea lingue mit 24 Prozent Gerbstoff. Dividivi, Knoppern, Bablah und Valonen werden längst schon in der Gerberei verwendet.

Eine ganz urwüchsige Gerberei findet sich bei den Eingebornen Nordamerikas. Während sonst Naturvölker die Felle nur auf der Fleischseite präparieren und Haar oder Wolle sitzen lassen, also Rauchgerberei treiben, hat sich der Sohn der nordamerikanischen Wälder und Prärien bis zum wirklichen Gerben erhoben und bereitet zu seinen Röcken und Beinkleidern ein schönes Wildleder, weiß auch zu seinen Zelten die stärksten Büffelfelle gar zu machen. Diese Gerber oder vielmehr Gerberinnen, denn das Geschäft fällt den Weibern zu, sollen ebenfalls Lohbrühen anwenden und dazu die passendsten Pflanzenarten aus dem Geschlecht der Sumache verbrauchen. Sonach gibt es selbst über dem Weltmeere eine rationelle Gerberei, und in der Alten Welt ist das Leder eine so allbekannte und sich selbst verstehende Sache, daß es müßig wäre, nach einem Erfinder oder einer besonderen Lokalität der Erfindung zu fragen. Sind doch in den ältesten ägyptischen Wandbildern die Manipulationen des Gerbens schon dargestellt, wie sie noch heute betrieben werden. Im frühen Altertum waren die persischen und babylonischen Leder berühmt; man fertigte dort nicht bloß ordinäre, sondern auch sehr feine und schön gefärbte Ware. Diese altasiatische Industrie arbeitete selbst für Europa; gegen den Anfang der christlichen Zeitrechnung hatten die Juden fast ausschließlich den Lederhandel von Ost und West in Händen und versorgten mit dieser Ware

Fig. 401. Altägyptische Gerber.

Rom und das römische Reich. Zur Zeit der arabischen Herrschaft kam im westlichen Afrika und Spanien eine Luxusgerberei zur Blüte, für deren ausgezeichnete Produkte Europa lange Zeit ein guter Käufer war, bis man hier, zuerst in Frankreich, das Geheimnis der Fabrikation ausgekundschaftet hatte und selbst zu fabrizieren anfing, was wenig über 100 Jahre her ist. Die Erinnerung an die alten Verhältnisse ist aber geblieben, denn dem Namen nach haben wir noch heute Leder aus Marokko (Maroquin), aus Safi (Saffian), aus Cordoba (Korduan). Von jener südwestländischen Kunstgerberei aber hat man Grund anzunehmen, daß die Araber sie auf ihren Eroberungszügen in Asien gelernt und nachgehends in einem großen Sprunge bis nahe an das damalige Westende der Welt verpflanzt haben. Daß Asien, wie überhaupt die Wiege der Kultur, so auch die einer Industrie wie der Gerberei gewesen sein wird, läßt sich wohl sicher annehmen und dafür spricht auch, daß eben in den östlichen Gegenden Europas, bei den Russen, Bulgaren, Ungarn, Türken ꝛc., die Lederbereitung frühzeitig in ausgezeichneter Weise betrieben ward. Wir lesen ferner bei Plinius, daß die Kelten ihr Leder mittels Birkenteers bereiteten, und es ergibt sich hieraus, daß die Juchtengerberei nichts Nationalrussisches ist, sondern mutmaßlich schon von den ersten in Europa eingewanderten Asiaten betrieben wurde. Nehmen wir also die Gerberei, wie sie vorliegt, und fragen wir zunächst, welche Bewandtnis es mit den ihr eigentümlichen Prozessen habe, und wie es komme, daß so wesentlich verschiedene Dinge, wie Pflanzenstoffe, Fette und Alaun, ganz in gleichem Sinne wirken können.

Die tierische Haut besteht, wie uns Fig. 402 zeigt, aus drei verschiedenen Schichten: der Oberhaut, der Lederhaut und der Unter- oder Fetthaut. Die Oberhaut mit den Haaren, deren Wurzeln bis in die Lederhaut hinabreichen, sowie die sehr lockere, mit Schweißdrüsen und Fettzellen erfüllte Unterhaut, hat der Gerber völlig zu entfernen; er hat es nur mit der mittleren oder eigentlichen Lederhaut zu thun, die sorgfältig gereinigt als ein milch= weißes, sehr geschmeidiges Gewebe erscheint. Der Bau der Lederhaut besteht, außer daß sie von den Schweißkanälen durchsetzt und mit den Verschlingungen der feinsten Gefühls= nerven erfüllt ist, aus Bindegewebe, d. h. aus gebündelten und vielfach durcheinander laufenden Gewebsfasern. Diese faserige Struktur ist ein wichtiger Gesichtspunkt für jede Art von Gerberei. Da diese Art der Gewebe sich durch Kochen mit Wasser fast vollständig in

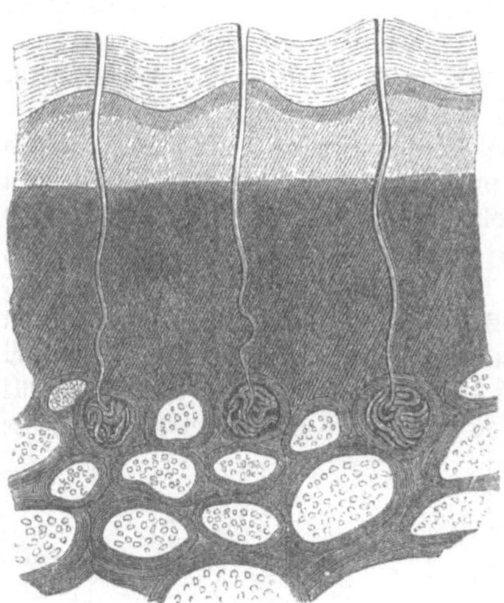

Fig. 402. Tierische Haut im Durchschnitt, vergrößert.

Leim verwandeln läßt, so nennt der Chemiker die= selbe auch leimgebende Substanz. Überläßt man ein Stück rohe Haut dem Austrocknen, so wird es starr, hornähnlich; die einzelnen Fasern des Gewebes legen sich in dem Maße, wie sie ihre Feuchtigkeit verlieren, dicht aneinander und dadurch muß die Biegsamkeit des Ganzen größtenteils ver= loren gehen. Indes hat nur das Wasser die Eigen= schaft, die Tierfaser so aufzuschwellen, daß sie beim Trocknen zusammenklebt. Bringt man ein Stück in Wasser eingeweichte Haut in starken Weingeist, so reißt dieser das Wasser an sich, und nunmehr bleibt das Gefüge der Haut nach dem Trocknen locker und man erhält scheinbar ein ganz regel= rechtes Leder, das freilich diese Eigenschaft in Be= rührung mit Wasser gleich wieder verliert. Anders wird sich die Sache gestalten, wenn das Wasser durch einen Stoff verdrängt wird, der sich dauernd auf der Faser befestigt, sie hierdurch einesteils als schützender Überzug vor Fäulnis und anderseits

als trennendes Zwischenmittel vor dem Zusammenbacken bewahrt. Dies sind die beiden Bedingungen der Lederbildung und auf ihnen beruht alle und jede Art von Gerberei. Somit ließe sich der Theorie nach von jedem Stoffe, der sich mit der Tierfaser fest genug verbindet, um nicht etwa durch Wasser wieder auswaschbar zu sein, erwarten, daß er ein Gerbmittel abgeben könne, und da solche Stoffe in der Färberei zahlreich in Anwendung kommen, so werden wir beide Gewerbe als chemisch nahe verwandt ansehen können. In der That fungiert der Alaun schon längst beiderseits, unter den Farben und Beizen sowohl als unter den Gerbmitteln, und der Gerbstoff gibt in Form von Katechu u. s. w. eine braune

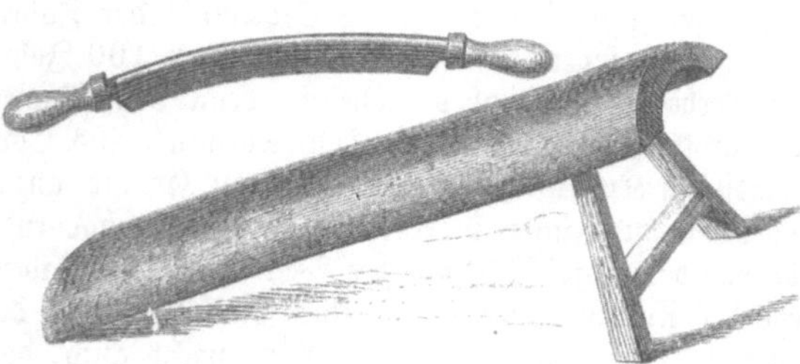

Fig. 403. Schabebaum und Schabemesser.

Farbe, die sich selbst einbeizt. Gleiche Eigenschaft wie die Farbenbeizen haben Harzseifen, wie sie z. B. bei der Papierfabrikation auf die Pflanzen= faser niedergeschlagen werden. Diese Analogie zwischen Gerberei und Fär= berei ist fähig, noch sehr wertvolle Früchte zu bringen und neue Gerb= mittel an Stelle der alten oder doch neben denselben in Gebrauch zu setzen. Ob freilich ein auf neue Art bereitetes

Leder auch allen Anforderungen entspreche, ob es geschmeidig und haltbar oder hart und brüchig ausfalle, kann die Theorie nicht vorher sagen, und es ist dies Sache des Versuchs. Wirken doch selbst die verschiedenen Gerbrinden sehr ungleich auf die tierische Haut, und ein mit Galläpfeln gegerbtes Leder fällt härter und brüchiger aus als lohgares. Demnach ist der Gerbstoff noch immer das erste und unentbehrliche Gerbmittel, und wir erzeugen ihn uns hauptsächlich in Form von Rinde junger Eichen (sog. Schäleichen), deren Anzucht für die Forstwirtschaft von ansehnlicher Bedeutung ist und in verschiedenen Gegenden Deutschlands, namentlich in der Pfalz und in den Mosellandschaften, beträchtliche Gewinne abwirft.

Zwischen Gerbstoff und tierischer Haut besteht nun eine ganz eigentümliche Beziehung: ein Stück der letzteren, in einen Absud von Eichenrinde, Galläpfeln u. dergl. gehängt, zieht rasch den ganzen Gerbstoffgehalt an sich, und selbst nachdem die Haut zu Leim zerkocht und somit das tierische Gewebe zerstört ist, besteht die Verwandtschaft noch ungeschwächt; beim Vermischen der Gerbstoffe und der Leimlösung fällt augenblicklich gegerbter, d. h. mit Gerbstoff chemisch verbundener Leim nieder, der nunmehr seine ganze Löslichkeit im Wasser verloren hat. — Mit der Kenntnis dieser allgemeinen Thatsachen können wir uns der Betrachtung der einzelnen Gerbmethoden zuwenden, und wir betrachten davon zuerst diejenige Art, welche von allgemeinen Gesichtspunkten auszugehen hat und alle die Verfahren vereinigt zur Anschauung bringt, welche bei den andern nur vereinzelt zur Anwendung kommen, nämlich die Rotgerberei und Lohgerberei.

Fig. 404. Arbeiten am Schabebaum.

Die Rotgerberei und Lohgerberei findet bekanntlich ihre hauptsächlichste Anwendung auf Rindshäute und Kalbfelle, dann auf Roßhäute und zuweilen auch auf Schaffelle. Die lohgaren Leder sind die dauerhaftesten und werden es um so mehr, je langsamer die Lederbildung stattfindet, d. h. je länger die Häute in den Gruben liegen.

Jeder Art von Gerbverfahren muß natürlich ein möglichst gründliches Reinigen der Rohhäute von Fleisch, Blut, Fett, Haaren und Oberhaut vorhergehen. Die erste Vornahme ist das Einweichen in Wasser, entweder in Kufen oder noch besser in fließendem Wasser, was bei Handelsware, die gesalzen oder getrocknet vorkommt, natürlich gründlicher geschehen muß als bei Häuten, die frisch in die Gerberei kommen. Hierbei befestigt man die Häute derart, daß der Strich der Haare der Stromrichtung gerade entgegengesetzt ist, damit das Wasser möglichst stark auf die Hautoberfläche wirken kann. Das Einweichen kann 2—10 Tage in Anspruch nehmen, je nachdem die Häute frisch oder trocken, schwach oder stark sind, oder Sommer- oder Winterwetter ist, und zwar geschieht dasselbe nicht in einem Zuge, sondern man nimmt die Häute öfters aus dem Wasser, erneuert dieses, wenn das Wässern in Kufen geschieht, läßt sie ablaufen, walkt sie durch Stampfen oder zwischen Walzen und preßt dadurch Blut, Fett und Schmutz aus, worauf man sie wieder ins Wasser bringt. Durch diese Zwischenbearbeitung wird das Wässern wesentlich abgekürzt, das durch zu lange Dauer dem Leder nachteilig werden würde. Die gehörig gewässerten und aufgequellten Häute kommen nun auf den Schabebaum, um zunächst auf der Innenseite, welche die Fleisch- oder Aasseite heißt, mit dem Schab- oder Streichmesser (s. Fig. 403) bearbeitet zu werden. Der Schabebaum liegt schräg und gleicht einer Bank, die nur an einem Ende Beine hat. Die Oberfläche ist zugerundet, und das Schabmesser, welches zweigriffig ist und mit beiden Händen geführt wird, hat eine ebenfalls bogig gestaltete halbscharfe Klinge. Der Gerber führt sein Messer schabend unter ziemlich starkem Aufdrücken von oben nach unten über die Haut hin, wodurch sowohl flüssige und halbflüssige fremde Substanzen herausgetrieben als auch das lockere Fleisch- und Fettgewebe der Unterhaut mit fortgenommen wird.

Auf die Bearbeitung der Fleischseite folgt in ähnlicher Weise die der Haar- oder Narbenseite oder vielmehr zunächst nur die Vorbereitung dazu, denn Haare und Oberhaut würden an der frischen Haut dem Schabmesser nicht weichen, sie müssen dazu erst geneigt gemacht, gelockert oder gemürbt werden. Die Haare werden durch das Schabmesser nicht etwa abrasiert, sondern sie müssen durch dasselbe aus den Einstülpungen, in welchen sie sitzen, herausgezogen werden; bei dem bloßen Abrasieren würden die Haarwurzeln sitzen bleiben, was sich mit dem Aussehen von gutem Leder nicht verträgt. Um dieses Herausziehen zu ermöglichen, ist das Aufquellen der ganzen Haut und das Erweichen der Haare selbst nötig. Hierzu gibt es nun eine ziemliche Anzahl Methoden und Mittel, durch welche entweder eine ätzende oder beizende Wirkung, oder ein geringer Grad von Faulung erregt, oder die Lockerung der Oberhaut und der Haarwurzeln durch bloße Feuchtigkeit bewirkt wird. Immer erfordert dieser Teil der Gerberei viel Umsicht, daß nicht zu weit darin gegangen wird, denn alle Enthaarungsmittel sind von zerstörender Wirkung, die sie auch auf die Lederhaut selbst ausdehnen können, wenn sie zu stark sind oder ihr Einfluß zu lange dauert. Die älteste Enthaarungsmethode, die auch noch jetzt, obwohl mit mehr Um- und Vorsicht als früher, Anwendung findet, ist das Kalken der Häute, d. i. ihr Einweichen in Kalkmilch in besonderen ausgemauerten Gruben, welche Äscher heißen. Die Häute bleiben in den Äschern, mehrfach durchgearbeitet, je nach ihrer Stärke 14—21 Tage, bis sie gar sind, d. h. bis die Haare sich leicht ablösen, und man beginnt mit dem Einbringen in den schwächsten Äscher, d. h. der die dünnste Kalkmilch enthält, und geht allmählich zu immer stärkeren Gruben über. Nimmt man zu dem Kalk einen Zusatz von Asche, so entsteht in der Masse wie beim Seifensieden Ätzkali, wodurch sie ätzender wird. Noch energischer und nur nach Stunden zu bemessen ist die Wirkung desjenigen Kalkes, der zur Reinigung des Leuchtgases gedient hat, wegen seines Gehalts an Kalkschwefelleber (Schwefelcalcium) und Cyancalcium, zwei starken Haarvertilgungsmitteln. Durch das Kalken wird übrigens auch eine Entfettung der Häute bewirkt, indem sich Kalkseife bildet, die, obschon in Wasser unlöslich, doch durch die nachfolgende mechanische Operation entfernt wird. Um den Kalk, welcher ein großes Hindernis für die nachgehende Einwirkung des Gerbstoffs sein, auch, wenn er darin bliebe, ein hartes, brüchiges Leder zur Folge haben würde, aus der Haut zu entfernen, legte man die Felle früher 6—8 Tage lang in Tauben-, Hühner- oder Hundemist, durch welchen der Kalk in lösliche Kalksalze verwandelt wird. Neuerdings zieht man es hier und da vor, den Kalk mittels schwacher Säure (Salzsäure) auszuziehen. Übrigens wendet man das Kalken meist nur noch auf dünnere Häute an, während man für starke, in die der Kalk sich zu tief einsetzt, das Schwitzen vorzieht.

Die Enthaarung wird zuweilen auch durch ein chemisch gerade entgegengesetztes Mittel bewirkt, nämlich durch Säuren, was zwar kostspieliger, aber weniger riskant für die Haut selbst ist; Kalmücken und Tataren nehmen zur Enthaarung der Felle saure Milch. Unsre Lohgerber setzen in sogenannten Stinkbottichen mit Gerstenschrot oder Weizenkleie, Sauerteig und heißem Wasser Suppen an, in welche die Häute eingelegt, und indem man sie in immer stärkere solcher Suppen bringt, gut durchgearbeitet werden, bis sie die Haare fahren lassen. In diesem Falle ist die hierbei entstehende Milchsäure und Buttersäure die wirksamste Substanz.

Bei dem Schwitzen schichtet man die nassen Häute in schließbare Gruben oder Kästen (Schwitzkästen), so daß immer zwei Fleischseiten zusammenliegen, oder hängt sie auch in mäßig erwärmten Kammern auf. Es soll eine gelinde Fäulung herbeigeführt werden, deren Verlangsamung man durch Bestreuen der Fleischseiten mit Kochsalz regulieren kann. Es darf aber die Fäulung nur bis zur Auflockerung der Haarwurzeln und der Oberhaut schreiten; die Häute müssen daher täglich wenigstens zweimal untersucht und diejenigen ausgesondert werden, welche das Haar bereits fahren lassen.

Am wenigsten Gefahr für die Ledersubstanz ist mit den beiden jüngsten Methoden, dem Dämpfen der Felle und dem sogenannten kalten Schwitzen, verbunden. Man legt oder hängt die Felle in gut schließende Kammern oder Kästen, in welche man von unten Dampf eintreten läßt, in dem Maße, daß die innere Temperatur gleichmäßig auf 20—27° C. erhalten wird. Die Regulierung des Dampfzutritts ist hier eine Hauptbedingung; denn man würde statt Leder Leim erhalten, wenn der Dampf so ungemessen einströmte, daß sich siedendheißes Wasser auf die Häute niederschlüge.

Das kalte Schwitzen, wie es scheint eine amerikanische Prozedur, beruht darauf, daß man die Häute längere Zeit, je nach ihrer Dicke 6—12 Tage lang, in feuchter Luft bei möglichst gleichmäßiger Temperatur (6—12 Grad) hängen läßt.

Sind die Häute auf die eine oder die andre Art zur Enthaarung vorbereitet, so erfolgt diese Arbeit selbst (das Abpälen), ebenfalls auf dem Schabebock, mit einem stumpfen Schabemesser, welches sowohl die Haare als die Reste der Oberhaut hinwegnimmt und diejenige Hautschicht bloßlegt, welche nachgehends die Oberseite des Leders bildet und wegen des eigentümlichen gerunzelten Aussehens die Narbe heißt.

Die abgepälten und gewässerten Häute werden, wieder mit der Fleischseite nach oben, über einem Schabebaum geschoren, d. h. mit dem Scher= oder Firmeisen von den noch anhängenden Muskelfasern und Fettgeweben gesäubert. Dies Werkzeug ist ein zweigriffiges langes Messer mit gerader und sehr scharfer Klinge, welche flach an die Haut angelegt und hin= und herziehend geführt wird, also einen wirklichen scharfen Schnitt macht. Werden in der Dicke einer Haut Ungleichheiten bemerkt, so kommt auch noch der Glättstein in Anwendung.

Die nunmehr völlig gereinigten, weißen und schlüpfrigen Häute heißen Blößen. Sie unterliegen, ehe sie mit den gerbenden Stoffen in Berührung kommen, meist noch einer besonderen Vorbereitung, dem Schwellen, welches die ganze Masse der Lederhaut lockert und auftreibt, so daß der Gerbstoff leichteren Zutritt gewinnt und die Häute mehr davon aufnehmen können. Als Mittel dazu dienen hauptsächlich solche Stoffe, die in konzentrierter Form das leimgebende Gewebe auflösen würden, in starker Verdünnung mit Wasser aber dasselbe nur aufquellen: also entweder Alkalien oder Säuren, z. B. Schwefelsäure (1 Teil Säure auf 1000 Teile Wasser), Salzsäure, Essig, die schon erwähnte Sauersuppe, gegorene alte Lohe, Pottasche, Soda u. s. w.

Das Schwellen hat aber noch eine weitere wichtige Bedeutung. Die Blöße verliert im Schwellwasser infolge der starken Auftreibung der Fasern ihre natürliche Geschmeidigkeit, Dehnbarkeit und Schlaffheit mehr und mehr und nimmt ein elastisch pralles, kautschuk=ähnliches Wesen an, welches selbst dem fertigen Leder verbleibt, so daß die geschwellte Haut ein festes, ungeschmeidiges Leder, die ungeschwellte dagegen ein dehnbares gibt.

Gerbemittel. Nach all diesen Vorbereitungen sind endlich die Häute reif für den eigentlichen Gerbeprozeß, die Einverleibung des Gerbstoffs. Unter den vielen gerbstoff=haltigen Pflanzenteilen behauptet, wie gesagt, die Rinde junger Eichen den Vorrang und gibt die besten Resultate; die Galläpfel können wegen ihres hohen Preises für die gewöhn=liche Gerberei nicht in Betracht kommen. Von den sonstigen gerbstoffhaltigen Droguen, welche aus fremden Ländern uns zugeführt werden, sind sehr gehaltreich an Gerbstoff: das Katechu, der getrocknete Extrakt einer indischen Akazie, der die Galläpfel $2\frac{1}{2}$mal, Eichen=rinde fünfmal an Gehalt und Schnellwirkung übertrifft, aber für sich doch kein besonders gutes Leder liefert; Sumach, die getrockneten und gepulverten Blätter und Stiele des Gerberbaums, dient fast nur bei der Saffiangerberei; Dividivi, eine südamerikanische

Schote, und noch so manches andre Produkt des Pflanzenreichs, von denen einige bereits erwähnt wurden. Die Anwendbarkeit solcher fremden Stoffe wird aber nicht allein durch den Preis und den Gerbstoffgehalt, sondern auch durch ihr besonderes Verhalten gegen die tierische Haut bedingt, denn fast in jedem Gewächs ist der Gerbstoff anders geartet, und nicht immer entsteht aus der Verbindung beider ein tadelfreies Leder. Der in den verschiedenen zum Gerben benutzten Pflanzenteilen enthaltene wirksame Stoff, gewöhnlich Gerbstoff oder Gerbsäure genannt, ist keineswegs von gleicher chemischer Beschaffenheit; man kann vielmehr eine ziemliche Anzahl verschiedener Gerbsäuren unterscheiden, von denen allerdings einige gleichzeitig in verschiedenen Pflanzen vorkommen. Der Hauptrepräsentant dieser durch besondere Eigentümlichkeiten verschiedenen Gerbsäuren ist die Gallusgerbsäure oder Galläpfelgerbsäure (Tannin), in chemischer Hinsicht Digallussäure oder das Anhydrit der Gallussäure. Diese Art von Gerbsäure ist der Hauptbestandteil der verschiedenen Galläpfelsorten. Von ihr verschieden ist die Eichenrindengerbsäure; sie liefert bei der Einwirkung verdünnter Säuren Eichenrot, während die Gallusgerbsäure hierbei farblose Gallussäure gibt. Andre Arten von Gerbsäure sind die Katechugerbsäure, Chinagerbsäure, Kaffeegerbsäure, Kastaniengerbsäure u. s. w.; die Eigentümlichkeit, Leimlösung zu fällen, kommt ihnen allen zu.

Das Gerben besteht in seinem altüblichen Verfahren nun darin, daß man die Felle, nachdem sie gefärbt, d. h. einige Tage in schwache Lohbrühe gelegt worden, wobei sie anfangen sich orangegelb zu färben, in gemauerten Gruben oder versenkten Kästen mit Lohe, d. i. gemahlener Rinde, zusammenschichtet, was das Einsetzen oder Versetzen heißt. Man läßt immer eine Haut mit einer etwa 30 mm dicken Schicht Lohe abwechseln, bis die Grube gefüllt ist, die etwa 70—80, manchmal aber bis 600 Häute enthält. Obenauf kommt eine stärkere Schicht gebrauchter Lohe, dann Wasser oder Lohbrühe, soviel die Grube noch fassen kann, worauf das Ganze mit Brettern bedeckt und in Ruhe gelassen wird. Der Gerbstoff ist im Wasser löslich und dieses bildet die Brücke, die ihn in die Häute überführt. Der Übergang erfolgt aber nur sehr allmählich. Nach vier, sechs, acht Wochen hat sich die Lohe völlig erschöpft, indessen haben die Häute damit noch nicht genug Gerbstoff erhalten, um völlig gar zu sein. Man schreitet daher zum zweiten Versetzen, indem man die Grube entleert, die verbrauchte Lohe von den Häuten sorgfältig abklopft und letztere mit frischer Lohe in umgekehrter Ordnung von neuem einschichtet, so daß die bisher oberste Haut zu unterst kommt. Es kommt nun auf die Beschaffenheit der Häute an, ob nach 3—4 Monaten ein abermaliges und vielleicht noch mehrmaliges Versetzen stattfinden soll oder nicht. Starkes Sohlleder verlangt natürlich die längste Lagerung und die häufigste Beschickung mit frischer Lohe; während Kuh, Kalb und Roßleder in 3—5 Monaten gar wird, ist für die stärksten Sohlleder eine zweijährige Lagerung nicht zu viel. Die Prüfung geschieht durch Anschneiden: solange die Gare nicht vollständig eingetreten ist, zeigt die Haut im Innern eine weiße Mittelschicht. Zum Gerben von 1 kg Haut werden 4—10 kg Eichenrinde je nach Qualität gerechnet, und was diese an Gerbstoff an die Haut abtritt, ist bedeutender als man denken sollte, denn es wiegt ein trockenes Leder etwa ein Drittel mehr, als die dazu verwendete Haut im rohen Zustande gewogen hatte. Von andern Gerbmitteln sind je nach deren Gehalt an Gerbstoff sehr verschiedene Quantitäten notwendig, um denselben Effekt zu erreichen; so z. B. braucht man, um 1 kg Haut vollständig zu gerben: 10 kg Eichenblätter vom Mai oder 18 kg Erlenrinde, ebensoviel Buchenrinde, 10 kg Eschenrinde, 10 kg Espenrinde, 8 kg Fichtenrinde, Rinde von Ahorn, Akazie, Birke, Haselnuß, Vogelbeerbaumrinde nur 6 kg, Nußbaumrinde sogar nur 3 kg, soviel wie beste Sumach, von Knoppern gar nur 2 und von Gallus nur $1\frac{1}{2}$ kg.

Man ersieht schon aus den vorstehenden kurzen Angaben, wieviel Zeit, todtliegendes Kapital und Räumlichkeiten zur Lohgerberei im alten Stile gehören müssen, und es ist nur natürlich, daß die moderne Industrie all ihren Scharfsinn angestrengt hat, um an Stelle des so langwierigen Verfahrens abgekürzte Methoden zu setzen, also eine Schnellgerberei zu erfinden. Alle dahin abzielenden Veränderungen aber laufen auf die an sich wohl richtige Idee hinaus, daß man statt der Lohe ein wässeriges Extrakt derselben anwendet, das man auf eine oder die andre Weise möglichst vollständig und schnell in die Haut hineinzubringen sucht. An Zeit kann dadurch unstreitig ganz außerordentlich gewonnen, auch an Lohe gespart werden, und das Schnellgerben müßte daher für den Gerber eine sehr angenehme Sache sein, wenn nur die Konsumenten nicht so ungünstig davon denken wollten.

Die Schnellgerberei. Behufs der Schnellgerberei müssen die Gerbmaterialien mit Wasser ausgezogen werden. Das Extrakt wird in verschiedene Gruben verteilt und in absteigender Abstufung mit Wasser versetzt. In die dünnste Brühe kommen die Häute zuerst, denn wollte man mit dem stärksten Extrakt beginnen, so würde die Gerbung nur an der Oberfläche erfolgen und das hier fertig gewordene Leder würde das Eindringen der Lohbrühe in das Innere der noch nicht garen Haut verhindern. Indem die Häute die ganze Reihe der Gruben passieren und in jeder einige Zeit verweilen, erhalten sie allmählich die vollständige Gare, und zwar Ochsenhäute in vier bis acht, Kuh- und Roßhäute in drei bis sechs Wochen, Kalbfelle schon in acht Tagen. Dies ist allerdings ein Erfolg, der die vermehrte Arbeit reichlich bezahlt. Nicht selten auch, namentlich bei der Fabrikation von Sohlleder, wendet man eine gemischte Methode an, indem man die Häute nach der Behandlung mit den Lohbrühen noch in Gruben mit Lohe versetzt und in der gewöhnlichen Weise vollends gar werden läßt.

Während die Häute in den Brühen verweilen, müssen sie der rascheren Einsaugung halber oft tüchtig gerührt und durchgearbeitet werden. Auch hat man als ein praktisches Beförderungsmittel das öftere Herausnehmen und Aufhängen der Häute erkannt. Der Zug, den sie durch ihre eigne Schwere erleiden, erweitert die Poren, aus denen die Flüssigkeit rasch verdunstet, und die dadurch rasch wieder neue Gerbflüssigkeit einzusaugen vermögen. Das abwechselnde Eintauchen hat man auch durch umlaufende Maschinen besorgen lassen wollen, z. B. so, daß die Häute zu einer endlosen Kette zusammengenäht und so durch die Lohbrühe gehaspelt werden. Auch rührende, walkende und pressende Maschinerien sind in Anwendung gekommen; ein Durchsticheln der Häute, um dem Gerbstoff mehr Eingang zu bahnen; ferner hydrostatischer Druck, indem man die Felle einzeln auf eine Lage Sägespäne so ausbreitet, daß jede Haut eine Mulde bildet, und diese Vertiefungen voll Lohbrühe gießt; oder indem man jede Haut in einen Rahmen spannt und eine Schicht Brühe aufgießt; oder auch indem man zwei Häute zu einem wasserdichten Sack zusammennäht und diesen mit Gerbflüssigkeit füllt und aufhängt, bis die Gerbung erfolgt ist. Andre wollen durch die Luftpumpe einen luftverdünnten Raum (in einer Trommel) erzeugen, dann Lohbrühe zu den vorher eingelegten Häuten treten lassen und so unter öfterem Drehen der Trommel in zwei bis vier Wochen fertiges Leder erhalten u. s. w. Ganz abgesehen aber von der Qualität derartiger Erzeugnisse, liegt es wohl auf der Hand, daß Manipulationen, wie die angedeuteten, für einen größeren Betrieb viel zu weitläufig sein müssen. Dagegen hat das in neuerer Zeit aufgekommene Chromleder viel Anklang gefunden und ist auch seine Herstellung sehr einfach. Die geschwellten Häute werden in eine wässerige Lösung von Kaliumbichromat, Alaun (oder schwefelsaure Thonerde) und Chlornatrium gebracht, nachdem sie vorher in einer 5—10prozentigen, mit Zinkstaub versetzten Alaunlösung gelegen haben. Ferner sollen, nachdem die Häute einige Tage in der Chromatlösung gelegen haben, noch einige Prozente Ferrocyankalium zugesetzt werden. Man rühmt diesem Chromleder nach, daß es vollständig wasserfest, bedeutend geschmeidiger und dauerhafter und in der Herstellung billiger als lohgares Leder sei.

Übrigens ist nicht von vornherein zu sagen, daß das mangelhaftere Produkt, welches die Schnellgerberei in der Regel liefert, eine Folge des eigentümlichen Verfahrens sein müsse; bei einem sorgfältigen Betriebe wird sich auch hier ein tadelfreies Leder erzeugen lassen, und wohl die meisten größeren Gerbereien haben etwas von der neueren Methode angenommen; Roßhäute z. B. werden meistenteils mit Brühen gegerbt.

Das Zurichten. Das gar gewordene Leder hat noch einige Manipulationen zu bestehen, welche das Zurichten heißen. Sohlenhäute werden bloß gewaschen, im Schatten an der Luft oder in gelind erwärmten Räumen langsam getrocknet, und ehe sie völlig trocken sind, mit Hämmern oder Pressen behandelt, um ihnen Festigkeit und gleichmäßige Dicke zu geben. In Frankreich namentlich werden die Häute noch der Bearbeitung durch eigentümliche, nach dem Prinzip des Nasmythschen Dampfhammers konstruierte Klopfmaschinen ausgesetzt, und es soll dieser Behandlungsart das französische Sohlleder seine guten Eigenschaften mit verdanken, die freilich in erster Reihe wohl von der sorgfältigen Wahl der

Häute und der rationellen Gerbmethode bedingt sind.   Die Behandlung des Oberleders ist
nicht so einfach.   Einesteils soll demselben die möglichste Geschmeidigkeit, andernteils soll
der Narbe ein besseres Aussehen gegeben werden, da dieselbe durch das Trocknen stellen=
weise ungleichförmig geworden ist.   Zunächst kommt wieder die Fleischseite in Bearbeitung.
Auf dem Falzbocke, der ein ähnliches Möbel ist wie der Schabebock, nur daß seine Ober=
fläche nicht gewölbt, sondern eben ist, wird dieselbe gefalzt oder dolliert, d. h. mit einer
großen zweigriffigen und geraden zweischneidigen Klinge, dem Falz= oder Dolliermesser,
durchaus überarbeitet.   Die Schneiden dieses Falzmessers sind durch Überfahren mit einem
Stahl seitlich etwas umgelegt, haben also einen Grat und mithin eine schabende Wirkung.
Durch das Falzen erhält die Unterseite nicht nur ein gleichmäßigeres Aussehen, sondern das
Leder wird auch hinsichtlich der Dicke abgeglichen, da das Messer an verschiedenen Stellen
mehr oder weniger Ledermasse mit fortnimmt.   Wo eine weitergehende Abgleichung oder

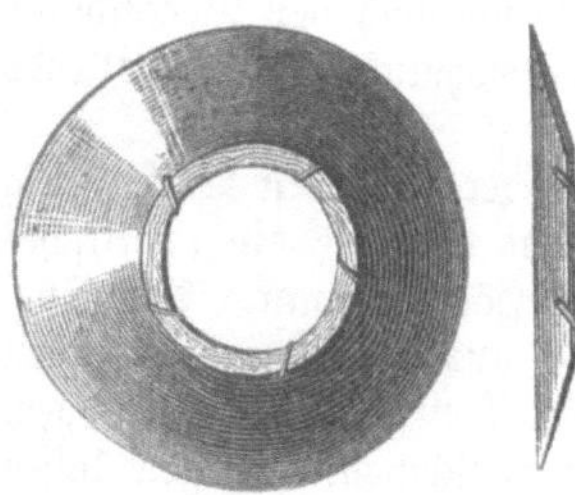

durchgängige Verdünnung nötig ist, dient nachgehends das
Schlichten, wobei das Leder in einen Rahmen gespannt oder
angehangen und mit der Hand straff gezogen wird, während
die andre ein schneidendes Instrument über die mit Kreide be=
strichene Fleischseite in längeren Zügen hinführt. Das Instru=
ment, der sogenannte Schlichtmond (s. Fig. 405 und 406),
ist eine runde, in der Mitte dicke, nach dem Rande dünn aus=
laufende und mit scharfer Schneide ringsum versehene Stahl=
scheibe, die in der Mitte ein mit Leder ausgefüttertes Loch
hat, welches als Handhabe dient. In gewissen Fällen wird
statt des Mondes das Streckeisen genommen, das nur die

Fig. 405 und 406. Der Schlichtmond.

Hälfte jenes Schneidringes darstellt und oben einen krückenförmigen Stiel hat, der beim
Arbeiten unter die Achsel gestemmt wird.

    Das zur Geschmeidigmachung des lohgaren Leders notwendige Einfetten geschieht
meistens gleich zu Anfang des Zurichtens nach dem Falzen, indem auf die nasse Haut Thran
oder eine Mischung von Thran und Talg heiß aufgetragen wird und darauf die Häute zum
Trocknen aufgehangen werden, wobei sich das Fett in dem Maße ins Leder einzieht, wie
das Wasser verdunstet.   Zuweilen erfolgt später ein zweites Bestreichen mit Thran, nach=
dem die Narbenseite ihre Bearbeitung erhalten hat.   Diese Bearbeitung ist verschieden, je
nachdem die Narbe das bekannte kleinfaltige Aussehen erhalten oder glatt erscheinen soll.
Im ersten Falle werden die Leder gekrispelt.   Das hierzu dienende einfache Werkzeug,
Krispelholz, erinnert in Form und Handhabung an eine große Kardätschbürste mit einem
Riemen zum Einstecken der Hand.   Nur besteht es bloß aus einem Stück Holz, dessen untere

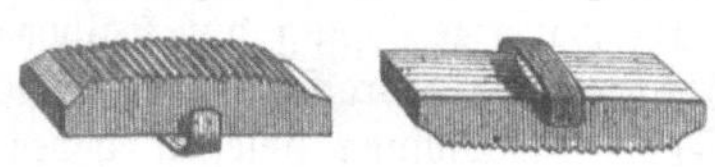

Fläche nach einem flachen Bogen geformt und mit quer=
laufenden Kerben, gröber oder feiner, versehen ist.   Das
auf einer Tafel mit der Narbe nach oben ausgebreitete
Leder wird nach einer Seite hin an dem Tafelrande
festgeklammert, von der andern Seite her ein Stück

Fig. 407 und 408. Krispelholz.

Leder umgeschlagen, daß Narbe auf Narbe zu liegen kommt, das Krispelholz aufgesetzt und
quer zu der gebildeten Falte hin und her geschoben, wobei das Holz von Zeit zu Zeit naß
gemacht wird (vgl. Fig. 409).   An dem Aussehen der Narbe hat auch die feinere oder gröbere
Kerbung des Krispelholzes einen gewissen Anteil.   Schwaches Leder wird nur einmal ge=
krispelt, starkes gewöhnlich dreimal, einmal Narbe auf Narbe, dann umgewendet Fleisch auf
Fleisch, und zu dritt wieder wie zuerst.   Soll dagegen die Oberseite des Leders glatt werden,
so wird statt des Krispelns das mit Wasser benetzte und auf die Tafel gebreitete Fell aus=
gestrichen, d. h. eine Art eisernes Lineal wird aufgesetzt und, immer von der Mitte an=
fangend, unter Druck nach den Rändern zu geführt, bis das Ganze überarbeitet ist, das
dann etwa noch mit einem glatten Stein weiter behandelt wird.   Sattlerleder wird häufig
mit einer gläsernen Walze besonders glatt gemacht oder, wie der Gerber sagt, blank ge=
stoßen. — Andre Ledersorten, denen man nach dem Krispeln ein besseres Aussehen geben
will, werden dann noch pantoffelt, d. h. mit einem Stück Korkholz überfahren, wobei die
Haut auf einer glatten Tafel liegt, daher auch die Fleischseite gleichzeitig ein feines, samt=
artiges Aussehen erhält.

Viele Leder sind nach diesen verschiedenen Behandlungsweisen oder auch schon nach weniger Umständen marktfähig; andre erhalten noch weitere Bearbeitungen. Starke Häute werden jetzt häufig, bevor sie vollständig lohgar geworden, mittels Maschinen in dünnere Blätter zerspalten, die dann erst vollends gar gemacht werden und Oberleder u. dergl. geben, da sie sehr geschmeidig sind. Auch zum Lackieren wird solches Spaltleder gern genommen, da die künstlich erzeugten Flächen in der Regel den Lack besser aufnehmen als die natürliche Narbe. Selbst Schaf= und Ziegenfelle werden gespalten und die sehr dünnen Spaltstücke teils zu Handschuhen, teils vom Buchbinder, Portefeuillearbeiter u. s. w. verbraucht.

Die Maschinen, welche das scheinbar Unmögliche leisten, aus einer dünnen nassen Haut zwei noch dünnere zu machen, ohne diese zu durchlöchern, sind natürlich Apparate, die sehr exakt arbeiten müssen. Sie haben zwei Walzen, welche so weit voneinander ab= stehen, daß sie die Haut gerade fassen; indem sie sich entgegengesetzt drehen, schieben sie dieselbe langsam vor und in das Bereich einer ganz nahe liegenden scharfen Klinge, welche in rascher Hin= und Herbewegung im Innern der Haut arbeitet, während von den ent= stehenden Trennstücken das eine oberhalb, das andre unterhalb der Klinge fortgeführt wird.

Fig. 409. Französische Art des Krispelns.

Eine der Walzen besteht aus mehreren Stücken, welche einzeln nachgeben können, so daß, wenn eine verdickte Stelle in der Haut vorkommen sollte, dies kein Hindernis macht, indem dann der Abstand der Walzen am betreffenden Orte sich von selbst erweitert. Ein kleineres Fell, z. B. Schaffell, wird von der Maschine in etwa zwei Minuten zerlegt, während welcher Zeit das Messer 2—3000mal hin und her gegangen ist. Die für Schuhe und Stiefel bestimmten Oberleder werden auf der Fleischseite schwarz gefärbt, indem man sie mit Loh= brühe, Eisenlösung und etwas Kupfervitriollösung bestreicht, dann auszieht, krispelt, schlichet, pantoffelt und schließlich mit einem Teig aus Thran, Talg, Kienruß, Wachs, Seife und Eisenvitriol einreibt. Zuletzt behandelt man dieses Leder noch mit einer Mischung von Talg und Leimwasser und glättet es mit einem konvexen Stück glatten Glases.

Juchten, Saffian, Maroquin u. s. w. Das bekannte russische Juchten= oder Juften= leder, das jetzt aber auch anderwärts nachgemacht wird, ist mit Weidenrinde gegerbt, die man in Wasser abkocht; in die noch warme Brühe werden die wie gewöhnlich präparierten und geschwellten Blößen eingelegt, täglich zweimal eine halbe Stunde lang durchgearbeitet und diese Bearbeitung zwei Wochen lang fortgesetzt. Die Felle werden nunmehr rot oder schwarz gefärbt und von der Fleischseite aus mit Birkenteer getränkt, welcher ihnen den eigentümlichen Geruch erteilt, und dann mit Thran gefettet. Das aus Lamm=, Ziegen= und Renntierfellen bereitete dänische Handschuhleder ist ebenfalls mit Lohbrühen aus Weidenrinde behandelt. Für Saffian, Maroquin u. dergl. feine Farbenleder ist das Gerbmittel meist Sumach (Schmack) oder Galläpfel; die dünnen Felle nehmen den Gerbstoff so leicht an, daß der Gerbprozeß nur einige Stunden dauert. Um aber eine gleichförmige Aufnahme des Stoffs zu sichern, verfährt man wie folgt. Die nassen Blößen werden so zusammen= genäht, daß jede einen wasserdichten Sack mit einer nur kleinen Mündung bildet. Diese Säcke werden mit einem starken Sumachextrakt gefüllt, dann durch starkes Einblasen auf= getrieben, bis alle Falten verschwinden und die Mündung dann sofort mit Bindfaden ver= schnürt. Diese blasenförmigen Körper wirft man in einen großen flachen Bottich, der heißes Wasser mit ein wenig Sumachlösung enthält, und nachdem man sie hier unter beständigem Rühren etwa drei Stunden belassen hat, ist der Gerbprozeß vollendet.

Die Weißgerberei. Diese besondere Art des Gerbens, die einfacher ist, aber mehr Aufmerksamkeit erfordert als die Lohgerberei, erfordert in ihrem ersten Teile natürlich auch das Reinigen und Enthaaren, also die Herstellung von Blößen, und zwar im allgemeinen mit den bei der Lohgerberei schon besprochenen Mitteln. Bei Schaffellen jedoch und andern, deren Haare einen Geldwert haben, dürfen Wolle oder Haare nicht verunreinigt werden. Man bestreicht also an den eingeweichten und beschabten Fellen nur die Fleischseite mit Kalk= brei, klappt jedes Fell zusammen oder legt zwei mit den Fleischseiten aufeinander und bildet so einen Haufen, der einige Tage sich selbst überlassen wird, bis die Haare ausgehen, welche durch Ausrupfen und gelindes Behandeln mit einem hölzernen Schaber abgelöst werden. Diese Operation wird das Anschwöden genannt. Wo es üblich ist, wird gewöhnlich gleich das Pressen der Felle damit verbunden, um das reichliche Fett abzuscheiden. Die gründliche Entfernung des Fettes ist bei der Weißgerberei eine Hauptsache, und deshalb werden alle enthaarten Felle noch in einen Kalkäscher gelegt, dann ausgespült, durch Beschneiden von unnützen Anhängseln befreit, auf dem Schabebaum mit stumpfen Messern bearbeitet, wieder eingeweicht, gewalkt und ausgestrichen, bis sie von Schmutz, Fett und Kalk möglichst befreit sind. Den letzteren beseitigt vollends eine lauwarme Kleienbeize. Sind die Felle der Beize entnommen und nach sorgfältigem Abspülen und Auswinden in die Gerbflüssigkeit gebracht, so werden sie einigemal durchgezogen, naß übereinander geschichtet und einen Tag so liegen gelassen, damit das Mittel nachwirken kann, und endlich zum Abtropfen und Trocknen auf= gehängt. Die Gerbflüssigkeit besteht aus einer in bestimmten Verhältnissen bereiteten Lösung von Alaun und Kochsalz in heißem Wasser. Die Thonerde des Alauns ist das Wirksame; sie geht mit der Tierfaser eine ebensolche Verbindung ein, wie wenn sie als Beize beim Zeugfärben angewandt wird. Der Kochsalzzusatz hat nur den Zweck, die schwefelsaure Thonerde des Alauns in Chloraluminium (sogenannte salzsaure Thonerde) umzuwandeln, welche geeigneter zum Gerben ist als das schwefelsaure Salz. Das Weißgerben ist daher schon mit bloßer essigsaurer Thonerde ausführbar, die gleichfalls zuweilen gebraucht wird.

Das Zurichten der weißgaren Felle besteht im Ziehen und Recken des wieder etwas feucht gemachten Leders über der Kante eines halbscheibenförmigen Eisens, der Stolle, um die Starre desselben zu beseitigen, worauf die Fleischseite nach Umständen noch mit dem Schlichtmonde bearbeitet oder mit Bimsstein abgerieben wird.

Um Glaceehandschuhleder herzustellen, von dem bekanntlich eine besondere Dehn= barkeit verlangt wird, verwendet man neben der Alaunbeize noch eine Fettigkeit. In das gewöhnliche warme Alaunbad schüttet man Weizenmehl und Eidotter und vereinigt das Ganze zu einem sirupdicken Brei, die Nahrung genannt, knetet die Felle hinein, läßt sie einen Tag darin liegen und richtet sie dann weiter zu. Das Eigelb wirkt hier durch Abgabe des Eieröls, das für geringere Ware durch Olivenöl ersetzt werden kann. Man benutzt hierzu die Felle junger mit Milch ernährter Ziegen, für billigere Sorten Lammfelle. — Pelzfelle werden nur auf der Fleischseite mit Fett, Kleienbeize, Alaun und Salz in solcher Weise behandelt, daß der feste Stand der Haare nicht alteriert wird.

Sämischgerberei. Das Eigentümliche dieses Verfahrens, das bekanntlich zumeist auf Wildleder Anwendung findet und die weiche Ledersorte liefert, die man Waschleder nennt, besteht darin, daß gar keine gerbende Substanz, sondern statt deren der Haut Thran oder Öl innig einverleibt wird. Die Vorbereitung, das Enthaaren, Schwellen u. s. w., ist wie bei der Weißgerberei, nur daß der Sämischgerber die Narbenseite völlig abschabt, um auch diese weichwollig zu erhalten. Die aus der Schwellbeize kommenden noch feuchten Felle werden auf einer Tafel übereinander geschichtet, dazwischen wird Öl gesprengt, das man mit den Händen einreibt. Je vier solcher Felle werden zu einem Ballen zusammengekugelt und mehrere Dutzend solcher Kugeln zugleich in eine Walkmühle gegeben, wo sie drei bis vier Stunden durchgearbeitet werden. Dieselbe Operation wird so lange wiederholt, bis die Felle kein Öl weiter annehmen. Hirschleder erhalten solchergestalt bis zu zwölf Walken, je nachdem sie mehr oder weniger stark sind. Um das Öl dauernd mit der tierischen Faser zu binden, müssen die Felle einer Art Fermentation unterworfen werden, indem man sie in einem erwärmten Raum auf Haufen schichtet. Dabei tritt bald eine innere Erwärmung ein, die sorgfältig beaufsichtigt wird, um, wenn sie zu hoch steigt, die Felle sogleich auseinander zu werfen und neu zu schichten. Die Häute werden allmählich gelb, und an einem gewissen Färbungsgrade erkennt man, daß sie gar sind, worauf das überflüssige oder ungebundene Fett durch Waschen mit Pottaschenlösung weggeschafft und dem Leder die schließliche Zurichtung gegeben wird.

Leimsiederei. Die Besprechung der Lederbereitung führt uns so nahe an die Herstellung des Leims heran, daß wir hier am passendsten auch diesem Produkt eine kurze Betrachtung widmen. Wollte jemand die Leimbereitung in einer saubereren, gleichsam idealisierten Weise zur Anschauung bringen, so dürfte er sich vom Gerber nur eine recht schön ausgearbeitete Blöße, am besten vom Ochsen oder einem älteren Kalbe, geben lassen, möglichst ohne allen Kalk bereitet, denn der Kalk ist ein heimlicher Feind des Leimes; dieses Fell wäre dann in Stückchen zu zerschneiden und in einem Kochapparate, etwa im Wasserbade oder mit Dampfheizung, mit Wasser mäßig zu sieden, um in nicht langer Zeit den größten Teil der Haut in den schönsten hellen Leim verwandelt zu sehen. So luxuriös aber kann der Leimsieder freilich nicht arbeiten; er sieht sich auf allerhand Abfälle angewiesen, Flechsen, Sehnen, Gedärme und andre Reste, die der Fleischer und der Abdecker liefern. Auch die vom Hutmacher geschorenen Felle von Hasen und Kaninchen gehören hierher, ihr Leimprodukt passiert aber schon als Pergamentleim. Die meisten derartigen Stoffe unterliegen begreiflicherweise sehr leicht der Fäulung und müssen daher, wenn sie nicht auf der Stelle verarbeitet werden können, eine vorbeugende Behandlung erfahren; trotz derselben kündet sich die Leimfabrikation in der Regel schon von weitem auch ohne Firma deutlich an. In den Leimsiedereien selbst kommen die Rohmaterialien zunächst in schwache Kalkmilch; sind sie darin gehörig gequollen, so wäscht man sie mehrmals und reichlich mit Wasser, um den anhängenden Kalk möglichst zu beseitigen, breitet sie dann auf Steintennen oder Horden aus und wendet sie öfter. Durch den Einfluß der Luft wird hierbei der noch in den Stoffen verhaltene ätzende Kalk in kohlensauren verwandelt, welcher nicht mehr nachteilig auf die Leimmasse wirkt.

Bevor wir jedoch näher auf die Fabrikation des Leimes eingehen, soll einiges über die chemische Natur dieser Substanz vorausgeschickt werden. Das, was man Leim nennt, ist in tierischen Körpern nicht als solcher vorhanden, sondern entsteht erst aus der sogenannten leimgebenden Substanz (Haut, Sehnen, überhaupt alles Bindegewebe, Knorpel, Knochen) durch anhaltendes Kochen mit Wasser oder Dampf. Hierbei bildet sich stets eine Flüssigkeit, die, solange sie noch heiß ist, dünn erscheint, beim Erkalten aber zu einer zitternden, elastischen Gallerte erstarrt; nach Entfernung allen Wassers wird die Masse trocken, hart, glänzend, in dünnen Stücken elastisch, in dicken spröde. Diese Masse ist nun das, was man im reinen, farblosen Zustande Gelatine, in mehr oder weniger verunreinigtem Zustande, von Gelb bis Braun, Leim nennt. Die Chemiker machen aber noch einen Unterschied in der Art des leimgebenden Gewebes und auch in dem daraus durch Kochen mit Wasser erhaltenen Produkt; sie unterscheiden nämlich zwischen Chondrogen, welches Chondrin oder Knorpelleim gibt, und Collagen, welches das Glutin oder den Knochenleim liefert. Die Handelsprodukte sind gewöhnlich Gemenge dieser beiden Leimsorten, und es scheint auch, daß je nach der Behandlung verschiedene, noch nicht genügend bekannte Übergangsformen existieren, daß sogar Chondrin nach und nach in Glutin übergeführt werden kann.

Das Sieden erfolgt meistens in einem Apparat, wie ihn Fig. 410 darstellt; der Hauptbestandteil ist ein kupferner oder eiserner Kessel mit aufwärts gewölbtem Boden; ein zweiter, mit kleinen Löchern durchbrochener Boden verhindert das Anbrennen der Leimkörper und das Verstopfen des unterhalb befindlichen Abzapfhahnes. Man beschüttet den Kessel mit Wasser und Rohstoffen dergestalt, daß die letzteren gehäuft stehen; im Verlauf des Kochens sinken sie allmählich bis unter den Wasserspiegel ein. Dabei wird die Masse zuweilen umgerührt, ab und zu auch wohl von dem Absud unterhalb etwas abgezogen und oben wieder aufgegeben. Man kann gleich mit der ganzen, zur Extraktion nötigen Wassermenge beginnen und das Ganze in einem Sude behandeln; vorteilhafter ist es, zu fraktionieren. d. h. zuerst mit weniger Wasser zu sieden und einen Vorlauf abzuziehen, welcher eine bessere Leimsorte gibt, dann erst wieder Wasser zuzusetzen und eine geringere Sorte auszukochen. Je länger die Masse siedet, desto mehr verliert der Leim von seiner Bindekraft. Man probiert daher die siedende Masse öfter, und sobald die Brühe beim Abkühlen zu einer steifen Gallerte gesteht, stellt man das Feuer ab, läßt einige Zeit ruhen und zieht dann das Flüssige ab, um es in die Formen zu bringen. An beistehendem Apparat befindet sich ein tieferer Kessel, welcher von heißem Wasser umgeben ist und worin das Abgelassene noch ein paar Stunden flüssig bleiben und sich klären kann. Das zu oberst stehende Gefäß ist ein Wasserkessel, der durch die abziehende Hitze geheizt wird, so daß für den Betrieb immer heißes Wasser disponibel ist.

Die solchergestalt durch zwei= oder auch dreimalige Extraktion ziemlich erschöpften Rohstoffe erleiden schließlich noch eine Auskochung, die eine zu schwache Leimbrühe gibt, um direkt brauchbar zu sein; man hebt sie daher für einen folgenden Sud auf und verwendet sie an Stelle des Wassers, oder man gibt ihr noch die nötige Konsistenz, indem man darin Leimschnitzel auflöst, die bei dem Formen abfallen. In allen neueren Leimfabriken, namentlich in den sehr bedeutenden Etablissements Nordamerikas, welche die dortigen zahlreichen Abfälle der großartigen

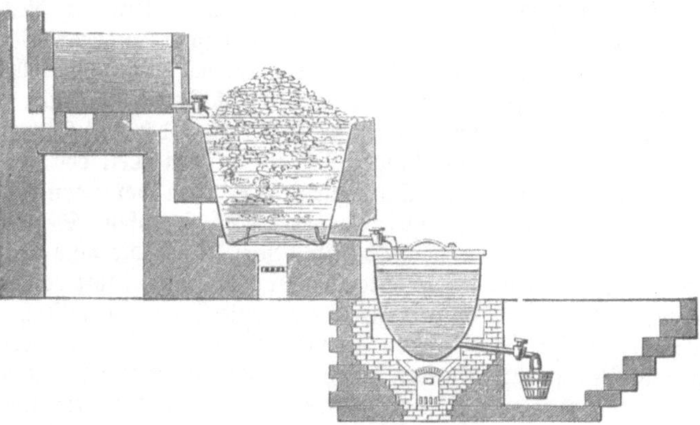

Fig. 410. Leimsiedeapparat.

Schlächtereien verarbeiten, findet man jedoch nicht mehr offene, sondern stets nur geschlossene Kessel zum Sieden des Leimgutes. Man verkürzt dadurch nicht allein die Siedezeit, sondern vermeidet auch die Belästigung der Nachbarschaft durch übelriechende Dämpfe. Zu große Spannung der Dämpfe und zu hohe Temperatur, welche bei geschlossenen Kesseln unvermeidlich sind, beeinträchtigen aber ebenso wie zu langes Kochen die Güte des Leimes. Diesem Übelstande begegnet man nun in neuester Zeit dadurch, daß man anstatt der geschlossenen eisernen Kessel kupferne Vakuumpfannen, wie sie in Zuckersiedereien gebräuchlich sind, anwendet, und so nicht allein das Auskochen des Leimgutes, sondern auch das Verdampfen der erhaltenen Leimbrühen bei niedriger Temperatur und vermindertem Druck vornimmt.

Zum Behuf der Formgebung wird die heiße Leimlösung in viereckige hölzerne Kästen überfiltriert und dem Gerinnen überlassen. Dies muß in einem möglichst kühlen Lokal vor sich gehen und dauert 12—18 Stunden, worauf die Kästen nach dem Trockensaal kommen, der Inhalt mit einer großen Klinge von den Seiten abgelöst und durch Umstürzen ausgeleert wird. Die Blöcke von Leimgallerte teilt man alsbald mittels eines eingespannten Metalldrahtes zuerst durch Horizontalschnitte in Tafeln von gleicher Stärke, dann führt man Längs= und Querschnitte von oben nach unten und zerlegt so den ganzen Block in einzelne Blätter, deren jedes eine Leimtafel gibt. Die Blätter legt man auf Trockenrahmen, die mit einem Fadennetz oder Drahtnetz überspannt sind, und wendet sie zwei= bis dreimal täglich um, bis sie leidlich trocken und steif geworden sind.

Das Trocknen ist die heikelste Partie der Leimfabrikation, da die Temperatur der Luft und die Wetterveränderungen auf die noch weiche Leimmasse ganz eigentümliche Einflüsse

ausüben. Durch die Lufttrocknung erhalten die Leimtafeln übrigens nicht ihre volle Härte,
sondern bleiben noch biegsam. Man vollendet daher den Prozeß in geheizten Trocken=
kammern. Um schließlich den Tafeln Glanz zu geben, taucht man sie einzeln einen Moment
in heißes Wasser, überfährt sie rasch mit einer ebenfalls eingetauchten Bürste und bringt
sie dann wieder in die Trockenkammer.

Die zweite Art des Tierleims, nicht so bindend wie der eben besprochene Tischlerleim,
aber zu verschiedenen Zwecken dienlich, ist der Knochenleim (Gelatine). Die gewöhnlichste
Art seiner Herstellung ist die, daß man Tierknochen vorher durch starkes Aussieden ent=
fettet und dann längere Zeit in sehr verdünnte Salzsäure einlegt. Die Säure zieht den
Kalk aus und läßt nur den Knochenknorpel übrig, eine elastische, durchscheinende Masse,
welche noch ganz die Form des ursprünglichen Knochens hat. Man entsäuert dieselbe bestens
und versiedet sie in ähnlicher Weise, wie angegeben, zu einem klaren, fast ungefärbten Leim.
In einer andern Weise trennt man die mineralischen und animalischen Bestandteile der

Knochen, nachdem man die=
selben zuvor durch Stampf=
werke oder besser durch be=
sondere Knochenbrechmaschi=
nen (s. Fig. 411) zerkleinert
hat, durch gespannte Wasser=
dämpfe. Der so erhaltene
Leim ist jedoch von geringerer
Qualität, indes findet die
Methode wegen ihrer Wohl=
feilheit häufig genug Anwen=
dung. Da auch durch sorg=
fältiges Abdämpfen das Fett
aus den Knochen nur schwer
vollständig zu entfernen ist,
durch zu langes Dämpfen
aber die Qualität des Pro=
duktes leidet, entfettet man
jetzt in fast allen größeren
Fabriken die durch Knochen=
brechmaschinen zerkleinerten
Knochen mittels Benzin in

Fig. 411. Knochenbrechmaschine.

geschlossenen eisernen cylinderförmigen Gefäßen und gewinnt das Benzin durch Destillation
wieder. Aus sorgfältig hergestelltem Knochenleim macht man die Gelatine durch Auswässern
und Bleichen desselben an freier Luft. Die vollständige Reinigung von allen Fettteilen
wird durch Auflösen in kochendem Wasser, dem etwas Alaun zugesetzt worden ist, bewirkt;
ein mehrmaliges Durchseihen durch feine Leinwand entfernt alle geronnenen Unreinigkeiten;
die Farbe schönt man noch durch Zusatz von Wasser, das mit schwefliger Säure gesättigt
ist, zu der kochenden Leimlösung und schließlich durch Zusatz von etwas Essigsäure. Häufiger
noch bringt man die durch Salzsäure von ihren mineralischen Bestandteilen befreite Knochen=
knorpelmasse in eine wässerige Lösung von schwefliger Säure, wodurch nicht allein eine voll=
ständige Bleichung erzielt wird, sondern auch die Knorpel vor der Fäulnis geschützt werden.
Die Gestalt der feinen Tafeln erhält die Gelatine auf dieselbe Weise wie der gewöhnliche
Leim durch Zerschneiden der halb erstarrten Gallertmasse, während die dünnen spiegelnden
Platten, das sogenannte Glaspapier, durch Ausgießen auf große, feingeschliffene Spiegel=
gläser hergestellt werden.

Die Bleicherei.

Wesen und Begriff der Bleicherei. Die Leinenfaser. Die Rasenbleiche. Vorbäuchen, Schweifen und Bäuchen. Die irische Bleiche. Der Trockenprozeß. Das Bleichen der Baumwolle. Die Chlorbleiche. Geschichte derselben. Amerikanische Bleicherei. Farbwaren und Weißwaren. Das Bleichen tierischer Gespinststoffe. Die Wolle. Das Bleichen von Stroh, Schwämmen u. s. w.

Der zu Garn versponnene Faden des Flachses oder der Baumwolle liefert ein grau, bräunlich oder gelb ge=färbtes Gewebe. Abgesehen davon, daß diese Naturfarbe dem Auge nicht gefällt, hindert sie auch die Zeuge an der Annahme der=jenigen Farben, welche man ihnen aufprägen will. Daher muß jene ursprüngliche Färbung entfernt werden; es geschieht dies durch die Bleicherei. Das Bleichen der Gewebe ist eine Kunst, welche älter ist als die Geschichte. Der Mensch mußte von selbst auf sie fallen, sobald er wahrnahm, daß die kunstlos zusammengewirkten Stoffe, mit welchen er er sich schon in den frühsten Zeiten bekleidete, durch den Gebrauch lichter wurden, daß die wiederholte Einwirkung der Sonne und des Wassers die Pflanzenfaser in völliger Reinheit, ganz weiß, bloßlegte, ohne daß dadurch die Stärke der zusammengedrehten Faden abgenommen oder die Festigkeit der Gewebe gelitten hätte. Die Menschheit hat demnach auch den chemischen Prozeß des Bleichens ganz erfahrungsgemäß gefunden und viele Jahrtausende lang mit Erfolg ausgeführt, ehe das eigentliche Wesen des ganzen Vorgangs erforscht wurde, was erst in der allerneuesten Zeit einigermaßen befriedigend, aber immer noch nicht vollständig gelungen ist.

Von den ältesten Zeiten an war das Bleichen die Beschäftigung der Frauen; es zählte, wie überhaupt die gesamte Fadenindustrie, zu den häuslichen Verrichtungen. Aber man wußte, daß einzelne Gegenden sich zum Bleichen der Leinwand besser eigneten als andre; sanfte Hügelabhänge in warmen Thälern, geschützte Rasenflächen zwischen Fluß und Wald waren es stets, welchen man zu diesem Zweck den Vorzug gab, und heute noch sind derartige „Bleichplätze" bei den guten Hausmütterchen berühmt in Westfalen und am Rhein, in Schlesien und an der Bergstraße; es kommt jetzt noch vor, daß die selbstgesponnene „Hausleinwand" nach solchen weithin versendet wird. Gewöhnlich gab und gibt man dem „guten Wasser" das Verdienst an dem besonderen Erfolg der genannten Örtlichkeiten; wir werden gleich sehen, daß dies nur teilweise begründet ist. Anderseits kannte man schon frühzeitig eine Menge von Geheimmitteln zur Beförderung der Bleiche, mit welchen der Übergang zur Kunstbleiche gewonnen war; insbesondere waren Holzaschenlaugen, Pottasche, Kochsalz, Walkererde, Molken, Urin, Tierkot, Mineralsäuren u. s. w. in vielerlei Verhältnissen da und dort im Gebrauch, wo man sich rühmte, die „Schnellbleiche" zu verstehen.

Die Theorie der Bleiche ist dahin festzustellen, daß durch sie der harzige Farbstoff der Gespinstfasern aufgelöst, der beim Schlichten gebrauchte Fettstoff in Seife verwandelt und entfernt wird. Dies geschieht teils durch Bäuchen mit alkalischen Laugen und durch Auslegen auf den Bleichplan, teils durch die Anwendung des Chlors und andrer Bleichstoffe. Das erstere, alte Verfahren nennt man die Naturbleiche oder Rasenbleiche, das letztere die Kunstbleiche oder Chlorbleiche. Der Einfluß des Sonnenlichts, der Luft und des Wassers bei dem Auslegen der Zeuge auf dem Bleichplan, welcher sich steigert, je öfter dieselben befeuchtet und wieder trocken werden, konnte lange nicht hinlänglich erklärt werden; doch nahm man eine Einwirkung des Sauerstoffs (Oxydation) unter Kohlensäurebildung auf den Farbstoff der Gewebe an. Neuerdings hat man gefunden, daß das Ozon, der aktive oder dichtere Sauerstoff, der stets in geringer Menge neben dem gewöhnlichen in der Luft vorkommt, er ist es, der die fremden Farbstoffe aus den Fasern entfernt, indem er in Gegenwart von Alkalien die Säurebildung vermittelt. Mit dem thätigen Sauerstoff der Luft verbinden sich Kohlenstoff und Wasserstoff der Farbstoffe und werden verbrannt, indem sich Kohlensäure und Wasser erzeugen, worauf dann der Rückstand durch Wasser entfernt wird. Es findet also bei der Bleicherei ein vollständiger Verwesungsprozeß statt, welcher zuerst auf den Farbstoff wirkt, dann aber immer weiter voranschreitet, bis er auch den Faserstoff selbst ergreift, wenn die Bleiche nicht rechtzeitig unterbrochen wird. Einen ganz ähnlichen Einfluß auf die Gewebe hat auch das Chlor; es entzieht dem Farbstoff Wasserstoff unter Bildung von Chlorwasserstoff, wodurch der Farbstoff als solcher aufgehört hat zu existieren. Nach andern soll jedoch der Vorgang der sein, daß das Chlor das Wasser zersetzt und der frei werdende Sauerstoff den Farbstoff oxydiert.

Die Faser der Leinpflanze, der Flachs, sieht ursprünglich silbergrau oder lichtgraugelb aus; durch das Rösten nimmt sie aber unter Einwirkung der Gerbsäure eine dunkle Färbung an, welche weder durch heißes Wasser, noch durch freie Säuren oder Alkohol zu entfernen ist. Nur eine möglichst langsame Zersetzung, wie sie bei der Rasenbleiche durch gleichzeitigen Einfluß von Licht, Luft und Wasser erfolgt, vermag dies. Jedermann hat schon die auf Rasenplätzen ausgespannten Leinwandstücke gesehen, die, täglich mehrere Male mit der Gießkanne überspritzt, immer heller und lichter werden, bis sich das ursprüngliche Braungrau in ein ziemlich reines Weiß verwandelt hat, welches sich später durch wiederholtes Auswaschen mit Seife noch gänzlich klärt. Die rohe Leinwand, wie sie vom Weber kommt, wird zum Behufe des Bleichens zuerst eingeweicht. Auf das Einweichen folgt das Vorbäuchen, ein Einweichen in verdünnter Lauge von Holzasche oder Pottasche, die man in neuerer Zeit

meistens durch Soda ersetzt; beide Vornahmen nehmen etwa einen Zeitraum von zwei
Wochen in Anspruch; die Leinwand sieht danach gewöhnlich noch dunkler aus als zuvor.
Bei dem fabrikmäßigen Betriebe gelangt sie darauf in die Walkmühle, deren Stampfen
sämtliche mechanisch gelöste fremde Bestandteile von den Fasern entfernen, worauf dann
das Schweifen oder tüchtiges Auswaschen in fließendem Wasser erfolgt, was bei der
Hausindustrie sofort nach dem Vorbäuchen geschieht, höchstens daß man die Leinwand dabei
noch tüchtig klopft. Gewöhnlich folgt nunmehr das eigentliche Bäuchen, wenn man nicht
ein nochmaliges Vorbäuchen für erforderlich hält. Unter dem Bäuchen versteht man die
Behandlung der Zeuge mit kochender Lauge aus Alkalien, deren Wirkung bei fabrik=
mäßigem Betriebe noch durch angewandten Druck verstärkt wird. In gewöhnlicher Weise
geschieht das Bäuchen in Fässern mit siebartig durchlöcherten falschen Böden — in der
Hauswirtschaft ersetzt man sie wohl auch durch in Kufen eingesetzte geflochtene Weiden=
körbe. Die auf die falschen Böden gebrachten Zeugstücke werden mit siedender Holzaschen=
lauge oder Pottaschenlösung überbrüht, dieselbe unterhalb wieder abgezapft, abermals
erhitzt und aufgegossen; dies wird 12—15mal wiederholt. Bei solchem Verfahren ist aber
ein großer Verlust an Zeit und Brennmaterial nicht zu vermeiden. Neuerdings haben daher
die großen gewerbmäßigen Bleichereien Bäuchapparate eingeführt, welche nach Art der
Montejus in den Zuckerfabriken die Lauge nach dem Prinzip des Heronsballs in die Siede=
kessel zurückschaffen.

Die Rasenbleiche. Auf das Bäuchen der Leinwand folgt die Rasenbleiche, d. h.
wo sie angewendet wird. Denn dieselbe ist weder notwendig, noch allgemein üblich; viele
Fabrikbleichereien gebrauchen statt ihrer ein künstliches Bleichbad, wie wir es später bei
der Baumwollbleicherei kennen lernen werden. Die Vornahme bei der reinen Rasen=
bleiche ist bekannt; sie ist aber heutzutage im großen minder üblich als die gemischte
Bleiche, welche neben jener noch das Chlorbad anwendet. Bei der ersteren kommt die
Leinwand, nachdem sie gebäucht und ausgewaschen worden ist, auf den Gießplan; wird sie
auf demselben nicht völlig weiß, so kann sie noch einmal mit Säuren und Laugen behandelt
werden. Die hinreichend weißen Stücke gelangen unter den sogenannten Seifenhobel,
das sind gekerbte, aufeinander passende Bretter, häufig mit Zink beschlagen, zwischen welchen
sie mit grüner Kaliseife so lange hin und her gerieben werden, bis die letzten grauen Stellen
verschwunden sind. Zur gänzlichen Vollendung muß alsdann die Leinwand noch einmal
gebäucht, einem Säurebad ausgesetzt und endlich mit siedender Seifenlösung behandelt
werden; dann wird sie in Flußwasser ausgeschweift und kommt endlich wieder auf den
Gießplan. Nur durch dieses höchst umständliche und zeitraubende Verfahren wird sie so
hergestellt, wie sie der Handel als Waare verlangt; man nennt dasselbe die ganze Bleiche
oder die Vollbleiche. Die Bleicherei ist demnach keineswegs ein so einfacher und leichter
Vorgang, wie man sich denselben gewöhnlich denkt. Nach der Art der Hausbleiche darf
man nicht urteilen, denn diese liefert mit ihren unvollkommenen Mitteln niemals völlig
reine, marktfähige Leinwand.

Die gemischte Bleiche heißt auch die „irische", weil sie in Irland, einem Haupt=
erzeugungsland von Flachs und Leinwand, daheim ist, und zwar vorzugsweise in der
Leinenfabrikstadt Belfast und ihrer Umgebung. Eine gemischte Bleiche von Leinenzeug nach
irischer Art umfaßt folgende Vorgänge: 1) Die Leinwand wird 36 Stunden lang in kalter
alkalischer Lauge eingeweicht und ausgewaschen; 2) in einer Lauge von 30 kg amerika=
nischer Pottasche — deren Gehalt an Ätzkali der größte ist — gesotten, ausgewaschen und
drei bis vier Tage auf den Rasen gelegt; 3) mit 40 kg amerikanischer Pottasche gebäucht,
gewaschen und abermals drei bis vier Tage auf den Rasen; 4) mit 45 kg reiner, nicht
amerikanischer Pottasche gebäucht, ausgewaschen, auf den Rasen gelegt; 5) mit 40 kg Pott=
asche gebäucht, wie oben; 6) mit 30 kg amerikanischer Pottasche u. s. w.; 7) in einem Bad
von verdünnter Schwefelsäure eingeweicht und ausgewaschen; 8) mit 30 kg amerikanischer
Pottasche gekocht, ausgewaschen und auf den Rasen gelegt; 9) Bad von Chlorkalk, darauf
ausgewaschen; 10) Schwefelsäurebad, gewaschen, auf den Rasen gelegt; 11) mit 15 kg
amerikanischer Pottasche gesotten, ausgewaschen und auf den Rasen; 12) mit 10 kg ameri=
kanischer Asche gekocht u. s. w.; 13) Einweichung in verdünnter Schwefelsäure, ausgewaschen,

auf den Rasen gelegt; 14) endlich Behandlung auf dem Seifenhobel mit Kaliseife und Auswaschung. Es ist bei dem obigen Verfahren ein Quantum von 360 Stück Leinwand à 32 m angenommen. Die Ganzbleiche derselben würde demnach einen Zeitraum von 42—48 Tagen erfordern.

Übrigens gibt es eine ganze Reihe voneinander mehr oder weniger abweichender Verfahrungsarten bei der Bleiche von leinenen Garnen und Geweben.

Die ausgewaschenen und gebleichten Zeuge haben noch den Prozeß des Trocknens zu überstehen, welcher keineswegs unwichtig ist. Man kommt demselben in der Neuzeit durch verschiedene mechanische Vorrichtungen zu Hilfe. Die erste derselben ist die Aus= ring= oder Wringmaschine; früher bestand sie einfach aus einer Kurbel, die in einen Haken endigte (s. Fig. 413); ein zweiter war gegenüber fest auf einer Kufe angebracht; der dazwischen gehängte Garnstrang oder Zeugballen ward dann durch Drehen genau ebenso ausgerungen, wie unsre Wäscherinnen dies mit der Hand zu thun pflegen. Durch solche gewaltsame Drehung leiden aber unzweifelhaft die Gewebe und Fäden; die neuen Wringmaschinen bestehen daher aus zwei Walzen von vulkanisiertem Kautschuk mit Übersetzung, zwischen welchen die Zeuge in unvergleichlicher Weise voll= kommen entfeuchtet werden. Noch schneller geht dies

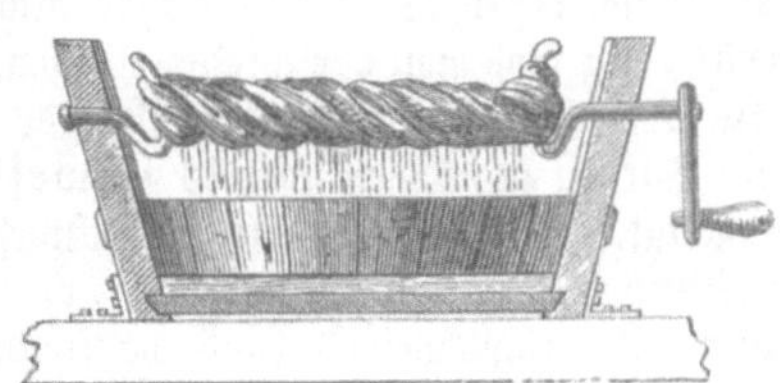

Fig. 413. Ältere Wringmaschine.

mit der Zentrifugaltrockenmaschine, welche in unglaublich kurzer Zeit die Garne oder Gewebe völlig trocken hergibt. Eine Beschädigung derselben findet dabei nicht im geringsten statt. Bei dem gewöhnlichen Verfahren der Trocknung werden die Zeuge in Rahmen ge= spannt und der Luft ausgesetzt, auch läßt man sie hohle kupferne, mit Dampf geheizte Walzen passieren, welche den Wassergehalt verflüchtigen.

Das Bleichen der Baumwolle ist im ganzen genommen dasselbe wie dasjenige des Leinens; die Baumwolle enthält indessen weit weniger Färbestoffe und fremde Bestand= teile als der Flachs. Immerhin aber hat der Bleicher aus den Baumwollengarnen und Zeugen folgende fremdartige Bestandteile zu entfernen: 1) den noch an der Faser haftenden organischen Rindenstoff, welcher hauptsächlich die besondere Färbung bestimmt; er ist der am schwierigsten auszuscheidende Teil, auf welchen Licht und Luft oder die Bleichmittel vorzugsweise einzuwirken haben; 2) ein die Faser umlagerndes gelbes Harz, das in Alkohol löslich ist; die Leinenfaser zeigt dasselbe nicht; 3) Fettstoffe, welche zum größten Teil während der Verarbeitung durch die Maschinen in die Garne oder Zeuge gelangen, zum kleineren auch schon in dem Rohmaterial selbst enthalten sind; 4) die aus Stärkemehlkleister bestehende ge= säuerte Weberschlichte; 5) endlich zufällige Verunreinigungen. Da es bei feineren Zeugen darauf ankommt, daß sie die Farbe ohne Fehler aufnehmen, so ist die sorg=

Fig. 414. Neuere Wringmaschine.

fältige Ausführung des Bleichens eine der wichtigsten Vorbedingungen für deren spätere Voll= endung durch Färberei und Druckerei, und namentlich gilt dies für zartere und hellere Farben, die auf nicht genügend gebleichter Baumwolle nicht zur richtigen Geltung kommen würden.

Die Baumwollgespinste und Gewebe werden ebenso wie das Leinen auf zweierlei Art gebleicht. Die Naturbleiche erfolgt so ziemlich in gleicher Weise, wie schon früher beim Flachs erwähnt. Zuerst werden sie eingeweicht, damit sich die Schlichte löst, wobei eine saure Gährung eintritt. Darauf erfolgt das Vorbäuchen in schwacher Lauge aus Soda oder Pottasche; ist durch dasselbe die Faser hinlänglich gereinigt, so werden die los= gelösten fremden Bestandteile unter den Waschhämmern einer Walkmühle entfernt, worauf abermals ausgewaschen und auf dem Bleichplan getrocknet wird. Nunmehr kommt das eigentliche Bäuchen; darauf wird die Baumwolle abermals gewalkt, geschweift und auf dem Bleichplan ausgespannt. Entweder findet nun trockene Bleiche statt, bei welcher weder ausgespült noch begossen wird, oder nasse Bleiche, bei der das Gegenteil geschieht. Nachdem sodann noch ein Bad aus sehr verdünnter Schwefelsäure die letzten Reste von organischen Beimischungen vertilgt hat, wird gewalkt, gewaschen, beides wiederholt und getrocknet.

Die Kunstbleiche, auch Chlorbleiche oder Schnellbleiche genannt, geschieht in etwas andrer Art. Sie hat im Fabrikbetrieb längst die Oberhand gewonnen, weil sie viel rascher und mindestens ebenso gründlich vor sich geht, wie selbst das vollkommenste Verfahren der Naturbleiche. Der Stoff, welcher dazu vorzugsweise verwendet wird und der die Industrie unabhängig gemacht hat von einem der langwierigsten, unzuverlässigsten Prozesse, dessen Wichtigkeit daher nicht genug geschätzt werden kann, ist das Chlor. Schon frühzeitig fand man verschiedene sogenannte „chemische" Bleichmittel. Es ist ein altes Kunststück, mit welchem schon die Magier der Vorzeit allerlei Gaukelwerk trieben, den Blumen die Farben zu nehmen mittels schwefliger Säure, die sich beim Verbrennen von Schwefel erzeugt. Das Bleichen mittels schwefliger Säure ist aber unzuverlässig, denn viele Farben erscheinen nach einiger Zeit wieder. Anders ist es mit dem Chlor. Dieses Element, das wir als grünlichgelbes Gas darstellen, wenn wir Braunstein mit Salzsäure zusammenbringen und das Gemisch einer gelinden Erwärmung aussetzen, ist der eigentliche Bleichstoff. Schon im Jahre 1774 hatte Scheele gefunden, daß das von dem berühmten Alchimisten Glauber 1648 zuerst hergestellte Chlorgas die Pfropfen der Flaschen, in welchen er es aufbewahrte, gründlich und dauernd entfärbe. Er setzte seine Versuche mit dem blauen Lackmuspapier, mit Blumen und gefärbten Zeugen weiter fort; sie fielen alle gleichmäßig bestätigend für die bleichende Wirkung des Chlors aus. Allein erst 1785 dachte der französische Chemiker Berthollet an eine technische Benutzung dieser Eigenschaft, indem er eine wässerige Lösung der „dephlogistifierten Salzsäure" — so hieß der Stoff, bis 1810 Davy seine elementare Natur erkannte und ihm den Namen „Chlorine" gab, woraus später das Wort „Chlor" entstand — als Bleichmittel vorschlug. Der Neu-Erfinder der Dampfmaschine, Watt, befand sich damals gerade in Paris; er erfaßte die Wichtigkeit des Gegenstandes, und es wurden auf seine Veranlassung in Großbritannien umfassende Versuche mit dem neuen Bleichstoff gemacht, namentlich von Mac Gregor in Glasgow. Mittlerweile hatte jedoch Berthollet das Chlorwasser schon aufgegeben und einen Ersatz dafür gefunden. Zu seinen Untersuchungen gab ihm die neu angelegte Bleicherei zu Javelle bei Paris, die zuerst entstandene Kunstbleicherei der Welt, ausreichende Gelegenheit. Im Jahre 1798 entdeckte Berthollet, daß eine Lauge von Kali oder Natron weit mehr Chlorgas aufzunehmen im stande sei als das Wasser, und dann eine Verbindung bilde, welche unter Einwirkung der Luft oder von Säuren sich wieder zersetzt und das Chlor langsam wieder freimacht. Eine solche, durch Einleiten von Chlor in verdünnte kalte Kalilauge bereitet, kam alsbald unter dem Namen „Javellesche Lauge" (Eau de Javelle) als Bleichflüssigkeit in allgemeine Aufnahme; noch heute wird sie für feinere Stoffe gebraucht. Später benutzte Labarraque anstatt Kalilauge eine Lösung von kohlensaurem Natron (Soda), in welche er das Chlorgas leitete; diese erhaltene Bleichflüssigkeit führt den Namen Labarraquesche Lauge (Eau de Labarraque). Weil aber gerade damals die Alkalien in hohem Preise standen, so suchte man sofort nach Ersatzmitteln derselben; Tennant in Glasgow fand schon 1798 ein solches in der Kalkmilch, in welche er Chlor leitete, und ein Jahr darauf, 1799, gelang ihm die Darstellung des Chlorkalks, der als „Bleichpulver" sich unübertrefflich bewährte und seither von keinem andern Bleichmittel verdrängt werden konnte; hierzu trug namentlich auch die durch seine trockene Beschaffenheit bedingte leichtere Transportfähigkeit gegenüber der Javelleschen Lauge wesentlich bei. Mit ihm war die Grundlage der Kunstbleiche fest aufgebaut. Ihre Einführung ging ziemlich rasch von statten, wenn sie auch anfänglich mit der Unwissenheit, dem Eigennutz und dem Vorurteil mächtig zu kämpfen hatte. Da der Prozeß anfangs häufig fehlerhaft vorgenommen wurde, so hörte man vielfach Klagen darüber, daß durch das Chlor die Zeuge beschädigt würden; man behauptete, es wirke nach auf die spätere Färbung derselben; man verschrie seine Gefährlichkeit für die

Gesundheit der Arbeiter, und die Besitzer von eingerichteten Naturbleichen thaten alles Mögliche, um der Schnellbleicherei die Lebensfähigkeit abzusprechen. Daher kommt es denn auch, daß dieselbe sogar heute noch in vielen Kreisen, namentlich in denen des Kleingewerbes und der Hauswirtschaft, mit Mißtrauen betrachtet wird. Sie verdient dasselbe keineswegs, ist vielmehr heutzutage derartig vervollkommnet, daß nur durch ganz grobe Fehler bei der Ausführung ein Schaden nach irgend einer Seite hin vorkommen könnte. Die Industrie nahm die Kunstbleiche sehr freudig auf und entwickelte das Verfahren derselben ungemein rasch zu möglichster Sicherheit.

Fig. 415. Das Sengen.

Maschinen wurden jedoch erst im Jahre 1828 in die Bleicherei eingeführt, zunächst von Bentley in Pendleton; sie gewann dadurch einen um so größeren Aufschwung, als sich nunmehr die Verbesserungen von Jahr zu Jahr drängten. Besonders verdient gemacht hat sich in dieser Richtung John Graham in Staleybridge bei Manchester, dessen unausgesetzten Versuchen es gelang, das Bleichverfahren auf die einfachsten Bedingungen zurückzuführen und seinen Einrichtungen überall Aufnahme zu verschaffen.

Der Bleichprozeß der Baumwollstoffe, z. B. der Kattune, zerfällt in nachstehende verschiedene Vornahmen: 1) das Zeichnen mittels Steinkohlenteerstempel, bei feineren Stoffen mit Höllenstein (salpetersaurem Silber) oder durch farbiges Einsticken; 2) das Zusammenheften, so daß alle Zeuge zusammen nur ein langes Stück bilden; 3) das Sengen. Letzteres geschieht in den französischen Bleichereien nach der Vollbleiche, in den englischen aber zum Beginn. Das Zeug läuft mit solcher Schnelligkeit zwischen auf Rotglut erhitzten Metallcylindern durch, daß alle Fasern abgesengt werden, ohne daß das Gewebe selber irgendwie Schaden leidet. Unsre Fig. 415 zeigt den dabei gebräuchlichen Apparat. Das Zeugstück ist auf eine Walze aufgerollt, die horizontal in einen Ständer gelegt und von der das Zeug abgezogen wird, indem es auf eine zweite ähnliche Walze durch einen Arbeiter mittels einer Kurbel aufgewickelt wird. Die erste Walze ist in unsrer Zeichnung durch den Sengcylinder verborgen, über den das Gewebe bei dieser Prozedur rasch hinwegstreicht; zwei stellbare Rahmen TCC' und TLL', auf jeder Seite einer, sorgen dafür, daß die Berührung nicht zu innig wird und das Zeug nicht in seiner ganzen Masse verbrennt.

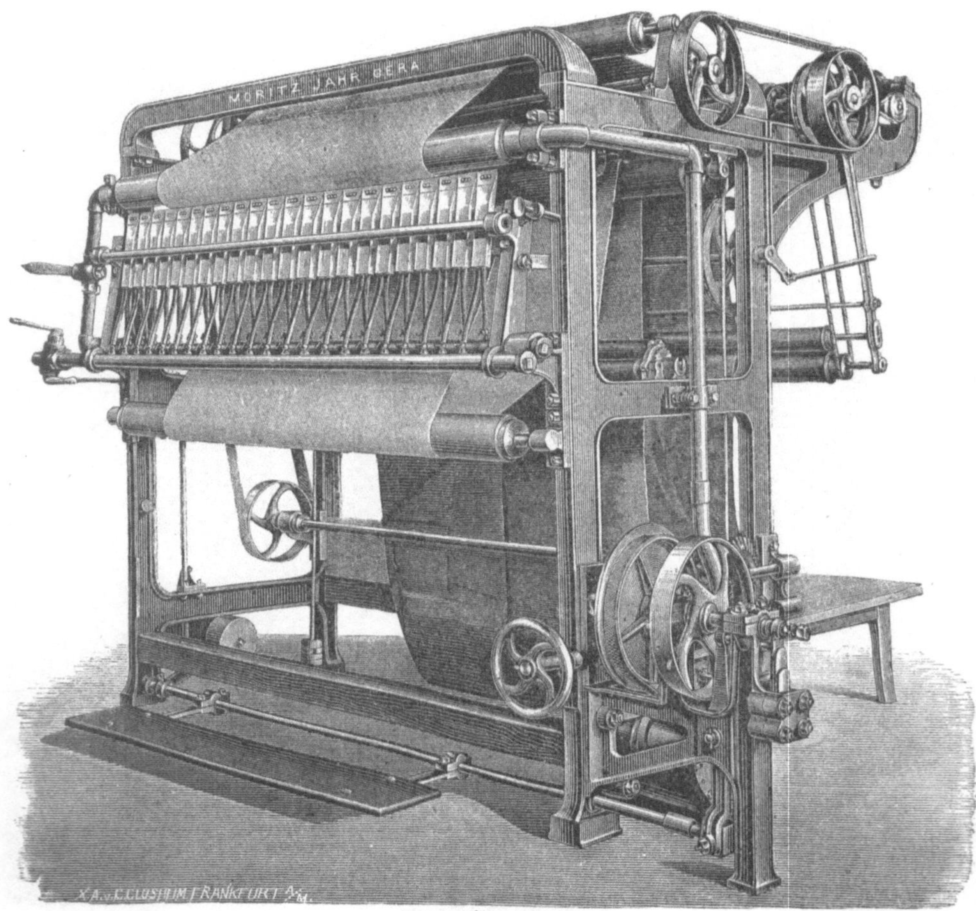

Fig. 416. Gassengmaschine.

Diese Arbeit des Sengens erfordert große Aufmerksamkeit und Geschicklichkeit. Neuerdings benutzt man zum Sengen auch das Leuchtgas, indem dasselbe einer fein durchlöcherten Horizontalröhre entströmt und angezündet eine breite Flamme bildet, welche man die Zeugstücke rasch passieren läßt. Eine solche neuester Konstruktion ist in Fig. 416 abgebildet; die Brenner sind so konstruiert, daß eine innige Vermengung von Luft und Gas und dadurch der größte Effekt erzielt wird; sie lassen sich sofort während des Ganges von dem Gewebe entfernen. Jeder Brenner ist zur Regulierung des Gemenges mit zwei Hähnen versehen, der eine für die Luft, der andre für die Gaszuführung. Die Breite der Flamme läßt sich nach der Breite des Gewebes einstellen, ebenso ist die Geschwindigkeit, mit welcher das zu sengende Gewebe über die Flammen geführt wird, je nach Bedarf leicht verstellbar, da der

Antrieb mittels Reibrädern erfolgt. 4) Das Anfeuchten und Waschen, das nunmehr erfolgt, muß mit der möglichsten Gründlichkeit gleichmäßig ausgeführt werden, denn es hängen davon die Erfolge des Verfahrens überhaupt ab. Das Zeug wird durch einen Ring gezogen, der ihm die Form eines Seiles gibt, zusammengerollt, in Ballen oder Bündel gebunden und in Wasser geworfen; ist es völlig vollgesogen, so kommt warmes Wasser darüber, in welchem eine Gärung des Klebers der Schlichte erfolgt, worauf dann mittels Auswaschens, wozu man besondere Apparate, die Waschräder, hat, die Entschlichtung vollzogen wird. Solche Waschräder sind in Fig. 417 abgebildet. Sie bestehen aus großen Trommeln, inwendig mit vier Abteilungen von durchlöcherten Wänden gebildet, in deren jede eine Quantität der Gewebe gegeben wird. Die Öffnungen F F in der Stirnwand dienen zum Füllen und Entleeren. Nahe dem äußeren Umfange ist ein Kranz kleinerer Öffnungen angebracht, welcher bei der Bewegung der Waschräder in die Waschflüssigkeit hinabtaucht, in welcher sich auf diese Weise das Ausspülen vollzieht, das um so erfolgreicher wird, als durch die Drehung der Räder die Wäschstücke immer von einer Wand auf die andre geworfen und durchgearbeitet werden. Die Bewegung selbst geschieht um die Achse A und mit Hilfe der Zahnräder d. 5) Das alsdann vorzunehmende Bäuchen hat den Zweck, die Fette zu entfernen; früher wendete man dazu Alkalien an, jetzt wird statt deren vielfach Kalk genommen. Das erste Bäuchen dauert gewöhnlich acht bis zwölf Stunden.

Fig. 417. Waschräder.

Die Apparate sind für Baumwolle ganz dieselben wie für Leinen. Nach dem Bäuchen werden die Stoffe wieder gewaschen und gewalkt. 6) Darauf kommen sie in das Säurebad, sie werden in lauwarmem Wasser eingeweicht, welchem auf 150 kg höchstens 9 kg Schwefelsäure zugesetzt sind; sie bleiben darin drei bis vier Stunden und werden dann in den Waschmaschinen wieder ausgewaschen. 7) Ein abermaliges Bäuchen in Ätzlauge oder mit einer Harzseifenlösung und darauf folgendes Auswaschen vollendet den ersten, vorbereitenden Teil der Baumwollbleicherei. Es sind nunmehr Fette, Harze, die mechanischen Unreinigkeiten und die im Wasser löslichen Bestandteile aus den Stoffen entfernt und bleiben jetzt nur noch die wirklichen Farbstoffe zu zerstören, und dies verrichtet das Bleichmittel.

Als solches wird gegenwärtig, wie schon erwähnt, allgemein der Chlorkalk oder Bleichkalk verwendet, ein Gemenge von unterchlorigsaurem Kalk, Ätzkalk und Chlorcalcium.

Zum Behufe seiner Verwendung wird der Bleichkalk in steinernen Zisternen oder hölzernen Bottichen in Wasser aufgelöst; die nächste Vornahme der Kunstbleiche ist nunmehr 8) das Einweichen der Gewebe in die Bleichflüssigkeit. Die Konzentration derselben richtet sich nach der Art der ersteren; je feiner die Stoffe, um so verdünntere Lösungen werden angewandt. In der Bleichflüssigkeit bleiben sie sechs bis acht Stunden und kommen alsdann 9) in das Säurebad. Die Lösung des Chlorkalks in Wasser besitzt nämlich an und für sich keine oder nur ganz schwache entfärbende Kraft, erlangt dieselbe aber vollständig, sobald durch Zusatz von Säuren eine Zersetzung des unterchlorigsauren Kalks stattfindet. Es haften nun stets noch genügende Mengen der Bleichflüssigkeit an der Faser, wenn die Garne oder Gewebe aus ersterer genommen und in das Säurebad gebracht worden sind, um durch die Einwirkung des letzteren eine gewisse Menge Chlor in Wirksamkeit treten zu lassen. Das Säurebad besteht — der Konzentration der Bleichflüssigkeit entsprechend — aus Schwefelsäure in Wasser; gewöhnlich im Verhältnis von 15 zu 200, aber auch herab bis zu 2 auf 300. Die Stoffe bleiben in der Regel vier Stunden in diesem Säurebade, müssen aber darauf ganz gründlich ausgewaschen werden. 10) Es erfolgt nunmehr ein abermaliges Bäuchen in einer kochenden Natronlauge, bisweilen abwechselnd mit einer nochmaligen Behandlung mit Chlorkalk; wenn das Zeug hinreichend weiß erscheint, so bringt man es endlich 11) nochmals in ein schwaches Säurebad, sowohl zur Vorsorge, um ein späteres Gelbwerden zu verhüten, als auch zur Vertilgung der etwa noch zurückgebliebenen letzten Spuren von fremdartigen Bestandteilen, welche später beim Färben einen nachteiligen Einfluß ausüben könnten, und wäscht es wiederum sorgfältig aus. Um diesen nachteiligen Einfluß zu verhüten, bringt man die Stoffe nicht selten auch noch in eine Lösung von Antichlor, durch welche zurückgebliebene Chlorteilchen gebunden und unschädlich gemacht werden. Als Antichlor benutzt man das unterschwefligsaure Natron (Natriumhypofulfid) oder besser noch das doppeltschwefligsaure Natron (Natriumbisulfid); neuerdings zuweilen auch salpetrigsaures Natron (Natriumnitrit). Damit ist die eigentliche Baumwollkunstbleiche beschlossen. Jetzt bleibt nur das Trocknen übrig, welches ebenso wie bei der Leinwand vorgenommen wird. Gewöhnlich ist der ganze Bleichprozeß in 48—50 Stunden vollendet.

Der Gewichtsverlust, welchen die rohen Gewebe durch die Bleiche erleiden, ist ziemlich beträchtlich. Bei Leinwand soll er nach der Chlorbleiche nach Berthollet 26—27 Prozent betragen, nach Kurrer 20—24 Prozent, bei der Rasenbleiche 30—33 Prozent (Illgner fand 32—40 Prozent); bei Baumwollzeugen ist derselbe viel geringer und beträgt nur 10—15 Prozent.

Bleichen von Wolle und Seide. Andrer Art als dasjenige der Pflanzenfasern, zu welchen außer Lein und Baumwolle noch Hanf, chinesisches Gras, Jute u. s. w. zu rechnen sind, ist das Bleichen tierischer Gespinststoffe, der Wolle und Seide. Die Wolle der Schafe — auch die Flaumwolle der Vicunnas, Alpakas, Kaschmirziegen, der Angoraziegen u. s. w. — ist ein Haar von verschiedenem Feinheitsgrade, aber stets mit einem Fettstoff getränkt, welchen man den Fettschweiß nennt. Dieser sowie die durch ihn gebundenen Unreinigkeiten müssen entfernt werden, ehe die Wolle für die Industrie verarbeitungsfähig werden kann. Vorläufig besorgt dies schon der Schafzüchter auf dem Körper der Tiere durch die gewöhnliche Wollwäsche in reinem Wasser oder mit Zusatz von Seife, Seifenwurzel, Quillajarinde u. s. w. Allein das genügt nur zur oberflächlichen Reinigung der Wolle behufs Verkauf; zur vollständigen Entfettung muß dann eine besondere Fabrikwäsche folgen, bei welcher in neuerer Zeit das kohlensaure Ammoniak vortreffliche Dienste leistet, während man von dem ebenfalls hierzu empfohlenen fettlösenden Schwefelkohlenstoff vielfach wieder zurückgekommen ist. Das Bleichen geschieht bei Wollstoffen stets nur durch schweflige Säure, welche auf sie ganz anders wirkt als auf Pflanzengespinste; sie zerstört nämlich nicht die Farbstoffe, wie das Chlor, sondern geht mit ihnen neue farblose Verbindungen ein, welche an den Fasern haften. Das Schwefeln oder Entfärben der Wolle findet entweder in den hermetisch verschließbaren Schwefelkammern durch direkte Verbrennung von Schwefel statt (die notwendige Luft wird durch Ventile zugeführt) oder durch Einweichen der Stoffe in eine wässerige Lösung von schwefliger Säure; der letztere Prozeß ist der gleichmäßigere, vorteilhaftere.

Die verschiedenen Behandlungen der Wollgewebe zur Reinigung und Bleichung gehen in nachstehender Reihenfolge vor sich: I. Entfetten. 1) Bad aus Soda und Seife, dreimal hintereinander, jedesmal mit frischem Seifenzusatz; 2) Auswaschen in reinem, auf die Temperatur des Bades erwärmtem Wasser, zweimal; 3) Bad von Soda ohne Seife, dreimal, jedesmal mit frischem Zusatz. II. Bleichen. 4) Schwefelung in der Kammer, zwölf Stunden lang; 5) dreimaliges Sodabad; 6) abermaliges Schwefeln in der Kammer; 7) dreimaliges Sodabad; 8) zweimaliges Auswaschen in Wasser; 9) dritte Schwefelung; 10) zweimaliges Auswaschen in lauwarmem Wasser; 11) Waschen in kaltem Wasser; 12) Blaubad oder Bläuen, wobei die Zeuge durch eine schwache Auflösung von Indigokarmin laufen.

Die Reinigung der Seide geschieht in doppelter Weise, entweder als Rohseide oder als Stoff. Die erstere, der abgehaspelte innere Kokonteil, wird, in leinene Säcke verpackt, in einer konzentrierten Seifenlösung ausgekocht, darauf, immer im Sack, in fließendem Wasser gewaschen und beides mehrmals wiederholt. Darauf kommt die Seide in ein Sodabad und wird später in schwach mit Schwefelsäure verdünntem, hierauf in warmem, endlich in fließendem Wasser ausgewaschen. Damit ist der Reinigungsprozeß der Rohseide, das Entschälen oder Degummieren, insoweit beendigt, daß sie nunmehr für die Aufnahme der gewöhnlichen, namentlich dunkleren Farben hinreichend vorbereitet erscheint. Der Gewichtsverlust, den die Seide durch das Entschälen erleidet, beläuft sich auf 25—30 Prozent. Wird sie ungereinigt versponnen und verwoben, ein Fall, der jedoch nur selten eintritt, so kommt der Stoff erst eine Zeitlang in fließendes Wasser ohne Einhüllung; das fernere Verfahren ist das gleiche. Halb gereinigte Seidenzeuge werden nach dem Einweichen mit Seife und Kleie gebäucht, dann in kaltem Wasser mit der Maschine ausgewaschen. Soll aber der Stoff ein reines Naturweiß zeigen oder mit delikaten Farben gefärbt und bedruckt werden, so ist noch ein besonderes Bleichen der Seide notwendig. Dies geschieht immer mittels Schwefels, und zwar wendet man mit besonderer Vorsicht eine stark verdünnte Lösung von flüssiger schwefeliger Säure an. Gewöhnlich gibt man der naturweißen Seide noch einen kleinen Stich von einer andern Farbe, so ins Gelbe durch Zusatz von Orlean, ins Blaue von Indigo oder Lackmus. Seitdem das Wasserstoffsuperoxyd, oder vielmehr eine wässerige Lösung desselben, eine Handelsware bildet, hat man auch diese Sauerstoff abgebende und daher bleichend wirkende Substanz in die Bleicherei einzuführen versucht; man hat jedoch bis jetzt nur zum Bleichen von Seide, Schmuckfedern und Haaren davon Anwendung gemacht.

Bleichen von Stroh, Schwämmen u. s. w. Die Kunstbleiche mittels Chlor wird noch auf verschiedene andre Stoffe angewendet. So zunächst in der Papierfabrikation zur Entfärbung des Hadernbreies, auch zu derjenigen des fertigen Papiers; zu ersterer wird Bleichkalk, zu letzterer Chlorgas am vorteilhaftesten gebraucht. Auch Papierzeug aus Holz, Flachsabfällen, Maisblättern, Schilf, Palmenfaser u. dergl. wird auf gleiche Weise entfärbt; nicht minder das Flechtstroh zu feineren Arbeiten. Dieses wird bekanntlich von einer eignen Weizenart, dem toscanischen Hutweizen, gewonnen, dessen Anbau bloß zur Strohgewinnung in Oberitalien sehr verbreitet ist. Es können übrigens auch andre Arten von Weizenstroh zu Flechtwerk verwendet und gebleicht werden; so benutzt man z. B. dazu in Sachsen den auf magerem Boden erbauten und recht dicht gesäten gewöhnlichen Sommerweizen. Das Stroh wird in Italien zunächst auf dem Rasen gebleicht, dann sortiert, endlich mit Wasserdämpfen und schwefliger Säure behandelt. In England nimmt man zur Strohbleiche Soda und Chlorkalk, statt des letzteren wird auch geschwefelt; dies hat jedoch immer mit besonderer Sorgfalt zu geschehen, damit das Stroh durch die Hitze nicht beschädigt werde. Auch die fertigen Flechtwerke, z. B. Hüte, erhalten durch Bleichen oder Schwefeln die verlorene weiße Farbe wieder, wenn sie, vorher mittels Schwammes in lauem Wasser gewaschen, mäßig feucht den Dämpfen des Schwefelkastens ausgesetzt und hernach in klarem Wasser ausgewaschen werden. Die durch dies Verfahren verlorene Steifigkeit der Geflechte gibt man ihnen durch eine völlig reine Auflösung von Tragantgummi wieder; Glanz verleiht man ihnen durch mäßig warmes Plätten oder durch einen schwachen Überzug mit einer Hausenblasenlösung.

Die Industrie bedarf der Chlorbleiche außerdem noch zu mancherlei Zwecken. So wird sie häufig angewendet, um die Badeschwämme weich und sanft zu machen, zugleich aber ihre braungelbe Farbe in ein mildes Gelbweiß zu verwandeln. Daß die Waschschwämme dadurch schöner, reinlicher werden, ist keine Frage; es haftet ihnen aber häufig noch der Chlorgeruch an, und die feineren Sorten leiden infolge der Behandlung oft sehr bedeutend an ihrer Festigkeit. Das zellige, lockere, filzige, nur aus eiweißartiger Hornsubstanz bestehende Gefüge der Badeschwämme erfordert eine viel sorgsamere Bleiche als die derbe Pflanzenfaser. Auch das Elfenbein wird künstlich im Chlorbade gebleicht, namentlich das fossile, welches durch die Länge der Zeit und Infiltrationen bräunlich, und das afrikanische Fundelfenbein, welches gewöhnlich gelb geworden ist. Einer gleichen Behandlung unterzieht man auch die Knochen, sobald sie, was jetzt häufig geschieht, als Elfenbeinersatz verbraucht werden sollen. Durch das Bleichen mit Chlor verliert aber das Elfenbein sehr an Glanz und Glätte; Säuren darf man übrigens dabei gar nicht in Anwendung bringen.

Man hat daher in neuerer Zeit ein andres Verfahren, um Elfenbein zu bleichen, mit großem Erfolg eingeführt; dasselbe besteht darin, daß man die zu bleichenden Gegenstände, am häufigsten Klaviertasten, in ozonisiertes Terpentinöl bringt, welches sich in oben mit einer Glasplatte verschlossenen Blechkästen befindet. Diese Kästen werden dann noch längere Zeit dem Sonnenlichte ausgesetzt. Das Elfenbein wird hierdurch vollständig gebleicht und behält, was namentlich für die Klaviertasten am wichtigsten ist, seinen Glanz und glatten Griff. Es ist dabei notwendig, daß sie vorher vollständig entfettet werden, was am zweckmäßigsten durch Schwefelkohlenstoff geschieht. Bleibt in den Knochen Fett zurück, so wird durch dessen Oxydation an der Luft (Ranzigwerden) nach und nach der vordem weiße Stoff wieder gelb, ein Vorgang, welchen man im täglichen Leben sehr häufig beobachten kann.

So ist einerseits der aktive Sauerstoff der Luft, anderseits das Chlor das Mittel, um diejenige Farblosigkeit zahlreichen Stoffen des täglichen Gebrauchs zu geben, welche notwendig ist, wenn sie die verschönernde Wirkung durch Färbung erfahren sollen, wie sie der veredelte Geschmack verlangt. Beide Bleichstoffe wirken wahrscheinlich analog — denn es scheint, als ob auch das Chlor nur vermittelnd eintritt, indem es durch seine große Verwandtschaft zu dem Wasserstoff das immer vorhandene Wasser zersetzt, den Wasserstoff an sich reißt und mit ihm Salzsäure bildet, den Sauerstoff aber frei macht, der nun im Momente des Freiwerdens jene stark oxydierenden Wirkungen äußert, durch die sich das Ozon auszeichnet.

Daß wir aber in dem Chlor ein Mittel haben, uns von dem zufälligen Auftreten des Ozons in der atmosphärischen Luft in bezug auf die Bleicherei unabhängig zu machen, das ist ein Umstand von der höchsten volkswirtschaftlichen Bedeutung. „Kaum möchte sich in England“, sagt Liebig in seinen „Chemischen Briefen“, „ohne den Bleichkalk die Fabrikation der Baumwollenzeuge auf die außerordentliche Höhe erhoben haben, auf der wir sie kennen; wäre es auf die Rasenbleiche beschränkt und angewiesen geblieben, so hätte dieses Land auf die Dauer nicht mit Frankreich und Deutschland in dem Preise der Baumwollstoffe konkurrieren können. Zur Rasenbleiche gehört vor allen Dingen Land, und zwar gut gelegene Wiese; jedes Stück Zeug muß in den Sommermonaten wochenlang der Luft und dem Licht ausgesetzt, es muß durch Arbeiter unaufhörlich feucht erhalten werden. Eine einzige, nicht sehr bedeutende Bleicherei in der Nähe von Glasgow bleicht täglich 1400 Stück Baumwollzeug, Sommer und Winter hindurch (also jährlich 420 000 Stück von 16 800 000 m Länge oder circa 15 Millionen qm Flächengehalt!). Um diese kolossale Anzahl von Stücken Zeug, welche diese einzige Bleicherei den Fabrikanten jährlich liefert, fertig zu bringen, welch ungeheures Kapital würde in der Nähe jener volkreichen Stadt zum Ankauf des Grund und Bodens gehören, den man nötig hätte, um diesen Zeugen zur Unterlage zu dienen! Die Zinsen dieses Kapitals würden einen sehr merklichen Einfluß auf den Preis des Stoffes haben.“ Abgesehen davon, fügen wir hinzu, daß auch eine bedeutende Bodenfläche und eine Anzahl tüchtiger Arbeitskräfte zur Hervorbringung notwendiger Lebensbedürfnisse verloren gehen würden, wenn nicht die Kunst über die Natur, die Wissenschaft über die Erfahrung den Sieg davongetragen hätte.

Die Färberei und Zeugdruckerei.

Geschichte der Färberei. Begriff und Wesen der Färberei. Die tierischen Farbstoffe. Kochenille. Lackdye. Purpur u. s. w. Pflanzliche Farbstoffe. Krapp. Orseille. Rotholz. Waid. Indigo. Gelbholz. Querzitron u. s. w. Mineralische Farbstoffe. Chemische Farbstoffe. Die Teerfarben. Murexid. Chemische Verbindung der Farbstoffe. Die Beizen. Der technische Betrieb der Färberei. Woll-, Seiden-, Baumwoll- und Leinenfärberei. Darstellung der einzelnen Farben. Blaufärberei. Die Kupe. Sächsischblau. Rotfärberei. Das Türkischrot. Gelb-, Schwarz-, Grau-, Braun- und Grünfarben. Theorie der Färberei. — Die Zeugdruckerei. Geschichte derselben. Die verschiedenen Verfahren des Zeugdrucks. Handdruck. Die Perrotine. Walzendruck mit der Maschine. Verdickungsmittel. Reservagedruck. Enlevagedruck. Dampffarbendruck. Tafeldruck. Wollzeugdruck. Druck gemischter Stoffe. Seidenzeugdruck. Statistik der europäischen Zeugdruckerei.

Von alters her hat der Mensch Wohlgefallen gehabt an der bunten Mannigfaltigkeit der Farben, welche ihm die Natur in den Blüten der Pflanzenwelt, in der schillernden Pracht des Gefieders der Vögel und Schmetterlinge, sogar in den strahlenden Kristallen des starren Steinreichs überall verschwenderisch vor Augen brachte. Er suchte sie nachzuahmen, sobald sich der angeborne Schönheitssinn einigermaßen in ihm entwickelte, und so entstand die Kunst der Färberei. Sie ist sehr alt und reicht so weit als unsre ältesten Urkunden, ja noch vielfach über diese hinaus. Schon die Bibel erwähnt an vielen Stellen dieser Kunst; die älteste derselben steht in dem Pentateuch des Moses (Genesis) und erzählt, daß Israel dem Joseph einen „bunten Rock" machte; demnach wurden gefärbte Gewänder als eine Auszeichnung betrachtet, was auch bei andern Völkern des Altertums mehrfach der Fall war. Die Ägypter kannten die Verwendung der Farbstoffe in der verschiedensten Weise; man hat die Byssusbinden ihrer Mumien gefärbt und bemalt so gut erhalten gefunden, als ob ein kurzer Zeitraum, nicht Jahrtausende, seit ihrer Fertigung verflossen seien; unterschieden ja doch schon die ältesten Einwohner des Pharaonenlandes ihre Hauptgötter Osiris und Isis an den verschiedenen Farben ihrer heiligen Gewänder. Den Saum mancher Mumienbänder fand man mit blauen Streifen eingefaßt, deren Farbe auf Indigo schließen läßt. Der römische Naturforscher Plinius erzählt mit Bewunderung von dem eigentümlichen Verfahren der ägyptischen Färberei: das Zeug wurde in die heiße Flüssigkeit getaucht und einfarbig herausgezogen, später hingegen mit noch mehreren Farben geschmückt. Es scheint, als ob hier schon von Färberei mit darauf folgender Zeugdruckerei die Rede sei. Die Produkte des ägyptischen Kunstfleißes wurden weit verführt; sie werden sowohl von jüdischen als von griechischen Schriftstellern häufig erwähnt. Der Sitz der ägyptischen Linnen= und Baumwollmanufaktur war Memphis, woselbst die bedeutendsten tyrischen Kaufleute besondere Faktoreien und Färbereien angelegt hatten. In Indien, wo die üppigste Entfaltung der tropischen Natur ein glänzendes Vorbild gab, verstanden es von jeher die kunstreichen Weber der heute noch unnachahmbaren Shawls, die Stickerinnen der wunderbaren Musseline, der Puggrihs und Longih (Turbane), der Kummerbunde (Gürtel), Bandanos (Taschentücher) und Chogas (Handschuhe), ihren Arbeiten einen Farbenschmelz zu verleihen, welcher in Geschmack und Reichtum ohnegleichen ist. China und Japan haben gleichfalls seit Jahrtausenden die Bereitung und Übertragung der Farben in sehr umfänglicher Weise gekannt oder geübt. Das eigentliche Schönfärbervolk des Altertums waren aber die Phöniker, und ihre Stadt Tyros galt als der Sitz vollendetster Kunst in dieser Richtung; es ist nicht unwahrscheinlich, daß dieselbe von der mächtigen Metropole des Handels der Alten Welt auch durch die weithin segelnden Schiffe der unternehmenden Kanaaniter in viele andre Länder gebracht worden ist; die zu färbenden Zeuge, Teppiche und Gewänder bezogen die Thyrier zum großen Teil aus Ägypten, wie in dem Klagelied Ezechiels über die Zerstörung von Tyros zu lesen. Die alten Griechen scheinen auf kunstvoll gefärbte Kleiderstoffe weniger gehalten zu haben, trugen die letzteren vielmehr meistens ungefärbt; doch kamen nach und nach auch bei ihnen schöne Farben in Aufnahme; Pallas Athene (Minerva), die Göttin der künstlerischen Schöpfungen, war als Ergane (Arbeiterin) auch die Meisterin der Weberei und Färberei; bei den ihr geweihten Festen, den Panathenäen, brachten ihr die attischen Jungfrauen ein farbig kunstvoll verziertes Obergewand, den Peplos, als Gabe. Bei den Römern war eine rote Verbrämung der weißen Toga, des Obergewandes, die Auszeichnung der noch nicht mannbaren Knaben und der Standespersonen; die Ritter trugen den rotgestreiften Mantel, Trabea; bei Trauer wurde die Toga schwarz gefärbt; an der Farbe ihrer Kleidungen waren bei den circensischen Spielen die gegeneinander auftretenden Kämpfer zu unterscheiden u. s. w. Plinius nannte und kannte verschiedene Färbmaterialien. Als solche scheinen im Altertume nach dem Purpur hauptsächlich die folgenden verwendet worden zu sein: Alkanna, verschiedene Flechten, Färbeginster, Krapp, Waid, Galläpfel, die Samen des Granatapfels und einer ägyptischen Akazie; Eisenvitriol, Kupfervitriol und Alaun. Unter den Gewächsen des römischen Ackerbaues finden wir außer dem Saffran, der aber mehr als Gewürz gebraucht ward, keine Farbepflanzen. In dem Pflanzenverzeichnis des Dioskorides haben wir dagegen gefunden: Waid, Krapp, Färberkamille, Alkanna, Saffran, Färbeflechten (Phykos).

In den frühsten Zeiten scheinen Weiß, Rot und Schwarz die ausschließlichen Farben für Kleidungsstoffe gewesen zu sein; erst sehr spät traten Blau, Gelb und andre hinzu, wie sich die Kunst des Färbens weiter und weiter ausbildete. Im Orient erhielt sie die meiste Förderung, und von der tyrischen Blütezeit ab waren ihre Produkte in der ganzen kultivierten Welt hochgeachtet. Besonderen Ruf erlangten in ihr die Perser und Syrer; vor Beginn des Mittelalters bis in die Neuzeit galt aber Kleinasien oder die Levante als ihr bevorzugter Sitz. Hier übertrug sich auch von den Alten die Standesunterscheidung durch Farben der Gewänder auf die Mohammedaner, bei denen Grün die Auszeichnung der Familie des Propheten, der grüne Turban Attribut des Hadschi (Mekkapilgers) ist. Ähnlich wie in Ostindien heute noch den einzelnen Kasten sowohl als auch den verschiedenen Rangstufen innerhalb derselben genau vorgeschrieben ist, welche Farben und in welcher Zusammenstellung sie dieselben tragen dürfen; die europäischen Fabrikanten kennen diese Gesetze ganz genau und haben eigne Musterbücher dafür.

Auch bei den von der Zivilisation völlig abgeschlossenen Völkern fand man die Färbekunst zur Verschönerung ihres Anzugs ebenfalls mehr oder weniger entwickelt. Die alten Peruaner und Mexikaner verstanden sie vortrefflich, und Fernando Cortez sandte an Kaiser Karl V. gefärbte Gewebe der letzteren, deren Schönheit Aufsehen erregte. Höchst zierlich wissen die Indianerinnen Nordamerikas Fasern und Schnüre zu färben, womit sie Mokassins und Büffelhäute verzieren; als Farbe gebrauchen sie Zinnobererde, Büffelbeeren, Gelbholz, Bogenholz, Quercitron, Blaubeeren, Galläpfel u. s. w. Die Einwohner der Polynesischen Inseln haben ihre ursprünglich aus Baumrinde zu einer Art Zeug breit geschlagene „Tapa" verschiedenartig gefärbt, ehe sie die Baumwolle kennen lernten. In Wasserindien steht die Färberei auf hoher Stufe, allerdings heute noch auf derselben wie vor 1000 Jahren. Eine Beschreibung der altindischen Zeugfärberei sagt: Man gibt der Zeichnung an den Stellen, die man anders gefärbt haben will, einen Aufdruck von Mastix, den weder kalte noch warme Farbe auflösen kann. Wird nun das Zeug in den Farbstoff getaucht, so kommt es einfarbig heraus; damit aber mehrere Farben herauskommen, braucht man bloß den Mastix in einer besonderen Flüssigkeit aufzulösen, unter dessen Hülle dann der Grund des Stoffs in seiner ursprünglichen Farbe zum Vorschein kommt. — Die Malaien auf Java, Sumatra und Bali färben heute noch in ähnlicher Weise ihre Sarongs oder Lendentücher, das Hauptbekleidungsstück, dem sie die zierlichsten Muster zu geben wissen. Ein neuerer Reisender veranschaulicht den Vorgang folgendermaßen: das Zeug, welches gefärbt und gezeichnet werden soll, hängt die Arbeiterin über ein einfaches Gestell und beginnt mit einer kleinen, dünnen Kupferröhre, die fast so scharf wie eine Feder ausläuft, auf dem weißen Tuche Figuren zu ziehen. Neben ihr steht nämlich ein Kohlenbecken, auf welchem besonders zu diesem Zwecke gemischtes Wachs fortwährend in flüssigem Zustande erhalten wird; an der Kupferröhre befindet sich aber ein kleiner Behälter, einem Pfeifenkopf ähnlich, der mit dem flüssigen Wachs gefüllt wird und dasselbe in die Röhre abfließen läßt, durch welche es mittels Fingerdrucks auf das Zeug geleitet wird. Hier deckt dasselbe alle jene Stellen, welche beim ersten Färben nicht koloriert werden, sondern die Grundfarbe behalten sollen. Natürlich muß die Zeichnung von beiden Seiten gleichmäßig aufgetragen werden, damit die Farbe nicht von einer Seite eindringen kann; die Arbeit wird dadurch noch mühsamer und langwieriger. Ist nun die Zeichnung über das ganze Tuch und an beiden Seiten vollendet, die vollständig aus freier Hand aufgetragen wird, wobei das ungemeine Augenmaß und die geschmackvollen Arabesken nicht genug bewundert werden können, so kommt das Tuch in die Farbe. Hat es dieselbe angenommen, so wird das Wachs davon entfernt, und das Gewebe erscheint nun zweifarbig von einem dunkleren Grunde, aus welchem die durch Wachs geschützten Stellen in der ursprünglichen Farbe des Stoffs sich abheben. Es muß aber wieder von neuem aufgetragen werden, so oft eine andre Farbe beliebt wird, und man kann sich daraus eine Vorstellung von der Umständlichkeit und Kostspieligkeit dieser Färberei machen. Die so gefärbten Stoffe heißen Battiken. — Die schönsten und teuersten Battiken kommen aus dem östlichen Java, aus Samarang, Surabaya, Solo u. s. w., und man erhält von dorther Arbeiten dieser Art, welche wahrhaft in Erstaunen setzen. Viele wilde Völkerschaften ersetzen bekanntlich die Kleidung und deren Auszeichnung durch das Tättowieren (vgl. Bd. I, Einleitung S. 55 ff.). Auch dies ist eine Art der Färbung, welche aber am Körper selbst vorgenommen wird; es werden mit spitzen, kammartigen Instrumenten kleine Löcher in die Oberhaut gemacht und diese mit einem färbenden Pulver eingerieben.

Aus dem Orient gelangte die Schönfärbekunst, welche durch die Einfälle der Barbaren dem Abendlande fast gänzlich wieder abhanden gekommen war, wahrscheinlich erst mit dem 12. oder sogar 13. Jahrhundert wiederum zurück, zuerst nach Italien, wenn nicht, was unnachweisbar bleibt, die Mauren sie schon früher in Spanien eingeführt hatten; für letzteres sprechen sehr die Überlieferungen von der Pracht maurischer Gewebe und die geschmackvollen bunten Verzierungen (Arabesken) der Paläste und Moscheen. Florenz und Venedig waren übrigens diejenigen Städte, deren Färbereien bald den höchsten Ruhm erlangten; ein Einwohner der ersteren hatte im 13. Jahrhundert das Geheimnis der Darstellung von Farben aus Flechten in Kleinasien erworben und brachte durch die praktische Ausführung desselben seiner Vaterstadt unermeßliche Vorteile. In Venedig erschien auch das erste Werk über die Färberei 1548, Plieths „Färberkunst" von Joan Ventura Rosetti;

dasselbe lehrte, dem Tuche, der Wolle, der Seide und der Leinwand sowohl vergängliche als auch dauerhafte Farbe zu geben, machte überall großes Aufsehen und trug nicht wenig dazu bei, die Industrie zu beleben. Zunächst gewann sie Aufschwung in Flandern, dessen Tuch= und Leinweberei in hoher Blüte stand; von hier aus verbreitete sich die Kunst der Schön= färberei über die andern Länder Europas. In Deutschland war es der mächtige Bund der Hansa, der auch diesem Gewerbzweig große Aufmerksamkeit widmete; er ließ zuerst aus Italien, dann aus den Niederlanden geschickte Färber als Lehrmeister der einheimischen kommen. Diese bildeten schon stattliche Zünfte, so in Augsburg 1390, in Nürnberg, in Ulm, in Stuttgart, in Reutlingen 1377 (Färber und Gerber zeichneten sich aus in der Schlacht gegen Graf Ulrich, Sohn des Greiners oder Rauschebarts von Württemberg: „Wie haben da die Gerber so meisterlich gegerbt! Wie haben da die Färber so purpurrot gefärbt!" Uhland). Mit dem Anfange des 15. Jahrhunderts schieden sich die Färberzünfte in zwei Gruppen; die erstere Waid=, Tuch= und Rheinischfärber, die andre: Schwarz= oder Schlecht= (die Schlicht=) Färber. Die letzteren teilten sich 1418 wiederum in Schönfärber und Schlecht= färber oder Leinwandreißer; aber im Jahre 1595 fand eine Vereinigung der gesamten Färber zu der Zunft der Schwarzfärber oder Schönfärber vielerorten statt, so im Kurfürstentum Sachsen, woselbst ein Holländer Schmitt gegen Mitte des 16. Jahrhunderts zu Gera die erste Schön= färberei gegründet hatte. England erhielt die erste Anleitung zur höheren Färbekunst von Flandern aus, woher Eduard III. sachkundige Färber kommen ließ. Deren Unterweisung fand Anklang, und die Zunft der Färber war schon 1472 in London so stark vertreten, daß sie eine eigne Kompanie der Miliz bildete, der Eduard IV. ein besonderes Wappen ver= lieh, welches sie heute noch führt, ebenso wie sie noch in ihrem damaligen Zunfthaus in Downgate=Hill die Lade hält. Von außerordentlichem Einfluß auf die Entwickelung dieser Industrie war die Entdeckung von Amerika, indem dadurch nicht allein die Verkehrsverhältnisse der Welt total verändert wurden, sondern auch eine Menge der kostbarsten neuen Farbstoffe in den Handel kam. Dahin gehören die Kochenille, das Brasilienholz, das Blauholz, das Quercitron, der Orlean u. s. w. Nicht minder vermittelte die Auffindung des Seewegs nach Ostindien den vermehrten billigeren Bezug des bis dahin sehr kostbaren Indigos. Weil aber durch dessen Einfuhr sich die Waidbauer in ihrem Erwerb beeinträchtigt wähnten, so hatte der edle Farbstoff mit den größten Hindernissen zu kämpfen; ein Edikt der Königin Elisabeth verbot ihn geradezu als „Teufelsfutter"; erst unter Karl II. (1661) ward er wieder zugelassen. Dagegen nahm die „Purpurfärberei" mit Kochenille einen unerwarteten Aufschwung, als im Jahre 1650 der Holländer Cornelius Drebbel das Zinnsalz als Ersatz des Alauns einführte und auf Grund seiner Erfindung bei London eine großartige Färberei errichtete. Ein Landsmann von ihm, Adrian Brauer, war es, welcher 1667 die Wollfärberei in England einführte. Quercitron und Türkischrotfärberei eignete sich das Land erst mit Ende des 18. Jahrhunderts, vorzugsweise auf Bancrofts Betrieb, an, dessen Werk über Färberei (1790) die Grundlage der neueren Kunst bildete. In Frank= reich begann sich die Färberei erst unter Ludwig XIV. zu heben, als Colbert durch d'Albo eine tüchtige Färberordnung aufstellen und 1669 in Paris veröffentlichen ließ. Als späterhin die französische Akademie diesem Zweige des Kunstgewerbes ihre Aufmerksamkeit zuwandte, und 1762 Joannes Althen, ein Armenier, die Kultur des Krapps und das Geheimnis der Türkischrotfärberei zuerst nach Frankreich gebracht hatte, entwickelte sich die Färbekunst so bedeutend und gründlich, daß Frankreich in deren praktischem Betriebe bald an die Spitze aller übrigen Länder zu stehen kam.

Wesen der Färberei. Die Färberei ist die Kunst, Gespinstfasern und die aus ihnen dargestellten Fäden (Garne) und Gewebe mit Farbstoffen dauernd zu vereinigen, und zwar in chemischer Verbindung, nicht bloß in mechanischer, durch Anhaften, wie dies bei dem Be= malen und Lackieren der Fall ist. Diese Definition umfaßt auch die Druckerei, welche ge= wöhnlich neben der Färberei genannt wird. In ihrem chemischen Wesen haben jedoch beide eine solche Übereinstimmung — die Druckerei ist ja nur eine auf gewissen Stellen beschränkte Färberei, die für ihr Verfahren natürlich eigenartige mechanische Hilfsmittel anwendet — daß wir sie auch zusammenfassend definieren müssen. Die Farbstoffe werden von allen Naturreichen geliefert; außerdem ist es aber auch der Wissenschaft der Chemie gelungen, eine große Anzahl — und zwar gerade der prächtigsten — durch künstliche Vorgänge zu

erzeugen. Wir haben demnach tierische, pflanzliche, mineralische und chemische Farbstoffe vor
uns und werden zunächst dieselben einzeln der Betrachtung unterziehen, soweit diese für
unsre Leser Interesse haben werden.

Die Farbstoffe aus dem Tierreich. Der Kreis der tierischen Farbstoffe ist beschränkt,
ja gegenwärtig ist für Zwecke der eigentlichen Färberei wohl nur noch ein einziger in aus=
gedehnterem Gebrauch, die Kochenille, und auch derer hat man sich durch die neuen
Teerfarben für alle Fälle zu entschlagen gelernt. Die Kochenille (Coccus cacti) ist eine
mittelamerikanische Schildlaus, welche auf verschiedenen Kaktusarten lebt, namentlich auf
Opuntia decumana (der Nopalpflanze der alten Azteken), Opuntia monocantha und cocci=
nellifera. Lange bevor Mexiko von den Spaniern erobert ward, kultivierten und sammelten
schon die Eingebornen das sonderbare Insekt, um es als Farbstoff zu verwenden. Im

Jahre 1530 bestätigte Acosta zum erstenmal
mal die tierische Natur der Kochenille, welche
man für eine getrocknete Pflanzenblüte hielt
und an dieser Meinung so fest haftete, daß
noch in der Mitte des 18. Jahrhunderts
eine darüber eingegangene Wette ganz
Holland in Aufregung versetzte. Im Jahre
1777 verpflanzten die Franzosen das In=
sekt nach Hayti; 1770 war es nach Peru
und Brasilien gelangt; 1795 brachte Nelson
es nach Ostindien; 1827 kam die Koche=
nille nach den Kanarien; 1831 nach Algier.
Im südlichen Spanien sowie in Sizilien
gibt es Nopalerien (Pflanzungen von
Cactus opuntia oder coccinellifer, azte=
kisch Nopal) zur Kochenillezucht. Von den
Kaktusstauden werden die ungeflügelten
weiblichen Insekten — deren circa 300
auf ein geflügeltes männliches kommen —
vor dem Eierlegen gesammelt und durch
Trocknen auf heißen Platten oder durch
Einwerfen in siedendes Wasser getötet;
selbstverständlich läßt man eine genügende
Zahl von Müttern übrig, denen man durch
Aufkleben von roher Baumwolle kleine
Nester an den Kaktusblättern baut. Man
unterscheidet verschiedene Sorten von
Kochenille; als beste gilt diejenige, die aus
Tieren besteht, die ihre Eier erst zur
Hälfte gelegt haben, man nennt sie Zacca=
tilla; dann kommt die Silberkochenille
(grana fina oder cochinilla jaspeada),

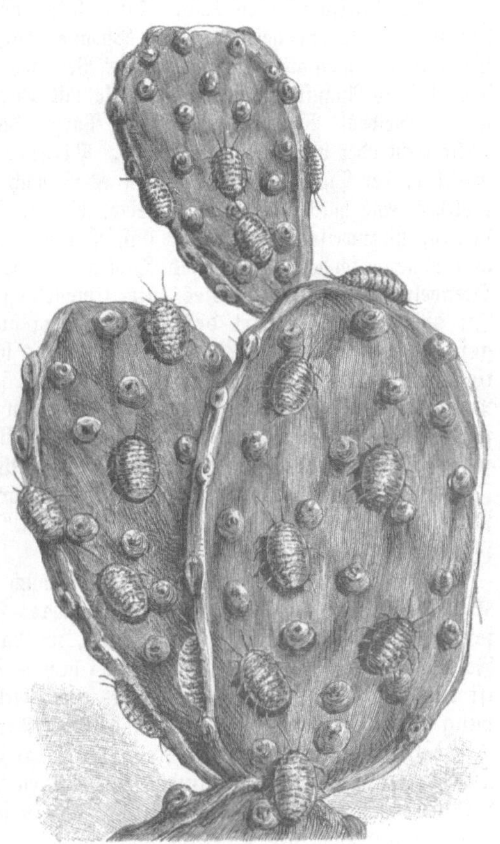

Fig. 419. Kochenille auf dem Nopalkaktus.

aus Tieren bestehend, die ihre Eier sämtlich noch enthalten; sie besitzt einen weißlichgrauen,
man sagt gewöhnlich silbergrauen Überzug. Eine geringere Sorte ist die schwarze
Kochenille oder Mutterkochenille (Grana nigra, cochinilla renigrida), sie besteht aus
Tieren, die sich ihrer Eier vollständig entledigt haben und, nachdem sie bald darauf eines
natürlichen Todes gestorben sind, getrocknet werden. Die geringste Sorte bildet die wilde
oder Waldkochenille (Grana sylvestra). Der wundervolle rote Farbstoff der Kaktus=
schildlaus heißt Karminsäure, dieselbe kommt jedoch nicht in chemisch reinem Zustande
in den Handel, sondern mit etwas Thonerde und organischer Materie verbunden als
Karmin, welche Beimengungen das Feuer der Farbe bedeutend erhöhen. Es kommen
jährlich ungefähr 30000 Zentner Kochenille in den Handel; da 1 kg ungefähr 140 bis
160000 Stück getötete Insekten enthält, so sind in jener Masse deren 210—240000 Mil=
lionen enthalten. Neuerdings gehen die Nopalerien immer mehr ein, da der Bedarf immer

mehr abnimmt; für gewisse Zwecke aber, als Malerfarbe z. B., wird die Kochenille kaum durch einen andern Farbstoff zu ersetzen sein. Eine ostindische Verwandte ist die Lackschildlaus (Coccus lacca), die nicht bloß den Schellack u. s. w., sondern auch eine schöne rote Farbe liefert, welche als Lacklack oder in feinerer Sorte als Lackdye („Lackfarbe") in den Handel kommt, allein jetzt nur noch wenig verbraucht wird, da es auch für sie besseren, billigeren Ersatz gibt. Früher gewann man von der Kermesschildlaus (Coccus Ilicis), welche längs der Ufer des Mittelmeeres auf der Scharlacheiche lebt, einen geschätzten roten Farbstoff, den schon die ältesten Völker neben dem Purpur benutzten; man sammelte die weiblichen Tiere und brachte sie an der Sonne getrocknet als Alkermes oder Kermesbeeren in den Handel; gegenwärtig werden dieselben nur noch im Süden zur Hausfärberei genommen. Noch mehrere andre Schildläuse geben rote Farbe, werden auch hier und da zur Gewinnung derselben gesammelt.

Im Altertum ward keine Farbe höher geschätzt als der Purpur. Ihn wußten in höchster Vollkommenheit nur die Phöniker darzustellen, und die Stadt Tyros versandte Purpurstoffe nach allen Gegenden der Welt, wo sie mit Gold aufgewogen wurden; zur Zeit des Kaisers Augustus kostete das Kilo mit Purpur gefärbter Wolle zu Rom 1200 Mark unsres Geldes! Woraus der thyrische Purpur dargestellt wurde, weiß man heutzutage noch nicht recht oder vielmehr nicht mehr. Plinius berichtet, er sei das Produkt einer Meermuschel, der Purpurschnecke; allein es ist noch nicht gelungen, ein Schaltier aufzufinden, welches eine haltbare Farbe lieferte, die der Beschreibung der Alten entspräche, wobei darauf hinzuweisen sein wird, daß Purpur kein brennendes Rot, wie sehr häufig angenommen, sondern ein tiefes Violett ist. Der farblose Saft verschiedener Arten der Wendeltreppenmuschel soll dies unter Einwirkung des Sonnenlichts allerdings hervorbringen. In dieser Entstehungsart des Purpurs mag auch der Grund liegen, weshalb er so hoch geschätzt wurde; da das Licht ihn erzeugte, so hatte dasselbe keine fernere Einwirkung auf ihn, während bekanntlich unter seinem Einfluß sonst die besten Farben verblassen. Da der Purpur nur von den reichsten und vornehmsten Leuten getragen werden konnte, da zuletzt sogar die römischen Kaiser ihn für ihr Kleid allein in Anspruch nahmen, so erhielt er die symbolische Bedeutung der höchsten Würde. „Wirf den Purpur weg!" sagt Verrina zum Fiesco; „der erste, der ihn trug, war ein Mörder und führte den Purpur ein, die Flecken seiner That in dieser Blutfarbe zu verstecken." — Man sieht, auch Schiller kannte die Farbe des Purpurs nicht.

Zu den tierischen Farbstoffen gehört auch die Sepia, ein Produkt des sogenannten Kuttelfisches aus der Ordnung der Weichtiere; sie ist ein brauner Saft, den das Tier in seinem Tintenbeutel trägt und ausspritzt, um das Wasser zu trüben, sobald es von einem Feinde verfolgt wird. Der Saft ist als braune Malerfarbe geschätzt. Tierischen Ursprungs ist endlich auch das Murexid, welches eine Zeitlang großes Aufsehen machte, seit Einführung der Anilinfarben aber vollständig vom Farbenmarkte verschwunden ist.

Pflanzenfarbstoffe. Die Reihe der pflanzlichen Farbstoffe ist bei weitem größer als die der tierischen. Sie finden sich in allen Teilen der Gewächse, in den Blumen, den Blättern, den Stengeln und Holzteilen und in den Wurzeln; danach ist auch ihre Gewinnung, Zubereitung und Verwendung eine sehr verschiedenartige. Die gebräuchlichsten stellen sich in folgende Reihe: I. Rote Farbstoffe: Krapp, Orseille, Persio, Safflor, Alkanna, Brasilienholz, Kampescheholz, Sandelholz. II. Blaue Farbstoffe: Waid, Indigo. III. Gelbe Farbstoffe: Wau, Gelbholz, Quercitron, Orlean. IV. Grüner Farbstoff: Chinagrün.

Der Krapp oder die Färberröte (auch Röte schlechtweg), Rubia tinctorum, eine mehrjährige Pflanze aus der Familie der sternblätterigen Rubiaceen, wächst an den Küsten des Mittelmeeres wild, wird oder wurde vielmehr fast in der ganzen Alten Welt angebaut ihres roten Farbstoffs wegen, den vorzugsweise die Wurzeln, aber auch die Blätter enthalten; Tiere, z. B. Pferde, welche mit den letzteren gefüttert werden, bekommen rote Knochen. Seit Entdeckung des künstlichen Alizarins jedoch ist der Anbau von Krapp von Jahr zu Jahr zurückgegangen und hat in manchen Gegenden ganz aufgehört. Einen Beweis hierfür bildet Frankreich, wo im Jahre 1862 noch 20463 ha Bodenfläche mit Krapp bepflanzt waren, während 1874 nur noch 5069 ha Krappland vorhanden waren; ebenso hat sich die Ausfuhr von Krapp aus Frankreich von 39 Millionen Frank Wert im Jahre 1868 auf 4½ Millionen Frank im Jahre 1876 vermindert. Der Krapp enthält nur einen kleinen Teil des Farbstoffs, des Alizarins, fertig gebildet, die Hauptmenge desselben entsteht erst neben einem andern Farbstoff, dem Purpurin, durch eine Art Gärung der gemahlenen Wurzel, und zwar nach Schunck aus dem darin enthaltenen Rubian, nach Rochleder aus einer Substanz, die er Ruberythrinsäure nennt. Auch durch Behandlung mit Säuren gibt der Krapp die erwähnten Farbstoffe. Dieselben werden jedoch daraus nicht in reiner Form abgeschieden, sondern man bringt nur den mit Säure behandelten Krapp unter dem Namen Garancin in den Handel, eines für die Zeugdruckerei ganz besonders dargestellten pulverförmigen Präparats der Krappwurzeln, dessen Färbevermögen vier- bis sechsmal größer ist als dasjenige der letzteren selbst. Man stellt das Garancin dar durch Behandeln der trocken gemahlenen Wurzeln mit Schwefelsäure. Durch dieselbe werden die übrigen organischen Teile zerstört und in Kohle verwandelt; auf das Alizarin jedoch hat selbst die starke Säure keinen Einfluß, und da beim Färben die schwarzen Kohlenteilchen nicht mit in Lösung gehen, so färbt das Garancin, welches nur den schönsten

der Krappstoffe enthält, viel reiner als die frische Wurzel. Aus den schon gebrauchten Krapprückständen gewinnt man einen zweiten Farbstoff des Handels, das Garanceux. Ein dritter sind die Krappblumen, welche durch Gärung des Krappwurzelmehls erhalten werden. Colorin heißt ein mittels Weingeist gewonnener Auszug des Garancin. Durch die merkwürdigen Aufschlüsse, welche die organische Chemie über die Natur vieler Farbstoffe gegeben hat, indem sie sich mit der Untersuchung der Teerfarben beschäftigte, ist auch der Hauptfarbstoff des Krapps, das Alizarin, in ein neues Licht gesetzt worden. Hatte man gelernt, nach und nach beinahe alle Farbstoffe des Pflanzenreichs durch gleichwirkende chemische Körper zu ersetzen, die man aus den Produkten der Destillation des Teers darstellte, so schien es doch lange Zeit nicht möglich zu sein, die edelsten derselben: die im Krapp enthaltenen und den Farbstoff des

Fig. 420. Krapp oder Färberröte (Rubia tinctorum).

Indigos, auf künstlichem Wege darzustellen. Jetzt aber sind auch diese Fragen, wenigstens was das Alizarin anlangt, vollständig gelöst und hinsichtlich des Indigos so weit gelangt, daß, wenn auch der künstliche Indigo noch nicht Handelsware ist, man ihn doch auf verschiedene Weise erzeugen kann, nur sind die Methoden noch zu umständlich. Das Alizarin künstlich darzustellen, ebenfalls aus den Teerprodukten, ist Graebe und Liebermann gelungen, und die künstliche Bildung des Indigs Baeyer in München. Alizarin wird jetzt in solchen Massen künstlich aus Anthracen fabriziert, daß jeder Nachfrage genügt werden kann. Der Krapp ist einer der seit ältesten Zeiten benutzten Farbstoffe; die alten Griechen kannten ihn, wie die Römer, doch scheint er nicht immer angebaut, sondern vorzugsweise die wilde Wurzel verwendet worden zu sein, und zwar, wie Plinius berichtet, zum Färben anstatt des Purpurs. Des ausgedehnten Gebrauchs halber hieß der Krapp im Griechischen schlechtweg „die Wurzel" (Rizon); nach Dioskorides wurde er in Karien kultiviert. Strabo (66 v. Chr.) erzählt: zum Färben der Wolle ist das Wasser zu Hierapolis (in Lydien) wunderbar geeignet, so daß die mit Krappwurzeln gefärbte Wolle der mit Kermes und Purpur gefärbten gleichkommt. —

In den Kapitularien Kaiser Karls des Großen findet sich der Krapp unter den für die Gärten der Krongüter empfohlenen Nutzpflanzen; in die Spinnereien der königlichen Weiberhäuser (Geneztunk, Gynecaeum) mußten, außer den Gespinststoffen, Waid, Kermes und Krapp geliefert werden, woraus zugleich hervorgeht, daß damals die Weiber das Färben besorgten. Der Anbau eines veredelten Krapps scheint erst durch die Kreuzzüge nach dem Abendlande gekommen zu sein. Aus dem Jahre 1275 existiert eine Urkunde über den Zehnten an Krapp (Warenita i. e. garance) an die Abtei von St. Denis in Frankreich. Immer aber bezog man den guten oder echten Krapp unter dem Namen al Lizari aus der Levante, oder als Mundjit aus Ostindien. Jedenfalls verschwand der Krappbau im Mittelalter gänzlich, bis ihn im Jahre 1762 der schon genannte Althen in der Gegend von Avignon wieder mit Erfolg einführte, wo er sich so ausbreitete, daß Frankreich noch vor 25 Jahren als das den meisten Krapp produzierende Land galt, wozu nicht wenig die Einführung der krapp= roten Beinkleider bei dem französischen Militär beigetragen hat; sie geschah eben, um die Krappkultur zu heben. Nächst Frankreich baute Holland viel Krapp, in Deutschland hat seine Kultur ebenfalls abgenommen, trotzdem schon im Jahre 1754 Breslau seine „Röte=Ord= nung" hatte; der Dreißigjährige Krieg vernichtete in vielen Gegenden, wie manches andre, auch diesen Betriebszweig. Als bester Krapp gilt derjenige von Avignon.

Unter dem Namen Orseille begreift man einen roten Farbstoff, welcher aus ver= schiedenen Flechten — niederen Pflanzengattungen der Akotyledonen — dargestellt wird. Das Wort stammt aus dem Italienischen von Oricello, die Färberflechte. Wahrscheinlich sind die Flechtenfarben schon im Altertum bekannt gewesen; bei den Römern wurden sie unter der allgemeinen Bezeichnung Fucus — eigentlich Tang — zur Darstellung des un= echten Purpurs verwendet. Ihr Gebrauch ging aber verloren, bis im 13. Jahrhundert ein in Florenz angesessener Deutscher, Federigo (Friedrich), von einer Reise in die Levante die Färberflechten mitbrachte und daraus mittels Harn eine schöne rote Farbe darzustellen lehrte. Er begründete damit nicht bloß seinen eignen Reichtum (er wurde Stammvater des Fürstengeschlechts der Oricellarii, Rucellarii, Rucellai), sondern auch den vieler italienischen Städte, welche den gesamten Handel mit Färberflechten aus der Levante und dem Griechischen Archipel an sich rissen, bis im Jahre 1402 Bethencourt die Kanarischen Inseln und auf ihnen gleichfalls den kostbaren Stoff fand. Später entdeckte man ihn auch auf den Azoren, in Sardinien, Corsica, Sansibar u. s. w. Der Farbstoff der Orseille ist in der Form von schwachen organischen Säuren in einer ganzen Reihe von Flechten ent= halten, unter welchen die Roccella tinctoria die gesuchteste ist; sie liefert die levantinische und kanarische Orseille, während von der Variolaria orcina und dealbata das europäische Produkt kommt; erstere heißt auch „Meer=Orseille", letztere „Land=Orseille" (aus den Pyrenäen, der Auvergne u. s. w.). Jetzt kommen die meisten Orseilleflechten, im Handel irrtümlich Orseillemoos genannt, von Sansibar, Angola, den Kanarischen Inseln und Peru, wo sie an den Felsen der Meeresufer wachsen. Diese Flechten enthalten, wie schon erwähnt, verschiedene farblose kristallisierbare Säuren (Lecanorsäure, Erythrinsäure, Roccellsäure), die bei Behandlung mit Alkalien eine Spaltung erleiden und sämtlich in Orcin übergehen, ein ebenfalls farbloser, kristallisierbarer, in Wasser leicht löslicher Körper. Aus diesem Orcin bildet sich dann durch Einwirkung von Ammoniak und Luft der eigentliche Farbstoff, das Orcein, welches sich in Ammoniak mit violetter Farbe löst. Die gemahlenen Flechten werden durch Behandlung mit Ammoniak in diesen Farbstoff übergeführt und der so erhaltene Teig ist die Orseille des Handels, aus welcher man aber auch ein Orseilleextrakt bereitet. Mit alkalischen Flüssigkeiten gekocht, zersetzen sich die erwähnten Säuren in Orsellinsäure, aus welcher nach Ausscheidung des Alkalis das farblose, kristallische Orcin gewonnen wird, ein Stoff, der sich bei Gegenwart von Luft und Ammoniak in das Orcein verwandelt, den dunkelroten Farbstoff der Orseille.

Aus der Flechte Lecanora tartarea, die auf den schottischen Inseln der Orkneys und Hebriden heimisch ist, wird der rote Indigo oder Persio gewonnen, der im Jahre 1765 zuerst von Cuthbert dargestellt wurde. Verwandte Flechten liefern übrigens auch einen blauen Farbstoff, das Lackmus, welches aber in der Färberei nicht, dagegen in der Form von Lackmuspapier, Lackmustinktur in der Chemie vielfach als Reagens oder Nachweisstoff für Säuren und Alkalien verwendet wird.

Der Safflor ist die getrocknete Blüte der Färbedistel (Carthamus tinctorius), welche in Ostindien heimisch ist, aber seit alten Zeiten in Kleinasien, Ägypten und im südlichen Europa angebaut wird. Schon die alten Hebräer benutzten den Safflor zum Färben; nach Herodot gewannen die Ägypter Öl aus seinem Samen, den bekannten „Papageienkörnern". In Johann Bauhins berühmtem Garten zu Boll wuchs der Safflor als indische Zierpflanze (1495). Der geschätzteste Safflor ist der persische; er enthält zweimal soviel Farbstoff wie die andern Sorten, und auch von ihm gibt es wiederum verschiedene Abstufungen. Nächstdem folgt der bengalische oder indische und dann der ägyptische Safflor. Man kann annehmen, daß Ägypten jährlich 750000—1000000 kg Safflor ausführt. Die Blumen kommen in der Form von kleinen gepreßten Broten oder getrockneten Scheiben in den Handel. Es finden sich darin zwei verschiedene Farbstoffe, ein in Wasser löslicher gelber, welcher nicht verwendet wird, und ein andrer, roter, der bloß in alkalischen Flüssigkeiten löslich ist und Carthamin heißt. Letzterer besitzt eine solche Färbekraft, daß eine ganz geringe Menge davon hinreicht, um eine große Fläche damit zu decken und schön rosenrot zu färben. In der Färberei wird der Safflor, trotz seiner geringen Dauerhaftigkeit, dazu benutzt, seidenen, baumwollenen, auch leinenen Stoffen recht glänzende rote und rosa Farben zu verleihen. Im Handel findet man noch das aus dem Safflor dargestellte Safflorextrakt, sowie den in diesem enthaltenen roten Farbstoff Carthamin; beide werden bei der Herstellung künstlicher Blumen, sowie zur Bereitung der feineren Sorten von Schminke verwendet. Da im Safflor nur 0,3 — 0,6 Prozent Carthamin enthalten sind, so ist leicht erklärlich, daß dieser schöne Farbstoff einen sehr hohen Preis besitzt.

Von der Alkanna, deren dunkelroter Farbstoff ein schönes, aber nicht beständiges Violett auf Geweben gibt und Anchusin oder Alkannarot heißt, gibt es zwei Sorten: eine echte von der Lawsonia inermis, aus dem Morgenlande, und eine unechte, von der Färberochsenzunge (Anchusa tinctoria), die in den Umländern des Mittelmeers wild wächst, hier und da aber auch angebaut wird, z. B. in der Provence. Der Träger des Farbstoffs ist die sich leicht ablösende Rinde der Wurzel, der Holzkörper derselben enthält keinen Farbstoff. Das Anchusin ist ein purpurrotes Pulver von großer Färbekraft; es wird jedoch nur noch selten in der Kattun- und Seidendruckerei verwendet. Gewöhn-

Fig. 421. Blütenzweig von Blauholz (Haematoxylon campechianum).

lich erhält man diesen, in Wasser unlöslichen Farbstoff jetzt im Handel als roten Teig, durch Extraktion der Wurzel mit Benzin gewonnen, und verwendet ihn zum Rotfärben von Haarölen und Pomaden. Mit Alkalien wird der Farbstoff blau. Andre hierher gehörige Rotfarben sind das Harmala von der südrussischen Steppenraute (Peganum harmala); das Chica oder Carajuru von dem südamerikanischen Baume Bignonia chica; das Badischrot aus dem Marke der chinesischen, jetzt auch in Deutschland als Futterpflanze kultivierten Zuckerrohrhirse (Sorghum saccharatum), und das Tournesol von dem Krebskraut (Croton tinctorium) der Levante und Südeuropas, welches die bekannten Schminkläppchen liefert, die früher zum Färben von Konfitüren, Likören und der Rinde der feinen holländischen Käse (Eidamer) benutzt wurden.

Unter dem Namen „Rotholz" oder „Brasilienholz" beziehen wir aus Südamerika eine Anzahl Farbhölzer, deren Bäume sämtlich der Gattung Caesalpinia angehören. Darunter ist das Pernambukholz (Firnebock, Firlebuck in der Volkssprache) das älteste bekannte und farbreichste; seine indianische Benennung soll auf das Land Brasilien übertragen worden sein, das seit 1580 so genannt wird, während man schon 1494 „Brasilienhölzer" kannte. Früher hieß es wohl auch „Königinholz", weil seine Verwertung jahrhundertelang ein Monopol der portugiesischen Krone war. In zweiter Reihe steht das Limaholz aus Peru, neben ihm das St. Marthaholz aus Zentralamerika, in dritter das Jamaikaholz von den Antillen; gute Sorten sind ferner noch das Nikaragua= und Costaricarotholz. Auch Ost= asien liefert in dem Sapan ein Rotholz zweiter Sorte, von welchem wieder Bimas= und Siamsapan unterschieden wird. Der Farbstoff der Rothölzer heißt Brasilin. Die Hölzer selbst finden Anwendung in der Baumwoll=, Woll= und Seidenfärberei und Zeug= druckerei zur Hervorbringung von Karmesin, Rosenrot, Purpur und Amarant; alle diese Farben sind aber wenig haltbar und werden am Lichte zerstört, während Alkalien und Seife sie in Purpurrot oder Blaurot verwandeln. Das Rotholz wird auch zur Anfertigung des Kugellacks und einer Sorte von roter Tinte gebraucht.

Auch das Blauholz liefert, trotz seines Namens, einen purpurroten Farbstoff, das Hämatein, welches sich aus dem in diesem Holze enthaltenen Chromogen, dem Hämatoxylin, sehr leicht bildet. Man verwendet jedoch nicht dieses zum Färben, sondern einen eingedickten wässerigen Auszug, das Blauholzextrakt, welches seit 1839 Handels= produkt ist. Übrigens benutzt man es nicht direkt zum Rot=, sondern nur zum Blau=, Braun= und Schwarzfärben in Verbindung mit andern Farbstoffen. Es kommt von dem Baume Haematoxylon campechianum, dessen von Rinde und Splint befreites Kernholz es ist; es heißt auch nach dem Orte seiner ersten Auffindung, der Campechebai im Busen von Mexiko, „Kampescheholz". Im Jahre 1570 wurde es zuerst in England eingeführt. Da man aber damals noch nicht die Befestigung der Farbe verstand, so verbot unter der

Fig. 422. Waid (Isatis tinctoria).

Königin Elisabeth (1581) eine Parlamentsakte ausdrücklich die Einfuhr und den Gebrauch des „Logwood" (d. i. Stammholzes, so heißt es im Englischen). Über ein Jahrhundert lang ward dies Verbot aufrecht erhalten, obgleich vielfach dadurch umgangen, daß man für das Holz den neuen Namen „Blackwood" (Schwarzholz) er= fand. Im Jahre 1715 brachte Barham den Baum aus dem Festlande Mittelamerikas nach Westindien, woselbst er sich ungemein rasch und weit verbreitet hat. Das Blauholz ist schwerer als Wasser. Alle Farbhölzer werden durch Raspeln auf besonderen Maschinen zum Ge= brauche vorbereitet und haben dann, mit Wasser befeuchtet, noch eine mehrwöchentliche Gärung zu bestehen, wodurch bezweckt wird, den im Holze

nur in geringer Menge fertig gebildeten Farbstoff aus den Chromogenen zu entwickeln.

Ein andres Farbholz ist das ostindische Sandelholz von Pterocarpus santalinus; sein Farbstoff, das Santalin, ist jedoch in Wasser nicht löslich, sondern nur in alkalischen Laugen; ferner die afrikanischen Camholz und Barholz, mit demselben rotfärbenden Prinzip.

Der Waid (Isatis tinctoria), auch deutscher Indigo genannt, ist eine fast in ganz Europa wild wachsende Pflanze aus der Familie der Cruciferen, welche einen blauen Farbstoff in ihren Blättern führt, um dessen willen man sie seit alten Zeiten kultiviert hat. Ehe man den echten Indigo kennen lernte, lieferte der Waid denselben Stoff zu der schönsten und beliebtesten blauen Farbe, die man hatte. Schon die Griechen kannten ihn zu diesem Zweck, bei den Römern hieß er nach Plinius auch Glostum nach einem gallischen Wort, und die nordischen Barbaren sollen sich damit den Körper bemalt haben; unter Karl dem Großen mußte er, wild gesammelt, in die kaiserlichen Webereien wie der Krapp eingeliefert werden (er hieß Evaisda); aus dem Jahre 1276 stammen die ersten Nachrichten vom Anbau des Waid in Schwaben; 1290 säeten die Erfurter Bürger auf den Stätten der von ihnen ge= brochenen Nester der Raubritter als ein Symbol ihres Hauptgeschäfts Waidsamen aus, und sie brachten es in Kultur und Benutzung dieser Färberpflanze so weit, daß sie überall im Deutschen Reiche die „Waidjunker" hießen; im Anfange des 17. Jahrhunderts betrieben in Thüringen nicht weniger als 300 Dörfer den Waidbau, der ihnen sehr bedeutende Erträge abwarf. Aber als der Indigo aus Ostindien kam, sank dieser Betriebszweig sehr rasch, trotz aller Prohibitivmaßregeln. Umsonst versuchte zuerst Kaiser Joseph II. von Österreich, später Napoleon I. zur Zeit der Kontinentalsperre, den Waid wieder in Aufnahme zu bringen; der letztere setzte einen Preis von 500 000 Frank auf die lukrative Gewinnung von Indigo aus Waid — bis heute hat denselben noch niemand erworben, denn 1 Zentner Waid liefert kaum 130 g Indigo, und die Waidkultur wird nur hier und da noch spärlich betrieben, so z. B. in Thüringen, in Franken, Schlesien u. s. w. Die Blätter des Waids enthalten, wie schon erwähnt, den nämlichen Farbstoff wie die Indigopflanzen Ostindiens und Amerikas, das Indigo oder Indigotin, allein in dreißigmal geringerem Verhältnis als jene. Mit Waid wurden aber früher jene schönen Farbenmischungen erzeugt, welche unter dem Namen Persischblau berühmt waren und besonders viel Absatz nach der Levante fanden. In den Handel kommt der Waid entweder in Bündeln der getrockneten Pflanzen, oder in kleinen, rundlich kegelförmigen Broten, welche Waidkugeln oder Blaukörner heißen und die aus den auf der Waidmühle in Staub verwandelten Blättern bereitet werden, welche den Beginn einer fauligen Gärung überstanden haben und dann zusammengeknetet worden sind. Diese Waidkugeln haben eine bräunliche Farbe und einen leicht ammoniaka=lischen Geruch. Gegenwärtig wird Waid nur noch zum Stellen der sogenannten Waid=küpen verwendet.

Der wichtigste von allen Pflanzenfarbstoffen ist der Indigo oder das Indigblau. Der Name kommt aus dem Lateinischen; „Indicum“ oder das Indische hieß im Altertum der geschätzte Stoff. Er kommt von verschiedenen Gewächsen aus der Familie der Schmetter=lingsblütler, deren Gattung Indigofera, die Indig=tragende, heißt und welche in Ostindien, Südamerika und Nordafrika zu Hause sind. Den besten Farbstoff liefern Indigofera disperma in Ostindien und Zentral=amerika (Guatemalaindig); Indigofera tinctoria auf Madagaskar und Hayti; Indigofera anil in Westindien; Indigofera argentea in Afrika; Indigofera pseudo-tinctoria in Ostindien; Indigofera glauca in Arabien, Ägypten und Algier. Die Benutzung des Indigos zur Färberei ist uralt; des Königs Ahasveros Palast in Susan und der Mantel des Mardachai (im Buch Esther der Bibel) sollen das älteste Zeugnis dafür bieten. Die alten Griechen bezogen den Indigo aus Gedrosien (dem heutigen Mekran, westlich vom Indus, längs der Küste des Indischen Ozeans); auch die Römer kannten nach Plinius den schönen Blaustoff, der von Vitruvius ausdrücklich „indische Farbe“ genannt wird. Später han=delten die Araber damit; der berühmte Arzt Avicenna

Fig. 423. Zweig, Blüte und Frucht von Anilindigo (Indigofera anil).

(1036 n. Chr.) erwähnt ihn oft unter dem Namen Anil, wie er heute noch im Spanischen heißt. Man wußte aber lange nicht, woraus der Indigo gewonnen wird; eine Halberstädter Berg=werksordnung aus dem Jahre 1705 rechnet ihn noch zu den schürfbaren Mineralien; er hieß deshalb auch, wegen seiner Würfelgestalt, der „indische Stein“. Nichtsdestoweniger hatte schon Marco Polo im 13. Jahrhundert von den Indigopflanzungen Ostindiens berichtet. Nach Auffindung des Seewegs nahm Portugal den Indigohandel an sich; in der Mitte des 16. Jahrhunderts bemächtigten sich die Holländer desselben; erst im 17. wurde er in Europa allgemeiner bekannt und fing an, den Waid zu verdrängen. Im Jahre 1631 brachten sieben holländische Schiffe 290173 kg Indigo im Werte von über 5 Tonnen Goldes aus Batavia nach Amsterdam. Ungefähr um 1600 begann man in Deutschland den Waidküpen etwas Indigo zuzusetzen, um deren Blau zu erhöhen und zu beleben; dieser kleine Zusatz vergrößerte sich fortwährend, bis der Waid gänzlich wegfiel. Dies ging aber keineswegs glatt ab; wie bei der Einführung vieler fremden Stoffe stemmte sich auch hier das Vorurteil und der Erhaltungstrieb gegen die ausländische „Teufelsfarbe“. Denn so wird unter anderm noch der Indigo in der ihn streng verbietenden Frankfurter Reichs=polizeiordnung von 1577 betitelt. Namentlich agierten, wie schon erwähnt, die Waidbauern dagegen, wozu der Umstand Veranlassung bot, daß der Indigo in konzentrierter Schwefel= säure gelöst, diese aber von unwissenden Färbern nicht gehörig neutralisiert, daher aller= dings manches schöne Stück Zeug verdorben wurde, so verbot denn unter andern Sachsen 1650—53 den Gebrauch des Indigos bei Todesstrafe! In Nürnberg mußten die Färber alljährlich einen teuern Eid schwören, daß sie kein „Teufelsauge" (so hieß dort der Indigo) verwenden wollten. In Frankreich erhielten erst 1737 die Färber die Erlaubnis, jedes beliebige Färbemittel zu verwenden. Gegenwärtig verbraucht Europa jährlich für 180 bis 225 Millionen Mark Indigo für die Färberei in Wolle, Baumwolle, Tuch, Leinen und Seide, seltener zu Malerfarben. Angebaut wird der Indigo durch die Engländer in Ost= indien seit 1783; in Bengalen beträgt die dafür in Anspruch genommene Fläche 390 000 ha Landes. Allgemein nahm man früher an, der Indigo sei durch die Spanier nach Amerika verpflanzt worden; Humboldt hat aber bewiesen, daß er schon vor denselben heimisch war. Die alten Azteken malten mit dieser Farbe und hatten der Pflanze den anmutigen Namen „Xiuhquilpitzahuac" gegeben. Lopez de Gomora, ein Begleiter des Kolumbus, be= schrieb das blaue Pigment, das kurze Zeit darauf zu der noch jetzt in Mexiko allgemein üblichen Tinte verwendet ward. Wahrscheinlich kamen aber doch frühzeitig ostindische Indigo= pflanzen nach Amerika. Im Jahre 1699 wurde der Indigobau in Carolina eingeführt; man hatte den Samen von Hindostan nach den Antillen gebracht, und der Gouverneur Lukas sandte eine Probe davon an seine Tochter in Carolina, die eine Liebhaberei an Pflanzen hatte. Nach mehreren fehlgeschlagenen Versuchen gelang es ihr, das Gewächs zur Blüte und Reife zu bringen. Der Gouverneur sandte nun einen gelernten Indigobereiter; der erste Indigo in Carolina wurde gewonnen, und die Folge war, daß jedermann nun= mehr Indigo bauen wollte; in wenigen Jahren wurden an 100 000 kg nach England ge= sandt, und vor dem Kriege im Jahre 1775 betrug die Ausfuhr 550 000 kg. In Ägypten wurde der Indigobau durch Mehemet Ali in den zwanziger Jahren eingeführt; die russische Regierung hat sich bemüht, ihn in Transkaukasien heimisch zu machen.

Das Indigblau ist in der Pflanze nicht fertig enthalten, sondern bildet sich erst durch Zersetzung des im Saft enthaltenen, an und für sich farblosen Stoffs Indican mittels der Gärung, wenn frische Pflanzen, durch die Maceration (Zerkleinerung mit Auslaugung), wenn getrocknete verwendet werden; ersteres Verfahren ist das üblichere. In den Handel kommt der Indigo in Gestalt kleiner Würfel, auch von länglichen oder flachen Stücken, verpackt in Kisten oder Seronen (Säcke aus frischen Tierhäuten). Es gibt zahlreiche Abarten und Sorten davon. Außer dem Blau enthält der Indigo auch einen roten und einen braunen Farbstoff und kann außerdem in einen gelben, die Pikrinsäure, die man jedoch jetzt allgemein aus Karbolsäure bereitet, verwandelt werden. Die Menge des in ihm enthaltenen blauen Farbstoffs, des Indigotins, bedingt übrigens einzig und allein seinen Wert; zur Bestimmung derselben gibt es verschiedene Arten der Prüfung (Indigoprobe). Wie nötig eine solche Probe ist, beweist die Thatsache, daß der Gehalt an reinem Indigotin in den verschiedenen Handelssorten des Indigos zwischen 20 und 90 Prozent schwankt. Denselben Farbstoff führt auch der Färbeknöterich, Indigobuchweizen oder chinesischer Indigo (Polygonum tinctorium), eine einjährige Pflanze aus der Familie der Polygoneen. Sie stammt aus China, wo sie seit undenklichen Zeiten zur Indigogewinnung angebaut wird, und ward 1835 in Frankreich, 1838 in Deutschland eingeführt. Es sind zahlreiche Ver= suche damit gemacht, aber dadurch eine Konkurrenz des Indigos nicht erreicht worden. Die grünen Blätter des Färbeknöterichs liefern auf 1000 kg etwa $7\frac{1}{2}$ kg Indigo.

Unter den gelbe Farbstoffe liefernden Pflanzen ist zuerst der in ganz Europa ein= heimische Wau, Gelbkraut (Reseda luteola) zu nennen, ein zweijähriges Gewächs aus der Familie der Resedaceen, das im oberen Teile seiner Stengel, namentlich in den letzten Blättern und in den Fruchthülsen, das Luteolin enthält, welches der Färberei sehr reine und glänzende Farben liefert, die sich an der Luft weniger verändern als andre gelbe Pflanzen= farben. Es erfordert keine andre Zubereitung als das Kochen der getrockneten Pflanzen mit verdünnter Schwefelsäure. Gegenwärtig wird Wau nur noch wenig benutzt, da man bessere Gelbfarben hat. Seinen Farbstoff enthalten auch: das Stroh von Buchweizen (Polygonum fagopyrum); der Färbeginster (Genista tinctoria) und die Färberscharte (Serratula tinctoria), lauter Pflanzen, welche früher vielfach in der Färberei verwendet wurden, jetzt aber ebenfalls durch bei weitem ausgiebigere Farbepflanzen verdrängt sind. Das Gelbholz ist das Kernholz des in Westindien und Brasilien einheimischen Färbermaulbeerbaums (Morus tinctoria), deren färbender Bestandteil, das Morin, in der Wollfärberei zu Grün und Braun, in der Seidenfärberei und Kattundruckerei nicht nur zu Gelb, sondern, weil das Gelbholz durch Schwefelsäure nicht leidet, auch zu Grün verwendet wird. Die in den nordamerikanischen Wäldern wachsenden Färbereichen (Quercus tinctoria und nigra) liefern in ihrer von der Oberhaut befreiten und zu grobem Pulver zermahlenen Rinde das Quercitron, einen der schönsten gelben Farbstoffe, der in allen Zweigen der Färberei Verwendung findet. Seit 1818 hat man in Frankreich (im Bois de Boulogne) Färbereichen angepflanzt, auch in Bayern Versuche damit gemacht. Das Färbevermögen des Baumes ward 1784 von Bancroft entdeckt, welcher 1786 vom englischen Parlament ein Monopol für Einfuhr und Gebrauch auf eine Reihe von Jahren erhielt. Auch das ungarische Gelbholz oder Fiset, vom Färbersumach oder Perrückenbaum (Rhus cotinus), enthält den Farbstoff des Quercitron und findet in der Wollfärberei Verwendung.

Fig. 424. Indigobereitung in Bengalen.

Der Orlean ist eine breiartige Masse, die in den Fruchtkapseln des Baumes Bixa orellana enthalten ist, der in den Anlanden des Amazonenstroms, früher Orellana genannt, wächst, daher der Name. Der Farbstoff wird durch Einweichen der reifen geöffneten Samenkapseln in Wasser, Durchrühren durch Siebe und Absetzenlassen aus dem Wasser gewonnen und kommt dann in Form einer orangeroten, breiigen Masse in den Handel. Der eigentliche darin enthaltene Farbstoff wird Bixin genannt, bildet aber kein Handelsprodukt. Der Orlean wird nur in der Seidenfärberei zu Orange, dagegen in der Woll- und Baumwollfärberei nicht verwendet. Außerdem sind von gelben Pflanzenfarben noch zu nennen: Curcuma oder Gelbwurzel, von dem ostindischen Gelbingwer (Curcuma longa), mit dem Farbstoff Curcumin, Kreuzbeeren vom Färberwegedorn (Rhamnus amygdalinus), und Avignonkörner, von Rhamnus infectorius, aus den Mittelmeerländern mit den Farbstoffen Xanthorhamnin und Chrysorhamnin; Natalkörner oder chinesische Gelbkörner, unentwickelte Blütenknospen der Sophora japonica, enthalten Quercitrin, den Farbstoff der Quercitronrinde; Saffran (Crocus sativus), eine bekannte südeuropäische Zwiebelpflanze, schon von den Alten geschätzt — nach Strabo und Dioskorides wuchs der beste am Vorgebirge Korykos in der Korykischen Grotte — mit dem Farbstoff Crocin, der aber jetzt in der Färberei kaum mehr gebraucht wird; chinesische Gelbschoten oder Wongshy, Samengefäße einer Pflanze aus der Familie der Gentianeen, Berberitzwurzel u. s. w.

Der einzige grüne Farbstoff der organischen Natur, welcher nicht aus Gelb und Blau zusammengesetzt wird, sondern, unmittelbar angewendet, die Seide schön echt grün färbt, ist das Lo=Kao oder chinesische Grün. Man gewinnt es durch wässerigen Auszug aus der Rinde zweier Kreuzdornarten, Rhamnus chlorophorus und Rhamnus utilis; es kommt in flachen, bläulichgrünen Scheibchen in den Handel. Auch das bekannte Saftgrün wird aus einem Kreuzdorn, Rhamnus cartharcticus, und zwar aus den Beeren bereitet. Selbst der grüne Farbstoff aller Pflanzen, das Blattgrün oder Chlorophyll, könnte zum Färben benutzt werden, wenn seine Behandlung nicht mit Schwierigkeiten verbunden wäre, welche noch nicht einmal zur genauen Kenntnis seiner chemischen Natur haben gelangen lassen. Vielleicht ist dem, wie die prachtvollen Herbstfärbungen der Blätter andeuten, sehr verwandlungsfähigen Stoffe noch eine Zukunftsrolle vorbehalten.

Mineralische Farbstoffe. Bekanntlich gibt es eine große Zahl von Farbstoffen, welche das Mineralreich liefert, allein die unmittelbare Verwendung derselben in der Färberei ist seltener als in der Malerei, der sie vorzugsweise dienen. Die wenigsten mineralischen Farbstoffe nämlich verbinden sich direkt mit der Faser, vielmehr bedarf es in der Regel der Vermittelung dritter Stoffe, um die Vereinigung zu bewirken, auch wenn dieselbe nur eine sehr innige mechanische ist, und dadurch hervorgerufen, daß die Bildung des Farbstoffs erst innerhalb des Faserstoffs stattfand. Ein viel verwendeter mineralischer Farbstoff, z. B. das Chromgelb, wird in dieser Art aus seinen Bestandteilen erst auf der Faser gebildet, indem diese zuerst in eine Lösung von essigsaurem Bleioxyd (Bleiacetat) eingeweicht und darauf durch eine solche von chromsaurem Kali (Kaliumchromat) gezogen wird. Dadurch bildet sich chromsaures Bleioxyd, jetzt Bleichromat genannt, die gelbe Farbe, welche, auf der Faser niedergeschlagen, fest an derselben haftet. Ganz auf ähnliche Weise wird das Berliner Blau auf der Faser erzeugt, indem man eine Lösung von Blutlaugensalz und eine zweite von Eisensalz anwendet. Insofern sind die Mineralfarben der Färberei und Zeugdruckerei allerdings „chemische" Farben, doch bezeichnet man mit letzterer Benennung vorzugsweise eine Reihe von neuen Farbenkombinationen, die wir gleich kennen lernen werden. Einzelne Mineralfarben verbinden sich übrigens auch unmittelbar mit der Faser, z. B. das Eisenoxyd. Das aber, was aus dem Mineralreiche in der Färberei Anwendung findet, sind nicht bloß an sich farbige Stoffe, welche auf die Zeuge in irgend einer Art befestigt werden, also nicht lediglich Farbstoffe, sondern auch, und zwar ganz besonders solche Stoffe, welche diese Befestigung mit bewirken und welche die eigentümliche Verbindung erst mit dem Farbstoffe eingehen, infolge deren er sich auf der Gewebefaser niederschlägt. Eine große Anzahl an sich farbloser Körper wird dadurch gewissermaßen zu Farbstoffen, daß sie mit denselben gefärbte Verbindungen eingehen und die Befestigung auf den Zeugen vermitteln; wir nennen von solchen Körpern vor allen die Beizen (Mordants), von denen wir noch ausführlich sprechen werden; dann aber gibt es noch eine Menge mineralischer Körper, die entweder für sich allein oder in Verbindung mit andern in der Färberei oder Druckerei Verwendung finden. Hier mögen nur erwähnt werden: Alaun, schwefelsaure und essigsaure Thonerde, Arseniksäure und arsensaures Natron (der Gefährlichkeit wegen jetzt immer mehr beschränkt), essigsaures (Bleizucker) und salpetersaures Bleioxyd (Bleinitrat), gelbes und rotes Blutlaugensalz, gelbes und rotes chromsaures Kali, schwefelsaures Eisenoxydul (grüner oder Eisenvitriol), salpetersaures Eisenoxyd (zu Königsblau, Pariser Blau), Eisenchlorür, schwefelsaures Kupferoxyd (blauer oder Kupfervitriol), essigsaures Kupferoxyd (Grünspan), chromsaures Kupferoxyd und dessen Ammoniakverbindungen, Mangansalz, Weinstein (zweifach weinsaures Kali) und als Surrogat desselben Natriumbisulfat, Zinnsalz oder Zinnchlorür, einer der wichtigsten Stoffe für den Färber zur Beize, Zinnchlorid, Zinnkomposition und Zinnsalz, essigsaures und oxalsaures Zinn, zinnsaures Natron oder Präpariersalz, Brechweinstein (weinsaures Antimonoxydkali) und als Surrogat für denselben Kaliumantimonoxalat; ferner Rhodankalium und Rhodanbaryum in der Zeugdruckerei u. s. w. Außer denselben gibt es noch eine ganze Reihe von Salzen und Säuren, Alkalien und Erden, welche zu untergeordneten Zwecken gebraucht werden. Bei der Betrachtung der Färbereimethoden werden wir auf Einzelheiten einzugehen Gelegenheit haben.

Chemische Farbstoffe. Es bleiben uns nunmehr noch die nicht ganz richtig so genannten chemischen Farbstoffe übrig. Sie werden fast alle aus früher kaum benutzbaren oder doch von einer schönen Farbenwirkung so weit entfernt scheinenden Materien dargestellt, daß ihre Gewinnung allerdings ein Triumph der Chemie zu nennen ist, mit welchem kaum ein andrer sich vergleichen kann. Teer und Teerprodukte — wer würde diesen Dingen von Haus aus das Recht einräumen, in den feinsten Damentoiletten zu figurieren? Und doch haben die aus ihnen bereiteten Farben sich fast das Monopol dafür im Laufe weniger Jahre gesichert. Sie sind allerdings auch im stande, fast alle andern in der Färberei bisher üblichen vegetabilischen und tierischen Farbstoffe zu ersetzen. Wie schon angedeutet, werden die chemischen Farbstoffe aus dem Teer, dem Verbrennungsprodukt von Holz und Steinkohlen dargestellt, und zwar vorzugsweise aus folgenden seiner zahlreichen Bestandteile: dem Anilin und Toluidin, dem Naphthalin, Anthracen, dem Benzol und Toluol, der Karbolsäure und dem Kresol. In eine zweite Gruppe stellt sich bloß das Murexid, welches aus der in Schlangenexkrementen und Guano enthaltenen Harnsäure bereitet werden kann, jetzt aber gar nicht mehr verwendet wird; in eine dritte gehören die durch Zersetzung von Alkaloiden — Chinin, Chinchonin u. s. w. — erhaltenen, aber wohl nie in allgemeineren Gebrauch gekommenen Farben das Chiningrün (Dalleiochin), Chininblau u. s. w.

Die Entdeckung der chemischen Farbstoffe hat eine große Umwälzung in der Färberei und Farbenbereitung bewirkt, und bei weiteren Untersuchungen wird sich ohne Zweifel für manches dieser künstlichen Produkte die Identität mit in der Natur fertig gebildeten Farbstoffen des Pflanzen= und Tierreichs herausstellen.

Die Teerfarben. Die Entdeckung derselben ist noch nicht sehr alt und eine deutsche. Im Jahre 1837 veröffentlichte der Chemiker F. Runge zu Oranienburg die Resultate seiner Untersuchung des Steinkohlenteers, in welchem er eine flüchtige organische Salzbasis gefunden hatte, die er Kyanol nannte; 1840 erhielt Fritzsche aus dem gleichen Stoff ein basisches Öl, bezüglich dessen der deutsche Professor der Chemie A. W. Hofmann in London 1843 nachwies, daß die genannten Stoffe sowohl unter sich gleich seien, als auch mit dem schon 1826 von Unverdorben aus dem Indigo dargestellten Kristallin und mit Zinins Benzidam; nachdem Erdmann in Leipzig bereits 1840 die Identität von Kristallin und Anilin erkannt hatte. Der letztere Name blieb nun der neuen Substanz wegen ihrer nahen Verwandtschaft mit dem Indigofarbstoff; ihre Wichtigkeit als Färbmittel freilich wurde in der ersten Zeit nur von den Gelehrten erkannt, schließlich aber fand sie doch auch bei den Praktikern solche Anerkennung, daß sich auf Grund derselben eine eigne Industrie der Verwertung des Steinkohlenteers zu Farben rasch entwickelte. Und zwar sind die Farben, die man aus den Derivaten des Teers darstellen kann, sehr mannigfacher Art, denn es sind, wie gesagt, in dem Teer an sich schon viele verschiedenartige Stoffe enthalten und fast jeder derselben läßt sich wieder in ganze Reihen von Farbkörpern überführen.

Bei der Destillation des Teers geht zunächst eine leichte und dann immer schwerer werdende ölige Flüssigkeit über — dies ist das Ausgangsmaterial für den zunächst zu betrachtenden Teil der Teerfarbentechnik; bei weiterem Erhitzen folgen dann Dämpfe, die sich beim Erkalten zu festen kristallinischen Massen verdichten. Das Destillat besteht seiner chemischen Natur nach aus drei Gruppen verschiedenartiger Körper. Die eine hat einen neutralen Charakter und umfaßt eine Anzahl flüssiger Kohlenwasserstoffe: Benzol, Toluol, Xylol, Cumol, Cymol u. a., sowie das feste Naphthalin und Anthracen. Von den andern beiden ist die eine Gruppe basischer Natur, sie enthält Anilin, Toluidin, Pikolin, Chinolin, die letzte aber besteht aus Körpern, die einen schwachsauren Charakter besitzen, zugleich aber auch ihrem chemischen Verhalten nach als Alkohole aufgefaßt werden können; es sind das Phenol (Phenylsäure, Karbolsäure) und das Kresol (Kresylsäure). Übrigens sind diese Gruppen untereinander nahe verwandt, so daß manche ihrer Glieder in Glieder andrer Gruppen übergeführt werden können, und man macht davon Gebrauch, indem man z. B. jetzt nicht mehr die geringen Mengen des im Teeröl schon fertig gebildeten Anilins zur Bereitung der Anilinfarben benutzt, sondern dasselbe aus dem Benzol sich darstellt. Immerhin aber werden behufs zweckmäßiger Behandlung die verschiedenen Körper des Teeröles aus demselben gruppenweise abgeschieden (die basischen durch Ausziehen mit Säuren, die schwachsauren durch Behandlung mit Basen, z. B. Natronlauge), so daß schließlich diejenigen Verbindungen zurückbleiben, welche wir in der ersten Gruppe zusammen genannt haben. Sie unterscheiden sich voneinander durch verschiedene Siedepunkte und dieser Umstand gibt das

Mittel an die Hand, sie auf dem Wege der fraktionierten Destillation für sich darzustellen. Was zwischen 80 Grad und 120 Grad überdestilliert, ist dasjenige Produkt, welches als Benzol oder Benzin in den Handel kommt und das Ausgangsmaterial für die Anilinfarbenfabrikation bildet. Es besteht aber nicht aus reinem Benzol, sondern enthält nicht beträchtliche Mengen von Toluol, und zwar um so mehr, bei je höherer Temperatur es übergegangen ist, da das reine Benzol bei 80 Grad, das Toluol aber erst bei 114 Grad siedet. Indessen ist diese Beimischung für die Farbenbereitung nicht nur nicht schädlich, sondern es hat sich sogar herausgestellt, daß zur Herstellung von Anilinviolett und Anilinrot ein Gemisch von 30 Prozent Anilin und 70 Prozent Toluidin das vorteilhafteste Rohmaterial ist. Das Toluidin aber bildet sich aus dem Toluol durch dieselbe Behandlungsweise wie das Anilin aus dem Benzol. Weder Toluidin allein, noch Anilin allein geben Farben von besonderer Schönheit, sondern nur die Mischung beider. Zur Erzeugung gewisser Farben ist jedoch auch reines Anilin und zu andern wieder reines Toluidin nötig, ersteres z. B. für Anilinschwarz und Fuchsinblau, letzteres für andre blaue und violette Farben. Die in diesem Falle nötige Trennung des Rohbenzols in reines Benzol, Toluol und Xylol geschieht in großen eisernen Apparaten mit kupferner Kolonne, wie sie zur Rektifikation von Spiritus angewendet werden. Von allen diesen Körpern war, wie schon erwähnt, das Anilin der am frühsten bekannte; von ihm hat das ganze große Farbenreich den vulgären Namen Anilinfarben erhalten, der immer noch gebräuchlich ist, obwohl man jetzt darunter auch viele Farben, die aus andern Verbindungen erzeugt werden, mit einbegreifen muß.

Welche Bedeutung die Fabrikation der Teerfarben seit der verhältnismäßig kurzen Zeit ihrer Einführung erlangt und welche Steigerung die Produktion auch noch in den letzten Jahren erfahren hat, geht aus folgenden Zahlen hervor.

Der Wert der Produktion von Teerfarben belief sich im Jahre 1878 in Europa auf 63 Millionen Mark, hiervon kamen auf

Deutschland	. . . . .	40 Millionen Mark
England	. . . . .	9 „ „
Frankreich	. . . . .	7 „ „
Schweiz	. . . . .	7 „ „

Für das Jahr 1883 dagegen wird die Gesamtproduktion auf 80—90 Millionen Mark angegeben, wovon etwa 60 Millionen Mark auf Deutschland kamen; $^4/_5$ der deutschen Produktion werden exportiert. Ungefähr 450 Millionen kg Steinkohlenteer werden jährlich für die Farbenfabrikation verbraucht.

Anilinfarben. An dieser Stelle haben wir darunter nur diejenigen zu verstehen, welche wirklich aus Anilin oder vielmehr aus Anilin und Toluidin dargestellt werden. Der Farbenchemiker bedient sich dazu eines käuflichen Produktes, des sogenannten Anilinöles, welches schon mehr oder weniger aus der angegebenen Mischung besteht und aus dem rohen toluolhaltigen Benzol erhalten worden ist, indem man dasselbe zuerst mittels Salpetersäure in Nitrobenzol und Nitrotoluol verwandelt. Durch reduzierende Mittel, wie Wasserstoff im Momente des Entstehens (durch Zusatz von Eisen und verdünnter Säure), wird dieses Gemenge in Anilin und Toluidin übergeführt. In reinem Zustande ist das Anilin ein farbloses Öl, das sich allmählich an der Luft rot färbt und erst in einer Kältemischung von Äther und fester Kohlensäure erstarrt. Es bricht das Licht außerordentlich stark, leitet jedoch die Elektrizität fast gar nicht. Sein Geruch erinnert an den des frischen Honigs, der Geschmack ist aromatisch brennend. In Wasser ist das Anilin nur wenig löslich, leicht dagegen in fetten und ätherischen Ölen, in Äther und Alkohol.

Perkins, ein englischer Chemiker, der sich mit Versuchen zur Herstellung von künstlichem Chinin beschäftigte, erhielt 1856, als er das Anilin mit oxydierenden Körpern behandelte, eine schwarze Masse, welche sich mit violetter Farbe löste. Dies war das Anilinviolett, welches nachher als Violettliquor in den Handel gebracht wurde, die erste zu praktischer Verwendung gelangende Teerfarbe. Anfänglich schien jedoch der hohe Preis — das Kilogramm berechnete sich auf 4000 Frank — ein Hindernis, an ihre Verwendung als Farbstoff zu denken. Ihr Erfinder zögerte deshalb, an die fabrikmäßige Herstellung zu gehen. Einige französische Fabrikanten dagegen (u. a. Poirrier & Chappat Fils) wagten das Unternehmen, indem sie das Perkinssche Verfahren abänderten, und hatten Erfolge damit.

Fig. 425. Apparat zur Darstellung des Methylanilins.

Die Hauptschwierigkeit war nur noch die Beschaffung des Anilins — dieser Körper war zwar wohl den Chemikern bekannt, aber noch nicht Gegenstand industrieller Bereitung. Daß er aus dem Nitrobenzol, welches schon seit den dreißiger Jahren als künstliches Bittermandelöl in geringen Mengen dargestellt wurde, erhalten werden konnte, war zwar ein Fingerzeig, aber dieser vermochte nicht viel zu helfen, denn auch die fabrikmäßige Darstellung des Nitrobenzols mußte erst hervorgerufen werden. Indessen waren hiermit die Farbefabrikanten wenigstens an die richtige Quelle gewiesen — an die Gasanstalten, welche den Teer in unversieglichen Mengen lieferten; aus dem Teer ließ sich das Benzol und daraus Nitrobenzol und Anilin bereiten. Als dies auf zweckmäßige Weise auszuführen gelungen war, fiel der Preis des Anilins sehr rasch. Hatte es noch einige Zeit 150 Frank per Kilogramm gekostet, so dauerte es nicht lange und man konnte dasselbe Quantum für 25 Frank, ja später (1869) sogar schon für 2½ Frank kaufen. Die Zeit, von der wir reden, war indessen zwölf Jahre früher. Inzwischen hatte der deutsche Chemiker A. W. Hofmann 1859 entdeckt, daß sich außer dem violetten Farbstoffe aus dem Anilin auch eine wundervolle rote Farbe darstellen ließe. Berguin, ein industrieller Chemiker in Lyon, nahm sich der Erfindung an und ließ sich ein Verfahren für die fabrikmäßige Herstellung patentieren, welches Patent er an Rénard Frères in Lyon abtrat. Der neue Farbstoff — Rénard Frères nannten ihn Fuchsin — machte nicht geringeres Aufsehen als vordem das Anilinviolett — es wurde anfänglich mit 1200 Frank per Kilogramm verkauft, jetzt erhält man ein bei weitem reineres Produkt je nach Qualität für 7—15 Mark. Die je nach der Bereitungsweise verschiedenen Nüancen des Anilinrots kamen damals unter zahlreichen verschiedenen Namen als Magentarot, Azalein, Solferino, Rosein, Erythrobenzin, Harmalin u. s. w. in den Handel, die jedoch jetzt nicht mehr gebräuchlich sind. Jetzt heißt der Farbstoff nur noch Fuchsin und die ohne Arsensäure bereitete Sorte Rubin. Fortschritte auf Fortschritte wurden gemacht — und bald zahlreiche Verfahren zur Bereitung des Fuchsins erfunden, um das Verbietungsrecht der ersten Patentinhaber zu umgehen. So verschieden aber jene auch waren, alle kamen sie auf einen und denselben chemischen Prozeß hinaus, das Gemenge aus Anilin und Toluidin mit Oxydationsmitteln zu behandeln und durch den frei werdenden Sauerstoff der letzteren den genannten beiden Basen einen Teil ihres Wasserstoffs zu entziehen, wodurch dieselben zu einer neuen eigentümlichen, gewissermaßen kombinierten Base zusammentreten, welche Rosanilin genannt wird und deren Chlorwasserstoffverbindung das Fuchsin ist. Daraufhin entschieden auch die Gerichte, welchen die zahlreichen Patentstreitigkeiten vorgelegt wurden, zu gunsten der Gebrüder Rénard. Behufs Darstellung von Fuchsin wird das Rosanilinöl (und zwar solches mit höherem Toluidingehalt) mit Arsensäure erhitzt, wodurch letztere durch Sauerstoffabgabe zu arseniger Säure reduziert und Wasser gebildet wird. Das Produkt dieser Einwirkung wird mit siedendem Wasser behandelt und mit Salzsäure zersetzt, wodurch der größte Teil der arsenigen Säure abgeschieden wird, während sich salzsaures Rosanilin (Fuchsin) bildet. Dieses fällt man durch Zusatz von Kochsalz aus der wässerigen Lösung und erhält es durch wiederholtes Umkristallisieren in prächtig metallisch grünglänzenden Kristallen, die sich in Wasser mit roter Farbe lösen. Die letzten Spuren Arsen sind sehr schwierig zu entfernen; daher bereitet man jetzt giftfreies Fuchsin ohne Arsensäure, indem man eine Mischung von Anilinöl mit Nitrobenzol und starker Salzsäure oder Chlorzink auf 190—240° C. erhitzt.

In Deutschland, England und der Schweiz erlangte die Fabrikation des Fuchsins bald sehr bedeutende Dimensionen, zumal dieser Körper als Rohmaterial für die Bereitung vieler andern Anilinfarben fabriziert wurde, deren Zahl sich bald erheblich vermehrte.

So fanden Girard und de Laire, daß sich das Fuchsin in ein Violett umwandeln läßt, Violet impérial, welches, wenn man es mit Anilin erwärmt, in einen prachtvollen blauen Farbstoff übergeht. Damit war aber die lange Reihe der Farbenveränderungen, welche das Rosanilin durchlaufen kann, nicht geschlossen. Girard und de Laire hatten aus dem Fuchsin das Kaiserviolett erhalten, indem sie durch geeignete chemische Einwirkungen in der Zusammensetzung des Rosanilins an Stelle eines Atomes Wasserstoff ein Molekül des Phenylradikales gebracht hatten. Der schon oft genannte deutsche Chemiker Hofmann machte ein Verfahren ausfindig, mit Hilfe dessen sich in entsprechender Weise dem Rosanilin die alkoholischen Radikale Äthyl und Methyl für gleiche Atome Wasserstoff substituieren ließen.

Fig. 426. Inneres einer Anilinfabrik. Apparate zur Herstellung des Anilinblaus.

Das praktische Ergebnis war eine violette Farbe, welche alle bisherigen an Schönheit übertraf, sie ist unter dem Namen ihres Erfinders als Hofmanns Violett, ferner unter den Benennungen Dahlia, Äthylrosanilin, Primula u. a. bekannt geworden. Ihre Darstellung geschieht in großen Kupferblasen mit Doppelboden, für Dampfheizung eingerichtet (s. Fig. 425); in diese wird das Gemisch von Rosanilin, Alkohol, Äthyl- oder Methyljodür und Ätzkali gegeben und mehrere Stunden erhitzt. Die übergehenden Dämpfe verdichten sich in einer Vorlage; in der Blase aber bildet sich, je nachdem, Methylrosanilin oder Äthylrosanilin, d. h. ein Rosanilin, in welchem drei Wasserstoffatome durch drei Moleküle Methyl oder Äthyl vertreten sind — dessen Salze bilden die genannten prachtvollen Farbstoffe. Neuerdings werden dieselben jedoch auf andre Weise bereitet; das Ausgangsmaterial hierzu bildet das Methylanilin, welches durch Erhitzen von salzsaurem Anilin mit Methylalkohol in emaillierten eisernen Autoklaven fabriziert wird. Das erhaltene Methylanilin wird dann mit chlorsaurem Kali und Kupfervitriol oxydiert; aus der erhaltenen Violettschmelze sondert man aber den Farbstoff durch Lösen in Wasser und Fällen mit Kochsalz.

Das eigentliche Anilinblau, im Handel als Azulin, Bleu de Paris, Bleu de Lyon oder Bleu de nuit bekannt, ist ebenfalls auf sehr verschiedene Weise dargestellt worden. Immer aber ist Rosanilin oder Fuchsin das Rohmaterial dazu. Die Erfinder Girard und de Laire hatten es (1861) erhalten, als sie ein Gemenge von Fuchsin und Anilinöl längere Zeit erhitzten und hierauf mit Salzsäure behandelten. Die dabei gebräuchlichen Apparate lernen wir aus Fig. 426 kennen, welche uns die sogenannten Ateliers des bleus einer französischen Anilinfarbenfabrik darstellt. Der Vordergrund des Raumes ist von verschiedenartigen Gefäßen mit Rohmaterialien, Filtrierapparaten und andern Hilfsmitteln erfüllt, welche bei der Fabrikation in Gebrauch kommen können. Im Hintergrunde aber sehen wir die Kochapparate, in denen die Umwandlung des Fuchsins oder eines andern Rosanilinsalzes in Blau mittels Anilin vor sich geht. Es sind deren im ganzen 16, welche zu je vier vereinigt von vier besonderen Feuerungen beheizt werden. Die Gefäße, in welche die Rohmaterialien gegeben werden, haben in unsrer Abbildung die Form großer Retorten mit einem abschraubbaren Deckel, durch dessen Mitte die Welle einer Rührvorrichtung geht; alle diese einzelnen Rührvorrichtungen aber sind mittels Triebwerken in Verbindung mit der durch die Dampfmaschine getriebenen Betriebswelle, von der sie ihre Bewegung erhalten. Eine zweite, mit einem Pfropfen zu verschließende Öffnung im oberen Teile dient zur Herausnahme von Proben, um zu erkennen, ob der Umbildungsprozeß weit genug vorgeschritten ist oder nicht. Der Hals der Retorten führt in eine gekühlte Vorlage, in welcher dasjenige Anilin sich verdichtet, welches überschüssig zugesetzt worden ist und infolge der Erhitzung abdestilliert. Die Beheizung geschieht nicht unmittelbar durch Feuer, sondern die Retorten sitzen in einem Ölbade, dessen Temperatur je nach dem Rezepte, nach welchem man arbeitet, mehrere Stunden lang auf 150—210° C. gehalten wird. Nach dieser Zeit ist die sogenannte Schmelze fertig und das Blau kann daraus auf verschiedene Weise von dem immer noch mit darin enthaltenen Anilin getrennt und rein dargestellt werden.

A. W. Hofmann hat durch seine klassischen Untersuchungen auch hier Licht gebracht und über die Verhältnisse des Anilinblaus, seine Bildung und Konstitution wichtige Angaben veröffentlicht. Man kann nämlich durch Erhitzen eines Rosanilinsalzes teils mit Anilin, teils mit Toluidin sowohl violette als auch blaue Farbstoffe erhalten, je nach der Temperatur und der Dauer der Einwirkung. Zunächst entstehen immer violette, dann bei fortgesetzter Einwirkung blaue Farbstoffe; während das Violett monophenyliertes Rosanilin ist, besteht das reine Blau aus triphenyliertem Rosanilin, und als eine zwischen beiden liegende Farbennüance erhält man diphenyliertes Rosanilin, d. h. es treten aus dem zugesetzten Anilin je nachdem ein, zwei oder drei Moleküle des Radikals Phenyl an die Stelle von ein, zwei oder drei Atomen Wasserstoff in das Rosanilin ein, während dieser Wasserstoff sich mit dem Stickstoff des Anilins zu Ammoniak verbindet, welches entweicht. Die im Anilinblau enthaltene Base ist also ein Rosanilin, in welchem die noch drei vertretbaren Atome Wasserstoff durch drei Moleküle Phenyl (aus dem Anilin stammend) ersetzt sind, also Triphenylrosanilin; die salzsaure Verbindung des letzteren ist dann das Anilinblau. Wendet man anstatt Anilin das Toluidin an, so erhält man ein Blau von anderm Tone, das Toluidinblau. Beide Farbstoffe sind nur in Spiritus löslich, finden daher in der Färberei fast gar keine Verwendung; für diesen Zweck müssen sie erst in wasserlösliche Farbstoffe umgewandelt werden. Dies geschieht durch Eintragen des trockenen Farbstoffs in erwärmte englische Schwefelsäure; dieselbe bildet mit dem letzteren, ähnlich wie der Indigo, eine gepaarte chemische Verbindung, die Triphenylrosanilinsulfosäure, deren Natronsalz dann das in Wasser lösliche Blau ist. Je nach der Menge der darin enthaltenen Schwefelsäure hat man drei verschiedene dieser Sulfosäuren, mit ein, zwei und drei Molekülen Schwefelsäure, und hiernach unterscheidet man auch wieder verschiedene Arten des Blaus, wie z. B. Wasser= blau (Bleu soluble), Alkaliblau, Bayrischblau. Auch aus Diphenylamin werden ähn= liche Farbstoffe bereitet (Diphenylaminblau). Bei Anwendung von Toluidin findet natürlich ein ganz ähnlicher Vorgang statt.

Mittels Aldehyds kann man auch das Anilingrün (Emeraldin) herstellen, wenn man damit eine mit Schwefelsäure versetzte Lösung von schwefelsaurem Rosanilin vorsichtig erhitzt und zu der Flüssigkeit sodann unterschwefligsaures Natron gibt, oder wenn man essigsaures Rosanilin mit Holzgeist und Jodäthyl zusammen in einem Autoklaven längere Zeit erhitzt. Das auf die erste Art hergestellte Produkt heißt Aldehydgrün, während das letztere den Namen Jodgrün führt. Das Anilingrün, welches alle andern grünen Farben nicht nur durch seine Schönheit weit hinter sich läßt, sondern sich auch besonders dadurch auszeichnet, daß es bei Kerzenlicht noch bei weitem feuriger erscheint als bei Tages= beleuchtung, ist von Eusèbe zuerst im Jahre 1863 bereitet worden. Trotz seiner Schön= heit ist das Anilingrün in neuerer Zeit fast ganz durch das Malachitgrün verdrängt worden, von welchem man verschiedene Nüancen hat, so bläulichgrün, gelblichgrün, sprit= löslich, wasserlöslich. Das Malachitgrün wird durch Behandlung von Dimethylanilin mit Benzaldehyd (künstlichem Bittermandelöl) erhalten, wobei zunächst Tetramethyldiamidophenyl= methan (eine Leukobase) entsteht, welches durch gelind wirkende Oxydationsmittel in die Grünbase übergeführt wird. Ein andrer derartiger grüner Farbstoff ist ferner das Methyl= anilingrün, aus Methylchlorid durch Erhitzen mit einer alkalischen Lösung von Methyl= anilinviolett im Autoklaven erhalten.

Aus den bei der Verarbeitung der Fuchsinschmelze bleibenden Rückständen werden noch verschiedene andre Farbstoffe gewonnen, so Marron, Ceris, Phosphin, Grenadin und das Anilingelb. Diese letztere Farbe ist 1863 von Nicholson zuerst erhalten worden, man gebraucht sie namentlich in der Woll= und Seidenfärberei. Sie ist chemisch dadurch charakterisirt, daß sie eine besondere Basis, das Chrysanilin, enthält, welche in ihr entweder mit Salzsäure oder Salpetersäure verbunden ist, und ist also nicht mit der auch bisweilen als Anilingelb bezeichneten Pikrinsäure zu verwechseln.

Eine braune Farbe, Anilinbraun, welche eine Zeitlang die Mode als Havanabraun beherrschte, wurde von de Laire 1861 gefunden, indem er ein Gemenge von Anilinviolett oder Anilinblau mit salzsaurem Anilin erhitzte; Fuchsin mit salzsaurem Anilin gibt das be= kannte Bismarckbraun, das damals die Franzosen zu Ehren des großen Staatsmannes so tauften. Heute würden sie, wenn sie dem eisernen Fürsten eine ähnliche Artigkeit erweisen wollten, sich wahrscheinlich eine Nüance aussuchen, die etwas näher dem Schwarzen ver= wandt wäre. Es gibt auch ein Anilinschwarz, und es entsteht dasselbe, wenn man chlorsaures Kali auf salzsaures Anilin bei Gegenwart einer kleinen Menge vanadinsauren Ammoniaks einwirken läßt; doch hat man auch andre Verfahren, nach denen man es be= reiten kann; es wird aber gewöhnlich auf der Faser selbst erzeugt. Das sogenannte Indig= schwarz ist ein unlösliches Anilinschwarz, welches deswegen besonders in der Druckerei Verwendung findet.

Neben diesen aus dem Anilin oder größtenteils aus einem Gemenge von Anilin und Toluidin (denn das käufliche Benzol, aus welchem das Rohmaterial für die Farbenbereitung fabriziert wird, enthält außer Benzol eine nicht unbedeutende Menge von Toluol, die sich, wie wir schon hervorgehoben haben, als eine Notwendigkeit für die Praxis herausgestellt hat) herstellbaren Farben gibt es nun weiterhin wieder eine ganze Reihe solcher, die von der Phenylsäure ihren Ursprung ableiten.

Phenylfarben. Das Phenol, gleichbedeutend mit Phenylsäure, Phenylalkohol, Hy= droxylbenzol, Karbolsäure, Steinkohlenkreosot, findet sich in den schweren Teerölen, deren Siedepunkt über 180° C. liegt. Mit den Methoden seiner Darstellungsweise brauchen wir uns nicht zu befassen. Es genügt uns, zu wissen, daß das Phenol in reinem Zustande in farblosen, langen Nadeln kristallisiert, welche bei 37,5° C. schmelzen und einen eigentümlichen rauchähnlichen Geruch und ätzenden brennenden Geschmack haben. In Wasser von 20° C. ist es löslich, doch nimmt dasselbe nur etwa 5 Prozent auf. Seinem chemischen Charakter nach gehört das Phenol nicht zu den Kohlenwasserstoffen, da seine Zusammensetzung außer Kohlenstoff und Wasserstoff auch noch Sauerstoff zeigt und durch die Formel $C_6 H_6 O$ ausgedrückt wird; es gehört vielmehr, obschon eine schwache Säure, zu den Alkoholen.

Durch Behandeln mit Salpetersäure in der Hitze geht das Phenol in Pikrinsäure oder Trinitrophenylsäure über, jene bekannte gelbe giftige Substanz, die namentlich zum Färben der Seide benutzt wird. Sie besitzt unter allen Stoffen den bittersten, unbeschreiblich nachwirkenden Geschmack. Die Färbekraft dieser Säure ist sehr bedeutend; mit 1 g Pikrinsäure läßt sich 1 kg Rohseide strohgelb färben. Ein unter dem Namen Pikringelb im Handel vorkommendes Produkt ist nicht reine Pikrinsäure, sondern enthält neben derselben verschiedene pikrinsaure Salze und verlangt bei der Behandlung insofern einige Vorsicht, als es unter die leicht detonierenden Körper zählt. Aus der Pikrinsäure läßt sich durch Einwirkung von Cyankalium die Isopurpursäure darstellen, welche sehr schön rot gefärbte Salze bildet, von denen das eine, das isopurpursaure Ammoniak, als Grenat soluble in der Woll- und Seidenfärberei Anwendung gefunden hat. Mit Schwefelsäure und Oxalsäure erwärmt, zersetzt sich das Phenol unter Bildung eines Körpers, der ein Gemenge mehrerer Farbstoffe ist und Korallin genannt wird. Einer dieser Farbstoffe ist mit der von Runge schon 1834 entdeckten Rosolsäure isomer, aber nicht identisch. Man benutzt das Korallin zum Rotfärben von Wolle, Baumwolle, Papier und Seifen. Es hat seinen Namen davon erhalten, daß die mit ihm erzielten Farbentöne der Farbe der roten Koralle am nächsten kommen. Persoz, der ihn zuerst darstellte, nannte ihn Päonin, anläßlich der Ähnlichkeit mit der Farbe der Päonienblüten. Leider ist der Farbstoff nicht sehr beständig und erinnert, wie in mancher andern, so auch in dieser Eigenschaft an den Farbstoff des Safflor. Dagegen gibt der unter dem Namen Phenylbraun oder Phenicienne im Handel bekannte Körper, der ebenfalls aus der Phenylsäure durch gleichzeitige Einwirkung von Salpetersäure und Schwefelsäure erhalten wird, sehr dauerhafte Farben in den sogenannten Havananüancen. Auch einen blauen Farbstoff vermag man aus der Phenylsäure abzuleiten, wenn man Korallin mit Anilin erhitzt; um es von dem Anilinblau zu unterscheiden, hat man es Azurin genannt.

Ein in seinen Eigenschaften und chemischen Verhalten dem Phenol ganz ähnlicher Körper ist das Kresol; dasselbe ist stets ein Begleiter des rohen Phenols und wird von diesem nur durch sorgfältige Rektifikation mit genauer Berücksichtigung der Siedepunkte beider Substanzen getrennt. Bevor man von der Existenz des Kresols eine Ahnung hatte, war alles Phenol, welches unter dem Namen Karbolsäure in den Handel kam, kresolhaltig; jetzt erhält man ganz reines Phenol. Das Buchenholzteerkreosot ist reicher an Kresol als der Steinkohlenteer; trotzdem benutzt man den letzteren zur Darstellung dieses Körpers. Das Kresol, auch Kresylsäure oder Kresylalkohol genannt, läßt sich durch Behandlung mit Salpetersäure in ähnlicher Weise nitrieren wie das Phenol. Ein hierbei entstehendes Produkt, die Binitrokresylsäure, gibt mit Kali eine in schönroten kleinen glänzenden Kristallen sich abscheidende Verbindung, die sich in Wasser mit intensiv gelber Farbe löst und unter dem Namen Safransurrogat einen Handelsartikel bildet. Man nimmt an, daß der Körper unschädlich ist, und benutzt ihn daher vielfach zum Färben von Likören, Nudeln, Käse zc., wozu schon ganz geringe Mengen genügen. Beim Berühren mit einem glühenden Körper brennt dieses Binitrokresolkalium wie Schießpulver ab; durch Vermischen mit Salmiak kann man dem Farbstoff diese gefährliche Eigenschaft nehmen.

Naphthalinfarben. Die dritte Gruppe der Teerfarben wurzelt in dem Naphthalin, einem farblosen kristallinischen, aromatisch riechenden Stoffe, der aus dem bei der Destillation des Teeres sich abscheidenden gelben Öle in ziemlicher Menge gewonnen und durch Auspressen und Sublimieren von der Flüssigkeit geschieden wird. Zuerst nachgewiesen hat diesen Körper Garden im Jahre 1820. Mit Salpetersäure behandelt, verwandelt sich das Naphthalin in Nitronaphthalin, welches sich ganz analog dem Nitrobenzol verhält, so daß man aus ihm auf dieselbe Weise wie aus dem Nitrobenzol das Anilin, eine Basis, das Naphthylamin, abscheiden kann, welche, mit den entsprechenden Reagenzien behandelt, Farbstoffe liefert. Dieselben sind oft von großer Schönheit, in der Praxis finden hauptsächlich Anwendung ein Naphthalinbraun, ein Naphthalinrot, ein Gelb und ein Blau, das sogenannte Naphthylblau. Noch schönere Farbstoffe können aber aus dem der Naphthalinreihe zugehörigen Alkohol, dem Naphthol, von welchem man zwei isomere Arten, Alpha- und Betanaphthol hat, dargestellt werden. Man erhält diese Naphthole durch Schmelzen von naphthalinsulfosaurem Kali mit Kalihydrat. Namentlich aus dem Betanaphthol werden durch Verwandlung desselben in eine Sulfosäure und Behandlung derselben mit Diazoverbindungen prächtige gelbe, orange, rote und violette Farbstoffe erhalten, die Flavin, Kochenille und Orseille zu ersetzen im stande sind. Man nennt solche mittels salpetrigsaurem Natron hergestellte Farben Azofarbstoffe; hierher gehören z. B. Bordeaux, Ponceau, Orange, Croceinscharlach u. s. w. Durch die Behandlung mit einem Gemenge von Schwefel- und Salpetersäure geht das Naphthalin in Phthalsäure über, aus der wiederum verschiedene gelbe und rote Farbstoffe dargestellt werden können. Der eine davon, der mittels Salpetersäure, also durch Oxydation der Phthalsäure, erhalten wird, hat große Ähnlichkeit mit dem Alizarin und heißt deshalb Naphthazarin.

Resorcinfarben. Zu den Naphthalinfarben in gewisser Beziehung steht eine Gruppe neuer Farbstoffe, die man unter dem Namen Resorcinfarben zusammenfaßt, und zwar deshalb, weil die aus dem Naphthalin bereitete Phthalsäure zu ihrer Fabrikation verwendet wird. Zu diesen Farben gehören die verschiedenen Arten von Eosin (der Name vom griechischen Worte eos, Morgenröte, abgeleitet), das Erythrosin, Nopalin, Phloxin, Rose bengale, Coccin, Mandarine, Chrysolin u. s. w. Die Muttersubstanz für alle diese Farben bildet das Resorcin. Im Jahre 1864 war es, in welchem von Hlasiwetz und Barth durch Behandlung gewisser Gummiharze (Galbanum, Ammoniakgummi u. s. w.) mit schmelzendem Ätzkali ein neuer Stoff entdeckt wurde, dem sie wegen seiner Ähnlichkeit mit dem Orcin der Orseilleflechten und mit Rücksicht auf seine Bildungsweise aus Harz (Resina) den Namen Resorcin gaben. Von Körner wurde hierauf im Jahre 1866 nachgewiesen, daß sich dieser Körper auch aus Benzol bilden lasse, indem dasselbe zunächst in Dinitrobenzol, dann dieses in Parajodphenol und letzteres durch schmelzendes Kali in Resorcin übergehe. Bald fand man auch noch andre Mittel und Wege, auf billigere und einfachere Weise den interessanten phenolartigen Stoff herzustellen, so namentlich dadurch, daß man Benzoldampf in erwärmte Schwefelsäure einleitet und das Natronsalz der so gebildeten Benzoldisulfonsäure mit überschüssigem Ätznatron schmilzt. Dieses Resorcin ist nun der eine zur Erzeugung jener Farben nötige Körper; der andre ist die Phthalsäure, eine kristallinische organische Säure, die ein Zersetzungsprodukt des Naphthalins ist. Erhitzt man Phthalsäureanhydrit (d. i. wasserfreie Phthalsäure) mit Resorcin auf 195 bis 200° C., so entsteht nach Ad. Bäyer und E. Fischer das Phthalein des Resorcins oder, wie es jetzt genannt wird, das Fluorescein, eine in kleinen, dunkelbraunen Kristallen erscheinende Substanz, deren ammoniakalische Lösung durch eine prachtvolle Fluoreszenz in Grün und Gelb ausgezeichnet ist. Behandelt man das Fluorescein mit Brom, so erhält man Tetrabromfluorescein, dessen Natrium- oder Kaliumverbindung das schon erwähnte Eosin ist. Dasselbe kommt in Form kleiner glänzender, brauner Kristalle in den Handel, die sich in Wasser mit intensiv roter Farbe lösen; die Lösung erscheint nur bei durchfallendem Lichte rot, bei auffallendem gelb bis grünlichgelb. Der Farbstoff gibt auf Seide, Wolle und Baumwolle, je nach der Konzentration, ein prachtvolles Rosa bis Granatrot. Es ist durch diese höchst interessanten Thatsachen nicht unwahrscheinlich geworden, daß man in nicht zu ferner Zeit aus dem Resorcin oder ähnlichen Körpern die Farbstoffe des Blauholzes, Rotholzes u. s. w. wird künstlich herstellen können, namentlich nachdem Kopp nachgewiesen, daß bei der trockenen Destillation des Rotholzextraktes Resorcin als Spaltungsprodukt auftritt. Verwendet man anstatt Brom Jod, so erhält man das Tetrajodfluoresceinnatrium oder Erythrosin (auch Eosinblaustich genannt), während Erythrin ein Salz des sauren Methyläthers des Eosins ist, auch Methyleosin oder alkohollösliches Primarosa genannt wurde. Die chemische Natur vieler andrer hierher gehörigen Farben wird zum Teil noch von den Fabriken geheim gehalten.

Anthracenfarben. Die thatsächliche Nachbildung der Krappfarbstoffe auf chemischem Wege, des Alizarins und Purpurins, ist nicht aus den Derivaten des Benzols oder des Naphthalins gelungen, vielmehr haben dazu die Substanzen, die bei der Destillation des Teers bis zuletzt in der Retorte zurückbleiben, das Material geliefert. Es ist nämlich im Teer ein Bestandteil in geringer Menge enthalten, vielleicht auch, daß er sich erst bei der Destillation bildet — genug, er findet sich in denjenigen schweren Teerölen, die erst über= gehen, wenn der Retorteninhalt schon die Natur eines Peches angenommen hat. Dieser Bestandteil, das Anthracen, läßt sich rein darstellen, und die Chemiker haben sein Ver= halten zu den verschiedenen Reagenzien zum Gegenstande eingehender Studien gemacht. Dabei hat sich denn ergeben, daß durch Oxydation das Anthracen in einen neuen Körper übergeht, das Anthrachinon, der die Übergangsstufe zur künstlichen Darstellung des Ali= zarins bildet, indem es nur einer weitergeführten Sauerstoffaufnahme bedarf, um das letztere aus dem Anthrachinon darzustellen. Die ersten, denen dies (1868) gelungen ist, waren die deutschen Chemiker Gräbe und Liebermann, welche denn auch fortgesetzt an der Ver= vollkommnung der technischen Herstellungsweise gearbeitet und dieselbe mit dahin gebracht haben, daß das künstliche Alizarin jetzt von vielen Fabriken als Handelsgegenstand massen= haft hergestellt wird.

Es ist nicht nur von wissenschaftlichem Interesse, die Bildungsweise der Naturprodukte zu erforschen und auf häufig ganz verschiedenem Wege demselben Ziele nachzugehen: es hat eine derartige Erweiterung unsrer Kenntnisse und unsres Vermögens auch sehr gewichtige wirtschaftliche Bedeutung. Die Gesamtproduktion an Krapp wurde vordem auf jährlich 47 500 Tonnen veranschlagt. Bei einem durchschnittlichen Preise von 900 Mark pro Tonne entspricht dies einem Geldwerte von 42 750 000 Mark.

Die ganze ungeheure Bodenfläche, welche zum Anbau so großer Massen von Krapp nötig war, ist zum Teil bereits andern landwirtschaftlichen Zwecken übergeben worden, denn das künstliche Alizarin, das aus einem Stoffe bereitet wird, den man früher fast wertlos mit dem Teer verarbeitete, wird immer mehr anstatt des natürlichen Krapps an= gewendet. Da jetzt auch das Purpurin künstlich, und zwar aus dem Alizarin dargestellt werden kann, so stehen der Herstellung der verschiedensten Farbentöne in Rot auf Garnen und Geweben mittels dieser künstlichen Farbstoffe jetzt keine Hindernisse mehr im Wege, und in der That ist der Preis des Alizarins jetzt ein so niedriger geworden, daß er noch unter dem steht, den dieser Farbstoff in Form von Krapp je gehabt hat, denn die Wurzel enthält nur ungefähr ein Prozent Alizarin. Nach den Angaben der Badischen Anilin= und Sodafabrik war der Verbrauch an künstlichem Alizarin schon 1878 um circa 50 Prozent größer, als jemals die Gesamtproduktion des natürlichen Alizarins und Purpurins in Form von Krapp war, und wurde schon damals die tägliche Produktion von künstlichem Alizarin als zehnprozentige Paste in Europa auf 500 Zentner an= gegeben. Gegenwärtig schätzt man die tägliche Produktion in Europa auf das Doppelte, also auf 1000 Zentner oder 50 000 kg, im Jahre also 18 000 000 kg zehnprozentige Paste, entsprechend 1 800 000 kg reines trockenes Alizarin im Werte von über 36 Mil= lionen Mark.

Die Fabrikation des Alizarins geschieht nun auf folgende Weise. In großen ver= bleiten eisernen Cylindern wird das vorher einer Reinigung unterworfene Rohanthracen des Handels mit Hilfe von saurem chromsauren Kali (Kaliumdichromat) und Schwefelsäure oxydiert, also in Anthrachinon verwandelt. Aus dem rohen Anthrachinon erhält man das reine durch Sublimation. Durch Erhitzen mit rauchender Schwefelsäure, die 20—60 Prozent freies Anhydrit enthält, in gußeisernen Kesseln unter Luftabschluß wird das Anthrachinon in Anthrachinonsulfosäure übergeführt, deren Natronsalz dann beim Schmelzen mit über= schüssigem Ätznatron Alizarinnatron gibt. Die erhaltene Schmelze wird im Wasser gelöst und aus dieser Lösung der Alizarinfarbstoff durch Zusetzung von Salzsäure in gelbroten Flocken gefällt. Diese werden von der Flüssigkeit getrennt, letztere noch vollständig durch Abpressen mittels einer Filterpresse entfernt und die Preßkuchen nochmals mit wenig Wasser gerührt; der so erhaltene orangefarbige Teig ist das Alizarin des Handels. Wird dieser Teig ge= trocknet, so läßt sich daraus durch vorsichtiges Erhitzen das reine Alizarin in schönen orangeroten Kristallnadeln als Sublimat erhalten.

Die bei der Oxydation des Anthracens erhaltene, vom entstandenen Anthrachinon ge=
tremte chromhaltige Flüssigkeit wird nicht weggegossen, sondern aus ihr von neuem chrom=
saures Kali dargestellt, indem man zunächst Chromoxydhydrat durch Zusatz von Kalk aus=
fällt und dann durch Rösten an der Luft das Oxyd in Chromsäure überführt.

Aber nicht bloß rote Farbstoffe, Alizarin und Purpurin, werden aus dem Anthracen
fabriziert, sondern auch ein Alizarinblau, Alizarinviolett, Alizarinorange und
Alizarinbraun hat man im Handel.

Hiermit ist übrigens die Zahl der Teerfarbstoffe noch lange nicht erschöpft, auch werden
fortwährend noch neue patentiert und in den Handel zu bringen versucht, und kann man
wohl behaupten, daß die Zahl der überhaupt möglichen Teerfarbstoffe, nachdem einmal
die Wege zu ihrer Bildung gezeigt worden sind, nicht bloß in die Tausende, sondern in die
Millionen geht. Es handelt sich nur darum, diejenigen herauszufinden, welche am schönsten,
echtesten und wohlfeilsten in ihrer Herstellung sind; die übrigen werden dann, soweit sie
dargestellt sind, wieder aus dem Verkehr verschwinden.

Zu erwähnen ist hier auch noch das von Reichenbach aus dem Holzteer direkt ab=
geschiedene Pitakall, ein schöner blauer Farbstoff. Er hat zwar für sich in der Färberei
ebensowenig eine schnelle Anwendung finden können wie anfangs die Farbstoffe aus dem
Steinkohlenteer, indes ist es neuerdings gelungen, nachdem schon in den fünfziger Jahren
Pettenkofer und Buchner Versuche angestellt hatten, den Holzteer in die Färberei ein=
zuführen und namentlich aschgraue Farben von großer Dauer und schönem Glanz mit ihm
hervorzubringen.

Murexid. Vereinsamt und heute gar nicht mehr beachtet steht unter den chemischen
Farbstoffen das Murexid (Purpurkarmin, purpursaures Ammoniak), welches im Jahre 1818
von Prout als Zersetzungsprodukt der Harnsäure hervorgerufen wurde. Es ist der Purpur
der Neuzeit, hergestellt aus Stoffen des Auswurfs. Aus dem Guano, jener braunen, übel=
riechenden Masse zersetzten Vogeldüngers, der in Schiffen von den Südseeinseln geholt
wird, um zur Düngung der entkräfteten Länder unsres alten Kontinents zu dienen, kann
das prächtige Murexid gewonnen werden, ebensowohl auch aus Schlangenkot, aus Urin ꝛc.
Der Name stammt von dem lateinischen murex, Schnecke, und soll andeuten, daß diese
chemische Farbe als berechtigte Erbin des alten Purpurs auftrete. Leider sind die Murexid=
farben sehr unecht, und das ist es, was ihre Anwendung in der Zeugfärberei und Druckerei
sehr bald beschränkte.

Verbindung des Farbstoffs mit der Gewebefaser. Sobald ein Farbstoff dauernd
mit dem Gewebe verbunden werden soll, so daß er durch Licht, Luft und Waschen weder
abgezogen wird noch eine Veränderung erleidet, muß derselbe in einer chemischen Ver=
bindung mit dem Material des Gespinstes oder Zeuges stehen. Wenn die Farbstoffe einen
hinlänglichen Grad von chemischer Verwandtschaft zu den zu färbenden Substanzen besitzen,
so gehen sie mit letzteren diese feste Verbindung ein, ohne besondere Aneignungsmittel; als=
dann heißen sie substantive Farben. So verbinden sich das Rot der Purpurschnecke,
Indigo, Krapp, Orseille, Persio, Orlean, Pikrinsäure ohne weiteres mit der Wolle; die
Farbe der Blauholzküpe (Blauholzabsud mit Kupfervitriol) mit der Baumwolle ohne be=
sondere Vorbereitung. Allein die Mehrzahl der Farbstoffe verbindet sich nicht eher dauernd
mit der pflanzlichen oder tierischen Faser, als bis diese mit Stoffen chemisch verbunden
worden ist, welche eine größere Verwandtschaft zu den Farbstoffen haben als die Faser
selbst; solche Farbstoffe nennt man adjektive Farben. Beispiele sind: Kochenille, Gelb=
holz, Rotholz, Krapp u. s. w. Die Aneignungsmittel für die adjektiven Farbstoffe sind die
sogenannten Beizen oder Mordants, und man verwendet dazu sehr verschiedene Materialen,
meistens Erden und Metallsalze, aber auch Gerbstoff. Am leichtesten zu färben ist die
Wolle, deren Verwandtschaft zu den Farbstoffen die größte ist; dann folgt die Seide; nach
ihr kommt Baumwolle, am schwierigsten zu färben ist die Flachsfaser der Leinengewebe.
Man unterscheidet je nach der Beständigkeit der Farben auf den Zeugen echte und un=
echte Farben; erstere widerstehen den Einwirkungen von Licht, Luft, Wasser, Seife,
schwachen alkalischen Laugen und schwachen Säuren, die letzteren nicht oder nur mangelhaft.
Aber auch die echtesten Farben vermögen nicht der Bleichkraft des Chlors und der zerstören=
den Wirkung der konzentrierten Salpetersäure zu widerstehen.

Die Beizen. Die Beizen verbinden sich entweder unverändert mit den zu färbenden Stoffen oder zersetzen sich dabei, bedingen aber in jedem Falle einen Niederschlag des Farbstoffs im Gespinst oder Gewebe, gleichwie sie selbst, zur Auflösung eines Farbstoffs hinzugesetzt, unter Umständen eine Fällung desselben hervorbringen. Diese Verbindung des Farbstoffs mit dem wirkenden Bestandteil oder der ganzen Beize vereinigt sich dann infolge der chemischen Verwandtschaft auf das innigste mit der Faser. Wir haben schon erwähnt, daß die Beizen, auch Mordants genannt, ihrer Natur nach sehr verschieden sein können, und zur Befestigung der Farben auf den Fasern in der Färberei dienen denn auch teils unorganische, teils organische Stoffe, teils Verbindungen aus beiden. Nur ist Bedingung bei allen, daß sie weder den Farbstoff noch die Faser schädigen oder zerstören dürfen; es versteht sich von selbst, daß sie sowohl zu der Faser als auch zu dem Farbstoff eine ausgesprochene Verwandtschaft besitzen müssen, endlich ist auch ihre leichte Anwendbarkeit wünschenswert.

Die wichtigsten mineralischen Beizen sind: Thonerdesalze, Eisenoxydsalze und Eisenoxydulsalze, Zinnsalze, Bleisalze, chromsaure Salze (Chromate) und Chromoxydsalze, Kupfersalze. Von organischen Stoffen werden zu Farbenbeizen verwendet: Käsestoff, (Kasein), Eiweiß (Albumin), Kleber, Leim, Gerbstoff, Ölsäure, Brechweinstein. Dazu kommen noch die sogenannten Hilfsbeizen, welche die Fasern zur Aufnahme der Beizen vorbereiten: Weinstein, Salpetersäure, Natronlauge, Rhodanverbindungen. Die Thonerde wird entweder basisch als Thonerdesalz oder als Säure angewendet; ersteres ist das gewöhnliche Verfahren. Alaun, schwefelsaure, salpetersaure, essigsaure Thonerde (Rotbeize) und Chloraluminium gehören in die erste Reihe, Natron — Aluminat oder thonerdesaures Natron (aus Kryolith bereitet), thonerdesaure Magnesia (Spinellbeize) und thonerdesaures Zinkoxyd (Gahnitbeize) in die zweite. Unter den Eisenbeizen ist zu nennen der Eisenvitriol (schwefelsaures Eisenoxydul, Ferrisulfat), das essigsaure Eisenoxyd, welches als Eisenbrühe oder Schwarzbeize die meiste Verwendung findet und in unreiner Form als holzessigsaures Eisen in den Handel kommt, ferner Eisenchlorid.

Unter den vielgebrauchten Zinnbeizen sind am häufigsten in Anwendung das Zinnsalz (Zinnchlorür), das sogenannte Physikbad (auch Komposition genannt), ein Gemenge von Zinnchlorür und Zinnchlorid, durch Lösen von Zinn in Salpetersalzsäure erhalten, das sogenannte Pinksalz (Zinnchlorid mit Salmiak) und das zinnsaure Natron. Von den organischen Beizen dient namentlich der in Ammoniak gelöste Käsestoff, mit frischem Kalkbrei versetzt, zur Befestigung der Orseille auf Baumwolle, ein Mittel, das durch kein andres zu ersetzen ist. Ölbeize wird nur in der Krappfärberei zu Adrianopelrot angewendet, anstatt derselben jetzt auch Rizinölschwefelsäure (Türkischrotöl), während Gerbsäure dazu dient, die innige Verbindung zwischen deren Farbstoff und der Beize herzustellen. Alle übrigen orgnischen Beizstoffe finden mehr Verwertung in der Zeugdruckerei.

Es ist merkwürdig, daß ein und dasselbe Beizmittel mit dem Farbstoff auf Wolle, Seide und Baumwolle verschiedene Farbentöne hervorbringt, woraus die Verschiedenartigkeit der chemischen Verwandtschaft zwischen ihnen und den Fasern hervorgeht. Ebenso bedingen verschiedene Thonerdebeizen, mit einem und demselben Farbstoff auf irgend einem Zeuge verbunden, verschiedene Nüancen, so Alaun eine andre als essigsaure Thonerde, und diese selbst verschiedene, je nachdem sie neutral oder basisch angewendet wird.

Die Befestigung der Beizen auf Gespinsten und Geweben ist keineswegs eine einfache, durch bloßes Eintauchen oder Weichen zu vollbringende Vornahme. Das Anbeizen der Garne und Zeuge geschieht zunächst mit einer Auflösung des Beizmittels in Flußwasser, entweder bei Siedehitze, wie das Ansieden von Wolle und Wollwaren, oder in lauem Wasser, wie bei Seide, Baumwolle und Leinen, oder auch endlich ohne erhöhte Wärme. Nach der Zeitdauer des Anbeizens richtet sich die Menge des von dem Gewebe aufgenommenen Beizmittels, demnach auch die Farbenschattierung, die es beim Ausfärben annimmt. Nach dem Anbeizen erfolgt die Befestigung der Beize, was je nach ihrer Natur durch Lüften, durch Behandlung mit Kuhkot, mit Kleie oder mit Seife geschieht, dann erst wird das Zeug oder Garn in die Farbflotte gebracht.

Die Lüftung geschieht durch Aufhängen der Zeuge im Luftzug, wobei die in der Atmosphäre enthaltene Feuchtigkeit, in einigen Fällen auch der Sauerstoff der Luft, die

Hauptrolle spielt und durch Aufstellung von Verdunstungsgefäßen mit Wasser unterstützt wird. Zur Entfernung der sogenannten Blendfarbe, d. h. des nur mechanisch, nicht chemisch mit den Fasern verbundenen Beizmittels, sowie zur besseren Befestigung der letzteren, erfolgt sodann, jedoch nur noch bei der Türkischrotfärberei, das Kuhkotbad. Dasselbe besteht aus frischem Kuhkot, Wasser und Kreide und wird dem Zeuge in einem besonderen Apparat gegeben, in dem es, zusammengeheftet, als endloses Band zwischen Walzen hindurchläuft. Statt des unappetitlichen und öfters nur umständlich zu beschaffenden Kuhkots wendet man verschiedene Ersatzmittel an, welche gewöhnlich Kuhkotsalze genannt werden. Als solches wird namentlich gern gebraucht eine Auflösung von phosphorsaurem Natron und phosphorsaurem Kalk, ferner eine Lösung von Knochenleim (Reinigungsliquor), arseniksaures Kali und endlich Wasserglas (kieselsaures Natron). Früher wandte man für zarte Farbentöne statt des Kuhkotbades für die angebeizten Zeuge das Kleienbad, eine Mischung von Weizen= oder Roggenkleie, mit Wasser gekocht, an. Endlich sind als Befestigungsmittel der Beizen noch die Harzseife, der Borax und die Bernsteinsäure vorgeschlagen worden.

Eine ganz besondere Anwendung hat man in den letzten Jahren von einem Stoffe in der Färberei gemacht, der früher nur in beschränktem Maße Verbrauch fand, von dem Glaubersalz, und zwar nicht bloß seiner chemischen, sondern auch seiner physikalischen Eigenschaften wegen. Das Glaubersalz ist nämlich sehr leicht in Wasser löslich, wie alle Salzlösungen, hat aber eine Flüssigkeit, welche Glaubersalz enthält, einen höheren Siedepunkt als gewöhnliches Wasser, und zwar steigt derselbe mit dem Gehalt an Salz. Für manche Färbeprozesse ist nun eine hohe Siedetemperatur oft sehr wichtig, namentlich für die Anilinfärberei, bei der die Töne der Farben zwischen Rot und Violett sehr häufig allein von dem Wärmegrade abhängen, bei welchem die Einwirkung stattfindet.

Praktische Methoden der Färberei. Bis dahin haben wir uns nur mit den Vorbereitungen der Färberei beschäftigt; den eigentlichen technischen Betrieb derselben wollen wir nunmehr erst kennen lernen. Es muß dabei erst vorausgeschickt werden, daß diese wichtige Industrie sowohl als Handwerk wie als Kunstgewerbe und als Fabrikation betrieben wird, und dabei eine Teilung derart stattfindet, daß gewöhnlich nur irgend eine Spezialität der Färberei gepflegt erscheint; so trennen sich Woll=, Seiden=, Baumwoll= und Leinwandfärbereien, Blaufärbereien, Türkischrotfärbereien, Rauchwarenfärbereien (für Pelzwerk), Lederfärbereien, Schönfärbereien (so nannte man früher die Buntfärbereien, jetzt vorzugsweise diejenigen, welche alte gebrauchte Zeuge neu auffärben); und da, wie überall, die Arbeitsteilung mehr in der Industrie als im Handwerk vorkommt, so vereinigt letzteres gewöhnlich mehrere Zweige der Färberei.

Die eigentliche Farbengebung, das Ausfärben der gebeizten Zeuge, geschieht in Auflösungen oder Absuden von Farbstoffen; sie heißen die Färberflotte oder die Flotte, Küperei. Dieselbe befindet sich in Färbekesseln, deren Form oder Material keineswegs gleichgültig ist; bei Dampfheizung werden sie aus Holz, zementiertem Mauerwerk oder Kupfer, bei freier Feuerung aus Kupfer (zuweilen verzinnt), Messing oder Gußeisen gewählt. Gewöhnlich sind die Kessel rund und tief; nur zur Seidenfärberei, die eine niedrigere Temperatur verlangt, nimmt man ovale Kessel. Flockwolle wird ohne weiteres hineingeworfen und darauf mit Stäben wieder herausgenommen; Garne werden genetzt über Stöcken in die Flotte gehängt und die Stränge an dem über dem Kessel angebrachten Kavilierstock (Ringstock) ausgewunden; Zeuge werden mittels eines quer über dem Kessel angebrachten Haspels genetzt in die Flotte eingehaspelt und stetig herumgearbeitet, damit keine Falten entstehen und alle Stellen mit der Flotte in Berührung kommen. Wir sehen in Fig. 427 einen solchen Apparat abgebildet. Die Kufe C enthält die Farbenbrühe, die Flotte, welche durch das Dampfrohr V beliebig erwärmt, durch das Rohr E aber mit kaltem Wasser versehen werden kann. Die Höhe oder Tiefe der zu erreichenden Farbe und die chemische Natur der Farbstoffe bedingen die Temperatur der Flotte und die Zeitdauer des Ausfärbens. Nach Beendigung desselben werden die Gespinste ausgerungen, die Gewebe zum Abtropfen und Abkühlen über einen Bock gehängt, Baumwollenstoffe ausgepreßt. Wringmaschine und Zentrifugaltrockenmaschine leisten hierzu gute Dienste. Wollene Zeuge müssen, um beim Trocknen nicht einzulaufen, ausgespannt werden. Nach dem Ausfärben werden alle Garne und Zeuge ausgewaschen, damit die nur mechanisch noch anhängende, nicht festgebundene Farbe entfernt wird, und getrocknet. Damit ist aber der Herstellungsprozeß noch nicht vollendet. Die Gespinste und Gewebe zeigen nämlich nach dem Ausfärben und Trocknen gewöhnlich noch nicht die Farben in solcher Reinheit und Schönheit, wie dies sein soll, sie müssen daher geschönt werden, was namentlich bei der Krappfärberei notwendig ist. Das Schönen oder Avivieren (auch Schauen, Reinlegen genannt) geschieht durch eine Art erneuter Beize mittels Zinnsalz, Kleienbad, Seife u. s. w. Bei Tafelfarben auf Wolle, Seide und Baumwolle in der Druckerei erfolgt das Schönen mittels Dämpfen.

Die Färberei der Wolle erfordert als Vorbereitung Waschen, Entschweißen, Quellen (mit heißem Wasserdampf) und Entschwefeln (durch Sodalauge und nachheriger Behandlung mit verdünnter Schwefelsäure). Mit den meisten Farbstoffen verbindet sich die Wolle unmittelbar, allein die Farbe wird stumpfer und minder haltbar, als wenn eine Beize vorher angewendet wurde. Um weiße Wolle herzustellen, wird die Wolle, nachdem sie tüchtig mit Seife durchgewaschen worden ist, bloß geschwefelt. Weiße Tuche erhalten darauf ein Kreidebad. Öfter werden weiße Kammgarnzeuge mit ein wenig Berliner Blau gebläut, oder es wird ihnen ein leichtes Violett gegeben, um den natürlichen gelblichen Ton der Wolle zu neutralisieren. Es ist dies eigentlich eine physikalische Färberei, da sie nicht auf der Erzeugung, sondern vielmehr auf der Zerstörung einer Farbe durch ihre Komplementärfarbe beruht. Die Wolle verträgt beim Anbeizen viel freie Säure, ohne daß diese ihr schadet, neutrale Salze, besonders Zinnsalze, aber nicht. Die wichtigste Beize für Wolle ist die Weinsteinsäure, teils allein, teils mit Eisen- und Kupfervitriol, Alaun und Zinnsalzen in Verbindung. Sie macht die Wolle mild und gibt den Farben einen Ton ins Gelbliche. Weinstein und Alaun bilden die Beize für fast alle Wollfarben, besonders für helle in Gelb, Grün, Rot und Braun. Zu schwarzen und grauen Farben dienen Weinstein, Eisen- und Kupfervitriol; Weinstein mit Galläpfeln und Schmack (Sumach) zu Grau; Alaun zu Sächsischblau und Grün; Zinnsalze, stets in Verbindung mit Alaun und Weinstein, dienen vorzugsweise der Scharlachfärberei; das Oxydulsalz für Gelb und Quercitron und Kochenille. Eisensalze liefern mit Blauholz lebhafte blaugraue und schwarze Farben. Sowie Weinstein (saures weinsaures Kali, Kaliumbitartarat) mit den genannten Beizsalzen zusammenkommt, tritt eine gegenseitige Umsetzung ein; die Schwefelsäure des Alauns, Eisenvitriols u. s. w. verbindet sich mit dem Kali des Weinsteins und die Weinsäure des letzteren geht an die Thonerde des Alauns oder an das Eisenoxydul u. s. w.

Da das Färben auf der Entstehung einer Verbindung gewisser Basen, z. B. der Thonerde, des Zinnoxyds u. s. w. mit den Farbstoffen beruht, so hat der Zusatz des Weinsteins den Vorteil, daß die entstandene weinsaure Thonerde u. s. w. die Weinsäure leichter gegen den Farbstoff austauscht, als wie dies bei der schwefelsauren Thonerde der Fall sein würde, da die Schwefelsäure eine stärkere Säure ist. Man gebraucht in der Wollfärberei mit Vorliebe organische, neuerdings vorzugsweise Teerfarbstoffe.

Die Seidenfärberei hat entweder gewöhnliche Rohseide zu behandeln, oder diese wird durch Degummieren und Entschälen vorher weich und glänzend gemacht, auch gebleicht. Das letztere ist notwendig, um vollkommen reine, schöne Farben zu erhalten. Rohseide hat größere Verwandtschaft zu den Farbstoffen als entschälte, sie bedarf daher weniger davon und nur einfache Bäder. Zur Herstellung von weißer Seide wird dieselbe in Seifenlösung gekocht und darauf geschwefelt, alsdann ausgespült und in schäumendem Seifenwasser gewendet; gewöhnlich setzt man diesem etwas Orlean, auch Orseille, Indigobläue oder Kochenillebrühe zu, aus denselben Gründen, wie man die Wolle bläute. Das schönste Weiß wird nur auf weißem Bast erzeugt. Als Beize dient für die Seidenfarben am meisten der Alaun, sowie Physikbäder aus Zinnchlorid und Zinnchlorür. Mit besonderem Erfolge werden die Teerfarben in der Seidenfärberei benützt.

Zur Baumwollfärberei ist die Vorbereitung durch Waschen und Bleichen nicht immer nötig; es können zu dunklen Farben auch ungebleichte Garne genommen werden, wenn sie nur einmal mit Pottasche abgesotten worden sind. Die Beizmittel für Baumwolle sind: Alaun, essigsaure Thonerde, Eisenvitriol, Kupfervitriol, Schmack, Zinnsalz, schwefelsalzsaures Zinn, essigsaures Kupferoxyd, essigsaures und holzessigsaures Eisenoxyd und Oxydul, für Anilinfarben Gerbsäure. Alle Farbstoffe werden zum Färben der

Baumwolle gebraucht. Die Leinenfärberei verlangt die nämliche Vorbereitung wie die vorhergehende; mit einigen Abweichungen in der Zusammensetzung der Beizen bleibt sich auch das übrige Verfahren sowie die Auswahl der Farbstoffe ziemlich gleich.

Gehen wir nunmehr zu der Darstellung der einzelnen Farben auf verschiedenen Fasern über, so hatte man es früher eigentlich nur mit vier Grundfarben zu thun: Blau, Rot, Gelb und Schwarz; alle übrigen waren Nebenfarben, welche durch Mischung oder Veränderung der Grundfarben entstehen. Seit Einführung der Teerfarben werden aber auch viele Nebenfarben ohne Mischung erzielt. Es ist aber natürlich bei der Herstellung jeder Farbe ein besonderer Weg einzuschlagen, welcher durch die Natur der zu färbenden Gespinstfaser sowie dadurch bedingt wird, ob ungesponnenes Material oder Garn oder Gewebe zur Verarbeitung kommt.

Fig. 427. Behandlung der Zeuge in der Färberflotte.

Wir werden die einzelnen Farbengruppen durchwandern, ohne in ermüdende Einzelheiten einzugehen, über welche der Fachmann sich Rats zu erholen oft hinreichende Gelegenheit hat.

Die Blaufärberei benutzt als Farbstoffe vorzugsweise die folgenden: Indigo, Berliner Blau, Blauholz und die verschiedenen Arten der blauen Teerfarben. Als Hilfs=farben treten dazu Orseille, Kupferoxydhydrat, auch wohl Molybdänblau. Ohne Zweifel ist bis jetzt der wichtigste dieser Stoffe der Indigo; daher wird auch die Indigfärberei gewissermaßen als der Grundstock der gesamten Färbekunst betrachtet. Dieselbe geht auf zwei verschiedenen Wegen vor sich: auf dem der Erzeugung des Küpenblaus, durch Reduktion des Indigblaus zu Indigweiß und dessen Wiederoxydation auf der Faser selbst zu unlös=lichem Indigblau, und auf dem der Erzeugung von Sächsischblau durch Auflösung des Indigos

in Schwefelsäure. Das Küpenblau wird dargestellt mittels reduzierender Agenzien in Gegen=
wart von alkalischen Erden und Alkalien, wodurch das Indigblau in Indigweiß umge=
wandelt wird. Die Lösung des Indigweiß in einer alkalischen Flüssigkeit heißt eine Küpe.
Je nachdem die Herstellung derselben mit oder ohne Erhitzen stattfindet, hat man kalte oder
warme Küpen; letztere, bei welchen eine Gärung eintritt, heißen auch Gärungsküpen.
Kalte Küpen sind: die Vitriolküpe, die Harnküpe, die Zinnsalzküpe, die Arsenikküpe, die
Zuckerküpe. Warme: die Waidküpe, die Soda= oder Pottaschenküpe. Wir wollen nur die
wichtigsten derselben kennen lernen.

Die kalte Vitriolküpe, die am häufigsten angewendete, benutzt den Eisenvitriol
(schwefelsaures Eisenoxydul) zur Reduktion des Indigos; neben ihm bilden ihren Bestand
gebrannter Kalk, auf der Indigmühle feingemahlener Indigo und Wasser; man setzt auch
wohl statt eines Teils Kalk Pottasche oder Soda zu. Der mit Wasser oder Ätzkalilauge fein
abgeriebene Indigo wird in der Ansatzküpe mit heißem Wasser vermischt, die bestimmte
Menge Kalk darin gelöscht, dann der in warmem Wasser gelöste Vitriol unter Umrühren
zugesetzt; von diesem Ansatz kommt nach Belieben in die Küpe. Ist zu viel Kalk vor=
handen, so ist die Küpe scharf; wenn zu wenig, leise; wenn genügend, gut stehend.

Der chemische Vorgang, der sich in der Küpe entwickelt, ist der Hauptsache nach fol=
gender: Das schwefelsaure Eisenoxydul wird durch den Kalk zersetzt, indem sich schwefel=
saurer Kalk (Gips) bildet, das Eisenoxydul wird frei und entzieht dem Indigofarbstoffe
Sauerstoff, wodurch es sich selbst in Eisenoxydhydrat verwandelt, während der vorher blaue
Farbstoff in einen farblosen oder gelblich gefärbten Körper, das Indigweiß, übergeht,
das sich im Wasser auflöst. Der Gips und das Eisenoxydhydrat fallen zu Boden. Durch
Aufnahme von Sauerstoff aus der Luft geht das Indigweiß wieder in den blauen unlös=
lichen Farbstoff über — darauf beruht die Küpenfärberei. Man hat also in der Küpe eine
klare, dunkelweingelbe Flüssigkeit, in der das reduzierte Indigblau als Indigweiß enthalten ist.
Garne werden, nach vorherigem Absieden in Lauge, gespült, dann nach Abnehmen der
Blume — blaue Blasen, welche anzeigen, daß die Lösung des Indigos stattfindet — in die
Küpe gehängt oder darin hin und her geführt, an die Luft genommen und wieder eingehängt,
um so öfter, je dunkler die Farbe ausfallen soll. Zeuge werden in spiralförmigen Win=
dungen um einen Küpenrahmen geschlungen, der mittels einer Rollschnur in die Küpe ge=
lassen und herausgezogen wird. Je mehr durch das Färben der Küpe Indigweiß entzogen
wird, um so mehr wird gespeißt oder geschärft durch Zusatz von Eisenvitriol und Kalk
zur Auflösung des sich an der Oberfläche fortwährend neu erzeugenden und als Bodensatz
niederschlagenden Indigblaus. Die Stoffe sind beim Herausnehmen zuerst grüngelb, werden
dann durch Sauerstoffaufnahme in der Luft grün, endlich blau; dieser Farbenübergang
heißt das Vergrünen. Danach werden die Zeuge u. dergl. ausgewaschen und gewalkt.
Man kann sich von dem Färbevermögen des Indigos eine Vorstellung machen, wenn man
erfährt, daß mit einem Kilogramm recht gut 125—135 m Baumwollzeug auf diese Weise
dunkelblau gefärbt werden können. In neuerer Zeit sind zwei andre Arten von Küpe sehr
in Gebrauch gekommen, nämlich eine alkalische Lösung von unterschwefligsaurem Natron
(Natriumdithionat) oder auch von thiosaurem Natron, und dann die Zinkküpe, mittels
Zinkstaub, Soda und Ammoniak.

Der übrigen kalten Küpen gedenken wir, als minder wichtig und gebräuchlich, nicht
des nähern, sondern wenden uns nunmehr zu der warmen Waidküpe. So nannte man
früher den Ansatz bei der Waidfärberei; als diese nach und nach mit Indigo versetzt, endlich,
ganz durch ihn verdrängt war, blieb doch der Name, höchstens als „Waidindigküpe"
vervollständigt, doch wird diese jetzt auch nur selten noch angewendet. Zum Anstellen einer
solchen sind erforderlich: Waid, feingemahlener Indigo, Krapp, Pottasche, gebrannter
Kalk, auch Kleie. Diese Stoffe werden mit Flußwasser so lange erhitzt, bis durch den auf
der Oberfläche sich bildenden Schaum, die Blume, Spuren von der Lösung des Indigos sich
ergeben; die Farbe der Flüssigkeit geht, unter Entwickelung von ammoniakalischem Geruch,
von Blau·in Grün über und wird durch Kalkzusatz klar weingelb, worauf sie zum Färben
bereit ist. Dies kann in der Küpe drei bis sechs Monate lang fortgesetzt werden, je nach
der Gärungsfähigkeit des Waids. Von Zeit zu Zeit muß Krapp und Kleie zugefügt werden,
um die Gärkraft des Bodensatzes aufzufrischen; ferner Indigo und Pottasche, welche durch

den Prozeß des Färbens der Küpe entzogen werden; die Menge des Indigos richtet sich nach dem Bedürfnis, ob helles oder dunkles Blau gefärbt werden soll. Auf der Waidküpe werden gefärbt: alle echt blauen Tuche, Zeuge, Garne und die meisten dunklen Farben, welche durch sie grundiert werden. Küpenblau ist die echteste Farbe. Oft gibt man ihm einen violetten Farbenton durch das Schönen, indem man die geblauten Stoffe, nach vorherigem Spülen, in eine siedende Auflösung von schwefelsaurem Zinnoxydul und Blauholzabkochung, oder in ein mit Persio angesetztes Färbebad bringt.

Das Sächsischblau, von dem Bergrath Barth in Großenhain im Königreich Sachsen im Jahre 1740 entdeckt, wird durch Lösung des Indigos in rauchender Schwefelsäure hergestellt; diese Indigmischung wird nach dem Verdünnen mit Wasser (wobei man den blauen Brei in die zehnfache Menge Wasser gießt, nicht umgekehrt das Wasser zu dem Brei) mittels Wolle abgezogen und aus der Wolle die Indigblauschwefelsäure mit einer Lauge von kohlensaurem Alkali wieder aufgenommen.

Die nunmehr erhaltene Lösung heißt abgezogenes Blau und wird, nachdem mit Alaun und Weinstein angebeizt ist, zum Färben von Wolle und Seide verwendet. Man kann zwar auch mit der verdünnten Lösung des Indigos in Schwefelsäure unmittelbar färben, erhält aber nicht so reine Farbentöne, als wenn man das Blau zuvor auf Wolle bindet und dann wieder abzieht. Jetzt verwendet man meist den in Form eines dicken blauen Teigs in den Handel kommenden blauen Karmin zum Färben, der aus indigblauschwefelsaurem Natron besteht; der Färber erspart sich hierdurch das umständliche Auflösen des Indigos in Schwefelsäure. Die Erzeugung von künstlichem Indigo auf der Faser mittels Orthonitrophenylpropiolsäure hat sich noch nicht recht bewährt, auch im Zeugdruck nicht; dagegen scheint das Alizarinblau berufen zu sein, dem Indigo ernstlich Konkurrenz zu machen.

Mit Blauholz und Orseille oder Persio gibt man der Wolle unechte oder halbechte Farben. Blau auf Seide wird mittels Indig, Berliner Blau, Blauholz und Anilinfarben erzeugt; auch der Mineralindigo (molybdänsaures Molybdänoxyd) ist zum Seidenblau mit Erfolg verwendet worden. Auf Baumwolle und Leinen bringt man Blau in der Küpe mit Blauholz und Kupfervitriol, hauptsächlich aber mit Berliner Blau. Mit Berliner Blau färbt man, indem man das Zeug mit einer Eisenoxydlösung gleichförmig anbeizt und dann mit einer Lösung von Blutlaugensalz behandelt, wodurch sich auf der Faser die als Berliner oder Pariser Blau bekannte Farbe bildet.

Das schönere Französischblau erhält man ohne Eisenbeize mit rotem und gelbem Blutlaugensalz. Mit Berliner Blau gefärbte Wollstoffe werden durch Alkalien angegriffen; die Wirkung des Eisenoxyds schwächt zugleich die Faser, auch die von Baumwolle und Flachs, woneben es den Garnen und Zeugen eine gewisse Rauhigkeit verleiht. Im Lichte schießt es ab, dunkelt aber im Finstern wieder nach.

Die Rotfärberei verwendete früher vorzugsweise Krapp, Orseille, Rotholz, Sandelholz, Lackdye, Kochenille und Murexid, jetzt hauptsächlich Teerfarben. Fast alle diese Farbstoffe werden für sämtliche Gespinstfasern verwendet. Wir heben für jede von ihnen, des Beispiels halber, eine Auswahl hervor, so daß wir deren technische Benutzung übersehen können. Die Kochenille liefert auf Wolle zwei prächtige Farben, Karmesin und Scharlach. Sie wird als Pulver oder mit Ammoniak behandelt, abgekocht mit Weinstein und Zinnkomposition; in dieser Flotte wird die Wolle angesotten, ausgewaschen und dann in einem zweiten Bad aus Kochenille und Zinnchlorid abermals gesotten. Ersteres heißt das Ansieden, letzteres das Röten. Auf diese Weise entsteht Scharlach. Setzt man dem Rötebade Orseille zu, so erhält man Purpur oder Scharlach mit bläulichem Schimmer; Karmesin erhält man durch Beizen mit Alaun und Weinstein und darauf folgendes Ausfärben im Rötebad. Durch geeignete Veränderungen des Verfahrens lassen sich alle Schattierungen von Rot mittels Kochenille herstellen. Lackdye, womit besonders in England noch viele Wollstoffe gefärbt werden, wird in einer Flotte von Gelbholz, Weinsteinrahm und Zinnchloridlösung, worin die Wolle angesotten, verwendet, worauf sie in einer Lösung des Färbelacks mit Salzsäure und Zinnchlorür, mit Wasser verdünnt, ausgefärbt wird. Auf ähnliche Weise erfolgt das Rotfärben der Wolle mit Kermesbeeren. In der Seidenfärberei kommt als roter Farbstoff das Karthamin des Safflors noch zuweilen zur Verwendung, obgleich es so wenig haltbar ist, daß man es für andre Gespinste gar nicht mehr benutzt. Ehe die Anilinfarben eingeführt waren, gab es für Hochrot, Kirschrot, Rosenrot und ihre Schattierungen kein glänzenderes Farbmittel als den Safflor. Behufs des Färbens wird das Karthamin in einer alkalischen Lauge gelöst und der Farbstoff mittels Weinsäure u. s. w. auf der Faser niedergeschlagen. Jetzt ist es durch die Teerfarben gänzlich in den Schatten gestellt. Die Teerfarben befestigen sich ohne Beize schon in einer wässerigen Lösung auf den Stoffen, namentlich auf Seide; zu Baumwolle wendet man Mordants an: Gerbsäure, Brechwein= stein, Leim, Eiweiß, Kleber und Kasein. Nur das Anilinviolett bedarf der Lösung in Eiweiß und deren Stellung in Wasser und Weinsäure. Das Fuchsin ist von allen roten Seiden= farben jedenfalls die schönste, leider sehr unbeständig dem Sonnenlichte gegenüber. Die Orseille lieferte früher das schönste Violett für Seide; aber sie ist als substantive Farbe ebenfalls nicht haltbar. Rotholz wird hauptsächlich in der Baumwollfärberei zur Her= stellung von Rosa, Karmesin und Amarant verwendet, welche Farben jedoch sämtlich unbe= ständig sind. Die in Lauge gekochte Baumwolle kommt ins Alaunbad, erhält einen Grund von Orlean und wird galliert (Behandeln mit einer Abkochung von Galläpfeln). Das Anbeizen geschieht mit Zinnchlorid, worauf ein doppeltes Rotholzbad in mittlerer Temperatur das Ausfärben vollendet. Mit Sandelholz färbt man häufig noch die Wolle scharlach; obschon der Farbstoff dieses Holzes in Wasser nicht löslich ist, so nimmt ihn doch die Wolle beim Kochen damit aus dem Holze auf. Mit Krapp färbt man die Baumwolle in doppelter Weise. Die erste, auch für Leinwand anwendbar, liefert ein minder schönes Rot mit Beize von Alaun und essigsaurer Thonerde und darauf folgender Röteflotte. Die zweite Art der Baumwollfärberei mit Krapp erzeugt das berühmte Türkischrot (auch Adrianopelrot, Merinorot) und bildet damit einen besonderen Zweig der Färbereiindustrie.

Lange Zeit war man durchaus im unklaren darüber, auf welche Weise die feurige Rotfarbe einer Art von Baumwollgarnen erzielt werde, die man vorzugsweise aus der Levante bezog und ihnen deshalb den Namen Türkischrotgarne beilegte. Die Levante ist jedoch nicht die Heimat der Türkischrotfärberei, vielmehr soll in Ostindien an den Küsten von Malabar und Koromandel die Chayaverwurzel (von Oldenlandia umbellata) dazu benutzt werden. Aus Indien gelangte die Kenntnis des Verfahrens nach Persien, Armenien, Syrien und der Türkei.

Im Jahre 1747 ließ eine Fabrik in Rouen griechische Färber nach Frankreich kommen und gründete mit deren Hilfe zwei Türkischrotfärbereien, denen 1756 eine dritte folgte, angelegt von einem Franzosen, welcher in der Türkei gelebt hatte. Die französische Regie= rung unterstützte die neue Industrie, und der berühmte Chemiker Chaptal schrieb eine genaue Anleitung zur Türkischrotfärberei. In England entstand die erste Färberei dieser Art zu Glasgow 1790. Das Türkischrotfärben der Baumwollzeuge, anstatt der Garne, lehrte zu= erst Köchlin zu Mülhausen im Elsaß im Jahre 1810. In Deutschland sind namentlich die Städte Barmen und Elberfeld wie deren Umgebung der Sitz einer schwunghaft betriebenen Türkischrotfärberei.

Die verschiedenen Prozesse derselben sind verwickelter als irgend ein andrer Färberei= zweig; ihr unterscheidendes Kennzeichen ist die Behandlung der Garne vor der Beize mit fetten Ölen. Die Vorbereitung der Garne besteht in sechs Operationen: 1) Das Entschälen der Garne und das Auskochen mit Pottasche; 2) Kotbad aus Baumöl, Pottasche, Schaf= mist und Wasser; dasselbe wird wiederholt und das Garn dazwischen jedesmal getrocknet; 3) Hauptölbad, wie vorher, ohne Kot; sechs= bis siebenmalige Wiederholung und Trocknung; 4) Einweichen in verdünnter Pottaschenlauge und nochmaliges Auswaschen in Flußwasser; 5) Gallieren, Behandlung mit einem Absud von Schmack und Galläpfeln; 6) Alaunung, Anbeizen mit einer durch Pottasche und Kreide abgestumpften Lösung von eisenfreiem Alaun; alsdann folgt Ausspülen der Garne und darauf die Arbeiten des Ausfärbens; 7) das Krappen in der Röteflotte; 8) Ausspülen der gekrappten Garne und Kochen derselben im Avivierkessel mit schwarzer Seife und Pottasche; 9) das Schönen oder Rosieren durch Kochen mit Ölseife und Zinnsalz, im Notfall wiederholt. Das Türkischrotfärben im Stück ist dem beim Garne ziemlich gleich; doch müssen alle Stücke vorher entschlichtet werden. Das Zeug wird zum Trocknen auf dem Bleichplan ausgelegt. Wie schon oben erwähnt, wird jetzt Türkischrot immer mehr mit künstlichem Alizarin gefärbt und sind dabei jetzt die Hand= habungen, seitdem man den chemischen Vorgang bei der Befestigung dieses Farbstoffs auf der Faser richtig erkannt hat, viel einfacher, namentlich ist der Kuhkot entbehrlich geworden und wendet man anstatt Baumöl das sogenannte Türkischrotöl, die Rizinsulfoölsäure oder Rizinusölsulfosäure an.

Das Gelbfärben auf Wolle geschah bisher vorzugsweise mit Wau, in einem Waubad nach vorherigem Ansieden mit Alaun und Weinstein; jetzt gibt es so viele prächtige gelbe Teerfarbstoffe, daß der Wau ganz entbehrlich geworden ist. Quercitron und Pikrinsäure lassen sich ebenfalls auf Wolle bringen, letztere ist aber jedenfalls der wichtigste Gelbfärbestoff für die Seide, der sie einen eigentümlich zarten, sehr hellen strohgelben Ton gibt. Man wendet ein Bad von reiner Pikrinsäure ohne Beize an. Wau gibt ebenfalls ein schönes, echtes Gelb für Seide, das mit etwas Indigküpe ins Grüne schlägt, mit Zusatz von Orlean goldfarben wird. Der letztgenannte Farbstoff gibt morgenrotgelbe und goldgelbe Töne: er wird mit Pottasche gekocht und die mit Wasser verdünnte Lösung als Bad gebraucht. Außerdem färbt man mit Curcuma, Gelbholz, Quercitron, Avignonkörnern, chromsaurem Bleioxyd und chromsaurem Zinkoxyd. Das Rostgelb wird durch Eisenoxydhydrat hergestellt. Ähnliche Farben, wie damit, erhält man auf Baumwolle durch gerbsäurehaltige Stoffe, Knoppern, Schmack, Eichenlohe u. s. w. Zu der sogenannten Nankingfarbe wird Bablah genommen, die gerbstoffhaltige Fruchtschale des ostasiatischen Baumes Mimosa cineraria, der auch am Senegal wächst. Die früher beliebten sogenannten Englischlederzeuge von bräunlicher Rehfarbe waren gleichfalls damit gefärbt.

Schwarzfärben gehört mit zu den schwierigsten Prozessen der Färberei, da es zweckmäßig zu verwendende schwarze Farbstoffe nur wenige gibt. Was demnach auf Gespinste und Zeuge übertragen wird, ist niemals wirkliches Schwarz, sondern nur eine demselben möglichst nahe kommende Färbung. Diese wird durch Mischung verschiedener undurchsichtiger Farben oder durch chemische Verbindungen erzielt; meistens vereinigt man die beiden Verfahren.

Es gibt eine Menge von verschiedenem Schwarz in der Färberei. Auf Wolle ist das schönste und feinste bisher das Sedanschwarz gewesen, zu welchem die Tücher in der Indigküpe grundiert werden, dann mehreremal in ein Bad von Schmack, Blauholz und Eisenvitriol kommen. Blauholz statt Indigo gibt ein unechtes Schwarz. Andre Tuchfarben sind: Vienner Schwarz (von Vienne in Frankreich), Genfer Schwarz, Toursschwarz, Bédarieuxschwarz, Seerosenschwarz und Neuschwarz. Alle verwenden Blauholz zum Ausfärben neben Eisenvitriol, Weinstein, Sumach u. s. w. Auch auf Seide färbt man mit Blauholz und Eisenbeize oder chromsaurem Kali (Blauholzschwarz, Holzschwarz, Chromschwarz), mit gerbstoffhaltigen Materialien und Eisenbeize (Schwerschwarz, die beste, aber auch teuerste Farbe) und mit Hilfe schwarzer Schwefelmetalle, gewöhnlich mittels schwarzen Schwefelquecksilbers (Metallschwarz). Das erst in neuerer Zeit in die Industrie gelangte Anilinschwarz hat aber viele der übrigen Schwarzfarben verdrängt. Dieses reine Schwarz wird auf verschiedene Weise aus salzsaurem Anilin, das ganz frei von Toluidin sein kann, durch Oxydation bereitet. Gewöhnlich wendet man chlorsaures Kali und Salmiak hierzu an und setzt Kupfervitriol hinzu. Das Vorhandensein eines leicht zu einer niedrigeren Oxydationsstufe reduzierbaren und auch wieder leicht oxydierbaren Metallsalzes ist Hauptbedingung bei der Bildung dieses Schwarz. In neuester Zeit hat man die Vanadinsalze anstatt des Kupfersulfats hierzu angewendet und ganz vorzügliche Resultate erhalten; in der That dürfte sich auch kein Stoff besser dazu eignen, Anilinschwarz zu erzeugen, als ein Vanadinsalz, da seine Fähigkeit, dieses Schwarz hervorzubringen, mehr als tausendmal so groß ist als die der Kupfersalze. Es gibt auch kein Metall, welches leichter aus seiner höchsten Oxydationsstufe in die niedrigste übergeht und umgekehrt. Der hohe Preis der Vanadinsalze dürfte kein Hindernis für eine allgemeinere Verwendung dieser Salze zur Anilinschwarzbereitung abgeben, da man erstlich nur verhältnismäßig wenig davon gebraucht und zweitens das Vanadin immer wieder gewonnen werden kann, denn das Anilinschwarz selbst enthält weder Vanadin noch Kupfer. Für 1 l Anilinschwarzfarbe genügt z. B. schon 1 mg metallisches Vanadin in Form von Vanadinchlorür oder von vanadinsaurem Ammoniak. Ebenso wie die Seide wird auch die Baumwolle schwarz gefärbt; Blauschwarz erhält man auf ihr mit holzsaurer Beize und Blauholz, Kohlschwarz durch nachfolgendes Gallieren (Einweichen in Galläpfelabsud) und Ausfärben in einem Bad von Eisenbeize. Ganz das gleiche Verfahren beobachtet man bei Leinen und Hanf. Da bekanntlich Nähseide und Zwirn nach dem Gewichte verkauft werden, so verfälschen betrügerische Fabrikanten die gefärbten Sorten nicht selten mit Bleiverbindungen, wodurch dieselben entschieden giftig werden, was namentlich insofern zu Gesundheitsstörungen Veranlassung geben kann, als die Näherinnen häufig die Nähseide vor dem Einfädeln zwischen die Lippen nehmen. Man hat schon bis 17 Prozent Blei in schwarzer Nähseide gefunden. Derartige Fälschungen verdienen Brandmarkung und unerbittliche Bestrafung. — Ebenso wie beim Schwarz bringt auch das mit ihm wesentlich übereinstimmende Gräufärben nur ein annäherndes, niemals ein wirkliches Grau hervor. Man erzielt die Farbentöne gerade so wie diejenigen von Schwarz, nur mit geringerer Tiefe. Hechtgrau, Eisengrau, Mauergrau, Schiefergrau erhalten einen blauen Grund; Perlgrau erzeugt man mit Sumach und Eisenvitriol, Gelbgrau (Amerikanischgrau) durch ein Gelbholzbad und Galläpfelflotte u. s. w. Auf Seide färbt man Grau mit Berberitzwurzeln, Indigmischung, Kochenille und Alaun, mit Gerbsäure und Eisenoxyd, mit Bablah und Eisenbeize; auf Baumwolle und Leinen mit den gleichen Stoffen. Auch hier werden die verschiedenen Arten von Anilingrau die übrigen Farbenmischungen zum Teil besiegen.

Das Braunfärben geschieht entweder auf chemischem Wege, mit Chemischbraun, oder durch Zusammensetzung, mit Mischbraun. Das erstere oder Gallusbraun wird durch Gerbstoffe erzielt, wie auf Wolle durch Rinde von Eichen, Weiden, Erlen, Walnuß, grüne Nußschalen, auf Seide durch Galläpfel, Bablah, Katechu, letzteres auch auf Baumwolle; das Ausfärben geschieht teils ohne, teils mit Beizen aus Alaun und Kupfervitriol. Beliebt sind die Farben Katechubraun, Bablahbraun, Mordoré, Bronze, Karmeliterbraun u. s. w. Mittels Braunsteins wird auf Baumwolle hergestellt das Bisterbraun, doch benutzt man hierzu nicht frischen Braunstein, sondern die jetzt so billig zu habenden Manganlösungen, die als Rückstände der Chlorkalkfabriken gewonnen werden. Kastanienbraun erhält man auf Orleangrund nach einer Alaunbeize durch ein Bad aus Rot= und Blauholz. Erwähnung verdient das Wiener Haarbraun zur Färbung falscher Haare aus Seide; die Farbe ist ganz die vorige, aber mit Eisenvitriol nachgedunkelt.

Auch der Grünfärber wählt großenteils Mischungen, und zwar von Blau und Gelb. So wird auf Wolle das Sächsischgrün erzeugt nach einer Beize von Alaun und Weinstein in einem Gelbholzbade mit Zusatz von Sächsischblau; solches Grün ist aber unecht und verträgt nicht das Waschen. Ein echtes, solides Grün auf Seide erhält man, wenn dieselbe zuerst kaliblau, später mit Gelbholz gefärbt wird. Chinagrün wird in einer Lösung mit Alaun angewendet. Auf Baumwolle und Leinwand bringt man ein solides Grün durch Ausfärben in der kalten Küpe, Beizen, Lüften und Waubad.

Die bisher im einzelnen erwähnten technischen Betriebsweisen der Färberei mögen hinreichen, dem Laien eine Vorstellung von dem Gewerbe und seinen einzelnen Kunstgriffen zu geben. Weit entfernt, zu glauben, damit mehr als einen ganz oberflächlichen Überblick gegeben zu haben, müssen wir sogar eingestehen, daß das ganze große, ja jetzt beinahe zur Ausschließlichkeit gelangte Gebiet der Färberei mit Teerfarben in der Art, wie dieselbe praktisch ausgeführt wird, von uns gar nicht in den Bereich der Betrachtung gezogen worden ist. Mit gutem Grunde aber. Denn es lassen sich die neuen Farben durchaus nicht unter die allgemeinen Gesichtspunkte bringen, wie die vor ihnen gebräuchlichen, für deren Anwendung sich die Färberei ein gewisses, von der Wissenschaft anerkanntes Schema zurecht gemacht hatte. Die Teerfarben sind meist substantiver Natur, d. h. sie verbinden sich direkt mit dem Faserstoff, und die allerdings trotzdem manchmal recht verwickelten Vornahmen, welche mit dem zu färbenden Zeuge stattfinden, sind in ihrem ursachlichen Zusammenhange sehr mangelhaft erforscht. Wir müßten für jeden der zahlreichen Fälle das besondere Verfahren angeben und unsre Darstellung würde den Charakter eines Rezeptbuches annehmen. Es bleibt aber noch übrig, einige Worte über die Theorie der Färberei, d. h. darüber zu sagen, in welcher Weise sich die Farbstoffe mit den Gespinstfasern verbinden. Es sind nämlich viele Forscher der Ansicht, daß dabei bloß eine Ablagerung, eine Umhüllung oder ein Überzug der Faser, also nur eine mechanische Verbindung stattfinde, während andre eine chemische, also ein Durchdringen der Faser mit dem Farbstoff infolge chemischer Verwandtschaft, annehmen. Wahrscheinlich finden beide Arten der Befestigung statt und richten sich nach der Beschaffenheit der Faser und der Farbstoffe. Der Streit um die verschiedenen Meinungen ist noch lange nicht ausgekämpft; vorläufig wird man aber wohlthun, sich an folgende auf dem Wege von Versuchen durch Bolley festgestellte Schlußfolgerungen zu halten: A. Hinsichtlich der Stellen der Faser, an welchen sich die Farbstoffe ablagern. 1) Die Durchdringung der Fasern mit Farbstoff ist keineswegs allgemein, die äußerliche Farbstoffablagerung ist nicht bloß Ausnahmefall; 2) bloß oberflächliche Farbablagerung bedingt das Gefärbtsein der Faser nicht; 3) Seide und Wolle erscheinen in allen Fällen, in welchen nicht bloß mit in der Flüssigkeit mechanisch verteilten Farbstoffen gefärbt wird, stets durch ihre ganze Masse mit der Farbe durchdrungen; 4) Seide und Wolle, vorzüglich die erstere, sind in manchen Fällen der Hauptsache nach nicht im Innern der Faser gefärbt, im Gegenteil findet die Färbung mittels Durchdringung der Zellwand oft gar nicht oder nur in sehr schwachem Maße statt; bei weitem die Hauptmasse des färbenden Stoffs liegt auf der Faseroberfläche. B. Mit Hinsicht auf die Kraft, welche Faser und Farbstoff zusammenhält: 5) Das An= ziehungsvermögen der Baumwolle gegen Säuren ist stets geringer als das von Wolle und Seide; 6) die Färbung ist keine Folge chemischer Anziehung; 7) Beizen dienen zur Her= stellung unlöslicher Farben (Lacke). Ihre chemische Verbindung mit den Farbstoffen geht ohne Einwirkung der Faser vor sich; substantive Farben werden unlöslich ohne Beize; 8) die Fasern verhalten sich gegen Beizen und Farbstoffe ebenso wie Lösungen fein zer= teilter mineralischer und organischer Stoffe beim Zusammenbringen.

Die Zeugdruckerei.

Die Zeugdruckerei ist eine örtliche Färberei, das Versehen der Zeuge mit farbigen Mustern. Es geschieht dies entweder dadurch, daß man bei der Anwendung von adjektiven (unwirksamen) Farbstoffen die nötigen Beizmittel aufdruckt und nach sorgfältiger Befreiung des Zeuges von dem unverbundenen, nur mechanisch anhaftenden Beizmittel in einer Farben= flotte ausfärbt, oder daß man die Beizen mit den Farbenabsuden verdickt aufträgt; das letztere Verfahren nennt man Tafeldruck. Eine dritte, wesentlich abweichende Art des Drucks ätzt die ausgefärbten oder dazu vorbereiteten Gründe stellenweise aus und macht sie dadurch weiß, oder erteilt gleichzeitig statt des weggeätzten einen andern Farbstoff. Hierzu gehört auch das sogenannte Reservieren mittels gewisser Stoffe, welche die zum Färben erforderliche Beize teils niederschlagen, teils auflösen und auf diese Weise eine Verbindung der Gewebe= fasern mit dem Farbstoff aufheben. Dem Zeugdruck ist eigentümlich, daß er stets nur örtlich stattfindet, daß er mindestens zwei, häufig aber auch viel mehr Farben darauf bringt. Diese verbinden sich mit den Fasern genau wie in der Färberei, also nicht wie beim Druck von Buntpapieren und Tapeten, wobei die Farben nur aufgetragen werden, wenigstens ge= hören die Fälle der letzteren Art zu den Ausnahmen.

Die Geschichte der Zeugdruckerei ist weit älter als die ersten sparsamen Nachrichten, die uns da und dort zerstreut über sie zugekommen sind. Man nimmt gewöhnlich an, daß Inder und Chinesen zuerst die Gewebe bemalt oder bedruckt hätten, und beruft sich auf eine Stelle in Herodot, nach welcher die Anwohner des Kaukasus ihre Gewänder mit Bildern von Tieren und andern Gegenständen verziert hätten, wozu sie als Farbstoff den Saft von Baumblättern gebrauchten und damit vollkommen beständige Töne erzeugten. Auf dem Er= oberungszug Alexanders des Großen nach Indien sahen die Griechen die ersten mehrfarbigen Zeuge, und Strabo weiß von der Farbenpracht derselben zu erzählen. Daß die Ägypter das örtliche Färben gut verstanden, berichtet Plinius. Sie nahmen weiße Zeuge, welche sie nicht mit Farben, sondern mit Stoffen behandelten, welche die Fähigkeit besaßen, solche aufzunehmen, ohne ihre weiße Farbe zu verlieren. Die verschiedenen Farben traten dagegen sofort hervor, wenn die Zeuge in einen Kessel mit siedendem Farbstoff gebracht worden waren. „Dies ist wahrlich ein merkwürdiger Vorgang", ruft der römische Naturforscher aus, „denn obgleich im Kessel nur ein Farbstoff ist, so erscheinen die Gewebe doch in ver= schiedenen Farben, welche darauf so fest haften, daß sie durch kein Waschen mehr entfernt werden können."

Es war also schon im grauen Altertum so ziemlich die heutige Methode des Färbens üblich. In Indien wurden, wie schon in der Einleitung zur Färberei von den Malaiischen Inseln erzählt worden, die Beizen mit dem Pinsel aufgetragen, andre Partien mit Wachs farblos gehalten. Im Museum der Société industrielle zu Paris befindet sich eine große Sammlung verschiedener in Indien gefärbter Stoffe nebst den Instrumenten, die zu ihrer Anfertigung dienten. Auch im alten Mexiko scheint man zur Zeit des Cortez mit der Kunst des Zeugdrucks bekannt gewesen zu sein, denn dieser sandte an Kaiser Karl V. von dort neben bloß gefärbten Baumwollstoffen auch solche mit bunten Gebilden. Im Orient scheinen gemusterte Stoffe schon sehr zeitig in Gebrauch gewesen zu sein.

Man hat dieser Frage in neuerer Zeit ganz besondere Aufmerksamkeit geschenkt, weil mit ihrer Lösung gewisse Gebiete der graphischen Künste überhaupt, namentlich der Buchdruckerkunst und des Holzschnitts, Beleuchtung erfahren. Die älteste bekannte und in natura auf uns gekommene Probe des Zeugdrucks stammt nach der Ansicht des Dr. Bock aus dem Ausgange des 12. Jahrhunderts und soll einen sarazenischen Industriellen in Sizilien, wo damals die Seidenweberei ihren Sitz hatte, zum Urheber haben. Anderseits wird von Fiorillo behauptet, daß die Casula der Königin Gisella, welche der darauf enthaltenen Inschrift zufolge 1031 angefertigt worden sein soll, der älteste Modeldruck sei. Es möchte indessen in allen diesen Fällen wohl schwierig sein, den Beweis zu führen, daß die betreffenden Figuren wirklich nicht gemalt seien.

Vor dem 12. Jahrhundert — das ist wohl als sicher anzunehmen — dürfte das technische Verfahren, mittels geschnitzter Formenstücke glatte Seidenstoffe, Leinenzeuge rc.

Fig. 428. Muster von elsässer gedrucktem Möbelkattun.

durch Farbendruck zu beleben und zu verzieren, auch im Morgenlande wohl kaum in größerer Ausdehnung geübt worden sein. Von da ab aber scheint die allgemeine Nachfrage, welche im Abendlande nach gemusterten Stoffen (pallia holoserica) entstand, ausgedehntere Fabrikation hervorgerufen zu haben. Nichtsdestoweniger gewann die Zeugdruckerei erst mit dem Ende des 17. Jahrhunderts Boden in Europa. Deutschland ging damit voran; die ersten und berühmtesten Kattundruckereien entstanden zu Augsburg; von hier aus gingen im Jahre 1720 Lehrer in dieser Kunst nach Hamburg, nach dem Elsaß und der Schweiz. Überhaupt blieb Augsburg lange Zeit und bis heute der Sitz einer höheren Behandlung des Zeugdrucks, welchen zuerst die Fabrik von Schüle daselbst seit 1759 nach wissenschaftlichen Grundsätzen zu reformieren begann. In Preußen begünstigte Friedrich der Große diese Industrie; die erſten Kattune ſollen zu Berlin im Jahre 1742 bedruckt worden ſein; gegenwärtig iſt dieſe Stadt die Metropole der deutſchen Kattundruckerei. In Öſterreich wurde ſchon 1726 zu Schwechat bei Wien eine Druckerei angelegt, ſpäterhin bemächtigten ſich namentlich böhmiſche Fabriken der Induſtrie, darunter 1788 die damals größte von Leitenberger in Kosmanos, welche es bis auf 2 Millionen Ellen jährlicher Produktion brachte. Sachſens Zeugdruck=induſtrie begründete ſich im Erzgebirge durch eine Fabrik, die in Zſchopau 1740 errichtet wurde. Auch in Rheinpreußen und Schleſien entſtanden um dieſe Zeit die erſten Anlagen des nunmehr daſelbſt zu hoher Blüte gediehenen Kunſtgewerbes. Frankreich überkam die Kattundruckerei als Erbſchaft des Deutſchen Reichs durch die Stadt Mülhauſen im Elſaß, woſelbſt im Jahre 1746 der Stammvater einer ganzen Generation hervorragender In=duſtrieller, Köchlin, mit Schmelzer die erſte gegründet hatte. Noch heute gehören die elſäſſiſchen Druckereien und Maſchinenfabriken dafür zu den beſten der Welt. Bedeutende Fabriken in dieſem Fache hat auch die Normandie, vornehmlich die Stadt Rouen, auf=zuweiſen. Nach England ſoll die Kattundruckerei im Jahre 1690 durch einen franzöſiſchen Huge=notten gekommen ſein, der die erſte Zeugdruckerei am Ufer der Themſe bei Richmond anlegte; eine zweite, größere entſtand kurz danach zu Bromley Hall in Eſſex. Als im Jahre 1700 eine Parlamentsakte auf Andringen der Seidenweber und Leinweber die Einfuhr von indiſchen Stoffen verbot, mehrten ſich die Druckereien, namentlich in der Umgegend von London. Wäh=rend daher jenes Verbot die neue Induſtrie weſentlich unterſtützte, erreichte es ſeinen eigentlichen Zweck ſo wenig, daß die Regierung, um die Seidenweber zu ſchützen, den Gebrauch gefärbter Baumwoll=zeuge gänzlich unterſagte. Zehn Jahre mußten vergehen, ehe es wieder geſtattet war, gemiſchte Stoffe zu bedrucken, deren Kette Leinen und deren Einſchlag Baum=wolle war. Im Jahre 1774

Fig. 429. Ernſt Philipp von Oberkampf.

ward dieſes Geſetz zwar aufgehoben, die geſamte Kattundruckerei dagegen mit einer unver=hältnismäßig hohen Steuer belaſtet, welche ſie bis zu ihrer gänzlichen Freigebung im Jahre 1831 zu tragen hatte. Nichtsdeſtoweniger entwickelte ſie ſich gerade in England ganz aus=nehmend energiſch, wenngleich ſie ſich aus der Umgegend der Hauptſtadt gegen Ende des 18. Jahrhunderts entfernte, um ſich in der Nähe der Steinkohle anzuſiedeln. Es bildete ſich nunmehr auch für dieſe Induſtrie, wie für ſo viele andre in England, jene eigentüm=liche Zentraliſation, welche gewiſſe Gegenden zum vorzugsweiſen Sitz derſelben erhebt; um Claytons 1764 in der Grafſchaft Lancaſhire gegründete Kattundruckerei reihten ſich nach und nach unzählige, und ſie waren es hauptſächlich, welche die enorme Bedeutung der Baumwolle für das Land feſtſtellten.

Beſonders zu Hilfe kam dem Aufſchwung der Zeugdruckerei die fabelhafte Entwickelung der Mechanik, die es ihr möglich machte, ſtatt der früher allein üblichen Handarbeit die arbeit=ſparende, fördernde Maſchine zu benutzen. Noch bis in das letzte Viertel des vorigen Jahr=hunderts hinein druckte man bloß mit der Hand, und zwar zuerſt mit hölzernen Druckformen, Tafeln, in welche das Muſter eingeſchnitten war, ſpäter mit Modeln, die das Muſter oder wenigſtens die feineren Teile aus eingeſetzten Meſſingblechen und Drähten zeigten. Einen gewaltigen Fortschritt glaubte man errungen zu haben, als Schüle statt deren gravierte Kupferplatten anwandte und den Abdruck mit der Presse bewirkte. Solchen Pressen schlossen sich endlich die Druckmaschinen an, die, auf verschiedene Art eingerichtet, von Fuchs in Wien (1821), besser noch von Palmer in England (1823), Perrot in Rouen (1833), Leitenberger in Reichstadt in Böhmen (Leitenbergine 1836) und Miller in Manchester (1839) ausgeführt wurden. Alle diese Druckmaschinen gingen von der Idee des Tafel= drucks aus, welcher erhabene Model verwendet. Das Ideal lag aber nach der andern Seite und wurde mittels Walzen mit gravierten Mustern erreicht. Schon 1770 hatten zwei Engländer, Charles Taylor und Thomas Walker zu Manchester, ein Patent auf eine Walzendruckmaschine erhalten, fünfzehn Jahre später erfand der Schotte Bell eine andre Maschine, die zu Morsey bei Preston in Lancashire aufgestellt wurde. Wie weit diese identisch waren mit der von dem Elsässer Oberkampf um 1780 gebauten Walzendruck= maschine, können wir nicht untersuchen und daher auch nicht entscheiden, welcher Nation der Ruhm der Erfindung zuzuschreiben ist. Das große Verdienst, die Walzendruckmaschine auf dem Kontinente eingeführt und in allgemeine Anwendung gebracht zu haben, gebührt Ober= kampf auf jeden Fall. Der berühmte Industrielle, 1738 zu Weißenburg im Ansbachschen geboren, errichtete eine Kattundruckerei zu Jouy bei Versailles, welche auf die Entwickelung der französischen Industrie von maßgebendem Einflusse wurde. Oberkampf starb 1815. Durch die Maschine wird nicht nur geschwinder, sondern auch weit besser gedruckt; ein Arbeiter an ihr fertigt ebensoviel, wie früher 100 Arbeiter mit 100 Gehilfen zu thun vermochten, und man hat es schon so weit gebracht, ein Stück Zeug von einer englischen Meile (1,61 km) Länge binnen einer Stunde mit vier Farben zu bedrucken.

Neben diesen Erfindungen sind übrigens noch andre Bestrebungen zu verzeichnen. So wurde die Verbindung von hölzernen Reliefwalzen mit kupfernen Walzen, auf welchen die Muster vertieft angebracht waren, zuerst von James Burton ausgeführt in der Fabrik von Robert Peel (Vater des berühmten Staatsmannes) zu Church im Jahre 1805; eine Relief= walzendruckmaschine ohne vertieft gravierte Walzen, die Plombine, hatte schon im Jahre 1800 ein Deutscher, Ebinger, in St. Denis bei Paris konstruiert, und noch vieles andre, dessen Erwähnung uns zu weit führen würde.

Hand in Hand mit der Vervollkommnung der Maschine ging diejenige des Druck= verfahrens selbst, unterstützt durch die Lehren der Chemie. Bedeutende Gelehrte wandten sich diesem Zweige der Technologie zu, um ihm eine sichere wissenschaftliche Basis zu geben, durch welche ganz allein seine Lebensfähigkeit erhalten wird. Mit Anerkennung sind zu nennen die deutschen Namen Schöppler, Hartmann, Dingler, Bergmann, Köchlin, Hermbstädt, von Kurrer, Schlumberger, Dollfus, Mieg, Zeller, Bolley, Kopp, Daniel; ferner die fran= zösischen Berthollet, Dufay, Hellot, Macquer, d'Apligny, Bovet, Persoz; die britischen Bancroft, Thomson, Crum, Robert Peel. — Letzterer, als einfacher Landmann geboren, schwang sich durch Fleiß und Intelligenz auf die höchste Stufe der Industrie; er beschäftigte zeitweilig 1800 Arbeiter; ein Mann von eisernem Willen und höchster Kraft, war er für die Kattundruckerei dasselbe, was Arkwright für die Spinnerei.

Im Jahre 1750 druckte Großbritannien jährlich ungefähr 50000 Stück Baumwoll= zeug, im Jahre 1796 betrug die Produktion schon 1 Million, 1830 über 8600000 und gegenwärtig ungefähr 25 Millionen Stück oder 1000 Millionen Meter; ein erstaunens= würdiger Fortschritt, dem wohl mit Ausnahme der Weberei der keines andern Industrie= zweiges gleichkommt. Die Zeugdruckerei steht in den drei Industrieländern der Alten Welt ziemlich in gleicher Blüte, wenn auch hinsichtlich der Massenerzeugung Großbritannien weit= aus den Vorrang behauptet. Zeichnet sich dieses durch Solidität der Farben, schönen, gleich= mäßigen Druck und sorgsame Zurichtung der Ware aus, so steht Frankreich voran in ge= schmackvollen Mustern (Dessins), in brillanten Farben und reicher Ausstattung, während Deutschland sich in billiger Herstellung und trefflicher Behandlung der Farben hervorthut, auch hinsichtlich der Muster jetzt auf eignen Füßen steht.

Die Verfahren des Zeugdrucks lassen sich folgendermaßen hintereinander stellen: 1) Handdruck mittels viereckiger, hölzerner ausgeschnittener Blöcke (Druckmodel) oder deren Abgüssen in Metallmasse (Klischees), welche das Muster erhaben zeigen; 2) Perrotinedruck mittels einer Maschine durch größere, die ganze Zeugbreite einnehmende Holzformen, ebenfalls mit erhabenen Mustern; 3) Plattendruck auf der Maschine mittels flacher, gravierter Kupferplatten, jetzt nirgends mehr üblich; 4) Walzendruck auf der Rouleaudruckmaschine mit kupfernen Walzen, in welche die Muster wie in die Kupferplatten vertieft graviert sind; 5) Hautreliefwalzendruck durch die Maschine mit erhaben (en relief) gravierten Walzen.

Zu dem Kattundruck, überhaupt dem Druck der verschiedenen Baumwollzeuge, bedürfen dieselben einer Vorbereitung. Sie werden zuerst zwischen Heißwalzen oder über glühenden Cylindern (vergl. Fig. 415) gesengt, darauf gebleicht und getrocknet; ist dies geschehen, so passieren sie den Kalander, eine Mangelmaschine mit zwei Papierwalzen und einer Kupferwalze, welche dem Stoffe eine glatte, gleichmäßige Oberfläche gibt. Alsdann erst erfolgt das Bedrucken, dem, wenn es mit Walzenmaschinen geschieht, ein Aneinander= heften einer Anzahl Stücke vorhergeht, so daß sie, um eine Walze gerollt, in einem Zuge ablaufen können.

Fig. 430. Handdruck mittels Druckmodel.

Der Handdruck, welcher noch vielfach üblich und für manche Zwecke sogar noch un= entbehrlich ist, namentlich für abgepaßte Zeuge, wendet Formen oder sogenannte Model aus Holz an, in Deutschland vorzugsweise von wildem Birnbaum, in Frankreich von Eibenholz oder von Buchsbaum, in England auch aus Holz von tropischen Bäumen. Da dieselben sich bald abnutzen, so war es ein Fortschritt, als man — erst im Jahre 1837 — begann, Matrizen von Gips danach abzunehmen und durch eine Legierung aus Blei, Wismut, Zinn und Cadmium Abklatsche (Klischees) in beliebiger Zahl davon herzustellen, wie man in der Buchdruckerei von dem Satz und den Holzschnitten Abgüsse nimmt. Das Aufdrucken geschieht auf dem Druck= tisch, das Zeug rollt sich von einer Walze über denselben ab und auf Hängewalzen an der Decke, worauf die Farbe rasch trocknet. Neben dem Tische steht der Streichkasten mit der flüssigen Farbe, sie wird mit dem Pinsel auf ein in einen Rahmen gespanntes Tuch gestrichen, von welchem sie der Drucker durch Aufdrücken des Models wegnimmt, diesen auf das Zeug setzt, mit einem hölzernen Schlägel leise anschlägt und so fortfährt, wobei an den Modeln angebrachte Rapportstifte den jedesmaligen richtigen Ansatz regeln. Sollen mehrere Farben auf das Zeug gebracht werden (mehrhändiger Druck), so bedarf es ebensovieler Formen; die erste, Vorform, zeichnet dann bloß das Muster vor, dann folgt die Paßform mit der ersten Farbe u. s. w. Es gibt bei dem Handdruck eine Menge von besonderen Vorteilen und eigentümlichen Verfahren, welche sich vielfach nach der Natur der Farben richten, die z. B. erwärmt werden müssen oder die Berührung mit der Luft nicht vertragen.

Der Perrotinendruck geschieht mit einer 1834 von Perrot in Rouen erfundenen Kattundruckmaschine, in welcher gewöhnlich drei Druckformen mit erhabenen Mustern in Winkeln gegeneinander derart eingesetzt werden, daß sie abwechselnd mit mäßigem Federdruck auf das Zeug schlagen. Die Formen werden durch Farbwalzen gespeist, der Kattun rückt jedesmal um die Breite einer Druckform vor; wenn somit der Stoff die Maschine verläßt, so ist er in drei Farben bedruckt; es gibt aber auch Maschinen mit vier Formen. Eine gewöhnliche Perrotine liefert mit zwei Arbeitern täglich so viel bedruckte Ware, als 50 Arbeiter mittels Handdrucks zu leisten im stande sind.

Fig. 431. Die Perrotine.

Fig. 431 und 432 geben uns zwei Darstellungen der Perrotine, von denen uns die eine den geistreich gebauten Apparat in der äußeren Vollansicht zeigt, die andre dagegen uns das hauptsächlichste Organ desselben, die eigentliche Druckvorrichtung, vorführt. Wir sehen dieses Organ nicht vollständig, der Deutlichkeit wegen ist die hintere Seite und ebenso sind entsprechende Teile der vorderen Seite weggelassen. Indessen werden wir gerade hierdurch in unsern Anschauungen uns weniger beirren lassen, und es wird uns leicht sein, eine Thätigkeit, welche auf einer Seite ausgeführt wird, uns auch noch auf zwei andern hinzuzudenken. Also: wir sehen ein gemustertes Stück Zeug, das sich über drei Walzen in einer durch Pfeile angedeuteten Richtung bewegt und dabei zwischen je zwei Walzen über eine völlig ebene gußeiserne Platte weggleitet, die in unsrer Abbildung in seitlicher Ansicht Tförmig erscheint. In der Wirklichkeit bestehen bei der Perrotine drei solcher Tförmiger, kreuzartig mit den Füßen zusammenstoßender Eisenplatten; wir haben aus den angegebenen Gründen nur zwei abgebildet, die eine nach vorn, die andre nach unten zu gerichtet. Die dritte haben wir uns nach hinten zu zu denken und uns das Bild in Gedanken auch durch eine vierte Walze zu vervollständigen, welche in der linken oberen Ecke liegen würde. Diese drei TPlatten bilden die drei Drucktische für die Model, welche ihnen gegenüberliegen und durch den Mechanismus der Maschine gleichzeitig von beiden Seiten und von unten gegen den Stoff angepreßt werden und ihre Farbe abgeben. Der eine dieser Model ist in unsrer Zeichnung durch die Platte P angedeutet, die mit ihrer Unterlage r eine auf= und abgehende Bewegung macht. Drei in Gleisen laufende Schieber vermitteln diese Bewegungen von dem Exzentrik aus, das von der Hauptkurbel gedreht wird. Während die Druckplatte P von ihrem höchsten Stande hinabgeht, steht der Farbkasten E so, daß das Farbkissen T über die Farbwalze gelangt und, darüber hinweggeschoben, sich mit Farbe sättigt, die es auf den Model überträgt. Gleich darauf erfolgt der Rückgang, der Model hebt sich vom tiefsten Punkte, der zu bedruckende Stoff zieht sich in der Formenbreite über die TPlatte, Farbkasten und Färbkissen gehen zurück und machen dem Model Platz, welcher auf dem höchsten Stande gegen das Zeug gepreßt wird und sein Muster abdruckt. Ganz ähn= liche Bewegungen geschehen auf der Vorder= und der Rückseite, so daß mit jedem Zuge das Zeug um eine Formenbreite mit drei Far= ben bedruckt herauskommt.

Der Walzendruck mit der Maschine hat eigentlich erst die Kattundruckerei in die Bahnen der Groß= industrie treten lassen, da die fortlaufende Wirkung nicht allein die Bewälti= gung großer Massen ermög= lichte, sondern auch gleich= zeitig einen gleichmäßigeren, schöneren Druck zustande brachte. Die einfache Wal=

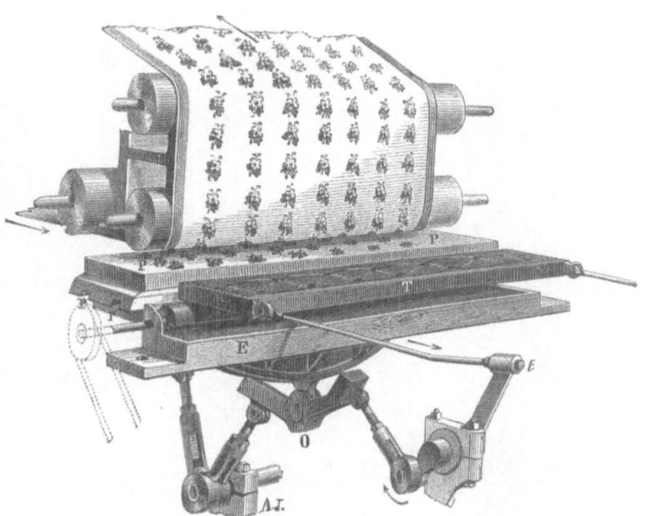

Fig. 432. Der Druckapparat der Perrotine.

zenmaschine besteht aus einem System von verschiedenen Cylindern; eine kupferne, hohle, mit dem Muster gravierte Walze wird mittels einer Farbenwalze, welche die Farbe aus dem Speisetrog aufnimmt, mit derselben überzogen; ein metallener Abstreicher streicht von der Druckwalze die überschüssige Farbe ab, so daß diese nur in den vertieften Stellen bleibt. Eine andre gußeiserne Walze, mit dickem Drucktuch überzogen, wird mittels eines Beschwer= hebelsystems gegen die Druckwalze gedrückt, zwischen beiden läuft der Kattun hindurch und empfängt auf diese Weise die Farbe, worauf er zwischen heißen Walzen zum Trocknen ge= langt. Durch Vermehrung der Walzensysteme in dem nämlichen Gestell vermag man ver= schiedene Farben auf einmal aufzudrucken. Es ist erstaunlich, wie weit man es in dieser Hinsicht gebracht hat, denn man hat jetzt nicht nur Zwölffarbenmaschinen im Gebrauch, son= dern für besondere Zwecke, namentlich für den Tapetendruck, der sich ganz ähnlicher Apparate bedient, hat man Druckmaschinen mit bis zwanzig Farbwalzen ausgeführt. Die in Fig. 433 dargestellte ist eine Vierzehnfarbenmaschine.

Die Anfertigung der Druckwalzen erfordert übrigens große Sorgfalt und ge= schieht in mehrfacher Weise. Zuerst wird der Walzenkörper aus Kupfer, Messing oder Le= gierung (englisches Walzenmetall) gegossen, sodann durch Hartschlagen oder Ziehen verdichtet, endlich das Muster aufgetragen. Bei großen Mustern, welche sich bei jedesmaligem Umgang der Walze der Länge und Breite nach erst wiederholen, muß die ganze Oberfläche der

Walze mit der Hand graviert werden. Früher geschah dies allgemein auch für kleinere Muster. In der neueren Zeit dagegen erzeugt man Druckwalzen mit kleineren, sich öfters wiederholenden Mustern weit einfacher und rascher durch die Molette, eine kleine Walze von Stahl, auf welcher das einmalige Muster graviert ist. Diese Walze wird gehärtet und unter starkem Druck auf den Mantel der Druckwalze abgewickelt; es ist dabei eine Vor= bedingung, welche die größte Genauigkeit der Molette voraussetzt, daß, wenn letztere den

Fig. 438. Walzendruckmaschine.

vollen Umfang der Druckwalze durchlaufen und dieser ihr Muster eingeprägt hat, der An= fang desselben mit dem Ende ganz genau zusammenstimmt. Die beiden Durchmesser müssen in einem genau berechneten Verhältnis zu einander stehen, und ebenso muß auch die seit= liche Anfügung unmerklich sein. Eine Molette ist daher trotz ihrer Kleinheit immer ein kostspieliger Gegenstand. Diese Methode des Mustergravierens heißt das Ränteln. Ganz kleine Muster, aus regelmäßiger Wiederkehr von Sternen oder sonstigen einfachen Zeich= nungen gebildet, werden durch das Punzieren auf die Walze gebracht. Hierunter ver= steht man das Einschlagen des Musters mittels Punzen, das sind kleine Stifte von Stahl, welche die Form einzelner Teile des wiederkehrenden Musters besitzen und wodurch in der Walze Vertiefungen hervorgebracht werden. Endlich werden auch die Walzen mit Linien= mustern auf der Guillochiermaschine durch den Stichel graviert, und es dienen naturgemäß zur Herstellung der gravierten Walzen alle die Kunstmittel, welche wir bei den verviel= fältigenden Künsten im I. Bande dieses Werkes erwähnt haben: Liniiermaschine, Storch= schnabel, Pantograph, Galvanoplastik u. s. w. Namentlich ist der Pantograph ein wert= volles Werkzeug für den Graveur geworden.

Die Zeugdruckerei steht überhaupt in ihrem mechanischen Teile in naher Verwandtschaft mit dem Buch= und Kunstdruck, und es vermögen ihr dieselben Hilfsapparate vielfach nützlich zu werden, welche bei jenem Kunstzweige zur Anwendung gelangen, weswegen wir auch unsre Leser bezüglich mancher Punkte auf die betreffenden Abschnitte des I. Bandes dieses Werkes verweisen. Bei der Hochrelief= Walzmaschine sind die Walzen entweder von Holz oder mit leichtflüssigem Metall überkleidet; ihre Arbeit heißt Flächendruck.

Über die Anfertigung der erhabenen Model für den Tafeldruck haben wir noch einige Worte nachzutragen. Zunächst ist es der Holzstecher (Formenstecher), welcher manche Muster oder Teile derselben aus der Hirnfläche gewisser harter Holzarten herausgearbeitet; dann werden fernere Teile der Zeichnung, solche, bei deren Abdruck es auf große Schärfe ankommt, Punkte, zarte Linien, wohl auch kleine Sternchen u. dergl., mittels Stiften von rundem oder facettiertem Draht eingeschlagen oder von Blech eingesetzt und oberflächlich ganz eben abgeschliffen. Endlich aber auch werden, abgesehen von dem gewöhnlichen Klischier= verfahren, das sich auf die Vervielfältigung von Modeln

Fig. 484. Herstellen von Druckformen mittels Ausbrennen des Musters.

bezieht, gewisse Muster mit Hilfe glühender Stahlstifte zuerst vertieft in Holz eingebrannt und diese vertieften Muster werden durch Abguß im Stereotypmetall in erhabene um= gewandelt, deren Oberfläche man nur gehörig eben zu schleifen braucht, um sie für den Druck tauglich zu machen. Das Einbrennen geschieht, indem der Holzstock, auf welchem das Muster vorgezeichnet ist, unter einen Stahlstift gebracht wird, welcher kraft einer auf ihn gerichteten Gasflamme immer im Glühen erhalten ist. Die Unterlage, auf welcher der Stock ruht, ist durch ein Trittbrett auf= und abwärts beweglich, so daß die getrennt liegenden Teile der Zeichnung durch seitliche Verschiebung des Holzstocks für sich unter die Brennnadel ge= bracht werden können, während man zusammenhängende Linien vertieft, indem man den Stock so fortschiebt, daß die Nadel die Kontur des Musters ausbrennt. Dieses Verfahren, durch welches vorzüglich das Einsetzen von Messingteilen unnötig gemacht wird, gewährt durch

die Raschheit der Arbeit und durch den Umstand, daß von derselben Form beliebig viele
Klischees genommen werden können, große Erleichterung. Die Verbindung von hoch und tief
gravierten Walzen findet in den sogenannten Mule= oder Unionsmaschinen statt, die jedoch
wenig üblich sind.

Die Druckfarben unterscheiden sich ebenso wie ihre Beizen wesentlich dadurch von den=
jenigen der Färberei, daß sie einen bestimmten Grad von Dichtheit oder Klebrigkeit haben
müssen, um sowohl an den Formen und Walzen mit Sicherheit haften zu können, als auch
um nicht auszulaufen, sondern völlig scharfe Ränder zu geben. Erreicht wird dies durch
Zusatz von Verdickungsmitteln. Dieselben müssen nicht allein den genannten Zweck
erfüllen, sondern dürfen auch gleichzeitig die Farben in keiner Weise beeinträchtigen. Daher
wählt man vorzugsweise schleimige oder breiige Stoffe, wie Mehl, Stärkemehl (aus Kar=
toffeln und Weizen), Dextrin (Röstgummi, Stärkegummi, Leiokom), arabisches Gummi
(Senegalgummi), Tragant, Salep, Eiweiß und Albumin, das für diese Zwecke in großen
Massen aus der Blutflüssigkeit künstlich abgeschieden wird; selten Pfeifenerde, schwefelsaures
Bleioxyd, Leim, endlich in einzelnen Fällen Zuckerkalk, Chlorzink und salpetersaures Zink=
oxyd. Am meisten darunter im Gebrauche sind die verschiedenen Gummisorten und das
Stärkemehl, und man hat gefunden, daß sich die Maisstärke unter allen Stärkesorten am
besten für diesen Zweck eignet; in neuerer Zeit hat auch das Glycerin vielfach Anwendung
gefunden. Als Beizen (Mordants) wendet man in der Zeugdruckerei mehr noch als in der
Färberei solche Salze an, die nur schwache Säuren enthalten, die sich demnach leichter von
der Base trennen, so daß letztere mit der Faser und dem Farbstoff schneller eine Verbindung
eingehen kann. Man benutzt daher beispielsweise anstatt Alaun die essigsaure Thonerde
oder das Natronaluminat; ebenso essigsaures Eisen u. s. w. anstatt andrer Eisensalze. Für
die Unzahl der Mode= und Mischfarben, welche jetzt zur Herstellung vielfarbiger Möbel=
und Kleiderartikel herbeigezogen werden, ist das Chromacetat (essigsaure Chromxyd) gegen=
wärtig die am meisten zur Verwendung kommende Beize, da es die solidesten Farblacke auf
dem Gewebe erzeugt.

Um die Baumwollfaser zur Aufnahme der Farbstoffe geeigneter zu machen, behandelt
man die Gewebe mit stickstoffhaltigen Substanzen, wie Kasein (mit Kalk), Gelatine,
Albumin u. dergl.; man nennt dies Verfahren Animalisieren, und man erzielt dadurch
hauptsächlich, daß die Baumwolle sich der Wolle ähnlich verhält, so daß man sogar auf
diese Weise im stande ist, gemischte Gewebe zu bedrucken, wenigstens mit gewissen Farben

Das Drucken. Ist auf diese Art für die Herstellung der Farbe in geeigneter Weise
gesorgt, so erfolgt nunmehr der Kattundruck selber in folgenden verschiedenen Methoden:
1) Kesselfarbendruck; 2) Klotzdruck; 3) Aussparungsdruck; Ätzbeizendruck; 5) Fayencedruck;
6) Abhebedruck; 7) Dampffarbendruck; 8) Tafeldruck; 9) Anilinfarbendruck. Hieran reihen
sich noch die verschiedenen Arten der Druckerei auf Wolle und Seide; die Leinwanddruckerei
fällt mit der Baumwolldruckerei im ganzen ziemlich zusammen. Vorbemerkt muß aber
werden, daß nicht alle diese Arten des Druckens in einem Aufdrucken von wirklicher Farbe
bestehen, bei einzelnen wird vielmehr nur die Beize aufgedruckt, welche das Zeug an der be=
druckten Stelle geeignet machen soll, in dem darauf folgenden Ausfärben den Farbstoff der
Flotte zu fixieren; bei andern wiederum werden gerade diejenigen Stellen mit Schutzmitteln
bedruckt, welche von der Farbe des Kessels frei bleiben sollen u. s. w.

Bei dem Kesselfarbendruck werden die mit dem Beizmittel sorgfältig überdruckten
weißen Zeuge nach dem Befestigen und Trocknen desselben in dem Färbekessel mit bestimmten
Farbstoffen ausgefärbt, wobei dann die gebeizten Stellen sich dauernd färben, der Grund
des Zeuges hingegen nur so schwach, daß durch Auswaschen mit Seife oder eine schwache
Bleiche die Färbung desselben wieder leicht entfernt werden kann. Bei dem Krappdruck
zerfällt die Arbeit in folgende einzelne Teile: Zuerst wird mittels der Walzendruckmaschine
die Beize aufgetragen, für jede Farbe mit besonderer Walze. Darauf wird das Zeug ge=
trocknet und gelüftet, d. h. in erwärmten Räumen aufgehängt, worauf es in ein Kuhkotbad
gelangt, welches ganz den gleichen Zweck hat, wie in der Färberei. Das Ausfärben geschieht
sodann mit einem Krappbade, welches bei leichten Mustern nur einmal gegeben wird, bei
schweren hingegen wiederholt werden muß. Nach diesem werden die ausgefärbten Zeuge

in einem Seifenbade gereinigt und geschönt; erst hierdurch erhalten sie die eigentlichen
Farben in voller Klarheit und Reinheit. Es kann auch zu der letzteren Operation das
Kleienbad genommen werden. Krapp und Indigo haben ihre herrschende Stellung im
Farbenreiche noch nicht eingebüßt, und namentlich ist der erstere oder wenigstens das künst=
liche Alizarin immer noch ein Monopolträger hinsichtlich der Schönheit der Töne sowohl
als wegen deren Dauerhaftigkeit. Dieser ausgedehnten Verwendung wegen hat die Technik
es auch immer als eine Hauptaufgabe betrachtet, die Farbenpräparate aus dem Krapp in
immer höherer Vollkommenheit und Reinheit darzustellen. Die Garancine war der erste
Erfolg, den man in dieser Beziehung erreichte; die Krappextrakte, welche die Farbstoffe noch
reiner enthielten, ein weiterer. Aber diese Präparate eigneten sich immer nur zur Färberei,
das direkte Aufdrucken der Krappfarben bot noch die größten Schwierigkeiten. Diese sind
indessen auch gehoben worden, indem das Verfahren, die Stoffe gleichmäßig mit Beize zu
bedrucken, darauf ein in Ammoniak, Soda oder Seife gelöster Krappextrakt aufzudrucken
und schließlich zu dämpfen, an sich verbessert wurde, dann aber auch die zu diesem Ver=
fahren erforderlichen reinen Farbstoffe immer vollkommener bereitet wurden. Und weiterhin
ist es auch gelungen, künstliches Alizarin direkt auf nicht gebeizte Zeuge zu drucken. Was
das Blau anlangt, so ist das Alizarinblau jetzt einer der am meisten im Zeugdruck zur
Verwendung kommenden künstlichen Farbstoffe und scheint bereits den Wettstreit mit dem
Indophenol und Propiolsäureblau (aus Orthonitrophenylpropiolsäure) siegreich durch=
geführt zu haben.

Der Klotzdruck läßt das gesamte Gewebe mittels Aufklotzen von Beize durchdringen,
um danach entweder verschiedene Farben örtlich aufzudrucken, oder um auf einem farbigen
Grunde durch Aufdrucken von Beizen und Ausfärben farbige, durch Aufdrucken von Ab=
hebemitteln (Enlevagen) weiße Muster hervorzubringen. Man hat dazu die Klotz= oder
Grundiermaschine in Gebrauch, welche aus zwei mit Baumwollstoff bekleideten Messing=
walzen besteht, zwischen welchen das Gewebe aus dem mit dem Beizmittel angefüllten
Farbtrog hindurchgeht, so daß die Beize fest angedrückt, überflüssige aber entfernt wird.
Alsdann läuft es auf Leitwalzen über den Trockenofen. Die getrockneten Zeuge werden
gewaschen, gekuhkotet, mit der Farbe bedruckt, wieder gewaschen und, wenn nötig, geschönt.
Dies Verfahren eignet sich insbesondere für Mineralfarben, als Berliner Blau, Eisengelb,
Chromgrün u. s. w. Man wendet es besonders gern auch auf Leinenzeuge an.

Der Aussparungsdruck hat seinen Namen davon, daß man dabei mittels eines
deckenden Stoffs, der „Reservage", gewisse Stellen verhindert, Farbe anzunehmen, so daß
sie beim Ausfärben ungefärbt bleiben. Jene Deck= oder Aussparungsstoffe können ver=
schiedenartiger Natur sein. Man verwendet dazu Wachs, Mischungen von Harz und Talg
oder Paraffin, oder von Talg und Gummischleim; oder es wird ein Kupferoxydsalz
(Grünspan oder Kupfervitriol), mittels Pfeifenthon und Gummi zu einem Teige verrührt,
aufgetragen; oder es wird durch Beizen das Indigoblau der Küpe verhindert, sich an den
ausgesparten Stellen niederzuschlagen; oder endlich werden die zur Kesselfärbung bestimmten
Beizen den Deckstoffen beigemischt und aufgedruckt; alsdann wird bis zu dem bestimmten
Farbenton in der Küpe gefärbt, im Krapp= oder Quercitronbade ausgefärbt und schließlich
das an den ausgesparten Stellen entstehende Weiß gereinigt. Diese Art der Aussparung
heißt Lapisdruck (nach Lapislazuli, Lasurstein, welchem einige erste Muster dieser 1809
von Köchlin in Mülhausen erfundenen Druckart glichen); er stellt sehr schöne und dauer=
hafte Waren in den wechselndsten Farben her.

Durch den Ätzbeizendruck wird mittels Säuren die Beize der damit bedruckten Ge=
webe an bestimmten Stellen weggebracht, so daß diese nach dem Ausfärben weiß erscheinen.
Es kann aber auch das Muster mit der Säure aufgedruckt und dann mit der Grundiermaschine
die Grundfarbe angebeizt werden, wodurch eine weiße Zeichnung auf dunklem Grund ent=
steht. Als Ätzbeizen wendet man Weinsteinsäure, Zitronensäure, Apfelsäure, Phosphor=
säure, Arsensäure, Oxalsäure, Zinnchlorid u. s. w. an. Selbstverständlich dürfen nur solche
Säuren gewählt werden, welche weder die Fasern noch die Farben und die Walzen angreifen
und sich leicht im Wasser lösen. Verdickt werden die Ätzbeizen für feine Muster mit Senegal=
gummi und Pfeifenthon, für schwerere auch mit Röstgummi (Dextrin).

Fayencedruck nennt man eine Art des örtlichen Zeugdrucks, welcher blaue Muster auf weißem Grunde hervorbringt; er ist eine der ältesten Arten der Industrie, soll in Indien von jeher üblich gewesen und schon im Beginn des 18. Jahrhunderts in Europa eingeführt worden sein; man hat damit bedruckte Kattunmuster aus dem Jahre 1730. Zu dem Fayencedruck kann nur Indigo genommen werden, und zwar wird derselbe als feinstes Pulver mit Eisenvitriol mit dem Model oder der Walze auf den weißen Grund gedruckt; durch Anwendung von Kalkwasser und Eisenvitriollösung wird dann die Verwandlung des Blaus in Indigoweiß bewirkt, das in die Fasern eindringt und dann an der Luft durch Sauerstoffaufnahme wieder blau und unlöslich wird. Man kann auch Fayencegrün erzeugen, wenn das bedruckte Zeug später im Gelbbade behandelt wird. Wird das fertige Indigoweiß als Küpe aufgetragen, so erhält man das Schilder=, Kasten= oder Pinselblau.

Der Abhebe= oder Enlevagedruck findet statt, wenn eine dem Zeug aufgetragene Farbe an bestimmten Stellen durch ozonabgebende Stoffe wieder abgehoben wird, und ist demnach eine Ätzung oder ein Bleichen, welche sich auf die Farbstoffe anstatt auf die Beizen richtet. Für Indigo wendet man zu diesem Zwecke Chromsäure, Eisenchlorid oder die Mercersche Flüssigkeit (ein Gemenge von Ferridcyankalium mit Kali), für Krapp das Chlor an. Um z. B. auf Türkischrot ein weißes Muster zu erzeugen, werden die zu ätzenden Stellen mit einer sauren Beize bedruckt und darauf das Zeug durch eine Chlorkalk= lösung geführt. Die Farbätzmittel können zugleich die Beizen für ein späteres Bedrucken der geätzten Stellen bilden.

Der Dampffarbendruck ist vom Ende des vorigen Jahrhunderts an in Aufnahme gekommen, seit Bancroft im „Englischen Färberbuch" gezeigt hatte, daß man auch Wasser= dämpfe zur Befestigung der Farben verwenden könne. Im großen benutzte dies Verfahren zuerst Dollfus im Elsaß 1810. Sollen die Zeuge mittels Dampffarben bedruckt werden, so bedürfen die meisten Farben dazu der Beize; die bedruckten Zeuge werden in geschlossenen Räumen frei aufgehängt und von unten mit trockenem Hochdruckdampf bestrichen, wobei alle Vorkehrungen getroffen werden müssen, daß kein verdichtetes Wasser auf sie tropfen kann. Es gibt verschiedene Arten des Dampffarbendrucks: 1) Auf der Spule oder Säule, wobei das Zeug um einen durchlöcherten Hohlcylinder gewunden wird, in welchen die Dämpfe ein= strömen; 2) in der Tonne; das Zeug kommt mittels eines Rahmens, wie bei der Indigo= küpe, in einen Behälter, durch welchen ein Dampfrohr geht; 3) im Kasten oder in der Kammer; dies ist ein vergrößerter, dicht verschließbarer Raum mit Sicherheitsventilen; 4) im Schilderhäuschen oder in der Laterne; die Zeuge werden faltig aufgehängt und kommen, mit einem Wolltuch umwickelt, in einen kupfernen Kasten, in welchen der Dampf geleitet wird, nachdem er vorher von seinem Gehalt an kondensiertem Wasser befreit worden ist. Sollen Zeuge ein metallglänzendes Äußere erhalten, gekupfert werden, so kann man dies durch Überziehen derselben mit einer ganz dünnen Schicht von Schwefelmetall hervor= bringen, welches durch ein Behandeln der bedruckten Zeuge mit schwefelwasserstoffhaltigem Wasserdampf erzeugt wird, wobei man aber der Farbe das betreffende Metallsalz in Auf= lösung beigeben muß.

Den Tafeldruck nennt man auch das Applikations= oder Ablegeverfahren. Als Tafelfarben bezeichnet man Gemenge von Beizen und Farbstoffen, welche verdickt auf= gedruckt werden; in ihnen haben sich die letzteren mit ersteren bereits chemisch verbunden, welche Verbindung dem Zeuge durch einen Überschuß an Beizmitteln angeeignet wird. Durch Tafeldruck kann man nur unechte Farben liefern, da sich dabei die Farbstoffe mit den Geweben nicht dauernd verbinden; durch eine nachherige Behandlung mit Wasserdampf lassen sich inzwischen viele Tafelfarben haltbar machen. Einige der Tafelfarben werden im ge= lösten Zustande aufgedruckt und gehen allerdings nach und nach auf der Faser in den un= löslichen Zustand über, die meisten derselben aber werden unlöslich aufgedruckt und haften an der Faser bloß durch die Verdickungsmittel. In dem Tafeldruck mit unlöslichen Farb= stoffen, z. B. Ultramarin, Chromgelb u. s. w., ist das gewöhnliche Eiweiß ein beliebtes Mittel zur Verdickung und Befestigung. Daneben gelten als Ersatzmittel das Blutalbumin und gewisse Eiweißpräparate, die man aus Fischrogen darzustellen versucht hat. Das Eiweiß gerinnt beim nachherigen Dämpfen und befestigt so die Farbe auf dem Gewebe.

Der Druck der Anilinfarben verlangt andre Maßnahmen als derjenige der ge=
wöhnlichen; er wird in verschiedenen Weisen bewirkt. Entweder wird das mit der Farbe
vermengte Beizmittel verdickt aufgedruckt, getrocknet gedämpft, dann der Stoff gewaschen
oder getrocknet — oder die Beize wird verdickt aufgetragen, durch Trocknen, Lüften oder
Dämpfen befestigt, dann aber das Zeug im Anilinbade ausgefärbt. Als Beizmittel für die
Anilinfarben wendet man an: Tannin und Brechweinstein, als Verdickungsmittel: Eiweiß,
Blutalbumin (am besten mit Terpentinöl gebleichtes), Kleber, Käsestoff, Leim, Gerbstoff,
fette Öle und Ölsäuren, Harzlösungen u. s. w. Anilinschwarz wird erst auf dem Zeuge
selbst hervorgebracht.

Alle die bisher beschriebenen Druckverfahren sind ausdrücklich auf den Kattundruck
berechnet; mehrere derselben lassen sich aber ebenso gut auch auf Wolle, Seide und gemischte
Stoffe anwenden. Auch können verschiedene dieser Druckverfahren miteinander verbunden
werden, sobald es z. B. gilt, recht verwickelte Muster zu drucken. Wird z. B. ein Zeug
zuerst in einer Vierfarbenwalzenmaschine mit Beize für Schwarz, Purpur und zwei rote
Schattierungen bedruckt, darauf gelüftet, durch das Kotbad genommen, im Krappbade aus=
gefärbt, geschönt, getrocknet, werden dann mit Holzformen oder der Zweifarbenmaschine
zwei verschiedene Eisenbeizen, mit Stärkemehl oder Leiokom verdickt, eingedruckt, gelüftet,
in Kalkwasser ausgespült, gewaschen, getrocknet; um Braun und Rostbraun zu entwickeln,
wird endlich die Mischung für Dampfblau aus Dampfgelb mit Blöcken aufgedruckt, gedämpft,
gewaschen und getrocknet, so haben wir hier eine Vereinigung von Handdruck, Walzendruck,
Perrotinendruck und Dampffarbendruck, wodurch schließlich ein Muster von Schwarz, Purpur,
zwei verschiedenen roten, zwei braunen Farben, nebst Grün und Gelb auf weißem Grunde,
hervorgebracht werden kann. Wollte man dem Muster eine noch größere Mannigfaltigkeit
geben, so könnte recht gut auch noch der Ätzbeizen= und der Aussparungsdruck mit hinzu=
gezogen werden. Man kann in einem und demselben Muster fast die sämtlichen Methoden
anwenden, und in ihrem gut erdachten Zusammenwirken zeigt sich die Geschicklichkeit des
Druckers. Eine sehr wichtige Rolle spielen jetzt die Rhodanverbindungen (Schwefel=
cyanverbindungen), namentlich Rhodanbaryum, Rhodanaluminium, Rhodanammonium und
Rhodankalium in der Zeugdruckerei, da sie den Überdruck jeder beliebigen Farbe über eine
andre ermöglichen.

Der Wollzeugdruck erfordert vermöge der Eigentümlichkeit des Verhaltens der Woll=
faser zu den Farbstoffen ein ganz besonderes Verfahren, das von dem des Baumwoll=
zeugdrucks in vielen Stücken abweicht. Zuerst soll im Jahre 1680 eine Art Flanell,
Golgas benannt, in England bedruckt worden sein; es geschah mittels Bleiplatten mit ein=
gedruckten (durchbrochenen) Mustern, deren zwei aufeinander nötig waren, zwischen welche
die Zeuge eingepreßt und die Farblösungen heiß aufgegossen wurden; der Überschuß floß
durch die Zwischenräume ab. Diese Golgasdruckerei ist nicht mehr üblich. Der eigent=
liche Wolldruck, zuerst im Jahre 1810 in Sachsen ausgeführt, geschah mit Handdruck=
formen und blieb, gleichwie auch bei den gemischten Geweben und bei der Seide, lange
Zeit hindurch nur auf diese beschränkt; allein in der Neuzeit hat man die großen Vorteile
der Maschine auch auf diesen Zweig der Zeugdruckerei ausgedehnt und gebraucht nunmehr
die Pressen, die Perrotinen und die Walzendruckmaschinen ebenso gut wie zum Baumwoll=
zeugdruck. Auch der Dampfdruck ist für diese Stoffe besonders angezeigt; er wird nur in
der Laterne, in der Tonne und in der Kammer ausgeführt, weil die einzelnen Lagen sich
nicht berühren dürfen, sondern ausgespannt der Wirkung des Dampfes ausgesetzt werden
müssen. Die große Verwandtschaft der Wollfaser zu den Farbstoffen schließt den Kessel=
farbendruck aus, macht das Auftragen mineralischer Grundbeizen unnötig und gestattet die
Vermischung der Beize mit der Farbe, deren nachherige Befestigung durch das Dämpfen
geschieht. Die Vorbereitung der Wolle, das Bleichen und Schwefeln, erfordert aber die
größte Aufmerksamkeit.

Eine besondere Art des Wollzeugdrucks ist der Berilldruck, hauptsächlich für leichte
Flanelle; er heißt auch erhabener Druck. Die Zeuge brauchen dazu weder angesotten noch
gebeizt zu werden; die Farben werden mit Stärkemehl oder Senegalgummi verdickt und
mittels gravierter Druckformen aus Messing unter einer heißen Presse aufgedruckt; das

Verdickungsmittel wird jedoch nach dem Ausdrucken und Trocknen der Flanelle nicht entfernt, so daß das Muster auf denselben etwas erhaben hervortritt. Der Berilldruck, welcher auch mittels Walzen ausgeführt werden kann, ist nur noch hier und da üblich.

Der Druck gemischter Stoffe aus Baumwolle und Wolle ist schwieriger als derjenige der reinen, weil Farben und Beizen, welche für Baumwolle passend, dies nicht für Wolle sind und umgekehrt. Ebenso gibt es Farben, die sich leicht auf der Wolle, aber schwer auf der Baumwolle befestigen; die größere Verwandtschaft der Wollfaser mit den Farbstoffen, welche die Baumwolle in weit minderem Grade besitzt, wird im allgemeinen eine ungleiche Färbung der beiden Fäden zur Folge haben, dies muß aber die Kunst und Geschicklichkeit des Druckers zu verhindern wissen. Gemischte Gewebe müssen wie Baumwollzeug eine Grundbeize erhalten, vorher aber gut gebleicht sein, auch werden sie vorher animalisiert, wie schon oben erwähnt wurde. Das Dämpfen geschieht wie bei Wollstoffen, aber stets in der Kammer.

Die Seidenzeugdruckerei erfordert ein vorheriges Entschälen und Bleichen der Stoffe, welche danach ziemlich ebenso behandelt werden wie die Kattune, doch gibt man den Dampffarben den Vorzug, weil sie sich auf der Seide mit besonderem Lüster befestigen. Die Seidenstoffe werden entweder gar nicht angebeizt oder erhalten Mordants aus Alaun, Zinnsalz, Zinnchlorid oder Rotbeize. Die Farben müssen möglichst säurefrei sein; das Dämpfen dauert in der Regel nur 15—20 Minuten und wird gewöhnlich in der Laterne vorgenommen. Zu erwähnen ist noch der sogenannte Mandarindruck für Seide und gemischte Stoffe aus Wolle und Seide. Seinen Namen hat derselbe von Seidenstoffen, welche „Mandarine" hießen, ebenso ward er zum Druck der Foulards (ostindischer Taschentücher) und zu halbseidenen Wollstoffen beliebt. Das Verfahren beruht auf der Wirkung der Salpetersäure auf alle tierischen Fasern und Häute, welche sie bekanntlich schön gelb bis orange färbt; dies benutzt man beim Mandarindruck mit Anwendung von Deckstoffen zur Herstellung von Mustern auf dem Gewebe. Die Säure wird natürlich nur verdünnt angewendet.

Volkswirtschaftliche Bedeutung des Zeugdrucks. Seitdem in England der Zeugdruck von der Steuer befreit worden war und keiner Aufsicht der Regierung mehr unterlag, entwickelte er sich auf das gewaltigste, so daß sich die Produktion seit dem Jahre 1840 von 16 Millionen auf nahezu 25 Millionen Stück Zeug hob; die letztgenannte große Zahl war allerdings infolge der amerikanischen Baumwollkrisis und ihrer Nachwirkungen eine Zeitlang zurückgegangen, hat sich aber um so eher wieder gehoben, als jene die Ursache gewesen ist, eine Menge von neuen Quellen der Baumwollerzeugung zu erschließen oder besser fließen zu machen. Der Kattundruck nimmt ungefähr den siebenten Teil der gesamte Baumwolleinfuhr in Anspruch.

Die Zahl der Druckereien in Großbritannien und Irland beträgt gegen 250, darunter riesige Etablissements mit Tausenden von Arbeitern. Das französische Erzeugnis an Zeugdruck schätzte man, bevor Elsaß und Lothringen wieder zu Deutschland kamen, auf 5—6 Millionen Stück jährlich. Jetzt ist durch den Verlust der gerade im Druckfach bedeutendsten Provinz das Verhältnis ein ganz andres geworden. Elsaß-Lothringen hat 120 Druckmaschinen und beschäftigt gegen 7000 Arbeiter im Zeugdruck. Berlin und Schlesien sind für Kattune, für gemischte Waren Sachsen, für gedruckte Wollstoffe Sachsen, Westfalen, Rheinland, für Seidendruck letztere Provinzen die Hauptstätten der Produktion. Die Einfuhr der feineren Waren aus England und Frankreich hat bedeutend abgenommen, seit namentlich die sächsische Industrie dieselben fast ebenso gut, manchmal sogar besser, herzustellen gelernt hat. In Österreich beschäftigen die Färbereien und Druckereien über 100000 Arbeiter jährlich. Große Baumwolldruckereien befinden sich in Wien, Prag, Pest und Reichenberg (in Böhmen); Seidenfärbereien nur in Wien. Das Färben und Bedrucken von Schafwolle und gemischten Waren (Orleans u. dergl.) wird fast durchweg in den böhmischen Webereien mit ausgeführt. Nur in Wien und Umgegend bestehen besondere Druckereien für Wollen-Modewaren.

Tapeten- und Wachstuchfabrikation.

Ursprung der Tapeten aus den Teppichen. Die Tapetenfabrikation und ihre Materialien. Geschichtliches. Der heutige Stand der Tapetenindustrie. Farben. Bedrucken des Papieres. Handdruck und Maschinendruck. Die Hilfsmaschinen. Velutierte, gepreßte, bronzierte Tapeten u. s. w. — Die Wachstuchfabrikation. Materialien und Herstellungsmethoden. Farbstoffe und Firnisse.

Zwei verwandten Industriezweigen verdanken wir zu einem großen Teile die Freund= lichkeit, Sauberkeit und Behaglichkeit unsrer Wohnungen: der Tapetenfabrikation, welche Wände und Decken verschönt, und der Wachstuchfabrikation, deren Bereich die Fußböden, die unteren Wandpartien, Tische u. s. w. sind. Beide Artikel in ihrer jetzigen Ver= fassung geben einen Beleg dafür, wie das Streben der modernen Industrie darauf gerichtet ist, Annehmlichkeiten des Lebens, die in früheren Zeiten ausschließlich zum Luxus der Reichen gehörten, durch Verwohlfeilerung einem möglichst großen Publikum zugänglich zu machen. Zwar belehren uns die Ausgrabungen von Pompeji, daß in der römischen Glanzperiode selbst in den Häusern kleinstädtischer Bürger die Wände mit Gemälden geschmückt waren und die Fußböden aus mehr oder weniger künstlicher Plattenmosaik bestanden; allein diese alte Wohlhäbigkeit ging im Sturm der Zeiten verloren, und unsre Vorfahren sind bei viel ungünstigeren klimatischen Verhältnissen eines derartigen Luxus sehr spät teilhaftig geworden. Wahrscheinlich kam der für ein rauheres Klima geeignetste Stoff, das Holz, zuerst zur Geltung. Die Belegung des Fußbodens und der Wände mit Holzgetäfel wurde immer mehr ausgebildet und ergab einen wohlhäbigen Luxus, der nach und nach in Bürgerhäusern

gewöhnlich wurde und selbst in ländlichen Wohnungen Platz griff. In neuerer Zeit ist der=
selbe durch besondere „Parkettfabriken" noch gesteigert worden.

Die hier genannten Fabrikate haben sämtlich den Zweck der Flächenbekleidung und der
Flächenverzierung. Infolgedessen haben dieselben gewissen Regeln des dem ästhetischen Ur=
teile genügenden Stiles, d. h. der bei dem Prozeß des Werdens und Entstehens von Kunst=
erscheinungen hervortretenden Gesetzlichkeit und Ordnung zu genügen. Eine Hauptregel des
Stiles ist, daß Decke, Fußboden und Wände den Charakter von Flächen zeigen sollen, denn
ursprünglich wurden als Schmuck dieser Umgrenzungen der Menschenwohnungen einfache
Gewebstoffe verwendet. Ganz besonders aber muß das Prinzip der Flächenschmückung für
den Fußboden zur Geltung kommen, weil hier dem Darüberschreitenden das Gefühl des
sicheren Auftretens nicht gestört werden soll. Es sind daher bei Fußbodenverzierungen
körperhafte Darstellungen, wie z. B. bei Parkett und Wachstuchbelegen, der durch neben=
einander gesetzte helle und dunkle Rhomben hervorgebrachte Anschein, als wäre der Fuß=
boden mit emporstehenden Würfeln besetzt, zu vermeiden. Die hier zum Schmucke dienenden
Farbenwechsel sollen in der Regel nur ebene Muster bilden. So ist der von Plinius er=
wähnte attalische Mosaikfußboden, auf welchem die Abfälle der Tafel, die man damals bei
Gastmählern auf den Boden zu werfen pflegte, täuschend nachgebildet waren, im strengen
Sinne als eine Versündigung gegen den Stil zu betrachten. Mehr noch ist dies aber mit
dem ebenfalls von Plinius beschriebenen und glücklicherweise wieder aufgefundenen Fußboden=
mosaikbild der Fall, welches in bewundernswerter Naturtreue Tauben darstellt, die aus
einem Wasserbecken trinken. Auf jeden mit feinem Kunstsinn begabten Menschen mußte es
unangenehm wirken, auf diese Tauben seinen Fuß zu setzen. Dagegen ist wohl die Dar=
stellung von Blumen auf Fußbodenbelegen nicht als eine Stilwidrigkeit zu betrachten, indem
ja auch die Natur den Boden mit Gras und Blumen schmückt, nur vor Übertreibungen, die
gegen die Natur sind, sollte man sich hüten. So machen die großen knallroten Riesen=
bouketts gewisser Teppichmuster keinen guten Eindruck auf den auf Kunstsinn sehenden
Menschen. Stets sollten solche Muster das Auge nicht übermäßig beschäftigen und in
gebrochenen Farbentönen sich darstellen.

Bezüglich der Schmückung der Wände sind die Bemerkungen in einem von Richard
Redgrave gelegentlich der im Jahre 1851 zu London stattgefundenen Weltausstellung auf
Anregung der königlichen Kommission über die zeichnenden Künste ausgearbeiteten Berichte
wegen der darin ausgesprochenen Kunstregeln noch heute beachtenswert. Wir entnehmen
Professor Gottfried Sempers berühmtem Buche „Der Stil" die folgenden auf Tapeten
und andre Wandbekleidungen bezüglichen Bemerkungen:

Wenn man den Zweck solcher Stoffe berücksichtigt, so wird die passende Dekoration für
sie sofort klar hervortreten, da sie dieselbe Beziehung zu den durch sie umschlossenen Gegen=
ständen haben müssen, die der Hintergrund zu einer gemalten Gruppe hat. In der Malerei
hat der Hintergrund, wenn er wohl angeordnet ist, seine eignen entschieden hervortretenden
Lineamente, aber diese sind insoweit unterzuordnen und zu dämpfen, als sie nicht zu be=
sonderer Aufmerksamkeit auffordern dürfen, während das Ganze im Zusammenwirken nur
allein dazu dienen soll, die Hauptfiguren, nämlich den Gegenstand des Bildes, zu tragen
und besser hervorzuheben. Die Dekoration einer Wand hat dieselbe Bestimmung und erhält
sie, wenn sie nach richtigen Grundsätzen ausgeführt ist. Sie ist ein Hintergrund für die
Möbel, die Kunstgegenstände und die den Wohnraum belebenden Personen. Sie mag die
Hauptwirkung erhöhen und die Pracht vermehren; sie darf so angeordnet sein, daß sie den
Charakter des Raumes bestimme, daß sie ihn heiter oder düster erscheinen lasse; sie mag
scheinbar die Hitze des Sommers kühlen, oder das Gefühl der Wärme und Gemütlichkeit
im Winter erwecken; sie kann so berechnet werden, daß die beschränkte Räumlichkeit eines
Saales größer erscheine, oder eine Studierstube, eine Bibliothek sich als eng umschlossen
und abgesondert darlege — alles dieses kann bei passender Anordnung farbiger Ornamente
leicht erreicht werden. Aber gleich jenem Hintergrunde, mit welchem die Dekoration schon
verglichen wurde, muß sie, obschon sie einem der genannten Zwecke gemäß ihren Charakter
entschieden ausspricht, in gedämpftem Tone auftreten und die Kontraste in Licht= und
Schattenpartien vermeiden. Streng genommen sollten solche Dekorationen nur in flachen,
durch die Kunst vorgeschriebenen Formen sich bewegen und harte, den Grund durchschneidende

Linien oder Formen möglichst vermeiden, ausgenommen die Fälle, wo es der nötige Aus=
druck und die Deutlichkeit der Ornamente erheischt, daß eine derartige Unterbrechung statt=
finde. Naturgetreue Nachahmungen wirklicher Gegenstände sind dem dekorativen Prinzip
entgegen, weil sie den Begriff des Flachen aufheben, weil sie zugleich in ihrer detaillierten
und täuschenden Darstellung das Auge zu sehr in Anspruch nehmen und wegen ihres an=
spruchsvollen Hervortretens die Ruhe des Gesamtbildes stören. Vorzüglich ist in dieser
Beziehung die einfarbige Behandlung der durch Hell und Dunkel wirkenden Muster.

Weiter bemerkt Semper in bezug auf das Tapezierwesen der Alten: Bei der häus=
lichen Einrichtung der Alten hatten die Tischler sehr wenig, die vestiarii (nach modernen
Begriffen die Tapeziere) fast alles zu thun. Wer nur den Grundplan eines antiken Hauses
betrachtet, überzeugt sich sehr bald, daß die jetzt fehlenden Draperien unbedingt im Geiste
dazu gethan werden müssen, um es für wohnliche Zwecke geeignet erscheinen zu lassen. Die
Thüren und selbst gewisse Scheidewände der Räume der antiken Häuser waren durch Vor=
hänge gebildet. Aus den Skulpturen und Malereien des Altertums ist zu ersehen, daß die
Hintergründe sehr häufig aus Draperien bestehen, die faltenreich zwischen Pfeilern auf=
gehängt sind; zuweilen sieht man aber auch statt dieser Draperien stehende Wände.

Wunderbares erzählt der griechische Schriftsteller Philostratus nach den in seiner Zeit
noch lebhaften Erinnerungen von der Pracht der Bekleidung babylonischer Königspaläste:
Die Wände waren mit Erz bedeckt, so daß sie strahlten. Die Gemächer waren teils mit
Silber= und Goldgeweben, teils sogar mit wirklichem Goldblech, das getriebenes Bildwerk
zeigte, geschmückt. Die Stickereien der Vorhänge waren der griechischen Fabel entnommen.

Von den Ägyptern wissen wir Ähnliches, und aus vielen Stellen der Schriften der
alten Tragiker erfahren wir, daß das Umspannen und Behängen der Räume bei den
Griechen eine uralt herkömmliche Sitte war. Überhaupt dienten die Säulen in den Woh=
nungen und Tempeln nur dazu, um dazwischen Vorhänge zu befestigen, welche Sitte sich
im östlichen und westlichen Europa bis in das Mittelalter hinein bezüglich der Ausschmückung
der Kirchen fortpflanzte. So bildeten solche Tapezierarbeiten mehr oder minder wesentliche
Teile der Architektonik.

Unter „Tapeten" verstand man ursprünglich verstellbare, in passender Weise dekorierte
Wände; solche Wände waren z. B. im Vorhause des delphischen Tempels zur Abgrenzung
des Heiligtums aufgestellt, und in ähnlicher Weise werden dieselben bei den Prozessionen
der Papstkrönungsfeier noch benutzt, um den Weg der Prozession im Schiffe der Basilika
der Apostelfürsten abzugrenzen, wobei die düster gesättigte Farbenpracht der Teppichwand
das mächtige Emporragen der Säulen erst recht zur Geltung bringt.

Ein farbenprächtiger Luxus bürgerte sich im Abendlande ein infolge der Berührungen
mit dem Orient in den Kreuzzügen. Vielleicht fanden die Frauen der Kreuzritter für die
von dort mitgebrachten köstlichen Shawls und Teppiche die nächste passende Verwendung
gerade darin, daß sie damit ihre Zimmer ausstaffierten. Seitdem haben die Großen und
Reichen immer auf schöne Wandteppiche viel gehalten. Für diesen Bedarf arbeitete aber
früher hauptsächlich der Weber, denn der Stoff zu den Wandbekleidungen bestand meistens
in seidenen und halbseidenen großgemusterten Damasten. Auch Tapeten von feinem ge=
preßten Leder, solche mit Stickereien, Goldverzierungen u. s. w. kamen vor; es war aber
immer ein Luxus, den sich nur die reichen Kreise gestatten konnten. Wie nun überhaupt
jede Luxusindustrie anfänglich nur für die vornehmsten Klassen arbeitet und sich erst bei
billiger werdenden Herstellungsmethoden mehr und mehr popularisiert, so ging auch die
Tapetenfabrikation diesen Weg; jetzt sucht sie ihren Hauptmarkt bei dem großen Publikum
und hat sich dem heutigen Erfordernis der Wohlfeilheit so anbequemt, daß ihre Produkte
selbst in die bescheidensten Wohnungen noch Eingang finden können.

Die Tapetenfabrikation und ihre Materialien. Die Anwendung des Papiers zu
Tapeten sollen die Engländer den Chinesen oder deren Nachbarn, den Japanern, abgesehen
haben, wo diese Fabrikation seit undenklichen Zeiten ausgeübt wird, wie denn überhaupt
das Papier bei jenen östlichen Völkern eine weit ausgedehntere Anwendung findet als bei
uns, so daß selbst die dortigen Häuser großenteils wie aus spanischer Wand zusammengesetzt
erscheinen. In England konnte die Tapetenfabrikation wegen der hohen Papiersteuer lange
nicht emporkommen; erst bei den Franzosen kam sie in rechten Schwung und zu feinerer

Ausbildung. Ehe es Maschinenpapier gab, mußten gewöhnliche Papierbogen durch sorg=
fältiges Kleben zu langen Streifen zusammengesetzt werden. Das älteste Verfahren zur
Herstellung der Tapete war augenscheinlich vom Tüncher entlehnt: man legte auf das
Papier in Kartenpappe ausgeschnittene Patronen und fuhr mit einem in Farbe getauchten
großen Pinsel darüber hin (Aussparungsverfahren). Dies wurde mit jeder Farbe wiederholt,
bis das Muster vollendet war. Wenn auch auf diese Weise die Ware immerhin ziemlich gut
ausfallen kann, so war es doch vorteilhafter, das Verfahren der Kattundruckereien anzunehmen,
wie es damals (als Handdruck mit erhabenen geschnittenen Formen) in Übung war.

Wir entnehmen der „Geschichte der Technologie“ von Karmarsch, daß in England schon
1746 die Anwendung von Modeln im Tapetendruck bekannt gewesen sein soll, sich aber
wenig verbreitet zu haben scheint, da 1753 noch Edward Dighton ein Patent für Herstellung
von Tapeten erhalten habe, deren Muster er mit gestochenen oder geätzten Kupferplatten
aufdruckte und aus freier Hand mit dem Pinsel ausmalte. Die erstere größere Fabrik,
welche in Frankreich Tapeten mittels Drucks herstellte, wurde 1780 errichtet, obwohl das
Verfahren bereits seit 20 Jahren daselbst bekannt war, früher als in Deutschland, wo
man vor 100 Jahren von Papiertapeten noch nicht viel wußte. Es existierten zwar aus
jener Zeit (1773 und 1775) zwei in Berlin erschienene Beschreibungen des Verfahrens,
Tapeten mittels Drucks herzustellen, dieselben erstreckten sich aber bloß auf die teuren be=
lutierten oder farbigen Tapeten mit Vergoldung, zu deren Herstellung eine Schraubenpresse
angegeben wird; den Wollstaub solle man sich durch Zerhacken von Wolle oder durch Zer=
kleinern mit einer Schere bereiten. Derartige Vorschläge lassen erkennen, daß sich diese
Industrie noch in den Kinderschuhen befand. Österreich verdankt seine erste Tapetenfabrik
einem Franzosen Chevassieux aus Lyon (1780); Spörer aber, der aus dem Elsaß nach Wien
kam und 1809 daselbst ebenfalls eine solche Fabrik errichtete, hob die Fabrikation erst auf
eine höhere Stufe; er ist auch der Erfinder der ihrer Zeit (1822) vielbewunderten Iristapeten.

An Stelle der alten Schraubenpresse trat zeitig schon der Drucktisch, zuerst mit einfachem,
später mit Doppelhebel, der schon vor 1820 in Wien in Gebrauch war und in Mannheim
erfunden sein soll. Eine Maschine zum Drucken mit Flachformen (Model) hat William
Palmer 1823 erfunden und 1837 verbessert, in dem letztgenannten Jahre erschien auch eine
Maschine zum Auftragen der Grundierfarbe von Croqueser in Paris; aber erst seit 1850
sind Grundiermaschinen in ausgedehntere Anwendung durch Engländer namentlich und Fran=
zosen gekommen. Walzendruckmaschinen, zuerst mit vertieft gravierten Walzen arbeitend
wie die Kattundruckmaschinen, wurden von Zuber in Rixheim 1826, von William Potter in
Manchester 1839 angewandt; sie erwiesen sich indessen in betreff des Druckes nicht kräftig
genug und man stattete sie daher mit Walzen aus, welche das Muster in Relief tragen;
solche Maschinen stammen von Cabouret (1838), Leroy (1840, 1854), Billet (1851),
Grosset (1853), William Potter (1846), Gummel in Berlin (1847) u. a. Sie drucken bis
zu 20 Farben und mehr.

Was die Tapetenfabrikation im allgemeinen anbelangt, so hat sie in den letzten zwanzig
Jahren, dank des allgemein gestiegenen Wohlstandes und der allen Klassen dadurch ge=
währten Möglichkeit, sich einen höheren Komfort zu gestatten, einen ungemeinen Aufschwung
genommen. Die Vervollkommnung der mechanischen Hilfsmittel, welche nicht nur bei weitem
billiger, sondern auch noch viel schöner zu fabrizieren erlaubt, hat einen gleich günstigen
Einfluß gehabt, und die früher weit verbreitete Arbeit des Tünchers findet jetzt nur noch
in den entlegensten Ortschaften einen Wirkungskreis. Wenn der amtliche Bericht über die
Londoner Weltausstellung von 1862 sagt, daß seit Bestehen des Zollvereins bis dahin die
deutsche Tapetenfabrikation in ihrer Produktion sich mindestens verzwanzigfacht habe, und
daß sie zur Zeit (1862) auf etwa 5 Millionen Rollen pro Jahr zu veranschlagen sei (die eine
Fabrik Hochstätter in Darmstadt allein habe seit 1851 ihre Leistung von 200 000 Rollen
auf 1 Million erhöht), so haben sich seitdem diese Verhältnisse namentlich für Deutschland
noch ungleich günstiger gestaltet. Indessen steht, was Massenproduktion betrifft, England
mit seinen Maschinen obenan. Schon vor 15 Jahren waren Walzendruckmaschinen in
Anwendung, von denen eine gleichzeitig in acht Farben druckt und per Minute drei Stück,
täglich circa 2000, jährlich gegen 600 000 Rollen liefern konnte; es gibt aber Fabriken,
die damals schon nicht weniger als acht solcher Maschinen (von denen einige mit 16 Farben

druckten) in Betrieb hatten und daneben eine entsprechende Zahl Stücke mittels Blockdrucks herstellten. Der Absatz dieser Maschinentapeten erfolgt in großen Massen nach den Kolonien. Frankreich zeichnete sich lange besonders durch künstlerische Vollendung, geschmackvolle, elegante Muster, in deren Entwerfung die besten Kräfte eine lohnende Thätigkeit fanden, reine, schöne Färbung und vollkommene Ausführung seiner Tapeten aus. Es hat lange Zeit den Weltmarkt in den besseren Sorten allein beherrscht, bis ihm in der letzten Zeit in Deutschland ein bedeutender Konkurrent erwachsen ist.

Besteht in den mechanischen Ausführungen eine große Ähnlichkeit zwischen Tapeten- und Kattundruck, so herrscht hinsichtlich der Farben doch vielfache Abweichung; denn im Tapetendruck benutzt man ausschließlich deckende Körperfarben — mit einem Bindemittel (Leim) versetzt — während im Kattundruck die Farben meist durch Beizen dem Zeuge einverleibt werden.

Die zur Tapetenfabrikation verwendeten Farben sind teils erdiger Natur, wie Bleiweiß, Kreide und andre Weißstoffe, Chromgelb, Ocker, Berliner Blau, dann künstliches Ultramarin, Chromgrün, oft auch noch die giftigen Arsenikkupferfarben, weil es andre so lebhafte Grünstoffe nicht gibt, Umbra, Beinschwarz u. s. w.; teils sind es Abkochungen oder Lacke aus Farbhölzern, wie Gelbholz, Krapp, Blauholz u. s. w., und daß die Farbenerzeugnisse der neueren Chemie, namentlich die Teerfarben, vielfach Anwendung finden, braucht nicht besonders hervorgehoben zu werden. Um den löslichen Farben Körper und Deckkraft zu geben, verdickt man sie durch hineingerührte Weizenstärke und ähnliche Mittel. Das Binde-

Fig. 486. Tapete, nach Entwurf des Professor Sturm ausgeführt von Philipp Haas & Söhne.

mittel ist größtenteils heißes Leimwasser, außerdem Gummi, Dextrin u. s. w. Die mit Leim angemachten Farben sucht man auch beim Verbrauch immer lauwarm zu halten, damit sie nicht dick werden.

Dem Bedrucken des Papiers geht meistenteils das Grundieren voran; nur bei geringen Tapeten wird manchmal Papier benutzt, das man gleich aus gefärbter Papiermasse hergestellt hat. Soll mit einer Körperfarbe grundiert werden, zu welcher gewöhnlich ein starker Zusatz von Kreide kommt, so bedarf das Papier keiner Vorbereitung; bei Anwendung

64*

von Absudfarben dagegen muß ein Anstrich mit warmem Leimwasser vorhergehen, der vor dem Auftragen der Farbe erst völlig trocken werden muß.

Das Auftragen des Grundes geschieht mit Bürsten, die so lang sind, daß sie über die ganze Breite des Papiers wegreichen. Die Arbeit wird meistens nicht von einem einzelnen, sondern von drei bis vier Personen zugleich besorgt und geht dann außerordentlich geschwind. Dabei wird der ganze, zu einem Stück Tapete gehörige Papierstreifen auf eine Tafel gelegt, welche die entsprechende Länge hat, also gegen 10 m lang ist. Um dem Papier eine festere Auflage zu sichern, bildet das Tafelblatt seiner Länge nach einen ganz flachen Bogen, so daß von der Mitte, als dem erhabensten Teil, ein sanftes Abfallen nach beiden Enden hin stattfindet. Ein Arbeiter setzt nun seine vorher in die Grundierfarbe getauchte Bürste an dem einen Ende quer auf das Papier und bewegt sich längs der Tafel fort, indem er be= ständig die Bürste sägenartig hin und her zieht. Ihm folgt ein zweiter, der es ebenso macht, oder der eine arbeitet für zwei, indem er in jeder Hand eine Bürste führt. Den zwei Auf= tragebürsten folgen auf dem Fuße zwei Burschen, jeder mit einer ähnlichen Bürste bewaffnet und auch in derselben Art manövrierend, nur daß sie auf ihre Bürsten keine Farbe nehmen, sondern bloß die schon vorhandene auf dem Papier besser verteilen und ausgleichen sollen. Indem also die drei oder vier Personen einmal die Tafel entlang gehen oder vielmehr eilen, wird ein Stück Tapete grundiert und braucht nur noch zum Trocknen in dem geheizten Trocken= raume aufgehängt zu werden. Es können so auf einer Tafel täglich 4—500 Stück an= gestrichen werden. Jetzt aber wird in den größeren Tapetenfabriken das Grundieren vielfach mit Maschinen ausgeführt. Ein über zwei Rollen laufendes Flanelltuch ohne Ende erhält durch eine Farbwalze aus einem Farbkasten fortwährend Grundierungsfarbe zugeführt, die durch ein Lineal gleichmäßig vertrieben wird und sich weiterhin auf das dem Tuche zu= geführte endlose Papier überträgt. Die Farbe ist aber trotzdem sehr ungleichmäßig auf dem Papiere verteilt, es geht dasselbe deshalb zunächst über einen horizontalen Tisch unter einer Anzahl von breiten Bürsten hindurch, die sich immer hin und her bewegen und dieselbe Arbeit ausführen, welche der zweite, dritte Arbeiter u. s. w. beim Grundieren mit der Hand besorgen. Fig. 437 zeigt uns eine Grundierungsmaschine. Die Bürsten vertreiben die Farbe, die aus dem Troge G auf das von der Walze F sich abwickelnde Papier übertragen wird, auf diesem letzteren. In der Richtung der Pfeile geht dasselbe weiter über eine Rolle dem Trockenraume zu. Die Aufhängung besorgt eine doppelte Kette ohne Ende, welche mit ihrem oberen Teile in derselben Richtung geht wie das grundierte Papier. In gewissen Abständen befinden sich auf dieser Kette aber vorspringende Nasen, welche, wenn sie die unter der vorhin bezeichneten Rolle lose aufgelegten Stäbe passieren, von diesen nur den untersten mit hinwegnehmen und das Tapetenpapier darauf fangen. In der Abbildung ist bei a ein solcher Stab eben in Thätigkeit, wieder einen Tapetenbogen auf die Kette D zu transportieren, mit deren Hilfe die einzelnen Stäbe in gleichen Abständen durch den Trocken= raum hindurchgeführt werden. Die Fangstäbe liegen auf dem pultartigen Gestell in der Mitte des Bildes. In der Wirklichkeit werden sie auf der andern Seite des Trockenkastens wieder gesammelt, indem die Tapete daselbst stoßweise zusammengelegt wird. Die Maschine besorgt das ebenfalls von selbst, indem die Kette D die Stäbe schließlich einer gebogenen Bahn E übergibt, auf welcher sie hinabgleiten und nur von einem Knaben herausgezogen zu werden brauchen, um das Papier gefaltet auf den Haufen H zusammengeschichtet zu er= halten. In unsrer Abbildung ist der letztere Vorgang, der sich eigentlich weiter links voll= zieht, als unser Bild reicht, in den Hintergrund desselben verlegt. Von den zusammen= gelegten Haufen werden die Tapeten wieder ab= und auf Rollen A aufgewickelt, wobei zu= gleich die Glättung mit besorgt zu werden pflegt. Darunter ist jedoch nicht die Erzeugung eines Glanzes zu verstehen; vielmehr hat das Glätten nur den Zweck, die durch das Naß= und Trockenwerden des Papiers entstandenen Unebenheiten zu beseitigen, und es wiederholt sich demnach diese Behandlung in der Folge so oft, als eine neue Befeuchtung und Trocknung des Papiers eingetreten ist, also nach dem Aufdrucken jeder einzelnen Farbe. Die hierzu dienende Glättmaschine, in der Form an die lithographische Stangenpresse erinnernd, ist auch in einigen andern Industriezweigen in Anwendung; nur wirkt sie dort, wo ein wirk= liches Glänzen beabsichtigt wird, durch einen Glättstein, während sie bei Tapeten, wo, wie gesagt, nur eine Ebnung erzeugt werden soll, mit einer metallenen Walze ausgerüstet ist.

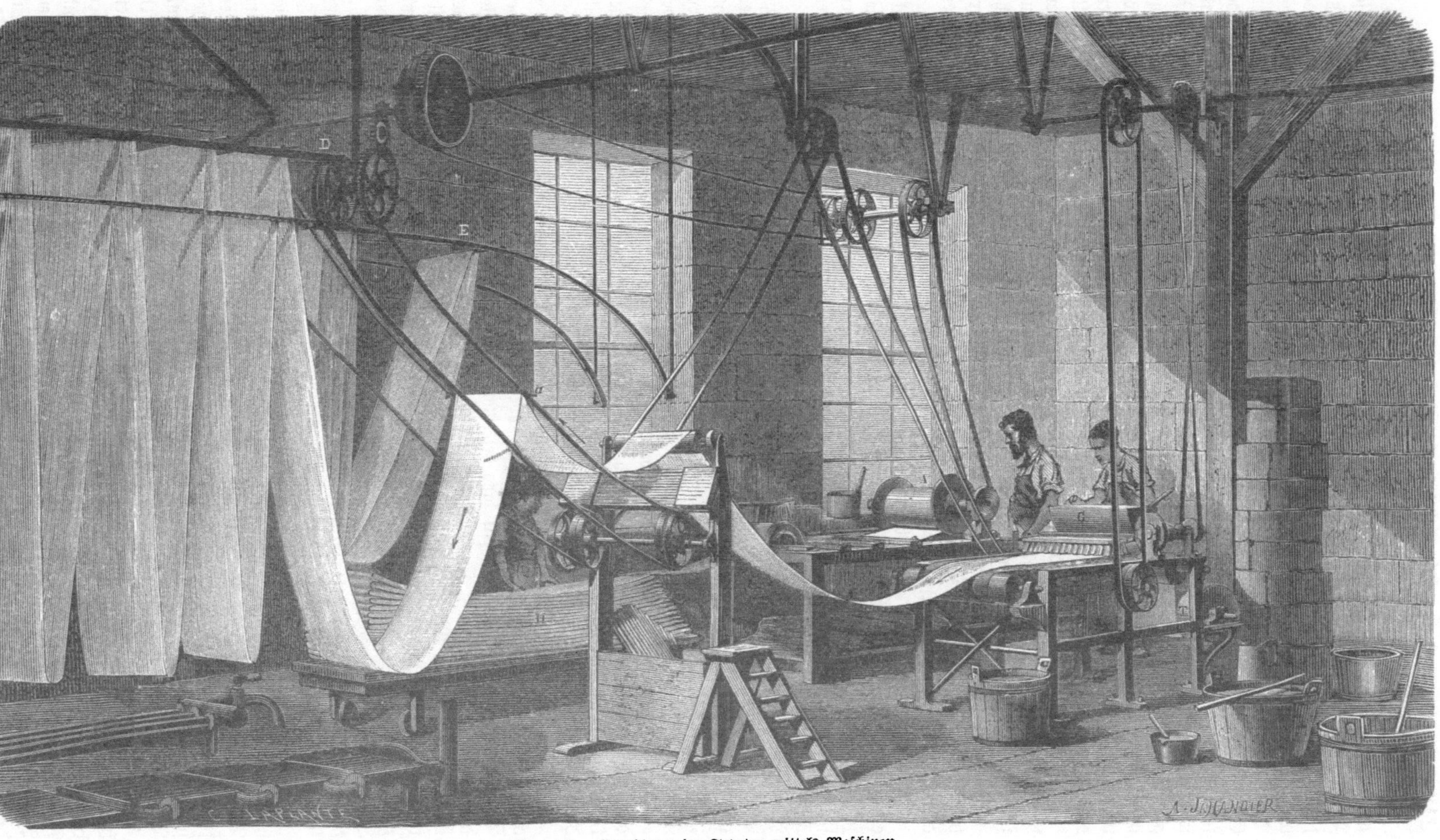

Fig. 437. Grundieren der Tapeten mittels Maschinen.

Um wirkliche Glanztapeten zu erzeugen, muß ein andres Verfahren, das Satinieren, in Anwendung kommen. Hierauf ist schon bei Anfertigung der Grundiermasse Bedacht zu nehmen, insofern als statt der sonst gewöhnlichen Körper, Kreide oder Bleiweiß, jetzt feiner Gips genommen wird. Durch die Satiniermaschine erhält die Tapete ihre Bearbeitung auf der Rechtseite. Es wird dabei mittels einer hin und her gehenden steifen Bürste Federweiß (feines Talkpulver), das unmittelbar vorher aufgepudert wird, in den Grund eingerieben, und hierdurch jener bis zu gewissem Grade selbst der Nässe widerstehende sanfte Atlasglanz hervorgerufen. Oft auch glänzen nur gewisse Partien oder Figuren, was unschwer dadurch erzielt wird, daß vor dem Satinieren Patronen aus dünnem Blech aufgelegt werden, welche nur das glänzend werden lassen, was in den Ausschnitten der Patrone offen liegt (Aussparungsverfahren). Man kann das Talkpulver auch gleich mit in die Grundiermasse nehmen. In großen Fabriken kommen selbstthätige Satiniermaschinen vor, in welchen das Papier die Bestäubung und Bürstung durch eine walzenförmige, sich drehende Bürste erhält.

Auf ähnliche Weise, wie bei der Kattundruckerei fortlaufende Muster durch Walzen der ganzen Länge des Zeuges aufgedruckt werden, kann auch im Tapetendruck ein verschiedenfarbiger Grund in nebeneinander verlaufenden Längsstreifen durch Walzenbürsten, welche nebeneinander stehende Farbenpartien haben, erzeugt werden. Durch Überfahren der verbleibenden Zwischenräume mit einer nassen Vertreibbürste lassen sich sodann die Farben allmählich ineinander überführen.

Die grundierten und möglicherweise satinierten Tapeten gelangen schließlich zum Druck; es gibt aber eine Klasse billiger Ware, die dieses Stadium gar nicht erreicht; es sind diejenigen, die nur mit verschiedenfarbigen, mehr oder weniger feinen Längsstreifen versehen sind und damit auch schon einen hübschen Effekt machen. Diese Streifen und Linien werden nicht aufgedruckt, sondern auf das Papier nach vorausgegangener Grundierung gezogen. Nur werden dazu nicht Bürsten oder Pinsel benutzt, welche solche schmale und scharf begrenzte Streifchen nicht bilden könnten, sondern ein blecherner Farbkasten T (Fig. 438), so breit wie die Tapete, der in die entsprechenden Fächer für die einzelnen Farben abgeteilt ist. Jedes Fach hat unten ein kleines Ausflußloch, und indem der Farbkasten in angemessener, gleichbleibender Geschwindigkeit über das Papier fortgeschoben wird, oder auch indem der Kasten ruht und das Papier, getragen von einem Tuch ohne Ende, darunter hingeht, wird die zur Bildung eines Streifens erforderliche Farbe an letzteres abgegeben. Die Löcher können nach Bedarf durch einen Schieber augenblicklich geschlossen werden. Unsre Abbildung, Fig. 438, zeigt einen solchen Apparat.

Das Aufdrucken der Muster auf die grundierten Tapeten geschieht mittels erhaben ausgearbeiteter Holzformen. Die Platten übergreifen gewöhnlich die ganze Breite der Tapete und sind also 50—60 cm lang bei einer Breite von 20—50 cm. Zeichnungsteile, die so beschaffen sind, daß sie im Holz zu schwierig auszuführen wären oder keine Dauer hätten, stellt man in Messing mittels Draht und Blech her. Ein eingeschlagener Stift gibt im Abdruck einen Punkt, mit façonniertem Draht erhält man Sternchen u. dergl., während zurecht gebogene Blechstreifen zur Wiedergabe von Ranken, Schraffierungen und sonstigem Linienwerk benutzt werden; das sind dieselben Hilfsmittel, die wir schon beim Kattundruck kennen zu lernen Gelegenheit hatten, und die sich auch hier durch Abklatschmodel ersetzen lassen, wie wir an derselben Stelle gesehen haben.

Wie bei jedem gewöhnlichen Plattendruck sind zur Erzeugung eines Musters so viel besondere Druckformen nötig, als Farben oder Farbentöne darin vorkommen. Der eine Block trägt nur die Teile der Zeichnung, welche blau, der andre die, welche rot erscheinen sollen u. s. w. Während man sich für gewöhnliche und Mittelware auf 3—4 Platten beschränkt, gehören zu farbenreicheren Mustern, namentlich auch zu Bordüren, Decken= und Thürstücken, deren vielleicht 15—20, zu reichen Blumen=, Figuren= und Landschaftsstücken 40—60 und oft noch mehr. In beiden letztgenannten Gegenständen, welche sich den Malereien an die Seite stellen und nicht fortlaufende Muster, sondern geschlossene Bilder von oft großer Ausdehnung zeigen, sind die Formen oft zahlreicher als die Farben und Farbentöne, und zwar deswegen, weil einzelne Farben im Bilde öfter, aber in so großen Abständen vorkommen, daß sie nicht mit einer Platte bestritten werden können. Auf der Londoner Ausstellung von 1862 waren von einer Pariser Tapetenfabrik vier große landschaftliche Gemälde mittels Modeldrucks hergestellt, zu denen 500 verschiedene Formen nötig gewesen waren.

Damit die Farben in der gehörigen gegenseitigen Stellung aufgedruckt werden können, sind die einzelnen Druckformen oder Modeln am Rande mit Metallstiften versehen, die ebenfalls zum Abdruck gelangen und durch ihr genaues Aufeinanderfallen den sogenannten Rapport herstellen lassen. Diese Stifte, die Paß= oder Rapportspitzen, sind da angebracht, wo sie das Muster nicht stören, und ihre Abdrücke werden durch die zuletzt abzudruckende Klatschform verdeckt. Dieselbe Vorsicht ist bei einfarbigen Druckmustern zu beobachten, damit es möglich wird, den Model in gehöriger Aneinanderreihung aufzudrucken. Um große Formen kräftig genug aufdrucken zu können, wird wohl auch ein Hebelwerk angewendet.

Das Drucken selbst erfolgt auf einem festen Tische, dessen Platte mit doppeltem Wolltuch straff überzogen ist, und gleicht in seinem mechanischen Teile ganz dem Tafel=druck für Kattun; wir brauchen daher nur auf das an früherer Stelle darüber Gesagte zu verweisen. Die zu bedruckende Tapete ist zusammengerollt und auf einen eisernen Stab gesteckt, der rechts an der Tischkante in zwei Gabeln liegt. Somit kann das Papier nach Bedarf leicht von der Rolle ab und über den Drucktisch gezogen werden.

In der Regel wird an einem Drucktische den ganzen Tag mit derselben Farbe und Form fortgearbeitet, und das hierbei fertig und trocken Gewordene am folgenden Tage mit der zweiten Form durchgenommen und so fort. Vor jedem neuen Druck muß, wie schon bemerkt, die Tapete auf der Rückseite wieder ge=glättet werden. Sind alle dem Muster zugehörigen Formen aufgedruckt und so die letzte Glättung gegeben, so wird die Ware als fertig auf=gerollt, sofern nicht etwa noch ein heller Firnis aufgesetzt wird, wodurch die Tapete an

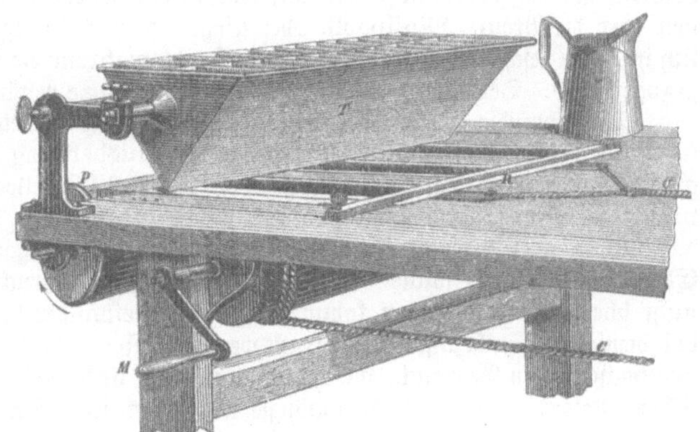

Fig. 438. Herstellung längsgestreifter Tapeten.

Schönheit und Haltbarkeit bedeutend gewinnt. Eine Zwischenarbeit, die nach jedem Auf=druck vorgenommen wird, sobald es sich nicht um ganz geringe Ware handelt, besteht in dem Durchsehen, um solche Stellen, an welchen zufällig die Farbe ausgeblieben ist, mit dem Pinsel nachzubessern.

Ein recht gefälliges Produkt des Tapetendrucks sind die sogenannten velutierten (be=wollten) oder Wolltapeten, bei denen einzelne Teile der Musterung sich rauh wie Tuch an=fühlen, und in der That ist es feiner Tuchstaub, welcher hierbei als deckender Farbstoff dient. Während die Tapete im übrigen ganz wie gewöhnlich grundiert und bedruckt wird, verlangen die bewollten Teile des Musters eine besondere Behandlung. Die Figuren dafür werden zwar auch mit Formen vorgedruckt, aber nicht in Leimfarbe, sondern in einem sehr kräftigen Leinöl=Bleiweißfirnis, und sodann unmittelbar mit dem eigens dafür hergerichteten feinen Tuchstaube gepudert. Solcher Tuchstaub fällt in Tuchfabriken beim Scheren der Tücher ab, aber meist nicht in so brillanten Farben, wie sie für die Zwecke der Tapetenfabrikation gewünscht werden. Dieselbe erzeugt sich daher ihre Wollfarben meist selbst, indem sie ent=weder weißen Scherstaub durch Bleichen, Färben, Zermahlen u. s. w. vorbereitet, oder sie bezieht ein eigens für sie hergestelltes Fabrikat, welches in den feurigsten und verschiedensten Farben im Handel vorkommt. Früher konnte das Erzeugnis nur von Frankreich bezogen werden, wo in Paris eine Fabrik sich mit der Herstellung derartigen Wollstaubes befaßte. Neuerdings hat aber die berufene Schütz'sche Tapetenfabrik in Wurzen, welche schon lange ihren Bedarf sich selbst erzeugte, die künstliche Wollstaubfabrikation in größerem Maße auf=genommen und versorgt einen großen Teil ihrer Konkurrenten mit dem Material, das wäh=rend der Einschließung der französischen Hauptstadt allein von ihr geliefert wurde.

Das Verfahren zum Erzeugen der beſtäubten Muſter iſt folgendes. Die Tapete wird gleich vom Drucktiſch weg über einen Kaſten gezogen, der dicht am Tiſche auf $^2/_3$—$^3/_4$ m hohen Füßen ſteht. Der Boden des Kaſtens beſteht aus ſtraff geſpanntem Kalbleder oder Pergament. Iſt genug friſcher Druck über den Kaſten gelangt, ſo wird die Tapete bis zum Lederboden niedergelaſſen, Tuchſtaub darüber geſtreut, der Kaſtendeckel zugeklappt und der Lederboden mit ein paar Stöcken von unten trommelartig bearbeitet, oder es iſt eine Daumen= welle vorhanden, durch deren Drehung einige Klopfer gegen den Boden getrieben werden. Der ſolchergeſtalt im Kaſten aufgerührte Staub verteilt ſich überall auf der Tapete und deckt das klebrige Muſter vollſtändig. Iſt ein ſo erzeugtes Muſter völlig trocken, ſo kann zum Aufſetzen eines folgenden in einer andern Farbe geſchritten werden. Man kann auch auf ſchon bewollten Stellen von neuem beſtäuben. Zur Erhöhung des Effekts überdruckt man die bewollten Muſter oft noch mit Leimfarben, um Schattierungen, dunklere Zeich= nungen, wie Blattrippen u. ſ. w., anzubringen, oder aber man bürſtet ſie nur, während der Ölfarbenunterdruck noch nicht ganz trocken iſt, durch Schablonen mit einer derben Bürſte. Dadurch legt ſich der kurze Staub nach der Richtung des Strichs und die Tapete erhält an dieſen Stellen Glanz, während ſie an den von der Schablone geſchützten ihre urſprüng= liche matte Färbung behält. In ähnlicher Weiſe wird auch Vergoldung und Bronzierung bewirkt, nur daß dabei nicht Ölfarbe, ſondern ein Terpentinölfirnis untergedruckt wird, auf den man die Bronze, Muſivgold oder feingemahlenes Blattgold mittels einer Trommel, die ſich in einem geſchloſſenen Kaſten dreht, aufſtäubt, während die friſch bedruckte Tapete hindurch= gezogen wird. Den Glanz erhalten die mit der Bronze beſtäubten Stellen durch Glättſteine.

Die Anwendung des Maſchinendrucks auf die Tapetenfabrikation, welche namentlich in Nordamerika und England eine bedeutende Ausdehnung erlangt hat, liefert zwar ſehr große Maſſen, aber doch nur geringe oder höchſtens Mittelware, da das genaue Zuſammen= paſſen der Muſter Schwierigkeiten hat, welche zum Teil in der Natur des Papiers liegen, das ſich bei jeder Befeuchtung zieht, und die deshalb kaum gänzlich zu beſeitigen ſein werden. Es können daher nur ſolche Muſter auf der Maſchine gedruckt werden, bei denen die Farben nicht übereinander zu ſtehen kommen und nicht ineinander verlaufen können, da alle Farben bei demſelben Durchgange aufgedruckt werden müſſen. Nichtsdeſtoweniger hat man Walzen= druckmaſchinen in Gebrauch, welche bis zu zwanzig und mehr Farben drucken. Die gebräuch= lichen Maſchinen ſind faſt durchgängig Maſchinen nach Art der im Kattundruck gebräuch= lichen, nur ſind auf den Formwalzen die Muſter erhaben ſtehend. Vertieft gravierte Metallwalzen können zwar auch gebraucht werden, aber doch nur mit Einſchränkung. Die Einzelheiten eines ſolchen Druckapparats geben wir in Fig. 439, die zugleich mit zur Erläute= rung der Kattundruckmaſchine dienen kann. Die Druckwalze iſt in derſelben nur mit ihrem vorderen Teile ſichtbar, ſie iſt mit dem Buchſtaben C bezeichnet und in Fig. 440 in einer beſonderen Anſicht, welche die Art der Gravierung zeigt, gegeben. Hinter der Druckwalze bewegt ſich auf der Unterlage F das zu bedruckende endloſe Papier P in der Richtung der Pfeile von unten nach oben. Die Walze C wickelt ſich auf dem Papier ab und druckt ihm ihr Muſter auf; die dazu nötige Farbe erhält ſie von dem Farbetuche T, welches, über die Rollen R R R geführt, die Farbenwalze A paſſiert. Die letztere geht zum Teil in dem Farbe= brei, der ſich in dem Troge E befindet, und überträgt davon eine genügende Portion auf das Tuch ohne Ende. Der Überſchuß wird durch das Lineal L abgeſtrichen. Alle Bewe= gungen hängen untereinander zuſammen und werden von demſelben Triebwerk unterhalten.

Wie ſchon angedeutet wurde, iſt mit den Walzendruckmaſchinen bei der Tapetenfabri= kation keineswegs die Vollkommenheit und Schönheit der Muſter zu erreichen, wie beim Druck mit Handformen, von denen man bei den teuerſten Luxustapeten zuweilen mehr als 100, ja ſelbſt ſchon 5—600 zu einer Tapete verwendet hat. Karmarſch gibt in ſeiner „Geſchichte der Technologie" an, daß auf der Ausſtellung zu Paris im Jahre 1867 ſich ein Tapetenſtück von 2,₇ m Länge bei 2 m Breite befand, welches mit 580 Formen, und ein andres, das mit 218 Farben durch 373 Formen bedruckt war. Bei dem Maſchinendruck iſt ſelbſt ſchon bei wenigen Farben das genaueſte Zuſammentreffen nie recht geſichert, jedoch ſtellt man im gewöhnlichen Leben nicht ſo hohe Anforderungen an Tapeten, und daher wer= den die meiſten derſelben mit Maſchinen gedruckt, weil die Herſtellungskoſten dabei viel ge= ringer werden. Während England noch vor etwa 20 Jahren in der Herſtellung billiger

Maschinendrucktapeten obenan stand und davon jährlich über 1,5 Millionen kg ausführte, lieferte Frankreich hauptsächlich seine Tapeten mit einer jährlichen Ausfuhr von über 2 Millionen kg. Frankreich und England standen dabei im gegenseitigen Austausch von seiner gegen gewöhnliche Ware. So lieferte 1866 Frankreich 627000 kg seiner Tapeten nach England, und England dagegen 347000 kg nach Frankreich. Seitdem hat sich aber die deutsche Tapetenfabrikation fast vollständig des eignen Marktes bemächtigt.

Wachstuchfabrikation. Ältere Leute erinnern sich noch der zu Möbeldecken, Hutüberzügen u. dergl. benutzten, jetzt durch bessere Stoffe ersetzten Wachsleinwand. Sie war in der That das, was ihr Name besagt, ein mit einer Wachslösung in Terpentinöl überzogenes Leinen, spröde in der Kälte, klebrig und übelriechend in der Wärme. Indem man später an Stelle des Wachses den Leinölfirnis setzte, that man einen zweifachen Fortschritt: man gelangte auf wohlfeilerem Wege zu Produkten, welche dauerhafter und von jenen Übelständen frei waren. So hat man jetzt, je nach Unterschied des Gewebes, Wachsleinen, -barchent, -kattun, -muselin, die alle unter dem allgemeinen Namen „Wachstuch" gehen, obwohl sie mit Wachs nicht

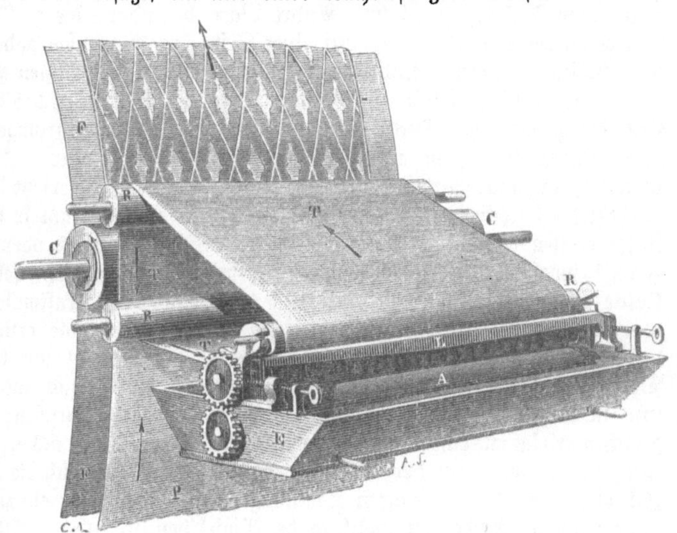

Fig. 439.   Der Druckapparat der Walzenmaschine.

das mindeste mehr zu schaffen haben und auch der Ausdruck „Tuch" nur im weitesten Sinne, in der Bedeutung „Gewebe", zu nehmen ist. Trotz dieses Fortschritts erleidet aber auch das Wachstuch wieder ernstlichen Wettbewerb durch das sogenannte „Ledertuch", das zwar höher im Preise, aber entschieden haltbarer und geschmeidiger ist, wie es sich von dem hauptsächlich dazu verwendeten Kautschuk erwarten läßt. Das beste Ledertuch wird noch immer in Nordamerika gefertigt; über seine Fabrikationsweise verlautet indessen wenig Zuverlässiges.

Herstellung des Wachstuchs. Eine Wachstuchfabrik braucht große Räumlichkeiten zum Bearbeiten und hauptsächlich zum Trocknen der Zeugflächen; man verlegt daher im Sommer einen Teil der Bearbeitung soviel als möglich ins Freie. Die Grundlage des eigentlichen Fabrikats ist ein starkes,

Fig. 440.   Erhaben gemusterte Walze für Tapetendruck.

festes Flachsgewebe, das wegen der hierbei vorkommenden ansehnlichen Breiten meistens auf besonderen Stühlen erzeugt wird, da Nähte in dem Teppich nicht willkommen sein würden.

Die erste Arbeit, die mit dem Gewebe vorgenommen wird, ist das Aufspannen desselben auf ein Gerähme in senkrechter Stellung — bei sehr großen Stücken keine leichte Arbeit. Das eine Ende des aufgerollten Zeugs wird an einem Endpfosten des Rahmens angenagelt oder mit Bindfaden angeheftet, dann die Rolle in senkrechter Richtung, nötigenfalls auf einem kleinen Karren, längs des Rahmens hinbewegt und das sich abwickelnde Zeug an den oberen Längsbalken mit Haken vorläufig befestigt. Der Eckpfosten der andern Seite, an welchen das andre Zeugende genagelt wird, ist durch Schrauben verschiebbar, und durch Anziehen derselben wird das Zeug in seiner ganzen Länge straff ausgespannt. Nachdem sodann das Annageln auch an den Seiten, also an den oberen und unteren Langhölzern des Rahmens, geschehen ist, erfolgt das Ausspannen in Querrichtung durch Tieferschrauben des unteren Langholzes. Das Zeug erhält somit auch eine beiderseitige Bearbeitung; denn die linke Seite wird ebenfalls, wiewohl weit schwächer als die rechte, gefirnißt.

Das Tuch erhält zuvörderst auf beiden Seiten eine Grundierung, wodurch es sowohl geebnet als zur Aufnahme der Ölfarbe vorbereitet wird. Hierzu dient in der Regel dünnflüssiger Leim, der mit Bürsten aufgetragen und nach dem Trocknen mit Bimsstein fleißig verrieben wird, bis die Unebenheiten des Stoffs verschwunden sind. Der Leimgrund verhindert das Eindringen des Firnisses ins Innere des Gewebes und erteilt dadurch dem Stoffe eine größere Biegsamkeit; gewisse billige Stoffe erhalten auch bloß eine Kleistergrundierung. Je nach der Färbung, die man mit dem Stücke vor hat, wird dem Leimgrunde auch schon Farbstoff zugesetzt. Andre Ware, besonders die zu Tischdecken vielfach benutzten Wachsbarchente, werden nur auf einer Seite grundiert, die andre Seite wird zum Schutze der Politur darunter befindlicher Flächen in ihrer feinwolligen Beschaffenheit gelassen.

Die Farbstoffe selbst, welche dazu sowie zum Bedrucken des Wachstuchs benutzt werden, sind die gewöhnlichen Deckfarben, wie Bleiweiß, Ocker, Chromgelb, Berliner Blau u. s. w.; das Bindemittel besteht entweder aus reinem Leinöl oder aus solchem, das mehr oder weniger mit Trockenmitteln (Sikkativ), mit Harz u. dergl., versetzt ist. Reines oder sehr wenig versetztes Öl trocknet zwar sehr langsam, gibt aber einen um so festeren Firnis. Die Farbstoffe müssen, ebenso wie für andre Zwecke des Anstreichens oder Malens, mit dem Öl oder Firnis möglichst fein zusammengerieben werden, wozu jetzt sehr zweckmäßig eingerichtete kleine Reibmühlen in Gebrauch sind, die von der Kraftmaschine in Bewegung gesetzt werden und die Arbeit vieler Menschen ersetzen. Für die ersten Aufträge auf das Tuch wird eine so steife Farbe benutzt, daß sie sich nicht wohl mit dem Pinsel vertreiben läßt. Der Arbeiter braucht daher den Pinsel nur, um den Firnis aus dem Farbtopfe zu nehmen und in einzelnen Häufchen an das gespannte Tuch anzuklatschen; das Verstreichen und Ausgleichen erfolgt mit einem falzbeinartigen Messer von mehr als $\frac{1}{2}$ m Länge. Diese Bearbeitung erfolgt zuerst auf der Rückseite, welche dadurch zugleich die ihr zugedachte Farbe erhält. Ist diese nach 10—14 Tagen ziemlich getrocknet, so kommt ein zweiter Anstrich von gleicher, aber dünnerer Farbe, zu welchem der Pinsel benutzt wird. Alsdann wird die Vorderseite in Behandlung genommen; diese aber erhält nicht bloß zwei, sondern nach und nach eine ziemliche Anzahl sich deckender Schichten aufgetragen, daher auf die Farbe der unteren nichts ankommt; nur befolgt man den bei allen Ölanstrichen geltenden Grundsatz, die Grundierlagen in helleren Tönen zu nehmen als die abschließende Oberflächenfarbe. Die Vorderseite erhält in gleicher Weise wie der Rücken zuerst einen Auftrag steifer Farbe mit Pinsel und Kelle, den man trocken werden läßt und sodann mit Bimsstein abschleift. Hierauf folgt eine zweite Schicht, in jeder Hinsicht der ersten gleich, und ein abermaliges Schleifen; nach gehörigem Austrocknen wird dieselbe Operation noch einmal vorgenommen und schließlich ein dünner Pinselanstrich gegeben. Durch diese mühsame und langwierige Behandlung, die 2—3 Monate Zeit erfordert, erhält die Oberfläche nicht allein eine saubere Glättung, sondern das häufige Reiben mit Bimsstein erteilt auch dem Stoffe in seiner Beschaffenheit etwas Lederartiges. Übrigens bezieht sich diese Herstellungsweise nur auf starke Ware von bester Sorte, während man bei der Fabrikation leichterer und wohlfeilerer Sorten sich natürlich kürzer faßt und mit wohlfeileren Mitteln rascher zum Ziele kommt. Stoffe, die nicht mit Füßen getreten werden sollen, verlangt man in der Regel geschmeidig und gibt ihnen daher auch eine biegsame, elastische Grundierung. Auch die Größe der zu bearbeitenden Stücke hat Einfluß auf Handhabung und Hilfsmittel, und wo nur mäßige Größen fabriziert werden, sind z. B. die Rahmen zum Aufspannen sehr einfach und meistens nicht feststehend, sondern tragbar.

Ist das Anlegen der Grundfarbe und das Trocknen vollendet, so werden die nun weit schwereren Stoffe von den Gerähmen abgehängt und zu Rollen aufgewickelt. Für schmälere Artikel, wie z. B. für Stoffe zu Treppenläufern, werden die Gewebe in voller Breite grundiert und bis zum Druck fertig gemacht, dann aber in zwei oder mehr Längsstreifen getrennt.

Drucken. Die bis jetzt noch einfarbigen Stoffe gelangen schließlich zur Druckerei, welche mit der Tapetendruckerei große Verwandtschaft hat. Wir begegnen hier namentlich wieder denselben hölzernen, mit erhaben gearbeiteter Musterung versehenen Druckplatten und gewahren, daß sie in derselben Weise gehandhabt werden. Für geringere Sorten Wachstuch hat neuerdings auch die Walzendruckmaschine vereinzelte Anwendung gefunden, mittels welcher die verschiedenen Farben bei einem Durchgange nacheinander aufgedruckt werden. Die Farben sind ziemlich starke, etwa in Rahmdicke angemachte Ölfarben; sie werden auf eine elastische Fläche breit aufgestrichen und von hier nimmt sie der Drucker durch Aufsetzen seiner Form auf und überträgt sie auf das Wachstuch, indem er der aufgesetzten Form ein paar Hammerschläge gibt, während bei größeren Formen bisweilen eine Schraubenpresse Beihilfe leistet. Das Trocknen geschieht auf Rahmen, entweder auf den Böden oder im Freien. Zuweilen ist die Einrichtung so getroffen, daß der Druckersaal in einem höheren Stockwerk der Fabrik liegt und die Ware gleich durch eine Öffnung der Wand ins Freie geleitet wird, so daß sie in einem sich mehr und mehr verlängernden Streifen am Gebäude heruntergeht.

Es liegt in der Natur der Sache, daß sich breite Stellen nicht sehr gut gleichmäßig mit Farbe bedrucken lassen, indem die zähen Farben sich beim Abnehmen vom Kissen in der Mitte dicker als nach den Rändern hin anhängen, also auch auf dem Tuche nur einen ungleichen Abdruck geben würden. Man hilft sich also für solche Fälle dadurch, daß man dergleichen größere einfarbige Flächen mittels paralleler und übers Kreuz laufender Einschnitte in eine Menge kleinerer zerlegt, so daß lauter kleine quadratische Köpfchen stehen bleiben, deren jedes sein Tröpfchen Farbe annimmt und abgesondert auf das Tuch überträgt. Manches, was zu schwierig zu drucken wäre, führt man auch mit dem Pinsel aus, und einzelne Fabriken scheinen noch ihre besondere Verfahrungsweise zu haben, um jene Beschränkung teilweise zu überwinden. Muster von Marmor werden mit freier Hand gearbeitet; Pinsel, Schwämme, Bäuschchen von Wollzeug rc. sind hier die Mittel, durch deren geschickte Handhabung die Farben in Ordnung gebracht werden, teils so, daß sie auf den Grund aufgetupft, teils auch, indem eine Farbe in gleichmäßiger Lage aufgestrichen und durch Tupfen zum Teil wieder abgehoben wird. Unter den Werkzeugen zum Marmorieren figuriert auch eines, das schwerlich jemand erraten würde — Salat. Ein geschlossener, quer durchgeschnittener Salat- oder Krautkopf bildet einen sehr guten Ballen für das Marmorieren.

Eben dieser besondere Zweig der Fabrikation, bei dem ein eigentliches Drucken nicht stattfindet, wird in jüngster Zeit besonders gepflegt und vervollkommnet. Nicht bloß irgend welchen Phantasiemarmor, sondern die wirklichen, natürlichen Marmorarten, ebenso die verschiedenen Arten von Nutzhölzern in ihrer mannigfachen Maserung werden so naturgetreu nachgeahmt, wie sie durch kein andres Mittel, auch nicht durch Handmalerei, herzustellen sind. Es dienen dazu kleine Handmaschinen, meistens aus erhaben gemodelten Holzwalzen bestehend, die sich an einer mit rauhem Zeuge bewickelten Farbwalze einfärben und über den auf einem langen Tische liegenden Stoff hingeführt werden. So schnell als der Arbeiter laufen mag, ist das Muster fertig. Kämme, welche die Zeichnung der Jahresringe und Spiegel in der dünnen Farbe hervorbringen, Vertreibepinsel, die dem Ansehen eine natürliche Weichheit geben, und andre einfache Hilfsmittel thun das Ihrige. Schließlich erhalten alle Wachstuchartikel einen Glanzfirnis, der den Farben ihre volle Klarheit gibt, und wenn bei dem Trocknen kein Mißgeschick vorkommt, was bei der langen Dauer leicht geschehen kann, so ist dann die Ware zum Verkauf fertig. Als ein Hauptsitz der Wachstuchfabrikation erscheint Leipzig; außerdem sind aber zu nennen Berlin, Frankfurt a. M., Offenbach und Wien.

Die Wachstuchfabrikation hat sich bisher nur zu geringem Teile der Vorteile bemächtigt, welche das Maschinenwesen zu bieten vermag. Die Natur dieser Fabrikation bringt das allerdings in etwas mit sich, als bei dem ziemlich hohen Preise, welchen die Fabrikate haben müssen, einesteils, anderteils bei dem verschiedenartigen Geschmacke, von dem die Verbraucher bei ihrer Wahl geleitet werden und welchem die Fabrikanten durch Darbietung immer neuer Muster gerecht zu werden suchen, einer Massenherstellung an sich nicht das Wort geredet wird. Druckmaschinen verlangen aber einen einigermaßen andauernden Gang, wenn ihre Benutzung vorteilhaft sein soll, denn die Walzen sind bei weitem nicht so billig herzustellen wie die Model für den Handdruck. Dann aber auch ist der Rohstoff gerade für die billigeren Sorten, welche zuerst in großen Mengen hergestellt werden könnten, zu ungleichartig. Die rohen Gewebe zeigen häufig Knoten und unvollkommene Stellen, welche wohl der aufmerksame Arbeiter beseitigen und vertuschen kann, nicht aber die unerbittliche Maschine. Trotzdem wäre eine Vervollkommnung der Wachstuchindustrie wohl möglich und die Methoden der Tapetenfabrikation können dazu nützliche Wegweiser werden.

———

65*

Die Verfälschung von Nahrungsmitteln und Gebrauchsartikeln.

Die Chemie und die Nahrungsmittelfälschung. Mehl und Brot. Stärke oder Stärkemehl. Milch, Butter und Käse. Fleisch und Fleischwaren. Schweinefett oder Schweineschmalz. Eingemachte Gemüse und Früchte. Gemahlene Gewürze. Kakao und Schokolade. Kaffee und Thee. Zucker und Sirup. Honig. Branntwein und Liköre. Wein. Bier. Essig. Öl.

Keine Rose ohne Dornen! So heißt ein bekanntes Sprichwort, das sich auch auf die Chemie anwenden läßt, denn dieser Wissenschaft, der die Menschheit so unendlich viel verdankt, macht man nicht selten den allerdings nicht unbegründeten Vorwurf, daß sie die Lehrmeisterin der Nahrungsmittelfälscher gewesen sei und diesen auch jetzt noch ihre hilfreiche Hand leihe. Wenn dem nun auch nicht zu widersprechen ist, so muß doch bemerkt werden, daß diese Nachteile, welche die Chemie im Gefolge hat, in gar keinem Verhältnis stehen zu dem außerordentlichen Nutzen, den sie geschaffen hat, und daß wir andernteils wieder in der fortschreitenden Ausbildung dieser Wissenschaft die Mittel gefunden haben, um den Ausschreitungen ihrer gewissenlosen Jünger auf die Spur zu kommen und den Fälschern energisch das Handwerk zu legen.

Übrigens ist die Fälschung von Waren mit minderwertigen Stoffen wohl ziemlich so alt als der Handel selbst und wird auch von Völkern, die in der Kultur tiefer stehen als wir, leider nur zu häufig und seit langer Zeit ausgeübt, noch bevor von Chemie die Rede sein konnte. In den letzten Jahrzehnten jedoch hatte namentlich die Fälschung der Nahrungsmittel auch bei uns immer größere Ausdehnung angenommen, bis sich endlich jetzt erst, dank dem energischen Einschreiten der Behörden auf Grund des deutschen Reichsgesetzes vom Jahre 1879 über Verfälschung von Nahrungsmitteln, eine geringe Abnahme bemerkbar macht. In noch höherem Grade als bei uns in Deutschland hat sich dies im letzten Jahre in Paris gezeigt, wo der größte Teil der Untersuchungen von Nahrungsmitteln in dem großartigen städtischen Laboratorium unentgeltlich ausgeführt wird.

Eine genaue Beschreibung der Methoden, nach welchen solche Untersuchungen ausgeführt werden, darf man in diesem Buche nicht erwarten; es soll vielmehr nur auf die am häufigsten vorkommenden Verfälschungen aufmerksam gemacht und in Kürze angedeutet werden, wie man die Fälschungen findet. Dieselben werden oft in so abgefeimter Weise vorgenommen, daß selbst gute Warenkenner getäuscht werden, indem die Unterschiede der echten und der gefälschten Ware durch die menschlichen Sinne allein nicht mehr wahrgenommen werden können. In solchen Fällen kann nur die chemische Analyse und das Mikroskop entscheiden.

Mehl und Brot. Die Beimengungen, welche ein Mehl in seinem Werte verringern, können teils zufällige, von mangelhafter Fabrikation herrührende sein, teils absichtlich zugesetzte. Was die ersteren anlangt, so dürfte dieser Fall jetzt nur noch selten vorkommen, da die Reinigungsmaschinen der neueren Mühlen, wie schon im Abschnitte über das „Mahlen und Backen" hervorgehoben wurde, so vollkommen sind, daß Staub, Steinchen, Unkrautsamen und alle sonstigen Verunreinigungen aus dem zum Mahlen bestimmten Getreide vollständig entfernt werden. Das aus großen Kunstmühlen stammende Mehl dürfte daher wohl von diesen Verunreinigungen frei sein; es gibt aber auch noch viele kleine Mühlen mit unvollkommneren Reinigungsmaschinen, und daher ist es doch immerhin möglich, daß noch in der beschriebenen Weise verunreinigtes Getreidemehl in den Handel kommt; soll es doch sogar vorgekommen sein, daß die in den großen Mühlen aus dem Getreide entfernten Unkrautsamen von Händlern als Vogelfutter aufgekauft, gemahlen und dann dem Roggenmehl absichtlich zugesetzt worden sind, dessen Farbe dadurch allerdings etwas dunkler ausfällt.

Unter solchen Unkrautsamen befinden sich aber zuweilen auch Samen und Pflanzenteile, die der Gesundheit nachteilig sind, so daß also dieser Betrug außer der Wertschädigung auch noch seine gefährliche Seite hat. Hervorzuheben sind in dieser Hinsicht namentlich die Samen der Kornrade, des Taumellolchs, das Mutterkorn und die verschiedenen Arten der Brandpilze.

Die Samen der Kornrade (Agrostemma Githago), einer zu den nelkenartigen Gewächsen gehörigen Unkrautpflanze des Getreides, sind klein, rund und schwarz; sie erteilen, wenn sie mit gemahlen werden, dem Brote einen unangenehmen scharfen Geschmack und eine dunklere Farbe. Das giftige Prinzip dieser Samen, das Githagin, ist dem Saponin der Senegawurzel und der Seifenwurzel sehr ähnlich. Da schon eine Gabe von $^{1}/_{2}$ g dieses Githagins ein Kaninchen zu töten im stande ist, so läßt sich auch voraussehen, daß Menschen von dem Genusse solchen Brotes, welches aus Kornrade enthaltendem Mehl gebacken wurde, Gesundheitsstörungen zu erwarten haben.

Auch von dem Samen oder, in botanischer Hinsicht richtiger, den Schließfrüchtchen des Taumellolchs (Lolium temulentum), einer dem Raigras ähnlichen Grasart, weiß man, daß sie giftig wirken, und es sind schon Fälle vorgekommen, in welchen Personen nach dem Genuß solchen Brotes ernstlich erkrankt sind; solches Taumellolch enthaltendes Brot besitzt einen scharfen, kratzenden Geschmack und, wenn viel darin ist, auch eine schwach violette Farbe. Ein Mehl, welches viel von diesem Samen enthält, erteilt Spiritus von 35 Prozent Gehalt eine grüne Farbe, und nach dem Verdunsten des vom Mehl abfiltrierten Spiritus bleibt ein widerlich und scharf schmeckender Rückstand zurück.

Das schon im III. Bande erwähnte Mutterkorn findet sich auch zuweilen als Verunreinigung in geringeren Mehlsorten. Dieses Pilzgebilde entsteht auf den Ähren der Getreidearten, hauptsächlich des Roggens, in feuchten Sommern oft in großer Menge. Es erscheint in schwach bogenförmig gekrümmten, stumpf dreikantigen länglichen Körnern mit schwach bereifter, violettschwarzer Oberfläche; im Innern ist es weißlich, frisch hat es eine derbe, etwas fleischige Konsistenz, getrocknet ist es spröde. Obschon das Mutterkorn durch den Verkauf an Apotheker gut verwertet werden kann, sind doch Beispiele genug bekannt geworden, in denen es als Verunreinigung des Mehles Veranlassung zu Vergiftungserscheinungen gegeben hat. Der Genuß von Mutterkorn hat die sogenannte Kriebelkrankheit (Ergotinismus) zur Folge, welche die charakteristische Eigentümlichkeit besitzt, daß der Kranke von einem alle seine Körperteile durchziehenden Kriebeln, sogenanntem Ameisenkriechen, geplagt wird, welches ihm jede Nachtruhe raubt und bei fortgesetztem Genusse höchst schmerzhafte Krämpfe und fortschreitende Lähmung aller intellektuellen Thätigkeiten, also Blödsinn zur Folge hat. Fälle von Vergiftungen dieser Art sind früher häufig vorgekommen; so erkrankte z. B. die Familie eines Bauern nebst dessen Gesinde, im ganzen mehr als zehn Personen, nach dem mehrtägigen Genusse von Brot, welches aus stark mit Mutterkorn vermischtem Mehle gebacken war, und zwei der erkrankten Personen starben. Man sollte es kaum glauben, daß selbst im Jahre 1883 noch in Oberhessen 500 Fälle von Vergiftungserscheinungen an Kriebelkrankheit vorgekommen sind nach dem Genusse von Brot, welches aus Mehl gebacken wurde, das ungefähr 2 Prozent Mutterkorn enthielt. Das reine Mehl der Kunstmühlen scheint dort noch nicht sehr verbreitet zu sein.

Was nun das vom sogenannten Brande befallene Getreide anlangt, so wird ein ge=
wissenhafter Müller solches wohl niemals zur Mehlbereitung verwenden; doch wer steht
dafür, daß es auch gewissenlose gibt, die des schnöden Gewinnes halber auch solches vom
Brand angesteckte Getreide mit vermahlen?

Ob nun diese brandige Masse an und für sich giftig wirkt, ist noch nicht bekannt, und
kann man wohl auch behaupten, daß die Sporen dieser Brandpilze durch den Backprozeß
vollständig vernichtet werden; daß sie aber zur schnelleren Verderbnis des Mehles bei=
tragen, namentlich wenn dasselbe nicht sehr trocken liegt, ist gar nicht zu bezweifeln. Alle
im Verderben befindlichen Nahrungsmittel sind der Gesundheit schädlich. Es ist aber auch
noch nicht erforscht, ob nicht etwa die Brandpilze des Getreides giftige Alkaloide enthalten,
wie das Pilzgebilde des Mutterkorns. Wäre dies der Fall, so könnte man wohl auch ver=
muten, daß diese giftigen Alkaloide durch den Backprozeß ebensowenig zerstört werden wie
diejenigen des Mutterkorns. Die Nachweisung von Mutterkorn im Mehle kann nur durch
einen erfahrenen Chemiker erbracht werden, die der Brandpilze durch das Mikroskop.

Außer diesen zufälligen, durch die mangelhafte Fabrikation bedingten Verunreinigungen
des Mehles kommen aber leider, wie schon angedeutet, auch absichtliche Verfälschungen nur
zu häufig vor. Wir haben da zwischen solchen zu unterscheiden, die bei der Bestrafung
nicht so scharf zu beurteilen sein dürften, wie z. B. die Vermischung von gutem deutschen
Mehle mit geringwertigem russischen Getreidemehl oder von Zusatz geringwertigen Weizen=
mehles zu gutem Roggenmehl u. s. w.

Wenn man auch bei Beurteilung dieser Art von Fälschungen einen milderen Maß=
stab anlegen kann, so bleiben sie doch immerhin Betrug; noch schlimmer sind aber Ver=
fälschungen des Mehles mit ungenießbaren oder schädlichen Stoffen, wie sie oft schon vor=
gekommen sind, so z. B. mit gemahlenem Speckstein, Thon, Gips, Kreide, Schwerspat,
Infusorienerde u. s. w. Erst vor wenigen Jahren wurde in deutschen Blättern amtlich vor
der Firma Heeremanns & Cie. in Rotterdam gewarnt, welche den Mühlenbesitzern der
Rheinprovinz „sogenanntes Kunstmehl oder Kunstweiß" zum Preise von $8\frac{1}{2}$ Mark pro
100 kg anboten, welches nur aus gemahlenem Gips bestand.

Einen Zusatz der genannten Mineralstoffe zum Mehl findet man am besten durch Ver=
brennen des Mehles, bis die anfangs sich abscheidende schwarze Kohle sich in eine ganz weiße
Asche verwandelt hat. Dies kann jedoch nur im chemischen Laboratorium ausgeführt werden.
Reines Weizen= und Roggenmehl hinterläßt hierbei nur $1—1{,}_5$ Prozent weiße Asche; eine
Vermehrung dieses Aschengehalts zeigt einen Zusatz von Mineralstoffen obengenannter Art
in betrügerischer Absicht an. — Eine andre, wenn auch nicht so genaue, wohl aber leichter
ausführbare Probe besteht darin, daß man 5 g (vorher bei 100° C. getrockneten) Mehles
in einem hohen spitzen Glase, z. B. Champagnerglas, mit 25 ccm Chloroform schüttelt,
20—30 Tropfen Wasser zusetzt, nochmals tüchtig schüttelt und das Ganze dann der Ruhe
überläßt. Das spezifisch leichtere Mehl steigt langsam in die Höhe und sammelt sich dort
an, während die schweren mineralischen Stoffe zu Boden sinken. Letztere kann man, nach=
dem man die Mehlschicht abgenommen hat, sammeln, trocknen und wägen. War jedoch die
leichte Kieselguhr (Infusorienerde) zur Verfälschung verwendet worden, so ist diese Probe
nicht geeignet.

Verfälschungen mit andern Mehlsorten haben selbstverständlich nur dann einen Zweck,
wenn letztere billiger sind, und kommen daher auch nur in diesem Falle vor; sie lassen sich
am sichersten durch das Mikroskop erkennen. Reines Weizenmehl zeigt z. B. bei 420facher
Linearvergrößerung das nebenstehende Bild (s. Fig. 442); dieses Mehl besteht aus großen
und kleinen Stärkekörnern nebst Resten der Stärkezellwandungen. Fig. 443 dagegen gibt
das Bild von reinem Roggenmehl bei derselben Vergrößerung; die Stärkekörner erscheinen
mehr kreisrund und haben einen größeren Durchmesser; die größten sind häufig durch den
Druck der Mühlsteine sternförmig oder kreuzweise aufgesprungen.

Verfälschungen mit dem Mehl von Hülsenfrüchten kommen auch zuweilen vor, so mit
Erbsen= und Bohnenmehl. Die Stärkekörnchen dieser Samen lassen sich leicht an dem un=
regelmäßig verzweigten Sprung erkennen, den sie unter dem Mikroskop zeigen, so z. B.
Erbsenmehl (s. Fig. 444). Die Stärkekörperchen von Mais zeigt Fig. 446 in 420facher
Vergrößerung.

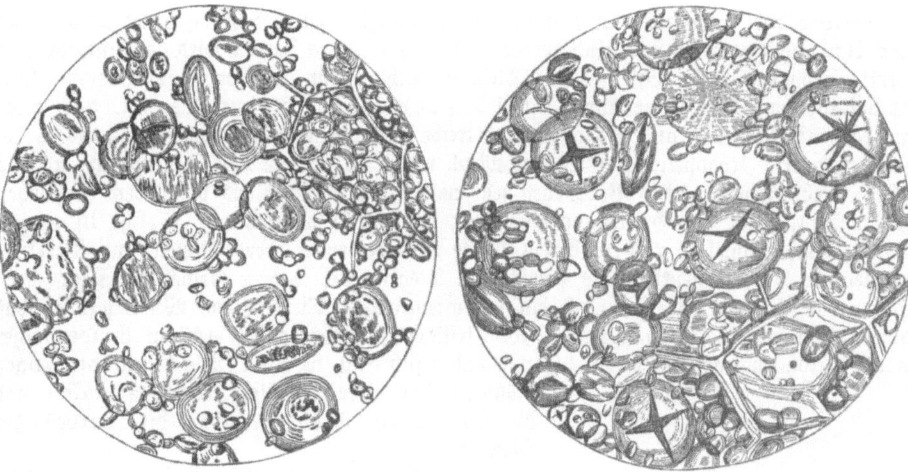

Fig. 442. Reines Weizenmehl.   Fig. 443. Reines Roggenmehl.

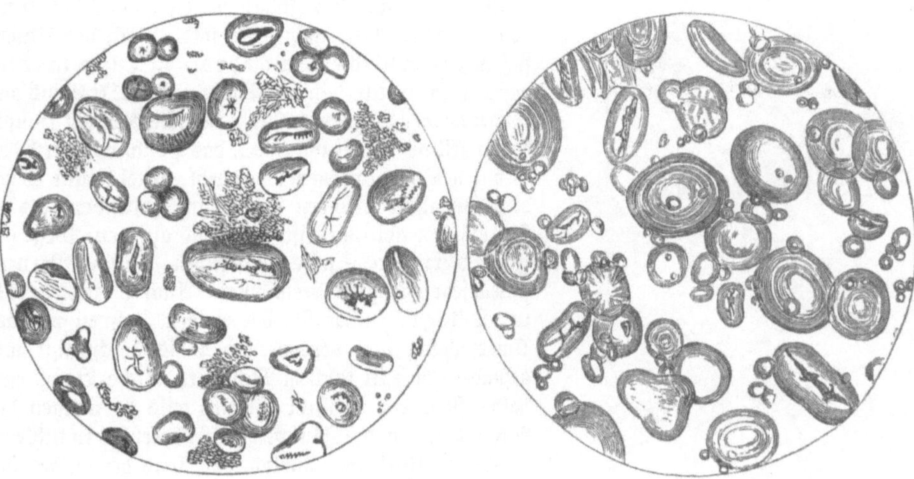

Fig. 444. Erbsenmehl.   Fig. 445. Weizenmehl mit Bohnenmehl verfälscht.

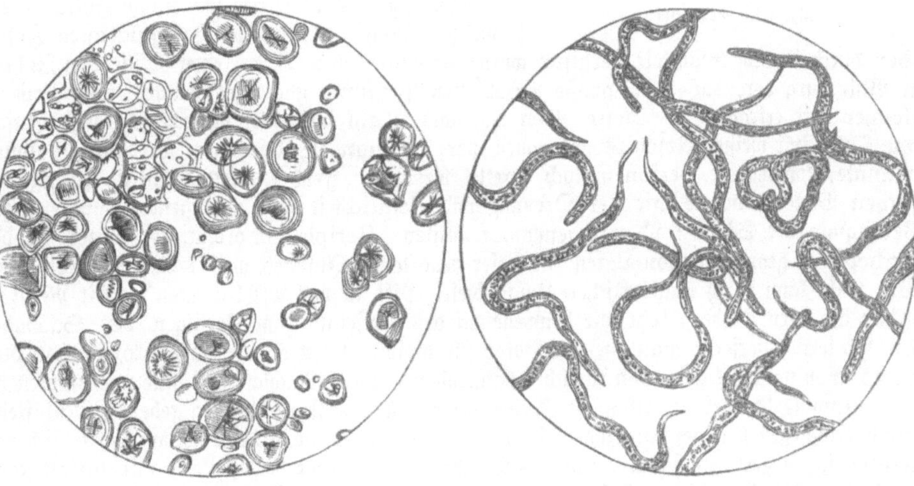

Fig. 446. Stärkekörperchen des Maises.   Fig. 447. Weizenschlängelchen.

Getreidemehl kann aber auch durch eine nachlässige Aufbewahrung unbrauchbar und unter Umständen auch unappetitlich werden. Durch feuchtes Lagern wird es dumpfig und es tritt Schimmelbildung ein; solches Mehl ist nicht mehr als Genußmittel verwertbar. Mit destilliertem Wasser angerührtes Mehl darf weder blaues Lackmuspapier rot, noch rotes blau färben; Mehl aus ausgewachsenem Getreide färbt blaues Lackmuspapier schwach rot (reagiert sauer). Unappetitlich wird das Mehl, wenn es lebende Tiere beherbergt, und da solches Mehl entweder dem Verderben sehr nahe ist oder schon als verdorben angesehen werden kann, so ist sein Genuß voraussichtlich auch nicht ungefährlich. Solche in alt gewordenem und nachlässig aufbewahrtem Mehle vorkommende lebende Wesen sind Milben verschiedener Art, namentlich die gewöhnliche Mehlmilbe, Acarus farinae (s. Fig. 448) und Acarus plumiger, ferner auch ein infusorienartiges Tierchen von Wurmgestalt, das sogenannte Weizenschlängelchen (Vibrio tritici), welches in Fig. 447 in hundertfacher Linearvergrößerung abgebildet ist. Häufig finden sich auch in altem Mehl die madenartigen Räupchen der Mehlmotte (Asopia farinalis) und die sogenannten Mehlwürmer, die Larven der Mehlkäfer.

Verdorbenes Mehl sollte man niemals zur Bereitung von Nahrungsmitteln verwenden, da Fälle, in denen man nachteilige Folgen für die Gesundheit hiervon beobachtet hat, nicht selten sind. Nach den Untersuchungen von Professor Lombroso in Turin ist es sogar wahrscheinlich, daß eine Volkskrankheit Italiens und einiger andrer Länder, in denen der Mais einen Hauptbestandteil der Nahrung bildet, das Pellagra, durch den Genuß von verdorbenem Maismehl entsteht, und es hat diese Annahme insofern Bestätigung gefunden, als es Husemann gelungen ist, aus Mais auf dem Wege der Fäulnis erzeugte Stoffe abzuscheiden, die das Nervensystem sehr energisch beeinflussen. Auch Brugnatelli und Pelogio haben sich vor einigen Jahren mit der Untersuchung von verdorbenem Mais beschäftigt und gefunden, daß in solchem Mehle organische Basen enthalten sind, die in ihrer Wirkung teils derjenigen des Nikotins, wenn die Fäulnis des Maismehles in kühlerer Jahreszeit stattfand, ähnlich war, teils derjenigen des Strychnins, wenn solches Mehl bei hoher Sommertemperatur in Fäulnis übergegangen war.

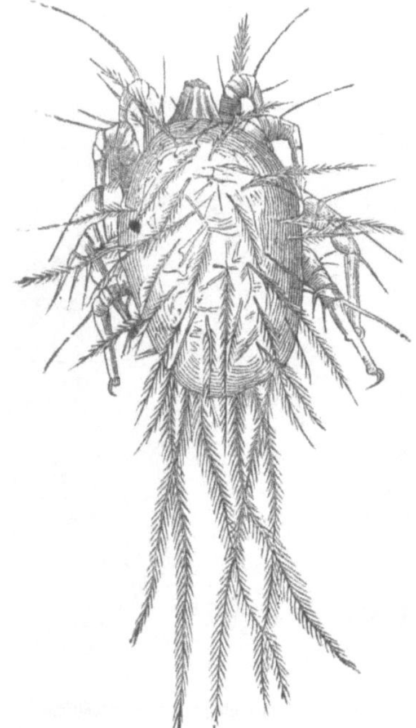

Fig. 448. Mehlmilbe.

Nicht unerwähnt dürfen wir einige Fälle lassen, in welchen Mehl und Brot durch unglücklichen Zufall oder durch Unbedachtsamkeit vergiftet wurde. So kam es z. B. vor einer Reihe von Jahren in Würzburg vor, daß eine große Anzahl von Personen nach dem Genusse von Brot in gleicher Art erkrankten. Dieses Brot war aus Mehl gebacken, in welches durch Zufall eine Quantität weißen Arseniks gekommen war; da man die Ursache der Erkrankung schnell erkannte, konnten die Personen noch gerettet werden. Früher wurde nämlich häufig von solchen Bäckern, die es mit der Ordnung und Reinlichkeit nicht eben genau nehmen, zur Vertilgung der Schaben oder sogenannten Russen (Periplaneta orientalis), eines zu den Orthopteren gehörigen, von Laien für Käfer gehaltenen Insektes, weißes Arsenik verwendet. Wie leicht kann durch unglücklichen Zufall dieses Gift in das Mehl geraten! Mit Recht ist daher in vielen Ländern jetzt die Anwendung des Arseniks zum Vertilgen der Schwaben den Bäckern untersagt; man wendet Borax für diesen Zweck an. Auch Zinkoxyd hat man öfters schon im Mehl gefunden, welches natürlich nur durch Nachlässigkeit hineingekommen ist.

Unwissende oder gewissenlose Müller befestigen zuweilen schlotterig gehende Mühlsteine durch Eingießen von geschmolzenem Blei oder beschweren die Mühlsteine, wenn sie sich ungleichmäßig abgerieben haben, um das Gleichgewicht wieder herzustellen, mit metallischem Blei, bedenken aber nicht, daß sie dadurch die Gesundheit vieler Personen arg schädigen können.

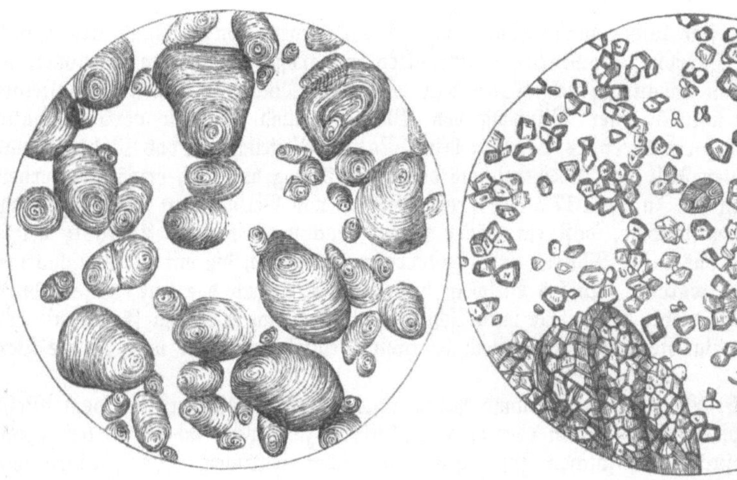

Fig. 449. Kartoffelstärke.

Fig. 450. Reisstärke.

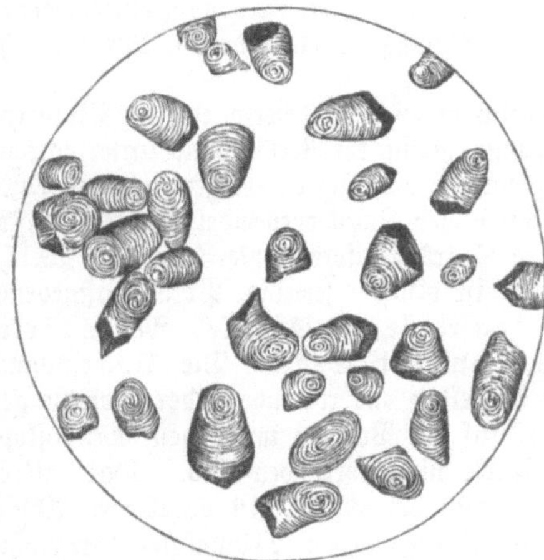

Fig. 451. Echter Sago.

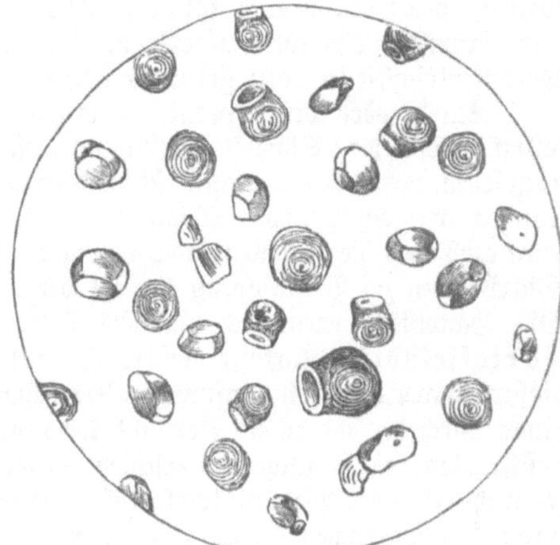

Fig. 452. Kartoffelsago.

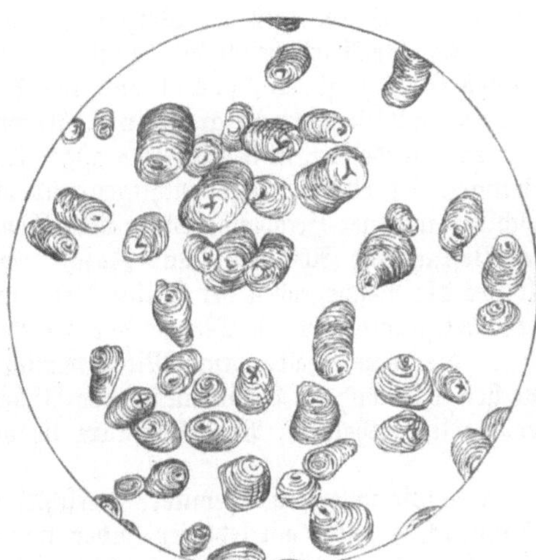

Fig. 453. Maranta-Arrowroot.

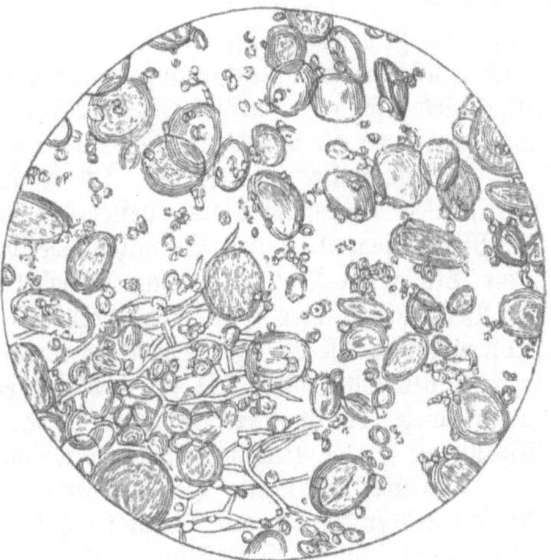

Fig. 454. Stärkekörperchen des Gerstenmehls.

Beispiele dieser Art sind leider viele bekannt, so aus der Gegend von Breslau, aus Frankreich u. s. w. Zu Sarxburg in Norwegen erkrankten ein große Anzahl von Personen an Bleivergiftung, welche darauf zurückzuführen war, daß ein Müller in seinen Mühlsteinen vorhandene Löcher mittels einer Mischung von Bleiglätte und Glycerin verkittet hatte. Natürlich sind durch fortwährendes Abreiben beim Mahlen Bleiteilchen in das Mehl gelangt.

Ein interessanter Fall von Bleivergiftung des Brotes mag hier noch erwähnt werden. In Paris erkrankten im Jahre 1877 eine große Anzahl von Personen an Bleivergiftung; diese war dadurch entstanden, daß ein Bäcker seinen Backofen mit altem Bauholz heizte, welches größtenteils aus alten Thüren und Fensterrahmen bestand, die mit bleiweißhaltiger Ölfarbe angestrichen waren. Dieses Bleiweiß und zum Teil auch das aus diesem durch die Ofenhitze und die Kohle reduzierte metallische Blei haben sich in diesem Falle mit dem auf der Sohle des Backofens liegenden noch feuchten Brotteig vermengt und so die Vergiftung veranlaßt.

In Frankreich, Belgien und Holland haben manche Bäcker die Unsitte, dem Mehle kleine Mengen Kupfervitriol, Alaun oder auch Zinkvitriol zuzusetzen, indem sie behaupten, schlechteres Mehl durch einen solchen Zusatz besser verbacken zu können. Der Zusatz dieser giftigen Salze ist aber entschieden zu verwerfen und es würden bei uns in Deutschland solche gewissenlose Bäcker dem Strafgesetze verfallen. Wie viele Menschen mögen bei fortgesetztem Genusse von Brot, welches solche schädliche Zusätze erhalten hat, an Verdauungsbeschwerden und chronischen Magenleiden erkrankt sein, ohne eine Ahnung davon zu haben, durch welche Gewissenlosigkeit sie dazu gekommen sind.

Stärke oder Stärkemehl. Das auf mechanischem Wege aus verschiedenen Pflanzenteilen abgeschiedene Stärkemehl (Amylum) ist auch sehr häufig der Verfälschung unterworfen; abgesehen davon, daß die auch schon beim Getreidemehle angeführten erdigen weißen Substanzen, wie Gips, Thon, Schwerspat u. s. w., für diesen Zweck verwendet werden, mischt man auch, und dies geschieht noch häufiger, billigere Stärkemehlsorten unter teurere. Welche Stärkesorten zur Verfälschung benutzt werden, dafür ist also der jeweilige Preis maßgebend. Die Hauptstärkesorten des Handels sind: Weizenstärke, Reisstärke, Maisstärke, Kartoffelstärke (Kartoffelmehl), Tapioka, Arrowroot, Sago. Die Untersuchung dieser Waren kann sich, insoweit Vermischungen derselben untereinander oder Ersetzungen einer durch die andern in Betracht kommen, nur auf die Prüfung unter dem Mikroskope beschränken, da chemische Unterschiede in diesem Falle nicht vorhanden sind. Das mikroskopische Bild der Weizenstärkekörnchen ersieht man aus der auf S. 519 gegebenen Abbildung des Weizenmehls; die Kartoffelstärkekörnchen (s. Fig. 449 in 240maliger Vergrößerung) sind größer als die Weizenstärkekörnchen, nicht kugelförmig, lassen konzentrische Schichten erkennen und besitzen einen exzentrischen, d. h. außerhalb des Mittelpunktes liegenden Kern. Die Körnchen der Maisstärke (s. Fig. 446) sind kleiner als diejenigen der Weizenstärke und zeigen im Zentrum häufig ein sternförmiges Bild. Die Reisstärke besitzt die kleinsten kreisrunden Körnchen von gleichmäßiger Größe. — Echten Sago zeigt uns Fig. 451 und aus Kartoffelstärke gefertigten künstlichen Sago Fig. 452, beide in 240maliger Vergrößerung. Arrowroot, und zwar die von Maranta arundinacea abstammende Art, ist in Fig. 453 abgebildet.

Milch, Butter und Käse. Die Verfälschungen der Milch, dieses wichtigen und viel gebrauchten Nahrungsmittels, bestehen hauptsächlich in einer Herabminderung der Menge der Nährbestandteile durch Entnahme wertvoller Bestandteile (Abrahmen) und Zusatz wertloser Stoffe, wie Wasser. Einen Anhaltepunkt für die Beschaffenheit der Milch bietet nun die Bestimmung ihres spezifischen Gewichts, des Fettgehalts und die Menge der Trockensubstanz, d. h. die Menge derjenigen Substanzen, die man erhält, wenn Milch vorsichtig so weit verdunstet wird, bis alles Wasser entwichen ist; auch die Bestimmung der Aschenmenge dieses Rückstandes und der Menge der darin enthaltenen Phosphorsäure ist von Wichtigkeit für die Beurteilung einer Milch.

Bis noch vor wenig Jahren herrschten aber selbst unter den Chemikern verschiedene Ansichten über die normale Beschaffenheit der Kuhmilch — denn mit letzterer haben wir es ja im Handel fast ausschließlich zu thun; die Angaben über das spezifische Gewicht derselben schwankten nämlich zwischen $1{,}016$ und $1{,}040$ und die über den Fettgehalt zwischen 1 und 6 Prozent. Der Grund für diese auffallende Verschiedenheit der Angaben lag in dem

Umstande, daß sie sich auf Versuche stützten, welche die Forscher auf dem Gebiete der physiologischen Chemie mit der Milch einzelner Tiere von verschiedenartiger Beschaffenheit, Alter und Rasse anstellten, um physiologische und pathologische Vorgänge und Veränderungen zu studieren. Seitdem aber die mit der Prüfung der Milch im öffentlichen Interesse beauftragten Chemiker die Milch, wie sie in den Handel gebracht wird, also die Marktmilch, zum Gegenstand ihres Studiums gemacht haben, sind die Grenzwerte für das spezifische Gewicht und die übrigen Bestandteile sich viel näher gerückt, demnach kleinere geworden; denn die Marktmilch stammt nicht bloß von einem Tiere, sondern wird durch Zusammengießen des Melkertrags sämtlicher in einem Stalle befindlichen Tiere erhalten, wodurch eine Ausgleichung der Verschiedenheiten der Milch der einzelnen Tiere erzielt wird. So ist bekannt, daß die Milch einer hochträchtigen Kuh an Menge bedeutend ab-, an festen Bestandteilen und Rahmgehalt aber zunimmt, so daß das spezifische Gewicht bis auf $1{,}040$ steigen kann, während umgekehrt die Milch der gleichen Kuh, nachdem sie geboren, wässeriger und leichter wird, so daß das spezifische Gewicht auf $1{,}025$ und noch weiter herabsinken kann. Ebenso hat das Alter der Kühe und die Beschaffenheit und Menge des Futters einen großen Einfluß. Das spezifische Gewicht der Marktmilch, also das durchschnittliche, schwankt gewöhnlich zwischen $1{,}029$ und $1{,}034$ bei 15° C., und man kann nach den Erfahrungen von Dietzsch, eines erfahrenen Fachmannes, wohl annehmen, daß eine Marktmilch mit einem andern spezifischen Gewicht entweder von schlecht gefütterten oder ungesunden Kühen abstammt oder absichtlich verfälscht ist.

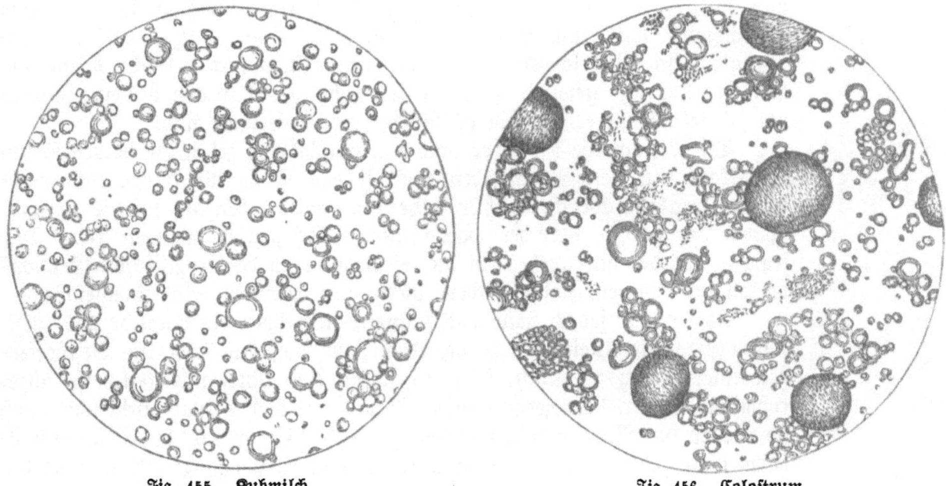

<table>
<tr><td>Fig. 455. Kuhmilch.</td><td>Fig. 456. Colostrum.</td></tr>
</table>

In den meisten größeren Städten besteht jetzt eine regelmäßige polizeiliche Kontrolle der Marktmilch nebst Verordnungen über das spezifische Gewicht und die Menge der wichtigeren Bestandteile.

Die Farbe guter Milch muß weiß oder schwach gelblichweiß, darf aber nicht bläulich sein, denn letztere Farbe würde teilweise Abrahmung anzeigen. Die Beschaffenheit muß fettig und etwas dickflüssig sein, so daß ein auf den Fingernagel des Daumens gebrachter Tropfen nicht auseinander läuft, sondern gewölbt bleibt.

Unter dem Mikroskope erscheint unverfälschte Milch wie in Fig. 455 (bei 630facher Vergrößerung), bei schwächerer Vergrößerung, z. B. 200facher, liegen die Kügelchen, größere und kleinere, ganz dicht bei einander; bei Milch, die mit Wasser verdünnt ist, sind die Zwischenräume um so größer, je mehr Wasser zur Verfälschung angewendet wurde. Diese Kügelchen bestehen aus Butterfett.

Die Milch von Kühen innerhalb der ersten acht Tage nach dem Kalben, das sogenannte Colostrum, hat ein andres Aussehen, wie Fig. 456 zeigt; solche Milch darf als gesundheitsschädlich nicht verkauft werden.

Die Bestimmung des spezifischen Gewichts der Milch kann mit dem Piknometer vorgenommen werden, doch genügt in den meisten Fällen die Anwendung einer sogenannten

Milchwage, die auf dem Prinzipe des Aräometers beruht. Mit einem solchen einfachen Instrumente ist selbst der Laie in der Chemie leicht im stande, die Milch zu untersuchen, weshalb die Ausführung dieser Probe genauer beschrieben werden soll. Die Milch ist zunächst, je nachdem, durch Abkühlung oder durch Erwärmung auf die Normaltemperatur von 15° C. zu bringen, was am einfachsten durch Eintauchen des Gefäßes in kaltes oder warmes Wasser geschieht, während man gleichzeitig ein Thermometer in die Milch hält. Ist die richtige Temperatur erreicht, so senkt man die in Fig. 457 abgebildete Guevennesche Milchwage (Lactodensimeter) in die Milch und beobachtet, bis zu welchem Teilstrich das Instrument einsinkt. Bei guter unverfälschter Marktmilch wird es bis zu dem 30. bis 33. Strich einsinken. Diese Zahlen bedeuten ein spezifisches Gewicht von $1{,}_{030}$—$1{,}_{033}$, denn der Kürze halber sind die beiden letzten Dezimalstellen allein nur auf der Skala angegeben; man bezeichnet sie als Grade. Vermischt man nun die Milch mit Wasser, so wird sie dadurch leichter werden und das Instrument muß um so tiefer einsinken, je mehr Wasser zugesetzt worden ist. Hatte man $^1/_{10}$, also 10 Prozent Wasser zugesetzt, so wird das Instrument bis zu den mittleren Zahlen 27—29 einsinken; bei $^5/_{10}$, also der Hälfte Wasser, bis zu den obersten Zahlen 14—17, d. h. die Milch hat jetzt nur noch 14—17 Grade oder ein spezifisches Gewicht von $1{,}_{014}$—$1{,}_{017}$.

Wenn dagegen von einer normalen 30—33grädigen Milch nach 24stündigem Stehen der Rahm, der sich oben angesammelt hat, abgenommen wird, so wird man finden, daß durch Entfernung dieses leichteren Bestandteils das Instrument anstatt 30—33, jetzt $32^1/_2$—$36^1/_2$ Grade anzeigt, also viel schwerer geworden ist. Ist nun eine solche Milch mit Wasser vermischt gewesen, so wird sie nicht so viel Grade haben, sondern um so viel weniger, als Zehntel Wasser dazu gekommen sind.

Die Milchwage hat daher, wie unsre Abbildung zeigt, zu beiden Seiten der Skala mit den Gradangaben noch je eine Skala für ganze und halbe oder abgerahmte Milch; die hier stehenden Zahlen geben an, wieviel Zehntel Wasser der ganzen oder der abgerahmten Milch zugesetzt worden sind. Diejenigen Grade, innerhalb deren die Schwankungen des spezifischen Gewichts vorkommen können, sind außerdem durch eine Klammer zusammengefaßt.

Es können jedoch Fälle vorkommen, in welchen die Angabe des spezifischen Gewichts allein nicht genügend ist, um Aufschluß über die Beschaffenheit einer Milch zu geben, so z. B. wenn eine Milch nur teilweise abgerahmt und dann betrügerischerweise noch so viel Wasser zugemischt wird, daß sie wieder die Normalgrade zwischen 30 und 33 zeigt; solche Milch könnte dann, ohne jede weitere Untersuchung, als unverfälschte ganze Milch angesehen werden; oder auch im Falle, daß sogenannte Halbmilch, d. i. halb abgerahmte Milch, wie es in vielen Städten gebräuchlich ist, als normale Marktmilch angesehen wird. In diesen Fällen muß man die Angaben der Milchwage durch diejenigen des Cremometers unterstützen. Das Cremometer (Rahmmesser) ist, wie Fig. 458 zeigt, ein einfacher Glascylinder mit Fuß und Gradteilung der oberen Hälfte. Wird dieser Cylinder genau bis zum Nullpunkt mit Milch gefüllt und 24 Stunden der Ruhe überlassen, so muß sich in dieser Zeit eine Rahmschicht abgesondert haben, die bei gewöhnlicher ganzer Marktmilch wenigstens bis zum zehnten Teilstrich, bei guter Marktmilch aber bis zum zwölften Teilstrich reichen soll; solche Milch muß also 10—12 Raumprozente Rahm enthalten; halb abgerahmte Milch soll wenigstens 6 Raumprozente zeigen. Man ersieht also hieraus, ob ganze oder halb abgerahmte Milch vorliegt, aber noch nicht, ob ein geringerer Rahmgehalt durch teilweise Abrahmung oder durch Zusatz von Wasser bewirkt worden ist. Dies kann erst entschieden werden, wenn man die Rahmschicht von der darunter befindlichen Milch trennt und das spezifische Gewicht der letzteren wieder mit der Milchwage ermittelt, natürlich wieder bei 15° C. Diese vom Rahm befreite Milch muß jetzt $2^1/_2$—$3^1/_2$ Grade schwerer geworden sein als vor dem Abrahmen, also zwischen $32^1/_2$ und $36^1/_2$ Grade zeigen; niederere Grade beweisen einen Zusatz von Wasser. Treffen die Grade von $32^1/_2$ und $36^1/_2$ zu, war aber

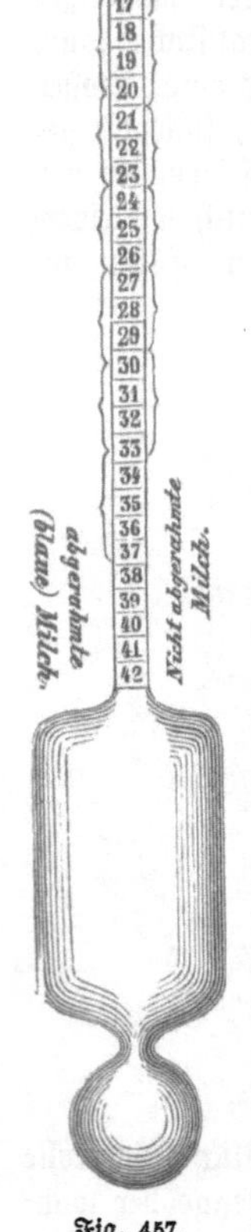

Fig. 457.
Guevennesche
Milchwage.

der Rahmgehalt unter 10 Prozent, so ist abgerahmte Milch dazu gekommen. Unverfälschte halb abgerahmte Marktmilch wird nach dem Abrahmen im Cremometer nur 1½—2 Grade mehr zeigen als ursprünglich, also anstatt 31½—34 jetzt 33—35½ Grade; sind diese Grade richtig, war aber der Rahmgehalt unter 6 Prozent, so beweist dies Zusatz von ganz abgerahmter Milch; sind die Grade der abgerahmten blauen Milch mit denen der ursprünglichen Halbmilch aber fast gleich (ein Grad Differenz und weniger), so ist Wasser dazu gekommen.

Sehr genaue Angaben kann aber selbstverständlich das Cremometer nicht liefern, da viele Umstände die Absonderung des Rahms von der Milch beeinflussen. Für genauere Untersuchungen ist es daher geboten, nicht bloß den Rahmgehalt, sondern auch den Fettgehalt zu bestimmen. Der Rahm besteht nämlich keineswegs aus Butterfettkügelchen allein, sondern ist nur eine an dieser sehr reiche Milch, und andernteils bleibt auch etwas Fett in der Milch zurück.

Der Fettgehalt kann nur auf chemischem Wege ermittelt werden, womit zugleich die Ermittelung der Menge von Trockensubstanz überhaupt verbunden werden kann. Eine genau abgewogene Menge Milch wird mit der doppelten Menge von gebranntem Gips oder ganz reinem weißen feinen getrockneten Sand gemischt und im Wasserbade unter Umrühren zur Trockne gebracht, der Rückstand dann gewogen. Die Menge desselben nach Abzug des Sandes ist die Trockensubstanz; sie wird bei guter Marktmilch 12,5 Prozent, bei geringerer, aber unverfälschter Milch 11,5 Prozent betragen; bei halb abgerahmter Milch beträgt die Trockensubstanz nur 10,5—11 Prozent. Dieser Rückstand wird dann in einem passenden Apparate mit Äther behandelt, welcher das Fett auszieht und dasselbe nach dem Verdunsten hinterläßt, so daß es gewogen werden kann. Der Fettgehalt beträgt bei guter nicht abgerahmter Marktmilch 3 Prozent.

Für diejenigen, welche in chemischen Arbeiten nicht geübt sind, sowie auch zur Vorprüfung von seiten der Marktpolizei ist ein Instrument sehr geeignet, welches auf optischen Prinzipien beruht, das Lactoskop von Feeser; dasselbe ist Fig. 459 abgebildet. Es besteht aus einem hohlen graduierten Glascylinder, in dessen unterem verjüngten Teile eine Milchglasskala eingeschmolzen ist. Das Prinzip dieses Instruments beruht nun darauf, daß eine Milch um so undurchsichtiger erscheint, je mehr sie Fettkügelchen schwebend enthält, und daß man ihr demnach um so mehr Wasser zusetzen muß, um sie durchscheinend zu machen, je fettreicher sie

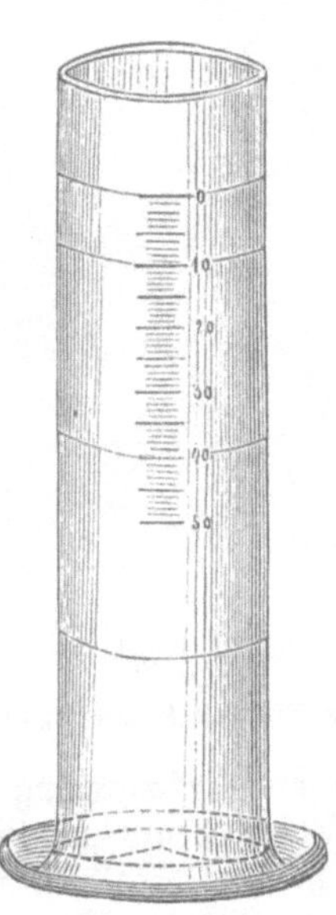

Fig. 458.
Cremometer (Rahmmesser).

Fig. 459.
Lactoskop von
Feeser.

ist, während eine fettarme Milch schon bei geringem Wasserzusatz durchsichtig wird.

Mittels einer kleinen Pipette bringt man 4 ccm der zu prüfenden Milch, die man vorher gut durchgeschüttelt hat, in den Glascylinder; die eingegossene Milch muß dann genau bis zum Nullpunkt der kleinen Milchglasskala in dem unteren Teile des Cylinders reichen. Hierauf setzt man unter jedesmaligem Umschütteln so lange Wasser in kleinen Mengen zu, bis die anfangs nicht sichtbaren dunklen Striche an dieser Milchglasskala eben zum Vorschein kommen oder so schwach sichtbar werden, daß sie alle einzeln gezählt werden können. Man liest dann oben den Stand der Flüssigkeit am Glascylinder ab; die in gleicher Höhe mit der Flüssigkeitssäule befindliche Zahl auf der rechten Seite gibt den Gehalt der Fettprozente an, die der linken Seite die Menge des Wassers in Kubikzentimetern, welche zugesetzt werden mußten, um das Resultat zu erreichen. Eine normale Marktmilch von 3 Prozent Fettgehalt würde demnach die schwarzen Striche bei einem Zusatz von 60 ccm Wasser sichtbar werden lassen, da der Zahl 60 die Zahl 3 gegenübersteht.

Daß in der Handhabung dieses Instruments eine gewisse Unsicherheit liegt, die namentlich in der Subjektivität des Beschauers ihren Grund hat, ist nicht zu leugnen, immerhin ist das Instrument zur Vorprüfung, wie schon erwähnt, ganz geeignet.

In manchen Büchern findet man zuweilen Angaben über Verfälschungen von Milch mit Substanzen, die, wenn sie überhaupt vorgekommen sind, jetzt wohl kaum noch vorkommen dürften; so wird angegeben, daß man Mehl, Stärke, Gummi arabikum, Dextrin, Kalbs=gehirn und ähnliche Substanzen zur Verfälschung von Milch angewendet habe (s. Fig. 460); solche Fälle dürften wohl nur sehr vereinzelt vorgekommen sein; wir wollen uns daher mit der Beschreibung der Nachweisung solcher Substanzen, die übrigens für jeden Chemiker sehr leicht ist, nicht aufhalten, sondern nur noch einige Worte über krankhafte Milch und die Gefahren für die Gesundheit, die der Genuß solcher Milch in ungekochtem Zustande ver=anlassen kann, hinzufügen. Es ist leicht begreiflich, daß ein so zusammengesetztes Erzeugnis des animalischen Lebensprozesses, wie die Milch, teils schon im Tierkörper selbst, wenn derselbe nicht ganz gesund ist, sowie durch Änderung der Fütterung, teils auch erst nach dem Melken und durch nicht genügende Sorgfalt beim Aufbewahren Veränderungen erleidet, die den Genuß solcher Milch, namentlich für Kinder, gefährlich machen. Infolge von Krank=heiten der Kühe kommt Milch vor, die man als wässerige, schleimige, fadenziehende, bitter=

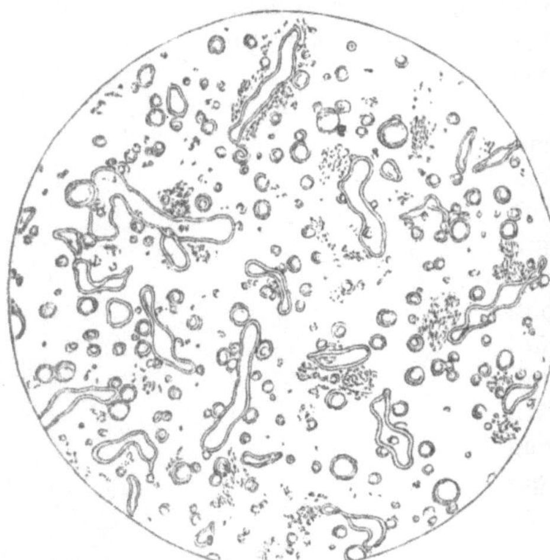

liche, saure, gelbe oder rote Milch bezeichnet; am gefährlichsten ist aber die Milch, die Keime von Bakterien oder andern Ansteckungsstoffen enthält.

Keine Substanz ist so empfänglich für Ansteckungsstoffe, als gerade die Milch und in viel erhöhtem Grade die Milch kranker Tiere. Milch von solchen Kühen enthält häufig Eiterkügelchen, wie Fig. 461 zeigt.

Wenn man gesehen hat, in welchem Zu=stande sich sehr häufig die Stallungen für das Rindvieh auf den kleineren Landgütern be=finden, wie diese Ställe überfüllt sind, nicht genügenden Raum für die Tiere gewähren, schlecht gelüftet sind und ungenügend gereinigt werden, so darf man sich nicht darüber wun=dern, wenn diese Tiere krank werden und dann den Ansteckungskeimen, den überall vorhande=nen feindlichen mikroskopischen Organismen ein

günstiges Feld zu ihrer Entwickelung bieten. Diese Tiere brauchen, um sich wohl zu fühlen und gesund zu bleiben, ebenso gut Licht und Luft in genügender Menge wie der Mensch; kommt man aber in einen Stall einer kleinen Gutswirtschaft, so ist für Licht und Luft fast gar nicht gesorgt, die Tiere müssen, namentlich im Winter, fortwährend in der Atmosphäre leben, die sie durch ihre eigne Ausdünstung, durch ihren Atmungsprozeß und ihre Exkre=mente verunreinigen. Keine Flüssigkeit besitzt aber ein größeres Vermögen, Geruchsstoffe und Ansteckungsstoffe gewisser Krankheiten in sich aufzunehmen, zu erhalten und zu über=tragen, als gerade die Milch. — Scharlach, Diphtheritis und Typhus sind häufig durch die Milch übertragen worden, sei es durch die Unreinlichkeit der Personen, die mit der Milch sich zu beschäftigen hatten, oder dadurch, daß man die Milchgefäße mit Wasser ausspülte, welches schon infolge seiner schlechten Beschaffenheit zur Entstehung von Epidemien Ver=anlassung gegeben hatte oder daß man die Milch betrügerischerweise mit solchem Wasser taufte. Alle Beobachtungen stimmen darin überein, daß die Milch leider nur zu oft die Veranlassung zur Übertragung von äußerst gefährlichen Krankheiten gewesen ist.

Schon längst ahnte man, daß durch den Genuß von Milch perlsüchtiger (tuberkuloser) Kühe die Tuberkulose (Schwindsucht) auf den Menschen übertragen werden könne; die Be=weise waren aber noch nicht endgültig geführt. Die Beobachtungen, die auf eine solche Übertragung hinweisen, mehrten sich aber; so berichtet z. B. Demme über einen Fall aus dem Jahre 1877 folgendermaßen: Ein bis zu seinem fünften Lebensmonat von seiner

Mutter gut genährter und kräftiger Knabe erkrankte einige Zeit nach seiner Entwöhnung infolge des regelmäßigen Genusses von roher Kuhmilch, die nur durch Einstellen des Gefäßes in heißes Wasser schwach erwärmt wurde. Die betreffende Kuh war seit 14 Monaten ausschließlich mit Heu gefüttert worden, dennoch magerte das Kind sichtlich ab, litt an zeitweiligen heftigen Diarrhöen und starb schon vier Monate nach der Entwöhnung an einer rasch eintretenden Gehirnwassersucht. Dieses traurige, scheinbar unerklärliche Resultat fand seine Erklärung durch die Sektion der kleinen Leiche; man fand eine ausgedehnte Tuberkulose des Dünn- und Dickdarms, sowie der Darmdrüsen, und die Lungen der einige Wochen später eingegangenen Kuh, deren Milch der verstorbene Knabe erhalten hatte, boten ein Bild, das der Perlsucht (Tuberkulose) im höchsten Grade entsprach. Bei dem Kinde fand sich der Ausbruch der Krankheit also nicht an der Körperstelle, welche in unmittelbarer Berührung mit der Milch sich befand und wo die ansteckenden Zellen Fuß zu fassen vermochten. Hieraus erkennt man deutlich, daß Tuberkelzellen der Kuh aus der Lunge derselben in die Blutgefäße übergehen und aus diesen in die abgesonderte Milch gelangen können.

Schon durch diesen und einige ähnliche Fälle war die Frage, ob die Milch perlsüchtiger Kühe die Schwindsucht hervorrufen könne, gelöst. Das eigentliche Verdienst, Klarheit in die Sache gebracht zu haben, gebürt aber Koch in Berlin (demselben, der den Cholerabacillus entdeckte), indem er die eigentliche Ursache der Schwindsucht sowohl in ihrer Form als Tuberkulose (rundliche Knötchen in der Lunge und andern Organen), als in der Form der Vereiterung des Lungengewebes entdeckte. Wie beim Milzbrande, der Cholera und wahrscheinlich auch mehreren andern ansteckenden Krankheiten ist auch bei der Tuberkulose eine eigentümliche Bakterie, die Schwindsuchtsbakterie, die Ursache der Krankheit. Der Grund, warum dieser mikroskopische Würger nicht bereits früher entdeckt wurde, liegt sowohl in der außerordentlichen Kleinheit, als auch darin, daß diese Bakterie vollkommen farblos und durchsichtig ist, so daß seine Gegenwart unter dem Mikroskop übersehen worden war. Und hier war es wieder die Chemie, welche durch ihre neueren Entdeckungen hilfreiche Hand leistete, indem

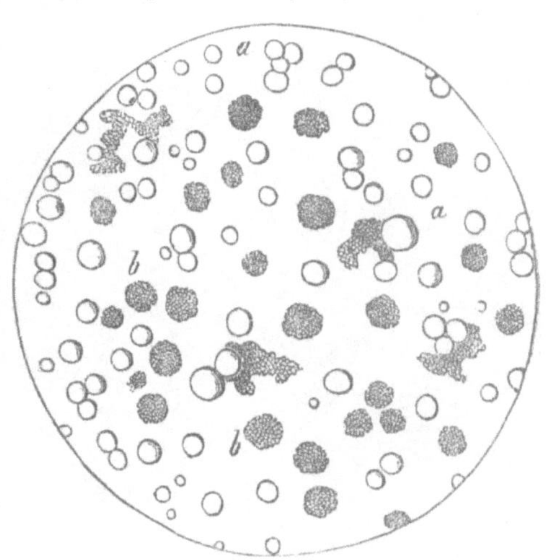

Fig. 461. Milch mit Eiter.

sich Koch zweier neuer Teerfarbstoffe, des Methylenblau und Vesuvin, bediente, um seine mikroskopischen Objekte damit zu färben. Durch ersteres färbten sich die von ihm vermuteten Bacillen schön blau und konnten nun erkannt und ihrer Größe, Form und Zahl nach bestimmt werden, während alle andern gleichzeitig vorhandenen Substanzen, wie z. B. Fasern, Zellen, Gewebsteile durch das Vesuvin eine braune Farbe annahmen.

Ein glücklicher Umstand, der zum Gelingen der endgültigen Versuche wesentlich beitrug, lag aber darin, daß alle andern bisher bekannten Bakterien sich bei diesen Färbeversuchen wie die Körpergewebsteile braun färbten, so daß man also in der Blaufärbung der Schwindsuchtsbacillen mit Methylenblau ein Mittel besitzt, um diese leicht zu erkennen und von andern Arten zu unterscheiden. Diese Schwindsuchtsbakterien sind sehr schmale und dünne Stäbchen, gehören also zur Gruppe der Bacillen; ihre Länge beträgt ein Viertel bis die Hälfte eines roten menschlichen Blutkörperchens, nur in einzelnen Fällen erreichen sie die volle Länge des Durchmessers einer Blutscheibe. Die kleinsten dieser Geschöpfe würden also ungefähr $^1/_{1000}$ mm lang sein. Der thatsächliche Beweis, daß die beschriebenen Bacillen wirklich die Ursache der Tuberkelbildung sind, wurde von Koch durch genaue Versuche an 209 verschiedenen Tieren erbracht und durch den Nachweis, daß die Perlsucht der Rinder mit der Tuberkulose des Menschen wirklich identisch ist, wurde uns auch der Weg gezeigt, auf welchem größere Mengen dieser Organismen auf einmal in den Körper gelangen können, und zwar in solchen Mengen, daß sie auch einem sonst gesunden Menschen schädlich werden können, während ein solcher der Einwirkung kleinerer Mengen, wie sie ja fast überall vorhanden sind, recht gut zu widerstehen vermag; dieser Weg ist also der Genuß von Milch, die von perlsüchtigen Kühen abstammt, ebenso von rohem Fleisch solcher Tiere.

Ebenso wie die Milch ist auch die Butter häufig Fälschungen unterworfen; nicht allein, daß man zuweilen eine übermäßige Wassermenge hineinknetet, um das Gewicht zu vermehren, sondern auch verschiedene Fettarten und Buttersurrogate (Kunstbutter) setzt man zu. Es sollen sogar, so unglaublich es auch klingt, Zusätze von Mehl, Kartoffelstärke, Kreide, Gips u. dgl. vorgekommen sein. Alte verdorbene Butter ist nicht nur übelschmeckend, sondern auch gesundheitsschädlich.

Einen zu großen Gehalt von Wasser, ebenso von Salz findet man einfach durch vorsichtiges Schmelzen der Butter; es scheiden sich hierbei auch etwa noch vorhandene Kaseinteilchen (Käsestoff, Quark) aus, auch würden die oben erwähnten Zusätze auf diese Weise sofort nachweisbar sein; sie würden ebenso beim Auflösen einer damit vermischten Butter in Äther oder in Benzin zurückbleiben und dann leicht erkannt und unterschieden werden können.

Die Nachweisung fremder Fette in der Butter ist mit Schwierigkeiten verknüpft und kann nur von einem erfahrenen Chemiker ausgeführt werden; sie beruht teils auf der Bestimmung des spezifischen Gewichts, des Schmelzpunktes und der Menge der flüchtigen Fettsäuren, teils auf der Ermittelung der Menge von Alkali, die zur Verseifung nötig ist; auch die mikroskopische Untersuchung wird mit herangezogen. Reine unverfälschte Butter darf unter dem Mikroskop bei 630facher Linearvergrößerung nur große und kleine Butterfettkügelchen erkennen lassen, wie Fig. 462 zeigt. Hierbei mag noch bemerkt werden, daß Butter, welche vorher nicht geschmolzen war, unter dem Mikroskop bei polarisiertem Lichte dunkel erscheint, während alle bereits geschmolzen gewesenen Fette als glänzende Fettpunkte hervortreten. Man bringt zu diesem Zwecke ein wenig der zu prüfenden Butter auf den Objektträger, legt ein Deckplättchen darüber und beobachtet bei 250—300maliger Vergrößerung. Zeigen sich keine hellen Punkte in der dunklen Butter und stimmt auch das spezifische Gewicht mit reiner Butter überein, so sind keine fremden Fette vorhanden. Mit welchen Fetten eine Butter verfälscht ist, läßt sich aber bis jetzt kaum sicher ermitteln.

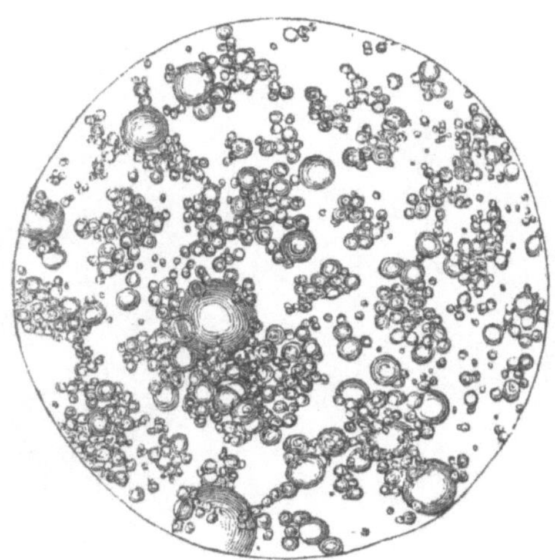

Fig. 462. Reine Butter.

Geschmack, Geruch und Beschaffenheit der Butter sind nicht immer gleich, sondern hängen von der Art des Futters, der Rasse, der Jahreszeit, der Behandlung beim Buttern und andern Umständen ab; auch die Aufbewahrungsweise spielt hierbei eine große Rolle. Die Butter ist im höchsten Grade empfindlich gegen allerlei Gerüche und nimmt auch den Geschmack von fremden Körpern sehr leicht an, weshalb man sowohl bei der Bereitung der Butter die größte Reinlichkeit zu beobachten hat, als auch bei der Aufbewahrung darauf Rücksicht nehmen muß, daß die Butter keine dumpfigen, rauchigen oder andre fremden Gerüche annehmen kann; hierauf ist auch die Butter zu prüfen. Der Schmelzpunkt der Butter schwankt zwischen 34,5 und 36° C., der Erstarrungspunkt zwischen 15,5 und 20° C.; das reine Butterfett dagegen schmilzt schon zwischen 31,5 und 34,8° und erstarrt zwischen 19,5 und 21° C.; dagegen liegt der Schmelzpunkt der sogenannten Sparbutter oder Kunstbutter (Oleomargarin) bei 27° und der Erstarrungspunkt bei 25° C.

Was den Käse anlangt, so kommen Verfälschungen dieses Nahrungsmittels weniger häufig vor; es wird angegeben, daß zuweilen ein Mehlzusatz stattgefunden habe; ein solcher läßt sich leicht durch das Mikroskop sowie auch durch die blaue Farbe nachweisen, die entsteht, wenn man etwas von dem Käse mit Wasser kocht und nach dem Erkalten Jodtinktur zufügt. Etwa in betrügerischer Weise zugesetzte Mineralsubstanzen, wie Kreide, Gips 2c., würde man, wie beim Mehl, durch die bedeutende Vermehrung des Aschengehalts nach dem Verbrennen erkennen. — Zu alter Käse ist gesundheitsschädlich.

Fleisch und Fleischwaren. Von einer eigentlichen Verfälschung des Fleisches, wie es zum Kochen und Braten verwendet wird, kann wohl kaum die Rede sein; die einzige Frage, die hier in Betracht kommen könnte, ist die nach der Abstammung des Fleisches, d. h. von welchem Tiere das Fleisch entnommen wurde, ob z. B. anstatt Rindfleisch Pferdefleisch verabfolgt wurde. Solche Fragen sind vom Standpunkte des Chemikers aus nicht zu beantworten, da chemische Unterscheidungsmerkmale der einzelnen Fleischarten nicht bekannt sind und selbst die mikroskopische Untersuchung keinen sicheren Anhalt bietet. In ganzen Stücken lassen sich die Fleischarten besser noch erkennen und unterscheiden, als wenn sie kleingehackt z. B. in Wurst enthalten sind.

Wichtiger als die Frage nach der Art des Fleisches ist jedoch die nach der Beschaffenheit desselben, ob es von gesunden oder kranken Tieren abstammt, oder ob ursprünglich gesundes Fleisch verdorben ist. Diese Angelegenheit ist so wichtig in gesundheitlicher Beziehung, daß wir uns etwas gründlicher damit beschäftigen müssen. In größeren Städten ist allerdings die Gefahr, infolge von Genuß schädlichen Fleisches zu erkranken, durch die Einrichtung öffentlicher Schlachthäuser und einer marktpolizeilichen Fleischbeschau eine weit geringere als in kleineren Städten und auf dem Lande, wo diese Einrichtungen nicht existieren; hier ist diese Gefahr bei weitem größer, und zwar in dem Maße, als den Viehhändlern und Landfleischern der Absatz ihrer mangelhaften Ware in den größeren Städten erschwert wird.

Gutes Fleisch muß eine lebhaft rote Farbe und einen schwachen frischen, nicht unangenehmen Geruch haben; es muß elastisch und saftig sein. Beim Durchstechen mit einem vorher in warmem Wasser erwärmten Messer zeigt sich der Geruch an letzterem am besten. Diese Eigenschaften sind für sich allein jedoch noch keineswegs eine Bürgschaft dafür, daß das Fleisch wirklich von gesunden Tieren abstammt; es muß vielmehr noch eine genauere Untersuchung angestellt werden. Als Regel sollte gelten, daß kein Tier zur Beköstigung von Menschen zugelassen werden sollte, welches nicht vor dem Schlachten alle Merkmale der Gesundheit darbietet. Gewisse Krankheiten der Tiere sind durch den Genuß ihres Fleisches auf den Menschen übertragbar, namentlich aber, wenn das Fleisch nicht genügend durchgebraten oder durchgekocht, oder gar, wenn es roh genossen wird. In einigen Fällen ist aber auch das vollständig durchgekochte Fleisch gesundheitsgefährlich, wenn sich z. B. sogenannte Ptomaine (Kadavergifte) gebildet hatten oder wenn Ansteckungsstoffe vorhanden sind, die durch die Hitze ihre Wirksamkeit nicht verlieren. — Folgende vom verstorbenen Direktor der Tierarzneischule zu Berlin, Professor Gerlach, aufgestellte Regeln können bei der Frage über die Zulässigkeit von Fleisch als Nahrungsmittel für maßgebend angesehen werden:

1) Als ungenießbar ist das Fleisch aller Tiere zu betrachten, welche an einer inneren Krankheit gestorben oder während des Absterbens, in Agonie, getödtet worden sind, einerlei, ob beim Schlachten des Tieres noch Verblutung eintritt oder nicht; ferner das Fleisch von gesunden Tieren, die infolge übergroßer Anstrengung und Erschöpfung gestorben sind.

2) Das Fleisch von Tieren mit ansteckenden Krankheiten, die auf den Menschen übertragbar sind, wie z. B. Milzbrand, Wutkrankheit, Rotz, Pocken, Maul- und Klauenseuche, Tuberkulose (Perlsucht).

3) Als gesundheitsschädlich ist das Fleisch von vergifteten Tieren zu betrachten.

4) Als gesundheitsschädlich ist das Fleisch von Tieren, die mit schweren Infektionskrankheiten (typhöse, pyämische und septicämische Leiden) behaftet sind, zu betrachten.

5) Als gesundheitsschädlich ist das Fleisch von Tieren zu betrachten, welches Parasiten, die sich im Menschen weiter verbreiten, wie z. B. Finnen, Trichinen, enthält.

6) Als gesundheitsschädlich ist faules Fleisch zu betrachten.

Was hier vom Fleische überhaupt gesagt ist, gilt selbstverständlich auch für die aus demselben bereiteten Fleischwaren, wie Würsten, Konserven, Pasteten u. dergl.

Welche traurigen Folgen der Genuß von solchem kranken Fleische hervorrufen kann, das haben uns vor einigen Jahren die Massenvergiftungen in Wurzen und in Kloten bei Zürich gezeigt. Am ersteren Orte war es wahrscheinlich eine milzkranke Kuh, welche zur Erkrankung von 206 Personen Anlaß gab, von denen mehrere starben. In Kloten war es ein Kalb, welches an Typhus gelitten haben soll; das Fleisch wurde teils als Ragout oder Braten, teils in Würsten beim Sängerfest genossen und nach mehreren Tagen erkrankten daran gegen 500 Personen, von denen fünf starben.

Die Übertragung solcher Krankheiten der Tiere kann außer durch den Genuß des Fleisches auch äußerlich geschehen, wenn etwas von solchem Fleische oder Blute mit einer offenen Wunde oder einem Riß in der Haut in Berührung kommt, oder durch den Stich von Insekten, welche auf dem Fleische kranker Tiere gesessen haben. Auch Insekten, die eine Stichwunde hervorbringen, wie Fliegen, können die Übertragung bewirken, wenn sie sich auf eine offene Hautstelle setzen. Nach Versuchen, die Reimbert in dieser Richtung mit den Bakterien des Milzbrandes angestellt hat, saugen sowohl die gewöhnlichen Stuben= fliegen als auch die großen Schmeißfliegen (aber nicht die Bremsen) das Blut am Milz= brand erkrankten Viehes begierig auf. Mit den Eingeweiden dieser Fliegen, in denen die Gegenwart der Milzbrandbakterien mikroskopisch nachgewiesen werden konnte, wurden Meer= schweinchen und Kaninchen geimpft, die schon nach 60 Stunden unter allen Anzeichen der Milzbrandvergiftung starben. Man sieht also hieraus, wie gefährlich schon der Umgang mit solchem kranken Fleische werden kann.

Wenn schon der Genuß von rohem Rindfleisch in denjenigen Orten, in welchen keine Fleischbeschau besteht, seine bedenklichen Seiten hat, so ist dies mit dem rohen Schweine= fleisch, selbst wenn es gepökelt und geräuchert ist, in noch viel höherem Grade der Fall; denn man setzt sich hierdurch der Gefahr aus, Trichinen und Bandwürmer zu bekommen.

Daß die Trichinen nicht erst neuerdings zum Vorschein gekommen sind, sondern viel= mehr auch schon in früheren Jahrhunderten ihre Opfer gefordert haben, darf wohl sicher anzunehmen sein; man hat nur früher die Ursache der Erkrankungen nicht gekannt. Zuerst wurden die Trichinen, ohne jedoch ihrem Wesen nach erkannt worden zu sein, im Jahre 1832 von Hilton, dem Prosektor am Guyhospital in London, im eingekapselten Zustande beobachtet, und zwar in dem Leichnam eines Mannes; er beschreibt sie als kleine, weiße Körnchen. Wegen der Undurchsichtigkeit der Kalkhülle konnte man den darin enthaltenen Wurm, denn ein solcher ist die Trichine, nicht erkennen. Erst 1835 wurde von dem Kon= servator Owen ebenfalls in einem Leichnam ein jüngerer Zustand eingekapselter Trichinen gefunden, der in jedem solchen Körnchen ein fadenförmiges, spiralig aufgerolltes Würmchen zu erkennen gestattete. Owen gab diesem Wurm den Namen Trichina spiralis. Durch diese Entdeckung aufmerksam gemacht, fand Professor Henle in Berlin in demselben Jahre in von ihm aufbewahrten Präparaten von Brust= und Halsmuskeln ebenfalls in verkalkte Kapseln eingeschlossene Trichinen. Bald darauf wurde auch der Wurm in nicht eingekapseltem Zustande, lebendig, im Fleische menschlicher Leichen gefunden, dennoch schrieb man die Todesursache damals noch nicht diesem Wurme zu. Über die Entwickelungsgeschichte und systematische Stellung dieses Geschöpfes war man ebenfalls noch vollkommen im Dunkeln, und erst nachdem man die Trichinen im Tierkörper aufgefunden hatte, wurde der Schleier nach und nach gelüftet. Im Jahre 1845 fanden Herbst in Göttingen und 1849 Gurlt in Berlin die Trichinen in Katzen, 1848 Herbst in einem Hunde und 1847 Bidy in einem Schweineschinken. Diese Entdeckungen veranlaßten Herbst, Fütterungsversuche mit Fleisch, welches lebende Trichinen enthielt, zu machen; auch Leuckart, damals noch in Gießen, stellte 1855 solche Versuche an und fand, daß bei Mäusen, welche er mit trichinösem Menschenfleisch gefüttert hatte, im Darmkanal die Trichinen aus ihren Kapseln ausgeschlüpft waren und bereits am dritten Tage das Doppelte ihrer Größe erreicht hatten. Virchow fand, daß sich in den im Darmkanal befindlichen Trichinen Eier entwickelten. Bei allen diesen Fütterungsversuchen ergab sich, daß das aus den bewegenden oder quergestreiften Mus= keln bestehende Fleisch der später getödteten Versuchstiere von Trichinen ganz durchsetzt war.

Von besonderer Wichtigkeit waren die Versuche, die Leuckart im Jahre 1860 anstellte; er hatte nämlich $1^1/_2$ kg Menschenfleisch, welches lebende Trichinen enthielt, an drei Hunde und zwei junge Schweine verfüttert. Jedes Versuchstier erhielt 220—230 g Fleisch und mit demselben, da 10 mg durchschnittlich von 12—15 Trichinen bevölkert waren, im ganzen ungefähr 300000 eingekapselte Trichinen. Schon am vierten Tage zeigte sich bei dem einen dann geschlachteten Hunde die ganze Innenwandung des Darmkanals mit einem weißen Schaum überzogen, in welchem eine unzählbare Menge äußerst kleiner Fadenwürmer unter dem Mikroskop erkannt wurden. Außerdem fanden sich im Darmkanal Tausende frei

gewordener Trichinen, welche sich vergrößert und deutlich ausgebildete Geschlechtsorgane ent=
wickelt hatten, sowie andre, welche von Eiern und Jungen strotzten. Durch diese und ähnliche
Versuche wurde außerdem festgestellt, daß die nicht geschlachteten, mit trichinösem Fleisch ge=
fütterten Versuchstiere an Fieber und Gliederschmerzen erkrankten und größtenteils starben.

Zur selbigen Zeit, im Jahre 1860, wurde von Professor Zenker in Dresden der
Zusammenhang der Erkrankung und des Todes mit dem Genusse von trichinösem Schweine=
fleisch an Menschen unzweifelhaft nachgewiesen, und seit dieser Zeit sind leider schon öfter
kleinere und größere Trichinenepidemien bis in die Jetztzeit hinein aufgetreten, so nament=
lich die große in Hettstädt und Umgegend, wo im Herbst 1863 im
ganzen 159 Personen erkrankten, von denen bis zum Frühjahr 1864
28 starben. Noch schlimmer war es in Hadersleben 1865, wo an=
geblich gegen 500 Personen an Trichinose erkrankten und 80 starben.

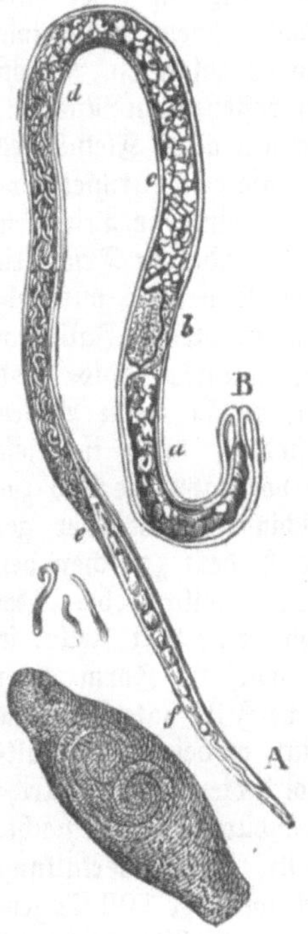

Fig. 463 und 464.
Weibliche Trichine und
abgelöste Trichinenkapsel.

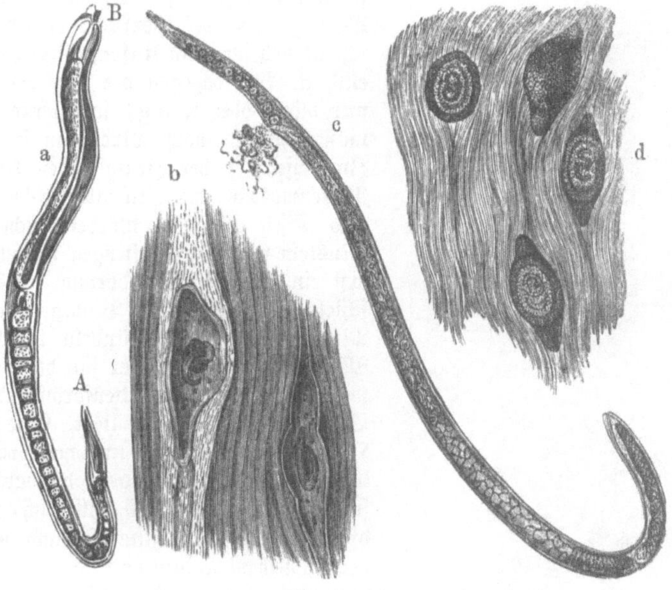

Fig. 465—468.
a Männliche Trichine; b Stück Fleisch mit aufgeschnittenen Trichinenkapseln;
c weibliche Trichine; d Fleisch mit verkalkten Trichinenkapseln.

Betrachten wir nun dieses gefährliche Tier selbst etwas genauer, und zwar zunächst
die geschlechtsreife, sogenannte Darmtrichine, so messen die ausgewachsenen weiblichen
Darmtrichinen nach Leuckart und Pagenstecher 2,5—3,4 mm in der Länge, während
die viel weniger zahlreichen Männchen höchstens 1,6 mm Länge erreichen. Fig. 463 zeigt
ein Weibchen und Fig. 465 ein Männchen in 150facher Vergrößerung im Durchmesser.
In beiden Figuren ist bei A das Kopfende mit der sehr kleinen Mundöffnung, bei B das
Schwanzende mit dem After. In Fig. 463 sieht man bei b den mit Eiern gefüllten Eier=
stock, welcher bei d in den langen und bei e nach außen mündenden Eileiter übergeht.
Zwischen c und d ist derselbe vollständig mit Eiern gefüllt, zwischen d und e mit Em=
bryonen, d. h. mit aus den Eiern bereits ausgeschlüpften Jungen, von denen die bereits
größer gewachsenen neben der Hauptfigur besonders abgebildet sind. Bei f bemerkt man
das Speiserohr, welches sich in einen engen, auf der Figur nicht wahrnehmbaren Darm=
kanal verlängert. Die männliche Trichine erkennt man an den zapfenförmigen Verlängerungen
am After (den Begattungshaken); bei a sieht man das Geschlechtsorgan, bei b die zahl=
reichen, vor dem Magen liegenden, auch bei den Weibchen vorkommenden Blinddärme. Das
Wachsen und Reifwerden der in den Darmkanal gelangten Muskeltrichinen erfolgt sehr
rasch; oft schon 54 Stunden nach geschehener Fütterung hat man gefunden, daß ein Teil
der aus den Muskeltrichinen hervorgegangenen Weibchen, nach 90 Stunden die große
Mehrzahl der Weibchen befruchtet war; nach fünf Tagen wurden schon geborne junge

Trichinen gefunden. Gelangen eingekapselte Trichinen in den Magen, so wird ihre Kalk=
kapsel hier schon durch den sauren Magensaft gelöst und das Tier in Freiheit gesetzt,
worauf sie mit der verdünnten Speise in den Darm gelangen. Nach erlangter Geschlechts=
reife findet die Begattung statt, kurz darauf sterben die Männchen und ebenso die Weibchen,
sobald alle in ihnen enthaltenen Embryonen geboren sind. Nach den ersten Beobachtungen
glaubte man, daß ein Weibchen nur 60—80 Eier erzeugen könne; jetzt weiß man jedoch,
daß die Zahl der Eier und Embryonen in die Tausende geht, da dieselben sich nicht auf
einmal, sondern nach und nach entwickeln und die Entwickelung über acht Wochen zu währen
vermag. Man hat schon 500—600 abgelöste Eier und ausgelaufene Junge in einer ein=
zigen Darmtrichine gezählt. Die Jungen verlassen sehr bald den Darmkanal, indem sie sich wie
unendlich feine Nadeln durch die Darmwand bohren und so in das Fleisch gelangen. Schon
nach wenigen Tagen findet man sie in allen aus quergestreiften Fasern bestehenden Muskeln,

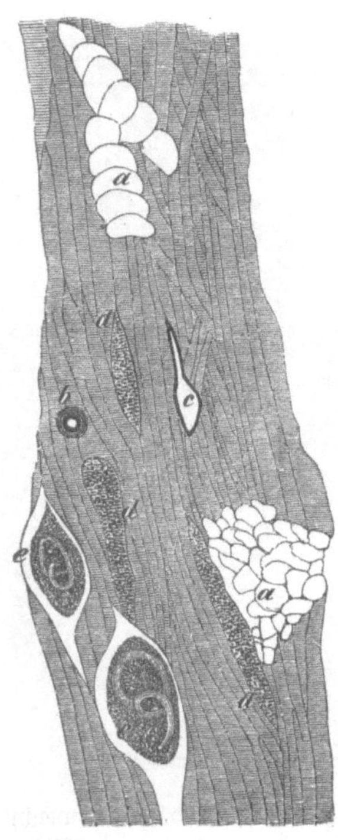

Fig. 469. Fleisch mit Fettzellen,
eingekapselten Trichinen u. a.

so daß bei sehr großer Menge der Trichinen alles Fleisch des
Menschen oder des Versuchstieres von denselben durchsetzt er=
scheint und schon ein linsengroßes Stückchen einzelne Trichinen
enthält. War dagegen die Zahl der eingewanderten Trichinen
nur mäßig oder gering, so erscheinen dieselben sehr unregel=
mäßig verteilt, doch wird man sie auch in diesem Falle im
Zwerchfell, in der Zunge, den Kau=, Brust=, Hals= und
Nackenmuskeln, d. h. in allen Muskeln, welche beim Atmen
und Essen gebraucht werden, sicher finden, denn in diese
Muskeln wandern die jungen Trichinen vorzugsweise und zu=
erst ein. Die Fortwanderung der Trichinen im Körper ge=
schieht wahrscheinlich im Bindegewebe, d. h. dem zwischen den
Muskeln und Muskelbündeln befindlichen Zellgewebe. Im
Muskel angelangt, bildet sich die Trichine eine Art Zelle, in
welcher sie dann schraubenförmig oder auch in Form einer
Brezel zusammengerollt liegt. Eine solche Zelle hat eine eigne
Haut, welche sich mehr und mehr verdickt, wobei in ihr Kalk=
körnchen abgelagert werden; hierdurch wird die anfangs durch=
sichtige Haut getrübt und schließlich ganz undurchsichtig gemacht;
die eingekapselte Trichine ist dann verkalkt. Diese Verkalkung
der Kapselhaut beginnt beim Schwein nach ungefähr 100 Tagen,
vom Augenblick der Einkapselung an gerechnet. Fig. 464 zeigt
eine abgelöste Trichinenkapsel, bei der die Kalkablagerung bereits
begonnen hat. In Fig. 465—468 ist rechts bei b ein Stückchen
Fleisch mit zwei aufgeschnittenen Trichinenkapseln abgebildet,
rechts bei d ein andres mit vier Kapseln, von denen eine voll=
kommen verkalkt und undurchsichtig geworden ist, während in
den drei andern der Wurm noch durchschimmert. Zwischen
den beiden Fleischstückchen ist eine weibliche Darmtrichine mit austretenden Jungen abgebildet.
Die Länge der Kapseln beträgt durchschnittlich 0,35, die Breite 0,25 mm; etwa 10—12 000
Stück würden dazu gehören, um ein Klümpchen von der Größe eines Stecknadelkopfes zu bilden.

Muskeltrichinen und Darmtrichinen sind nach dem Mitgeteilten also bloß ver=
schiedene Entwickelungsstadien eines und desselben Wurmes. Die durch die Einwanderung
dieser Tiere in die Muskeln entstehende Krankheit, Trichinose, ist äußerst schmerzhaft und
endigt, wie schon erwähnt, häufig mit dem Tode. Der beste Schutz gegen diese Krankheit,
die man früher für typhöse Fieber mit Gicht und Rheumatismus gehalten haben mag, ist
der, Schweinefleisch nur dann zu genießen, wenn es vollständig durchgekocht oder durch=
gebraten ist, rohes Schweinefleisch aber, auch wenn es geräuchert ist, ganz zu meiden.

Zur mikroskopischen Untersuchung von Schweinefleisch auf Trichinen wendet man am
besten nur eine 80—100fache Vergrößerung an; stärkere Vergrößerungen anzuwenden ist
nicht ratsam, da man sonst zu lange Zeit brauchen würde, um die einzelnen Fleischobjekte
von dieser Größe in allen ihren Teilen zu untersuchen, und sogar in Objekten, die nur ein
bis zwei Trichinen enthalten, diese leicht übersehen werden können.

Zuweilen findet man im Schweinefleisch auch Körper, die von Anfängern im Mikroskopieren leicht mit Trichinen verwechselt werden können, so Reihen und Gruppen von Fettbläschen, wie sie beispielsweise in Fig. 469 bei a a zu sehen sind; ferner Luftblasen oder mit Luft ausgefüllte Spalten; beide sind leicht an den starken schwarzen Rändern zu erkennen, von denen sie umgeben sind, so bei b und c. Neben zwei eingekapselten Trichinen, e e, sieht man bei d d d in dem Präparate noch sogenannte Reineysche Schläuche oder Körperchen (Psorospermien); es sind dies langgestreckte, seltener ovale, mit einem körnigen Inhalt erfüllte Höhlungen, welche nur zuweilen, aber manchmal in großer Menge auftreten.

Erwärmt man die Glasplatte, auf welcher das Trichinenpräparat sich befindet, auf 36⁰ R., so fangen die Trichinen an, sich zu bewegen, welche Bewegungen bis zu 50⁰ immer lebhafter werden. — In fast allen größeren Orten sind verpflichtete Fleischbeschauer, von denen man das Fleisch von Schweinen auf Trichinen untersuchen lassen kann.

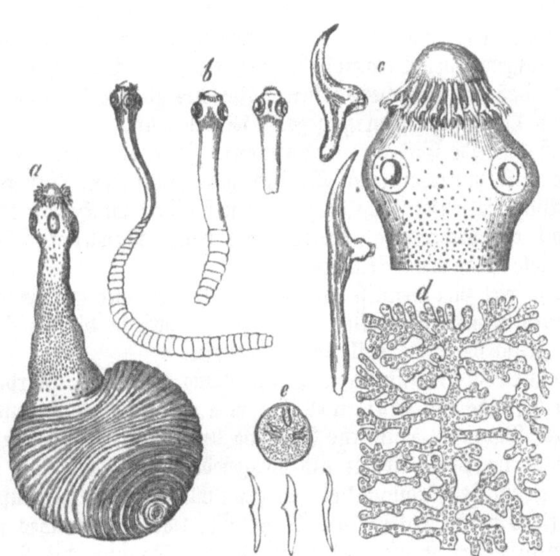

Fig. 470—481.
Kopfende und Eierstock von Bandwürmern; Blasenwürmer.

a Blasenwurm mit Saugnäpfchen und Hakenkranz (mäßig vergrößert);
b drei verschiedene Entwickelungsstufen eines Bandwurms aus dem Darm-
kanale eines mit Drehwürmern gefütterten Hundes (schwach vergrößert);
c Kopf der Taenia serrata, daneben je ein Haken des doppelten Haken-
kranzes (stark vergrößert); d Fruchthälter der Taenia serrata (hundertfach
vergrößert); e Bandwurmembryo (Großamme), darunter die Embryonal-
haken (stark vergrößert).

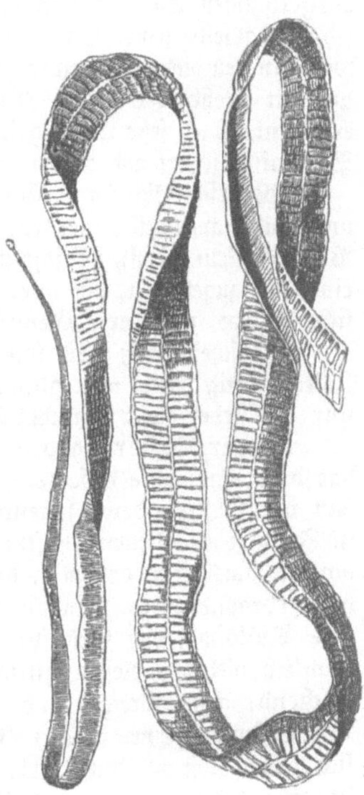

Fig. 482. Der breite Menschenbandwurm
(Taenia mediocanellata).

Der andre bereits erwähnte Schmarotzer des Schweinefleisches, ein Blasenwurm, die Finne, ist die Larve oder richtiger Amme des Bandwurms, von dem man übrigens verschiedene Arten hat. Der in Europa in den menschlichen Eingeweiden vorkommende Bandwurm (Taenia Solium) ist nicht, wie man häufig glaubt, ein einzelnes Tier, sondern eine ganze Kolonie von Tieren. Jedes Bandwurmglied ist gewissermaßen ein Tier für sich, und zwar ein Zwitter; der sogenannte Kopf der Bandwürmer ist kein Kopf, sondern nur das Haftorgan der gesamten Kolonie zugleich, aber auch derjenige Teil, aus dem sich die einzelnen Glieder entwickeln. In Fig. 470—481 stellt c den sogenannten Kopf einer Bandwurmart dar, auch sind die verschiedenen Entwickelungsstufen von Bandwürmern aus den entsprechenden Blasenwürmern zu sehen. Eine andre Art von Bandwurm ist in Fig. 482 abgebildet.

Die Finnen, welche übrigens nicht bloß im Schweinefleisch, sondern zuweilen auch im Rindfleisch angetroffen werden, sind schon mit unbewaffnetem Auge zu erkennen und erscheinen als elliptische Blasen von der Größe eines Hirsekorns bis zu der einer Bohne. Gelangen diese Finnen beim Genusse solchen Fleisches in den Magen und Darm, so kann es vorkommen, daß eine solche an der Darmwandung sich festsetzt und zur Entwickelung

eines Bandwurms Veranlassung gibt. Sobald die Eier der Glieder einer solchen Wurm=
kolonie sich entwickelt haben, trennen sich die Glieder ab und werden mit den Ausleerungen
nach außen geführt. In den meisten dieser Eier läßt sich schon bei 300—400facher Ver=
größerung ein sich bewegender Embryo erkennen, z. B. in Fig. 481 bei d. — Werden nun
solche Eier von Schweinen, Hunden u. s. w., überhaupt solchen Tieren, in denen Blasen=
würmer ihren Aufenthalt nehmen, gefressen, so durchbricht das der Eischale entschlüpfte
junge Geschöpf den Darmkanal des Tieres und bahnt sich gewaltsam einen Weg nach den=
jenigen Organen, wo sie sich weiter zu vollkommenen Blasenwürmern entwickeln.

Aber nicht bloß das Fleisch, sondern auch aus diesem bereitete Fleischwaren, wie
Würste, Konserven u. dergl., sind auf ihre tadellose Beschaffenheit zu untersuchen. Jede
Wurst, die einen auffallend säuerlichen oder fauligen Geruch besitzt, ist als ungenießbar und
gesundheitsgefährlich zu erklären. Vergiftungen mit solchen Fleischwaren sind schon oft
vorgekommen und gab man der giftig wirkenden Substanz den Namen Wurstgift, ohne
jedoch dasselbe seiner chemischen Natur nach zu kennen. Dieses Wurstgift soll sich vorzugs=
weise in den dicken Magenwürsten und Zungenwürsten bilden, sowie in solchen Leberwürsten,
die mit Mehl oder mit in Milch eingeweichter Semmel bereitet werden. Wie schon oben
erwähnt, ist es sehr wahrscheinlich, daß das Gift verdorbenen Fleisches zu der Gruppe der
Ptomaine gehört und daß auch das Wurstgift diesen zugezählt werden muß.

Wahrscheinlich findet sich auch dasselbe Gift in verdorbenen Fischen, die zuweilen
im Handel angetroffen werden, wie z. B. in verdorbenen Bratheringen, Bückingen, Anschovis,
Pricken (Neunaugen), Muscheln. Was die letzteren anlangt, so hat sich erst im Herbst 1885
ein Fall zugetragen, der aber nicht auf verdorbene, sondern auf frische Pfahlmuscheln
sich bezieht, nach deren Genusse viele Personen erkrankten.

Es scheint, daß diese sonst sehr viel zum Genusse verwendete Muschel nur zu gewissen
Zeiten giftig wirkt; man glaubt auch, neueren Untersuchungen zufolge, daß in diesem Falle
nur die Leber dieser Muschel der giftig wirkende Teil des Tieres ist.

Sogar Austern haben zuweilen zu Vergiftungen Veranlassung gegeben; allerdings
hat dies eine andre Ursache. In Ostende und Marennes hat man nämlich eine besondere
Art von Austern, deren sogenannter Bart eine grünliche Färbung besitzt und die namentlich
in Frankreich als schmackhafter höher im Preise stehen als die gewöhnlichen. Es soll nun
vorgekommen sein, daß man diese grünliche Färbung bei den gewöhnlichen Austern künstlich
hervorbrachte, indem man die Austern in ein Bassin mit Meerwasser legte, in welches man
eine Auflösung von Grünspan (essigsaurem Kupfer) gegossen hatte. Da nun die Auster
ziemlich viel von diesem giftigen Kupfersalze aufzunehmen vermag, so ist es nicht über=
raschend, daß Erbrechen und Diarrhöe nach dem Genusse solcher Austern eingetreten sind.
Die Erkennung einer solchen Verfälschung ist jedoch nicht schwierig, da die künstliche Färbung
sich nicht bloß auf den Bart, sondern auf das ganze Tier erstreckt und überdies auch die
Nüance des Grüns eine andre ist als die natürliche.

Schließlich mag noch bemerkt werden, daß das unter dem Namen Corned beef aus
Amerika in den Handel kommende Fleisch, sowie auch ähnliche Konserven, nur mit Vorsicht
zu genießen sind, da Fälle vorgekommen sind, wie z. B. in Gernsbach (Baden), wo sechs
Personen nach dem Genusse solchen konservierten Fleisches schwer erkrankten. Nicht allein,
daß dieses Fleisch zuweilen nicht genügend konserviert, also halb verdorben war, sondern
es ist auch vorgekommen, daß der Inhalt dieser Büchsen stark bleihaltig befunden wurde.
Dieser giftige Bestandteil ist wahrscheinlich durch Nachlässigkeit beim Zulöten der Büchsen
in das Fleisch gelangt. Sogar Fleisch von kranken Tieren hat man dadurch noch zu ver=
werten gesucht, daß man es in Konserven verwandelte; glücklicherweise dürfte dieses ge=
wissenlose Verfahren wohl nur selten vorkommen. So wurde vor einigen Jahren eine
Firma in Birmingham bestraft, weil sie Fleisch von kranken Tieren und in verdorbenem
Zustande zu diesem Zwecke benutzt hatte. Es wurden 352 Blechschachteln mit verdorbenem
Pferdefleisch sowie eine Quantität krankes Rind= und Schweinefleisch vorgefunden.

Schweinefett oder Schweineschmalz. Das Schweinefett kommt in ausgelassenem oder
ausgeschmolzenem Zustande jetzt in großen Mengen aus Amerika, Ungarn, Rußland und
Italien in den Handel. Das amerikanische ist immer etwas körniger und mehr gelblichweiß
als das deutsche; das aus Italien ist am weißesten, zugleich aber so weich, daß es z. B.

im Sommer fast zerfließt. — Ein Haupterfordernis für ein gutes Fett ist, daß es keinen ranzigen Geruch und Geschmack hat und nicht absichtlich verfälscht ist. Eine nicht selten vorkommende Verfälschung ist die, daß man dem Fette Wasser einzuverleiben versteht, von welchem letzteren man schon bis zu 40 Prozent darin gefunden haben soll. Um so große Mengen Wasser mit dem Fett zu verbinden, ohne daß es sichtbar wird, setzt man ihm etwas gebrannten Kalk oder Ätznatron zu. Dieser Betrug läßt sich leicht nachweisen, man braucht nur das verdächtige Fett vorsichtig zu schmelzen und dann in der Ruhe erkalten zu lassen; nach dem Erstarren sticht man ein Loch durch die Fettdecke und läßt das unter dieser angesammelte Wasser ablaufen. Bei reinem unverfälschten Fett scheidet sich gar kein Wasser ab. Andre grobe Verfälschungen des Schweinefetts mit Kreide, Thon, Gips, Mehl 2c. sollen auch zuweilen vorgekommen sein; man erkennt sie sehr leicht, wenn man etwas von dem Fette in Äther oder in Benzin löst, die genannten Substanzen bleiben dann, wenn sie vorhanden, ungelöst zurück.

Eingemachte Gemüse und Früchte. In unsrer Zeit wird leider zu viel auf das Äußere gegeben, und so glaubt das kaufende Publikum vielfach auch, daß eingemachte grüne Pflanzenteile, wie Schoten, Bohnen, Gurken u. s. w., besser und frischer seien, wenn sie eine recht lebhafte grüne Farbe haben. Da diese Farbe aber ohne künstliche Färbung nicht zu beschaffen ist, so färbt man sehr häufig dergleichen Früchte und Gemüse künstlich grün und nimmt auch keinen Anstand, hierzu die giftigen Kupfersalze zu benutzen. Wenn nun auch die Kupferverbindungen nicht so gefährlich sind, wie diejenigen des Bleies, so können sie doch immerhin recht unangenehme Gesundheitsstörungen hervorrufen, und es ist eine solche Fälschung ganz entschieden zu verurteilen; dieselbe ist auch, was das Deutsche Reich anlangt, nach dem Nahrungsmittelgesetz unstatthaft.

Sind nur sehr kleine Mengen von Kupfer vorhanden, so muß dessen Nachweis dem Chemiker überlassen bleiben; in vielen Fällen wird es aber auch schon dem Laien gelingen, Kupfer in den damit gefärbten Gemüsen und Früchten sowie auch in Speisen überhaupt nachweisen zu können. Man steckt zu diesem Zwecke ein schmales, blankes Messer oder besser noch eine Stricknadel in die zu prüfende Speise. Messer oder Stricknadel müssen aber zuvor durch sorgfältiges Abreiben von allen anhängenden fettigen Teilen befreit werden. War Kupfer vorhanden, so hat sich das Eisen oder der Stahl nach einiger Zeit mit einer dünnen roten Schicht von metallischem Kupfer überzogen. Noch sicherer und empfindlicher wird die Probe folgendermaßen ausgeführt. Man stecke durch das Öhr einer vorher gut abgeriebenen Nähnadel einen feinen Platindraht, winde ihn einigemal um das Öhr und richte den übrigen Teil so, daß er eine mit der Nadel parallele Lage hat; man erhält so ein kleines galvanisches Element, welches man in die auf Kupfer zu prüfende Speise steckt. War Kupfer aufgelöst, so setzt sich dieses auch in diesem Falle an das Eisen der Nadel ab, und zwar ziemlich schnell. Da die Nadel eine viel kleinere Oberfläche darbietet als ein Messer, so wird die Kupferschicht dicker und können infolgedessen kleinere Mengen von Kupfer sicherer erkannt werden.

Gemahlene Gewürze. Die Bequemlichkeit des kaufenden Publikums, dem Zerstoßen der nötigen Gewürze überhoben sein zu wollen, sowie das Verlangen, für wenig Geld möglichst viel Ware zu erhalten, sind mit daran schuld, daß die im gemahlenen Zustande in den Handel kommenden Gewürze nur gar zu häufig arg verfälscht sind; wenn gemahlene Gewürze zuweilen billiger verkauft werden als ganze, so kann man nicht erwarten, daß dieselben rein seien.

Es ist schon in dem Abschnitt über die Gewürze S. 224 mitgeteilt worden, mit welchen wertlosen Stoffen solche gemahlenen Gewürze verfälscht befunden wurden, und erübrigt es hier nur noch, darauf hinzuweisen, wie man solche Betrügerei entdecken kann.

Die besten Dienste leistet hierbei das Mikroskop, aber auch die chemische Untersuchung gibt in den meisten Fällen genügende Anhaltepunkte zur Nachweisung der zugesetzten Stoffe. Am meisten verfälscht wird wohl der schwarze gemahlene Pfeffer; den Durchschnitt eines Pfefferkorns bei 80 maliger Vergrößerung zeigt Fig. 483. a und b sind Teile der Fruchthülle nach außen, aus kurzen dickwandigen Steinzellen bestehend, gruppenartig vereinigt, deren Hohlräume durch Kanäle miteinander verbunden sind, nach innen eine Schicht prosenchymatischer Zellen zeigend. Die Schicht c wird aus Spiralgefäßen und Holzfasern gebildet, d zeigt große unregelmäßige Zellen, welche gegen die Mitte der Frucht hin sich verkleinern und eine dunkelrote Färbung besitzen; diese Zellen enthalten zahlreiche Öltröpfchen.

Die Schicht e ist die Fortsetzung der vorigen Lage, nur sind die Zellen hier kleiner und erscheinen dunkler; f und g bilden den mittleren Teil des Korns und bestehen aus unregel= mäßig eckigen Zellen mit kleinen Stärkemehlkörnchen. Die beschriebenen Gewebsbestandteile finden sich natürlich im gemahlenen Pfeffer wieder; dieser zeigt in unverfälschtem Zustande bei 120maliger Vergrößerung ein Bild wie in Fig. 484.

Die chemische Untersuchung des Pfeffers auf etwaige Verfälschungen erstreckt sich, wie überhaupt bei allen Gewürzen, auf die Bestimmung der Aschenmenge und die Ermittelung der Menge von alkoholischem Extrakt, das sie liefern. Beim Pfeffer kann auch noch die Be= stimmung des Gehalts an Piperin vorgenommen werden; die Menge des letzteren beträgt bei den besseren Sorten des schwarzen Pfeffers 7—8 Prozent, bei den geringeren 5—6 Prozent, bei weißem Pfeffer ein Viertel mehr. Wenn also ein Pfeffer weniger als 5 Prozent Piperin enthält, so ist er als verfälscht anzusehen. Die Bestimmung der Asche geschieht durch Ver= brennen einer genau gewogenen Menge des gemahlenen Pfeffers in einer Platinschale oder einem Porzellantiegel über der Gasflamme; sobald alle Kohle, die sich zunächst ausscheidet, verbrannt ist und die Asche eine weiße Farbe angenommen hat, läßt man erkalten und wägt.

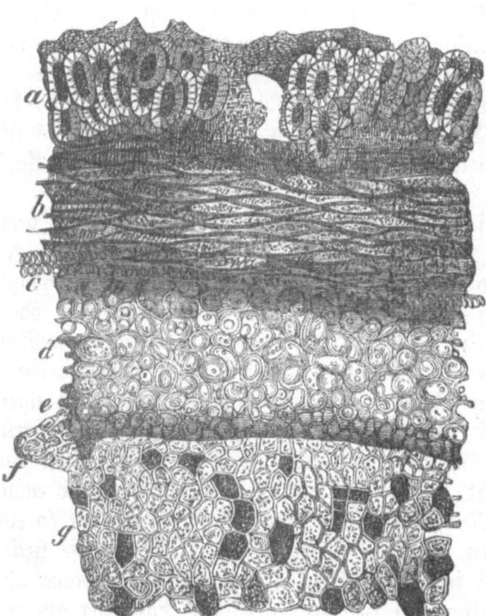

Reiner Pfeffer gibt hierbei, je nach der Sorte, 3—6 Prozent Asche; ein Pfeffer, der daher über 6 Prozent Asche liefert, ist als verfälscht anzusehen. Die Bestimmung des Extrakts nimmt man am besten auf indirektem Wege vor, indem man eine abgewogene Menge des Pfeffers so lange mit 90 prozentigem Alkohol behandelt, bis derselbe farblos abläuft, den Rückstand bei 100 °C. trocknet und wägt. Der Gewichtsverlust wird als Extrakt angesehen, worin etwas ätherisches Öl und Feuchtigkeit mit inbegriffen ist. Man vergleicht nun diesen Gewichtsverlust mit demjenigen, welchen reiner Pfeffer, nach demselben Verfahren behandelt, ergibt; derselbe wird, je nach der Pfeffersorte, $23{,}_8$—$25{,}_1$ Prozent betragen, beim weißen Pfeffer 26—$26{,}_7$ Prozent.

Der sogenannte spanische Pfeffer (ungarisch Paprika), der gewöhnlich als leb= haft rotes Pulver in den Handel kommt, ist sehr häufig verfälscht befunden worden; man hat schon Ziegelsteinmehl, Curcuma, Ocker, Zwieback u. dgl. darin gefunden. Die Unter=

Fig. 483. Durchschnitt eines Pfefferkorns, 80mal vergrößert.

suchung erstreckt sich ebenfalls auf die mikroskopische Prüfung und die Bestimmung des Extrakt= und Aschengehalts; ersterer beläuft sich auf etwa 34, letzterer auf $5{,}_5$—7 Prozent.

Zu denjenigen Gewürzen, die ebenfalls viel in gemahlenem Zustande gekauft werden, gehört ferner der Zimt, von welchem man bekanntlich zwei Sorten, den edlen oder Ceylon= zimt und den geringwertigeren Cassiazimt, hat. Pulverisierter echter Ceylonzimt gibt bei 220maliger Vergrößerung ein Bild, wie Fig. 488 zeigt; aa sind Sternzellen, bb Holzfasern, cc Stärkekörperchen. Der Aschengehalt des Ceylonzimts beträgt $2{,}_5$—3 Prozent, der Extrakt= gehalt $28{,}_4$ Prozent. Die Verfälschungen sind schon S. 224 mitgeteilt.

Gemahlener unverfälschter Ingwer ist in Fig. 486 in 140maliger Vergrößerung abgebildet; bei a sieht man die Stärkezellen, bei b die freien Stärkekörperchen; bei c Zellen, welche denen der Curcuma sehr ähnlich sind, und bei d die Gefäßbündelreste. Fig. 487 dagegen zeigt ein verfälschtes Ingwerpulver; man sieht darin bei a Ingwerzellen, bei b Stärkemehl von Ingwer, bei c gelbe Körner, ganz ähnlich denen der Curcumaknolle, bei d Gefäßbündelreste und bei e Stärkekörnchen von Sagomehl. Aber nicht bloß mit diesem letzteren wird Ingwerpulver verfälscht, sondern auch mit gewöhnlichem Getreidemehl, Curcuma= pulver, Mehl von Hülsenfrüchten, Palmkernmehl, Ocker und andern Mineralsubstanzen. Letztere lassen sich zum Teil schon dadurch erkennen, daß man etwas von dem verdächtigen

Ingwerpulver mit Wasser schüttelt; die mineralischen Beimengungen fallen dann zu Boden, während das Ingwerpulver schwimmt. Auch wird der Aschengehalt durch solche Beimengungen vermehrt, der bei echtem Ingwer nur 5,5—6 Prozent beträgt. In England soll das Vorkommen von unverfälschtem Ingwerpulver sogar zu den Ausnahmen gehören.

Gemahlene Macis oder sogenannte Muskatblüte (eigentlich der Samenmantel der Muskatnuß) hat man mit Curcumapulver, Getreidemehl u. dgl. verfälscht; es ist früher sogar vorgekommen, daß man das giftige Chromgelb darunter gemengt hat.

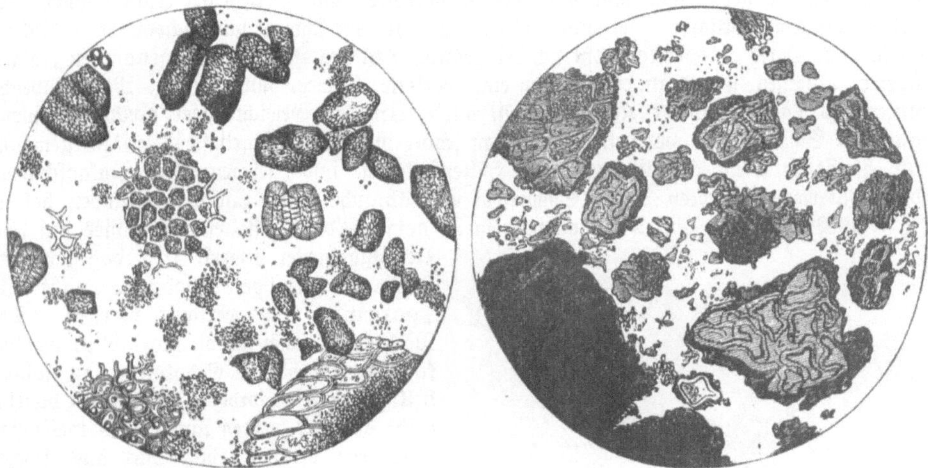

Fig. 484. Unverfälschter schwarzer Pfeffer (gemahlen). Fig. 485. Pulverisierter Cayennepfeffer.

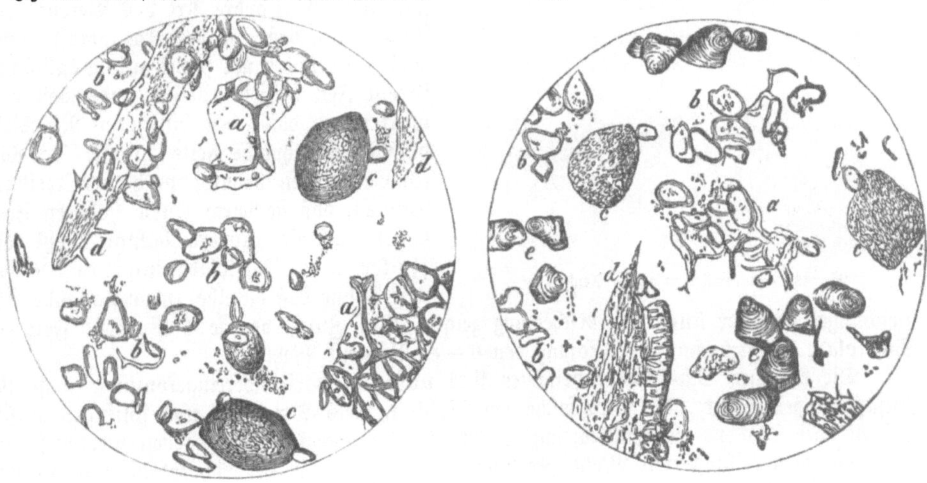

Fig. 486. Echtes Ingwerpulver. Fig. 487. Verfälschtes Ingwerpulver.

Die übrigen Gewürze werden meist in unzerkleinertem Zustande verkauft und können daher Verfälschungen nicht so leicht vorkommen. Früher mag man wohl solchen Gewürzen zuweilen einen Teil ihres ätherischen Öles durch Destillation mit Wasserdampf entzogen und sie dann wieder getrocknet und verkauft haben. Jetzt dürfte dies bei uns in Deutschland nicht mehr gut möglich sein, wenigstens was die verzollbaren ausländischen Gewürze anlangt, denn diese genießen nur dann Zollfreiheit, wenn sie in Gegenwart von Steuerbeamten destilliert werden, um das Öl zu gewinnen; die Rückstände müssen aber in Gegenwart jener Beamten vernichtet werden. Überdies haben auch solche ausgedämpfte Gewürze, wie z. B. Nelken, Zimt, Kardamomen, ein ganz andres Aussehen als die frischen und besitzen einen nur schwachen Geschmack und gar keinen Geruch. Nur beim Kümmel kommt es auch jetzt noch häufig vor, daß betrügerische Händler solchen ausgedämpften Kümmel von Fabrikanten ätherischer Öle aufkaufen, trocknen und wieder in den Handel bringen, entweder ganz für sich oder mit frischem vermengt. Namentlich scheint man die Bauern mit solcher Ware zu versorgen, denn man findet sehr häufig in dem gewöhnlichen sogenannten deutschen Käse Kümmelkörnchen ohne allen Geschmack; sie sind ferner zusammengeschrumpft und fast schwarz.

Kakao und Schokolade. Drei Fabrikate sind es, die aus den Kakaobohnen gefertigt und in den Handel gebracht werden, nämlich die Kakaomasse; der entölte Kakao und die Schokolade; von diesen wird die letztere am häufigsten verfälscht. Die Kakaomasse besteht aus den gerösteten, von den Schalen befreiten und zerriebenen Kakaobohnen; sie bildet eine dunkelrötlichbraune, milde, ölreiche Masse von schwach bitterlichem, aromatischem Geschmack. Durch Auspressen läßt sich der größte Teil des Fettes, der sogenannten Kakaobutter, entfernen, und man erhält dann eine trockene, hellere, pulverförmige Masse, welche unter dem Namen entölter Kakao verkauft wird. Um das Gewicht dieser Präparate sowie auch der Schokolade zu vermehren, hat man schon die verschiedenartigsten Zusätze gemacht, am häufigsten Mehl von Getreide und Hülsenfrüchten sowie feingemahlene Kakaoschalen; doch will man auch roten Ocker, Schwerspat und ähnliche Stoffe zuweilen gefunden haben.

Was den Zusatz von Mehl anlangt, so ist derselbe dann gestattet, wenn dies auf dem Umschlagpapier bemerkt ist; dagegen darf solche mehlhaltige Schokolade nicht als „garantiert rein" verkauft werden. Der Mehlzusatz macht sich vielfach nötig, weil das kaufende Publikum Schokolade zu solchen billigen Preisen fordert, zu welchen dieselbe nicht geliefert werden kann, und weil man außerdem verlangt, daß das aus solcher Schokolade bereitete Getränk möglichst dick sein soll. Eine andre Art des Betrugs besteht darin, daß man der Kakaomasse einen Teil oder überhaupt soviel wie möglich von ihrem Fett entzieht, dieses anderweit verwertet und dafür den billigeren Rindstalg oder andre ähnliche Fette zusetzt. Die Fälscher erreichen dadurch noch den weiteren Vorteil, daß sie durch einen höheren Fettzusatz auch eine größere Menge Mehl oder Zucker in der Schokolade unterbringen können, ohne daß dieselbe zu auffallende Abweichungen in ihrer äußeren Erscheinung zeigt. Ein Zusatz von je 1 Prozent Fett zur Schokolade gestattet eine Beimischung von 6—8 Prozent Mehl.

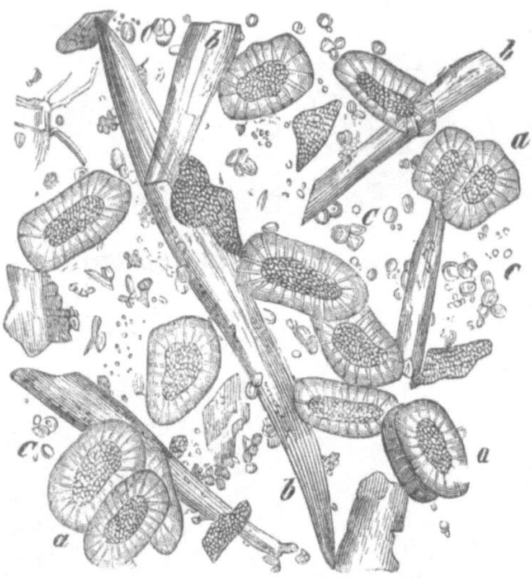

Fig. 488. Pulverisierter echter Ceylonzimt.

Die deutschen Schokoladefabrikanten sind übrigens darin übereingekommen, daß alle Zusätze, außer Zucker, also auch solche von Mehlen, Reis, Arrowroot und sonstigen an sich unschädlichen Stoffen, ausdrücklich auf der Etikette der Schokolade angegeben werden sollen.

Zur Nachweisung von Mehl, Kartoffelstärke u. s. w. in der Schokolade benutzt man ebenfalls das Mikroskop. Fig. 489 zeigt ein mikroskopisches Bild von reiner, nur aus Kakao bereiteter Schokolade in 220maliger Linearvergrößerung; a sind die Zellen der Bohne, b Teile der Membran, welche die Bohne umhüllt, c Zellen aus der Keimstelle der Bohne, d und e freie Stärkemehlkörner, wie sie dem Kakao eigentümlich sind, aus den Bohnenzellen. Diese Stärkekörnchen sind bedeutend kleiner als diejenigen andrer Pflanzen. So zeigt z. B. Fig. 490 eine mit Kartoffelmehl verfälschte Schokolade bei derselben Vergrößerung; a sind Zellen, Stärkemehl und Spiralgefäße der Kakaobohne, b Stärkekörnchen des Kartoffelmehls. Zweckmäßig ist es, die Schokolade vor der mikroskopischen Prüfung durch Ausziehen mit Äther vom Fett und dann mit Wasser vom Zucker zu befreien.

Erhitzt man 1 Gewichtsteil reine Schokolade mit 10 Gewichtsteilen Wasser bis zum Kochen, läßt die Flüssigkeit erkalten und gießt sie dann durch gewöhnliches Filtrierpapier, so muß das Filtrat ziemlich schnell durchlaufen, klar und hellrot sein; das auf dem Filter zurückgebliebene Pulver darf nach dem Trocknen nicht zusammengebacken erscheinen. War die Schokolade mehlhaltig, so bleibt bei derselben Behandlung auf dem Filter ein förmlicher Kleister zurück, der nach dem Trocknen zusammengebacken erscheint, die Flüssigkeit läuft ferner nur sehr langsam durch das Filter, ist schleimig und schmutzig gelb, färbt sich auch mit Jodlösung tief dunkelblau.

Ein Zusatz von schweren mineralischen Pulvern, wie oben erwähnt, läßt sich schon dadurch leicht erkennen, daß man die Kakaomasse oder Schokolade mit viel Wasser kocht und dann ruhig stehen läßt; die mineralischen Zusätze sinken hierbei allmählich nieder und bilden einen Bodensatz, der von dem reiner Schokolade sich leicht unterscheiden läßt. Der Chemiker verbrennt jedoch die Schokolade und bestimmt Art und Menge der Asche; letztere beträgt bei guter Schokolade nicht mehr als 2 Prozent, bei Kakaomasse 3—6 Prozent.

Unter dem Namen leichtlösliches Kakaopulver kommt jetzt zuweilen ein Präparat in den Handel, welches 2—4 Prozent Pottasche oder Soda enthält und deshalb auch beim Verbrennen einen größeren Aschengehalt ergibt. Der angebliche Vorzug, daß solche Schokolade beim Kochen mit Wasser sich leichter und vollständig löst, dürfte einen solchen Zusatz nicht rechtfertigen. Die Bestimmung des Zuckergehalts, der Nachweis des Zusatzes fremder Fettstoffe und die Bestimmung deren Menge kann nur von einem Chemiker ausgeführt werden.

Fig. 489. Echtes Schokaladenpulver.   Fig. 490. Schokoladenpulver mit Kartoffelmehl.

Kaffee und Thee. Kaum sollte man glauben, daß mit den so leicht erkennbaren Kaffeebohnen Fälschungen vorgenommen werden könnten, und dennoch sind solche vorgekommen. Befand sich doch vor wenigen Jahren auf einer englischen Patentliste die Mitteilung von der Patentierung einer Maschine zur Herstellung künstlicher Kaffeebohnen (das deutsche Patentgesetz schließt derartige spitzbübische Erfindungen, als den guten Sitten zuwiderlaufend, von der Begünstigung der Patenterteilung aus); dieselben sollen angeblich aus Brotkrume oder auch aus Thon geformt, entsprechend gefärbt und dann unter die echten Bohnen gemischt werden. Ein solcher grober Betrug ist leicht zu erkennen; man braucht die Kaffeebohnen nur in Wasser einzuweichen, echte Bohnen quellen hierbei auf und der Querschnitt läßt dann den anatomischen Bau deutlich erkennen, während nachgebildete Bohnen im Wasser entweder schmierig weich oder bröckelig werden, so daß sie sich zwischen den Fingern zerreiben lassen. Angeblich werden auch Kaffeebohnen, um ihnen einen bestimmten Farbenton zu geben, zuweilen gefärbt.

Die meisten und gröbsten Verfälschungen finden mit gemahlenem und gebranntem Kaffee statt; indessen werden verhältnismäßig nur wenig Menschen den gebrannten Kaffee im gemahlenen Zustande kaufen, sondern den Bezug der ganzen Bohnen vorziehen. Die am häufigsten vorkommenden Verfälschungen solchen gemahlenen Kaffees bestehen in dem Zusatz bereits ausgezogenen Kaffees (sog. Kaffeesatz), Zichorienwurzel, Möhren, Rüben, Eicheln, Roggen, Lupinen, sämtlich geröstet. Die genannten Stoffe werden auch für sich oder gemengt als Kaffesurrogate verkauft. Um dieselben im Kaffee zu erkennen, ist man auf die mikroskopische Prüfung angewiesen, die, wenn man Übung darin hat, zu sicheren Resultaten führt, während die chemische Untersuchung in diesem Falle meistens im Stiche läßt. Mikroskopische Abbildungen von reinem und von verfälschtem Kaffeesatz sind bereits in diesem Bande S. 83 gebracht worden.

Für reinen gebrannten und gemahlenen Kaffee besteht ein gutes Erkennungszeichen darin, daß er, auf die Oberfläche von Wasser geworfen, längere Zeit auf demselben schwimmt, nur allmählich Wasser anzieht und zu Boden sinkt, wobei das Wasser, wenn es kalt war, nur weingelb gefärbt wird. Alle andern Stoffe, namentlich auch Zichorie, fallen rascher nieder und färben das Wasser braun. Eine solche Färbung tritt allerdings auch bei reinem Kaffee dann ein, wenn die Bohnen beim Rösten mit Zuckerpulver bestreut wurden, um ihnen eine glänzendere Oberfläche zu geben.

Ferner läßt sich der gemahlene und etwas befeuchtete reine Kaffee beim Drücken in der Hand nicht zusammenballen, während dies bei Vorhandensein von andern Zusätzen leicht möglich ist.

Der Thee, über welchen schon im Abschnitte über die Aufgußgetränke in diesem Bande ausführlicher berichtet wurde, kommt leider

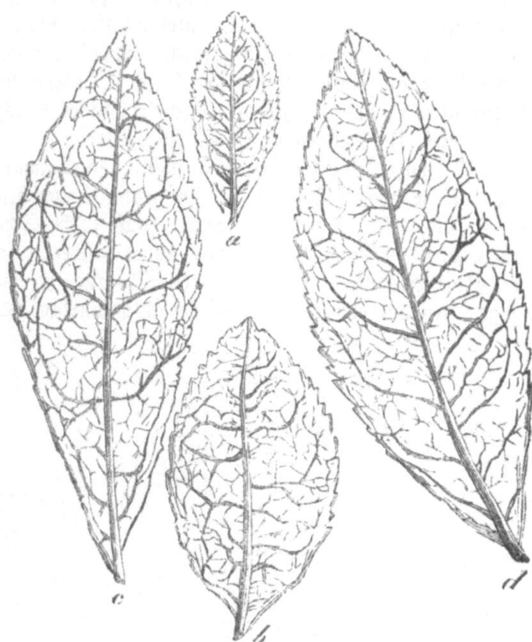

Fig. 491—494. Blätter der Theepflanze.

schon sehr häufig aus China gefälscht und, was den grünen Thee anlangt, fast immer gefärbt in den Handel. Hierzu kommt noch, daß dieser Thee hier in Europa häufig mit bereits gebrauchten, ausgezogenen und wieder getrockneten Theeblättern, sowie auch mit ähnlichen Blättern andrer Pflanzen vermengt wird. So sollen im Jahre 1872 nach Angabe der „Times" nicht weniger als 7 Millionen englische Pfund Thee auf Auktionen versteigert worden sein, der nur aus bereits gebrauchten, ausgebrühten Theeblättern bestand, die aus großen Hotels und Cafés stammen.

Um die Echtheit der Theeblätter festzustellen, entrollt man die abgebrühten, noch feuchten Theeblätter vorsichtig, breitet sie auf einem Blatt Papier unter Druck aus und beobachtet die Form und Struktur der einzelnen Blätter. Dieselben sind bei echtem Thee so charakteristisch, daß sie sich leicht von

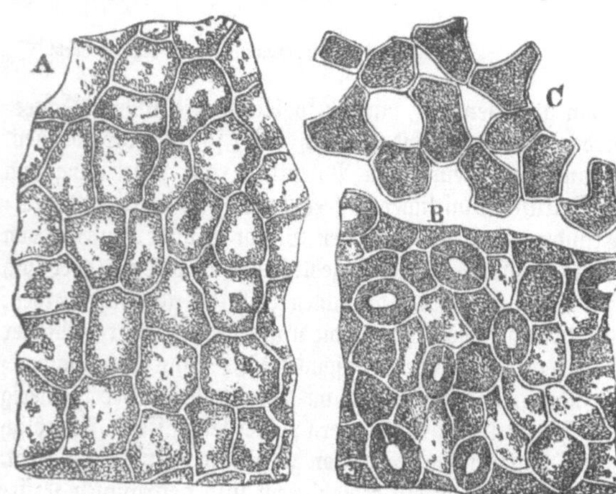

Fig. 495—497. Teilchen echter Theeblätter aus Theesatz.

allen andern Blättern, die zur Verfälschung benutzt werden, wie z. B. die Blätter von Erdbeeren, Schlehen, Holunder, Pappeln, Weiden, Ulmen, Buchen 2c., unterscheiden lassen.

In Fig. 491—494 sieht man die Blätter des echten chinesischen Thees (Thea chinensis) in vier verschiedenen Altersstufen und in natürlicher Größe gezeichnet; die vom Haupt- oder Mittelnerv ausgehenden Seitennerven laufen nicht in ihrer ursprünglichen Richtung bis zum

Blattrand, sondern richten sich, ehe sie denselben erreichen, nach oben, und zwar so, daß ein Nerv den andern berührt, wodurch mit Hilfe der Abzweigungen ein großmaschiges Netz gebildet wird. Nur die Schlehenblätter haben große Ähnlichkeit mit diesen und könnten bei oberflächlicher Betrachtung mit Theeblättern verwechselt werden; die Seitennerven gehen jedoch bei den Schlehenblättern bis knapp zum Rande und enden dort in Zahnausschnitten.

Bei 350facher Linearvergrößerung sieht man in Fig. 495—497 Bruchstücke echter Theeblätter. Diese Blätter bestehen nämlich aus dreierlei Zellenformen, indem sowohl die Oberhaut der oberen und der unteren Blattfläche als auch das zwischen beiden Häuten liegende chlorophyllhaltige Parenchym aus eigentümlich geformten Zellen zusammengesetzt ist. A bezeichnet die Zellen der oberen, B die der unterseitigen Oberhaut und C stellen die chlorophyllhaltigen Parenchymzellen dar.

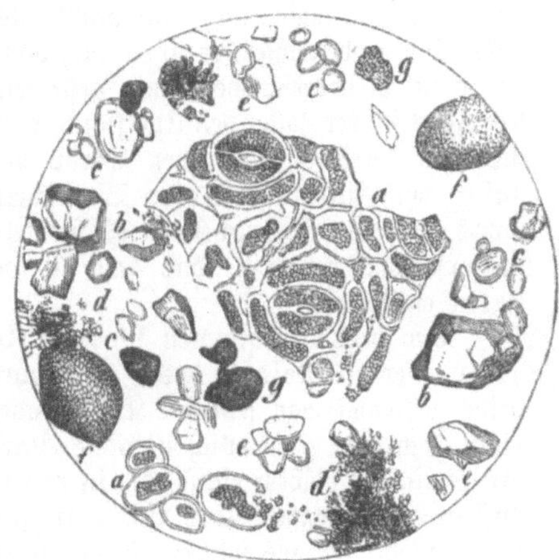

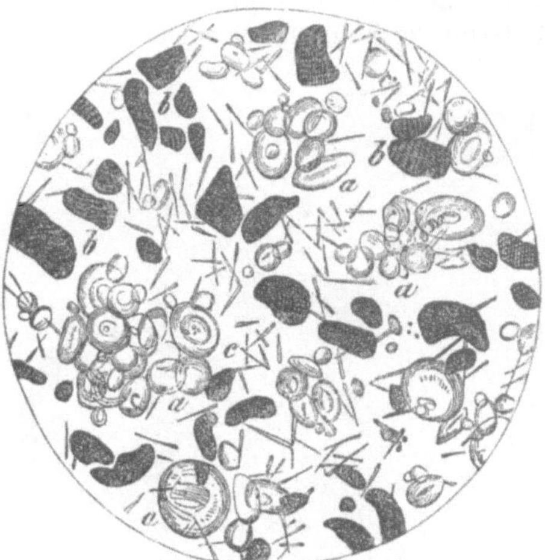

Fig. 498.
Verfälschtes Theepulver mit Teilchen von Theeblättern.

Fig. 499.
Verfälschtes Theepulver ohne jede Spur von echtem Thee.

Im Gegensatz hierzu sind in Fig. 498 und 499 Proben von zwei gefälschten, sogenannten Theepulvern, wie sie zuweilen jetzt von England aus in den Handel kommen, in ebenso starker Vergrößerung abgebildet, und zwar zeigt Fig. 498 ein Theepulver, welches aus Bruchstücken von echten Theeblättern (a), aus Sand (b), Stärkemehlkörnchen einer Getreideart (c), Teilchen von Reißblei (Graphit, d), eine glimmerartige Substanz (e), Zellen von Curcuma (f) und Bruchstückchen von Indigo (g) besteht. Dieses Theepulver soll, wie angegeben wird, zur Nachahmung des sogenannten „Gunpowderthees“, den die Chinesen durch Zusammenkleben von Theestaub mittels Gummi bereiten, verwendet werden. Ein sogenanntes Theepulver, welches gar keinen Thee enthält, ist in Fig. 499 abgebildet, a sind Körnchen von Weizenstärke, b Bruchstücke von Katechu und den in diesem Extrakt vorkommenden Kristallnadeln (c).

Die Arbeit des Chemikers bei der Prüfung und Untersuchung des Thees besteht außer der mikroskopischen Betrachtung der aufgeweichten Blätter in der Bestimmung der Aschenmenge, welche bei gutem Thee 5—6 Prozent beträgt, von denen mindestens 2 Prozent in Wasser löslich sein müssen, der Menge von Thein (Coffein) und der Ermittelung der in Wasser löslichen Bestandteile; dieselben belaufen sich im Durchschnitt auf 33 Prozent des Gewichts vom Thee. Wenn demnach eine wesentlich geringere Menge dieser löslichen oder Extraktivbestandteile gefunden wird, so hat man hierin einen Beweis dafür, daß dem Thee bereits gebrauchte, ausgezogene Theeblätter beigemengt sind.

Zucker und Sirup. Eine absichtliche Verfälschung von Hutzucker, sei es Raffinade oder Melis, kommt nie vor, nur bei gestoßenem oder gemahlenem Zucker sowie bei dem mehlartigen Farinzucker hat man Verfälschungen beobachtet. Dieselben bestanden in einer Beimengung von Kreide, Schwerspat oder andern mineralischen Stoffen, ein so grober Betrug, wie er nur sehr unaufmerksamen Personen entgehen kann, denn man braucht nur etwas von dem verdächtigen Zucker in Wasser aufzulösen, so bleiben alle derartigen Zusätze ungelöst zurück. Auch ein Zusatz von Mehl läßt sich leicht nachweisen; man braucht den Zucker nur mit Wasser zu kochen und die Flüssigkeit nach dem Erkalten mit einigen Tropfen Jodlösung zu versetzen, so entsteht beim Vorhandensein von Mehl oder Stärke eine dunkelblaue Färbung, beim Vorhandensein von Dextrin eine rote; auch verursacht im letzteren Falle ein Zusatz von absolutem Alkohol zur Flüssigkeit eine Ausscheidung und Fällung des Dextrins. In zu alt gewordenem Farinzucker, namentlich in den dunkleren Sorten, finden sich nicht selten Gärungspilze und Milben einer besonderen sehr häßlichen Art. Diese Zuckermilbe (Acarus sacchari) ist in 200maliger Vergrößerung in Fig. 500 abgebildet. Prof. Cameron in Dublin entdeckte diese Spezies zuerst im Jahre 1865 im Rohzucker, der dieser Milbe zur Nahrung dient; in 1 kg solchen Farinzuckers sollen sich ungefähr 200 000 Exemplare dieser Milbe finden. Dem feinen Raffinadezucker setzt man gewöhnlich, um ihm den gelblichen Schein zu nehmen, eine sehr kleine Menge blaues Ultramarin zu, auf 100 000 kg Füllmasse genügen 50 g. Dieser Zusatz ist ganz unschädlich und nicht als Fälschung zu betrachten, er wird auch vom deutschen Reichsgesundheitsamt gestattet. Nur zeigt solcher Zucker den Übelstand, daß aus ihm bereiteter Saft oder Sirup bei Zusatz von Zitronensäure oder Weinsäure etwas von dem übelriechenden Schwefelwasserstoffgas entwickelt, das dem Ultramarin entstammt.

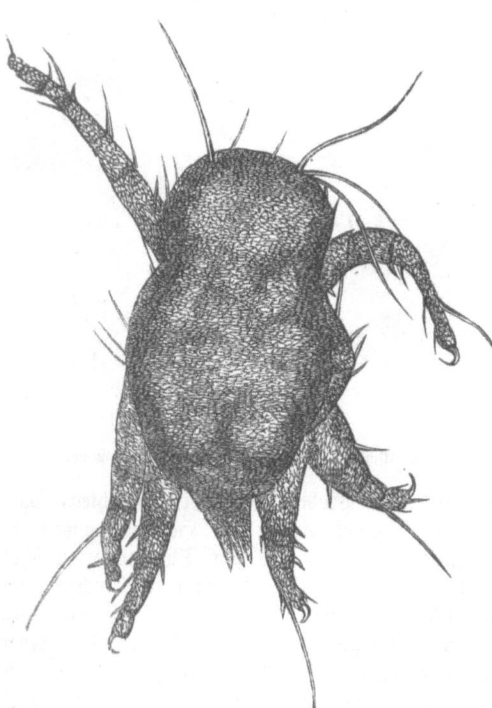

Fig. 500. Zuckermilbe (Acarus sacchari), 200mal vergrößert.

Den bekannten braunen Kolonialsirup oder die Melasse des Zuckerrohrsaftes bekommt man jetzt im Kleinhandel selten noch rein; gewöhnlich ist diese Ware mit gereinigter Rübenmelasse, die in rohem Zustande ganz ungenießbar ist, vermischt oder besteht ganz aus solcher; ferner wird sie auch sehr häufig mit Stärkezuckersirup vermischt. Reine Zuckerrohrmelasse gibt, mit Wasser verdünnt, auf Zusatz des doppelten Volumens Weingeist von 60 Prozent Tralles eine klare Lösung, während bei Gegenwart von Rübenmelasse stickstoffhaltige Bestandteile sich abscheiden. Die Gegenwart von Stärkezuckersirup läßt sich nachweisen, wenn man 1 Raumteil des zu prüfenden Sirups mit 3 Raumteilen Methylalkohol von $93\frac{1}{2}$ Prozent Tralles mischt; der Stärkezucker scheidet sich hierbei als dicke zähe Masse aus. Die Auffindung und Bestimmung dieses Zuckers auf chemischem Wege und durch den Polarisationsapparat setzt schon größere Übung in chemischen Arbeiten voraus, dasselbe gilt auch von der Untersuchung des Honigs.

Honig, das bekannte Erzeugnis der Bienen, wird nämlich ebenfalls viel mit Stärkesirup verfälscht, zuweilen trifft man sogar im Handel angeblichen Honig an, der nur aus solchem Sirup besteht und gar keinen Honig enthält; solche Ware ist zwar schön klar und durchsichtig, besitzt aber selbstverständlich gar kein Aroma. Guter Honig muß einen aromatischen Geruch und Geschmack besitzen, sehr süß und möglichst hellgelb sein. Er färbt zwar blaues Lackmuspapier rot, darf aber nicht säuerlich riechen, nicht schäumen und muß bald zu einer körnigen Masse erstarren. Außer Pollenkörnchen (Blütenstaub) und Zuckerkristallen dürfen sich unter dem Mikroskop keine andern Substanzen erkennen lassen. Zusätze von Mehl, Stärke u. s. w. sind, wie schon früher angegeben, leicht zu erkennen.

Branntwein und Liköre. Die charakteristische, allen Branntweinsorten zu Grunde liegende Hauptsubstanz ist bekanntlich der Äthylalkohol oder Spiritus, und würde demnach Branntwein in seiner reinsten Form nur aus Äthylalkohol und Wasser bestehen. Es ist aber eine eigentümliche Erscheinung, daß ein solcher Branntwein als Genußmittel gar nicht beliebt ist; man will vielmehr noch einen Nebengeruch und Nebengeschmack haben, welche dem Branntwein besondere Eigentümlichkeiten verleihen, die selbstverständlich nur durch in geringer Menge vorhandene fremde Beimengungen bedingt werden. Wenn man diese Beimengungen entfernt, so ist kein Unterschied mehr zwischen den einzelnen Branntweinsorten, wie z. B. Kornbranntwein, Weinbranntwein (Kognak), Rum, Arrak.

Gerade bei diesen Getränken wird nun die Verfälschung in ausgiebigster Weise betrieben, teils durch Vermischen der besseren Sorten mit geringerer Ware oder bloß mit Spiritus, teils indem man lediglich Kunstprodukte als echte Ware verkauft, und kann man nur durch Anlegung der höchsten Preise und Bezug von gut empfohlenen Firmen darauf rechnen, die gewünschte reine Ware zu erhalten. Selbst der billigste dieser Branntweine, der Kornbranntwein oder sogenannte Nordhäuser, ist nur noch selten echt zu haben, da Roggen nur noch wenig gebrannt wird; der Branntwein aus Kartoffeln, Mais oder Rüben hat aber einen unangenehmen Geruch und Geschmack, daher fertigt man künstlich Kornbranntwein aus gereinigtem starken Spiritus von Kartoffeln u. s. w., durch Verdünnen mit Wasser und Zusatz von einer sehr kleinen Menge von Kornfuselöl, welches einen weniger unangenehmen Geruch besitzt als die Fuselöle der Kartoffeln, der Rüben und des Mais. Ferner wird noch etwas Aroma zugesetzt, das nach verschiedenen Vorschriften zusammengemischt wird und am häufigsten Essigäther und Salpeteräther enthält. Der raffinierteste Betrug bei der Anfertigung solchen künstlichen Branntweins ist aber jedenfalls der, daß man, um Spiritus zu sparen und diesen Mangel zu verdecken, den Auszug scharfer Stoffe, wie spanischer Pfeffer, Paradieskörner u. s. w., zusetzt.

Die gewohnheitsmäßigen Branntweintrinker behaupten, daß ein guter echter Nordhäuser beim Einschenken stark perlen müsse, thue er dies nicht, so sei er nicht echt. Auch diesem Mangel wird durch Kunstgriffe abgeholfen; man setzt dem Kunstprodukt eine kleine Menge eines Gemisches von konzentrierter Schwefelsäure und Olivenöl zu.

Die edleren Branntweine, Rum, Arrak und Kognak, werden künstlich nachgeahmt, indem man feinem Kartoffelsprit von der entsprechenden Stärke verschiedene Zusätze gibt, von denen hauptsächlich Ameisenäther, Essigäther, Aldehyd, Butteräther zu nennen sind. Den eigentümlichen Geruch des Kognaks erzielt man bei dem Kunstprodukte durch Zusatz von etwas Weinhefenöl (Weinbeeröl genannt) oder auch durch künstlich dargestellte Önanthäther.

Bei der Prüfung und Beurteilung aller dieser Getränke ist Erfahrung sowie ein feiner Geruchs- und Geschmackssinn ein Haupterfordernis; die chemische Wissenschaft steht hierbei in den meisten Fällen ratlos da. Dies gilt auch mehr oder weniger von den Likören, welche bekanntlich von den Branntweinen sich dadurch unterscheiden, daß sie Zucker enthalten und außerdem noch entweder ätherisches Öl oder Auszüge von Pflanzenteilen. Bei diesen Likören ist vor allem darauf zu achten, daß sie keine giftigen oder scharf wirkenden Pflanzenauszüge enthalten, was bei den bitteren Magenlikören zuweilen vorkommt; so z. B. Aloe, Koloquinten, Quassia, Rhabarber, Jalape 2c. und von den chemischen Präparaten Pikrinsäure. Die meisten der genannten Stoffe lassen sich auf chemischem Wege nachweisen.

Wein. In dem Abschnitte über den Wein ist schon mitgeteilt worden, daß auch diese köstliche Göttergabe häufig verfälscht wird, und daß man sich sogar nicht scheut, Flüssigkeiten als Wein in den Handel zu bringen, die nur durch Zusammenmischen verschiedener Substanzen gewonnen wurden ohne Zuthun einer einzigen Traube. Die Verfälschung des Weines wird so geschickt betrieben, daß es oft sehr schwierig ist, sie nachzuweisen, und fast alle Bestandteile des Weines, auch die nur in sehr geringer Menge vorhandenen, müssen ihrer Menge nach bestimmt werden, um ein richtiges Urteil fällen zu können; so die Menge des Extraktes oder der nichtflüchtigen Bestandteile des Weines, welche beim Verdunsten desselben zurückbleiben, die Menge der Asche, durch Verbrennen dieses Rückstandes erhalten, der Gehalt an Phosphorsäure, Chlor, Schwefelsäure und Kali in dieser Asche; die Menge der flüchtigen und nichtflüchtigen Säuren, des Glycerins und Zuckers sowie des Alkohols. Auch das spezifische Gewicht und das Verhalten gegen das polarisierte Licht sind maßgebend bei der Beurteilung eines Weines.

Bier. Selbst in Bayern, dem Lande, von welchem man bisher glaubte, daß es nur echte Biere liefere, sind in der letzten Zeit häufig Fälschungen von Bier vorgekommen. Die empfindlichen Strafen jedoch, welche die Gerichte verhängt haben und die vom Reichsgericht bestätigt wurden, werden wahrscheinlich die Wirkung haben, daß solche Fälschungen dieses allgemein beliebten Genußmittels immer seltener werden und schließlich ganz aufhören. Nur aus Wasser, Malz und Hopfen soll Bier künftig allein noch hergestellt werden und selbst die an und für sich unschädliche Zuckerkouleur (gebrannter Kartoffelzucker) als Farbmaterial ist verpönt. Die Untersuchung der Biere erstreckt sich, wie beim Wein, auf die Bestimmung der Extrakt- und Aschenmenge, des Gehalts an Alkohol, Kohlensäure und Glycerin; ferner auf das etwaige Vorhandensein fremder Bitterstoffe. Solche Untersuchungen können, ebenso wie die des Weines, nur von sehr geübten Chemikern ausgeführt werden.

Essig. Von den Essigsorten gilt der Weinessig mit Recht als die feinste und beste Sorte, die reinste dagegen im chemischen Sinne ist der Spiritusessig, da er fast nur aus Essigsäure und Wasser besteht. Da aber ein solcher Essig farblos ist und das kaufende Publikum gewöhnt ist, nur Essig zu benutzen, der eine schwach bräunlichgelbe oder rötliche Farbe besitzt, so versetzen die Essigfabrikanten den Spiritusessig gewöhnlich mit einem Farbstoff und, um die Ware dem Weinessig ähnlich zu machen, auch noch mit Substanzen, die ihm einen besonderen Geschmack und Geruch geben. Wird solcher Essig unter dem Namen Weinessig verkauft, so ist dies, wenn auch die zugesetzten Substanzen ganz unschädliche sein sollten, immerhin eine Fälschung und daher strafbar. Noch schlimmer ist es jedoch, wenn dem Essig, wie es leider schon öfter vorgekommen ist, der Gesundheit schädliche Substanzen zugesetzt werden, um seine Schwäche zu verdecken, ihn scheinbar stärker zu machen, nachdem man ihn mit Wasser verdünnt hat. Außer verschiedenen scharfen Pflanzenstoffen sind es namentlich Salzsäure oder auch Schwefelsäure, die man zu diesem Zwecke verwendet hat; diese Säuren sind auch in dem verdünnten Zustande, in welchem sie in solchem verfälschten Essig vorkommen, der Gesundheit nachteilig. Wenigstens von der Schwefelsäure ist durch genaue Untersuchungen nachgewiesen, daß sie, im verdünntem Zustande genossen, den Geweben des Körpers und dem Blute Alkali entzieht, indem sie als neutrales Alkalisulfat zur Ausscheidung kommt. Durch einen solchen Zusatz von Schwefelsäure zum Essig können aber auch noch andre schädliche Stoffe in denselben gelangen, denn die Fälscher werden hierzu wohl kaum chemisch reine Schwefelsäure verwenden, sich vielmehr der gewöhnlichen rohen Säure des Handels bedienen, die fast immer blei- und arsenhaltig ist. Ein Zusatz von Schwefelsäure zum Essig läßt sich ermitteln, wenn man etwas weißen Zucker zusetzt und den Essig vorsichtig im Wasserbade zum Trocknen verdunstet; es bleibt dann ein schwarzer Rückstand, indem die Schwefelsäure den Zucker zersetzt und Kohle abscheidet. Bei reinem Essig bleibt der Rückstand weiß oder bräunlich. Das gewöhnliche Mittel zur Nachweisung der Schwefelsäure, das Chlorbarium, läßt sich in diesem Falle nicht verwenden, da jeder Essig kleine Mengen schwefelsaurer Salze enthält, die aus dem zur Verdünnung verwendeten Wasser stammen, und demnach mit Chlorbarium einen weißen Niederschlag gibt.

Ferner hat man darauf zu achten, daß der Essig nicht verdorben ist, in welchem Falle er ebenfalls gesundheitsschädlich ist. Guter, aus reinem Spiritus bereiteter Essig besitzt eine unbeschränkte Haltbarkeit, auch der Weinessig ist sehr haltbar, wenn er nicht zu schwach ist. Essige dagegen, welche reich an schleimigen Substanzen und Proteinstoffen sind, wie z. B. mit Honig, Bier und Obst bereitete Essige, sind, wenn nicht sehr stark, leicht dem Verderben ausgesetzt; sie werden nach und nach trübe und übelriechend und verlieren ihren sauren Geschmack. In solchen Essigen entwickeln sich dann die sogenannten Essigälchen (Lepidotera oxophila), kleine, dem unbewaffneten Auge kaum noch sichtbare Fadenwürmer.

Öl. Verfälschungen von Speiseöl kommen sehr häufig vor; sie gehören zu denjenigen, die sich am schwierigsten nachweisen lassen, da die Öle so wenig abweichende Eigenschaften zeigen und die Fälschung eben nur darin bestehen kann, daß man ein teureres Öl mit einem wohlfeileren mischt. Die Bestimmung des spezifischen Gewichts, die Ermittelung des Schmelz- und Erstarrungspunktes der aus dem Öle abgeschiedenen Fettsäuren sowie der Sättigungskapazität der letzteren genügen zur Ermittelung solcher Verfälschungen.

Ende des fünften Bandes.